Massimo Bergamini
Graziella Barozzi Anna Trifone

3 Matematica.rosso

Seconda edizione

con TUTOR
matematica

Matematica e arte

Ellsworth Kelly di Emanuela Pulvirenti

Che cos'è quella strana macchia rossa in copertina? Difficile crederlo, ma è un quadro: un'opera di Ellsworth Kelly dal titolo *Red Curves*. Certo, ha una forma anomala, dimensioni esagerate, non presenta immagini né disegni astratti, non si capisce quale sia il significato... eppure è un dipinto a tutti gli effetti. E come tutti i dipinti, anche quelli più essenziali, nasce dall'esigenza di rappresentare un aspetto della realtà. Nel caso di Kelly, artista americano morto a dicembre del 2015 all'età di 92 anni, quell'aspetto è la forma che hanno le cose, soprattutto quelle della natura e delle piante a lungo disegnate negli anni della formazione.

"Non sono interessato alla struttura di una roccia ma alla sua ombra", amava dire Kelly.

I contorni delle cose, dunque, sono per Kelly più importanti di quello che ci sta dentro; la sagoma del quadro è più interessante del colore con cui è riempito. Si tratta quindi di un'esplorazione precisa e paziente delle infinite geometrie del quadro. Un'operazione di reinvenzione del mondo attraverso un linguaggio "pulito" e astratto. Talmente rigoroso e oggettivo che l'opera deve quasi sembrare essersi fatta da sé, senza l'intervento della volontà dell'artista.

La sua produzione è vicina al movimento del *Hard Edge Painting*, la pittura realizzata con campiture uniformi accostate in modo netto, ed è affine al *Minimalismo*, la corrente artistica che si esprime con elementi geometrici semplici e basilari. Eppure la sua opera sfugge a queste definizioni, perché riduce la tavolozza a pochi colori base, per di più usati separatamente, e poi perché le sue tele, con quelle forme originali e non classificabili, possiedono un dinamismo estraneo all'arte minimalista.

Le sue sagome colorate parlano lo stesso linguaggio essenziale ed esatto della matematica, sono formule visive che raccontano, proprio come fa questo libro, un universo misterioso tutto da scoprire.

Per saperne di più vai su **su.zanichelli.it/copertine-bergamini**

Ellsworth Kelly, *Red Curves*, 1996
olio su tela
360,7 × 166,4 cm

Guarda l'eBook multimediale

1 REGÌSTRATI
Vai su **my.zanichelli.it** e iscriviti come studente

2 ATTIVA IL TUO LIBRO
Nella tua area **myZanichelli**, clicca su **attiva opera** e inserisci la **chiave di attivazione** che trovi sul bollino argentato in questa pagina del libro

3 CLICCA SULLA COPERTINA
Puoi: ▪ sfogliare l'**eBook online**
▪ **scaricarlo offline** sul tuo computer o sul tuo tablet con l'applicazione **Booktab Z**

SOMMARIO

		T	E

CAPITOLO 1 — EQUAZIONI E DISEQUAZIONI

		T	E
1	Disequazioni e princìpi di equivalenza	2	24
2	Disequazioni di primo grado	5	25
3	Disequazioni di secondo grado	6	28
	Riepilogo: Disequazioni di secondo grado numeriche intere		31
4	Disequazioni di grado superiore al secondo	9	35
5	Disequazioni fratte	11	38
6	Sistemi di disequazioni	12	41
7	Equazioni e disequazioni con valori assoluti	13	44
	Riepilogo: Disequazioni con valori assoluti		50
8	Equazioni e disequazioni irrazionali	17	50
	Riepilogo: Disequazioni irrazionali		55
■	**IN SINTESI**	22	
■	**VERIFICA DELLE COMPETENZE**		
	• Allenamento		56
	• Prove		59

Nell'eBook

1 video (• Caccia all'errore)
e inoltre 23 animazioni

TUTOR matematica **45 esercizi interattivi in più**
risorsa riservata a chi ha acquistato l'edizione con tutor

CAPITOLO 2 — FUNZIONI

		T	E
1	Funzioni e loro caratteristiche	60	91
2	Funzioni iniettive, suriettive e biunivoche	65	99
3	Funzione inversa	67	100
4	Proprietà delle funzioni	69	101
5	Funzioni composte	72	102
	Riepilogo: Funzioni		103
6	Trasformazioni geometriche e grafici	73	106
7	Successioni numeriche	80	112
8	Progressioni aritmetiche	82	113
9	Progressioni geometriche	85	115
■	**IN SINTESI**	88	
■	**VERIFICA DELLE COMPETENZE**		
	• Allenamento		117
	• Prove		121

Nell'eBook

3 video (• Il codice fiscale • Space Shuttle • Funzioni polinomiali)
e inoltre 14 animazioni

TUTOR matematica **60 esercizi interattivi in più**
risorsa riservata a chi ha acquistato l'edizione con tutor

Sommario

CAPITOLO 3 — ESPONENZIALI E LOGARITMI

1 Potenze con esponente reale	122	136
2 Funzione esponenziale	124	137
3 Equazioni esponenziali	125	139
4 Disequazioni esponenziali	126	141
5 Definizione di logaritmo	127	144
6 Proprietà dei logaritmi	128	146
7 Funzione logaritmica	130	148
8 Equazioni logaritmiche	131	150
9 Disequazioni logaritmiche	132	153
Riepilogo: Disequazioni logaritmiche		155
10 Logaritmi ed equazioni e disequazioni esponenziali	133	156
Riepilogo: Dominio e segno di una funzione		159
■ IN SINTESI	134	
■ VERIFICA DELLE COMPETENZE		
• Allenamento		161
• Prove		165

Nell'eBook
3 video (• Invenzione degli scacchi • Calcolo approssimato dei logaritmi • Logaritmi e decibel)
e inoltre 12 animazioni

TUTOR 45 esercizi interattivi in più
risorsa riservata a chi ha acquistato l'edizione con tutor

CAPITOLO 4 — PIANO CARTESIANO E RETTA

1 Coordinate nel piano	166	180
2 Lunghezza e punto medio di un segmento	167	181
Riepilogo: Distanza, punto medio, baricentro		185
3 Rette nel piano cartesiano	169	187
4 Rette parallele e rette perpendicolari	173	198
5 Distanza di un punto da una retta	175	206
6 Fasci di rette	176	207
Riepilogo: Retta		210
■ IN SINTESI	178	
■ VERIFICA DELLE COMPETENZE		
• Allenamento		213
• Prove		217

Nell'eBook
2 video (• Coordinate geografiche • Fabbrica di auto)
e inoltre 10 animazioni

TUTOR 45 esercizi interattivi in più
risorsa riservata a chi ha acquistato l'edizione con tutor

CAPITOLO 5 — PARABOLA

1 Parabola e sua equazione	218	233
2 Parabola con asse parallelo all'asse x	226	238
Parabola e funzioni		240
Parabola e trasformazioni geometriche		242
3 Rette e parabole	228	243
4 Determinare l'equazione di una parabola	230	247
Riepilogo: Ricerca dell'equazione di una parabola		252
Riepilogo: Parabola		254
■ IN SINTESI	232	
■ VERIFICA DELLE COMPETENZE		
• Allenamento		257
• Prove		261

Nell'eBook
2 video (• Il moto parabolico • Mirascopio)
e inoltre 12 animazioni

TUTOR 45 esercizi interattivi in più
risorsa riservata a chi ha acquistato l'edizione con tutor

Sommario

CAPITOLO 6 — CIRCONFERENZA

1	Circonferenza e sua equazione	262	272
2	Rette e circonferenze	265	278
3	Determinare l'equazione di una circonferenza	269	283
	Riepilogo: Determinare l'equazione della circonferenza		290
	Riepilogo: Circonferenza		292

■ IN SINTESI 271

■ VERIFICA DELLE COMPETENZE
- Allenamento 296
- Prove 299

Nell'eBook

1 video (● L'ombra)
e inoltre 10 animazioni

TUTOR matematica — 45 esercizi interattivi in più
risorsa riservata a chi ha acquistato l'edizione con tutor

CAPITOLO 7 — ELLISSE E IPERBOLE

1	Ellisse e sua equazione	300	313
2	Ellissi e rette	303	314
3	Determinare l'equazione di un'ellisse	304	317
4	Iperbole e sua equazione	305	320
5	Iperboli e rette	307	322
6	Determinare l'equazione di un'iperbole	309	324
7	Iperbole equilatera	310	326

■ IN SINTESI 312

■ VERIFICA DELLE COMPETENZE
- Allenamento 329
- Prove 333

Nell'eBook

3 video (● Ellissografo ● Iperbolografo ● Il problema di Delo)
e inoltre 11 animazioni

TUTOR matematica — 45 esercizi interattivi in più
risorsa riservata a chi ha acquistato l'edizione con tutor

CAPITOLO 8 — FUNZIONI GONIOMETRICHE E TRIGONOMETRIA

1	Misura degli angoli	334	353
2	Funzioni goniometriche	336	355
3	Relazioni fra le funzioni goniometriche	340	360
4	Funzioni goniometriche inverse	342	363
5	Equazioni e disequazioni goniometriche	344	364
6	Trigonometria	347	368

■ IN SINTESI 351

■ VERIFICA DELLE COMPETENZE
- Allenamento 379
- Prove 383

Nell'eBook

2 video (● Le formule degli angoli associati ● Misura del raggio terrestre)
e inoltre 23 animazioni

TUTOR matematica — 60 esercizi interattivi in più
risorsa riservata a chi ha acquistato l'edizione con tutor

CAPITOLO 9 — STATISTICA

1	Dati statistici	384	407
2	Indici di posizione e variabilità	387	409
	Riepilogo: Indici di posizione e variabilità		416

Sommario

Nell'eBook

1 video (• Medie di calcolo)
e inoltre 4 animazioni

TUTOR matematica — 45 esercizi interattivi in più
risorsa riservata a chi ha acquistato l'edizione con tutor

3	Distribuzione gaussiana	394	420
4	Rapporti statistici	397	421
5	Efficacia, efficienza, qualità	399	425
6	Indicatori di efficacia, efficienza e qualità	402	426
	Riepilogo: Interpretazione dei dati		428
■ **IN SINTESI**		406	
■ **VERIFICA DELLE COMPETENZE**			
	• Allenamento		430
	• Prove		432

CAPITOLO 10 — CAPITALIZZAZIONE E SCONTO

Nell'eBook

1 video (• Capitalizzazione composta)
e inoltre 5 animazioni

TUTOR matematica — 45 esercizi interattivi in più
risorsa riservata a chi ha acquistato l'edizione con tutor

1	Operazioni finanziarie	436	461
2	Capitalizzazione semplice	440	461
3	Capitalizzazione composta	444	468
4	Regimi di sconto	451	476
	Riepilogo: Capitalizzazione e sconto		481
5	Principio di equivalenza finanziaria	455	483
■ **IN SINTESI**		460	
■ **VERIFICA DELLE COMPETENZE**			
	• Allenamento		488
	• Prove		491

CAPITOLO 11 — RENDITE, AMMORTAMENTI, LEASING

Nell'eBook

2 video (• Le rendite • Mutuo a rata fissa e tasso fisso)
e inoltre 5 animazioni

TUTOR matematica — 45 esercizi interattivi in più
risorsa riservata a chi ha acquistato l'edizione con tutor

1	Rendite	492	525
2	Montante di una rendita temporanea	493	525
3	Valore attuale di una rendita temporanea	498	527
	Riepilogo: Problemi sul montante e il valore attuale		529
4	Rendite perpetue	502	531
5	Problemi sulle rendite	504	532
	Riepilogo: Rendite		536
6	Costituzione di un capitale	509	538
	Riepilogo: Costituzione di un capitale		541
7	Ammortamento	511	542
	Riepilogo: Ammortamento		551
8	Leasing	520	555
■ **IN SINTESI**		522	
■ **VERIFICA DELLE COMPETENZE**			
	• Allenamento		557
	• Prove		559

V

Sommario

CAPITOLO C1 — NUMERI TRASCENDENTI
Disponibile nell'eBook
1. Numeri razionali e numeri irrazionali
2. Numeri algebrici e numeri trascendenti

CAPITOLO C2 — LOGICA
Disponibile nell'eBook
1. Connettivi logici
2. Dimostrazioni e schemi di ragionamento
3. Variabili e quantificatori

Fonti delle immagini

Cap 1 – Equazioni e disequazioni
11: Ronald Sumners/Shutterstock, Luminis/Shutterstock, Hfng/Shutterstock
18: Alexander Raths/Shutterstock
26 (a): Kitch Bain/Shutterstock
26 (b): Stas Tolstnev/Shutterstock
40: Pornsak Paewlumfaek/Shutterstock
41 (a): NarisaFotoSS/Shutterstock
41 (b): Semjonow Juri/Shutterstock
43: Ilya Andriyanov/Shutterstock
58: elen 418/Shutterstock
59: VOJTa Herout/Shutterstock

Cap 2 – Funzioni
70: NASA
82: Subbotina Anna/Shutterstock
87: Julia Benedikt/Shutterstock
95: Goodluz/Shutterstock
99: Atid28/Shutterstock
104: Jason Vandehey/Shutterstock
105 (a): studioVin/Shutterstock; Tim UR/Shutterstock; kaband/Shutterstock
105 (b): Inara Prusakova/Shutterstock
109: ssguy/Shutterstock
113: Africa Studio/Shutterstock
119 (a): Syda Productions/Shutterstock
119 (b): Supertrooper/Shutterstock
119 (c): Barnaby Chambers/Shutterstock
120: Giovanni Cancemi/Shutterstock
121: nataliafrei/Shutterstock

Cap 3 – Esponenziali e logaritmi
124: Lars Christensen/Shutterstock, Ljupco Smokowski/Shutterstock
125: Digital Storm/Shutterstock
126: violetkaipa/Shutterstock
128: Olivier Le Moal/Shutterstock
129: eldar nurkovic/Shutterstock
130: oceanfishing/Shutterstock
133: ollirg/Shutterstock
139: Gena96/Shutterstock
153: Maxim Blinkov/Shutterstock
157: FabrikaSimf/Shutterstock
158 (a): Alberto Zornetta/Shutterstock
158 (b): RMIKKA/Shutterstock
163: Rido/Shutterstock
164 (a): Dennis W. Donohue/Shutterstock
164 (b): maradon 333/Shutterstock
164 (c): ravl/Shutterstock
165: Satirus/Shutterstock

Cap 4 – Piano cartesiano e retta
169: Baloncici/Shutterstock
170: Marcio Jose Bastos Silva/Shutterstock
175: Ridvan EFE/Shutterstock
177: Monkey Business Images/Shutterstock
186 (a): GoodMood Photo/Shutterstock
186 (b): carsthets/Shutterstock
191: lzf/Shutterstock
196: Meoita/Shutterstock
199: Iakov Filimonov/Shutterstock
201: EvrenKalinbacak/Shutterstock
202 (a): archigraf/Shutterstock; Kjolak/Shutterstock
202 (b): Popova Valeriya/Shutterstock
210 (a): Lev Kropotov/Shutterstock; Silhouette Lover/Shutterstock
210 (b): OkFoto/Shutterstock

Cap 5 – Parabola
223: Lilyana Vynogradova/Shutterstock
225: Fred Goldstein/Shutterstock
229: Anthony Correia/Shutterstock
250: mountainpix/Shutterstock
252: J. Glover, Atalanta, Georgia
253: Marcello Modica/www.archeologiaindustriale.net
254: donatas1205/Shutterstock
256 (a): My Good Images/Shutterstock
256 (b): www.yamaha-motor.com
260 (a): Viktoriya Popova/Shutterstock
260 (b): Annto/Shutterstock
260 (c): Pavel Shchegolev/Shutterstock
261: Tomasz Troyanowsky

Cap 6 – Circonferenza
270: CoraMax/Shutterstock
273 (a): SWEviL/Shutterstock
273 (b): nakorn/Shutterstock
280: Dorottya Mathe/Shutterstock
281: Rawpixel/Shutterstock, Katrien1/Shutterstock
283: colonga123456/Shutterstock
286: aslysun/Shutterstock, 3drenderings/Shutterstock
289: Adam Vilimek/Shutterstock
290: Rigamondis/Shutterstock
294 (a): Creative Jen Designs/Shutterstock
294 (b): Ron Ellis/Shutterstock
298: Digital Genetics/Shutterstock
299: Filip Uhrak/Shutterstock

Cap 7 – Ellisse e iperbole
309: Kameel4u/Shutterstock; Thad/iStockphoto
311: V. J. Matthew/Shutterstock
319: VDV/Shutterstock
320: George P. Choma/Shutterstock
325: Mirec/Shutterstock
326: ANDRE DIB/Shutterstock
332 (a): sciencepics/Shutterstock
332 (b): tungtopgun/Shutterstock
332 (c): Dmitrydesign/Shutterstock

Cap 8 – Funzioni goniometriche e trigonometria
335: Elenarts/Shutterstock
338: PerseoMedusa/Shutterstock
347: Mmaxer/Shutterstock
362: Africa Studio/Shutterstock
371: Zurijeta/Shutterstock
372 (a): Poznyakov/Shutterstock
372 (b): Mitch Gunn/Shutterstock
372 (c): Pressmaster/Shutterstock
376 (a): Manuel Ploetz/Shutterstock
376 (b): hxdbzxy/Shutterstock
378: welcomia/Shutterstock
382: alfredolon/Shutterstock
383: Yulia Grigoryeva/Shutterstock

Cap 9 – Statistica
384: Denis Vrublevski/Shutterstock
408: Anton_Ivanov/Shutterstock
409: Kzenon/Shutterstock
410 (a): Tatiana Popova/Shutterstock
410 (b): Production Perig/Shutterstock
420: William Perugini/Shutterstock
421: Sashkin/Shutterstock
428: Andresr/Shutterstock
429: ppart/Shutterstock
431: Paolo Bona/Shutterstock
433 (a): Nicholas Piccillo/Shutterstock
433 (b): Brocreative/Shutterstock

Cap 10 – Capitalizzazione e sconto
438: Milles Studio/Shutterstock
465: Vasilyev Alexandr/Shutterstock
466 (a): PathDoc/Shutterstock
466 (b): Romolo Tavani/Shutterstock
467: Boryana Manzurova/Shutterstock
468: Nonwarit/Shutterstock
469: Grekov's/Shutterstock
471: gorillaimages/Shutterstock
473: Studio Vin/Shutterstock
474 (a): Jack Frog/Shutterstock
474 (b): Roxana Gonzales/Shutterstock
475: wavebreakmedia/Shutterstock
476 (a): Artush/Shutterstock
476 (b): Cheryl Savan/Shutterstock
481 (a): isak55/Shutterstock
481 (b): Goodluz/Shutterstock
482: Lisa S./Shutterstock
486: Andy P/Shutterstock
490: Tursk Aleksandra/Shutterstock
491 (a): Mi.Ti./Shutterstock
491 (b): Junker/Shutterstock

Cap 11 – Rendite, ammortamenti e leasing
498: ra2studio/Shutterstock
527: MegaPixel/Shutterstock
528: denn61/Shutterstock
529: VR Photos/Shutterstock
530: Oksana Kuzmina/Shutterstock
532: Nuk2013/Shutterstock
534: g-stockstudio/Shutterstock
536: Pawel Kazmierczak/Shutterstock
537: Syda Productions/Shutterstock
538: www.cucinelube.it
542: Singkham/Shutterstock
555: Didecs/Shutterstock
556: Dmitry Kalinovsky/Shutterstock
558: www.investireoggi.it
559 (a): robuart/Shutterstock
559 (b): Goodluz/Shutterstock

COME ORIENTARSI NEL LIBRO

Tanti tipi di esercizi

AL VOLO — Esercizi veloci
Per esempio: esercizi dal 272 al 274, pagina 38.

CACCIA ALL'ERRORE — Evita i tranelli
Per esempio: esercizio 137, pagina 31.

COMPLETA — Inserisci la risposta giusta
Per esempio: esercizio 418, pagina 155.

EUREKA! — Una sfida per metterti alla prova
Per esempio: esercizio 75, pagina 237.

FAI UN ESEMPIO — Se lo sai fare, hai capito
Per esempio: esercizio 112, pagina 240.

LEGGI IL GRAFICO — Ricava informazioni dall'analisi di un grafico
Per esempio: esercizio 419, pagina 211.

REALTÀ E MODELLI — La matematica di tutti i giorni
Per esempio: esercizio 245, pagina 109.

RIFLETTI SULLA TEORIA — Spiega, giustifica, argomenta
Per esempio: esercizio 5, pagina 91.

YOU & MATHS — La matematica in inglese
Per esempio: esercizio 322, pagina 204.

VERO O FALSO? / TEST / ASSOCIA — Vedi subito se hai capito
Per esempio: esercizi dal 70 al 72, pagina 237.

75 EUREKA! Per quanti valori del parametro c la parabola di equazione $y = x^2 - 8cx + c^4$ ha il vertice che giace su uno (almeno) degli assi coordinati?
- **A** Nessuno.
- **B** Uno.
- **C** Due.
- **D** Tre.
- **E** Infiniti.

(Giochi di Archimede, 1995)

419 LEGGI IL GRAFICO Deduci dal grafico:
a. le equazioni di $f(x)$ e $g(x)$;
b. per quali valori di x si ha $f(x) < g(x)$.

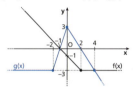

245 REALTÀ E MODELLI **Il ponte** Nella foto, che ritrae un ponte autostradale, si possono riconoscere delle trasformazioni geometriche.

a. Scrivi le equazioni della trasformazione geometrica che trasforma il grafico di $y = f(x)$ nel grafico di $y = f'(x)$.
b. La retta che congiunge i punti A e B nel riferimento Oxy ha equazione $y = 2x$. Scrivi l'equazione della funzione il cui grafico è formato dall'unione delle semirette AO e OB', essendo B' simmetrico di B rispetto all'asse x.

I rimandi alle risorse digitali

Video — 1 ora e 10 minuti di video
Per esempio: *Coordinate geografiche*, pagina 170.

Animazione — 130 animazioni interattive
Per esempio: esercizi a pagina 231.

Listen to it — La lettura di 40 definizioni ed enunciati in inglese
Per esempio: *Cartesian coordinate*, pagina 166.

TUTOR matematica (risorsa riservata a chi ha acquistato l'edizione con tutor) — Oltre 520 esercizi interattivi in più
con suggerimenti teorici, video e animazioni per guidarti nel ripasso.

CAPITOLO 1
EQUAZIONI E DISEQUAZIONI

1 Disequazioni e princìpi di equivalenza

Le disuguaglianze sono enunciati fra espressioni che confrontiamo mediante le seguenti relazioni d'ordine:

$<$ (minore), $>$ (maggiore), $\leq$ (minore o uguale), $\geq$ (maggiore o uguale).

Per esempio:

$2 + 1 < 5, \quad 3a + 1 \geq b$.

 Listen to it

An **inequality** is a relation that compares two expressions, one greater than the other. If the expressions contain unknown quantities, we **solve the inequality** by finding the values for which the **inequality** holds.

> **DEFINIZIONE**
> Una **disequazione** è una disuguaglianza in cui compaiono espressioni letterali per le quali cerchiamo i valori di una o più lettere che rendono la disuguaglianza vera.

Le lettere per le quali si cercano valori sono le **incognite**. I valori delle incognite che rendono vera la disuguaglianza sono le **soluzioni** della disequazione.

Ci occuperemo, per il momento, di disequazioni a una sola incognita e cercheremo di determinare l'**insieme delle soluzioni** S nell'insieme $\mathbb{R}$ dei numeri reali.

> **ESEMPIO**
> La disequazione $5 - x > 0$ ha come insieme delle soluzioni $S = \{x \in \mathbb{R} \mid x < 5\}$, che indichiamo, per brevità, con $x < 5$.

Se una disequazione è scritta nella **forma normale** $P(x) > 0$, con $P(x)$ polinomio nell'incognita x ridotto in forma normale, il **grado della disequazione** è il grado di $P(x)$. Analoga definizione si ha per le disequazioni con $<, \leq, \geq$.

Una disequazione è **numerica** se nell'equazione non compaiono altre lettere oltre all'incognita. È **letterale** se invece contiene altre lettere, che possono anche essere chiamate *parametri*.

Una disequazione è **intera** se l'incognita compare soltanto nei numeratori delle eventuali frazioni presenti nella disequazione. Se invece l'incognita è contenuta nel denominatore di qualche frazione, allora la disequazione è **fratta**.

Paragrafo 1. Disequazioni e princìpi di equivalenza

> **ESEMPIO**
> La disequazione $\dfrac{2}{x+5} > 3x - 1$ è fratta e ha senso solo quando
>
> $x + 5 \neq 0 \rightarrow x \neq -5$
>
> perché non possono esistere frazioni con denominatore nullo. Diciamo anche che la sua condizione di esistenza è $x \neq -5$.

> **DEFINIZIONE**
> Le **condizioni di esistenza** di una disequazione sono le condizioni che le variabili devono soddisfare affinché tutte le espressioni scritte abbiano significato. Le indichiamo con C.E.

■ Intervalli

▶ Esercizi a p. 24

Spesso gli insiemi delle soluzioni delle disequazioni che studieremo sono particolari sottoinsiemi di $\mathbb{R}$ chiamati **intervalli**.

> **DEFINIZIONE**
> Dati due numeri reali a e b, con $a < b$, chiamiamo **intervallo limitato** l'insieme dei numeri reali x compresi fra a e b.
>
> Dato un numero reale a, chiamiamo **intervallo illimitato** l'insieme dei numeri reali x che precedono a, oppure l'insieme dei numeri reali x che seguono a.

Un intervallo è **chiuso** quando include i propri estremi, in caso contrario è **aperto**.

Distinguiamo i seguenti casi, dove rappresentiamo gli intervalli in tre modi diversi: con le disuguaglianze, mediante parentesi quadre o con una rappresentazione grafica.

Intervalli limitati

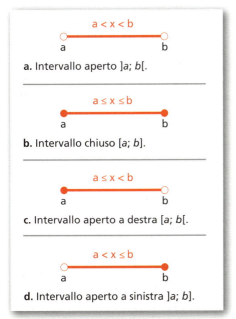

a. Intervallo aperto $]a; b[$.

b. Intervallo chiuso $[a; b]$.

c. Intervallo aperto a destra $[a; b[$.

d. Intervallo aperto a sinistra $]a; b]$.

Intervalli illimitati

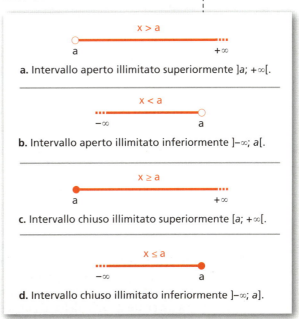

a. Intervallo aperto illimitato superiormente $]a; +\infty[$.

b. Intervallo aperto illimitato inferiormente $]-\infty; a[$.

c. Intervallo chiuso illimitato superiormente $[a; +\infty[$.

d. Intervallo chiuso illimitato inferiormente $]-\infty; a]$.

ESEMPIO

1. $\left[2; \dfrac{17}{5}\right]$, ossia $2 \leq x \leq \dfrac{17}{5}$, è un intervallo limitato chiuso; 2 è l'estremo inferiore, $\dfrac{17}{5}$ l'estremo superiore.

2. $]-\infty; 5[$, ossia $x < 5$, è un intervallo aperto illimitato inferiormente.

Disequazioni equivalenti

▶ Esercizi a p. 25

DEFINIZIONE
Due **disequazioni** sono **equivalenti** se hanno lo stesso insieme di soluzioni.

ESEMPIO
$x - 3 > 0$ e $x - 2 > 1$ sono disequazioni equivalenti perché hanno per soluzioni i valori dell'intervallo $x > 3$.

I **membri** di una disequazione sono le due espressioni che si trovano a sinistra (primo membro) e a destra (secondo membro) del segno di disuguaglianza.

Per l'equivalenza tra disequazioni valgono i seguenti princìpi.

Primo principio di equivalenza
Data una disequazione, si ottiene una disequazione a essa equivalente aggiungendo a entrambi i membri uno stesso numero o espressione.

▶ **a.** La disequazione $-x^2 > -7x^2$ è equivalente alla disequazione $6x^2 > 0$?
b. $-4x > 0$ è equivalente a $x > 4$?

ESEMPIO
La disequazione $x^2 - 3 < x$ è equivalente alla disequazione $x^2 - x - 3 < 0$, ottenuta sommando $-x$ a entrambi i membri.

Nell'esempio precedente, dopo l'applicazione del primo principio, il termine x scompare dal secondo membro e compare al primo con il segno cambiato.
Per questo, possiamo dire che **un termine può essere trasportato da un membro all'altro della disequazione cambiandogli il segno**.

Secondo principio di equivalenza
Data una disequazione, si ottiene una disequazione a essa equivalente:
- moltiplicando o dividendo entrambi i membri per uno stesso numero (o espressione) *positivo*.
- moltiplicando o dividendo entrambi i membri per un numero (o espressione) *negativo* e *cambiando il verso* della disuguaglianza.

In particolare, **se si cambia il segno di tutti i termini di una disequazione e si inverte il verso della disuguaglianza, si ottiene una disequazione equivalente**.

Questa operazione equivale a moltiplicare per -1 i due membri della disequazione e a invertire il verso della disuguaglianza.

Paragrafo 2. Disequazioni di primo grado

ESEMPIO

1. La disequazione $\frac{5x}{2} > 1$ è equivalente alla disequazione $5x > 2$. La seconda si ottiene dalla prima moltiplicando entrambi i membri per 2.

2. $-x^2 > -9$ è equivalente a $x^2 < 9$. La seconda disequazione si ottiene dalla prima moltiplicando entrambi i membri per -1 (ovvero cambiando il segno di tutti i termini) e invertendo il verso della disuguaglianza.

▶ **a.** La disequazione $(1-\sqrt{2})x > 1$ è equivalente alla disequazione $x > \frac{1}{1-\sqrt{2}}$?

b. $-6x > -8x$ è equivalente a $x > 0$?

2 Disequazioni di primo grado

▶ Esercizi a p. 25

Le disequazioni intere di primo grado possono sempre essere scritte in una delle seguenti forme, dopo aver opportunamente applicato i princìpi di equivalenza:

$$ax > b, \quad ax \geq b, \quad ax < b, \quad ax \leq b, \quad \text{con } a, b \in \mathbb{R}.$$

Risolvendo $ax > b$, otteniamo, a seconda dei valori di a:

- se $a > 0$, $x > \frac{b}{a}$;
- se $a = 0$, $0 \cdot x > b$ — se $b > 0$, $S = \emptyset$; se $b = 0$, $S = \emptyset$; se $b < 0$, $S = \mathbb{R}$;
- se $a < 0$, $x < \frac{b}{a}$.

Un ragionamento analogo vale anche per le altre tre disequazioni.
Risolviamo una disequazione numerica intera, applicando i princìpi di equivalenza:

$$2 + \frac{x}{4} \leq 1 + x \quad \to \quad \frac{x}{4} - x \leq 1 - 2 \quad \to \quad -\frac{3}{4}x \leq -1 \quad \to \quad x \geq \frac{4}{3}.$$

Un esempio di disequazione letterale è $ax - 1 \geq 2a$. Per risolverla occorre discutere le sue soluzioni al variare di a.

$$ax - 1 \geq 2a \quad \to \quad ax \geq 2a + 1 \begin{cases} \text{se } a > 0, \; x \geq \frac{2a+1}{a} \\ \text{se } a = 0, \; 0 \geq 1 \; \to \; \text{impossibile} \\ \text{se } a < 0, \; x \leq \frac{2a+1}{a} \end{cases}$$

Discutere le soluzioni di una disequazione letterale permette di ottenere le soluzioni di infinite disequazioni numeriche, quelle che si hanno sostituendo nella disequazione data valori particolari alla lettera (o alle lettere).

■ Studio del segno di un prodotto

ESEMPIO

Consideriamo la disequazione costituita da un prodotto di binomi di primo grado messo a confronto con il numero 0:

$$(x-1)(3x+2)(x+4) > 0.$$

Per risolverla **studiamo il segno** di ogni fattore e poi deduciamo quello del prodotto al variare di x.

Animazione

Nell'animazione, scomponendo in fattori e applicando lo stesso metodo, risolviamo anche:

$x^3 - 4x \leq 0$.

Capitolo 1. Equazioni e disequazioni

$$x - 1 > 0 \quad \rightarrow \quad x > 1$$
$$3x + 2 > 0 \quad \rightarrow \quad x > -\frac{2}{3}$$
$$x + 4 > 0 \quad \rightarrow \quad x > -4.$$

Rappresentiamo i risultati in uno schema grafico in cui indichiamo i segni dei fattori nei diversi intervalli e il segno del prodotto, ottenuto con la regola dei segni. Evidenziamo in giallo gli intervalli in cui la disequazione è verificata, cioè quelli in cui il prodotto risulta essere positivo. L'insieme delle soluzioni è:

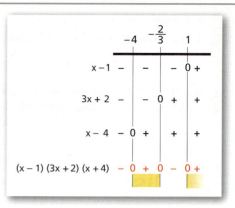

$$-4 < x < -\frac{2}{3} \quad \vee \quad x > 1.$$

▶ Risolvi la disequazione $x(4 - 2x)(x + 3) \leq 0$.

3 Disequazioni di secondo grado

■ Segno di un trinomio di secondo grado ▶ Esercizi a p. 28

Per studiare il segno di un trinomio di secondo grado $ax^2 + bx + c$, con $a \neq 0$, possiamo considerare la funzione $y = ax^2 + bx + c$ e utilizzare il suo grafico, che è una parabola.

ESEMPIO

Studiamo il segno del trinomio di secondo grado $2x^2 - 7x + 3$.
La funzione $y = 2x^2 - 7x + 3$ ha per grafico una parabola che ha la concavità rivolta verso l'alto e interseca l'asse x nei punti di ascissa $\frac{1}{2}$ e 3, perché:

$$2x^2 - 7x + 3 = 0 \rightarrow \Delta = 49 - 24 = 25 > 0, \, x = \frac{7 \pm 5}{4} \rightarrow x_1 = \frac{1}{2}, \, x_2 = 3.$$

Per $\frac{1}{2} < x < 3$, i punti del grafico hanno ordinata negativa; per $x < \frac{1}{2}$ o $x > 3$, hanno ordinata positiva.
Per lo studio del segno non servono altre informazioni relative alla parabola, quindi possiamo utilizzare lo schema semplificato della figura sotto e concludere che $2x^2 - 7x + 3$ è:

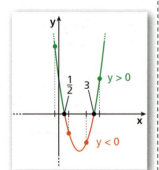

- negativo se $\frac{1}{2} < x < 3$;

- nullo se $x = \frac{1}{2} \vee x = 3$;

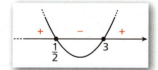

- positivo se $x < \frac{1}{2} \vee x > 3$.

Riassumiamo nella tabella le possibili posizioni di una parabola di equazione $y = ax^2 + bc + c$ rispetto all'asse x. x_1 e x_2 sono le radici dell'equazione associata $ax^2 + bx + c = 0$, cioè i valori per i quali il trinomio è nullo. I segni $+$ e $-$ indicano dove la parabola è sopra o sotto l'asse x, e quindi anche dove il trinomio è positivo o negativo.

Paragrafo 3. Disequazioni di secondo grado

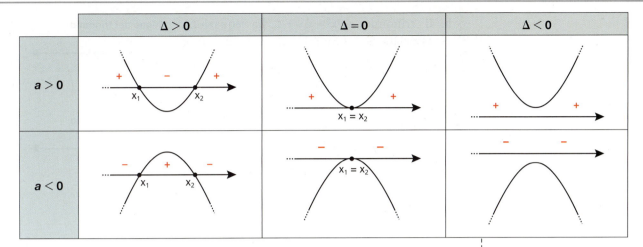

Chiamiamo **intervallo delle radici** l'intervallo dei valori compresi fra x_1 e x_2. Osserviamo i grafici nella prima colonna della tabella precedente, che si riferiscono al caso $\Delta > 0$. Per valori di x esterni all'intervallo delle radici:

- se $a > 0$, cioè ha segno $+$, anche il trinomio ha segno $+$;
- se $a < 0$, cioè ha segno $-$, anche il trinomio ha segno $-$;

quindi il trinomio assume sempre *segno concorde* con quello del primo coefficiente a per *valori esterni all'intervallo delle radici*.

Ragionando in modo analogo, otteniamo che, con $\Delta > 0$, il trinomio assume *segno discorde* da quello di a per *valori di x interni all'intervallo delle radici*.

Quindi, per formulare una regola che valga sia per $a > 0$ sia per $a < 0$, basta confrontare il segno del trinomio con quello di a per i valori interni o esterni all'intervallo delle radici.

Procedendo nello stesso modo anche nei casi $\Delta = 0$ e $\Delta < 0$, otteniamo il seguente schema, che possiamo utilizzare anche senza tracciare il grafico della parabola.

confronto dei segni di $ax^2 + bx + c$ e di a:

$\Delta > 0$

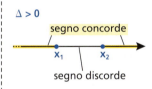

> **Segno di un trinomio di secondo grado**
> Quando l'equazione associata al trinomio $ax^2 + bx + c$, con $a \neq 0$, ha:
> - $\Delta > 0$, il trinomio e il coefficiente a hanno
>   - *segno concorde* per valori di x esterni all'intervallo delle radici;
>   - *segni discordi* per valori di x interni all'intervallo delle radici;
> - $\Delta = 0$, il trinomio e il coefficiente a hanno *segno concorde* per *tutti* i valori di x diversi dalla radice dell'equazione;
> - $\Delta < 0$, il trinomio e il coefficiente a hanno *segno concorde* per *ogni* valore reale di x.

$\Delta = 0$

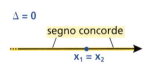

$\Delta < 0$

Facciamo alcuni esempi.

> **ESEMPIO**
> **a.** Il trinomio $-x^2 - x + 2$ ha equazione associata $-x^2 - x + 2 = 0$, con $\Delta > 0$ e $x_1 = -2$, $x_2 = 1$.

Segno del trinomio

b. Il trinomio $+9x^2 - 6x + 1$ ha equazione associata $9x^2 - 6x + 1 = 0$, con $\Delta = 0$ e $x_1 = x_2 = \frac{1}{3}$.

c. Il trinomio $-8x^2 + x - 3$ ha equazione associata $-8x^2 + x - 3 = 0$, con $\Delta < 0$ e nessuna radice reale.

Studio algebrico del segno

▶ **Animazione** | La regola che abbiamo ottenuto mediante interpretazione grafica, osservando le caratteristiche della parabola, può anche essere dimostrata con lo studio algebrico del segno, come proponiamo nell'animazione.

■ Risoluzione di una disequazione di secondo grado

▶ Esercizi a p. 29

La regola dello studio del segno di un trinomio di secondo grado è utile per risolvere una disequazione di secondo grado.

Possiamo seguire questo procedimento:
- portiamo la disequazione nella forma normale $ax^2 + bx + c > 0$ (o in quelle analoghe con $\geq$, $<$, $\leq$), dove per comodità scegliamo di avere $a > 0$;
- risolviamo l'equazione associata, determinando il segno del discriminante e le radici, quando esistono;
- applichiamo la regola dello studio del segno, individuando l'intervallo o gli intervalli in cui il trinomio è o positivo o negativo, a seconda della richiesta della disequazione.

Abbiamo scelto di portare sempre la disequazione nella forma con $a > 0$ perché, in questo modo, nella risoluzione, per studiare il segno del trinomio possiamo utilizzare solo parabole con la concavità rivolta verso l'alto.

Esaminiamo alcuni esempi. Nelle animazioni puoi vedere il segno dei trinomi in modo dinamico.

🇬🇧 Listen to it

To solve a **quadratic inequality**, just sketch some basic features of the **graph** of the associated quadratic function, as shown in the figures.

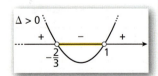

ESEMPIO

1. ▶ **Animazione** | $\Delta > 0$ Risolviamo la disequazione $3x^2 - x - 2 < 0$.

   L'equazione associata è $3x^2 - x - 2 = 0$, con $\Delta = 25 > 0$; le sue radici sono:
   $$x_1 = -\frac{2}{3}; \quad x_2 = 1.$$

   Il trinomio ha segno concorde con il coefficiente 3 di x^2 per valori esterni all'intervallo $\left[-\frac{2}{3}; 1\right]$, ha segno discorde per valori interni.

   La disequazione chiede che il trinomio sia negativo, quindi le soluzioni sono:
   $$-\frac{2}{3} < x < 1.$$

Paragrafo 4. Disequazioni di grado superiore al secondo

2. ☐ **Animazione** | $\Delta = 0$ Risolviamo la disequazione $x^2 - 4x + 4 > 0$.

   L'equazione associata $x^2 - 4x + 4 = 0$ ha $\Delta = 0$, con due soluzioni coincidenti:

   $x_1 = x_2 = 2$.

   Il trinomio ha segno concorde con il coefficiente 1 di x^2 per qualunque valore diverso da 2.

   La disequazione chiede che il trinomio sia positivo, quindi le soluzioni sono:

   $x \neq 2$.

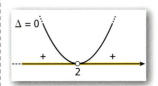

3. ☐ **Animazione** | $\Delta < 0$ Risolviamo la disequazione $2x^2 - x + 1 < 0$.

   L'equazione associata $2x^2 - x + 1 = 0$ ha $\Delta < 0$.

   Il trinomio ha segno concorde con il coefficiente 2 di x^2 per qualsiasi valore di x.

   La disequazione chiede che il trinomio sia negativo, quindi non è mai verificata.

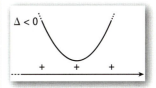

▶ Risolvi le seguenti disequazioni:
a. $2x^2 + 8x - 10 < 0$;
b. $2x^2 - 12x + 18 \geq 0$;
c. $4x^2 + 2x + 1 < 0$.

4 Disequazioni di grado superiore al secondo

▶ Esercizi a p. 35

Disequazioni risolvibili con scomposizioni in fattori

Dato un polinomio $P(x)$ di grado maggiore di 2, le disequazioni del tipo $P(x) < 0$ o $P(x) > 0$ sono di grado superiore al secondo e possono essere risolte scomponendo in fattori di primo e secondo grado il polinomio $P(x)$ e studiando il segno del prodotto di polinomi che si ottiene.

ESEMPIO ☐ **Animazione**

Risolviamo la disequazione $x^3 - 2x^2 - 5x + 6 > 0$.

Scomponiamo $x^3 - 2x^2 - 5x + 6$ in fattori mediante la regola di Ruffini.

Se sostituiamo nel polinomio i divisori del termine noto 6, scopriamo che 1 è uno zero del polinomio, che è quindi divisibile per $(x - 1)$.

Applichiamo la regola di Ruffini:

$$\begin{array}{c|ccc|c} & 1 & -2 & -5 & 6 \\ 1 & & 1 & -1 & -6 \\ \hline & 1 & -1 & -6 & 0 \end{array}$$

$x^3 - 2x^2 - 5x + 6 = (x - 1)(x^2 - x - 6)$.

La disequazione iniziale è equivalente a:

$(x - 1)(x^2 - x - 6) > 0$.

Esaminiamo il segno dei polinomi fattori e del prodotto:

$x - 1 > 0 \quad \rightarrow \quad x > 1$;

$x^2 - x - 6 > 0 \quad \rightarrow \quad x < -2 \lor x > 3$.

Dal quadro della figura ricaviamo che la disequazione è verificata per

$-2 < x < 1 \lor x > 3$.

▶ Risolvi la disequazione $x^3 + 3x^2 - 6x - 8 \leq 0$.

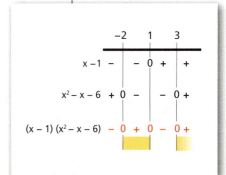

Capitolo 1. Equazioni e disequazioni

In particolari casi di disequazioni, possiamo utilizzare metodi specifici.

Disequazioni biquadratiche

Una **disequazione biquadratica** è riconducibile alla forma $ax^4 - bx^2 + c \gtreqless 0$, con $a \neq 0$.

> **ESEMPIO** Animazione
>
> Risolviamo $x^4 - 13x^2 + 36 \geq 0$.
>
> L'equazione associata $x^4 - 13x^2 + 36 = 0$ è un'*equazione biquadratica*, perché è nella forma $ax^4 + bx^2 + c = 0$, con $a \neq 0$. Introduciamo l'incognita ausiliaria z, poniamo $x^2 = z$ e risolviamo nell'incognita z:
>
> $$z^2 - 13z + 36 = 0 \quad \rightarrow \quad z_1 = 4, z_2 = 9.$$
>
> La disequazione iniziale è equivalente alla disequazione in z
>
> $$z^2 - 13z + 36 \geq 0;$$
>
> le cui soluzioni sono $z \leq 4 \lor z \geq 9$; da ciò, essendo $x^2 = z$:
>
> $$x^4 - 13x^2 + 36 \geq 0 \quad \text{per} \quad x^2 \leq 4 \lor x^2 \geq 9, \text{ ossia:}$$
>
> $$-2 \leq x \leq 2 \lor (x \leq -3 \lor x \geq 3).$$

▶ Risolvi $-x^4 - 6x^2 - 8 < 0$.

Disequazioni binomie

Una **disequazione binomia** può essere ricondotta alla forma $ax^n + b \gtreqless 0$, con $a \neq 0$ e n intero positivo.

> **ESEMPIO** Animazione
>
> Risolviamo $x^3 - 8 \leq 0$.
>
> L'equazione associata $x^3 - 8 = 0$ è un'*equazione binomia*, con esponente $n = 3$, dispari, perché è nella forma $ax^n + b = 0$, con $a \neq 0$ e n intero positivo. La sua soluzione è:
>
> $$x^3 = 8 \rightarrow x = \sqrt[3]{8} = 2.$$
>
> Ricordando che
>
> $$a^3 - b^3 = (a-b)(a^2 + ab + b^2),$$
>
> scriviamo $x^3 - 8 = (x-2)(x^2 + 2x + 4)$.
>
> Inoltre il trinomio $x^2 + 2x + 4$, che ha $\dfrac{\Delta}{4} = 1 - 4 < 0$, assume sempre segno positivo, allora il segno di $x^3 - 8$ dipende solo dal segno del fattore $(x-2)$.
>
> La disequazione è verificata per $x \leq 2$.

In generale, le disequazioni del tipo $\boldsymbol{x^n > a}$ e $\boldsymbol{x^n < a}$, con n dispari, si possono risolvere direttamente scrivendo $\boldsymbol{x > \sqrt[n]{a}}$ e $\boldsymbol{x < \sqrt[n]{a}}$.

▶ **a.** Risolvi $x^5 + 125 \leq 0$.
b. Risolvi $x^4 - 81 > 0$ e $x^4 + 81 > 0$, e confronta i risultati con il caso di esponente dispari di x.

Disequazioni trinomie

Una **disequazione trinomia** può essere ricondotta alla forma $ax^{2n} + bx^n + c = 0$, con $a \neq 0$ e n intero positivo.

> **ESEMPIO** Animazione
>
> Risolviamo $x^6 - 3x^3 + 2 > 0$.
>
> L'equazione associata $x^6 - 3x^3 + 2 = 0$ è un'*equazione trinomia*, perché è nella

forma $ax^{2n} + bx^n + c = 0$, con $a \neq 0$ e n intero positivo. Per risolverla, introduciamo l'incognita ausiliaria z e poniamo $x^3 = z$:

$$z^2 - 3z + 2 = 0 \quad \text{per} \quad z_1 = 1, z_2 = 2.$$

Procediamo come abbiamo fatto per la disequazione biquadratica.

La disequazione di sesto grado, nell'incognita x, è equivalente alla disequazione di secondo grado, nell'incognita ausiliaria z.

Ricaviamo:

$$z^2 - 3z + 2 > 0 \quad \text{per} \quad z < 1 \ \vee \ z > 2, \text{ da cui:}$$

$$x^6 - 3x^3 + 2 > 0 \quad \text{per} \quad x^3 < 1 \ \vee \ x^3 > 2, \text{ vale a dire:}$$

$$x < 1 \ \vee \ x > \sqrt[3]{2}.$$

▶ Risolvi $-x^{10} - x^5 + 2 \leq 0$.

5 Disequazioni fratte

▶ Esercizi a p. 38

Una disequazione è **fratta** se contiene l'incognita al denominatore. Può essere sempre trasformata in una disequazione del tipo

$$\frac{A(x)}{B(x)} > 0$$

o in altre analoghe con i diversi segni di disuguaglianza.

Per risolvere una disequazione fratta dobbiamo studiare il segno della frazione $\frac{A(x)}{B(x)}$, esaminando i segni di $A(x)$ e di $B(x)$. Dobbiamo imporre $B(x) \neq 0$ per la condizione di esistenza della frazione.

ESEMPIO Animazione

Risolviamo la disequazione $\frac{x^2 - 1}{2x^2 - 7x - 4} \geq 0$.

Il denominatore deve essere non nullo, perciò:

C.E.: $2x^2 - 7x - 4 \neq 0 \ \rightarrow \ x \neq -\frac{1}{2} \ \wedge \ x \neq 4$.

Studiamo il segno del numeratore:

$x^2 - 1 > 0 \ \rightarrow \ x < -1 \ \vee \ x > 1$.

Studiamo il segno del denominatore.

Le radici dell'equazione associata sono $-\frac{1}{2}$ e 4, quindi:

$2x^2 - 7x - 4 > 0 \ \rightarrow \ x < -\frac{1}{2} \ \vee \ x > 4$.

La frazione è uguale a 0 quando lo è il suo numeratore, mentre se il denominatore è uguale a 0 la frazione non esiste. In questo caso, nello schema, utilizziamo il simbolo $\nexists$.

MATEMATICA ED ECONOMIA
Made in... Negli ultimi anni i prodotti «made in China» hanno invaso il mercato mondiale e spinto gli altri Paesi a trovare nuove strategie per restare competitivi.

▶ Quando è più conveniente importare un bene dall'estero anziché produrlo?

 La risposta

Capitolo 1. Equazioni e disequazioni

	−1	−$\frac{1}{2}$	1	4
$x^2 - 1$	+ 0	−	− 0	+ +
$2x^2 - 7x - 4$	+	+ 0	−	− 0 +
$\dfrac{x^2 - 1}{2x^2 - 7x - 4}$	+ 0	− ∄	+ 0	− ∄ +

La disequazione fratta è verificata per:

$$x \leq -1 \quad \vee \quad -\frac{1}{2} < x \leq 1 \quad \vee \quad x > 4.$$

▶ Risolvi la disequazione
$\dfrac{x^2 - 4x}{x - 3} \leq 0.$

$[x \leq 0 \vee 3 < x \leq 4]$

6 Sistemi di disequazioni

▶ Esercizi a p. 41

DEFINIZIONE

Un **sistema di disequazioni** è un insieme di più disequazioni nella stessa incognita, per le quali cerchiamo le soluzioni comuni.

🇬🇧 **Listen to it**

To solve a **system of inequalities**, we have to find the values that satisfy all the inequalities involved.

Le **soluzioni** del sistema sono quei numeri reali che soddisfano *contemporaneamente* tutte le disequazioni e si ottengono dall'**intersezione** degli insiemi delle soluzioni dalle singole disequazioni.

ESEMPIO

Risolviamo il sistema:

$$\begin{cases} x^2 - x > 0 \\ 3x - 21 \leq 0 \\ x^2 - 4 < 0 \end{cases}$$

Risolvendo separatamente le disequazioni, otteniamo:

$x^2 - x > 0 \quad \rightarrow \quad x < 0 \ \vee \ x > 1;$

$3x - 21 \leq 0 \quad \rightarrow \quad x \leq 7;$

$x^2 - 4 < 0 \quad \rightarrow \quad -2 < x < 2.$

📺 **Animazione**

Nell'animazione, trovi la risoluzione delle tre disequazioni.

Rappresentiamo su una retta orientata gli intervalli delle soluzioni. Un pallino pieno indica che il relativo valore è una soluzione, un pallino vuoto che il valore non è una soluzione. Coloriamo la parte che rappresenta le soluzioni comuni alle tre disequazioni.

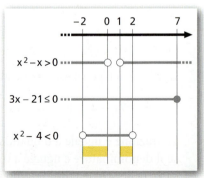

▶ Risolvi il sistema
$\begin{cases} x^2 - 2x - 3 < 0 \\ x^2 - 6x \geq 0 \end{cases}$

$[-1 < x \leq 0]$

Le soluzioni del sistema sono $-2 < x < 0 \vee 1 < x < 2$.

7. Equazioni e disequazioni con valori assoluti

Il **valore assoluto** di un numero è uguale al numero stesso se il numero è positivo o nullo, è l'opposto del numero se questo è negativo. In generale:

$$|x| = \begin{cases} x & \text{se } x \geq 0 \\ -x & \text{se } x < 0 \end{cases}.$$

ESEMPIO

$$|+5| = 5; \quad |0| = 0; \quad |-5| = 5.$$

Il *valore assoluto* di un numero è per definizione *sempre positivo o nullo*.

Elenchiamo alcune utili proprietà del valore assoluto:

1. $|x| = |-x| \quad \forall x \in \mathbb{R}$;
2. $|x \cdot y| = |x| \cdot |y| \quad \forall x, y \in \mathbb{R}$;
3. $\left|\dfrac{x}{y}\right| = \dfrac{|x|}{|y|} \quad \forall x, y \in \mathbb{R}, y \neq 0$;
4. $|x| = |y| \quad \leftrightarrow \quad x = \pm y \quad \forall x, y \in \mathbb{R}$;
5. $|x| \leq |y| \quad \leftrightarrow \quad x^2 \leq y^2 \quad \forall x, y \in \mathbb{R}$;
6. $\sqrt{x^2} = |x| \quad \forall x \in \mathbb{R}$.

■ Equazioni con valori assoluti

▶ Esercizi a p. 44

Risolviamo ora equazioni nelle quali compaiono valori assoluti dell'incognita, o di espressioni che la contengono.

Equazioni con un valore assoluto

ESEMPIO Animazione

Risolviamo l'equazione $|x - 5| = 3x - 1$.
Studiamo il segno dell'espressione all'interno del valore assoluto:

$$x - 5 \geq 0 \quad \rightarrow \quad x \geq 5.$$

Compiliamo uno schema grafico: il valore assoluto coincide con $x - 5$ quando $x - 5$ è positivo; è l'opposto di $x - 5$, ossia $-(x - 5)$, quando $x - 5$ è negativo.

Quindi $|x - 5| = \begin{cases} x - 5 & \text{se } x \geq 5 \\ -x + 5 & \text{se } x < 5 \end{cases}.$

L'equazione data diventa

$x - 5 = 3x - 1 \qquad \text{per } x \geq 5,$

$-x + 5 = 3x - 1 \qquad \text{per } x < 5.$

Capitolo 1. Equazioni e disequazioni

Questo significa che l'insieme delle soluzioni dell'equazione è l'**unione** degli insiemi delle soluzioni dei seguenti sistemi.

Primo sistema

$$\begin{cases} x \geq 5 \\ x - 5 = 3x - 1 \end{cases}$$

$$\begin{cases} x \geq 5 \\ -2x = 4 \to x = -2 \end{cases}$$

Secondo sistema

$$\begin{cases} x < 5 \\ -x + 5 = 3x - 1 \end{cases}$$

$$\begin{cases} x < 5 \\ -4x = -6 \to x = \dfrac{3}{2} \end{cases}$$

$x = -2$ non è accettabile perché non è maggiore o uguale a 5, mentre $x = \dfrac{3}{2}$ è accettabile perché minore di 5: l'equazione iniziale ha per soluzione $x = \dfrac{3}{2}$.

▶ Risolvi l'equazione $|2x+2|+x=1$.
$$\left[x=-\dfrac{1}{3} \lor x=-3\right]$$

Equazioni del tipo $|A(x)|=a$, con $a \in \mathbb{R}$

ESEMPIO Animazione

1. Risolviamo l'equazione $|3-x|=2$.

   Utilizziamo la proprietà **4** del valore assoluto:

   $|3-x|=2 \to |3-x|=|2| \to 3-x=\pm 2$, da cui:

   $3-x=2 \quad \lor \quad 3-x=-2$, cioè:

   $x=1 \quad \lor \quad x=5$.

2. L'equazione $|7+x|=-3$ non ha soluzioni perché il valore assoluto di un'espressione non può essere un numero negativo.

▶ Risolvi $|2x+5|=3$.
$$[x=-4 \lor x=-1]$$

In generale, $|A(x)|=a$:
se $a \geq 0$, è equivalente ad $A(x)=a \lor A(x)=-a$;
se $a < 0$, l'equazione non ha soluzioni.

Equazioni con più valori assoluti

Esaminiamo un esempio di equazione con più valori assoluti che risolviamo utilizzando alcune delle proprietà del valore assoluto che abbiamo elencato.

ESEMPIO Animazione

Risolviamo $\dfrac{2|x|}{|x+2|}=|x-1|$.

C.E.: $|x+2|=0 \to x \neq -2$.

Utilizziamo la proprietà **3**, letta da destra verso sinistra:

$$\dfrac{2|x|}{|x+2|} = 2\left|\dfrac{x}{x+2}\right| = \left|\dfrac{2x}{x+2}\right|.$$

Scriviamo questa espressione al primo membro dell'equazione e applichiamo la proprietà **4**:

$$\left|\dfrac{2x}{x+2}\right| = |x-1| \to \dfrac{2x}{x+2} = \pm(x-1).$$

Paragrafo 7. Equazioni e disequazioni con valori assoluti

Quindi dobbiamo risolvere due equazioni e considerare l'unione delle soluzioni:

$$\frac{2x}{x+2} = x - 1 \to x^2 - x - 2 = 0 \to x = -1 \lor x = 2;$$

$$\frac{2x}{x+2} = -x + 1 \to x^2 + 3x - 2 = 0 \to x = \frac{-3 \pm \sqrt{17}}{2}.$$

Tutti i valori ottenuti soddisfano le C.E., quindi le soluzioni dell'equazione iniziale sono:

$$x_1 = -1, \ x_2 = 2, \ x_3 = \frac{-3 - \sqrt{17}}{2}, \ x_4 = \frac{-3 + \sqrt{17}}{2}.$$

▶ Risolvi $\dfrac{|x|}{|x+4|} = 2$.

$$\left[x = -\frac{8}{3} \lor x = -8 \right]$$

■ Disequazioni con valori assoluti

▶ Esercizi a p. 46

Disequazioni con un valore assoluto

Per le disequazioni con un valore assoluto si procede come per le equazioni.

ESEMPIO Animazione

Risolviamo la disequazione $|x - 4| > -2x + 1$.

Studiamo il segno dell'espressione all'interno del valore assoluto:

$$x - 4 \geq 0 \ \to \ x \geq 4.$$

Quindi: $|x - 4| = \begin{cases} x - 4 & \text{se } x \geq 4 \\ -x + 4 & \text{se } x < 4 \end{cases}$.

La disequazione ha per soluzioni l'unione delle soluzioni di due sistemi.

Primo sistema

$$\begin{cases} x \geq 4 \\ x - 4 > -2x + 1 \to x > \frac{5}{3} \end{cases}$$

Secondo sistema

$$\begin{cases} x < 4 \\ -x + 4 > -2x + 1 \to x > -3 \end{cases}$$

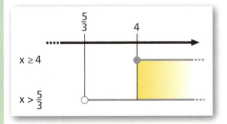
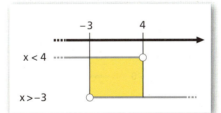

Soluzioni: $x \geq 4$.

Soluzioni: $-3 < x < 4$.

Le soluzioni della disequazione sono quindi:

$$-3 < x < 4 \ \lor \ x \geq 4 \ \to \ x > -3.$$

▶ Risolvi
$|3x + 6| \geq 9 + 2x$.

$$[x \leq -3 \lor x \geq 3]$$

Disequazioni del tipo $|A(x)| < k$, con $k > 0$

ESEMPIO Animazione

Risolviamo la disequazione $|x| < 10$.
Dobbiamo risolvere i seguenti sistemi e poi unire le soluzioni trovate.

Primo sistema

$$\begin{cases} x \geq 0 \\ x < 10 \end{cases}$$

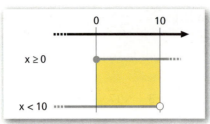

Soluzioni: $0 \leq x < 10$.

Secondo sistema

$$\begin{cases} x < 0 \\ -x < 10 \to x > -10 \end{cases}$$

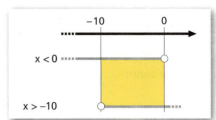

Soluzioni: $-10 < x < 0$.

Uniamo le soluzioni dei due sistemi e otteniamo le soluzioni della disequazione:

$$-10 < x < 0 \lor 0 \leq x < 10 \to -10 < x < 10.$$

In generale, con lo stesso procedimento, se $A(x)$ è una qualsiasi espressione contenente x, si ricava che

$|A(x)| < k$, con $k > 0$, è equivalente a:

$-k < A(x) < k$ ossia al sistema $\begin{cases} A(x) > -k \\ A(x) < k \end{cases}$.

ESEMPIO Animazione

Risolviamo la disequazione $|x^2 - 9| < 7$.

Essa è equivalente a $-7 < x^2 - 9 < 7$, ossia al sistema $\begin{cases} -7 < x^2 - 9 \\ x^2 - 9 < 7 \end{cases}$.

Risolviamolo:

$$\begin{cases} x^2 - 2 > 0 \\ x^2 - 16 < 0 \end{cases} \to \begin{cases} x < -\sqrt{2} \lor x > \sqrt{2} \\ -4 < x < 4 \end{cases}$$

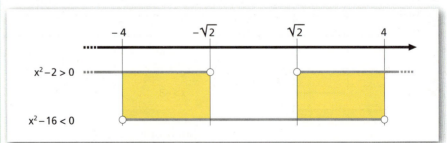

Le soluzioni della disequazione sono:

$$-4 < x < -\sqrt{2} \quad \lor \quad \sqrt{2} < x < 4.$$

▶ Risolvi

$\dfrac{3 - |x - 1|}{|x^2 - 16|} \geq 0$.

Animazione

Disequazioni del tipo $|A(x)| > k$, con $k > 0$

ESEMPIO Animazione

Risolviamo la disequazione $|x| > 8$.
Cerchiamo le soluzioni dei seguenti sistemi.

Primo sistema

$\begin{cases} x \geq 0 \\ x > 8 \end{cases}$

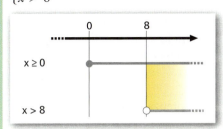

Soluzioni: $x > 8$.

Secondo sistema

$\begin{cases} x < 0 \\ -x > 8 \to x < -8 \end{cases}$

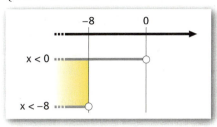

Soluzioni: $x < -8$.

L'unione delle soluzioni dei due sistemi dà le soluzioni della disequazione:

$x < -8 \ \lor \ x > 8$.

In generale, con lo stesso procedimento, si ricava che:

$|A(x)| > k$, con $k > 0$, è equivalente ad $A(x) < -k \ \lor \ A(x) > k$.

ESEMPIO ☐ Animazione

Risolviamo la disequazione $|x^2 - x| > 6$.
Per farlo, dobbiamo risolvere le seguenti disequazioni.

Prima disequazione

$x^2 - x < -6$

$x^2 - x + 6 < 0$

Nell'equazione associata
$x^2 - x + 6 = 0$ è $\Delta = 1 - 24 < 0$;
la disequazione non è mai verificata.

Seconda disequazione

$x^2 - x > 6$

$x^2 - x - 6 > 0$

Nell'equazione associata
$x^2 - x - 6 = 0$ è $\Delta = 25$;
le radici sono -2 e 3.
La disequazione è verificata per:

$x < -2 \ \lor \ x > 3$.

Le soluzioni della disequazione iniziale sono date dall'unione delle soluzioni delle due disequazioni e, in questo caso, coincidono con quelle della seconda disequazione: $x < -2 \ \lor \ x > 3$.

▶ Risolvi $|x^2 - 1| > 3$.
$[x < -2 \lor x > 2]$

8 Equazioni e disequazioni irrazionali

Un'**equazione** o **disequazione** è **irrazionale** se in essa ci sono radicali contenenti l'incognita.

■ Equazioni irrazionali

▶ Esercizi a p. 50

🇬🇧 **Listen to it**

An equation or an inequality is irrational if it involves one or more radical expressions containing an unknown variable.

Consideriamo l'equazione del tipo $\sqrt[n]{A(x)} = B(x)$, con $n \in \mathbb{N}$ e $n \geq 2$.

- Se n è *dispari*, l'equazione si risolve elevando alla potenza n-esima entrambi i membri, cioè:

$\sqrt[n]{A(x)} = B(x)$ è equivalente ad $A(x) = [B(x)]^n$ (se n è dispari).

Video

Caccia all'errore Fabio, Elena e Christian hanno risolto tre equazioni irrazionali, ma tutti e tre non hanno trovato il risultato.

▶ Dov'è l'errore?

- Se n è *pari*, è necessario porre alcune condizioni.
  La condizione di esistenza del radicale:

  $A(x) \geq 0$.

  La condizione di concordanza di segno per $B(x)$: un radicale con indice pari è sempre uguale a un numero positivo o nullo, quindi nell'uguaglianza deve essere positivo o nullo anche il secondo membro. Abbiamo allora:

  $B(x) \geq 0$.

Per risolvere l'equazione, eleviamo poi alla potenza n-esima entrambi i membri.

In sintesi, se n è pari, l'equazione $\sqrt[n]{A(x)} = B(x)$ è equivalente al sistema:
$$\begin{cases} A(x) \geq 0 \\ B(x) \geq 0 \\ A(x) = [B(x)]^n \end{cases}.$$

ESEMPIO

1. Risolviamo $\sqrt[3]{4 + x - x^3} = -x$.

   Poiché $n = 3$ è dispari, l'equazione è equivalente a

   $4 + x - x^3 = -x^3 \rightarrow 4 + x = 0 \rightarrow x = -4$.

   La soluzione è $x = -4$.

Animazione

Nell'animazione c'è anche la verifica relativa alle soluzioni delle due disequazioni.

2. Risolviamo $\sqrt{2x^2 + x + 4} = 2x - 1$.

   Poiché $n = 2$ è pari, l'equazione è equivalente al sistema:

   $$\begin{cases} 2x^2 + x + 4 \geq 0 \\ 2x - 1 \geq 0 \\ 2x^2 + x + 4 = (2x - 1)^2 \end{cases} \rightarrow \begin{cases} \forall x \in \mathbb{R} \\ x \geq \frac{1}{2} \\ 2x^2 + x + 4 = 4x^2 - 4x + 1 \end{cases}$$

   $$\begin{cases} x \geq \frac{1}{2} \\ 2x^2 - 5x - 3 = 0 \end{cases} \rightarrow \begin{cases} x \geq \frac{1}{2} \\ x = -\frac{1}{2} \lor x = 3 \end{cases}.$$

   Il valore $x = -\frac{1}{2}$ non soddisfa la disequazione del sistema, per cui non è accettabile, mentre $x = 3$ soddisfa la disequazione, quindi è la soluzione del sistema e dell'equazione irrazionale.

▶ Risolvi l'equazione
$\sqrt[3]{x^3 - x} = x - 1$.

$\left[x = \frac{1}{3} \lor x = 1 \right]$

■ Disequazioni irrazionali

▶ Esercizi a p. 52

Esaminiamo disequazioni del tipo $\sqrt[n]{A(x)} < B(x)$ oppure $\sqrt[n]{A(x)} > B(x)$, con $n \in \mathbb{N}$ e $n \geq 2$.

Indice dispari

Se n è *dispari*, sia la prima sia la seconda disequazione si risolvono elevando alla potenza n-esima entrambi i membri, ottenendo così una disequazione equivalente a quella data, cioè:

se n è dispari,

$\sqrt[n]{A(x)} < B(x)$ è equivalente a $A(x) < [B(x)]^n$;

$\sqrt[n]{A(x)} > B(x)$ è equivalente a $A(x) > [B(x)]^n$.

ESEMPIO Animazione

Risolviamo $\sqrt[3]{-1 + 7x} \leq x - 1$.

Eleviamo al cubo i due membri e svolgiamo i calcoli:

$$\sqrt[3]{-1 + 7x} \leq x - 1 \to -1 + 7x \leq (x-1)^3 \to x^3 - 3x^2 - 4x \geq 0.$$

Scomponiamo in fattori:

$$x^3 - 3x^2 - 4x \geq 0 \to x(x^2 - 3x - 4) \geq 0 \to x(x-4)(x+1) \geq 0.$$

Studiamo il segno dei tre fattori e del prodotto.

$x > 0$

$x - 4 > 0 \to x > 4$

$x + 1 > 0 \to x > -1$

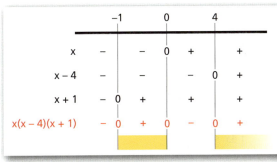

La disequazione è verificata per:

$-1 \leq x \leq 0 \vee x \geq 4$.

▶ Risolvi $\sqrt[3]{4x^2 + 5x} \leq x$.

$[-1 \leq x \leq 0 \vee x \geq 5]$

Indice pari

Se n è *pari*, consideriamo il caso $n = 2$ e teniamo conto della seguente proprietà.

Se a e b sono due numeri reali positivi o nulli, la relazione di disuguaglianza che c'è fra i due numeri è la stessa che c'è fra i loro quadrati:

$\forall\, a, b \geq 0: \quad a < b \quad \leftrightarrow \quad a^2 < b^2$.

Per esempio:

$5 > 3 \quad \leftrightarrow \quad 5^2 > 3^2$.

La relazione può non essere valida se i due numeri non sono entrambi positivi o nulli.

Per esempio: $-5 < 3$ ma non è vero che $25 < 9$.

Disequazioni del tipo $\sqrt{A(x)} < B(x)$

Data la disequazione $\sqrt{A(x)} < B(x)$, per risolverla, dobbiamo porre la condizione di esistenza del radicale:

$A(x) \geq 0$.

Inoltre, poiché il radicale quadratico è un numero positivo o nullo, perché sia vera la disuguaglianza deve essere:

$B(x) > 0$.

Capitolo 1. Equazioni e disequazioni

Poste queste due condizioni, i due membri della disequazione sono entrambi positivi o nulli, quindi, per la proprietà esaminata in precedenza, possiamo elevarli al quadrato, ottenendo la relazione:

$A(x) < [B(x)]^2$.

In sintesi, la disequazione $\sqrt{A(x)} < B(x)$ è equivalente al sistema:
$$\begin{cases} A(x) \geq 0 \\ B(x) > 0 \\ A(x) < [B(x)]^2 \end{cases}.$$

ESEMPIO Animazione

Risolviamo la disequazione $\sqrt{x^2 + 2x - 15} < x - 1$.
Essa è equivalente al sistema:
$$\begin{cases} x^2 + 2x - 15 \geq 0 \\ x - 1 > 0 \\ x^2 + 2x - 15 < (x-1)^2 \end{cases}$$

$$\begin{cases} x \leq -5 \ \lor \ x \geq 3 \\ x > 1 \\ 4x < 16 \end{cases} \rightarrow \begin{cases} x \leq -5 \ \lor \ x \geq 3 \\ x > 1 \\ x < 4 \end{cases}.$$

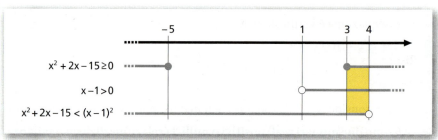

Le soluzioni del sistema, e quindi della disequazione, sono $3 \leq x < 4$.

Se la disequazione ha il segno $\leq$, ossia è del tipo $\sqrt{A(x)} \leq B(x)$, dobbiamo risolvere il sistema:
$$\begin{cases} A(x) \geq 0 \\ B(x) \geq 0 \\ A(x) \leq [B(x)]^2 \end{cases}$$

▶ Risolvi
$\sqrt{x^2 - 9} \leq 4 - x$.

 Animazione

Disequazioni del tipo $\sqrt{A(x)} > B(x)$

Anche per una disequazione del tipo $\sqrt{A(x)} > B(x)$ poniamo la condizione di esistenza del radicale:

$A(x) \geq 0$.

Dobbiamo poi risolvere due sistemi, distinguendo il caso in cui $B(x)$ è minore di 0 e quello in cui è maggiore o uguale a 0.

Paragrafo 8. Equazioni e disequazioni irrazionali

- Se $B(x) < 0$, la disequazione iniziale è senz'altro soddisfatta, perché il secondo membro che è negativo deve essere minore del primo, che è positivo o nullo. Quindi una parte delle soluzioni della disequazione irrazionale è data da un primo sistema:

$$\begin{cases} A(x) \geq 0 \\ B(x) < 0 \end{cases}$$

- Se $B(x) \geq 0$, entrambi i membri della disuguaglianza sono positivi o nulli, quindi, se li eleviamo al quadrato, otteniamo una disuguaglianza con lo stesso verso:

$A(x) > [B(x)]^2$.

Osserviamo che se è verificata questa relazione, $A(x)$, essendo maggiore di un quadrato, è certamente positivo: la condizione di esistenza del radicale, $A(x) \geq 0$, è superflua. Otteniamo pertanto le restanti soluzioni della disequazione iniziale da un secondo sistema:

$$\begin{cases} B(x) \geq 0 \\ A(x) > [B(x)]^2 \end{cases}$$

In sintesi, l'insieme delle soluzioni della disequazione $\sqrt{A(x)} > B(x)$ è l'unione delle soluzioni dei due sistemi:

$$\begin{cases} A(x) \geq 0 \\ B(x) < 0 \end{cases} \quad \vee \quad \begin{cases} B(x) \geq 0 \\ A(x) > [B(x)]^2 \end{cases}$$

ESEMPIO Animazione

Risolviamo la disequazione $\sqrt{x-1} > x - 3$.

Otteniamo:

$$\begin{cases} x - 1 \geq 0 \\ x - 3 < 0 \end{cases} \quad \vee \quad \begin{cases} x - 3 \geq 0 \\ x - 1 > (x-3)^2 \end{cases}$$

$$\begin{cases} x \geq 1 \\ x < 3 \end{cases} \quad \vee \quad \begin{cases} x \geq 3 \\ x^2 - 7x + 10 < 0 \rightarrow 2 < x < 5 \end{cases}$$

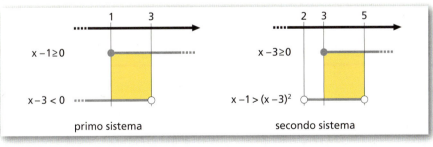

primo sistema   secondo sistema

Il primo sistema ha come soluzioni $1 \leq x < 3$, il secondo $3 \leq x < 5$. L'unione dei due intervalli dà l'insieme delle soluzioni della disequazione:

$1 \leq x < 5$.

▶ Risolvi

$\sqrt{x^2 + x - 2} \geq 2 - x$.

Animazione

▶ Risolvi

$\sqrt{1 + x^2} \leq \sqrt[3]{x^3 + 1}$.

Animazione

Capitolo 1. Equazioni e disequazioni

IN SINTESI
Equazioni e disequazioni

■ Disequazioni e princìpi di equivalenza

- **Disequazione**: è una disuguaglianza fra due espressioni letterali per la quale si cercano i valori di una o più lettere (le **incognite**) che la rendono vera.
  Tali valori sono le **soluzioni** della disequazione.

- **Princìpi di equivalenza**
  Data una disequazione, si ottiene una a essa equivalente:
  - aggiungendo a entrambi i membri uno stesso numero (o espressione);
  - moltiplicando o dividendo entrambi i membri per uno stesso numero (o espressione) *positivo*;
  - moltiplicando o dividendo entrambi i membri per uno stesso numero (o espressione) *negativo* e *cambiando il verso* della disuguaglianza.

■ Disequazioni di primo grado

Risoluzione della **disequazione di primo grado intera** $ax > b$:

- se $a > 0$, $\quad x > \dfrac{b}{a}$;

- se $a = 0$, $\quad 0 \cdot x > b \begin{cases} \text{se } b \geq 0, & \nexists x \in \mathbb{R}; \\ \text{se } b < 0, & \forall x \in \mathbb{R}; \end{cases}$

- se $a < 0$, $\quad x < \dfrac{b}{a}$.

■ Disequazioni di secondo grado

- **Disequazione intera di secondo grado**: può essere ricondotta alla forma normale

  $$ax^2 + bx + c > 0, \quad \text{con} \quad a > 0,$$

  o alle analoghe che si ottengono con i segni $<$, $\leq$ o $\geq$.

- Per risolverla consideriamo l'*equazione associata* $ax^2 + bx + c = 0$, di cui chiamiamo x_1 e x_2 le soluzioni (quando esistono).

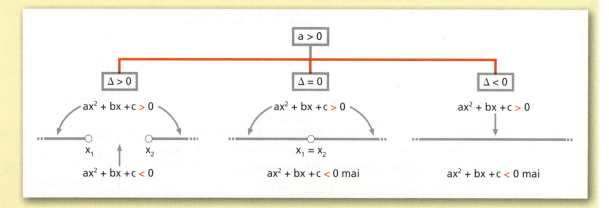

22

In sintesi

■ Disequazioni di grado superiore al secondo e disequazioni fratte

- Una disequazione del tipo $P(x) > 0$, con $P(x)$ polinomio di grado maggiore di 2, può essere risolta scomponendo in fattori di primo e secondo grado il polinomio $P(x)$ e **studiando il segno** del prodotto.
- Analogamente, per risolvere una **disequazione fratta** del tipo

$$\frac{A(x)}{B(x)} > 0, \text{ posto } B(x) \neq 0,$$

dobbiamo studiare il segno della frazione $\frac{A(x)}{B(x)}$.

■ Sistemi di disequazioni

Sistema di disequazioni: è un insieme di più disequazioni nella stessa incognita, per le quali cerchiamo le soluzioni comuni.

■ Equazioni e disequazioni con valori assoluti

- Per risolvere **equazioni** o **disequazioni con il valore assoluto** di espressioni contenenti l'incognita, si esamina il segno di ogni espressione che sia all'interno di un valore assoluto.
- L'equazione $|A(x)| = a$ non ha soluzione se $a < 0$, altrimenti si risolve ponendo $A(x) = \pm a$.
- La disequazione $|A(x)| < k$, con $k > 0$, è equivalente a $-k < A(x) < k$, ossia al sistema:

$$\begin{cases} A(x) > -k \\ A(x) < k \end{cases}.$$

- Le soluzioni della disequazione $|A(x)| > k$, con $k > 0$, sono date dall'unione delle soluzioni di $A(x) < -k$ e di $A(x) > k$.

■ Equazioni e disequazioni irrazionali

Un'**equazione** o **disequazione** è **irrazionale** se contiene radicali con l'incognita nel radicando.

Equazioni irrazionali	
L'equazione	**equivale a**
$\sqrt[n]{A(x)} = B(x)$	• $A(x) = [B(x)]^n$ se n è dispari • $\begin{cases} A(x) \geq 0 \\ B(x) \geq 0 \\ A(x) = [B(x)]^n \end{cases}$ se n è pari

Disequazioni irrazionali	
La disequazione	**equivale a**
$\sqrt[n]{A(x)} < B(x)$	• $A(x) < [B(x)]^n$ se n è dispari • $\begin{cases} A(x) \geq 0 \\ B(x) > 0 \\ A(x) < [B(x)]^n \end{cases}$ se n è pari
$\sqrt[n]{A(x)} > B(x)$	• $A(x) > [B(x)]^n$ se n è dispari • $\begin{cases} B(x) < 0 \\ A(x) \geq 0 \end{cases} \vee \begin{cases} B(x) \geq 0 \\ A(x) > [B(x)]^n \end{cases}$ se n è pari

CAPITOLO 1
ESERCIZI

1 Disequazioni e princìpi di equivalenza

1 **FAI UN ESEMPIO** di disequazione:
  a. numerica intera di quarto grado;
  b. numerica fratta con C.E.: $x \neq 2$.

Indica per ogni disequazione quali dei valori proposti sono soluzioni.

2 $2x - 4 > 3x$; $-5; -1; 0; 3$.

3 $6a - 2 \leq a + 3$; $-1; 0; 1; 2$.

Intervalli
▶ Teoria a p. 3

Stabilisci se i seguenti insiemi sono intervalli e, in caso affermativo, stabilisci se sono aperti o chiusi. Rappresentali sulla retta orientata e utilizzando la notazione con le parentesi quadre.

4 $\{x \mid x \in \mathbb{R}; 3 \leq x \leq 7\}$

7 $\{x \mid x \in \mathbb{R}; x \geq 7\}$

5 $\{x \mid x \in \mathbb{R}; -5 \leq x < 8\}$

8 $\{x \mid x \in \mathbb{R}; -3 < x < -2\}$

6 $\{7, 9\}$

9 $\{x \mid x \in \mathbb{R}; x < 5\}$

Rappresenta i seguenti intervalli (o unioni di intervalli) mediante disuguaglianze e parentesi quadre.

10

14

11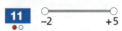

15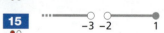

12

16 4

13 −3

17 2   6

18 **VERO O FALSO?**
  a. L'intervallo $]2; 10]$ comprende tutti i numeri maggiori di 2 e minori di 10, estremi esclusi.   V F
  b. L'intervallo $]-\infty; 4]$ comprende tutti i numeri minori o uguali a 4.   V F
  c. Un intervallo limitato è chiuso se sono compresi i due estremi.   V F
  d. L'insieme dei numeri minori di -5 o maggiori di 7 è l'unione di due intervalli.   V F

Scrivi i seguenti intervalli con le disuguaglianze e con le parentesi quadre. Indica tutti i numeri reali che sono:

19 compresi tra -2 e 9, estremi inclusi.

22 positivi e minori o uguali a 4.

20 compresi tra $-\frac{1}{2}$ e 2, estremi esclusi.

23 maggiori di $\frac{12}{5}$.

21 compresi tra -4 e 5, con -4 incluso e 5 escluso.

24 minori o uguali a -3 o maggiori di 1.

Paragrafo 2. Disequazioni di primo grado

Disequazioni equivalenti
▶ Teoria a p. 4

25 **ASSOCIA** ogni disequazione a quella a essa equivalente.

a. $5x - 10 > 0$ b. $3x + 3 > -3$ c. $20 - 10x > 0$ d. $5x > 2x$

1. $x > 0$ 2. $x > 2$ 3. $x < 2$ 4. $x > -2$

Risolvi le seguenti disequazioni, applicando il primo o il secondo principio di equivalenza. Per ogni passaggio indica quale principio hai applicato.

26 $x - 5 < 7;$ $2x > 10;$ $-3x < 4.$ **28** $9 < -3x;$ $12x > 4x;$ $\frac{1}{3}x > 2.$

27 $2x > x + 3;$ $9 > x + 1;$ $3x + 2 < 1 + 2x.$ **29** $5x - 7 < 6x;$ $\frac{9}{2}x > 1;$ $12x - 4 < 7.$

2 Disequazioni di primo grado
▶ Teoria a p. 5

Disequazioni numeriche intere

30 **VERO O FALSO?**

a. La disequazione $-2x < 6$ ha per soluzione $x < -3$.   V F

b. La disequazione $5x - 1 > 0$ ha per soluzione .   V F

c. L'intervallo $[2; +\infty[$ è soluzione di $7x - 3 > 11$.   V F

d. La disequazione $0x > -3$ è verificata $\forall x \in \mathbb{R}$.   V F

31 **ASSOCIA** ogni disequazione alle sue soluzioni.

a. $x > x + 1$ b. $a + 2 \geq a + 2$ c. $-4x < 0$ d. $a < -a$

1.   2. $\emptyset$ 3. $\mathbb{R}$ 4.

32 **RIFLETTI SULLA TEORIA** Gabriele risolve la disequazione $(1 - \sqrt{3})x > 2$ ottenendo $x > \frac{2}{1 - \sqrt{3}}$. Alice non è d'accordo. Perché?

33 **ESERCIZIO GUIDA** Risolviamo la seguente disequazione numerica intera:

$$\left(\frac{x}{2} + 1\right)^2 + (x-4)(x+4) > -\frac{2x + 14}{2} + \frac{5}{4}x^2.$$

Eliminiamo le parentesi svolgendo i calcoli: $\frac{x^2}{4} + x + 1 + x^2 - 16 > -\frac{2x + 14}{2} + \frac{5}{4}x^2$.

Eliminiamo i denominatori, moltiplicando entrambi i membri per 4 (secondo principio di equivalenza):

$x^2 + 4x + 4 + 4x^2 - 64 > -4x - 28 + 5x^2$.

Trasportiamo i termini con l'incognita al primo membro e i termini noti al secondo membro (primo principio di equivalenza):

$\cancel{5x^2} + 4x + 4x - \cancel{5x^2} > -28 + 60$

$8x > 32 \rightarrow x > 4$.

L'intervallo delle soluzioni è $]4; +\infty[$.

Capitolo 1. Equazioni e disequazioni

Risolvi le seguenti disequazioni numeriche intere.

34 $5x - 8 > 3x - 6$ $\qquad [x > 1]$

35 $7x - 3 + 5(-2x + 1) < 3x - 7$ $\qquad \left[x > \dfrac{3}{2}\right]$

36 $x > \dfrac{4 + x}{-3}$ $\qquad [x > -1]$

37 $(1 - x)^2 \leq (x + 3)^2$ $\qquad [x \geq -1]$

38 $(x - \sqrt{2})(x + \sqrt{2}) \geq x(x - 6)$ $\qquad \left[x \geq \dfrac{1}{3}\right]$

39 $\dfrac{x - 2}{\sqrt{2} - \sqrt{3}} > \dfrac{4}{\sqrt{2} - \sqrt{3}}$ $\qquad [x < 6]$

40 $-\dfrac{1}{2} + 5(x + 1) > 2\left(\dfrac{13}{5} + x\right) + \dfrac{1}{2}$ $\qquad \left[x > \dfrac{2}{5}\right]$

41 $\dfrac{3x + 5}{2} - \dfrac{8x - 5}{7} < \dfrac{x - 1}{14}$ $\qquad \left[x < -\dfrac{23}{2}\right]$

42 $\dfrac{3 - x^2}{2} + 7\left(\dfrac{1}{2} + x\right) < \dfrac{1}{2}(8 - x^2)$ $\qquad \left[x < -\dfrac{1}{7}\right]$

43 $x(x - 2) > (x - 1)^2 + 2$ $\qquad [\nexists x \in \mathbb{R}]$

44 $(x - 3)(x + 3) - \dfrac{1}{2}(3 - 2x) + 1 - 7\left(\dfrac{3}{2} + \dfrac{1}{7}x^2\right) < 0$ $\qquad [x < 20]$

45 $(x - 3)^2 + 3(3x + 4) > (x + 6)(x + 3) + 12$ $\qquad \left[x < -\dfrac{3}{2}\right]$

46 $\dfrac{x + 4}{12} - \dfrac{x + 2}{8} + \dfrac{5}{24}(x - 1) > \dfrac{x - 1}{4} - \dfrac{x - 6}{24}$ $\qquad [x < -3]$

47 $x^2 + 3(x + 1) > (x + 3)^2 - 3(x + 2)$ $\qquad [\nexists x \in \mathbb{R}]$

48 $\dfrac{3x - 2}{5} + \dfrac{5x - 6}{15} + \dfrac{x - 3}{10} - \dfrac{x - 3}{30} \geq 0$ $\qquad [x \geq 1]$

49 $\dfrac{x}{3 - \sqrt{5}} + \dfrac{2 - x}{3 + \sqrt{5}} + 1 > -\dfrac{2\sqrt{5}}{(3 - \sqrt{5})(3 + \sqrt{5})}$ $\qquad [x > -\sqrt{5}]$

50 $(x - \sqrt{2})^2 - (x + \sqrt{2})^2 < \sqrt{2}(-4x + \sqrt{2})$ $\qquad [\forall x \in \mathbb{R}]$

REALTÀ E MODELLI

51 Che colazione! Quanti biscotti può mangiare al massimo Carolina, insieme al latte, per non superare le 650 kcal?

[4]

1 biscotto 60 kcal

250 ml latte 380 kcal

52 Sollevamento pesi In una macchina da palestra, un sistema di leve fa sì che lo sforzo compiuto equivalga a sollevare un peso pari all'88% di quello effettivamente posizionato sulla macchina. Sapendo che il carico può essere variato a passi di 1 kg, quale carico bisogna mettere sull'attrezzo per compiere uno sforzo pari al sollevamento di almeno 70 kg?

[carico ≥ 80 kg]

Paragrafo 2. Disequazioni di primo grado

Disequazioni letterali intere

53 **VERO O FALSO?**

a. La disequazione $ax > a$ ha come soluzione $x > 1$. V F
b. La disequazione $(a-1)x > 1$, se $a < 1$, ha come soluzione $x < \dfrac{1}{a-1}$. V F
c. La disequazione $b(x+1) \geq 0$ è equivalente a $x+1 \geq 0$ se $b \neq 0$. V F
d. La disequazione $k^2 x < 2$ è equivalente a $x < \dfrac{2}{k^2}$ se $k \neq 0$. V F

54 **ESERCIZIO GUIDA** Risolviamo la disequazione letterale intera $(x+a)^2 - (x-a)(x+a) \leq 0$.

Eseguiamo i calcoli che permettono di arrivare alla forma $ax \leq b$:
$$x^2 + 2ax + a^2 - x^2 + a^2 \leq 0 \quad \rightarrow \quad 2ax + 2a^2 \leq 0 \quad \rightarrow \quad ax \leq -a^2.$$

Discussione
Abbiamo casi diversi a seconda del segno del coefficiente a di x.
- $a > 0$: possiamo dividere per a senza cambiare verso alla disequazione: $x \leq -a$.
- $a = 0$: sostituendo, otteniamo $0x \leq 0$, vera per qualunque valore della x: $\forall x \in \mathbb{R}$.
- $a < 0$: dividiamo per una quantità negativa, quindi cambiamo il verso: $x \geq -a$.

Risolvi le seguenti disequazioni letterali intere nell'incognita x, discutendo al variare del parametro in $\mathbb{R}$.

55 $ax - 2 < a$ $\left[a > 0, x < \dfrac{a+2}{a}; a = 0, \forall x \in \mathbb{R}; a < 0, x > \dfrac{a+2}{a} \right]$

56 $a(x-1) < 3(1-a)$ $\left[a > 0, x < \dfrac{3-2a}{a}; a = 0, \forall x \in \mathbb{R}; a < 0, x > \dfrac{3-2a}{a} \right]$

57 $1 - ax \geq -2(a-1)$ $\left[a > 0, x \leq \dfrac{2a-1}{a}; a = 0, \forall x \in \mathbb{R}; a < 0, x \geq \dfrac{2a-1}{a} \right]$

58 $bx - 1 < b(1-x)$ $\left[b > 0, x < \dfrac{b+1}{2b}; b = 0, \forall x \in \mathbb{R}; b < 0, x > \dfrac{b+1}{2b} \right]$

59 $b(x-2) > b(b+3)$ $[b > 0, x > b+5; b = 0, \nexists x \in \mathbb{R}; b < 0, x < b+5]$

60 $m(x+1) - m(m-x) > 0$ $\left[m < 0, x < \dfrac{m-1}{2}; m > 0, x > \dfrac{m-1}{2}; m = 0, \nexists x \in \mathbb{R} \right]$

61 $x(3a + 2x) + 2a(x-1) < 2x^2$ $\left[a > 0, x < \dfrac{2}{5}; a < 0, x > \dfrac{2}{5}; a = 0, \nexists x \in \mathbb{R} \right]$

62 $(m-1)x - 4(m^2 - m) \leq 0$ $[m > 1, x \leq 4m; m = 1, \forall x \in \mathbb{R}; m < 1, x \geq 4m]$

63 $(2x + a)(a - 1) \leq 2a^2 - 2$ $\left[a > 1, x \leq \dfrac{a+2}{2}; a = 1, \forall x \in \mathbb{R}; a < 1, x \geq \dfrac{a+2}{2} \right]$

64 $bx - 1 < 2(x - 2b)$ $\left[b < 2, x > \dfrac{1-4b}{b-2}; b = 2, \nexists x \in \mathbb{R}; b > 2, x < \dfrac{1-4b}{b-2} \right]$

Studio del segno di un prodotto

AL VOLO Spiega perché le seguenti disequazioni hanno lo stesso insieme di soluzioni.

65 $(x+2)(x-1) > 0$, $\dfrac{100}{7}(x+2)(x-1) > 0$. **67** $-\dfrac{1}{5}x(2x-1) < 0$, $\dfrac{1}{5}x(1-2x) < 0$.

66 $x(x+1) > 0$, $-2x(x+1) < 0$. **68** $(3-x)(x-5) > 0$, $(x-3)(5-x) > 0$.

Capitolo 1. Equazioni e disequazioni

69 **ESERCIZIO GUIDA** Risolviamo la disequazione $-\frac{1}{2}x(x-2)(4-x) \geq 0$.

Studiamo il segno di ognuno dei fattori, cercando i valori di x per i quali ciascun fattore è positivo:

$-\frac{1}{2}x > 0 \quad \rightarrow \quad x < 0$

$x - 2 > 0 \quad \rightarrow \quad x > 2$

$4 - x > 0 \quad \rightarrow \quad x < 4$.

Compiliamo il quadro dei segni.
Poiché si richiede che il prodotto sia positivo o nullo, le soluzioni della disequazione sono:

$0 \leq x \leq 2 \lor x \geq 4$.

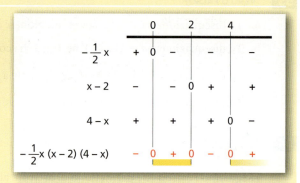

Risolvi le seguenti disequazioni.

70 $3(x-8)(2-4x) \leq 0$ $\quad \left[x \leq \frac{1}{2} \lor x \geq 8\right]$ **73** $-\frac{1}{3}(x+2)\left(x-\frac{1}{3}\right) > 0$ $\quad \left[-2 < x < \frac{1}{3}\right]$

71 $(-x-3)\left(\frac{1}{2}x-1\right) < 0$ $\quad [x < -3 \lor x > 2]$ **74** $-(2x+5)(1-x) < 0$ $\quad \left[-\frac{5}{2} < x < 1\right]$

72 $6x(10x+2) \leq 0$ $\quad \left[-\frac{1}{5} \leq x \leq 0\right]$ **75** $x(1-x)(1+4x) > 0$ $\quad \left[x < -\frac{1}{4} \lor 0 < x < 1\right]$

---

76 $(15+30x)\left(\frac{1}{2}x+1\right) > 0$ $\qquad\qquad\qquad\qquad\qquad\qquad \left[x < -2 \lor x > -\frac{1}{2}\right]$

77 $(6x-4)(8-x)(10x+4) > 0$ $\qquad\qquad\qquad\qquad\qquad \left[x < -\frac{2}{5} \lor \frac{2}{3} < x < 8\right]$

78 $\left(\frac{1}{2}-x\right)\left(\frac{1}{4}+x\right)\left(\frac{1}{8}-x\right) \geq 0$ $\qquad\qquad\qquad\qquad \left[-\frac{1}{4} \leq x \leq \frac{1}{8} \lor x \geq \frac{1}{2}\right]$

79 $x(x-1)(6+2x)(4x-8) < 0$ $\qquad\qquad\qquad\qquad\qquad [-3 < x < 0 \lor 1 < x < 2]$

3 Disequazioni di secondo grado

Segno di un trinomio di secondo grado

▶ Teoria a p. 6

LEGGI IL GRAFICO In ogni figura è rappresentata una parabola di equazione $y = ax^2 + bx + c$. Indica il segno dei trinomi associati a ciascuna parabola.

80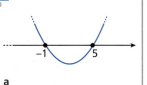
a b

81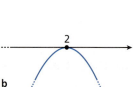
a b

82 **ESERCIZIO GUIDA** Studiamo il segno dei seguenti trinomi di secondo grado:
a. $-x^2 + 7x - 12$; b. $-x^2 + 10x - 25$; c. $4x^2 + x + 3$.

Paragrafo 3. Disequazioni di secondo grado

a. Risolviamo l'equazione associata $-x^2 + 7x - 12 = 0$.

$$\Delta = 49 - 48 = 1 > 0 \rightarrow x = \frac{-7 \pm 1}{-2} < \begin{matrix} 3 \\ 4 \end{matrix}$$

Disegniamo la parabola associata, che è rivolta verso il basso perché il coefficiente di x^2 è negativo. Deduciamo dal grafico che il trinomio è positivo per $3 < x < 4$, negativo per $x < 3 \lor x > 4$ e nullo per $x = 3 \lor x = 4$.

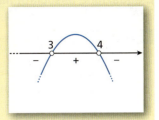

b. L'equazione associata $-x^2 + 10x - 25 = 0$ ha:

$$\frac{\Delta}{4} = 25 - 25 = 0 \rightarrow x_1 = x_2 = 5.$$

Il coefficiente di x^2 è negativo, quindi la parabola rivolge la concavità verso il basso e il trinomio è negativo per $x \neq 5$, nullo per $x = 5$.

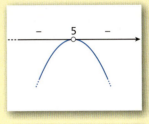

c. L'equazione associata $4x^2 + x + 3 = 0$ ha $\Delta = 1 - 48 = -47 < 0$, pertanto è impossibile. Il coefficiente di x^2 è positivo, quindi la parabola associata è rivolta verso l'alto e ha tutti i punti con ordinata positiva. Il trinomio è positivo $\forall x \in \mathbb{R}$.

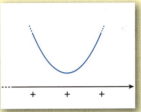

Studia il segno dei seguenti trinomi di secondo grado.

83 $x^2 - 6x + 9$ [positivo se $x \neq 3$]

84 $3x^2 - 4x + 1$ $\left[\text{positivo se } x < \frac{1}{3} \lor x > 1\right]$

85 $-4x^2 + 3x - 2$ [negativo $\forall x \in \mathbb{R}$]

86 $a^2 + 2a - 24$ [positivo se $a < -6 \lor a > 4$]

87 $-x^2 + x + 2$ [positivo se $-1 < x < 2$]

88 $b^2 + 2b + 1$ [positivo se $b \neq -1$]

89 $2x^2 - 3 - 5x$ $\left[\text{positivo se } x < -\frac{1}{2} \lor x > 3\right]$

90 $-x^2 - 8x - 7$ [positivo se $-7 < x < -1$]

91 $5x^2 + 2x + 1$ [positivo $\forall x \in \mathbb{R}$]

92 $-7a^2 + 5a - 3$ [negativo $\forall a \in \mathbb{R}$]

93 **ASSOCIA** ogni trinomio al grafico che ne rappresenta il segno.

a. $-x^2 + 4x - 4$ **b.** $2x^2 - 5x + 2$ **c.** $x^2 + 4x + 8$ **d.** $-4x^2 + 10x - 4$

Risoluzione di una disequazione di secondo grado
▶ Teoria a p. 8

AL VOLO Risolvi senza fare calcoli.

94 $-3(2x - 5)^2 \geq 0$

95 $(\sqrt{2} - 2)x^2 \leq (1 + x)^2$

96 $(x - 8)^2 \geq -x^2$

97 $3 \leq 5 + 2x^2$

Capitolo 1. Equazioni e disequazioni

L'equazione associata ha $\Delta > 0$

98 **ESERCIZIO GUIDA** Risolviamo la disequazione $5x(x-1) + x^2 + 1 < 0$.

Sviluppiamo i calcoli e otteniamo: $6x^2 - 5x + 1 < 0$.
Risolviamo l'equazione associata $6x^2 - 5x + 1 = 0$.

$$\Delta = 25 - 24 = 1 > 0 \quad \to \quad x = \frac{5 \pm 1}{12} \quad \to \quad x_1 = \frac{1}{3}, x_2 = \frac{1}{2}.$$

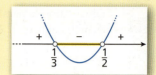

Il trinomio è negativo per valori interni all'intervallo delle radici, pertanto la disequazione è verificata per $\frac{1}{3} < x < \frac{1}{2}$.

Risolvi le seguenti disequazioni di secondo grado.

99 $3x^2 - 12 > 0$ $\quad [x < -2 \vee x > 2]$ **106** $\frac{x^2}{3} + \frac{4}{3}x - 7 < 0$ $\quad [-7 < x < 3]$

100 $x^2 + 3x - 18 \geq 0$ $\quad [x \leq -6 \vee x \geq 3]$ **107** $8x^2 - 6x - 5 > 0$ $\quad \left[x < -\frac{1}{2} \vee x > \frac{5}{4}\right]$

101 $-2x^2 + 3x + 2 < 0$ $\quad \left[x < -\frac{1}{2} \vee x > 2\right]$ **108** $x^2 - \frac{11}{2}x - 3 \geq 0$ $\quad \left[x \leq -\frac{1}{2} \vee x \geq 6\right]$

102 $x^2 - 7x + 10 < 0$ $\quad [2 < x < 5]$ **109** $4x^2 + 8x < 12$ $\quad [-3 < x < 1]$

103 $-x^2 - 6x + 7 > 0$ $\quad [-7 < x < 1]$ **110** $x^2 - \frac{5}{3}x - \frac{2}{3} \leq 0$ $\quad \left[-\frac{1}{3} \leq x \leq 2\right]$

104 $3x^2 - 2x - 5 > 0$ $\quad \left[x < -1 \vee x > \frac{5}{3}\right]$ **111** $-x^2 - 6x < 0$ $\quad [x < -6 \vee x > 0]$

105 $10x^2 + 4x - \frac{1}{2} \leq 0$ $\quad \left[-\frac{1}{2} \leq x \leq \frac{1}{10}\right]$ **112** $-x^2 + \frac{3}{2}x - \frac{1}{2} > 0$ $\quad \left[\frac{1}{2} < x < 1\right]$

---

113 **COMPLETA** la tabella con le soluzioni della disequazione indicata, considerando $f(x) = 2x^2 - 3x - 5$.

Disequazione	$f(x) > 0$	$f(x) \geq 0$	$f(x) < 0$	$f(x) \leq 0$
Soluzione				

114 **FAI UN ESEMPIO** Scrivi una disequazione di secondo grado la cui soluzione è $-1 < x < 4$ e una disequazione verificata per $x \leq -1 \vee x \geq 5$.

L'equazione associata ha $\Delta = 0$

115 **ESERCIZIO GUIDA** Risolviamo la disequazione $9 + 8x(3 + 2x) \leq 0$.

Svolgiamo i calcoli e otteniamo: $16x^2 + 24x + 9 > 0$.
Risolviamo l'equazione associata $16x^2 + 24x + 9 = 0$:

$$\frac{\Delta}{4} = 144 - 144 = 0 \quad \to \quad x_1 = x_2 = -\frac{12}{16} = -\frac{3}{4}.$$

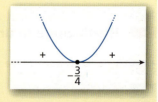

Il trinomio è positivo per ogni valore di $x \neq -\frac{3}{4}$ e si annulla per $x = -\frac{3}{4}$.
Pertanto l'unica soluzione della disequazione è $x = -\frac{3}{4}$.

Riepilogo: Disequazioni di secondo grado numeriche intere

Risolvi le seguenti disequazioni di secondo grado.

116 $9x^2 - 12x + 4 < 0$ $\quad [\nexists x \in \mathbb{R}]$

117 $-16x^2 - 9 + 24x \leq 0$ $\quad [\forall x \in \mathbb{R}]$

118 $20x - 4x^2 - 25 < 0$ $\quad \left[x \neq \dfrac{5}{2}\right]$

119 $-\dfrac{1}{4}x^2 + 5x - 25 > 0$ $\quad [\nexists x \in \mathbb{R}]$

120 $x^2 + 4 \leq 4x$ $\quad [x = 2]$

121 $4x^2 + \dfrac{1}{4} - 2x \geq 0$ $\quad [\forall x \in \mathbb{R}]$

122 $49x^2 - 14x + 1 \geq 0$ $\quad [\forall x \in \mathbb{R}]$

123 $8x(2x + 1) > -1$ $\quad \left[x \neq -\dfrac{1}{4}\right]$

124 $x^2 + 36 \geq 12x$ $\quad [\forall x \in \mathbb{R}]$

125 $3(4x - 3) \geq 4x^2$ $\quad \left[x = \dfrac{3}{2}\right]$

L'equazione associata ha $\Delta < 0$

126 **ESERCIZIO GUIDA** Risolviamo la disequazione $5(2x + 7) < -x^2$.

Sviluppiamo i calcoli e otteniamo $x^2 + 10x + 35 < 0$.

Risolviamo l'equazione associata $x^2 + 10x + 35 = 0$:

$$\dfrac{\Delta}{4} = 25 - 35 = -10 < 0 \quad \rightarrow \quad \text{equazione impossibile.}$$

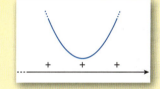

Il trinomio è sempre positivo, pertanto la disequazione è impossibile.

Risolvi le seguenti disequazioni di secondo grado.

127 $3x^2 + 2x + 5 > 0$ $\quad [\forall x \in \mathbb{R}]$

128 $\dfrac{1}{9}x^2 + x + 9 \leq 0$ $\quad [\nexists x \in \mathbb{R}]$

129 $x^2 - 4x + 16 > 0$ $\quad [\forall x \in \mathbb{R}]$

130 $6x^2 + 3x + 1 < 0$ $\quad [\nexists x \in \mathbb{R}]$

131 $x^2 + x + 7 \geq 0$ $\quad [\forall x \in \mathbb{R}]$

132 $x(2 - x) < 6$ $\quad [\forall x \in \mathbb{R}]$

133 $-x^2 - 6 > 3x$ $\quad [\nexists x \in \mathbb{R}]$

134 $2(x^2 + 4) < x$ $\quad [\nexists x \in \mathbb{R}]$

---

135 **TEST** Solo una delle seguenti disequazioni è sempre verificata. Quale?

A $\quad x^2 + 3x + 12 < 0$ $\qquad$ C $\quad -x^2 + x - 5 \leq 0$ $\qquad$ E $\quad x^2 - 2x + 1 > 0$

B $\quad 9x^2 + 6x + 1 > 0$ $\qquad$ D $\quad x^2 + 5x + 4 \geq 0$

136 **FAI UN ESEMPIO** di disequazione di secondo grado verificata $\forall x \in \mathbb{R}$ e di una impossibile:

Riepilogo: Disequazioni di secondo grado numeriche intere

137 **CACCIA ALL'ERRORE** Correggi le risoluzioni delle seguenti disequazioni.

a. $x^2 > 0 \rightarrow x > 0$ $\qquad$ b. $x^2 \geq 36 \rightarrow x \geq \pm 6$ $\qquad$ c. $x^2 \geq 5x \rightarrow x \geq 5$

138 **COMPLETA**

a. $x^2 \square 1 > 0$ $\qquad \forall x \in \mathbb{R}$.

b. $x^2 \square 1 < 0$ $\qquad$ per $-1 < x < 1$.

c. $x^2 - 6x + 9 \leq 0$ $\qquad$ per $\square$.

d. $-x^2 + 2x - 10 > 0$ $\qquad$ per $\square$.

e. $x^2 \square 9 < 0$ $\qquad$ per nessun valore di x.

f. $-x^2 + 4x - 3 \square 0$ $\qquad$ per $1 \leq x \leq 3$.

Capitolo 1. Equazioni e disequazioni

TEST

139 Osservando il grafico in figura puoi dedurre che il segno del trinomio $-x^2 + 2x - 1$ *non* è negativo:

- A $\forall x \in \mathbb{R}$.
- B $\forall x \in \mathbb{R} - \{1\}$.
- C $\nexists x \in \mathbb{R}$.
- D per $x > -1$.
- E per $x = 1$.

140 In figura sono rappresentate le soluzioni di *una sola* fra le seguenti disequazioni. Quale?

- A $x^2 + 4x + 4 < 0$
- B $x^2 + 2x > 0$
- C $x^2 - 2x < 0$
- D $x^2 + 4x + 4 > 0$
- E $2x^2 + 4 > 0$

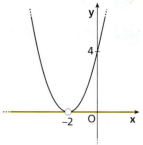

Risolvi le seguenti disequazioni.

141 $x^2 - 1 > \dfrac{15}{4}x$ $\left[x < -\dfrac{1}{4} \lor x > 4\right]$

142 $4x^2 + 11x - 3 \leq 0$ $\left[-3 \leq x \leq \dfrac{1}{4}\right]$

143 $x^2 - 4x - 12 \geq 0$ $[x \leq -2 \lor x \geq 6]$

144 $-x^2 + 9 \leq 0$ $[x \leq -3 \lor x \geq 3]$

145 $4x^2 + 4x + 9 < 0$ $[\nexists x \in \mathbb{R}]$

146 $-x^2 + 8x \geq 0$ $[0 \leq x \leq 8]$

147 $-x^2 + 1 > 0$ $[-1 < x < 1]$

148 $-\dfrac{1}{4}x^2 \leq 0$ $[\forall x \in \mathbb{R}]$

149 $x^2 + 2x + 9 \geq 0$ $[\forall x \in \mathbb{R}]$

150 $5x^2 + 9x - 2 \geq 0$ $\left[x \leq -2 \lor x \geq \dfrac{1}{5}\right]$

151 $-4x(x - 1) > 1$ $[\nexists x \in \mathbb{R}]$

152 $x(x - 2) + 7 > -2x$ $[\forall x \in \mathbb{R}]$

153 $(1 - 3x)(1 + 3x) < 7x + 1$ $\left[x < -\dfrac{7}{9} \lor x > 0\right]$

154 $4x^2 + 12x + 5 < 0$ $\left[-\dfrac{5}{2} < x < -\dfrac{1}{2}\right]$

155 $3(x^2 + 3) > x(12 - x)$ $\left[x \neq \dfrac{3}{2}\right]$

156 $9x^2 - 2x \leq -\dfrac{1}{4}$ $[\nexists x \in \mathbb{R}]$

157 $3x(x - 1) + (x^2 + 1) < 0$ $[\nexists x \in \mathbb{R}]$

158 $4x^2 + 6x + 9 > 0$ $[\forall x \in \mathbb{R}]$

159 $-x^2 + 14x - 49 < 0$ $[x \neq 7]$

160 $-2x^2 + 7x - 3 < 0$ $\left[x > 3 \lor x < \dfrac{1}{2}\right]$

161 $2(x - 1)(x + 3) \geq 0$ $[x \leq -3 \lor x \geq 1]$

162 $x^2 - 2\sqrt{2}x + 2 \leq 0$ $[x = \sqrt{2}]$

163 $(x - 2)(x + 2) > 5x - 4$ $[x < 0 \lor x > 5]$

164 $2(x^2 + 1) < 5x$ $\left[\dfrac{1}{2} < x < 2\right]$

165 $3\left(\dfrac{2}{3} - x\right)(x + 4) \geq 0$ $\left[-4 \leq x \leq \dfrac{2}{3}\right]$

166 $16(x^2 + 1) < 40x + 7$ $\left[\dfrac{1}{4} < x < \dfrac{9}{4}\right]$

167 $(x + 1)^2 + (2x - 1) > \dfrac{x - 5}{2}$ $\left[x < -\dfrac{5}{2} \lor x > -1\right]$

168 $(x + 3)^2 + 12(2 - x) > 3(3 - 4x)$ $[\forall x \in \mathbb{R}]$

169 $2x(x + 1) + 4(x - 2) + 3(1 - 3x) > 0$ $\left[x < -1 \lor x > \dfrac{5}{2}\right]$

170 $\left(x - \dfrac{7}{2}\right)^2 + 2(8 + x) < \dfrac{1}{4}(49 + 8x)$ $[\nexists x \in \mathbb{R}]$

171 $(x - 1)^2 + 10x - 7(x + 1) > 0$ $[x < -3 \lor x > 2]$

172 $2x(x + 1) - (x^2 + 1) < 2x^2$ $[x \neq 1]$

173 $4(x^2 - 1) + (x + 1)(x - 3) < 0$ $\left[-1 < x < \dfrac{7}{5}\right]$

Riepilogo: Disequazioni di secondo grado numeriche intere

174 $3x(x+1) \leq 2x(x-5) - 6$
$[-6 \leq x \leq -1]$

175 $(2x-7)(2x+7) + 5x - 11 \geq 3x(x-2) - 18$
$[x \leq -14 \lor x \geq 3]$

176 $\dfrac{3(x^2+1)}{2} - 1 \geq 2x(2x-1)$ $\left[-\dfrac{1}{5} \leq x \leq 1\right]$

177 $-6(x+1) + \left(\dfrac{1}{3}x + 1\right)(6x+3) > -4x^2 + 2$
$\left[x < -1 \lor x > \dfrac{5}{6}\right]$

178 $3x^2 - 2(2+5x) \leq -(x+5)(2-x)$
$\left[\dfrac{1}{2} \leq x \leq 6\right]$

179 $3(5x-6) + x^2 \geq 2(x^2 - 9)$
$[0 \leq x \leq 15]$

180 $2x(x-6) + 4(x+4) - 2 > (x-1)(x+1)$
$[x < 3 \lor x > 5]$

181 $-\dfrac{1}{4}x(3x-2) + x - 2x + \dfrac{3x^2+3}{2} \leq \dfrac{11}{4}$
$\left[-1 \leq x \leq \dfrac{5}{3}\right]$

182 $\dfrac{x(x+3)}{3} + \dfrac{x(2x-1)}{2} > -\dfrac{3}{2}$ $[\forall x \in \mathbb{R}]$

183 $8(x^2 + 2 - x) < x(16 - x)$ $[\nexists x \in \mathbb{R}]$

---

184 $\dfrac{5x(x+1)}{2} + 1 \geq \dfrac{7-x^2}{2} - 2x(1-x)$
$\left[x \leq -5 \lor x > \dfrac{1}{2}\right]$

185 $(1-x)^2 + 2 + (x+4)^2 < x + 2(8-x)$
$\left[-3 < x < -\dfrac{1}{2}\right]$

186 $\dfrac{5}{2}x(x+1) + \dfrac{3}{2}\left(-x^2 - \dfrac{4}{3}x + \dfrac{1}{24}\right) > 0$
$\left[x \neq -\dfrac{1}{4}\right]$

187 $(2x+3)\left(x + \dfrac{3}{2}\right) - 7x > 2\left(\dfrac{1}{4} - \dfrac{7}{2}x\right)$
$[x < -2 \lor x > -1]$

188 $\dfrac{19}{30} + \dfrac{x-3}{5} + \dfrac{2x^2+1}{2} > 2\left(\dfrac{7x^2-1}{15}\right)$
$[\forall x \in \mathbb{R}]$

189 $1 + (3x+1)\left(x + \dfrac{1}{3}\right) + \dfrac{1}{3}(14 - 9x) < 1 - 3x$
$[\nexists x \in \mathbb{R}]$

190 $\dfrac{7}{3}x(x+3) + \dfrac{2(x^2+18)}{3} + 5x > x + 2$
$\left[x < -2 \lor x > -\dfrac{5}{3}\right]$

191 $x(x^2 - 3) + x(-3x + 2) + 6 > x(x^2 - 4) + 14$
$[\nexists x \in \mathbb{R}]$

192 $x(x+2) + (2-x)(4 + x^2 + 2x) + x^3 + 1 > 0$
$[\forall x \in \mathbb{R}]$

193 $(x+1)^3 > x(x^2 - 2) + (x-2)(x+1) - 1$
$[x < -2 \lor x > -1]$

194 $x(x + 2\sqrt{2}) + 2(\sqrt{2}x - 6) < 3\sqrt{2}x$
$[-3\sqrt{2} < x < 2\sqrt{2}]$

195 $\left(\dfrac{1}{2}x - 1\right)^2 + (x-1)(x+1) \geq \dfrac{1}{4}x^2 - \dfrac{1}{4}$
$[\forall x \in \mathbb{R}]$

196 $\left(x + \dfrac{1}{2}\right)^2 + (1+x)(1-x) < \left(\dfrac{1}{2} - x\right)\left(\dfrac{1}{2} + x\right)$
$[\nexists x \in \mathbb{R}]$

Problemi

197 Un rettangolo ha i lati di lunghezza $3x + 2$ e $x + 1$. Trova per quali valori di x la sua area è minore dell'area di un triangolo di base $4x$ e altezza $2x + 3$.
$[x > 1]$

198 Calcola per quali valori di x la somma dei polinomi $f(x) = x^2 + 2x - 6$ e $g(x) = -6(x+1)$ è negativa.
$[-2 < x < 6]$

Capitolo 1. Equazioni e disequazioni

199 **REALTÀ E MODELLI** **Un giardino geometrico** Un giardiniere ha a disposizione 130 piantine fiorite da sistemare in quattro aiuole in modo da formare un quadrato, due file lunghe come il lato del quadrato e un rettangolo contenente la metà delle piantine che ha sistemato nel quadrato.

a. Quante piantine dovrà posizionare al massimo sul lato del quadrato?
b. Quante piantine gli avanzeranno?

[a) 8; b) 18]

Disequazioni letterali intere di secondo grado

TEST

200 La disequazione $ax^2 \geq 0$:

- A è sempre verificata.
- B è equivalente alla disequazione $x^2 \geq 0$.
- C se $a > 0$ è sempre verificata.
- D se $a = 0$ è impossibile.
- E è verificata per $x \geq 0$.

201 La disequazione $x^2 - kx < 0$, con $k < 0$, è verificata per:

- A $k < x < 0$.
- B $-k < x < 0$.
- C $0 < x < k$.
- D $x < 0 \lor x > k$.
- E $x < -k \lor x > 0$.

Risolvi le seguenti disequazioni nell'incognita x.

202 $kx^2 + x > 0$, $k < 0$. $\left[0 < x < -\dfrac{1}{k}\right]$

203 $ax^2 - 3a \leq 0$, $a > 0$. $[-\sqrt{3} \leq x \leq \sqrt{3}]$

204 $x^2 - 5ax + 6a^2 \geq 0$, $a < 0$. $[x \leq 3a \lor x \geq 2a]$

205 $2x^2 + kx - k^2 < 0$, $k > 0$. $\left[-k < x < \dfrac{k}{2}\right]$

206 $2a^2x^2 + 5ax - 3 < 0$, $a > 0$. $\left[-\dfrac{3}{a} < x < \dfrac{1}{2a}\right]$

207 $ax^2 + x(a^2 - 1) - a < 0$, $a > 0$. $\left[-a < x < \dfrac{1}{a}\right]$

208 **ESERCIZIO GUIDA** Risolviamo la seguente disequazione nell'incognita x, discutendo al variare di $a \in \mathbb{R}$:
$ax^2 + (a^2 - 1)x - a > 0$.

Discussione

Se $a = 0$, la disequazione è di primo grado: $-x > 0 \rightarrow x < 0$.

Se $a \neq 0$: $\Delta = a^4 - 2a^2 + 1 + 4a^2 = a^4 + 2a^2 + 1 = (a^2 + 1)^2 > 0$.

Soluzioni dell'equazione associata: $x = \dfrac{-a^2 + 1 \pm (a^2 + 1)}{2a} \rightarrow x_1 = \dfrac{1}{a}, x_2 = -a$.

Confrontiamo le soluzioni al variare di a:

$x_1 > x_2$ se $\dfrac{1}{a} > -a \rightarrow$

$\dfrac{1 + a^2}{a} > 0 \rightarrow a > 0;$

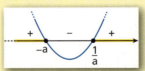

$x_2 > x_1$ se $a < 0$.

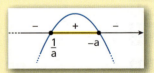

In conclusione:

- se $a > 0$, il coefficiente di x^2 è positivo e le soluzioni sono i valori esterni all'intervallo delle radici:

  $x < -a \lor x > \dfrac{1}{a}$;

- se $a < 0$, il coefficiente di x^2 è negativo e le soluzioni sono i valori interni all'intervallo delle radici:

  $\dfrac{1}{a} < x < -a$.

Paragrafo 4. Disequazioni di grado superiore al secondo

Risolvi le seguenti disequazioni nell'incognita x, discutendo al variare del parametro in $\mathbb{R}$.

209 $x^2 + k \geq 0$ $\qquad [k < 0: x \leq -\sqrt{-k} \lor x \geq \sqrt{-k}; k \geq 0: \forall x \in \mathbb{R}]$

210 $a^2x^2 - ax - 2 > 0$ $\qquad \left[a < 0: x < \dfrac{2}{a} \lor x > -\dfrac{1}{a}; a = 0: \text{imp.}; a > 0: x < -\dfrac{1}{a} \lor x > \dfrac{2}{a}\right]$

211 $(x - a)(x + 2a) \leq 0$ $\qquad [a < 0: a \leq x \leq -2a; a = 0: x = 0; a > 0: -2a \leq x \leq a]$

212 $x^2 - kx < 0$ $\qquad [k < 0: k < x < 0; k = 0: \text{imp.}; k > 0: 0 < x < k]$

213 $ax^2 + ax + 10a < 0$ $\qquad [a < 0: \forall x \in \mathbb{R}; a \geq 0: \text{imp.}]$

214 $x^2 + 4ax + 5a^2 > 0$ $\qquad [a \neq 0: \forall x \in \mathbb{R}; a = 0: x \neq 0]$

4 Disequazioni di grado superiore al secondo ▶ Teoria a p. 9

Disequazioni binomie

215 **ESERCIZIO GUIDA** Risolviamo le seguenti disequazioni: **a.** $x^5 + 32 > 0$; **b.** $x^6 - 64 \geq 0$.

a. Risolviamo l'equazione binomia associata; poiché l'esponente è dispari, abbiamo una sola soluzione:
$$x^5 + 32 = 0 \to x^5 = -32 \to x = \sqrt[5]{-32} = -2.$$

Inoltre, il segno del binomio $x^5 + 32$ coincide con il segno del binomio $x + \sqrt[5]{32}$, cioè $x + 2$:
$$x^5 + 32 > 0 \to x + 2 > 0 \to x > -2.$$

La disequazione data è verificata per $x > -2$.

b. Scomponiamo il binomio $x^6 - 64$, ricordando il prodotto notevole:
$$a^2 - b^2 = (a + b)(a - b), \quad a, b \in \mathbb{R}.$$

Nel nostro caso è: $x^6 - 64 = (x^3 + 8)(x^3 - 8)$.
Studiamo il segno di ciascun fattore:
$x^3 + 8 > 0 \to x^3 > -8 \to x > -2;$
$x^3 - 8 > 0 \to x^3 > 8 \to x > 2.$

La disequazione è verificata per $x \leq -2 \lor x \geq 2$.

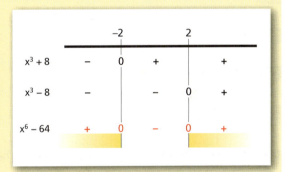

Risolvi le seguenti disequazioni.

216 $x^4 + 3 \geq 0$ $\qquad [\forall x \in \mathbb{R}]$ $\qquad$ **220** $x^5 + 8 < 0$ $\qquad [x < -\sqrt[5]{8}]$

217 $x^3 + 1 \leq 0$ $\qquad [x \leq -1]$ $\qquad$ **221** $4x^7 + 12 < 0$ $\qquad [x < -\sqrt[7]{3}]$

218 $32x^5 - 1 > 0$ $\qquad \left[x > \dfrac{1}{2}\right]$ $\qquad$ **222** $x^3 - 125 > 0$ $\qquad [x > 5]$

219 $2x^6 + 1 \geq 0$ $\qquad [\forall x \in \mathbb{R}]$ $\qquad$ **223** $2x^6 - 128 < 0$ $\qquad [-2 < x < 2]$

---

224 **ASSOCIA** a ogni disequazione le sue soluzioni.

a. $x^4 + 16 > 0$ $\qquad$ **b.** $x^3 + 8 > 0$ $\qquad$ **c.** $x^5 - 32 < 0$ $\qquad$ **d.** $4 - x^2 > 0$

1. $-2 < x < 2$ $\qquad$ **2.** $x > -2$ $\qquad$ **3.** $\forall x \in \mathbb{R}$ $\qquad$ **4.** $x < 2$

Capitolo 1. Equazioni e disequazioni

225 TEST La disequazione $-(x^2+1)(x+1)^3 < 0$ è verificata per:

A $x > -1$. B $x < -1$. C $\forall x \in \mathbb{R}$. D $x < 1$. E $\nexists x \in \mathbb{R}$.

AL VOLO Risolvi le seguenti disequazioni senza usare il quadro dei segni.

226 $(x^2 + \sqrt{2})x^3 < 0$

228 $-x^6(x-2)^2 \leq 0$

230 $(y-3)^2(2y^2+1) > 0$

227 $(1+x)^2(1-x)^3 \geq 0$

229 $(x^4+4)(x^6+1) > 0$

231 $(-1-a^2)(a+5)^4 \leq 0$

Disequazioni trinomie

232 ESERCIZIO GUIDA Risolviamo la disequazione $x^8 - 15x^4 - 16 \geq 0$.

Consideriamo l'equazione associata:

$x^8 - 15x^4 - 16 = 0$.

Poniamo $x^4 = z$ e risolviamo l'equazione in z:

$z^2 - 15z - 16 = 0 \rightarrow z_1 = -1, z_2 = 16$.

Otteniamo:

$z^2 - 15z - 16 \geq 0$ per $z \leq -1 \lor z \geq 16$,

vale a dire

$x^8 - 16x^4 - 16 \geq 0$ per $x^4 \leq -1 \lor x^4 \geq 16$.

Essendo:

$x^4 + 1 \leq 0$ impossibile,

$x^4 - 16 \geq 0$ per $x \leq -2 \lor x \geq 2$,

la disequazione $x^8 - 15x^4 - 16 \geq 0$ ha per soluzioni:

$x \leq -2 \lor x \geq 2$.

Risolvi le seguenti disequazioni trinomie.

233 $x^6 + x^3 + 1 < 0$ $\quad [\nexists x \in \mathbb{R}]$

237 $x^6 + 2x^3 - 15 < 0$ $\quad [-\sqrt[3]{5} < x < \sqrt[3]{3}]$

234 $x^4 + x^2 + 1 > 0$ $\quad [\forall x \in \mathbb{R}]$

238 $x^4 - x^2 - 12 \geq 0$ $\quad [x \leq -2 \lor x \geq 2]$

235 $4x^6 + 8x^3 + 4 > 0$ $\quad [x \neq -1]$

239 $y^6 + 7y^3 - 8 < 0$ $\quad [-2 < y < 1]$

236 $x^4 + 2x^2 - 15 > 0$ $\quad [x < -\sqrt{3} \lor x > \sqrt{3}]$

240 $x^4 - 8x^2 - 9 > 0$ $\quad [x < -3 \lor x > 3]$

Disequazioni risolubili con scomposizioni in fattori

241 ESERCIZIO GUIDA Risolviamo la disequazione di terzo grado $x^3 - 5x^2 - 4x + 20 > 0$.

Scomponiamo in fattori il polinomio $x^3 - 5x^2 - 4x + 20$ con un raccoglimento parziale:

$x^2(x-5) - 4(x-5) > 0 \rightarrow (x^2 - 4)(x - 5) > 0$.

Studiamo il segno dei due fattori.

$x^2 - 4 > 0 \rightarrow x < -2 \lor x > 2$

$x - 5 > 0 \rightarrow x > 5$

La disequazione data è verificata per:

$-2 < x < 2 \lor x > 5$.

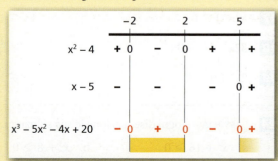

Paragrafo 4. Disequazioni di grado superiore al secondo

Risolvi le seguenti disequazioni di grado superiore al secondo, scomponendo in fattori.

242 $x^3 - 4x^2 - 5x > 0$ $\quad [-1 < x < 0 \lor x > 5]$ **246** $x^5 + 6x^4 + 9x^3 > 0$ $\quad [x > 0]$

243 $x^4 + 7x^3 + 12x^2 < 0$ $\quad [-4 < x < -3]$ **247** $16x - x^5 \geq 0$ $\quad [x \leq -2 \lor 0 \leq x \leq 2]$

244 $x^5 - 25x^3 > 0$ $\quad [-5 < x < 0 \lor x > 5]$ **248** $x^4 - 5x^2 \geq 0$ $\quad [x \leq -\sqrt{5} \lor x \geq \sqrt{5} \lor x = 0]$

245 $x^3 + x^2 - 4x - 4 \leq 0$ $\quad [x \leq -2 \lor -1 \leq x \leq 2]$ **249** $x^6 + 8x^3 \geq 0$ $\quad [x \leq -2 \lor x \geq 0]$

250 $x^3 + 2x^2 - 9x - 18 < 0$ $\quad [x < -3 \lor -2 < x < 3]$

251 $5x^2 + 7x^4 \leq 0$ $\quad [x = 0]$

252 $3(x^3 + x^2 - 1) + x(x^2 + 9x - 1) \leq 0$ $\quad \left[x \leq -3 \lor -\dfrac{1}{2} \leq x \leq \dfrac{1}{2}\right]$

253 $x^3(1 + x) < 2x^2(x^2 - 2x - 3)$ $\quad [x < -1 \lor x > 6]$

254 $2x(2x^2 + 3) + 4x^2 - 3(2x^2 + 1) > 0$ $\quad \left[x > \dfrac{1}{2}\right]$

255 $x^4 - 5x^3 - x + 5 < 0$ $\quad [1 < x < 5]$

256 $x(x^2 - 11) < 7x(1 - x)$ $\quad [x < -9 \lor 0 < x < 2]$

257 $x^3(x^2 - 1) - 2x(x^2 + 14) < 0$ $\quad [x < -\sqrt{7} \lor 0 < x < \sqrt{7}]$

258 $16x^2\left(x - \dfrac{5}{4}\right)\left(x + \dfrac{5}{4}\right) + 25(x - 5)(x + 5) > 0$ $\quad \left[x < -\dfrac{5}{2} \lor x > \dfrac{5}{2}\right]$

259 $7\left(\dfrac{1}{3}x^4 + x^2 + 1\right) - \dfrac{1}{3}x^4 - 2(x^2 + 2) > 0$ $\quad [\forall x \in \mathbb{R}]$

260 **TEST** La disequazione $(3x - 1)^3 < (3x - 1)^4$ è verificata:

A per $x > \dfrac{2}{3}$. **C** per $\dfrac{1}{3} < x < \dfrac{2}{3}$. **E** per tutti i valori reali di x.

B per $x < \dfrac{1}{3} \lor x > \dfrac{2}{3}$. **D** per nessun valore di x.

261 Dati i seguenti polinomi, per quali valori di x il loro prodotto è negativo?

$3x^3 - 6x^2 \qquad x^2 + 2x - 3$

$\quad [x < -3 \lor 1 < x < 2]$

Risolvi le seguenti disequazioni scomponendo in fattori con la regola di Ruffini.

262 $x^3 - 7x + 6 \geq 0$ $\quad [-3 \leq x \leq 1 \lor x \geq 2]$ **266** $6x^3 - x^2 - 10x - 3 > 0$

$\quad \left[-1 < x < -\dfrac{1}{3} \lor x > \dfrac{3}{2}\right]$

263 $x^3 + 4x^2 + x < 6$ $\quad [x < -3 \lor -2 < x < 1]$

264 $8x^3 \geq x^2 + 7$ $\quad [x \geq 1]$ **267** $x^3 + x + 10 < 0$ $\quad [x < -2]$

268 $x^3 - 4x^2 - 3x + 18 \leq 0$ $\quad [x \leq -2 \lor x = 3]$

265 $2x^3 - x^2 - 13x - 6 \leq 0$

$\quad \left[x \leq -2 \lor -\dfrac{1}{2} \leq x \leq 3\right]$ **269** $x^3 - 5x - 12 \geq 0$ $\quad [x \geq 3]$

Capitolo 1. Equazioni e disequazioni

5 Disequazioni fratte

▶ Teoria a p. 11

RIFLETTI SULLA TEORIA

270 Le disequazioni $A(x) \cdot B(x) > 0$ e $\dfrac{A(x)}{B(x)} > 0$ sono equivalenti? Perché?

271 Le disequazioni $A(x) \cdot B(x) \geq 0$ e $\dfrac{A(x)}{B(x)} \geq 0$ sono equivalenti? Perché?

AL VOLO Risolvi le seguenti disequazioni.

272 $\dfrac{x^2}{(x^2+1)^2} > 0$

273 $\dfrac{x^4+1}{3x^2} < 0$

274 $\dfrac{-5x^2}{x-3} \geq 0$

---

275 **ESERCIZIO GUIDA** Risolviamo la disequazione $\dfrac{x^2 - 10x + 24}{2x^2 - 7x - 15} > 0$.

- Studiamo il segno del numeratore:

  $x^2 - 10x + 24 > 0$.

  Equazione associata:

  $x^2 - 10x + 24 = 0$

  $\dfrac{\Delta}{4} = 25 - 24 = 1 \rightarrow x = 5 \pm 1 \begin{cases} 6, \\ 4. \end{cases}$

  Il numeratore è positivo per valori esterni all'intervallo di estremi 4 e 6:

  $x < 4 \vee x > 6$.

- Studiamo il segno del denominatore:

  $2x^2 - 7x - 15 > 0$.

  Equazione associata:

  $2x^2 - 7x - 15 = 0$

  $\Delta = 49 + 120 = 169 \rightarrow x = \dfrac{7 \pm 13}{4} \begin{cases} 5, \\ -\dfrac{3}{2}. \end{cases}$

  Il denominatore è positivo per valori esterni all'intervallo di estremi $-\dfrac{3}{2}$ e 5:

  $x < -\dfrac{3}{2} \vee x > 5$.

- Compiliamo il quadro dei segni.

  La disequazione è verificata per:

  $x < -\dfrac{3}{2} \vee 4 < x < 5 \vee x > 6.$

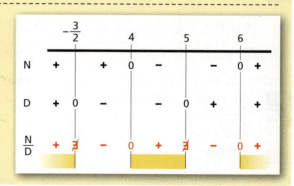

Osservazione. Per brevità, non abbiamo scritto la condizione di esistenza, segnando direttamente nel quadro i valori per cui la frazione non esiste.

Risolvi le seguenti disequazioni.

276 $\dfrac{x-3}{x+5} < 0$ $\quad [-5 < x < 3]$

277 $\dfrac{-6x}{3x+1} \geq 0$ $\quad \left[-\dfrac{1}{3} < x \leq 0\right]$

278 $\dfrac{x+3}{5-2x} > 0$ $\quad \left[-3 < x < \dfrac{5}{2}\right]$

279 $\dfrac{1-3x}{x+4} > 0$ $\quad \left[-4 < x < \dfrac{1}{3}\right]$

280 $\dfrac{-2x+1}{7-x} \leq 0$ $\quad \left[-\dfrac{1}{2} \leq x < 7\right]$

281 $\dfrac{-(2-x)-(3+2x)}{1-x} < 0$ $\quad [-5 < x < 1]$

38

282 $\dfrac{x^2 - 4}{x} > 0$ $[-2 < x < 0 \lor x > 2]$

283 $\dfrac{x^2 + x}{2 - x} \leq 0$ $[-1 \leq x \leq 0 \lor x > 2]$

284 $\dfrac{x^2 + 6}{3 - x} < 0$ $[x > 3]$

285 $\dfrac{2x}{6x^2 + x - 5} \leq 0$ $\left[x < -1 \lor 0 \leq x < \dfrac{5}{6}\right]$

286 $\dfrac{(5 - x)^3}{3 - x} < 0$ $[3 < x < 5]$

287 $\dfrac{x^2 - 2x - 8}{x(x^2 + 1)} \geq 0$ $[-2 \leq x < 0 \lor x \geq 4]$

288 $\dfrac{x^2 - 8x + 16}{(x + 1)(2x - 11)} < 0$ $\left[-1 < x < \dfrac{11}{2} \land x \neq 4\right]$

289 $\dfrac{(3x - 4)(x + 5)}{x^2 + 3x - 10} \geq 0$ $\left[x \leq \dfrac{4}{3} \land x \neq -5 \lor x > 2\right]$

290 $\dfrac{x^2 + x + 1}{(x - 2)^2} > 0$ $[x \neq 2]$

291 $\dfrac{(1 - x)^4 (x - 2)^3}{x(x - 3)^2} > 0$ $[x < 0 \lor x > 2, x \neq 3]$

292 $\dfrac{(4x + 1)^2}{4 - 2x} \geq 0$ $[x < 2]$

293 $\dfrac{x^2 + 4x + 4}{12x - 4 - 9x^2} \geq 0$ $[x = -2]$

294 $\dfrac{x(-x + 8) - (2x + 9)}{x^2 - 4} \leq 0$ $[x < -2 \lor x > 2]$

295 $\dfrac{x^2 - 4}{x^2 + 5x - 14} < 0$ $[-7 < x < -2]$

296 $\dfrac{x^2 - x - 6}{x^2 + 3x - 4} > 0$ $[x < -4 \lor -2 < x < 1 \lor x > 3]$

297 $\dfrac{-x^2 + 7x - 12}{2x^2 - 7x + 3} > 0$ $\left[\dfrac{1}{2} < x < 3 \lor 3 < x < 4\right]$

298 $\dfrac{(x - 2)(x + 1)}{(2x^2 + 4)(2 - 3x)} \leq 0$ $\left[-1 \leq x < \dfrac{2}{3} \lor x \geq 2\right]$

299 $\dfrac{x^3 - 4x^2 - x + 4}{x^4 + 3x^2 - 4} \geq 0$ $[x \geq 4]$

300 **YOU & MATHS** Consider the inequality $\dfrac{(x - 2)^4}{x^2 + 9} \leq 0$. Which of the following statements is true?

A It has no real solutions.

B It has only one real solution.

C The set of solutions is: $x \leq 2$.

D Every real number is a solution.

E The set of solutions is $x \leq -2 \lor x \geq 2$.

Risolvi le seguenti disequazioni dopo averle ricondotte alla forma $\dfrac{A(x)}{B(x)} \lessgtr 0$.

301 $\dfrac{5x - 1}{x - 3} \geq 1$ $\left[x \leq -\dfrac{1}{2} \lor x > 3\right]$

302 $\dfrac{3x - 2}{x} \leq 4$ $[x \leq -2 \lor x > 0]$

303 $\dfrac{x}{3x + 1} \geq 7$ $\left[-\dfrac{7}{20} \leq x < -\dfrac{1}{3}\right]$

304 $\dfrac{1}{x} - \dfrac{3}{5x} \geq 2$ $\left[0 < x \leq \dfrac{1}{5}\right]$

305 $-\dfrac{4}{x + 2} + \dfrac{7}{x + 3} > 0$ $\left[-3 < x < -2 \lor x > -\dfrac{2}{3}\right]$

306 $1 + \dfrac{2x}{x^2 - 1} + \dfrac{x}{x + 1} < 0$ $\left[\dfrac{1}{2} < x < 1\right]$

307 $\dfrac{1}{2x + 3} \geq \dfrac{4}{x + 5}$ $\left[x < -5 \lor -\dfrac{3}{2} < x \leq -1\right]$

308 $x - \dfrac{x - 2}{x + 3} \geq 2$ $[-3 < x \leq -2 \lor x \geq 2]$

309 $1 + \dfrac{x^2 + 3x - 10}{x^2 + 1} < 0$ $\left[-3 < x < \dfrac{3}{2}\right]$

310 $\dfrac{4x^2 - 3x + 3}{5x^2 - 3x - 2} > -1$ $\left[x < -\dfrac{2}{5} \lor x > 1\right]$

311 $\dfrac{x + 5}{x - 1} + 2 \geq 0$ $[x \leq -1 \lor x > 1]$

312 $\dfrac{1}{x - 3} \geq \dfrac{5}{x + 1}$ $[x < -1 \lor 3 < x \leq 4]$

Capitolo 1. Equazioni e disequazioni

313 $\dfrac{5}{x-5} > \dfrac{2}{x+1}$ $\qquad [-5 < x < -1 \lor x > 5]$

316 $\dfrac{x^3 + x^2 + 1}{x^3 - 1} \le 1$ $\qquad [x < 1]$

314 $\dfrac{x+3}{x-2} < \dfrac{x-2}{x+3}$ $\qquad \left[x < -3 \lor -\dfrac{1}{2} < x < 2\right]$

317 $\dfrac{2x^2 + 3x + 5}{x^2 - x + 3} < -1$ $\qquad [\nexists x \in \mathbb{R}]$

315 $\dfrac{1}{x} < \dfrac{x-1}{x^2 + x + 1}$ $\qquad \left[-\dfrac{1}{2} < x < 0\right]$

318 $\dfrac{1}{x-1} \ge \dfrac{x+1}{x^2 - 1}$ $\qquad [x \ne 1, x \ne -1]$

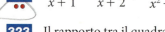

319 $\dfrac{x}{x+7} - \dfrac{2}{x-3} > \dfrac{x}{x-3}$ $\qquad \left[x < -7 \lor -\dfrac{7}{6} < x < 3\right]$

320 $\dfrac{1}{3} - \dfrac{2}{1-x^2} > \dfrac{1}{2+2x}$ $\qquad [x < -1 \lor x > 1]$

321 $\dfrac{6-4x}{x^2 + 2x - 3} + \dfrac{x+3}{x-1} \le \dfrac{2}{x+3}$ $\qquad [-3 < x < 1]$

322 $\dfrac{x}{x+1} - \dfrac{3}{x+2} > \dfrac{x}{x^2 + 3x + 2}$ $\qquad [x < -2 \lor x > 3]$

323 Il rapporto tra il quadrato di un numero e il successivo del numero stesso è minore di $\dfrac{1}{2}$. Quanto può valere quel numero?

$\qquad \left[x < -1 \lor -\dfrac{1}{2} < x < 1\right]$

324 Aggiungendo al doppio di un numero positivo a il triplo del reciproco di a, si ottiene un numero minore di 5. Quanto può valere a?

$\qquad \left[1 < a < \dfrac{3}{2}\right]$

325 **EUREKA!** Risolvi la seguente disequazione senza svolgere le potenze.

$2\left(1 + \dfrac{1}{x}\right)^4 + \left(1 + \dfrac{1}{x}\right)^2 - 3 > 0$ $\qquad \left[-\dfrac{1}{2} < x < 0 \lor x > 0\right]$

Problemi   REALTÀ E MODELLI

RISOLVIAMO UN PROBLEMA

■ Riempire una cisterna

Per riempire una cisterna un rubinetto impiega un certo numero di ore; un secondo rubinetto ne impiega il doppio; un terzo impiega 2 ore più del primo.
Quanto tempo impiega ciascun rubinetto da solo se, aperti tutti e tre insieme, riempiono la cisterna in meno di un'ora?

▶ **Scegliamo l'incognita.**

Prendiamo come incognita n, il numero di ore impiegate dal primo rubinetto per riempire la cisterna. Il secondo ne impiega $2n$ e il terzo $n + 2$. Il problema ha senso soltanto se $n > 0$.

▶ **Modellizziamo il problema.**

In un'ora il primo rubinetto riempie $\dfrac{1}{n}$ di cisterna, il secondo $\dfrac{1}{2n}$ e il terzo $\dfrac{1}{n+2}$. Pertanto, se vengono aperti contemporaneamente, i tre rubinetti in un'ora riempiono $\dfrac{1}{n} + \dfrac{1}{2n} + \dfrac{1}{n+2} = \dfrac{2(n+2) + (n+2) + 2n}{2n(n+2)} = \dfrac{5n+6}{2n(n+2)}$ di cisterna.

I tre rubinetti riempiono la cisterna in meno di un'ora se:

$\dfrac{5n+6}{2n(n+2)} > 1.$

Paragrafo 6. Sistemi di disequazioni

▸ **Risolviamo la disequazione.**

$$\frac{5n+6}{2n(n+2)} - 1 > 0 \quad \rightarrow \quad \frac{5n+6-2n^2-4n}{2n(n+2)} > 0 \quad \rightarrow$$

$$\frac{-2n^2+n+6}{2n(n+2)} > 0$$

$N > 0: -\frac{3}{2} < n < 2; \quad D > 0: n < -2 \lor n > 0.$

Le soluzioni accettabili sono: $0 < n < 2$.

▸ **Determiniamo il tempo di ciascun rubinetto.**

Il primo rubinetto impiega tra 0 e 2 ore, il secondo tra 0 e 4 ore, il terzo tra 2 e 4 ore.

---

326 **Il muro** Per costruire un muro un operaio impiega un certo numero di giornate lavorative intere, mentre un suo collega impiega 3 giorni in più. Se lavorando insieme completano il lavoro in meno di 4 giorni, quanti giorni avrebbe impiegato al massimo il primo operaio da solo?

[7 giorni]

327 **Pronti a giocare** Manca un'ora all'inizio della partita e il campo da calcio deve ancora essere tosato. Il custode con il suo tosaerba impiegherebbe n minuti e il giardiniere con il trattorino ne impiegherebbe la metà. Sapendo che i due, lavorando insieme, sono in grado di finire il lavoro, quanto impiegherebbe al massimo il custode da solo?

[3 ore]

Allenati con **15 esercizi interattivi** con feedback "hai sbagliato, perché…"

☐ su.zanichelli.it/tutor3
risorsa riservata a chi ha acquistato l'edizione con tutor

---

6 Sistemi di disequazioni

▸ Teoria a p. 12

328 **VERO O FALSO?**

a. I due sistemi $\begin{cases} 10-5x \geq 0 \\ 1-x \leq 0 \end{cases}$ e $\begin{cases} x-2 \leq 0 \\ x \geq 1 \end{cases}$ sono equivalenti.   V F

b. La disequazione $(1+x)(4-x) \leq 0$ è equivalente al sistema $\begin{cases} 1+x \geq 0 \\ 4-x \leq 0 \end{cases}$.   V F

c. La disequazione $-1 \leq x \leq 3$ è equivalente al sistema $\begin{cases} x \geq -1 \\ x \leq 3 \end{cases}$.   V F

d. Il sistema $\begin{cases} x+1 < 0 \\ x^4 < 0 \end{cases}$ è impossibile.   V F

329 **YOU & MATHS** Find the solution set E of $2x+7 \leq 19$, $x \in \mathbb{R}$. Find the solution set H of $3-2x \leq 11$, $x \in \mathbb{R}$. Find $E \cap H$.

(IR *Leaving Certificate Examination*, Ordinary Level, 1995)

$[E \cap H = \{-4 \leq x \leq 6\}]$

330 **ESERCIZIO GUIDA** Risolviamo il sistema $\begin{cases} x(1-2x)+2(2x+1)+1 < 0 \\ \dfrac{x+5}{3} + \dfrac{1}{2} \leq \dfrac{7}{3} - \dfrac{x}{6} \end{cases}$.

La soluzione è l'**intersezione** degli insiemi delle soluzioni delle due disequazioni.
Svolgiamo i calcoli in ciascuna di esse.

$$\begin{cases} x - 2x^2 + 4x + 2 + 1 < 0 \\ \dfrac{2(x+5)+3}{6} \leq \dfrac{14-x}{6} \end{cases} \rightarrow \begin{cases} -2x^2 + 5x + 3 < 0 \\ 3x \leq 1 \end{cases}$$

Prima disequazione

equazione associata: $-2x^2 + 5x + 3 = 0$; $\Delta = 25 + 24 = 49$ → $x_1 = -\dfrac{1}{2}$, $x_2 = 3$.

La disequazione è verificata per $x < -\dfrac{1}{2} \lor x > 3$.

Il sistema diventa:

$$\begin{cases} x < -\dfrac{1}{2} \lor x > 3 \\ x \leq \dfrac{1}{3} \end{cases}$$

Costruiamo lo schema grafico.

Le soluzioni del sistema sono: $x < -\dfrac{1}{2}$.

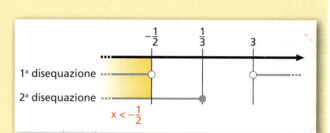

Risolvi i seguenti sistemi di disequazioni intere.

331 $\begin{cases} x + 1 \leq 0 \\ 2x - 5 < 0 \end{cases}$ $[x \leq -1]$

332 $\begin{cases} 3(x+2) - 5(x-1) \leq 0 \\ 9 + 3(x-4) > 0 \end{cases}$ $\left[x \geq \dfrac{11}{2}\right]$

333 $\begin{cases} 4x + 1 > x + 6 \\ 2x + 3 > -x + 2 \\ 3(x+1) > 1 \end{cases}$ $\left[x > \dfrac{5}{3}\right]$

334 $\begin{cases} 3x \geq 1 \\ 6x^2 \leq 5x - 1 \end{cases}$ $\left[\dfrac{1}{3} \leq x \leq \dfrac{1}{2}\right]$

335 $\begin{cases} 2x - 7 \geq 0 \\ 2x - 7 < (3x+1)^2 \end{cases}$ $\left[x \geq \dfrac{7}{2}\right]$

336 $\begin{cases} x - x^2 > 0 \\ x^2 + 5x + 6 > 0 \end{cases}$ $[0 < x < 1]$

337 $\begin{cases} x(x+1) < 12 \\ (3-x)(3+x) > 4(x-3) \end{cases}$ $[-4 < x < 3]$

338 $\begin{cases} x^3 - 1 > x^2 - 2x + 1 \\ \dfrac{x+4}{2} + \dfrac{x+18}{3} > \dfrac{2x-1}{3} \end{cases}$ $[x > 1]$

339 $\begin{cases} (x+1)^2 \leq 16 \\ x(x-7) \geq 4(5-2x) \end{cases}$ $[x = -5]$

340 $\begin{cases} x^2 + 3x - 4 < 0 \\ 3(x-2) + 5 \leq 7(x+1) \end{cases}$ $[-2 \leq x < 1]$

341 $\begin{cases} \dfrac{1}{2}(x+8) - \dfrac{5}{2} \leq 3\left(1 - \dfrac{x}{2}\right) \\ x(2x-1) > 1 \end{cases}$ $\left[x < -\dfrac{1}{2}\right]$

342 $\begin{cases} 4x^2 - 4x + 1 \geq 0 \\ \dfrac{1}{5} + \dfrac{3x-1}{2} > x - \dfrac{1}{10} \end{cases}$ $\left[x > \dfrac{2}{5}\right]$

343 $\begin{cases} (3x-1)^3 \leq 0 \\ 2x\left(1 + \dfrac{1}{2}x\right) - 5 > 3 \end{cases}$ $[x < -4]$

344 $\begin{cases} \sqrt{2}x^2 + x - \sqrt{2} < 0 \\ 2x^2 + \sqrt{3}x + 1 > 0 \end{cases}$ $\left[-\sqrt{2} < x < \dfrac{\sqrt{2}}{2}\right]$

345 $\begin{cases} 2x > \sqrt{8} \\ (x+1)^2 + 1 \leq 2(x+2) \end{cases}$ $[\nexists x \in \mathbb{R}]$

346 $\begin{cases} x^4 - 13x^2 + 36 > 0 \\ x^2 < -3x \end{cases}$ $[-2 < x < 0]$

AL VOLO

347 $\begin{cases} x^4 + 2 \geq 0 \\ 3x > 6 \end{cases}$

348 $\begin{cases} x^{10} + 10 \leq 0 \\ (x+1)^3 < 0 \end{cases}$

349 $\begin{cases} (x+3)^6 > 0 \\ 5x < 15 \end{cases}$

Paragrafo 6. Sistemi di disequazioni

350 Determina i valori di b per i quali la soluzione dell'equazione $bx - 2 - x = (1 - b)x$ è un numero positivo minore di 1. $[b > 2]$

351 Un rettangolo ha la base che misura $5 - 2x$ e l'altezza che misura $3x - 1$. Trova i valori che si possono assegnare a x affinché esista il rettangolo e inoltre la base sia sempre maggiore dell'altezza.

$$\left[\frac{1}{3} < x < \frac{6}{5}\right]$$

352 Il trapezio in figura ha area minore di 12,5 ma maggiore di 3,5. Quanto può valere b?

$$\left[\frac{1}{4} < b < 1\right]$$

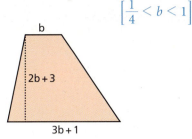

REALTÀ E MODELLI

353 Lattine per bibite Il contenuto di una lattina di bibita deve essere di 33 cL, con una tolleranza del 10%. Si vuole che l'altezza della lattina sia il doppio del diametro di base. Quali sono i limiti massimo e minimo per il diametro di base? $[5,74 \text{ cm} \leq d \leq 6,14 \text{ cm}]$

354 Il dado Luigi deve costruire un dado ritagliando un cartoncino.
 a. Quanto può essere lungo lo spigolo s del dado?
 b. Quanto deve essere lungo lo spigolo perché il volume del dado sia maggiore di 125 cm³?

$[\text{a}) 0 \leq s \leq 7; \text{b}) 5 \leq s \leq 7]$

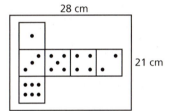

355 **YOU & MATHS** The temperature x kilometers below the surface of the earth is given by

$$T(x) = 30 + 25(x - 3), \quad 3 \leq x \leq 15,$$

where T is the temperature in degrees Celsius. At what depth will the temperature be between 200 °C and 300 °C?

A $3 \leq x \leq 15$ B $9.8 \leq x \leq 13.8$ C $5.1 \leq x \leq 9.4$ D $0 \leq x \leq 3$ E None of the above.

(USA *Catawba College NCCTM Mathematics Contest*, 2007)

356 In classe Il numero degli alunni di una classe non è superiore a 35 e il numero delle femmine è $\frac{1}{4}$ del quadrato di quello dei maschi. Determina la composizione della classe sapendo che la differenza tra il numero delle femmine e il doppio del numero dei maschi non è inferiore a 5. [10 maschi, 25 femmine]

357 La scatola di cioccolatini Anna vuole costruire con un cartoncino colorato di 12×9 cm una scatoletta da riempire con almeno 10 cioccolatini preparati da lei. Per far questo, ritaglia dai quattro angoli del cartoncino quattro quadrati, per poi ripiegare i lembi laterali. I cioccolatini hanno la forma di parallelepipedi rettangoli di dimensioni $4 \times 2 \times 1$ cm.
 a. Quale misura deve avere il lato del quadrato da ritagliare perché la scatola abbia il volume corrispondente ad almeno 10 cioccolatini?
 b. Con le soluzioni limite trovate, quanti cioccolatini possono stare effettivamente nella scatola? Qual è la soluzione migliore?

$[\text{a}) 1,4 \leq x \leq 2; \text{b}) x = 2 \text{ cm}]$

Capitolo 1. Equazioni e disequazioni

Risolvi i seguenti sistemi di disequazioni intere o fratte.

358 AL VOLO $\begin{cases} \dfrac{x}{(x-1)} - \dfrac{5-2x}{3-3x} > 0 \\ (x^2-3)^2 + 4x^2 < 0 \end{cases}$ $[\nexists x \in \mathbb{R}]$

366 $\begin{cases} \dfrac{x+1}{x-2} < 1 \\ (x^2+4)(x+1) < 0 \end{cases}$ $[x < -1]$

359 $\begin{cases} \dfrac{x+1}{x-5} < 0 \\ x^2 \geq 9 \end{cases}$ $[3 \leq x < 5]$

367 $\begin{cases} \dfrac{x^2}{x+1} \geq -2 \\ x^4 - 4x^2 \leq 0 \end{cases}$ $[-1 < x \leq 2]$

360 $\begin{cases} \dfrac{1}{x} > x \\ 3x^2 + 8x - 3 > 0 \end{cases}$ $\left[x < -3 \lor \dfrac{1}{3} < x < 1\right]$

368 $\begin{cases} \dfrac{x^2 - x}{x^2 + 4} \leq 0 \\ \dfrac{x^2}{x-1} \leq 0 \\ x^4 + x^2 + 1 \geq 0 \end{cases}$ $[0 \leq x < 1]$

361 $\begin{cases} 4x^2 - 100 \geq 0 \\ \dfrac{x+1}{x^2} < 0 \end{cases}$ $[x \leq -5]$

362 $\begin{cases} \dfrac{x+1}{x+2} \geq 0 \\ \dfrac{x+1}{x^2} > 0 \end{cases}$ $[x > -1 \land x \neq 0]$

369 $\begin{cases} \dfrac{x-2}{x+1} \geq 2 \\ x^4 + 3x^2 - 4 \geq 0 \end{cases}$ $[-4 \leq x < -1]$

363 $\begin{cases} \dfrac{2}{x+1} > \dfrac{1}{x-3} \\ 16 - x^4 > 0 \end{cases}$ $[-1 < x < 2]$

370 $\begin{cases} x^3 - 8x^2 + 13x - 6 \leq 0 \\ \dfrac{1}{x^2 - 2x + 1} \geq 0 \end{cases}$ $[x \leq 6 \land x \neq 1]$

364 $\begin{cases} \dfrac{1+x^2}{3x} \leq 0 \\ x < (x+2)(3-x) \end{cases}$ $[-\sqrt{6} < x < 0]$

371 $\begin{cases} x^4 - 5x^2 + 4 \geq 0 \\ \dfrac{1-\sqrt{2}}{x} < 0 \end{cases}$ $[0 < x \leq 1 \lor x \geq 2]$

365 $\begin{cases} \dfrac{x-2}{x+3} \geq 0 \\ 7 + 2x > -\dfrac{x^2}{7} \end{cases}$ $[x < -7 \lor -7 < x < -3 \lor x \geq 2]$

372 $\begin{cases} \dfrac{2x+3}{3-2x} > \dfrac{1}{2} \\ \dfrac{1}{4+x^2} \leq \dfrac{1}{16-x^4} \end{cases}$ $[\nexists x \in \mathbb{R}]$

7 | Equazioni e disequazioni con valori assoluti

Proprietà del valore assoluto

373 VERO O FALSO?
a. $|x+2| = |-x+2| \quad \forall x \in \mathbb{R}$.   V F
b. $-3|x| = |-3x| \quad \forall x \in \mathbb{R}$.   V F
c. $|-a-3| \geq 0 \quad \forall a \in \mathbb{R}$.   V F
d. $|y| + 4 > 0$ solo se $y > 0$.   V F

374 COMPLETA
a. $|x+4| = $ ☐ se $x \geq -4$.
b. $|a-3| = $ ☐ se $a < 3$.
c. $|6-y| = y - 6$ se y ☐.
d. $|2x+4| = 2x + 4$ se x ☐.

375 RIFLETTI SULLA TEORIA È vero che $|a| + |b| = |a+b|$? Motiva la risposta con degli esempi.

Equazioni con valori assoluti

▶ Teoria a p. 13

Equazioni con un valore assoluto

376 ESERCIZIO GUIDA Risolviamo l'equazione $|x-3| = 7 - 2x$.

Paragrafo 7. Equazioni e disequazioni con valori assoluti

L'insieme delle soluzioni è l'**unione** degli insiemi delle soluzioni dei seguenti sistemi.

Primo sistema
$\begin{cases} x - 3 \geq 0 \\ x - 3 = 7 - 2x \end{cases}$

$\begin{cases} x \geq 3 \\ x = \dfrac{10}{3} \end{cases}$ → $S_1 : x = \dfrac{10}{3}$

Secondo sistema
$\begin{cases} x - 3 < 0 \\ -x + 3 = 7 - 2x \end{cases}$

$\begin{cases} x < 3 \\ x = 4 \end{cases}$ → impossibile → $S_2 = \varnothing$

La soluzione dell'equazione iniziale è $x = \dfrac{10}{3}$.

Risolvi le seguenti equazioni.

377 $|1 - x| = 3x$ $\left[\dfrac{1}{4}\right]$

378 $|4x - 3| = 5x$ $\left[\dfrac{1}{3}\right]$

379 $1 - |x| = x$ $\left[\dfrac{1}{2}\right]$

380 $|3x - 5| = 2x + 1$ $\left[\dfrac{4}{5}; 6\right]$

381 $\left|3x + \dfrac{5}{2}\right| = 7x - \dfrac{1}{2}$ $\left[\dfrac{3}{4}\right]$

382 $|5x - 3| = 2(2x - 7) - 2(x + 3)$ $[\nexists x \in \mathbb{R}]$

383 $|4x + 5| = (2 - x)(2 + x) + 3 + x^2$ $\left[\dfrac{1}{2}; -3\right]$

384 $|(x + 4)(x - 1) - x^2| = 2(2 - x) + 1$ $\left[\dfrac{9}{5}; -1\right]$

385 $|x^2 - 4x| = x$ $[0; 3; 5]$

386 **AL VOLO** $|3 - 5x + x^2| = -x^2 - 3$

387 $|9 - x^2| = x - 3$ $[3]$

388 $|3x - x^2| - 5 = x$ $[-1; 5]$

Equazioni del tipo $|A(x)| = a$, con $a \in \mathbb{R}$

389 **ESERCIZIO GUIDA** Risolviamo le equazioni: **a.** $|x + 7| = -6$; **b.** $|x^2 + 3x| = 10$.

a. Il valore assoluto di un'espressione è sempre maggiore o uguale a 0, quindi l'equazione è impossibile.

b. L'equazione equivale a $x^2 + 3x = \pm 10$.

$x^2 + 3x = +10$ → $x^2 + 3x - 10 = 0$ $\Delta = 49$ → $x_1 = -5, x_2 = 2$.

$x^2 + 3x = -10$ → $x^2 + 3x + 10 = 0$ $\Delta = -31 < 0$ → nessuna soluzione.

Le soluzioni sono $x = -5$ e $x = 2$.

Risolvi le seguenti equazioni.

AL VOLO

390 $|x(x - 1)| = 0$

391 $|5x - 1| = -2$

392 $|x| = 2$

393 $|x^3 + x| + 6 = 0$

394 $|x - 1| = 6$ $[-5; 7]$

395 $|x - 6| = 4$ $[2; 10]$

396 $3|x| - |x| = 3$ $\left[\pm\dfrac{3}{2}\right]$

397 $6(|x - 2| + 1) = 1$ $[\nexists x \in \mathbb{R}]$

398 $4|x - 1| = 1$ $\left[\dfrac{3}{4}; \dfrac{5}{4}\right]$

399 $|x(x - 5)| = 14$ $[-2; 7]$

400 $|x^2 - x| = 6$ $[-2; 3]$

401 $|x^2 - 1| = 8$ $[\pm 3]$

Capitolo 1. Equazioni e disequazioni

Equazioni con più valori assoluti

402 **TEST** Solo una delle seguenti equazioni è impossibile. Quale?

A $|4x| = |-x-3|$ C $|-x| + |5x+6| = 0$ E $|x| + |x^2 - x| = 0$

B $|x| + |2x| = 9$ D $-|3-8x| = -10$

---

403 **ESERCIZIO GUIDA** Risolviamo l'equazione $|x-1| - 3x = |2x+8|$.

Studiamo il segno delle espressioni all'interno dei valori assoluti.

$x - 1 \geq 0 \quad \rightarrow \quad x \geq 1$

$2x + 8 \geq 0 \quad \rightarrow \quad x \geq -4$

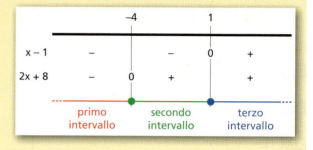

L'equazione ha come soluzioni l'unione delle soluzioni dei tre seguenti sistemi, che risolviamo.

Primo sistema

$\begin{cases} x < -4 \\ -(x-1) - 3x = -(2x+8) \end{cases} \rightarrow \begin{cases} x < -4 \\ x = \dfrac{9}{2} \end{cases} \rightarrow$ impossibile

Secondo sistema

$\begin{cases} -4 \leq x < 1 \\ -(x-1) - 3x = 2x+8 \end{cases} \rightarrow \begin{cases} -4 \leq x < 1 \\ x = -\dfrac{7}{6} \end{cases} \rightarrow x = -\dfrac{7}{6}$

Terzo sistema

$\begin{cases} x \geq 1 \\ x - 1 - 3x = 2x + 8 \end{cases} \rightarrow \begin{cases} x \geq 1 \\ x = -\dfrac{9}{4} \end{cases} \rightarrow$ impossibile

La soluzione dell'equazione è $x = -\dfrac{7}{6}$.

Risolvi le seguenti equazioni.

404 $|x-1| + 5 = |x+3| + 2x$ $\left[\dfrac{3}{4}\right]$ **408** $|x-1| + 3|x| = 2x + 4$ $\left[\dfrac{5}{2}; -\dfrac{1}{2}\right]$

405 $|x-3| - 4x = |x+1| - 3$ $\left[\dfrac{5}{6}\right]$ **409** $2|x-1| = x - \dfrac{1}{3} + |2-x|$ $\left[\dfrac{1}{6}; \dfrac{11}{6}\right]$

406 $|2x+1| + |-x+1| = x+4$ $[-1; 2]$ **410** $|x^2 - 4| + 16 = |x|$ $[\nexists x \in \mathbb{R}]$

407 $|x-1| - 2|x+3| = 7x$ $\left[-\dfrac{1}{2}\right]$ **411** $|y-1| + |y^3| = y + 1$ $[0; \sqrt[3]{2}]$

Disequazioni con valori assoluti

▶ Teoria a p. 15

Disequazioni con un valore assoluto

412 **TEST** Una sola fra le seguenti disequazioni ammette un unico numero reale come soluzione. Quale?

A $|x+3| > 0$ B $2|x^2 - 6| \leq 0$ C $-3|x+1| \geq 0$ D $|2x+5| < 0$ E $|x-2| < 0$

Paragrafo 7. Equazioni e disequazioni con valori assoluti

413 **ESERCIZIO GUIDA** Risolviamo la disequazione $|x^2 - 4| < x^2 + 5x + 10$.

Studiamo il segno dell'espressione all'interno del valore assoluto:

$$x^2 - 4 \geq 0 \quad \rightarrow \quad x \leq -2 \vee x \geq 2.$$

La disequazione ammette come soluzioni i valori appartenenti all'unione degli insiemi delle soluzioni dei due seguenti sistemi, che risolviamo.

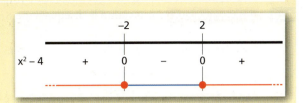

Primo sistema

$\begin{cases} x \leq -2 \vee x \geq 2 \\ x^2 - 4 < x^2 + 5x + 10 \end{cases}$

$\begin{cases} x \leq -2 \vee x \geq 2 \\ -5x < 14 \end{cases}$

$\begin{cases} x \leq -2 \vee x \geq 2 \\ x > -\dfrac{14}{5} \end{cases}$

Secondo sistema

$\begin{cases} -2 < x < 2 \\ -x^2 + 4 < x^2 + 5x + 10 \end{cases}$

$\begin{cases} -2 < x < 2 \\ -2x^2 - 5x - 6 < 0 \end{cases}$

$\begin{cases} -2 < x < 2 \\ \forall x \in \mathbb{R} \end{cases}$

Compiliamo i quadri delle soluzioni dei due sistemi.

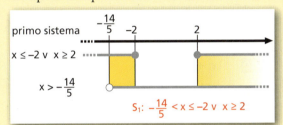
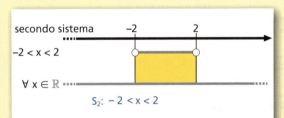

Uniamo le soluzioni.

La disequazione iniziale è soddisfatta per $x > -\dfrac{14}{5}$.

Risolvi le seguenti disequazioni.

414 $|5x - 1| < 3x + 2$ $\qquad \left[-\dfrac{1}{8} < x < \dfrac{3}{2}\right]$

415 $|3x - 4| \geq 2x + 5$ $\qquad \left[x \leq -\dfrac{1}{5} \vee x \geq 9\right]$

416 $|3x + 1| - 3(x + 5) > 2$ $\qquad [x < -3]$

417 $|-2x + 5| < x - 3$ $\qquad [\nexists x \in \mathbb{R}]$

418 $\left|\dfrac{1}{2}x - 3\right| > 2x - \dfrac{5}{2}$ $\qquad \left[x < \dfrac{11}{5}\right]$

419 $|x| > x^2 - 4x + 6$ $\qquad [2 < x < 3]$

420 $|2(x + 3) + 3(x - 2)| < -2x - 3$ $\qquad [\nexists x \in \mathbb{R}]$

421 $\left|\dfrac{1}{2}x + 3\right| > 3x + 1$ $\qquad \left[x < \dfrac{4}{5}\right]$

422 $|x^2 - 3| \leq 2x$ $\qquad [1 \leq x \leq 3]$

423 $|2x + 1| > -7x + 3$ $\qquad \left[x > \dfrac{2}{9}\right]$

424 $|9 - x^2| \geq x^2 + 3x$ $\qquad \left[x \leq \dfrac{3}{2}\right]$

425 $x|x| - x^2 < x + 4$ $\qquad [\forall x \in \mathbb{R}]$

426 $|x^2 - 3x| \leq x^2 + 4x$ $\qquad [x \geq 0]$

427 $|x^2 - x| < 3x + 5$ $\qquad [-1 < x < 5]$

Capitolo 1. Equazioni e disequazioni

Disequazioni del tipo $|A(x)| < k$, con $k \in \mathbb{R}$

428 ESERCIZIO GUIDA Risolviamo la disequazione $8 + |3x - 1| < 13$.

Scriviamo la disequazione nella forma $|A(x)| < k$:

$$|3x - 1| < 13 - 8 \quad \rightarrow \quad |3x - 1| < 5.$$

Poiché la disequazione $|A(x)| < k$, con $k > 0$, è equivalente a $-k < A(x) < k$, la disequazione data è equivalente a

$$-5 < 3x - 1 < 5,$$

ossia al sistema:

$$\begin{cases} 3x - 1 < 5 \\ 3x - 1 > -5 \end{cases} \rightarrow \begin{cases} 3x < 6 \\ 3x > -4 \end{cases} \rightarrow \begin{cases} x < 2 \\ x > -\dfrac{4}{3} \end{cases}.$$

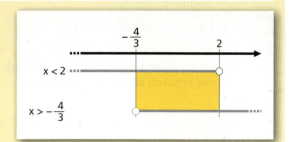

Le soluzioni della disequazione data sono:

$$-\dfrac{4}{3} < x < 2.$$

Risolvi le seguenti disequazioni.

429 $2 + |x| < 9$ $\quad [-7 < x < 7]$

430 $10 < 11 - |x|$ $\quad [-1 < x < 1]$

431 $3|x| - 2 < 2|x| + 3$ $\quad [-5 < x < 5]$

432 $|4x^2 - 1| + 5 < 0$ $\quad [\nexists x \in \mathbb{R}]$

433 $|x| + \dfrac{2}{3} > 2|x| - \dfrac{1}{6}$ $\quad \left[-\dfrac{5}{6} < x < \dfrac{5}{6}\right]$

434 $\dfrac{1 - |x|}{2} + \dfrac{1}{4} > 1 - \dfrac{|x| + 1}{4}$ $\quad [\nexists x \in \mathbb{R}]$

435 $2 + |3x - 4| < 1 - |3x - 4|$ $\quad [\nexists x \in \mathbb{R}]$

436 $\dfrac{1}{7}|x - 2| < 2$ $\quad [-12 < x < 16]$

437 $\left|x - 3\left(x + \dfrac{2}{3}\right)\right| - 4 < 0$ $\quad [-3 < x < 1]$

438 $|(x - 4)(x - 1) - x^2| < 1$ $\quad \left[\dfrac{3}{5} < x < 1\right]$

439 $|x^2 - x| < 12$ $\quad [-3 < x < 4]$

440 $|4x^2 + 1| < 2$ $\quad \left[-\dfrac{1}{2} < x < \dfrac{1}{2}\right]$

441 $\left|\dfrac{x + 3}{x - 2}\right| < 4$ $\quad \left[x < 1 \vee x > \dfrac{11}{3}\right]$

442 $\left|\dfrac{2 - 5x}{2x + 3}\right| - 3 < 4$ $\quad \left[x < -\dfrac{23}{9} \vee x > -1\right]$

443 $|x^2 + x - 3| < 3$ $\quad [-3 < x < -1 \vee 0 < x < 2]$

444 $3 + |x^2 - x| < 4$ $\quad \left[\dfrac{1 - \sqrt{5}}{2} < x < \dfrac{1 + \sqrt{5}}{2}\right]$

Disequazioni del tipo $|A(x)| > k$, con $k \in \mathbb{R}$

$|A(x)| > k \rightarrow A(x) < -k \vee A(x) > k$
$k > 0$

445 ESERCIZIO GUIDA Risolviamo la disequazione $|3x + 5| - 4 > 6$.

Scriviamo la disequazione nella forma $|A(x)| > k$:

$$|3x + 5| > 6 + 4 \quad \rightarrow \quad |3x + 5| > 10.$$

Poiché la disequazione $|A(x)| > k$, con $k > 0$, è equivalente ad $A(x) < -k \vee A(x) > k$, la disequazione data è equivalente a:

$3x + 5 < -10 \quad \vee \quad 3x + 5 > 10$

$3x < -15 \quad \vee \quad 3x > 5$

$x < -5 \quad \vee \quad x > \dfrac{5}{3}$

Le soluzioni della disequazione data sono:

$$x < -5 \vee x > \dfrac{5}{3}.$$

Paragrafo 7. Equazioni e disequazioni con valori assoluti

Risolvi le seguenti disequazioni.

446 $3 + |x| > 7$ $\quad [x < -4 \vee x > 4]$

447 $1 > 12 - |x|$ $\quad [x < -11 \vee x > 11]$

448 $|3 + b| > 5$ $\quad [b < -8 \vee b > 2]$

449 $|6 - x| > 3$ $\quad [x < 3 \vee x > 9]$

450 $\frac{1}{2}|6x + 2| > 7$ $\quad \left[x < -\frac{8}{3} \vee x > 2\right]$

451 $4|x| - 9 > 3|x| + 3$ $\quad [x < -12 \vee x > 12]$

452 $\left|\frac{1}{2}x^2 + 1\right| + 2 > 0$ $\quad [\forall x \in \mathbb{R}]$

453 $\frac{|x| - 2}{3} + \frac{1}{2} > 1 - \frac{|x| - 1}{6}$ $\quad \left[x < -\frac{8}{3} \vee x > \frac{8}{3}\right]$

454 $|4x - 3| + 1 > 10$ $\quad \left[x < -\frac{3}{2} \vee x > 3\right]$

455 $|3x^2 + 1| > 13$ $\quad [x < -2 \vee x > 2]$

456 $|a^5 - 1| > -3$ $\quad [\forall a \in \mathbb{R}]$

457 $3 + |x - 2| > 8 - |x - 2|$ $\quad \left[x < -\frac{1}{2} \vee x > \frac{9}{2}\right]$

458 $3 + |4x^2 - 12x + 10| > 4$ $\quad \left[x \neq \frac{3}{2}\right]$

459 $|x^2 + 2x| > 3$ $\quad [x < -3 \vee x > 1]$

460 $1 - \left|\frac{x - 2}{x}\right| \leq -3$ $\quad \left[-\frac{2}{3} \leq x < 0 \vee 0 < x \leq \frac{2}{5}\right]$

461 $\left|\frac{2 + 5x}{1 - 2x}\right| + 2 > 7$ $\quad \left[\frac{1}{5} < x < \frac{7}{5}, x \neq \frac{1}{2}\right]$

462 $\left|\frac{x - 3}{x + 2}\right| > 6$ $\quad \left[-3 < x < -\frac{9}{7}, x \neq -2\right]$

463 $\frac{|x| - 1}{x + 3} \geq 0$ $\quad [-3 < x \leq -1 \vee x \geq 1]$

Disequazioni con più valori assoluti

464 **ASSOCIA** ogni disequazione alle sue soluzioni.

a. $|x| > -|x + 9|$ b. $|x + 1| + |x^2 + x| \leq 0$ c. $|x| + 2|x + 1| < 0$ d. $1 - |x| < 0$

1. $x = -1$ 2. $x < -1 \vee x > 1$ 3. $\forall x \in \mathbb{R}$ 4. impossibile

Risolvi le seguenti disequazioni.

465 $|2x + 3| - |3x - 2| < 4$ $\quad \left[x < \frac{3}{5} \vee x > 1\right]$

466 $|x - 1| + |x + 1| > 5$ $\quad \left[x < -\frac{5}{2} \vee x > \frac{5}{2}\right]$

467 $2|x| - |3x + 1| < 1$ $\quad [\forall x \in \mathbb{R}]$

468 $|x - 1| - \left|\frac{1}{2}x - 8\right| < x$ $\quad \left[x > -\frac{14}{3}\right]$

469 **ESERCIZIO GUIDA** Risolviamo la disequazione $|2x - 1| \leq |3 - x|$.

Per la proprietà 5 del valore assoluto, $\quad |a| \leq |b| \rightarrow a^2 \leq b^2$

$|2x - 1| \leq |3 - x| \leftrightarrow (2x - 1)^2 \leq (3 - x)^2$.

Risolviamo: $4x^2 - 4x + 1 \leq 9 - 6x + x^2 \rightarrow 3x^2 + 2x - 8 \leq 0 \rightarrow -2 \leq x \leq \frac{4}{3}$.

Risolvi le seguenti disequazioni.

470 $|x| < |x + 2|$ $\quad [x > -1]$

471 $|x + 1| \geq |2x - 3|$ $\quad \left[\frac{2}{3} \leq x \leq 4\right]$

472 $2|x| > |4 - x|$ $\quad \left[x < -4 \vee x > \frac{4}{3}\right]$

473 $|a + 5| < |2a - 1|$ $\quad \left[a < -\frac{4}{3} \vee a > 6\right]$

Capitolo 1. Equazioni e disequazioni

Riepilogo: Disequazioni con valori assoluti

Risolvi le seguenti disequazioni.

474 $-|-x+6| \geq 0$ $\qquad [x = 6]$

475 $|2x + 5| < -3$ $\qquad [\nexists x \in \mathbb{R}]$

476 $|x - 4| \leq 3$ $\qquad [1 \leq x \leq 7]$

477 $7x + 1 - |x + 3| < 2x + 5(x - 2)$
$\qquad [x < -14 \lor x > 8]$

478 $-2|y + 1| - 3y < 0$ $\qquad \left[y > -\dfrac{2}{5}\right]$

479 $3(1 - x) - x^2 > -|x - 1| - x(x + 3) + 8$
$\qquad [x < -4 \lor x > 6]$

480 $|-2x + 10| - 6 > 3x + 3(1 - x)$ $\left[x < \dfrac{1}{2} \lor x > \dfrac{19}{2}\right]$

481 $3 - |2x + 1| < |6x + 3| + 5$ $\qquad [\forall x \in \mathbb{R}]$

482 $3 - |4x + 1| > |8x + 2| + 5$ $\qquad [\nexists x \in \mathbb{R}]$

483 $|x^2 - 10x| - 6 > x - x^2$ $\left[x < -\dfrac{1}{2} \lor x > \dfrac{2}{3}\right]$

484 $2x + |1 - x^2| \geq -2$ $\qquad [\forall x \in \mathbb{R}]$

485 $\dfrac{1}{|x+3|} > 1$ $\qquad [-4 < x < -3 \lor -3 < x < -2]$

486 $\left|\dfrac{x+1}{2-x}\right| > 2$ $\qquad [1 < x < 5, x \neq 2]$

487 $\dfrac{-|x|}{|x-1|} \geq 0$ $\qquad [x = 0]$

488 $|x^2 - 4| > 4x - 8$ $\qquad [x \neq 2]$

489 $\dfrac{|4x - 1| - 3x - 1}{x^2 + 16} > 0$ $\qquad [x < 0 \lor x > 2]$

490 $|3x - |2 - x|| \leq 2$ $\qquad [0 \leq x \leq 1]$

491 $|x^2 - 5x + 6| \leq |x - 2|$ $\qquad [2 \leq x \leq 4]$

492 $\dfrac{|x+2|}{3x-2} + \dfrac{1}{2}x \geq 0$ $\qquad \left[x > \dfrac{2}{3}\right]$

493 $\left|\dfrac{x^2}{x-1}\right| + x > 3$ $\qquad \left[\dfrac{3}{4} < x < 1 \lor x > 1\right]$

494 $|x^2 - 4| + |x^2 - 1| > 1$ $\qquad [\forall x \in \mathbb{R}]$

495 $\dfrac{|x^2 - 2x + 3|}{x^2 - 1} > 1$ $\qquad [x < -1 \lor 1 < x < 2]$

496 $\dfrac{|2x - 3| - 1}{|x| - 2} \geq 0$ $\qquad [x < -2 \lor x \geq 1, x \neq 2]$

497 $\dfrac{|2 - x|}{x^2 - 2|x| - 3} \geq 0$ $\qquad [x < -3 \lor x = 2 \lor x > 3]$

8 Equazioni e disequazioni irrazionali

Scrivi le condizioni di esistenza per i seguenti radicali.

498 $\sqrt{1 - x^2}$; $\qquad \sqrt[3]{\dfrac{2}{x}}$; $\qquad \sqrt{x} + \sqrt{4 - x}$. $\qquad [-1 \leq x \leq 1; x \neq 0; 0 \leq x \leq 4]$

499 $\dfrac{1}{\sqrt[3]{x^2 - 1}}$; $\qquad \sqrt[5]{x^2 - 4}$; $\qquad \sqrt{\dfrac{x+1}{2-x}}$. $\qquad [x \neq \pm 1; \forall x \in \mathbb{R}; -1 \leq x < 2]$

500 $\sqrt{x^2 - 7x + 12}$; $\qquad \sqrt[3]{x^3 - 8}$; $\qquad \sqrt{5x - x^2 - 6}$. $\qquad [x \leq 3 \lor x \geq 4; \forall x \in \mathbb{R}; 2 \leq x \leq 3]$

Equazioni irrazionali
▶ Teoria a p. 17

501 **VERO O FALSO?**

a. $\sqrt{x} \cdot \sqrt{x - 2} = \sqrt{x(x-2)}$ per ogni $x \in \mathbb{R}$. $\qquad$ V F

b. $\dfrac{\sqrt{x+1}}{\sqrt{x-3}} = \sqrt{\dfrac{x+1}{x-3}}$ per $x \neq 3$. $\qquad$ V F

c. $\dfrac{\sqrt{x}}{\sqrt{x}} = 1$ per ogni $x \in \mathbb{R}$. $\qquad$ V F

d. $\sqrt{4x^2} = \pm 2x$. $\qquad$ V F

Paragrafo 8. Equazioni e disequazioni irrazionali

502 **RIFLETTI SULLA TEORIA** Spiega perché ciascuna delle seguenti equazioni non ha soluzione.

a. $\sqrt{2x+3} = -4$;   b. $\sqrt{-x^2} = 2$;   c. $-\sqrt{3+x} = x^4$;   d. $\sqrt{x} = -\sqrt{1-x}$.

503 **ESERCIZIO GUIDA** Risolviamo le equazioni: a. $\sqrt[3]{2x+x^3+1} = 1+x$; b. $\sqrt{x^2-3x+2} = 2-x$.

a. Poiché l'indice del radicale è dispari, la radice è sempre definita. Quindi basta elevare entrambi i membri al cubo per eliminare la radice:

$$2x + x^3 + 1 = (1+x)^3 \rightarrow 2x + x^3 + 1 = 1 + x^3 + 3x^2 + 3x \rightarrow 3x^2 + x = 0 \rightarrow x(3x+1) = 0.$$

L'equazione ha due soluzioni: $x_1 = -\dfrac{1}{3}$ e $x_2 = 0$.

b. Poiché l'indice del radicale è pari, l'equazione è equivalente al sistema:

$$\begin{cases} x^2 - 3x + 2 \geq 0 \\ 2 - x \geq 0 \\ x^2 - 3x + 2 = (2-x)^2 \end{cases} \rightarrow \begin{cases} x \leq 1 \vee x \geq 2 \\ x \leq 2 \\ x^2 - 3x + 2 = 4 + x^2 - 4x \end{cases} \rightarrow \begin{cases} x \leq 1 \vee x = 2 \\ x = 2 \end{cases}.$$

La soluzione $x = 2$ è accettabile.

Risolvi le seguenti equazioni irrazionali.

504 $\sqrt{3x-6} = 3$ $\quad[5]$

505 $\sqrt{x-1} = (-2)^2$ $\quad[17]$

506 $5 - \sqrt{2-x} = 0$ $\quad[-23]$

507 $\sqrt{y^2 + 3y - 10} = 2\sqrt{2}$ $\quad[-6; 3]$

508 $\sqrt{\dfrac{x-1}{2x+1}} = \dfrac{1}{2}$ $\quad\left[\dfrac{5}{2}\right]$

509 $\sqrt{3x+4} = 2+x$ $\quad[-1; 0]$

510 $\sqrt[3]{x} = x$ $\quad[-1; 0; 1]$

511 $2 + \sqrt{8-4x} = x$ $\quad[2]$

512 $\sqrt{x+1} - x - 1 = 0$ $\quad[-1; 0]$

513 $\sqrt[3]{x^3-2} = 1+x$ $\quad[\nexists x \in \mathbb{R}]$

514 $\sqrt{4x+5} = 2x+1$ $\quad[1]$

515 $\sqrt{6x+3} + x = 4$ $\quad[1]$

516 $\sqrt[3]{x(x^2+5)-1} - x = 0$ $\quad\left[\dfrac{1}{5}\right]$

517 $\sqrt{7-3x^2} = x+2$ $\quad\left[-\dfrac{3}{2}; \dfrac{1}{2}\right]$

518 $\sqrt{1-x^2} + x = -3$ $\quad[\nexists x \in \mathbb{R}]$

519 $\sqrt{(x-2)\left(2-\dfrac{1}{2}x\right)} + 2 = x$ $\quad\left[2; \dfrac{8}{3}\right]$

520 $3 - 4x - \sqrt{x^2-1} = 4 - 3x$ $\quad[-1]$

521 $4\sqrt{5x} + 10 = 6\sqrt{5x} + 6$ $\quad\left[\dfrac{4}{5}\right]$

522 $\sqrt{x^2 - 1 - 5(x-1)} + 3x = 3$ $\quad\left[1; \dfrac{5}{8}\right]$

523 $\sqrt{6x^2 - 2x} = 3 - x$ $\quad\left[-\dfrac{9}{5}; 1\right]$

524 **TEST** Le seguenti equazioni sono tutte impossibili tranne una. Quale?

A $\sqrt{2x} + \sqrt[4]{6x+1} = 0$ C $\sqrt{x-4} = -x$ E $\sqrt{-2x} = x - 1$

B $\sqrt{x} = \sqrt[3]{-4x^2}$ D $\sqrt{-|x-2|} = 2$

Capitolo 1. Equazioni e disequazioni

525 Nella figura trova x in modo tale che si abbia $\overline{CH} = \dfrac{7}{2} \overline{AB}$. [$\sqrt{2}$ cm]

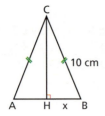

526 La differenza tra un numero e la sua radice quadrata è 6. Trova il numero. [9]

527 Un triangolo rettangolo ha un cateto lungo 15 cm. Trova l'area, sapendo che il perimetro è 90 cm. [270 cm²]

MATEMATICA AL COMPUTER
Un'equazione irrazionale Con l'aiuto di Wiris determina il valore del parametro h in modo che l'equazione irrazionale $\sqrt{x+h} = 2x + 2$ ammetta la soluzione $x = -\dfrac{1}{2}$.
Svolgi poi la verifica algebrica del risultato ottenuto. Sostituisci il valore di h trovato e traccia infine i grafici del primo e del secondo membro nel medesimo riferimento cartesiano per mettere in evidenza la soluzione $x = -\dfrac{1}{2}$.

Risoluzione – 5 esercizi in più

Risolvi le seguenti equazioni irrazionali con due o più radicali.

528 $\sqrt{x-2} = \sqrt{x^2-4}$ [2]

529 $\sqrt{2x^2 + x - 6} = 2\sqrt{3x}$ [6]

530 $\sqrt{3x^2 - 2x + 1} = \sqrt{3x-1}$ $\left[\dfrac{2}{3}; 1\right]$

531 $\sqrt{x+6} = \sqrt{x} + 2$ $\left[\dfrac{1}{4}\right]$

532 $\sqrt{x-1} + 1 = \sqrt{x-3}$ [$\nexists x \in \mathbb{R}$]

533 $\sqrt{4-x} + \sqrt{12-x} = 4$ [3]

534 $\sqrt[3]{5x-1} = \sqrt[3]{x+4}$ $\left[\dfrac{5}{4}\right]$

535 $\sqrt{2x+7} = 3 - \sqrt{1-x}$ [$-3; 1$]

536 $\sqrt{5 + 4x - x^2} - 2\sqrt{5-x} = 0$ [3; 5]

537 $\sqrt{2x-1} = -1 + \sqrt{3x+1}$ [1; 5]

538 $\sqrt{5-x} + \sqrt{5+x} = \dfrac{12}{\sqrt{5+x}}$ [3; 4]

Disequazioni irrazionali
▶ Teoria a p. 18

AL VOLO Risolvi le seguenti disequazioni senza eseguire calcoli.

539 $\sqrt{x^2 + 2} > -2$; $\sqrt{x^2} > 0$.

540 $\sqrt{x} + \sqrt{1-x} > 0$; $\sqrt[3]{x} < 0$.

541 $\sqrt[4]{x^2} + \sqrt{x^4} \geq 0$; $-3\sqrt{x^2 + 1} < 0$.

542 $\sqrt[3]{4x^2 + 1} > 0$; $\sqrt[4]{-6x^2 - 2} < 0$.

543 **RIFLETTI SULLA TEORIA** Quando le due disequazioni $\sqrt{A(x)} \geq 0$ e $\sqrt{A(x)} \leq 0$ possono essere entrambe vere? Quando entrambe impossibili?

Risolvi le seguenti disequazioni che contengono radicali con indice dispari.

544 $\sqrt[3]{x+7} \geq 3$ [$x \geq 20$]

545 $\sqrt[3]{x^2 - 1} < 2$ [$-3 < x < 3$]

546 $\sqrt[5]{x-4} < -1$ [$x < 3$]

547 $x + 2 \leq \sqrt[3]{x^3 + 2}$ [$x = -1$]

548 $\sqrt[3]{1 - 3x} > x + 1$ [$x < 0$]

549 $\sqrt[3]{8x - x^3} \leq x$ [$-2 \leq x \leq 0 \vee x \geq 2$]

Disequazioni del tipo $\sqrt{A(x)} < B(x)$

550 **RIFLETTI SULLA TEORIA** La disequazione $\sqrt{x+1} < 3$ è equivalente a $x + 1 < 9$? Perché?

Paragrafo 8. Equazioni e disequazioni irrazionali

551 **ESERCIZIO GUIDA** Risolviamo la disequazione $\sqrt{4x^2 + 5x - 6} < 4x - 3$.

La disequazione è equivalente al sistema:

$$\begin{cases} 4x^2 + 5x - 6 \geq 0 \\ 4x - 3 > 0 \\ 4x^2 + 5x - 6 < (4x - 3)^2 \end{cases}.$$

$$\sqrt{A(x)} < B(x) \rightarrow \begin{cases} A(x) \geq 0 \\ B(x) > 0 \\ A(x) < B^2(x) \end{cases}$$

Risolviamo le disequazioni separatamente.

- Prima disequazione. Equazione associata: $4x^2 + 5x - 6 = 0 \rightarrow \Delta = 121 \rightarrow x_1 = -2$ e $x_2 = \dfrac{3}{4}$.

  La disequazione è verificata per $x \leq -2 \vee x \geq \dfrac{3}{4}$.

- Seconda disequazione. $4x - 3 > 0 \rightarrow x > \dfrac{3}{4}$.

- Terza disequazione.

  Svolgiamo i calcoli:

  $$4x^2 + 5x - 6 < (4x - 3)^2$$
  $$4x^2 + 5x - 6 < 16x^2 + 9 - 24x$$
  $$12x^2 - 29x + 15 > 0.$$

  Equazione associata: $12x^2 - 29x + 15 = 0$;

  $\Delta = 121 \rightarrow x_1 = \dfrac{3}{4}, x_2 = \dfrac{5}{3}$.

  La disequazione è verificata per:

  $x < \dfrac{3}{4} \vee x > \dfrac{5}{3}$.

Compiliamo il quadro delle soluzioni.

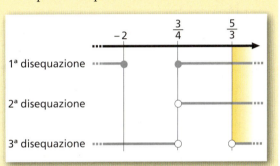

Le soluzioni del sistema, e quindi della disequazione iniziale, sono:

$x > \dfrac{5}{3}$.

Risolvi le seguenti disequazioni irrazionali.

552 $\sqrt{x^2 - 9} \leq 4$ $\quad [-5 \leq x \leq -3 \vee 3 \leq x \leq 5]$

553 $\sqrt{2x + 15} \leq x$ $\quad [x \geq 5]$

554 $\sqrt{16 + x^2} - x \leq -3$ $\quad [\nexists x \in \mathbb{R}]$

555 $\sqrt{1 + x^2} < 2 - x$ $\quad \left[x < \dfrac{3}{4}\right]$

556 $2\sqrt{1 - x + x^2} < 1 - 2x$ $\quad [\nexists x \in \mathbb{R}]$

557 $\sqrt{x - 3} < 2x - 1$ $\quad [x \geq 3]$

558 $\sqrt{x^2 - 7x} < x - 2$ $\quad [x \geq 7]$

559 $\sqrt{25 - x^2} < x + 1$ $\quad [3 < x \leq 5]$

560 $\sqrt{x - 7} < 4x + 5$ $\quad [x \geq 7]$

561 $1 > \sqrt{x^2 - 2x} - x$ $\quad \left[-\dfrac{1}{4} < x \leq 0 \vee x \geq 2\right]$

562 $\sqrt{x^2 + 3x + 3} < x - 2$ $\quad [\nexists x \in \mathbb{R}]$

563 $\sqrt{x^2 - 4} < 4 - x$ $\quad \left[x \leq -2 \vee 2 \leq x < \dfrac{5}{2}\right]$

564 $\sqrt{x + 1} < 1 - x$ $\quad [-1 \leq x < 0]$

565 $2\sqrt{x^2 - 5x + 7} \leq 2x - 4$ $\quad [x \geq 3]$

566 $\sqrt{7 + 3(x + 2) - 2(2x - 3)} < -1 - x$ $\quad [x < -6]$

567 $\sqrt{x^2 - 4} + 1 < 2x$ $\quad [x \geq 2]$

568 La radice quadrata della somma tra un numero e 2 è minore della somma tra il doppio di quel numero e 3. Quali condizioni soddisfa il numero? $\quad [x > -1]$

Capitolo 1. Equazioni e disequazioni

Disequazioni del tipo $\sqrt{A(x)} > B(x)$

569 **RIFLETTI SULLA TEORIA** Perché la disequazione $\sqrt{x^2-1} > x-2$ *non* è equivalente a $(x^2-1) > (x-2)^2$?

570 **ESERCIZIO GUIDA** Risolviamo la disequazione $\sqrt{x^2-4x-21} > x-3$.

Dobbiamo risolvere i seguenti sistemi e fare l'unione delle loro soluzioni.

$$\sqrt{A(x)} > B(x) \to \begin{cases} A(x) \geq 0 \\ B(x) < 0 \end{cases} \cup \begin{cases} B(x) \geq 0 \\ A(x) > B^2(x) \end{cases}$$

Primo sistema

$\begin{cases} x^2 - 4x - 21 \geq 0 \\ x - 3 < 0 \end{cases}$

La prima disequazione è soddisfatta per $x \leq -3 \vee x \geq 7$.

$\begin{cases} x \leq -3 \vee x \geq 7 \\ x < 3 \end{cases}$

Secondo sistema

$\begin{cases} x - 3 \geq 0 \\ x^2 - 4x - 21 > (x-3)^2 \end{cases}$

$\begin{cases} x - 3 \geq 0 \\ \cancel{x^2} - 4x - 21 > \cancel{x^2} + 9 - 6x \end{cases}$

$\begin{cases} x \geq 3 \\ 2x > 30 \end{cases} \to x > 15$

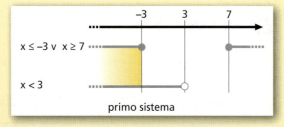

primo sistema

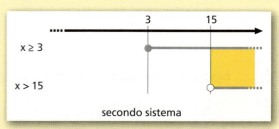

secondo sistema

Il primo sistema è verificato per $x \leq -3$. Il secondo sistema è verificato per $x > 15$.

Unendo i due intervalli, otteniamo le soluzioni della disequazione:

$x \leq -3 \vee x > 15$.

Risolvi le seguenti disequazioni irrazionali.

571 $\sqrt{x+3} > 3$ $\qquad [x > 6]$

572 $\sqrt{x^2-1} \geq 2\sqrt{2}$ $\qquad [x \leq -3 \vee x \geq 3]$

573 $\sqrt{3x+2x^2} > -1$ $\qquad \left[x \leq -\dfrac{3}{2} \vee x \geq 0\right]$

574 $\sqrt{9+x^2} \geq x+1$ $\qquad [x \leq 4]$

575 $\sqrt{2x^2-5x+6} > \sqrt{2}(x+1)$ $\qquad \left[x < \dfrac{5}{7}\right]$

576 $\sqrt{x^2-2x} - 2 \geq x+1$ $\qquad \left[x \leq -\dfrac{9}{8}\right]$

577 $\sqrt{8(x+5)} \geq 2x+7$ $\qquad \left[-5 \leq x \leq -\dfrac{1}{2}\right]$

578 $\sqrt{-x+3} > x-3$ $\qquad [x < 3]$

579 $\sqrt{x^2+2x+9} - 1 \geq x$ $\qquad [\forall x \in \mathbb{R}]$

580 $\sqrt{2(1+x^2)} > 5 - x + \sqrt{1+x^2}$ $\qquad \left[x > \dfrac{12}{5}\right]$

581 $\sqrt{4x+x^2} > 1+x$ $\qquad \left[x \leq -4 \vee x > \dfrac{1}{2}\right]$

582 $\sqrt{x^2-9} > 5-x$ $\qquad \left[x > \dfrac{17}{5}\right]$

583 $2\sqrt{x+x^2} + x > \sqrt{x+x^2} + 6$ $\qquad \left[x > \dfrac{36}{13}\right]$

584 $x \leq -1 + \sqrt{1+2x}$ $\qquad [x = 0]$

585 $\sqrt{x(x-4)+4} > 2x+1$ $\qquad \left[x < \dfrac{1}{3}\right]$

586 $x - 3 < \sqrt{x^2+x+4}$ $\qquad [\forall x \in \mathbb{R}]$

587 $\sqrt{x^2-5x+6} > x-1$ $\qquad \left[x < \dfrac{5}{3}\right]$

588 $\sqrt{\dfrac{(2x-1)(x+3)}{x^2+4}} > \sqrt{3}$ $\qquad [\nexists x \in \mathbb{R}]$

589 $\sqrt{2x^2-5x} > -x^2+2x-1$ $\qquad \left[x \leq 0 \vee x \geq \dfrac{5}{2}\right]$

Riepilogo: Disequazioni irrazionali

590 Un rettangolo ha la base che misura $\sqrt{k+3}$ e l'altezza è il doppio della base. Trova per quali valori di k il suo perimetro è maggiore di 24. $\qquad [k > 13]$

591 Trova per quali valori di x, in centimetri, il lato AD del trapezio isoscele $ABCD$ ha lunghezza maggiore del raggio della semicirconferenza, che è 8 cm. $\qquad [0 < x < 4]$

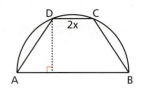

Disequazioni irrazionali con più radici

Risolvi le seguenti disequazioni.

592 $\dfrac{\sqrt{1-x}}{2} > \dfrac{\sqrt{1+x}}{3} \qquad \left[-1 \leq x < \dfrac{5}{13}\right]$

593 $\sqrt{-x-3} < \sqrt{x^2-5x} \qquad [x \leq -3]$

594 $\sqrt{x^2+5x-14} > \sqrt{x^2+4x+3} \qquad [x > 17]$

595 $\sqrt{-2x^3+5x-4} < \sqrt{-4x+5} \qquad [\nexists x \in \mathbb{R}]$

596 $\sqrt{x^2+3} - \sqrt{x+5} > 0 \qquad [-5 \leq x < -1 \lor x > 2]$

597 $\sqrt{x-1} \geq \sqrt{x-2} \qquad \left[2 \leq x \leq \dfrac{9}{4}\right]$

598 $\sqrt{2x-1} \geq \sqrt{x+1} \qquad [x \geq 8]$

599 $\sqrt{3x}+1 \leq \sqrt{5x+1} \qquad [x = 0 \lor x \geq 3]$

600 $\sqrt{x-1} > \sqrt{2x-1} - 1 \qquad [1 < x < 5]$

601 $\sqrt{2x-1} + \sqrt{2x+1} > 1 \qquad \left[x \geq \dfrac{1}{2}\right]$

602 $\sqrt{x} + \sqrt{x-4} > \sqrt{2x-1} \qquad \left[x > \dfrac{9}{2}\right]$

Riepilogo: Disequazioni irrazionali

Risolvi le seguenti disequazioni irrazionali.

603 $\sqrt{x^2-x} < x+1 \qquad \left[-\dfrac{1}{3} < x \leq 0 \lor x \geq 1\right]$

604 $\sqrt{x^2+x+1} - x > -1 \qquad [\forall x \in \mathbb{R}]$

605 $\sqrt{9x^2-6x+1} < 3x \qquad \left[x \geq \dfrac{2}{3}\right]$

606 $x - \sqrt{x^2+5x+6} + 2 \geq 0 \qquad [x = -2]$

607 $\sqrt{3x-2} + 2 > x \qquad \left[\dfrac{2}{3} \leq x < 6\right]$

608 $x > \sqrt{x^2-4} - 1 \qquad [x \geq 2]$

609 $1 + x > 4 - \sqrt{x^2-4x} \qquad [x \geq 4]$

610 $2 < x + \sqrt{4-x} \qquad [0 < x \leq 4]$

611 $\sqrt{x^2-1} - x < 0 \qquad [x \geq 1]$

612 $\sqrt{|x|+1} > 3 \qquad [x < -8 \lor x > 8]$

613 $2\sqrt{x(x+4)-4(x+1)} > 2x+1 \qquad [x \leq -2]$

614 $\sqrt{26-17x} > 2x-5 \qquad \left[x \leq \dfrac{26}{17}\right]$

615 $\sqrt[3]{x^3+8} \geq x+2 \qquad [-2 \leq x \leq 0]$

616 $2(\sqrt{x+9}-4x+7) \leq 8 \qquad \left[x \geq \dfrac{25}{16}\right]$

617 $\sqrt[4]{x^4-16} > x \qquad [x \leq -2]$

618 $\sqrt[3]{x+6} > x \qquad [x < 2]$

619 $\sqrt{2x^2-3x+4} + 1 > 2x \qquad \left[x < \dfrac{3}{2}\right]$

620 $\sqrt{(4x^2+1)(2x-3)} \leq \sqrt{(2x-1)^3} \qquad \left[x \geq \dfrac{3}{2}\right]$

621 $\dfrac{1}{\sqrt{1-x}} > \dfrac{2}{\sqrt{1+x}} \qquad \left[\dfrac{3}{5} < x < 1\right]$

622 $\dfrac{|3-2x|+|4x+1|}{\sqrt[3]{x+2}} \leq 0 \qquad [x < -2]$

623 $\sqrt{x^2-4x} > \dfrac{1}{2}x - 6 \qquad [x \leq 0 \lor x \geq 4]$

624 $-3\sqrt{2x^2-6x^2} + \dfrac{9}{4} > \left(x - \dfrac{3}{2}\right)^2 \qquad [\nexists x \in \mathbb{R}]$

625 $\sqrt{x^2-5x+6} > \sqrt{x^2-5x+4} \qquad [x \leq 1 \lor x \geq 4]$

626 $\sqrt[4]{x^2-9} < \sqrt{2-x} \qquad [x \leq -3]$

627 $\sqrt{\dfrac{x+1}{x-1}} \leq \sqrt{\dfrac{x+2}{x-2}} \qquad [x > 2]$

628 $\sqrt{x+1} < \sqrt[3]{x-1} \qquad [\nexists x \in \mathbb{R}]$

Allenati con **15 esercizi interattivi** con feedback "hai sbagliato, perché..."
su.zanichelli.it/tutor3   risorsa riservata a chi ha acquistato l'edizione con tutor

VERIFICA DELLE COMPETENZE ALLENAMENTO

UTILIZZARE TECNICHE E PROCEDURE DI CALCOLO

1 **VERO O FALSO?**

a. Se $P(x)$ è un polinomio diverso da 0 per ogni valore di x, allora le disequazioni $\sqrt{P(x)} < 3$ e $P(x) < 9$ sono equivalenti. V F
b. La disequazione $\sqrt{4x^2 + 1} < |x|$ è equivalente a $4x^2 + 1 < x^2$. V F
c. La disequazione $x^2 - 4x + 5 < 0$ è verificata $\forall x \in \mathbb{R}$. V F
d. Se $a < 0$, la disequazione $ax^2 - 9 > 0$ non ha soluzioni. V F

Risolvi le seguenti disequazioni intere.

2 $-\dfrac{1}{2}x(3x - 5) - 2 > 0$ $[\nexists x \in \mathbb{R}]$

3 $3x(x - 4) < x(x - 1)$ $\left[0 < x < \dfrac{11}{2}\right]$

4 $(2x - 3)(2x + 3) - 7(x - 2) < 2$ $\left[\dfrac{3}{4} < x < 1\right]$

5 $\dfrac{(1 + 2x)(1 - 2x)}{2} + 2 \geq \dfrac{1}{2}x$ $\left[-\dfrac{5}{4} \leq x \leq 1\right]$

6 $3\left(\dfrac{x^2}{2} - 1\right) + \dfrac{1}{2}x(-x + 1) \geq 0$ $\left[x \leq -2 \lor x \geq \dfrac{3}{2}\right]$

7 $\dfrac{x(x + 2)}{3} - \dfrac{1}{5}x \geq \dfrac{8x^2 + 1}{5} - \dfrac{x - 2}{5}$ $[\nexists x \in \mathbb{R}]$

8 $(x - 3)^2 - \dfrac{3}{5}(x + 1) \leq 9 - 7x$ $\left[-1 \leq x \leq \dfrac{3}{5}\right]$

9 $17x^8 + 17 \leq 0$ $[\nexists x \in \mathbb{R}]$

10 $x^4 - 5x^2 + 4 > 0$ $[x < -2 \lor -1 < x < 1 \lor x > 2]$

11 $2x^3 - 5x^2 + 8x - 20 < 0$ $\left[x < \dfrac{5}{2}\right]$

12 $3x^4 + x^3 - 24x - 8 \leq 0$ $\left[-\dfrac{1}{3} \leq x \leq 2\right]$

13 $18x^4 - 3x^2 \leq 3x^3$ $\left[-\dfrac{1}{3} \leq x \leq \dfrac{1}{2}\right]$

14 $x^3 - x^2 - 4x + 4 \leq 0$ $[x \leq -2 \lor 1 \leq x \leq 2]$

15 $3x(x - 1)(x + 1) \leq x^2 - 1$ $\left[x \leq -1 \lor \dfrac{1}{3} \leq x \leq 1\right]$

16 $2x^2(x^4 - 4x) - x^3(x^3 - 1) - 8 > 0$ $[x < -1 \lor x > 2]$

17 $3x^3 - 10x^2 - 9x + 4 < 0$ $\left[x < -1 \lor \dfrac{1}{3} < x < 4\right]$

Risolvi le seguenti disequazioni fratte.

18 $\dfrac{x}{x^2 - 9} < 0$ $[x < -3 \lor 0 < x < 3]$

19 $\dfrac{-3x^2 + 2x}{x^2 - 4x + 4} < 0$ $\left[x < 0 \lor x > \dfrac{2}{3} \land x \neq 2\right]$

20 $\dfrac{10x - x^2 - 9}{x^3 - 8} \geq 0$ $[x \leq 1 \lor 2 < x \leq 9]$

21 $\dfrac{x}{11x - 6x^2 + 2} > 0$ $\left[x < -\dfrac{1}{6} \lor 0 < x < 2\right]$

22 $\dfrac{(x - 3)^2}{x^2 + 5x + 9} \leq 0$ $[x = 3]$

23 $\dfrac{(6 - x)(4x^2 + x - 5)}{x^2 + 1} > 0$ $\left[x < -\dfrac{5}{4} \lor 1 < x < 6\right]$

24 $\dfrac{2x + 3}{x - 5} \leq \dfrac{x + 7}{x + 2}$ $[-2 < x < 5]$

25 $\dfrac{1}{x + 2} - \dfrac{2x}{2x + 4} > \dfrac{-12}{x^2 - 4}$ $[2 < x < 5]$

Risolvi le seguenti equazioni e disequazioni con valori assoluti.

26 $|3x - 1| = 4$ $\left[-1; \dfrac{5}{3}\right]$

27 $|x^2 - x| = 6$ $[-2; 3]$

Allenamento

28 $\dfrac{|2x-1|}{3} + 2 = \dfrac{1}{2}$ $\quad [\nexists x \in \mathbb{R}]$

29 $x = |2x+1| - 3$ $\quad \left[-\dfrac{4}{3}; 2\right]$

30 $5|x+1| = 1 - 2x$ $\quad \left[-2; -\dfrac{4}{7}\right]$

31 $|x+4| = |2x-7| + 3$ $\quad [2; 8]$

32 $|4x+3| < 5$ $\quad \left[-2 < x < \dfrac{1}{2}\right]$

33 $|5x+1| < 6$ $\quad \left[-\dfrac{7}{5} < x < 1\right]$

34 $|3x^2 - 5x| > -6$ $\quad [\forall x \in \mathbb{R}]$

35 $|2x^2 - 5x| > 12$ $\quad \left[x < -\dfrac{3}{2} \lor x > 4\right]$

36 $\left|\dfrac{3-2x}{x+1}\right| < 1$ $\quad \left[\dfrac{2}{3} < x < 4\right]$

37 $|2x^2 - 12x + 9| \geq 9$ $\quad [x \leq 0 \lor x \geq 6 \lor x = 3]$

38 $|x+1| \leq 5x + 8$ $\quad \left[x \geq -\dfrac{3}{2}\right]$

39 $(1+|x|)^2 - 2x - 3 \leq 0$ $\quad [2 - \sqrt{6} \leq x \leq \sqrt{2}]$

40 $\dfrac{x^2 + 1 - (x-2)(x+1)}{|2x^2 + x - 15|} \geq 0$ $\quad \left[x > -3 \land x \neq \dfrac{5}{2}\right]$

41 $|2x-1| - |x+3| \leq 2 - 3x$ $\quad \left[x \leq \dfrac{3}{2}\right]$

Risolvi le seguenti equazioni e disequazioni irrazionali.

42 $\sqrt{x^2 - 3} = x + 1$ $\quad [\nexists x \in \mathbb{R}]$

43 $x + \sqrt{x^2 + 3x} = 2$ $\quad \left[\dfrac{4}{7}\right]$

44 $2x = \sqrt{4x^2 + 2} - 3$ $\quad \left[-\dfrac{7}{12}\right]$

45 $x - \sqrt{x+5} = -3$ $\quad [-1]$

46 $\sqrt{4x + x^2 - 4} + \dfrac{1}{x} = 1 - x$ $\quad [\nexists x \in \mathbb{R}]$

47 $\sqrt{2x-1} \leq x + 3$ $\quad \left[x \geq \dfrac{1}{2}\right]$

48 $2x + \sqrt{2x+1} > 1$ $\quad [x > 0]$

49 $x + 2 > \sqrt{x^2 - 6x}$ $\quad \left[-\dfrac{2}{5} < x \leq 0 \lor x \geq 6\right]$

50 $\sqrt{5x^2 - 1} + 1 \leq (1-x)(1+x)$ $\quad [\nexists x \in \mathbb{R}]$

51 $\sqrt{x^2 - 1} > x + 3$ $\quad \left[x < -\dfrac{5}{3}\right]$

52 $x \geq \sqrt{3x-4} - 1$ $\quad \left[x \geq \dfrac{4}{3}\right]$

53 $\sqrt{x^2 + x - 6} + 2 - x \leq 0$ $\quad [2]$

54 $\sqrt{x^2 - x - 20} < x + 4$ $\quad [x \geq 5]$

55 $7 - \sqrt{x^2 - 8x + 15} + x \leq 0$ $\quad \left[x \leq -\dfrac{17}{11}\right]$

56 $\dfrac{\sqrt{x}(8-x)}{|x^2 - 6x|} > 0$ $\quad [0 < x < 8 \land x \neq 6]$

57 $\dfrac{\sqrt{x^2-1} - x - 2}{|x-1|} < 0$ $\quad \left[-\dfrac{5}{4} < x \leq -1 \lor x > 1\right]$

58 $\dfrac{\sqrt{x}}{1 - |x-6|} \leq 0$ $\quad [0 \leq x < 5 \lor x > 7]$

59 $\dfrac{x^2 - 4x + 4}{x - \sqrt{x^2 - 1}} > 0$ $\quad [x \geq 1 \land x \neq 2]$

60 $\sqrt{\dfrac{x^2 - 4}{2x^2}} \leq \dfrac{1}{x}$ $\quad [2 \leq x \leq \sqrt{6}]$

Risolvi i seguenti sistemi di disequazioni.

61 $\begin{cases} \dfrac{1}{4}(8x^2 - 4) - 2x(x+6) > 5 \\ 5(x+7) \geq 30 \end{cases}$ $\quad \left[-1 \leq x < -\dfrac{1}{2}\right]$

62 $\begin{cases} \dfrac{1}{4}(x-2) - 3(x+1) < 2 \\ \dfrac{15}{2}(x+2) - 8 < \dfrac{x-7}{2} \end{cases}$ $\quad \left[-2 < x < -\dfrac{3}{2}\right]$

63 $\begin{cases} 2x^2 + 2x + 1 \geq 0 \\ 3 - 2x - x^2 > 0 \end{cases}$ $\quad [-3 < x < 1]$

64 $\begin{cases} x^2 - 3x + 5 < 0 \\ 4(x-3) < 6 \end{cases}$ $\quad [\nexists x \in \mathbb{R}]$

65 $\begin{cases} \dfrac{x-2}{x+1} \geq 0 \\ x^2 - 5x + 6 < 0 \end{cases}$ $\quad [2 < x < 3]$

66 $\begin{cases} 5(x^2 + 1) < 2x \\ x^2 + 5 \geq 0 \end{cases}$ $\quad [\nexists x \in \mathbb{R}]$

67 $\begin{cases} \dfrac{x-3}{x+4} < -1 \\ -x^2 + 3x \geq 0 \end{cases}$ $\quad [\nexists x \in \mathbb{R}]$

68 $\begin{cases} \dfrac{x-2}{x+3} \geq 0 \\ \dfrac{3}{2}(x+5) > 8 \end{cases}$ $\quad [x \geq 2]$

69 $\begin{cases} \dfrac{x}{x-2} < 1 \\ \dfrac{4 - 2x - 2x^2}{x^3 + x^2 + x} < 0 \end{cases}$ $\quad [-2 < x < 0 \lor 1 < x < 2]$

70 $\begin{cases} |x-1| > 0 \\ \sqrt{x^2 - 4x + 3} < 3 - 2x \end{cases}$ $\quad [x < 1]$

RISOLVERE PROBLEMI

71 Trova per quali valori di x il perimetro del trapezio in figura è maggiore di 80 cm.
[$x > 24$ cm]

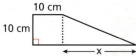

72 In un rettangolo la base misura $\sqrt{2k+1}$ e l'altezza $\sqrt{k-3}$. Determina per quali valori di k:
a. il rettangolo esiste;
b. il perimetro del rettangolo è maggiore o uguale a 8. [a) $k \geq 3$; b) $k \geq 4$]

73 Indica per quali valori di k la soluzione dell'equazione $kx - k^2 + 4 = 0$ è positiva.
[$-2 < k < 0 \lor k > 2$]

74 Data l'equazione
$$kx^2 - (2k+1)x + k = 0, \quad k \in \mathbb{R},$$
trova per quali valori di k:
a. le soluzioni sono reali e distinte;
b. non ci sono soluzioni reali.
$\left[a) k > -\dfrac{1}{4}; b) k < -\dfrac{1}{4} \right]$

75 La somma fra il triplo di un numero e 4 è maggiore della radice quadrata della somma tra tale numero e 16 e minore del quadrato della differenza tra il triplo del numero stesso e 2. Quali condizioni soddisfa tale numero? (Indica con x il numero richiesto.)
$\left[x > \dfrac{5}{3} \right]$

COSTRUIRE E UTILIZZARE MODELLI

76 Vittoria! Una società di pallacanestro vuole celebrare la vittoria nel campionato con una targa di ottone su cui incidere lo stemma della squadra e i nomi dei giocatori.
L'ottone costa € 5 al kilogrammo e ha densità 8,5 kg/dm³, mentre la lavorazione costa € 33.
Quali sono le dimensioni massime che può avere la targa per costare meno di € 50? [40 cm × 50 cm]

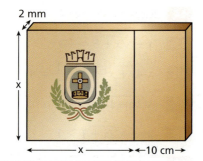

77 L'aiuola Antonio deve collocare almeno 60 piante nell'aiuola, una al centro e le altre lungo tre circonferenze concentriche, a distanza costante una dall'altra.

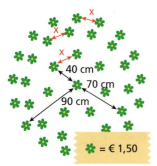

a. A quale distanza deve piantarle per non spendere più di € 120?
b. Quante piante può acquistare?
[a) $15,9 \leq x \leq 21,3$; b) $60 \leq n \leq 80$]

78 La siepe Michele deve recintare il suo giardino, che ha le dimensioni riportate in figura, espresse in metri. Quanto deve valere l affinché la lunghezza della recinzione sia compresa tra 80 e 100 m?
[$21 < l < 27$]

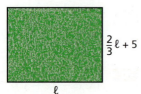

79 Che convenienza! Mauro ha un'offerta sul suo smartphone solo per Internet e paga le chiamate a parte. Deve valutare se accettare la nuova tariffa proposta dalla sua compagnia.
a. Quanto dovrebbero durare in media le sue chiamate affinché gli convenga cambiare?
b. Se accetta la nuova tariffa, quanto dovrebbero durare in media le sue chiamate per risparmiare almeno 2 cent/min rispetto alla vecchia tariffa? [a) almeno 3 min; b) almeno 5 min]

tariffa attuale: 20 cent/min

nuova proposta: 15 cent scatto alla risposta 15 cent/min

TUTOR matematica
Allenati con **15 esercizi interattivi** con feedback "hai sbagliato, perché..."
su.zanichelli.it/tutor3
risorsa riservata a chi ha acquistato l'edizione con tutor

VERIFICA DELLE COMPETENZE   PROVE   ⏱ 1 ora

PROVA A

Risolvi le seguenti disequazioni.

1 a. $x(x-3) + \frac{2}{3}x(2-x) > 10 - 2x$

b. $(x^2 - 4)(x^3 - 5x^2 + 6x) \geq 0$

2 $\dfrac{2}{x^2 - 9} - \dfrac{1}{x^2 - 3x} \geq 0$

Risolvi le seguenti equazioni.

3 $x^2 = |x^2 - 5x| + 3$

4 $\sqrt{x^2 + 5} + 3 - x = 0$

5 Risolvi il sistema $\begin{cases} |x^2 + 4x| < 5 \\ 2 + \sqrt{3x + 16} > x \end{cases}$.

6 In un triangolo la base misura $\sqrt{a+2}$ e l'altezza $\sqrt{a-1}$. Trova per quali valori di a:

a. esiste il triangolo;

b. l'area è maggiore di 1.

PROVA B

Il caseggiato Un'amministrazione comunale bandisce una gara d'appalto per la costruzione di un caseggiato su un terreno rettangolare di 55×45 m. Il bando prevede che il caseggiato a forma di L sia circondato da una zona verde di area almeno doppia rispetto a quella occupata dalla casa, se questa ha al massimo due piani; se la casa ha da tre a cinque piani, l'area della zona verde deve essere tre volte quella del fabbricato. Le dimensioni della casa sono nella pianta rappresentata in figura.

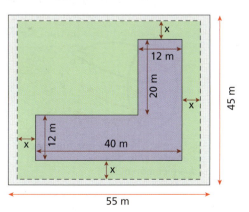

a. Trova l'intervallo dei valori di x per i quali sono rispettate le condizioni poste.

b. È possibile costruire una casa di cinque piani?

CAPITOLO 2
FUNZIONI

1 Funzioni e loro caratteristiche

Che cosa sono le funzioni

▶ Esercizi a p. 91

Listen to it

A **function** from a set A to a set B is a relation that assigns to each element in the set A exactly one element in the set B. The set A is called the **set of inputs**, or **domain**, whereas the set B contains the **set of outputs**, or **range**.

DEFINIZIONE

Una relazione f fra due insiemi A e B è una **funzione** se a *ogni* elemento di A associa *uno e un solo* elemento di B.

ESEMPIO

Nella figura è rappresentata la relazione:

«x è nella regione y»,

con $x \in A$ e $y \in B$.

Tale relazione è una funzione perché soddisfa due condizioni:

- **per ogni** elemento di A **esiste un** elemento di B a esso associato;
- tale elemento di B è **unico**.

Nella figura sotto esaminiamo alcune relazioni. Soltanto nel caso **a** abbiamo una funzione.

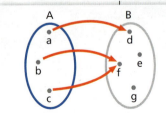

a. La relazione è una funzione: da ogni elemento di A parte una sola freccia.

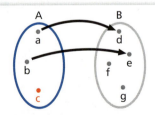

b. La relazione *non* è una funzione: c'è un elemento di A che *non* è in relazione.

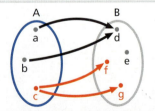

c. La relazione *non* è una funzione: a un elemento di A corrispondono *due* elementi di B.

Poiché una funzione fa corrispondere a ogni elemento di A un *unico* elemento di B, essa viene anche chiamata **corrispondenza univoca**.

In simboli: $f: A \to B$, che si legge: «f è una funzione da A a B».

Si dice che A è l'**insieme di partenza** della funzione e B l'**insieme di arrivo**.

Per indicare che a un elemento x di A corrisponde un elemento y di B scriviamo:

$f: x \mapsto y$ oppure $y = f(x)$, che si legge «y uguale a effe di x».

y è detta **immagine** di x mediante la funzione f. Analogamente, x è detta **controimmagine** di y.

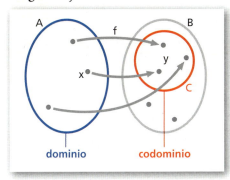

L'insieme di partenza A è detto **dominio** della funzione; il sottoinsieme di B formato dalle immagini degli elementi di A è detto **codominio**. Indichiamo il dominio con D, il codominio con C. Vale la relazione $C \subseteq B$.

■ Funzioni numeriche

▶ Esercizi a p. 91

Quando i due insiemi A e B sono numerici, le funzioni vengono dette **funzioni numeriche**.

In seguito, quando parleremo di funzioni numeriche, sarà sottinteso che esse sono definite per valori reali, cioè il loro dominio sarà $\mathbb{R}$ o un sottoinsieme di $\mathbb{R}$ e l'insieme di arrivo sarà $\mathbb{R}$ stesso. Tali funzioni si chiamano **funzioni reali di variabile reale**. Inoltre esse saranno in genere descrivibili mediante un'**espressione analitica**, ossia mediante una formula matematica.

> **ESEMPIO**
> Consideriamo la funzione $f: \mathbb{R} \to \mathbb{R}$ descritta da $y = f(x) = 2x + 5$.
> A ogni valore di x la legge fa corrispondere uno e un solo valore di y.
> Per esempio, per $x = 3$ il valore di y è $y = 2 \cdot 3 + 5 = 11$.
> Possiamo anche dire che 11 è l'immagine di 3, cioè $f(3) = 11$.

Il valore che assume y dipende da quello attribuito a x. Per questo motivo y prende il nome di **variabile dipendente** e x di **variabile indipendente**.
I valori della x sono quindi gli elementi del dominio, mentre quelli assunti dalla y sono gli elementi del codominio.

Di una funzione numerica si cerca spesso di studiare il **grafico**, ossia l'insieme dei punti $P(x; y)$ del piano cartesiano tali che x è un numero reale nel dominio di f e y è l'immagine di x, ossia $y = f(x)$. Il grafico viene anche detto **diagramma cartesiano**.

Se la funzione f è definita da un'equazione $y = f(x)$, il suo grafico è una curva γ, luogo di tutti i punti del piano che soddisfano l'equazione.

▶ Spiega perché la figura seguente *non* può rappresentare il grafico di una funzione.

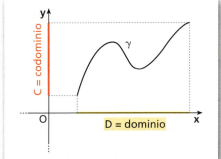

La costruzione del diagramma si può effettuare «per punti», assegnando a x alcuni valori e determinando i corrispondenti valori di y.

▶ Verifica, mediante rappresentazione per punti, che i grafici delle funzioni $y = x^3$ e $y = \frac{1}{x}$ sono i seguenti.

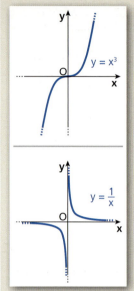

Nelle figure dell'esempio, puoi osservare i grafici di due funzioni di uso frequente.

ESEMPIO
Tracciamo per punti i grafici delle funzioni $y = \sqrt{x}$ e $y = \sqrt[3]{x}$.

x	$\sqrt{x}$
0	0
2	$\simeq 1,4$
3	$\simeq 1,7$
4	2

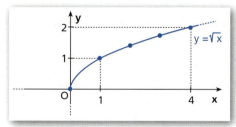

x	$\sqrt[3]{x}$
0	0
± 1	± 1
± 8	± 2

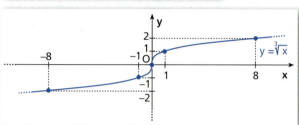

■ Classificazione delle funzioni

L'espressione analitica che descrive una funzione può avere due forme:
- **forma esplicita**, del tipo $y = f(x)$; per esempio, $y = 2x^2 - 1$;
- **forma implicita**, del tipo $F(x; y) = 0$; per esempio, $2x^2 - y - 1 = 0$.

Se l'espressione $y = f(x)$ contiene soltanto operazioni di addizione, sottrazione, moltiplicazione, divisione, elevamento a potenza o estrazione di radice, la funzione è **algebrica**.
Una funzione algebrica in forma esplicita può essere:
- **razionale intera** (o polinomiale) se è espressa mediante un polinomio; in particolare, se il polinomio è di primo grado rispetto alla variabile x, la funzione si dice **lineare**, se il polinomio in x è di secondo grado, la funzione è detta **quadratica**; il grafico di una funzione lineare è una retta, quello di una funzione quadratica è una parabola;
- **razionale fratta** se è espressa mediante quozienti di polinomi;
- **irrazionale** se la variabile indipendente compare sotto il segno di radice.

ESEMPIO
Le funzioni $y = 5x - 7$ e $y = -x^2 + 3x - 8$ sono razionali intere.
La prima è lineare, la seconda è quadratica.

$y = \dfrac{5x - 1}{x^2}$ è una funzione razionale fratta. $y = \sqrt[4]{x^3 - 9}$ è una funzione irrazionale.

Se una funzione non è algebrica, si dice **trascendente**. Studieremo in seguito alcune funzioni trascendenti, per esempio la funzione logaritmica e la funzione esponenziale.

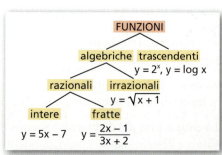

Funzioni definite a tratti

▶ Esercizi a p. 94

Esistono **funzioni definite a tratti**: sono definite da espressioni analitiche diverse a seconda del valore attribuito alla variabile indipendente.

ESEMPIO
La funzione
$$y = \begin{cases} 2x + 6 & \text{se } x \leq -1 \\ x^2 - 2x + 1 & \text{se } x > -1 \end{cases}$$
è definita a tratti. Nella figura il suo grafico è in rosso.

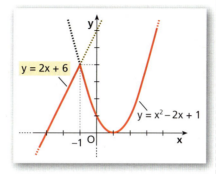

Animazione

Nell'animazione ci sono anche i grafici di:
$$y = \begin{cases} -2x - 3 & \text{se } x < 0 \\ -1 & \text{se } x = 0 \\ x - 3 & \text{se } x > 0 \end{cases};$$

$$y = \begin{cases} -2 - x & \text{se } x < -1 \\ -1 & \text{se } -1 \leq x < 1 \\ x - 1 & \text{se } x \geq 1 \end{cases}.$$

Anche la funzione **valore assoluto** è definita a tratti.

$$y = |x| = \begin{cases} x & \text{se } x \geq 0 \\ -x & \text{se } x < 0 \end{cases}$$

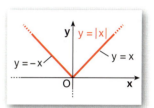

$y = x$ è la funzione rappresentata dalla bisettrice del primo e terzo quadrante e $y = -x$ è rappresentata dalla bisettrice del secondo e quarto quadrante, quindi il grafico di $y = |x|$ è quello della figura a fianco.

Dominio naturale di una funzione

▶ Esercizi a p. 95

DEFINIZIONE
Il **dominio naturale** della funzione $y = f(x)$ è l'insieme più ampio dei valori reali che si possono assegnare alla variabile indipendente x affinché esista il corrispondente valore reale y.
Il dominio naturale viene anche chiamato **campo di esistenza**.

Di solito, il dominio naturale non viene assegnato esplicitamente, perché può essere ricavato dall'espressione analitica della funzione.

ESEMPIO
Consideriamo la funzione: $y = \sqrt{x - 2}$.
Se sostituiamo a x un valore minore di 2, la radice perde significato.
Il dominio naturale di tale funzione è allora l'intervallo $x \geq 2$, con $x \in \mathbb{R}$.
In simboli scriviamo: $D: x \geq 2$.

Quando viene assegnata una funzione senza indicare il dominio, si sottointende che esso è il dominio naturale.

Per questo motivo, chiamiamo il dominio naturale anche soltanto **dominio** e lo indichiamo con D.

▶ Determina il dominio della funzione
$$y = \frac{x}{(x+2)(x-5)}.$$

Funzioni uguali

DEFINIZIONE
$y = f(x)$ e $y = g(x)$ sono **funzioni uguali** se hanno lo stesso dominio D e $f(x) = g(x)$ per ogni $x \in D$.

Capitolo 2. Funzioni

ESEMPIO

Le funzioni $y = x^2 - 9$ e $y = (x-3)(x+3)$ sono uguali, perché per entrambe il dominio è $\mathbb{R}$ e $x^2 - 9 = (x-3)(x+3)$ per ogni $x \in \mathbb{R}$.

Le funzioni $y = x - 3$ e $y = \dfrac{x^2 - 9}{x+3}$ non sono uguali, perché $x - 3 = \dfrac{x^2-9}{x+3}$ soltanto per $x \neq -3$. Il valore -3 appartiene al dominio D_1 della prima funzione, ma non al dominio D_2 della seconda: $D_1 \neq D_2$.

■ Zeri e segno di una funzione

▶ Esercizi a p. 97

Un numero reale a è uno **zero della funzione** $y = f(x)$ se $f(a) = 0$.

Nel grafico di una funzione, i suoi zeri sono le ascisse dei punti che hanno ordinata nulla, cioè dei punti di *intersezione con l'asse x*.

Gli eventuali punti di *intersezione con l'asse y* hanno invece ascissa nulla, quindi si ottengono calcolando $y = f(0)$, quando 0 appartiene al dominio della funzione.

Mediante lo *studio del segno* della funzione, risolvendo la disequazione $f(x) > 0$, possiamo anche stabilire in quali zone il grafico della funzione è nel semipiano delle ordinate positive e in quali è nel semipiano di quelle negative.

ESEMPIO

Della funzione $y = f(x) = x^3 + 2x^2 - 5x - 6$ determiniamo:
a. il dominio;
b. gli eventuali punti di intersezione del suo grafico con gli assi;
c. il segno.

a. La funzione è razionale intera, perciò il dominio è $\mathbb{R}$.
b. Per trovare i punti di intersezione con l'asse x, risolviamo l'equazione:

$$f(x) = 0 \rightarrow x^3 + 2x^2 - 5x - 6 = 0.$$

Scomponendo il polinomio con la regola di Ruffini, otteniamo:

$$(x+3)(x+1)(x-2) = 0 \rightarrow x = -3;\ x = -1;\ x = 2.$$

Il grafico della funzione ha quindi tre punti di intersezione con l'asse x: $(-3; 0);\ (-1; 0);\ (2; 0)$.
Per trovare il punto di intersezione del grafico con l'asse y, calcoliamo:

$$f(0) = 0^3 + 2 \cdot 0^2 - 5 \cdot 0 - 6 = -6.$$

Il punto di intersezione con l'asse y è $(0; -6)$.

c. Per determinare il segno della funzione risolviamo:

$$x^3 + 2x^2 - 5x - 6 > 0 \rightarrow$$

$$\rightarrow (x+3)(x+1)(x-2) > 0.$$

Compiliamo il quadro dei segni.

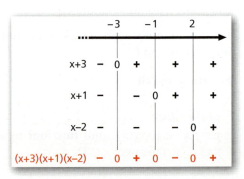

□ **Animazione**

Nell'animazione trovi i passaggi con cui si ottiene la scomposizione del polinomio.

▶ Determina dominio, intersezioni con gli assi e segno della funzione $y = x^3 + 3x^2 - 4x$.

▶ Trova il dominio e studia il segno di
$y = \dfrac{\sqrt{|x|-2}}{x^2 - 8x + 16}$.

□ **Animazione**

Paragrafo 2. Funzioni iniettive, suriettive e biunivoche

Dal quadro ricaviamo che:

$f(x) > 0$ se $-3 < x < -1 \lor x > 2$;
$f(x) < 0$ se $x < -3 \lor -1 < x < 2$.

Possiamo utilizzare le informazioni ricavate per determinare la regione del piano cartesiano in cui si trova il grafico della funzione. Sono quelle che nella figura **a** *non* sono tratteggiate. I punti segnati con un pallino indicano le intersezioni del grafico della funzione con gli assi. Possiamo verificare questi risultati tracciando per punti il grafico della funzione (figura **b**).
Se la funzione è positiva il grafico si trova sopra l'asse delle ascisse, se è negativa si trova al di sotto dell'asse delle ascisse.

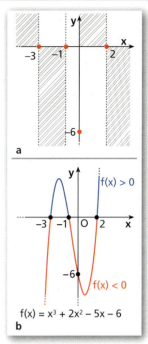

$f(x) = x^3 + 2x^2 - 5x - 6$

2 Funzioni iniettive, suriettive e biunivoche

▶ Esercizi a p. 99

Funzione iniettiva

DEFINIZIONE
Una funzione da A a B è **iniettiva** se ogni elemento di B è immagine di al più un elemento di A.

Dicendo *al più*, intendiamo che ci possono essere elementi di B che non sono immagini di elementi di A, ma non possono esserci elementi di B che sono immagini di più di un elemento di A.
Quindi, se una funzione è iniettiva:

- a due elementi distinti del dominio corrispondono sempre due elementi distinti del codominio: $x_1 \neq x_2 \to f(x_1) \neq f(x_2)$;
- non è detto che l'insieme B di arrivo coincida con il codominio.

ESEMPIO
Verifichiamo se sono iniettive le seguenti funzioni.

a. $y = 2x - 1$ è iniettiva perché ogni valore assunto da y è immagine di un solo valore di x.

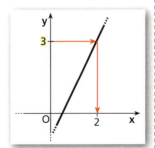

b. $y = x^2 - 2x + 2$ **non** è iniettiva.
Scegliamo, per esempio, $y = 5$. Sostituendo, otteniamo:

$x^2 - 2x + 2 = 5 \quad \to \quad x^2 - 2x - 3 = 0 \quad \to$
$x_1 = -1, x_2 = 3$.

Il valore 5 della y è immagine di due diversi valori della x, -1 e 3.

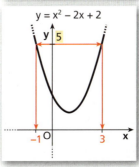

🇬🇧 **Listen to it**

A **function** from a set A to a set B is said to be an **injection** (or an **injective function**) if it maps distinct objects of set A to distinct objects of set B.

a ogni elemento di B arriva *al più una* freccia

Animazione

Nell'animazione puoi verificare la iniettività o la non iniettività con figure dinamiche.

▶ Verifica se la funzione $y = x^3 - 1$ è iniettiva.

In generale, per dimostrare che una funzione *non* è iniettiva, è sufficiente:
- algebricamente, trovare due valori x_1 e x_2 appartenenti al dominio tali che $f(x_1) = f(x_2)$;
- graficamente, verificare che una retta parallela all'asse *x* interseca il grafico della funzione in più di un punto.

■ Funzione suriettiva

DEFINIZIONE
Una funzione da *A* a *B* è **suriettiva** quando ogni elemento di *B* è immagine di almeno un elemento di *A*.

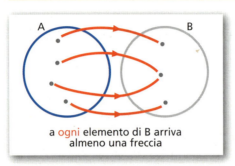

a ogni elemento di B arriva almeno una freccia

Dicendo *almeno* intendiamo che un elemento di *B* può essere l'immagine di più elementi di *A*.

Se una funzione è suriettiva, l'insieme di arrivo *B* coincide con il codominio.

Il fatto che una funzione sia o non sia suriettiva dipende da come si sceglie l'insieme di arrivo. Se lo si sceglie coincidente con il codominio, la funzione è certamente suriettiva.

ESEMPIO
La funzione rappresentata nella figura a fianco è suriettiva se l'insieme d'arrivo è costituito dagli *y* tali che $1 \leq y \leq 5$.
Se invece consideriamo l'insieme di arrivo $0 \leq y \leq 5$, **non** è suriettiva.

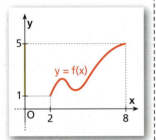

■ Funzione biunivoca

DEFINIZIONE
Una funzione da *A* a *B* è **biunivoca**, o **biiettiva**, quando è sia iniettiva sia suriettiva.
Una funzione biunivoca viene anche chiamata **corrispondenza biunivoca** fra *A* e *B*.
In simboli:
$$f: A \leftrightarrow B.$$

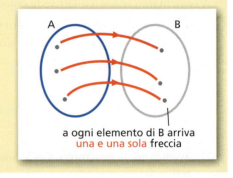

a ogni elemento di B arriva una e una sola freccia

In una funzione biunivoca c'è una corrispondenza «uno a uno»: ogni elemento di *A* è l'immagine di uno e un solo elemento di *B* e viceversa.

ESEMPIO
a. La funzione $f: [a; b] \to [c; d]$ rappresentata nella figura **a** è biunivoca. Ogni valore di *y* è l'immagine di uno e un solo valore di *x*.

b. La funzione $g: [a; b] \to [c; d]$ della figura **b non** è biunivoca. Ci sono valori di y che sono immagine di più valori di x.

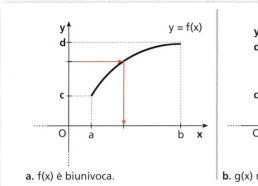

a. $f(x)$ è biunivoca.

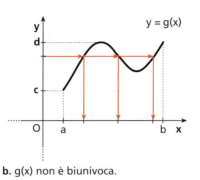

b. $g(x)$ non è biunivoca.

▶ La funzione $f(x) = |x|$, definita da $\mathbb{R}$ a $\mathbb{R}$, è biunivoca? E la funzione $g(x) = x^3$, definita da $\mathbb{R}$ a $\mathbb{R}$?

3 Funzione inversa

▶ Esercizi a p. 100

DEFINIZIONE

Sia $f: A \to B$ una funzione biunivoca. La **funzione inversa** di f è la funzione biunivoca $f^{-1}: B \to A$ che associa a ogni y di B il valore x di A tale che $y = f(x)$.
In simboli:

$f: A \to B, y = f(x) \to f^{-1}: B \to A, x = f^{-1}(y)$.

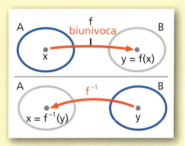

Poiché A e B sono entrambi sottoinsiemi di $\mathbb{R}$ e x e y sono entrambe variabili reali, spesso nell'indicare la funzione inversa di una funzione $f(x)$ si preferisce utilizzare comunque x come variabile indipendente e y come variabile dipendente, scrivendo quindi un'espressione analitica della forma $y = f^{-1}(x)$.

Grafico della funzione inversa

ESEMPIO
La funzione $y = f(x) = 2x - 1$ è biunivoca.
Per ottenere la sua inversa $f^{-1}(x)$:

- ricaviamo x in funzione di y:

  $x = \dfrac{y+1}{2}$;

- indichiamo con y la variabile dipendente e con x quella indipendente, ossia scambiamo x con y:

  $y = f^{-1}(x) = \dfrac{x+1}{2}$.

Rappresentiamo la funzione e la sua inversa nello stesso piano cartesiano. I loro grafici sono rette simmetriche rispetto alla bisettrice del primo e terzo quadrante.

□ **Animazione**

Con figure dinamiche, esaminiamo i grafici delle funzioni inverse di:
- $y = mx + q$,
- $y = ax^2 + c$,

generalizzando le funzioni di questo esempio e di quello successivo.

▶ Determina la funzione inversa di $y = -4x + 4$ e rappresentala graficamente.

Capitolo 2. Funzioni

MATEMATICA E STORIA
Messaggi in codice
Durante la Seconda guerra mondiale, gli inglesi, con l'aiuto del matematico Alan Turing (1912-1954) e della macchina Colossus, sono riusciti a decifrare i messaggi in codice dei servizi segreti tedeschi.

▶ Che cosa è la crittografia?

La risposta

Cerca nel Web: cifrario di Cesare, cipher

Il grafico di una funzione e quello della sua inversa sono sempre simmetrici rispetto alla bisettrice del primo e terzo quadrante. Se un punto $A(x; y)$ appartiene al grafico della funzione, il punto $A'(y; x)$ appartiene al grafico della funzione inversa.

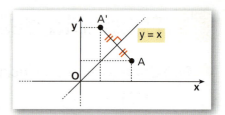

Si può dimostrare che punti di questo tipo si corrispondono in una simmetria che ha per asse la retta di equazione $y = x$, ossia:

- AA' è perpendicolare alla retta $y = x$;
- la retta $y = x$ interseca il segmento AA' nel suo punto medio.

Restrizione del dominio

ESEMPIO   Animazione

La funzione $y = g(x) = x^2 - 1$, considerata nel suo dominio naturale $\mathbb{R}$, non ammette la funzione inversa perché non è biunivoca. Infatti, osservando il suo grafico, che è una parabola, notiamo che a ogni ordinata maggiore di -1 corrispondono due punti del grafico, quindi la funzione non è iniettiva.

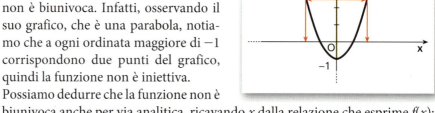

Possiamo dedurre che la funzione non è biunivoca anche per via analitica, ricavando x dalla relazione che esprime $f(x)$:

$$x^2 = y + 1 \quad \rightarrow \quad x = \pm\sqrt{y+1}.$$

Pertanto, ciascun valore di $y > -1$ è immagine di due diversi valori di x, uno positivo e uno negativo: $x = \sqrt{y+1}$, $x = -\sqrt{y+1}$. Questo indica che la funzione non è iniettiva.

Tuttavia, possiamo *restringere il dominio* della funzione a un sottoinsieme in cui essa risulti biunivoca.

Se consideriamo $y = g(x) = x^2 - 1$ soltanto per $x \geq 0$, il grafico della funzione così definita è quello disegnato in colore rosso nella figura: la funzione è biunivoca e quindi invertibile.

Il valore di $x = \sqrt{y+1}$ appartiene al dominio, mentre $-\sqrt{y+1}$ è escluso. Quindi l'espressione $y = x^2 - 1$ si inverte in $x = \sqrt{y+1}$.

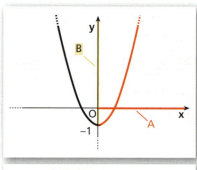

Scambiando i ruoli di x e y otteniamo la funzione inversa: $y = g^{-1}(x) = \sqrt{x+1}$.

Osserviamo che, per garantire che $y = x^2 - 1$ sia suriettiva, basta considerare il suo insieme di arrivo coincidente con il suo codominio $y \geq -1$.

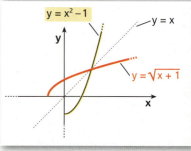

▶ Restringi il dominio di $y = 4x^2 - 9$ in modo che sia invertibile e determina la funzione inversa.

Questo insieme diventa il dominio della funzione inversa: $x \geq -1$.
I grafici di $y = x^2 - 1$ e di $y = \sqrt{x+1}$ sono simmetrici rispetto alla bisettrice del primo e terzo quadrante.

4 Proprietà delle funzioni

Funzioni crescenti, decrescenti, monotòne

▶ Esercizi a p. 101

DEFINIZIONE

$y = f(x)$ di dominio $D \subseteq \mathbb{R}$ è una **funzione crescente in senso stretto** in un intervallo I, sottoinsieme di D, se comunque scelti x_1 e x_2 appartenenti a I, con $x_1 < x_2$, allora $f(x_1) < f(x_2)$.

$$\forall x_1, x_2 \in I, x_1 < x_2 \to f(x_1) < f(x_2)$$

funzione crescente in senso stretto in I

Per esempio, $y = x^2 - 4$, di cui hai il grafico nella figura a lato, è crescente nell'intervallo $I = [0; +\infty[$.

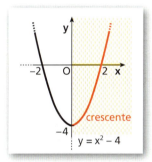

$y = x^2 - 4$

Se nella definizione precedente sostituiamo la relazione $f(x_1) < f(x_2)$ con $f(x_1) \leq f(x_2)$, otteniamo la definizione di funzione **crescente in senso lato** o anche **non decrescente**.

ESEMPIO

$$y = f(x) = \begin{cases} x & \text{se } x \leq 1 \\ 1 & \text{se } 1 < x < 3 \\ x - 2 & \text{se } x \geq 3 \end{cases}$$

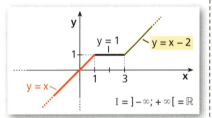

è crescente in senso lato in $\mathbb{R}$.

DEFINIZIONE

$y = f(x)$ di dominio $D \subseteq \mathbb{R}$ è una **funzione decrescente in senso stretto** in un intervallo I, sottoinsieme di D, se comunque scelti x_1 e x_2 appartenenti a I, con $x_1 < x_2$, allora $f(x_1) > f(x_2)$.

$$\forall x_1, x_2 \in I, x_1 < x_2 \to f(x_1) > f(x_2)$$

funzione decrescente in senso stretto in I

Per esempio, $y = -x^2 + 8$ nell'intervallo $I = [0; +\infty[$ è decrescente (figura a lato).

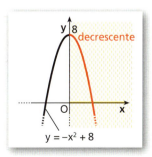

$y = -x^2 + 8$

Se nella definizione precedente sostituiamo la relazione $f(x_1) > f(x_2)$ con $f(x_1) \geq f(x_2)$, otteniamo la definizione di funzione **decrescente in senso lato** o anche **non crescente**.

ESEMPIO

$$y = f(x) = \begin{cases} x^2 + 2x + 3 & \text{se } x \leq -1 \\ 2 & \text{se } x > -1 \end{cases}$$

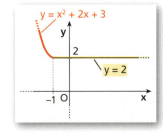

è decrescente in senso lato in $\mathbb{R}$.

Nel seguito, quando diremo che una funzione è crescente (o decrescente), senza aggiungere altro, sarà sottinteso che lo è in senso stretto.

Capitolo 2. Funzioni

Video

Space Shuttle Lo Space Shuttle ha fatto viaggiare più di 350 astronauti in 30 anni di attività.

▶ Come usare le proprietà delle funzioni per studiare i dati riguardanti la sua messa in orbita?

▶ La funzione $f(x) = \sqrt{x^2 + 1}$ è pari? Motiva la risposta.

DEFINIZIONE

Una funzione di dominio $D \subseteq \mathbb{R}$ è una **funzione monotòna in senso stretto** in un intervallo I, sottoinsieme di D, se in quell'intervallo è sempre crescente o sempre decrescente in senso stretto.
Analoga definizione può essere data per una **funzione monotòna in senso lato**.

■ Funzioni pari, funzioni dispari

▶ Esercizi a p. 101

DEFINIZIONE

Indichiamo con D un sottoinsieme di $\mathbb{R}$ tale che, se $x \in D$, allora $-x \in D$.
$y = f(x)$ è una **funzione pari** in D se $f(-x) = f(x)$ per qualunque x appartenente a D.

$f: D \to \mathbb{R}$	$D \subseteq \mathbb{R}$
$\forall x, -x \in D$ →	$f(-x) = f(x)$

ESEMPIO

a. $y = f(x) = 2x^4 - 1$ è pari in $\mathbb{R}$, perché sostituendo a x il suo opposto $-x$ si ottiene ancora $f(x)$:

$$f(-x) = 2(-x)^4 - 1 = 2x^4 - 1 = f(x).$$

b. $y = f(x) = 2x^4 - x$, invece, **non** è pari, perché sostituendo a x il suo opposto $-x$ non si ottiene $f(x)$:

$$f(-x) = 2(-x)^4 - (-x) = 2x^4 + x \neq f(x).$$

Se una funzione polinomiale ha espressione analitica contenente soltanto potenze della x con *esponente pari*, allora è pari. Il termine noto può essere considerato un monomio di grado zero.

ESEMPIO

$y = 5x^6 - 3$ può essere scritta $y = 5x^6 - 3x^0$. La funzione contiene soltanto potenze pari di x, quindi è una funzione pari.

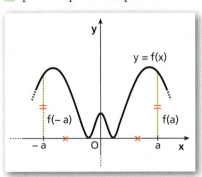

Se una funzione è pari nel suo dominio D, abbiamo che $f(a) = f(-a), \forall a \in D$, quindi il suo grafico, così come il suo dominio, è simmetrico rispetto all'asse y. Infatti, se il punto $P(x; y)$ appartiene al grafico, vi appartiene anche il punto $P'(-x; y)$, che ha ordinata uguale e ascissa opposta rispetto a quella di P.

DEFINIZIONE

Indichiamo con D un sottoinsieme di $\mathbb{R}$ tale che, se $x \in D$, anche $-x \in D$.
$y = f(x)$ è una **funzione dispari** in D se $f(-x) = -f(x)$ per qualunque x appartenente a D.

$f: D \to \mathbb{R}$	$D \subseteq \mathbb{R}$
$\forall x, -x \in D$ →	$f(-x) = -f(x)$

Paragrafo 4. Proprietà delle funzioni

ESEMPIO

a. $y = f(x) = x^3 + x$ è dispari, perché sostituendo a x il suo opposto $-x$ si ottiene $-f(x)$:

$$f(-x) = (-x)^3 + (-x) = -x^3 - x = -(x^3 + x) = -f(x).$$

b. $y = f(x) = x^3 + 1$ **non** è dispari, perché sostituendo a x il suo opposto $-x$ non si ottiene $-f(x)$:

$$f(-x) = (-x)^3 + 1 = -x^3 + 1 \neq -f(x).$$

▶ La funzione
$f(x) = \dfrac{1}{x+5}$
è dispari?
Motiva la risposta.

Una funzione polinomiale con espressione analitica contenente solo potenze della x con *esponente dispari* è una funzione dispari.

☐ Video

Funzioni polinomiali

▶ Cosa sono le funzioni polinomiali?
▶ Come riconoscerle?
▶ Che proprietà hanno?

Se una funzione è dispari nel suo dominio D, abbiamo che $f(a) = -f(-a) \ \forall a \in D$, quindi il suo grafico è simmetrico rispetto all'origine degli assi.

Infatti, se il punto $P(x; y)$ appartiene al grafico, vi appartiene anche il punto $P'(-x; -y)$, che ha ascissa e ordinata opposte di quelle di P.

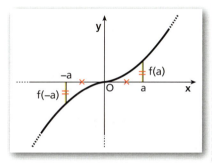

Una funzione che non è pari non è necessariamente dispari (e viceversa).

Per esempio, $y = f(x) = x^2 + x$ non è né pari né dispari. Infatti:

$$f(-x) = (-x)^2 + (-x) = x^2 - x \neq -f(x) \land \neq f(x).$$

■ Funzioni periodiche

DEFINIZIONE

$y = f(x)$ è una **funzione periodica** di periodo T, con $T > 0$, se, per qualsiasi numero k intero, si ha:

$$f(x) = f(x + kT).$$

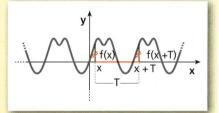

In una funzione periodica il grafico si ripete di periodo in periodo.

Se una funzione è periodica di periodo T, essa lo è anche di periodo $2T, 3T, 4T, \ldots$
Per esempio, la funzione della figura ha periodo 3, ma anche 6, 9, …

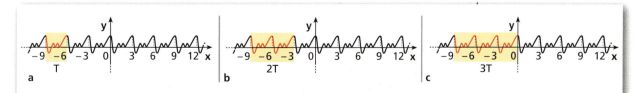

Il periodo più piccolo è anche detto *periodo principale* ed è quello che di solito è considerato come periodo della funzione.

5 Funzioni composte

▶ Esercizi a p. 102

Comporre le funzioni $f: A \to B$ e $g: B \to C$ significa considerare una terza funzione, detta **funzione composta** $g \circ f$, che associa a ogni elemento di A un elemento di C nel seguente modo:

- all'elemento $x \in A$ corrisponde, mediante f, l'elemento $f(x) \in B$;
- all'elemento $f(x) \in B$ corrisponde, mediante g, l'elemento $g(f(x)) \in C$.

Quindi $(g \circ f)(x) = g(f(x))\ \forall x \in A$.

$g \circ f$ si legge «g composto f».

$g(f(x))$ si legge «g di f di x».

Se $C = A$, possiamo considerare sia $g \circ f$ sia $f \circ g$, ma, in generale:

$$g \circ f \neq f \circ g,$$

ossia **la composizione delle funzioni non è commutativa**.

ESEMPIO

Date le funzioni $f(x) = 2x + 3$ e $g(x) = \dfrac{1}{x}$, determiniamo $f \circ g$ e $g \circ f$.

Per determinare $f \circ g$, consideriamo un valore x del dominio di g e applichiamo g a x. Al valore ottenuto, se appartiene al dominio di f, applichiamo f. Associamo a x il valore finale

$$x \xrightarrow{g} \frac{1}{x} \xrightarrow{f} 2 \cdot \left(\frac{1}{x}\right) + 3 = \frac{2}{x} + 3,$$

quindi: $f(g(x)) = \dfrac{2}{x} + 3$.

Per determinare $g \circ f$, dobbiamo invece applicare prima f e poi g:

$$x \xrightarrow{f} 2x + 3 \xrightarrow{g} \frac{1}{2x + 3},$$

quindi $g(f(x)) = \dfrac{1}{2x + 3}$.

Notiamo che $f \circ g \neq g \circ f$.

Se si compone una funzione $f: A \to B$ con la sua inversa $f^{-1}: B \to A$, si ottiene la funzione **identità**, che associa a ogni elemento di un insieme se stesso.

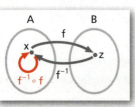

Animazione

Nell'animazione determiniamo $f \circ g$ e $g \circ f$ anche per le funzioni $f(x) = x + 2$ e $g(x) = x^3$.

▶ Date le funzioni $f(x) = 3x$ e $g(x) = x - 5$, determina $f \circ g$ e $g \circ f$.

6. Trasformazioni geometriche e grafici

Che cos'è una trasformazione geometrica

DEFINIZIONE

Una **trasformazione geometrica** nel piano è una corrispondenza biunivoca che associa a ogni punto del piano uno e un solo punto del piano stesso.

In questo capitolo studiamo le **isometrie**, particolari trasformazioni geometriche che a ogni coppia di punti A e B del piano fanno corrispondere una coppia di punti A' e B' tali che le misure dei segmenti AB e $A'B'$ sono uguali.
Le isometrie conservano allora le distanze e trasformano figure geometriche in figure congruenti.
Ci sono quattro tipi di isometrie nel piano: la traslazione, la simmetria assiale, la simmetria centrale e la rotazione. Per il loro interesse nello studio dei grafici delle funzioni, noi analizziamo soltanto i primi tre.
Per ognuna delle trasformazioni, a ogni punto del piano cartesiano associamo la sua **immagine**, il punto **trasformato**, mediante le **equazioni della trasformazione**.

🇬🇧 **Listen to it**

A **geometric transformation** of the plane is a bijection from the set of points in the plane to itself. In a geometric transformation each point in the plane is the image of exactly one point in the plane.

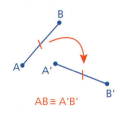

$AB \cong A'B'$

■ Traslazione

▶ Esercizi a p. 106

Fissati due numeri reali a e b, una **traslazione** è una trasformazione che associa a ogni punto $P(x; y)$ del piano cartesiano il punto $P'(x'; y')$, le cui coordinate si ottengono con le equazioni:

$$\begin{cases} x' = x + a \\ y' = y + b \end{cases}$$

ESEMPIO

Determiniamo le immagini di $A(2; 1)$, $B(6; 5)$, $C(8; 2)$ nella traslazione di equazioni:

$$\begin{cases} x' = x + 1 \\ y' = y + 3 \end{cases}$$

Sostituendo le coordinate dei punti nelle equazioni otteniamo:

$A(2; 1) \mapsto A'(3; 4)$,
$B(6; 5) \mapsto B'(7; 8)$,
$C(8; 2) \mapsto C'(9; 5)$.

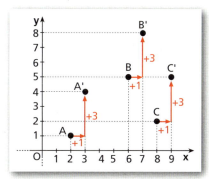

▶ Considera il quadrato di vertici $(1; 1)$, $(-1; 1)$, $(-1; -1)$ e $(1; -1)$. Determina le loro immagini secondo la traslazione $\begin{cases} x' = x \\ y' = y + 2 \end{cases}$.
Sono ancora i vertici di un quadrato?

Se congiungiamo ogni punto con il suo trasformato otteniamo dei **segmenti orientati**: $\overrightarrow{AA'}$, $\overrightarrow{BB'}$, ...
I segmenti ottenuti:
- sono *congruenti*;
- appartengono a rette parallele e hanno quindi la *stessa direzione*;
- sono orientati nello *stesso verso*.

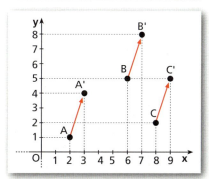

Capitolo 2. Funzioni

Si dice che tutti questi segmenti orientati rappresentano lo stesso **vettore**.

Gli elementi caratteristici di un vettore $\overrightarrow{AA'}$, sono:
- il **modulo**, che è la misura del segmento AA' e che indichiamo con $|\overrightarrow{AA'}|$;
- la **direzione**, che è la direzione della retta AA';
- il **verso**, da A ad A'.

Un vettore può essere indicato, oltre che con un segmento orientato, anche con una lettera con sopra una freccia. Per esempio, $\vec{v}$.

Se, nel piano cartesiano, rappresentiamo un vettore con il particolare segmento orientato che ha come primo estremo il punto $O(0; 0)$, per indicarlo è sufficiente fornire le coordinate del secondo estremo O', che vengono dette **componenti** del vettore. Le componenti del vettore sono proprio i coefficienti a e b delle equazioni della traslazione; infatti si può dimostrare che:

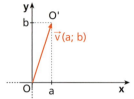

alla traslazione di equazioni $\begin{cases} x' = x + a \\ y' = y + b \end{cases}$ è associato il vettore $\vec{v}(a; b)$ e viceversa.

■ Traslazione e grafico delle funzioni

▶ Esercizi a p. 106

Dato il grafico di una funzione $y = f(x)$, mediante una traslazione di vettore $\vec{v}$ otteniamo il grafico di una nuova funzione $y = f'(x)$. Diciamo anche che la funzione f', immagine di f nella traslazione, è la **funzione traslata**.

Cerchiamo la relazione che c'è fra le due funzioni, partendo da un esempio.

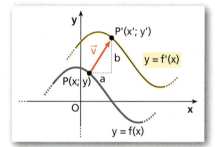

ESEMPIO

Consideriamo la funzione $y = 4x^2$ e la traslazione di vettore $\vec{v}(2; 1)$. Scriviamo l'equazione e disegniamo il grafico della funzione che si ottiene dalla funzione data mediante la traslazione.

Nelle equazioni della traslazione ricaviamo x e y:

$$\begin{cases} x' = x + 2 \\ y' = y + 1 \end{cases} \to \begin{cases} x = x' - 2 \\ y = y' - 1 \end{cases}.$$

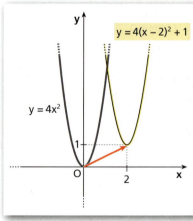

Sostituiamo le espressioni ottenute in $y = 4x^2$:

$$y' - 1 = 4(x' - 2)^2 \quad \to \quad y' = 4(x' - 2)^2 + 1.$$

Gli apici servono soltanto per distinguere le coordinate del punto finale rispetto a quelle del punto di partenza.

Eliminando gli apici, otteniamo l'espressione della funzione traslata:

$$y = 4(x - 2)^2 + 1 \quad \to \quad y = 4x^2 - 16x + 17.$$

Confrontiamo $y = 4x^2$ e $y = 4(x - 2)^2 + 1$. Se chiamiamo $y = f(x) = 4x^2$ la prima, la seconda è $y = f(x - 2) + 1$, dove 2 e 1 sono le componenti del vettore di traslazione.

Animazione

Nell'animazione la traslazione avviene con una figura dinamica in cui facciamo variare a e b nel vettore $\vec{v}(a; b)$.

▶ Scrivi l'equazione e disegna il grafico della funzione che ottieni dalla funzione $y = 3x$ mediante la traslazione di vettore $\vec{v}(-4; 2)$.

Paragrafo 6. Trasformazioni geometriche e grafici

Per generalizzare il procedimento precedente, consideriamo una generica funzione $y = f(x)$.

Ricaviamo x e y dalle equazioni di una generica traslazione di vettore $\vec{v}(a; b)$:

$$\begin{cases} x' = x + a \\ y' = y + b \end{cases} \rightarrow \begin{cases} x = x' - a \\ y = y' - b \end{cases}.$$

Sostituiamo le espressioni calcolate in $y = f(x)$:

$$y' - b = f(x' - a) \quad \rightarrow \quad y' = f(x' - a) + b.$$

Togliendo gli apici, otteniamo l'espressione della funzione traslata, scritta utilizzando l'espressione di f e le componenti di $\vec{v}$:

$$\boxed{y = f(x - a) + b.}$$

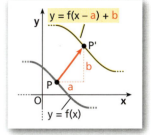

Casi particolari

- Se $a = 0$ e $b \neq 0$, la **traslazione ha vettore parallelo all'asse y**.
  Se $b > 0$, la traslazione ha il verso dell'asse y (verso l'alto). Se $b < 0$, ha verso contrario a quello dell'asse y (verso il basso).

  L'equazione della funzione traslata è: $\boxed{y = f(x) + b.}$

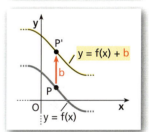

- Se $a \neq 0$ e $b = 0$, la **traslazione ha vettore parallelo all'asse x**.
  Se $a > 0$, la traslazione ha lo stesso verso dell'asse x (verso destra). Se $a < 0$, ha verso contrario a quello dell'asse (verso sinistra).

  L'equazione della funzione traslata è: $\boxed{y = f(x - a).}$

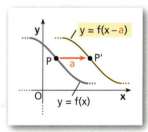

ESEMPIO | Animazione

Consideriamo ancora la funzione $y = f(x) = 4x^2$ dell'esempio precedente. Scriviamo le equazioni e disegniamo i grafici delle funzioni ottenute mediante le traslazioni di vettori $\vec{v_1}(0; 1)$ e $\vec{v_2}(2; 0)$.

Dall'equazione di $f(x)$ passiamo all'equazione $y = f(x - a) + b$.

Con $\vec{v_1}(0; 1)$, abbiamo $a = 0$ e $b = 1$, quindi $y = 4x^2 + 1$.

Con $\vec{v_2}(2; 0)$, abbiamo $a = 2$ e $b = 0$, quindi $y = 4(x - 2)^2$.

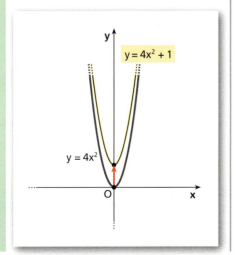

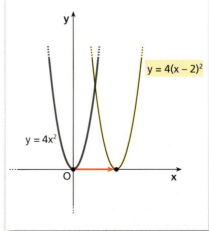

▶ Considera la funzione $f(x) = 2x + 3$.
Scrivi le equazioni delle funzioni ottenute traslando f secondo il vettore $\vec{v_1}(-3; 0)$ e secondo il vettore $\vec{v_2}(0; 1)$, e disegna i loro grafici.

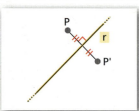

Simmetrie

▶ Esercizi a p. 107

Simmetria assiale

Fissata nel piano una retta r, la **simmetria assiale rispetto alla retta r** è quella isometria che a ogni punto del piano P fa corrispondere il punto P' del semipiano opposto rispetto a r tale che r è l'asse del segmento PP':

- r passa per il punto medio di PP';
- PP' è perpendicolare alla retta r.

La retta r è detta **asse di simmetria**.

Prendiamo in esame nel piano cartesiano le simmetrie che hanno come asse una retta parallela all'asse y, una parallela all'asse x, la bisettrice del primo e terzo quadrante. Si può dimostrare che hanno le seguenti equazioni.

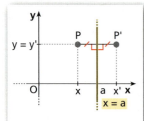

Simmetria rispetto all'asse $x = a$ (asse parallelo all'asse y)

$$\begin{cases} x' = 2a - x \\ y' = y \end{cases}$$

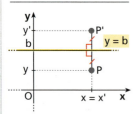

Simmetria rispetto all'asse $y = b$ (asse parallelo all'asse x)

$$\begin{cases} x' = x \\ y' = 2b - y \end{cases}$$

Casi particolari sono le simmetrie rispetto all'asse y e rispetto all'asse x. Le loro equazioni si ottengono dalle due precedenti, con $a = 0$ e $b = 0$.

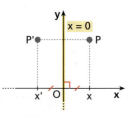

Simmetria rispetto all'asse $x = 0$ (asse y)

$$\begin{cases} x' = -x \\ y' = y \end{cases}$$

Due punti simmetrici rispetto all'asse y hanno ascisse opposte e la stessa ordinata.

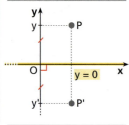

Simmetria rispetto all'asse $y = 0$ (asse x)

$$\begin{cases} x' = x \\ y' = -y \end{cases}$$

Due punti simmetrici rispetto all'asse x hanno la stessa ascissa e ordinate opposte.

Simmetria rispetto all'asse $y = x$ (bisettrice del primo e terzo quadrante)

$$\begin{cases} x' = y \\ y' = x \end{cases}$$

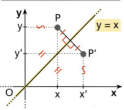

Punti uniti

P è un **punto unito** di una trasformazione geometrica se ha come trasformato se stesso.

Si può dimostrare che **in una simmetria assiale i punti uniti sono tutti e soltanto quelli dell'asse di simmetria**.

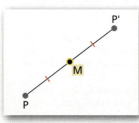

Simmetria centrale

Fissato nel piano un punto M, la **simmetria centrale** di centro M è quella isometria che a ogni punto P del piano fa corrispondere il punto P' tale che M è il punto medio del segmento PP'.

L'unico punto unito in una simmetria centrale è il centro di simmetria.

Paragrafo 6. Trasformazioni geometriche e grafici

Studiamo nel piano cartesiano la simmetria rispetto all'origine O. Si può dimostrare che le sue equazioni sono le seguenti.

Simmetria centrale rispetto all'origine degli assi

$$\begin{cases} x' = -x \\ y' = -y \end{cases}$$

Due punti simmetrici rispetto all'origine hanno ascisse e ordinate opposte.

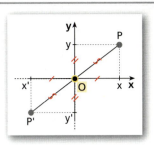

■ Simmetrie e grafico delle funzioni ▶ Esercizi a p. 108

Data una funzione di equazione $y = f(x)$, con considerazioni analoghe a quelle utilizzate per la traslazione, si può dimostrare che:

a. $y = -f(x)$ ha il grafico simmetrico del grafico di $f(x)$ rispetto all'asse x;
b. $y = f(-x)$ ha il grafico simmetrico del grafico di $f(x)$ rispetto all'asse y;
c. $y = -f(-x)$ ha il grafico simmetrico del grafico di $f(x)$ rispetto all'origine.

Animazione

Nell'animazione, rappresentiamo nel piano cartesiano $y = f(x) = x^2 - x$ e le funzioni:
a. $y = -f(x)$;
b. $y = f(-x)$;
c. $y = -f(-x)$.

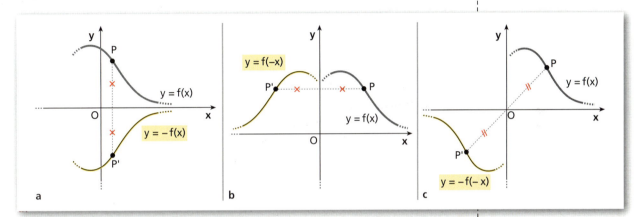

■ Funzioni con valori assoluti ▶ Esercizi a p. 109

Utilizziamo le simmetrie per disegnare i grafici di alcuni tipi di funzioni che contengono valori assoluti.

Il grafico di $y = |f(x)|$

Per ottenere il grafico di $y = |f(x)|$, dove

$$|f(x)| = \begin{cases} f(x) & \text{se } f(x) \geq 0 \\ -f(x) & \text{se } f(x) < 0 \end{cases},$$

disegniamo il grafico di $y = f(x)$ e poi:

- confermiamo il grafico di f negli intervalli in cui $f(x) \geq 0$, ossia per i punti del grafico che appartengono al semipiano delle ordinate positive;
- consideriamo il simmetrico rispetto all'asse x del grafico di $f(x)$ negli intervalli in cui $f(x) < 0$, ossia per i punti del grafico che appartengono al semipiano delle ordinate negative.

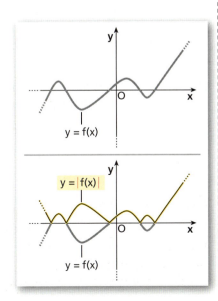

ESEMPIO

Il grafico di $y = |x^2 - x|$ si ottiene dalla parabola di equazione $y = x^2 - x$ se al posto dei punti con ordinata negativa si prendono i punti con la stessa ascissa ma con ordinata opposta, cioè simmetrici rispetto all'asse x.

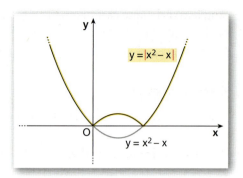

Il grafico di $y = f(|x|)$

La funzione $y = f(|x|)$, dove $f(|x|) = \begin{cases} f(x) & \text{se } x \geq 0 \\ f(-x) & \text{se } x < 0 \end{cases}$,

- se $x \geq 0$ (semipiano delle ascisse positive), ha lo stesso grafico di $y = f(x)$;
- se $x < 0$ (semipiano delle ascisse negative), ha il grafico di $y = f(-x)$, che si ottiene tracciando il simmetrico rispetto all'asse y del grafico di $y = f(x)$.

ESEMPIO

Il grafico di $y = |x|^2 - |x|$ si ottiene tracciando quello di $y = x^2 - x$ nel semipiano con ascisse positive e considerando poi, nel semipiano delle ascisse negative, il suo simmetrico rispetto all'asse y.

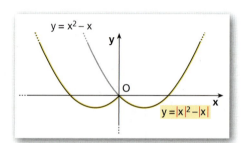

▶ Traccia i grafici di:
- $y = \left|-\dfrac{x}{2} + 1\right|$;
- $y = -\dfrac{|x|}{2} + 1$.

Animazione

■ Dilatazione

▶ Esercizi a p. 111

Dato il punto $P(x; y)$ e il suo trasformato $P'(x'; y')$, consideriamo la trasformazione geometrica che ha per equazioni

$$\begin{cases} x' = mx \\ y' = ny \end{cases} \quad \text{con } m, n \in \mathbb{R}^+.$$

Queste sono le equazioni di particolari *affinità*. Le affinità sono trasformazioni geometriche che conservano il parallelismo ma non la congruenza, e quindi sono trasformazioni non isometriche. Se $m = n$, si ha un'*omotetia diretta* avente come centro l'origine degli assi.

Data la funzione $y = f(x)$, cerchiamo l'equazione della funzione f' il cui grafico è l'immagine di quello di f nella trasformazione.

Dalle equazioni della trasformazione ricaviamo x e y:

$$\begin{cases} x = \dfrac{x'}{m} \\ y = \dfrac{y'}{n} \end{cases}$$

Sostituiamo in $y = f(x)$:

$$\dfrac{y'}{n} = f\left(\dfrac{x'}{m}\right) \rightarrow y' = nf\left(\dfrac{x'}{m}\right).$$

Togliendo gli apici, scriviamo l'espressione della funzione f':

$$y = nf\left(\frac{x}{m}\right).$$

Casi particolari

Studiando alcuni casi particolari possiamo capire come cambia il grafico al variare di m e n.

1. Se $n = 1$, l'equazione diventa:

$$y = f\left(\frac{x}{m}\right).$$

Distinguiamo due casi.

- $n = 1$ e $m > 1$: **dilatazione orizzontale**.
- $n = 1$ e $m < 1$: **contrazione orizzontale**.

ESEMPIO

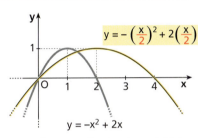

a. Il grafico in giallo si ottiene dall'altro con una dilatazione orizzontale con $m = 2$.

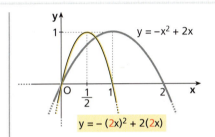

b. Il grafico in giallo si ottiene dall'altro con una contrazione orizzontale con $m = \frac{1}{2}$.

2. Se $m = 1$, l'equazione diventa:

$$y = nf(x).$$

Si presentano due casi.

- $m = 1$ e $n > 1$: **dilatazione verticale**.
- $m = 1$ e $n < 1$: **contrazione verticale**.

ESEMPIO

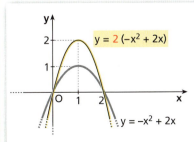

a. Il grafico in giallo si ottiene dall'altro con una dilatazione verticale con $n = 2$.

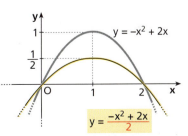

b. Il grafico in giallo si ottiene dall'altro con una contrazione verticale con $n = \frac{1}{2}$.

Animazione

Nell'animazione, rappresentiamo nel piano cartesiano $y = f(x) = x^2 - 5x + 4$ e le funzioni:

a. $y = f\left(\frac{x}{2}\right)$;

b. $y = f(2x)$;

c. $y = 2 \cdot f(x)$;

d. $y = \frac{1}{2} \cdot f(x)$.

Otteniamo poi con una figura dinamica il grafico di $y = n \cdot f\left(\frac{x}{m}\right)$, al variare di n e m.

Capitolo 2. Funzioni

Listen to it

A **numerical sequence** is a function $f: \mathbb{N} \to \mathbb{R}$ that associates with each natural number n a real value a_n: $a_n = f(n)$.

7 Successioni numeriche

DEFINIZIONE

Una **successione numerica** è una funzione $f: \mathbb{N} \to \mathbb{R}$ che associa a ogni numero naturale n un numero reale a_n:

$$a_n = f(n).$$

Una successione è costituita da un insieme ordinato e infinito di numeri, detti **termini**:

$$a_0, \quad a_1, \quad a_2, \quad a_3, \quad ..., \quad a_n, \quad ...$$

In particolare, quando non si specifica il numero n, a_n si chiama **termine generico**. L'**indice** 0, 1, ... indica che il termine $a_0, a_1, ...$ è il corrispondente del numero 0, 1, ...

> **ESEMPIO**
> La successione costituita da tutti i quadrati dei numeri naturali è una funzione a che associa a ogni numero naturale il suo quadrato:
>
> $$f(n) = n^2;$$
>
> $$a_0 = 0 \quad a_1 = 1 \quad a_2 = 4 \quad a_3 = 9 \quad ...$$
>
> L'insieme immagine di questa successione, cioè il codominio, è l'insieme dei quadrati dei numeri naturali.

■ Rappresentazioni delle successioni

▶ Esercizi a p. 112

Rappresentazione per elencazione

I numeri naturali sono infiniti; sarebbe dunque impossibile descrivere la successione tramite tutte le assegnazioni. In alcuni casi è possibile rappresentare una successione come una lista ordinata indicando i primi cinque o sei termini seguiti dai puntini di sospensione.

> **ESEMPIO**
> 0, 10, 20, 30, ... è la successione dei multipli di 10.

Questa rappresentazione è consigliabile soltanto se, leggendo i primi termini, si possono dedurre gli altri senza ambiguità.

▶ Completa la successione fino al decimo termine:

$0, \dfrac{1}{2}, 1, \dfrac{3}{2}, 2, \dfrac{5}{2},$ ▢ , ▢ , ▢ , ▢ .

Rappresentazione mediante espressione analitica

È il modo più comune di rappresentare una successione numerica e consiste nello scrivere esplicitamente la relazione che lega l'indice n e il termine a_n.

> **ESEMPIO**
> 1. $a_n = 2n + 1, \quad n \in \mathbb{N}$.
> Scriviamo i primi termini della successione sostituendo alla lettera n, nell'espressione $2n + 1$, i valori 0, 1, 2, 3, ...
> Si ha $a_0 = 1, a_1 = 3, a_2 = 5, a_3 = 7, ...$
> Si vede facilmente che si tratta della successione dei numeri naturali dispari.

80

2. Consideriamo la seguente successione definita tramite espressione analitica:

$$a_n = \frac{2n+1}{3+n^2}, \quad n \in \mathbb{N}.$$

Sostituendo a n i valori 0, 1, 2, 3, 4, ..., si ottengono i seguenti termini:

$$\frac{1}{3}, \frac{3}{4}, \frac{5}{7}, \frac{7}{12}, \frac{9}{19}, \ldots$$

In questo caso non è facile capire quali sono i termini successivi, dunque la rappresentazione per enumerazione può essere inefficace.

▶ Scrivi l'espressione analitica della successione:
−1, 0, 3, 8, 15, 24, 35, 48, ...

In alcuni casi è preferibile, comunque, rappresentare la successione per enumerazione. Per esempio, la successione

0,   0,6,   0,66,   0,666,   0,6666,   ...

non ha una rappresentazione mediante espressione analitica facile da ricavare.

Rappresentazione ricorsiva o per ricorsione

Questo tipo di rappresentazione di una successione consiste nel fornire il primo termine della successione a_0 e una relazione che lega il termine generale a_n a quello precedente a_{n-1}:

$$\begin{cases} a_0 \\ a_n = f(a_{n-1}) & \text{se } n > 0 \end{cases}$$

ESEMPIO

$$\begin{cases} a_0 = 1 \\ a_n = a_{n-1} + 2 & \text{se } n > 0 \end{cases}$$

Ogni termine si ottiene dal precedente sommando 2. A partire dal primo termine, si determinano quelli successivi:

$$a_1 = a_0 + 2 = 1 + 2 = 3,$$
$$a_2 = a_1 + 2 = 3 + 2 = 5,$$
$$a_3 = a_2 + 2 = 5 + 2 = 7, \ldots$$

Osserviamo che abbiamo riottenuto la successione dei numeri dispari.

▶ Scrivi i primi sei termini della seguente successione.
$$\begin{cases} a_0 = 2 \\ a_n = 3a_{n-1} - 2 & \text{se } n > 0 \end{cases}$$

A volte la rappresentazione ricorsiva è data fornendo i primi k termini della successione e una relazione che lega il termine generale ai k termini precedenti.

Per esempio:

$$\begin{cases} a_0 = 0, a_1 = 1 \\ a_n = a_{n-1} + a_{n-2} & \text{se } n > 1 \end{cases}$$

$a_2 = a_1 + a_0 = 1 + 0 = 1, \quad a_3 = a_2 + a_1 = 1 + 1 = 2,$
$a_4 = a_3 + a_2 = 2 + 1 = 3, \quad a_5 = a_4 + a_3 = 3 + 2 = 5, \ldots$

Questa successione è detta **successione di Fibonacci**.

■ Successioni monotòne

▶ Esercizi a p. 113

Una successione è:

- **crescente** se ogni termine è maggiore del suo precedente, ossia:

$$a_n < a_{n+1}, \quad \forall n \in \mathbb{N};$$

Capitolo 2. Funzioni

MATEMATICA E STORIA

I conigli di Fibonacci
Nel *Liber Abaci*, pubblicato nel 1202, Leonardo Fibonacci riporta questo problema. «Un tale mise una coppia di conigli in un luogo completamente circondato da pareti, per scoprire quante coppie di conigli discendessero da questa in un anno: per natura ogni mese le coppie di conigli generano un'altra coppia e cominciano a procreare nel secondo mese dalla nascita.»

▶ Quale successione si ottiene se si considera il numero di conigli mese dopo mese?

☐ La risposta

- **decrescente** se ogni termine è minore del suo precedente, ossia:
  $$a_n > a_{n+1}, \quad \forall n \in \mathbb{N};$$
- **non decrescente** (o **crescente in senso lato**) se: $a_n \leq a_{n+1}, \forall n \in \mathbb{N}$;
- **non crescente** (o **decrescente in senso lato**) se: $a_n \geq a_{n+1}, \forall n \in \mathbb{N}$;
- **costante** se ogni termine è uguale al suo precedente, ossia:
  $$a_n = a_{n+1}, \quad \forall n \in \mathbb{N}.$$

In generale, una successione per cui vale una di queste proprietà si dice **monotòna**.

ESEMPIO

1. La successione 0, 3, 6, 9, 12, ... è monotòna crescente.
2. La successione 20, 12, 4, −4, −12, −20, −28, ... è monotòna decrescente.
3. La successione 0, 0, 1, 2, 2, 3, 4, 4, 5, 6, 6, 7, ... è monotòna non decrescente.
4. La successione $1, \frac{1}{2}, \frac{1}{2}, \frac{1}{3}, \frac{1}{3}, \frac{1}{3}, \frac{1}{4}, \frac{1}{4}, \frac{1}{4}, \frac{1}{4}, \ldots$ è monotòna non crescente.
5. La successione 5, 5, 5, 5, 5, 5, ... è costante.

8 Progressioni aritmetiche ▶ Esercizi a p. 113

Consideriamo la successione: 2, 5, 8, 11, 14, ...

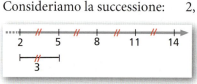

🇬🇧 **Listen to it**

A numerical sequence is an **arithmetic progression** if the difference between any two consecutive terms is constant.

▶ Verifica se la successione
$2, \frac{8}{3}, \frac{10}{3}, 4, \frac{14}{3}, \ldots$
è una progressione aritmetica.

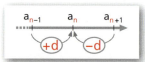

▶ Fai un esempio di progressione aritmetica:
- crescente;
- decrescente;
- costante.

Ogni termine si ottiene dal precedente aggiungendo 3. Possiamo anche dire che la differenza fra ogni termine e il suo precedente è uguale a 3.
Disponendo i termini su una retta come in figura, si può vedere che la distanza fra due punti consecutivi è sempre uguale a 3.

Diciamo in questo caso che la successione è una *progressione aritmetica*.

DEFINIZIONE

Una successione numerica è una **progressione aritmetica** quando la differenza fra ogni termine e il suo precedente è costante; tale differenza è la **ragione della progressione**.

In una progressione aritmetica di ragione d ogni termine è uguale al suo precedente aumentato della ragione oppure al suo successivo diminuito della ragione:

$$a_n = a_{n-1} + d \quad \text{oppure} \quad a_n = a_{n+1} - d.$$

A volte si considera un numero finito di termini consecutivi di una progressione. In tal caso il primo e l'ultimo termine di questo insieme ordinato sono detti **estremi** della progressione.

Una progressione aritmetica di ragione d è:

crescente se $d > 0$; **decrescente** se $d < 0$; **costante** se $d = 0$.

Paragrafo 8. Progressioni aritmetiche

Calcolo del termine a_n di una progressione aritmetica

Consideriamo la progressione aritmetica di ragione 7 e di primo termine 3. Qual è il decimo termine?

Per rispondere alla domanda scriviamo i termini della progressione, utilizzando il primo termine e la ragione. In questo paragrafo e nel successivo definiremo le successioni con $n \geq 1$.

$a_1 = 3$
$a_2 = 3 + 7$
$a_3 = 3 + 7 + 7 = 3 + 2 \cdot 7$
$a_4 = 3 + 7 + 7 + 7 = 3 + 3 \cdot 7$
$a_5 = 3 + 7 + 7 + 7 + 7 = 3 + 4 \cdot 7$
...
$a_{10} = 3 + 9 \cdot 7 = 66$

In simboli:

$a_2 = a_1 + d$
$a_3 = a_1 + 2d$
$a_4 = a_1 + 3d$
$a_5 = a_1 + 4d$
...
$a_{10} = a_1 + (10 - 1)d$

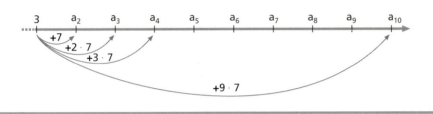

Vale il seguente teorema.

TEOREMA

In una progressione aritmetica, il termine a_n è uguale alla somma del primo termine a_1 con il prodotto della ragione d per $(n - 1)$:

$$a_n = a_1 + (n - 1) \cdot d, \text{ con } n \geq 1.$$

DIMOSTRAZIONE

In una progressione aritmetica la differenza tra ogni termine e quello precedente è uguale alla ragione d:

$a_2 - a_1 = d$, $a_3 - a_2 = d$, ..., $a_n - a_{n-1} = d$.

Sommiamo membro a membro le $n - 1$ uguaglianze e semplifichiamo:

$a_n - a_1 = (n-1)d \quad \rightarrow \quad a_n = a_1 + (n-1)d$.

Il teorema mette in relazione i numeri a_1, n, a_n, d.

Conoscendo tre di essi, è possibile ricavare il quarto numero.

ESEMPIO

Calcoliamo il numero n dei termini estratti dalla progressione aritmetica di ragione 6, avente per estremi 9 e 45.
I dati sono: $d = 6$, $a_1 = 9$, $a_n = 45$.
Sostituiamo nella formula $a_n = a_1 + (n - 1) \cdot d$ e ricaviamo n. Si ha:

$45 = 9 + (n - 1) \cdot 6 \quad \rightarrow \quad 6n - 6 = 36 \quad \rightarrow \quad n = 7$.

L'insieme è formato da 7 termini: 9, 15, 21, 27, 33, 39, 45.

Animazione

Oltre alla dimostrazione, nell'animazione trovi la sua interpretazione geometrica e la risoluzione dell'esercizio.

▶ Calcola la ragione d della progressione aritmetica che ha come primo termine 1 e come settimo termine 25.

Capitolo 2. Funzioni

Somma di due termini equidistanti dagli estremi

La **distanza fra due termini** a_r e a_s di una successione è data dal valore assoluto della differenza degli indici: $|r - s|$.
Per esempio, a_4 dista $|4 - 6| = 2$ da a_6 e $|4 - 1| = 3$ da a_1.

Due termini sono **equidistanti** rispetto a un termine se hanno la stessa distanza da esso.
Scriviamo i primi sei termini di una progressione aritmetica di estremi 10 e 25 e ragione 3: 10, 13, 16, 19, 22, 25.

$10 + 25 = 35$
$13 + 22 = 35$
$16 + 19 = 35$

Diciamo che 13 e 22 sono equidistanti dagli estremi, perché il numero dei termini che precedono 13 è uguale al numero dei termini che seguono 22. Così pure sono equidistanti dagli estremi 16 e 19. Osserviamo che la somma di due termini equidistanti è costante e uguale alla somma dei termini estremi.
Vale il seguente teorema, che non dimostriamo.

> **TEOREMA**
> Nei primi k termini di una progressione aritmetica, la somma di due termini equidistanti dagli estremi è costante e uguale alla somma dei termini estremi.

Se consideriamo un numero k dispari di termini, il termine centrale, che è equidistante dagli estremi, va considerato raddoppiato. Per esempio, se prendiamo 1, 4, 7, 10, 13, abbiamo: $7 + 7 = 1 + 13$.

Somma di termini consecutivi di una progressione aritmetica

> **TEOREMA**
> La somma S_n dei primi n termini di una progressione aritmetica è uguale al prodotto di n per la semisomma dei due termini estremi a_1 e a_n.
> $$S_n = n \cdot \frac{a_1 + a_n}{2}.$$

> **DIMOSTRAZIONE**
> Scriviamo per esteso la somma dei primi n termini della progressione e poi la stessa somma con i termini scritti in ordine inverso:
> $$S_n = a_1 + a_2 + a_3 + \ldots + a_{n-2} + a_{n-1} + a_n$$
> $$S_n = a_n + a_{n-1} + a_{n-2} + \ldots + a_3 + a_2 + a_1.$$
> Sommiamo termine a termine i due membri delle uguaglianze:
> $$2 \cdot S_n = (a_1 + a_n) + (a_2 + a_{n-1}) + (a_3 + a_{n-2}) + \ldots + (a_{n-1} + a_2) + (a_n + a_1).$$
> Abbiamo ottenuto le n somme dei termini equidistanti dagli estremi, che, per il teorema precedente, possiamo sostituire con $a_1 + a_n$:
> $$2 \cdot S_n = \underbrace{(a_1 + a_n) + (a_1 + a_n) + \ldots + (a_1 + a_n)}_{n \text{ addendi}} = n \cdot (a_1 + a_n) \rightarrow$$
> $$S_n = n \cdot \frac{a_1 + a_n}{2}.$$

Animazione
Oltre alla dimostrazione del teorema, nell'animazione trovi la risoluzione dell'esercizio.

ESEMPIO

Calcoliamo la somma dei primi 10 termini della progressione aritmetica di primo termine 1 e ragione 2:

1, 3, 5, 7, 9, 11, 13, 15, 17, 19, …

Poiché $n = 10$, $a_1 = 1$, $a_{10} = 19$, calcoliamo S_{10}:

$$S_{10} = 10 \cdot \frac{1 + 19}{2} = 10 \cdot 10 = 10^2.$$

▶ Calcola la somma dei primi 6 termini della progressione aritmetica di primo termine 2 e ragione 3.

La progressione che abbiamo considerato nell'esempio è quella dei numeri dispari. In generale, **la somma dei primi n numeri dispari è uguale a n^2**.

9 Progressioni geometriche

▶ Esercizi a p. 115

Consideriamo la successione:

4, 8, 16, 32, 64, …

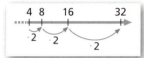

Osserviamo che ogni termine si ottiene dal precedente moltiplicandolo per 2. Disponendo i termini della successione su una retta, si può vedere che la distanza fra un termine e il suo successivo raddoppia a ogni passo. Possiamo anche dire che il quoziente fra ogni termine e il suo precedente è uguale a 2. Le successioni di questo tipo sono chiamate *progressioni geometriche*.

DEFINIZIONE

Una successione numerica è una **progressione geometrica** quando il quoziente fra ogni termine e il suo precedente è costante; tale rapporto è la **ragione della progressione**.

 Listen to it

A numerical sequence is a **geometric progression** if the ratio between any two consecutive terms is constant.

La ragione, che indichiamo con q, non può essere mai uguale a 0 e nemmeno i termini della progressione possono essere 0, perché non ha significato la divisione $\frac{n}{0}$.

Se consideriamo un numero finito di termini consecutivi di una progressione geometrica, il primo e l'ultimo termine sono detti **estremi** della progressione.

In una progressione geometrica di ragione q ogni termine si calcola da quello precedente moltiplicandolo per q, oppure dal successivo dividendolo per q:

$$a_n = q \cdot a_{n-1} \quad \text{oppure} \quad a_n = \frac{a_{n+1}}{q}.$$

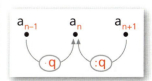

Possiamo dedurre da queste proprietà che in una progressione geometrica:

- se $q > 0$, i termini sono tutti o **positivi** o **negativi**;
- se $q < 0$, i termini sono **alternativamente** di **segno opposto**.

Capitolo 2. Funzioni

▶ Verifica se la successione
$24, 4, \dfrac{2}{3}, \dfrac{1}{9}, \dfrac{1}{54}, \ldots$
è una progressione geometrica.

ESEMPIO

1. $q > 0$. Date le progressioni geometriche, di ragione $q = 2$,

   $-6, \quad -12, \quad -24, \quad -48, \quad \ldots$

   $6, \quad 12, \quad 24, \quad 48, \quad \ldots$

   nella prima i termini sono tutti negativi, nella seconda tutti positivi.

2. $q < 0$. Nella progressione geometrica, con $q = -2$,

   $-6, \quad 12, \quad -24, \quad 48, \quad \ldots$

   i termini sono alternativamente negativi e positivi.

Una progressione geometrica di ragione q positiva è:

- **crescente** se $q > 1$ e i termini sono positivi, oppure se $0 < q < 1$ e i termini sono negativi;
- **decrescente** se $0 < q < 1$ e i termini sono positivi, oppure se $q > 1$ e i termini sono negativi;
- **costante** se $q = 1$.

▶ Fai un esempio di:
- progressione geometrica crescente di ragione 4;
- progressione geometrica decrescente a termini negativi.

Se la ragione è negativa, la progressione geometrica ha segno alterno, per cui non è né crescente né decrescente.

Calcolo del termine a_n di una progressione geometrica

Consideriamo la progressione geometrica di ragione 3 e primo termine 2. Qual è il valore del quinto termine?

Per rispondere alla domanda possiamo calcolare i termini della progressione fino ad a_5 utilizzando il primo termine e la ragione.

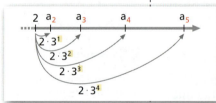

$a_1 = 2$
$a_2 = 2 \cdot 3$
$a_3 = (2 \cdot 3) \cdot 3 = 2 \cdot 3^2$
$a_4 = (2 \cdot 3^2) \cdot 3 = 2 \cdot 3^3$
$a_5 = (2 \cdot 3^3) \cdot 3 = 2 \cdot 3^4$

In simboli:
$a_2 = a_1 \cdot q$
$a_3 = a_1 \cdot q^2$
$a_4 = a_1 \cdot q^3$
$a_5 = a_1 \cdot q^4$

Il quinto termine è $2 \cdot 3^4 = 162$. La progressione è $2, 6, 18, 54, 162, \ldots$
Vale il seguente teorema.

TEOREMA

In una progressione geometrica il termine a_n è uguale al prodotto del primo termine a_1 per la potenza della ragione con esponente $(n - 1)$.

$$a_n = a_1 \cdot q^{n-1}, \text{ con } n \geq 1.$$

DIMOSTRAZIONE

Poiché in una progressione geometrica ogni termine è uguale al prodotto del precedente per la ragione q:

$a_2 = a_1 \cdot q, \quad a_3 = a_2 \cdot q, \quad a_4 = a_3 \cdot q, \quad \ldots, \quad a_n = a_{n-1} \cdot q.$

Moltiplichiamo membro a membro le $n - 1$ uguaglianze, e semplifichiamo:

$\not{a_2} \cdot \not{a_3} \cdot \not{a_4} \cdot \ldots \cdot a_n = a_1 \cdot \not{a_2} \cdot \not{a_3} \cdot \ldots \cdot \not{a_{n-1}} \cdot \underbrace{q \cdot q \cdot \ldots \cdot q}_{n-1 \text{ termini}},$

da cui $a_n = a_1 \cdot q^{n-1}$.

▶ **Animazione**

Oltre alla dimostrazione, nell'animazione trovi la risoluzione dei primi tre esercizi a pagina seguente.

Partendo dalla formula $a_n = a_1 \cdot q^{n-1}$, si può ricavare ciascuno dei valori a_n, a_1, q, n, noti gli altri.

ESEMPIO

1. Calcoliamo il primo termine della progressione geometrica di ragione 3, sapendo che il settimo termine vale 3645. Poiché $q = 3$, $n = 7$, $a_n = 3645$:

   $3645 = a_1 \cdot 3^6 \rightarrow 5 \cdot 3^6 = a_1 \cdot 3^6 \rightarrow a_1 = 5$.

   La progressione è: 5, 15, 45, 135, 405, 1215, 3645, ...

2. Calcoliamo la ragione della progressione geometrica di primo termine 1 e quarto termine 64. I dati sono: $a_1 = 1$; $a_n = 64$; $n = 4$.

   $64 = 1 \cdot q^3 \rightarrow q = 4$.

   La progressione è: 1, 4, 16, 64, ...

3. Consideriamo ora la progressione geometrica di primo termine 1 e quinto termine 16. Ricaviamo q: $16 = 1 \cdot q^4 \rightarrow q = \pm 2$.
   Scriviamo i primi cinque termini delle progressioni con $a_1 = 1$ e ragione $q = 2$ o $q = -2$: 1, 2, 4, 8, 16, ... oppure 1, -2, 4, -8, 16, ...

▶ Calcola il quinto termine della progressione geometrica di ragione 3 e primo termine 4.

▶ Calcola il primo termine della progressione geometrica di ragione 2 e quarto termine 96.

▶ Calcola la ragione della progressione geometrica di primo termine 2 e quarto termine 54.

Somma di termini consecutivi di una progressione geometrica

TEOREMA

La somma S_n dei primi n termini di una progressione geometrica di ragione q diversa da 1 è:

$$S_n = a_1 \cdot \frac{q^n - 1}{q - 1}.$$

DIMOSTRAZIONE

Scriviamo la somma S_n dei primi n termini della progressione:

$S_n = a_1 + a_2 + a_3 + \ldots + a_n$.

Poiché $a_n = a_1 \cdot q^{n-1}$, abbiamo: $S_n = a_1 + a_1 \cdot q + a_1 \cdot q^2 + \ldots + a_1 \cdot q^{n-1}$.

Moltiplichiamo S_n e il secondo membro per la ragione q:

$S_n \cdot q = a_1 \cdot q + a_1 \cdot q^2 + a_1 \cdot q^3 + \ldots + a_1 \cdot q^n$.

Eseguiamo la sottrazione membro a membro fra quest'ultima uguaglianza e la precedente:

$S_n \cdot q - S_n = \cancel{a_1 \cdot q} + \cancel{a_1 \cdot q^2} + \ldots + \cancel{a_1 \cdot q^{n-1}} + a_1 \cdot q^n +$
$- a_1 - \cancel{a_1 \cdot q} - \cancel{a_1 \cdot q^2} - \ldots - \cancel{a_1 \cdot q^{n-1}}$

Eliminando i termini opposti otteniamo:

$S_n \cdot q - S_n = a_1 \cdot q^n - a_1 \rightarrow S_n \cdot (q - 1) = a_1 \cdot (q^n - 1)$.

Essendo $q \neq 1$ per ipotesi, dividiamo entrambi i membri per $(q - 1)$:

$$S_n = a_1 \cdot \frac{q^n - 1}{q - 1}.$$

ESEMPIO

Calcoliamo la somma dei primi 5 termini della progressione geometrica

2, 8, 32, 128, 512, ...

Poiché $q = 4$, $a_1 = 2$, calcoliamo S_5: $S_5 = 2 \cdot \frac{4^5 - 1}{4 - 1} = 2 \cdot \frac{1024 - 1}{3} = 682$.

MATEMATICA E INDOVINELLI

La strada per Camogli Un celebre indovinello recita: «Per la strada che porta a Camogli / passava un uomo con sette mogli. / Ogni moglie aveva sette sacchi, / in ogni sacco sette gatti, / ogni gatto sette gattini. / Fra gatti, gattini, sacchi e mogli / in quanti andavano a Camogli?».

▶ Qual è la risposta all'indovinello?

☐ La risposta

☐ Animazione

Oltre alla dimostrazione, nell'animazione c'è la risoluzione dell'esercizio.

▶ Calcola la somma dei primi 5 termini della progressione geometrica di primo termine 4 e ragione 3.

IN SINTESI
Funzioni

■ Funzioni e loro caratteristiche

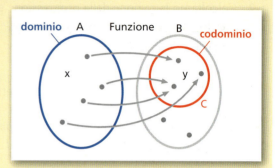

- **Funzione** da A a B: relazione che a *ogni* elemento di A associa *uno e un solo* elemento di B.
- **Funzione reale di variabile reale**: funzione con dominio e codominio sottoinsiemi di $\mathbb{R}$.

$$y = f(\underbrace{x}_{\text{variabile indipendente}})$$

variabile dipendente

- **Valore assoluto**: $y = |x| = \begin{cases} x & \text{se } x \geq 0 \\ -x & \text{se } x < 0 \end{cases}$.

È un esempio di **funzione definita a tratti**.

■ Funzioni iniettive, suriettive e biunivoche

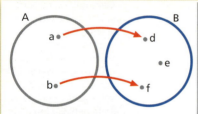 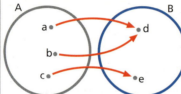 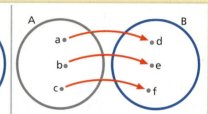

Funzione **iniettiva**: a *ogni* elemento di B arriva *al più una* freccia.

Funzione **suriettiva**: a *ogni* elemento di B arriva *almeno una* freccia.

Funzione **biunivoca**: a *ogni* elemento di B arriva *una e una sola* freccia.

■ Funzione inversa

- Sia $f: A \to B$ una funzione biunivoca. La **funzione inversa** di f è la funzione biunivoca $f^{-1}: B \to A$ che associa a ogni y di B il valore x di A tale che $y = f(x)$.
  In simboli: $f: A \to B, y = f(x) \to f^{-1}: B \to A, x = f^{-1}(y)$.
- Una funzione ammette la funzione inversa se e solo se è biunivoca.

■ Proprietà delle funzioni

- Una funzione $y = f(x)$, di dominio D, è:
  - **crescente in senso stretto** in un intervallo $I \subseteq D$, se $\forall x_1, x_2 \in I$, con $x_1 < x_2$, risulta $f(x_1) < f(x_2)$;
  - **decrescente in senso stretto** in un intervallo $I \subseteq D$, se $\forall x_1, x_2 \in I$, con $x_1 < x_2$, risulta $f(x_1) > f(x_2)$.
  Se la funzione è crescente o decrescente **in senso lato**, le considerazioni sono analoghe, ma valgono rispettivamente le relazioni $f(x_1) \leq f(x_2)$ e $f(x_1) \geq f(x_2)$.
- Una funzione è **monotòna** in un intervallo $I \subseteq D$ se in I è sempre crescente o sempre decrescente.
- Una funzione $y = f(x)$, di dominio D, è:
  - **pari** se $f(-x) = f(x)$, $\forall x \in D$;
  - **dispari** se $f(-x) = -f(x)$, $\forall x \in D$.
- Una funzione $y = f(x)$ è **periodica** di periodo T ($T > 0$) se:
  $f(x) = f(x + kT), \quad \forall k \in \mathbb{Z}$.

In sintesi

Funzione composta

- Date le funzioni $f: A \to B$ e $g: B \to C$, la **funzione composta** $g \circ f: A \to C$ associa a ogni elemento $a \in A$ un elemento $c \in C$ così ottenuto:
  - ad a si associa $b \in B$ tale che $b = f(a)$;
  - a b si associa $c \in C$ tale che $c = g(b)$.
- Se $C = A$, possiamo definire sia $g \circ f$ che $f \circ g$, ma, in generale, $\boldsymbol{g \circ f \neq f \circ g}$.

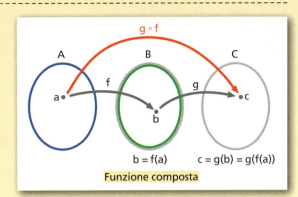

Funzione composta

Trasformazioni geometriche e loro equazioni

- **Traslazione di vettore $\vec{v}(a; b)$**

$$\begin{cases} x' = x + a \\ y' = y + b \end{cases}$$

- **Simmetria rispetto all'asse $x = a$ (asse parallelo all'asse y)**

$$\begin{cases} x' = 2a - x \\ y' = y \end{cases}$$

Se $a = 0$, l'asse di simmetria è l'asse y.

- **Simmetria rispetto all'asse $y = b$ (asse parallelo all'asse x)**

$$\begin{cases} x' = x \\ y' = 2b - y \end{cases}$$

Se $b = 0$, l'asse di simmetria è l'asse x.

- **Simmetria rispetto all'asse $y = x$ (bisettrice del primo e terzo quadrante)**

$$\begin{cases} x' = y \\ y' = x \end{cases}$$

- **Simmetria centrale con centro nell'origine degli assi**

$$\begin{cases} x' = -x \\ y' = -y \end{cases}$$

- **Dilatazione**

$$\begin{cases} x' = mx \\ y' = ny \end{cases} \quad \text{con } m, n \in \mathbb{R}^+;$$

se $n = 1$ e $m > 1$: dilatazione orizzontale;
se $n = 1$ e $m < 1$: contrazione orizzontale;
se $m = 1$ e $n > 1$: dilatazione verticale;
se $m = 1$ e $n < 1$: contrazione verticale.

Grafici delle funzioni e trasformazioni geometriche

- Traslazioni

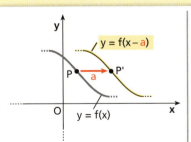

Traslazione di vettore $\vec{v}(a; 0)$ parallelo all'asse x.

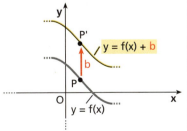

Traslazione di vettore $\vec{v}(0; b)$ parallelo all'asse y.

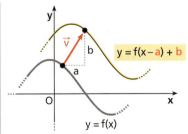

Traslazione di vettore $\vec{v}(a; b)$.

Capitolo 2. Funzioni

- **Simmetrie**

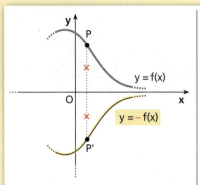
Simmetria rispetto all'asse *x*.

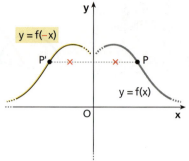
Simmetria rispetto all'asse *y*.

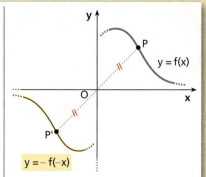
Simmetria centrale rispetto a *O*.

- **Grafici di funzioni con valori assoluti**

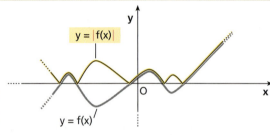
Simmetria rispetto all'asse *x* delle parti del grafico di $y = f(x)$ con $y < 0$.

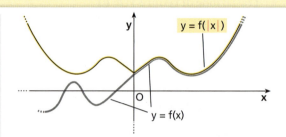
Per $x \neq 0$, il grafico è lo stesso di $y = f(x)$, per $x < 0$ il grafico è il simmetrico rispetto all'asse *y* del grafico che $y = f(x)$ ha per $x > 0$.

- **Dilatazioni**

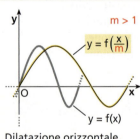
Dilatazione orizzontale.

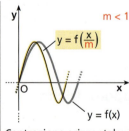
Contrazione orizzontale.

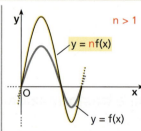
Dilatazione verticale.

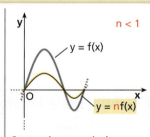
Contrazione verticale.

■ Successioni numeriche

Successione numerica: è una funzione $a_n = f(n)$.
n si chiama **indice della successione** e a_n **termine della successione**.

■ Progressioni aritmetiche e geometriche

- Una successione a_n si dice **progressione aritmetica di ragione *d*** se $a_{n+1} - a_n = d, \forall n \in \mathbb{N}$.

- **Teorema.** La somma S_n dei primi *n* termini di una progressione aritmetica è: $S_n = n \cdot \dfrac{a_1 + a_n}{2}$.

- Una successione a_n si dice **progressione geometrica di ragione *q*** se $\dfrac{a_{n+1}}{a_n} = q, \forall n \in \mathbb{N}$.

- **Teorema.** La somma S_n dei primi *n* termini di una progressione geometrica, di ragione $q \neq 1$, è:
$$S_n = a_1 \cdot \frac{q^n - 1}{q - 1} = a_1 \cdot \frac{1 - q^n}{1 - q}.$$

Paragrafo 1. Funzioni e loro caratteristiche

CAPITOLO 2
ESERCIZI

1 Funzioni e loro caratteristiche

Che cosa sono le funzioni
▶ Teoria a p. 60

1 Indica per ogni figura se la relazione rappresentata è una funzione da A a B.

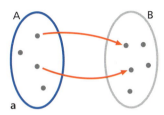
a

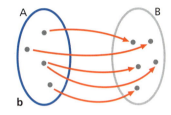
b

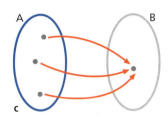
c

Funzioni numeriche
▶ Teoria a p. 61

2 **LEGGI IL GRAFICO** Osserva i seguenti grafici e stabilisci quale di essi non può rappresentare una funzione.

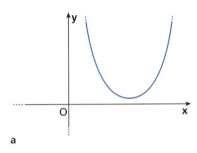
a

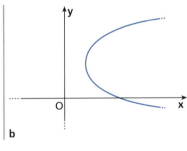
b

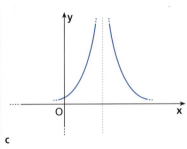
c

3 Dati gli insiemi $A = \{4, 9, 25\}$ e $B = \{1, 2, 3, 4, 5\}$ e la relazione R da A a B così definita: $x \, R \, y$ se $y = \sqrt{x}$:
  a. scrivi le coppie degli elementi che sono in relazione;
  b. R è una funzione?

[a) (4; 2), (9; 3), (25; 5); b) sì]

4 Esplicita le seguenti funzioni considerando come variabile indipendente quella indicata a fianco.

  a. $2y - x^2 + 1 = 0$, *x*.

  b. $3tx - t = 2$, *t*.

  c. $yz^2 - y = 5z$, *z*.

  d. $v - 5 = 8t$, *t*.

5 **RIFLETTI SULLA TEORIA** Spiega perché l'equazione $x - y^2 = 1$ non definisce una funzione del tipo $y = f(x)$.

91

Capitolo 2. Funzioni

ESERCIZI

LEGGI IL GRAFICO Determina dominio e codominio delle funzioni osservando il loro grafico.

6

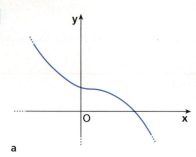

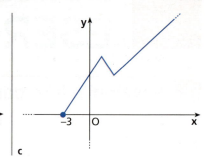

a   b   c

7

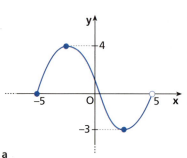

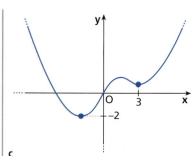

a   b   c

8 Data la funzione f da $\mathbb{R}$ in $\mathbb{R}$ così definita: $f: x \mapsto 4x^2 - 2x$, trova $f(0)$, $f(1)$, $f(-1)$. $[0, 2, 6]$

9 **ESERCIZIO GUIDA** Data la funzione $f: \mathbb{R} \to \mathbb{R}$ tale che $f(x) = 6x^2 - 1$, troviamo l'immagine di 2 e le controimmagini di 5 e -7.

Calcoliamo: $f(2) = 6(2)^2 - 1 = 24 - 1 = 23$.
        sostituiamo 2 a x

Cerchiamo per quale valore di x si ha $f(x) = 5$ risolvendo l'equazione:

$6x^2 - 1 = 5 \to 6x^2 = 6 \to x^2 = -1 \to x = \pm 1$.

Risolviamo l'equazione $6x^2 - 1 = -7 \to 6x^2 = -6 \to x^2 = -1$. impossibile

Non esistono valori che, attribuiti a x, hanno come immagine -7.

10 Data la funzione $y = -x^2 + 4x + 1$, trova le immagini di -1 e 1 e le controimmagini di -4. $[-4, 4; -1, 5]$

COMPLETA le uguaglianze per ogni funzione $f: \mathbb{R} \to \mathbb{R}$, inserendo il valore mancante (se esiste).

11 $f(x) = -\dfrac{2x}{3}$, $f(12) = \square$; $f\left(\dfrac{7}{5}\right) = \square$; $f(\square) = \dfrac{4}{3}$; $f(\square) = 8$.

12 $f(x) = 4x^2$, $f(-8) = \square$; $f\left(\dfrac{3}{8}\right) = \square$; $f(\square) = 81$; $f(\square) = -5$.

13 $f(x) = x^3$, $f(\square) = 8$; $f(1) = \square$; $f(4) = \square$; $f(\square) = -\dfrac{1}{2}$.

14 Considera la funzione $f(x): \mathbb{N} \to \mathbb{R}$ tale che $f(x) = \dfrac{1}{3}x - 2$. Trova le immagini di 0, 2, 9 e le controimmagini di 1 e 2. $\left[-2, -\dfrac{4}{3}, 1; 9, 12\right]$

15 Data la funzione $f(x): \mathbb{N} \to \mathbb{R}$ tale che $f(x) = -x^2 + 1$, calcola $f(0)$, $f(3)$ e le controimmagini di 0 e -8. $[1, -8, 1, 3]$

Paragrafo 1. Funzioni e loro caratteristiche

16 $f(x)$ è una funzione da $\mathbb{R}$ a $\mathbb{R}$ tale che $f(x) = x^2 + 2x - 1$. Trova l'immagine di -1 e -3 e la controimmagine di -2. $[-2, 2, -1]$

17 Date le funzioni da $\mathbb{N}$ a $\mathbb{R}$ $f(x) = 5x - 4$ e $g(x) = \dfrac{-x+3}{2}$, determina, se esiste, un valore di x che ha la stessa immagine in f e in g. $[1]$

Determina per quali valori di x le funzioni f e g, da $\mathbb{R}$ a $\mathbb{R}$, hanno stessa immagine.

18 $f(x) = -\dfrac{2}{5}x^2 - 2$; $\quad g(x) = 3x^2 + 1$. [impossibile]

19 $f(x) = 1 - 2x^2 + x$; $\quad g(x) = x - 1$. $[\pm 1]$

20 Trova il codominio della funzione $f: A \to \mathbb{R}$, con $A = \{-1, 0, 1, 2\}$ e $f(x) = 2x^2 + 1$. $[C = \{1, 3, 9\}]$

21 Determina il codominio delle funzioni $y = x^3$ e $y = x^4$ che hanno dominio comune $D = \left\{-1, -\dfrac{1}{2}, 0, \dfrac{1}{2}, 1, \sqrt{2}\right\}$.
$\left[C = \left\{-1, -\dfrac{1}{8}, 0, \dfrac{1}{8}, 1, 2\sqrt{2}\right\}; C = \left\{0, \dfrac{1}{16}, 1, 4\right\}\right]$

22 Se $f(x) = \dfrac{x - 3a}{x - 5}$ e $f(2) = -\dfrac{8}{3}$, qual è il valore di a? $[-2]$

23 Trova i valori di a e b per la funzione $f(x) = ax^2 - b$, sapendo che $f(0) = -2$ e $f(1) = 4$. $[a = 6, b = 2]$

24 Data $f(x) = 2ax + 3b$, trova i valori di a e b per cui $f(0) = -6$ e $f(1) = -2$. $[a = 2, b = -2]$

25 Sia f la funzione che a x associa l'opposto del quadrato della sua metà e sia $A = \{-1, 2, 3, 6\}$ il suo dominio. Determina l'espressione analitica di f e il suo codominio.
$\left[f(x) = -\dfrac{x^2}{4}; C = \left\{-\dfrac{1}{4}, -1, -\dfrac{9}{4}, -9\right\}\right]$

26 Determina la funzione che associa a ogni numero reale x il doppio del suo quadrato aumentato di 3 e indica il suo codominio. $[y = 2x^2 + 3; C = \{y \geq 3\}]$

27 Una funzione $y = f(x)$ associa al numero reale x la differenza tra il cubo del numero e il cubo della somma tra il numero e 2. Scrivi $f(x)$ e trova il suo codominio C se il dominio è $D = \{-2, -1, 0, 1\}$.
$[y = -6x^2 - 12x - 8; C = \{-26, -8, -2\}]$

28 **COMPLETA** utilizzando il grafico della figura, che rappresenta una funzione f.

Codominio $C =$ ▢; $f(4) =$ ▢, $f(0) =$ ▢;

$f($▢$) = 0$, $f($▢$) = -1$, $f($▢$) = 3$;

$f(-2) =$ ▢; $2 \cdot f(3) =$ ▢.

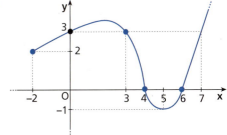

Traccia per punti i grafici delle seguenti funzioni.

29 $y = 2x$; $\quad y = -\dfrac{1}{3}x$.

30 $y = 3x + 1$; $\quad y = -x + 1$.

31 $y = \dfrac{3}{2}x - 5$; $\quad y = -4x + 2$.

32 $y = \dfrac{1}{9}x^2$; $\quad y = -x^3$.

33 $y = -x^2 - 1$; $\quad y = x^2 - 2x$.

34 $y = 2x^2 + 2$; $\quad y = -\dfrac{2}{x}$.

35 $y = x^3 - 1$; $\quad y = -\sqrt{x}$.

36 $y = (x - 2)^2$; $\quad y = \dfrac{x}{6} + 1$.

Funzioni definite a tratti

37 **LEGGI IL GRAFICO** Deduci da ciascun grafico se è rappresentata una funzione e trova dominio e codominio.

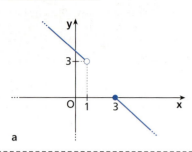
a

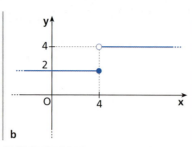
b

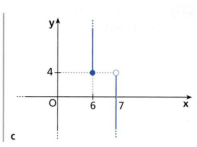
c

38 L'espressione

$$f(x) = \begin{cases} x & \text{se } x \leq 2 \\ \sqrt{x-1} & \text{se } x \geq 2 \end{cases}$$

non indica una funzione. Perché?

39 Data la funzione $f(x): \mathbb{R} \to \mathbb{R}$ così definita:

$$f(x) = \begin{cases} -3 & \text{se } x < -1 \\ -2x + 1 & \text{se } x \geq -1 \end{cases}$$

trova $f(-5), f(-1), f(0), f(1)$. $\quad [-3; 3; 1; -1]$

40 È assegnata la funzione $f(x): \mathbb{R} \to \mathbb{R}$ così definita:

$$f(x) = \begin{cases} -1 & \text{se } x < -2 \\ x & \text{se } -2 \leq x \leq 1 \\ -x^2 + 2x + 2 & \text{se } x > 1 \end{cases}$$

a. calcola le immagini di $-3, -2, -\frac{1}{2}, 0, 1, 2$;

b. trova i valori di x per cui $f(x) = -1$ e quelli per cui $f(x) = 2$.

$\left[a\right) -1, -2, -\frac{1}{2}, 0, 1, 2;$

$b) \, x < -2 \lor x = -1 \lor x = 3 \lor x = 2 \Big]$

41 **TEST** Considera la funzione $f(x) = \begin{cases} 1 - 3x & \text{se } x \leq 0 \\ 2x^2 - 5 & \text{se } x > 0 \end{cases}$ e indica quale dei seguenti punti appartiene al suo grafico.

A $(-1; -2)$ **B** $(0; 1)$ **C** $(0; -5)$ **D** $(1; -2)$ **E** $(2; -5)$

42 **LEGGI IL GRAFICO** Considera la funzione $y = f(x)$ rappresentata dal grafico a lato.

a. Indica il dominio e il codominio di $f(x)$.
b. Trova $f(0), f(1), f(-1), f(2)$ e completa:
$f(\ldots) = 1, f(\ldots) = 3, f(\ldots) = -1$.

[a) $D: \mathbb{R}, C: \{-1 \leq y \leq 1\} \cup \{y > 2\}$; b) $1, -1, 1, 3$]

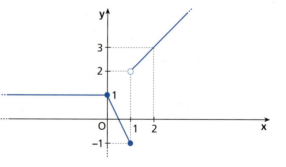

Disegna per punti il grafico delle seguenti funzioni e indica il codominio.

43 $y = \begin{cases} x & \text{se } x < 0 \\ 3x & \text{se } x \geq 0 \end{cases}$

44 $y = \begin{cases} -2x & \text{se } x < 2 \\ \frac{1}{2}x & \text{se } x \geq 2 \end{cases}$

45 $y = \begin{cases} 3x & \text{se } x < 1 \\ -5x - 3 & \text{se } x \geq 1 \end{cases}$

46 $y = \begin{cases} \frac{1}{2}x + 1 & \text{se } x \leq 0 \\ -x + 1 & \text{se } x > 0 \end{cases}$

47 $y = \begin{cases} x + 2 & \text{se } x > 0 \\ -x - 2 & \text{se } x \leq 0 \end{cases}$

48 $y = \begin{cases} -x + 5 & \text{se } x \geq 0 \\ x - 1 & \text{se } x < 0 \end{cases}$

49 $y = |2x - 1|$

50 $y = |5 - x|$

51 $y = |x| + 3$

52 $y = |x + 3|$

Paragrafo 1. Funzioni e loro caratteristiche

53 **REALTÀ E MODELLI** **Se telefonando...** La tariffa di una società telefonica consiste nel costo fisso di € 10 fino a 600 minuti di chiamate e 12 centesimi per ogni minuto ulteriore. Determina la funzione del costo e rappresentala graficamente.

$$\left[y = \begin{cases} 10 & 0 \leq x \leq 600 \\ 0{,}12x - 62 & x > 600 \end{cases}\right]$$

Dominio naturale di una funzione

▶ Teoria a p. 63

54 **ESERCIZIO GUIDA** Determiniamo il dominio delle seguenti funzioni:

a. $y = \dfrac{5-x}{2x-9}$; c. $y = 12 - \sqrt[3]{x-1}$; e. $y = \dfrac{2-x}{|x+3|-5}$.

b. $y = 5\sqrt{x^2 - 16}$; d. $y = \dfrac{\sqrt{x+5}}{\sqrt{x-3}}$;

a. Una frazione è definita quando il denominatore è diverso da 0.

$$2x - 9 \neq 0 \;\to\; x \neq \dfrac{9}{2} \;\to\; D: \mathbb{R} - \left\{\dfrac{9}{2}\right\}$$

b. Una radice di indice pari è definita quando il radicando è positivo o nullo.

$$x^2 - 16 \geq 0 \;\to\; x^2 \geq 16 \;\to\; D: x \leq -4 \lor x \geq 4$$

c. Una radice di indice dispari è sempre definita: $D = \mathbb{R}$.

d. L'espressione è definita se sono definite *contemporaneamente* le due radici e se il denominatore è diverso da 0.

$$\begin{cases} x + 5 \geq 0 \\ x - 3 > 0 \end{cases} \to \begin{cases} x \geq -5 \\ x > 3 \end{cases} \to D: x > 3$$

e. Il denominatore deve essere diverso da 0.

$$|x+3| - 5 \neq 0 \;\to\; |x+3| \neq 5 \;\to\; x + 3 \neq \pm 5 \begin{cases} x \neq 2 \\ x \neq -8 \end{cases} \to D: \mathbb{R} - \{-8; 2\}$$

Determina il dominio delle seguenti funzioni.

AL VOLO

55 $y = 3x^2 - 4x + 7$

56 $y = \sqrt{x - 5}$

57 $y = |3x^2 + 2x + 1| - 2x$

58 $y = \sqrt{|x^2 - 4| + 3}$

59 $y = \dfrac{x^4}{4} - 3x^2$

60 $y = \dfrac{1}{5 + |x|}$

61 $y = \dfrac{1}{\sqrt{x - 2}}$

62 $y = \dfrac{x + 17}{|x|}$

63 $y = \dfrac{3x - 2}{(x - 3)^3}$

64 $y = \dfrac{x}{x^2 + 4}$

65 $y = \dfrac{1}{x^2 - 16}$

Capitolo 2. Funzioni

ESERCIZI

66 $y = \dfrac{1}{2x^3 - 8x}$ $\qquad [x \neq 0 \wedge x \neq \pm 2]$

67 $y = \dfrac{1}{4x^2 - 36} + \dfrac{1}{4x^2}$ $\qquad [x \neq \pm 3 \wedge x \neq 0]$

68 $y = \dfrac{1}{(x-1)(2x^2 - 6x)}$ $\qquad [x \neq 0 \wedge x \neq 1 \wedge x \neq 3]$

69 $y = \dfrac{1}{x} + \dfrac{2x - 1}{x^2 - 9}$ $\qquad [x \neq \pm 3 \wedge x \neq 0]$

70 $y = \dfrac{1}{2x^2 + 5x - 3}$ $\qquad \left[x \neq -3 \wedge x \neq \dfrac{1}{2}\right]$

71 $y = \dfrac{x - 1}{x^4 - 8x}$ $\qquad [x \neq 0 \wedge x \neq 2]$

72 $y = \dfrac{5 - x}{|x| + 1}$ $\qquad [\mathbb{R}]$

73 $y = \sqrt{x^2 - 7x}$ $\qquad [x \leq 0 \vee x \geq 7]$

74 $y = \dfrac{2 - x}{\sqrt{7 + x^2}}$ $\qquad [\mathbb{R}]$

75 $y = \sqrt[3]{7 - 3x}$ $\qquad [\mathbb{R}]$

76 $y = \sqrt{6x - x^2}$ $\qquad [0 \leq x \leq 6]$

77 $y = \sqrt[3]{\dfrac{x}{5x - 3}}$ $\qquad \left[x \neq \dfrac{3}{5}\right]$

78 $y = \dfrac{2 + |x|}{|4x^2 - 1|}$ $\qquad \left[x \neq \pm \dfrac{1}{2}\right]$

79 $y = \dfrac{4x}{x^2 - 5x + 6}$ $\qquad [x \neq 2 \wedge x \neq 3]$

80 $y = \sqrt[4]{9 - x^2}$ $\qquad [-3 \leq x \leq 3]$

81 $y = \dfrac{2x - 7}{x^4 - x^3 + 3x^2}$ $\qquad [x \neq 0]$

82 $y = \sqrt[3]{x^2 - 3x - 4}$ $\qquad [\mathbb{R}]$

83 $y = \dfrac{1}{|x^3 - x^2 + x|}$ $\qquad [x \neq 0]$

84 $y = \sqrt{x^3 - 3x^2}$ $\qquad [x = 0 \vee x \geq 3]$

85 $y = \sqrt{3x + 2} + \sqrt{4x}$ $\qquad [x \geq 0]$

86 $y = \dfrac{1}{x^2 - 4x} + \dfrac{3}{\sqrt{x - 2}}$ $\qquad [x > 2 \wedge x \neq 4]$

87 $y = \sqrt{\dfrac{x + 3}{x^2 - 2x + 1}}$ $\qquad [x \geq -3 \wedge x \neq 1]$

88 $y = \sqrt{x^2 - x} + \sqrt{-x}$ $\qquad [x \leq 0]$

89 $y = \dfrac{\sqrt{1 - x}}{\sqrt{x + 1}}$ $\qquad [-1 < x \leq 1]$

90 $y = \dfrac{5x + 2}{x^3 - x^2 + x - 1}$ $\qquad [x \neq 1]$

91 $y = \sqrt{x - 1} + \sqrt{|2 - x^2|}$ $\qquad [x \geq 1]$

92 $y = \dfrac{x}{\sqrt{x^2 - 16}}$ $\qquad [x < -4 \vee x > 4]$

93 $y = \dfrac{8x}{\sqrt{3x - 7}} + \sqrt{5x^2 - 5}$ $\qquad \left[x > \dfrac{7}{3}\right]$

94 $y = \sqrt{\dfrac{2 - x}{x + 6}}$ $\qquad [-6 < x \leq 2]$

95 $y = \dfrac{3x - 7}{3 - |x|}$ $\qquad [x \neq \pm 3]$

96 $y = \dfrac{\sqrt{3x - 2}}{x^2 - 4}$ $\qquad \left[x \geq \dfrac{2}{3} \wedge x \neq 2\right]$

97 $y = \dfrac{3}{|x - 1| - 3}$ $\qquad [x \neq -2 \wedge x \neq 4]$

98 $y = \dfrac{1}{\sqrt{|x|}} + \sqrt{x^3 + 1}$ $\qquad [x \geq -1 \wedge x \neq 0]$

99 $y = \dfrac{3x - 2}{x^3 - 3x^2 - 4x + 12}$ $\qquad [x \neq 3 \wedge x \neq \pm 2]$

100 $y = \sqrt{\dfrac{3x - 1}{x + 2}}$ $\qquad \left[x < -2 \vee x \geq \dfrac{1}{3}\right]$

101 $y = \dfrac{\sqrt{2x - 1}}{3x^2 - 1}$ $\qquad \left[\dfrac{1}{2} \leq x < \dfrac{\sqrt{3}}{3} \vee x > \dfrac{\sqrt{3}}{3}\right]$

102 $y = \begin{cases} \dfrac{1}{x} & \text{se } x < 1 \\ x + 4 & \text{se } x > 1 \end{cases}$ $\qquad [x \neq 0 \wedge x \neq 1]$

103 $y = \begin{cases} \sqrt{2 + x} & \text{se } x \leq 0 \\ \dfrac{1}{x - 4} & \text{se } x > 0 \end{cases}$ $\qquad [x \geq -2 \wedge x \neq 4]$

104 $y = \sqrt{\dfrac{x}{x^2 - 9}}$ $\qquad [-3 < x \leq 0 \vee x > 3]$

105 $y = \dfrac{2x}{\sqrt{x + 5} - 4}$ $\qquad [-5 \leq x < 11 \vee x > 11]$

106 $y = \dfrac{\sqrt{4x - 6}}{\sqrt[3]{x^3 - 8x^2}}$ $\qquad \left[\dfrac{3}{2} \leq x < 8 \vee x > 8\right]$

107 $y = \dfrac{1}{|x^2 - 4| - 3}$ $\qquad [x \neq \pm 1 \wedge x \neq \pm \sqrt{7}]$

108 $y = \sqrt{3x - x^2} + \dfrac{5}{x - 3}$ $\qquad [0 \leq x < 3]$

109 $y = \dfrac{1}{x^2 - 5x + 6} + \sqrt{x^2 - 9}$ $\qquad [x \leq -3 \vee x > 3]$

110 $y = \sqrt{x + \sqrt{x}}$ $\qquad [x \geq 0]$

Paragrafo 1. Funzioni e loro caratteristiche

TEST

111 Solo una di queste funzioni *non* ha dominio $D = \mathbb{R}$. Quale?

A $y = \sqrt{|x^2 - 4|}$ B $y = 3x^2 - 3$ C $y = \sqrt{|x+1|}$ D $y = \dfrac{1}{|x|}$ E $y = \sqrt[3]{6-x}$

112 Solo una di queste funzioni ha dominio $D = \mathbb{R}$. Quale?

A $y = \dfrac{3}{\sqrt[3]{x}}$ B $y = \sqrt{x^4 + 2}$ C $y = \sqrt{\dfrac{x-1}{x+1}}$ D $y = \dfrac{x^2 - 4}{x + 2}$ E $y = |\sqrt{x}|$

FAI UN ESEMPIO

113 di una funzione $y = f(x)$ che abbia come dominio:

a. $D: \mathbb{R} - \{0; 6\}$;
b. $D: x \geq -2$.

114 di una funzione

a. razionale fratta che abbia come dominio $\mathbb{R} - \{-5\}$;
b. irrazionale fratta che abbia dominio $\mathbb{R}$.

115 Data la funzione $y = \dfrac{x}{|x| - 2}$, indica:

a. l'immagine di 0, 3 e -1;
b. il suo dominio;
c. se il punto $A(-4; 2)$ appartiene al suo grafico.

[a) 0, 3, 1; b) $x \neq \pm 2$; c) no]

116 Data la funzione $y = \dfrac{3x + 1}{\sqrt{1 - x^2}}$, determina:

a. l'immagine di 2;
b. il suo dominio;
c. se il punto $A(0; 1)$ appartiene al suo grafico.

[a) non esiste; b) $-1 < x < 1$; c) sì]

Zeri e segno di una funzione

▶ Teoria a p. 64

LEGGI IL GRAFICO Osservando il grafico, indica il dominio e il codominio della funzione. Scrivi inoltre per quali valori di *x* la funzione è positiva e per quali è negativa. Indica gli zeri.

117
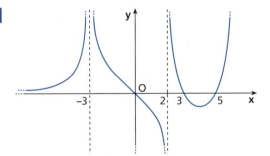

118
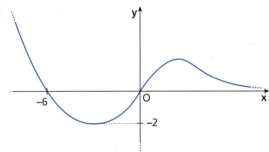

119 **ESERCIZIO GUIDA** Determiniamo il dominio, il segno e gli eventuali punti di intersezione del grafico con gli assi cartesiani per la funzione:

$$y = f(x) = \dfrac{\sqrt{x} - 1}{x\sqrt{x+1}}.$$

• Dominio:

$\begin{cases} x \geq 0 \\ x \neq 0 \\ x + 1 \neq 0 \\ x + 1 \geq 0 \end{cases}$
esistenza di $\sqrt{x}$
esistenza della frazione $\rightarrow$ $D: x > 0$.
esistenza di $\sqrt{x+1}$

- Segno della funzione: analizziamo separatamente numeratore e denominatore della frazione.

    Numeratore: $\sqrt{x} - 1 > 0 \rightarrow \sqrt{x} > 1 \rightarrow x > 1$.

    Denominatore: $x\sqrt{x+1} > 0 \rightarrow x > 0$ (essendo il radicale sempre positivo).

    Compiliamo il quadro dei segni.

    $y = f(x)$ esiste soltanto per $x > 0$:

    $f(x) > 0 \quad$ per $x > 1$;

    $f(x) < 0 \quad$ per $0 < x < 1$;

    $f(x) = 0 \quad$ per $x = 1$.

    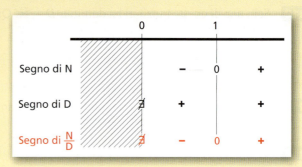

- Intersezioni con gli assi:

    Per $x = 0$ la funzione non è definita, perciò il suo grafico non ha punti di intersezione con l'asse delle ordinate.

    Per trovare le intersezioni con l'asse delle ascisse cerchiamo gli zeri della funzione. Abbiamo già trovato che $f(x) = 0$ per $x = 1$, quindi il grafico della funzione interseca l'asse delle ascisse nel punto (1; 0).

    Utilizzando le informazioni ricavate, determiniamo la regione del piano cartesiano in cui si trova il grafico.

    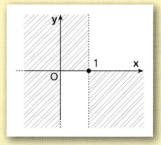

Studia il segno delle seguenti funzioni nel loro dominio e trova eventuali punti di intersezione del grafico con gli assi (nei risultati non li indichiamo). Rappresenta nel piano cartesiano le zone in cui si trova il grafico.

120 $y = 3x^4 - x^3$ $\qquad \left[D: \mathbb{R}; y > 0: x < 0 \vee x > \dfrac{1}{3}\right]$

121 $y = \dfrac{x^2 - 9}{x}$ $\qquad [D: x \neq 0; y > 0: -3 < x < 0 \vee x > 3]$

122 $y = x^7 - x^3$ $\qquad [D: \mathbb{R}; y > 0: -1 < x < 0 \vee x > 1]$

123 $y = \dfrac{(x+2)(x+1)}{x-4}$ $\qquad [D: x \neq 4; y > 0: -2 < x < -1 \vee x > 4]$

124 $y = 3x|x^2 - 9x|$ $\qquad [D: \mathbb{R}; y > 0: x > 0 \wedge x \neq 9]$

125 $y = \dfrac{5 - 2x}{|x| - 1}$ $\qquad \left[D: x \neq \pm 1; y > 0: x < -1 \vee 1 < x < \dfrac{5}{2}\right]$

126 $y = \dfrac{1-x}{x+4}$ $\qquad [D: x \neq -4; y > 0: -4 < x < 1\ (1; 0)]$

127 $y = x^3 - 6x^2$ $\qquad [D: \mathbb{R}; y > 0: x \neq 0 \wedge x > 6]$

128 $y = x^3 + 4x$ $\qquad [D: \mathbb{R}; y > 0: x > 0]$

129 $y = (2x^2 - x + 1)(25 - x^2)$ $\qquad [D: \mathbb{R}; y > 0: -5 < x < 5]$

130 $y = \dfrac{(x-1)(x+3)}{(x-2)(2x+1)}$ $\qquad \left[D: x \neq -\dfrac{1}{2} \wedge x \neq 2; y > 0: x < -3 \vee -\dfrac{1}{2} < x < 1 \vee x > 2\right]$

131 $y = \dfrac{1}{x^3 - 10x^2 + 25x}$ $\qquad [D: x \neq 0 \wedge x \neq 5; y > 0: x > 0 \wedge x \neq 5]$

Paragrafo 2. Funzioni iniettive, suriettive e biunivoche

132 **ASSOCIA** a ogni funzione la figura che indica la zona in cui si trova il grafico.

a. $y = \dfrac{x^2 - 4}{x}$ b. $y = \dfrac{x+2}{x^2 - 2x}$ c. $y = \dfrac{x^2 - 4x + 4}{x^2 + 2x}$ d. $y = \dfrac{\sqrt{x+2}}{x-2}$

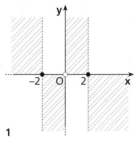
1

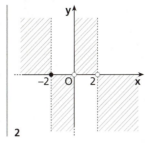
2

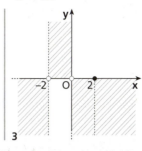
3

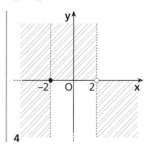
4

133 **REALTÀ E MODELLI** **Azioni su, azioni giù** Nel grafico a fianco sono rappresentati gli andamenti dei prezzi delle azioni di due compagnie, A e B, quotate in Borsa in funzione del tempo, i cosiddetti *indici azionari*. Basandoti sul riferimento in figura:

a. Quanti sono gli zeri di ciascuna delle due funzioni nell'intervallo di tempo rappresentato?

b. Per quale percentuale dell'intervallo di tempo di 20 unità ciascuna delle funzioni rappresentate è positiva?

[a) A: 3, B: 3; b) A: 35%, B: 70%]

2 Funzioni iniettive, suriettive e biunivoche

▶ Teoria a p. 65

134 Stabilisci se le funzioni rappresentate sono iniettive, suriettive o biunivoche.

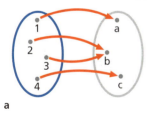
a

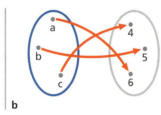
b

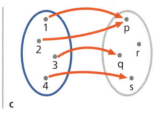
c

135 **LEGGI IL GRAFICO** Ogni grafico rappresenta una funzione $f: \mathbb{R} \to \mathbb{R}$. Indica per ognuno se si tratta di una funzione iniettiva, suriettiva, biiettiva.

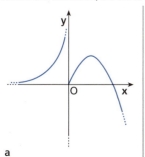
a

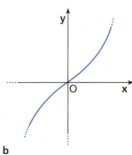
b

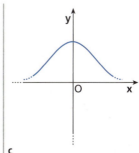
c

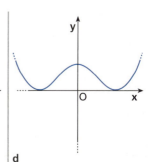
d

Capitolo 2. Funzioni

136 **LEGGI IL GRAFICO** Per ognuna delle seguenti funzioni da $\mathbb{R}$ a $\mathbb{R}$, indica quale sottoinsieme di $\mathbb{R}$ si deve prendere come insieme di arrivo se si vuole che la funzione sia suriettiva.

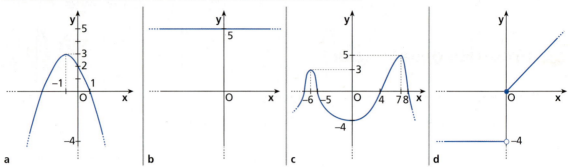

Allenati con **15 esercizi interattivi** con feedback "hai sbagliato, perché…"

su.zanichelli.it/tutor3 risorsa riservata a chi ha acquistato l'edizione con tutor

3 Funzione inversa

▶ Teoria a p. 67

LEGGI IL GRAFICO

137 Spiega perché ognuna delle seguenti funzioni è invertibile. Indica dominio e codominio e traccia il grafico della funzione inversa.

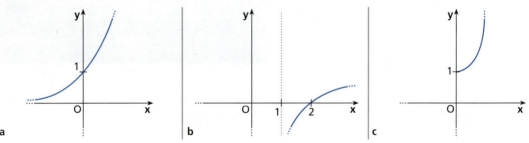

138 Stabilisci se le seguenti funzioni ammettono la funzione inversa e in caso affermativo disegna il grafico.

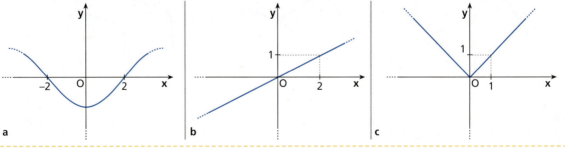

139 **AL VOLO** Verifica che la funzione $y = \dfrac{6}{x}$ coincide con la sua inversa.

Per ciascuna delle funzioni seguenti, determina l'espressione analitica della funzione inversa considerando il dominio indicato.

140 $y = \dfrac{1}{2}x^2 - 5$, $x \geq 0$. $\left[y = \sqrt{2(x+5)} \right]$ **142** $y = \dfrac{x^2}{9}$, $x \geq 0$. $\left[y = 3\sqrt{x} \right]$

141 $y = -\dfrac{2}{5}x^2$, $x \leq 0$. $\left[y = -\sqrt{-\dfrac{5}{2}x} \right]$ **143** $y = x^2 + 1$, $x \leq 0$. $\left[y = -\sqrt{x-1} \right]$

144 Disegna il grafico della funzione $y = 3x - 3$ e della sua inversa. Scrivi l'equazione di $f^{-1}(x)$ e calcola $f^{-1}(-6)$ e $f^{-1}(1)$.

$$\left[y = \frac{x+3}{3}, -1, \frac{4}{3} \right]$$

4 Proprietà delle funzioni

Funzioni crescenti, decrescenti, monotòne
▶ Teoria a p. 69

Rappresenta le seguenti funzioni e indica in quali intervalli sono crescenti.

145 $y = 8 - x^2$ [cresc.: $x < 0$]

146 $y = x^2 - 3x - 10$ $\left[\text{cresc.: } x > \frac{3}{2} \right]$

147 $y = \begin{cases} 2x - 1 & \text{se } x \leq 2 \\ 5 - x & \text{se } x > 2 \end{cases}$ [cresc.: $x < 2$]

148 $y = \begin{cases} 1 - 3x^2 & \text{se } x \leq 1 \\ x - 3 & \text{se } x > 1 \end{cases}$ [cresc.: $x < 0 \lor x > 1$]

149 $y = \begin{cases} x^2 + 5 & \text{se } x \leq 0 \\ 5 - x & \text{se } 0 < x \leq 3 \\ 2x - 4 & \text{se } x > 3 \end{cases}$ [cresc.: $x > 3$]

Funzioni pari, funzioni dispari
▶ Teoria a p. 70

150 **LEGGI IL GRAFICO** Osserva i grafici e stabilisci se le funzioni che rappresentano sono pari, dispari o né pari né dispari.

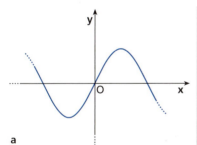
a

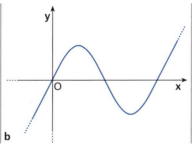
b

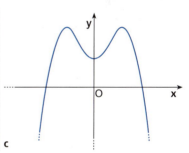
c

151 **ESERCIZIO GUIDA** Stabiliamo se le seguenti funzioni sono pari o dispari:

a. $f(x) = \dfrac{|x|}{1 - 4x^2}$; b. $g(x) = x^3 - x$.

a. $D: x \neq \pm \dfrac{1}{2}$. Per $x \neq \pm \dfrac{1}{2}$, calcoliamo $f(-x)$: $f(-x) = \dfrac{|-x|}{1 - 4(-x)^2} = \dfrac{|x|}{1 - 4x^2} = f(x) \rightarrow f$ è pari.

b. $D: \mathbb{R}$. Per $x \in \mathbb{R}$, abbiamo: $g(-x) = (-x)^3 - (-x) = -x^3 + x = -(x^3 - x) = -g(x) \rightarrow g$ è dispari.

Stabilisci se le seguenti funzioni sono pari, dispari o né pari né dispari.

152 $y = x^2$

153 $y = 2|x|$

154 $y = x^3$

155 $y = x^2 + 3x$

156 $y = x + \dfrac{4}{x}$

157 $y = -3x^2 + |x|$

158 $y = \dfrac{x^4 + 2x^2}{|x|}$

159 $y = x^2 - x^3$

160 $y = \dfrac{x + x^3}{x^2}$

161 $y = x\sqrt[3]{x}$

162 $y = \sqrt{x^2 + 2}$

163 $y = 2x|x|$

164 $y = -2x^3 + 1$

165 $y = \dfrac{\sqrt{1 - x^2}}{x}$

166 $y = |x + 2|$

5 Funzioni composte

▶ Teoria a p. 72

COMPLETA

167 Se $f: x \mapsto x - 1$ e $g: x \mapsto \sqrt{|x|} + 2$,

$-3 \xrightarrow{f} \square \xrightarrow{g} \square$,

$10 \xrightarrow{f} \square \xrightarrow{g} \square$.

168 Se $f: x \mapsto -\dfrac{x}{2}$ e $g: x \mapsto \dfrac{1}{x}$,

$2 \xrightarrow{f} \square \xrightarrow{g} \square$,

$-\dfrac{1}{4} \xrightarrow{f} \square \xrightarrow{g} \square$.

169 Date le funzioni $f(x) = -x + 2$ e $g(x) = 3x - 1$, calcola $f(g(1))$ e $g(f(-2))$. $[0; 11]$

170 Date le funzioni $f(x) = -x^2 + 5$ e $g(x) = \sqrt{x} + 1$, calcola $f(g(4))$ e $g(f(-1))$. $[-4; 3]$

171 **ESERCIZIO GUIDA** Se $f(x) = \dfrac{1}{2x}$ e $g(x) = 3x^2$, determiniamo $f \circ g$ e $g \circ f$ negli opportuni domini.

- $(f \circ g)(x) = f(g(x)) = f(3x^2) = \dfrac{1}{2(3x^2)} = \dfrac{1}{6x^2} \to D: x \neq 0$.

- $(g \circ f)(x) = g(f(x)) = g\left(\dfrac{1}{2x}\right) = 3\left(\dfrac{1}{2x}\right)^2 = \dfrac{3}{4x^2} \to D: x \neq 0$.

172 **TEST** Date le funzioni $f(x) = 3x - 2$ e $g(x) = (3 + x)^2$, quale delle seguenti funzioni è $y = f(g(x))$?

A $y = (1 + 3x)^2$ **B** $y = 3(3 + x)^2 - 2$ **C** $y = (3x - 2)^2$ **D** $y = 3x^2 - 2$ **E** $y = (3 + 3x)^2$

Date le seguenti funzioni f e g, determina $f \circ g$ e $g \circ f$, specificando il loro dominio.

173 $f(x) = 2 - x$; $g(x) = 3x + 2$. $[(f \circ g)(x) = -3x; (g \circ f)(x) = 8 - 3x]$

174 $f(x) = 3x^2 - 2x$; $g(x) = x - 3$. $[(f \circ g)(x) = 3x^2 - 20x + 33; (g \circ f)(x) = 3x^2 - 2x - 3]$

175 $f(x) = x^3 - 1$; $g(x) = 1 - 3x$. $[(f \circ g)(x) = -27x^3 + 27x^2 - 9x; (g \circ f)(x) = -3x^3 + 4]$

176 $f(x) = \dfrac{1}{x}$; $g(x) = x^2 + 1$. $\left[(f \circ g)(x) = \dfrac{1}{x^2 + 1}; (g \circ f)(x) = \dfrac{1}{x^2} + 1\right]$

177 $f(x) = 2x^2$; $g(x) = \dfrac{1}{x} + 3$. $\left[(f \circ g)(x) = 2\left(\dfrac{1}{x} + 3\right)^2; (g \circ f)(x) = \dfrac{1}{2x^2} + 3\right]$

178 $f(x) = \sqrt{x}$; $g(x) = x^2 - 1$. $[(f \circ g)(x) = \sqrt{x^2 - 1}; (g \circ f)(x) = x - 1]$

179 Considera $f(x) = x^2 + x + 1$ e $g(x) = 2x - 1$. Trova $g(f(x))$. $[g(f(x)) = 2x^2 + 2x + 1]$

180 Date le funzioni $f(x) = x^4$ e $g(x) = x^3$, verifica che $f \circ g = g \circ f$.

181 Trova $g \circ h$ e $h \circ g$ e calcola $g\left(h\left(\dfrac{3}{2}\right)\right)$ e $h\left(g\left(\dfrac{3}{2}\right)\right)$, con $g(x) = \dfrac{1}{2} - x$ e $h(x) = 3x + 1$.

$\left[(g \circ h)(x) = -\left(\dfrac{1}{2} + 3x\right), (h \circ g)(x) = \dfrac{5}{2} - 3x; -5, -2\right]$

182 Data la funzione $f(x) = \dfrac{x + 6}{x}$, determina $f \circ f$ e calcola $(f \circ f)(2)$. $\left[(f \circ f)(x) = \dfrac{7x + 6}{x + 6}; \dfrac{5}{2}\right]$

183 Considera le funzioni $f(x) = 1 + 4x$ e $g(x) = x^2 - k$.
Determina per quale valore di k il grafico di $(f \circ g)(x)$ passa per $(0; 3)$.
$\left[-\dfrac{1}{2}\right]$

184 **YOU & MATHS** Given the functions $f(x) = 2x + 1$ and $g(x) = x^2 - 4$ determine if they are injective or surjective and, if possible, compute their inverse functions. Then write $f \circ g$ and $g \circ f$.
$\left[f^{-1}(x) = \dfrac{x-1}{2}, \nexists\, g^{-1}; (f \circ g)(x) = 2x^2 - 7, (g \circ f)(x) = 4x^2 + 4x - 3\right]$

185 Date le funzioni $f(x) = |x + 4|$ e $g(x) = 2x - 1$, determina $h(x) = (f \circ g)(x)$ e risolvi la disequazione $h(x) < 7$.
$[-5 < x < 2]$

186 Considera $f(x) = 4 - 7x$ e $g(x) = \dfrac{x-9}{2}$.

a. Trova per quali x si ha $(f \circ g)(x) = (g \circ f)(x)$.

b. Risolvi l'equazione $f(g(x)) + g(x) = 1$.
$[\text{a}) \nexists\, x \in \mathbb{R}; \text{b}) x = 10]$

187 **RIFLETTI SULLA TEORIA**

a. Se componi una funzione con la funzione identità $y = x$, che cosa ottieni?
b. Se componi una funzione con la sua inversa, che cosa ottieni?

Giustifica le risposte, fornendo anche qualche esempio.

188 **YOU & MATHS** Let $f(x) = \sqrt[3]{x}$, $g(x) = x^3 + 1$.

a. Sketch the graph of $g^{-1}(x)$.
b. Evaluate $(f \circ g)(-2)$.

c. Let $h(x) = (g \circ f)(x)$. Solve $h(x) = 0$.

(USA *Southern Illinois University Carbondale*, Final Exam, Fall 2001)
$\left[\text{b}) -\sqrt[3]{7}; \text{c}) x = -1\right]$

189 **EUREKA!** Sia $f(x) = \sqrt{x-2} - 5$. Determina il dominio di $f \circ f$ senza calcolare la sua espressione analitica.
$[x \geq 51]$

MATEMATICA AL COMPUTER
Le funzioni Data la funzione $f(x) = \sqrt{ax + b} - 2$, con $a \neq 0$, costruisci un foglio elettronico che, dopo aver letto i valori dei coefficienti a e b, stabilisca il dominio e determini le eventuali intersezioni con gli assi cartesiani del grafico corrispondente.

 Risoluzione – 26 esercizi in più

Riepilogo: Funzioni

190 **VERO O FALSO?** Rispondi osservando il grafico di $f(x)$. La funzione:

a. ha dominio $\mathbb{R}$ e codominio $\mathbb{R}$. V F
b. ha tre zeri. V F
c. è pari. V F
d. è iniettiva. V F

191 Se $f(x) = \dfrac{2x + a}{x - b}$, $f(-2) = 0$ e $f(1)$ non esiste, quali sono i valori di a e b?
$[a = 4, b = 1]$

192 Se $f(x) = \dfrac{ax^2 + b}{x + c}$, $f(-1) = -6$, $f(1) = 6$ e $f\left(\dfrac{1}{2}\right) = 9$, quali sono i valori di a, b e c? Determina dominio e segno di $f(x)$.
$[a = 2, b = 4, c = 0; D: x \neq 0]$

Capitolo 2. Funzioni

LEGGI IL GRAFICO Osserva i grafici e rispondi alle domande.

193
a. Determina il dominio e il codominio di $f(x)$.
b. Individua gli intervalli in cui è crescente.
c. Individua gli zeri di $f(x)$ e gli intervalli in cui è positiva.
d. Stabilisci se è iniettiva.

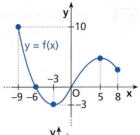

194
a. Determina il dominio e il codominio di $f(x)$.
b. Studia il segno e indica le intersezioni del grafico con gli assi cartesiani.
c. Spiega perché è invertibile e disegna il grafico della funzione inversa.

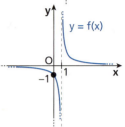

Problemi — REALTÀ E MODELLI

RISOLVIAMO UN PROBLEMA

■ Macchine e ciambelle

In una ditta dolciaria che produce ciambelle, queste entrano in una macchina A che le confeziona e poi entrano in una macchina B che le inscatola. Mediamente, nella macchina A si perde il 2% delle ciambelle in ingresso, oltre a un numero fisso di 7 pezzi ogni ora, inviati a un controllo di qualità; la macchina B confeziona scatole da 14 pezzi l'una.

- Detto x il numero di ciambelle che entrano in un'ora nella macchina A, esprimi in funzione di x il numero y di ciambelle che entrano nella macchina B, e in funzione di y il numero z di scatole che escono in un'ora dalla macchina B.

- Esprimi direttamente in funzione di x il numero z di scatole prodotte in un'ora, e in particolare ricava il valore di z corrispondente a $x = 350$.

- Scrivi la funzione inversa di quella ricavata al secondo punto e trova quante ciambelle sono state prodotte ogni ora se dopo 8 ore di lavoro sono pronte 136 scatole.

▶ **Esprimiamo y in funzione di x e z in funzione di y.**

Dalla macchina A esce il 98% delle ciambelle che sono entrate, a cui vanno sottratte 7 ciambelle ogni ora. La funzione $y = f(x)$, che esprime il numero di ciambelle che entrano nella macchina B, è $y = \frac{49}{50}x - 7$.

Per esprimere il numero $z = g(y)$ di scatole che escono in un'ora dalla macchina B dobbiamo dividere y per il numero di ciambelle in ciascuna scatola: $z = \frac{y}{14}$.

▶ **Esprimiamo z in funzione di x.**

Per esprimere z in funzione di x dobbiamo trovare la funzione composta $g \circ f$:

$z = g(f(x)) = g\left(\frac{49}{50}x - 7\right) = \frac{7}{100}x - \frac{1}{2}$.

Se $x = 350 \to z = \frac{7}{100} \cdot 350 - \frac{1}{2} = 24$.

▶ **Scriviamo la funzione inversa.**

La funzione $z = \frac{7}{100}x - \frac{1}{2}$ è biunivoca, quindi per trovare la funzione inversa esplicitiamo la x:

$x = \frac{100}{7}\left(z + \frac{1}{2}\right)$.

Se dopo 8 ore sono pronte 136 scatole, in un'ora ne sono state prodotte 17.

$z = 17 \to x = \frac{100}{7}\left(17 + \frac{1}{2}\right) = 250$.

104

195 **Borsette e funzioni** Teresa realizza e vende borsette artigianali. Per i primi tre mesi la sua attività era in perdita, nei sei mesi successivi il guadagno è cresciuto notevolmente, poi per tre mesi c'è stato un calo. Con il secondo anno di attività il guadagno è di nuovo aumentato e al termine del secondo anno si è stabilizzato intorno a € 300 mensili.

  a. Tra i grafici seguenti scegli quello che rappresenta meglio l'andamento dei guadagni di Teresa.

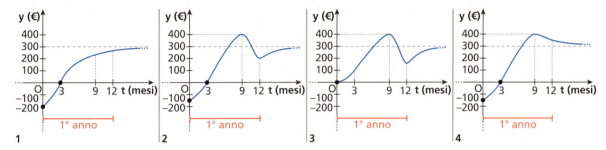

  b. Per ogni grafico scrivi il dominio e il codominio della funzione rappresentata e stabilisci se la funzione è iniettiva.

  c. Indica in quale mese Teresa ha avuto guadagno nullo e in quale guadagno massimo.

196 **Pesca o melograno?** Marco ha destinato € 60 all'acquisto di due tipi di succo, uno alla pesca e uno al melograno. Ogni bottiglia di succo al melograno costa € 3 e ogni bottiglia di succo alla pesca € 2.

  a. Se x è il numero di bottiglie di succo al melograno che Marco decide di comprare, scrivi la funzione che esprime il numero y di bottiglie di succo alla pesca che può acquistare con i soldi rimanenti.

  b. Scrivi la funzione che esprime il numero x di bottiglie di succo al melograno che può acquistare una volta scelto il numero y di bottiglie di succo alla pesca. Che relazione c'è tra le due funzioni?

  c. Se Marco vuole prendere lo stesso numero di bottiglie di succo al melograno e di succo alla pesca, quante ne può acquistare?

$$\left[a)\ y = 30 - \frac{3}{2}x;\ b)\ x = 20 - \frac{2}{3}y;\ c)\ 12 \right]$$

197 **Bagaglio a mano** Le regole per il bagaglio a mano di diverse compagnie aeree stabiliscono che la valigia (o borsa) deve avere un peso massimo di 5 kg e che la somma dei lati non deve superare i 115 cm. In molti modelli le borse per il bagaglio a mano hanno una larghezza che supera di 15 cm la profondità.

  a. Approssimando la forma della valigia a un parallelepipedo, esprimi il volume in funzione della profondità e studia il segno della funzione volume.

  b. Costruisci per punti una rappresentazione grafica approssimata della funzione volume e stabilisci con quale profondità del bagaglio, tra i valori 25 cm, 30 cm e 35 cm, si ottiene la capienza maggiore della borsa.

$[a)\ f(x) = -2x^3 + 70x^2 + 1500x,\ D:\ x \geq 0;\ f(x) > 0:\ 0 < x < 50;\ b)\ 30\ cm]$

Capitolo 2. Funzioni

6 Trasformazioni geometriche e grafici

Traslazione
▶ Teoria a p. 73

198 **ESERCIZIO GUIDA** Trasliamo il triangolo di vertici $A(1;0)$, $B(2;5)$ e $C(-1;3)$ secondo il vettore $\vec{v}(3;-4)$.

Scriviamo le equazioni della traslazione.
$$\begin{cases} x' = x + 3 \\ y' = y - 4 \end{cases}$$

Determiniamo le coordinate dei punti corrispondenti ai vertici dati.

$A(1;0) \mapsto A'(4;-4)$
$B(2;5) \mapsto B'(5;1)$
$C(-1;3) \mapsto C'(2;-1)$

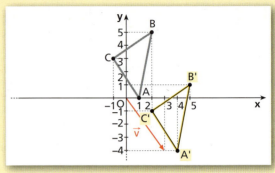

Disegniamo il vettore $\vec{v}$ con il primo estremo nell'origine e i due triangoli corrispondenti.

Trasla il poligono dei vertici indicati secondo il vettore $\vec{v}$ dato.

199 $A(-1;0)$, $B(-2;-5)$, $C(0;-1)$; $\quad\vec{v}(7;0)$.

200 $A(0;2)$, $B(1;0)$, $C(4;0)$; $\quad\vec{v}(-2;-4)$.

201 $A(-5;0)$, $B(-4;3)$, $C(-1;3)$, $D(0;1)$; $\quad\vec{v}(6;-3)$.

202 $A(0;-4)$, $B(1;-6)$, $C(5;-2)$, $D(2;-2)$; $\quad\vec{v}(1;6)$.

I punti indicati si corrispondono in una traslazione. Determina le equazioni della traslazione e le componenti del vettore di traslazione.

203 $A(1;-2) \mapsto A'(2;6)$.

204 $B\left(-3;\dfrac{1}{4}\right) \mapsto B'\left(2;\dfrac{3}{4}\right)$.

205 $C(-5;7) \mapsto C'(0;-1)$.

206 $D(10;-4) \mapsto D'(-2;-9)$

207 Una traslazione t trasforma il punto $P(-1;3)$ in $P'(-2;-4)$. Scrivi le equazioni di t e trova le coordinate di un punto Q, sapendo che il suo trasformato nella traslazione t è $Q'(0;-5)$. $\left[t:\begin{cases} x'=x-1 \\ y'=y-7 \end{cases}; Q(1;2)\right]$

208 Scrivi le equazioni della traslazione che porta B in C. Trasla il triangolo ABC, indicando le coordinate dei vertici del triangolo ottenuto.

$\left[\begin{cases} x'=x-6 \\ y'=y+2 \end{cases}; (-3;2), (1;4), (-5;6)\right]$

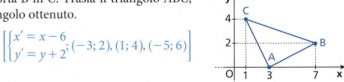

209 Trasla il triangolo di vertici $A(-1;0)$, $B(2;3)$ e $C(5;0)$ secondo il vettore che fa corrispondere all'origine il punto $O'(1;-4)$ e determina l'area del triangolo traslato. $[9]$

Traslazione e grafico delle funzioni
▶ Teoria a p. 74

210 **ESERCIZIO GUIDA** Data la funzione $y = f(x)$ di equazione $y = -3x + 1$, scriviamo l'equazione della funzione $y = f'(x)$ ottenuta traslando $y = f(x)$ secondo il vettore $\vec{v}(-2;3)$ e disegniamo il grafico.

Paragrafo 6. Trasformazioni geometriche e grafici

Dall'equazione di $y = f(x)$ passiamo all'equazione $y = f(x - a) + b$, dove $a = -2$ e $b = 3$:

$$y = -3(x + 2) + 1 + 3 \to y = -3x - 2.$$

Disegniamo poi il grafico di $f(x)$ e di $f'(x)$.

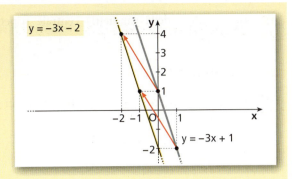

Assegnata la funzione $y = f(x)$, scrivi l'equazione della funzione ottenuta traslando $y = f(x)$ secondo il vettore indicato e traccia il grafico completo.

211 $y = 2x + 4$; $\vec{v}(3; -2)$.

212 $x - 2y + 2 = 0$; $\vec{v}\left(-1; -\dfrac{1}{2}\right)$.

213 $y = -x^2 + 1$; $\vec{v}(2; 3)$.

214 $y = 4x^2 - 8x$; $\vec{v}(0; 3)$.

215 Determina il valore di a per cui la traslazione di vettore $\vec{v}(a; 0)$ trasforma la funzione di equazione $2y - x + 3 = 0$ in una funzione il cui grafico passa per l'origine. $[-3]$

Disegna il grafico della funzione indicata per prima e utilizzalo per rappresentare, mediante traslazioni, le funzioni scritte a fianco.

216 $y = -2x$; $y = -2x + 3$; $y = -2(x - 1)$.

217 $y = 3x$; $y = 3(x + 2)$; $y = 3x + 2$.

218 $y = x^2$; $y = x^2 + 4$; $y = (x - 1)^2$.

219 $y = \sqrt{x}$; $y = \sqrt{x - 2}$; $y = \sqrt{x} + 1$.

Simmetrie

▶ Teoria a p. 76

220 **ESERCIZIO GUIDA** Data la retta r di equazione $x = -2$ e il quadrilatero di vertici $A(4; 1)$, $B(9; 1)$, $C(8; 7)$ e $D(2; 4)$, troviamo le coordinate dei vertici A', B', C', D', corrispondenti ad A, B, C, D nella simmetria assiale rispetto alla retta r, e successivamente troviamo le coordinate A'', B'', C'', D'' dei vertici corrispondenti di A', B', C', D' nella simmetria centrale rispetto all'origine O.

La retta r è parallela all'asse y. Le equazioni di una simmetria assiale di asse parallelo all'asse y con equazione $x = a$ sono del tipo

$$\begin{cases} x' = 2a - x \\ y' = y \end{cases} \underset{a = -2}{\to} \begin{cases} x' = -4 - x \\ y' = y \end{cases}$$

Scriviamo le coordinate dei punti simmetrici di A, B, C, D e disegniamo la figura.

$A(4; 1) \mapsto A'(-8; 1)$

$B(9; 1) \mapsto B'(-13; 1)$

$C(8; 7) \mapsto C'(-12; 7)$

$D(2; 4) \mapsto D'(-6; 4)$

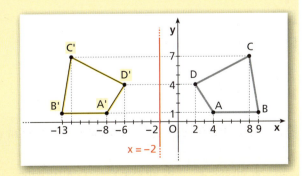

Capitolo 2. Funzioni

Le equazioni della simmetria centrale rispetto all'origine sono:
$$\begin{cases} x' = -x \\ y' = -y \end{cases}$$

Scriviamo le coordinate dei punti simmetrici di A', B', C', D' e disegniamo la figura.

$A'(-8; 1) \mapsto A''(8; -1)$

$B'(-13; 1) \mapsto B''(13; -1)$

$C'(-12; 7) \mapsto C''(12; -7)$

$D'(-6; 4) \mapsto D''(6; -4)$

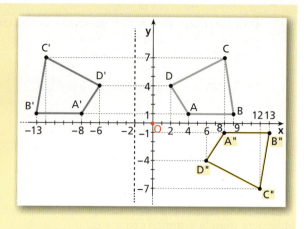

221 Dato il punto $A(-2; 1)$, determina le coordinate del punto simmetrico di A rispetto:
   a. all'origine degli assi;
   b. alla retta di equazione $y = -3$;
   c. alla bisettrice del primo e terzo quadrante.
   [a) $(2; -1)$; b) $(-2; -7)$; c) $(1; -2)$]

222 Dato il punto $B(5; 3)$, determina le coordinate del punto simmetrico di B rispetto:
   a. all'asse x;
   b. alla retta di equazione $x = 2$;
   c. all'origine degli assi.
   [a) $(5; -3)$; b) $(-1; 3)$; c) $(-5; -3)$]

Dati i vertici di un poligono e l'equazione dell'asse di una simmetria, scrivi le equazioni della simmetria assiale e determina i simmetrici dei poligoni assegnati. Disegna le figure.

223 Triangolo di vertici $A(-1; 3)$, $B(2; 6)$, $C(0; -1)$;   asse di simmetria $x = 3$.

224 Triangolo di vertici $A(-2; 4)$, $B(1; 8)$, $C(3; 2)$;   asse di simmetria $y = -1$.

225 Quadrilatero di vertici $A(4; 3)$, $B(-2; -6)$, $C(-3; 0)$, $D(-1; 7)$;   asse di simmetria $y = x$.

226 Quadrilatero di vertici $A(-1; -1)$, $B(0; -4)$, $C(2; 0)$, $D\left(\dfrac{1}{2}; \dfrac{1}{4}\right)$;   asse di simmetria l'asse x.

227 Dato il triangolo di vertici $A(0; 3)$, $B(1; 1)$, $C(4; 2)$, determina il suo simmetrico rispetto all'origine.

228 Dato il punto $A(3; -2)$ e detti B e C i suoi simmetrici rispetto alle rette di equazioni $x = 2$ e $y = 1$ rispettivamente, determina l'area del triangolo ABC.   [6]

Le seguenti coppie di punti si corrispondono in una simmetria assiale. Individua l'asse di simmetria e le equazioni della trasformazione.

229 $P(2; -4)$, $P'(2; 4)$.

230 $P(3; 2)$, $P'(3; -6)$.

231 $A(4; 5)$, $A'(10; 5)$.

232 $B(-1; -2)$, $B'(1; -2)$.

233 $A(6; -9)$, $A'(-9; 6)$.

234 $A(-2; 4)$, $A'\left(\dfrac{5}{2}; 4\right)$.

Simmetrie e grafico delle funzioni

▶ Teoria a p. 77

235 **ESERCIZIO GUIDA**   Consideriamo la funzione di equazione $y = (x - 2)^2$. Determiniamo l'equazione e il grafico della funzione simmetrica rispetto:
   a. all'asse x b. all'asse y c. all'origine.

Paragrafo 6. Trasformazioni geometriche e grafici

a. La funzione simmetrica rispetto all'asse x ha equazione $y = -f(x)$, quindi $y = -(x-2)^2$.

b. La funzione simmetrica rispetto all'asse y ha equazione $y = f(-x)$, quindi $y = (-x-2)^2$.

c. La funzione simmetrica rispetto all'origine ha equazione $y = -f(-x)$, quindi $y = -(-x-2)^2$.

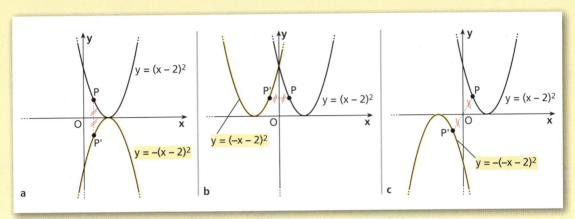

Disegna i grafici delle seguenti funzioni e, dopo aver determinato l'equazione, disegna il grafico della funzione simmetrica rispetto:
a. all'asse x;   **b.** all'asse y;   **c.** all'origine.

236 $y = (x+1)^2$

237 $y = 3x+1$

238 $y = -x^2$

239 $y = \sqrt{x}$

240 $y = |x|$

241 $y = \dfrac{1}{x}$

242 $y = x^2 + 2x - 8$

243 $y = -(x^2 + 4x)$

244 $y = -x^2 + 1$

245 **REALTÀ E MODELLI** **Il ponte** Nella foto, che ritrae un ponte autostradale, si possono riconoscere delle trasformazioni geometriche.

a. Scrivi le equazioni della trasformazione geometrica che trasforma il grafico di $y = f(x)$ nel grafico di $y = f'(x)$.

b. La retta che congiunge i punti A e B nel riferimento Oxy ha equazione $y = 2x$. Scrivi l'equazione della funzione il cui grafico è formato dall'unione delle semirette AO e OB', essendo B' simmetrico di B rispetto all'asse x.

■ **Funzioni con valori assoluti**   ▶ Teoria a p. 77

Il grafico di $y = |f(x)|$

246 **ESERCIZIO GUIDA**   Disegniamo il grafico della funzione $y = \left|\dfrac{x}{2} - 1\right|$.

Per ottenere il grafico della funzione data:

- disegniamo il grafico di $y = \dfrac{x}{2} - 1$ (figura **a**);

- confermiamo il grafico precedente nell'intervallo in cui le ordinate dei punti sono positive o nulle, ossia per $x \geq 2$ (figura **b**);
- consideriamo il simmetrico rispetto all'asse x del grafico precedente nell'intervallo in cui le ordinate sono negative, ossia per $x < 2$ (figura **c**).

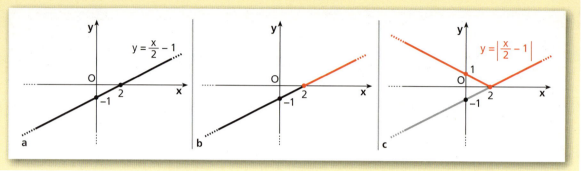

Disegna il grafico delle seguenti funzioni.

247 $y = |3x + 5|$; $y = |-x - 2|$.   **249** $y = -|2x - 6|$; $y = |-x^2 + 25|$.

248 $y = |x + 1|$; $y = \left|-\dfrac{x}{5} + \dfrac{7}{4}\right|$.   **250** $y = \left|\dfrac{1}{x}\right|$; $y = |-x^2 + 3x - 2|$.

Il grafico di funzioni del tipo $y = f(|x|)$

251 **ESERCIZIO GUIDA** Disegniamo il grafico della funzione $y = \dfrac{|x|}{2} - 1$.

Per ottenere il grafico della funzione data:

- disegniamo il grafico di $y = \dfrac{x}{2} - 1$ (figura **a**);
- confermiamo il grafico precedente nell'intervallo in cui le ascisse dei punti sono positive o nulle, ossia per $x \geq 0$ (figura **b**);
- consideriamo il simmetrico rispetto all'asse y del grafico precedente nell'intervallo in cui le ascisse sono negative, ossia per $x < 0$ (figura **c**).

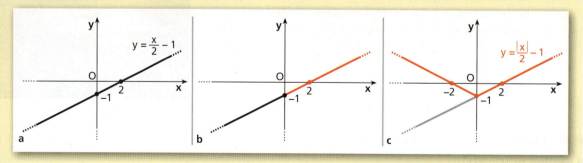

Disegna il grafico delle seguenti funzioni.

252 $y = |x| - 3$; $y = -3|x| + 1$.   **255** $y = x^2 - 3|x| + 2$; $y = x^2 - 2|x|$.

253 $y = -x^2 + 6|x|$; $y = \dfrac{|x| - 1}{2}$.   **256** $y = -|x| + 3$; $y = \sqrt{|x|}$.

254 $y = 2|x| - 4$; $y = 2x^2 - 4|x| + 2$.   **257** $y = |x|^3$; $y = \sqrt[3]{|x|}$.

Paragrafo 6. Trasformazioni geometriche e grafici

Dilatazione

▶ Teoria a p. 78

Scrivi le equazioni della dilatazione con *m* e *n* assegnati e trova il corrispondente del punto *A*.

258 $m = 3$, $n = 1$; **A(1; 4)**. $[A'(3;4)]$ **260** $m = \dfrac{1}{3}$, $n = 1$; **A(6;-2)**. $[A'(2;-2)]$

259 $m = 1$, $n = 2$; **A(-2; 1)**. $[A'(-2;2)]$ **261** $m = \dfrac{1}{4}$, $n = 2$; **A(4; 3)**. $[A'(1;6)]$

Scrivi le equazioni della dilatazione che trasforma il punto *P* nel punto *P'*.

262 $P(1;3);$ $P'(2;3).$ $\left[\begin{cases} x' = 2x \\ y' = y \end{cases}\right]$ **264** $P(3;4);$ $P'(9;4).$ $\left[\begin{cases} x' = 3x \\ y' = y \end{cases}\right]$

263 $P(-2;5);$ $P'\left(-2;\dfrac{5}{2}\right).$ $\left[\begin{cases} x' = x \\ y' = \dfrac{y}{2} \end{cases}\right]$ **265** $P(2;-6);$ $P'(4;-2).$ $\left[\begin{cases} x' = 2x \\ y' = \dfrac{1}{3}y \end{cases}\right]$

266 **AL VOLO** Trova i vertici del quadrilatero Q', immagine del quadrato Q della figura nella dilatazione di equazioni $\begin{cases} x' = 4x \\ y' = \dfrac{1}{4}y \end{cases}$. Quanto vale il rapporto tra le aree di Q e Q'?

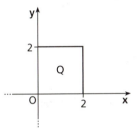

267 **ESERCIZIO GUIDA** Data la funzione $y = x^2 - 4$, troviamo le equazioni della sua immagine nella dilatazione con le equazioni indicate e rappresentiamo il suo grafico.

$\begin{cases} x' = 2x \\ y' = y \end{cases}$

$\begin{cases} x' = 2x \\ y' = y \end{cases} \rightarrow$ dilatazione orizzontale con $m = 2 > 1$ e $n = 1$.

Troviamo le equazioni inverse $\begin{cases} x = \dfrac{x'}{2} \\ y = y' \end{cases}$ e sostituiamo nell'equazione $y = x^2 - 4$, ottenendo:

$y' = \left(\dfrac{x'}{2}\right)^2 - 4 \rightarrow y' = \dfrac{x'^2}{4} - 4.$

Togliendo gli apici: $y = \dfrac{x^2}{4} - 4.$

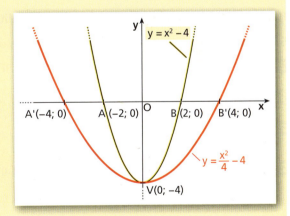

Nei seguenti esercizi, data l'equazione di una funzione e le equazioni di una dilatazione, determina l'equazione della funzione trasformata e rappresenta graficamente le due funzioni.

268 $y = -x^2 + 2x;$ $\begin{cases} x' = 4x \\ y' = y \end{cases}.$ **270** $y = (x-2)^2;$ $\begin{cases} x' = \dfrac{1}{2}x \\ y' = 4y \end{cases}.$

269 $y = |x^2 - 9|;$ $\begin{cases} x' = x \\ y' = 2y \end{cases}.$ **271** $y = x^2 - 6x + 5;$ $\begin{cases} x' = 2x \\ y' = 3y \end{cases}.$

Disegna i grafici delle seguenti funzioni a partire da quelli di $y=|x|$, $y=x^2$, $y=x^3$, $y=\sqrt{x}$ e $y=\frac{1}{x}$.

272 $y=\frac{1}{4}|x|$; $\quad y=\frac{x^2}{9}$.

273 $y=(2x)^2$; $\quad y=\frac{x^2}{16}$.

274 $y=2|x|$; $\quad y=\frac{|x|}{2}$.

275 $y=2\sqrt{x}$; $\quad y=\sqrt{2x}$.

276 $y=\left(\frac{x}{4}\right)^3$; $\quad y=2x^3$.

277 $y=\frac{4}{x}$; $\quad y=\frac{1}{2x}$.

Allenati con **15 esercizi interattivi** con feedback "hai sbagliato, perché..."
su.zanichelli.it/tutor3 risorsa riservata a chi ha acquistato l'edizione con tutor

7 Successioni numeriche

Rappresentazioni delle successioni ▶ Teoria a p. 80

Rappresentazione per elencazione

Rappresenta per elencazione le seguenti successioni.

278 La successione costituita dai multipli di 4.

279 La successione costituita dai quadrati dei numeri dispari.

280 La successione costituita dai reciproci dei numeri pari.

281 La successione costituita dalle potenze di 2 con esponente intero positivo.

282 La successione costituita dai quadrati dei numeri interi negativi.

283 La successione costituita dagli opposti dei cubi dei numeri interi negativi.

Rappresentazione mediante espressione analitica

Scrivi i primi cinque termini delle seguenti successioni.

284 $a_n = 3^n, n \in \mathbb{N}$; $\quad a_n = (-1)^n, n \in \mathbb{N}$; $\quad a_n = 2n(-1)^n, n \in \mathbb{N}$.

285 $a_n = \frac{2}{n}, n \in \mathbb{N} - \{0\}$; $\quad a_n = \frac{1}{2n+1}, n \in \mathbb{N}$; $\quad a_n = \frac{n+2}{n+1}, n \in \mathbb{N}$.

286 $a_n = 2n - 4, n \in \mathbb{N}$; $\quad a_n = \frac{1}{2}n + 2, n \in \mathbb{N}$; $\quad a_n = \frac{n^2}{2} + 1, n \in \mathbb{N}$.

287 **ESERCIZIO GUIDA** Rappresentiamo mediante una possibile espressione analitica la seguente successione:

$$\frac{1}{2}, \frac{2}{3}, \frac{5}{4}, \frac{10}{5}, \frac{17}{6}, \frac{26}{7}, \ldots$$

Possiamo notare che in ogni frazione il numeratore si ottiene aggiungendo 1 al quadrato di ogni numero naturale, cioè $n^2 + 1$, infatti:

$1 = 0^2 + 1$, $\quad 2 = 1^2 + 1$, $\quad 5 = 2^2 + 1$, $\quad 10 = 3^2 + 1$, $\quad 17 = 4^2 + 1$, $\quad 26 = 5^2 + 1$, ...

I denominatori invece rappresentano tutti i numeri naturali a partire da 2, cioè $n + 2$.
Possiamo allora scrivere il termine generico della successione:

$$a_n = \frac{n^2 + 1}{n + 2}, n \in \mathbb{N}.$$

Paragrafo 8. Progressioni aritmetiche

Rappresenta mediante espressione analitica le seguenti successioni.

288 0, 3, 6, 9, 12, 15, 18, 21, 24, ...

289 1, $\frac{1}{2}$, $\frac{1}{3}$, $\frac{1}{4}$, $\frac{1}{5}$, $\frac{1}{6}$, $\frac{1}{7}$, $\frac{1}{8}$, ...

290 1, -3, 9, -27, 81, -243, ...

291 2, $\frac{3}{2}$, $\frac{4}{3}$, $\frac{5}{4}$, $\frac{6}{5}$, $\frac{7}{6}$, ...

292 $\frac{1}{2}$, $\frac{4}{3}$, $\frac{9}{4}$, $\frac{16}{5}$, $\frac{25}{6}$, $\frac{36}{7}$, ...

293 3, $\frac{4}{2}$, $\frac{5}{3}$, $\frac{6}{4}$, $\frac{7}{5}$, $\frac{8}{6}$, ...

294 2, 5, 8, 11, 14, 17, ...

295 1, 6, 11, 16, 21, 26, ...

Rappresentazione ricorsiva o per ricorsione

Scrivi i primi cinque termini delle seguenti successioni definite ricorsivamente.

296 $\begin{cases} a_0 = -1 \\ a_{n+1} = \dfrac{a_n - 1}{3} \end{cases}$

297 $\begin{cases} a_0 = 1 \\ a_{n+1} + a_n = 6 \end{cases}$

298 $\begin{cases} a_0 = 1 \\ a_n = a_{n-1} + 6 \end{cases}$

299 $\begin{cases} a_0 = 5, a_1 = -1 \\ a_{n+1} = a_n + a_{n-1} \end{cases}$

Problemi — REALTÀ E MODELLI

300 Money for London Elisa vuole mettere da parte dei soldi per andare in vacanza a Londra. A gennaio ha € 50 e da quel momento decide di aggiungere ogni mese € 12.

a. Scrivi in forma analitica la successione che descrive i risparmi di Elisa al passare dei mesi.

b. Se il biglietto dell'aereo costa € 140, in che mese potrà acquistarlo? [a) $a_n = 50 + 12n$; b) agosto]

301 Ricorsione in banca Claudia deposita in banca € 15 000 al tasso di interesse annuo del 2%.

a. Scrivi la successione per ricorsione che descrive l'andamento del deposito, sapendo che ogni anno gli interessi vengono calcolati sulla somma incrementata degli interessi dell'anno precedente.

b. Calcola quanto vale il deposito dopo 5 anni.

$\left[\text{a)} \begin{cases} a_0 = 15000 \\ a_{n+1} = 1{,}02 \cdot a_n \end{cases}; \text{b) € } 16561 \right]$

capitale: € 15 000
interessi annui: 2%

Successioni monotòne

▶ Teoria a p. 81

Per ogni successione scrivi i primi dieci termini, rappresentali su una retta orientata e stabilisci se si tratta di una successione crescente, decrescente o costante, oppure crescente in senso lato o decrescente in senso lato.

302 $a_n = 2n$; $a_n = -2n$; $a_n = 2n - 1$; $a_n = 2n + 1$; $a_n = 1 - 2n$.

303 $a_n = (+1)^n$; $a_n = \dfrac{2}{3n}, n > 0$; $a_n = -\dfrac{1}{n}, n > 0$; $a_n = (-1)^{2n}$.

8 Progressioni aritmetiche

▶ Teoria a p. 82

Determina se le seguenti successioni numeriche sono o non sono progressioni aritmetiche e, nel caso lo siano, determina la ragione e indica se si tratta di una progressione crescente, decrescente o costante.

304 11, 14, 17, 20, 23, 26, ...

305 3, $\frac{5}{2}$, 2, $\frac{3}{2}$, 1, $\frac{1}{2}$, ...

306 4, 7, 10, 14, 18, 22, ...

307 $\frac{1}{2}$, $\frac{3}{4}$, 1, $\frac{5}{4}$, $\frac{3}{2}$, $\frac{7}{4}$, ...

308 20, 18, 16, 14, 12, 10, ...

309 -6, -2, -2, 2, 2, 6, ...

Capitolo 2. Funzioni

310 AL VOLO Quali tra le seguenti rappresentano una progressione aritmetica?
a. Le altezze dal suolo dei gradini di una scala.
b. I rintocchi di un orologio che batte solo le ore.
c. La statura di un individuo di anno in anno.

Calcolo dei termini di una progressione aritmetica

311 ESERCIZIO GUIDA
a. Calcoliamo il sesto termine a_6 di una progressione aritmetica di ragione $d = 4$ il cui primo termine è $a_1 = 5$.
b. Calcoliamo la ragione d di una progressione aritmetica il cui primo termine è $a_1 = 32$ e il cui sesto termine è $a_6 = 42$.

a. Utilizziamo:
$$a_n = a_1 + (n-1) \cdot d.$$
Essendo $n = 6$, $a_1 = 5$ e $d = 4$, otteniamo:
$$a_6 = 5 + (6-1) \cdot 4 = 25.$$

b. Sostituendo in $a_n = a_1 + (n-1) \cdot d$, abbiamo:
$$42 = 32 + (6-1) \cdot d \rightarrow 10 = 5 \cdot d \rightarrow d = 2.$$
La progressione è la seguente:
32, 34, 36, 38, 40, 42, ...

Date le seguenti informazioni relative a una progressione aritmetica, determina ciò che è richiesto.

312 $a_1 = 3$ e $d = 7$, calcola a_8. [52]

313 $a_1 = \dfrac{15}{2}$ e $d = -\dfrac{3}{2}$, calcola a_5. $\left[\dfrac{3}{2}\right]$

314 $a_4 = 5$ e $d = 3$, calcola a_1. [−4]

315 $a_4 = 50$ e $a_1 = 32$, calcola d. [6]

316 $a_6 = 69$ e $d = 3$, calcola a_1. [54]

317 $a_4 = -5$ e $d = -3$, calcola a_1. [4]

318 $a_8 = \dfrac{37}{6}$ e $a_1 = \dfrac{1}{3}$, calcola d. $\left[\dfrac{5}{6}\right]$

319 $a_9 = \dfrac{31}{3}$ e $d = \dfrac{1}{6}$, calcola a_1. [9]

320 $a_1 = 4$, $a_n = 39$ e $d = 5$, calcola n. [8]

321 $a_n = 59$, $a_1 = 3$ e $d = 7$, calcola n. [9]

Somma dei termini consecutivi di una progressione aritmetica

322 ESERCIZIO GUIDA Calcoliamo la somma dei primi sei multipli di 5 diversi da 0.

I numeri di cui vogliamo conoscere la somma sono i primi sei termini della progressione aritmetica di primo termine 5 e ragione 5: 5, 10, 15, 20, 25, 30.

Applichiamo $S_n = n \cdot \dfrac{a_1 + a_n}{2}$.

Sostituendo i nostri dati, $n = 6$, $a_1 = 5$, $a_6 = 30$, otteniamo: $S_6 = 6 \cdot \dfrac{5 + 30}{2} = 105$.

323 Calcola la somma dei primi dieci termini di una progressione aritmetica di ragione $d = 3$, il cui primo estremo è $a_1 = 5$. [185]

324 Calcola la somma dei primi otto multipli di 4 diversi da 0. [144]

325 Calcola la somma dei primi cento numeri naturali diversi da 0. Quanto vale la somma dei primi n numeri naturali diversi da 0? $\left[5050; \dfrac{n \cdot (n+1)}{2}\right]$

326 Calcola la somma dei primi dieci numeri pari diversi da 0. Quanto vale la somma dei primi n numeri pari diversi da 0? $\qquad$ [110; $n \cdot (n + 1)$]

327 Calcola la somma dei primi dieci numeri dispari. Trova la somma dei primi n numeri dispari. [100; n^2]

Date le seguenti informazioni relative a una progressione aritmetica, determina ciò che è richiesto.

328 $a_6 = 40$ e $d = -\dfrac{1}{2}$, calcola S_6. $\left[\dfrac{495}{2}\right]$ **332** $a_3 = -8$ e $a_8 = 27$, calcola S_8. [20]

329 $a_1 = \dfrac{1}{2}$ e $a_6 = 9$, calcola S_6. $\left[\dfrac{57}{2}\right]$ **333** $a_2 = -2$ e $a_{10} = 18$, calcola S_{10}. $\left[\dfrac{135}{2}\right]$

330 $a_7 = 42$ e $S_7 = \dfrac{149}{2}$, calcola a_1. $\left[-\dfrac{145}{7}\right]$ **334** $a_3 = 1$ e $a_{12} = 4$, calcola S_{15}. [40]

331 $a_1 = 9$ e $S_8 = 200$, calcola d. $\left[\dfrac{32}{7}\right]$ **335** $a_5 = \dfrac{1}{2}$ e $a_{13} = 10$, calcola S_{20}. $\left[\dfrac{1125}{8}\right]$

9 Progressioni geometriche

▶ Teoria a p. 85

Determina se le seguenti successioni sono o non sono progressioni geometriche e, nel caso lo siano, determina la ragione e indica se si tratta di una progressione crescente, decrescente o costante.

336 $-2, \quad -6, \quad -18, \quad -54, \quad -162, \ldots$ [progressione decrescente, $q = 3$]

337 $4, \quad 6, \quad 9, \quad \dfrac{27}{2}, \quad \dfrac{81}{4}, \ldots$ $\left[\text{progressione crescente}, q = \dfrac{3}{2}\right]$

338 $4, \quad 16, \quad 64, \quad 320, \quad 1280, \quad 5120, \ldots$ [non è una progressione]

339 $9, \quad 3, \quad 1, \quad \dfrac{1}{3}, \quad \dfrac{1}{9}, \ldots$ $\left[\text{progressione decrescente}, q = \dfrac{1}{3}\right]$

340 $\dfrac{2}{3}, \quad \dfrac{1}{2}, \quad \dfrac{3}{8}, \quad \dfrac{9}{32}, \quad \dfrac{27}{128}, \ldots$ $\left[\text{progressione decrescente}, q = \dfrac{3}{4}\right]$

341 **FAI UN ESEMPIO** di una progressione geometrica a termini negativi decrescente.

Calcolo dei termini di una progressione geometrica

342 **ESERCIZIO GUIDA**

   a. Calcoliamo la ragione di una progressione geometrica di 6 termini i cui estremi sono, nell'ordine, 5 e 160.
   b. Calcoliamo il numero n dei primi termini di una progressione geometrica di ragione 6 avente per estremi 5 e 38 880.

   a. Utilizziamo $a_n = a_1 \cdot q^{n-1}$.
   Sostituiamo $n = 6$, $a_1 = 5$ e $a_6 = 160$:

   $160 = 5 \cdot q^5 \quad \rightarrow \quad q^5 = 32 \quad \rightarrow \quad q = 2$.

   $a_n = a_1 \cdot q^{n-1}$

   La progressione è: 5, 10, 20, 40, 80, 160, …

   b. I dati del problema sono: $q = 6$, $a_1 = 5$, $a_n = 38\,880$. Calcoliamo n sostituendo i dati nella formula:

   $38\,880 = 5 \cdot 6^{n-1} \quad \rightarrow \quad 7776 = 6^{n-1} \quad \rightarrow \quad 6^5 = 6^{n-1} \quad \rightarrow \quad n = 6$.

   dividiamo per 5   scriviamo i numeri come potenze di 6   uguagliamo gli esponenti

Capitolo 2. Funzioni

Date le seguenti informazioni relative a una progressione geometrica, determina ciò che è richiesto.

343 $a_1 = -6$ e $q = -\frac{1}{4}$, calcola a_5. $\left[-\frac{3}{128}\right]$

344 $a_1 = 256$ e $q = \frac{1}{2}$, calcola a_8. $[2]$

345 $a_1 = 32$ e $q = 1$, calcola a_{15}. $[32]$

346 $a_5 = 1701$ e $q = 3$, calcola a_1. $[21]$

347 $a_5 = -8$ e $a_1 = -\frac{1}{2}$, calcola q. $[2 \text{ oppure } -2]$

348 $a_1 = 16$, $a_n = 2$ e $q = \frac{1}{2}$, calcola n. $[4]$

349 $a_4 = 5$ e $q = -5$, calcola a_1. $\left[-\frac{1}{25}\right]$

350 $a_4 = -216$ e $a_1 = 8$, calcola q. $[-3]$

351 $a_{40} = 500$ e $q = -1$, calcola a_1. $[-500]$

352 $a_6 = \frac{5}{243}$ e $a_1 = 5$, calcola q. $\left[\frac{1}{3}\right]$

353 $a_4 = -192$ e $q = 2$, calcola a_1. $[-24]$

354 $a_1 = -1$, $a_n = -1000$ e $q = 10$, calcola n. $[4]$

355 $a_1 = \frac{3}{4}$, $a_n = \frac{1}{36}$ e $q = \frac{1}{3}$, calcola n. $[4]$

356 $a_1 = 4\sqrt{2}$, $a_n = 324\sqrt{2}$ e $q = 3$, calcola n. $[5]$

Somma dei termini consecutivi di una progressione geometrica

357 **ESERCIZIO GUIDA** Calcoliamo la somma delle prime sei potenze di 3 con esponente diverso da 0.

I numeri da sommare sono i primi sei termini della progressione geometrica di ragione 3 e primo termine 3: 3, 9, 27, 81, 243, 729. Sostituiamo $n = 6$, $a_1 = 3$, $q = 3$:

$$S_6 = 3 \cdot \frac{3^6 - 1}{3 - 1} = 3 \cdot \frac{729 - 1}{2} = 3 \cdot \frac{728}{2} = 1092.$$

$$S_n = a_1 \frac{q^n - 1}{q - 1}$$

358 Calcola la somma delle prime dieci potenze di 2 con esponente diverso da 0. $[2046]$

359 Determina la somma dei primi sei termini di una progressione geometrica, di ragione $q = -\frac{1}{2}$, il cui primo termine è $a_1 = \frac{3}{4}$. $\left[\frac{63}{128}\right]$

360 Calcola la somma dei primi cinque termini di una progressione geometrica, di ragione $q = 3$, il cui primo termine è $a_1 = -1$. $[-121]$

361 Determina il primo termine di una progressione geometrica di ragione $q = 3$, sapendo che la somma dei primi sei termini è 91. $\left[\frac{1}{4}\right]$

362 Calcola quanti sono i termini di una progressione geometrica di ragione $q = 2$, sapendo che la loro somma è 51 e che il primo termine è $\frac{1}{5}$. $[8]$

Calcola le seguenti somme.

363 $1 + 4 + 4^2 + \ldots + 4^7$ $[21\,845]$

364 $1 + \frac{2}{3} + \left(\frac{2}{3}\right)^2 + \ldots + \left(\frac{2}{3}\right)^7$ $\left[\frac{6305}{2187}\right]$

Date le seguenti informazioni relative a una progressione geometrica, determina ciò che è richiesto.

365 $a_4 = 3$ e $q = \frac{1}{2}$, calcola S_4. $[45]$

366 $a_2 = 12$ e $a_5 = 324$, calcola S_5. $[484]$

367 $a_3 = 24$ e $a_6 = 1536$, calcola S_3. $\left[\frac{63}{2}\right]$

368 $a_1 = -3$, $q = 2$ e $S_n = -93$, calcola n. $[5]$

369 $S_6 = \frac{126}{5}$ e $q = 2$, calcola a_1. $\left[\frac{2}{5}\right]$

370 $a_5 = 18$ e $q = \frac{1}{2}$, calcola S_4. $[540]$

371 $a_2 = 6$ e $a_7 = 192$, calcola S_3. $[21]$

372 $a_4 = \frac{3}{5}$ e $q = 3$, calcola S_5. $\left[\frac{121}{45}\right]$

VERIFICA DELLE COMPETENZE ALLENAMENTO

UTILIZZARE TECNICHE E PROCEDURE DI CALCOLO

Determina il dominio delle seguenti funzioni.

1 $y = \dfrac{x+1}{4-|x+1|}$ $\quad [x \neq -5 \wedge x \neq 3]$

2 $y = \dfrac{\sqrt{x}}{x-2}$ $\quad [x \geq 0 \wedge x \neq 2]$

3 $y = \dfrac{1}{x^2+4x+15}$ $\quad [\forall x \in \mathbb{R}]$

4 $y = \sqrt{x^2 - 7x + 12}$ $\quad [x \leq 3 \vee x \geq 4]$

5 $y = \dfrac{9x^2}{\sqrt{2x-3}} + \dfrac{3x}{\sqrt{4-x}}$ $\quad \left[\dfrac{3}{2} < x < 4\right]$

6 $y = \sqrt{\dfrac{x-x^2}{x^2+3}}$ $\quad [0 \leq x \leq 1]$

RISOLVERE PROBLEMI

Per ciascuna delle seguenti funzioni: determina il dominio; trova gli eventuali punti di intersezione del grafico con gli assi cartesiani; studia il segno; rappresenta nel piano cartesiano le regioni in cui si trova il grafico.

7 $f(x) = x^3 + 3x^2 - x - 3$ $\quad [D: \mathbb{R}; f(x) = 0: x = \pm 1; x = -3; f(0) = -3; f(x) \geq 0: -3 \leq x \leq -1; x \geq 1]$

8 $f(x) = \dfrac{x^2-4}{x^2-6x}$ $\quad [D: x \neq 0 \wedge x \neq 6; f(x) = 0: x = \pm 2; f(x) \geq 0: x \leq -2; 0 < x \leq 2; x > 6]$

9 $f(x) = \dfrac{4-x^2}{\sqrt{x}}$ $\quad [D: x > 0; f(x) = 0: x = 2; f(x) > 0: 0 < x < 2]$

10 $f(x) = x^3 - 3$ e $g(x) = 3x - 1$. Trova $f \circ g, g \circ f, g(f(1))$ e $f(g(1))$ e risolvi l'equazione

$g(f(x)) - 3f(x) = g(2x) + 6$.

$[(f \circ g)(x) = 27x^3 - 27x^2 + 9x - 4; (g \circ f)(x) = 3x^3 - 10; g(f(1)) = -7; f(g(1)) = 5; x = -1]$

11 Calcola $f^{-1}, g^{-1}, f \circ g, (f \circ g)^{-1}$ e verifica che $(f \circ g)^{-1} = g^{-1} \circ f^{-1}$, con $f(x) = x - 1$ e $g(x) = 2x + 3$.

$\left[f^{-1}(x) = x+1; g^{-1}(x) = \dfrac{x-3}{2}; (f \circ g)(x) = 2x+2; (f \circ g)^{-1}(x) = \dfrac{x-2}{2}\right]$

Determina l'equazione della funzione ottenuta applicando a $y = f(x)$ la trasformazione indicata.

12 $y = 3x - 4$; traslazione di vettore $\vec{v}(-2; 2)$. $\quad [y = 3x + 4]$

13 $y = \dfrac{1}{x+1}$; simmetria di asse $x = 3$. $\quad \left[y = \dfrac{1}{7-x}\right]$

14 $y = 3 - x^3$; simmetria rispetto all'origine. $\quad [y = -3 - x^3]$

15 Data la funzione $y = f(x)$ di equazione $x - 3y + 1 = 0$, determina $y = f'(x)$ che ha grafico simmetrico rispetto alla bisettrice del primo e terzo quadrante. Dove si incontrano i due grafici? $\quad \left[y = 3x - 1; P\left(\dfrac{1}{2}; \dfrac{1}{2}\right)\right]$

Disegna il grafico delle seguenti funzioni applicando le trasformazioni geometriche.

16 $y = \sqrt{x-2} + 3$ **17** $y = (x-1)^3$ **18** $y = |x^2 - 1| - 1$ **19** $y = 2|x| + 3$

20 Disegna il grafico della funzione $y = x^2 - 6x$. Traccia poi i grafici delle seguenti funzioni, dopo averne scritto l'espressione analitica: **a.** $y = -f(x)$; **b.** $y = f(-x)$; **c.** $y = f(x+1)$; **d.** $y = f(|x|)$; **e.** $y = |f(x)|$.

21 Calcola il numero dei termini e la ragione di una progressione aritmetica di cui si sa che il primo termine vale 1, il secondo estremo vale 19 e la somma di tutti i termini è 70. $\quad [7; 3]$

22 Le età di 5 fratelli sono in progressione aritmetica. Il minore ha 7 anni e il maggiore 19. Quanti anni ha il fratello di mezzo? E gli altri due? $\quad [13; 10; 16]$

Capitolo 2. Funzioni

VERIFICA DELLE COMPETENZE

23 In una progressione aritmetica i primi n termini sono tali che i due estremi sono opposti. Determina la somma S_n. [0]

24 Calcola le misure dei lati di un triangolo rettangolo di perimetro 96 cm, sapendo che sono in progressione aritmetica. [24 cm; 32 cm; 40 cm]

25 Determina l'ultimo termine di una progressione aritmetica di otto termini il cui primo termine è -6, sapendo che la somma degli otto termini è 120. [36]

26 In una progressione aritmetica $a_1 = -2$ e la somma dei primi sette termini è 49. Trova la ragione. [3]

27 La somma fra il primo e il secondo termine di una progressione geometrica è 30, mentre la differenza fra il terzo e il primo è -15. Determina la ragione della progressione. $\left[\dfrac{1}{2}\right]$

28 Determina tre numeri positivi in progressione geometrica tali che la loro somma sia 86 e che la differenza tra il terzo e il primo sia 70. [2; 12; 72]

COSTRUIRE E UTILIZZARE MODELLI

29 La finestra di un'antica chiesa ha la forma rappresentata nella figura; il suo perimetro è lungo 324 cm.
a. Scrivi la misura dell'area A in funzione della base x della finestra.
b. Scrivi il dominio della funzione A.
c. Se la base è lunga 1 m, quanto misura l'area?

$\left[\text{a) } A(x) = 162x - \dfrac{15}{16}x^2; \text{ b) } D:]0; 144[; \text{ c) } 6825 \text{ cm}^2\right]$

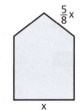

30 Giocoleria Se Filippo lancia verticalmente verso l'alto un diablo con una certa velocità, al variare del tempo t, la sua altezza h è espressa dalla funzione $h(t) = -5t^2 + 15t$.
a. Rappresenta per punti il grafico di $h(t)$.
b. È una funzione iniettiva?
c. Qual è la massima altezza raggiunta dal diablo?
d. Dove si trova dopo 3 secondi dal lancio?

[c) 11,25 m]

RISOLVIAMO UN PROBLEMA

Funzioni per l'archeologia

Nell'analisi dei reperti, per stimare l'altezza di una persona adulta in base alla lunghezza delle ossa ritrovate, gli archeologi utilizzano tabelle analoghe a quella riportata a lato. Le formule sono valide per altezze comprese tra 150 cm e 220 cm.

Sesso	Altezza in centimetri (h)	
	Data la lunghezza del femore in centimetri (f)	Data la lunghezza della tibia in centimetri (t)
M	$2{,}32f + 65{,}53$	$2{,}39t + 81{,}93$
F	$2{,}47f + 54{,}10$	$2{,}97t + 61{,}53$

- Individua dominio e codominio della funzione $h(f)$ per un adulto di sesso maschile.
- Determina l'espressione della funzione inversa di $h(f)$ e indicane dominio e codominio. Qual è la lunghezza del femore di un uomo la cui tibia misura 40,5 cm?
- Durante alcuni scavi sono stati rinvenuti un femore lungo 55,9 cm e una tibia lunga 44,1 cm. Ipotizzando che appartengano allo stesso soggetto, e basandosi esclusivamente su considerazioni relative alla tabella, è più realistico che appartengano a un uomo o a una donna? Perché?

▶ Ricaviamo dominio e codominio di h(f).
Il codominio di $h(f)$ corrisponde ai valori (in centimetri) compresi tra i due indicati: $150 \leq h \leq 220$. Per determinare il dominio, è sufficiente in questo caso individuare le controimmagini dei due estremi del codominio, risolvendo dunque $h(f) = 150$ e $h(f) = 220$. L'intervallo che si trova è $36,41 \leq f \leq 66,58$.

▶ Calcoliamo l'inversa di h e la controimmagine di 40,5.
L'espressione analitica della funzione inversa h^{-1} si trova risolvendo in f l'equazione $h = 2,32f + 65,53$. Una possibile scrittura è $f = \dfrac{h - 65,53}{2,32}$. Il dominio di h^{-1} corrisponde al codominio di h e viceversa.

Se la tibia dell'uomo è lunga 40,5 cm, in base alla formula contenuta nella seconda cella l'altezza dell'uomo sarà 178,73 cm. Applicando ora h^{-1} al valore trovato, si può stimare che la lunghezza del femore debba essere 48,79 cm (arrotondabile a 48,8 cm).

▶ Confrontiamo i dati con i valori in tabella.
Le formule contenute nella prima e nella seconda cella stimano, rispettivamente, altezze di 195,22 cm e 187,33 cm nel caso di un individuo di sesso maschile: uno scarto di 7,89 cm. Applicando invece le formule della terza e della quarta cella, si ottengono le stime di 192,17 cm e di 192,51 cm: lo scarto è in questo caso soltanto di 0,33 cm. È dunque più realistico che le ossa appartengano entrambe a una donna.

---

31 **Penale** Un'impresa edile firma un contratto per la costruzione di un edificio entro una certa data. In caso di ritardo della fine dei lavori si impegna a pagare una penale con rate mensili progressive: € 500 la prima, € 700 la seconda, € 900 la terza e così via. Quanto dovrebbe pagare complessivamente l'impresa per 8 mesi di ritardo? [€ 9600]

32 **Paola in scooter** Paola acquista uno scooter a rate con la formula «interesse zero». Il pagamento avviene in questa forma: € 150 il primo mese, € 158 il secondo e così via: ogni mese i pagamenti crescono di € 8 finché il debito è estinto. Sapendo che l'ultimo pagamento è di € 318:

a. dimostra che per estinguere il debito occorrono 22 mesi;
b. trova quanto è costato lo scooter;
c. determina in quale mese vengono pagati € 230.   [b) € 5148; c) 11°]

33 **Ninfee** La superficie di un lago è di 25 600 m². Le ninfee che si trovano nel lago impiegano un giorno per raddoppiare la loro superficie. Sapendo che le ninfee dopo 7 giorni occupano metà della superficie del lago:

a. determina quanti giorni occorrono per ricoprire tutta la superficie del lago;
b. esprimi la legge che descrive l'accrescimento dimostrando che si tratta di una progressione geometrica crescente;
c. trova la superficie iniziale occupata dalla ninfee.

[a) 8 giorni; b) $a_n = 100 \cdot 2^n, n \in \mathbb{N}$; c) $a_0 = 100$]

34 **Affitti** In una rinomata zona balneare, il proprietario di un appartamento stabilisce le quote di affitto per l'alta stagione. Ipotizzando di affittare l'appartamento per periodi di due settimane consecutive, fissa il calendario e gli importi riportati nella tabella a fianco.

Periodo	Costo
16 giugno - 30 giugno	1200
1 luglio - 15 luglio	1440
16 luglio - 31 luglio	1730
1 agosto - 15 agosto	2083

a. Determina se i prezzi sono in progressione, specificandone il tipo, e calcola la ragione (approssima alla prima cifra decimale).
b. Volendo affittare anche per singole settimane, il proprietario stabilisce per la prima settimana (16-23 giugno) la quota di € 600 e per l'ultima (8-15 agosto) la quota di € 1169. Calcola i prezzi delle varie settimane.
c. Quale sarà il ricavo totale del proprietario nelle due ipotesi?   [c) $S_4 = 6442, S_8 = 6862$]

RISOLVIAMO UN PROBLEMA

■ Alcool e salute

Il tasso alcolemico si misura in grammi di alcool per litro di sangue; un tasso alcolemico di 1 g/L indica che in ogni litro di sangue di un soggetto è presente 1 grammo di alcool puro. Supponiamo che una persona abbia assunto una quantità di alcool tale che il tasso alcolemico raggiunga il valore massimo di 1,6 g/L. In media il fegato di una persona riesce a smaltire ogni ora una quantità di alcool ingerito in modo tale che il tasso alcolemico si riduca del 30% ogni ora.

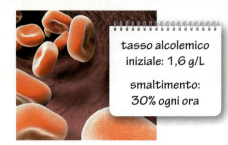

tasso alcolemico iniziale: 1,6 g/L

smaltimento: 30% ogni ora

- Scriviamo la successione che descrive il tasso alcolemico del sangue ogni ora.
- Calcoliamo il valore del tasso alcolemico dopo 5 ore dal valore massimo.
- Determiniamo graficamente dopo quanto tempo il tasso alcolemico si è ridotto a una quantità trascurabile (non più di 0,1 g/L).

▶ **Troviamo il termine generale della successione.**

Chiamiamo a_n il termine generale che descrive il tasso alcolemico nel sangue al trascorrere delle ore $n = 1, 2, 3, \ldots$; il testo del problema ci dice che $a_0 = 1,6$ g/L e che ogni termine della successione è il 30% in meno del precedente, ovvero:

$$a_n = \frac{70}{100} a_{n-1} = 0,7 a_{n-1}.$$

Quindi i termini della successione sono in progressione geometrica di ragione $q = 0,7$. Possiamo anche scrivere, considerando che la successione parte da $n = 0$:

$$a_n = a_0 (0,7)^n \quad \rightarrow \quad a_n = 1,6 \cdot (0,7)^n.$$

▶ **Troviamo il tasso alcolemico dopo 5 ore.**

Per calcolare il tasso alcolemico dopo 5 ore dobbiamo sostituire nell'espressione che abbiamo ricavato $n = 5$:

$$a_5 = 1,6 \cdot (0,7)^5 \simeq 0,27 \text{ g/L}.$$

▶ **Costruiamo una rappresentazione grafica.**

Rappresentiamo in uno stesso grafico la successione, come una funzione che ha come dominio i numeri naturali, e la retta $y = 0,1$.

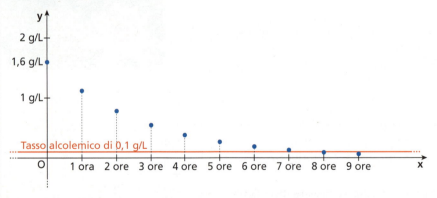

Dal grafico vediamo che i termini della successione sono inferiori al valore 0,1 g/L per $n = 8$, cioè il tasso alcolemico nel sangue è trascurabile dopo 8 ore.

VERIFICA DELLE COMPETENZE PROVE

⏱ 1 ora

PROVA A

1 Determina il dominio delle seguenti funzioni.

a. $y = \dfrac{2}{x^3 - 6x^2 + 9x}$ b. $y = \dfrac{x}{|x| - 4}$ c. $y = \dfrac{\sqrt{25 - x^2}}{x}$

2 Data la funzione $f(x) = \dfrac{x^2 + 6x}{1 - x}$, classificala, determina il suo dominio e i punti di intersezione del grafico con gli assi, studia il segno e rappresenta nel piano cartesiano le regioni in cui si trova il suo grafico.

3 Considera le funzioni $f(x) = 3x$ e $g(x) = \dfrac{x}{2} - 5$ e scrivi l'espressione analitica di f^{-1}, g^{-1}, $f \circ g$ e $(f \circ g)^{-1}$.

4 Data la funzione $y = f(x)$ di equazione $y = 2x - 1$, scrivi l'equazione di $y = f'(x)$ ottenuta traslando $y = f(x)$ secondo il vettore $\vec{v}(-1; 0)$ e disegna i grafici delle due funzioni.

Rappresenta mediante espressione analitica e per ricorsione le seguenti successioni, specificando, eventualmente, se si tratta di progressioni e indicandone il tipo e la ragione.

5 2, 5, 8, 11, 14, ...

6 54, 36, 24, 16, $\dfrac{32}{3}$, ...

7 $\dfrac{3}{5}$, $\dfrac{14}{15}$, $\dfrac{19}{15}$, $\dfrac{8}{5}$, $\dfrac{29}{15}$, ...

8 $\dfrac{3}{2}$, $\dfrac{5}{2}$, $\dfrac{9}{2}$, $\dfrac{17}{2}$, $\dfrac{33}{2}$, ...

Date le seguenti informazioni, determina ciò che è richiesto.

9 a_n progressione geometrica: $S_5 = \dfrac{605}{9}$, $q = 3$; calcola a_3.

10 a_n progressione aritmetica: $a_1 = 4$, $a_5 = 16$, $S_n = 116$; calcola n.

PROVA B

1 **Mille paia di stivali** Un calzaturificio produce un modello di stivali con una spesa fissa mensile di € 4500 e un costo unitario di € 85 al paio, che aumenta a € 98 per ciascun paio prodotto dopo i primi 500 nel mese. Il prezzo di vendita è fissato in € 220, ma la vendita comporta un ulteriore costo complessivo, che espresso in euro è numericamente pari a 20 volte il quantitativo mensile di produzione. La capacità produttiva mensile dell'azienda è di 1000 paia di stivali.

a. Esprimi le funzioni costo, ricavo e guadagno in funzione del numero di stivali prodotti e rappresentale sul piano cartesiano.

b. Individua il dominio di tali funzioni e stabilisci in quali intervalli sono crescenti e decrescenti.

c. Calcola il numero di paia di stivali che l'azienda deve produrre (e vendere) per non essere in perdita e il massimo guadagno.

2 **Sconti e rincari** Sai che il prezzo x del biglietto di un aereo è stato rincarato del 10% ed è stato scontato del 10%. Scrivi in funzione di x il prezzo finale nell'ipotesi che sia avvenuto prima il rincaro e poi lo sconto e nell'ipotesi in cui lo sconto sia stato applicato prima del rincaro. C'è differenza fra i due prezzi? Motiva la risposta.

CAPITOLO 3
ESPONENZIALI E LOGARITMI

1 Potenze con esponente reale
▶ Esercizi a p. 136

È possibile definire una potenza con esponente reale ma non razionale?
Una scrittura come $3^{\sqrt{2}}$ ha significato?

Sappiamo che $\sqrt{2}$ è un numero irrazionale, cioè un numero decimale illimitato non periodico. Può essere approssimato per eccesso o per difetto da due successioni di numeri decimali finiti:

1,4   1,41   1,414   1,4142   ...   per difetto;

1,5   1,42   1,415   1,4143   ...   per eccesso.

Consideriamo ora le due seguenti successioni di potenze che hanno come base 3 e come esponenti razionali i termini delle due precedenti successioni:

$3^{1,4} \quad 3^{1,41} \quad 3^{1,414} \quad 3^{1,4142} \quad ...$

$3^{1,5} \quad 3^{1,42} \quad 3^{1,415} \quad 3^{1,4143} \quad ...$

Si può dimostrare che esiste un unico numero reale più grande di tutti gli elementi della prima successione e, contemporaneamente, più piccolo di tutti quelli della seconda.
Indichiamo con $3^{\sqrt{2}}$ questo numero:

$$3^{1,4} < 3^{1,41} < 3^{1,414} < 3^{1,4142} < ... < 3^{\sqrt{2}} < ... < 3^{1,4143} < 3^{1,415} < 3^{1,42} < 3^{1,5}.$$

Se rappresentiamo le successioni approssimanti sulla retta reale, vediamo che i punti relativi alla prima successione si avvicinano sempre di più a un punto da sinistra senza mai oltrepassarlo, quelli relativi alla seconda si avvicinano allo stesso punto da destra senza mai oltrepassarlo. Associamo a tale punto il numero $3^{\sqrt{2}}$.

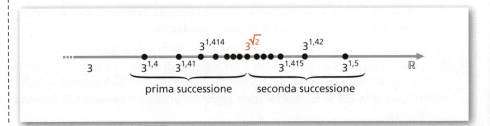

Paragrafo 1. Potenze con esponente reale

In generale, si definisce la **potenza a^x di un numero reale $a > 1$**, che abbia **esponente reale $x > 0$**, come quell'*unico* numero reale:

- maggiore di tutte le potenze di a con esponenti razionali che approssimano x per difetto;

- minore di tutte le potenze di a con esponenti razionali che approssimano x per eccesso.

In modo analogo si ragiona quando $0 < a < 1$, ma tenendo conto che in questo caso al crescere degli esponenti che approssimano x le potenze decrescono, mentre al decrescere degli esponenti le potenze crescono.
Per esempio:

$$\left(\frac{1}{2}\right)^3 < \left(\frac{1}{2}\right)^2.$$

▶ Considera le successioni che approssimano $(0,2)^{\sqrt{2}}$. Che differenza noti tra queste e quelle che approssimano $3^{\sqrt{2}}$?

Quindi si definisce la **potenza a^x di un numero reale a, con $0 < a < 1$**, che abbia **esponente reale $x > 0$**, come quell'*unico* numero reale:

- maggiore di tutte le potenze di a con esponenti razionali che approssimano x per eccesso;

- minore di tutte le potenze di a con esponenti razionali che approssimano x per difetto.

Si definiscono poi:

- $1^x = 1$ per qualunque numero reale x;

- $0^x = 0$ per qualunque numero reale x positivo;

- $a^0 = 1$ per qualunque numero reale a positivo;

- $a^{-r} = \left(\dfrac{1}{a}\right)^r = \dfrac{1}{a^r}$ per qualunque coppia di numeri reali positivi a e r.

Non si definiscono invece:

- le potenze con base zero ed esponente nullo o negativo;

- le potenze con base un numero reale negativo.

Se ci limitiamo a studiare le potenze a^x con base reale $a > 0$, che sono le sole a essere definite con esponente x reale qualsiasi, essendo la base a positiva, il valore della potenza a^x è sempre positivo:

$$a > 0 \quad \rightarrow \quad a^x > 0, \quad \forall x \in \mathbb{R}.$$

■ Proprietà delle potenze con esponente reale

Si può dimostrare che anche per le potenze con esponente reale valgono le cinque proprietà delle potenze con esponente razionale.
Le riassumiamo con una tabella.

Capitolo 3. Esponenziali e logaritmi

Le proprietà delle potenze

Definizione	$a, b \in \mathbb{R}^+$, $x, y \in \mathbb{R}$	Esempio
I.	Prodotto di potenze di uguale base: $a^x \cdot a^y = a^{x+y}$	$10^{4\sqrt{3}} \cdot 10^{-\sqrt{27}} = 10^{\sqrt{3}}$
II.	Quoziente di potenze di uguale base: $a^x : a^y = a^{x-y}$	$\left(\frac{1}{3}\right)^4 : \left(\frac{1}{3}\right)^{-5} = \left(\frac{1}{3}\right)^9$
III.	Potenza di potenza: $(a^x)^y = a^{x \cdot y}$	$(6^{-\sqrt{2}})^{\sqrt{2}} = 6^{-\sqrt{2} \cdot \sqrt{2}} = 6^{-2} = \frac{1}{36}$
IV.	Prodotto di potenze di uguale esponente: $a^x \cdot b^x = (a \cdot b)^x$	$\left(\frac{2}{3}\right)^\pi \cdot \left(\frac{3}{4}\right)^\pi = \left(\frac{1}{2}\right)^\pi$
V.	Quoziente di potenze di uguale esponente: $a^x : b^x = (a : b)^x$	$\left(\frac{81}{5}\right)^{\frac{1}{3}} : \left(\frac{3}{5}\right)^{\frac{1}{3}} = 27^{\frac{1}{3}} = 3$

MATEMATICA INTORNO A NOI

La rete di Sant'Antonio Una catena di Sant'Antonio funziona così: devi inviare una somma di denaro a chi ti ha introdotto nello schema; da quel momento in poi, potrai reclutare nuovi amici, chiedendo loro di versarti la medesima somma per partecipare. Così facendo il tuo gruzzolo si moltiplicherà?

▶ Perché la catena non funziona?

☐ La risposta

🇬🇧 Listen to it

An exponential function is a function that can be written as $y = a^x$, with $a \in \mathbb{R}^+$.

TEOREMA

All'aumentare dell'esponente reale x, la potenza a^x:
- aumenta se $a > 1$: $a > 1 \rightarrow x_1 < x_2 \leftrightarrow a^{x_1} < a^{x_2}$;
- diminuisce se $0 < a < 1$: $0 < a < 1 \rightarrow x_1 < x_2 \leftrightarrow a^{x_1} > a^{x_2}$.

ESEMPIO

Consideriamo i due esponenti 5 e $\sqrt{3}$, poiché $5 > \sqrt{3}$ risulta:
- $2^5 > 2^{\sqrt{3}}$, perché la base 2 è maggiore di 1;
- $\left(\frac{1}{2}\right)^5 < \left(\frac{1}{2}\right)^{\sqrt{3}}$, perché la base $\frac{1}{2}$ è minore di 1.

2 Funzione esponenziale

▶ Esercizi a p. 137

DEFINIZIONE

Una **funzione esponenziale** è una funzione del tipo:

$$y = a^x, \text{ con } a \in \mathbb{R}^+.$$

Abbiamo una diversa funzione esponenziale per ogni valore $a > 0$ che scegliamo.

Se $a = 1$, la funzione è la funzione costante $y = 1$, perché $1^x = 1$ per qualunque valore di x. Il suo grafico è quindi una retta parallela all'asse x, passante per $(0; 1)$.

Se $a \neq 1$, distinguiamo i due casi $a > 1$ e $0 < a < 1$.

Nella figura seguente ci sono i grafici di $y = a^x$ nei due casi.

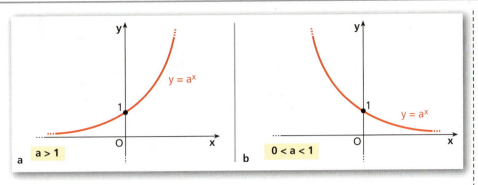

a) $a > 1$
b) $0 < a < 1$

Dai grafici notiamo **proprietà comuni nei due casi**:

- il dominio è $\mathbb{R}$;
- il grafico non interseca l'asse x e si trova interamente nei quadranti con ordinata positiva, cioè il codominio è $\mathbb{R}^+$;
- il grafico interseca l'asse y in $(0; 1)$;
- la funzione è biunivoca.

Se $a > 1$:
- la funzione è crescente;
- per esponenti negativi decrescenti, le potenze si avvicinano sempre più a 0.

Se $0 < a < 1$:
- la funzione è decrescente;
- per esponenti positivi crescenti, le potenze si avvicinano sempre più a 0.

Funzione esponenziale con base e

In matematica è spesso utilizzata, per le sue particolari proprietà che studieremo in seguito, la funzione esponenziale $y = e^x$, dove e è un particolare numero irrazionale, il numero di Nepero: $e = 2{,}71828182845\ldots$
Nelle calcolatrici scientifiche trovi spesso un tasto che fornisce il valore di e o anche un tasto che, dato x, fornisce il valore di e^x.

3 Equazioni esponenziali

▶ Esercizi a p. 139

> **DEFINIZIONE**
>
> Un'**equazione esponenziale** contiene almeno una potenza con l'incognita nell'esponente.

Per esempio, $2^x = 5$ è un'equazione esponenziale, mentre $x^{\sqrt{5}} = 2$ non lo è.

Consideriamo l'equazione esponenziale: $a^x = b$, con $a > 0$.

Escludendo il caso particolare in cui $a = 1$, per risolvere $a^x = b$, distinguiamo due casi.

- **Se $b \leq 0$**, l'equazione $a^x = b$ è *impossibile*, perché a^x non è mai negativo o nullo. Per esempio, l'equazione $2^x = -4$ non è verificata per alcun valore di x.
- **Se $b > 0$**, l'equazione $a^x = b$ ha sempre *una e una sola soluzione*. Infatti, se interpretiamo graficamente l'equazione, considerando il grafico di $y = a^x$ e quello di $y = b$, la soluzione $\bar{x}$ è l'ascissa del punto di intersezione dei due grafici, che è una e una sola, perché la funzione $y = a^x$ è biunivoca.

Video

Invenzione degli scacchi
Secondo un'antica leggenda, un bramino insegnò il gioco degli scacchi a un re indiano. Il re ne fu entusiasta e promise in cambio la realizzazione di qualsiasi desiderio. Il bramino chiese dei chicchi di riso: uno per la prima casella della scacchiera, due per la seconda, quattro per la terza e così via.

▶ Quanto riso dovrà dare il re al bramino?
▶ Riuscirà a mantenere la promessa?

▶ Disegna per punti le funzioni:
- $y = 2^x$;
- $y = \left(\dfrac{1}{2}\right)^x$.

Controlla nei grafici le proprietà elencate qui a fianco.

MATEMATICA INTORNO A NOI

Crescita di una popolazione I modelli matematici hanno fatto capire che una popolazione, in presenza di risorse abbondanti, cresce secondo una curva esponenziale.

▶ Approfondisci l'argomento.

Cerca nel Web: crescita esponenziale, popolazione umana, batteri

Capitolo 3. Esponenziali e logaritmi

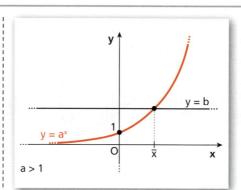
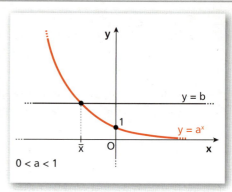

Non esiste un metodo generale per la risoluzione delle equazioni esponenziali. Negli esercizi, noi considereremo solo alcuni casi.

È possibile risolvere l'equazione **in modo immediato**, se si riescono a scrivere a e b come potenze aventi la stessa base.

ESEMPIO

Risolviamo $25^x = 125$.

Scriviamo l'equazione utilizzando potenze di 5:

$$(5^2)^x = 5^3 \rightarrow 5^{2x} = 5^3.$$

Due potenze con la stessa base sono uguali se e solo se sono uguali anche gli esponenti, quindi:

$$5^{2x} = 5^3 \rightarrow 2x = 3 \rightarrow x = \frac{3}{2}.$$

▶ Risolvi le seguenti equazioni.
a. $3^x = -125$;
b. $1^{2x} = 1^{x-2}$;
c. $6 = 1^{6x}$;
d. $64\sqrt{2} = 4^{2x}$;
e. $-8 = \left(\frac{1}{2}\right)^x$.

Con l'animazione verifica i tuoi risultati.

📱 **Animazione**

4 Disequazioni esponenziali

▶ Esercizi a p. 141

DEFINIZIONE

Una **disequazione esponenziale** contiene almeno una potenza con l'incognita nell'esponente.

Per le disequazioni esponenziali valgono osservazioni analoghe a quelle fatte sulle equazioni esponenziali, purché ricordiamo che:

Se $a > 1$:
$$a^t > a^z \leftrightarrow t > z.$$

Se $0 < a < 1$:
$$a^t > a^z \leftrightarrow t < z.$$

MATEMATICA INTORNO A NOI

Computer ed esponenziali Nel 1965, Gordon Moore notò che la potenza di calcolo dei computer raddoppiava ogni due anni.

▶ Aveva ragione?

Cerca nel Web: legge di Moore, exponential growth of computing

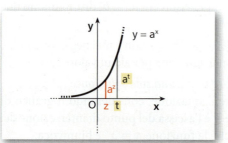
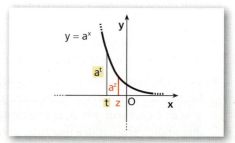

Paragrafo 5. Definizione di logaritmo

ESEMPIO — Animazione

1. Risolviamo la disequazione $32^x > 128$.

   Scriviamo la disequazione utilizzando potenze di 2:
   $$(2^5)^x > 2^7 \;\to\; 2^{5x} > 2^7.$$

   Poiché le potenze hanno **base maggiore di 1**, dalla disuguaglianza precedente otteniamo una disuguaglianza fra gli esponenti **di ugual verso**:
   $$2^{5x} > 2^7 \;\to\; 5x > 7 \;\to\; x > \frac{7}{5}.$$

2. Risolviamo la disequazione $\left(\frac{1}{8}\right)^x > \frac{1}{4}$.

   Scriviamo la disequazione utilizzando potenze di $\frac{1}{2}$:
   $$\left(\frac{1}{2}\right)^{3x} > \left(\frac{1}{2}\right)^2.$$

   Poiché le potenze hanno **base minore di 1**, dalla disuguaglianza precedente otteniamo una disuguaglianza fra gli esponenti **di verso contrario**:
   $$\left(\frac{1}{2}\right)^{3x} > \left(\frac{1}{2}\right)^2 \;\to\; 3x < 2 \;\to\; x < \frac{2}{3}.$$

▶ Risolvi
$$4 \cdot 2^x - \frac{2}{2^x} + 2 > 0,$$
utilizzando come incognita ausiliaria $t = 2^x$, come proponiamo nell'animazione.

— Animazione

5 Definizione di logaritmo ▶ Esercizi a p. 144

Sappiamo che l'equazione esponenziale $a^x = b$, con $a > 0$, $a \neq 1$ e $b > 0$, ammette una e una sola soluzione. A tale valore si dà il nome di logaritmo in base a di b e si scrive: $x = \log_a b$.

Per esempio, la soluzione di $2^x = 7$ è $x = \log_2 7$.

DEFINIZIONE

Dati due numeri reali positivi a e b, con $a \neq 1$, chiamiamo **logaritmo in base a di b** l'esponente x da assegnare alla base a per ottenere il numero b.

$$\log_a b = x \leftrightarrow a^x = b$$
$$a > 0,\ a \neq 1,\ b > 0$$

🇬🇧 **Listen to it**

The **logarithm** of a number to a given base is the exponent to which the base must be raised to get that number.

Il numero b viene detto **argomento** del logaritmo.

Dalla definizione possiamo osservare che il logaritmo permette di scrivere in modo diverso la relazione che esiste in una potenza fra base, esponente e risultato. Per esempio, le due scritture $5^2 = 25$ e $2 = \log_5 25$ sono equivalenti.

Dalla definizione, supponendo $a, b > 0$ e $a \neq 1$, otteniamo:

▶ Applica la definizione per calcolare:
$\log_2 512$; $\log_5 1$;
$\log_2 \frac{1}{256}$; $\log_3 \sqrt{27}$.

- $\log_a 1 = 0$, perché $a^0 = 1$;

- $\log_a a = 1$, perché $a^1 = a$;

- $a^{\log_a b} = b$, perché $\log_a b$ è l'esponente a cui elevare a per ottenere b.

Osserviamo poi che se due numeri positivi sono uguali, anche i loro logaritmi, rispetto a una stessa base, sono uguali e viceversa:

$$x = y \leftrightarrow \log_a x = \log_a y.$$

Capitolo 3. Esponenziali e logaritmi

MATEMATICA INTORNO A NOI

Quando la Terra trema Per misurare l'intensità di un terremoto i sismologi usano delle scale logaritmiche.

▶ Approfondisci l'argomento.

Cerca nel Web: scala Richter, scala di magnitudo del momento sismico

Vale il seguente teorema.

> **TEOREMA**
> All'aumentare dell'argomento b (reale positivo), il logaritmo $\log_a b$:
> - aumenta, se $a > 1$;
> - diminuisce, se $0 < a < 1$.

> **ESEMPIO**
> Fissati i due argomenti 5 e 2, poiché $5 > 2$, risulta:
> $\log_{10} 5 > \log_{10} 2$, perché la base 10 è maggiore di 1;
> $\log_{\frac{1}{2}} 5 < \log_{\frac{1}{2}} 2$, perché la base $\frac{1}{2}$ è minore di 1.

Di solito, la base 10 si sottintende. Per esempio, $\log_{10} 5$ si scrive $\log 5$.

6 Proprietà dei logaritmi
▶ Esercizi a p. 146

Le proprietà fondamentali dei logaritmi sono tre, valide qualunque sia la base, purché positiva e diversa da 1, e si deducono dalle proprietà delle potenze.
Nei loro enunciati sottintendiamo che i logaritmi sono riferiti a una stessa base.

> **Logaritmo di un prodotto**
> Il logaritmo del prodotto di due numeri positivi è uguale alla *somma* dei logaritmi dei due fattori:
> $$\log_a (b \cdot c) = \log_a b + \log_a c, \quad \text{con } b > 0, c > 0.$$

Animazione

In questa animazione e nelle due successive trovi sia la dimostrazione sia l'esempio commentati passo passo.

> **ESEMPIO**
> Verifichiamo l'uguaglianza: $\log_2 (8 \cdot 16) = \log_2 8 + \log_2 16$.
> Primo membro: $\log_2 (8 \cdot 16) = \log_2 128 = \log_2 2^7 = 7$.
> Secondo membro: $\log_2 8 + \log_2 16 = \log_2 2^3 + \log_2 2^4 = 3 + 4 = 7$.

> **Logaritmo di un quoziente**
> Il logaritmo del quoziente di due numeri positivi è uguale alla *differenza* fra il logaritmo del dividendo e il logaritmo del divisore:
> $$\log_a \frac{b}{c} = \log_a b - \log_a c, \quad \text{con } b > 0, c > 0.$$

▶ Trasforma in un unico logaritmo:
$\log 18 + \log \frac{1}{3} + \log \frac{3}{2}$.

> **ESEMPIO** **Animazione**
> Verifichiamo l'uguaglianza: $\log_3 \frac{729}{9} = \log_3 729 - \log_3 9$.
> Primo membro: $\log_3 \frac{729}{9} = \log_3 81 = \log_3 3^4 = 4$.
> Secondo membro: $\log_3 729 - \log_3 9 = \log_3 3^6 - \log_3 3^2 = 6 - 2 = 4$.

▶ Trasforma in un unico logaritmo
$\log 128 - \log 32$.

Paragrafo 6. Proprietà dei logaritmi

Logaritmo di una potenza
Il logaritmo della potenza di un numero positivo elevato a un esponente reale è uguale al prodotto di quell'esponente per il logaritmo del numero positivo:

$$\log_a b^n = n \cdot \log_a b, \quad \text{con } b > 0, n \in \mathbb{R}.$$

ESEMPIO Animazione

Verifichiamo l'uguaglianza: $\log_3 9^4 = 4 \cdot \log_3 9$.

Primo membro: $\log_3 9^4 = \log_3 (3^2)^4 = \log_3 3^8 = 8$.

Secondo membro: $4 \cdot \log_3 9 = 4 \log_3 3^2 = 4 \cdot 2 = 8$.

▶ Applica la proprietà del logaritmo di una potenza per trasformare

$\log 1296$; $\log 7^4 \cdot 16$.

Un caso particolare

Poiché $\sqrt[n]{b} = b^{\frac{1}{n}}$, applichiamo la terza proprietà dei logaritmi anche per il logaritmo di una radice:

$$\log_a \sqrt[n]{b} = \frac{1}{n} \log_a b, \quad \text{con } b > 0.$$

ESEMPIO

$\log \sqrt{6} = \dfrac{1}{2} \log 6$, perché $\sqrt{6} = 6^{\frac{1}{2}}$.

■ Formula del cambiamento di base

Come calcolare i logaritmi usando le calcolatrici

Le calcolatrici sono spesso costruite per calcolare i logaritmi in due sole basi: la base 10 e la base $e = 2{,}71828\ldots$, cioè il **numero di Nepero**.

Per distinguere i logaritmi nelle due basi si usano le seguenti notazioni:

$\log x$ indica il $\log_{10} x$, **logaritmo decimale**;

$\ln x$ indica il $\log_e x$, **logaritmo naturale** o **neperiano**.

MATEMATICA INTORNO A NOI

Logaritmi e fotografia In fotografia, si chiama esposizione la quantità di luce che raggiunge l'elemento sensibile (sensore elettronico o pellicola) durante lo scatto di una fotografia. Per confrontare diverse impostazioni di esposizione, i fotografi usano il concetto di *stop*. Aumentare l'esposizione di uno stop significa far entrare il doppio della luce (2^1); aumentare di 2 stop significa averne 4 volte in più (2^2); abbassare di 4 stop significa avere un sedicesimo della luce (2^{-4}) e così via. Muovendosi lungo la scala in su o in giù di passo, la grandezza raddoppia o si dimezza. Questa è una scala logaritmica.

▶ Per regolare l'esposizione, un fotografo può scegliere il tempo di esposizione, l'apertura del diaframma e la sensibilità, utilizzando specifiche scale disponibili sulla macchina fotografica. In tutti e tre i casi, si ha a che fare con i logaritmi?

Cerca nel Web: diaframma, tempi di esposizione, ISO

Formula del cambiamento di base

Per il calcolo dei logaritmi con base diversa è utile la seguente proprietà.

Cambiamento di base nei logaritmi

$$\log_a b = \frac{\log_c b}{\log_c a}, \quad \text{con } a > 0, b > 0, c > 0, a \neq 1, c \neq 1.$$

Animazione

Nell'animazione, per giustificare la formula, c'è un esempio e la generalizzazione del procedimento utilizzato.

Per esempio:

$\log_3 7 = \dfrac{\ln 7}{\ln 3}$.

Capitolo 3. Esponenziali e logaritmi

Video

Calcolo approssimato dei logaritmi

▶ Come possiamo calcolare log 2 senza calcolatrice?

▶ E log 2000?

7 Funzione logaritmica

▶ Esercizi a p. 148

DEFINIZIONE

Una **funzione logaritmica** è del tipo:

$y = \log_a x$, con $a > 0$ e $a \neq 1$.

Poiché l'argomento del logaritmo deve essere positivo, il dominio della funzione è $\mathbb{R}^+$.

Grafico della funzione logaritmica

Deduciamo il grafico della funzione logaritmica da quello della funzione esponenziale. La funzione $y = a^x$ è una funzione biunivoca da $\mathbb{R}$ a $\mathbb{R}^+$, quindi è invertibile. Ricaviamo x in funzione di y. Applicando la definizione di logaritmo, otteniamo: $x = \log_a y$. Indicando la variabile indipendente con x e la variabile dipendente con y, otteniamo: $y = \log_a x$.

Pertanto, la funzione logaritmo è la funzione inversa della funzione esponenziale. I grafici delle due funzioni sono simmetrici rispetto alla bisettrice del primo e terzo quadrante.

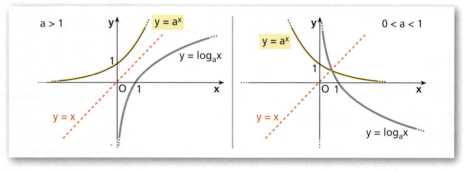

MATEMATICA E ASTRONOMIA

Quanto brillano le stelle? La magnitudine è la misura della quantità di luce che ci arriva da un corpo celeste (stelle, nebulose, galassie...) Dipende da tanti fattori, tra cui la temperatura, la distanza e la grandezza della stella. Gli antichi Greci dividevano le stelle visibili a occhio nudo in sei magnitudini. Nell'Ottocento si passò a una scala logaritmica.

▶ Scopri di più.

Cerca nel Web: Pogson, magnitudine assoluta, magnitudine apparente

Proprietà della funzione logaritmica

Osservando i grafici che seguono e tenendo conto che la funzione logaritmica è l'inversa di quella esponenziale, concludiamo che $y = \log_a x$, sia per $a > 1$ sia per $0 < a < 1$:

- ha dominio $\mathbb{R}^+$, come già detto, e codominio $\mathbb{R}$;
- è una funzione biunivoca, sempre crescente se $a > 1$, sempre decrescente se $0 < a < 1$;
- il grafico interseca l'asse x in $(1; 0)$.

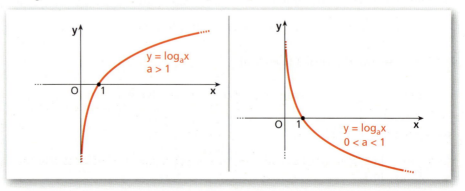

Paragrafo 8. Equazioni logaritmiche

8 Equazioni logaritmiche

▶ Esercizi a p. 150

DEFINIZIONE
Un'**equazione logaritmica** ha l'incognita che compare nell'argomento di almeno un logaritmo.

🇬🇧 **Listen to it**

A **logarithmic equation** contains at least one logarithm whose argument is unknown.

Tra le equazioni logaritmiche, consideriamo quelle che possiamo scrivere nella forma:

$$\log_a A(x) = \log_a B(x),$$

dove con $A(x)$ e $B(x)$ indichiamo due funzioni dell'incognita x.
Per le condizioni di esistenza dei logaritmi deve essere: $A(x) > 0$ e $B(x) > 0$.
Dal momento che

$$A(x) = B(x) \leftrightarrow \log_a A(x) = \log_a B(x),$$

per risolvere l'equazione è sufficiente cercare le soluzioni di $A(x) = B(x)$ e controllare successivamente se queste soddisfano le condizioni di esistenza.

ESEMPIO
Risolviamo l'equazione

$$\log x + \log(x+3) = \log 2 + \log(2x+3).$$

Scriviamo le condizioni di esistenza imponendo che ciascun logaritmo presente nell'equazione abbia argomento maggiore di 0. Otteniamo il sistema:

$$\begin{cases} x > 0 \\ x+3 > 0 \\ 2x+3 > 0 \end{cases} \to \begin{cases} x > 0 \\ x > -3 \\ x > -\frac{3}{2} \end{cases} \to x > 0, \text{ cioè C.E.: } x > 0.$$

Applichiamo la proprietà del logaritmo di un prodotto:

$$\log[x(x+3)] = \log[2(2x+3)].$$

Passiamo all'uguaglianza degli argomenti:

$$x(x+3) = 2(2x+3) \to x^2 + 3x = 4x + 6 \to x^2 - x - 6 = 0 \to$$

$x_1 = -2, x_2 = 3.$

Il valore -2 non soddisfa la condizione di esistenza posta $(x > 0)$, soddisfatta invece da 3, che quindi è l'unica soluzione dell'equazione logaritmica.

A volte, è utile servirsi di un'incognita ausiliaria.

ESEMPIO
Risolviamo l'equazione $(\log_3 x)^2 - 2\log_3 x - 3 = 0$.
La condizione di esistenza del logaritmo è $x > 0$.
Poniamo $\log_3 x = t$ e sostituiamo:

$$t^2 - 2t - 3 = 0 \to t = 1 \pm \sqrt{1+3} \to t_1 = 3, t_2 = -1,$$

da cui $\log_3 x = -1 \to x_1 = \dfrac{1}{3}$, $\log_3 x = 3 \to x_2 = 27$, entrambe soluzioni accettabili perché soddisfano la condizione di esistenza.

▶ **Animazione**

Nell'animazione trovi lo svolgimento commentato di questo esempio e del successivo.

▶ Risolvi l'equazione:
$\log(x-2) - \log(2x-5) = 0.$
$[x = 3]$

▶ Risolvi l'equazione:
$(\log_5 x)^2 + 4\log_5 x + 3 = 0.$
$\left[x = \dfrac{1}{5}; x = \dfrac{1}{125}\right]$

Negli esercizi vedremo anche come risolvere un'equazione logaritmica con metodo grafico.

Capitolo 3. Esponenziali e logaritmi

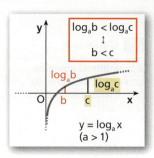

$\log_a b < \log_a c$
↕
$b < c$

$y = \log_a x$
($a > 1$)

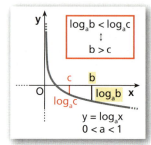

$\log_a b < \log_a c$
↕
$b > c$

$y = \log_a x$
$0 < a < 1$

Animazione

Nell'animazione osserva, mediante i grafici, il collegamento con il comportamento della funzione logaritmica.

▶ Trova i valori per cui $\log_3(x+2) \geq 0$.

[$x \geq -1$]

▶ Risolvi la disequazione:

$\dfrac{3}{\log_2 x} \geq \log_2 x + 2$,

utilizzando un'incognita ausiliaria.

Animazione

9 Disequazioni logaritmiche

▶ Esercizi a p. 153

Consideriamo le disequazioni logaritmiche che possiamo scrivere nella forma

$$\log_a A(x) < \log_a B(x),$$

o nelle forme analoghe con gli altri segni di disuguaglianza.

Per passare da una disequazione di questo tipo a una riguardante gli argomenti $A(x)$ e $B(x)$, dobbiamo ricordare il comportamento della funzione logaritmica:

- per $a > 1$, $\log_a b < \log_a c \leftrightarrow b < c$;
- per $0 < a < 1$, $\log_a b < \log_a c \leftrightarrow b > c$;   con $b, c > 0$.

Le soluzioni di una disequazione logaritmica del tipo considerato si ottengono risolvendo il sistema formato da:

- le condizioni di esistenza della disequazione;
- la disequazione che si ottiene dalla disuguaglianza degli argomenti.

ESEMPIO

1. Risolviamo la disequazione

   $\log_5(x-1) < 2$.

   Per la definizione di logaritmo, scriviamo: $2 = \log_5 25$, perché $5^2 = 25$.
   La disequazione può essere scritta:

   $\log_5(x-1) < \log_5 25$.

   Risolviamo il sistema.

   $\begin{cases} x - 1 > 0 & \text{condizione di esistenza} \\ x - 1 < 25 & \text{disuguaglianza fra gli argomenti, con lo stesso} \\ & \text{verso di quella fra i logaritmi (base maggiore di 1)} \end{cases}$

   $\begin{cases} x > 1 \\ x < 26 \end{cases}$

   Le soluzioni della disequazione logaritmica sono: $1 < x < 26$.

2. Risolviamo la disequazione $\log_{\frac{1}{3}}(x-4) > \log_{\frac{1}{3}} 5x$.

   È equivalente al seguente sistema.

   $\begin{cases} x - 4 > 0 & \text{condizione di esistenza del primo logaritmo} \\ 5x > 0 & \text{condizione di esistenza del secondo logaritmo} \\ x - 4 < 5x & \text{disuguaglianza fra gli argomenti, di verso contrario} \\ & \text{a quella fra i logaritmi (base compresa fra 0 e 1)} \end{cases}$

   $\begin{cases} x > 4 \\ x > 0 \\ -4x < 4 \end{cases} \rightarrow \begin{cases} x > 4 \\ x > 0 \\ x > -1 \end{cases} \rightarrow x > 4$

   Le soluzioni della disequazione logaritmica sono: $x > 4$.

10 Logaritmi ed equazioni e disequazioni esponenziali

■ Equazioni esponenziali risolubili con i logaritmi

▶ Esercizi a p. 156

Alcuni tipi di equazioni esponenziali si possono risolvere con i logaritmi.

ESEMPIO

Risolviamo l'equazione $7 \cdot 5^{2x} = 3^{x+1}$.

Poiché i due membri dell'equazione sono positivi, applichiamo il logaritmo in base 10 e otteniamo un'equazione equivalente:

$$\log(7 \cdot 5^{2x}) = \log 3^{x+1} \rightarrow \log 7 + 2x \log 5 = (x+1) \log 3.$$

L'equazione ottenuta è di primo grado nell'incognita x.

$$2x \log 5 - x \log 3 = \log 3 - \log 7 \rightarrow x(2\log 5 - \log 3) = \log 3 - \log 7 \rightarrow$$

$$x = \frac{\log 3 - \log 7}{2\log 5 - \log 3}.$$

■ Disequazioni esponenziali risolubili con i logaritmi

▶ Esercizi a p. 158

I logaritmi sono utili anche per risolvere disequazioni esponenziali.

ESEMPIO Animazione

Risolviamo $3 \cdot 2^x > 4 \cdot 3^{x+1}$.

Applichiamo una proprietà delle potenze e semplifichiamo:

$3 \cdot 2^x > 4 \cdot 3^{x+1} \rightarrow 3 \cdot 2^x > 4 \cdot 3^x \cdot 3 \rightarrow 2^x > 4 \cdot 3^x$.

Applichiamo i logaritmi ai due membri,

$2^x > 4 \cdot 3^x \rightarrow \log 2^x > \log(4 \cdot 3^x)$,

tenendo presente che la disuguaglianza fra i logaritmi ha lo stesso verso di quella fra gli argomenti, perché la base 10 è maggiore di 1. Utilizziamo le proprietà dei logaritmi:

$\log 2^x > \log(4 \cdot 3^x) \rightarrow x \log 2 > \log 4 + x \log 3 \rightarrow x(\log 2 - \log 3) > \log 4$.

Dividiamo per $\log 2 - \log 3$; poiché è un numero negativo, cambiamo il verso:

$$x < \frac{\log 4}{\log 2 - \log 3}.$$

▶ Risolvi la disequazione: $\frac{6^{x-3}}{4} < 2 \cdot 5^{3x}$.

Animazione

Nell'animazione, oltre a quella dell'esempio, ti proponiamo di risolvere questa equazione:

$2^x + 2^{x+1} + 2^{x-1} = 15$.

MATEMATICA INTORNO A NOI

Logaritmi e decibel
Il campo di udibilità è un intervallo di intensità sonore il cui limite inferiore (soglia del silenzio) vale 10^{-12} watt/metro^2 (W/m^2) e corrisponde al rumore di una zanzara a 3 m di distanza.
Il limite superiore (soglia del dolore) vale 1 W/m^2.
Il campo di udibilità occupa dunque 12 ordini di grandezza ed è comodo rappresentarlo con una scala logaritmica; in questa scala l'unità di misura è il decibel (simbolo dB).

▶ Che relazione c'è tra il livello di intensità percepita e l'intensità effettiva di un suono?

Cerca nel Web: livello di intensità sonora, decibel

Video

Logaritmi e decibel
L'intensità di un suono si misura in decibel, una scala di misura logaritmica.

▶ Come funziona?

▶ Perché si usa questa scala?

IN SINTESI
Esponenziali e logaritmi

■ Potenze con esponente reale

- **Potenza** a^x, con a e x numeri reali positivi:
  se $a > 1$, è il numero reale
  - *maggiore* di tutte le potenze di a con esponenti razionali che approssimano x per *difetto*;
  - *minore* di tutte le potenze di a con esponenti razionali che approssimano x per *eccesso*;

  se $0 < a < 1$, è il numero reale
  - *maggiore* di tutte le potenze di a con esponenti razionali che approssimano x per *eccesso*;
  - *minore* di tutte le potenze di a con esponenti razionali che approssimano x per *difetto*.

- Definiamo: $1^x = 1$, $\quad \forall x \in \mathbb{R}$; $\qquad a^0 = 1$, $\quad \forall a \in \mathbb{R}^+$;

  $0^x = 0$, $\quad \forall x \in \mathbb{R}^+$; $\qquad a^{-r} = \left(\dfrac{1}{a}\right)^r = \dfrac{1}{a^r}$, $\quad \forall a, r \in \mathbb{R}^+$.

  Non si definiscono le potenze con base 0 ed esponente negativo o nullo e quelle con base negativa.

- **Proprietà**
  - Anche per le potenze con esponente reale valgono le cinque proprietà delle potenze.
  - All'aumentare di x, la potenza a^x aumenta se $a > 1$, diminuisce se $0 < a < 1$.

■ Funzione esponenziale

Ogni funzione da $\mathbb{R}$ a $\mathbb{R}^+$ del tipo

$y = a^x$, $\quad$ con $a \in \mathbb{R}^+$,

è una **funzione esponenziale**.

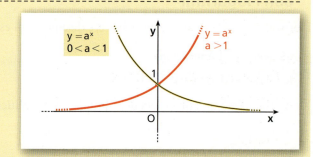

■ Equazioni esponenziali

Equazione esponenziale: contiene almeno una potenza in cui compare l'incognita nell'esponente.
L'equazione esponenziale più semplice è del tipo: $a^x = b$, con $a > 0$.

Quando l'equazione è determinata, può essere **risolta in modo immediato** se si riescono a scrivere a e b come potenze con la stessa base.

ESEMPIO: $27^x = 81 \quad \rightarrow \quad 3^{3x} = 3^4 \quad \rightarrow \quad 3x = 4 \quad \rightarrow \quad x = \dfrac{4}{3}$

■ Disequazioni esponenziali

Disequazione esponenziale: contiene almeno una potenza con l'incognita nell'esponente.
Per risolvere le disequazioni esponenziali si tiene presente che:

- se $a > 1$ e $a^x > a^y$, allora $x > y$;
- se $0 < a < 1$ e $a^x > a^y$, allora $x < y$.

ESEMPIO: $\quad$ 1. $2^{2x} > 2^3 \quad \rightarrow \quad 2x > 3 \quad \rightarrow \quad x > \dfrac{3}{2}$; $\qquad$ 2. $\left(\dfrac{1}{3}\right)^x > \left(\dfrac{1}{3}\right)^5 \quad \rightarrow \quad x < 5$.

In sintesi

■ Definizione di logaritmo

- **Logaritmo in base *a* di *b***: dati due numeri reali positivi *a* e *b*, con $a \neq 1$, è l'esponente da assegnare ad *a* per ottenere *b*.

$$\log_a b = x \leftrightarrow a^x = b$$

- **Proprietà**: $a^{\log_a b} = b$; $x = y \leftrightarrow \log_a x = \log_a y$ ($x > 0, a > 0, a \neq 1, y > 0, b > 0$).

■ Proprietà dei logaritmi

- 1. **Logaritmo di un prodotto**: $\log_a(b \cdot c) = \log_a b + \log_a c$ ($b > 0, c > 0$).
  2. **Logaritmo di un quoziente**: $\log_a\left(\dfrac{b}{c}\right) = \log_a b - \log_a c$ ($b > 0, c > 0$).
  3. **Logaritmo di una potenza**: $\log_a b^n = n \cdot \log_a b$ ($b > 0, n \in \mathbb{R}$).

- **Cambiamento di base**: $\log_a b = \dfrac{\log_c b}{\log_c a}$, con $a \neq 1, c \neq 1, a > 0, b > 0, c > 0$.

■ Funzione logaritmica

È una funzione da $\mathbb{R}^+$ a $\mathbb{R}$ del tipo $y = \log_a x$, con $a \in \mathbb{R}^+$ e $a \neq 1$.

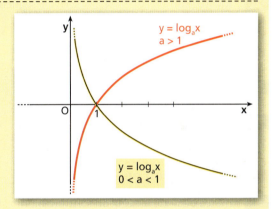

■ Equazioni logaritmiche

L'incognita compare nell'argomento di almeno un logaritmo.

ESEMPIO: $\log(x - 7) = 1$

Risoluzione

C.E.: $x - 7 > 0 \rightarrow x > 7$; $\log(x - 7) = \log 10 \rightarrow x - 7 = 10 \rightarrow x = 17$;

$17 > 7 \rightarrow 17$ è soluzione accettabile.

■ Disequazioni logaritmiche

- Fra le **disequazioni logaritmiche** consideriamo quelle del tipo: $\log_a A(x) < \log_a B(x)$.
- **Risoluzione**
  Teniamo presente che:
  - per $a > 1$, se $\log_a b < \log_a c$, allora $b < c$;
  - per $0 < a < 1$, se $\log_a b < \log_a c$, allora $b > c$;

  e risolviamo il sistema formato da:
  - le condizioni di esistenza della disequazione;
  - la disequazione che si ottiene dalla disuguaglianza degli argomenti.

■ Logaritmi ed equazioni e disequazioni esponenziali

Alcune equazioni e disequazioni esponenziali si possono risolvere mediante i logaritmi.

ESEMPIO: $2 \cdot 6^x = 5 \rightarrow \log 2 + x \log 6 = \log 5 \rightarrow x = \dfrac{\log 5 - \log 2}{\log 6}$

CAPITOLO 3
ESERCIZI

1 Potenze con esponente reale
▶ Teoria a p. 122

Potenze con esponente intero o razionale

1 Fra le seguenti potenze con esponente razionale elimina quelle prive di significato e spiega il motivo della tua scelta.

$(2\pi)^{-44}$; $(-2)^{\frac{1}{8}}$; $(-3)^{-2}$; $(9-3^2)^0$; $(\sqrt[4]{5})^{-\frac{2}{7}}$; 0^{-2}.

2 Ricordando che $x^{\frac{m}{n}} = \sqrt[n]{x^m}$, scrivi le seguenti potenze con esponente razionale sotto forma di radice.

a. $3^{\frac{5}{8}}$; $4^{\frac{2}{3}}$; $\left(\frac{1}{3}\right)^{\frac{3}{2}}$; b. $2^{-\frac{4}{3}}$; $\left(\frac{1}{4}\right)^{-\frac{4}{3}}$; $\left(\frac{11}{3}\right)^{-\frac{2}{5}}$. $\left[a) \sqrt[8]{3^5}; 2 \cdot \sqrt[3]{2}; \frac{\sqrt{3}}{9}; b) \frac{1}{2 \cdot \sqrt[3]{2}}; 4 \cdot \sqrt[3]{4}; \sqrt[5]{\frac{9}{121}}\right]$

Scrivi le seguenti radici sotto forma di potenza con esponente razionale.

3 $\sqrt{7}$; $\sqrt[6]{2^5}$; $\sqrt[4]{243}$; $\sqrt[4]{0{,}25}$. $\left[7^{\frac{1}{2}}; 2^{\frac{5}{6}}; 3^{\frac{5}{4}}; 2^{-\frac{1}{2}}\right]$

4 $\frac{1}{\sqrt{2}}$; $\sqrt[19]{\frac{1}{256}}$; $\sqrt[7]{\frac{1}{125}}$; $\sqrt[4]{3^{-1}}$. $\left[2^{-\frac{1}{2}}; 2^{-\frac{8}{19}}; 5^{-\frac{3}{7}}; 3^{-\frac{1}{4}}\right]$

Potenze con esponente reale

5 Indica quali fra le seguenti scritture hanno significato, ossia rappresentano potenze con esponente reale.

a. $-5^{\sqrt{3}}$; b. $\left(-\frac{1}{2}\right)^{1+\sqrt{2}}$; c. $(\sqrt{5}+1)^\pi$; d. $(1-\sqrt{2})^{\frac{1}{\sqrt{3}}}$; e. $1^{\sqrt{3}}$. [a; c; e]

6 TEST $3^{\pi-1}$ ha un valore compreso tra:

A 9 e 10. B 1 e 9. C 9 e 27. D 27 e 81. E 3 e 9.

Proprietà delle potenze con esponente reale

VERO O FALSO?

7 a. $4^{\frac{1}{x}} = 4^{-x}$ V F
b. $-8^x = (-8)^x$ V F
c. $6^{x^2} = (6^x)^2$ V F
d. $5^x + 5^y = 5^{x+y}$ V F

8 a. $\frac{1}{3^x} = \left(\frac{1}{3}\right)^x$ V F
b. $0^x = 0, \forall x \in \mathbb{R}$ V F
c. $a^{-\frac{1}{\sqrt{3}}} = \frac{1}{\sqrt[3]{a}}, \forall a \in \mathbb{R}^+$ V F
d. $\left(\frac{1}{\sqrt{2}}\right)^0 = 1$ V F

9 a. $7^{x-1} = 7^x - 1$ V F
b. $5^{x-2} \cdot \frac{1}{25} = 5^{x-4}$ V F
c. $8^{1+3x} = 2^{3+3x}$ V F
d. $(a^3)^x \cdot \frac{1}{(a^2)^x} = a$ V F

10 a. $5^{2x-1} = \frac{25^x}{5}$ V F
b. $\sqrt[5]{64^x} = 2^{\frac{6}{5}x}$ V F
c. $9 \cdot 3^{2x+1} = 27 \cdot 9^x$ V F
d. $\sqrt{64^{2x}} = 8^x$ V F

Paragrafo 2. Funzione esponenziale

ESERCIZI

Semplifica le seguenti espressioni, applicando le proprietà delle potenze.

11 $3^{\sqrt{5}} \cdot 3^{\sqrt{20}}$; $2^{\sqrt{3}} \cdot 3^{\sqrt{3}}$. $[3^{3\cdot\sqrt{5}}; 6^{\sqrt{3}}]$ **15** $\sqrt{2\sqrt{4^x}}$; $\left(\dfrac{2^x}{4^{2x}}\right)^3$. $[2^{\frac{x+1}{2}}; 2^{-9x}]$

12 $5^{3\sqrt{3}} : 5^{\sqrt{3}}$; $(3^{\sqrt{2}})^{\sqrt{2}}$. $[5^{2\sqrt{3}}; 9]$ **16** $(3^{-2x} \cdot 3^3) : 3^x$; $\sqrt{\dfrac{9^{x+1}}{3^{4x}}}$. $[3^{-3x+3}; 3^{1-x}]$

13 $(5^{4\pi} : 5^4) \cdot 5^\pi$; $[(6^{\sqrt{2}})^2]^{\sqrt{2}}$. $[5^{5\pi-4}; 6^4]$ **17** $2^x \cdot 4^{x+1} \cdot 16^{x+2}$; $3^{-x} \cdot 9^{-\frac{1}{2}x}$. $\left[2^{7x+10}; \dfrac{1}{9^x}\right]$

14 $\sqrt{32^{\sqrt{2}}}$; $[(5)^{\sqrt{3}-1}]^{\sqrt{3}+1}$. $[2^{\frac{5}{2}\sqrt{2}}; 25]$ **18** $[(2^{x+1} \cdot 2^{-x})^3 : 2^{x-1}]^{\sqrt{x}}$ $[2^{\sqrt{x}(4-x)}]$

---

2 Funzione esponenziale

▶ Teoria a p. 124

Per ciascuna coppia di funzioni esponenziali disegna i grafici delle due funzioni nello stesso piano cartesiano, assegnando alla x alcuni valori scelti a piacere.

19 $y = 3^x$ e $y = 3^{2x}$.   **20** $y = 2^x$ e $y = 2^{x-1}$.   **21** $y = 3^x$ e $y = 3^x - 1$.

---

22 Disegna i grafici delle funzioni $y = 2^x$, $y = 4^x$, $y = 5^x$ in uno stesso piano cartesiano. Che cosa puoi dedurre dal confronto dei tre grafici?

23 Come nell'esercizio precedente, ma con le funzioni $y = \left(\dfrac{1}{2}\right)^x$, $y = \left(\dfrac{1}{4}\right)^x$, $y = \left(\dfrac{1}{5}\right)^x$.

LEGGI IL GRAFICO   Nelle figure sono disegnati i grafici di funzioni esponenziali. Scrivi le equazioni corrispondenti.

24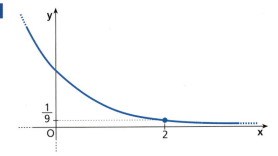

25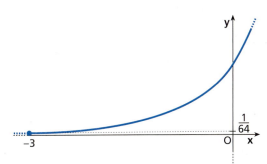

26 VERO O FALSO?

a. La funzione $y = \left(\dfrac{1}{3}\right)^{x-2}$ ha come dominio $\mathbb{R}$ e come codominio $\mathbb{R}^+$.   V F

b. La funzione $y = 4^x$ è decrescente per $x < 0$.   V F

c. Il grafico di $y = (\sqrt{2})^x$ passa per il punto $(0; 1)$.   V F

d. La funzione $y = \left(\dfrac{2}{3}\right)^x$ si annulla in un punto.   V F

27 AL VOLO   Quale delle seguenti funzioni cresce più rapidamente?   a. $y = 4^x$ b. $y = (\sqrt{3})^x$

Determina per quali valori di a le seguenti equazioni definiscono una funzione esponenziale crescente.

Determina per quali valori di a le seguenti equazioni definiscono una funzione esponenziale decrescente.

28 $y = (5-a)^x$ $[a < 4]$ **30** $y = (1-a)^x$ $[0 < a < 1]$

29 $y = (a^2 - 3)^x$ $[a < -2 \lor a > 2]$ **31** $y = \left(-\dfrac{2}{a}\right)^x$ $[a < -2]$

137

Capitolo 3. Esponenziali e logaritmi

Determina il dominio delle seguenti funzioni.

32 $y = 2^{\sqrt{x-1}}$ $[x \geq 1]$

33 $y = \frac{1}{2} \cdot 3^x + 4^{\frac{1}{x}}$ $[x \neq 0]$

34 $y = 2^{\frac{x}{x^2-1}}$ $[x \neq \pm 1]$

35 $y = \sqrt{4^x}$ $[\forall x \in \mathbb{R}]$

36 $y = \frac{4}{3^x}$ $[\forall x \in \mathbb{R}]$

37 $y = 3^{\frac{x-1}{x^3-4x}}$ $[x \neq \pm 2 \wedge x \neq 0]$

38 $y = \frac{5^{\frac{1}{x}}}{x^2-4}$ $[x \neq 0 \wedge x \neq \pm 2]$

39 $y = \sqrt{2^x} - \sqrt{x+2}$ $[x \geq -2]$

40 $y = \sqrt{-3^{-x}}$ $[\nexists x \in \mathbb{R}]$

41 $y = 4^{\sqrt{3-|x|}}$ $[-3 \leq x \leq 3]$

Trasformazioni geometriche e grafico delle funzioni esponenziali

Disegna il grafico delle seguenti funzioni utilizzando le trasformazioni geometriche.

42 $y = 2^{x+2}$; $y = 2^x + 2$.

43 $y = \left(\frac{1}{2}\right)^{x+1} - 1$; $y = 2^{-x}$.

44 $y = \left(\frac{1}{2}\right)^{x-1}$; $y = -2^x$.

45 $y = 3^{|x|}$; $y = \left(\frac{1}{2}\right)^{|x|}$.

46 $y = 3^{\frac{x}{2}}$; $y = 5 \cdot 3^x$.

47 $y = \frac{2^x}{3}$; $y = \frac{1}{2} \cdot 3^{\frac{1}{2}x}$.

48 $y = 2^{3x}$; $y = 3 \cdot 2^x$.

49 $y = 4^{-x} + 1$; $y = -3^x - 3$.

50 $y = -3^{-x}$; $y = -\left(\frac{1}{3}\right)^{-x}$.

51 $y = |-2^{-x}|$; $y = |2^{x+1} - 1|$.

52 $y = 2 \cdot 3^{-x}$; $y = 4 \cdot 2^x - 1$.

53 $y = -2^{|x|}$; $y = |2^{x+2}|$.

54 $y = -3^{|x|}$; $y = -\left|\left(\frac{1}{3}\right)^x - 1\right|$.

---

55 **YOU & MATHS** Let:
  a. $f(x) = 3^x$;
  b. $g(x)$ be its symmetric function with respect to the y-axis;
  c. $h(x)$ be its symmetric function with respect to the line $y = -1$;
  d. $t(x)$ be the function obtained by translating $f(x)$ along the vector $\vec{v}(2; 4)$.

Write $t(h(g(f(x))))$ and sketch its graph.

LEGGI IL GRAFICO Utilizzando i dati forniti nelle figure, determina l'equazione dei seguenti grafici.

56
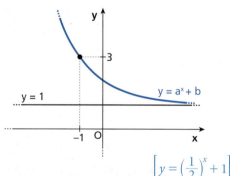
$\left[y = \left(\frac{1}{2}\right)^x + 1\right]$

57
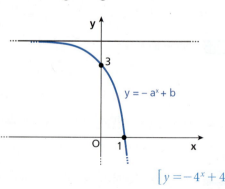
$[y = -4^x + 4]$

58 **TEST** La figura rappresenta il grafico (in rosso) di una funzione. Quale?

  A $y = \left(\frac{1}{2}\right)^x$.
  B $y = 2^{|x|}$.
  C $y = \left|\left(\frac{1}{2}\right)^x\right|$.
  D $y = -\left(\frac{1}{2}\right)^x$.
  E $y = \left(\frac{1}{2}\right)^{|x|}$.
  e.

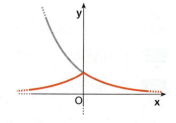

Paragrafo 3. Equazioni esponenziali

59 **REALTÀ E MODELLI** **Interesse** Depositando in banca un capitale C_0 a interesse composto i annuale, alla fine di ogni anno l'interesse maturato durante l'anno viene aggiunto al capitale di inizio d'anno.

a. Dimostra che la funzione che permette di calcolare il capitale C accumulato dopo t anni è $C(t) = C_0(1 + i)^t$.

b. Giulia deposita in banca € 20 000 al tasso composto del 2% annuale. Scrivi la funzione $C(t)$, rappresentala graficamente e calcola che capitale ritirerà Giulia fra 8 anni.

[€ 23 433,19]

3 Equazioni esponenziali

▶ Teoria a p. 125

60 **VERO O FALSO?**

a. L'equazione $2^x + 1 = 0$ è impossibile.   V   F

b. L'equazione $5^{2-x} - \dfrac{1}{5} = 0$ ha per soluzione 3.   V   F

c. $2^{-x} + 2^x = 0$ è un'equazione impossibile.   V   F

d. $2 \cdot 4^{x-1} = 0$ ha per soluzione 1.   V   F

I due membri si possono scrivere come potenze di uguale base

61 **ESERCIZIO GUIDA** Risolviamo: **a.** $3^x = \dfrac{\sqrt{3}}{9}$; **b.** $75 \cdot 25^{x-1} - 5^{2x+1} = -50$.

a. $3^x = \dfrac{\sqrt{3}}{9}$ ⟩ $\sqrt{3} = 3^{\frac{1}{2}}$

$3^x = \dfrac{3^{\frac{1}{2}}}{3^2}$ ⟩ seconda proprietà delle potenze

$3^x = 3^{\frac{1}{2} - 2}$

$3^x = 3^{-\frac{3}{2}}$ ⟩ potenze con la stessa base: uguagliamo gli esponenti

$x = -\dfrac{3}{2}$

b. $75 \cdot 25^{x-1} - 5^{2x+1} = -50$ ⟩ proprietà delle potenze

$\overset{3}{\cancel{75}} \cdot \dfrac{5^{2x}}{\cancel{25}} - 5 \cdot 5^{2x} = -50$ ⟩ raccogliamo 5^{2x}

$5^{2x}(3 - 5) = -50$

$5^{2x} = 5^2$ ⟩ uguagliamo gli esponenti

$2x = 2 \quad \to \quad x = 1$

Risolvi le seguenti equazioni esponenziali.

62 $3^{x+1} = 27$ [2]

63 $5^{2x} = \dfrac{1}{25}$ [−1]

64 **AL VOLO** $4 \cdot 3^x = 4$

65 **AL VOLO** $7^{x+2} + 7 = 0$

66 $2^x = 16 \cdot \sqrt{2}$ $\left[\dfrac{9}{2}\right]$

67 $5^x = \dfrac{1}{25} \cdot \sqrt{5}$ $\left[-\dfrac{3}{2}\right]$

68 $4^x = 2 \cdot \sqrt{2}$ $\left[\dfrac{3}{4}\right]$

69 $2^x = 8 \cdot \sqrt{2}$ $\left[\dfrac{7}{2}\right]$

70 $\sqrt[3]{5^x} = 25$ [6]

71 $4^{x+2} = 1 - \sqrt{2}$ [imp.]

72 $2^x + 9 \cdot 2^x = 40$ [2]

73 $3 \cdot 4^x + \dfrac{7}{4} \cdot 4^x = 19 \cdot \sqrt{2}$ $\left[\dfrac{5}{4}\right]$

74 $5 \cdot 2^x + 2^{x-3} = 328$ [6]

75 $3 \cdot 5^x + 5^{x+1} = 8 \cdot 5^3$ [3]

76 $5^x \cdot 25^x = \dfrac{1}{5}$ $\left[-\dfrac{1}{3}\right]$

Capitolo 3. Esponenziali e logaritmi

77 **LEGGI IL GRAFICO** Considera il grafico della funzione $f(x)$.
Determina $f(1)$, $2^{f(-2)}$, $3^{f\left(-\frac{1}{2}\right)}$, $4^{f(2)}$. Risolvi le equazioni:

a. $2^x - 4^{f(0)} = 2^{f\left(-\frac{1}{2}\right)}$;

b. $2^{f(x)} = 1$.

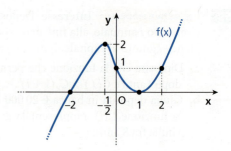

78 **REALTÀ E MODELLI** **Tre mesi o un anno?** Alberto decide di investire i suoi risparmi sottoscrivendo il contratto che vedi qui a fianco. «Tasso di interesse composto del 4% con capitalizzazione a tre mesi» significa che ogni tre mesi la sua banca gli accrediterà il 4% del denaro presente sul suo conto in quel momento e che questi soldi andranno a sommarsi al capitale. Le condizioni del contratto di Giorgio invece sono quelle riportate più in basso a fianco.
Dopo quanto tempo il capitale di Alberto uguaglierà quello di Giorgio? [1 anno]

> deposito di Alberto: € 156 250
> tasso di interesse composto: 4%
> capitalizzazione: 3 mesi

> deposito di Giorgio: € 175 760
> tasso di interesse composto: 4%
> capitalizzazione: 1 anno

79 **ESERCIZIO GUIDA** Risolviamo $6 \cdot 2^{x+3} = 4 \cdot 7^x - 2^x$.

$$6 \cdot 2^x \cdot 8 = 4 \cdot 7^x - 2^x \rightarrow 48 \cdot 2^x + 2^x = 4 \cdot 7^x \rightarrow 49 \cdot 2^x = 4 \cdot 7^x \underset{\substack{\text{dividiamo entrambi}\\\text{i membri per } 49 \cdot 7^x}}{\rightarrow} \frac{2^x}{7^x} = \frac{4}{49} \underset{\substack{\text{proprietà}\\\text{delle potenze}}}{\rightarrow} \left(\frac{2}{7}\right)^x = \left(\frac{2}{7}\right)^2 \rightarrow x = 2$$

Risolvi le seguenti equazioni esponenziali.

80 $5 \cdot 2^x = 2 \cdot 5^x$ [1]

81 $3^{x+2} = 2^{2x+4}$ [−2]

82 $26 \cdot 2^x = 4 \cdot 5^x + 2^x$ [2]

83 $7^{x+1} = 3^{x+1}$ [−1]

84 $21 \cdot 3^x - 2^{x+3} = 3^{x+1}$ [−2]

85 $2^{x+2} - 4 \cdot 5^{x+2} = 25 \cdot 5^x - 4 \cdot 2^x$ [−3]

Utilizziamo un'incognita ausiliaria

86 **ESERCIZIO GUIDA** Risolviamo l'equazione $6 \cdot 3^x - 3^{2-x} = 15$.

$$6 \cdot 3^x - 3^{2-x} = 15 \underset{\substack{\text{seconda proprietà}\\\text{delle potenze}\\a^x : a^y = a^{x-y}}}{\rightarrow} 6 \cdot 3^x - \frac{9}{3^x} = 15 \underset{\text{sostituiamo } z = 3^x}{\rightarrow} 6z - \frac{9}{z} = 15 \underset{\substack{\text{riduciamo allo stesso}\\\text{denominatore}}}{\rightarrow} \frac{2z^2 - 3 - 5z}{z} = 0 \underset{z \neq 0}{\rightarrow}$$

$$2z^2 - 5z - 3 = 0 \rightarrow z_1 = -\frac{1}{2} \lor z_2 = 3$$

$$z_1 = -\frac{1}{2} \rightarrow 3^x = -\frac{1}{2} \rightarrow \text{impossibile} \lor z_2 = 3 \rightarrow 3^x = 3 \rightarrow x = 1$$

L'equazione data ha per soluzione $x = 1$.

Paragrafo 4. Disequazioni esponenziali

Risolvi le seguenti equazioni esponenziali utilizzando un'incognita ausiliaria.

87 $4^x = 2^x - 2$ [impossibile]

88 $8 + 2^{x+1} = 2^{2x}$ [2]

89 $9^x - 3 = 2 \cdot 3^x$ [1]

90 $3^{2x} - 9 \cdot 3^x + 3 = \dfrac{1}{3} \cdot 3^x$ [−1; 2]

91 $5^{2x} - 5^x = 5^{x-2} - \dfrac{1}{25}$ [0; −2]

92 $\dfrac{2}{3^x - 1} = \dfrac{1}{3^x - 5}$ [2]

93 $2^x + 8 = \dfrac{1}{4} + 2^{1-x}$ [−2]

94 $10^x + 10^{2-x} = 101$ [0; 2]

95 $2^{x+3} + 4^{x+1} = 320$ [3]

96 $2^{x+1} + 2^{3-x} = 17$ [−1; 3]

97 $3^x + 3^{1-x} = 4$ [0; 1]

98 $2^x - \sqrt{2} = 4 - 2^{\frac{5}{2}-x}$ $\left[\dfrac{1}{2}; 2\right]$

99 $(3^x - 5)^2 + 1 = 3^x - 5$ [impossibile]

100 $\left(\dfrac{1}{2}\right)^{2x} - \dfrac{12}{2^x} + 32 = 0$ [−2; −3]

101 $-2 \cdot 5^{x+2} + 25^{x+1} = 375$ [1]

102 $9^x + 9 = 10 \cdot 3^x$ [0; 2]

103 $2^{4x+3} + 2 = 17 \cdot 4^x$ $\left[-\dfrac{3}{2}; \dfrac{1}{2}\right]$

104 $5^{x+2} - 4 \cdot 5^{1-x} - 30 = -5^{2-x}$ [0; −1]

105 $3^x - 3^{-1} = 3(2 \cdot 3^{-x} + 8 \cdot 3^{-1})$ [2]

Risolvi le seguenti equazioni esponenziali applicando il metodo opportuno.

106 $5^{x+6} = 125$ [−3]

107 $9^x - 3^x = 6$ [1]

108 $4^x = 3 \cdot 2^x + 4$ [2]

109 $2^x = 2^{x-1} + 2^{x+3}$ [2]

110 $5^x + 125^{\frac{x}{3}} = 250$ [3]

111 $3^{2+x} + 3^x = 90$ [2]

112 $5^{2x-1} = 7^{2x-1}$ $\left[\dfrac{1}{2}\right]$

113 $\left(\dfrac{1}{2}\right)^{x+3} - 4 \cdot 64^x = 0$ $\left[-\dfrac{5}{7}\right]$

114 $7^x \cdot \sqrt{7^x} = \dfrac{1}{343}$ [−2]

115 $2 \cdot 3^{2x} - 2 \cdot 3^{x+2} - 8 = 1 - 3^x$ [2]

116 $\left(\dfrac{3}{4}\right)^{x-3} = \left(\dfrac{16}{9}\right)^{1+2x}$ $\left[\dfrac{1}{5}\right]$

117 $2^{2x-1} \cdot 3^x = \dfrac{1}{2 \cdot 3^x}$ [0]

118 $3^{x+1} - \dfrac{1}{3^x} - 2 = 0$ [0]

119 $5^{x+1} \cdot 25^x = \sqrt{5^{1-x}} \cdot \sqrt{125}$ $\left[\dfrac{2}{7}\right]$

4 Disequazioni esponenziali

▶ Teoria a p. 126

I due membri si possono scrivere come potenze di uguale base

120 **ESERCIZIO GUIDA** Risolviamo le seguenti disequazioni: **a.** $250 \cdot 5^{\frac{x}{3}} > 2$; **b.** $\left(\dfrac{1}{27}\right)^x > \dfrac{1}{81}$.

a. $250 \cdot 5^{\frac{x}{3}} > 2 \;\to\; 5^{\frac{x}{3}} > \dfrac{2}{250} \;\to\; 5^{\frac{x}{3}} > 5^{-3} \;\to\; \dfrac{x}{3} > -3 \;\to\; x > -9$

dividiamo entrambi i membri per 250

la base è 5 > 1

141

Capitolo 3. Esponenziali e logaritmi

b. $\left(\dfrac{1}{27}\right)^x > \dfrac{1}{81} \;\to\; \left(\dfrac{1}{3}\right)^{3x} > \left(\dfrac{1}{3}\right)^4 \;\to\; 3x < 4 \;\to\; x < \dfrac{4}{3}$

scriviamo $\dfrac{1}{27}$ e $\dfrac{1}{81}$ come potenze di $\dfrac{1}{3}$ ⟶ la base è $\dfrac{1}{3} < 1$

Risolvi le seguenti disequazioni esponenziali i cui membri sono riconducibili a potenze di uguale base.

121 $4^x \leq 32$ $\left[x \leq \dfrac{5}{2}\right]$

122 $\left(\dfrac{3}{2}\right)^x < \dfrac{27}{8}$ $[x < 3]$

123 $3^{2x} \geq 81$ $[x \geq 2]$

124 $3^{2x+2} < \dfrac{1}{3}$ $\left[x < -\dfrac{3}{2}\right]$

125 $7^{x+2} > 49$ $[x > 0]$

126 $0{,}1^x \leq 100$ $[x \geq -2]$

127 $100^x < 0{,}001$ $\left[x < -\dfrac{3}{2}\right]$

128 $\left(\dfrac{2}{5}\right)^{x+3} < \left(\dfrac{5}{2}\right)^{x-2}$ $\left[x > -\dfrac{1}{2}\right]$

129 $\left(\dfrac{1}{5}\right)^{2x+1} < 625$ $\left[x > -\dfrac{5}{2}\right]$

130 $2^x \cdot 3^{x+1} \leq \dfrac{6^{3x}}{2}$ $\left[x \geq \dfrac{1}{2}\right]$

131 $\dfrac{2^x \cdot 8}{4^x} > \dfrac{16^{-x}}{8}$ $[x > -2]$

Utilizziamo un'incognita ausiliaria

132 **ESERCIZIO GUIDA** Risolviamo la disequazione $3^x - 2 \cdot 3^{2-x} < 7$.

$3^x - 2 \cdot 3^{2-x} < 7 \to 3^x - 2 \cdot \dfrac{9}{3^x} < 7 \underset{z=3^x}{\to} z - \dfrac{18}{z} < 7 \to \dfrac{z^2 - 7z - 18}{z} < 0 \underset{z>0 \text{ perché } z=3^x}{\to} z^2 - 7z - 18 < 0 \to$

$-2 < z < 9 \to \begin{cases} 3^x > -2 \;\to\; \forall x \in \mathbb{R} \\ 3^x < 3^2 \;\to\; x < 2 \end{cases}$

La soluzione della disequazione data è $x < 2$.

Risolvi le seguenti disequazioni esponenziali con l'uso di un'incognita ausiliaria.

133 $2 \cdot 3^{-x} - 3^x \geq 1$ $[x \leq 0]$

134 $7^x - 6 > 7^{1-x}$ $[x > 1]$

135 $-4^x - 3 \cdot 2^x > 2^{2x} - 2^x$ [impossibile]

136 $34\left(\dfrac{3}{5}\right)^x < 25\left(\dfrac{9}{25}\right)^x + 9$ $[x < 0 \vee x > 2]$

137 $9\left(\dfrac{2}{3}\right)^x + 2 + 4\left(\dfrac{2}{3}\right)^{-x} \leq 0$ [impossibile]

138 $(0{,}01)^x - 7(0{,}1)^x - 30 \geq 0$ $[x \leq -1]$

139 $25\left(\dfrac{1}{5}\right)^x + 5 - 2\left(\dfrac{1}{5}\right)^{-x} \leq 0$ $[x \geq 1]$

140 $5^{\frac{2}{x}} - \dfrac{26}{25} 5^{\frac{1}{x}} > -\dfrac{1}{25}$ $\left[-\dfrac{1}{2} < x < 0 \vee x > 0\right]$

141 $\dfrac{1}{3^x - 9} - \dfrac{1}{3^x + 1} > 0$ $[x > 2]$

142 $\dfrac{-6}{2^x - 2} + \dfrac{9}{2^x - 1} < 0$ $[x < 0 \vee 1 < x < 2]$

Paragrafo 4. Disequazioni esponenziali

Risolvi le seguenti disequazioni applicando il metodo opportuno.

143 $\dfrac{2^x - 4}{1 - 3^x} > 0$ $\quad[0 < x < 2]$

144 $\dfrac{4 - 8^x}{3^x + 9} \leq 0$ $\quad\left[x \geq \dfrac{2}{3}\right]$

145 $\left(\dfrac{1}{5}\right)^{2x+1} < 625$ $\quad\left[x > -\dfrac{5}{2}\right]$

146 $45 \cdot 2^{2x-2} < -35 \cdot 4^{x-1}$ $\quad$[impossibile]

147 $9^x - 12 \cdot 3^x + 27 < 0$ $\quad[1 < x < 2]$

148 $\left(\dfrac{1}{4}\right)^x - 7 \cdot \left(\dfrac{1}{2}\right)^x - 8 \geq 0$ $\quad[x \leq -3]$

149 $4 \cdot 2^{3x} - 4^{x+2} < 0$ $\quad[x < 2]$

150 $\dfrac{5^x - 125}{(1 - 2^x)(3^x - 3)} \geq 0$ $\quad[x < 0 \vee 1 < x \leq 3]$

151 $72 \cdot 2^{2x} > 4 \cdot 9^x \cdot 27$ $\quad\left[x < -\dfrac{1}{2}\right]$

152 $\dfrac{3^x - 2}{2} + \dfrac{2 \cdot 9^x - 1}{2 \cdot 3^x} + 2 > 0$ $\quad[x > -1]$

Determina il dominio delle seguenti funzioni.

153 $y = \dfrac{x}{3^x - 3}$ $\quad[x \neq 1]$

154 $y = \dfrac{x - 1}{4^x - 2^x}$ $\quad[x \neq 0]$

155 $y = \dfrac{6 + 3x}{8 + 5^x}$ $\quad[\forall x \in \mathbb{R}]$

156 $y = \dfrac{1}{16 - 2^{x+2}}$ $\quad[x \neq 2]$

157 $y = \left(\dfrac{1}{2}\right)^{\sqrt{x^2 - 3}}$ $\quad[x \leq -\sqrt{3} \vee x \geq \sqrt{3}]$

158 $y = \sqrt{2^x - 16}$ $\quad[x \geq 4]$

159 $y = \dfrac{1}{\sqrt{9 - 3^x}}$ $\quad[x < 2]$

160 $y = \dfrac{7^x}{\sqrt[3]{8^x - 2}}$ $\quad\left[x \neq \dfrac{1}{3}\right]$

161 $y = \sqrt{3^{-x} - 3^x}$ $\quad[x \leq 0]$

162 $y = \sqrt{\dfrac{3^x - 1}{3^{-x} - 3}}$ $\quad[-1 < x \leq 0]$

163 $y = \dfrac{1 - 3^x}{4^{x-2} - 2^x}$ $\quad[x \neq 4]$

164 $y = \sqrt{4^x + 2^x - 6}$ $\quad[x \geq 1]$

Determina il dominio delle seguenti funzioni, studia il segno e determina gli eventuali zeri.

165 $y = \dfrac{5}{6^x + 5}$ $\quad[D: \mathbb{R};\ y > 0: \forall x \in \mathbb{R};\ y = 0: \text{imp.}]$

166 $y = \dfrac{2^{3x} - 1}{8 - 2^x}$ $\quad[D: x \neq 3;\ y > 0: 0 < x < 3;\ y = 0: x = 0]$

167 $y = \sqrt{9^x - 3}$ $\quad\left[D: x \geq \dfrac{1}{2};\ y > 0: x > \dfrac{1}{2};\ y = 0: x = \dfrac{1}{2}\right]$

168 $y = \dfrac{x - 1}{4^{2x-5} - 1}$ $\quad\left[D: x \neq \dfrac{5}{2};\ y > 0: x < 1 \vee x > \dfrac{5}{2};\ y = 0: x = 1\right]$

169 **EUREKA!** È data la funzione $f(x) = a4^x + b2^x - a + 2b$.
   a. Trova a e b in modo che il grafico della funzione passi per i punti $O(0; 0)$ e $A(1; 6)$.
   b. Utilizzando i valori di a e b trovati nel punto precedente traccia i grafici di $f(x)$ e di $g(x) = |f(x)| - 2$ e determina i loro punti di intersezione anche algebricamente.
   c. Studia il segno delle due funzioni.

$\left[\text{a}) a = 2 \wedge b = 0;\ \text{b}) \left(-\dfrac{1}{2}; -1\right);\ \text{c}) f(x) > 0: x > 0;\ f(x) = 0: x = 0;\ g(x) > 0: \ldots\right]$

Allenati con **15 esercizi interattivi** con feedback "hai sbagliato, perché..."

su.zanichelli.it/tutor3 risorsa riservata a chi ha acquistato l'edizione con tutor

Capitolo 3. Esponenziali e logaritmi

5 Definizione di logaritmo
▶ Teoria a p. 127

RIFLETTI SULLA TEORIA

170 Considera la definizione di logaritmo e, aiutandoti anche con esempi, spiega perché:
   a. non esistono i logaritmi di numeri negativi;
   b. la base di un logaritmo deve essere diversa da 1.

171 Ognuna delle seguenti scritture non è corretta. Perché?
   a. $\log_4 0 = 1$
   b. $\log_{-2} 1 = 0$
   c. $\log_3 (-3)^3 = -3$
   d. $\log_1 8 = 8$
   e. $\log_0 1 = 0$

Riscrivi, usando i logaritmi, le seguenti uguaglianze.

172 $2^5 = 32$; $\quad 3^4 = 81$; $\quad 5^2 = 25$.

173 $7^x = 2$; $\quad a^4 = 6$; $\quad 2^9 = b$.

174 $3^{\frac{1}{2}} = \sqrt{3}$; $\quad 10^0 = 1$; $\quad \left(\frac{1}{2}\right)^{-2} = 4$.

175 $6^{-5} = b$; $\quad a^{-2} = 8$; $\quad 3^x = \frac{1}{9}$.

Riscrivi, usando le potenze, le seguenti uguaglianze.

176 $\log_7 49 = 2$; $\quad \log_{11} 121 = 2$; $\quad \log_{10} 10\,000 = 4$; $\quad \log_5 \sqrt{5} = \frac{1}{2}$.

177 $\log_a 3 = 7$; $\quad \log_2 b = -\frac{1}{2}$; $\quad \log_5 3 = x$; $\quad \log_2 a = -5$.

178 Fra i seguenti logaritmi elimina quelli privi di significato e spiega il motivo della scelta.
   a. $\log_3 (-3)$; $\quad \log_2 82$; $\quad \log_2 (-1)$; $\quad \log_3 0{,}6$; $\quad \log_5 5$; $\quad \log_{-2} (-8)$.
   b. $\log_2 (-2)$; $\quad \log_{11}(-0{,}01)$; $\quad \log_1 100$; $\quad \log_5 0$; $\quad \log_8 10$; $\quad \log_{\sqrt{3}} 3$.

179 **ESERCIZIO GUIDA** Calcoliamo $\log_2 (4 \cdot \sqrt[3]{2})$ applicando la definizione di logaritmo.

$x = \log_2 (4 \cdot \sqrt[3]{2})$ è equivalente a $2^x = 4 \cdot \sqrt[3]{2} \rightarrow 2^x = 2^2 \cdot 2^{\frac{1}{3}} \rightarrow 2^x = 2^{\frac{7}{3}} \rightarrow x = \frac{7}{3}$.

prima proprietà delle potenze

Quindi $\log_2 (4 \cdot \sqrt[3]{2}) = \frac{7}{3}$.

Calcola i seguenti logaritmi applicando la definizione.

180 $\log_{\frac{1}{2}} \frac{1}{2}$; $\quad \log_{10} 10$.

181 $\log_2 1$; $\quad \log_2 2$.

182 $\log_3 243$; $\quad \log_2 64$.

183 $\log_3 27$; $\quad \log_5 25$.

184 $\log_2 16$; $\quad \log_3 9$.

185 $\log_5 125$; $\quad \log_7 49$.

186 $\log 100$; $\quad \log 1000$.

187 $\log_{11} 121$; $\quad \log_7 343$.

188 $\log_3 \frac{1}{9}\sqrt{3}$; $\quad \log_2 \frac{1}{16}$.

189 $\log_5 0{,}04$; $\quad \log_{745} 1$.

190 $\log_7 (7\sqrt{7})$; $\quad \log_3 \frac{1}{\sqrt{3}}$.

191 $\log_2 (\sqrt{2} \cdot \sqrt[4]{2})$; $\quad \log \frac{1}{\sqrt[13]{10}}$.

192 $\log_5 \sqrt[5]{5}$; $\quad \log_{\frac{1}{2}} \frac{\sqrt{2}}{2}$.

Paragrafo 5. Definizione di logaritmo

193 **ESERCIZIO GUIDA** Data l'uguaglianza $\log_5 b = 2$, calcoliamo il valore di b applicando la definizione di logaritmo.

$\log_5 b = 2$ è equivalente a $5^2 = b$. Quindi $b = 25$.

Calcola il valore dell'argomento b, usando la definizione di logaritmo.

194 $\log_2 b = 1$; $\quad \log_3 b = 4$.

195 $\log_3 b = -1$; $\quad \log_2 b = -1$.

196 $\log_2 b = -2$; $\quad \log_5 b = -2$.

197 $\log_2 b = \dfrac{1}{2}$; $\quad \log_3 b = \dfrac{1}{4}$.

198 $\log_4 b = \dfrac{1}{2}$; $\quad \log_5 b = \dfrac{1}{3}$.

199 $\log_3 b = 0$; $\quad \log_{0,4} b = 1$.

200 $\log_5 b = -\dfrac{1}{3}$; $\quad \log_{32} b = -\dfrac{1}{4}$.

201 $\log_4 b = -2$; $\quad \log_{\frac{2}{3}} b = -\dfrac{1}{2}$.

202 $\log_{\frac{1}{2}} b = -2$; $\quad \log_5 b = -\dfrac{2}{5}$.

203 $\log b = 2$; $\quad \log(1-b) = -1$.

204 **ESERCIZIO GUIDA** Data l'uguaglianza $\log_a 16 = 2$, calcoliamo la base a.

Applichiamo la definizione di logaritmo: $a^2 = 16 \;\to\; a = \pm 4$.

La base di un logaritmo può essere solo positiva e diversa da 1, quindi $a = 4$.

$\log_a b = x \leftrightarrow a^x = b$
$a > 0, a \neq 1, b > 0$

Calcola il valore della base a usando la definizione di logaritmo.

205 $\log_a 9 = 2$; $\quad \log_a 125 = 3$.

206 $\log_a 100 = 2$; $\quad \log_a 2 = 1$.

207 $\log_a \dfrac{1}{4} = 2$; $\quad \log_a \dfrac{16}{81} = 4$.

208 $\log_a \dfrac{1}{4} = -2$; $\quad \log_a \dfrac{8}{27} = -3$.

209 $\log_a \dfrac{1}{81} = -4$; $\quad \log_a \dfrac{4}{5} = -1$.

210 $\log_a 5 = 1$; $\quad \log_a 100 = -2$.

211 $\log_a 4 = -2$; $\quad \log_a \dfrac{1}{49} = -2$.

212 $\log_a 5 = -1$; $\quad \log_a 3 = -2$.

213 $\log_a 4 = \dfrac{1}{2}$; $\quad \log_a \dfrac{1}{2} = -2$.

214 $\log_a 5 = -2$; $\quad \log_a 64 = 5$.

215 $\log_a \dfrac{1}{100} = -2$; $\quad \log_a 6 = 36$.

216 $\log_a 7 = -\dfrac{1}{2}$; $\quad \log_a 4 = \dfrac{1}{3}$.

217 $\log_a(2a - 3) = 1$; $\quad \log_a(2\sqrt{a} - 2) = \dfrac{1}{2}$.

MATEMATICA E STORIA

Un «calcolatore» per i logaritmi Secondo quanto suggerito dal matematico francese Nicolas Chuquet (1445-1488), la seguente tabella delle potenze di 2 consente di ottenere il risultato di moltiplicazioni e divisioni eseguendo addizioni e sottrazioni.

n	0	1	2	3	4	5	6	7	8	9	10	11	12	13	14	15	16	17	18	19
2^n	1	2	4	8	16	32	64	128	256	512	1024	2048	4096	8192	16384	32768	65536	131072	262144	524288

Utilizzando i valori in tabella:
a. determina $\log_2 131\,072$;
b. spiega con quale ragionamento si può stabilire che $32 \cdot 16384$ è uguale a $524\,288$;
c. calcola $64 \cdot 16 \cdot 128$;
d. spiega come si può stabilire che $65\,536 : 512$ è uguale a 128;
e. calcola $524\,288 : 2048$.

Risoluzione – Esercizio in più

Capitolo 3. Esponenziali e logaritmi

6 Proprietà dei logaritmi

▶ Teoria a p. 128

VERO O FALSO?

218
a. $\log 5 - \log 4 = \log 1$ V F
b. $\log \dfrac{4}{3} = \dfrac{\log 4}{\log 3}$ V F
c. $\log_2 \sqrt{6} = \dfrac{1}{2} \log_2 6$ V F
d. $\log_2 (2 \cdot 7) = 1 + \log_2 7$ V F
e. $(\log_3 8)^2 = 2 \log_3 8$ V F

219
a. $2\log_3 5 = \log_3 10$ V F
b. $\log_4 9 = \log_2 3$ V F
c. $\dfrac{1}{2}\log_2 36 = \log_2 \dfrac{1}{2} \cdot 36$ V F
d. $(\log_2 7)^2 = \log_2 49$ V F
e. $\dfrac{\log 11}{2} = \log \sqrt{11}$ V F

220 **ESERCIZIO GUIDA** Applicando le proprietà dei logaritmi sviluppiamo l'espressione $\log_2 \dfrac{a^6}{13 \cdot \sqrt[4]{19}}$.

$\log_2 \dfrac{a^6}{13 \sqrt[4]{19}} =$ ⟩ logaritmo di un quoziente

$\log_2 (a^6) - \log_2 (13 \cdot \sqrt[4]{19}) =$ ⟩ logaritmo di un prodotto

$\log_2 a^6 - \left(\log_2 13 + \log_2 \sqrt[4]{19}\right) =$ ⟩ logaritmo di una potenza

$6 \log_2 a - \log_2 13 - \dfrac{1}{4} \log_2 19$

$\log_a(b \cdot c) = \log_a b + \log_a c$

$\log_a \dfrac{b}{c} = \log_a b - \log_a c$

$\log_a b^n = n \cdot \log_a b$

Nell'ipotesi in cui tutti gli argomenti dei logaritmi considerati siano positivi, sviluppa le seguenti espressioni applicando le proprietà dei logaritmi.

221 $\log \sqrt[3]{4}$ $\left[\dfrac{1}{3} \log 4\right]$

222 $\log(4\sqrt{2})$ $\left[\log 4 + \dfrac{1}{2} \log 2\right]$

223 $\log \dfrac{3}{2}$ $[\log 3 - \log 2]$

224 $\log \dfrac{3}{5a}$ $[\log 3 - \log 5 - \log a]$

225 $\log_5(3ab^2)$ $[\log_5 3 + \log_5 a + 2\log_5 b]$

226 $\log \dfrac{3\sqrt{a}}{b}$ $\left[\log 3 + \dfrac{1}{2} \log a - \log b\right]$

227 $\log_2 \left(\dfrac{2 \cdot \sqrt[3]{2}}{\sqrt{2}}\right)$ $\left[\dfrac{5}{6}\right]$

228 $\log \dfrac{5a}{b^4} \sqrt[7]{b}$ $\left[\log 5 + \log a - \dfrac{27}{7} \log b\right]$

229 $\log_{\sqrt{2}} \dfrac{\sqrt[5]{4}}{8\sqrt{2}}$ $\left[-\dfrac{31}{5}\right]$

230 $\log(a^4 b^5 \sqrt{7})$ $\left[4\log a + 5\log b + \dfrac{1}{2} \log 7\right]$

TEST

231 Il triplo di $\log 4$ è:

A $\log 12$.   B $\log \dfrac{4}{3}$.   C $\log_{30} 4$.   D $\log 64$.   E $\log_{30} 12$.

232 Un quinto di $\log_5 10$ è:

A $\log_5 2$.   B $\log_5 \sqrt[5]{10}$.   C $\log_1 2$.   D $\log_5 10^5$.   E $\log_5 \dfrac{1}{10}$.

233 **ESERCIZIO GUIDA** Applichiamo le proprietà dei logaritmi per trasformare in un unico logaritmo l'espressione $2\log_5 10 + \log_5 25 - \dfrac{1}{3} \log_5 64$.

146

Paragrafo 6. Proprietà dei logaritmi

$2\log_5 10 + \log_5 25 - \dfrac{1}{3}\cdot \log_5 64 =$ ⟩ logaritmo di una potenza

$\log_5 10^2 + \log_5 25 - \log_5 \sqrt[3]{64} =$ ⟩ logaritmo di un prodotto

$\log_5 100\cdot 25 - \log_5 4 =$ ⟩ logaritmo di un quoziente

$\log_5 \dfrac{2500}{4} = \log_5 625 = \log_5 5^4 = 4$

Applica le proprietà dei logaritmi per scrivere le seguenti espressioni sotto forma di un unico logaritmo, supponendo che tutti gli argomenti dei logaritmi considerati siano positivi.

234 $\log 3 + \log 7 - \log 6$ $\left[\log \dfrac{7}{2}\right]$

235 $\log_2 50 - \log_2 400 + \log_2 4$ $[-1]$

236 $\dfrac{1}{2}\log 81 - \log \dfrac{9}{7} + \log \dfrac{10}{7}$ $[1]$

237 $\dfrac{1}{4}\log 81 + \log \dfrac{9}{3} - \log 9$ $[0]$

238 $\dfrac{1}{3}\log 27 + 2\log \dfrac{1}{3} - \dfrac{1}{2}\log \dfrac{1}{9} + \log 2$ $[\log 2]$

239 $\dfrac{1}{2}\log_2 100 - (\log_2 24 - \log_2 6) + 1$ $[\log_2 5]$

240 $2 + \log_2 24 + \log_2 3 - \left(2\log_2 - \log_2 \dfrac{1}{6}\right)$ $[\log_2 12]$

241 $\log_3 a + \log_3 b - \log_3 5 + \log_3 \dfrac{1}{b}$ $\left[\log_3 \dfrac{a}{5}\right]$

242 $\dfrac{1}{2}\log_3 x + 2\log_3(x+1) - \log_3 7$ $\left[\log_3 \dfrac{\sqrt{x}(x+1)^2}{7}\right]$

243 $\dfrac{1}{2}(\log 7 + \log x - \log 3) + \log \sqrt{3x}$ $[\log x\sqrt{7}]$

244 $\log_2(x-3) - \dfrac{1}{4}\log_2(x-1) - 1$ $\left[\log_2 \dfrac{x-3}{2\sqrt[4]{x-1}}\right]$

245 $\log(x-1) + \log(x-2) - \log(x+3)$ $\left[\log \dfrac{(x-1)(x-2)}{x+3}\right]$

246 $\log_2(x+1) + 5\log_2(x-1) - 4\log_2(x^2-1)$ $\left[\log_2 \dfrac{x-1}{(x+1)^3}\right]$

247 $\log_7 a - 2\log_7 b + \dfrac{1}{2}\log_7 c - 3\left(\log_7 a - \dfrac{1}{2}\log_7 c\right)$ $\left[\log_7 \dfrac{c^2}{a^2 b^2}\right]$

Calcola il valore delle seguenti espressioni applicando le proprietà dei logaritmi.

248 $8^{-\log_2 5}$; $\quad 81^{\log_3 2}$; $\quad 7^{\log_7 3 + \log_7 2}$; $\quad 2^{\log_{\frac{1}{2}} 4}$. $\left[\dfrac{1}{125}, 16, 6, \dfrac{1}{4}\right]$

249 $4^{-\log_2 3}$; $\quad 25^{-\log_5 10}$; $\quad 4^{3-\log_2 7}$; $\quad \log_2(5^{\log_5 8})$. $\left[\dfrac{1}{9}, \dfrac{1}{100}, \dfrac{64}{49}, 3\right]$

Formula del cambiamento di base

250 **ESERCIZIO GUIDA** Scriviamo $\log_2 3$ usando il logaritmo in base 10 e calcoliamone il valore approssimato.

Utilizziamo la formula del cambiamento di base $\log_a b = \dfrac{\log_c b}{\log_c a}$, in cui $a=2, b=3, c=10$:

$\log_2 3 = \dfrac{\log 3}{\log 2}$.

$\log_a b = \dfrac{\log_c b}{\log_c a}$

Con la calcolatrice approssimiamo $\log 3$ e $\log 2$ con quattro cifre decimali:

$\log 3 \simeq 0{,}4771$
$\log 2 \simeq 0{,}3010$ $\rightarrow$ $\log_2 3 \simeq \dfrac{0{,}4771}{0{,}3010} \simeq 1{,}5850$.

147

Capitolo 3. Esponenziali e logaritmi

Trasforma i seguenti logaritmi in logaritmi in base 10 e, con la calcolatrice, approssima con quattro cifre decimali i valori trovati.

251 $\log_5 7$; $\log_4 61$; $\log_2 10$.   **253** $\log_3 99$; $\log_{\frac{1}{2}} 15$; $\ln 8$.

252 $\log_5 0{,}23$; $\ln 100$; $\log_2 32$.   **254** $\log_5 50$; $\log_{40} 80$; $\log_9 2$.

7 Funzione logaritmica

▶ Teoria a p. 130

255 Traccia per punti il grafico della funzione $y = \log_{\frac{3}{2}} x$, assegnando a x i seguenti valori.

$\dfrac{8}{27}$ $\dfrac{2}{3}$ 1 $\dfrac{9}{4}$ $\dfrac{81}{16}$

Per ogni funzione indica se è crescente o decrescente e individua il punto in cui si annulla.

256 $y = \log_{0,6} x$ $[(1;0)]$ **258** $y = \log_{\frac{1}{3}}(x+4)$ $[(-3;0)]$

257 $y = \log_5(x-2)$ $[(3;0)]$ **259** $y = \log_{3,7}(x-1)$ $[(2;0)]$

Traccia per punti i grafici delle seguenti funzioni logaritmiche nello stesso piano cartesiano e confrontali.

260 $y = \log_3 x$; $y = \log_7 x$.   **262** $y = \log_4 x$; $y = \log_{\frac{1}{4}} x$.

261 $y = \log_{0,2} x$; $y = \log_{0,5} x$.   **263** $y = \log x$; $y = \ln x$.

264 **AL VOLO** Quale delle seguenti funzioni cresce più rapidamente? Motiva la risposta.

a. $y = \log_4 x$ b. $y = \log_{\sqrt{3}} x$

LEGGI IL GRAFICO Nelle figure sono disegnati i grafici di funzioni logaritmiche del tipo $y = \log_a x$. Scrivi le equazioni corrispondenti.

265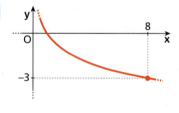

266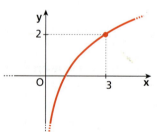

267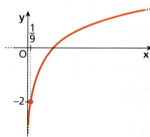

Trasformazioni geometriche e grafico della funzione logaritmo

Disegna il grafico delle seguenti funzioni utilizzando le trasformazioni geometriche.

268 $y = \ln(x-1)$; $y = \log_2 x + 4$.   **273** $y = \log_2|x| + 2$; $y = |1 - \log_2 x|$.

269 $y = \log(x-2) - 3$; $y = \log_3(x+3)$.   **274** $y = |\log_2(x-4)|$; $y = 1 - \log_{\frac{1}{2}}|x|$.

270 $y = \ln(-x)$; $y = -\ln x$.   **275** $y = -\log_3(1-x)$; $y = -\ln(-x) + 4$.

271 $y = 2 + \ln x$; $y = -\log x - 2$.   **276** $y = \left|\log_{\frac{1}{4}} x\right|$; $y = |\log_2 x|$.

272 $y = 4 - \log_2(-x)$; $y = \ln x + 3$.   **277** $y = -|\ln x|$; $y = -\ln|x|$.

Paragrafo 7. Funzione logaritmica

278 Applica alla funzione $y = \log_2 x$ la simmetria rispetto all'asse x e al risultato la simmetria rispetto alla retta $x = 1$. Scrivi l'espressione analitica della funzione ottenuta e disegna il suo grafico. $[y = -\log_2(2 - x)]$

MATEMATICA AL COMPUTER
I logaritmi Con Wiris tracciamo i grafici di
$f(x) = \dfrac{x^2 - x - 2}{4}$ e di $g(x) = \log_2 f(x)$,
per mostrare come l'andamento del logaritmo di una funzione possa essere ricavato da quello della funzione stessa.

Risoluzione – 8 esercizi in più

279 Data la funzione $y = \log_3 x$, applica di seguito la traslazione di vettore $\vec{v}(-2; 4)$ e la simmetria rispetto all'asse y. Rappresenta il grafico della funzione ottenuta ed esprimila analiticamente.
$[y = \log(-x + 2) + 4]$

Dominio di funzioni logaritmiche

280 **ASSOCIA** ogni funzione al suo dominio.
a. $y = \log_2 x - 2$ b. $y = \log_3 x^2 + 1$ c. $y = \log(x - 1)$ d. $y = \log_2(x^2 + 1)$
1. $D: x > 0$ 2. $D: \mathbb{R}$ 3. $D: x \neq 0$ 4. $D: x > 1$

281 **ESERCIZIO GUIDA** Determiniamo il dominio di $y = \log\dfrac{x + 3}{x - 1}$.

L'argomento del logaritmo deve essere positivo e il denominatore della frazione deve essere diverso da 0:

$\dfrac{x + 3}{x - 1} > 0$.

Numeratore: $x + 3 > 0 \rightarrow x > -3$.
Denominatore: $x - 1 > 0 \rightarrow x > 1$.
Compiliamo il quadro dei segni.
Deduciamo
$D: x < -3 \vee x > 1$.

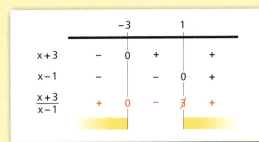

Determina il dominio delle seguenti funzioni.

282 $y = \ln\dfrac{x^2 - 1}{x^2 + 4}$ $[x < -1 \vee x > 1]$

283 $y = \log(x - 8) + \log(2x + 7)$ $[x > 8]$

284 $y = \log_2\dfrac{x - 3}{x + 2}$ $[x < -2 \vee x > 3]$

285 $y = \log(x + 1)^2$ $[x \neq -1]$

286 $y = \log(x + 5) + \log(3 - x)$ $[-5 < x < 3]$

287 $y = \ln|x^2 - 1|$ $[x \neq \pm 1]$

288 $y = \ln(3 - |x|)$ $[-3 < x < 3]$

289 $y = \ln(x^2 - 4x) + 4$ $[x < 0 \vee x > 4]$

290 $y = \log(4^x - 2) + \log(2^x - 1)$ $\left[x > \dfrac{1}{2}\right]$

291 $y = \ln\dfrac{x - 3}{1 - x^2}$ $[x < -1 \vee 1 < x < 3]$

292 $y = \log_3(3x^2 + 2x - 1)$ $\left[x < -1 \vee x > \dfrac{1}{3}\right]$

293 $y = \ln\dfrac{x}{\sqrt{x^2}}$ $[x > 0]$

294 $y = \log\dfrac{x}{\sqrt{x - 2}}$ $[x > 2]$

295 $y = \log\dfrac{2x^2 + 3x - 2}{x^2 - 2x + 3}$ $\left[x < -2 \vee x > \dfrac{1}{2}\right]$

296 $y = \log_2\dfrac{x^2 - 4x}{1 - x}$ $[x < 0 \vee 1 < x < 4]$

297 $y = \log_3 x + \log_3(4 - x^2)$ $[0 < x < 2]$

298 $y = \dfrac{\log(x^3 + 3x^2)}{x + 1}$ $[x > -3 \wedge x \neq -1 \wedge x \neq 0]$

299 $y = \log\dfrac{x}{x + 5} + \log(x^2 - 9)$ $[x < -5 \vee x > 3]$

300 **RIFLETTI SULLA TEORIA** Spiega perché $y = \log x^4$ e $y = 4\log x$ non sono funzioni uguali.

Capitolo 3. Esponenziali e logaritmi

8 Equazioni logaritmiche

▶ Teoria a p. 131

Scrivi le condizioni di esistenza per ciascuna delle seguenti equazioni.

301 $2\log x - \log(1-x) = 1$ $\quad [0 < x < 1]$

302 $\log(x-4)^2 = \log x^2$ $\quad [x \neq 0 \wedge x \neq 4]$

303 $\dfrac{1}{\log x} = 3$ $\quad [x > 0 \wedge x \neq 1]$

304 $\log_2(x^2+9) - \log x - 1 = 0$ $\quad [x > 0]$

305 $\log \dfrac{x^2-4}{2x} = -1$ $\quad [-2 < x < 0 \vee x > 2]$

306 $\sqrt{\log x} = 2$ $\quad [x \geq 1]$

---

307 **ASSOCIA** a ciascuna equazione a sinistra un'equazione equivalente, fra quelle scritte a destra.

a. $\log(x-1) + \log(x+1) = 1$

b. $\log[(x+1)(x-1)] = \log 10$

c. $3\log[(1-x)(1+x)] = 3$

d. $\log(1-x) + \log(x+1) = 0$

1. $\log(x^2-1) = 1$
2. $\log(1-x^2) = 1$
3. $\log(x-1) = \log 10 - \log(1+x)$
4. $\log(x+1) = \log(1-x)^{-1}$

---

308 **ESERCIZIO GUIDA** Risolviamo $\log_3(x+8) = 2$.

- Condizioni di esistenza: $x + 8 > 0 \;\to\; x > -8$.
- Risolviamo l'equazione applicando la definizione di logaritmo.

$x + 8 = 3^2 \;\to\; x + 8 = 9 \;\to\; x = 1$ **accettabile perché maggiore di -8**

Risolvi le seguenti equazioni utilizzando la definizione di logaritmo.

309 $\log_2(x-4) = 0$ $\quad [5]$

310 $2\log_2(x+3) = 8$ $\quad [13]$

311 $-\log(x+102) + 2 = 0$ $\quad [-2]$

312 $\log(x^2-3) = 0$ $\quad [\pm 2]$

313 $\log_2\left(\dfrac{5}{4}x - 1\right) = -2$ $\quad [1]$

314 $\log_3(x^2+2x) = 1$ $\quad [-3; 1]$

315 $3 - \log_2(x^2-2x) = 0$ $\quad [-2; 4]$

316 $\log_{\frac{1}{2}}(x^2-8) = -3$ $\quad [\pm 4]$

317 $\log \dfrac{x-9}{4x} = 0$ $\quad [-3]$

318 $\log_2 \dfrac{2x}{x+3} = -1$ $\quad [1]$

---

319 **ESERCIZIO GUIDA** Risolviamo l'equazione: $\log_2(x-2) - \log_2(8-x) = \log_2 x - 3$.

- Condizioni di esistenza:

$\begin{cases} x - 2 > 0 \\ 8 - x > 0 \\ x > 0 \end{cases} \to \begin{cases} x > 2 \\ x < 8 \\ x > 0 \end{cases} \to 2 < x < 8$

- Risolviamo l'equazione.
Al secondo membro, poiché per la definizione di logaritmo è $\log_a a = 1$, possiamo scrivere:

$3 = 3 \cdot 1 = 3\log_2 2 = \log_2 2^3 = \log_2 8.$

Sostituiamo questo risultato nell'equazione data e applichiamo le proprietà dei logaritmi.

$\log_2(x-2) - \log_2(8-x) = \log_2 x - \log_2 8$

$\log_2 \dfrac{x-2}{8-x} = \log_2 \dfrac{x}{8}$ ⟩ uguagliamo gli argomenti

$\dfrac{x-2}{8-x} = \dfrac{x}{8}$ ⟩ trasformiamo in equazione intera ricordando che $2 < x < 8$

$8(x-2) = x(8-x)$

$x^2 - 16 = 0 \begin{cases} x_1 = 4 \\ x_2 = -4 \quad \text{non accettabile} \end{cases}$

- La soluzione dell'equazione è: $x = 4$.

Paragrafo 8. Equazioni logaritmiche

Risolvi le seguenti equazioni.

320 $\log_5 x + \log_5 3 = \log_5 6$ [2]

321 $\log_2(x+1) = 2\log_2 3$ [8]

322 $2\log(x-7) = \log 25$ [12]

323 $\log_2(2x+11) = \log_2(x+10)$ [−1]

324 $\log_2 x - \log_2 7 = \log_2(x-1)$ $\left[\dfrac{7}{6}\right]$

325 $\log x - 2\log 3 = \log(x-1)$ $\left[\dfrac{9}{8}\right]$

326 $\log x - \log(x+1) = \log 2 - \log 5$ $\left[\dfrac{2}{3}\right]$

327 $\log(x-1) + \log(x-3) = \log 8$ [5]

328 $\log_2 x + \log_2(x-1) = 2\log_2 x$ [impossibile]

329 $\log(3x-1) + \log(x-2) = \log 22$ [4]

330 $\log_2(x-2) - \log_2 x = \log_2 x$ [impossibile]

331 $\log_5(x^2+1) = \log_5 2 + \log_5(x^2-4)$ [3; −3]

332 $\log_3(x-2) + \log_3 x = 2\log_3 x$ [impossibile]

333 $\log_5(x+1) + \log_5 4 = \log_5 6x$ [2]

334 $\log_7(x-3) = \log_7(x^2-3x)$ [impossibile]

335 $\log_{\frac{1}{2}}(x^2-4x) + \log_2 2x - 1 = 0$ [5]

336 $\log_2 8x - 2\log_2 x = 3$ [1]

337 $\log_3(2x+7) = 2 + \log_3 x$ [1]

338 $2\log_2 \sqrt{x-2} + \log_2 x = 3$ [4]

339 $\log_2(x^2+1) = 1 - \log_{\frac{1}{2}} x$ [1]

340 $\log(x-1) - \log(x+1) = \log(x-3) - \log(x-2)$ [5]

341 $\log(2x^2 + 5x - 3) - \log(x+3) = \log(4-x)$ $\left[\dfrac{5}{3}\right]$

342 $\log(10-x^2) - \log 8 = 2\log\dfrac{x}{5} - 2\log\dfrac{\sqrt{2}}{5}$ $[\sqrt{2}]$

343 $\log_2(x^2+2x+8) = 2 + \log_2(x+2)$ [0; 2]

Usiamo un'incognita ausiliaria

344 **ESERCIZIO GUIDA** Risolviamo $2(\log_2 x)^2 + 5\log_2 x - 3 = 0$.

C.E.: $x > 0$. Poniamo $\log_2 x = t$ e sostituiamo nell'equazione:

$$2t^2 + 5t - 3 = 0 \;\rightarrow\; t = \dfrac{-5 \pm \sqrt{25+24}}{4} = \dfrac{-5 \pm 7}{4} \;\begin{cases} t_1 = \dfrac{1}{2}, \\ t_2 = -3. \end{cases}$$

Dai due valori di t, tenendo conto dell'assegnazione, otteniamo le soluzioni dell'equazione iniziale:

$$\log_2 x = -3 \;\rightarrow\; x_1 = \dfrac{1}{8}, \qquad \log_2 x = \dfrac{1}{2} \;\rightarrow\; x_2 = \sqrt{2}.$$

Risolvi le seguenti equazioni.

345 $3\log^2 x - 2\log x = 0$ $[1; \sqrt[3]{100}]$

346 $(\log_4 x)^2 + 3\log_4 x = 4$ $\left[4; \dfrac{1}{256}\right]$

347 $\log_3 x(3\log_3 x - 4) + 1 = 0$ $[\sqrt[3]{3}; 3]$

348 $2(\log_2 x)^2 - 9\log_2 x + 4 = 0$ $[\sqrt{2}; 16]$

349 $4(\log_2 x)^2 + 2\log_2 x - 2 = 0$ $\left[\dfrac{1}{2}; \sqrt{2}\right]$

350 $2\ln x + \ln^2 x = 0$ $[1; e^{-2}]$

351 $3 - \log x = \dfrac{2}{\log x}$ $[10; 100]$

352 $1 - \ln^2 x = 0$ $\left[e; \dfrac{1}{e}\right]$

353 $\dfrac{3}{\log x - 2} + \log x + 2 = 0$ $[0{,}1; 10]$

354 $\log_3 \sqrt{x}(\log_3 x + 1) - 2\log_3 x = 2$ $\left[\dfrac{1}{3}; 81\right]$

Riepilogo: Equazioni logaritmiche

355 TEST Le equazioni $\log \sqrt{x} = 1$ e $\frac{1}{2}\log x = 1$ sono equivalenti?

- A Sì.
- B Solo se $x \geq 0$.
- C Sì, $\forall x \in \mathbb{R}$.
- D Solo per $x < 0$.
- E No.

356 ASSOCIA a ciascuna equazione a sinistra le sue soluzioni scritte a destra.

a. $\log_x 9 = 2$ 1. $x = \pm 3$
b. $\log(x^2 + 1) = 1$ 2. $x = 3$
c. $\log_2 \frac{1}{8} = x$ 3. $x = -3$
d. $\log(-1000) = x$ 4. impossibile

Risolvi le seguenti equazioni.

357 AL VOLO $\log_2 x = -5$

358 $\log(x-2) + \log 5 = \log x$ $\left[\frac{5}{2}\right]$

359 $5\log^2 x - \log x = 0$ $[1; \sqrt[5]{10}]$

360 $\ln^2 x - 9 = 0$ $[e^{-3}; e^3]$

361 AL VOLO $\log_x 3 = \frac{1}{3}$

362 $\ln \frac{x-4}{2x+1} = 0$ $[-5]$

363 $\log x - \frac{1}{2} = \log \sqrt{x}$ $[10]$

364 $\log_3(x+1) + 2\log_9(x+1) = \log_3 9$ $[2]$

365 $\log(x-3) + \log(x+1) = \log(4x-3)$ $[6]$

366 $\log(x+1) + \log(x+2) = \log 2$ $[0]$

367 $\log_2 x + \log_2(x-1) = 1$ $[2]$

368 $\log_2(x-2) - 1 = \log_2 \frac{3}{5}$ $\left[\frac{16}{5}\right]$

369 $\log(x-2) - \log(x-1) = \log 5$ [impossibile]

370 $\log_2 x + \log_2(x-1) = 1$ $[2]$

371 $\log_2(x-2) - 1 = \log_2 \frac{3}{5}$ $\left[\frac{16}{5}\right]$

372 $\log(x^2 - x - 6) - \log(x-3) = 0$ [impossibile]

373 $\log(5+x) = \frac{3}{2}\log 2 + \frac{1}{2}\log(x+3)$ $[-1]$

374 $\log_2(2x+6) - \log_4(x-1) = 3$ $[5]$

---

375 $\log_3(x^2 + 3x - 3) - 1 = \log_3(x+2) + \log_3(x-2)$ $[3]$

376 $\log_5(x^2 + 6x - 2) = 1 + \log_5(x+2)$ $[3]$

377 $\log_3(x-1) = \frac{1}{2}\log_3 x$ $\left[\frac{3+\sqrt{5}}{2}\right]$

378 $\log(x-1) - 2 \cdot \log(x+1) - \log 8 = -2$ $\left[\frac{3}{2}; 9\right]$

379 $\log 2 + \frac{1}{2}\log(x^2 + 5) = \log(x^2 + 2)$ $[-2; 2]$

380 $2\log_2\left(\frac{3}{2}x - \frac{2}{3}\right) = \log_2(x^2 - 5) - 2$ [impossibile]

---

381 $2\log_2 x = 2 + \log_2(x+3)$ $[6]$

382 $\log_5 x + \log_5(\sqrt{5} x - 4) = \frac{1}{2}$ $[\sqrt{5}]$

383 $\log(x+1) - \log(\sqrt{x+1}) = 2$ $[9999]$

384 $\log_3(2+x)\log_2(x-4) = 0$ $[5]$

385 $\dfrac{3\log_{\frac{1}{2}} x}{\log_2 x - 1} = -4$ $[16]$

386 $\log^2 x - 2\log x = -1$ $[10]$

Paragrafo 9. Disequazioni logaritmiche

LEGGI IL GRAFICO

387 Determina l'ascissa di *P*.

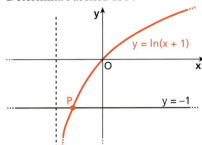

388 Trova la misura di *AB*.

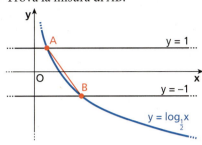

389 **REALTÀ E MODELLI** **Pensarci su** Nella teoria dell'informazione, la legge di Hick afferma che, se aumenta il numero *n* di possibilità di scelta, il tempo *T* che impieghiamo a scegliere cresce secondo la legge $T = b \log_2(n+1)$. Il parametro *b* dipende da chi effettua la scelta e dalle condizioni in cui si trova a scegliere. Lucia e Fabio partecipano a un gruppo di ricerca: devono effettuare delle scelte tra un numero variabile di alternative e viene misurato il tempo che impiegano. I due ragazzi impiegano lo stesso tempo a completare il test e al termine viene loro comunicato che il parametro *b* di Fabio vale 5, quello di Lucia 10. Sapendo che Lucia aveva 6 alternative di scelta in meno rispetto a Fabio, calcola quante erano le alternative di Fabio. [8]

9 Disequazioni logaritmiche
▶ Teoria a p. 132

I due membri si possono scrivere come logaritmi di uguale base

390 **ESERCIZIO GUIDA** Risolviamo: **a.** $\log_{11}(2-x) > \log_{11}(x+2)$; **b.** $\log_{\frac{1}{5}} 20x < -3$.

a. Dobbiamo risolvere il seguente sistema.

$$\begin{cases} 2-x > 0 \\ x+2 > 0 \\ 2-x > x+2 \end{cases}$$
condizione di esistenza
condizione di esistenza
disuguaglianza fra gli argomenti con lo stesso verso di quella fra i logaritmi, dato che la base è maggiore di 1

$$\begin{cases} -x > -2 \\ x > -2 \\ -2x > 0 \end{cases} \rightarrow \begin{cases} x < 2 \\ x > -2 \\ x < 0 \end{cases} \rightarrow -2 < x < 0$$

b. Per la definizione di logaritmo, possiamo scrivere $-3 = \log_{\frac{1}{5}}\left(\frac{1}{5}\right)^{-3} = \log_{\frac{1}{5}} 5^3 = \log_{\frac{1}{5}} 125$ e perciò la

disequazione assume la forma: $\log_{\frac{1}{5}} 20x < \log_{\frac{1}{5}} 125$.

Ora dobbiamo risolvere il seguente sistema.

$$\begin{cases} 20x > 0 \\ 20x > 125 \end{cases}$$
condizione di esistenza
disuguaglianza fra gli argomenti con verso opposto rispetto a quella fra i logaritmi, essendo la base minore di 1

$$\begin{cases} x > 0 \\ 20x > 125 \end{cases} \rightarrow \begin{cases} x > 0 \\ x > \frac{25}{4} \end{cases} \rightarrow x > \frac{25}{4}$$

Capitolo 3. Esponenziali e logaritmi

Risolvi le seguenti disequazioni.

391 $\log_3 x > 2$ $\qquad [x > 9]$

392 $\log_2 x \leq \log_2(3x-1)$ $\qquad \left[x \geq \dfrac{1}{2}\right]$

393 $\log(9-x) \geq \log 12$ $\qquad [x \leq -3]$

394 $\ln x < 1$ $\qquad [0 < x < e]$

395 $\log x \leq -1$ $\qquad \left[0 < x \leq \dfrac{1}{10}\right]$

396 $\log_{\frac{3}{4}} x < 2$ $\qquad \left[x > \dfrac{9}{16}\right]$

397 $\log(x-3) \geq 0$ $\qquad [x \geq 4]$

398 $\log_{\frac{1}{2}}(2x) > 0$ $\qquad \left[0 < x < \dfrac{1}{2}\right]$

399 $\log_3(2-5x) > 2$ $\qquad \left[x < -\dfrac{7}{5}\right]$

400 $\log_{\frac{1}{3}}(4x-3) > -1$ $\qquad \left[\dfrac{3}{4} < x < \dfrac{3}{2}\right]$

401 $\log_5\left(\dfrac{2-x}{x+3}\right) < \log_5 4$ $\qquad [-2 < x < 2]$

402 $\log(2x-x^2) < \log(x-2)$ $\qquad [\text{impossibile}]$

---

403 **TEST** Quale fra le seguenti disequazioni ammette come soluzioni $x > 0$?

A $\log_{\frac{1}{2}}(x+1) > 0$

B $\log_2(x+1) > 0$

C $\log x > 10$

D $\log_2 x > 0$

E $\log_{\frac{1}{2}} x < 0$

Utilizziamo anche le proprietà dei logaritmi

Risolvi le seguenti disequazioni.

404 $\log_3 x^2 - \log_3 x < 3$ $\qquad [0 < x < 27]$

405 $\log_2(x-1) + \log_2 x > 1$ $\qquad [x > 2]$

406 $\log_3(2x-3) - \log_3(x+1) < 2$ $\qquad \left[x > \dfrac{3}{2}\right]$

407 $\log_{\frac{3}{5}}(2-x) + \log_{\frac{3}{5}}(x+2) > \log_{\frac{3}{5}} 3x$ $\qquad [1 < x < 2]$

408 $\log_{\frac{1}{4}}(x^2-6) - \log_{\frac{1}{4}}(x-3) > -1$ $\qquad [\text{impossibile}]$

409 $\log(x+5) - \log(4-x) + \log(3x-1) > \log(3x-1) - \log(x+4)$ $\qquad \left[\dfrac{1}{3} < x < 4\right]$

Usiamo un'incognita ausiliaria

410 **ESERCIZIO GUIDA** Risolviamo la disequazione $\log_2 4x < 3 + \dfrac{4}{\log_2 4x}$.

Introduciamo l'incognita ausiliaria $y = \log_2 4x$ e sostituiamo:

$$y < 3 + \dfrac{4}{y} \;\rightarrow\; \dfrac{y^2 - 3y - 4}{y} < 0 \;\rightarrow\; y < -1 \vee 0 < y < 4.$$

Ora dobbiamo risolvere: $\log_2 4x < -1, \; 0 < \log_2 4x < 4$.

- La disequazione $\log_2 4x < -1$ è equivalente al sistema: $\begin{cases} 4x > 0 \\ \log_2 4x < \log_2 \dfrac{1}{2} \end{cases}$.

  condizione di esistenza
  poiché $-1 = \log_2 \dfrac{1}{2}$

$\begin{cases} x > 0 \\ 4x < \dfrac{1}{2} \end{cases} \;\rightarrow\; \begin{cases} x > 0 \\ x < \dfrac{1}{8} \end{cases} \;\rightarrow\; 0 < x < \dfrac{1}{8}$

Riepilogo: Disequazioni logaritmiche

- La disequazione $0 < \log_2 4x < 4$ è equivalente al seguente sistema.

$$\begin{cases} 4x > 0 \\ \log_2 4x < \log_2 16 \, ; \\ \log_2 4x > \log_2 1 \end{cases}$$
condizione di esistenza del logaritmo
$4 = \log_2 16$
$0 = \log_2 1$

$$\begin{cases} x > 0 \\ 4x < 16 \\ 4x > 1 \end{cases} \rightarrow \begin{cases} x > 0 \\ x < 4 \\ x > \frac{1}{4} \end{cases} \rightarrow \frac{1}{4} < x < 4$$

Le soluzioni della disequazione assegnata sono pertanto: $0 < x < \frac{1}{8} \vee \frac{1}{4} < x < 4$.

Risolvi le seguenti disequazioni.

411 $(\log_2 x)^2 - \log_2 x < 0$ $\quad [1 < x < 2]$

412 $(\log_3 x)^2 - 6\log_3 x + 9 \leq 0$ $\quad [27]$

413 $\log^2 x - 7\log x + 12 < 0$ $\quad [1000 < x < 10\,000]$

414 $(\log_{\frac{1}{2}} x)^2 - \log_{\frac{1}{2}} x - 2 < 0$ $\quad \left[\frac{1}{4} < x < 2\right]$

415 $2(\log_3 x)^2 + 3\log_3 x - 2 < 0$ $\quad \left[\frac{1}{9} < x < \sqrt{3}\right]$

416 $[\log_2(x+5)]^2 - \log_2(x+5) - 6 > 0$
$$\left[-5 < x < -\frac{19}{4} \vee x > 3\right]$$

417 $3\log_5(x-4) > \dfrac{6}{\log_5(x-4)+1}$
$$\left[\frac{101}{25} < x < \frac{21}{5} \vee x > 9\right]$$

Riepilogo: Disequazioni logaritmiche

418 **COMPLETA**

Disequazione	a	Soluzione
$\log_a(x-1) < 1$	2	
$\log_2(x+1) < a$		$-1 < x < 7$
$\log_{\frac{1}{3}}(x+a) < -2$		$x > 0$

419 **ASSOCIA** a ogni disequazione le sue soluzioni.

a. $\log_2 x < 3$ 1. $x > 3$

b. $\log_{\sqrt{2}} x > 4$ 2. $x < -1$

c. $\log_{\frac{1}{3}}(2-x) > \log_{\frac{1}{3}}(1-2x)$ 3. $0 < x < 8$

d. $\log_2(x+1) - \log_2(x-1) < 1$ 4. $x > 4$

Risolvi le seguenti disequazioni.

420 $\log x \cdot \log(x-3) > 0$ $\quad [x > 4]$

421 $\ln x + \ln^2 x < 0$ $\quad \left[\frac{1}{e} < x < 1\right]$

422 $\log_{\frac{1}{2}}(x+3) < -1$ $\quad [x > -1]$

423 $\log x + \dfrac{1}{\log x} < 0$ $\quad [0 < x < 1]$

424 $3 - \ln|x| < 0$ $\quad [x < -e^3 \vee x > e^3]$

425 $x\log(x+2) > 0$ $\quad [-2 < x < -1 \vee x > 0]$

426 $\log(x^2 + 17x + 16) < 2$
$$[-21 < x < -16 \vee -1 < x < 4]$$

427 $\log_{\frac{2}{3}} x^5 - \log_{\frac{2}{3}} x < 8$ $\quad \left[x > \frac{4}{9}\right]$

428 $\log_4(4x-4) \leq \log_2 x$ $\quad [x > 1]$

429 $\dfrac{1}{\log x} - 3\log x < 2$ $\quad \left[\frac{1}{10} < x < 1 \vee x > \sqrt[3]{10}\right]$

430 $\log_{\frac{1}{3}}(2x+8) \geq \log_{\frac{1}{3}} 6x - 1$ $\quad \left[x \geq \frac{1}{2}\right]$

431 $\log_2 \sqrt{x} \leq \dfrac{1}{2}\log_4 x^2 + \log_2 x$ $\quad [x \geq 1]$

432 $\log_3 \dfrac{1}{x} - \log_3 x^2 < 6$ $\quad \left[x > \frac{1}{9}\right]$

433 $\log_{\frac{1}{2}} x^4 \geq \log_{\frac{1}{2}} x^3$ $\quad [0 < x \leq 1]$

Capitolo 3. Esponenziali e logaritmi

434 $\log_2 x > -\log_{\frac{1}{2}} \sqrt{x}$ $\qquad [x > 1]$

435 $2\log_{\frac{1}{2}}(x-1) \geq \log_{\frac{1}{2}} \frac{1}{4}$ $\qquad \left[1 < x \leq \frac{3}{2}\right]$

436 $\dfrac{\log(x-1)}{\log x - 1} \leq 0$ $\qquad [2 \leq x < 10]$

437 $(\log_2 x^2)^2 - 7\log_2 x \leq 2$ $\qquad \left[\dfrac{1}{\sqrt[4]{2}} \leq x \leq 4\right]$

438 $\log_4 |x-3| \leq 1$ $\qquad [-1 \leq x \leq 7 \wedge x \neq 3]$

439 $\log_2 \log_3(x+4) > 0$ $\qquad [x > -1]$

---

440 **TEST** Il dominio della funzione $y = \log_2 \log_{\frac{1}{2}} x$ è:

    A $[0; 1]$.   **B** $]0; +\infty[$.   **C** $]1; +\infty[$.   **D** $]-\infty; 0[$.   **E** $]0; 1[$.

10 Logaritmi ed equazioni e disequazioni esponenziali

Equazioni esponenziali risolubili con i logaritmi
▶ Teoria a p. 133

441 **ESERCIZIO GUIDA** Risolviamo $7^{x+1} + 2 \cdot 7^x = 11$.

$7^{x+1} + 2 \cdot 7^x = 11$ ⟩ raccogliamo 7^x

$7^x(7 + 2) = 11$

$9 \cdot 7^x = 11$ ⟩ dividiamo entrambi i membri per 9

$7^x = \dfrac{11}{9}$ ⟩ calcoliamo i logaritmi in base 7 del primo e secondo membro

$\log_7 7^x = \log_7 \dfrac{11}{9}$ ⟩ logaritmo di una potenza

$x \log_7 7 = \log_7 \dfrac{11}{9}$ ⟩ $\log_7 7 = 1$

$x = \log_7 \dfrac{11}{9}$ ⟩ cambiamo la base del logaritmo da 7 a 10

$x = \dfrac{\log \dfrac{11}{9}}{\log 7} = \dfrac{\log 11 - \log 9}{\log 7}$

Risolvi le seguenti equazioni usando le proprietà dei logaritmi.

442 $5^x = 9$ $\qquad \left[\dfrac{\log 9}{\log 5}\right]$

443 $3^x - 2 = 0$ $\qquad \left[\dfrac{\log 2}{\log 3}\right]$

444 $1{,}3^x + 2 = 0$ $\qquad$ [impossibile]

445 $3 \cdot 11^x = 2$ $\qquad \left[\dfrac{\log 2 - \log 3}{\log 11}\right]$

446 $4 \cdot 5^x = 3 \cdot 7^x$ $\qquad \left[\dfrac{\log 3 - \log 4}{\log 5 - \log 7}\right]$

447 $\dfrac{7}{2^x} = 1$ $\qquad \left[\dfrac{\log 7}{\log 2}\right]$

448 $\sqrt[3]{7^x} = 5$ $\qquad \left[\dfrac{3\log 5}{\log 7}\right]$

449 $3 \cdot 2^x + 2^{x+1} = 19$ $\qquad \left[\dfrac{\log 19 - \log 5}{\log 2}\right]$

450 $7^{x+1} - 7^x + 2 \cdot 7^{x-1} = 2$ $\qquad \left[1 - \dfrac{\log 22}{\log 7}\right]$

451 $9^x - 3^x - 2 = 0$ $\qquad \left[\dfrac{\log 2}{\log 3}\right]$

452 $3^x + 20 = 9^x$ $\qquad \left[\dfrac{\log 5}{\log 3}\right]$

453 $3^{x+1} + 2 \cdot 3^{2-x} = 29$ $\qquad \left[2; \dfrac{\log 2}{\log 3} - 1\right]$

454 $2^{2x+3} - 25 \cdot 2^x + 3 = 0$ $\qquad \left[-3; \dfrac{\log 3}{\log 2}\right]$

455 $\dfrac{2}{5^x} = \dfrac{3}{7^x}$ $\qquad \left[\dfrac{\log 3 - \log 2}{\log 7 - \log 5}\right]$

Paragrafo 10. Logaritmi ed equazioni e disequazioni esponenziali

TEST

456 Fra le seguenti equazioni esponenziali, *una sola* può essere risolta senza ricorrere all'uso dei logaritmi. Quale?

- A $7^{x+1} = 5^x$
- B $3^{x-1} = 6^{2x}$
- C $2^{3x-1} = 5^x$
- D $2^{x-1} = 4^x + 3$
- E $2^{2x} + 2 = 6^{1-x}$

457 Tutte le seguenti equazioni si devono risolvere ricorrendo all'uso dei logaritmi, *tranne* una. Quale?

- A $2^{x-1} = 3^{x+1}$
- B $\sqrt[3]{4^x} = 3$
- C $3^{x-1} + 3 = 9$
- D $7 \cdot 5^{x+2} = 7^{x+1}$
- E $\dfrac{2}{4^x} = \dfrac{3}{6^x}$

Risolvi le seguenti equazioni con il metodo che ritieni opportuno.

458 $3^{\frac{x+2}{2}} = 9$ $[2]$

459 $4^{5-x} = 3^{x+1}$ $\left[\dfrac{5\log 4 - \log 3}{\log 3 + \log 4}\right]$

460 $3^{\sqrt{x+2}} = 9^{\sqrt{x}}$ $\left[\dfrac{2}{3}\right]$

461 $\sqrt{3^{x+3}} = \dfrac{3^{2x+4}}{27^{5x}}$ $\left[\dfrac{5}{27}\right]$

462 $49^x - 13 \cdot 7^x + 36 = 0$ $[\log_7 9; \log_7 4]$

463 $25^x - 2 \cdot 5^x = 8$ $\left[\dfrac{\log 4}{\log 5}\right]$

464 $4 \cdot 3^x + 3^{x+1} = 2$ $\left[\dfrac{\log 2 - \log 7}{\log 3}\right]$

465 $\dfrac{8^x \cdot 2}{2^{x+3}} = \dfrac{2^{x+1}}{2^{2x+2}}$ $\left[\dfrac{1}{3}\right]$

466 $64 \cdot 4^x + 7 \cdot 2^{x+2} - 2 = 0$ $[-4]$

467 $3 \cdot 9^x - 28 \cdot 3^x + 9 = 0$ $[-1; 2]$

468 $6 - \dfrac{3 + 5^x}{5^x} = 6 \cdot 5^x$ [impossibile]

469 $\dfrac{1}{2^x - 1} + \dfrac{2^x}{4^x - 1} = \dfrac{3 \cdot 2^x - 1}{2^x + 1}$ $[1]$

470 $\dfrac{(2^{x-2})^x}{4^{2x+1}} = \dfrac{(2^{2x})^{x-3}}{8^{x+4}}$ $[-2; 5]$

471 $\dfrac{2 \cdot 25^x - 13 \cdot 5^x + 15}{5^x - 5} = 0$ $\left[\dfrac{\ln 3 - \ln 2}{\ln 5}\right]$

Problemi   REALTÀ E MODELLI

RISOLVIAMO UN PROBLEMA

Escherichia coli

L'*Escherichia coli* è una specie particolare di batterio localizzata nell'ultima parte dell'intestino dell'uomo e degli animali a sangue caldo. Sono batteri necessari per la corretta digestione del cibo, ma alcuni ceppi particolari possono essere dannosi e provocare infezioni.

Sappiamo che il tempo di «raddoppio» per ogni *Escherichia coli* è di circa 20 minuti e che la popolazione al tempo t è data dalla funzione $P(t) = P_0 e^{kt}$, con $k > 0$, dove P_0 è la popolazione all'istante iniziale.

- Determina il valore di k.
- Trova il numero di *Escherichia coli* che si sviluppano da un singolo batterio in 7 ore.
- Dopo quanto tempo, da $t = 0$, la popolazione raggiunge le 90 000 unità, nell'ipotesi che $P_0 = 1$?

▶ **Determiniamo il valore di k.**

Se usiamo come unità di tempo l'ora (h), $t = 20$ minuti corrisponde a $\dfrac{1}{3}$ h. Quindi:

$$P\left(\dfrac{1}{3}\right) = P_0 e^{k \cdot \frac{1}{3}}, \text{ con } k > 0.$$

Poiché la popolazione iniziale P_0 raddoppia dopo $\dfrac{1}{3}$ h,

$$P_0 e^{k \cdot \frac{1}{3}} = 2 P_0,$$

da cui, semplificando P_0, si ottiene:

$$e^{\frac{1}{3}k} = 2.$$

Risolviamo l'equazione con i logaritmi:

$$\ln\left(e^{\frac{1}{3}k}\right) = \ln 2 \rightarrow \dfrac{1}{3}k = \ln 2 \rightarrow k \simeq 2{,}08.$$

▶ **Calcoliamo il numero di batteri dopo 7 ore.**

Se $P_0 = 1$, per $t = 7$:

$$P(7) = e^{2{,}08 \cdot 7} \rightarrow P(7) \simeq 2\,105\,367.$$

▶ **Calcoliamo il tempo necessario a raggiungere 90 000 unità.**

$90\,000 = e^{2{,}08 \cdot t} \rightarrow \ln 90\,000 = 2{,}08 \cdot t \rightarrow t = 5{,}484406225.$
Questo tempo è di circa 5 ore e 29 minuti.

Capitolo 3. Esponenziali e logaritmi

472 **Veder lontano** Nel 1965 Gordon Moore, che diventò poi il fondatore di Intel, teorizzò che la potenza di calcolo dei processori sarebbe cresciuta negli anni successivi in modo prevedibile: in particolare, il numero di transistor presenti nei processori sarebbe raddoppiato ogni dodici mesi circa.
  a. Scrivi l'espressione della funzione $t(x)$ che esprime questa relazione in funzione di x, numero di mesi trascorsi.
  b. Un processore, nel gennaio 1992, conteneva 750 000 transistor. Se la legge di Moore è valida, in quale anno è stato realizzato un processore con 1 000 000 000 di transistor?

$$[\,a)\, t(x) = t_0 \cdot 2^{\frac{x}{12}};\, b)\, 2002\,]$$

473 **Non riesco a dormire!** Se si beve caffè, per calcolare approssimativamente la quantità totale di caffeina presente nel corpo al passare del tempo si può utilizzare la formula $C_1 = C_0 e^{-\frac{3}{20}t}$, dove il tempo t è espresso in ore e C_0 è la quantità di caffeina che si assume all'istante t_0 (la formula deriva da valori medi, infatti l'assorbimento della caffeina dipende fortemente dalle caratteristiche di ogni singola persona).
  a. Una tazzina di caffè contiene circa 60 mg di caffeina; quanto tempo ci vuole per portare a 40 mg la quantità di caffeina nel corpo di chi la assume?
  b. Rappresenta graficamente la funzione che indica come varia la quantità di caffeina presente al variare del tempo se si bevono due tazzine di caffè una subito dopo l'altra.

[a) circa 2 ore e 42 minuti]

Disequazioni esponenziali risolubili con i logaritmi ▶ Teoria a p. 133

474 **ESERCIZIO GUIDA** Risolviamo $7^x > 4 \cdot 3^{5x}$.

Applichiamo a entrambi i membri il logaritmo in base 10. Poiché la base è maggiore di 1, manteniamo il segno $>$ nella disequazione fra logaritmi.

$\log 7^x > \log(4 \cdot 3^{5x})$) logaritmo di un prodotto

$\log 7^x > \log 4 + \log 3^{5x}$) logaritmo di una potenza

$x \log 7 > 2 \log 2 + 5x \log 3$

$x \log 7 - 5x \log 3 > 2 \log 2 \;\to\; x \cdot (\log 7 - 5 \log 3) > 2 \log 2$

Dato che $\log 7 - 5 \log 3 \simeq -1{,}54 < 0$, dividendo entrambi i membri della disequazione per questo fattore, invertiamo il verso della disequazione.

Le soluzioni sono pertanto: $x < \dfrac{2 \log 2}{\log 7 - 5 \log 3}$.

Risolvi le seguenti disequazioni usando le proprietà dei logaritmi.

475 $2^x < 5$ $\left[x < \dfrac{\log 5}{\log 2}\right]$ **480** $3^{x+1} \geq 2^{1-x}$ $\left[x \geq \dfrac{\log 2 - \log 3}{\log 2 + \log 3}\right]$

476 $3^{2x} - 4 \geq 0$ $\left[x \geq \dfrac{\log 4}{2 \log 3}\right]$ **481** $100^x - 2^{3-x} < 0$ $\left[x < \dfrac{3 \log 2}{2 + \log 2}\right]$

477 $4 - 7^{2x} > 0$ $\left[x < \dfrac{\log 4}{2 \log 7}\right]$

478 $6^x + 6 \geq 6^{-1}$ $[\forall x]$ **482** $5^{2x} - \left(\dfrac{1}{3}\right)^{x-1} < 0$ $\left[x < \dfrac{\log 3}{2 \log 5 + \log 3}\right]$

479 $10 \cdot 5^{2x} < 1$ $\left[x < -\dfrac{1}{2 \log 5}\right]$ **483** $1 - \dfrac{1}{4 \cdot 9^x - 4} \geq 0$ $\left[x < 0 \lor x \geq \log_9 \dfrac{5}{4}\right]$

484 $3 \cdot 5^{2-x} - 6^{1+x} < 8 \cdot 5^{2-x} - 2 \cdot 6^{1+x}$

$$\left[x < \frac{3\log 5 - \log 6}{\log 6 + \log 5}\right]$$

485 $5 \cdot 3^{1-x} - 2^{1+x} \geq 4 \cdot 3^{1-x} + 3 \cdot 2^{1+x}$

$$\left[x \leq \frac{\log 3 - 3\log 2}{\log 3 + \log 2}\right]$$

486 $25^{x+1} - 3 \cdot 5^{2x+1} < 31 - 7 \cdot 25^x$

$$\left[x < \frac{\log 31 - \log 17}{2\log 5}\right]$$

487 $40 - 9 \cdot 2^x > 20 + 2^{2-x}$

$$\left[\frac{\log 2 - \log 9}{\log 2} < x < 1\right]$$

488 $4^x + 10 > 7 \cdot 2^x$

$$\left[x < 1 \lor x > \frac{\log 5}{\log 2}\right]$$

489 $\left(\frac{2}{3}\right)^{2x} - \left(\frac{3}{2}\right)^{-x} < 2$

$$\left[x > \frac{\log 2}{\log 2 - \log 3}\right]$$

Riepilogo: Dominio e segno di una funzione

490 **ESERCIZIO GUIDA** Cerchiamo il dominio di: **a.** $y = \dfrac{\ln x}{1 - \ln^2 x}$; **b.** $y = \ln(1 - e^{-2x})$.

a. Dobbiamo risolvere il seguente sistema.

$$\begin{cases} x > 0 & \text{condizione di esistenza di } \ln x \\ 1 - \ln^2 x \neq 0 & \text{denominatore diverso da 0} \end{cases}$$

Cerchiamo i valori che annullano il denominatore risolvendo l'equazione:

$$1 - \ln^2 x = 0 \;\rightarrow\; \ln^2 x = 1 \;\rightarrow\; \ln x = \pm 1.$$

$\ln x = -1 \;\rightarrow\; x = e^{-1};\qquad \ln x = 1 \;\rightarrow\; x = e.$

Il dominio della funzione è dunque D: $x > 0 \land x \neq e^{-1} \land x \neq e$.

b. Imponiamo la condizione di esistenza del logaritmo:

$$1 - e^{-2x} > 0 \;\rightarrow\; 1 > e^{-2x} \;\rightarrow\; e^{-2x} < e^0 \;\rightarrow\; -2x < 0 \;\rightarrow\; 2x > 0 \;\rightarrow\; x > 0.$$

(e > 1)

Il dominio della funzione è D: $x > 0$.

Determina il dominio delle seguenti funzioni.

491 $y = \log(2 - x) + \log(x + 3)$ $\qquad [-3 < x < 2]$

492 $y = \dfrac{\ln x}{1 + \ln x}$ $\qquad [0 < x < e^{-1} \lor x > e^{-1}]$

493 $y = \sqrt{\log_3 x - 2}$ $\qquad [x \geq 9]$

494 $y = \sqrt{4 - (\log_{\frac{1}{2}} x)^2}$ $\qquad \left[\dfrac{1}{4} \leq x \leq 4\right]$

495 $y = \dfrac{\log x}{\ln x - 2}$ $\qquad [0 < x < e^2 \lor x > e^2]$

496 $y = \sqrt{3 - \log_2(x - 1)}$ $\qquad [1 < x \leq 9]$

497 $y = \dfrac{\ln(9 - 6x)}{\ln x - 1}$ $\qquad \left[0 < x < \dfrac{3}{2}\right]$

498 $y = \dfrac{\ln x - 4}{\sqrt{4 - \ln x}}$ $\qquad [0 < x < e^4]$

499 $y = \sqrt{\log_2 x - 1} + \sqrt{-\log_2 x + 4}$ $\qquad [2 \leq x \leq 16]$

500 $y = \log_2(2^x + 2^{1-x} - 3)$ $\qquad [x < 0 \lor x > 1]$

501 $y = \dfrac{1}{\log^2 x - \log x}$ $\qquad [x > 0 \land x \neq 1 \land x \neq 10]$

502 $y = \sqrt{\dfrac{\ln x}{\ln x - 1}}$ $\qquad [0 < x \leq 1 \lor x > e]$

Capitolo 3. Esponenziali e logaritmi

503 $y = \dfrac{\sqrt{4-x}}{\ln(2^x - 3)}$ $\quad [\log_2 3 < x \leq 4 \wedge x \neq 2]$

504 $y = \dfrac{3}{(\log_3 x)^2 - \log_3 x - 2}$

$\left[x > 0 \wedge x \neq \dfrac{1}{3} \wedge x \neq 9 \right]$

505 $y = \sqrt{|e^x - 2| - 1}$ $\quad [x \leq 0 \vee x \geq \ln 3]$

506 $y = \log_{\frac{1}{2}} \left[\log_{\frac{1}{2}} (x+5) \right]$ $\quad [-5 < x < -4]$

507 $y = \dfrac{1}{5^x - 25^x + 6}$ $\quad \left[x \neq \dfrac{\log 3}{\log 5} \right]$

508 $y = \dfrac{5}{|\log_2(5-x)| - 1}$ $\quad \left[x < 5 \wedge x \neq \dfrac{9}{2} \wedge x \neq 3 \right]$

509 $y = \log(2^{-x} - 3)$ $\quad \left[x < -\dfrac{\log 3}{\log 2} \right]$

510 $y = \ln(1 - 2\sqrt{-x})$ $\quad \left[-\dfrac{1}{4} < x \leq 0 \right]$

511 $y = \sqrt{\log_2(x+1)} + \sqrt{\log_{\frac{1}{2}} x - 4}$ $\quad \left[0 < x \leq \dfrac{1}{16} \right]$

512 $y = \sqrt{\dfrac{\ln(x^2 + 4)}{\ln(x+1) - 2}}$ $\quad [x > e^2 - 1]$

513 $y = \sqrt{\log_{\frac{1}{3}} |x|}$ $\quad [-1 \leq x \leq 1 \wedge x \neq 0]$

514 $y = \dfrac{2}{\log_3 \sqrt{x}}$ $\quad [x \neq 0 \wedge x \neq 1]$

Determina il dominio delle seguenti funzioni, studia il segno e determina gli eventuali zeri.

515 $y = \log_3(x+1)$ $\quad [D: x > -1; y > 0: x > 0; y = 0: x = 0]$

516 $y = \log_{\frac{1}{4}}(2x)$ $\quad \left[D: x > 0; y > 0: 0 < x < \dfrac{1}{2}; y = 0: x = \dfrac{1}{2} \right]$

517 $y = \log_{0,3}(x-3)$ $\quad [D: x > 3; y > 0: 3 < x < 4; y = 0: x = 4]$

518 $y = \log_4 \left(\dfrac{1}{x} \right)$ $\quad [D: x > 0; y > 0: 0 < x < 1; y = 0: x = 1]$

519 $y = \sqrt{3^x - 5}$ $\quad \left[D: x \geq \dfrac{\log 5}{\log 3}; y > 0: x > \dfrac{\log 5}{\log 3}; y = 0: x = \dfrac{\log 5}{\log 3} \right]$

520 $y = \sqrt{\ln x - 1}$ $\quad [D: x \geq e; y > 0: x > e; y = 0: x = e]$

521 $y = \log \dfrac{2x - 4}{x}$ $\quad [D: x < 0 \vee x > 2; y > 0: x < 0 \vee x > 4; y = 0: x = 4]$

522 $y = \log \dfrac{1}{x+2}$ $\quad [D: x > -2; y > 0: -2 < x < -1; y = 0: x = -1]$

523 $y = \log_2 \log_2 x$ $\quad [D: x > 1; y > 0: x > 2; y = 0: x = 2]$

524 $y = \dfrac{1}{\log(2^x - 1)}$ $\quad [D: 0 < x < 1 \vee x > 1; y > 0: x > 1; y = 0: \text{impossibile}]$

525 $y = \log(x - 2) - 2$ $\quad [D: x > 2; y > 0: x > 102; y = 0: x = 102]$

526 $y = \dfrac{\log x}{\log(x-3)}$ $\quad [D: x > 3 \wedge x \neq 4; y > 0: x > 4; y = 0: \text{impossibile}]$

VERIFICA DELLE COMPETENZE ALLENAMENTO

UTILIZZARE TECNICHE E PROCEDURE DI CALCOLO

Esponenziali

Risolvi le seguenti equazioni.

1 $9^{2x-1} = 27$ $\left[\dfrac{5}{4}\right]$

2 $3^x + 4 \cdot 3^x = 3^{x+1} + 6$ $[1]$

3 $25^x - 4 \cdot 5^x = 2 \cdot 5^x - 5$ $[0; 1]$

4 $3^{2x} + 6 \cdot 3^x + 8 = 0$ [impossibile]

5 $5^x + 5^{-x-1} = \dfrac{6}{5}$ $[-1; 0]$

6 $2 \cdot 7^x + 7^{1-x} = 3$ [impossibile]

7 $(2^x - 1)(3^x - 9) = 0$ $[0; 2]$

8 $3^{x+1} - \dfrac{1}{3^x} - 2 = 0$ $[0]$

Risolvi le seguenti disequazioni.

9 $4^{1-x} > \left(\dfrac{1}{2}\right)^{3x+4}$ $[x > -6]$

10 $5^{x+1} - 5^{x-2} < 0$ [impossibile]

11 $4 \cdot 2^{3x} - 4^{x+2} < 0$ $[x < 2]$

12 $4^{2x} - 17 \cdot 4^x + 16 < 0$ $[0 < x < 2]$

13 $15 \cdot \sqrt{9^{x+4}} \leq 5 \cdot 81^{4x-1}$ $\left[x \geq \dfrac{3}{5}\right]$

14 $(4 - 2^{3x})(x - 1) \geq 0$ $\left[\dfrac{2}{3} \leq x \leq 1\right]$

15 $\dfrac{x}{3 \cdot 9^x + 5 \cdot 3^x - 2} < 0$ $[-1 < x < 0]$

16 $2 \cdot 3^{2x} - 2 \cdot 3^{x+2} - 8 \geq 1 - 3^x$ $[x \geq 2]$

17 $9 \cdot 2^{2x} \cdot 8 > 4 \cdot 9^x \cdot 27$ $\left[x < -\dfrac{1}{2}\right]$

18 $\dfrac{3^x - 2}{2} + \dfrac{9^x - \dfrac{1}{2}}{3^x} + 2 > 0$ $[x > -1]$

Logaritmi

19 **VERO O FALSO?** Nell'espressione $\log_a b = c$:

a. a, b, c devono essere positivi. V F

b. c può essere 0. V F

c. b non può essere 1. V F

d. a, b, c non possono mai essere uguali. V F

20 **TEST** Se a, b e c sono numeri reali positivi e $a \neq 1$, quale fra le seguenti uguaglianze è *falsa*?

A $\log_a(b \cdot c) = \log_a b + \log_a c$

B $\log_a\left(\dfrac{b}{c}\right) = \log_a b - \log_a c$

C $\log_a a = 1$

D $\log_a b \cdot \log_a c = \log_a(b + c)$

E $\log_a b^c = c \cdot \log_a b$

Calcola il valore delle seguenti espressioni applicando le proprietà dei logaritmi.

21 $\log_3 \dfrac{4}{5} + \log_3 \dfrac{15}{4} - \log_3(4^{\log_4 9})$ $[-1]$

22 $\log(100 \cdot 3) + \log 3^4 - 4^{\log_5 \sqrt{5}}$ $[5\log 3]$

23 $\log_4 5 \cdot \log_5 64 - \log_3(\log_5 5)$ $[3]$

24 $\log_9 12 + \dfrac{1}{2}\log_3 75 - \log_3 10$ $[1]$

Risolvi le seguenti equazioni logaritmiche.

25 $\log(2 - x) = 2\log 2$ $[-2]$

26 $\log_4 x + \log_4(x - 1) = \log_4(3x - 4)$ $[2]$

27 $\ln^2 x - 4\ln x = 0$ $[1; e^4]$

28 $\log(x + 5) - \log(x + 3) = \log 4$ $\left[-\dfrac{7}{3}\right]$

29 $\log(x - 2) - \log(x + 1) = \log 6$ [impossibile]

Capitolo 3. Esponenziali e logaritmi

Risolvi le seguenti disequazioni logaritmiche.

30 $\log_{\frac{2}{3}}(3x-1) > 1$ $\left[\frac{1}{3} < x < \frac{5}{9}\right]$

31 $\log_2(4x+6) - \log_2(5+x) \leq 1$ $\left[-\frac{3}{2} < x \leq 2\right]$

32 $\log_2 \log_{\frac{1}{2}}(x-6) < 0$ $\left[\frac{13}{2} < x < 7\right]$

33 $\ln(x+1) - 2\ln(x-2) + \ln(x-1) < 0$ [imp.]

34 $\log_5(4^{2x}+1) > 1$ $\left[x > \frac{1}{2}\right]$

35 $\dfrac{\log(x-3)\log x}{\log(x-4)} \leq 0$ $[4 < x < 5]$

36 $\dfrac{1}{2}\log_3 x - \log_9 x \log_3 x \leq 0$ $[0 < x \leq 1 \lor x \geq 3]$

37 $\log(3x-2) \geq \log(x+4)$ $[x \geq 3]$

38 $[\log_4(3x)]^2 - \log_4(9x^2) + 1 \leq 0$ $\left[x = \frac{4}{3}\right]$

Risolvi con i logaritmi le seguenti equazioni e disequazioni esponenziali.

39 $4 \cdot 5^x = 3^{2x+1}$ $\left[\dfrac{\log 3 - \log 4}{\log 5 - 2\log 3}\right]$

40 $9^x - 3^{x+1} - 10 = 0$ $\left[\dfrac{\log 5}{\log 3}\right]$

41 $\dfrac{5}{3^x - 1} - \dfrac{1}{3^x + 1} = \dfrac{26}{9^x - 1}$ $\left[\dfrac{\log 5}{\log 3}\right]$

42 $\dfrac{9^{1-2x} \cdot 3^{5x-2}}{2^{x+1}} < \dfrac{7}{2 \cdot 4^x}$ $\left[x < \dfrac{\log 7}{\log 2 + \log 3}\right]$

43 $\dfrac{2^x - 2}{\sqrt[3]{3 \cdot 6^x \cdot (6^x - 1) - 6}} < 0$ $\left[\dfrac{\log 2}{\log 6} < x < 1\right]$

44 $\log_3(2^{2x+1} - 5 \cdot 2^x - 2) \geq 0$ $[x \geq \log_2 3]$

ANALIZZARE E INTERPRETARE DATI E GRAFICI

Esponenziali

Disegna il grafico delle seguenti funzioni.

45 $y = 2^{x+1} - 3$

46 $y = -\left(\dfrac{1}{2}\right)^x + 2$

47 $y = -3^{x-1} + 4$

48 $y = -3^{-x} + 2$

49 $y = |2^x - 1|$

50 $y = -3^{|x|}$

Determina il dominio delle seguenti funzioni.

51 $y = \dfrac{1+x}{16 - 8^x}$ $\left[x \neq \dfrac{4}{3}\right]$

52 $y = \sqrt{2^{x+5}}$ $[\forall x \in \mathbb{R}]$

53 $y = 5^{\frac{3x}{x^2 - 5x + 6}}$ $[x \neq 2 \land x \neq 3]$

54 $y = \sqrt{x^2 - 4x} + \sqrt{2^x - 4}$ $[x \geq 4]$

55 $y = \sqrt{2^x + 2^{1-x} - 3}$ $[x \leq 0 \lor x \geq 1]$

56 $y = \sqrt{27^x - 9 \cdot 3^{-x}}$ $\left[x \geq \dfrac{1}{2}\right]$

LEGGI IL GRAFICO

57 Trova le coordinate di A, B, C, D e calcola il perimetro e l'area del trapezio ABCD in figura.

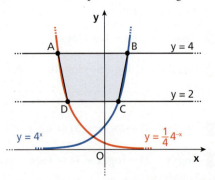

[perimetro: $5 + \sqrt{17}$; area: 5]

58 Il grafico della funzione della figura ha equazione $y = a^{bx+2} + c$. Trova a, b, c.

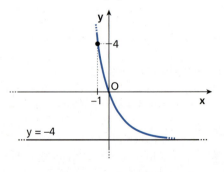

[$a = 2, b = -1, c = -4$]

Allenamento

Logaritmi

Determina il dominio delle seguenti funzioni.

59 $y = \log(x+5) - \log(6-x) + 2$ $\quad [-5 < x < 6]$

60 $y = \sqrt{\log \dfrac{x}{x-3}}$ $\quad [x > 3]$

61 $y = \dfrac{x}{\log(x+1)}$ $\quad [x > -1 \land x \neq 0]$

62 $y = \dfrac{5}{\log(x^2+1) - 1}$ $\quad [x \neq \pm 3]$

63 $y = \ln(|x| - 1) + 2$ $\quad [x < -1 \lor x > 1]$

64 $y = \sqrt{1 - \log^2 x}$ $\quad \left[\dfrac{1}{10} \leq x \leq 10\right]$

VERO O FALSO?

65 La funzione $y = \log_2(x+1)$:
   a. è crescente. V F
   b. ha dominio $D: x \geq -1$. V F
   c. ha il grafico che passa per l'origine. V F
   d. ha come inversa $y = 2^{x-1}$. V F

66 La funzione $y = \log_{0,5}(x)$:
   a. è positiva per $0 < x < 1$. V F
   b. ha dominio $D: x > 0$. V F
   c. è crescente. V F
   d. ha il grafico che passa per $P\left(1; \dfrac{1}{2}\right)$. V F

Disegna il grafico delle seguenti funzioni.

67 $y = \ln(x+2)$

68 $y = |\log_2 x + 1|$

69 $y = \log|x|$

70 $y = -\log(x-3)$

71 $y = 4 - \ln x$

72 $y = 2 + \log_{\frac{1}{2}} x$

LEGGI IL GRAFICO   Trova a e b nelle equazioni dei seguenti grafici, utilizzando le informazioni delle figure.

73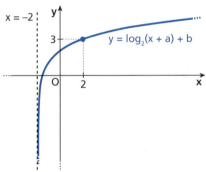

$[a = 2, b = 1]$

74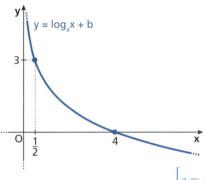

$\left[a = \dfrac{1}{2}, b = 2\right]$

COSTRUIRE E UTILIZZARE MODELLI

Esponenziali

75 **Acquisto prima casa** Una giovane coppia vuole accedere a un prestito per l'acquisto della prima casa e valuta le proposte di due banche. La prima propone una durata minima di 15 anni con tasso complessivo $i_1 = 4\%$, mentre la seconda propone una durata minima di 20 anni con un tasso complessivo $i_2 = 3\%$. Per il calcolo del montante, cioè del capitale più l'interesse, da restituire dopo la durata stabilita, puoi utilizzare la formula a lato (dove M è il montante, C il capitale e n la durata del prestito in anni).
   a. Determina quale banca incasserà gli interessi maggiori al termine del prestito.
   b. Disegna su uno stesso piano cartesiano l'andamento dei due montanti al variare degli anni.
   c. Esiste un tempo in cui i due montanti sono uguali? Motiva la tua risposta.

ammontare del prestito: $C = €\,100\,000$

$M_n = C \cdot r^n \quad \text{con } r = 1 + \dfrac{i}{100}$

[a) la seconda banca; c) solo all'inizio del prestito]

Capitolo 3. Esponenziali e logaritmi

76 **Come crescono i risparmi?** Lisa ha depositato su un libretto di risparmio € 500 e la banca ogni tre mesi accredita l'interesse maturato. Quale funzione descrive l'andamento degli importi in funzione del numero dei mesi trascorsi?
Rappresentala graficamente.

$$\left[y(t) = 500 \cdot 1{,}005^{\frac{t}{3}} \right]$$

importi rilevati nei quattro trimestri successivi al deposito:
€ 502,50
€ 505,01
€ 507,54
€ 510,08

77 **Nerello** L'enoteca My Wine ha acquistato 120 bottiglie di vino Nerello al prezzo di € 8 a bottiglia. Non le rivende subito, ma aspetta l'incremento del loro valore, che in base a esperienze precedenti segue l'andamento della funzione $v(t)$. Il tempo è espresso in mesi. Per determinare l'intervallo di tempo che si può considerare favorevole alla vendita del vino confrontiamo il suo valore con quello che si otterrebbe investendo l'importo in titoli di stato al tasso netto in capitalizzazione continua del 4%.

andamento valore bottiglia:
$$v(t) = 8 \cdot \left(1 + \frac{\sqrt{t}}{10}\right)$$

andamento valore investimento:
$$g(t) = 8 \cdot e^{0{,}04t}$$

Determina graficamente l'intervallo di tempo entro il quale deve essere venduto il vino per ottenere un rendimento maggiore di quello offerto finanziariamente dal mercato. $[0 < t \leq 5]$

Logaritmi

78 **Cavolo logaritmico** Il broccolo romanesco ha una struttura molto affascinante: la parte che si consuma normalmente è composta da una serie di infiorescenze disposte lungo una spirale logaritmica. Il processo di accrescimento del raggio delle infiorescenze (o rosette) si può descrivere con l'equazione

$$r = 2 \cdot 10^{-4} \cdot e^{\frac{1}{7}t}$$ (t indica il tempo in giorni e r il raggio in cm).

Il broccolo è maturo quando il raggio delle rosette più grandi è compreso tra 4 cm e 8 cm. Quanti giorni impiega a maturare? [circa 70 giorni]

79 **Rende poco** Il 15 ottobre 2012 Andrea ha impegnato € 18 000 in un piano di gestione patrimoniale. Le condizioni offerte erano quelle che riportiamo a fianco.
Il 19 gennaio 2016 Andrea, poco soddisfatto del rendimento, chiede la chiusura del rapporto e ottiene € 19 158.

tasso di rendimento non fisso ma che fino a quel momento era stato del 2% annuo

zero spese di gestione

accredito dell'utile alla fine dell'anno reimpiegato nella gestione

a. Calcola quanto è stato il tasso di rendimento annuo dell'operazione utilizzando la funzione $M = C \cdot (1 + x)^t$, dove C è il valore investito, M il valore finale che Andrea ha ritirato, x il tasso di rendimento annuo cercato e t la durata, espressa in anni, dell'operazione.

b. Se invece l'operazione fosse stata descritta con la funzione $M = C \cdot e^{xt}$, quale sarebbe stato il tasso di rendimento? [a) 1,929%; b) 1,9107]

Allenati con **15 esercizi interattivi** con feedback "hai sbagliato, perché…"
su.zanichelli.it/tutor3 risorsa riservata a chi ha acquistato l'edizione con tutor

VERIFICA DELLE COMPETENZE PROVE ⏱ 1 ora

PROVA A

1 Disegna i grafici delle funzioni: **a.** $y = 5^x + 2$; **b.** $y = \left(\dfrac{1}{3}\right)^{x+2}$.

2 Risolvi le equazioni: **a.** $2^{4x+1}\sqrt{4^x} = 8^x \cdot 32$; **b.** $2^{3x} + 8^x = \sqrt[5]{2}$; **c.** $3^{2x-1} - \dfrac{4}{3^x} = \dfrac{5}{3}$.

3 Risolvi le disequazioni: **a.** $4^x > 2^{5-x}$; **b.** $\left(\dfrac{2}{3}\right)^{x+2} > \dfrac{9}{4}$; **c.** $3^{2x} - 8 \cdot 3^x < 9$.

4 Determina il dominio delle funzioni: **a.** $y = \sqrt{36 - 6^{3x+1}}$; **b.** $y = \dfrac{4 - 3^x}{9^x - 3}$.

5 **Una popolazione batterica** La crescita dei batteri avviene per divisione cellulare, perciò in un dato intervallo di tempo (che dipende da vari fattori) raddoppia il numero dei batteri di una coltura e la legge di crescita è una funzione esponenziale in base 2.
Considera una colonia di 1000 batteri *Escherichia coli*.
  a. Calcola quanti batteri compongono la colonia dopo 4 generazioni.
  b. Determina in quanto tempo è avvenuta tale crescita.
  c. Esprimi la legge di crescita in funzione del numero n di generazioni.
  d. Da quanti batteri sarà costituita la colonia dopo 4 ore?

coltura di *Escherichia coli*, tempo necessario a una cellula per duplicarsi: circa 20 minuti

PROVA B

1 **COMPLETA**
  a. $5^{\log_5 15} = \square$
  b. $\log 4 + \log 11 = \log \square$
  c. $\log_3(9\sqrt{3}) = \square$
  d. $\log_\square (32) = \dfrac{5}{2}$

2 Calcola il valore delle seguenti espressioni:
  a. $\log_3(9 \cdot 5) - \log_3(\log_3 3^5)$;
  b. $\log_4 25 + \log_2 \dfrac{16}{5}$.

3 Disegna il grafico delle seguenti funzioni:
  a. $y = \left|\log_{\frac{1}{3}} x\right|$;
  b. $y = \log(x - 1) + 2$.

4 Risolvi le seguenti equazioni:
  a. $\log_6(x - 3) = 2$;
  b. $\log(1 + x) + 2\log\sqrt{1 - x} = \log(9 - 6x)$;
  c. $2 \cdot 3^{x+2} = 2^{x+1}$.

5 Risolvi le seguenti disequazioni:
  a. $\log_3(2x + 3) < \log_3(x - 4)$;
  b. $\log_{\frac{1}{2}}(3x) - \log_{\frac{1}{2}}(x + 2) > 1$.

6 Determina il dominio delle seguenti funzioni:
  a. $y = \log \dfrac{x - 2}{4 - x}$;
  b. $y = \sqrt{\log_2 x - 2}$.

CAPITOLO 4
PIANO CARTESIANO E RETTA

1 Coordinate nel piano
▶ Esercizi a p. 180

Fissiamo un sistema di assi cartesiani ortogonali considerando due rette orientate tra loro perpendicolari, e per comodità scegliamo la prima orizzontale e la seconda verticale. Le due rette sono gli **assi** del riferimento e il loro punto di intersezione O è l'**origine**.

Fissata un'unità di misura su entrambi gli assi, possiamo rappresentare un punto mediante una coppia *ordinata* di numeri reali. Viceversa, fissato un punto Q, a esso corrisponde una coppia di numeri reali.

> A ogni punto del piano corrisponde una e una sola coppia di numeri; viceversa, a ogni coppia di numeri corrisponde uno e un solo punto del piano.

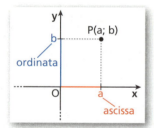

Si è così creata *una corrispondenza biunivoca tra i punti del piano e le coppie ordinate di numeri reali*.

In ogni coppia di numeri, le **coordinate** del punto, il primo numero è l'**ascissa** e il secondo è l'**ordinata**. Usiamo la scrittura $P(x; y)$, che leggiamo «il punto P di coordinate x e y». L'asse orizzontale è l'**asse delle ascisse**, o anche **asse x**; l'asse verticale è l'**asse delle ordinate** o anche **asse y**.

Gli assi dividono il piano in quattro angoli retti, detti **quadranti**.

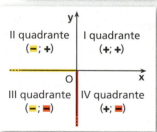

Le coordinate dei punti del piano sono positive o negative a seconda del quadrante in cui i punti si trovano. Nel primo e nel terzo quadrante, un punto ha ascissa e ordinata dello stesso segno; nel secondo e nel quarto quadrante, ha coordinate di segno opposto.

I punti dell'asse x hanno ordinata 0, quelli dell'asse y hanno ascissa 0. L'origine O ha coordinate $(0; 0)$.

 Listen to it

A **Cartesian coordinate system** in the plane is given by a pair of **axes** that intersect at a point called the **origin**; every point in the plane is uniquely identified by an **ordered pair of coordinates**, the **abscissa** (x) and the **ordinate** (y).

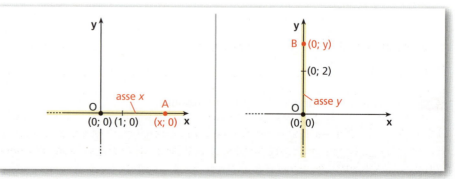

Paragrafo 2. Lunghezza e punto medio di un segmento

2 Lunghezza e punto medio di un segmento

■ Distanza fra due punti

▶ Esercizi a p. 181

I punti hanno la stessa ordinata o la stessa ascissa

Animazione | La distanza fra due punti $A(x_A; y_A)$ e $B(x_B; y_B)$ che hanno la stessa ordinata $y_A = y_B$ è la differenza delle loro ascisse, presa in valore assoluto, in modo da non doverci preoccupare di qual è la maggiore:

$\overline{AB} = |x_B - x_A|$.

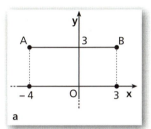

a

Per esempio, nella figura **a**: $\overline{AB} = |x_B - x_A| = |3 - (-4)| = 7$.

Analogamente, la distanza fra due punti $A(x_A; y_A)$ e $B(x_B; y_B)$ con la stessa ascissa $x_A = x_B$ è:

$\overline{AB} = |y_B - y_A|$.

Per esempio, nella figura **b**: $\overline{AB} = |-1 - 5| = 6$.

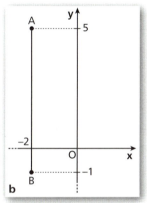

b

Il caso generale

Consideriamo il segmento AB non parallelo agli assi e applichiamo il teorema di Pitagora al triangolo rettangolo ABH:

$\overline{AB} = \sqrt{\overline{AH}^2 + \overline{BH}^2}$.

$\overline{AH} = |x_B - x_A|$ e $\overline{BH} = |y_B - y_A|$,

quindi:

$\boxed{\overline{AB} = \sqrt{(x_B - x_A)^2 + (y_B - y_A)^2}}$.

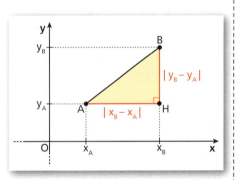

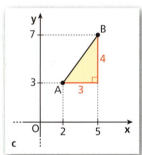

c

Per esempio, nella figura **c**:

$\overline{AB} = \sqrt{(5-2)^2 + (7-3)^2} = \sqrt{3^2 + 4^2} = \sqrt{9 + 16} = 5$.

La formula comprende anche i due casi particolari precedenti.
Inoltre, la distanza di un punto $P(x; y)$ dall'origine O è:

$\overline{OP} = \sqrt{x^2 + y^2}$.

■ Punto medio di un segmento

▶ Esercizi a p. 184

Animazione | Consideriamo i punti $A(x_A; y_A)$ e $B(x_B; y_B)$. Vogliamo calcolare le coordinate del punto medio M del segmento AB.

Dopo aver tracciato le parallele agli assi passanti per i punti A, B e M, applichiamo il teorema del fascio di rette parallele: dato un fascio di rette parallele tagliato da due trasversali, a segmenti congruenti su una trasversale corrispondono segmenti congruenti sull'altra trasversale.

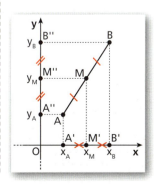

$AM \cong MB$, perché M è punto medio di AB, quindi $A'M' \cong M'B'$ e $A''M'' \cong M''B''$.

$\overline{A'M'} = \overline{M'B'}$, quindi $|x_M - x_A| = |x_B - x_M|$.

Poiché $x_A < x_M$ e $x_M < x_B$, scriviamo le differenze senza il valore assoluto:

$x_M - x_A = x_B - x_M$.

Ricaviamo x_M:

$x_M + x_M = x_A + x_B \rightarrow 2x_M = x_A + x_B \rightarrow x_M = \dfrac{x_A + x_B}{2}$.

Con considerazioni analoghe, sapendo che $\overline{A''M''} = \overline{M''B''}$, otteniamo:

$y_M = \dfrac{y_A + y_B}{2}$.

In sintesi, dati i punti $A(x_A; y_A)$ e $B(x_B; y_B)$, il punto medio M del segmento AB ha coordinate:

$$x_M = \dfrac{x_A + x_B}{2}, \quad y_M = \dfrac{y_A + y_B}{2}.$$

ESEMPIO

Determiniamo il punto medio M del segmento AB con $A(2; 1)$ e $B(8; 5)$.

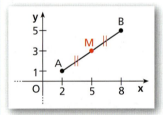

▶ Determina il punto medio del segmento che ha per estremi i punti $(-2; 0)$ e $(4; -3)$.

$x_M = \dfrac{x_A + x_B}{2} = \dfrac{2 + 8}{2} = 5; \quad y_M = \dfrac{y_A + y_B}{2} = \dfrac{1 + 5}{2} = 3.$

Baricentro di un triangolo

Il baricentro di un triangolo è il punto di incontro delle tre mediane. Ognuna di esse è divisa dal baricentro in due parti tali che quella che ha un estremo nel vertice è doppia dell'altra. Tenendo conto di questa proprietà e delle formule del punto medio di un segmento, si può dimostrare che in un triangolo, di vertici $A(x_A; y_A)$, $B(x_B; y_B)$ e $C(x_C; y_C)$, le coordinate del baricentro G sono:

$$x_G = \dfrac{x_A + x_B + x_C}{3}, \quad y_G = \dfrac{y_A + y_B + y_C}{3}.$$

ESEMPIO

Il triangolo ABC ha per vertici i punti $A(0; -1)$, $B(6; 2)$, $C(3; 5)$.
Il suo baricentro G ha coordinate:

$x_G = \dfrac{0 + 6 + 3}{3} = 3,$

▶ Calcola le coordinate del baricentro del triangolo di vertici $(-5; -2)$, $(-3; -2)$, $(-4; 4)$.

$y_G = \dfrac{-1 + 2 + 5}{3} = 2.$

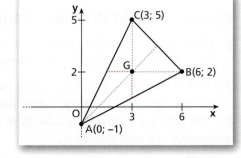

3. Rette nel piano cartesiano

■ Equazioni lineari e rette

▶ Esercizi a p. 187

Equazione della retta in forma implicita

Un'equazione lineare in due variabili x e y è un'equazione di primo grado per entrambe le incognite. Può essere scritta nella forma:

$$ax + by + c = 0, \quad \text{con } a, b, c \in \mathbb{R} \ (a \text{ e } b \text{ non entrambi nulli}).$$

Una soluzione dell'equazione è una coppia $(x_0; y_0)$ di numeri reali che la soddisfa.

ESEMPIO
Data l'equazione $3x + 2y - 6 = 0$, per $x = 1$:

$$3 \cdot 1 + 2y - 6 = 0 \quad \to \quad 2y = 3 \quad \to \quad y = \frac{3}{2}.$$

La coppia $\left(1; \frac{3}{2}\right)$ è soluzione dell'equazione.

MATEMATICA E TECNOLOGIA
I robot cartesiani I robot cartesiani sono macchine che permettono di realizzare processi industriali di precisione, tagliando, forando o sagomando materiali.

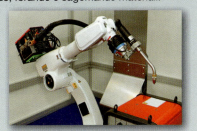

▶ Come sfruttano le coordinate cartesiane i robot?

☐ La risposta

▶ Trova alcune soluzioni dell'equazione
$y - x + 4 = 0$.

Le soluzioni sono infinite e per ottenerle basta sostituire a x un qualsiasi numero reale e determinare il corrispondente valore di y.
Data un'equazione lineare in due variabili, a ogni soluzione corrisponde un punto del piano cartesiano, mentre, dato un punto, non sempre le sue coordinate sono una delle infinite soluzioni dell'equazione. Queste soluzioni corrispondono ai punti di una retta e soltanto a essi.
In altre parole, si può dimostrare che a ogni retta del piano cartesiano corrisponde un'equazione lineare in due variabili e, viceversa, a ogni equazione lineare in due variabili corrisponde una retta. Diciamo allora che

$$ax + by + c = 0$$

è l'**equazione di una retta**, che è detta **equazione di una retta in forma implicita** perché nessuna delle variabili è ricavata in funzione dell'altra.

Retta parallela all'asse x

Detto $A(0; k)$ il punto di intersezione con l'asse y di una retta parallela all'asse x:
- tutti i punti della retta hanno ordinata k;
- ogni punto di ordinata k appartiene alla retta.

Quindi *tutti e soli* i punti della retta soddisfano l'equazione:

$$y = k. \quad \text{equazione di una retta parallela all'asse } x$$

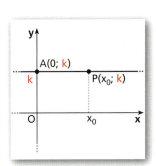

Per esempio, $y = -2$ è l'equazione della retta parallela all'asse x i cui punti hanno tutti ordinata -2.

Se $k = 0$, la retta coincide con l'asse x, che ha quindi equazione:

$$y = 0. \quad \text{equazione dell'asse } x$$

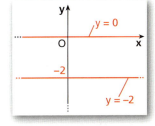

Capitolo 4. Piano cartesiano e retta

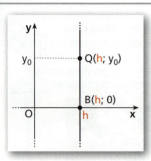

Retta parallela all'asse y

Detto $B(h; 0)$ il punto di intersezione con l'asse x di una retta parallela all'asse y:
- tutti i punti della retta hanno ascissa h;
- ogni punto di ascissa h appartiene alla retta.

Quindi *tutti e soli* i punti della retta soddisfano l'equazione:

$x = h$. ——— equazione di una retta parallela all'asse y

Per esempio, $x = \frac{1}{2}$ è l'equazione della retta parallela all'asse y i cui punti hanno tutti ascissa $\frac{1}{2}$.

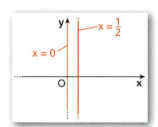

Se $h = 0$, la retta coincide con l'asse y, che ha quindi equazione:

$x = 0$. ——— equazione dell'asse y

Retta passante per l'origine

Data una retta passante per l'origine, che non sia parallela all'asse y, prendiamo a caso alcuni suoi punti, per esempio quelli della figura, P, P', P''. Consideriamo le loro proiezioni H, H', H'' sull'asse x. I triangoli OPH, $OP'H'$, $OP''H''$ sono simili tra loro, quindi:

$$\frac{PH}{OH} = \frac{P'H'}{OH'} = \frac{P''H''}{OH''}.$$

Considerando le coordinate dei punti, possiamo allora scrivere:

$$\frac{y_P}{x_P} = \frac{y_{P'}}{x_{P'}} = \frac{y_{P''}}{x_{P''}} = m,$$

dove m è un numero reale *costante*. Tutti i punti della retta godono di questa proprietà e, viceversa, si può dimostrare che la proprietà è vera soltanto per essi. Quindi l'equazione di una retta passante per l'origine, non parallela all'asse y, è:

$y = mx$,

dove la costante m è detta **coefficiente angolare**.

Chiamiamo **angolo fra retta e asse x** l'angolo α che ha per vertice il loro punto di intersezione e come lati la semiretta costituita dai punti della retta con ordinata positiva e la semiretta sull'asse x di verso positivo.

Il coefficiente angolare fornisce informazioni su tale angolo, ossia sulla «pendenza» della retta rispetto all'asse x.

Nella figura possiamo osservare come varia m al variare dell'angolo α:
- se α è acuto, m assume valori sempre maggiori man mano che l'angolo si avvicina all'angolo retto;
- se α è retto, non esiste un corrispondente valore di m in quanto l'asse y non ha equazione esprimibile nella forma $y = mx$;

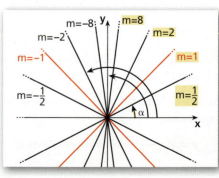

Video

Coordinate geografiche

▶ Come funzionano le coordinate geografiche terrestri?

▶ Come possono essere rappresentate su un piano?

Paragrafo 3. Rette nel piano cartesiano

- se α è ottuso, m è negativo e assume valori sempre minori all'avvicinarsi di α all'angolo retto.

Se $m = 1$, i punti della retta hanno l'ascissa uguale all'ordinata (figura **a**). Il triangolo OHP è rettangolo e isoscele, quindi $H\widehat{O}P$ è metà dell'angolo retto:

$y = x$. — equazione della bisettrice del primo e terzo quadrante

Analogamente, se $m = -1$ (figura **b**), il triangolo OKQ è rettangolo e isoscele e l'angolo $K\widehat{O}Q$ è metà dell'angolo retto:

$y = -x$. — equazione della bisettrice del secondo e quarto quadrante

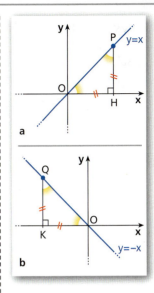

Retta generica non parallela all'asse y

Si può dimostrare che l'equazione di una retta generica non parallela all'asse y è del tipo:

$y = mx + q$,

dove m è il **coefficiente angolare** della retta e la costante q è detta **ordinata all'origine** e rappresenta l'ordinata del punto di intersezione della retta con l'asse y. Se $q = 0$, la retta passa per l'origine.

L'equazione $y = mx + q$ è detta **equazione della retta in forma esplicita**.

▶ **Animazione**

Nell'animazione studiamo le caratteristiche della retta di equazione $y = mx + q$, al variare di m e q.

A differenza dell'equazione in forma implicita, *l'equazione della retta in forma esplicita non è un'equazione generale*, in quanto, al variare di m e q, non si ottengono tutte le rette del piano: sono escluse le rette parallele all'asse y.

■ Equazione di una retta passante per un punto e di coefficiente angolare noto

▶ Esercizi a p. 192

Se una retta, non parallela all'asse y, passa per un punto $P(x_1; y_1)$, le coordinate del punto devono soddisfare l'equazione

$y = mx + q$,

quindi

$y_1 = mx_1 + q$.

Sottraendo i due membri della seconda uguaglianza a quelli della prima, otteniamo:

$y - y_1 = m \cdot (x - x_1)$. — equazione della retta di coefficiente angolare m passante per $P(x_1; y_1)$

▶ **Animazione**

Guarda nell'animazione cosa succede modificando m o le coordinate di P.

ESEMPIO

L'equazione della retta di coefficiente angolare $\frac{3}{4}$ e passante per $P(1; 2)$ è:

$y - 2 = \frac{3}{4} \cdot (x - 1) \quad \rightarrow \quad y = \frac{3}{4}x + \frac{5}{4}$.

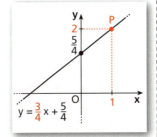

▶ Scrivi l'equazione della retta che passa per il punto $(1; 1)$ e ha coefficiente angolare 5.

Capitolo 4. Piano cartesiano e retta

■ Coefficiente angolare, note le coordinate di due punti

▶ Esercizi a p. 193

Ricaviamo il coefficiente angolare m di una retta di equazione $y = mx + q$ in funzione delle coordinate di due suoi punti distinti, $A(x_1; y_1)$ e $B(x_2; y_2)$.

$y_1 = mx_1 + q$, perché A è un punto della retta;

$y_2 = mx_2 + q$, perché B è un punto della retta.

Sottraendo membro a membro la prima equazione dalla seconda:

$$y_2 - y_1 = mx_2 - mx_1 \quad \rightarrow \quad y_2 - y_1 = m(x_2 - x_1) \quad \rightarrow \quad m = \frac{y_2 - y_1}{x_2 - x_1}.$$

▸ Animazione

Nell'animazione, oltre alla dimostrazione della proprietà, trovi figure dinamiche per:
- verificare che il coefficiente angolare di una retta non varia se consideri due punti diversi;
- comprendere il significato del coefficiente angolare come *pendenza* della retta.

🇬🇧 Listen to it

For a generic line the **slope** is the ratio of the difference between the *y*-coordinates to the difference between the *x*-coordinates of two points on the line. This definition does not apply to vertical lines.

PROPRIETÀ

Il **coefficiente angolare** di una retta *non parallela all'asse y* è il rapporto fra la differenza delle ordinate e la differenza delle ascisse di due punti distinti della retta:

$$m = \frac{y_2 - y_1}{x_2 - x_1}.$$

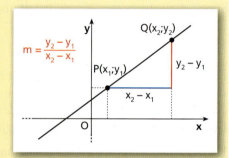

ESEMPIO

I punti $A\left(1; \frac{8}{3}\right)$ e $B(3; 4)$ appartengono alla retta di equazione:

$$y = \frac{2}{3}x + 2.$$

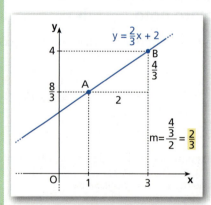

Il coefficiente angolare $\frac{2}{3}$ può essere calcolato con il rapporto:

$$m = \frac{4 - \frac{8}{3}}{3 - 1} = \frac{\frac{4}{3}}{2} = \frac{4}{3} \cdot \frac{1}{2} = \frac{2}{3}.$$

▶ Calcola il coefficiente angolare della retta che passa per l'origine e per il punto $(6; 2)$.

La proprietà che abbiamo ricavato fa comprendere che il coefficiente angolare è il *tasso di variazione* della variabile y al variare di x, poiché indica di quanto aumenta o diminuisce y sulla retta per un aumento unitario di x: quando l'ascissa aumenta di 1, l'ordinata aumenta di m.

Paragrafo 4. Rette parallele e rette perpendicolari

ESEMPIO

1. Nella retta $y = 2x - 1$, $m = 2$: per andare da $A(2; 3)$ a $B(3; 5)$, quando x aumenta di 1, y aumenta di 2, così come per passare dal punto B a $C(4; 7)$.

2. Nella retta $y = -3x + 1$, $m = -3$: quando l'ascissa aumenta di 1, l'ordinata diminuisce di 3.

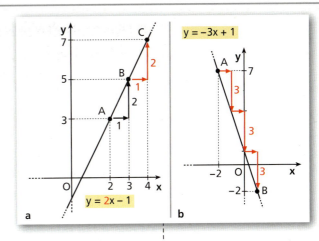

Retta passante per due punti

▶ Esercizi a p. 195

Se nell'equazione $y - y_1 = m(x - x_1)$ a m sostituiamo la sua espressione in funzione delle coordinate di due punti, otteniamo:

$$y - y_1 = \frac{y_2 - y_1}{x_2 - x_1}(x - x_1) \quad \rightarrow \quad \boxed{\frac{y - y_1}{y_2 - y_1} = \frac{x - x_1}{x_2 - x_1}},$$

che è l'equazione della retta passante per i punti $(x_1; y_1)$ e $(x_2; y_2)$.

ESEMPIO

Ricaviamo l'equazione della retta passante per $(-1; 2)$ e $(3; 1)$:

$$\frac{y - 2}{1 - 2} = \frac{x - (-1)}{3 - (-1)} \quad \rightarrow \quad \frac{y - 2}{-1} = \frac{x + 1}{4} \quad \rightarrow \quad 4y - 8 = -x - 1 \quad \rightarrow$$

$$y = -\frac{x}{4} + \frac{7}{4}.$$

Video

Fabbrica di auto

▶ Quante auto deve vendere una fabbrica automobilistica per coprire i costi di impianto e andare in pari?

▶ E per avere un utile del 5% sul fatturato?

▶ Scrivi l'equazione della retta che passa per i punti $(3; -2)$ e $(-1; 2)$.

4 Rette parallele e rette perpendicolari

Rette parallele

▶ Esercizi a p. 198

TEOREMA

Rette parallele
Due rette r e s (non parallele all'asse y), di equazioni $y = mx + q$ e $y = m_1 x + q_1$, sono parallele se e solo se hanno lo stesso coefficiente angolare:

$r \mathbin{/\!/} s \leftrightarrow m = m_1$.

Animazione

Guarda nell'animazione la dimostrazione del teorema.

ESEMPIO

Sono parallele le rette di equazioni $y = 2x + 4$ e $y = 2x - 1$, perché hanno lo stesso coefficiente angolare 2.

Se le rette r e s hanno equazioni in forma implicita

$r: ax + by + c = 0, \quad s: a_1 x + b_1 y + c_1 = 0,$

i loro coefficienti angolari sono $m = -\frac{a}{b}$ e $m_1 = -\frac{a_1}{b_1}$.

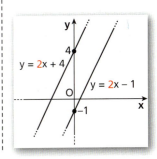

Quindi, r e s sono parallele se e solo se:

$$m = m_1 \leftrightarrow -\frac{a}{b} = -\frac{a_1}{b_1} \leftrightarrow ab_1 = a_1 b \leftrightarrow ab_1 - a_1 b = 0.$$

In sintesi:

$$r \mathbin{/\mkern-5mu/} s \leftrightarrow m = m_1 \leftrightarrow ab_1 - a_1 b = 0.$$

Puoi verificare che la condizione di parallelismo $ab_1 - a_1 b = 0$ è valida anche per rette parallele all'asse y. Per esempio:

$$r: x - 4 = 0, \quad s: 5x + 10 = 0; \quad r \mathbin{/\mkern-5mu/} s \leftrightarrow 1 \cdot 0 - 5 \cdot 0 = 0.$$

La posizione reciproca di due rette

Se due rette sono parallele, possono essere *distinte* oppure *coincidenti*. Se due rette non sono parallele, sono *incidenti* e hanno in comune un punto, di cui possiamo trovare le coordinate mettendo a sistema le equazioni delle due rette.

■ Rette perpendicolari

▶ Esercizi a p. 203

▶ Scrivi l'equazione della retta parallela a $r: y = -3x + 5$ passante per $A(0;-3)$.

TEOREMA
Rette perpendicolari
Due rette r e s (non parallele agli assi), di equazioni $y = mx + q$ e $y = m_1 x + q_1$, sono perpendicolari se e solo se il prodotto dei loro coefficienti angolari è uguale a -1:

$$r \perp s \leftrightarrow mm_1 = -1.$$

Animazione
Guarda nell'animazione la dimostrazione del teorema.

ESEMPIO
Le rette di equazioni $y = 2x + 2$ e $y = -\frac{1}{2}x + 1$ sono perpendicolari perché il prodotto dei loro coefficienti angolari è -1:

$$2 \cdot \left(-\frac{1}{2}\right) = -1.$$

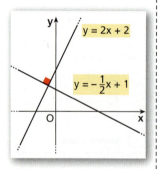

Se le rette r e s hanno equazioni in forma implicita

$$r: ax + by + c = 0, \qquad s: a_1 x + b_1 y + c_1 = 0,$$

r e s sono perpendicolari se e solo se:

$$m = -\frac{1}{m_1} \leftrightarrow -\frac{a}{b} = -\frac{1}{-\frac{a_1}{b_1}} \leftrightarrow -\frac{a}{b} = \frac{b_1}{a_1} \leftrightarrow aa_1 + bb_1 = 0.$$

▶ Scrivi l'equazione della retta perpendicolare a $r: y = \frac{3}{4}x - \frac{1}{4}$ passante per $A(3;2)$.

In sintesi:

$$r \perp s \leftrightarrow m = -\frac{1}{m_1} \leftrightarrow aa_1 + bb_1 = 0.$$

Puoi verificare che la condizione di perpendicolarità $aa_1 + bb_1 = 0$ è valida anche per rette parallele agli assi cartesiani. Per esempio:

$$r: y - 4 = 0, \quad s: 2x + 5 = 0; \quad r \perp s \leftrightarrow 0 \cdot 2 + 1 \cdot 0 = 0.$$

Paragrafo 5. Distanza di un punto da una retta

5 Distanza di un punto da una retta

▶ Esercizi a p. 206

Mandiamo da un punto P la perpendicolare a una retta r. Chiamiamo H la proiezione ortogonale di P su r, ossia il punto di intersezione fra la retta stessa e la perpendicolare. La misura del segmento di perpendicolare PH è la **distanza del punto P dalla retta r**.

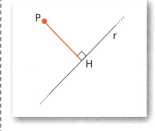

Consideriamo un punto $P(x_0; y_0)$ e una retta r. Esaminiamo due casi.

La retta r è parallela all'asse x o all'asse y. In questo caso la distanza di P da r è il valore assoluto della differenza delle ordinate o delle ascisse di P e H.

$d = |y_0 - k|$ $d = |x_0 - h|$

La retta r non è parallela agli assi. Se la retta non è parallela a uno degli assi, consideriamo la distanza come altezza di un particolare triangolo.

ESEMPIO Animazione

Dato il punto $P(3; 1)$, calcoliamo la sua distanza $\overline{PH}$ dalla retta di equazione $4x - 3y + 3 = 0$.
Per farlo, tracciamo da P le parallele agli assi fino a incontrare la retta nei punti A e B. Individuiamo così il triangolo rettangolo APB, di cui PH è l'altezza relativa all'ipotenusa.

A ha ordinata 1, come P. Sostituendola nell'equazione della retta, determiniamo la sua ascissa:

$$4x - 3 \cdot 1 + 3 = 0 \to x = 0.$$

In modo analogo, poiché l'ascissa di B è uguale a quella di P, ricaviamo l'ordinata di B, che è 5. Otteniamo quindi: $A(0; 1)$, $B(3; 5)$.

Il doppio dell'area di APB si ottiene moltiplicando le misure dei cateti AP e PB. Se dividiamo poi per la misura dell'ipotenusa AB, otteniamo la misura cercata dell'altezza PH relativa all'ipotenusa:

$$\overline{PH} = \frac{\overline{PA} \cdot \overline{PB}}{\overline{AB}} = \frac{3 \cdot 4}{5} = \frac{12}{5}.$$

In generale, utilizzando lo stesso procedimento dell'esempio, si ottiene che la **distanza d di un punto $P(x_0; y_0)$ da una retta di equazione $ax + by + c = 0$** è:

$$d = \frac{|ax_0 + by_0 + c|}{\sqrt{a^2 + b^2}}.$$

MATEMATICA E STORIA

Alle origini del metodo delle coordinate

▶ Perché il metodo delle coordinate è così utile?
▶ Quali problemi ha consentito di risolvere?
▶ Com'è nato e come si è sviluppato nel corso del tempo?

Cerca nel Web: geometria analitica, Dicearco, Descartes, Fermat

Capitolo 4. Piano cartesiano e retta

▶ Calcola la distanza del punto $(-2; -7)$ dalla retta $y = x$.

ESEMPIO

Calcoliamo la distanza dell'esempio precedente usando la formula.
Poiché il punto ha coordinate $P(3; 1)$ e la retta ha equazione $4x - 3y + 3 = 0$:

$$d = \frac{|4 \cdot 3 - 3 \cdot 1 + 3|}{\sqrt{4^2 + 3^2}} = \frac{|12 - 3 + 3|}{\sqrt{25}} = \frac{12}{5}.$$

6 Fasci di rette

Fascio improprio

▶ Esercizi a p. 207

Consideriamo una retta r del piano: l'insieme formato da r e da tutte le rette a essa parallele si chiama **fascio improprio** di rette parallele a r.

Se r, non parallela all'asse y, ha equazione $y = mx + q$, le altre rette del fascio hanno lo stesso coefficiente angolare m, mentre q varia.

ESEMPIO Animazione

Troviamo l'equazione del fascio improprio di cui fa parte la retta che interseca gli assi in $(0; 3)$ e $(1; 0)$. Rappresentiamo poi la retta insieme ad altre rette del fascio.
L'intersezione con l'asse y è $(0; 3)$, quindi l'ordinata all'origine è 3.
Nel passaggio dal punto di ascissa 0 a quello di ascissa 1, l'ordinata diminuisce di 3, quindi il coefficiente angolare è -3.
L'equazione della retta è:

$$y = -3x + 3.$$

Il fascio improprio ha equazione:

$$y = -3x + q.$$

Al variare di q, otteniamo le altre rette del fascio, di cui q è l'ordinata all'origine. Per esempio, $y = -3x - 2$ interseca l'asse y in $(0; -2)$.
Se $q = 0$, abbiamo la retta del fascio che passa per l'origine:

$$y = -3x.$$

Se r è parallela all'asse y, il fascio di rette ha equazione $x = k$.

▶ Scrivi l'equazione del fascio di rette parallele alla bisettrice del secondo e quarto quadrante.

🇬🇧 Listen to it

The set of all lines passing through a point P in the plane is called the sheaf of lines through P.

Fascio proprio

▶ Esercizi a p. 208

L'insieme di tutte le rette del piano che passano per uno stesso punto P si chiama **fascio proprio** di rette per P.

Il punto P comune a tutte le rette del fascio è il **centro del fascio**.

ESEMPIO Animazione

Determiniamo l'equazione del fascio di rette di centro $P(2; 4)$.
L'equazione di una retta di coefficiente angolare m e passante per $(x_1; y_1)$ è

$$y - y_1 = m(x - x_1).$$

Quindi, se il centro del fascio è $P(2; 4)$, otteniamo:

$$y - 4 = m(x - 2).$$

Al variare di m otteniamo le rette del fascio:

- per $m = 1$ abbiamo la retta $y - 4 = x - 2$, cioè $y = x + 2$;
- per $m = -2$ la retta $y - 4 = -2x + 4$, cioè $y = -2x + 8$;
- per $m = 0$ la parallela all'asse x, $y = 4$ e così via.

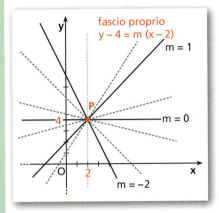

L'equazione della parallela all'asse y passante per $P(2; 4)$ è $x = 2$, ma non esiste alcun valore di m che, sostituito nell'equazione del fascio, fornisca questa equazione. Pertanto, il fascio completo è descritto da:

$$y - 4 = m(x - 2) \lor x = 2, \quad \text{con } m \in \mathbb{R}.$$

▶ Determina l'equazione del fascio di rette di centro $(-2; 0)$.

In generale, il **fascio di rette di centro $P(x_1; y_1)$** ha equazione:

$$y - y_1 = m(x - x_1).$$

Al variare di m si ottengono tutte le rette del fascio passanti per P, tranne la parallela all'asse y, che ha equazione $x = x_1$.
Pertanto, il fascio completo è descritto dalle equazioni:

$$y - y_1 = m(x - x_1) \lor x = x_1, \quad \text{con } m \in \mathbb{R}.$$

MATEMATICA INTORNO A NOI

Le rette e la TAC La TAC (tomografia assiale computerizzata) è una tecnica che sfrutta i raggi X per ricostruire, grazie al computer, immagini tridimensionali di tessuti e organi.

▶ Puoi usare le rette per comprendere il funzionamento della TAC?

☐ La risposta

IN SINTESI
Piano cartesiano e retta

■ **Lunghezza e punto medio di un segmento. Baricentro di un triangolo**

- Nel segmento di estremi $P_1(x_1; y_1)$ e $P_2(x_2; y_2)$:
  - il **punto medio** $M(x_M; y_M)$ ha coordinate
  $$x_M = \frac{x_1 + x_2}{2}, \qquad y_M = \frac{y_1 + y_2}{2};$$
  - la **distanza** fra P_1 e P_2 è:
  $$\overline{P_1 P_2} = \sqrt{(x_1 - x_2)^2 + (y_1 - y_2)^2}.$$

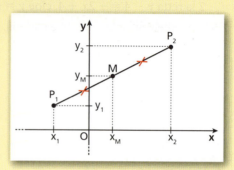

- In un triangolo di vertici $A(x_A; y_A)$, $B(x_B; y_B)$, $C(x_C; y_C)$, le coordinate del **baricentro** G sono:
$$x_G = \frac{x_A + x_B + x_C}{3}; \qquad y_G = \frac{y_A + y_B + y_C}{3}.$$

■ **Equazione di una retta**

- A ogni **retta** del piano cartesiano corrisponde un'**equazione lineare** in due variabili del tipo $ax + by + c = 0$, con $a, b, c \in \mathbb{R}$ e a e b non entrambi nulli, e viceversa.

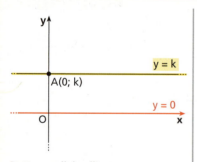

Retta parallela all'asse x.

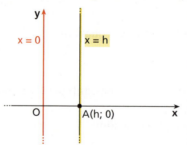

Retta parallela all'asse y.

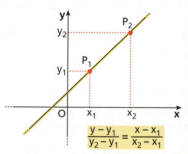

Retta non parallela agli assi passante per i punti $P_1(x_1; y_1)$ e $P_2(x_2; y_2)$.

- Equazione di una retta:
  - in **forma implicita**: $ax + by + c = 0$;
  - in **forma esplicita**:
    $y = mx + q$ (retta non parallela all'asse y).

  q è l'**ordinata all'origine**.
  m è il **coefficiente angolare** della retta:
  $$m = \frac{y_2 - y_1}{x_2 - x_1}.$$

  Forma implicita: $x - 2y + 6 = 0$
  Forma esplicita: $y = \frac{1}{2}x + 3$
  coefficiente angolare
  ordinata all'origine

- **Angolo fra una retta e l'asse x: è acuto se $m > 0$, ottuso se $m < 0$.** Se $m = 0$, la retta è parallela all'asse x. Il coefficiente angolare non esiste se la retta è parallela all'asse y.

In sintesi

- **Equazione di una retta di coefficiente angolare m e passante per $P(x_1; y_1)$**

  $y - y_1 = m \cdot (x - x_1)$.

- **Equazione di una retta passante per l'origine $O(0; 0)$**

  $y = mx$.

Rette parallele e rette perpendicolari

Due rette (non parallele all'asse y) sono fra loro:

- **parallele** quando hanno lo stesso coefficiente angolare;
- **perpendicolari** quando il prodotto dei loro coefficienti angolari è uguale a -1.

Se le rette r e s, non parallele agli assi, hanno equazioni in forma implicita

$r: ax + by + c = 0, \quad s: a_1 x + b_1 y + c_1 = 0,$

allora:

- $r \parallel s \leftrightarrow m = m_1 \leftrightarrow ab_1 - a_1 b = 0$;
- $r \perp s \leftrightarrow m = -\dfrac{1}{m_1} \leftrightarrow aa_1 + bb_1 = 0$.

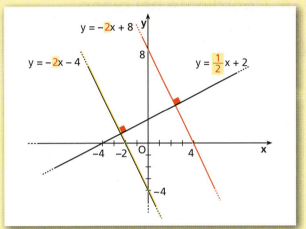

Distanza di un punto da una retta

Distanza di un punto $P(x_0; y_0)$ da una retta r di equazione $ax + by + c = 0$: misura del segmento che ha per estremi il punto P e il piede della perpendicolare a r passante per P. Si calcola con:

$d = \dfrac{|ax_0 + by_0 + c|}{\sqrt{a^2 + b^2}}$.

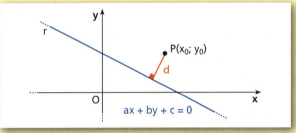

ESEMPIO: La distanza di $P(-1; 2)$ dalla retta di equazione $4x - 3y + 1 = 0$ è:

$d = \dfrac{|4(-1) - 3(2) + 1|}{\sqrt{16 + 9}} = \dfrac{|-9|}{5} = \dfrac{9}{5}$.

Fasci di rette

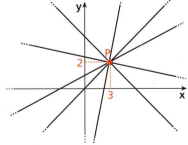

Fascio proprio di rette per un punto P: insieme di tutte le rette del piano passanti per P. P è detto **centro del fascio**.
Esempio: fascio proprio di centro $P(3; 2)$: $y - 2 = m(x - 3) \lor x = 3$.

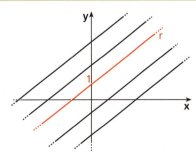

Fascio improprio di rette parallele a una retta r.
Esempio: $r: y = 2x + 1$, fascio improprio: $y = 2x + q$.

CAPITOLO 4
ESERCIZI

1 Coordinate nel piano

▶ Teoria a p. 166

1 Scrivi le coordinate dei punti indicati in figura.

2 Per ogni figura scrivi quali punti hanno ordinata positiva e quali hanno ascissa negativa.

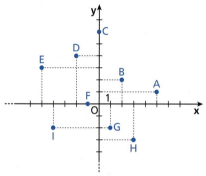

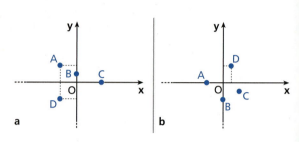

a

b

---

3 Rappresenta nel piano cartesiano i seguenti punti:

$A(-2; 5)$; $B(-4; -1)$; $C(3; 0)$;
$D(2; -5)$; $E\left(-\dfrac{5}{2}; 2\right)$.

4 Senza rappresentarli nel piano cartesiano indica a quale quadrante appartengono i seguenti punti:

$A\left(-\dfrac{1}{2}; 2\right)$; $B(4; -5)$; $C(1 - \sqrt{2}; 1)$;
$D(-6; -2)$.

---

5 **VERO O FALSO?**

a. I punti che si trovano sull'asse delle ordinate hanno coordinate $(a; 0)$. V F

b. $A(-1; -3)$ si trova nel terzo quadrante. V F

c. I punti che appartengono al quarto quadrante hanno coordinate opposte. V F

d. Tutti i punti di ascissa 0 si trovano sull'asse delle ordinate. V F

---

6 Disegna il quadrilatero di vertici:

$A(5; -1), B(3; 3), C(-2; 4), D(-1; -4)$.

Rispondi alle seguenti domande.

a. Quale punto ha l'ordinata maggiore?
b. Quale punto ha l'ascissa minore?
c. Quali punti hanno ascissa negativa?

7 Indica in quale quadrante può trovarsi un punto se:

a. l'ascissa è negativa e l'ordinata positiva;
b. le sue coordinate sono entrambe positive;
c. le sue coordinate sono tali che $xy > 0$;
d. le sue coordinate sono entrambe nulle;
e. l'ascissa è uguale all'ordinata.

---

8 Per quale valore di a il punto $P(-3a - 1; 6a + 6)$ appartiene all'asse y? E all'asse x? $\left[-\dfrac{1}{3}; -1\right]$

9 Dato il punto $P(3a; a + 2)$, determina per quali valori di a il punto appartiene al secondo quadrante. $[-2 < a < 0]$

10 Trova per quali valori di k il punto $A(2 - k; 2k - 1)$ appartiene al primo quadrante. $\left[\dfrac{1}{2} \le k \le 2\right]$

Paragrafo 2. Lunghezza e punto medio di un segmento

11 Stabilisci per quali valori di k il punto $P(2k-5; k^2-5k+6)$ è un punto dell'asse x e calcola il valore corrispondente dell'ascissa. $[k=2, x=-1; \ k=3, x=1]$

12 Determina per quali valori di a il punto $P(a-a^2; 3a-6)$ appartiene al quarto quadrante. $[0 \leq a \leq 1]$

LEGGI IL GRAFICO Indica per ciascun insieme di punti evidenziato la condizione sulle coordinate che lo descrive.

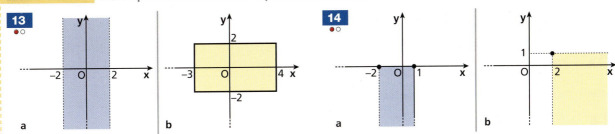

Rappresenta nel piano cartesiano gli insiemi dei punti $P(x; y)$ le cui coordinate soddisfano le seguenti condizioni.

15 $\begin{cases} -2 \leq x \leq 3 \\ -3 \leq y < 0 \end{cases}$

16 $\begin{cases} x < 3 \\ y \geq 3 \end{cases}$

17 $\begin{cases} 0 \leq x < 2 \\ y \geq 0 \end{cases}$

18 $\begin{cases} |x-2| < 3 \\ |y| \leq 2 \end{cases}$

2 Lunghezza e punto medio di un segmento

Distanza fra due punti

▶ Teoria a p. 167

19 **ESERCIZIO GUIDA** Dati i punti $A(4; 1)$, $B(4; 4)$, $C(-2; 4)$, calcoliamo le distanze $\overline{AB}$, $\overline{BC}$, $\overline{CA}$.

- I punti $A(4; 1)$ e $B(4; 4)$ hanno la stessa ascissa, quindi:
  $$\overline{AB} = |y_A - y_B| = |1-4| = |-3| = 3.$$

- I punti $B(4; 4)$ e $C(-2; 4)$ hanno la stessa ordinata, quindi:
  $$\overline{BC} = |x_B - x_C| = |4-(-2)| = |4+2| = |6| = 6.$$

- I punti $C(-2; 4)$ e $A(4; 1)$ hanno ascisse e ordinate diverse:
  $$\overline{CA} = \sqrt{(x_C - x_A)^2 + (y_C - y_A)^2} = \sqrt{(-2-4)^2 + (4-1)^2} = \sqrt{36+9} = \sqrt{45} = 3\sqrt{5}.$$

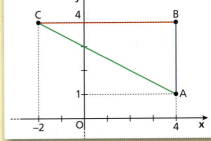

$P(x_P; y_P); Q(x_Q; y_Q)$
$\overline{PQ} = \sqrt{(x_P - x_Q)^2 + (y_P - y_Q)^2}$

Calcola la distanza fra i punti indicati.

20 $A(2; 1)$, $B(2; 6)$.

21 $A(3; 8)$, $B\left(3; \dfrac{19}{2}\right)$.

22 $A\left(-4; \dfrac{4}{3}\right)$, $B\left(-4; \dfrac{5}{6}\right)$.

23 $A(-4; -4)$, $B(2; -4)$.

24 $A(-5; 0)$, $B(8; 0)$.

25 $A(2; 5)$, $B(5; 6)$.

181

26 $A(-2;-1)$, $B(4;12)$.

27 $A\left(-\frac{3}{4};4\right)$, $B\left(\frac{17}{4};2\right)$.

28 $A(2;6)$, $B(9;-1)$.

29 $A\left(-10;\frac{1}{2}\right)$, $B\left(1;\frac{1}{2}\right)$.

30 $A\left(\frac{4}{3};15\right)$, $B\left(\frac{1}{3};7\right)$.

31 $A(2+\sqrt{2};0)$, $B(2;\sqrt{7})$.

Trova la distanza dei seguenti punti dall'origine.

32 $A(-4;-3)$, $B(2;-1)$.

33 $A(8;-15)$, $B(-6;8)$.

34 $A(-1;7)$, $B(-7;-1)$.

Determina il perimetro dei triangoli che hanno i seguenti vertici.

35 $A(2;4)$, $B(2;1)$, $C(6;3)$.

36 $A(-2;5)$, $B(4;3)$, $C(1;1)$.

37 $A(6;3)$, $B(-1;3)$, $C(1;-2)$.

38 $A\left(\frac{1}{2};7\right)$, $B(-2;3)$, $C(3;-1)$.

LEGGI IL GRAFICO Calcola il perimetro dei seguenti poligoni.

39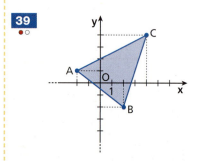

40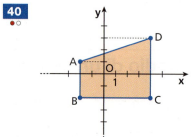

41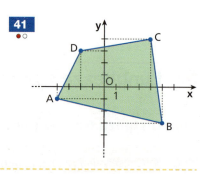

---

42 Calcola il perimetro del quadrilatero i cui vertici sono $A(-5;6)$, $B(0;6)$, $C(2;2)$, $D(-3;-3)$.

43 Stabilisci se il triangolo ABC di vertici $A(-5;6)$, $B(-1;4)$, $C(4;-1)$ è isoscele.

44 Verifica che il triangolo di vertici $A(-3;0)$, $B(5;0)$, $C(1;4\sqrt{3})$ è equilatero.

45 Un triangolo ha vertici $A(-3;2)$ e $B(5;2)$ e area $S=16$. Determina le coordinate del terzo vertice C, sapendo che appartiene al semiasse delle ordinate positive. $[C(0;6)]$

46 Verifica che il quadrilatero di vertici $A(2;1)$, $B(8;2)$, $C(11;7)$, $D(5;6)$ è un parallelogramma.
(SUGGERIMENTO Verifica che i lati opposti sono congruenti.)

47 Stabilisci se il triangolo ABC di vertici $A(1;-2)$, $B(-1;2)$, $C(-1;-3)$ è un triangolo rettangolo.
(SUGGERIMENTO Verifica se le misure dei lati soddisfano il teorema di Pitagora).

48 Determina il punto P sull'asse x equidistante da $A(-5;5)$ e da $B(0;2)$.

49 Individua il punto P che ha ordinata uguale all'ascissa ed è equidistante da $A(-2;1)$ e $B(5;-4)$.

50 Verifica che il triangolo di vertici $A(2;2)$, $B\left(6;\frac{3}{2}\right)$, $C(4;5)$ è isoscele e calcola la misura del suo perimetro.

51 Trova per quali valori di k il punto $P(k+2;k+1)$ è equidistante dai punti $A(-2;1)$ e $B(4;-2)$. $\left[-\frac{1}{2}\right]$

52 Determina per quali valori di a la distanza tra i punti $A(2a+3;2)$ e $B(1;2a)$ è uguale a 4. $[\pm 1]$

Paragrafo 2. Lunghezza e punto medio di un segmento

53 Calcola per quali valori di k il segmento che congiunge i punti $P(2; 1 + k)$ e $Q\left(\dfrac{k}{2}; 0\right)$ misura 5. [±4]

54 Dati i punti $A(2k; -1)$, $B(-2; -k+3)$, $C(4; 3)$, trova k in modo che risulti $\overline{AB} = \overline{CO}$, essendo O l'origine degli assi cartesiani. [±1]

55 Trova il punto $P(a; b)$ equidistante dai punti $A(-4; 0)$, $B(0; 3)$ e $C(1; 0)$. $\left[P\left(-\dfrac{3}{2}; \dfrac{5}{6}\right)\right]$

56 Dati i punti $A(3; 7)$, $B(9; -1)$ e $C(1; k)$, trova k in modo che il triangolo ABC sia rettangolo in C. [3]

---

57 Verifica che il quadrilatero $AOBC$ di vertici $A(-1; -1)$, $O(0; 0)$, $B(-2; 2)$, $C(-3; 1)$ è un rettangolo.
(**SUGGERIMENTO** Verifica che i lati opposti sono congruenti e che le diagonali sono congruenti.)

58 Stabilisci se il quadrilatero di vertici consecutivi $I(0; 2)$, $L(3; -3)$, $M(8; 0)$, $N(5; 4)$ è un rettangolo.

59 Verifica che il quadrilatero in figura è un rombo.

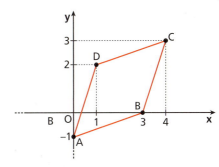

Area di triangoli e poligoni

60 **ESERCIZIO GUIDA** Determiniamo l'area del triangolo di vertici $A(1; 5)$, $B(3; 1)$, $C(8; 4)$.

Calcoliamo l'area $\mathcal{A}$ del rettangolo $AHKL$: $\mathcal{A} = \overline{AH} \cdot \overline{HK}$.

$\overline{AH} = |5 - 1| = 4$, $\quad \overline{HK} = |8 - 1| = 7$,

$\mathcal{A} = 4 \cdot 7 = 28$.

Calcoliamo l'area del triangolo T_1: $\mathcal{A}_{T_1} = \dfrac{\overline{LC} \cdot \overline{LA}}{2}$.

$\overline{LC} = |5 - 4| = 1$, $\quad \overline{LA} = |8 - 1| = 7$,

$\mathcal{A}_{T_1} = \dfrac{1 \cdot 7}{2} = \dfrac{7}{2}$.

Analogamente: $\mathcal{A}_{T_2} = \dfrac{3 \cdot 5}{2} = \dfrac{15}{2}$; $\mathcal{A}_{T_3} = \dfrac{4 \cdot 2}{2} = 4$.

Calcoliamo l'area del triangolo ABC:

$\mathcal{A}(ABC) = \mathcal{A}(AHKL) - (\mathcal{A}_{T_1} + \mathcal{A}_{T_2} + \mathcal{A}_{T_3}) = 28 - \left(\dfrac{7}{2} + \dfrac{15}{2} + 4\right) = 13$.

Calcola l'area dei triangoli che hanno i vertici indicati.

61 $A(6; 0)$, $\quad B(4; 3)$, $\quad O(0; 0)$.

62 $A\left(-3; \dfrac{3}{2}\right)$, $\quad B\left(7; \dfrac{3}{2}\right)$, $\quad C(1; -5)$.

63 $A(-5; -4)$, $\quad B\left(-5; \dfrac{1}{3}\right)$, $\quad C(6; 4)$.

64 $A\left(5; -\dfrac{1}{2}\right)$, $\quad B\left(5; \dfrac{9}{2}\right)$, $\quad C(-8; -5)$.

---

65 Determina perimetro e area del triangolo di vertici $A(2; 1)$, $B(-2; 3)$ e $C(-3; -1)$. $[2\sqrt{5} + \sqrt{29} + \sqrt{17}; 9]$

66 Verifica se i triangoli ABC e PQR, rispettivamente di vertici $A(-2; 1)$, $B(3; 1)$, $C(1; 5)$ e $P(5; 1)$, $Q(0; -4)$, $R(5; -3)$, sono equivalenti. Hanno lo stesso perimetro?

183

Capitolo 4. Piano cartesiano e retta

Determina l'area dei quadrilateri aventi i vertici assegnati.

67 $A(2; 0)$, $B(6; -1)$, $C(5; 3)$, $D(3; 4)$.

68 $A(-3; 3)$, $B(-6; 2)$, $C(-4; -4)$, $D(-1; -3)$.

69 Verifica che il quadrilatero di vertici $A(11; -5)$, $B(16; 7)$, $C(3; 7)$, $D(-2; -5)$ è un rombo. Determina la misura dell'area. [156]

Punto medio di un segmento
▶ Teoria a p. 167

70 **ESERCIZIO GUIDA** Determiniamo le coordinate del punto medio del segmento AB, con $A(-1; -3)$ e $B(7; 5)$.

Le coordinate del punto medio $M(x_M; y_M)$ sono:

$x_M = \dfrac{x_A + x_B}{2}$ $\quad x_M = \dfrac{-1 + 7}{2} = 3;$ $\quad y_M = \dfrac{y_A + y_B}{2}$ $\quad y_M = \dfrac{-3 + 5}{2} = 1 \rightarrow M(3; 1).$

Determina le coordinate del punto medio del segmento di estremi A e B.

71 $A(4; -3)$, $B(10; -3)$.

72 $A(5; 1)$, $B(5; 9)$.

73 $A(0; 1)$, $B(1; -1)$.

74 $A\left(\dfrac{1}{3}; -4\right)$, $B\left(-\dfrac{1}{2}; 3\right)$.

75 $A\left(-3; \dfrac{1}{4}\right)$, $B\left(6; \dfrac{3}{4}\right)$.

76 $A(2; 7)$, $B(-2; -7)$.

77 Nel triangolo ABC, di vertici $A(-2; 4)$, $B(0; 2)$, $C(4; 6)$, determina i punti medi dei lati e la misura delle mediane. $[(-1; 3), (2; 4), (1; 5); \sqrt{34}; 4; \sqrt{10}]$

78 Dato il triangolo ABC con $A(1; 3)$, $B(6; 1)$ e $C(3; -5)$, considera i punti medi M e N dei lati AC e BC e verifica che $\overline{MN} = \dfrac{1}{2}\overline{AB}$.

79 Conoscendo le coordinate del punto $A\left(-\dfrac{1}{2}; -1\right)$ e quelle del punto medio del segmento AB, $M\left(\dfrac{5}{2}; 5\right)$, calcola le coordinate di B.

Per ogni segmento AB sono indicate le coordinate di un estremo e quelle del punto medio M. Calcola le coordinate dell'altro estremo.

80 $A(2; 4)$, $M(0; 2)$.

81 $A\left(\dfrac{3}{2}; -4\right)$, $M\left(\dfrac{3}{2}; 2\right)$.

82 $B\left(\dfrac{3}{2}; \dfrac{5}{2}\right)$, $M(4; 5)$.

83 $B\left(\dfrac{4}{3}; -\dfrac{3}{4}\right)$, $M(0; 0)$.

84 Trova le coordinate del punto P' simmetrico di $P(2; 1)$ rispetto a $C(5; 2)$. $[P'(8; 3)]$

85 Determina le coordinate dei punti A' e B', simmetrici di $A(0; 1)$ e $B(5; 0)$ rispetto a $C(2; 2)$, e verifica che il quadrilatero $ABA'B'$ è un parallelogramma. $[A'(4; 3); B'(-1; 4)]$

86 Del parallelogramma $ABCD$ sono noti i vertici consecutivi $A(1; 5)$, $B(-4; -7)$, $C(2; 1)$. Calcola le coordinate del vertice D e il perimetro. $[(7; 13); 46]$

Baricentro di un triangolo

87 **ESERCIZIO GUIDA** Determiniamo le coordinate del baricentro del triangolo di vertici $A(1;1)$, $B(2;-3)$ e $C(6;3)$.

Le coordinate del baricentro $G(x_G; y_G)$ sono:

$$x_G = \frac{x_A + x_B + x_C}{3} = \frac{1+2+6}{3} = 3$$

$$y_G = \frac{y_A + y_B + y_C}{3} = \frac{1+(-3)+3}{3} = \frac{1}{3} \rightarrow G\left(3; \frac{1}{3}\right).$$

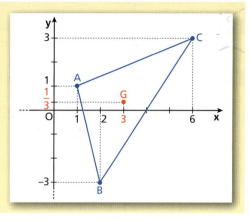

Calcola le coordinate del baricentro dei triangoli che hanno i seguenti vertici.

88 $A(-1;0)$, $B(5;1)$, $C(2;2)$.

89 $A(-1;3)$, $B(2;-2)$, $C(-5;-1)$.

90 $A(0;-2)$, $B(3;2)$, $C(4;-6)$.

91 $A(4;3)$, $B(0;1)$, $C(8;-3)$.

92 Trova le coordinate del terzo vertice di un triangolo sapendo che due vertici sono $A(3;8)$ e $B(-1;2)$ e il baricentro è $G(2;3)$. $\quad [C(4;-1)]$

93 Nel triangolo ABC, con $A(0;5)$, $B(1;1)$ e C sull'asse x, il baricentro G ha ascissa 3. Determina le coordinate di C e G. $\quad [C(8;0), G(3;2)]$

94 Trova il valore del parametro k per cui il triangolo di vertici $A(2k;3-k)$, $B(k-5;-k)$ e $C(4-k;-7)$ ha il baricentro di ascissa 1. $\quad [2]$

Riepilogo: Distanza, punto medio, baricentro

95 **COMPLETA**

a. La distanza tra $P(-1;3)$ e $Q(2;-1)$ è $\square$.

b. Il punto medio del segmento AB, di estremi $A(\square;6)$ e $B(-3;-8)$, è $M(2;\square)$.

c. Il simmetrico di $A(-1;3)$ rispetto a $C\left(2;-\frac{1}{2}\right)$ è $A'(\square;\square)$.

d. La distanza tra $A(3;-4)$ e $B(\square;2)$ è 6.

96 Calcola la misura del perimetro e dell'area del trapezio in figura. Congiungi A e D con il punto medio M del lato CB e verifica che il triangolo ADM è isoscele. $\quad [19+\sqrt{61}; 39]$

97 Verifica che il triangolo di vertici $A(-2;4)$, $B(1;-1)$ e $C(3;1)$ è isoscele con base BC e trova la misura dell'altezza relativa a BC. $\quad [4\sqrt{2}]$

98 Verifica che il triangolo di vertici $A(-3;-1)$, $B\left(2;\frac{3}{2}\right)$, $C(-9;11)$ è rettangolo e che la mediana relativa all'ipotenusa è congruente alla metà dell'ipotenusa stessa.

99 Considerati i punti $A(-2a;-1)$ e $B(a-5;-1)$, con a numero positivo, individua a in modo che $\overline{AB}$ sia uguale a 7. Determina poi il punto C di ascissa 5, in modo che il triangolo ABC abbia area che misura 35. $\quad [a=4; C_1(5;9), C_2(5;-11)]$

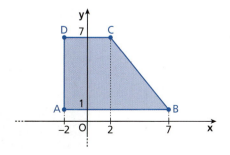

Capitolo 4. Piano cartesiano e retta

100 Del rombo $ABCD$ sono noti i vertici $A(1; 0)$, $B(5; 3)$ e il punto di incontro delle diagonali $M(1; 3)$. Trova le coordinate degli altri vertici C e D e calcola il perimetro del rombo. $\quad [C(1; 6), D(-3; 3); 2p = 20]$

101 Determina il baricentro G del triangolo di vertici $A(-1; 3)$, $B(6; 1)$, $C(4; 8)$ e verifica che la mediana AM è divisa da G in due parti, una doppia dell'altra. $\quad [G(3; 4)]$

102 Calcola il perimetro del triangolo che si ottiene congiungendo i punti medi dei lati del triangolo in figura e verifica che è la metà del perimetro del triangolo di partenza.

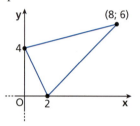

103 Determina le condizioni sul parametro h affinché il baricentro del triangolo di vertici $P(1+h; 2)$, $Q(h-2; 2h)$ e $R(-3; h+1)$ appartenga al secondo quadrante. $\quad [-1 < h < 2]$

104 Determina le coordinate di un punto P che ha l'ascissa uguale all'ordinata ed è equidistante dai punti $A(2; 0)$ e $B(0; 4)$ e trova il perimetro, l'area e il baricentro del triangolo APB.

$$\left[P(3; 3); \sqrt{10}(2 + \sqrt{2}); 5; G\left(\frac{5}{3}; \frac{7}{3}\right) \right]$$

RISOLVIAMO UN PROBLEMA

■ Una stima precisa

Marco deve fissare alla parete della cucina un portaoggetti, applicando un nastro adesivo lungo il perimetro del poligono convesso di vertici A, B, C e D. La superficie del poligono deve essere protetta con una pellicola. Marco ha dimenticato il metro, ma sapendo che ogni piastrella quadrata della parete ha il lato di 5 cm, riesce a stimare con una certa precisione quanto materiale gli occorre.

- Quanti centimetri quadrati di pellicola sono necessari, come minimo?
- Quanti centimetri di nastro adesivo sono necessari?

▶ **Fissiamo un riferimento cartesiano e ricaviamo le coordinate.**

Poniamo l'origine del riferimento nel punto A; se gli assi sono paralleli ai lati delle mattonelle, si hanno le seguenti coordinate, in cm, per i vertici del poligono $ABCD$: $A(0; 0)$, $B(30; 40)$, $C(50; 20)$, $D(35; -10)$.

▶ **Calcoliamo l'area della figura.**

Il poligono risulta inscritto in un quadrato con lati paralleli agli assi di lunghezza 50 cm, dalla cui area di 2500 cm^2 si sottraggono le aree di quattro triangoli rettangoli, ottenendo:

$$S_{ABCD} = 2500 - 600 - 200 - 225 - 175 = 1300 \text{ cm}^2.$$

▶ **Calcoliamo il perimetro.**

Il perimetro è invece:

$$2p_{ABCD} = 50 + 20\sqrt{2} + 15\sqrt{5} + 5\sqrt{53} \simeq 148{,}22 \text{ cm}.$$

105 **REALTÀ E MODELLI** **Misuriamo un terreno** Giovanni possiede l'appezzamento di terreno pianeggiante mostrato nella foto aerea, su cui ha tracciato anche un riferimento cartesiano in cui l'unità di misura corrisponde a 1 metro. Il poligono corrispondente al suo terreno ha contorno blu. Quanto valgono l'area e il perimetro del terreno? $\quad$ [area $\simeq 174\,550$ m^2, perimetro $\simeq 1925$ m]

Paragrafo 3. Rette nel piano cartesiano

3 Rette nel piano cartesiano

Equazioni lineari e rette
▶ Teoria a p. 169

Dall'equazione al grafico

106 **ASSOCIA** all'equazione di ogni retta il relativo grafico.

    a. $-x - 2 = 0$ **b.** $y = -x - 2$ **c.** $y = -2$ **d.** $y - x - 2 = 0$

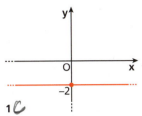 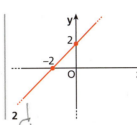 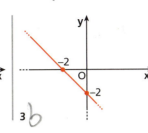 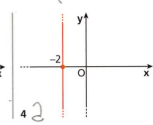

1   2   3   4

---

107 **ESERCIZIO GUIDA** Tracciamo i grafici delle rette di equazioni:

    a. $x = -3$;   **b.** $y = 4$;   **c.** $x + 4y - 4 = 0$.

a. $x = -3 \to$ tutti i punti hanno ascissa -3.
La retta è parallela all'asse y.

b. $y = 4 \to$ tutti i punti hanno ordinata 4.
La retta è parallela all'asse x.

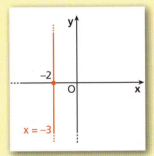 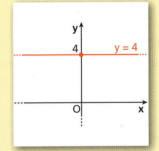

c. Scriviamo l'equazione in forma esplicita: $y = -\dfrac{1}{4}x + 1$.

Troviamo alcuni punti che appartengono alla retta assegnando dei valori all'ascissa e calcolando l'ordinata:

$x = 0 \to y = -\dfrac{1}{2} \cdot (0) + 1 = 1 \to P_1(0; 1)$;

$x = 4 \to y = -\dfrac{1}{4} \cdot (4) + 1 = 0 \to P_2(4; 0)$;

$x = -4 \to y = -\dfrac{1}{4} \cdot (-4) + 1 = 2 \to P_3(-4; 2)$.

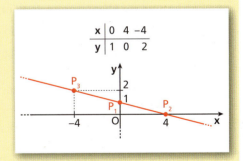

Disegniamo i punti e tracciamo la retta.

Rappresenta nel piano cartesiano le rette che hanno le seguenti equazioni.

108 $x = -3$; $y = 2$.   **110** $2x - y = 0$; $4y + 1 = 0$.

109 $2x - 1 = 0$; $y - 5 = 0$.   **111** $y = 2x - 2$; $y = -4$.

Capitolo 4. Piano cartesiano e retta

112 $y = -\frac{2}{3}x + 1$; $\quad x = \frac{5}{2}$.

113 $2x + 7 = 0$; $\quad 4x - y + 4 = 0$.

114 $y = -x + 4$; $\quad y = \frac{1}{4}x - 1$.

115 $x = 4$; $\quad x - y + 3 = 0$.

116 $4x - 3 = 0$; $\quad 2x + y - 1 = 0$.

117 $y - 5x = 0$; $\quad 1 + x = 0$.

118 $2 - 3x = 0$; $\quad 4 + 6y = 0$.

119 $y - x + 1 = 0$; $\quad 2x - 3y + 6 = 0$.

---

120 **VERO O FALSO?**

a. L'equazione $ax + 1 = 0$ rappresenta, per $a \neq 0$, l'equazione di una retta parallela all'asse x.   V F

b. L'equazione $ax + by + c = 0$ rappresenta sempre, al variare di a, b, c, una retta del piano cartesiano.   V F

c. $x = 2$ nel piano cartesiano rappresenta il punto $(2; 0)$ dell'asse x.   V F

d. La retta $4x - 5y = 0$ passa per l'origine.   V F

Determina il coefficiente angolare delle rette che hanno le seguenti equazioni.

121 a. $y = \frac{x}{4} - 1$ b. $4x + 2y - 5 = 0$ c. $3y - 6 = 0$ d. $2x = 5$

122 a. $7x = -14y$ b. $6x - 3y = 2$ c. $x + 3y = 0$ d. $\frac{x+y}{4} = 0$

Per ognuna delle seguenti equazioni di rette indica il coefficiente angolare m, il termine noto q e poi rappresentale.

123 $2 - 2x = 0$; $\quad y - x - 1 = 0$.

124 $y = -3x + 6$; $\quad 2x - y - 2 = 0$.

125 $3x + 3y + 6 = 0$; $\quad 10y - 2x + 5 = 0$.

126 $y = \frac{4}{3}x - 2$; $\quad 2y - 6 + x = 0$.

---

127 **VERO O FALSO?**

a. L'equazione $y = mx + q$ rappresenta tutte le rette del piano al variare di m e q.   V F

b. L'equazione $4y - x + 1 = 0$ non è l'espressione di una funzione di $\mathbb{R}$ in $\mathbb{R}$.   V F

c. L'asse x non ha coefficiente angolare.   V F

d. L'ordinata all'origine della retta $y - 5 = \frac{1}{2}(x + 1)$ è $\frac{11}{2}$.   V F

128 **TEST** Osservando la figura si deducono le seguenti affermazioni. Una sola è *falsa*. Quale?

A Le rette r, s, t hanno ordinata all'origine positiva.

B I coefficienti angolari di r e s sono discordi.

C Il coefficiente angolare di s è maggiore di quello di t.

D Il coefficiente angolare della retta t è minore di quello di r.

E La retta r ha coefficiente angolare negativo.

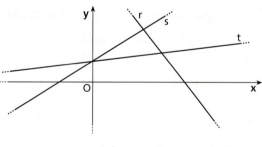

129 In ognuna delle seguenti figure evidenzia l'angolo tra retta e asse x, come definito nella teoria. Indica se il coefficiente angolare della retta è positivo, negativo, nullo o non definito.

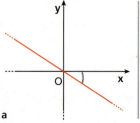 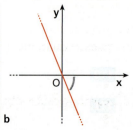 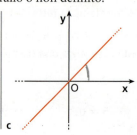 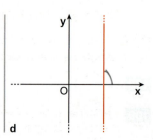

a   b   c   d

Paragrafo 3. Rette nel piano cartesiano

130 Indica per quali valori di a la retta di equazione $y = (2 - a)x + a - 3$ forma con l'asse x un angolo acuto. Se $a = 2$, che angolo forma la retta con l'asse x? $\quad [a < 2]$

131 Trova per quali valori di k il grafico della retta di equazione $y + (2k - 1)x + k = 0$ forma con l'asse x un angolo ottuso. $\quad \left[k > \dfrac{1}{2}\right]$

132 Determina la condizione sul parametro a affinché il grafico della retta di equazione $2ay + (a - 2)x - 1 = 0$ formi un angolo retto con l'asse x. $\quad [a = 0]$

133 Considera la retta di equazione $y = 2kx - 3k - 6$ e indica per quale valore di k interseca l'asse y in un punto di ordinata negativa. $\quad [k > -2]$

134 Determina per quali valori di a il grafico della retta di equazione $5y + (a^2 - 9)x + a = 0$ forma con l'asse x un angolo acuto. Per quale valore di a l'angolo è di 45°? $\quad [-3 < a < 3, a = \pm 2]$

135 Trova i valori di k tali che la retta di equazione $-3y + (3k - k^2)x + 5 = 0$ formi con l'asse x un angolo ottuso. $\quad [k < 0 \vee k > 3]$

L'appartenenza di un punto a una retta

Stabilisci se le rette aventi le seguenti equazioni passano per i punti indicati.

136 $2x - 6y - 1 = 0$, $\quad A\left(-\dfrac{1}{2}; 0\right)$, $\quad B\left(1; \dfrac{1}{6}\right)$, $\quad C(-1; 0)$, $\quad D\left(10; \dfrac{3}{2}\right)$.

137 $y = \dfrac{1}{5}x + 2$, $\quad A(-5; 3)$, $\quad B(10; 4)$, $\quad C(-10; 0)$, $\quad D(0; -2)$.

138 $x - \dfrac{1}{2}y + 4 = 0$, $\quad A\left(-\dfrac{1}{2}; 3\right)$, $\quad B(-4; 2)$, $\quad C(0; 8)$, $\quad D(-2; 4)$.

139 Sulla retta $2x + y - 3 = 0$ determina il punto A di ascissa -1 e il punto B di ordinata 7.

140 Data la retta di equazione $2x + y - 5 = 0$, stabilisci se i punti $A(2; 1)$ e $B(1; 1)$ appartengono a essa e determina l'ordinata del suo punto C di ascissa 1 e l'ascissa del suo punto D di ordinata 4. $\quad \left[C(1; 3), D\left(\dfrac{1}{2}; 4\right)\right]$

141 Data la retta r di equazione $2x - y + 2 = 0$, stabilisci se i punti $P\left(-\dfrac{1}{2}; 3\right)$ e $Q(1; -7)$ appartengono a r. Trova il punto R della retta che ha ascissa 4 e rappresenta r, P, Q, R. $\quad [R(4; 10)]$

142 Determina per ciascuna delle rette di equazioni $x - 4y + 7 = 0$, $\quad 2x + 6y - 7 = 0$ e $\quad 2y - x - 4 = 0$ il relativo punto di ordinata $-\dfrac{1}{2}$. $\quad \left[\left(-9; -\dfrac{1}{2}\right), \left(5; -\dfrac{1}{2}\right), \left(-5; -\dfrac{1}{2}\right)\right]$

143 Dati la retta di equazione $x - 2y = 3$ e il punto $A(a - 2; 1 - 3a)$, per quale valore di a il punto appartiene alla retta? $\quad [a = 1]$

144 Determina il valore di h affinché il punto $A(4h - 2; 1 + h)$ appartenga alla retta di equazione $x - 3y + 2 = 0$. $\quad [h = 3]$

145 Trova il valore di k affinché l'equazione $(k + 1)x - ky + 2 = 0$ sia l'equazione di una retta passante per il punto $A(1; -2)$ e disegna tale retta. $\quad [k = -1]$

146 Calcola il valore del parametro k affinché la retta di equazione $(2k - 1)x - (k + 1)y + k = 0$ passi per il punto $A(0; 3)$. Disegna tale retta dopo aver trovato i punti che ha in comune con l'asse x e con l'asse y. $\quad \left[k = -\dfrac{3}{2}, \left(-\dfrac{3}{8}; 0\right), (0; 3)\right]$

147 Determina il valore di k affinché la retta di equazione $(k + 3)x - y - 2 = 0$ passi per il punto $A(2; 0)$ e disegna tale retta. $\quad [k = -2]$

Capitolo 4. Piano cartesiano e retta

148 YOU & MATHS The equation of the line L is $2x - y + 4 = 0$. L intersects the x-axis at P and the y-axis at Q. Find the coordinates of P and the coordinates of Q. Show L on a diagram.

(IR *Leaving Certificate Examination,* Ordinary Level, 1995)

$[P(-2; 0); Q(0; 4)]$

149 Determina quale punto della bisettrice del primo e terzo quadrante ha distanza dal punto $A(4; -1)$ uguale a $\sqrt{13}$.

$[(1; 1); (2; 2)]$

150 Un punto P della retta di equazione $y = -3x + 4$ è distante $4\sqrt{2}$ da $Q(2; 6)$. Trova le sue coordinate.

$\left[(-2; 10) \vee \left(\dfrac{6}{5}; \dfrac{2}{5}\right)\right]$

151 RIFLETTI SULLA TEORIA Dimostra che la distanza tra due punti $A(x_A; y_A)$ e $B(x_B; y_B)$ appartenenti a una retta di equazione $y = mx + q$ è indipendente da q.

Grafici di funzioni definite a tratti

152 ESERCIZIO GUIDA

Rappresentiamo graficamente la funzione $y = f(x)$:

$$y = \begin{cases} 2x - 1 & \text{se } x \leq 0 \\ -1 & \text{se } 0 < x \leq 4. \\ x & \text{se } x > 4 \end{cases}$$

La funzione è costituita da tre tratti.

Per $x \leq 0$ disegniamo la retta di equazione $y = 2x - 1$. Troviamo almeno due suoi punti nel semipiano $x \leq 0$.

$x = 0 \to y = -1$,
$x = -1 \to y = -3$.

Per $0 < x \leq 4$ la funzione è $y = -1$, che rappresenta una retta parallela all'asse x.

Per $x > 4$ la funzione è $y = x$, che è l'equazione della bisettrice del primo e terzo quadrante.

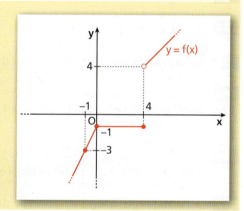

Rappresenta graficamente le seguenti funzioni.

153 $y = \begin{cases} -x + 7 & \text{se } x \leq 0 \\ 7 & \text{se } x > 0 \end{cases}$

154 $y = \begin{cases} -5x + 1 & \text{se } x \leq 1 \\ 2x & \text{se } x > 1 \end{cases}$

155 $y = \begin{cases} -1 & \text{se } x < \dfrac{2}{3} \\ 3x + 2 & \text{se } x \geq \dfrac{2}{3} \end{cases}$

156 $y = \begin{cases} x + 1 & \text{se } x \leq 0 \\ 1 & \text{se } 0 < x \leq 2 \\ 2x & \text{se } x > 2 \end{cases}$

157 $y = \begin{cases} 2x - 1 & \text{se } x \leq 1 \\ -2x + 4 & \text{se } x > 1 \end{cases}$

158 $y = \begin{cases} -x - 1 & \text{se } x \leq 0 \\ -3 & \text{se } 0 < x \leq 3 \\ x - 6 & \text{se } x > 3 \end{cases}$

159 $y = \begin{cases} 2x + 1 & \text{se } x \leq -2 \\ -x - 5 & \text{se } -2 < x < 1 \\ x - 6 & \text{se } x \geq 1 \end{cases}$

160 $y = \begin{cases} -5 & \text{se } x \leq -2 \\ 2x - 1 & \text{se } -2 < x \leq 3 \\ 5 & \text{se } x > 3 \end{cases}$

Paragrafo 3. Rette nel piano cartesiano

161 $y = -|x|$

162 $y = |x| + 1$

163 $y = 2|x| + 1$

164 $y = |x - 4|$

165 $y = -|x - 2|$

166 $y = |x + 1| - 1$

167 $y = |2x + 3| - 3$

168 $y = \dfrac{|x + 1|}{x + 1}$

169 $y = |x + 3| + x + 3$

170 $y = |x| - 3$

171 $y = 2 - \left|\dfrac{x}{3}\right|$

172 $y = ||x| - 2|$

173 $y = |x - 2| + |1 - x|$

174 $y = 2\sqrt{x^2} - x$

175 $y = \dfrac{|x^2 + 2x|}{x + 2} - 3$

176 $y = \begin{cases} |x| - 1 & \text{se } x < 2 \\ -\dfrac{1}{2}x + 2 & \text{se } x \geq 2 \end{cases}$

177 $y = \begin{cases} |x + 1| & \text{se } x \leq 0 \\ 2 - \left|\dfrac{1}{2}x - 1\right| & \text{se } x > 0 \end{cases}$

178 **EUREKA!** $y = \dfrac{2x^2 + 5x + 3}{|x + 1|} - |x|$

179 Data la funzione $f(x) = a|x - 3| + b$, trova per quali valori di a e di b il grafico di $f(x)$ passa per i punti $(0; 2)$ e $(-2; 4)$ e rappresentala nel piano cartesiano. $\quad [a = 1, b = -1]$

Problemi REALTÀ E MODELLI

180 **Lavori in corso** Il signor Benvenuti ha acquistato un piccolo magazzino e deve far rifare l'impianto elettrico e idraulico. Ha chiesto l'intervento di un artigiano il cui preventivo prevede l'acquisto di materiale e un costo orario per la mano d'opera. Determina la funzione che permette il calcolo del costo totale y, in euro, in funzione del numero di ore di lavoro x, e rappresentala graficamente. $\quad [y = 430 + 38x]$

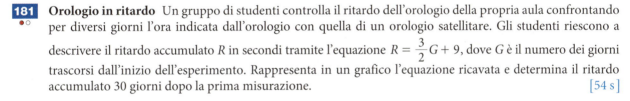

materiale da acquistare
cavi elettrici € 40
numero 4 prese corrente € 20 l'una
numero 2 interruttori € 40 l'uno
un salvavita € 140
un rubinetto € 90

costo
mano d'opera € 38 all'ora

181 **Orologio in ritardo** Un gruppo di studenti controlla il ritardo dell'orologio della propria aula confrontando per diversi giorni l'ora indicata dall'orologio con quella di un orologio satellitare. Gli studenti riescono a descrivere il ritardo accumulato R in secondi tramite l'equazione $R = \dfrac{3}{2}G + 9$, dove G è il numero dei giorni trascorsi dall'inizio dell'esperimento. Rappresenta in un grafico l'equazione ricavata e determina il ritardo accumulato 30 giorni dopo la prima misurazione. $\quad [54\text{ s}]$

182 **Da Venezia a Padova** Fabio e Marta salgono in treno alla stazione di Venezia per andare a Padova. Il percorso è di 40 km e l'unica fermata intermedia è Mestre, che dista 10 km da Venezia. La funzione che descrive lo spazio percorso s (in km) rispetto al tempo t (in minuti) è:

$$s = \begin{cases} t & \text{se } 0 \leq t < 10 \\ 10 & \text{se } 10 \leq t \leq 15 \\ 2t - 20 & \text{se } 15 < t \leq 30 \end{cases}$$

a. Rappresenta il grafico della funzione s.
b. Dopo 25 minuti, a che distanza da Padova si trovano Fabio e Marta? E da Mestre? $\quad [\text{b) } 10\text{ km; } 20\text{ km}]$

183 **Prepararsi alla maratona** Camilla vuole partecipare alla maratona di Roma. Si allena tre volte a settimana e ha un programma-tipo. Durante le diverse fasi cerca di mantenere una velocità costante. Quanto tempo impiega Camilla a percorrere i primi 10 km? Quale distanza ha percorso dopo 35 min? Rappresenta il suo allenamento in un grafico spazio-tempo.

riscaldamento: 5 km 30 min
corsa veloce: 10 km 50 min
defaticamento: 5 km 30 min

$[55\text{ min; } 6\text{ km}]$

Capitolo 4. Piano cartesiano e retta

Dal grafico all'equazione

LEGGI IL GRAFICO Per ogni grafico scrivi l'equazione della retta relativa.

184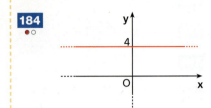

185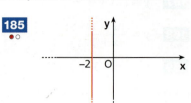

186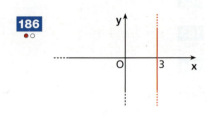

187 Trova l'equazione della retta che passa per il punto $P(1; -5)$ ed è parallela all'asse x.

188 Traccia la retta parallela all'asse y passante per il punto $A(-2; 1)$ e scrivi la sua equazione.

189 Determina le equazioni delle rette passanti per l'origine e per i seguenti punti:

    a. $\left(-1; \dfrac{1}{2}\right)$;   **b.** $(2; -4)$;   **c.** $(3; 9)$.

190 Scrivi le equazioni delle rette passanti per il punto $P(2; -6)$ parallele agli assi cartesiani e di quella passante per P e per l'origine.

191 **LEGGI IL GRAFICO** Scrivi le equazioni dei seguenti grafici.

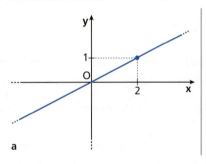
a

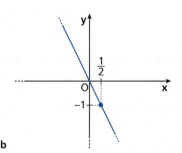
b

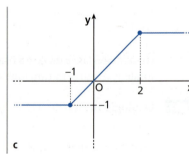
c

Equazione di una retta passante per un punto e di coefficiente angolare noto

▶ Teoria a p. 171

192 **VERO O FALSO?**

    a. L'asse y non ha coefficiente angolare.   V F

    b. L'equazione $y - 1 = m(x - 2)$ rappresenta tutte le rette passanti per il punto $P(2; 1)$.   V F

    c. Tutte le rette di equazione $y - 1 = m(x - 2)$ passano per il punto $P(2; 1)$.   V F

    d. L'equazione $y = mx - m$ rappresenta tutte le rette passanti per $P(1; 0)$, esclusa la retta $x = 1$.   V F

193 **ESERCIZIO GUIDA** Scriviamo l'equazione della retta passante per il punto $P(2; -5)$ e di coefficiente angolare $m = -3$.

Utilizziamo la formula $\boxed{y - y_1 = m(x - x_1)}$.

Sostituendo, abbiamo:

$$y + 5 = -3(x - 2) \rightarrow y = -3x + 1.$$

Paragrafo 3. Rette nel piano cartesiano

Scrivi l'equazione della retta passante per il punto indicato e di coefficiente angolare assegnato e rappresentala.

194 $A(-1; 2)$, $\quad m = -1$.

195 $A\left(3; -\dfrac{1}{2}\right)$, $\quad m = 3$.

196 $A(-2; -3)$, $\quad m = \dfrac{1}{2}$.

197 $A(0; -2)$, $\quad m = -5$.

198 $A\left(\dfrac{4}{3}; \dfrac{5}{2}\right)$, $\quad m = -\dfrac{3}{2}$.

199 $A(3; 0)$, $\quad m = 4$.

---

200 Scrivi l'equazione della retta passante per l'origine e di coefficiente angolare -2 e rappresentala. Trova i punti della retta che hanno distanza $3\sqrt{5}$ dall'origine. $\qquad [(3; -6), (-3; 6)]$

201 Trova l'equazione della retta passante per l'origine e di coefficiente angolare $-\dfrac{2}{3}$ e poi calcola l'ascissa del punto P della retta che ha ordinata 6. $\qquad \left[y = -\dfrac{2}{3}x; \; x = -9\right]$

202 Scrivi l'equazione della retta che passa per il punto $P(0; 5)$ e ha coefficiente angolare uguale a quello della retta di equazione $2x - 3y + 1 = 0$. $\qquad \left[y = \dfrac{2}{3}x + 5\right]$

203 Trova l'equazione della retta r che forma con l'asse x un angolo di 45° e passa per il punto P di ascissa 2 appartenente alla bisettrice del secondo e quarto quadrante. $\qquad [y = x - 4]$

204 **TEST** La retta r passante per il punto $P(1; 1)$ forma con la retta s di equazione $y + 3 = 0$ un angolo di 45°. Quale tra le seguenti è l'equazione della retta r?

| **A** $y = x + 1$ | **B** $x = y$ | **C** $x = y + 1$ | **D** $y = -x$ | **E** $y = x - 1$ |

Coefficiente angolare, note le coordinate di due punti
▶ Teoria a p. 172

205 **ESERCIZIO GUIDA** Determiniamo, se è possibile, il coefficiente angolare delle rette AB e CD, conoscendo le coordinate dei punti $A(-1; 3)$, $B(3; 5)$, $C(-3; -2)$ e $D(-3; 1)$.

- Calcoliamo $m(AB)$, applicando la formula

$$m(AB) = \dfrac{y_B - y_A}{x_B - x_A}:$$

$$m(AB) = \dfrac{5 - 3}{3 - (-1)} = \dfrac{2}{4} = \dfrac{1}{2}.$$

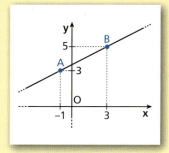

- Cerchiamo di calcolare $m(CD)$ allo stesso modo:

$$m(CD) = \dfrac{1 - (-2)}{-3 - (-3)} = \dfrac{3}{0};$$

la frazione non esiste, quindi per la retta CD non ha significato parlare di coefficiente angolare; la retta è parallela all'asse y e la sua equazione è $x = -3$.

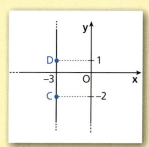

Determina, se è possibile, il coefficiente angolare della retta passante per la coppia di punti indicata.

206 $A(0; 3)$, $\qquad B(2; 4)$.

207 $A(1; 5)$, $\qquad B(3; 6)$.

Capitolo 4. Piano cartesiano e retta

208 C(2; 5), D(4; 5).

209 $A\left(\frac{1}{3}; -\frac{1}{2}\right)$, $B\left(\frac{2}{3}; -\frac{3}{2}\right)$.

210 E(0; 2), F(0; −2).

211 A(3; −1), B(3; −3).

---

212 Il punto $A(-1; 4)$ appartiene alla retta AB il cui coefficiente angolare è $\frac{2}{3}$. Qual è l'ordinata del punto B se la sua ascissa è 5?

COMPLETA determinando la coordinata mancante del punto B che appartiene alla retta AB di coefficiente angolare m.

213 $m = 3$, $A(1; 2)$, $B(3; \boxed{})$.

214 $m = 1$, $A(4; 4)$, $B(\boxed{}; 8)$.

215 $m = 2$, $A(3; 2)$, $B(4; \boxed{})$.

216 $m = -\frac{1}{4}$, $A(2; -1)$, $B\left(\boxed{}; -\frac{3}{2}\right)$.

217 **TEST** Una retta interseca gli assi coordinati nei punti $P(-3; 0)$ e $Q(0; -1)$. Quanto vale il suo coefficiente angolare?

A) −3 B) 3 C) $\frac{1}{3}$ D) $-\frac{1}{3}$ E) 0

LEGGI IL GRAFICO

218 Scrivi il coefficiente angolare delle rette rappresentate nei seguenti grafici.

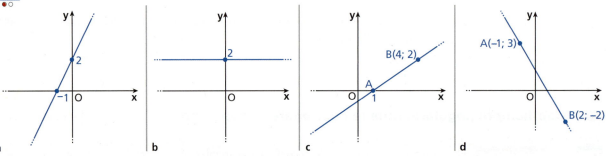

Scrivi le equazioni delle rette r, s e t rappresentate nelle figure.

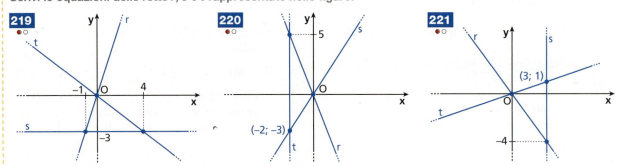

In base alle indicazioni date in ogni figura, ricava m e scrivi l'equazione della retta rappresentata.

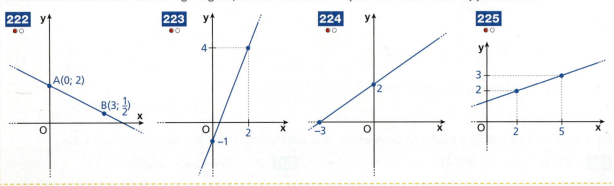

Paragrafo 3. Rette nel piano cartesiano

226 | **RIFLETTI SULLA TEORIA** Siano P un punto del primo quadrante, Q un punto di ascissa e ordinata doppie rispetto a quelle di P, e R un punto con ascissa quadrupla e ordinata doppia rispetto a quelle di P. Quale tra le rette PQ e PR forma con l'asse x un angolo maggiore? Giustifica la risposta.

227 Determina l'equazione della retta che passa per $C(-1; 2)$ e ha il coefficiente angolare uguale a quello della retta che passa per $A(2; 2)$ e $B(1; -4)$. $[y = 6x + 8]$

Retta passante per due punti
▶ Teoria a p. 173

228 | **ESERCIZIO GUIDA** Scriviamo l'equazione della retta passante per i punti $A(1; 4)$ e $B(-1; 3)$ e verifichiamo che il punto $C(-5; 1)$ è allineato con A e B.

Applichiamo la formula: $\dfrac{y - y_1}{y_2 - y_1} = \dfrac{x - x_1}{x_2 - x_1}$.

Sostituiamo a $(x_1; y_1)$ le coordinate di A e a $(x_2; y_2)$ le coordinate di B:

$$\frac{y - 4}{3 - 4} = \frac{x - 1}{-1 - 1} \to -(y - 4) = -\frac{1}{2}(x - 1) \to$$

$$y = \frac{1}{2}x + \frac{7}{2}.$$

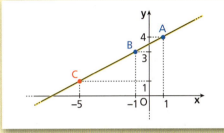

Il punto $C(-5; 1)$ è allineato con A e B perché appartiene alla retta passante per A e B; infatti, le coordinate di C verificano l'equazione della retta:

$$y = \frac{1}{2}(-5) + \frac{7}{2} = 1.$$

Scrivi l'equazione della retta passante per i punti A e B.

229 $A(3; 0)$, $B(0; 5)$. **232** $A(2; -1)$, $B(0; -4)$. **235** $A(-3; 7)$, $B(6; 2)$.

230 $A(-5; 0)$, $B(7; -2)$. **233** $A(1; 1)$, $B(-1; -1)$. **236** $A(5; 2)$, $B(-3; 2)$.

231 $A\left(-\dfrac{2}{3}; -1\right)$, $B\left(\dfrac{1}{3}; -2\right)$. **234** $A\left(\dfrac{1}{2}; -6\right)$, $B(2; -3)$. **237** $A(8; 8)$, $B(2; -2)$.

LEGGI IL GRAFICO Scrivi le equazioni delle rette passanti per i punti A e B di ogni figura.

238

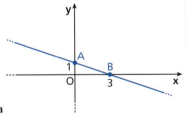
a

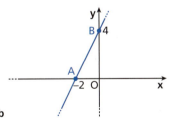
b

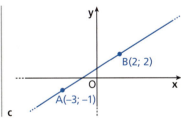
c

239

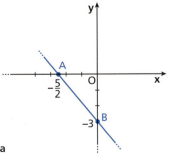
a

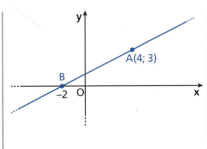
b

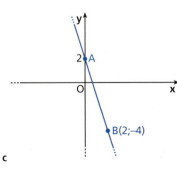
c

195

240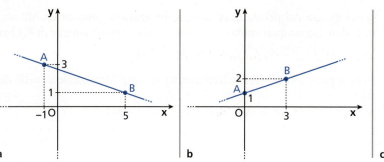

a b c

241 Scrivi l'equazione della retta passante per $A\left(\frac{5}{2};-2\right)$ e $B\left(3;-\frac{3}{2}\right)$ e trova l'ordinata del suo punto C di ascissa -1. $\left[2x - 2y - 9 = 0; y_C = -\frac{11}{2}\right]$

REALTÀ E MODELLI

242 **L'assedio di Masada** Durante l'assedio di Masada, città fortificata in Palestina, nel 74 d.C., i Romani costruirono un terrapieno (nel grafico trovi le dimensioni: con buona approssimazione $h = 111$ m, $l = 185$ m).

a. Calcola la pendenza della rampa (il valore assoluto del coefficiente angolare della retta che rappresenta la rampa espresso in percentuale).

b. Determina l'equazione della rampa nel riferimento riportato nella figura. [a) 75%; b) $3x + 4y - 444 = 0$]

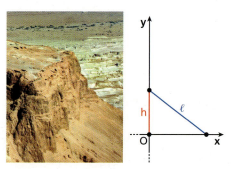

243 **Progetto di una scala** Per il progetto di una scala è stato richiesto di disporre 9 gradini per ogni rampa e di attenersi alla *legge di Blondel*:

$2a + p = 63$,

dove a e p indicano, rispettivamente, la *alzata* e la *pedata* di ogni gradino.

a. Calcola la pendenza della scala (il coefficiente angolare della retta obliqua in figura espresso in percentuale).

b. Calcola la distanza tra il vertice superiore del primo gradino e il vertice superiore del nono gradino.

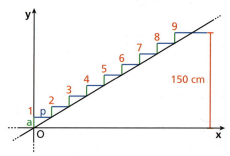

[a) circa 57%; b) circa 267 cm]

Stabilisci se i punti seguenti sono allineati.

244 $A(1;-1)$, $B(5;-7)$, $C(-1;2)$. **245** $A\left(\frac{1}{2};-\frac{3}{2}\right)$, $B(1;-1)$, $C(-1;0)$.

246 **TEST** L'equazione della retta passante per i punti $A(3;0)$, $B(0;2)$ e $C\left(\frac{3}{2};1\right)$ è:

A $3x + 2y = 0$.   C $2x - 3y + 6 = 0$.   E $2x - 3y = 0$.

B $3x + 2y - 6 = 0$.   D $2x + 3y - 6 = 0$.

I punti dei seguenti gruppi appartengono tutti a una stessa retta, tranne uno. Scrivi l'equazione della retta e individua il punto che non appartiene alla retta.

247 $A(-1;-5)$, $B(2;10)$, $C(-3;-15)$, $D(-10;-2)$. [D]

248 $A(3;9)$, $B(-2;6)$, $C(4;12)$, $D(1;3)$. [B]

249 $A(1;4)$, $B(2;-8)$, $C(-3;12)$, $D(3;-12)$. [A]

Paragrafo 3. Rette nel piano cartesiano

250 Dati i punti $A(-2;1)$ e $B(3;3)$, trova le coordinate di tre punti appartenenti al segmento AB.

251 Scrivi le equazioni dei lati del triangolo ABC di vertici $A(-2;1)$, $B(1;0)$ e $C(3;2)$.
$$[x + 3y - 1 = 0; x - y - 1 = 0; x - 5y + 7 = 0]$$

252 Determina le equazioni delle mediane del triangolo ABC di vertici $A(-3;0)$, $B(1;2)$ e $C(1;6)$.
$$[5x - 2y + 7 = 0; x - y + 3 = 0; x + 2y - 5 = 0]$$

253 Scrivi le equazioni dei lati del quadrilatero di vertici $A(-3;1)$, $B(4;1)$, $C(2;6)$, $D(-1;6)$ e verifica che è un trapezio isoscele.
$$[y = 1; 5x + 2y - 22 = 0; y = 6; 5x - 2y + 17 = 0]$$

LEGGI IL GRAFICO

254 Utilizzando i dati della figura a lato, scrivi le equazioni dei lati del parallelogramma e quelle delle diagonali.
$$[y = -2; 5x - 2y - 29 = 0; y = 3; 5x - 2y + 6 = 0;$$
$$x + y - 3 = 0; 5x - 9y - 8 = 0]$$

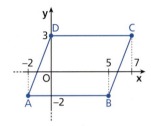

Esprimi analiticamente le funzioni rappresentate dai seguenti grafici.

255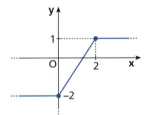

256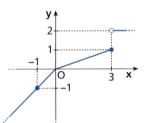

257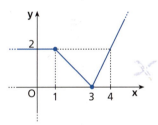

Deduci dai grafici: **a.** le equazioni di $f(x)$ e $g(x)$; **b.** per quali valori di x si ha $f(x) > g(x)$.

258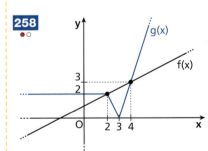

259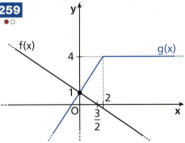

260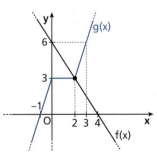

261 Disegna il grafico delle funzioni $f(x) = \begin{cases} -\frac{3}{2}x + 2 & \text{se } x < 2 \\ 2x - 5 & \text{se } x \geq 2 \end{cases}$ e $g(x) = \begin{cases} x + 2 & \text{se } x < 1 \\ 3 & \text{se } x \geq 1 \end{cases}$ e indica per quali valori di x si ha $f(x) = g(x)$ e $f(x) < g(x)$.
$$[x = 0 \lor x = 4; 0 < x < 4]$$

Capitolo 4. Piano cartesiano e retta

4 Rette parallele e rette perpendicolari

Rette parallele
▶ Teoria a p. 173

Determina il coefficiente angolare delle rette di ciascuno dei seguenti gruppi e stabilisci quali sono parallele.

262 $y = -3x + 1$, $\quad y + 3x - 2 = 0$, $\quad y = -2x + 1$, $\quad 2y + 6x - 5 = 0$.

263 $y = x - \dfrac{2}{5}$, $\quad y = -\dfrac{2}{5}x$, $\quad y = -\dfrac{2}{5}x - \dfrac{2}{5}$, $\quad y = -\dfrac{2}{5}$.

264 $3x - 2y + 1 = 0$, $\quad -6x + 4y + 7 = 0$, $\quad y = \dfrac{2}{3}x + 1$, $\quad 9x - 6y = 0$.

265 $5x - 10y + 2 = 0$, $\quad y = \dfrac{1}{5}x$, $\quad 4x - 8y + 2 = 0$, $\quad x + 5y = 0$.

266 **FAI UN ESEMPIO** Scrivi le equazioni di due rette parallele alla retta di equazione $3y - 2 = 0$ e di due parallele alla retta di equazione $3x - 5 = 0$.

267 **TEST** Una delle seguenti rette è parallela all'asse delle ordinate. Quale?

A $\;x = y\quad$ B $\;2x + 7 = 0\quad$ C $\;1 - 3y = 0\quad$ D $\;y = -2\quad$ E $\;y = 0$

268 **ASSOCIA** a ogni equazione di una retta il grafico della retta a essa parallela.

a. $2x - 8y + 1 = 0$ $\quad$ b. $2x + y = 0$ $\quad$ c. $y = 3x + 1$ $\quad$ d. $4x + 2y + 4 = 0$

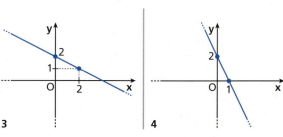

269 **COMPLETA**

a. La retta di equazione $x + 2y + 1 = 0$ è parallela alla retta di equazione $\square\, x + 6y + 5 = 0$.

b. La retta di equazione $x = 3$ è parallela all'asse $\square$.

c. $y = -\dfrac{3}{2}x + 2$ è l'equazione di una retta parallela alla retta di equazione $\square\, x + 4y - 1 = 0$.

d. Le rette di equazioni $\square\, x + 4y + 3 = 0$ e $3x - 2y + 1 = 0$ sono parallele.

270 **ESERCIZIO GUIDA** Data la retta r di equazione $2y + x - 8 = 0$, determiniamo l'equazione della parallela s passante per $A(1; -1)$.

Scriviamo in forma esplicita l'equazione di r e ricaviamo il suo coefficiente angolare m:

$$y = -\dfrac{1}{2}x + 4, \quad \text{con } m = -\dfrac{1}{2}.$$

Determiniamo s utilizzando la formula

$$y - y_1 = m(x - x_1),$$

$$m_s = m_r$$

e tenendo conto che una retta **parallela** a r ha lo stesso coefficiente angolare di r.

$$y + 1 = -\dfrac{1}{2}(x - 1) \;\to\; y = -\dfrac{1}{2}x - \dfrac{1}{2}$$

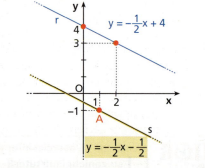

Paragrafo 4. Rette parallele e rette perpendicolari

Per ciascuna retta, scrivi l'equazione della parallela passante per il punto A.

271 $y = \frac{1}{4}x$, $A(1; -1)$.   **272** $2x + 3y - 1 = 0$, $A(-3; 0)$.   **273** $3x + 6y + 2 = 0$, $A(5; 1)$.

$\left[y = \frac{1}{4}x - \frac{5}{4} \right]$ $\left[y = -\frac{2}{3}x - 2 \right]$ $[x + 2y - 7 = 0]$

274 Fra le rette parallele alla retta r di equazione $3x + 6y - 5 = 0$, individua quella che passa per il punto $P(3; 1)$ e quella passante per l'origine. $[2y + x - 5 = 0; \; 2y + x = 0]$

275 Fra le rette passanti per il punto $Q(-3; -5)$, individua l'equazione della retta parallela alla retta passante per $A(3; 2)$ e $B(1; 1)$. $\left[y = \frac{1}{2}x - \frac{7}{2} \right]$

LEGGI IL GRAFICO Scrivi le equazioni di ciascuna coppia di rette parallele delle figure.

276 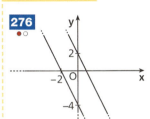   **277**    **278** 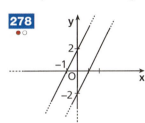   **279**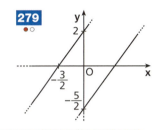

280 **ESERCIZIO GUIDA** Determiniamo per quale valore di a risultano parallele le rette di equazioni $x - 2y + 3 = 0$ e $(3 - 2a)x - 2y + 1 = 0$.

Scriviamo in forma esplicita entrambe le equazioni:

$x - 2y + 3 = 0 \to y = \frac{1}{2}x + \frac{3}{2}$ e $(3 - 2a)x - 2y + 1 = 0 \to 2y = (3 - 2a)x + 1 \to$

$y = \frac{3 - 2a}{2}x + \frac{1}{2}$.

Le due rette sono parallele solo se hanno lo stesso coefficiente angolare:

$\frac{1}{2} = \frac{3 - 2a}{2} \to 1 = 3 - 2a \to 2a = 2 \to a = 1$.

281 Stabilisci per quale valore di a le due rette $-x + 2y - 1 = 0$ e $ax + (a - 1)y = 1$ risultano parallele. $\left[\frac{1}{3} \right]$

282 Trova per quale valore di a le due rette $ax + 2y - 3 = 0$ e $(2a + 1)x + y - 1 = 0$ sono parallele. $\left[-\frac{2}{3} \right]$

283 **TEST** Per quale valore di $k \in \mathbb{R}$ il punto $P(-1; k)$ determina con l'origine O una retta parallela alla retta $y = 2x + 3$?

  A -2 **B** -1 **C** 0 **D** 1 **E** 2

284 **REALTÀ E MODELLI** **Una semina geometrica** Anna, Beatrice e Carla hanno un orto. Anna e Beatrice hanno tracciato un solco per la semina (segmento AB in figura); Carla, che si trova in C, deve tracciare un secondo solco CD, parallelo al primo e della stessa lunghezza. Beatrice suggerisce questo metodo: Anna e Carla devono avanzare l'una verso l'altra dello stesso numero di passi uguali, fino a incontrarsi in M; poi Beatrice si deve muovere verso M, contando i passi necessari, e proseguire oltre nella stessa direzione dello stesso numero di passi compiuti per andare da B a M: il punto in cui si troverà sarà l'estremo D del solco.

 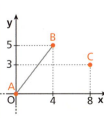

a. Giustifica la correttezza del procedimento suggerito da Beatrice.
b. Ricava le coordinate del punto M e del punto D, quindi verifica che $\overline{AB} = \overline{CD}$ e che la retta CD è parallela alla retta AB. $\left[M\left(4; \frac{3}{2}\right), D(4; -2); \; m_{AB} = m_{CD} = \frac{5}{4} \right]$

Capitolo 4. Piano cartesiano e retta

La posizione reciproca di due rette

285 **AL VOLO** Trova il punto di intersezione delle coppie di rette con le seguenti equazioni.
  a. $x = -1$; $y = 3$.
  b. $3x = 6$; $y = -3$.
  c. $y = x$; $x = -2$.
  d. $y = -x$; $y = 1$.

286 **ESERCIZIO GUIDA** Determiniamo la posizione reciproca delle rette di equazioni:

$$2x + y - 5 = 0, \quad x - 3y - 6 = 0.$$

Stabiliamo se le rette sono parallele verificando se è soddisfatta la condizione di parallelismo per le equazioni in forma implicita: $a \cdot b' - b \cdot a' = 0$.

$2 \cdot (-3) - 1 \cdot 1 = -6 - 1 = -7 \neq 0 \rightarrow$ le rette non sono parallele.

Le rette sono quindi incidenti. Cerchiamo le coordinate del punto di intersezione P mettendo a sistema le due equazioni.

$$\begin{cases} 2x + y - 5 = 0 \\ x - 3y - 6 = 0 \end{cases} \rightarrow \begin{cases} y = -2x + 5 \\ x - 3(-2x + 5) - 6 = 0 \end{cases} \rightarrow \begin{cases} y = -2x + 5 \\ 7x = 21 \end{cases} \rightarrow \begin{cases} y = -1 \\ x = 3 \end{cases} \rightarrow P(3; -1)$$

Stabilisci la posizione relativa delle seguenti coppie di rette.

287 $2x + y + 3 = 0$, $3x - y + 2 = 0$.

288 $4x - 3y - 2 = 0$, $-8x + 6y - 1 = 0$.

289 $x + 3y - 4 = 0$, $2x + 6y - 8 = 0$.

290 $-x + y - 6 = 0$, $x + y - 6 = 0$.

291 $y - 2 = 0$, $3x - 2 = 0$.

292 $y = 3x - 6$, $y = 2x - 5$.

---

293 Determina la misura del segmento che le rette di equazioni $y = x - 6$ e $y = -x + 5$ staccano sull'asse delle x.   [1]

294 La retta di equazione $4x + 3y - 12 = 0$ interseca gli assi cartesiani in due punti A e B. Calcola area e perimetro del triangolo AOB.
[area = 6; perimetro = 12]

295 **YOU & MATHS** Find the coordinates of the point of intersection of the lines $x - 2y - 3 = 0$ and $-2x + 3y + 4 = 0$.
(CAN *University of New Brunswick*, Final Exam, 2000)
[$(-1; -2)$]

296 Le rette r e s, rispettivamente di equazioni $y = 2x + 3$ e $y = 2x - 1$, staccano sulla retta t di equazione $2x - 3y + 9 = 0$ un segmento AB. Calcola la misura di AB.   [$\sqrt{13}$]

297 Determina le coordinate dei vertici A, B, C del triangolo i cui lati appartengono alle rette di equazioni $2x - 6 = 0$, $y = 2$ e $y = -2x + 10$. Calcola l'area e il perimetro del triangolo.
[$A(3; 4)$, $B(3; 2)$, $C(4; 2)$;
area = 1; perimetro = $3 + \sqrt{5}$]

298 Determina l'equazione della retta parallela all'asse y e passante per il punto di intersezione delle rette di equazioni $x - y + 3 = 0$ e $x + 2y = 0$.
[$x = -2$]

299 Determina il punto di intersezione delle rette di equazioni $y = 2x - 5$ e $2x - 3y + 1 = 0$ e verifica che tale punto appartiene alla retta di equazione $x + 4y - 16 = 0$.

300 Stabilisci per quale valore di a le rette di equazioni $x - y + a = 0$ e $x - 3y = 0$ si intersecano in un punto di ascissa 3.   [-2]

301 Trova il valore del parametro k per cui il punto di intersezione delle rette di equazioni $3x + y + 4 = 0$ e $x - 2y + 6 = 0$ appartiene alla retta di equazione $y = (3 - k)x + 6$.   [1]

302 Determina per quale valore di h il punto di intersezione delle rette di equazioni $y = x + h$ e $y = -4x + 4$ appartiene alla retta di equazione $y = -4$.   [-6]

200

Paragrafo 4. Rette parallele e rette perpendicolari

RISOLVIAMO UN PROBLEMA

■ Trasporto merci

Per trasportare un certo tipo di merce tra due luoghi fissati vi sono tre possibilità:
- su rotaia con una spesa fissa di 200 euro e una spesa variabile di 400 euro per tonnellata trasportata;
- su gomma con mezzi speciali forniti da un'impresa di trasporto, che prevede una spesa fissa di 400 euro e una spesa variabile di 360 euro per tonnellata trasportata;
- via mare con una spesa fissa di 480 euro e una spesa variabile di 320 euro per tonnellata trasportata.

Determina la possibilità più conveniente in base alle quantità di merce da trasportare.

▶ **Cerchiamo dei modelli che descrivano le diverse possibilità.**

Tutte le possibilità prevedono un costo fisso e una quota che cresce in proporzione alle tonnellate di merce che vanno trasportate. Le leggi che descrivono le tre possibilità sono:

$$y = 400x + 200,$$

$$y = 360x + 400,$$

$$y = 320x + 480,$$

che corrispondono alle equazioni di tre rette nel piano cartesiano.

▶ **Determiniamo i valori per cui due di queste soluzioni sono equivalenti.**

Due soluzioni sono equivalenti quando le rette che le descrivono si incontrano. Determiniamo i punti di intersezione risolvendo i tre sistemi:

$$\begin{cases} y = 400x + 200 \\ y = 360x + 400 \end{cases};$$

$$\begin{cases} y = 400x + 200 \\ y = 320x + 480 \end{cases};$$

$$\begin{cases} y = 360x + 400 \\ y = 320x + 480 \end{cases}.$$

Il primo sistema è risolto per $P(5; 2200)$, il secondo per il punto $Q(3,5; 1600)$ e il terzo per $M(2; 1120)$.

▶ **Rappresentiamo le rette trovate su un piano cartesiano e analizziamo le possibilità più convenienti.**

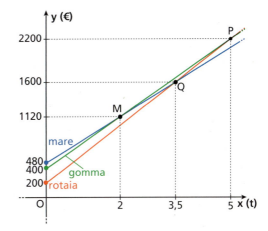

Dal grafico ricaviamo che:

- per $x < 3,5$ (tonnellate trasportate) è più conveniente il trasporto via ferrovia in quanto questo corrisponde alle ordinate dei punti della retta PQ che a parità di ascissa sono minori delle ordinate dei punti delle altre due rette;

- per $x = 3,5$ (tonnellate trasportate) si ha parità di costi tra il trasporto via ferrovia e via mare: questi sono rappresentati dall'ordinata del punto Q;

- per $x > 3,5$ è più conveniente il trasporto via mare in quanto questo corrisponde alle ordinate dei punti della retta QM, che a parità di ascissa sono minori delle ordinate dei punti delle altre due rette relative ai costi delle altre due possibilità.

Capitolo 4. Piano cartesiano e retta

ESERCIZI

REALTÀ E MODELLI

303 **Bottiglie di Chianti** Il negozio «Ok Enologia» acquista in Toscana bottiglie di vino Chianti da due fornitori diversi, i quali vendono le proprie bottiglie a € 3,60 l'una. Questi sono i cartelli che pubblicizzano le loro offerte.
Determina il quantitativo di bottiglie per il quale è conveniente acquistare dalla prima o dalla seconda cantina.

304 **In bici** Sara e Luca vogliono noleggiare delle biciclette per un'escursione e confrontano i prezzi di due noleggi. Il noleggio A chiede € 15 al giorno, il noleggio B invece chiede una quota iniziale di € 30 e altri € 10 per ogni giorno di noleggio.

a. Scrivi l'equazione della funzione che esprime il costo in funzione dei giorni in entrambi i casi e rappresenta i due grafici.

b. Perché sia più conveniente il noleggio A, quanti giorni deve durare, al massimo, l'escursione? [b) 5]

305 **Appuntamento** Elena e Filippo si muovono da casa per incontrarsi. La funzione che esprime la distanza s_E (in metri) percorsa da Elena rispetto al tempo t (in minuti) è $s_E(t) = 50 \cdot t$; Filippo parte 2 minuti dopo e la funzione che esprime la sua distanza dalla casa di Elena rispetto al tempo è:

$$S_F(t) = \begin{cases} 700 & \text{se } 0 \leq t \leq 2 \\ 900 - 100 \cdot t & \text{se } t > 2 \end{cases}.$$

a. Rappresenta graficamente le due funzioni. (**SUGGERIMENTO** Per l'asse delle ordinate considera come unità di misura 100 m).

b. Dopo quanto tempo si incontrano?

[b) 6 min]

306 **Poi ti raggiungo!** Nella figura sono rappresentati i grafici spazio-tempo relativi alle leggi orarie del moto di due ciclisti.

a. Dopo i primi 20 minuti, chi ha percorso la distanza maggiore?

b. In che intervallo di tempo il ciclista B è «in testa»?

c. In che istanti di tempo avvengono i sorpassi?

d. Scrivi le equazioni delle leggi orarie che descrivono i moti dei ciclisti A e B.

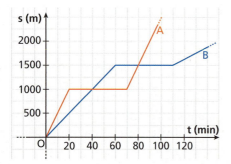

Paragrafo 4. Rette parallele e rette perpendicolari

Rette perpendicolari
▶ Teoria a p. 174

307 **TEST** L'equazione della retta r è $5x + y - 6 = 0$. Quanto vale il coefficiente angolare di una retta perpendicolare a r?

A 5
B -5
C $\dfrac{1}{5}$
D $-\dfrac{1}{5}$
E -1

Determina il coefficiente angolare delle rette di ciascuno dei seguenti gruppi e stabilisci quali sono perpendicolari.

308 $2x + 7y = 0$; $7x + 2y - 1 = 0$; $21x - 6y + 10 = 0$; $y = 7x + 2$.

309 $y = 5x - 6$; $5x + y = 0$; $x + 5y + 5 = 0$; $2x - 10y + 5 = 0$.

310 $y = \dfrac{3x + 1}{4}$; $4x + 3y = 0$; $8x - 6y + 4 = 0$; $y = -\dfrac{4}{3}$.

311 **ASSOCIA** a ciascuna retta r, della prima riga, la retta s nella seconda riga, perpendicolare a r.

a. $5x + 2y - 6 = 0$ b. $5x - 2y = 5$ c. $2x + 5y - 3 = 0$ d. $y = 5x - 1$

1. $2x + 5y - 2 = 0$ 2. $5y - 2x = 0$ 3. $2y = 5x + 3$ 4. $5y = 1 - x$

FAI UN ESEMPIO

312 Individua le equazioni di due rette perpendicolari alla retta $y = \dfrac{4}{3}x + 8$.

313 Scrivi le equazioni di due rette parallele alla retta di equazione $y = 2x + \dfrac{1}{4}$ e di due perpendicolari alla retta di equazione $y = 1$.

Per ogni retta scrivi l'equazione di una retta parallela a essa e l'equazione di una retta perpendicolare a essa.

314 $y = -x$; $y = 3x$; $y = \dfrac{1}{3}x - 3$; $y = 2x + 1$.

315 $y = -\dfrac{1}{3}x + 5$; $y = 2x + \dfrac{1}{4}$; $y = 2$; $y = \dfrac{1}{5}x$.

316 $4x - 2y + 1 = 0$; $3x + 1 = 0$; $7x + y + 3 = 0$; $x = -3$.

317 **ESERCIZIO GUIDA** Determiniamo l'equazione della retta s perpendicolare alla retta r di equazione $3x - 2y + 2 = 0$ e passante per $P(3; 2)$.

Scriviamo in forma esplicita l'equazione di r e ricaviamo il suo coefficiente angolare m_r:

$$y = \frac{3}{2}x + 1, \quad \text{con } m_r = \frac{3}{2}.$$

Il coefficiente angolare di s è:

$$m_s = -\frac{1}{m_r} \quad \rightarrow \quad m_s = -\frac{2}{3}.$$

L'equazione di s è:

$$y - 2 = -\frac{2}{3}(x - 3) \quad \rightarrow \quad y = -\frac{2}{3}x + 4.$$

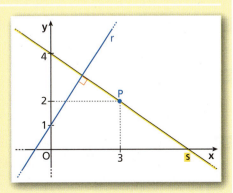

203

Capitolo 4. Piano cartesiano e retta

Per ciascuna retta, scrivi l'equazione della retta perpendicolare passante per il punto A.

318 $2x + 4y - 1 = 0$, $A(-4; 3)$. $[2x - y + 11 = 0]$

319 $4x + y + 2 = 0$, $A(-8; 1)$. $[x - 4y + 12 = 0]$

320 $y = \dfrac{x}{2} + 2$, $A(-1; 3)$. $[2x + y - 1 = 0]$

---

321 Scrivi l'equazione della retta r perpendicolare alla retta s, passante per i punti $A(2; 0)$ e $B(0; -5)$, e passante per l'origine degli assi. $[2x + 5y = 0]$

322 **YOU & MATHS** Find the equation of the line that contains the point $(4; -3)$ and is perpendicular to the line $-2x + 3y - 10 = 0$.   (USA *Southern Illinois University Carbondale,* Final Exam, 2003)
$$\left[y = -\dfrac{3}{2}x + 3\right]$$

323 Scrivi l'equazione della retta che passa per il punto $C(-2; 3)$ ed è perpendicolare alla retta passante per $A(2; 5)$ e $B(-3; -1)$. $[5x + 6y - 8 = 0]$

LEGGI IL GRAFICO   Scrivi le equazioni di ciascuna coppia di rette perpendicolari delle figure.

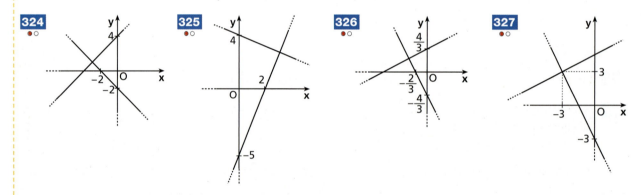

328 Fra le rette perpendicolari alla retta s di equazione $3x - 6y + 1 = 0$, determina:
    a. la retta a che passa per il punto $A(1; 3)$;
    b. la retta b che passa per l'origine.
    [a) $2x + y - 5 = 0$; b) $2x + y = 0$]

329 Data la retta r di equazione $3x - y + 4 = 0$, scrivi le equazioni della retta parallela e della retta perpendicolare a r, passanti per $A(-1; 3)$. $[3x - y + 6 = 0; x + 3y - 8 = 0]$

330 Trova l'equazione della retta perpendicolare alla retta di equazione $2x - 3y + 6 = 0$ nel suo punto di intersezione con l'asse delle ordinate. $[3x + 2y - 4 = 0]$

331 Scrivi l'equazione della retta r passante per $A(-3; 0)$ e $B(1; 2)$. Determina l'equazione della retta parallela a r, passante per $C(1; -4)$, e della retta perpendicolare a r, passante per $D(6; 1)$.
    $[x - 2y + 3 = 0; x - 2y - 9 = 0; 2x + y - 13 = 0]$

332 Determina per quale valore di a le due rette di equazioni
$2x + 4y - 3 = 0$ e $(2 - a)x + (a + 1)y + 1 = 0$
risultano perpendicolari. $[a = -4]$

Paragrafo 4. Rette parallele e rette perpendicolari

333 Determina per quale valore di k la retta di equazione $(k+2)x + (k+3)y - 1 = 0$ risulta:
  a. parallela all'asse x;
  b. parallela all'asse y;
  c. parallela alla retta di equazione $x - 2y = 0$;
  d. perpendicolare alla retta di equazione $4x - 2y + 1 = 0$.

$$\left[\text{a) } k = -2; \text{ b) } k = -3; \text{ c) } k = -\frac{7}{3}; \text{ d) } k = -1 \right]$$

334 Determina per quale valore di a la retta di equazione $(a+1)x + (2a-3)y + 2a = 0$ risulta:
  a. parallela alla retta $3x - 1 = 0$;
  b. parallela alla retta $2y + 5 = 0$;
  c. perpendicolare alla retta $9x - 3y + 1 = 0$;
  d. parallela alla retta $y = -x + 2$.

$$\left[\text{a) } a = \frac{3}{2}; \text{ b) } a = -1; \text{ c) } a = -6; \text{ d) } a = 4 \right]$$

MATEMATICA AL COMPUTER

La retta Con un software di geometria dinamica determiniamo la misura d del segmento PQ, sapendo che:
- il punto P è l'intersezione fra la retta r, di equazione $x - 2y + 3 = 0$, e la retta p, passante per i punti $M(-1; -2)$ e $N(3; 2)$;
- il punto Q è l'intersezione con l'asse x della retta s, perpendicolare alla retta r e passante per il punto $R(-1; 6)$.

□ Risoluzione – 38 esercizi in più

Asse di un segmento

335 **ESERCIZIO GUIDA** Determiniamo l'equazione dell'asse del segmento di estremi $A(-2; 1)$ e $B(4; 3)$.

L'asse del segmento è la retta perpendicolare al segmento passante per il punto medio.
Determiniamo le coordinate del punto medio M di AB:

$$x_M = \frac{x_A + x_B}{2} = \frac{-2 + 4}{2} = 1, \quad y_M = \frac{y_A + y_B}{2} = \frac{1+3}{2} = 2.$$

Il punto medio di AB è $M(1; 2)$.
Calcoliamo il coefficiente angolare della retta AB:

$$m_{AB} = \frac{y_B - y_A}{x_B - x_A} = \frac{3-1}{4+2} = \frac{1}{3}.$$

Il coefficiente angolare di una retta perpendicolare ad AB è $m = -3$.
L'equazione dell'asse del segmento AB è:

$$y - 2 = -3(x - 1) \rightarrow y = -3x + 3 + 2 \rightarrow y = -3x + 5.$$

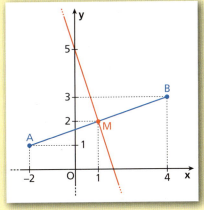

Determina l'equazione dell'asse del segmento che ha per estremi le seguenti coppie di punti.

336 $A(2; 3)$, $B(4; 5)$.

337 $A(1; 1)$, $B(-1; 3)$.

338 $A\left(-2; -\frac{1}{3}\right)$, $B\left(0; \frac{1}{3}\right)$.

339 $A(1; 8)$, $B(5; 7)$.

340 $A(-2; -6)$, $B(2; 0)$.

341 $A(0; -6)$, $B(4; -6)$.

342 $A(2; -4)$, $B\left(\frac{1}{2}; 0\right)$.

343 $A(-1; -4)$, $B(3; 3)$.

---

344 Calcola il perimetro del triangolo isoscele che ha la base di estremi $B(-1; -2)$ e $C(2; -5)$ e il vertice di ordinata nulla. $\quad [2\sqrt{29} + 3\sqrt{2}]$

345 Determina sulla retta di equazione $3x + y = 0$ il punto equidistante dai punti $A(2; -1)$ e $B(4; 3)$. $\quad [(-1; 3)]$

346 Individua le coordinate del vertice A di un triangolo isoscele ABC sapendo che A appartiene alla retta di equazione $2x - y + 1 = 0$ e che gli estremi della base hanno coordinate $B(2; 0)$ e $C(-2; 4)$. [$(1; 3)$]

347 Sia C il punto in cui l'asse del segmento avente per estremi i punti $A(-3; 3)$ e $B(1; 5)$ incontra l'asse x. Calcola l'area di ABC. [10]

348 Calcola l'area del triangolo isoscele ABC di base BC, sapendo che $B(-4; 1)$, $C(0; -1)$ e che il vertice A appartiene alla retta di equazione $3x + 2y - 15 = 0$. [15]

Punti notevoli di un triangolo

Determina il circocentro dei triangoli ABC.

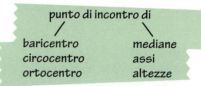

349 $A(-2; 1)$, $B(2; 5)$, $C(4; -1)$.

350 $A(-3; 0)$, $B(1; 4)$, $C(-3; 6)$.

351 $A(5; -1)$, $B(-1; 1)$, $C(-2; -4)$.

352 Trova le coordinate dell'ortocentro del triangolo di vertici $A(3; 5)$, $B(1; 0)$, $C(9; 8)$. [$(-6; 14)$]

353 Dato il triangolo di vertici $A(6; 0)$, $B(3; 6)$ e $C(0; 2)$, determina le coordinate dell'ortocentro e del baricentro. $\left[(2; 3), \left(3; \dfrac{8}{3}\right)\right]$

354 Verifica che il triangolo ABC di vertici $A(1; 1)$, $B(4; 7)$ e $C(-5; 4)$ è un triangolo rettangolo e:
a. scrivi le equazioni dei lati;
b. determina l'ortocentro;
c. determina il circocentro.

$\left[\text{a) } 2x - y - 1 = 0,\ x - 3y + 17 = 0,\ x + 2y - 3 = 0;\right.$
$\left.\text{b) } (1; 1);\ \text{c) } \left(-\dfrac{1}{2}; \dfrac{11}{2}\right)\right]$

355 Trova le coordinate del baricentro, del circocentro e l'area del triangolo di vertici $A(2; 1)$, $B(8; 1)$ e $C(5; 4)$. [$(5; 2); (5; 4); \text{area} = 9$]

356 Verifica che il triangolo di vertici
$$A(3; 0),\ B\left(\dfrac{18}{5}; \dfrac{9}{5}\right) \text{ e } C\left(\dfrac{24}{5}; -\dfrac{3}{5}\right)$$
è rettangolo isoscele. Determina poi il centro e il raggio della circonferenza circoscritta al triangolo. $\left[\left(\dfrac{21}{5}; \dfrac{3}{5}\right); \dfrac{3}{5}\sqrt{5}\right]$

357 Dato il triangolo di vertici $A(-1; 2)$, $B(-9; 2)$, $C(-5; -1)$, verifica che è un triangolo isoscele e determina il baricentro, il circocentro e l'ortocentro. $\left[(-5; 1), \left(-5; \dfrac{19}{6}\right), \left(-5; -\dfrac{10}{3}\right)\right]$

358 Verifica che nel triangolo ABC, di vertici $A(-2; -2)$, $B(4; -2)$ e $C(1; 6)$, il baricentro, l'ortocentro e il circocentro sono allineati.

5 Distanza di un punto da una retta

▶ Teoria a p. 175

TEST

359 La distanza del punto $P(-1; 4)$ dalla retta $y = -\dfrac{1}{3}x + 2$ è:

A $\dfrac{10}{\sqrt{10}}$.

B $\dfrac{\sqrt{10}}{2}$.

C $\dfrac{18}{\sqrt{10}}$.

D $\dfrac{5}{3}$.

E $\dfrac{3}{\sqrt{10}}$.

360 È *vera* soltanto una delle seguenti proposizioni relative al punto $P(1; -2)$ e alle rette r e s, rispettivamente di equazioni $2x + y = 0$ e $x + y - 2 = 0$. Quale?

A P è equidistante da r e da s.

B La distanza di P da r è maggiore della distanza di P da s.

C $P \in s$

D $P \in r$

E P è il punto di intersezione di r e s.

Paragrafo 6. Fasci di rette

361 Determina la distanza del punto $P(2; -6)$ dalla retta di equazione $3x + 4y = 0$. $\left[\dfrac{18}{5}\right]$

362 Determina la distanza di $B(2; -4)$ dalla retta di equazione $2x - y + 2 = 0$. $[2\sqrt{5}]$

363 Calcola la distanza del punto $P(4; 2)$ dalla retta di equazione $y = -x - 2$. $[4\sqrt{2}]$

364 Stabilisci quale delle seguenti rette ha minore distanza dal punto $P(-1; 3)$:

$r: x = -3; \qquad s: y = -x; \qquad t: y = x + 1$. $[s]$

365 Calcola la distanza del punto $P(0; 6)$ dalla retta che passa per i punti $A(2; 3)$ e $B\left(\dfrac{1}{2}; 1\right)$. $\left[\dfrac{17}{5}\right]$

366 Considera il triangolo ABC di vertici $A(-3; 3)$, $B(1; -3)$, $C(3; 1)$. Calcola la lunghezza dell'altezza relativa al lato AB e l'area del triangolo. $\left[\dfrac{14\sqrt{13}}{13}; 14\right]$

367 Determina l'area del triangolo di vertici $A(4; 0)$, $B(-2; 6)$ e $C(8; 8)$. $[36]$

368 Determina la distanza fra le rette parallele di equazioni $y = 3x + 5$ e $y = 3x - 3$.
(**SUGGERIMENTO** Considera un punto a piacere di una delle due rette e poi…) $\left[\dfrac{4}{5}\sqrt{10}\right]$

369 Calcola la distanza tra le due rette parallele di equazioni $2x - 4y + 1 = 0$ e $y = \dfrac{1}{2}x + 2$. $\left[\dfrac{7\sqrt{5}}{10}\right]$

370 Calcola la misura delle altezze del triangolo di vertici $A(4; 3)$, $B(11; 4)$ e $C(7; 8)$. $\left[\dfrac{16}{5}\sqrt{2}; \dfrac{16}{17}\sqrt{34}; \sqrt{32}\right]$

371 Per quali valori del parametro k la distanza del punto $P(k - 1; k)$ dalla retta di equazione $x - 2y - 2 = 0$ è $\sqrt{5}$? $[k = 2 \lor k = -8]$

6 Fasci di rette

Fascio improprio

▶ Teoria a p. 176

372 **TEST** Una sola delle seguenti equazioni *non* rappresenta un fascio improprio. Quale?

A $y = -2x + 2 + a$
C $y = 3x + 5 - k$
E $ky - kx = 2$
B $2x - 4ky = 9$
D $y = 7k + 1$

373 **ESERCIZIO GUIDA** Scriviamo l'equazione del fascio improprio di rette contenente la retta di equazione $2x + y - 3 = 0$ e disegniamo alcune rette del fascio.

Scriviamo l'equazione della retta in forma esplicita, per ricavare il suo coefficiente angolare m:

$y = -2x + 3 \rightarrow m = -2$.

Il fascio di rette ha equazione $y = -2x + q$.

Disegniamo le rette corrispondenti a tre valori di q, per esempio 0, 2, -2. Le rette corrispondenti sono:

$y = -2x; \quad y = -2x + 2; \quad y = -2x - 2$.

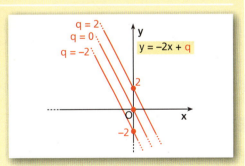

374 **AL VOLO** Scrivi l'equazione del fascio improprio a cui appartiene l'asse y.

375 Scrivi l'equazione del fascio improprio contenente la retta di equazione $8x - 4y + 6 = 0$ e disegna tre rette del fascio.

Capitolo 4. Piano cartesiano e retta

376 Ripeti l'esercizio precedente con la retta di equazione $2x + 6y + 18 = 0$.

377 Disegna cinque rette del fascio di equazione $y = -3x + k - 2$.

378 Disegna cinque rette del fascio di equazione $y = 3x + 2k - 1$.

379 Scrivi l'equazione del fascio di rette parallele alla retta di equazione $y = -4x + 5$ e l'equazione del fascio di rette perpendicolari alle precedenti. Rappresenta alcune rette di ciascun fascio.

380 Ripeti l'esercizio precedente con la retta $2x + 3y + 1 = 0$.

381 **AL VOLO** Dato il fascio di equazione $y = 2x + 3k + 1$, stabilisci per quali valori di k si ottengono la retta del fascio passante per l'origine e la retta passante per il punto $(0; 4)$.

382 Scrivi l'equazione del fascio improprio contenente la retta che passa per i punti $A(-3; 2)$ e $B(1; -1)$ e rappresenta altre due rette del fascio. $\left[y = -\dfrac{3}{4}x + k\right]$

383 Scrivi l'equazione del fascio improprio contenente la retta $2x - 5y - 10 = 0$ e determina l'equazione della retta del fascio passante per il punto $(-4; -1)$. $[2x - 5y + 3 = 0]$

Fascio proprio

▶ Teoria a p. 176

384 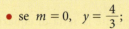 Scriviamo l'equazione del fascio proprio di rette passante per il punto $P\left(-3; \dfrac{4}{3}\right)$ e disegniamo le rette del fascio aventi coefficiente angolare $m = 0$ e $m = 1$.

Per trovare l'equazione del fascio utilizziamo l'equazione $y - y_1 = m(x - x_1)$.

Nel nostro caso $x_1 = -3$ e $y_1 = \dfrac{4}{3}$, perciò

$$y - \dfrac{4}{3} = m[x - (-3)] \rightarrow y = m(x + 3) + \dfrac{4}{3},$$

a cui dobbiamo aggiungere la retta verticale $x = -3$.
Per disegnare le rette del fascio aventi coefficiente angolare 0 e 1, determiniamo prima le loro equazioni:

- se $m = 0$, $y = \dfrac{4}{3}$;

- se $m = 1$, $y = x + 3 + \dfrac{4}{3} \rightarrow y = x + \dfrac{13}{3}$;

Poiché le due rette passano per P, per disegnarle basta determinare un solo altro punto su ciascuna.

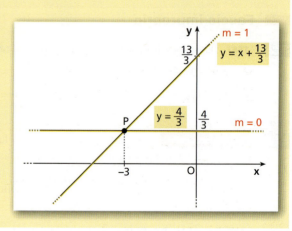

Scrivi l'equazione del fascio di rette passante per ciascun punto indicato e disegna le rette aventi coefficiente angolare $m = 0$, $m = 2$, $m = -3$.

385 $A(2; -3)$ **387** $C(-3; -8)$ **389** $G\left(-\dfrac{2}{3}; \dfrac{1}{6}\right)$

386 $O(0; 0)$ **388** $D(7; -3)$ **390** $Q\left(-\dfrac{1}{4}; \dfrac{3}{4}\right)$

391 L'equazione del fascio proprio di rette di centro $P(-1; 2)$ è:

    A $y = -2x + q$.   **C** $y = mx + 2 - m$.   **E** $y = mx + m - 2$.

    B $y = mx + 2 + m$.   **D** $y = 2x + q$.

Paragrafo 6. Fasci di rette

392 Scrivi l'equazione del fascio proprio con il centro nel punto di intersezione delle rette r e s rispettivamente di equazioni $x - y - 3 = 0$ e $3x - 5y - 5 = 0$.

393 Stabilisci se le rette di equazioni $x - 2y + 6 = 0$, $x + 4y - 6 = 0$ e $3x + 2y + 2 = 0$ appartengono allo stesso fascio; in caso affermativo, stabilisci quale tipo di fascio.

394 Scrivi l'equazione del fascio proprio con il centro nel punto $(3; -3)$ e determina l'equazione della retta del fascio:

　a. parallela alla retta di equazione $x - 3y + 5 = 0$;
　b. perpendicolare alla retta di equazione $6x + 3y - 4 = 0$;
　c. passante per il punto $(-2; 7)$.

$$[\text{a) } x - 3y - 12 = 0;\ \text{b) } x - 2y - 9 = 0;\ \text{c) } 2x + y - 3 = 0]$$

Studia i seguenti fasci di rette indicando se si tratta di fasci propri o impropri e determina il centro del fascio nel caso di fasci propri.

395 $2x - 2ky + 1 = 0$ 　　**397** $2x + y + k - 5 = 0$ 　　**399** $y = (2 - k)x + k$

396 $3kx - ky - 6 = 0$ 　　**398** $y = 2kx + x + 1$ 　　**400** $hx + 2ky - 3 = 0$

---

401 Dato il fascio di rette di equazione $(1 - k)x + y + k = 0$, stabilisci quali tra le seguenti rette appartengono al fascio:

　a. $y = -1$; 　**b.** $3x + y - 2 = 0$; 　**c.** $2x + y - 2 = 0$; 　**d.** $6x - 2y - 8 = 0$.

402 Studia il fascio di equazione $2kx + (1 + k)y + 2 - k = 0$ e stabilisci quali tra le seguenti rette appartengono al fascio:

　a. $4x + y - 4 = 0$; 　**b.** $4x + y = 0$; 　**c.** $x = \dfrac{3}{2}$; 　**d.** $6x - 2y - 1 = 0$.

403 **TEST** Per quale valore di $k \in \mathbb{R}$ una retta del fascio di equazione $(k - 1)x - (3 - 3k)y + 2k - 3 = 0$ è parallela alla bisettrice del primo e terzo quadrante?

　A $k = 1$ 　**B** $k = -1$ 　**C** $k = 0$ 　**D** $\forall k \in \mathbb{R}$ 　**E** $\nexists k \in \mathbb{R}$

404 Dato il fascio di equazione $2x - (2 + 2k)y + k + 1 = 0$, determina per quale valore di k si ha una retta:

　a. passante per il punto $(0; -3)$;
　b. parallela alla retta di equazione $x - y + 1 = 0$;
　c. perpendicolare alla retta di equazione $y = 2x + 5$.

$$[\text{a) } -1;\ \text{b) } 0;\ \text{c) } -3]$$

405 Dato il fascio di equazione $(1 - 2k)x + (3 + k)y + 2 - k = 0$, determina l'equazione della retta appartenente al fascio e:

　a. parallela all'asse x; 　　**b.** parallela all'asse y; 　　**c.** passante per l'origine.

$$\left[\text{a) } y = -\dfrac{3}{7};\ \text{b) } x = -\dfrac{5}{7};\ \text{c) } 3x - 5y = 0\right]$$

406 Determina l'equazione della retta appartenente al fascio di equazione $(1 + k)x + (1 + k)y + 3k - 1 = 0$:

　a. passante per l'origine;
　b. passante per $(-2; -5)$;
　c. che interseca l'asse delle ascisse per $x = 1$.

$$[\text{a) } x + y = 0;\ \text{b) } x + y + 7 = 0;\ \text{c) } x + y - 1 = 0]$$

Capitolo 4. Piano cartesiano e retta

407 Dato il fascio di equazione $5kx - (k+4)y - 2 = 0$, determina l'equazione della retta che appartiene al fascio:
  a. perpendicolare alla retta di equazione $3x + 5y - 1 = 0$;
  b. parallela alla retta di equazione $x - y = 0$;
  c. passante per il punto $\left(-\dfrac{1}{5}; 1\right)$.

[a) $5x + 3y - 1 = 0$; b) $5x - 5y - 2 = 0$; c) $15x + y + 2 = 0$]

REALTÀ E MODELLI

408 Lunghe ombre notturne Un lampione dell'illuminazione stradale è alto 7 metri. Supponiamo che una persona alta 1,8 metri passi a 3 metri di distanza dal lampione e che i raggi di luce emessi possano essere rappresentati mediante rette.
Nel sistema di riferimento in figura, qual è l'equazione del fascio di luce emesso dal lampione?
Quanto è lunga l'ombra del passante?

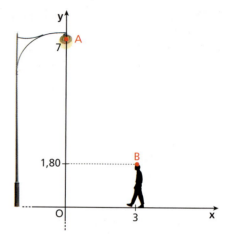

409 La meridiana La meridiana solare rappresentata in figura segna le ore utilizzando l'ombra che un'asta proietta sul sistema di linee dipinto sulla parete. Considera le due linee evidenziate in colore rosso, di estremi $A(0; 5)$, $B\left(3; \dfrac{44}{7}\right)$ e $C(3; 0)$, $D(5; 4)$ nel riferimento Oxy, quindi:

  a. ricava l'equazione del fascio di rette proprio che ha per generatrici le rette AB e CD, assegnando alla retta CD il ruolo di generatrice corrispondente al valore nullo del parametro;
  b. determina il centro del fascio;
  c. ricava l'equazione della retta del fascio che corrisponde a un'ora intermedia tra la VII e la VIII, cioè la retta passante per l'origine O del riferimento.

[a) $(2 + 3k)x - (1 + 7k)y + 35k - 6 = 0$; b) $C(7; 8)$; c) $8x - 7y = 0$]

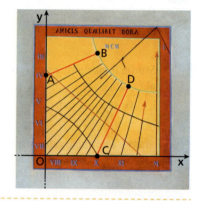

Allenati con **15 esercizi interattivi** con feedback "hai sbagliato, perché..."
su.zanichelli.it/tutor3   risorsa riservata a chi ha acquistato l'edizione con tutor

Riepilogo: Retta

410 I punti $A(4; 6)$, $B(9; 3)$ e $C(6; -2)$ sono tre vertici consecutivi di un quadrilatero $ABCD$ avente le diagonali che si intersecano in M, punto medio della diagonale AC. M divide la diagonale BD in due parti tali che MD è doppio di MB. Determina le coordinate del vertice D e l'area di $ABCD$.   [$D(-3; 0)$, area = 51]

411 I punti $A(-2; 4)$ e $B(0; 1)$ sono due vertici del parallelogramma $ABCD$ e il punto $M\left(2; \dfrac{9}{2}\right)$ è il punto di intersezione delle diagonali.
  a. Determina le coordinate dei vertici C e D del parallelogramma.
  b. Verifica che il parallelogramma è un rettangolo.
  c. Calcolane il perimetro e l'area.   [a) $C(6; 5)$, $D(4; 8)$; c) $2p = 6\sqrt{13}$, $\mathscr{A} = 26$]

412 Trova i punti A' e B' simmetrici dei punti $A(-2; 1)$ e $B(1; 4)$, rispetto all'origine O degli assi, e determina nel quarto quadrante il punto C in modo che il triangolo $A'B'C$ sia rettangolo, con ipotenusa $A'C$, e abbia area uguale a 12.
$$[A'(2;-1), B'(-1;-4); C(3;-8)]$$

413 Determina le equazioni degli assi del triangolo ABC, con $A(-1;-6)$, $B(7;5)$, $C(-5;2)$, e calcola le coordinate del circocentro.
$$\left[y=-\frac{8}{11}x+\frac{37}{22}; y=-4x+\frac{15}{2}; y=\frac{1}{2}x-\frac{1}{2};\left(\frac{16}{9};\frac{7}{18}\right)\right]$$

414 Considera la retta passante per $A(0; 5)$ e $B(-2;-3)$. Determina su tale retta un punto C la cui ascissa è tripla dell'ordinata. Considera la retta parallela all'asse x passante per A e la retta parallela all'asse y passante per B. Determina il punto D di intersezione di queste due rette e calcola l'area del triangolo DAC.
$$\left[C\left(-\frac{15}{11};-\frac{5}{11}\right); D(-2;5); \text{area}=\frac{60}{11}\right]$$

415 I lati di un quadrilatero $ABCD$ appartengono alle rette di equazioni: $x-y=0$, $x+y-2=0$, $x+y-6=0$, $x-y-4=0$. Determina le coordinate dei vertici, verifica che $ABCD$ è un quadrato e calcolane area e perimetro.
$$[A(1;1), B(3;3), C(5;1), D(3;-1);$$
$$\text{area}=8; \text{perimetro}=8\sqrt{2}]$$

416 Da un punto $A(-5;-4)$ conduci la parallela r e la perpendicolare s alla retta t di equazione $y=2x+1$. Detto B il punto di intersezione di s e t e detti C e D i punti di intersezione rispettivamente di t e r con l'asse delle ordinate, stabilisci che tipo di quadrilatero è $ABCD$ e calcolane l'area. [trapezio rettangolo; area = 20]

417 Un parallelogramma $ABCD$ ha i lati AB, BC e DA che si trovano rispettivamente sulle rette di equazioni $2x+y-2=0$, $4x-7y-4=0$ e $4x-7y+14=0$.
Sapendo che C ha coordinate $(8; 4)$, determina le coordinate degli altri vertici del parallelogramma e del punto di incontro delle diagonali.
$$[A(0; 2), B(1; 0), D(7; 6), M(4; 3)]$$

418 Il vertice A di un triangolo ABC ha coordinate $(-2; 3)$; si sa che l'altezza uscente dal vertice C ha equazione $x-y-2=0$ e che l'equazione del lato BC è $2x-3y-2=0$. Calcola le coordinate degli altri due vertici del triangolo e la sua area.
$$\left[C(4;2), B(1;0); \text{area}=\frac{15}{2}\right]$$

LEGGI IL GRAFICO

419 Deduci dal grafico:
a. le equazioni di $f(x)$ e $g(x)$;
b. per quali valori di x si ha $f(x) < g(x)$.

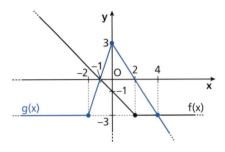

420 Utilizzando i dati della figura verifica se il triangolo ABC è rettangolo.

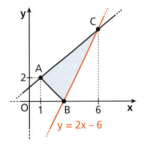

421 Il quadrilatero $ABCD$ della figura è un quadrato. Trova le coordinate di D. [(2; 6)]

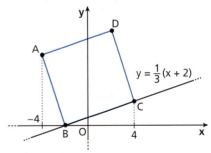

---

422 **ASSOCIA** a ciascuna coppia di rette la proprietà soddisfatta da entrambe le rette.

a. $3x+y-2=0$ e $y=3x+2$.
b. $3x-2y+4=0$ e $2x+3y-6=0$.
c. $2y-x-1=0$ e $y=2x+2$.
d. $6x-3y+1=0$ e $2x-y+3=0$.

1. Intersecano l'asse x nel punto di ascissa uguale a -1.
2. Sono perpendicolari.
3. Hanno la medesima distanza dall'origine.
4. Sono parallele.

Capitolo 4. Piano cartesiano e retta

423 Verifica che il quadrilatero di vertici $A(3; 0)$, $B(13; 4)$, $C(9; 6)$, $D(4; 4)$ è un trapezio e che il segmento che congiunge i punti medi dei lati obliqui è parallelo alle due basi e congruente alla loro semisomma.

424 Determina i vertici e l'area del parallelogramma $ABCD$ che ha due lati consecutivi sulle rette di equazioni $3x + y - 5 = 0$, $5x - y - 11 = 0$ e un vertice nel punto $A(4; 1)$. $\quad [B(3; -4), C(2; -1), D(3; 4); 8]$

425 Il triangolo ABC ha i lati di equazioni:

$$r: y = -x + 3, \quad s: y = \frac{1}{3}x - 1, \quad t: 3y + x - 9 = 0.$$

Determina il perimetro, l'area e il baricentro. Verifica inoltre che il triangolo che si ottiene congiungendo i punti medi dei lati ha il perimetro uguale alla metà di quello di ABC.

$$\left[\text{perimetro} = 3(\sqrt{10} + \sqrt{2}); \text{area} = 6; \left(3; \frac{4}{3}\right)\right]$$

426 **EUREKA!** Un quadrato, con un vertice in $A(1; 2)$, ha un lato sulla retta di equazione $x - 2y + 3 = 0$. Individua le coordinate degli altri tre vertici del quadrato, sapendo che uno di essi sta sull'asse x, mentre gli altri sono interni al primo quadrante. $\quad [(2; 0), (4; 1), (3; 3)]$

427 **VERO O FALSO?**

a. Tutte le rette di un fascio proprio hanno la stessa direzione. $\quad$ V F
b. La retta $y = -2x$ appartiene al fascio improprio di equazione $4x + 2y - k = 0$. $\quad$ V F
c. L'equazione $y = mx + 1$ rappresenta il fascio proprio con centro in $(0; 1)$. $\quad$ V F
d. Nel fascio di equazione $y = (k - 2)x + k - 1$ la retta parallela all'asse y si ottiene per $k = 2$. $\quad$ V F

428 **TEST** L'equazione $3kx - 2ky + 5 = 0$ rappresenta un fascio:

A improprio di rette parallele a $y = \frac{3}{2}x + 8$.

B proprio di rette con centro $C(3; -2)$.

C improprio di rette perpendicolari alla retta passante per $A(0; -4)$ e $B(3; -2)$.

D proprio di rette con centro $C(0; 5)$.

E proprio di coefficiente angolare $3k$.

429 Nel fascio di rette di equazione
$(a + 3)x + y - 2 = 0$, con $a \in \mathbb{R}$,
determina per quale valore di a si ha una retta:

a. parallela all'asse x;
b. parallela all'asse y;
c. passante per l'origine;
d. che forma con gli assi cartesiani un triangolo di area $\frac{1}{4}$.

$[\text{a}) a = -3; \text{b}) \nexists a \in \mathbb{R}; \text{c}) \nexists a \in \mathbb{R}; \text{d}) a = -11 \vee a = 5]$

430 Trova per quale valore di k la retta di equazione $(1 + k)x - y + 3k + 1 = 0$:

a. è parallela alla retta di equazione $3x + y - 1 = 0$;
b. passa per il punto $(-1; 4)$;
c. interseca l'asse y in un punto di ordinata -2.

$[\text{a}) -4; \text{b}) 2; \text{c}) -1]$

VERIFICA DELLE COMPETENZE — ALLENAMENTO

ANALIZZARE E INTERPRETARE DATI E GRAFICI

1 Rappresenta le rette di equazioni:

a. $x = \frac{1}{3}y + 1$;
b. $2x - \frac{1}{2}y = 3$;
c. $3y - 6 = 0$;
d. $\frac{x}{2} + \frac{y}{4} = 1$.

LEGGI IL GRAFICO

2 Scrivi l'equazione delle funzioni rappresentate nelle figure.

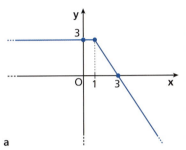
a

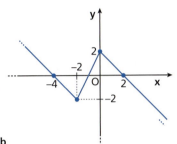
b

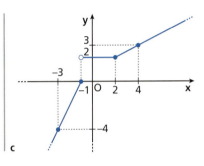
c

3 Trova le equazioni delle rette a, b, c della figura.

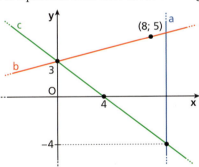

4 Il triangolo ABC della figura è isoscele?

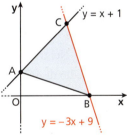

Disegna il grafico delle seguenti funzioni.

5 $y = \begin{cases} x + 3 & \text{se } x < -1 \\ -\frac{1}{3}x + \frac{5}{3} & \text{se } x \geq -1 \end{cases}$

7 $y = \begin{cases} 3 & \text{se } x < -1 \\ -3x + 6 & \text{se } -1 \leq x < 2 \\ 3x - 6 & \text{se } x \geq 2 \end{cases}$

6 $y = \begin{cases} -5 & \text{se } x < -2 \\ 4x + 3 & \text{se } -2 \leq x < 0 \\ 3 & \text{se } x \geq 0 \end{cases}$

8 $y = \begin{cases} \frac{1}{2}x + 4 & \text{se } x < 0 \\ x + 2 & \text{se } 0 \leq x < 2 \\ 4 & \text{se } x \geq 2 \end{cases}$

9 Che valori può assumere il coefficiente angolare delle rette per A in modo che attraversino il triangolo colorato?

$\left[\dfrac{1}{6} < m < \dfrac{2}{3}\right]$

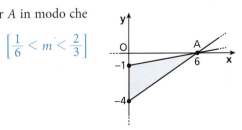

Capitolo 4. Piano cartesiano e retta

RISOLVERE PROBLEMI

10 Verifica che il triangolo di vertici $A(-2; 5)$, $B(-3; 4)$ e $C(-2; 3)$ è rettangolo e isoscele.

11 Calcola il perimetro e l'area del triangolo di vertici $A(1; 2)$, $B(-3; 1)$ e $C(-2; 2)$
$$\left[\text{perimetro} = 3 + \sqrt{17} + \sqrt{2}; \text{area} = \frac{3}{2}\right]$$

12 Verifica che il quadrilatero di vertici $A(3; -3)$, $B(2; 1)$, $C(-2; 2)$ e $D(-1; -2)$ è un rombo.

13 Calcola il perimetro del triangolo che ha come vertici i punti medi dei lati del triangolo ABC, con $A(-1; 2)$, $B(5; -2)$ e $C(5; 4)$.
$$[3 + \sqrt{13} + \sqrt{10}]$$

14 Calcola la distanza tra i baricentri dei triangoli ABC e DEF, rispettivamente con $A(-5; 1)$, $B(-1; -4)$, $C(0; 4)$ e $D(1; 1)$, $E(5; -2)$, $F(3; 2)$.
$$[5]$$

15 Verifica che il quadrilatero che ha per vertici i punti medi dei lati del parallelogramma $ABCD$, con $A(-1; -1)$, $B(5; -1)$, $C(8; 3)$ e $D(2; 3)$, è un parallelogramma e calcola il suo perimetro.
$$[5 + \sqrt{97}]$$

16 Verifica che il trapezio di vertici $A(-3; 4)$, $B(-1; -2)$, $C(3; -2)$ e $D(5; 4)$ è isoscele. Calcola il perimetro e l'area di $ABCD$.
$$[\text{perimetro} = 12 + 4\sqrt{10}; \text{area} = 36]$$

17 Determina il vertice D del parallelogramma $ABCD$, sapendo che $A(3; -1)$, $B(2; 3)$ e $C(-2; 0)$ sono tre suoi vertici consecutivi.
$$[(-1; -4)]$$

18 Dopo aver verificato che il quadrilatero $ABCD$ di vertici $A(1; -1)$, $B(3; -4)$, $C(6; -6)$ e $D(4; -3)$ è un rombo, dimostra che, congiungendo i punti medi dei lati, si ottiene un rettangolo.

19 **VERO O FALSO?** Nel triangolo ABC di vertici $A(-2; 3)$, $B(1; 0)$ e $C(4; 5)$:

a. il punto medio di AC è $(3; 4)$.   V F
b. l'angolo $A\widehat{B}C$ è retto.   V F
c. la retta AB ha equazione $y + x = 1$.   V F
d. il coefficiente angolare di AC è $-\dfrac{1}{3}$.   V F
e. il baricentro è $\left(\dfrac{3}{2}; 4\right)$.   V F

20 Determina le coordinate del baricentro del triangolo ABC, con $A(0; -4)$, $B(5; 3)$, $C(-2; 1)$, e verifica che il baricentro divide ogni mediana in due parti tali che quella che contiene il vertice è doppia dell'altra.

21 Dato il quadrilatero $ABCD$ di vertici $A(0; -1)$, $B(-1; 0)$, $C\left(0; \dfrac{1}{3}\right)$, $D(3; 0)$, verifica che si tratta di un trapezio, calcola la sua area e il punto di incontro delle diagonali.
$$\left[\text{area} = \frac{8}{3}; (0; 0)\right]$$

22 Scrivi le equazioni delle rette contenenti i lati del quadrilatero $ABCD$, $A(-3; 3)$, $B(-3; -1)$, $C(2; -2)$, $D(2; 2)$. Verifica che il quadrilatero è un parallelogramma.
$$[x + 3 = 0; x + 5y + 8 = 0; x - 2 = 0; x + 5y - 12 = 0]$$

23 Verifica che il quadrilatero di vertici $A(-3; 0)$, $B(-1; 4)$, $C(5; 1)$, $D(3; -3)$ è un rettangolo. Calcolane l'area e calcola l'area di ciascuno dei quattro triangoli che si formano tracciando le due diagonali.
$$\left[\text{area del rettangolo} = 30; \text{area dei triangoli} = \frac{15}{2}\right]$$

24 Determina perimetro e area del triangolo di vertici $A(-2; 3)$, $B(3; 1)$, $C(1; -4)$ e scrivi le equazioni dei lati.
$$\left[\text{perimetro} = 2\sqrt{29} + \sqrt{58}; \text{area} = \frac{29}{2}; 5x - 2y - 13 = 0; 2x + 5y - 11 = 0; 7x + 3y + 5 = 0\right]$$

Allenamento

25 Dato il triangolo di vertici $A(-1; -4)$, $B(3; 2)$, $C(-1; 4)$, scrivi le equazioni delle mediane e verifica che passano tutte per lo stesso punto.
$$[7x - 2y - 1 = 0; 5x + 2y - 3 = 0; x - 2y + 1 = 0]$$

26 Considera il triangolo di vertici $A(5; 4)$, $B(-1; 6)$ e $C(7; -2)$.
  a. Dimostra che è isoscele sulla base BC.
  b. Verifica che le equazioni dell'altezza e della mediana relative a BC coincidono.

27 Dato il triangolo di vertici $A(-2; 4)$, $B(4; 3)$ e $C(2; -2)$, determina:
  a. l'equazione dell'altezza relativa al lato AC;
  b. l'equazione della retta passante per A e parallela al lato BC.
$$[a) 2x - 3y + 1 = 0; b) 5x - 2y + 18 = 0]$$

28 Determina le equazioni dei lati del triangolo di vertici $A(4; -2)$, $B(0; 4)$, $C(-4; -4)$ e stabilisci per quale valore di h il punto $P(4 - h; h - 1)$ appartiene al lato AB.
$$[3x + 2y - 8 = 0; 2x - y + 4 = 0; x - 4y - 12 = 0; h = 2]$$

29 Trova l'equazione della retta r passante per $A(-2; 5)$ e parallela alla bisettrice del secondo e quarto quadrante. Detto B il punto di intersezione di r con l'asse x, determina l'equazione dell'asse del segmento AB.
$$[y = -x + 3; y = x + 2]$$

30 Determina la misura del segmento che ha per estremi i punti $A(1; 2)$ e $B(-3; 1)$ e l'equazione del suo asse. Determina inoltre la retta passante per A e parallela all'asse.
$$[\sqrt{17}; 8x + 2y + 5 = 0; 4x + y - 6 = 0]$$

31 Sono dati i punti $A(-3; -1)$, $B(1; 1)$ e $C\left(1; -\frac{3}{2}\right)$. Determina le coordinate del punto P, simmetrico di C rispetto alla retta AB, e l'area del quadrilatero $ACBP$.
$$\left[P\left(-1; \frac{5}{2}\right); \text{area} = 10\right]$$

32 Determina per quale valore del parametro m la retta passante per i punti $A(m + 1; 2)$ e $B(1; m)$ è parallela alla retta $y = 3x + 1$. Trova poi il perimetro del triangolo ABC con C punto di intersezione tra l'asse x e la retta $y = x + 1$.
$$\left[m = \frac{1}{2}; \frac{1}{2}(\sqrt{10} + \sqrt{41} + \sqrt{17})\right]$$

33 Un rombo ha centro nell'origine degli assi cartesiani e i vertici su di essi. Si sa che un lato appartiene alla retta $4x + 3y - 12 = 0$. Determina la misura delle diagonali e le equazioni delle rette sulle quali giacciono i lati del rombo.
$$\left[d_1 = 8, d_2 = 6; y = -\frac{4}{3}x + 4; y = \frac{4}{3}x + 4, y = -\frac{4}{3}x - 4, y = \frac{4}{3}x - 4\right]$$

34 Determina per quale valore di k si ottiene una retta del fascio di equazione $kx + (1 - 2k)y + 3 + k = 0$:
  a. passante per l'origine;
  b. parallela alla retta $x = 5$;
  c. perpendicolare alla retta $3x + y = 0$.
$$\left[a) -3; b) \frac{1}{2}; c) -1\right]$$

35 Riconosci se il fascio di equazione $3ax + 4ay + 3a - 1 = 0$ è proprio o improprio e determina l'equazione della retta del fascio:
  a. passante per il punto $\left(\frac{2}{3}; -1\right)$;
  b. passante per l'origine;
  c. che dista 1 dall'origine. $\quad [a) 3x + 4y + 2 = 0; b) 3x + 4y = 0; c) 3x + 4y - 5 = 0; 3x + 4y + 5 = 0]$

36 Determina per quale valore di a l'equazione $3x - 2ay + a - 2 = 0$ rappresenta una retta:
  a. passante per l'origine;
  b. con coefficiente angolare positivo;
  c. parallela alla retta passante per $A(1; 1)$, $B(5; -7)$;
  d. con distanza dall'origine minore di 1.
$$\left[a) a = 2; b) a > 0; c) a = -\frac{3}{4}; d) \forall a \in \mathbb{R}\right]$$

Capitolo 4. Piano cartesiano e retta

COSTRUIRE E UTILIZZARE MODELLI

37 **La marmellata di Lucia** In un borgo medievale tipico la signora Lucia prepara e vende marmellate di frutta biologica al prezzo di € 7 al vasetto. Per quanto riguarda i costi ha rilevato che variano linearmente con la produzione come segue.

produzione 300 vasetti	produzione 500 vasetti
costo complessivo € 1800	costo complessivo € 2600

Ha la possibilità di aumentare la produzione fino a 700 vasetti e pertanto decide di effettuare una piccola campagna pubblicitaria che le verrebbe a costare € 300. Determina:

a. la funzione del costo e quella del ricavo nella situazione attuale e la quantità per cui esse si uguagliano;
b. la funzione del costo che tiene conto della spesa per la pubblicità e la quantità che nella nuova situazione uguaglia costi e ricavi;
c. rappresenta graficamente le due situazioni precedenti e commenta il risultato.

38 **Qual è la traiettoria?** La torretta di un pantografo da incisione scorre con velocità costante V_x lungo il braccio trasportatore, che a sua volta si muove con velocità costante V_y. La punta si trova inizialmente nella posizione A.

a. Determina l'equazione della traiettoria descritta dalla punta ed esegui il disegno nel piano cartesiano.
b. Quanto è lunga l'incisione tracciata in 40 s?

$$[a)\ 2x + 3y - 411 = 0;\ b)\ 40\sqrt{13}\ \text{cm}]$$

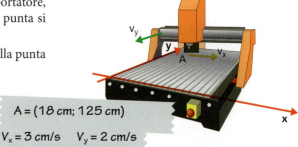

A = (18 cm; 125 cm)
$V_x = 3$ cm/s $V_y = 2$ cm/s

39 **Tappetini** L'impresa Textil vuole studiare l'andamento del costo di produzione, in un settore dove vengono fabbricati piccoli tappeti di cotone, in relazione al tempo e al numero di addetti. Ha preso in considerazione la produzione di 100 unità e in base ai dati rilevati in passato ha determinato quanto segue.

costo € 4000	costo € 3700
tempo lavorazione 48 ore	tempo lavorazione 120 ore
numero addetti 6	numero addetti 2

Determina:

a. la funzione lineare che esprime il costo y in funzione del numero delle ore t;
b. la funzione lineare che esprime il numero degli addetti n in funzione del numero delle ore t e il costo nel caso in cui si utilizzino 3 addetti.

Rappresenta graficamente le due funzioni lineari y e n in funzione di t.

Allenati con **15 esercizi interattivi** con feedback "hai sbagliato, perché..."
su.zanichelli.it/tutor3   risorsa riservata a chi ha acquistato l'edizione con tutor

VERIFICA DELLE COMPETENZE PROVE   ⏱ 1 ora

PROVA A

1 Scrivi le equazioni delle rette r, s e t rappresentate nel grafico e indica le coordinate dei punti A, B, C.

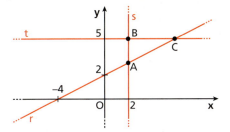

2 Rappresenta il grafico della funzione
$$y = \begin{cases} x - 1 & \text{se } x < 2 \\ -\dfrac{1}{2}x + 2 & \text{se } x \geq 2 \end{cases}.$$

3 Dato il triangolo di vertici $A(-1; 4)$, $B(6; 4)$ e $C(3; -2)$, scrivi le equazioni delle rette dei lati e dell'altezza AH.

4 Nel triangolo di vertici $A(6; 2)$, $B(7; -5)$ e $C(1; 1)$, calcola il perimetro, l'area e la misura della mediana AM.

5 Il parallelogramma $ABCD$ ha il vertice $A(1; 4)$ e il punto di incontro delle diagonali $P(4; 3)$. Il vertice B è sull'asse x e sulla retta di equazione $2y - x - 2 = 0$. Trova i vertici B, C, D, il perimetro e l'area del parallelogramma.

6 Considera il fascio di rette di equazione $kx + (2 + k)y - 3 + k = 0$. Stabilisci se è proprio o improprio e determina per quale valore di k si ha una retta:

a. parallela all'asse y;

b. passante per il punto $(-1; 2)$;

c. parallela alla retta di equazione $2x - 3y + 1 = 0$;

d. perpendicolare alla retta di equazione $2x - y - 2 = 0$.

PROVA B

1 Il giardiniere Un giardiniere ha l'incarico di tagliare e curare l'erba di un giardino il cui modello cartesiano è indicato in figura.

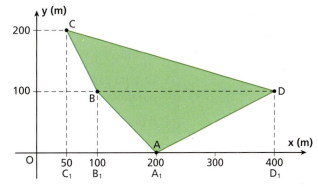

a. Quanto tempo è necessario per tosare il giardino se mediamente il giardiniere impiega 1 min per fare 50 m²?

b. Quale sarebbe il preventivo di spesa se il giardiniere volesse piantare delle piccole betulle lungo tutto il perimetro del giardino a una distanza di 2,5 m l'una dall'altra, sapendo che il costo medio è di € 4,50 ciascuna?

(Calcola il perimetro usando due metodi: l'usuale formula della distanza nel piano cartesiano, approssimando il risultato con la calcolatrice, e il metodo diretto, misurando i lati della figura con un righello e trasformando le lunghezze con il rapporto di scala.)

c. Il giardiniere vuole installare una fontana in corrispondenza del baricentro del triangolo ACD. Dove andrà collocata la fontana?

2 Noleggio dell'automobile Per il noleggio giornaliero di un'automobile si può scegliere fra tre diverse tariffe.
La tariffa A comporta una quota fissa di € 30 e costa € 0,25 a kilometro percorso; la tariffa B comporta una quota fissa di € 10 e costa € 0,60 a kilometro percorso; la tariffa C non ha quota fissa, costa € 0,40 a kilometro percorso, però ha un vincolo minimo di 150 km, ovvero la spesa ha un costo minimo corrispondente a un percorso di 150 km.

Dopo aver rappresentato i grafici del costo del noleggio in funzione dei kilometri percorsi, stabilisci qual è la tariffa più conveniente nei diversi casi.

CAPITOLO 5
PARABOLA

1 Parabola e sua equazione

■ Parabola come luogo geometrico

Listen to it

A **parabola** is the locus of points in a plane that are equidistant from both a line (the **directrix**) and a point (the **focus**).

DEFINIZIONE

Assegnati nel piano un punto F e una retta d, si chiama **parabola** la curva piana luogo geometrico dei punti equidistanti da F e da d.

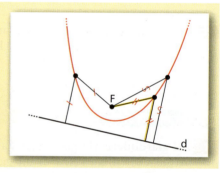

Il punto F è il **fuoco** e la retta d è la **direttrice** della parabola.

La retta passante per il fuoco e perpendicolare alla direttrice si chiama **asse della parabola**.

Il punto V in cui la parabola interseca il suo asse è il **vertice** della parabola.

Si può dimostrare che l'asse della parabola è anche asse di simmetria della curva: preso un punto della parabola, esiste un altro suo punto simmetrico del primo rispetto all'asse.

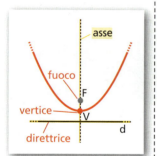

Ora studiamo le parabole nel piano cartesiano, considerando inizialmente quelle con asse parallelo all'asse y.

■ Parabola con asse coincidente con l'asse y e vertice nell'origine

▶ Esercizi a p. 233

Determiniamo l'equazione della generica parabola con asse coincidente con l'asse y e vertice nell'origine degli assi.

Il fuoco F è un punto dell'asse y di coordinate $F(0; f)$, con $f \neq 0$.

La direttrice, quindi, è una retta parallela all'asse x e interseca l'asse y in un punto D tale che $\overline{FO} = \overline{OD}$, cioè $D(0; -f)$. L'equazione della direttrice è pertanto:

$$y = -f.$$

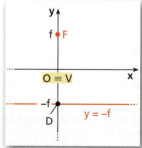

Indichiamo con $P(x; y)$ un punto qualsiasi della parabola, con H il piede della perpendicolare condotta da P alla direttrice e imponiamo la condizione:

$\overline{PF} = \overline{PH}$.

Poiché $\overline{PF} = \sqrt{x^2 + (y-f)^2}$ e $\overline{PH} = |y+f|$, si ha:

$\sqrt{x^2 + (y-f)^2} = |y+f|$.

Eleviamo i due membri al quadrato:

$x^2 + (y-f)^2 = (y+f)^2$

$x^2 + \cancel{y^2} - 2fy + \cancel{f^2} = \cancel{y^2} + 2fy + \cancel{f^2} \rightarrow x^2 = 4fy$.

Ricavando y, otteniamo: $y = \dfrac{1}{4f} x^2$.

Posto $a = \dfrac{1}{4f}$, l'equazione precedente diventa:

$y = ax^2$. —— equazione della parabola con vertice nell'origine e asse coincidente con l'asse y

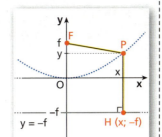

Poiché $f \neq 0$, a risulta definito ed è $a \neq 0$.

Da $a = \dfrac{1}{4f}$ ricaviamo

$f = \dfrac{1}{4a}$,

quindi:

$F\left(0; \dfrac{1}{4a}\right);$ —— coordinate del fuoco

$y = -\dfrac{1}{4a}$. —— equazione della direttrice

In sintesi

Equazione di una parabola con vertice nell'origine e asse coincidente con l'asse y:

$y = ax^2$, con $a \neq 0$.

Fuoco: $F\left(0; \dfrac{1}{4a}\right)$.

Equazione della direttrice: $y = -\dfrac{1}{4a}$.

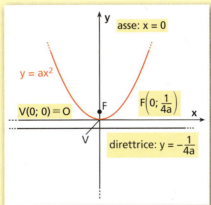

> **Animazione**
>
> Nell'animazione:
> - troviamo l'equazione della parabola con asse coincidente con l'asse y, vertice in O e fuoco $F(0; 3)$;
> - con una figura dinamica, verifichiamo la proprietà della parabola come luogo geometrico e osserviamo come cambia la parabola al variare della distanza del fuoco dal vertice.

Le coordinate dei punti della parabola verificano l'equazione $y = ax^2$. Viceversa, si può dimostrare che i punti del piano le cui coordinate verificano l'equazione appartengono alla parabola.

Capitolo 5. Parabola

Dall'equazione $y = ax^2$ al grafico

▶ Esercizi a p. 234

ESEMPIO

Studiamo le caratteristiche della parabola di equazione $y = \frac{1}{2}x^2$.

Attribuiamo alcuni valori a x: la funzione $y = \frac{1}{2}x^2$ fa corrispondere a ogni valore di x un valore di y.

x	-3	-2	-1	0	1	2	3
y	$\frac{9}{2}$	2	$\frac{1}{2}$	0	$\frac{1}{2}$	2	$\frac{9}{2}$

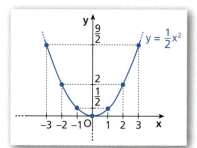

Le coppie $(x; y)$ corrispondono a punti della parabola che segniamo nel piano cartesiano. Congiungiamo i punti ottenendo il grafico.

L'ordinata del fuoco è

$$y_F = \frac{1}{4a} = \frac{1}{2},$$

quindi $F\left(0; \frac{1}{2}\right)$. La direttrice d ha equazione

$$y = -\frac{1}{2}.$$

La parabola è simmetrica rispetto all'asse y, perché i punti che hanno ascisse opposte hanno la stessa ordinata: $\frac{1}{2}x^2 = \frac{1}{2}(-x)^2$.

La simmetria osservata nell'esempio è vera in generale.

Ogni parabola di equazione $y = ax^2$ è simmetrica rispetto all'asse y.

▶ Studia le caratteristiche della parabola di equazione $y = -5x^2$.

Animazione

Nell'animazione, tracciata la parabola e disegnati il fuoco e la direttrice, verifichiamo con figure dinamiche:
- la proprietà della parabola come luogo geometrico;
- la simmetria rispetto all'asse y.

Concavità e apertura della parabola

▶ Esercizi a p. 234

Segno di a e concavità

Nell'equazione della parabola $y = ax^2$, se $a > 0$ abbiamo $y \geq 0$, quindi i punti della parabola diversi dal vertice si trovano nel semipiano dei punti con ordinata positiva (primo e secondo quadrante).

Inoltre, se $a > 0$, anche $f > 0$. Il fuoco è sul semiasse positivo delle y: diciamo che la parabola *volge la concavità verso l'alto*.

Se invece $a < 0$, si ha $y \leq 0$ e i punti della parabola diversi dal vertice sono nel semipiano dei punti con ordinata negativa (terzo e quarto quadrante). Inoltre, $f < 0$. Il fuoco si trova nel semiasse negativo delle y: la parabola *volge la concavità verso il basso*.

Per $a = 0$, l'equazione diventa $y = 0$, ossia quella dell'asse x. In questo caso diciamo che la parabola è *degenere*.

Concavità verso l'alto ($a > 0$)

Concavità verso il basso ($a < 0$)

Paragrafo 1. Parabola e sua equazione

Valore di *a* e apertura

- Disegniamo per punti, assegnando a *x* alcuni valori a piacere, le parabole di equazione: $y = \frac{1}{4}x^2$, $y = \frac{3}{4}x^2$, $y = 2x^2$.

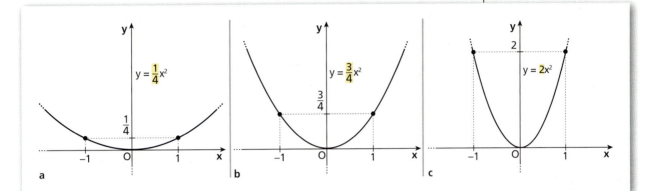

Notiamo che, per $a > 0$, all'aumentare di *a* diminuisce l'apertura della parabola. Se invece il coefficiente *a* è negativo, l'apertura della parabola diminuisce all'aumentare del valore assoluto di *a*.

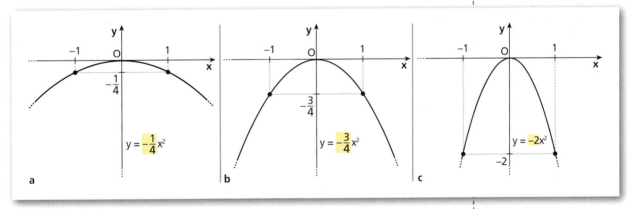

- Ciò che geometricamente influenza l'apertura della parabola è la reciproca distanza tra fuoco e direttrice (figura a lato). Al diminuire della distanza, diminuisce l'apertura. Dal punto di vista analitico questo può essere compreso considerando le coordinate del fuoco $F(0; f)$:

$$f = \frac{1}{4a} \to a = \frac{1}{4f}.$$

Al diminuire di *f* aumenta *a*, quindi diminuisce l'apertura.

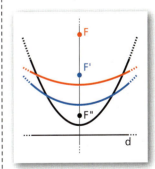

- Nei grafici precedenti, le parabole hanno equazioni con coefficienti opposti:

$$y = \frac{1}{4}x^2 \text{ e } y = -\frac{1}{4}x^2, \quad y = \frac{3}{4}x^2 \text{ e } y = -\frac{3}{4}x^2, \quad y = 2x^2 \text{ e } y = -2x^2.$$

Puoi notare che in parabole con vertice nell'origine e con *coefficiente opposto* i punti che hanno la stessa ascissa hanno ordinata opposta, quindi le due parabole sono *simmetriche rispetto all'asse x* e sono congruenti.

◼ **Animazione**

Nell'animazione, con una figura dinamica, facciamo variare l'apertura della parabola.

Capitolo 5. Parabola

■ Parabola con asse parallelo all'asse y

▶ Esercizi a p. 235

Equazione e vertice

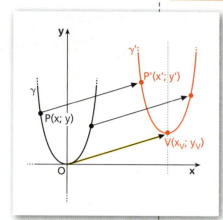

Data una qualsiasi parabola con asse parallelo all'asse y e di vertice noto, determiniamo la sua equazione.
La parabola γ' della figura si può ottenere mediante la traslazione dei punti della parabola γ con vertice nell'origine e a essa congruente.

In particolare, V è l'immagine di O, quindi la traslazione è associata al vettore $\overrightarrow{OV} = \vec{v}(x_V; y_V)$. Le equazioni della traslazione sono allora:

$$\begin{cases} x' = x + x_V \\ y' = y + y_V \end{cases}.$$

Nelle equazioni della traslazione ricaviamo x e y:

$$\begin{cases} x = x' - x_V \\ y = y' - y_V \end{cases}.$$

Sostituiamo nell'equazione $y = ax^2$ della parabola γ; otteniamo:

$$y' - y_V = a(x' - x_V)^2, \text{ con } a \neq 0,$$

ossia l'equazione che deve essere soddisfatta dalle coordinate dei punti di γ'.
Gli apici delle variabili x' e y' servono solo a distinguere tali punti da quelli di γ. Una volta determinata l'equazione, possiamo eliminarli e scrivere:

$$y - y_V = a(x - x_V)^2.$$ ──── equazione della parabola avente vertice $(x_V; y_V)$ e asse parallelo all'asse y

■ Animazione

Nell'animazione, con una figura dinamica, facciamo variare la parabola e la sua equazione quando cambiano x_V e y_V.

Ricaviamo y, svolgiamo i calcoli e ordiniamo:

$$y = ax^2 - 2ax_V x + ax_V^2 + y_V.$$

Ponendo $-2ax_V = b$ e $ax_V^2 + y_V = c$, l'equazione diventa:

$$y = ax^2 + bx + c.$$ ──── equazione della parabola con asse parallelo all'asse y

Dalle posizioni effettuate ricaviamo:

$$x_V = -\frac{b}{2a}.$$ ──── ascissa del vertice

$$y_V = c - ax_V^2 = c - a \cdot \frac{b^2}{4a^2} = \frac{4ac - b^2}{4a}; \text{ posto } \Delta = b^2 - 4ac:$$

$$y_V = -\frac{\Delta}{4a}.$$ ──── ordinata del vertice

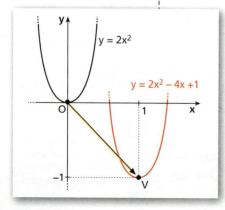

ESEMPIO

L'equazione della parabola, di vertice $V(1; -1)$, che si ottiene dalla traslazione della parabola di equazione $y = 2x^2$ è:

$$y - (-1) = 2(x-1)^2 \to y + 1 = 2x^2 - 4x + 2 \to y = 2x^2 - 4x + 1.$$

Verifichiamo le formule per ricavare le coordinate del vertice:

$$x_V = -\frac{-4}{4} = 1; \quad y_V = -\frac{16 - 8}{8} = -1.$$

Paragrafo 1. Parabola e sua equazione

Abbiamo dimostrato che una parabola, con l'asse parallelo all'asse y, ha sempre equazione del tipo $y = ax^2 + bx + c$.

Viceversa, un'equazione qualsiasi del tipo $y = ax^2 + bx + c$ rappresenta sempre una parabola; infatti, se consideriamo la parabola di equazione $y = ax^2$ e la traslamo del vettore $\vec{v}\left(-\dfrac{b}{2a}; -\dfrac{b^2 - 4ac}{4a}\right)$, otteniamo proprio l'equazione $y = ax^2 + bx + c$, che rappresenta quindi una parabola.

In generale, vale allora il seguente teorema.

> **TEOREMA**
>
> A ogni parabola con asse parallelo all'asse y corrisponde un'equazione del tipo
>
> $y = ax^2 + bx + c$, con $a \neq 0$,
>
> e viceversa.

▶ **Video**

Il moto parabolico

▶ Che traiettoria segue un oggetto quando lo lanciamo?

▶ Da cosa dipende?

Asse, fuoco e direttrice

L'asse della parabola è la retta passante per il vertice e parallela all'asse y, quindi:

$$x = -\frac{b}{2a}. \quad \text{equazione dell'asse}$$

L'ascissa del fuoco F è uguale a quella del vertice, quindi:

$$x_F = -\frac{b}{2a}. \quad \text{ascissa del fuoco}$$

Per determinare l'ordinata del fuoco sfruttiamo il fatto che F, nella traslazione di vettore $\vec{v}(x_V; y_V)$, è il corrispondente del fuoco della parabola di equazione $y = ax^2$ che ha ordinata $\dfrac{1}{4a}$, quindi:

$$y_F = \frac{1}{4a} + y_V = \frac{1}{4a} - \frac{\Delta}{4a};$$

$$y_F = \frac{1 - \Delta}{4a}. \quad \text{ordinata del fuoco}$$

Analogamente, per l'equazione della direttrice, tenendo conto che l'equazione della direttrice della parabola di equazione $y = ax^2$ è $y = -\dfrac{1}{4a}$, otteniamo:

$$y = -\frac{1}{4a} + y_V;$$

$$y = -\frac{1 + \Delta}{4a}. \quad \text{equazione della direttrice}$$

Poiché ogni parabola di equazione $y = ax^2 + bx + c$ è sovrapponibile con una traslazione e quindi congruente alla corrispondente parabola di equazione $y = ax^2$, anche per queste parabole la concavità dipende soltanto dal coefficiente a.

🇬🇧 **Listen to it**

If a parabola has vertical axis of symmetry, then $x = -\dfrac{b}{2a}$ is the equation of the axis of symmetry, $\left(-\dfrac{b}{2a}; \dfrac{1-\Delta}{4a}\right)$ are the coordinates of the focus and the directrix is in the form $y = -\dfrac{1+\Delta}{4a}$.

▶ **Video**

Mirascopio Il mirascopio permette di creare l'ologramma dell'oggetto che vi poniamo all'interno. Spieghiamo il suo funzionamento attraverso le proprietà della parabola.

Capitolo 5. Parabola

In sintesi

Equazione di una parabola con asse parallelo all'asse y:

$y = ax^2 + bx + c$, con $a \neq 0$.

Equazione dell'asse: $x = -\dfrac{b}{2a}$.

Vertice: $V\left(-\dfrac{b}{2a}; -\dfrac{\Delta}{4a}\right)$. **Fuoco:** $\left(-\dfrac{b}{2a}; \dfrac{1-\Delta}{4a}\right)$.

Equazione della direttrice: $y = -\dfrac{1+\Delta}{4a}$.

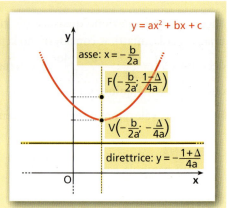

Dall'equazione $y = ax^2 + bx + c$ al grafico

▶ Esercizi a p. 236

ESEMPIO Animazione

Rappresentiamo nel piano cartesiano la parabola di equazione $y = \dfrac{1}{4}x^2 - x - 3$, il suo asse, il fuoco e la direttrice.

Sostituendo $x = 0$ nell'equazione, otteniamo: $y = -3$. Quindi l'*intersezione della parabola con l'asse y* è $A(0; -3)$. Se $y = 0$:

$$0 = \dfrac{1}{4}x^2 - x - 3 \rightarrow x_1 = -2, \ x_2 = 6.$$

Pertanto le *intersezioni con l'asse x* sono $B(-2; 0)$ e $B'(6; 0)$.
Il vertice è sull'asse di simmetria, quindi:

$$x_V = \dfrac{x_B + x_{B'}}{2} = \dfrac{-2+6}{2} = \dfrac{4}{2} = 2.$$

Sostituiamo l'ascissa del vertice nell'equazione:

$$y_V = \dfrac{1}{4} \cdot 2^2 - 2 - 3 = -4.$$

Il vertice è perciò $V(2; -4)$. In alternativa, per trovare le sue coordinate, possiamo utilizzare le formule: $x_V = -\dfrac{b}{2a}$, $y_V = -\dfrac{\Delta}{4a}$.
L'asse ha equazione $x = 2$.

Il fuoco F è sull'asse, quindi $x_F = 2$.

L'ordinata è $y_F = \dfrac{1-4}{4 \cdot \dfrac{1}{4}} = -3$.

Pertanto il fuoco è $F(2; -3)$.
La direttrice passa per il punto dell'asse simmetrico del fuoco rispetto al vertice, di conseguenza la sua equazione è: $y = -5$. Per ottenere un grafico più preciso, possiamo segnare altri punti. Per esempio: $A'(4; -3)$, $C(-4; 5)$, $C'(8; 5)$.

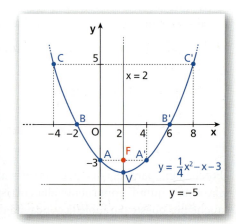

▶ Rappresenta nel piano cartesiano la parabola di equazione
$y = -2x^2 + x + 1$
e determina asse, fuoco e direttrice.

Paragrafo 1. Parabola e sua equazione

Casi particolari dell'equazione $y = ax^2 + bx + c$		
Caso esaminato	**Grafico**	**Esempio**
$b = 0$ e $c \neq 0$ L'equazione diventa: $y = ax^2 + c$. La parabola ha vertice $V(0; c)$ e il suo asse di simmetria è l'asse y.	$y = ax^2 + c$	$y = \frac{3}{4}x^2 + 2$
$c = 0$ e $b \neq 0$ L'equazione diventa: $y = ax^2 + bx$. La parabola ha vertice $V\left(-\dfrac{b}{2a}; -\dfrac{b^2}{4a}\right)$ e passa sempre per l'origine O. Infatti le coordinate $(0; 0)$ soddisfano l'equazione.	$y = ax^2 + bx$	$y = -2x^2 + 8x$
$b = 0$, $c = 0$ L'equazione diventa: $y = ax^2$. Ritroviamo la parabola già studiata con asse coincidente con l'asse y e vertice nell'origine.	$y = ax^2$	$y = 3x^2$

Parabola e funzioni

L'equazione $y = ax^2 + bx + c$ fa corrispondere a ogni x uno e *un solo* valore di y, quindi è una funzione, che chiamiamo **funzione quadratica**. Ogni parabola con equazione di questo tipo è pertanto il *grafico di una funzione*.

ESEMPIO

$y = \dfrac{1}{5}x^2 + \dfrac{6}{5}x + 1$ è l'equazione di una funzione quadratica. Il suo grafico è una parabola.

A ogni valore di x corrisponde un solo valore di y.

Gli zeri della funzione sono

$$\frac{1}{5}x^2 + \frac{6}{5}x + 1 = 0,$$

$$x^2 + 6x + 5 = 0,$$

$$x_1 = -5, \; x_2 = -1,$$

e sono le ascisse dei punti di intersezione della parabola con l'asse x.

MATEMATICA INTORNO A NOI

Distanza di sicurezza
Un'automobile che viaggia in autostrada si trova davanti un ostacolo improvviso. Mentre il conducente si accorge del pericolo, l'auto percorre quello che si chiama *spazio di reazione*. Poi c'è lo *spazio di frenata*.

▶ In quanto spazio si ferma un'automobile in corsa?

Capitolo 5. Parabola

2 Parabola con asse parallelo all'asse *x*

▶ Esercizi a p. 238

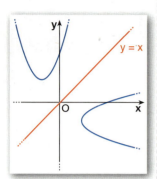

Animazione | Ogni parabola con asse parallelo all'asse *x* si può ottenere come corrispondente, nella simmetria assiale rispetto alla bisettrice del primo e terzo quadrante, di una parabola con asse parallelo all'asse *y*.
Per ricavare la sua equazione, all'equazione generale della parabola con asse parallelo all'asse *y*, $y = ax^2 + bx + c$, applichiamo le equazioni della simmetria:

$$\begin{cases} x' = y \\ y' = x \end{cases}.$$

Dobbiamo scambiare la variabile *x* con la variabile *y*, quindi otteniamo:

$x = ay^2 + by + c$. | equazione della parabola con asse parallelo all'asse *x*

ESEMPIO

Nella simmetria assiale rispetto alla retta di equazione $y = x$, alla parabola di equazione

$y = x^2 - 6x + 10$

corrisponde la parabola di equazione

$x = y^2 - 6y + 10$.

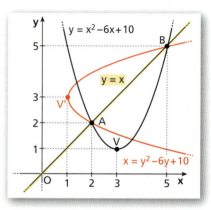

▶ Scrivi l'equazione della parabola che corrisponde a quella di equazione $y = x^2 + x + 2$ nella simmetria assiale rispetto alla retta $y = x$ e rappresenta graficamente le due parabole.

Anche per ottenere le altre caratteristiche della parabola (coordinate del vertice, equazione della direttrice, …) possiamo applicare le equazioni della simmetria alle formule per la parabola con asse parallelo all'asse *y*, scambiando la *x* con la *y*. Otteniamo i seguenti risultati.

Equazione di una parabola con asse parallelo all'asse *x*:

$x = ay^2 + by + c$, con $a \neq 0$.

Equazione dell'asse: $y = -\dfrac{b}{2a}$.

Vertice: $V\left(-\dfrac{\Delta}{4a}; -\dfrac{b}{2a}\right)$.

Fuoco: $F\left(\dfrac{1-\Delta}{4a}; -\dfrac{b}{2a}\right)$.

Equazione della direttrice:

$x = -\dfrac{1+\Delta}{4a}$.

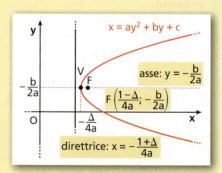

Paragrafo 2. Parabola con asse parallelo all'asse x

ESEMPIO Animazione

Disegniamo la parabola di equazione $x = 3y^2 - 4y - 4$.

Il vertice è $V\left(-\dfrac{16}{3}; \dfrac{2}{3}\right)$.

Determiniamo le coordinate di alcuni punti della parabola, mediante una tabella, attribuendo valori a y e ricavando i valori corrispondenti di x.

y	x		
$-\dfrac{2}{3}$	0	→	$\left(0; -\dfrac{2}{3}\right)$
0	-4	→	$(-4; 0)$
2	0	→	$(0; 2)$
-1	3	→	$(3; -1)$

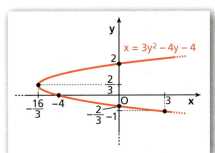

Il fuoco è $F\left(-\dfrac{21}{4}; \dfrac{2}{3}\right)$, l'equazione della direttrice è $x = -\dfrac{65}{12}$.

▶ Disegna la parabola di equazione $x = -2y^2 + y - 2$. Individua le coordinate del vertice e del fuoco e l'equazione della direttrice.

Concavità e segno di *a*

Mediante la simmetria possiamo anche comprendere che una parabola con asse parallelo all'asse x ha concavità rivolta verso la direzione positiva delle ascisse se $a > 0$, verso la direzione negativa se $a < 0$.

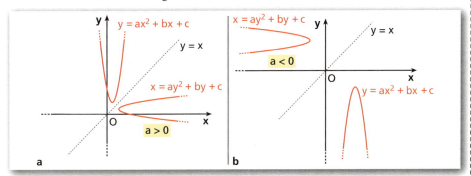

Parabola e funzioni

L'equazione $x = ay^2 + by + c$ *non* fa corrispondere a ogni x uno e un solo valore di y, quindi una parabola con asse parallelo all'asse x *non* è il grafico di una funzione da x a y.

Tuttavia è possibile considerare una parte del grafico della parabola in modo che rappresenti una funzione.

ESEMPIO

La parabola di equazione $x = y^2$ non è il grafico di una funzione, perché se ricaviamo y nell'equazione otteniamo:

$y = \pm\sqrt{x}$.

È, invece, una funzione

$y = \sqrt{x}$

con dominio $x \geq 0$ e codominio $y \geq 0$. Il suo grafico è il ramo della parabola che si trova nel primo quadrante.

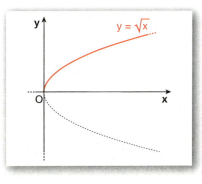

🇬🇧 **Listen to it**

The equation
$x = ay^2 + by + c$
does not describe a function because it associates two possible values of y to each value of x.

3 Rette e parabole

■ Posizione di una retta rispetto a una parabola

▶ Esercizi a p. 243

Una parabola e una retta possono essere secanti in due punti, essere tangenti in un punto, non intersecarsi in alcun punto oppure, se la retta è parallela all'asse della parabola, intersecarsi in un solo punto.

Considerando una parabola con asse parallelo all'asse y, i casi possibili sono quelli della figura.

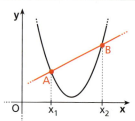

a. La retta è secante la parabola. I punti di intersezione sono due.

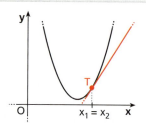

b. La retta è tangente alla parabola. Il punto di intersezione è unico e si chiama *punto di tangenza*.

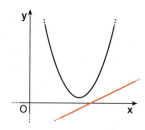

c. La retta è esterna alla parabola. Non vi sono punti di intersezione.

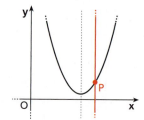

d. La retta è parallela all'asse della parabola: c'è un unico punto di intersezione.

Supponiamo che la retta non sia parallela all'asse y e che, dunque, la sua equazione possa essere scritta nella forma esplicita $y = mx + q$.

Mettiamo a sistema l'equazione della parabola e l'equazione della retta:

$$\begin{cases} y = ax^2 + bx + c \\ y = mx + q \end{cases} \rightarrow ax^2 + bx + c = mx + q.$$

Svolgendo i calcoli, otteniamo l'equazione di secondo grado

$$ax^2 + (b - m)x + c - q = 0,$$

le cui soluzioni sono le ascisse dei punti di intersezione della parabola con la retta.

Il numero di soluzioni dipende dal discriminante Δ, quindi:

- se $\Delta > 0$, la retta è **secante** la parabola in due punti;
- se $\Delta = 0$, la retta è **tangente** alla parabola in un punto;
- se $\Delta < 0$, la retta è **esterna** alla parabola.

Listen to it

If $\Delta > 0$, we have **two points of intersection** between the line and the parabola; if $\Delta = 0$, the line is **tangent** to the parabola; if $\Delta < 0$, the line does not intersect the parabola.

Paragrafo 3. Rette e parabole

ESEMPIO — Animazione

Determiniamo gli eventuali punti di intersezione della parabola di equazione

$$y = -\frac{1}{2}x^2 + 2x$$

con la retta di equazione $y = x - 4$.

Risolviamo il sistema:

$$\begin{cases} y = -\frac{1}{2}x^2 + 2x \\ y = x - 4 \end{cases} \rightarrow -\frac{1}{2}x^2 + 2x = x - 4 \rightarrow$$

$$x^2 - 2x - 8 = 0.$$

L'equazione $x^2 - 2x - 8 = 0$ ha due soluzioni reali distinte, $x_1 = -2$ e $x_2 = 4$, ascisse dei due punti di intersezione tra retta e parabola.
Troviamo le loro ordinate.

$$\begin{cases} x = -2 \\ y = x - 4 \end{cases} \lor \begin{cases} x = 4 \\ y = x - 4 \end{cases} \rightarrow \begin{cases} x = -2 \\ y = -6 \end{cases} \lor \begin{cases} x = 4 \\ y = 0 \end{cases}$$

La retta interseca la parabola nei punti $A(-2; -6)$ e $B(4; 0)$.

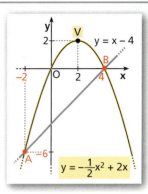

▶ Determina gli eventuali punti di intersezione della parabola di equazione $y = 2x^2 - 2x$ con la retta di equazione $y = -x + 3$.

$$\left[(-1; 4); \left(\frac{3}{2}; \frac{3}{2}\right)\right]$$

■ Rette tangenti a una parabola

▶ Esercizi a p. 246

Le rette passanti per un punto P e tangenti a una parabola possono essere due, una o nessuna, a seconda della posizione di P rispetto alla parabola.
Se per un punto P si possono tracciare due rette tangenti, si dice che P è **esterno** alla parabola; se la retta è una sola, P è **sulla** parabola; se da P non è possibile tracciare rette tangenti, allora P si dice **interno** alla parabola.

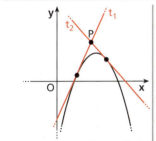
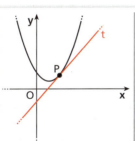
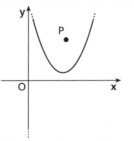

a. P **esterno** alla parabola: due rette tangenti.
b. P **sulla** parabola: una retta tangente.
c. P **interno** alla parabola: non esistono rette tangenti.

Per determinare le equazioni delle eventuali rette tangenti:

- scriviamo l'equazione del fascio di rette passanti per $P(x_0; y_0)$:

  $y - y_0 = m(x - x_0)$;

- scriviamo il sistema delle equazioni del fascio di rette e della parabola:

  $$\begin{cases} y - y_0 = m(x - x_0) \\ y = ax^2 + bx + c \end{cases};$$

- poniamo la condizione di tangenza, ossia poniamo uguale a 0 il discriminante dell'equazione risolvente, cioè $\Delta = 0$ (se una retta è tangente deve avere due intersezioni con la parabola coincidenti);

- risolviamo rispetto a m l'equazione ottenuta e sostituiamo nell'equazione del fascio gli eventuali valori trovati.

MATEMATICA E ARCHITETTURA

Archi di parabola
Dove è presente la parabola nell'architettura antica e moderna? Prepara una presentazione multimediale con foto e didascalie.

Cerca nel Web: architecture, arc, catenaria, ponti, Gaudí, Calatrava, Taq Kisra, Oscar Niemeyer

Capitolo 5. Parabola

ESEMPIO Animazione

Determiniamo le equazioni delle eventuali rette passanti per $P(1;-5)$ e tangenti alla parabola di equazione $y = x^2 - 2$.

Scriviamo l'equazione del fascio di rette passanti per P:

$$y + 5 = m(x - 1).$$

Scriviamo il sistema delle equazioni del fascio e della parabola, e determiniamo l'equazione risolvente:

$$\begin{cases} y + 5 = m(x-1) \\ y = x^2 - 2 \end{cases} \rightarrow x^2 - mx + m + 3 = 0.$$

Calcoliamo Δ:

$$\Delta = m^2 - 4m - 12.$$

Poniamo la condizione di tangenza $\Delta = 0$:

$$m^2 - 4m - 12 = 0 \rightarrow m_1 = -2, m_2 = 6.$$

Alle soluzioni $m_1 = -2$ e $m_2 = 6$ corrispondono le due rette tangenti:

$$t_1: \ y = -2x - 3, \qquad t_2: \ y = 6x - 11.$$

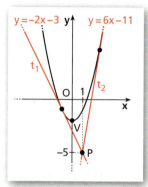

▶ Determina le equazioni delle eventuali rette passanti per $P(0;-2)$ e tangenti alla parabola di equazione $y = 6x^2 + 4$.
$[y = 12x - 2; \ y = -12x - 2]$

Caso particolare

Se la parabola non ha l'asse parallelo all'asse y, può succedere che una delle sue tangenti passanti per P sia parallela all'asse y, come nell'esempio della figura. In questo caso la tangente non ha equazione del tipo $y = mx + q$, ma del tipo $x = k$, quindi con la condizione $\Delta = 0$ non si può trovare il coefficiente angolare dell'equazione di tale retta.

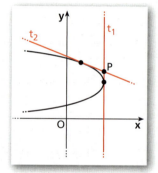

4 Determinare l'equazione di una parabola

▶ Esercizi a p. 247

Poiché nell'equazione della parabola $y = ax^2 + bx + c$ ci sono tre coefficienti a, b e c, per poterli determinare occorrono tre informazioni sulla parabola, dette *condizioni*. Queste permettono di scrivere un sistema di tre equazioni nelle tre incognite a, b, c.

Per esempio, le coordinate note di un punto della parabola corrispondono a *una* condizione, perché permettono di scrivere un'equazione in a, b e c. Le coordinate note del fuoco, invece, corrispondono a *due* condizioni, perché possiamo scrivere due equazioni, utilizzando le formule relative all'ascissa e all'ordinata.

Considerazioni analoghe valgono per la parabola di equazione $x = ay^2 + by + c$. Esaminiamo due esempi.

Paragrafo 4. Determinare l'equazione di una parabola

ESEMPIO

1. ☐ **Animazione** | Determiniamo l'equazione della parabola con asse parallelo all'asse y passante per il punto $P(-1; 2)$ e avente per fuoco il punto $F\left(-2; \dfrac{5}{4}\right)$.

   Nell'equazione generica $y = ax^2 + bx + c$ sostituiamo a x e a y le coordinate di P; utilizziamo poi le formule del fuoco e scriviamo il sistema.

   $$\begin{cases} 2 = a - b + c & \text{passaggio per } P(-1; 2) \\ -\dfrac{b}{2a} = -2 & x_F = -2 \\ \dfrac{1-\Delta}{4a} = \dfrac{5}{4} & y_F = \dfrac{5}{4} \end{cases}$$

   Risolvendo il sistema, otteniamo:

   $$\begin{cases} a = 1 \\ b = 4 \\ c = 5 \end{cases} \quad \text{e} \quad \begin{cases} a = -\dfrac{1}{4} \\ b = -1 \\ c = \dfrac{5}{4} \end{cases}$$

   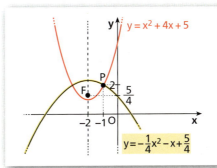

   Le parabole che soddisfano le condizioni richieste sono due:

   $y = x^2 + 4x + 5,$

   $y = -\dfrac{1}{4}x^2 - x + \dfrac{5}{4}.$

2. ☐ **Animazione** | Scriviamo l'equazione della parabola con asse parallelo all'asse y che passa per $P(-2; 0)$ e ha per tangente la retta di equazione $y = x + 4$ nel punto di intersezione con l'asse y.
   Considerata l'equazione generica $y = ax^2 + bx + c$, dalle informazioni del problema otteniamo tre equazioni nelle incognite a, b, c.

   - Passaggio per $P(-2; 0)$: $0 = 4a - 2b + c$.
   - Passaggio per il punto di tangenza $(0; 4)$: $4 = c$.
   - Condizione di tangenza:

   $$\begin{cases} y = ax^2 + bx + c \\ y = x + 4 \end{cases} \rightarrow ax^2 + (b-1)x + c - 4 = 0;$$

   $\Delta = (b-1)^2 - 4a(c-4) = 0.$

   Poniamo a sistema le tre equazioni e risolviamo.

   $$\begin{cases} 4a - 2b + c = 0 \\ c = 4 \\ (b-1)^2 - 4a(c-4) = 0 \end{cases} \rightarrow \begin{cases} 2a - b + 2 = 0 \\ c = 4 \\ (b-1)^2 = 0 \end{cases} \rightarrow \begin{cases} a = -\dfrac{1}{2} \\ c = 4 \\ b = 1 \end{cases}$$

   La parabola ha equazione $y = -\dfrac{1}{2}x^2 + x + 4$.

▶ Determina l'equazione della parabola con asse parallelo all'asse y che ha il fuoco nell'origine e passa per il punto $P(-1; 0)$.

$\left[y = \dfrac{1}{2}x^2 - \dfrac{1}{2};\right.$
$\left.y = -\dfrac{1}{2}x^2 + \dfrac{1}{2}\right]$

▶ Determina le equazioni della parabola:
a. passante per l'origine, per $A(-4; 0)$ e di vertice con ordinata -3;
b. con vertice nell'origine e passante per $B\left(-2; -\dfrac{4}{5}\right)$;
c. con vertice $V(0; 3)$ e passante per $P(2; 2)$.

☐ **Animazione**

▶ Trova a, b, c in modo che la parabola di equazione $y = ax^2 + bx + c$ abbia vertice in $V(1; 0)$ e sia tangente alla retta di equazione $y = 4x$.

$[y = -x^2 + 2x - 1]$

IN SINTESI
Parabola

■ Asse, vertice, fuoco, direttrice

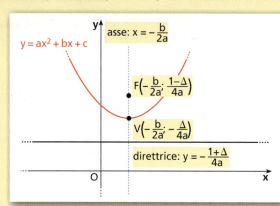
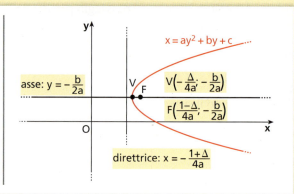

■ Posizione di una retta rispetto a una parabola

Posizione della retta di equazione $y = mx + q$ (non parallela all'asse y) rispetto alla parabola di equazione $y = ax^2 + bx + c$.

$$\begin{cases} y = ax^2 + bx + c \\ y = mx + q \end{cases} \rightarrow ax^2 + (b-m)x + c - q = 0 \rightarrow$$

- se $\Delta > 0$, retta **secante**;
- se $\Delta = 0$, retta **tangente**;
- se $\Delta < 0$, retta **esterna**.

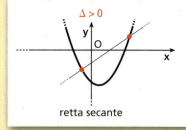
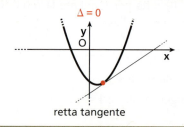
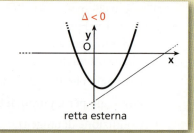

■ Rette tangenti

- Equazione del fascio di rette per $P(x_0; y_0)$: $y - y_0 = m(x - x_0)$.

- Sistema delle equazioni del fascio di rette e della parabola:
$$\begin{cases} y - y_0 = m(x - x_0) \\ y = ax^2 + bx + c \end{cases}.$$

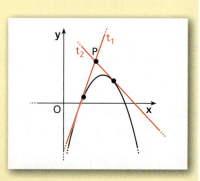

- Condizione di tangenza: $\Delta = 0$ nell'equazione risolvente; se l'equazione nell'incognita m ottenuta:
  - ha soluzioni $m_1 \neq m_2$, le tangenti sono due $\rightarrow$ P è **esterno** alla parabola, come nella figura;
  - ha soluzioni coincidenti $m_1 = m_2$, la tangente è una sola $\rightarrow$ P è **sulla** parabola;
  - non ha soluzioni, non esistono tangenti $\rightarrow$ P è **interno** alla parabola.

CAPITOLO 5
ESERCIZI

1 Parabola e sua equazione

Parabola con asse coincidente con l'asse y e vertice nell'origine
▶ Teoria a p. 218

Applicando la definizione determina l'equazione della parabola, dati il fuoco F e la direttrice d.

1 $F(0; 3)$ $d: y = -3$ **2** $F\left(0; \dfrac{1}{3}\right)$ $d: y = -\dfrac{1}{3}$ **3** $F(0; -4)$ $d: y = 4$

4 **ASSOCIA** il fuoco F alla corrispondente direttrice d, relativi a una parabola con asse $x = 0$ e vertice $V(0; 0)$.

a. $F(0; -5)$ b. $F(0; 1)$ c. $F(0; 5)$ d. $F(0; -2)$

1. $d: y = -5$ 2. $d: y = 5$ 3. $d: y = 2$ 4. $d: y = -1$

LEGGI IL GRAFICO Trova le equazioni delle seguenti parabole, utilizzando i dati delle figure.

5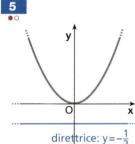
$\left[y = \dfrac{1}{2}x^2\right]$

6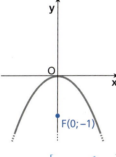
$\left[y = -\dfrac{1}{4}x^2\right]$

7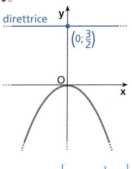
$\left[y = -\dfrac{1}{6}x^2\right]$

8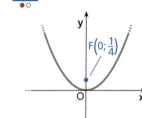
$[y = x^2]$

9 Determina l'equazione di una parabola che ha per asse l'asse y, il vertice nell'origine degli assi e il fuoco nel punto $F\left(0; \dfrac{5}{2}\right)$.
$\left[y = \dfrac{1}{10}x^2\right]$

10 Una parabola ha vertice nell'origine, asse coincidente con l'asse y e direttrice che passa per il punto $\left(0; \dfrac{7}{4}\right)$. Scrivi l'equazione della parabola e le coordinate del fuoco.
$\left[y = -\dfrac{1}{7}x^2;\ F\left(0; -\dfrac{7}{4}\right)\right]$

11 Una parabola di equazione $y = ax^2$ ha fuoco nel punto $F(0; 5)$. Quanto vale il coefficiente a?
$\left[\dfrac{1}{20}\right]$

12 Per quale valore di a la parabola di equazione $y = ax^2$ ha direttrice di equazione $y = \dfrac{1}{8}$?
$[-2]$

13 Nella parabola di equazione $y = ax^2$, trova il valore di a affinché il fuoco, che ha ordinata negativa, abbia distanza dalla direttrice uguale a $\dfrac{8}{3}$.
$\left[-\dfrac{3}{16}\right]$

Capitolo 5. Parabola

Dall'equazione $y = ax^2$ al grafico

▶ Teoria a p. 220

14 **ESERCIZIO GUIDA** Disegniamo la parabola di equazione $y = \dfrac{x^2}{4}$ e determiniamo le coordinate del fuoco e l'equazione della direttrice.

L'equazione $y = ax^2$ rappresenta una parabola con il vertice nell'origine degli assi e con l'asse di simmetria coincidente con l'asse y.

Costruiamo la tabella e disegniamo la parabola per punti.

Il fuoco ha ascissa nulla e ordinata

$$y_F = \frac{1}{4a} = \frac{1}{4 \cdot \frac{1}{4}} = 1 \rightarrow F(0; 1).$$

L'equazione della direttrice è

$$y = -\frac{1}{4a} \rightarrow y = -1.$$

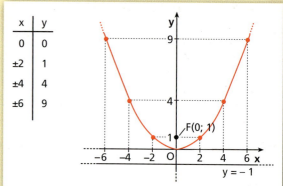

x	y
0	0
±2	1
±4	4
±6	9

TEST

15 La parabola di equazione $y = -2x^2$ ha fuoco di coordinate:

A $(0; 8)$.   B $\left(0; -\dfrac{1}{8}\right)$.   C $\left(0; -\dfrac{1}{2}\right)$.   D $(0; -8)$.   E $(0; 0)$.

16 La parabola di equazione $y = \dfrac{1}{3}x^2$ ha direttrice di equazione:

A $y = -\dfrac{1}{12}$.   B $y = -\dfrac{3}{4}x$.   C $y = \dfrac{4}{3}$.   D $y = -3$.   E $y = -\dfrac{3}{4}$.

Rappresenta la parabola di equazione assegnata e trova le coordinate del fuoco e l'equazione della direttrice.

17 $y = \dfrac{3}{2}x^2$

19 $y - 3x^2 = 0$

21 $4y + 3x^2 = 0$

18 $y = -4x^2$

20 $x^2 + 2y = 0$

22 $2x^2 = 5y$

23 Trova per quale valore di a la parabola di equazione $y = ax^2$ ha direttrice di equazione $y = -2$ e rappresentala graficamente. Stabilisci se i punti $A(-1; 8)$ e $B\left(2; \dfrac{1}{2}\right)$ appartengono alla parabola. $\left[\dfrac{1}{8}\right]$

24 Determina il valore di a affinché la parabola di equazione $y = ax^2$ passi per il punto $P(-2; 8)$ e rappresenta la parabola ottenuta. $[2]$

Concavità e apertura della parabola

▶ Teoria a p. 220

25 Stabilisci come è rivolta la concavità delle seguenti parabole e disegna il loro grafico:

a. $y = 4x^2$;   b. $y = 2x^2$;   c. $\dfrac{1}{3}y = 2x^2$;   d. $2y + 3x^2 = 0$.

26 Nell'equazione $y = ax^2$ determina per quale valore di a si ha una parabola con la concavità rivolta verso il basso e con il fuoco che ha distanza da $O(0; 0)$ uguale a $\dfrac{2}{3}$. $\left[-\dfrac{3}{8}\right]$

Paragrafo 1. Parabola e sua equazione

Per ogni coppia di parabole assegnata, stabilisci quale delle due parabole ha apertura minore e rappresenta graficamente le due parabole.

27 $y = \frac{3}{4}x^2$; $y = -\frac{4}{3}x^2$.   **28** $y = -3x^2$; $y = \frac{1}{3}x^2$.   **29** $y = 6x^2$; $y = 5x^2$.

---

30 VERO O FALSO? La parabola di equazione $y = -\frac{1}{5}x^2$:

a. ha concavità rivolta verso il basso. V F

b. ha fuoco di ordinata $\frac{5}{4}$. V F

c. passa per il punto $P\left(-1; -\frac{1}{5}\right)$. V F

d. ha apertura maggiore rispetto alla parabola di equazione $y = -\frac{1}{2}x^2$. V F

Parabola con asse parallelo all'asse y
▶ Teoria a p. 222

Determina l'equazione della parabola di cui sono assegnate le coordinate del fuoco e l'equazione della direttrice, applicando la definizione.

31 $F(-1; 2)$, $d: y = -1$. $\left[y = \frac{x^2}{6} + \frac{x}{3} + \frac{2}{3}\right]$ **33** $F(1; 3)$, $d: y = 1$. $\left[y = \frac{1}{4}x^2 - \frac{1}{2}x + \frac{9}{4}\right]$

32 $F(-2; -1)$, $d: y = -3$. $\left[y = \frac{1}{4}x^2 + x - 1\right]$ **34** $F(-2; -3)$, $d: y = -4$. $\left[y = \frac{1}{2}x^2 + 2x - \frac{3}{2}\right]$

35 ESERCIZIO GUIDA Determiniamo vertice, fuoco, asse e direttrice della parabola di equazione
$y = x^2 + 6x - 1$.

I coefficienti della parabola sono: $a = 1$; $b = 6$; $c = -1$. Calcoliamo il discriminante:

$\Delta = b^2 - 4ac = 6^2 - 4 \cdot 1 \cdot (-1) = 36 + 4 = 40$.

- Vertice V:

$x_V = -\frac{b}{2a} = -\frac{6}{2 \cdot 1} = -3$

$y_V = -\frac{\Delta}{4a} = -\frac{40}{4 \cdot 1} = -10$ → $V(-3; -10)$.

È possibile calcolare l'ordinata y_V del vertice anche sostituendo a x il valore -3 di x_V nell'equazione della parabola:

$y_V = (-3)^2 + 6 \cdot (-3) - 1 = -10$.

- Fuoco F:

$x_F = x_V = -3$

$y_F = \frac{1 - \Delta}{4a} = \frac{1 - 40}{4 \cdot 1} = -\frac{39}{4}$ →

$F\left(-3; -\frac{39}{4}\right)$

- Asse:
è l'insieme dei punti che hanno la stessa ascissa del vertice, quindi ha equazione:

$x = -3$.

- Direttrice:

$y = -\frac{1 + \Delta}{4a} = -\frac{1 + 40}{4 \cdot 1} = -\frac{41}{4}$.

Determina, per le seguenti parabole, vertice, fuoco, direttrice e asse di simmetria.

36 $y = x^2 - 1$ **39** $y = -x^2 - 2x + 3$ **42** $y = -x^2 + 6x$ **45** $3y = x^2 - 4x$

37 $y = -x^2 - 3x$ **40** $y = x^2 - 2x - 8$ **43** $y = x^2 - 4x + 4$ **46** $y = (x+3)^2$

38 $y = x^2 + 3x + 2$ **41** $y = -4x^2 + 4$ **44** $y = -\frac{1}{2}x^2 - \frac{1}{4}$ **47** $y = (x-1)(x+2)$

Capitolo 5. Parabola

48 **TEST** La direttrice di una parabola ha equazione $y = -5$. Se il vertice della parabola ha coordinate $(3; -1)$, quali sono le coordinate del suo fuoco?

A $F(3; -3)$ B $F(3; 0)$ C $F(3; 3)$ D $F(-3; -1)$ E La parabola non esiste.

Dall'equazione $y = ax^2 + bx + c$ al grafico

▶ Teoria a p. 224

49 **ESERCIZIO GUIDA** Disegniamo la parabola di equazione $y = x^2 + 3x + 2$.

- La concavità è rivolta verso l'alto poiché $a = 1 > 0$.
- Troviamo le coordinate del vertice.

$$x_V = -\frac{b}{2a} = -\frac{3}{2}$$

$$y_V = -\frac{\Delta}{4a} = -\frac{9-8}{4} = -\frac{1}{4}$$

$\rightarrow V\left(-\frac{3}{2}; -\frac{1}{4}\right)$

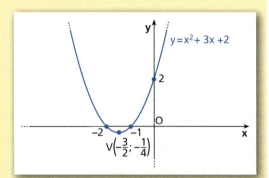

- Troviamo le intersezioni con gli assi.

$x = 0 \rightarrow y = 2 \rightarrow (0; 2)$

$y = 0 \rightarrow x^2 + 3x + 2 = 0 \rightarrow x = \frac{-3 \pm \sqrt{9-8}}{2} = \frac{-3 \pm 1}{2}$ $\begin{cases} x_1 = -1 \rightarrow (-1; 0) \\ x_2 = -2 \rightarrow (-2; 0) \end{cases}$

Disegna le parabole che hanno le seguenti equazioni.

50 $y = -x^2 + 3x + 4$ **56** $y = -x^2 + \frac{1}{4}x$ **62** $y = x(x-2)$

51 $y = -3x^2 + 3$ **57** $y = \frac{3}{2}x^2 - x$ **63** $y = 3x^2 - 2x + 1$

52 $y = x^2 - x$ **58** $2y = -x^2 + 1$ **64** $y = -\frac{1}{3}x^2 - 3$

53 $y = (x-1)^2$ **59** $-x^2 + y - 1 = 0$ **65** $y = x^2 + 2x + 3$

54 $y = 3x^2 + 6$ **60** $x^2 = y + 4$ **66** $y - x = 4x^2$

55 $y = 4 + x^2$ **61** $y = \frac{1}{2}x^2 - x + \frac{1}{2}$ **67** $y = -(x+2)(-x+5)$

TEST

68 Solo una delle seguenti equazioni rappresenta una parabola con vertice $V(2; -1)$ e passante per $A(1; 0)$. Quale?

A $y = x^2 - 4x$ C $y = -x^2 + 4x - 3$ E $y = -x^2 - 3$

B $y = \frac{1}{2}x^2 - 2x + \frac{3}{2}$ D $y = x^2 - 4x + 3$

69 La parabola rappresentata in figura ha equazione:

A $y = -(x+3)^2$.

B $y = -\frac{(x+3)^2}{9}$.

C $y = -(x-3)(x-1)$.

D $y = -\frac{(x-3)^2}{9}$.

E $y = -(x-3)^2$.

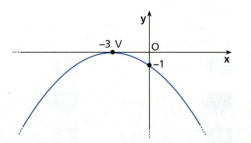

Paragrafo 1. Parabola e sua equazione

70 **ASSOCIA** ogni equazione al grafico corrispondente.

a. $y = \dfrac{1}{4}x^2 - x$ b. $y = x^2 - 6x + 9$ c. $y = -2x^2 + 8$ d. $y = -x^2 + 5x - 4$

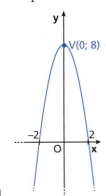
1

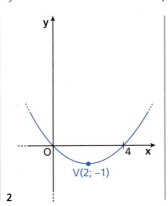
2

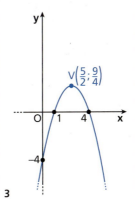
3

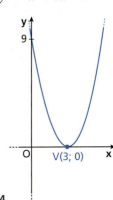
4

Coefficienti dell'equazione $y = ax^2 + bx + c$ e grafico

TEST

71 Ogni parabola di equazione $y = 3x^2 - k$, al variare di $k \in \mathbb{R}$:

- **A** passa per l'origine.
- **C** ha il vertice sull'asse x.
- **E** ha il vertice di ordinata k.
- **B** ha il fuoco sull'asse y.
- **D** ha il vertice di ascissa $\dfrac{k}{6}$.

72 Ogni parabola di equazione $y = ax^2 + x$, al variare di $a \in \mathbb{R}$, $a \neq 0$:

- **A** ha il vertice nell'origine.
- **C** ha asse coincidente con l'asse y.
- **E** non interseca l'asse x.
- **B** passa per l'origine.
- **D** ha il vertice sull'asse x.

73 **YOU & MATHS** Given that the vertex of the parabola $y = x^2 + 8x + k$ is on the x-axis, what is the value of k?

A 0   **B** 4   **C** 8   **D** 16   **E** 24

(USA *University of South Carolina: High School Math Contest*, 2001)

74 **VERO O FALSO?** La parabola di equazione $y = ax^2 - ax + a + 1$:

a. ha per asse di simmetria la retta $x = \dfrac{1}{2}$.   V F

b. ha il fuoco sull'asse x se $a = -\dfrac{8}{3}$.   V F

c. passa per l'origine se $a = -1$.   V F

d. interseca l'asse x solo per $-\dfrac{4}{3} \leq a \leq 0$.   V F

75 **EUREKA!** Per quanti valori del parametro c la parabola di equazione $y = x^2 - 8cx + c^4$ ha il vertice che giace su uno (almeno) degli assi coordinati?

A Nessuno.   **B** Uno.   **C** Due.   **D** Tre.   **E** Infiniti.

(*Giochi di Archimede*, 1995)

76 **FAI UN ESEMPIO** Scrivi l'equazione di una parabola con asse parallelo all'asse y tale che:

a. l'ascissa del vertice sia positiva;

b. abbia concavità rivolta verso il basso e passi per l'origine.

Capitolo 5. Parabola

77 **LEGGI IL GRAFICO** Indica il segno di a, b, c nell'equazione $y = ax^2 + bx + c$ per ciascuna delle parabole rappresentate.

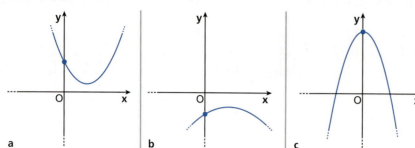
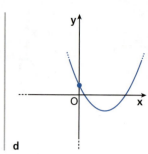

a   b   c   d

78 Disegna una parabola di equazione $y = ax^2 + bx + c$ con:
a. $a > 0, b = 0, c < 0$;
b. $a < 0, b < 0, c = 0$;
c. $a > 0, b < 0, c < 0$.

79 Determina per quali valori di k l'equazione $y = (1 - k)x^2 + kx - 2$:
a. rappresenta una parabola con la concavità rivolta verso l'alto;
b. rappresenta una parabola con vertice di ascissa negativa. $\qquad$ [a) $k < 1$; b) $0 < k < 1$]

80 Determina per quali valori di a la parabola di equazione $y = 3x^2 + ax - a + 2$:
a. passa per l'origine;
b. interseca l'asse y in un punto di ordinata positiva. $\qquad$ [a) 2; b) $a < 2$]

81 **VERO O FALSO?** Per ognuna delle seguenti proposizioni indica se è vera o falsa e motiva la risposta.
a. La parabola di equazione $y = m(x - a)^2$ ha vertice in $(a; 0)$. $\qquad$ V F
b. Due parabole con lo stesso fuoco hanno la stessa equazione. $\qquad$ V F
c. Due parabole del tipo $y = ax^2 + bx + c$ con lo stesso asse di simmetria differiscono solo nel termine noto. $\qquad$ V F
d. Tre parabole con i vertici allineati hanno lo stesso asse di simmetria. $\qquad$ V F

2 Parabola con asse parallelo all'asse x
▶ Teoria a p. 226

82 Scrivi l'equazione della parabola luogo dei punti equidistanti da $F(-1; -1)$ e dalla retta di equazione $x = -\dfrac{3}{2}$.
$$\left[x = y^2 + 2y - \dfrac{1}{4}\right]$$

83 Una parabola ha il vertice nell'origine degli assi e asse di simmetria di equazione $y = 0$. La direttrice passa per il punto $A(-1; 5)$. Scrivi l'equazione della parabola. $\qquad \left[x = \dfrac{1}{4}y^2\right]$

84 Disegna in uno stesso piano cartesiano le parabole di equazione $x = ay^2$, con $a = \dfrac{1}{2}$, $a = -\dfrac{1}{2}$, $a = 2$, $a = -2$. Determina fuoco e direttrice di ciascuna e confrontali al variare di a.

85 Determina per quali valori di a l'equazione $x = \dfrac{a+1}{a}y^2$ rappresenta:
a. una parabola;
b. una parabola con fuoco $F(3; 0)$. $\qquad \left[\text{a) } a \neq 0 \wedge a \neq -1; \text{ b) } -\dfrac{12}{11}\right]$

86 **YOU & MATHS** Find the equation of the directrix for the parabola defined by $y^2 = 8x$.
[A] $y = -2$. [B] $y = 2$. [C] $x = -2$. [D] $x = 2$. [E] $y = -8$.

(USA *University of Wyoming*, Practice Test)

Paragrafo 2. Parabola con asse parallelo all'asse x

LEGGI IL GRAFICO Trova le equazioni delle seguenti parabole, utilizzando i dati delle figure.

87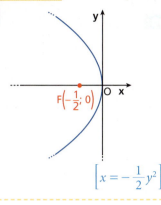

88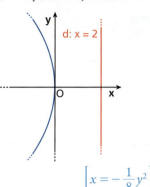

89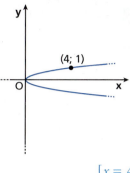

$\left[x = -\dfrac{1}{2} y^2\right]$

$\left[x = -\dfrac{1}{8} y^2\right]$

$[x = 4y^2]$

90 **REALTÀ E MODELLI** **Fari nel buio** La figura rappresenta, in modo semplificato, la sezione di un faro di automobile: la superficie riflettente ha la forma di una parabola nel cui fuoco F si trova il filamento della lampadina. I raggi emessi dal punto F vengono riflessi in direzione parallela all'asse di simmetria della parabola. Utilizzando le misure indicate:

a. determina l'equazione della parabola nel riferimento Oxy;
b. ricava la distanza FO.

$\left[\text{a) } x = -\dfrac{1}{48} y^2;\ \text{b) } FO = 12 \text{ cm}\right]$

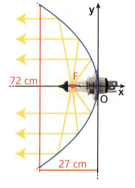

91 **ESERCIZIO GUIDA** Determiniamo vertice, asse, fuoco e direttrice della parabola di equazione $x = -y^2 + 6y - 5$ e tracciamo il suo grafico.

I coefficienti sono:
$$a = -1,\ b = 6,\ c = -5.$$
Poiché $a < 0$, la concavità è verso sinistra.
Calcoliamo il discriminante:
$$\Delta = b^2 - 4ac = 36 - 20 = 16.$$

• Vertice:
$$x_V = -\frac{\Delta}{4a} = -\frac{16}{-4} = 4$$
$$y_V = -\frac{b}{2a} = -\left(-\frac{6}{2}\right) = 3$$
$\rightarrow V(4; 3).$

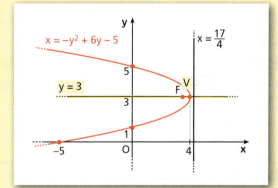

• Asse: $y = 3$.
• Fuoco:
$$x_F = \frac{1 - \Delta}{4a} = \frac{1 - 16}{-4} = \frac{15}{4} \rightarrow F\left(\frac{15}{4}; 3\right).$$
$$y_F = y_V = 3$$

• Direttrice:
$$x = -\frac{1 + \Delta}{4a} = -\frac{1 + 16}{-4} = \frac{17}{4}.$$

• Intersezioni con gli assi.
$$y = 0 \rightarrow x = -5 \rightarrow (-5; 0);$$
$$x = 0 \rightarrow -y^2 + 6y - 5 = 0 \rightarrow y = \frac{-3 \pm \sqrt{9 - 5}}{-1} = 3 \pm 2 \begin{cases} y_1 = 1 \rightarrow (0; 1), \\ y_2 = 5 \rightarrow (0; 5). \end{cases}$$

Capitolo 5. Parabola

Determina vertice, asse, fuoco e direttrice delle seguenti parabole e traccia il loro grafico.

92 $x = y^2 - 2y + 3$

94 $x = -2y^2 + 3y$

96 $x - y^2 + 2y + 8 = 0$

93 $x = -\frac{1}{2}y^2 - 2y + \frac{1}{2}$

95 $x = \frac{1}{4}y^2 + y$

97 $x = (y - 3)^2$

Disegna i grafici delle seguenti parabole dopo aver determinato vertice e intersezioni con gli assi.

98 $x = y^2 + y$

102 $x = \frac{1}{4}y^2 + 1$

106 $x = \frac{1}{2}y^2 - 8y$

99 $x = -y^2 - 8$

103 $x + y^2 - 2 = 0$

107 $x = 4y^2 + 12y + 9$

100 $x = -2y^2 + \frac{1}{2}y$

104 $y^2 - x + 2y + 1 = 0$

108 $y^2 - 6y + x = 0$

101 $x = -y^2 - 4y - 4$

105 $x = y^2 - 9$

109 $y^2 - x - 3y + 2 = 0$

---

110 **VERO O FALSO?**

a. L'equazione $2x - (y - 1)(y + 2) = 0$ rappresenta una parabola con concavità verso destra. V F

b. La parabola di equazione $x = 3y^2 - 4y - 1$ passa per il punto $P(2; 3)$. V F

c. La parabola di equazione $x = ay^2 + 1$ ha vertice in $(1; 0)$ per ogni $a \neq 0$. V F

d. Il punto $P(2; -2)$ è il fuoco della parabola di equazione $x = y^2 + 4y + 6$. V F

111 **TEST** L'equazione $x = -y^2 + 4y + c$ rappresenta una parabola con il fuoco di coordinate:

A $(0; 2)$. B $(2; c + 4)$. C $(c + 4; 2)$. D $(c + 5; 2)$. E $\left(\frac{15}{4} + c; 2\right)$.

112 **FAI UN ESEMPIO** Scrivi l'equazione di una parabola con l'asse parallelo all'asse x tale che:

a. abbia concavità rivolta verso destra e passi per l'origine;

b. intersechi l'asse x in un punto di ascissa positiva e abbia il vertice di ordinata negativa.

Parabola e funzioni

Grafici di funzioni definite a tratti

Disegna il grafico delle seguenti funzioni.

113 $y = \begin{cases} x^2 + 6x & \text{se } x < 0 \\ x^2 - 4x + 4 & \text{se } x \geq 0 \end{cases}$

116 $y = \begin{cases} 1 - x^2 & \text{se } x \leq 1 \\ x - 2 & \text{se } x > 1 \end{cases}$

114 $y = \begin{cases} x^2 + 4x & \text{se } x \leq 0 \\ 2x - 1 & \text{se } x > 0 \end{cases}$

117 $y = \begin{cases} -2 & \text{se } x < 1 \\ x^2 - 2x - 3 & \text{se } x \geq 1 \end{cases}$

115 $y = \begin{cases} x^2 - 2x & \text{se } x \leq 0 \\ 4x & \text{se } x > 0 \end{cases}$

118 $y = \begin{cases} x + 3 & \text{se } x < -1 \\ 2x^2 - x - 1 & \text{se } x \geq -1 \end{cases}$

119 **ESERCIZIO GUIDA** Rappresentiamo graficamente la funzione $y = x^2 - 3x - |x - 1| + 1$.

Poiché $|x - 1| = \begin{cases} x - 1 & \text{se } x - 1 \geq 0 \\ -(x - 1) & \text{se } x - 1 < 0 \end{cases}$, la funzione data è la seguente:

$$y = \begin{cases} x^2 - 4x + 2 & \text{se } x \geq 1 \\ x^2 - 2x & \text{se } x < 1 \end{cases}.$$

Le equazioni $y = x^2 - 4x + 2$ e $y = x^2 - 2x$ sono le equazioni di due parabole rispettivamente di vertici $V_1(2; -2)$ e $V_2(1; -1)$.

Consideriamo la prima equazione e disegniamo solo l'arco di parabola contenuto nel semipiano con $x \geq 1$.

Consideriamo la seconda equazione e disegniamo solo l'arco di parabola contenuto nel semipiano delle $x < 1$.

Il grafico della funzione è rappresentato dalla linea continua.

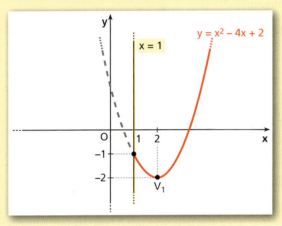
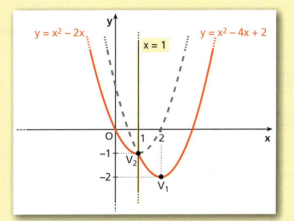

Rappresenta graficamente le seguenti funzioni.

120 $y = -2x|x|$

121 $y = x^2 - 4|x|$

122 $y = -x^2 + |x|$

123 $y = x^2 - 2|x|$

124 $y = x^2 - x - |x - 1|$

125 $y = |x - 2| \cdot x + 3$

126 $y = x^2 - |x^2 - 1|$

127 $|x| + 2x^2 - y = 0$

128 $y = -x|x| - 3x$

Grafici di particolari funzioni irrazionali

129 **ESERCIZIO GUIDA** Dopo averne determinato il dominio, rappresentiamo graficamente la funzione:
$y = 1 + \sqrt{x + 1}$.

• Determiniamo il dominio ponendo il radicando maggiore o uguale a 0.
$$x + 1 \geq 0 \rightarrow x \geq -1 \rightarrow D = \{x \in \mathbb{R} | x \geq -1\}$$

• Isoliamo la radice:
$$y - 1 = \sqrt{x + 1}.$$

Questa equazione è equivalente a:
$$\begin{cases} y - 1 \geq 0 \\ (y - 1)^2 = x + 1 \end{cases} \rightarrow \begin{cases} y \geq 1 \\ y^2 - 2y + 1 = x + 1 \end{cases} \rightarrow \begin{cases} y \geq 1 \\ x = y^2 - 2y \end{cases}.$$

Capitolo 5. Parabola

Tracciamo la retta $y = 1$ ed eliminiamo tutti i punti che hanno ordinata minore di 1.
L'equazione $x = y^2 - 2y$ è l'equazione di una parabola con l'asse di simmetria parallelo all'asse x e con vertice $V(-1; 1)$. Tracciamo il ramo di parabola contenuto nella parte di piano che non abbiamo oscurato.

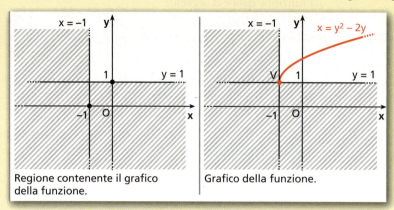

Regione contenente il grafico della funzione. | Grafico della funzione.

Traccia i grafici delle seguenti funzioni.

130 $y = \sqrt{x-9}$ **132** $y = -2\sqrt{x}$ **134** $y = -\sqrt{x-2}$

131 $y = 2 + \sqrt{x+2}$ **133** $y = 1 - \sqrt{x}$ **135** $y = 3 - \sqrt{2x+3}$

Parabola e trasformazioni geometriche

136 **ESERCIZIO GUIDA** Data la parabola di equazione $y = x^2 + 2x + 3$, determiniamo l'equazione della parabola traslata secondo il vettore $\vec{v}(-1; 2)$.

La parabola data ha vertice $V(-1; 2)$. Le equazioni di una traslazione di vettore $\vec{v}(a; b)$ sono:

$$\begin{cases} x' = x + a \\ y' = y + b \end{cases} \xrightarrow{\vec{v}(-1;2)} \begin{cases} x' = x - 1 \\ y' = y + 2 \end{cases} \xrightarrow{\text{ricaviamo } x \text{ e } y} \begin{cases} x = x' + 1 \\ y = y' - 2 \end{cases}.$$

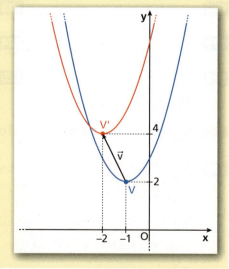

Sostituiamo nell'equazione della parabola data:

$$y' - 2 = (x'+1)^2 + 2(x'+1) + 3 \rightarrow y' = x'^2 + 4x' + 8.$$

La parabola cercata ha equazione $y = x^2 + 4x + 8$ e vertice $V'(-2; 4)$, cioè il traslato di V secondo il vettore $\vec{v}(-1; 2)$.

Per ognuna delle seguenti parabole scrivi l'equazione della parabola corrispondente nella trasformazione indicata a fianco e rappresenta le due parabole.

137 $y = -x^2$,   traslazione di vettore $\vec{v}(2; 3)$.

138 $y = 3x^2 - 1$,   traslazione di vettore $\vec{v}(1; -3)$.

139 $y = -x^2 + 4x + 1$, simmetria rispetto alla retta di equazione $y = 1$.

140 $y = 2x^2 - 4x + 2$, simmetria rispetto alla retta di equazione $y = 3$.

141 $y = x^2 - 6x + 1$, simmetria rispetto alla retta di equazione $x = 2$.

142 $y = 4x^2 - x$, simmetria rispetto alla bisettrice del primo e terzo quadrante.

143 $y = x^2 + 2$, simmetria rispetto alla bisettrice del secondo e quarto quadrante.

144 $y = x^2 + 2x + 3$, simmetria di centro O.

145 $y = -x^2 + x + 1$, simmetria di centro O.

146 Determina le componenti a e b del vettore $\vec{v}(a; b)$ corrispondente a una traslazione che trasforma la parabola di equazione $y = x^2 + 2$ nella parabola di equazione $y = x^2 - 4x + 3$. $\quad [a = 2; b = -3]$

147 **TEST** La parabola di equazione $y = \frac{1}{2}x^2 + x - 3$ è la simmetrica della parabola di equazione $y = -\frac{1}{2}x^2 - x + 1$ rispetto alla retta di equazione:

A $y = -2$. **B** $y = 2$. **C** $y = 1$. **D** $y = -1$. **E** $y = 0$.

148 La parabola di equazione $y = 2x^2 - 3$ non può essere la traslata della parabola di equazione $y = 4x^2 + x - 1$ secondo alcun vettore $\vec{v}$. Perché?

149 Le parabole di equazioni $y = 2x^2 - x + 3$ e $y = 2x^2 - 5x + 9$ si corrispondono in una traslazione di vettore $\vec{v}$. Determina le componenti del vettore $\vec{v}$. $\quad [\vec{v}(1; 3) \text{ oppure } \vec{v}(-1; -3)]$

150 Una traslazione di vettore $\vec{v}$ trasforma la parabola di equazione $y = -x^2 - x + 1$ in una parabola di vertice $V\left(\frac{3}{2}; \frac{1}{4}\right)$. Determina $\vec{v}$, l'equazione della parabola traslata e disegna le due parabole.
$\quad [\vec{v}(2; -1); y = -x^2 + 3x - 2]$

TUTOR matematica Allenati con **15 esercizi interattivi** con feedback "hai sbagliato, perché…"
☐ **su.zanichelli.it/tutor3** risorsa riservata a chi ha acquistato l'edizione con tutor

3 Rette e parabole

Posizione di una retta rispetto a una parabola ▶ Teoria a p. 228

151 **ESERCIZIO GUIDA** Determiniamo, se ci sono, le intersezioni tra la parabola di equazione $y = x^2 + 4x - 1$ e le rette r e s rispettivamente di equazioni $y = 3x + 1$ e $y = -2x - 10$, e disegniamo il grafico.

Risolviamo i seguenti sistemi per ottenere le intersezioni rispettivamente con r e con s.

• $\begin{cases} y = 3x + 1 \\ y = x^2 + 4x - 1 \end{cases}$

Per confronto, otteniamo:

$x^2 + 4x - 1 = 3x + 1 \rightarrow x^2 + x - 2 = 0; \quad \Delta = 1 + 8 = 9 > 0 \rightarrow r$ è secante.

$x = \dfrac{-1 \pm 3}{2} \begin{cases} x_1 = 1 \rightarrow y_1 = 4 \\ x_2 = -2 \rightarrow y_2 = -5 \end{cases}$

Capitolo 5. Parabola

I punti di intersezione sono $A(1; 4)$ e $B(-2; -5)$.

- $\begin{cases} y = -2x - 10 \\ y = x^2 + 4x - 1 \end{cases}$

Per confronto, otteniamo:

$x^2 + 4x - 1 = -2x - 10 \rightarrow x^2 + 6x + 9 = 0;$

$\Delta = 9 - 9 = 0 \rightarrow s$ è tangente.

$x = -3 \rightarrow y = -4$

Il punto di tangenza è $T(-3; -4)$.

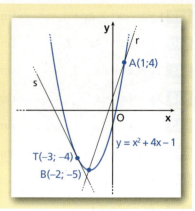

Determina, se esistono, i punti di intersezione tra la retta e la parabola di cui sono date le equazioni e disegna il grafico corrispondente.

152 $y = -x,\qquad y = x^2 - x - 1.$

153 $y = 2x + 5,\qquad y = x^2 + 2x + 5.$

154 $y = -8,\qquad y = x^2 + 8.$

155 $y = x + 4,\qquad x = y^2 + 2y + 4.$

156 $x = 2,\qquad x = -2y^2 - 3y + 1.$

157 $y = 5x + 2,\qquad y = 3x^2 - 4x + 2.$

158 $x = -4y + 4,\qquad x = y^2 - 6y + 5.$

---

159 Determina per quali valori di m la retta e la parabola rispettivamente di equazioni $y = mx - m$ e $y = 2x^2 + x - 5$ hanno dei punti in comune. $[\forall m \in \mathbb{R}]$

160 Disegna la parabola di equazione $y = -x^2 + 2x$ e determina il coefficiente angolare m delle rette passanti per $C\left(\frac{3}{2}; 3\right)$ che hanno almeno un punto in comune con la parabola. $[m \leq -4 \lor m \geq 2]$

161 Determina le coordinate del punto di intersezione della parabola $y = 2x^2 + 4x - 2$ con la retta parallela all'asse della parabola passante per il punto $P(-2; 6)$. $[(-2; -2)]$

162 Calcola l'area del triangolo ABV, dove V è il vertice della parabola di equazione $y = -x^2 - 2x + 6$ e A e B sono le intersezioni della parabola con la retta di equazione $y = -2$. $[24]$

163 Date la parabola $y = x^2 - 2x + 7$ e la retta r di equazione $y = 2x - 1$, determina l'equazione della retta parallela a r passante per il vertice della parabola e calcola le coordinate dei punti di intersezione di tale retta con la parabola. $[y = 2x + 4; (1; 6); (3; 10)]$

164 Determina i punti di intersezione A e B della parabola di equazione $y = x^2 - 4x$ con la retta di equazione $y = x - 4$ e calcola la misura di AB. $[A(4; 0), B(1; -3); \overline{AB} = 3\sqrt{2}]$

165 Verifica che la parabola $y = 2x^2 + 4x + 2$ è tangente all'asse x e scrivi le coordinate del punto di tangenza. $[T(-1; 0)]$

166 Dopo aver verificato che la retta di equazione $y = -6x - 1$ è tangente in un punto A alla parabola di equazione $y = x^2 - 4x$, determina l'area del triangolo AVF, dove V e F sono rispettivamente il vertice e il fuoco della parabola. $\left[A(-1; 5); \dfrac{3}{8}\right]$

167 Calcola l'area del triangolo ABV illustrato in figura, dove V è il vertice della parabola. $[3]$

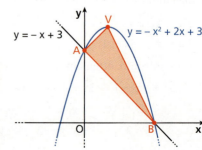

Paragrafo 3. Rette e parabole

Risoluzione grafica di equazioni e disequazioni

168 **ESERCIZIO GUIDA** Risolviamo graficamente la disequazione irrazionale $\sqrt{x+1} - 1 \geq x - 2$.

- Isoliamo la radice a sinistra del segno di disuguaglianza: $\sqrt{x+1} \geq x - 1$.
- Poniamo ciascuno dei due membri uguale a y, ottenendo le funzioni $y = \sqrt{x+1}$ e $y = x - 1$.
- Disegniamo il grafico di $y = \sqrt{x+1}$; il suo dominio è: $x + 1 \geq 0 \to x \geq -1$.

  L'equazione $y = \sqrt{x+1}$ equivale al sistema $\begin{cases} y \geq 0 \\ y^2 = x + 1 \end{cases} \to \begin{cases} y \geq 0 \\ x = y^2 - 1 \end{cases}$.

  L'equazione $x = y^2 - 1$ descrive una parabola con asse parallelo all'asse x e vertice in $V(-1; 0)$. La condizione $y \geq 0$ ci impone di considerare solo i punti di ordinata positiva o nulla e per il dominio escludiamo anche i punti con $x < -1$.

- Disegniamo il grafico di $y = x - 1$, che corrisponde a una retta. La retta e l'arco di parabola si intersecano nel punto $(3; 2)$.

- Nel grafico evidenziamo i valori di x per cui i punti della parabola hanno ordinata maggiore o uguale a quella dei punti sulla retta; questi valori corrispondono alle soluzioni della disequazione $\sqrt{x+1} - 1 \geq x - 2$ e, come si vede dalla figura, corrispondono all'insieme $S = \{x \in \mathbb{R} \mid -1 \leq x \leq 3\}$.

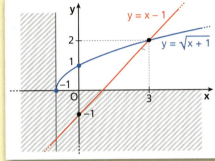

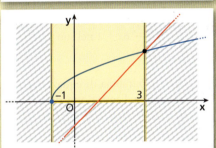

Osservazione. Per risolvere graficamente un'**equazione**, per esempio $\sqrt{x+1} - 1 = x - 2$, procediamo nello stesso modo, ma terminiamo la risoluzione determinando le ascisse dei punti di intersezione tra i due grafici.

Risolvi graficamente le seguenti equazioni.

169 $\sqrt{x+1} = x + 1$ $[-1; 0]$

170 $|x^2 + 3x| = x$ $[0]$

171 $|1 - x^2| = 2x + 2$ $[-1; 3]$

172 $\sqrt{4x - 1} = 2x + \dfrac{1}{2}$ [impossibile]

173 $3\sqrt{-x} + x = 2$ $[-4; -1]$

174 $\sqrt{x - 2} = 1 - \dfrac{1}{2}x$ $[2]$

175 $x - \sqrt{x+4} = 2$ $[5]$

176 $3 - \sqrt{x - 1} = |x - 4|$ $[1; 2; 5]$

177 $2 - \sqrt{x} = x - 4$ $[4]$

178 $\sqrt{x} = |x - 6|$ $[4; 9]$

Risolvi graficamente le seguenti disequazioni.

179 $\sqrt{2x + 2} \geq \dfrac{6}{7}x$ $\left[-1 \leq x \leq \dfrac{7}{2}\right]$

180 $\sqrt{-3x - 6} \leq 2x + 13$ $[-5 \leq x \leq -2]$

181 $-\sqrt{x} + 3 \leq -x + 1$ [impossibile]

182 $\sqrt{4x - 8} \leq 11 - 3x$ $[2 \leq x \leq 3]$

183 $\sqrt{x + 2} \leq 2x + 3$ $[x \geq -1]$

184 $\sqrt{x} < x$ $[x > 1]$

185 $|4x - x^2| > 4x$ $[x < 0 \vee x > 8]$

186 $\sqrt{x + 1} + 5 > -x + \dfrac{7}{2}$ $[x \geq -1]$

187 $-\sqrt{2x} + \dfrac{5}{2} > -\dfrac{2}{3}x$ $[x \geq 0]$

188 $-3 + \sqrt{x} \geq -|x - 3|$ $[0 \leq x \leq 1 \vee x \geq 4]$

189 $|x^2 - 6x| \leq 6 - x$ $[-1 \leq x \leq 1 \vee x = 6]$

190 $\sqrt{x + 4} \leq |x - 2|$ $[-4 \leq x \leq 0 \vee x \geq 5]$

Rette tangenti a una parabola

▶ Teoria a p. 229

191 **ESERCIZIO GUIDA** Data la parabola di equazione $y = -x^2 + 4x + 1$, determiniamo le equazioni delle rette passanti per il punto $P(0; 2)$ tangenti alla parabola.

- Scriviamo l'equazione della retta generica passante per P:
  $$y - 2 = m(x - 0) \rightarrow y = mx + 2.$$

- Mettiamo a sistema l'equazione della retta con quella della parabola.
  $$\begin{cases} y = mx + 2 \\ y = -x^2 + 4x + 1 \end{cases} \rightarrow -x^2 + 4x + 1 = mx + 2 \rightarrow x^2 + (m-4)x + 1 = 0$$
  $$\Delta = m^2 + 16 - 8m - 4 = m^2 - 8m + 12$$

- Poniamo $\Delta = 0$ (condizione di tangenza):
  $$m^2 - 8m + 12 = 0 \rightarrow m = 4 \pm \sqrt{4} = 4 \pm 2 \begin{cases} m_1 = 6, \\ m_2 = 2. \end{cases}$$

Le rette tangenti passanti per P sono due e hanno equazioni $y = 6x + 2$ e $y = 2x + 2$.

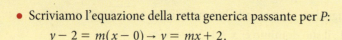

192 Trova l'equazione della retta tangente alla parabola $y = 2x^2 - 6x + 1$ nel suo punto $A(1; -3)$.
$[y = -2x - 1]$

193 Data la parabola di equazione $y = x^2 - 3x + 2$, determina l'equazione della retta tangente nel suo punto di ascissa -1. $[y = -5x + 1]$

194 Data la parabola di equazione
$$y = -\frac{1}{2}x^2 - 4x - 6,$$
determina l'equazione della retta tangente alla parabola nel suo punto di intersezione fra la parabola e l'asse y. $[y = -4x - 6]$

195 Data la parabola di equazione $y = x^2 + 4x + 6$, determina le equazioni delle rette passanti per $P(-4; 5)$ e tangenti alla parabola.
$[y = -2x - 3; y = -6x - 19]$

196 Determina le equazioni delle rette tangenti alla parabola di equazione $y = 2x^2 + 4x - 1$ condotte dal punto $A(-1; -5)$. $[y = 4x - 1; y = -4x - 9]$

197 Scrivi l'equazione della retta di coefficiente angolare -3 tangente alla parabola di equazione $y = 3x^2 - 4x$ e determina il punto di tangenza.
$\left[y = -3x - \frac{1}{12}; \left(\frac{1}{6}; -\frac{7}{12}\right)\right]$

198 Scrivi l'equazione della retta tangente alla parabola di equazione $y = -x^2 + 3x$ nel suo punto di ordinata uguale a -4 e ascissa positiva.
$[y = -5x + 16]$

199 Data la parabola di equazione $y = \frac{3}{2}x^2 - x + 5$, determina l'equazione della retta tangente a essa nel punto $P(2; 9)$. $[y = 5x - 1]$

200 Verifica che il punto $A(2; 13)$ appartiene alla parabola $y = 5x^2 - 4x + 1$ e trova l'equazione della retta tangente alla parabola in tale punto.
$[y = 16x - 19]$

201 Trova le equazioni delle rette passanti per $A(1; 11)$ e tangenti alla parabola di equazione $y = x^2 - 5x + 19$ e l'equazione della tangente alla parabola nel suo punto $B(2; 13)$.
$[y = x + 10; y = -7x + 18; y = -x + 15]$

202 È data la parabola di equazione $y = x^2 - 2x - 3$. Dopo aver determinato le equazioni delle rette a essa tangenti uscenti dal punto $C(1; -8)$, trova le coordinate dei punti di intersezione A e B delle tangenti con l'asse x. Calcola l'area del triangolo ABC. $[y = 4x - 12; y = -4x - 4; A(3; 0); B(-1; 0); \text{area} = 16]$

203 Determina le coordinate dei punti di intersezione A e B della parabola $y = -x^2 + 4x$ con la retta $y = -x + 4$, essendo A il punto di ascissa minore. Conduci dal punto $C\left(\frac{5}{2}; 6\right)$ le rette tangenti alla parabola e verifica che i punti di tangenza sono A e B. Detto E il punto in cui la tangente in A interseca l'asse x, calcola l'area del triangolo EBC. $\left[A(1; 3); B(4; 0); \text{area} = \frac{27}{2}\right]$

Paragrafo 4. Determinare l'equazione di una parabola

4 Determinare l'equazione di una parabola

▶ Teoria a p. 230

Equazione della parabola, noti il vertice e il fuoco

204 ESERCIZIO GUIDA

Determiniamo l'equazione della parabola con asse parallelo all'asse y avente per vertice il punto $V(1; 4)$ e per fuoco il punto $F\left(1; \frac{15}{4}\right)$ e rappresentiamola nel piano cartesiano.

La parabola ha equazione generale $y = ax^2 + bx + c$.

Risolviamo il seguente sistema.

$$\begin{cases} -\dfrac{b}{2a} = 1 & \text{ascissa di } V \text{ e } F \\ -\dfrac{\Delta}{4a} = 4 & \text{ordinata di } V \\ \dfrac{1-\Delta}{4a} = \dfrac{15}{4} & \text{ordinata di } F \end{cases}$$

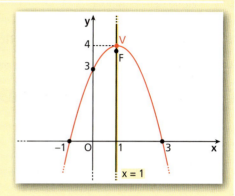

$\begin{cases} b = -2a \\ b^2 - 4ac = -16a \\ 1 - (b^2 - 4ac) = 15a \end{cases} \rightarrow \begin{cases} b = -2a \\ b^2 - 4ac = -16a \\ 1 - (-16a) = 15a \end{cases} \rightarrow \begin{cases} b = 2 \\ 4 + 4c = 16 \\ a = -1 \end{cases} \rightarrow \begin{cases} a = -1 \\ b = 2 \\ c = 3 \end{cases}$

L'equazione della parabola è $y = -x^2 + 2x + 3$.

Osservazione. La seconda equazione del sistema può essere sostituita con la condizione di appartenenza del vertice alla parabola:

$4 = a + b + c$.

LEGGI IL GRAFICO Determina le equazioni delle parabole rappresentate nelle figure.

 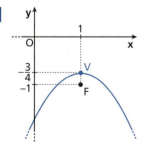
$\left[y = -x^2 + 2x - \dfrac{7}{4}\right]$

 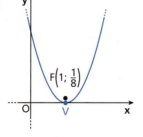
$[y = 2x^2 - 4x + 2]$

 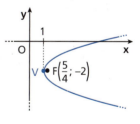
$[x = y^2 + 4y + 5]$

Determina l'equazione della parabola con asse parallelo all'asse y, date le coordinate del vertice V e del fuoco F, e rappresentala nel piano cartesiano.

 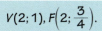 $V(2; 1)$, $F\left(2; \dfrac{3}{4}\right)$.

$[y = -x^2 + 4x - 3]$

209 $V(1; -4)$, $F\left(1; -\dfrac{9}{2}\right)$.

$\left[y = -\dfrac{1}{2}x^2 + x - \dfrac{9}{2}\right]$

210 $V(2; -1)$, $F\left(2; \dfrac{1}{4}\right)$.

$\left[y = \dfrac{1}{5}x^2 - \dfrac{4}{5}x - \dfrac{1}{5}\right]$

Capitolo 5. Parabola

Determina l'equazione della parabola con asse parallelo all'asse *x*, date le coordinate del vertice *V* e del fuoco *F*, e rappresentala nel piano cartesiano.

211 $V(1;1)$, $F\left(\frac{3}{2};1\right)$.

$\left[x = \frac{1}{2}y^2 - y + \frac{3}{2}\right]$

212 $V(0;3)$, $F\left(\frac{1}{4};3\right)$.

$[x = y^2 - 6y + 9]$

213 $V\left(\frac{5}{2};1\right)$, $F(4;1)$.

$\left[x = \frac{1}{6}y^2 - \frac{1}{3}y + \frac{8}{3}\right]$

214 Una parabola con asse parallelo all'asse *y* ha vertice di ordinata -1 e fuoco in $\left(1; -\frac{15}{16}\right)$. Determina l'equazione della parabola.

$[y = 4x^2 - 8x + 3]$

Equazione della parabola, noti il vertice e la direttrice

LEGGI IL GRAFICO Determina le equazioni delle parabole rappresentate.

215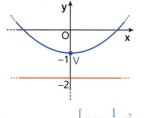

$\left[y = \frac{1}{4}x^2 - 1\right]$

216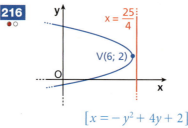

$[x = -y^2 + 4y + 2]$

217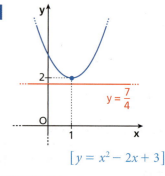

$[y = x^2 - 2x + 3]$

Determina l'equazione della parabola, date le coordinate del vertice *V* e l'equazione della direttrice *d*.

218 $V(4;4)$, $d: y = \frac{17}{4}$.

$[y = -x^2 + 8x - 12]$

220 $V\left(2; -\frac{5}{2}\right)$, $d: y = -\frac{3}{2}$.

$\left[y = -\frac{1}{4}x^2 + x - \frac{7}{2}\right]$

219 $V\left(\frac{1}{2}; \frac{1}{4}\right)$, $d: y = \frac{1}{6}$.

$[y = 3x^2 - 3x + 1]$

221 $V(16;0)$, $d: x = \frac{65}{4}$.

$[x = -y^2 + 16]$

Equazione della parabola per due punti, noto l'asse

222 **ESERCIZIO GUIDA** Determiniamo l'equazione della parabola che passa per i punti $A(0;-4)$ e $B(-1;-1)$ e ha asse di simmetria di equazione $x = 1$, e rappresentiamola nel piano cartesiano.

L'asse è parallelo all'asse *y* e quindi la parabola cercata ha equazione del tipo $y = ax^2 + bx + c$.

Risolviamo il seguente sistema.

$\begin{cases} -\frac{b}{2a} = 1 & \text{equazione dell'asse} \\ a(0) + b(0) + c = -4 & \text{passaggio per } A \\ a(-1)^2 + b(-1) + c = -1 & \text{passaggio per } B \end{cases}$

$\begin{cases} b = -2a \\ c = -4 \\ a - b + c = -1 \end{cases} \rightarrow \begin{cases} b = -2a \\ c = -4 \\ a - (-2a) + (-4) = -1 \end{cases} \rightarrow \begin{cases} b = -2 \\ c = -4 \\ a = 1 \end{cases}$

L'equazione della parabola è $y = x^2 - 2x - 4$.

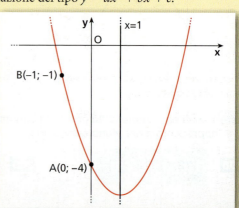

Paragrafo 4. Determinare l'equazione di una parabola

LEGGI IL GRAFICO Determina l'equazione delle parabole rappresentate.

223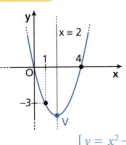

$[y = x^2 - 4x]$

224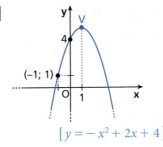

$[y = -x^2 + 2x + 4]$

225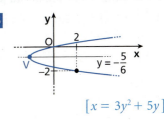

$[x = 3y^2 + 5y]$

Determina l'equazione della parabola, di cui sono indicate le coordinate di due suoi punti, A e B, e l'equazione dell'asse di simmetria. Rappresenta graficamente la parabola ottenuta.

226 $A(-1; -1)$, $B(1; 5)$, $x = -\dfrac{3}{2}$. $\qquad [y = x^2 + 3x + 1]$

227 $A(-6; 1)$, $B(9; -2)$, $y = -3$. $\qquad [x = -y^2 - 6y + 1]$

228 $A(-2; 5)$, $B(1; -7)$, $x = -\dfrac{5}{2}$. $\qquad [y = -x^2 - 5x - 1]$

229 $A(1; 1)$, $B(3; 0)$, $y = 1$. $\qquad [x = 2y^2 - 4y + 3]$

230 $A(2; 12)$, $B(0; 4)$, $x = 2$. $\qquad [y = -2x^2 + 8x + 4]$

Equazione della parabola passante per tre punti

LEGGI IL GRAFICO Determina l'equazione delle parabole rappresentate.

231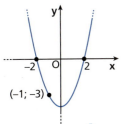

$[y = x^2 - 4]$

232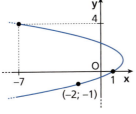

$[x = -y^2 + 2y + 1]$

233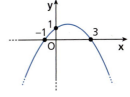

$\left[y = -\dfrac{1}{3}x^2 + \dfrac{2}{3}x + 1\right]$

Determina l'equazione della parabola con asse parallelo all'asse y che passa per i punti assegnati e rappresentala graficamente.

234 $A(0; 0)$, $B(1; 2)$, $C(3; 0)$. $\qquad [y = -x^2 + 3x]$

235 $A(1; 1)$, $B(2; 3)$, $C(-1; -9)$. $\qquad [y = -x^2 + 5x - 3]$

236 $A(1; 0)$, $B(0; -5)$, $C(2; 3)$. $\qquad [y = -x^2 + 6x - 5]$

237 $A(0; -1)$, $B(-2; -3)$, $C(-4; -1)$. $\qquad \left[y = \dfrac{1}{2}x^2 + 2x - 1\right]$

Determina l'equazione della parabola con asse parallelo all'asse x che passa per i punti assegnati e disegnala nel piano cartesiano.

238 $A(2; 0)$, $B(4; 1)$, $C(12; 2)$. $\qquad [x = 3y^2 - y + 2]$

239 $A(-11; 2)$, $B(13; -2)$, $C(2; 0)$. $\qquad \left[x = -\dfrac{1}{4}y^2 - 6y + 2\right]$

240 $A(2; 1)$, $B(12; -1)$, $C(0; 2)$. $\qquad [x = y^2 - 5y + 6]$

241 $A(1; 0)$, $B(2; 1)$, $C(6; -1)$. $\qquad [x = 3y^2 - 2y + 1]$

Capitolo 5. Parabola

ESERCIZI

Equazione della parabola passante per un punto, noto il vertice

Determina l'equazione della parabola con asse parallelo all'asse y che passa per il punto A e che ha vertice in V e disegnala.

242 $A(1;-2)$, $V(2;-3)$. $[y = x^2 - 4x + 1]$

244 $A(1;0)$, $V\left(\dfrac{3}{2};\dfrac{1}{4}\right)$. $[y = -x^2 + 3x - 2]$

243 $A(4;10)$, $V(1;-8)$. $[y = 2x^2 - 4x - 6]$

245 $A(0;1)$, $V\left(\dfrac{3}{2};\dfrac{13}{4}\right)$. $[y = -x^2 + 3x + 1]$

---

246 Determina l'equazione della parabola $y = ax^2 + bx + c$ che ha vertice $V(4;1)$ e passa per il punto $A(2;-7)$.
$$[y = -2x^2 + 16x - 31]$$

247 Scrivi l'equazione della parabola, con asse parallelo all'asse y, passante per l'origine e di vertice $V(-2;-4)$.
$$[y = x^2 + 4x]$$

248 Scrivi l'equazione della parabola con asse parallelo all'asse y passante per l'origine e con il vertice nel punto $V(1;-2)$.
$$[y = 2x^2 - 4x]$$

249 Determina l'equazione della parabola, con asse parallelo all'asse x, avente vertice in $V(4;2)$ e passante per $A(-1;3)$.
$$[x = -5y^2 + 20y - 16]$$

250 Scrivi l'equazione della parabola, con asse parallelo all'asse y, che ha vertice $V\left(\dfrac{1}{3};-\dfrac{16}{3}\right)$ e che incontra l'asse y nel punto di ordinata -5.
$$[y = 3x^2 - 2x - 5]$$

251 Una parabola, con l'asse parallelo all'asse y, ha vertice $V(4;2)$ e passa per il punto di intersezione delle rette di equazioni $5x - 2y - 10 = 0$ e $3x + 2y + 2 = 0$. Determina la sua equazione.
$$\left[y = -\dfrac{1}{2}x^2 + 4x - 6\right]$$

252 È data la parabola con asse parallelo all'asse y, di vertice $V(4;-2)$ e passante per il punto $A(1;7)$.
 a. Scrivi la sua equazione.
 b. Determina l'equazione delle parabole a essa simmetriche rispetto all'origine, all'asse y e alla bisettrice del primo e terzo quadrante.
$$[a)\, y = x^2 - 8x + 14;\ b)\, y = -x^2 - 8x - 14,\ y = x^2 + 8x + 14,\ x = y^2 - 8y + 14]$$

253 **REALTÀ E MODELLI** **Acrobazie con gli sci** In una sfida di salto acrobatico con gli sci, la rampa usata dagli atleti può essere schematizzata nel modo rappresentato in figura: a un tratto rettilineo AB segue un breve arco di parabola BB', di cui la retta AB rappresenta la tangente nel punto B.
 a. Ricava l'equazione della retta AB nel riferimento Oxy in figura.
 b. Determina l'equazione della parabola BOB' nello stesso riferimento e verifica che la retta AB è tangente alla parabola trovata nel punto B.

$$\left[a)\, y = -\dfrac{3}{5}x - \dfrac{3}{5};\ b)\, y = \dfrac{3}{20}x^2\right]$$

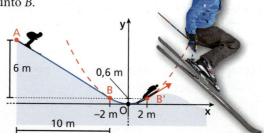

Paragrafo 4. Determinare l'equazione di una parabola

Equazione della parabola, nota una condizione di tangenza

254 **ESERCIZIO GUIDA** Determiniamo l'equazione della parabola con asse parallelo all'asse y e con il vertice di ascissa minore di -1, passante per i punti $A(-1;-5)$ e $B(1;3)$ e tangente alla retta r di equazione $y = -2x - 11$.

- Imponiamo alla parabola di equazione $y = ax^2 + bx + c$ il passaggio per i punti A e B.

$$\begin{cases} a - b + c = -5 & \text{passaggio per } A \\ a + b + c = 3 & \text{passaggio per } B \end{cases}$$

Risolviamo il sistema sottraendo membro a membro la prima equazione dalla seconda.

$$\begin{cases} (a+b+c)-(a-b+c) = 3-(-5) \\ a+b+c = 3 \end{cases} \rightarrow \begin{cases} 2b = 8 \\ a+b+c = 3 \end{cases} \rightarrow \begin{cases} b = 4 \\ c = -a - 1 \end{cases}$$

L'equazione della parabola diventa: $y = ax^2 + 4x - a - 1$; occorre ancora determinare a.

- Imponiamo che la retta r sia tangente alla parabola.

Scriviamo il sistema delle equazioni della parabola e della retta e otteniamo l'equazione risolvente:

$$\begin{cases} y = ax^2 + 4x - a - 1 \\ y = -2x - 11 \end{cases} \rightarrow ax^2 + 4x - a - 1 = -2x - 11 \rightarrow ax^2 + 6x - a + 10 = 0.$$

La condizione di tangenza è:

$$\frac{\Delta}{4} = 9 + a^2 - 10a = 0 \rightarrow$$

$$a = 5 \pm \sqrt{25 - 9} = 5 \pm 4 \begin{cases} a_1 = 9, \\ a_2 = 1. \end{cases}$$

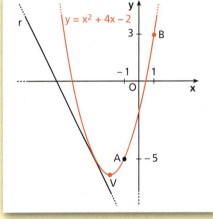

- Le soluzioni sono due:

$$\begin{cases} a_1 = 9 \\ b_1 = 4 \\ c_1 = -10 \end{cases} \vee \begin{cases} a_2 = 1 \\ b_2 = 4 \\ c_2 = -2 \end{cases} \rightarrow$$

$y = 9x^2 + 4x - 10 \ \vee \ y = x^2 + 4x - 2.$

La prima parabola ha vertice di ascissa $-\frac{2}{9} > -1$, la seconda $-2 < -1$. Quindi la parabola cercata ha equazione $y = x^2 + 4x - 2$.

---

255 Determina l'equazione della parabola, con asse parallelo all'asse y, passante per i punti $A(1;2)$ e $B(0;6)$, tangente alla retta di equazione $y = -x + 2$ e con vertice di ascissa maggiore di 1.
$[y = x^2 - 5x + 6]$

256 Determina l'equazione della parabola $y = ax^2 + bx + c$ passante per i punti $A(1;2)$, $B(3;0)$ e tangente alla bisettrice del secondo e quarto quadrante.
$[y = 3x^2 - 13x + 12]$

257 Determina l'equazione della parabola con asse parallelo all'asse y passante per i punti $A(-1;5)$ e $B(4;0)$ e tangente alla retta di equazione $y = 2x - 9$.
$\left[y = x^2 - 4x; \ y = \frac{9}{25}x^2 - \frac{52}{25}x + \frac{64}{25}\right]$

258 Determina l'equazione della parabola $y = ax^2 + bx + c$ di vertice $V(2;-2)$ e tangente alla retta di equazione $y = 2x - 7$.
$[y = x^2 - 4x + 2]$

259 Scrivi l'equazione della parabola $x = ay^2 + by + c$ di vertice $V(0;2)$, tangente alla retta di equazione $y = \frac{1}{8}x$.
$[x = -y^2 + 4y - 4]$

260 Determina l'equazione della parabola, con asse parallelo all'asse x, passante per i punti $A(-6;1)$ e $B(-2;0)$ e tangente alla retta di equazione $x + y + 6 = 0$.
$[x = 9y^2 - 13y - 2; \ x = y^2 - 5y - 2]$

Capitolo 5. Parabola

Riepilogo: Ricerca dell'equazione di una parabola

261 Scrivi l'equazione della parabola, con asse parallelo all'asse y, che passa per i punti $P(0;1)$ e $Q(1;-9)$ e che ha vertice sulla retta di equazione $y = -4x - 5$.
$$[y = 10x^2 - 20x + 1;\ y = 2x^2 - 12x + 1]$$

262 Determina l'equazione della parabola, con asse parallelo all'asse y, passante per i vertici del triangolo ABC formato dalle rette di equazioni $y = -6x + 6$, $y + 5x - 6 = 0$ e $y = -4x + 4$.
$$[y = x^2 - 7x + 6]$$

263 Scrivi l'equazione della parabola che ha per direttrice la retta di equazione $y = -\dfrac{11}{2}$ e il fuoco in $F\left(-4; -\dfrac{9}{2}\right)$, e determina l'equazione della retta tangente passante per il punto A della parabola di ascissa -6.
$$\left[y = \dfrac{1}{2}x^2 + 4x + 3;\ y = -2x - 15\right]$$

264 Determina l'equazione della parabola, con asse parallelo all'asse y, passante per i punti $A(0;1)$, $B(1;0)$ e $C(-1;-1)$. Determina quindi l'equazione della retta tangente alla parabola e parallela a $r: y = 2x - 3$.
$$\left[y = -\dfrac{3}{2}x^2 + \dfrac{1}{2}x + 1;\ y = 2x + \dfrac{11}{8}\right]$$

265 Data la parabola di equazione $y = x^2 + bx + 3$, determina b in modo che:
a. la parabola abbia il vertice sull'asse y;
b. sia tangente alla retta di equazione $y = x + 3$.
$$[a)\ b = 0;\ b)\ b = 1]$$

266 Data la parabola di equazione $y = 2x^2 - ax + a$, determina a in modo che:
a. la parabola sia tangente dell'asse x;
b. intersechi l'asse x in due punti distinti.
$$[a)\ a = 0 \vee a = 8;\ b)\ a < 0 \vee a > 8]$$

267 Determina a e b in modo che la parabola di equazione $y = ax^2 + bx - 1$ sia tangente alla retta di equazione $2x - y = 0$ nel suo punto di ascissa 1.
$$[a = -1, b = 4]$$

268 Determina il valore di a e b in modo che la parabola di equazione $x = ay^2 + by + 1$ abbia fuoco in $F\left(\dfrac{1}{4}; -1\right)$ e concavità rivolta verso destra.
$$[a = 1; b = 2]$$

269 Determina l'equazione della parabola nella figura. Trova le coordinate del punto C, sapendo che le rette r e s sono tangenti alla parabola in A e in V.

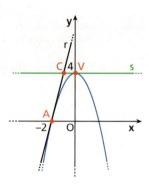

$$[y = -x^2 + 4;\ C(-1; 4)]$$

270 **LEGGI IL GRAFICO** Trova l'equazione della seguente parabola, utilizzando i dati della figura.

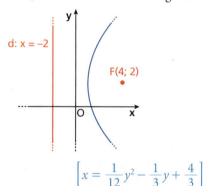

$$\left[x = \dfrac{1}{12}y^2 - \dfrac{1}{3}y + \dfrac{4}{3}\right]$$

271 **REALTÀ E MODELLI** Microfono parabolico
Il microfono parabolico consente di amplificare suoni provenienti anche da kilometri di distanza: le onde sonore si riflettono sul profilo parabolico e vengono concentrate nel fuoco, dove si trova un microfono. È un apparecchio molto usato per registrare suoni in diretta, come durante le telecronache sportive.
Determina l'equazione della parabola nel riferimento Oxy indicato nella figura.

$$\left[x = \dfrac{1}{4}y^2 - y - 2\right]$$

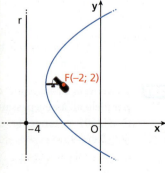

Riepilogo: Ricerca dell'equazione di una parabola

Dal grafico all'equazione

LEGGI IL GRAFICO Trova l'equazione dei grafici, utilizzando i dati delle figure.

272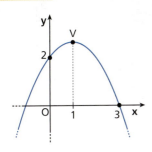

273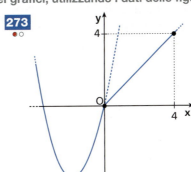

274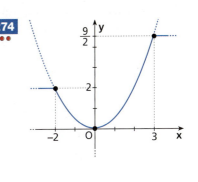

Problemi — REALTÀ E MODELLI

RISOLVIAMO UN PROBLEMA

Archeologia industriale

La foto rappresenta un capannone di una fabbrica mantovana di concimi chimici, ormai chiusa, la cui facciata è un arco di parabola pressoché perfetto. Supponendo che le lunghezze dei segmenti AB (corda perpendicolare all'asse di simmetria) e MV (M punto medio della corda e V vertice della parabola) siano $AB = 24$ m, $MV = 12$ m:

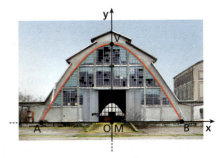

- determina l'equazione della parabola in un riferimento Mxy, in cui AB appartenga all'asse x e MV appartenga all'asse y;
- trova l'area del triangolo isoscele ABC in cui l'arco di parabola è inscritto, essendo C il punto di incontro delle tangenti alla parabola nei punti A e B.

▶ **Determiniamo l'equazione della parabola nel riferimento indicato.**

Prendendo il punto M come origine degli assi e supponendo che l'asse della parabola coincida con l'asse y, si ha che l'equazione della parabola è del tipo $y = ax^2 + c$, con $c = 12$; inoltre la condizione di passaggio per A (o per B) fornisce la condizione $0 = 144a + 12$.

Pertanto l'equazione della parabola è $y = -\frac{1}{12}x^2 + 12$.

▶ **Determiniamo le equazioni delle rette tangenti alla parabola in A e in B.**

La retta generica passante per $A(-12; 0)$ ha equazione $y = m(x + 12)$ e intersecandola con la parabola otteniamo il sistema $\begin{cases} y = -\frac{1}{12}x^2 + 12 \\ y = mx + 12m \end{cases}$.

Imponiamo la condizione di tangenza tra la retta generica e la parabola: otteniamo l'equazione $m^2 - 4m + 4 = 0$, che ha come soluzione $m = 2$. La retta tangente alla parabola in A ha quindi equazione $y = 2x + 24$. Con calcoli analoghi ricaviamo l'equazione della retta tangente alla parabola nel punto $B(12; 0)$, che ha equazione $y = -2x + 24$.

▶ **Ricaviamo le coordinate di C e l'area del triangolo ABC.**

Il sistema $\begin{cases} y = 2x + 24 \\ y = -2x + 24 \end{cases}$ ha come soluzione $C(0; 24)$.

Avendo scelto come asse x la retta su cui giace il segmento AB, l'area di ABC sarà: $\frac{24 \cdot 24}{2} = 288$ m^2.

275 La fontana Il Comune del tuo paese ha indetto un concorso per ragazzi per progettare una nuova fontana per il parco. Decidi di costruire le due vasche, simili a quelle in figura, che sono mostrate dall'alto, delimitate da *due* archi di parabola con lo zampillo d'acqua che esce dai fuochi F_1 e F_2. Trova le equazioni delle parabole.

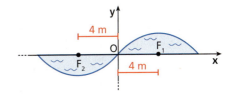

276 **Il rimbalzo** Una pallina scivola da un tavolo orizzontale e, cadendo sul pavimento, descrive prima l'arco AB della parabola γ di vertice A, quindi l'arco $BA'D$ della parabola γ' di vertice A'. Sapendo che $OA = 1$ m, $OB = \frac{5}{4}$ m, $A'C = \frac{16}{25}$ m e che la parabola γ' è congruente alla parabola γ, in quanto ottenibile da γ per traslazione:

a. ricava le equazioni di γ e di γ' nel riferimento Oxy;
b. determina la distanza BD.

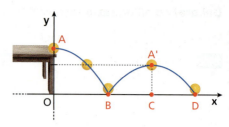

$$\left[\text{a)}\ \gamma: y = -\frac{16}{25}x^2 + 1;\ \gamma': y = -\frac{16}{25}x^2 + \frac{72}{25}x - \frac{13}{5};\ \text{b)}\ BD = 2\ \text{m}\right]$$

 Allenati con **15 esercizi interattivi** con feedback "hai sbagliato, perché…"
su.zanichelli.it/tutor3   risorsa riservata a chi ha acquistato l'edizione con tutor

Riepilogo: Parabola

277 **LEGGI IL GRAFICO**

a. Determina l'equazione delle due parabole della figura, sapendo che la parabola con concavità rivolta verso il basso ha fuoco in $F\left(\frac{1}{2};\frac{21}{8}\right)$.

b. Trova le coordinate del loro punto di intersezione P.

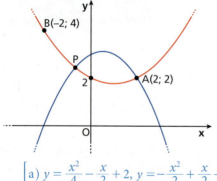

$$\left[\text{a)}\ y = \frac{x^2}{4} - \frac{x}{2} + 2,\ y = -\frac{x^2}{2} + \frac{x}{2} + 3;\ \text{b)}\ P\left(-\frac{2}{3};\frac{22}{9}\right)\right]$$

278 Determina l'equazione della parabola con asse di simmetria parallelo all'asse x, con vertice in $V(-1; 1)$ e passante per l'origine O del sistema di riferimento, e rappresentala graficamente. Detto F il fuoco e A il secondo punto di intersezione della parabola con l'asse y, calcola l'area del triangolo AVF.
$$\left[x = y^2 - 2y;\ \frac{1}{8}\right]$$

279 Scrivi l'equazione della parabola avente il vertice nel punto $P(4; 2)$ e il fuoco di coordinate $\left(4;\frac{3}{2}\right)$.

Calcola poi l'area del triangolo che ha come vertici il vertice della parabola e le sue intersezioni con l'asse delle ascisse.

$$\left[y = -\frac{1}{2}x^2 + 4x - 6;\ \text{area} = 4\right]$$

280 Scrivi l'equazione della parabola con asse parallelo all'asse y avente vertice nel punto $V(2; 3)$, concavità rivolta verso il basso e direttrice che dista $\frac{1}{12}$ dal vertice. Calcola quindi l'area del triangolo avente per vertici V e i punti di intersezione della parabola con l'asse x.
$$[y = -3x^2 + 12x - 9;\ \text{area} = 3]$$

281 Scrivi l'equazione della parabola, con asse parallelo all'asse y, passante per i punti $A(0; 5)$, $B(2; 2)$ e $C(6; 2)$. Calcola poi l'area del triangolo formato dalla tangente alla parabola passante per A con gli assi cartesiani.
$$\left[y = \frac{1}{4}x^2 - 2x + 5;\ \text{area} = \frac{25}{4}\right]$$

MATEMATICA AL COMPUTER

La parabola Con l'aiuto di Wiris troviamo le parabole che, al variare di k nell'equazione $y = (k+3)x^2 - kx + 1$, individuano sulla retta $y = x + 3$ una corda lunga $3\sqrt{2}$. Tracciamo poi il grafico di tutto.

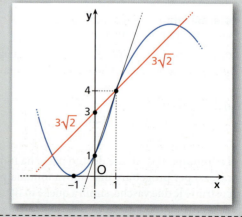

Risoluzione – 7 esercizi in più

Riepilogo: Parabola

282 Determina l'equazione della parabola, con asse parallelo all'asse y, che passa per il punto $A(4; 0)$ e l'origine O e ha vertice $V(2; -2)$. Detto B il simmetrico di V rispetto all'asse x, determina l'area del quadrilatero $ABOV$.

$$\left[y = \frac{1}{2}x^2 - 2x; \text{area} = 8\right]$$

283 Determina l'equazione della retta r tangente in T alla parabola della figura, sapendo che r è parallela alla bisettrice del primo e terzo quadrante, e calcola l'area del triangolo TOB. $\quad [y = x + 1; 3]$

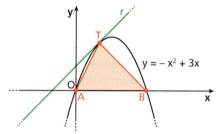

284 Data la parabola di equazione $y = ax^2 + bx + c$ con il vertice nell'origine e passante per il punto $\left(\frac{\sqrt{3}}{3}; \frac{\sqrt{3}}{3}\right)$, considera il triangolo equilatero ABO che ha un vertice in O e i vertici A e B sulla parabola.

Trova le coordinate di A e B e l'area del triangolo.
$$[A(1; \sqrt{3}), B(-1; \sqrt{3}); \text{area} = \sqrt{3}]$$

285 Date le parabole di equazione $y = x^2 + kx + 4$, determina per quale valore di k sono tangenti all'asse delle ascisse. Scrivi le equazioni delle parabole corrispondenti ai valori trovati e calcola l'area della parte di piano individuata dalle tangenti a esse nel punto di ascissa 0 e dall'asse delle x.
$$[k = \pm 4; y = x^2 - 4x + 4, y = x^2 + 4x + 4; \text{area} = 4]$$

■ Problemi di massimo e minimo

286 **AL VOLO** Il grafico di una funzione è una parabola con concavità rivolta verso l'alto e vertice in $V(-1; -3)$. Qual è il suo minimo?

287 **VERO O FALSO?** La parabola rappresentata nel grafico nell'intervallo $[-2; 3]$:

a. ha minimo nel punto di ascissa -2.   V F
b. ha massimo uguale a 6.   V F
c. ha minimo uguale a 0.   V F
d. ammette un massimo ma non un minimo.   V F

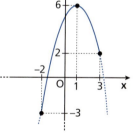

288 **YOU & MATHS** Let $y = f(x) = x^2 - 6x + 8$. Find the vertex and axis of symmetry. Does its graph open up or down? Find the maximum or minimum value of $f(x)$ and state which it is. Sketch the graph. Label the vertex and intercepts on your graph.

(USA *Southern Illinois University Carbondale,* Final Exam, Fall 2001)
$$[V(3, -1); x = 3; \text{min: } y = -1]$$

Determina il massimo e il minimo delle seguenti funzioni nell'intervallo indicato e disegnale nel piano cartesiano.

289 $y = x^2 + 4x$, $\quad [-4; 1]$. $\quad\quad$ [max: $y = 5$; min: $y = -4$]

290 $y = -x^2 + 3x$, $\quad [0; 2]$. $\quad\quad \left[\text{max: } y = \frac{9}{4}; \text{min: } y = 0\right]$

291 $y = x^2 + 6x + 9$, $\quad [-4; -1]$. $\quad\quad$ [max: $y = 4$; min: $y = 0$]

292 $y = -x^2 - 4x + 3$, $\quad [-3; 0]$. $\quad\quad$ [max: $y = 7$; min: $y = 3$]

293 **YOU & MATHS** Let $y = -4x^2 - 2x + 3$.

a. Find the y-intercept. Find the vertex and axis of symmetry. Sketch.
b. Find the x-intercepts, if any. Indicate them on your graph of part **a**.
c. Determine whether y has a maximum or a minimum value and state that value.

(USA *Southern Illinois University Carbondale,* Final Exam, 2002)
$$\left[\text{a) } y = 3; \text{ b) } x = \frac{-1 \pm \sqrt{13}}{4}; \text{ c) max: } y = \frac{13}{4}\right]$$

Capitolo 5. Parabola

Problemi REALTÀ E MODELLI

RISOLVIAMO UN PROBLEMA

■ Cena di Capodanno

Il ristorante *Che delizia!* propone una promozione per il cenone di capodanno: i clienti prenotati pagheranno € 30 a testa più € 1 per ogni posto che rimane libero. Il ristorante può ospitare 120 persone.
- Quanti clienti dovranno prenotare perché il ristorante abbia il massimo ricavo?
- A quanto ammonta il massimo ricavo?

▶ **Modellizziamo la situazione.**

Se x è il numero di posti che rimangono liberi, il prezzo del cenone a persona sarà espresso dalla funzione $y = 30 + x$. Il ricavo del ristorante si ottiene moltiplicando questo prezzo per il numero dei clienti, cioè $y = (30 + x)(120 - x) = -x^2 + 90x + 3600$.
Questa è l'equazione di una parabola con la concavità rivolta verso il basso, che non passa per l'origine. Infatti $x = 0$ corrisponde a 120 coperti occupati, situazione in cui il ristorante ricava € 3600.

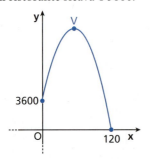

▶ **Calcoliamo il numero di clienti necessari per ottenere il massimo ricavo.**

Come si vede anche dalla figura, il punto di massimo ricavo corrisponde al vertice della parabola. L'ascissa del vertice indica quanti posti vuoti si hanno in questa condizione, cioè

$$x_V = -\frac{b}{2a} = -\frac{90}{-2} = 45.$$

Questo vuol dire che i clienti presenti sono 75.

▶ **Calcoliamo il massimo ricavo.**

L'ammontare del ricavo si ottiene calcolando l'ordinata del vertice:

$$y_V = -\frac{\Delta}{4a} = € \, 5625.$$

---

294 **Guadagno aziendale** L'amministratore di una piccola azienda dolciaria sa che il guadagno mensile dovuto alla vendita di un particolare tipo di biscotti è ben descritto dalla funzione quadratica $y = -0,065x^2 + 48,1x$, dove x rappresenta il numero di confezioni prodotte in un mese.

  a. Dopo aver rappresentato il grafico della funzione, stabilisci quante confezioni di biscotti deve produrre l'azienda per ottenere il massimo guadagno.
  b. Potrebbe diventare negativo il guadagno? In quale caso?
  c. Dopo aver implementato un nuovo metodo di produzione, l'amministratore osserva che il guadagno mensile massimo arriva a € 10 000 e corrisponde alla produzione di 500 scatole di biscotti. Quale funzione quadratica rappresenta ora il guadagno dell'azienda?

[a) vertice della parabola (370; 8898,50), guadagno max per $x = 370$; b) guadagno negativo per $x > 740$; c) nuova funzione: $y = -0,04x^2 + 40x$]

295 **Superefficiente!** L'efficienza di un motorino (ossia il numero dei kilometri percorsi con un litro di carburante) dipende dalla massa del veicolo. Si sta studiando un modello la cui efficienza è data approssimativamente da:

$$E(x) = 0,12x^2 - 21x + 934, \qquad 80 \leq x \leq 120,$$

dove x è la massa del motorino in kilogrammi. Sulla base di tale informazione rispondi alle seguenti domande.

  a. Qual è la massa del motorino meno efficiente?
  b. Qual è l'efficienza minima?   [a) 87,5 kg; b) 15,25 km/L]

VERIFICA DELLE COMPETENZE ALLENAMENTO

ANALIZZARE E INTERPRETARE DATI E GRAFICI

1 ASSOCIA a ogni parabola o il suo vertice o la sua retta direttrice.

a. $x = \dfrac{1}{2}y^2 - 2y + 1$ \qquad 1. $y = -\dfrac{3}{2}$

b. $y = x^2 + 3x + 1$ \qquad 2. $V\left(-3; \dfrac{7}{2}\right)$

c. $x = \dfrac{1}{2}y^2 - 2y - 1$ \qquad 3. $x = -\dfrac{3}{2}$

d. $y = -\dfrac{1}{2}x^2 - 3x - 1$ \qquad 4. $V(-3; 2)$

TEST

2 Per quale valore di $k \in \mathbb{R}$ l'equazione $(3k+6)x^2 + 3y - 6k = 0$ rappresenta una parabola con asse parallelo all'asse delle y?

A Solo per $k = 1$ \quad B $k \neq -2$ \quad C $\forall k \in \mathbb{R}$ \quad D $\nexists k \in \mathbb{R}$ \quad E $k = 0$

3 Solo una delle seguenti parabole passa per i punti $A(1; -1)$, $B(-1; 5)$, $O(0; 0)$. Quale?

A $y = -2x^2 + 3x$ \quad C $y = -\dfrac{1}{2}x^2 - \dfrac{1}{3}$ \quad E $y = 2x^2 - 3x$

B $y = \dfrac{1}{2}x^2 + \dfrac{1}{3}x$ \quad D $y = x^2 - \dfrac{3}{2}x$

Determina vertice, asse, fuoco e direttrice delle seguenti parabole e rappresentale graficamente.

4 $y = -\dfrac{3}{8}x^2$ \qquad **7** $2y = -\dfrac{1}{2}x^2 + 2x + 3$

5 $2y - x^2 = 4x$ \qquad **8** $y = 3x^2 + 4$

6 $y = (2 - x)^2$ \qquad **9** $y + 7 = -x^2 + 3x$

---

10 Per quali valori di a l'equazione $y = \dfrac{1}{a-1}x^2$ rappresenta una parabola? Trova a affinché il fuoco abbia coordinate $(0; 2)$ e disegna la parabola ottenuta. \hfill $[a \neq 1; a = 9]$

11 L'equazione $ay - 3x^2 + 6x = 0$ può rappresentare una parabola per qualsiasi valore di a? Trova per quali valori di a la direttrice ha equazione $y = 1$ e disegna la parabola ottenuta. \hfill $[a \neq 0; a = -6]$

LEGGI IL GRAFICO Trova le equazioni dei seguenti grafici.

12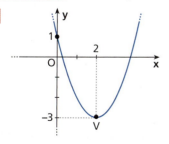

$[y = x^2 - 4x + 1]$

13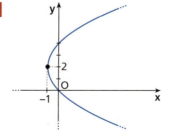

$\left[x = \dfrac{1}{4}y^2 - y\right]$

14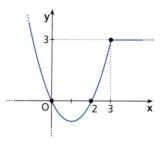

$\left[f(x) = \begin{cases} x^2 - 2x & \text{se } x \leq 3 \\ 3 & \text{se } x > 3 \end{cases}\right]$

Capitolo 5. Parabola

15 **LEGGI IL GRAFICO** In figura è rappresentato il grafico di una funzione del tipo:

$$f(x) = \begin{cases} a(x+1)^2 & \text{se } x < 0, \\ b(4-x^2) & \text{se } x \geq 0. \end{cases}$$

Trova a, b e le coordinate di P.

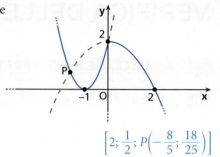

$$\left[2; \frac{1}{2}; P\left(-\frac{8}{5}; \frac{18}{25}\right)\right]$$

16 **ASSOCIA** a ogni parabola la sua equazione.

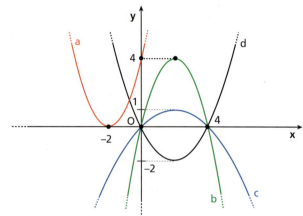

1. $y = -x^2 + 4x$
2. $y = -\frac{1}{4}(x^2 - 4x)$
3. $y = (x+2)^2$
4. $y = \frac{1}{2}(x^2 - 4x)$

Rappresenta il grafico delle seguenti funzioni.

17 $y = -\sqrt{4-x}$

18 $y = 2 + 2\sqrt{x}$

19 $y = \sqrt{x+6}$

20 $y = -|x|x + 5$

21 $y = |9 - x^2|$

22 $y = |x - 2| - x^2$

RISOLVERE PROBLEMI

TEST

23 Per quale valore non nullo di k la distanza tra i vertici delle parabole $y = kx^2 - 2x + 1$ e $y = -2x^2 + 2$ è uguale a 1?

- **A** Per ogni k.
- **B** 1
- **C** -1
- **D** ± 1
- **E** Per nessun valore di k.

(CISIA, Facoltà di Ingegneria, Test di ingresso)

24 La lunghezza della corda individuata dalla parabola $y = x^2 + x$ sulla retta $y = x + 4$ è:

- **A** $2\sqrt{3}$.
- **B** $3\sqrt{2}$.
- **C** $4\sqrt{2}$.
- **D** $2\sqrt{5}$.
- **E** $5\sqrt{2}$.

25 Determina l'equazione della parabola, con asse parallelo all'asse y, che ha vertice in $V\left(\frac{1}{3}; \frac{2}{3}\right)$ e passa per il punto $A(0;1)$. $\quad [y = 3x^2 - 2x + 1]$

26 Determina l'equazione della parabola, con asse parallelo all'asse x, passante per i punti $A(0;1)$, $B(-1;0)$ e $C(-1;2)$. $\quad [x = -y^2 + 2y - 1]$

27 Determina l'equazione della parabola, con asse parallelo all'asse y, di vertice $V(2;-2)$ e passante per il punto $A(1;-1)$. $\quad [y = x^2 - 4x + 2]$

28 Trova l'equazione della parabola avente il fuoco in $F(-1;0)$ e la direttrice di equazione $y = 2$.

$$\left[y = -\frac{1}{4}x^2 - \frac{1}{2}x + \frac{3}{4}\right]$$

Allenamento

Determina i punti di intersezione tra la parabola e la retta di cui sono date le equazioni e disegna il grafico.

29 $y = x - 2$; $y = x^2 + 3x - 1$. $\qquad$ [$(-1; -3)$]

30 $y = 3x + 12$; $y = -4x^2 + 8x$. $\qquad$ [nessuna intersezione]

31 $y = -2x - 3$; $y = -4x^2 - 2x + 1$. $\qquad$ [$(-1; -1), (1; -5)$]

32 Determina la lunghezza della corda intercettata dalla retta di equazione $y = -4x + 8$ sulla parabola di equazione $y = -3x^2 + 5x + 2$. $\qquad$ [$\sqrt{17}$]

33 Verifica che la retta tangente alla parabola di equazione $y = \frac{1}{2}x^2 - x$ nell'origine è la bisettrice del secondo e quarto quadrante.

34 Determina l'equazione della retta tangente alla parabola di equazione $y = -2x^2 + 8x - 4$ nel suo punto di ascissa 3. $\qquad$ [$y = -4x + 14$]

35 Determina l'equazione delle rette tangenti alla parabola di equazione $y = x^2 + 2x + 4$ passanti per il punto $P(-2; 0)$. $\qquad$ [$y = 2x + 4, y = -6x - 12$]

36 Determina l'equazione della parabola $x = ay^2 + by + c$ di vertice $V(0; 1)$, tangente alla retta di equazione $x - 4y = 0$. $\qquad$ [$x = -y^2 + 2y - 1$]

37 Trova le equazioni delle rette tangenti alla parabola di equazione $y = 2x^2 - 7x + 2$ e passanti per $A(-2; -8)$. $\qquad$ [$y = x - 6; y = -31x - 70$]

38 Verifica che il punto $Q(4; 3)$ appartiene alla parabola di equazione $y = \frac{1}{2}x^2 - 2x + 3$ e scrivi l'equazione della retta passante per Q tangente alla parabola. $\qquad$ [$y = 2x - 5$]

39 Determina per quali valori di k la parabola di equazione $y = kx^2 + kx - 1$:
a. passa per l'origine;
b. ha la concavità rivolta verso il basso;
c. ha il vertice nel punto $V\left(-\frac{1}{2}; 1\right)$. $\qquad$ [a) impossibile b) $k < 0$; c) -8]

40 Determina per quali valori di b la parabola di equazione $y = x^2 - 2bx + b + 2$:
a. interseca l'asse y nel punto di ordinata -3;
b. è tangente alla retta di equazione $y = x - \frac{5}{4}$. $\qquad$ [a) -5 b) $\pm\sqrt{3}$]

41 Dati i punti $V(-3; 11)$ e $A(0; 2)$, determina:
a. l'equazione della parabola, con asse parallelo all'asse y, che ha vertice V e passa per A;
b. l'equazione della retta tangente alla parabola nel suo punto di ascissa -5. $\qquad$ [a) $y = -x^2 - 6x + 2$; b) $y = 4x + 27$]

42 Data la parabola di equazione $y = -x^2 + 6x$, indicato con V il vertice, determina l'area del triangolo AVB, dove A e B sono i punti di intersezione della parabola con la retta di equazione $y = 5$. $\qquad$ [8]

43 Calcola l'area del triangolo che ha per vertici il vertice e il fuoco della parabola di equazione $y = 3x^2 - 6x$ e il punto $A(2; 2)$. $\qquad$ $\left[\frac{1}{24}\right]$

44 In un piano, riferito a un sistema di assi cartesiani ortogonali xOy, sono dati i punti $V(2; 0)$ e $A(6; -2)$. Determina l'equazione della parabola con asse di simmetria parallelo all'asse x, che ha vertice in V e passa per A, e rappresentala graficamente. Detto F il fuoco, calcola l'area del triangolo AVF. $\qquad$ $\left[x = y^2 + 2; \frac{1}{4}\right]$

Capitolo 5. Parabola

45 Determina l'equazione della parabola, con asse parallelo all'asse y, che passa per i punti $O(0;0)$, $A(4;0)$ e che ha vertice di ordinata -2.
Trova poi le coordinate del punto B, simmetrico di V rispetto all'asse x, e determina l'area e il perimetro del quadrilatero $ABOV$, verificando che si tratta di un quadrato.
$$\left[y = \frac{1}{2}x^2 - 2x; 8; 8\sqrt{2}\right]$$

46 Trova la retta tangente alla parabola di equazione $y = x^2 + 2x + 4$, parallela alla retta di equazione $y - 2x = 0$. Indicati con T il punto di tangenza, con V il vertice della parabola e con A il punto d'incontro della retta tangente con l'asse delle x, calcola l'area del triangolo AVT. $\quad [y = 2x + 4; \text{area} = 1]$

47 Scrivi l'equazione della parabola passante per l'origine e tangente a una retta di coefficiente angolare 6 nel punto $(6; 24)$. Dette A e B le intersezioni della parabola con l'asse x, calcola l'area del triangolo avente per i vertici i punti A, B e il vertice della parabola.
$$\left[y = \frac{1}{3}x^2 + 2x; \text{area} = 9\right]$$

COSTRUIRE E UTILIZZARE MODELLI

48 Antenna parabolica Un radiotelescopio è un telescopio che è specializzato nel rilevare onde radio, generalmente grazie a una grande antenna parabolica o a più antenne collegate. La proprietà focale della parabola che viene sfruttata era conosciuta fin dall'antichità: le onde (viste come raggi) parallele all'asse si riflettono nel fuoco.

a. Trova l'equazione della sezione parabolica dell'antenna del radiotelescopio in figura, sapendo che la direttrice della parabola giace sull'asse x.

b. Un'onda radio viene riflessa nel fuoco con un angolo di 45° rispetto all'asse y: da quale punto dell'antenna proveniva?

$$\left[\text{a) } y = \frac{1}{4}x^2 + 1; \text{ b) } A(2 - 2\sqrt{2}; 4 - 2\sqrt{2}), B(-2 + 2\sqrt{2}; 4 - 2\sqrt{2})\right]$$

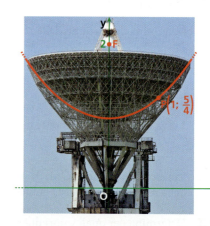

49 Fontane di Roma Girando per Roma è facile imbattersi in fontane come quella della foto, in cui il getto d'acqua segue una traiettoria parabolica. Calcola l'altezza della vasca intermedia rispetto alla vasca che si trova alla base utilizzando i dati nella foto.
$[1{,}2 \text{ m}]$

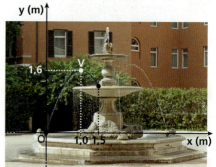

50 Un bel tiro! Un giocatore di pallacanestro lancia la palla da un punto A a un'altezza di 2 m da terra. La palla (ovvero il punto centrale della palla) raggiunge il centro del canestro B, che è a una distanza, in orizzontale, di 6 m dalla posizione del giocatore e a un'altezza da terra di 3 m. Scrivi l'equazione della traiettoria seguita dalla palla, sapendo che raggiunge la sua altezza massima h quando è a 4 m di distanza in orizzontale dal punto di partenza.
$$\left[y = -\frac{1}{12}x^2 + \frac{2}{3}x + 2\right]$$

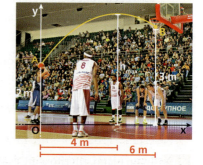

VERIFICA DELLE COMPETENZE PROVE

⏱ 1 ora

PROVA A

1 **VERO O FALSO?**

a. La parabola di equazione $y = 2x^2 + 8x + 5$ ha vertice di ordinata 3. V F

b. La retta di equazione $x = \dfrac{5}{2}$ è l'asse della parabola di equazione $y = x^2 - 5x + 6$. V F

c. La parabola di equazione $y = -3x^2$ e la retta di equazione $y - x - 1 = 0$ sono tangenti. V F

d. Se $k = 3$ la parabola di equazione $y = -(2 - k)x^2 + 4 - x$ ha concavità rivolta verso l'alto. V F

2 Determina l'equazione della parabola, con asse parallelo all'asse y, passante per il punto $(-3; 3)$ e con il vertice nel punto $V(-2; 4)$.

3 Trova le equazioni delle seguenti parabole.

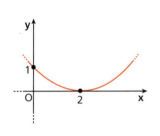

a

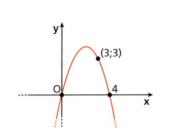

b

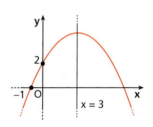

c

4 Rappresenta la retta di equazione $y = x - 3$ e la parabola di equazione $y = -x^2 + 3x + 5$; determina i loro punti di intersezione A e B e calcola la lunghezza di AB.

5 Scrivi le equazioni delle rette passanti per $A(0; 9)$ e tangenti alla parabola di equazione $y = 3x^2 - 4x + 12$.

6 Data la parabola di equazione $ky - 2x^2 + (k + 1)x - 3 = 0$, trova per quale valore di k:

a. l'asse ha equazione $x = 1$;

b. la parabola passa per $P(-1; 2)$.

PROVA B

Partita di pallavolo Durante un torneo di giochi scolastici assistiamo a una partita di pallavolo.
Immaginiamo di fissare un sistema di riferimento cartesiano centrato su una parete alle spalle di una squadra e proiettiamo sulla parete le varie posizioni della palla.
La traiettoria parabolica della palla alzata dal palleggiatore raggiunge la sua massima altezza nel punto $A(4; 6)$ e viene intercettata dallo schiacciatore nel punto $B\left(\dfrac{1}{2}; \dfrac{47}{16}\right)$.

a. Determina l'equazione della traiettoria e rappresentala nel piano cartesiano.

b. Nel caso in cui i piedi dello schiacciatore (o, per meglio dire, la loro proiezione sulla parete di fondo) si trovino nell'origine, a che altezza lo schiacciatore, saltando verticalmente, intercetta la palla?

c. Se il soffitto della palestra è alto 5,5 m, riuscirà il palleggiatore ad alzare ugualmente la palla? In caso negativo, in che punto la palla rimbalzerà contro il soffitto?

CAPITOLO 6
CIRCONFERENZA

1 Circonferenza e sua equazione

Circonferenza come luogo geometrico

DEFINIZIONE
Assegnato nel piano un punto C, detto centro, si chiama **circonferenza** la curva piana luogo geometrico dei punti equidistanti da C:

$\overline{PC}$ = **costante**.

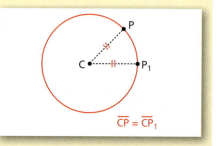

$\overline{CP} = \overline{CP_1}$

Listen to it
The set of all points at a fixed distance from a given point C is called a **circle**.
C is called the **centre** of the circle.

La distanza fra ognuno dei punti e il centro è il **raggio** della circonferenza.

Equazione della circonferenza

▶ Esercizi a p. 272

Animazione
Nella figura dinamica dell'animazione puoi osservare come variano la circonferenza e la sua equazione quando cambiano α, β e r.

Determiniamo nel piano cartesiano l'equazione della circonferenza che ha centro $C(\alpha; \beta)$ e raggio r.

Un generico punto $P(x; y)$ appartiene alla circonferenza se e solo se:

$\overline{PC} = r \rightarrow \overline{PC}^2 = r^2$.

Per la formula della distanza fra due punti:

$\overline{PC}^2 = (x - \alpha)^2 + (y - \beta)^2$.

Sostituendo r^2 a $\overline{PC}^2$, otteniamo

$(x - \alpha)^2 + (y - \beta)^2 = r^2$,

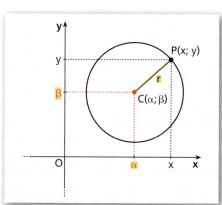

che è l'equazione cercata. Svolgendo i calcoli, possiamo scrivere l'equazione anche in altro modo:

$x^2 + y^2 - 2\alpha x - 2\beta y + \alpha^2 + \beta^2 - r^2 = 0$.

Se poniamo $a = -2\alpha$, $b = -2\beta$, $c = \alpha^2 + \beta^2 - r^2$, l'equazione diventa:

$x^2 + y^2 + ax + by + c = 0$.

Paragrafo 1. Circonferenza e sua equazione

L'equazione trovata è di secondo grado nelle incognite x e y. Osserviamo che l'equazione non è completa, perché manca il termine con il prodotto xy, e che i coefficienti di x^2 e di y^2 sono uguali a 1.

ESEMPIO
Ricaviamo l'equazione della circonferenza di centro $C(2; 1)$ e raggio 3.

Se un punto $P(x; y)$ appartiene alla circonferenza: $\overline{PC} = 3 \rightarrow \overline{PC}^2 = 9$.

Per la formula della distanza tra due punti:
$$\overline{PC}^2 = (x-2)^2 + (y-1)^2.$$

Quindi l'equazione della circonferenza è:
$$(x-2)^2 + (y-1)^2 = 9.$$

Svolgendo i calcoli, possiamo scriverla:
$$x^2 + y^2 - 4x - 2y - 4 = 0.$$

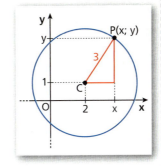

▶ Scrivi l'equazione della circonferenza di centro $C(0; -1)$ e raggio 1.
$$[x^2 + y^2 + 2y = 0]$$

■ Dall'equazione al grafico

▶ Esercizi a p. 273

Coordinate del centro e misura del raggio

Esprimiamo le coordinate del centro e la misura del raggio in funzione di a, b e c:

$$a = -2\alpha \rightarrow \boxed{\alpha = -\frac{a}{2}} \ ; \qquad b = -2\beta \rightarrow \boxed{\beta = -\frac{b}{2}} \ ;$$

$$c = \alpha^2 + \beta^2 - r^2 \rightarrow r^2 = \alpha^2 + \beta^2 - c \rightarrow r^2 = \frac{a^2}{4} + \frac{b^2}{4} - c \rightarrow$$

$$\boxed{r = \sqrt{\frac{a^2}{4} + \frac{b^2}{4} - c}}.$$

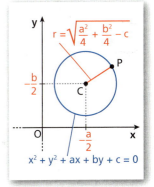

L'equazione $x^2 + y^2 + ax + by + c = 0$ rappresenta una circonferenza solo se la misura del raggio è un numero reale, quindi solo se:

$$\boxed{\frac{a^2}{4} + \frac{b^2}{4} - c \geq 0}.$$

In particolare, se $\frac{a^2}{4} + \frac{b^2}{4} - c = 0$, allora $r = 0$ e la circonferenza si riduce a un solo punto, il centro. In questo caso diciamo che la circonferenza è **degenere**.

Osserviamo che, per avere l'equazione di una circonferenza, non è necessario che x^2 e y^2 abbiano coefficiente 1. È sufficiente che i loro coefficienti siano entrambi uguali a un qualunque numero n, con $n \neq 0$. In tal caso, infatti, è possibile riottenere i coefficienti uguali a 1 dividendo tutti i termini per n. Per esempio:

$$4x^2 + 4y^2 - 2x + 3y - 8 = 0 \rightarrow x^2 + y^2 - \frac{1}{2}x + \frac{3}{4}y - 2 = 0.$$

Rappresentazione grafica di una circonferenza

ESEMPIO Animazione
Disegniamo la circonferenza di equazione $x^2 + y^2 + 2x - 4y - 11 = 0$.

Capitolo 6. Circonferenza

▶ Disegna la circonferenza di equazione
$x^2 + y^2 + 4x - 8y - 5 = 0$.

Le coordinate del centro C sono

$$\alpha = -\frac{a}{2} = -\frac{2}{2} = -1, \quad \beta = -\frac{b}{2} = -\frac{-4}{2} = 2.$$

Il raggio misura:

$$\sqrt{\frac{a^2}{4} + \frac{b^2}{4} - c} = \sqrt{1 + 4 + 11} = \sqrt{16} = 4.$$

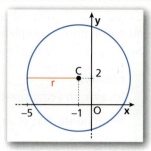

Casi particolari

Consideriamo l'equazione $x^2 + y^2 + ax + by + c = 0$ ed esaminiamo i seguenti casi particolari.

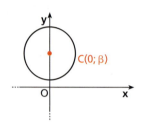

a = 0
$x^2 + y^2 + by + c = 0$

a. Se $a = 0$, allora $\alpha = 0$, quindi $C(0; \beta)$: **il centro appartiene all'asse y**.

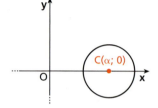

b = 0
$x^2 + y^2 + ax + c = 0$

b. Se $b = 0$, allora $\beta = 0$, quindi $C(\alpha; 0)$: **il centro appartiene all'asse x**.

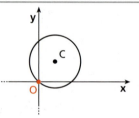

c = 0
$x^2 + y^2 + ax + by = 0$

c. Se $c = 0$, le coordinate di $O(0; 0)$ verificano l'equazione, quindi **la circonferenza passa per l'origine degli assi**.

a = b = 0
$x^2 + y^2 + c = 0$
$x^2 + y^2 = r^2 \quad (r = \sqrt{-c})$

d. Se $a = b = 0$, allora $\alpha = \beta = 0$, quindi $C(0; 0)$. **La circonferenza ha il centro nell'origine.**

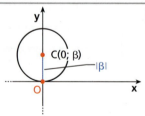

a = c = 0
$x^2 + y^2 + by = 0$

e. La circonferenza ha centro sull'asse y e passa per l'origine. Il raggio misura $r = \sqrt{\beta^2} = |\beta|$.

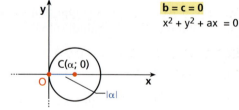

b = c = 0
$x^2 + y^2 + ax = 0$

f. La circonferenza ha centro sull'asse x e passa per l'origine. Il raggio misura $r = \sqrt{\alpha^2} = |\alpha|$.

ESEMPIO

Disegniamo $x^2 + y^2 - 8y - 9 = 0$.
Poiché $a = 0$ e $b = -8$, abbiamo:

$$\alpha = 0, \quad \beta = 4 \rightarrow C(0; 4).$$

Il raggio misura:

$$r = \sqrt{0 + 16 + 9} = \sqrt{25} = 5.$$

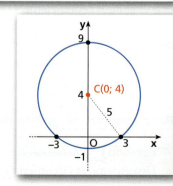

Rappresentiamo $x^2 + y^2 - 16 = 0$.

$a = b = 0 \to \alpha = 0, \beta = 0 \to C(0; 0)$.

Il raggio misura:

$r = \sqrt{-c} = \sqrt{16} = 4$.

Più rapidamente, se scriviamo l'equazione nella forma $x^2 + y^2 = r^2$, cioè $x^2 + y^2 = 16$, ricaviamo subito $C(0; 0)$ e $r = 4$.

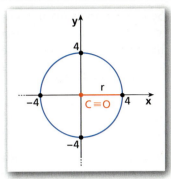

▶ Rappresenta le circonferenze di equazioni:
- $x^2 + y^2 - 4x - 5 = 0$, dove $b = 0$;
- $x^2 + y^2 - 5x - 12y = 0$, dove $c = 0$.

☐ Animazione

▶ Rappresenta le circonferenze di equazioni:
- $x^2 + y^2 + 7y = 0$, con $a = c = 0$;
- $x^2 + y^2 - 10x = 0$, con $b = c = 0$.

☐ Animazione

Circonferenza e funzioni

L'equazione $x^2 + y^2 + ax + by + c = 0$ non rappresenta una funzione perché a ogni valore di x corrispondono due valori di y.

Infatti, se consideriamo per esempio l'equazione $x^2 + y^2 = 4$ ed esplicitiamo rispetto a y, otteniamo: $y^2 = 4 - x^2 \to y = \pm\sqrt{4 - x^2}$.

Il grafico della circonferenza può essere visto come l'unione dei grafici di due semicirconferenze di equazioni $y = \sqrt{4 - x^2}$ e $y = -\sqrt{4 - x^2}$, che invece rappresentano delle funzioni.

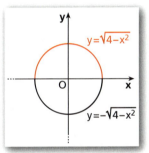

2 Rette e circonferenze

■ Posizione di una retta rispetto a una circonferenza

▶ Esercizi a p. 278

La posizione di una retta rispetto a una circonferenza dipende dalla distanza d del centro della circonferenza dalla retta, cioè dalla misura del segmento che ha per estremi il centro e il piede della perpendicolare condotta dal centro alla retta. Consideriamo una circonferenza di raggio r. Le relazioni che legano d con la posizione che assume la retta rispetto alla circonferenza sono le seguenti.

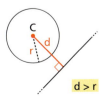 $d > r$	 $d = r$	 $d < r$
a. Se $d > r$, la retta è esterna alla circonferenza: retta e circonferenza non hanno punti in comune.	**b.** Se $d = r$, la retta è tangente alla circonferenza: retta e circonferenza hanno un solo punto in comune.	**c.** Se $d < r$, la retta è secante la circonferenza: retta e circonferenza hanno due punti distinti in comune.

Capitolo 6. Circonferenza

Listen to it

A generic line is **external** to a circle if it has no points in common with it; it is a **tangent** line if it has a single point of intersection with the circle; it is a **secant** line if it meets the circle at two distinct points.

Se vogliamo studiare la posizione di una circonferenza di equazione $x^2 + y^2 + ax + by + c = 0$ rispetto a una retta di equazione $a'x + b'y + c' = 0$, dobbiamo determinare quante sono le soluzioni del sistema:

$$\begin{cases} x^2 + y^2 + ax + by + c = 0 \\ a'x + b'y + c' = 0 \end{cases}.$$

Infatti, le sue soluzioni $(x; y)$ danno le coordinate dei punti in comune alla retta e alla circonferenza, cioè dei loro punti di intersezione.
Risolviamo il sistema applicando il metodo di sostituzione. Otteniamo un'equazione di secondo grado detta **equazione risolvente**.
Studiando il segno del discriminante Δ dell'equazione risolvente abbiamo tre casi:

- $\Delta < 0$, il sistema non ha soluzioni reali: non ci sono punti di intersezione, quindi **la retta è esterna** alla circonferenza;
- $\Delta = 0$, il sistema ha due soluzioni reali e coincidenti: c'è un solo punto di intersezione, quindi **la retta è tangente** alla circonferenza;
- $\Delta > 0$, il sistema ha due soluzioni reali e distinte: ci sono due punti di intersezione, quindi **la retta è secante** la circonferenza.

Animazione

Se segui lo svolgimento dell'esempio nell'animazione, hai a disposizione i calcoli svolti per la risoluzione del sistema e le informazioni per disegnare il grafico.

ESEMPIO
Studiamo la posizione della retta di equazione

$3x - 2y + 1 = 0$,

rispetto alla circonferenza di equazione $x^2 + y^2 + 3x - 3y - 2 = 0$.
Consideriamo il sistema:

$$\begin{cases} x^2 + y^2 + 3x - 3y - 2 = 0 \\ 3x - 2y + 1 = 0 \end{cases}.$$

Ricaviamo y nell'equazione di primo grado, sostituiamo in quella di secondo grado e svolgiamo i calcoli. Otteniamo l'equazione:

$13x^2 - 13 = 0 \rightarrow x^2 - 1 = 0 \rightarrow x_1 = 1; \quad x_2 = -1$.

Sostituendo i due valori di x nell'equazione della retta, otteniamo:

$y_1 = 2$ e $y_2 = -1$.

Il sistema ha due soluzioni, quindi la retta è secante la circonferenza. I punti di intersezione sono $A(1; 2)$ e $B(-1; -1)$.

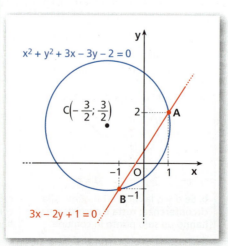

▶ Qual è la posizione della retta di equazione $y = 4$ rispetto alla circonferenza $x^2 + y^2 - 1 = 0$?

Rette tangenti a una circonferenza

▶ Esercizi a p. 280

Dati un punto $P(x_0; y_0)$ e una circonferenza qualsiasi di equazione

$$x^2 + y^2 + ax + by + c = 0,$$

si possono presentare tre casi:

a. P è esterno alla circonferenza;
b. P appartiene alla circonferenza;
c. P è interno alla circonferenza.

Nel primo caso le rette passanti per P e tangenti alla circonferenza sono due, nel secondo caso è una sola, nel terzo caso non esistono rette tangenti passanti per P. Per determinare le equazioni delle eventuali rette tangenti, nei casi **a** e **b** è possibile seguire due metodi.

Primo metodo: $\Delta = 0$

- Scriviamo il sistema delle equazioni del fascio di rette passanti per P, $y - y_0 = m(x - x_0)$, e della circonferenza.

$$\begin{cases} y - y_0 = m(x - x_0) \\ x^2 + y^2 + ax + by + c = 0 \end{cases}$$

Il sistema fornisce i punti di intersezione della retta passante per P con la circonferenza, al variare di m.

- Ricaviamo y nella prima equazione e sostituiamo nella seconda, ottenendo un'equazione di secondo grado nella variabile x i cui coefficienti sono funzioni del parametro m.

- Poniamo la *condizione di tangenza* $\Delta = 0$, perché, se la retta per P è tangente alla circonferenza, è necessario che l'equazione risolvente abbia due soluzioni coincidenti.

- Risolviamo rispetto a m l'equazione di secondo grado ottenuta ponendo $\Delta = 0$.

Se il punto P è esterno alla circonferenza, abbiamo due soluzioni $m_1 \neq m_2$ e le rette tangenti sono due.
Se il punto P appartiene alla circonferenza, $m_1 = m_2$ e la retta tangente è una sola.

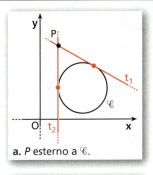

a. P esterno a $\mathcal{C}$.

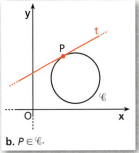

b. $P \in \mathcal{C}$.

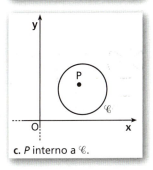

c. P interno a $\mathcal{C}$.

ESEMPIO

Determiniamo le equazioni delle rette passanti per $P(0; 1)$ e tangenti alla circonferenza di equazione $x^2 + y^2 - 12x + 2y + 17 = 0$.
Mettiamo a sistema l'equazione $y = mx + 1$ della retta generica per P con quella della circonferenza.

$$\begin{cases} y = mx + 1 \\ x^2 + y^2 - 12x + 2y + 17 = 0 \end{cases}$$

Troviamo l'equazione risolvente e la riduciamo a forma normale:

$$x^2(1 + m^2) + 2x(2m - 6) + 20 = 0.$$

Poniamo la condizione di tangenza $\dfrac{\Delta}{4} = 0$,

$$(2m - 6)^2 - 20(1 + m^2) = 0 \rightarrow \rightarrow 2m^2 + 3m - 2 = 0,$$

e troviamo i valori

$$m_1 = -2 \text{ e } m_2 = \frac{1}{2}.$$

Animazione

Nella figura dinamica dell'animazione puoi osservare come varia il numero delle intersezioni della retta di equazione $y = mx + 1$ con la circonferenza, quando cambia m.

Sostituendoli in
$$y = mx + 1,$$
ricaviamo le equazioni delle due tangenti:
$$y = -2x + 1,$$
$$y = \frac{1}{2}x + 1.$$

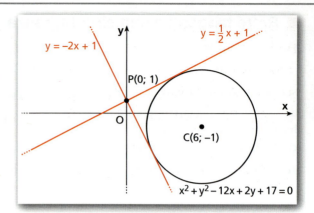

Secondo metodo: distanza retta-centro uguale al raggio

- Determiniamo le coordinate del centro C e il raggio r della circonferenza.
- Scriviamo l'equazione del fascio di rette passanti per P, $y - y_0 = m(x - x_0)$, in forma implicita: $mx - y + y_0 - mx_0 = 0$.
- Applichiamo la formula della distanza di un punto da una retta per esprimere la distanza del centro C da una generica retta del fascio.
- Poniamo tale distanza uguale al raggio e risolviamo l'equazione in m.
- Sostituiamo il valore o i valori di m trovati nell'equazione del fascio di rette.

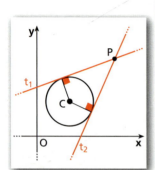

ESEMPIO Animazione

Determiniamo le equazioni delle rette passanti per $P\left(\frac{9}{4}; 0\right)$ e tangenti alla circonferenza di equazione $x^2 + y^2 - 2x = 0$.

- Determiniamo le coordinate del centro C e il raggio r della circonferenza:
$$C(1; 0), \quad r = 1.$$

- Scriviamo l'equazione del fascio di rette passanti per $P\left(\frac{9}{4}; 0\right)$:
$$y = m\left(x - \frac{9}{4}\right) \text{ e, in forma implicita, } 4mx - 4y - 9m = 0.$$

- Troviamo la distanza d fra la generica retta del fascio e il centro C:
$$d = \frac{|ax_0 + by_0 + c|}{\sqrt{a^2 + b^2}} = \frac{|4m(1) - 4(0) - 9m|}{\sqrt{16m^2 + 16}} = \frac{|-5m|}{\sqrt{16m^2 + 16}}.$$

- Poniamo d uguale al raggio e risolviamo l'equazione rispetto a m:
$$\frac{|-5m|}{\sqrt{16m^2 + 16}} = 1 \quad \rightarrow \quad |-5m| = \sqrt{16m^2 + 16}.$$

Eleviamo entrambi i membri al quadrato:
$$25m^2 = 16m^2 + 16 \quad \rightarrow \quad 9m^2 = 16 \quad \rightarrow \quad m^2 = \frac{16}{9} \rightarrow m = \pm\frac{4}{3}.$$

- Sostituiamo i valori di m nell'equazione del fascio di rette e troviamo le equazioni delle tangenti:
$$t_1: y = \frac{4}{3}x - 3, \quad t_2: y = -\frac{4}{3}x + 3.$$

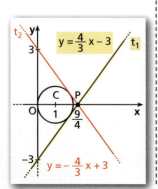

Video

L'ombra
- Qual è la circonferenza dell'ombra di un pallone illuminato da una lampada?
- Come ci possono aiutare le rette tangenti?

Paragrafo 3. Determinare l'equazione di una circonferenza

Se *il punto P appartiene alla circonferenza*, oltre al primo e al secondo metodo, possiamo applicare anche il seguente.

Terzo metodo: retta tangente in *P* come perpendicolare al raggio *PC*

- Determiniamo le coordinate del centro *C* della circonferenza.
- Troviamo il coefficiente angolare *m* della retta *r* passante per *P* e per *C*.
- Calcoliamo il coefficiente angolare $m' = -\dfrac{1}{m}$ della retta perpendicolare a *r*.
- La retta tangente *t* in *P* è perpendicolare al diametro passante per *P*, quindi ha equazione $y - y_0 = m'(x - x_0)$.

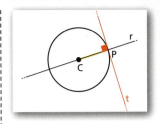

ESEMPIO Animazione

Troviamo l'equazione della retta tangente alla circonferenza di centro $C(2; 1)$ e raggio $2\sqrt{2}$ nel suo punto *P* del primo quadrante che ha ascissa 4.
La circonferenza ha equazione:

$$(x-2)^2 + (y-1)^2 = 8 \rightarrow x^2 + y^2 - 4x - 2y - 3 = 0.$$

Sostituiamo l'ascissa 4 di *P*, per trovare la sua ordinata:

$$16 + y^2 - 16 - 2y - 3 = 0 \rightarrow y^2 - 2y - 3 = 0 \rightarrow y_1 = -1, y_2 = 3.$$

P deve appartenere al primo quadrante, quindi $P(4; 3)$.

Il coefficiente angolare di *CP* è $m = \dfrac{3-1}{4-2} = 1$, quindi quello della tangente è $m_1 = -1$.

L'equazione della tangente è: $y - 3 = -1(x - 4) \rightarrow y = -x + 7$.

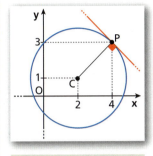

▶ Determina le equazioni delle rette passanti per $O(0; 0)$ e tangenti alla circonferenza di equazione $x^2 + y^2 - 4x - 2y = 0$.

$[y = -2x]$

3 Determinare l'equazione di una circonferenza

▶ Esercizi a p. 283

Poiché nell'equazione della circonferenza $x^2 + y^2 + ax + by + c = 0$ sono presenti tre coefficienti *a*, *b* e *c*, per poterli determinare occorrono tre informazioni geometriche, indipendenti tra loro, sulla circonferenza, dette *condizioni*, che si traducono poi in tre equazioni algebriche nelle incognite *a*, *b*, *c*.
Le coordinate note di un punto della circonferenza corrispondono a una condizione, perché permettono di scrivere un'equazione in *a*, *b* e *c*; le coordinate del centro corrispondono a due condizioni, perché possiamo determinare sia *a* sia *b*; il raggio corrisponde a una condizione.

ESEMPIO Animazione

Determiniamo l'equazione della circonferenza passante per i punti $P(1; 4)$ e $Q(5; 0)$ e tangente alla retta di equazione $y = -x + 1$.
Imponiamo alla circonferenza di equazione $x^2 + y^2 + ax + by + c = 0$ il passaggio per *P* e *Q*.

$\begin{cases} 1 + 16 + a + 4b + c = 0 \\ 25 + 5a + c = 0 \end{cases}$ passaggio per *P* (1; 4)
  passaggio per *Q* (5; 0)

Capitolo 6. Circonferenza

Ricaviamo due delle incognite a, b e c in funzione della terza:

$$c = -5a - 25 \text{ e } b = a + 2.$$

L'equazione della circonferenza diventa:

$$x^2 + y^2 + ax + (a+2)y - 5a - 25 = 0.$$

Ora utilizziamo la condizione di tangenza della retta di equazione $y = -x + 1$ con la circonferenza.
Risolvendo il sistema

$$\begin{cases} x^2 + y^2 + ax + (a+2)y - 5a - 25 = 0 \\ y = -x + 1 \end{cases}$$

si giunge all'equazione risolvente:

$$x^2 - 2x - (2a + 11) = 0.$$

Imponiamo la condizione di tangenza:

$$\frac{\Delta}{4} = 0 \rightarrow 1 + 2a + 11 = 0 \rightarrow a = -6.$$

Sostituiamo $a = -6$ nell'equazione:

$$x^2 + y^2 + ax + (a+2)y - 5a - 25 = 0.$$

La circonferenza cercata ha equazione:

$$x^2 + y^2 - 6x - 4y + 5 = 0.$$

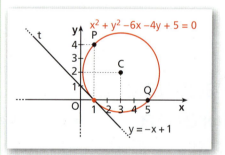

▶ Determina l'equazione della circonferenza di centro $C(4; 3)$ e passante per il punto $P(1; 2)$.
$[x^2 + y^2 - 8x - 6y + 15 = 0]$

Animazione

▶ Determina l'equazione della circonferenza passante per i punti
$A(-3; 4)$, $B(1; 0)$, $C(1; 4)$.
$[x^2 + y^2 + 2x - 4y - 3 = 0]$

MATEMATICA E DISEGNO

Ovale è bello! Gli ovali sono costruzioni geometriche basate su archi di circonferenze. In architettura servono per ottenere approssimazioni delle ellissi, curve difficili da realizzare nelle costruzioni. Ma vengono utilizzati anche in altri campi…

a. Descrivi alcuni modi per disegnare un ovale con uno o con due assi di simmetria.
b. Illustra, attraverso immagini, dove sono presenti ovali: negli edifici, nell'arredamento, nell'oggettistica…

Cerca nel Web: ovale, geometria, architettura, tangram

IN SINTESI
Circonferenza

■ Equazione della circonferenza

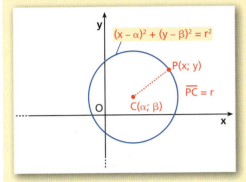

Note le coordinate del centro $(\alpha; \beta)$ e la misura r del raggio, l'equazione della circonferenza è: $(x - \alpha)^2 + (y - \beta)^2 = r^2$.
L'equazione può essere scritta nella forma

$$x^2 + y^2 + ax + by + c = 0.$$

$$\alpha = -\frac{a}{2}, \quad \beta = -\frac{b}{2},$$

$$r = \sqrt{\frac{a^2}{4} + \frac{b^2}{4} - c}, \text{ con } \frac{a^2}{4} + \frac{b^2}{4} - c \geq 0.$$

■ Posizione di una retta rispetto a una circonferenza

Dato il sistema formato dalle equazioni della circonferenza e della retta:

$$\begin{cases} x^2 + y^2 + ax + by + c = 0 \\ a'x + b'y + c' = 0 \end{cases}$$

se nell'equazione di secondo grado risolvente abbiamo:

- $\Delta > 0$, la retta è **secante**;
- $\Delta = 0$, la retta è **tangente**;
- $\Delta < 0$, la retta è **esterna**.

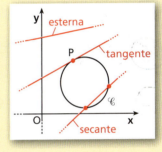

■ Rette tangenti a una circonferenza

Dati un punto $P(x_0; y_0)$ e una circonferenza di equazione

$$x^2 + y^2 + ax + by + c = 0,$$

per determinare le equazioni delle eventuali rette per P tangenti alla circonferenza, si usano i seguenti metodi.

- **Primo metodo.** $\Delta = 0$ nell'equazione di secondo grado nella variabile x, risolvente il sistema

$$\begin{cases} y - y_0 = m(x - x_0) \\ x^2 + y^2 + ax + by + c = 0 \end{cases}.$$

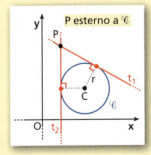

- **Secondo metodo.** Distanza tra centro C e retta generica passante per P, di equazione $y - y_0 = m(x - x_0)$, uguale al raggio.

Con entrambi i metodi si ottiene un'equazione di secondo grado in m le cui soluzioni sono i coefficienti angolari delle rette tangenti.

Se **P appartiene alla circonferenza**, c'è ancora un altro metodo.

- **Terzo metodo.** La tangente è la perpendicolare in P alla retta PC. Si determina il centro della circonferenza e si calcola il coefficiente angolare m di PC. La tangente ha equazione

$$y - y_0 = m'(x - x_0), \text{ con } m' = -\frac{1}{m}.$$

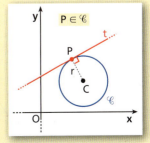

CAPITOLO 6
ESERCIZI

1 Circonferenza e sua equazione

Equazione della circonferenza
▶ Teoria a p. 262

1 Determina il luogo geometrico dei punti del piano aventi distanza 2 dall'origine degli assi. $[x^2 + y^2 = 4]$

2 Scrivi il luogo geometrico dei punti del piano che hanno distanza $\sqrt{5}$ dal punto $(-3; 1)$.
$[x^2 + y^2 + 6x - 2y + 5 = 0]$

3 Individua l'equazione della circonferenza con centro l'origine e raggio 3. $[x^2 + y^2 = 9]$

4 Scrivi l'equazione della circonferenza con centro $C(2; -3)$ e raggio 4. $[x^2 + y^2 - 4x + 6y - 3 = 0]$

5 Trova l'equazione della circonferenza con centro $C(-1; -2)$ e raggio 5. $[x^2 + y^2 + 2x + 4y - 20 = 0]$

6 Determina il raggio e scrivi l'equazione della circonferenza di centro $C(0; 3)$ e passante per $P(2; -1)$.
$[2\sqrt{5}\,;\, x^2 + y^2 - 6y - 11 = 0]$

7 Determina il raggio e scrivi l'equazione della circonferenza di centro $C(-1; 1)$ e passante per $A(0; -2)$.
$[\sqrt{10}\,;\, x^2 + y^2 + 2x - 2y - 8 = 0]$

8 Determina l'equazione della circonferenza avente centro $C(3; 4)$ e raggio di lunghezza uguale a quella del segmento di estremi $\left(-2; \dfrac{3}{2}\right)$ e $\left(1; -\dfrac{5}{2}\right)$. $[x^2 + y^2 - 6x - 8y = 0]$

9 Scrivi l'equazione della circonferenza di raggio 5 il cui centro è il punto P che si trova sull'asse x di ascissa -4.
$[x^2 + y^2 + 8x - 9 = 0]$

10 **TEST** Il raggio di una circonferenza passante per l'origine e con centro in $\left(-2; \dfrac{3}{2}\right)$ è:

A $\dfrac{13}{2}$.   B $\dfrac{5}{4}$.   C $\dfrac{5}{2}$.   D $\dfrac{1}{2}$.   E 5.

11 **FAI UN ESEMPIO** Scrivi l'equazione di una circonferenza che:
a. passa per l'origine e ha il centro sull'asse x;
b. ha il grafico nel terzo quadrante.

12 Trova l'equazione della circonferenza di raggio $2\sqrt{3}$ avente il centro nel punto in cui la retta di equazione $2x + 3y = 5$ interseca la bisettrice del primo quadrante. $[x^2 + y^2 - 2x - 2y - 10 = 0]$

13 **LEGGI IL GRAFICO** Scrivi le equazioni delle circonferenze rappresentate nei seguenti grafici.

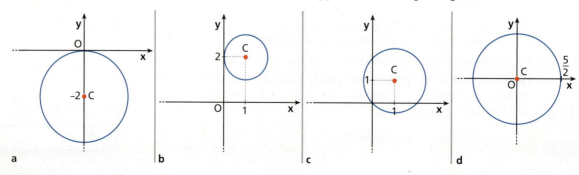

a   b   c   d

Paragrafo 1. Circonferenza e sua equazione

REALTÀ E MODELLI

14 **In 3D!** Con una stampante 3D Luca vuole stampare l'anello in figura. Per generare il file di stampa deve inserire le equazioni dei bordi interno ed esterno nel sistema di riferimento indicato. Quali equazioni dovrà inserire?
$$[x^2 + y^2 - 36 = 0; \; x^2 + y^2 - 81 = 0]$$

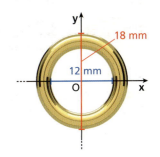

15 **Un cerchione cartesiano** Scrivi l'equazione del bordo del cerchione nel sistema di riferimento indicato, sapendo che la lunghezza della sua circonferenza è circa 12,66 dm.
$$[x^2 + y^2 - 4 = 0]$$

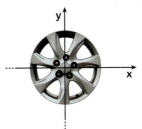

Dall'equazione al grafico
▶ Teoria a p. 263

16 **ESERCIZIO GUIDA** Indichiamo quale, fra le seguenti equazioni, è quella di una circonferenza e rappresentiamo il suo grafico.

a. $x^2 + y^2 - x + y + 5 = 0$; **b.** $4x^2 + 4y^2 + 8x - 16y + 11 = 0$.

Il raggio $r = \sqrt{\dfrac{a^2}{4} + \dfrac{b^2}{4} - c}$ deve essere un numero reale, quindi il radicando deve essere maggiore o uguale a 0.

a. Per l'equazione $x^2 + y^2 - x + y + 5 = 0$, poiché $a = -1$, $b = 1$, $c = 5$, otteniamo:

$$\dfrac{(-1)^2}{4} + \dfrac{1^2}{4} - 5 = \dfrac{1}{4} + \dfrac{1}{4} - 5 = -\dfrac{18}{4} < 0 \rightarrow \text{l'equazione non è quella di una circonferenza.}$$

b. Dividiamo entrambi i membri per 4:

$$x^2 + y^2 + 2x - 4y + \dfrac{11}{4} = 0.$$

Sostituiamo $a = 2$, $b = -4$, $c = \dfrac{11}{4}$ nell'espressione $\left(-\dfrac{a}{2}\right)^2 + \left(-\dfrac{b}{2}\right)^2 - c$:

$$1 + 4 - \dfrac{11}{4} = \dfrac{9}{4} > 0.$$

L'equazione data, quindi, è quella di una circonferenza di raggio $\dfrac{3}{2}$.
Le coordinate del centro sono $\alpha = -\dfrac{a}{2} = -1$ e $\beta = -\dfrac{b}{2} = 2$.

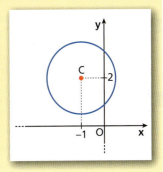

Determina se ognuna delle seguenti equazioni corrisponde a una circonferenza; in caso affermativo disegna la circonferenza, dopo aver determinato il centro e il raggio.

17 **a.** $x^2 + y^2 + 1 = 0$; **b.** $x^2 + y^2 - 1 = 0$; **c.** $6x^2 + 6y^2 - 24 = 0$.

18 **a.** $(x-1)^2 + y^2 = 4$; **b.** $x^2 + 2y^2 + x + 3y - 5 = 0$; **c.** $x^2 + y^2 - 2x - 2y - 2 = 0$.

19 a. $x^2 + y^2 + 2xy + 3 = 0$; b. $3x^2 - 3y^2 + x + y + 1 = 0$; c. $x^2 + y^2 - 6x + 2y - 6 = 0$.

20 a. $x^2 + y^2 = 4$; b. $(x-3)^2 + (y+4)^2 = 36$; c. $x^2 + y^2 - 16 = 0$.

21 a. $x^2 + y^2 + 4y = 0$; b. $x^2 + y^2 - x = 0$; c. $x^2 + y^2 + 2x - 6y = 0$.

22 a. $x^2 + y^2 - 4y + 1 = 0$; b. $x^2 + y^2 - 2x - 15 = 0$; c. $x^2 + y^2 - 14x + 8y + 16 = 0$.

23 a. $x^2 + y^2 - x + 4y = 0$; b. $x^2 + y^2 + 2x = 3y$; c. $x^2 + y^2 = 2y$.

Trova per quali valori di k ognuna delle seguenti equazioni rappresenta una circonferenza.

24 $x^2 + y^2 - 2kx + 2y - 4 = 0$ $[\forall k \in \mathbb{R}]$

26 $x^2 + y^2 + x - 2y + k + 3 = 0$ $\left[k \leq -\dfrac{7}{4}\right]$

25 $x^2 + y^2 + (k-2)x + ky - 2 = 0$ $[\forall k \in \mathbb{R}]$

27 $x^2 + y^2 - 2kx + 4y - k + 6 = 0$ $[k \leq -2 \vee k \geq 1]$

TEST

28 Qual è il grafico della circonferenza di equazione $x^2 + y^2 + 4x - 2y + 1 = 0$?

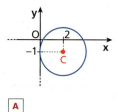
A

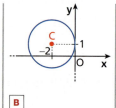
B

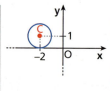
C

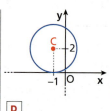
D

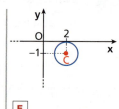
E

29 La circonferenza di equazione $x^2 + y^2 - x + 6y = 0$ ha centro di coordinate:

A $(1; 3)$.   B $(1; -3)$.   C $\left(\dfrac{1}{2}; -3\right)$.   D $\left(-\dfrac{1}{2}; 3\right)$.   E $(-1; 6)$.

30 La circonferenza di equazione $x^2 + y^2 - 4x + 2y - 4 = 0$ ha raggio di lunghezza:

A 1.   B $2\sqrt{6}$.   C 6.   D 3.   E 9.

---

31 **ASSOCIA** a ogni equazione il grafico corrispondente.

a. $x^2 + y^2 - 6x = 0$ c. $x^2 + y^2 - 9 = 0$

b. $x^2 + y^2 - x - 2y = 0$ d. $x^2 + y^2 - 4x + 2y - 5 = 0$

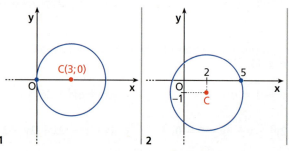

1   2

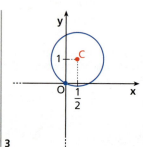

3

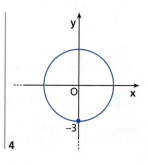

4

Paragrafo 1. Circonferenza e sua equazione

32 **VERO O FALSO?**
a. L'equazione $-2x^2 - 2y^2 + 1 = 0$ non rappresenta una circonferenza. V F
b. Le due circonferenze $x^2 + y^2 + 4x - 2y - 4 = 0$ e $(x-2)^2 + (y+1)^2 = 1$ hanno lo stesso centro. V F
c. La circonferenza $x^2 + y^2 + 2x - 2y - 25 = 0$ ha raggio 5. V F
d. L'equazione $x^2 + y^2 + 12x = 0$ ha il centro sull'asse y. V F

33 Scrivi l'equazione della circonferenza di centro $C(1;-2)$ che ha lo stesso raggio della circonferenza di equazione $x^2 + y^2 - 2x - 3 = 0$ e rappresenta graficamente le due circonferenze. $[x^2 + y^2 - 2x + 4y + 1 = 0]$

34 Determina l'equazione della circonferenza di raggio 3 che ha lo stesso centro della circonferenza di equazione $x^2 + y^2 - 4x + 6y + 7 = 0$. $[x^2 + y^2 - 4x + 6y + 4 = 0]$

35 Trova l'equazione della circonferenza che ha lo stesso centro e raggio doppio rispetto alla circonferenza di equazione $x^2 + y^2 - 10x + 2y + 17 = 0$. $[x^2 + y^2 - 10x + 2y - 10 = 0]$

36 Verifica che il centro della circonferenza di equazione $x^2 + y^2 - 8x + y - 3 = 0$ appartiene alla retta di equazione $2y - 2x + 9 = 0$.

Appartenenza di un punto a una circonferenza

37 Stabilisci se le seguenti circonferenze passano per i punti indicati a fianco.

a. $x^2 + y^2 - 4x + y = 0$, A(1; 2).   b. $x^2 + y^2 + 3x - y - 1 = 0$, A(0; -1).

COMPLETA in modo che i punti indicati appartengano alla circonferenza di equazione data. La scelta è unica?

38 $x^2 + y^2 = 64$, $P(0; \_\_)$, $Q(-8; \_\_)$.   **39** $x^2 + y^2 - 4y = 0$, $P(2; \_\_)$, $Q(\_\_; 2)$.

40 Determina il valore da attribuire al parametro c affinché la circonferenza di equazione
$$x^2 + y^2 + 4cx - y + c - 1 = 0$$
passi per il punto $P(-1; 2)$. $\left[\dfrac{2}{3}\right]$

41 Trova il valore da attribuire a k affinché il punto $P(3k; -1)$ appartenga alla circonferenza di equazione $x^2 + y^2 - 2x + 2y - 14 = 0$. $\left[-1; \dfrac{5}{3}\right]$

42 Stabilisci per quali valori del parametro k il punto $P(k-1; 2k-1)$ appartiene alla circonferenza con centro nell'origine e raggio $\sqrt{10}$. $\left[-\dfrac{4}{5}; 2\right]$

43 Dopo aver calcolato centro e raggio della circonferenza di equazione $x^2 + y^2 - 2x - 2y + 1 = 0$, verifica se il punto $A(2; 1)$ appartiene alla circonferenza. $[C(1;1); r = 1; \text{sì}]$

44 Calcola centro e raggio della circonferenza di equazione $x^2 + y^2 - 7x + 4y - 4 = 0$. Verifica poi se la circonferenza passa per l'origine degli assi. $\left[C\left(\dfrac{7}{2}; -2\right); r = \dfrac{9}{2}; \text{no}\right]$

45 **VERO O FALSO?** La circonferenza di equazione $x^2 + y^2 - 2x - 3 = 0$:
a. ha il centro sull'asse x. V F
b. passa per il punto $A(1; -2)$. V F
c. ha raggio 4. V F
d. non passa per l'origine. V F

46 Verifica che i punti $A(3; 1)$ e $B(1; -5)$ non appartengono alla circonferenza $x^2 + y^2 - 4x = 0$. Sono interni o esterni alla circonferenza? (SUGGERIMENTO Se un punto è interno, la sua distanza dal centro è minore del...)

[A interno; B esterno]

47 Stabilisci se i punti $A(1; 0)$, $B\left(\dfrac{1}{2}; -\dfrac{3}{4}\right)$, $D(0; -1)$, $E(-1; 1)$ sono interni, esterni o appartengono alla circonferenza di equazione $x^2 + y^2 - x + 2y + 1 = 0$ e verificalo graficamente.

48 Stabilisci se i punti $A(5; -3)$, $B(1; -2)$ e $C(-1; 1)$ sono interni, esterni o appartengono alla circonferenza di equazione $x^2 + y^2 - 4x + 6y + 4 = 0$. Quindi rappresenta la circonferenza nel piano cartesiano e verifica graficamente la posizione dei punti.

49 Dopo aver determinato il valore da attribuire a h affinché il punto $P(6; 8)$ appartenga alla circonferenza di equazione $x^2 + y^2 - (h + 3)x + (-3h + 1)y + h - 3 = 0$, rappresenta la curva e verifica graficamente l'appartenenza di P a essa.

[3]

LEGGI IL GRAFICO

50 La circonferenza della figura ha equazione $x^2 + y^2 + ax + by + c = 0$. Allora:

A $a = 6$, $b = -6$.
B $a = -6$, $b = 6$, $c = 3$.
C $a = b$.
D $c = 9$.
E $a = c$.

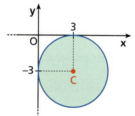

51 Se la circonferenza della figura ha equazione $x^2 + y^2 + ax + by + c = 0$, allora:

A $a < 0$, $b > 0$.
B $a < 0$, $b < 0$.
C $a > 0$, $c = 0$.
D $a > 0$, $b < 0$.
E $a > 0$, $c < 0$.

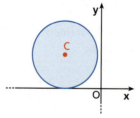

52 Calcola per quali valori di k l'equazione $x^2 + y^2 + 4x - 2y - k + 3 = 0$ rappresenta una circonferenza e determina per quale valore di k si ha una circonferenza:

a. con raggio 1;
b. passante per l'origine;
c. passante per il punto $P(1; 2)$.

[$k \geq -2$; a) $k = -1$; b) $k = 3$; c) $k = 8$]

53 Determina i valori di a per cui l'equazione $x^2 + y^2 + 2ax - 4y + 5a = 0$ rappresenta una circonferenza non degenere. Trova poi per quale valore di a la circonferenza:

a. ha centro di ascissa 3;
b. ha centro sull'asse y;
c. ha raggio 2 e non passa per l'origine.

[$a < 1 \lor a > 4$; a) $a = -3$; b) $a = 0$; c) $a = 5$]

Paragrafo 1. Circonferenza e sua equazione

MATEMATICA E STORIA
Gli ovali di Serlio Il bolognese Sebastiano Serlio (1475-1554) fu un maestro dell'architettura. Nei suoi *Sette libri d'architettura* sono presenti alcuni modi per disegnare degli ovali tracciando archi di circonferenza.

Nella figura a lato, gli ovali sono formati da archi di circonferenza con centro nei vertici dei triangoli equilateri *ACD* e *BCD*. Serlio osserva che per rendere la forma «più rotonda» basta aumentare i raggi degli archi di circonferenza, ma comunque non si otterrà mai un cerchio.

a. Come variano i rapporti fra la lunghezza del lato *AC* e i raggi degli archi di centro *A*, all'aumentare di questi ultimi? E i rapporti fra la lunghezza del lato *AC* e i raggi degli archi di centro *C*? (Ricava le lunghezze misurandole direttamente sulla figura.)

b. Considera il caso limite in cui la lunghezza del lato del triangolo sia nulla: indica quali figure si traccerebbero con il compasso e rifletti su quale sarebbe, in questo caso, il valore dei rapporti considerati sopra.

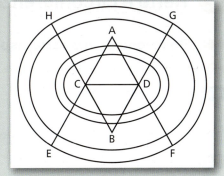

☐ Risoluzione

Circonferenza e trasformazioni geometriche

54 Trova l'equazione della circonferenza che si ottiene traslando la circonferenza di equazione $x^2 + y^2 - 2x = 0$ secondo il vettore $(3; -1)$. $\quad [x^2 + y^2 - 8x + 2y + 16 = 0]$

55 Trasla la circonferenza di centro $(-2; 3)$ e raggio 2 secondo il vettore $(0; 1)$. Scrivi le equazioni delle due circonferenze e rappresentale nel piano cartesiano. $\quad [x^2 + y^2 + 4x - 6y + 9 = 0; \ x^2 + y^2 + 4x - 8y + 16 = 0]$

56 Scrivi l'equazione della circonferenza simmetrica rispetto all'asse y della circonferenza di equazione $x^2 + y^2 - x + 4y - 2 = 0$ e rappresentala graficamente. $\quad [x^2 + y^2 + x + 4y - 2 = 0]$

57 Scrivi l'equazione della circonferenza di centro $(1; 2)$ e di raggio 1 e l'equazione della sua simmetrica rispetto all'origine. $\quad [x^2 + y^2 - 2x - 4y + 4 = 0; \ x^2 + y^2 + 2x + 4y + 4 = 0]$

58 Riconosci la trasformazione geometrica di equazioni $\begin{cases} x' = 2 - x \\ y' = -2 - y \end{cases}$ e applicala alla circonferenza di equazione $x^2 + y^2 = 1$.
$\quad$ [simmetria centrale di centro $(1; -1)$, $x^2 + y^2 - 4x + 4y + 7 = 0$]

59 Trova l'equazione della circonferenza trasformata della circonferenza di equazione $x^2 + y^2 - 4x + 2y = 0$ secondo la simmetria centrale di centro $P(-2; -3)$. $\quad [x^2 + y^2 + 12x + 10y + 56 = 0]$

60 Una traslazione trasforma la circonferenza di equazione $x^2 + y^2 - 4 = 0$ in una circonferenza di centro $C(3; -3)$. Determina l'equazione della circonferenza traslata e disegna le due circonferenze.
$\quad [x^2 + y^2 - 6x + 6y + 14 = 0]$

61 Determina le componenti a e b del vettore $\vec{v}(a; b)$ corrispondente a una traslazione che trasforma la circonferenza di equazione $x^2 + y^2 - 9 = 0$ nella circonferenza di equazione $x^2 + y^2 - 4x - 4y - 1 = 0$. $\quad [a = 2, b = 2]$

62 **RIFLETTI SULLA TEORIA** Quali sono le componenti del vettore $\vec{v}$ corrispondente a una traslazione che trasforma la circonferenza di equazione $x^2 + y^2 + ax + by + c = 0$ in quella di equazione $x^2 + y^2 = r^2$?

63 **EUREKA!** Individua la parte di piano che soddisfa ognuna delle seguenti disequazioni:
$\quad$ **a.** $x^2 + y^2 > 4$; $\quad\quad$ **b.** $x^2 + y^2 < 2x$.

Capitolo 6. Circonferenza

2 Rette e circonferenze

Posizione di una retta rispetto a una circonferenza
▶ Teoria a p. 265

AL VOLO Indica, senza rappresentarle, le posizioni reciproche della circonferenza e della retta di equazioni date.

64 $x^2 + y^2 = 4$; $x = 0$.

65 $x^2 + y^2 - 4y = 0$; $y = 0$.

Trova i punti di intersezione delle seguenti circonferenze con gli assi cartesiani.

66 $x^2 + y^2 - 2x + 2y + 1 = 0$

68 $x^2 + y^2 - 6x - 4y + 12 = 0$

67 $x^2 + y^2 - 3x + 7y = 0$

69 $x^2 + y^2 + 5x - y = 0$

---

70 **COMPLETA** le seguenti affermazioni in riferimento alla circonferenza di equazione $x^2 + y^2 - 2x - 3 = 0$, quindi rappresentala graficamente.

a. Ha raggio $r = \underline{}$.

b. Ha centro $C(\underline{}; \underline{})$.

c. Interseca l'asse y in $A(\underline{}; \underline{})$ e $B(\underline{}; \underline{})$.

d. Passa per il punto $P(\underline{}; -2)$.

e. Interseca l'asse x in $D(\underline{}; \underline{})$ e $E(\underline{}; \underline{})$.

f. Interseca la retta $y = 2$ in $Q(\underline{}; \underline{})$.

---

71 **ESERCIZIO GUIDA** Stabiliamo la posizione della retta di equazione $2x - y + 1 = 0$ rispetto alla circonferenza di equazione $x^2 + y^2 - x - 9y + 8 = 0$ e determiniamo le coordinate degli eventuali punti di intersezione.

Consideriamo il sistema formato dalle equazioni della retta e della circonferenza:

$$\begin{cases} 2x - y + 1 = 0 \\ x^2 + y^2 - x - 9y + 8 = 0 \end{cases}$$

Risolviamo con il metodo di sostituzione:

$$\begin{cases} y = 2x + 1 \\ x^2 + (2x+1)^2 - x - 9(2x+1) + 8 = 0 \end{cases} \rightarrow$$

$$\begin{cases} y = 2x + 1 \\ x^2 + 4x^2 + 4x + 1 - x - 18x - 9 + 8 = 0 \end{cases} \rightarrow$$

$$\begin{cases} y = 2x + 1 \\ 5x^2 - 15x = 0 \end{cases} \rightarrow \begin{cases} y = 2x + 1 \\ 5x(x - 3) = 0 \end{cases} \rightarrow \begin{array}{l} x = 0; y = 1 \\ x = 3; y = 7 \end{array}$$

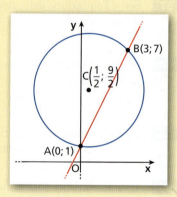

La retta è quindi secante e $A(0; 1)$ e $B(3; 7)$ sono i punti di intersezione richiesti.

Nelle seguenti coppie di equazioni, stabilisci la posizione della retta rispetto alla circonferenza e, nei casi in cui la retta non sia esterna, determina le coordinate dei punti di intersezione o quelle del punto di tangenza.

72 $x^2 + y^2 - 4x - 2y = 0$, $x - 4 = 0$.   [secante: $(4; 0), (4; 2)$]

73 $x^2 + y^2 - 8x + 10y + 25 = 0$, $y + 9 = 0$.   [tangente: $(4; -9)$]

74 $x^2 + y^2 + 4x - 2y = 0$, $x + 3y + 4 = 0$.   [secante: $(-4; 0), (-1; -1)$]

75 $x^2 + y^2 - 6x + 2y = 0$, $y - 3x = 0$.   [tangente: $(0; 0)$]

76 $x^2 + y^2 - 50 = 0$, $3x + 4y + 40 = 0$.   [esterna]

77 $x^2 + y^2 - 6x + 3y - 4 = 0$, $\qquad$ $2x + y - 1 = 0$. $\qquad$ $\left[\text{secante: } (0;1), \left(\frac{16}{5}; -\frac{27}{5}\right)\right]$

78 $x^2 + y^2 - 6x - 16y + 60 = 0$, $\qquad$ $3x - 2y - 6 = 0$. $\qquad$ $[\text{tangente: } (6;6)]$

79 $x^2 + y^2 - 6x + 3y + 11 = 0$, $\qquad$ $2x - 4y - 10 = 0$. $\qquad$ $\left[\text{secante: } (3;-1), \left(\frac{13}{5}; -\frac{6}{5}\right)\right]$

80 La retta di equazione $x + y + 4 = 0$ interseca la circonferenza $x^2 + y^2 + 6x - 4y + 4 = 0$ nei punti A e B. Calcola la misura della corda AB. $\qquad$ $[3\sqrt{2}]$

81 Determina i punti di intersezione A e B della retta di equazione $y = 2x - 4$ con la circonferenza di equazione $x^2 + y^2 + 4x - 4y - 17 = 0$ e calcola la misura della corda AB. $\qquad$ $[A(1;-2), B(3;2); 2\sqrt{5}]$

82 Calcola l'area del triangolo ABC della figura, dove C è il centro della circonferenza. $\qquad$ $[4]$

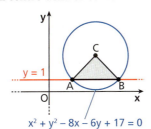

83 Detti A, B, C e D i punti in cui la circonferenza di equazione $x^2 + y^2 - 4x + 4y - 12 = 0$ interseca gli assi cartesiani, trova perimetro e area del quadrilatero $ABCD$. $\qquad$ $[4\sqrt{10} + 8\sqrt{2}; 32]$

84 Determina il valore del parametro k affinché la retta di equazione $x = k$ incontri la circonferenza di equazione $x^2 + y^2 + 4x - 6y - 7 = 0$ in due punti A e B tali che $\overline{AB} = 4$. $\qquad$ $[-6; 2]$

85 Scrivi l'equazione della retta parallela all'asse x sulla quale la circonferenza di equazione $x^2 + y^2 + 2x + 8y = 0$ stacca una corda di misura $4\sqrt{2}$. $\qquad$ $[y = -7; y = -1]$

86 Nel fascio di rette di equazione $y = -2x + k$, determina le rette sulle quali la circonferenza di equazione $x^2 + y^2 - x + y - 2 = 0$ stacca delle corde di misura $\sqrt{5}$. $\qquad$ $[k = -2; k = 3]$

87 Trova le coordinate dei vertici C e D dei due triangoli isosceli inscritti nella circonferenza di equazione $x^2 + y^2 - 8y + 11 = 0$ che hanno la base AB sulla retta di equazione $y = -2x + 5$. $\qquad$ $[C(-2;3), D(2;5)]$

88 $M(1;4)$ è il punto medio della corda AB nella circonferenza di equazione $x^2 + y^2 - 4x - 6y + 3 = 0$. Trova le coordinate di A e di B. $\qquad$ $[A(-1;2), B(3;6)]$

Trova per quali valori di k la circonferenza assegnata interseca la retta indicata a fianco.

89 $x^2 + y^2 - 6x = 0$, $\qquad$ $y = k$. $\qquad$ $[-3 \leq k \leq 3]$

90 $x^2 + y^2 - 2y = 0$, $\qquad$ $y = kx - 1$. $\qquad$ $[k \leq -\sqrt{3} \vee k \geq \sqrt{3}]$

91 $x^2 + y^2 + 4x - 4y + 4 = 0$, $\qquad$ $y = kx + 4$. $\qquad$ $[k \geq 0]$

92 **YOU & MATHS** The straight line l_1 with equation $x - 2y + 10 = 0$ meets the circle with equation $x^2 + y^2 = 100$ at B in the first quadrant. A line through B, perpendicular to l_1, cuts the y-axis at $P(0;t)$. Determine the value of t. $\qquad$ (CAN *Canadian Open Mathematics Challenge*, COMC, 1997)

$[t = 20]$

93 **EUREKA!** Rappresenta la circonferenza di equazione $x^2 + y^2 - 4x - 2y = 0$ e la retta r di equazione $y = -x + 2$. Trova la misura della corda intercettata da r sulla circonferenza senza calcolare le coordinate dei punti di intersezione. $\qquad$ $[3\sqrt{2}]$

Capitolo 6. Circonferenza

94 **REALTÀ E MODELLI** **Fido e il ruscello** Giovanni lega il suo cane Fido a un palo vicino a un ruscello che scorre in linea retta nelle vicinanze. Per fare ciò utilizza una corda lunga 3 m. Sapendo che nel grafico le coordinate sono espresse in metri e che il palo è nel punto C, individua i punti P e Q del ruscello più lontani che Fido riesce a raggiungere e calcola la lunghezza del tratto PQ.

$$[P(2; 4), Q(5; 1), PQ = 3\sqrt{2} \text{ m}]$$

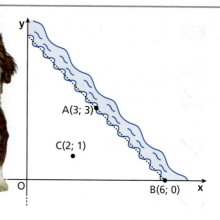

Rette tangenti a una circonferenza

▶ Teoria a p. 267

Rette tangenti condotte da un punto esterno

95 **ESERCIZIO GUIDA** Determiniamo le equazioni delle rette passanti per $A(0; 7)$ e tangenti alla circonferenza di equazione $x^2 + y^2 - 10x - 6y + 18 = 0$.

Utilizziamo il primo metodo ($\Delta = 0$).
Mettiamo a sistema l'equazione di una generica retta passante per A con l'equazione della circonferenza.

$$\begin{cases} y = mx + 7 \\ x^2 + y^2 - 10x - 6y + 18 = 0 \end{cases}$$

Troviamo l'equazione risolvente e poniamo $\Delta = 0$:

$$x^2(1 + m^2) + 2x(4m - 5) + 25 = 0.$$

$$\frac{\Delta}{4} = 0 \rightarrow (4m - 5)^2 - 25(1 + m^2) = 0 \rightarrow$$

$$-9m^2 - 40m = 0 \rightarrow$$

$$-m(9m + 40) = 0 \begin{cases} m_1 = 0 \\ m_2 = -\frac{40}{9} \end{cases}$$

Le equazioni delle due rette tangenti sono:

$$y = 7, \quad y = -\frac{40}{9}x + 7.$$

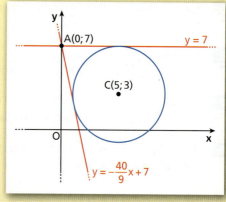

Utilizziamo il secondo metodo (distanza retta-centro uguale al raggio).
La circonferenza ha centro $C(5; 3)$ e raggio $r = \sqrt{25 + 9 - 18} = \sqrt{16} = 4$.
Le rette che passano per A hanno equazione $mx - y + 7 = 0$ oppure $x = 0$.
Applichiamo la formula della distanza fra la generica retta passante per A e il centro C:

$$d = \frac{|ax_0 + by_0 + c|}{\sqrt{a^2 + b^2}} = \frac{|m \cdot 5 - 1 \cdot 3 + 7|}{\sqrt{m^2 + 1}} = \frac{|5m + 4|}{\sqrt{m^2 + 1}}.$$

Poniamo $d = r$ e ricaviamo m:

$$\frac{|5m + 4|}{\sqrt{m^2 + 1}} = 4 \rightarrow (5m + 4)^2 = 16(m^2 + 1) \rightarrow 25m^2 + 40m + 16 = 16m^2 + 16 \rightarrow$$

$$9m^2 + 40m = 0 \begin{cases} m_1 = 0, \\ m_2 = -\frac{40}{9}. \end{cases}$$

Le equazioni delle due rette tangenti sono quindi $y = 7$, $y = -\frac{40}{9}x + 7$.

96 Determina le equazioni delle rette tangenti alla circonferenza di equazione $x^2 + y^2 = 8$ passanti per il punto $P(0; 4)$. $[y = -x + 4; y = x + 4]$

97 Scrivi le equazioni delle rette tangenti alla circonferenza di equazione $x^2 + y^2 - 2x - 10y + 13 = 0$ condotte dall'origine. $[2x - 3y = 0; 3x + 2y = 0]$

98 Scrivi le equazioni delle rette tangenti alla circonferenza di equazione $x^2 + y^2 - 6x - 4y + 9 = 0$ condotte dal punto $P(9; 0)$. $[y = 0; 3x + 4y - 27 = 0]$

99 Determina le equazioni delle rette passanti per $A(0; 3)$ e tangenti alla circonferenza di equazione $x^2 + y^2 - 8x - 10y + 31 = 0$. $[3x - y + 3 = 0; x + 3y - 9 = 0]$

100 Trova le equazioni delle rette tangenti alla circonferenza di centro $(0; 2)$ e di raggio 1 condotte dal punto $P(2; 3)$. $[y = 3; 3y - 4x - 1 = 0]$

101 Determina le equazioni delle tangenti alla circonferenza di equazione $x^2 + y^2 - 6x + 16y + 37 = 0$ parallele agli assi cartesiani. $[y = -2; y = -14; x = -3; x = 9]$

102 Trova le equazioni delle rette passanti per $A(-2; 3)$ e tangenti alla circonferenza di equazione $x^2 + y^2 - 10x + 8y - 8 = 0$. $[x = -2; y = 3]$

103 Determina le equazioni delle rette parallele all'asse x e tangenti alla circonferenza di equazione $x^2 + y^2 - 4y - 5 = 0$. $[y = -1; y = 5]$

104 Trova le equazioni delle rette tangenti alla circonferenza di equazione $x^2 + y^2 + 8x - 2y - 8 = 0$ condotte dal punto $P(1; 0)$. $[x = 1; 12x - 5y - 12 = 0]$

105 Determina per quali valori di k la retta $y = k(x - 4)$ è tangente alla circonferenza rappresentata dall'equazione $x^2 + y^2 - 2x - 3 = 0$. $\left[\pm \frac{2}{5}\sqrt{5}\right]$

106 **REALTÀ E MODELLI** **Ombra di una palla** Un'auto in sosta punta i fanali accesi in direzione del muro di un condominio. All'improvviso, una palla del diametro di 30 cm cade da un terrazzino dei piani superiori e giunge nello spiazzo tra l'automobile e il muro. Calcola l'altezza dell'ombra proiettata sul muro nella situazione in figura. $[40\ cm]$

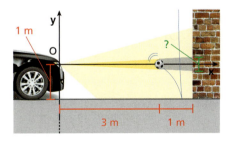

107 **EUREKA!** Trova le tangenti comuni alle due circonferenze di equazioni $x^2 + y^2 - 2y - \frac{4}{5} = 0$ e $x^2 + y^2 + 6y - \frac{4}{5} = 0$. $[y = 2x + 4; y = -2x + 4]$

108 Dal punto $P(-1; 0)$ conduci le tangenti alla circonferenza di equazione $x^2 + y^2 - 4x + 2y = 0$, determina le coordinate dei punti di contatto A e B e calcola la misura di AB. $[A(1; 1), B(0; -2); \sqrt{10}]$

Capitolo 6. Circonferenza

Retta tangente in un punto della circonferenza

109 **ESERCIZIO GUIDA** Determiniamo l'equazione della retta tangente alla circonferenza $x^2 + y^2 - 4x - 2y = 0$ nel suo punto $P(1; 3)$.

La retta tangente è perpendicolare al raggio PC nel punto di tangenza. La circonferenza ha centro $C(2; 1)$.

Il coefficiente angolare del raggio PC è:

$$m = \frac{y_P - y_C}{x_P - x_C} = \frac{3-1}{1-2} = -2.$$

Per la condizione di perpendicolarità $m' = -\dfrac{1}{m}$, la retta tangente ha coefficiente angolare $\dfrac{1}{2}$:

$$y - 3 = \frac{1}{2}(x - 1) \;\rightarrow\; y = \frac{1}{2}x + \frac{5}{2}.$$

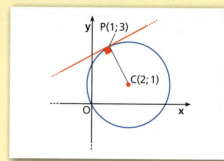

Assegnate l'equazione di una circonferenza e le coordinate di un punto P, verifica che P appartiene alla circonferenza e determina l'equazione della tangente in P.

110 $x^2 + y^2 + 5x = 0, \quad P(-1; -2).$ $\qquad [3x - 4y - 5 = 0]$

111 $x^2 + y^2 + 2x - 4y = 0, \quad P(-2; 4).$ $\qquad [x - 2y + 10 = 0]$

112 $x^2 + y^2 + 4y - 6 = 0, \quad P(-1; 1).$ $\qquad [3y - x - 4 = 0]$

113 $x^2 + y^2 - 10x + 8y - 8 = 0, \quad P(-2; -4).$ $\qquad [x = -2]$

114 $x^2 + y^2 - 6x + 2y - 3 = 0, \quad P(1; 2).$ $\qquad [2x - 3y + 4 = 0]$

115 Determina l'equazione della tangente alla circonferenza di equazione $x^2 + y^2 - 2x - 6y - 10 = 0$ nel suo punto $P(5; 5)$. $\qquad [y = -2x + 15]$

116 Scrivi le equazioni delle tangenti alla circonferenza di equazione $x^2 + y^2 + 8x - 6y = 0$ nei suoi punti di intersezione con l'asse y. $\qquad [4x - 3y = 0;\; 4x + 3y - 18 = 0]$

117 Scrivi l'equazione della tangente nell'origine alla circonferenza di equazione $x^2 + y^2 - 4x + 6y = 0$.
$\qquad \left[y = \dfrac{2}{3}x\right]$

118 Scrivi e rappresenta nel piano cartesiano le equazioni della circonferenza di centro $C(3; -1)$ e raggio $\sqrt{17}$ e della sua tangente in $P(4; 3)$. $\qquad \left[x^2 + y^2 - 6x + 2y - 7 = 0;\; y = -\dfrac{1}{4}x + 4\right]$

119 Data la circonferenza di equazione $x^2 + y^2 - 4x + 6y + 4 = 0$:
 a. verifica che è tangente all'asse x;
 b. determina l'equazione della tangente alla circonferenza nel suo punto $A(2; -6)$. $\qquad [b) \; y = -6]$

120 Trova i punti di intersezione tra la circonferenza di equazione $x^2 + y^2 - 4x - 2y = 0$ e la retta di equazione $y = x - 2$ e poi determina le equazioni delle rette tangenti alla circonferenza in tali punti.
$\qquad [(4; 2), (1; -1);\; 2x + y - 10 = 0;\; x + 2y + 1 = 0]$

Paragrafo 3. Determinare l'equazione di una circonferenza

121 **REALTÀ E MODELLI** **Il lancio del martello** Nel lancio del martello l'atleta fa ruotare una sfera di metallo legata a un cavo d'acciaio che percorre una traiettoria circolare e poi la lascia andare, scagliandola il più lontano possibile. A quel punto il martello parte lungo la retta tangente. Immagina che l'atleta sia nel punto C, faccia ruotare il martello in senso antiorario e lo lasci andare quando la sfera è nel punto A. Passerà per il punto B? [sì]

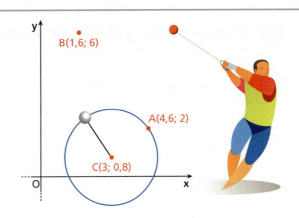

122 Disegna la circonferenza di equazione $x^2 + y^2 + 2x - 4y - 5 = 0$, trova le equazioni delle tangenti nei suoi punti di intersezione A e B con l'asse y e calcola l'area del quadrilatero $CATB$, essendo C il centro della circonferenza e T il punto di intersezione delle due tangenti.

$$\left[y = -\frac{1}{3}x + 5; \; y = \frac{1}{3}x - 1; \; 30 \right]$$

123 Determina l'area del quadrilatero $ABCD$, dove A e C sono punti di intersezione della circonferenza $x^2 + y^2 - 6x - 8y + 5 = 0$ con l'asse x, B il centro della circonferenza e D il punto di intersezione delle tangenti alla circonferenza condotte da A e C. [10]

TUTOR matematica Allenati con **15 esercizi interattivi** con feedback "hai sbagliato, perché..."
su.zanichelli.it/tutor3 — risorsa riservata a chi ha acquistato l'edizione con tutor

3 Determinare l'equazione di una circonferenza
▶ Teoria a p. 269

Sono noti il centro e un punto

Determina l'equazione della circonferenza di centro C e passante per il punto P.

124 $C(3; -2)$, $P(4; 0)$. $\quad [x^2 + y^2 - 6x + 4y + 8 = 0]$

125 $C\left(-\frac{3}{2}; \frac{1}{2}\right)$, $P(6; -1)$. $\quad [x^2 + y^2 + 3x - y - 56 = 0]$

126 $C(-1; 4)$, $P(3; 1)$. $\quad [x^2 + y^2 + 2x - 8y - 8 = 0]$

127 $C(1; -3)$, $P(2; -6)$. $\quad [x^2 + y^2 - 2x + 6y = 0]$

LEGGI IL GRAFICO Scrivi le equazioni delle circonferenze rappresentate nelle figure.

128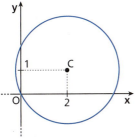
$[x^2 + y^2 - 4x - 2y = 0]$

129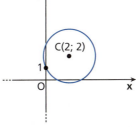
$[x^2 + y^2 - 4x - 4y + 3 = 0]$

130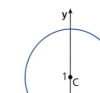
$[x^2 + y^2 - 2y - 3 = 0]$

Capitolo 6. Circonferenza

131 Scrivi l'equazione della circonferenza passante per l'origine e avente il centro nel punto di ordinata 2 della retta di equazione $y = 3x - 4$. $[x^2 + y^2 - 4x - 4y = 0]$

132 Trova l'equazione della circonferenza avente come centro il punto di intersezione delle rette $x + 2y - 2 = 0$ e $3x - 2y = 6$ e passante per $P(2; -2)$. $[x^2 + y^2 - 4x = 0]$

133 Scrivi l'equazione della circonferenza che ha lo stesso centro di quella di equazione $x^2 + y^2 - 2x + 4y = 0$ e passa per $A(1; -6)$. $[x^2 + y^2 - 2x + 4y - 11 = 0]$

134 Determina l'equazione della circonferenza avente come centro il punto di intersezione delle rette r e t, rispettivamente di equazione $x - 2y + 2 = 0$ e $2x + 2y - 5 = 0$, e avente in comune con r un punto dell'asse x. $[x^2 + y^2 - 2x - 3y - 8 = 0]$

È noto il diametro

135 **TEST** La circonferenza con diametro di estremi $A(0; 2)$ e $B(6; -2)$ ha centro:

- **A** $C(3; 0)$.
- **B** $C(0; 3)$.
- **C** $C(3; 1)$.
- **D** $C(-3; 2)$.
- **E** $C(0; 0)$.

Determina l'equazione della circonferenza avente per diametro il segmento di estremi A e B.

136 $A(0; 2)$, $B(-4; -2)$. $[x^2 + y^2 + 4x - 4 = 0]$

137 $A(-3; 1)$, $B(2; 5)$. $[x^2 + y^2 + x - 6y - 1 = 0]$

138 $A(1; 6)$, $B(-3; 4)$. $[x^2 + y^2 + 2x - 10y + 21 = 0]$

139 $A(-5; -2)$, $B(1; 4)$. $[x^2 + y^2 + 4x - 2y - 13 = 0]$

140 **YOU & MATHS** Find the equation of the circle that has a diameter with endpoints $(1, 1)$ and $(7, 5)$.

(USA *Southern Illinois University Carbondale,* Final Exam, 2003) $[x^2 + y^2 - 8x - 6y + 12 = 0]$

LEGGI IL GRAFICO Scrivi le equazioni delle circonferenze di diametro AB rappresentate nelle figure.

141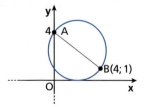

$[x^2 + y^2 - 4x - 5y + 4 = 0]$

142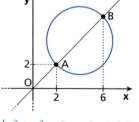

$[x^2 + y^2 - 8x - 8y + 24 = 0]$

143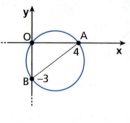

$[x^2 + y^2 - 4x + 3y = 0]$

144 Scrivi l'equazione della circonferenza avente per diametro il segmento AO, dove A è il punto di intersezione delle rette di equazioni $y = x + 2$ e $y = 3x - 2$. $[x^2 + y^2 - 2x - 4y = 0]$

145 Determina l'equazione della circonferenza avente per diametro il segmento AB, dove A e B sono i punti di intersezione della retta di equazione $4x - 3y + 12 = 0$ con gli assi cartesiani. $[x^2 + y^2 + 3x - 4y = 0]$

146 Scrivi l'equazione della circonferenza avente per diametro il segmento individuato dagli assi coordinati sulla retta di equazione $5x - y + 6 = 0$. Verifica che la circonferenza passa per l'origine. $[5x^2 + 5y^2 + 6x - 30y = 0]$

Paragrafo 3. Determinare l'equazione di una circonferenza

Sono noti tre punti

147 **ASSOCIA** a ciascun punto l'equazione che esprime il passaggio per tale punto della circonferenza di equazione $x^2 + y^2 + ax + by + c = 0$.

a. $(4; 0)$ b. $(-4; 0)$ c. $(0; 4)$ d. $(0; -4)$

1. $16 - 4b + c = 0$ 2. $4a + c = -16$ 3. $4b + c = -16$ 4. $4a - c = 16$

148 **ESERCIZIO GUIDA** Determiniamo l'equazione della circonferenza passante per i punti $A(-2; -1)$, $B(2; 1)$ e $C(1; 0)$.

Se una curva passa per un punto, le coordinate del punto verificano l'equazione della curva, quindi imponiamo che le coordinate dei tre punti dati verifichino l'equazione della circonferenza

$x^2 + y^2 + ax + by + c = 0$:

$\begin{cases} 4 + 1 - 2a - b + c = 0 \\ 4 + 1 + 2a + b + c = 0 \\ 1 + a + c = 0 \end{cases}$ passaggio per $A(-2; -1)$
passaggio per $B(2; 1)$
passaggio per $C(1; 0)$

Riduciamo il sistema a forma normale.

$\begin{cases} -2a - b + c = -5 \\ 2a + b + c = -5 \\ a + c = -1 \end{cases}$

Applichiamo il metodo di riduzione alle prime due equazioni sommandole membro a membro:

$\begin{cases} 2c = -10 \\ 2a + b + c = -5 \\ a + c = -1 \end{cases} \rightarrow \begin{cases} c = -5 \\ 2a + b - 5 = -5 \\ a - 5 = -1 \end{cases} \rightarrow \begin{cases} c = -5 \\ 2a + b = 0 \\ a = 4 \end{cases} \rightarrow \begin{cases} c = -5 \\ b = -8 \\ a = 4 \end{cases}$

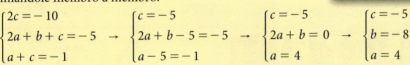

Sostituiamo i valori ottenuti per a, b e c nell'equazione generale della circonferenza.

$x^2 + y^2 + 4x - 8y - 5 = 0$.

Determina, se esiste, l'equazione della circonferenza passante per i punti dati.

149 $A(0; 4)$, $B(2; 0)$, $C(3; 1)$. $[x^2 + y^2 - 2x - 4y = 0]$

150 $A(0; 1)$, $B(3; 2)$, $C(0; -1)$. $[x^2 + y^2 - 4x - 1 = 0]$

151 $D(-4; 0)$, $E(-2; -1)$, $F(2; -3)$.   [non esiste]

152 $A(1; -1)$, $B(1; 3)$, $C(-2; 0)$. $[x^2 + y^2 - 2y - 4 = 0]$

153 $A(3; 4)$, $B(0; -5)$, $C(-2; -1)$. $[x^2 + y^2 - 6x + 2y - 15 = 0]$

154 $F(9; -1)$, $G(1; 5)$, $H(10; 2)$. $[x^2 + y^2 - 10x - 4y + 4 = 0]$

155 Trova l'equazione della circonferenza circoscritta al triangolo rettangolo di vertici $(0; 0)$, $(3; \sqrt{3})$, $(4; 0)$.
$[x^2 + y^2 - 4x = 0]$

156 Determina l'equazione della circonferenza circoscritta al triangolo di vertici $(-3; 4)$, $(1; 1)$, $(-3; 1)$.
$[x^2 + y^2 + 2x - 5y + 1 = 0]$

157 **YOU & MATHS** What is the y-component of the center of the circle which passes through $(-1, 2)$, $(3, 2)$, and $(5, 4)$?
(USA *Lehigh University: High School Math Contest*, 2001)
[6]

Capitolo 6. Circonferenza

158 Trova l'equazione della circonferenza che passa per l'origine e per i punti di intersezione della retta di equazione $x - 3y = 3$ con gli assi cartesiani. $\quad [x^2 + y^2 - 3x + y = 0]$

159 Scrivi l'equazione della circonferenza circoscritta al triangolo individuato dalle rette di equazioni $y = 1$, $y = -3x + 10$, $y = 6 - x$. $\quad [x^2 + y^2 - 8x - 6y + 20 = 0]$

LEGGI IL GRAFICO Scrivi le equazioni delle circonferenze rappresentate nelle figure.

160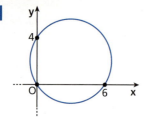
$[x^2 + y^2 - 6x - 4y = 0]$

161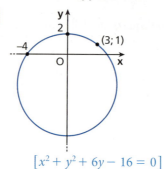
$[x^2 + y^2 + 6y - 16 = 0]$

162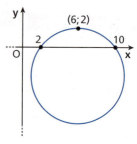
$[x^2 + y^2 - 12x + 6y + 20 = 0]$

163 **REALTÀ E MODELLI** **Stonehenge** Il sito neolitico di Stonehenge, risalente al 2500 a.C. circa, è costituito da megaliti che pesano fino a 50 tonnellate. Gli archeologi sono ormai quasi unanimi nel ritenere che originariamente il sito avesse forma circolare e fosse usato come osservatorio astronomico.
Quanto misura il diametro di Stonehenge?

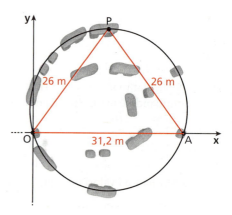

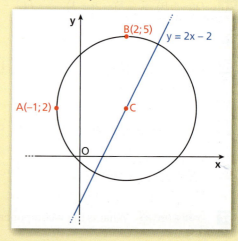

Sono noti due punti e il centro appartiene a una retta

164 **ESERCIZIO GUIDA** Determiniamo l'equazione della circonferenza passante per i punti $A(-1; 2)$ e $B(2; 5)$ e avente il centro C sulla retta r di equazione $y = 2x - 2$.

Imponiamo le condizioni date alla circonferenza di equazione $x^2 + y^2 + ax + by + c$.

$$\begin{cases} -a + 2b + c = -5 & \text{passaggio per } A \\ 2a + 5b + c = -29 & \text{passaggio per } B \\ \left(-\dfrac{b}{2}\right) = 2\left(-\dfrac{a}{2}\right) - 2 & C \text{ appartiene alla retta } r \end{cases}$$

$$\begin{cases} -a + 2b + c = -5 \\ 2a + 5b + c = -29 \\ 2a - b = -4 \end{cases}$$

Ricaviamo dalla terza equazione $b = 2a + 4$ e sostituiamo nelle prime due equazioni.

$$\begin{cases} -a + 4a + 8 + c = -5 \\ 2a + 10a + 20 + c = -29 \\ b = 2a + 4 \end{cases} \rightarrow \begin{cases} 3a + c = -13 \\ 12a + c = -49 \\ b = 2a + 4 \end{cases}$$

Paragrafo 3. Determinare l'equazione di una circonferenza

Usiamo il metodo di riduzione sottraendo membro a membro le prime due equazioni.
$$\begin{cases} 9a = -36 \\ c = -3a - 13 \\ b = 2a + 4 \end{cases} \rightarrow \begin{cases} a = -4 \\ c = -1 \\ b = -4 \end{cases}$$

La circonferenza ha equazione $x^2 + y^2 - 4x - 4y - 1 = 0$.

165 Scrivi l'equazione della circonferenza passante per i punti $A(-2; 0)$, $B(3; 1)$ e avente il centro C sull'asse delle ordinate. $\quad [x^2 + y^2 - 6y - 4 = 0]$

166 Trova l'equazione della circonferenza avente il centro sulla retta di equazione $y = 3$ e passante per i punti $A(8; 9)$ e $B(12; 1)$. $\quad [x^2 + y^2 - 12x - 6y + 5 = 0]$

167 Determina l'equazione della circonferenza passante per i punti $A(1; 2)$ e $B(3; 4)$ e avente centro sulla retta di equazione $x - 3y - 1 = 0$. $\quad [x^2 + y^2 - 8x - 2y + 7 = 0]$

168 Scrivi l'equazione della circonferenza passante per i punti $A(1; 1)$ e $B(3; -1)$ e avente il centro sulla retta di equazione $2x + 3y - 9 = 0$. $\quad [x^2 + y^2 - 6x - 2y + 6 = 0]$

LEGGI IL GRAFICO Scrivi le equazioni delle circonferenze di centro C rappresentate nei grafici.

169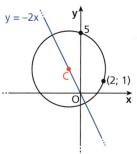
$[x^2 + y^2 + 2x - 4y - 5 = 0]$

170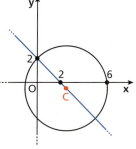
$[x^2 + y^2 - 5x + y - 6 = 0]$

171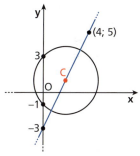
$[x^2 + y^2 - 4x - 2y - 3 = 0]$

172 Determina l'equazione della circonferenza passante per i punti di ascissa 2 e 5 appartenenti alla retta di equazione $x + 3y - 11 = 0$ e avente il centro sulla retta di equazione $2x - 5y - 1 = 0$. $\quad [x^2 + y^2 - 6x - 2y + 5 = 0]$

173 Scrivi l'equazione della circonferenza passante per i punti di intersezione della retta di equazione $y = -3x - 3$ con gli assi cartesiani e avente il centro sulla bisettrice del secondo e quarto quadrante.
$[x^2 + y^2 - 2x + 2y - 3 = 0]$

È nota una retta tangente

TEST

174 L'equazione della circonferenza tangente all'asse delle ordinate e di centro $C(-2; -3)$ è:
- **A** $x^2 + y^2 - 4x - 6y - 9 = 0$.
- **B** $x^2 + y^2 + 4x + 6y - 9 = 0$.
- **C** $x^2 + y^2 + 4x + 6y = 0$.
- **D** $x^2 + y^2 + 4x + 6y + 9 = 0$.
- **E** $x^2 + y^2 - 4x - 6y + 9 = 0$.

175 Una circonferenza γ è tangente agli assi cartesiani e il suo raggio vale 3. Quale, fra le seguenti, è una sua possibile equazione?
- **A** $x^2 + y^2 - 6x + 6y + 9 = 0$
- **B** $x^2 + y^2 - 3x - 3y + 9 = 0$
- **C** $x^2 + y^2 - 6x - 6y - 9 = 0$
- **D** $x^2 + y^2 + 6x + 6y = 0$
- **E** $x^2 + y^2 + 6x - 6y + 3 = 0$

176 **ESERCIZIO GUIDA** Determiniamo l'equazione della circonferenza di centro $C(1; 1)$ e tangente alla retta di equazione $y = 2x + 4$.

Il raggio coincide con la distanza di C dalla retta tangente.

Scriviamo l'equazione della retta in forma implicita:

$2x - y + 4 = 0$.

Calcoliamo la distanza di C dalla retta:

$r = \dfrac{|2 \cdot 1 - 1 \cdot 1 + 4|}{\sqrt{4 + 1}} = \dfrac{5}{\sqrt{5}} = \sqrt{5}$.

L'equazione della circonferenza è:

$(x - 1)^2 + (y - 1)^2 = (\sqrt{5})^2 \rightarrow$
$x^2 + y^2 - 2x - 2y - 3 = 0$.

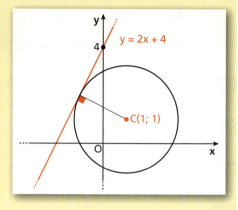

177 Scrivi l'equazione della circonferenza di centro $C(3; -1)$ e tangente all'asse delle ordinate.
$[x^2 + y^2 - 6x + 2y + 1 = 0]$

178 Determina l'equazione della circonferenza con centro $C(-2; -5)$ e tangente all'asse delle ascisse.
$[x^2 + y^2 + 4x + 10y + 4 = 0]$

179 Trova l'equazione della circonferenza con centro nell'origine e tangente alla retta $x + 2y - 5 = 0$.
$[x^2 + y^2 = 5]$

180 Scrivi l'equazione della circonferenza con centro $C(2; -2)$ e tangente alla retta di equazione $y = 2x + 3$.
$\left[x^2 + y^2 - 4x + 4y - \dfrac{41}{5} = 0\right]$

181 Trova l'equazione della circonferenza di centro $C(3; 2)$ e tangente alla retta passante per i punti $A(-1; 0)$ e $B(-5; 3)$.
$[x^2 + y^2 - 6x - 4y - 3 = 0]$

182 Determina l'equazione della circonferenza avente centro nel punto di intersezione delle rette di equazioni $3x - 2y = 0$ e $x + 2y - 4 = 0$, e tangente alla retta $x - y - 1 = 0$.
$[8x^2 + 8y^2 - 16x - 24y + 17 = 0]$

183 Determina l'equazione della circonferenza situata nel quarto quadrante, tangente agli assi cartesiani e avente raggio 3.
$[x^2 + y^2 - 6x + 6y + 9 = 0]$

184 Trova l'equazione della circonferenza situata nel secondo quadrante, tangente agli assi cartesiani e avente il centro sulla retta di equazione $3x - 7y + 20 = 0$.
$[x^2 + y^2 + 4x - 4y + 4 = 0]$

185 Determina le equazioni delle circonferenze tangenti agli assi cartesiani, con il centro sulla retta di equazione $x - 5y + 12 = 0$.
$[x^2 + y^2 - 6x - 6y + 9 = 0; \, x^2 + y^2 + 4x - 4y + 4 = 0]$

186 **ESERCIZIO GUIDA** Troviamo l'equazione della circonferenza passante per $A(0; -1)$ e tangente in $B(3; 0)$ alla retta di equazione $x + 2y - 3 = 0$.

Imponiamo alla circonferenza di equazione $x^2 + y^2 + ax + by + c = 0$ il passaggio per i punti A e B.

$\begin{cases} 1 - b + c = 0 \\ 9 + 3a + c = 0 \end{cases} \rightarrow \begin{cases} b = 1 + c \\ c = -3a - 9 \end{cases} \rightarrow \begin{cases} b = -3a - 8 \\ c = -3a - 9 \end{cases}$

L'equazione della circonferenza diventa:

$x^2 + y^2 + ax + (-3a - 8)y - 3a - 9 = 0$.

Paragrafo 3. Determinare l'equazione di una circonferenza

Ora imponiamo che la retta di equazione $x + 2y - 3 = 0$ sia tangente alla circonferenza.

$$\begin{cases} x^2 + y^2 + ax + (-3a - 8)y - 3a - 9 = 0 \\ y = -\dfrac{x}{2} + \dfrac{3}{2} \end{cases}$$

L'equazione risolvente è $5x^2 + 2(5 + 5a)x - 30a - 75 = 0$.

Poniamo la condizione di tangenza $\dfrac{\Delta}{4} = 0$.

$(5 + 5a)^2 + 150a + 375 = 0 \rightarrow (a + 4)^2 = 0 \rightarrow a = -4$.

Riprendiamo il sistema iniziale.

$$\begin{cases} b = -3(-4) - 8 = 4 \\ c = -3(-4) - 9 = 3 \end{cases}$$

La circonferenza cercata ha equazione $x^2 + y^2 - 4x + 4y + 3 = 0$.

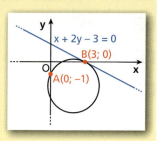

187 Determina l'equazione della circonferenza passante per $P(1;1)$ e tangente in $A(0;2)$ alla retta di equazione $y = -3x + 2$.
$[x^2 + y^2 - 3x - 5y + 6 = 0]$

188 Scrivi l'equazione della circonferenza passante per l'origine e tangente in $A(1;2)$ alla retta di equazione $y = -3x + 5$.
$[x^2 + y^2 + x - 3y = 0]$

189 Determina l'equazione della circonferenza tangente alla retta di equazione $x - 2y + 4 = 0$ nel suo punto di ascissa -2 e passante per $P(1;0)$.
$[x^2 + y^2 + 2x + 2y - 3 = 0]$

190 Scrivi l'equazione della retta r passante per $A(0;1)$ e $B(1;-2)$ e l'equazione della circonferenza passante per $C(7;0)$ e tangente in B alla retta r.
$[y = -3x + 1; x^2 + y^2 - 8x + 2y + 7 = 0]$

191 **REALTÀ E MODELLI** **Una grossa trave** Un architetto deve posizionare una trave di sezione circolare di raggio 0,2 m in un sottotetto. La parete verticale ha la forma illustrata in figura. Il foro da cui si deve far passare la trave deve essere posizionato il più in alto possibile. Riferendoti agli assi cartesiani indicati in figura, determina:

a. in quale punto si trova il centro del foro;
b. l'equazione della circonferenza bordo della sezione della trave.

$\left[a) \ C\left(\dfrac{1}{5}; \dfrac{8}{5}\right); b) \ x^2 + y^2 - \dfrac{2}{5}x - \dfrac{16}{5}y + \dfrac{64}{25} = 0 \right]$

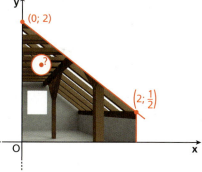

LEGGI IL GRAFICO Scrivi le equazioni delle circonferenze rappresentate nelle figure tenendo conto che la retta è tangente alla circonferenza.

192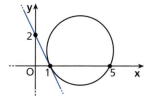

$[x^2 + y^2 - 6x - 2y + 5 = 0]$

193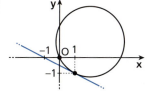

$[x^2 + y^2 - 4x - 2y = 0]$

194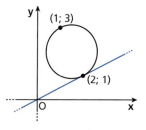

$[x^2 + y^2 - 3x - 4y + 5 = 0]$

Capitolo 6. Circonferenza

In ognuno dei seguenti esercizi sono indicate le coordinate di due punti, *P* e *Q*, e l'equazione di una retta *r*. Determina le equazioni delle circonferenze passanti per i due punti e tangenti alla retta *r*.

195 $P(1;2)$; $Q(3;4)$; $r: 3x + y - 3 = 0$. $[x^2 + y^2 - 3x - 7y + 12 = 0; x^2 + y^2 - 8x - 2y + 7 = 0]$

196 $P(5;1)$; $Q(0;2)$; $r: 2x - 3y + 6 = 0$. $[x^2 + y^2 - 4x + 2y - 8 = 0]$

197 $P(1;-1)$; $Q(3;-7)$; $r: 3x + y + 8 = 0$. $[x^2 + y^2 - 4x + 8y + 10 = 0]$

Riepilogo: Determinare l'equazione della circonferenza

198 **RIFLETTI SULLA TEORIA** Dati due punti *A* e *B*, è univocamente determinata la circonferenza che passa per *A* e *B* e ha raggio di misura assegnata? Se no, quante ne esistono?

LEGGI IL GRAFICO Trova le equazioni delle circonferenze rappresentate nelle figure.

199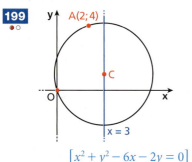

$[x^2 + y^2 - 6x - 2y = 0]$

200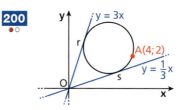

r e *s* tangenti

$[x^2 + y^2 - 5x - 5y + 10 = 0]$

201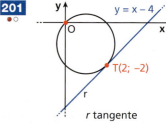

r tangente

$[x^2 + y^2 - 2x + 2y = 0]$

202 Scrivi l'equazione della circonferenza avente per diametro il segmento *AB*, dove *A* e *B* sono i punti di intersezione della retta di equazione $3x + 2y + 1 = 0$ con le rette di equazioni $x + y - 1 = 0$ e $2x + y = 0$.
$[x^2 + y^2 + 2x - 2y - 11 = 0]$

203 Determina l'equazione della circonferenza passante per i punti $A(1;0)$ e $B(4;3)$ e avente il centro sull'asse delle *x*. $[x^2 + y^2 - 8x + 7 = 0]$

204 Determina l'equazione della circonferenza di centro $C(-2;-3)$ e tangente alla retta di equazione $y = 3x - 1$.
$\left[x^2 + y^2 + 4x + 6y + \dfrac{57}{5} = 0\right]$

205 Determina l'equazione della circonferenza di centro $C(4;2)$ passante per il punto di intersezione delle rette di equazioni $y = 2x + 1$ e $y = 4x - 1$.
$[x^2 + y^2 - 8x - 4y + 10 = 0]$

206 **REALTÀ E MODELLI** **Calendario azteco** Durante degli scavi archeologici in America centrale emerge dal terreno parte di un disco di pietra, che si pensa essere un calendario di forma circolare appartenente all'antica civiltà degli Aztechi. Riferendoti agli assi cartesiani della figura, dove le misure sono in decimetri:

a. scrivi l'equazione della circonferenza del calendario;
b. calcola il raggio del calendario;
c. rispetto all'asse *x* in figura, quanto è necessario scavare in profondità per poter estrarre l'intero reperto?

[a) $x^2 + y^2 - 8x + 6y = 0$; b) $r = 5$ dm; c) 8 dm]

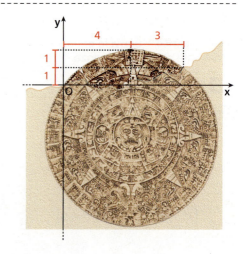

Riepilogo: Determinare l'equazione della circonferenza

207 Trova la misura della corda staccata sulla retta di equazione $x + y - 3 = 0$ dalla circonferenza tangente all'asse y che ha come centro il punto di ordinata 3 appartenente alla retta di equazione $y = 2x - 5$. $[4\sqrt{2}]$

208 Determina l'equazione della circonferenza di centro $(-3; -2)$ tangente alla retta di equazione $x + 3y = 6$. $[2x^2 + 2y^2 + 12x + 8y - 19 = 0]$

209 Scrivi l'equazione della circonferenza che ha il centro sulla retta $2x - y = 5$ e passa per i punti A e B in cui la retta $x - y + 2 = 0$ interseca gli assi cartesiani. $[3x^2 + 3y^2 - 10x + 10y - 32 = 0]$

210 Scrivi l'equazione della circonferenza di centro $O(0; 0)$ e raggio $r = \sqrt{10}$, poi determina le equazioni delle rette tangenti a essa parallele alla retta $x + 3y + 5 = 0$. $[x^2 + y^2 = 10; x + 3y + 10 = 0; x + 3y - 10 = 0]$

211 Determina l'equazione della circonferenza di centro $C(6; -1)$ e passante per $P(9; 3)$ e scrivi l'equazione della retta tangente a essa nel suo punto di ascissa 3 appartenente al I quadrante.
$[x^2 + y^2 - 12x + 2y + 12 = 0; 3x - 4y + 3 = 0]$

212 Determina l'equazione della retta parallela alla retta $x - 3y + 1 = 0$, condotta per il centro della circonferenza passante per i punti $(0; 2)$, $(1; 1)$, $(1; 3)$, e trova l'area del triangolo che questa retta forma con gli assi cartesiani.
$\left[x - 3y + 5 = 0; \dfrac{25}{6}\right]$

213 Dopo aver verificato che il triangolo di vertici $A(14; 2)$, $B(6; -2)$ e $C(10; 10)$ è un triangolo rettangolo, determina l'equazione della circonferenza circoscritta ad ABC.
$[x^2 + y^2 - 16x - 8y + 40 = 0]$

214 Determina l'equazione della circonferenza passante per l'origine e per i punti di intersezione della retta di equazione $y = -2x + 2$ con l'asse delle ordinate e con la bisettrice del II e IV quadrante. $[x^2 + y^2 - 6x - 2y = 0]$

215 Determina le equazioni delle circonferenze passanti per i punti $A(1; 3)$ e $B(5; -3)$ e aventi raggio $r = \sqrt{26}$. $[x^2 + y^2 - 12x - 4y + 14 = 0; x^2 + y^2 + 4y - 22 = 0]$

216 Scrivi le equazioni delle circonferenze passanti per i punti $A(0; 10)$ e $B(4; 8)$ e tangenti all'asse delle ascisse. $[x^2 + (y - 5)^2 = 25; (x - 40)^2 + (y - 85)^2 = 85^2]$

217 I punti $A(1; -3)$, $B(3; -5)$ e $C(4; 4)$ sono i vertici di un triangolo. Determina l'equazione della circonferenza di centro C tangente al lato AB del triangolo. $[x^2 + y^2 - 8x - 8y - 18 = 0]$

218 Dopo aver determinato l'equazione della circonferenza di centro $C(-2; -4)$ passante per il punto $A(1; 2)$, determina per quale valore del parametro k il punto $B(2k + 1; k + 5)$ le appartiene.
$[x^2 + y^2 + 4x + 8y - 25 = 0; k = -3]$

219 Scrivi le equazioni delle circonferenze che passano per l'origine degli assi cartesiani e hanno il centro sulla retta di equazione $y = 2x$ e raggio $r = 3\sqrt{5}$. $[x^2 + y^2 - 6x - 12y = 0; x^2 + y^2 + 6x + 12y = 0]$

220 Determina l'equazione della circonferenza che ha centro di coordinate $C(3; 2)$ e che stacca sull'asse x una corda di misura uguale a 8.
$[x^2 + y^2 - 6x - 4y - 7 = 0]$

221 Scrivi l'equazione della circonferenza che ha centro di coordinate $C(-1; -1)$ e che stacca sull'asse y una corda di misura uguale a 6.
$[x^2 + y^2 + 2x + 2y - 8 = 0]$

222 Scrivi l'equazione della circonferenza avente il centro sulla retta di equazione $x - 3y + 10 = 0$ e tangente in O alla retta di equazione $y = -\dfrac{1}{2}x$.
$[x^2 + y^2 - 4x - 8y = 0]$

223 Determina l'equazione della circonferenza circoscritta al triangolo i cui lati giacciono sulle rette di equazioni $y = 3x - 7$, $y = x + 1$ e $y = -2x - 2$.
$[x^2 + y^2 - 8x - 9 = 0]$

224 Trova le equazioni delle circonferenze passanti per i punti $A(1; -4)$ e $B(3; 0)$ e tangenti alla retta di equazione $2x + y + 3 = 0$.
$[x^2 + y^2 - 4x + 4y + 3 = 0; 4x^2 + 4y^2 - 46x + 31y + 102 = 0]$

Riepilogo: Circonferenza

225 TEST L'equazione $x^2 + y^2 + ax + c = 0$, con $c > 0$, rappresenta una circonferenza:

A passante per l'origine.

B con il centro sull'asse delle ascisse.

C con il centro sull'asse delle ordinate.

D di raggio $r = \dfrac{a^2}{4} - c$.

E che interseca l'asse y in due punti.

LEGGI IL GRAFICO Scrivi le equazioni delle circonferenze rappresentate nelle figure.

226

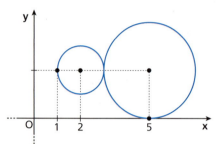

$$[x^2 + y^2 - 4x - 4y + 7 = 0,\ x^2 + y^2 - 10x - 4y + 25 = 0]$$

228

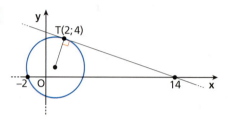

$$[x^2 + y^2 - 2x - 2y - 8 = 0]$$

227

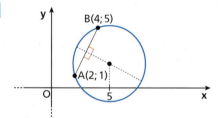

$$[x^2 + y^2 - 10x - 4y + 19 = 0]$$

229

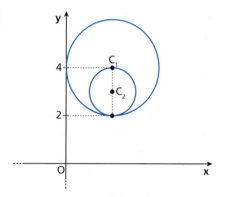

$$[x^2 + y^2 - 4x - 8y + 16 = 0,\ x^2 + y^2 - 4x - 6y + 12 = 0]$$

230 Rappresenta la circonferenza di equazione

$$x^2 + y^2 + 4x - 4y - 2 = 0$$

e calcola l'equazione della retta tangente alla circonferenza nel suo punto $P(-3; -1)$ e di quelle passanti per il punto $A(0; -2)$.

$$[C(-2; 2);\ r = \sqrt{10};\ x + 3y + 6 = 0;\ 3x - y - 2 = 0;\ x + 3y + 6 = 0]$$

MATEMATICA AL COMPUTER

Circonferenze con il foglio elettronico Costruisci un foglio elettronico che trovi le coordinate degli eventuali punti di intersezione fra la circonferenza di equazione $x^2 + y^2 + ax + by + c = 0$ e la retta $y = q$ e che tracci il loro grafico.
Prova il foglio ponendo $a = -4$, $b = -2$, $c = -20$ e $q = 4$.

Risoluzione – 11 esercizi in più

231 Determina l'equazione della circonferenza passante per i punti $(-3; 2)$, $(1; -2)$, $(1; 2)$. Trova poi la distanza tra il centro della circonferenza e la retta r passante per il punto $(3; 4)$ e parallela alla retta $y = -x + 1$.

$$[x^2 + y^2 + 2x - 7 = 0;\ d = 4\sqrt{2}]$$

232 Rappresenta la circonferenza di equazione $x^2 + y^2 - 6x + 2y + 1 = 0$ e verifica che la retta tangente nel suo punto di ascissa 0 passa per $B(0; 5)$.

233 Tra le circonferenze concentriche a quella di equazione

$$x^2 + y^2 + 6x - 2y + 1 = 0,$$

determina:

a. quella passante per $A(0;-3)$;

b. quella tangente alla retta di equazione $4x + 3y + 4 = 0$.

$$[a)\ x^2 + y^2 + 6x - 2y - 15 = 0;$$
$$b)\ x^2 + y^2 + 6x - 2y + 9 = 0]$$

234 Determina i punti A e B di intersezione delle due circonferenze di equazioni $x^2 + y^2 = 25$ e $x^2 + y^2 - 20x + 10y + 25 = 0$. Considerando il punto $C(-2; 2)$, calcola l'area del triangolo ABC. [22]

235 Determina l'equazione della circonferenza γ passante per i punti $(-3; 4)$, $(1; 0)$, $(1; 4)$ e quella di γ' che ha per diametro il segmento di estremi $(-4; -2)$ e $(2; 6)$. Dopo aver verificato che γ e γ' sono concentriche, determina l'area della corona circolare.
$$[x^2 + y^2 + 2x - 4y - 3 = 0;$$
$$x^2 + y^2 + 2x - 4y - 20 = 0; 17\pi]$$

236 Dato il triangolo di vertici $A(-4; 3)$, $B(-6; -3)$ e $C(0; -5)$, determina:

a. l'equazione della circonferenza circoscritta;

b. le equazioni delle tangenti alla circonferenza perpendicolari alla retta di equazione $x - 2y - 9 = 0$.

$$[a)\ x^2 + y^2 + 4x + 2y - 15 = 0;$$
$$b)\ 2x + y + 15 = 0,\ 2x + y - 5 = 0]$$

237 Determina l'equazione della circonferenza passante per i punti $A(4; -2)$ e $B(-2; 1)$ e avente il centro sulla retta $6x - 2y - 7 = 0$. Trova poi le equazioni delle rette tangenti alla circonferenza parallele ad AB, dopo aver verificato che A e B sono estremi di un diametro.

$$\left[x^2 + y^2 - 2x + y - 10 = 0;\ y = -\frac{1}{2}x \pm \frac{15}{4}\right]$$

238 a. Scrivi l'equazione della circonferenza γ_1 passante per i punti $A(1; 3)$, $B(5; 5)$ e $C(8; -4)$ e l'equazione della circonferenza γ_2 avente il centro nel punto $(5; 0)$ e raggio 3.

b. Determina l'area del quadrilatero $ABCD$, dove D è l'intersezione di ascissa minore della circonferenza γ_2 con l'asse delle ascisse.

$$[a)\ \gamma_1: x^2 + y^2 - 10x = 0;$$
$$\gamma_2: x^2 + y^2 - 10x + 16 = 0;\ b)\ 28]$$

239 Scrivi l'equazione della circonferenza che ha il centro C sull'asse x e passa per i punti $A(0; 2)$ e $B\left(-\frac{1}{2}; -\frac{3}{2}\right)$. Calcola l'ascissa del punto D di intersezione della circonferenza con il semiasse positivo delle ascisse e, dopo aver trovato le equazioni delle rette tangenti alla circonferenza in A e D, determina le coordinate del loro punto di intersezione P e l'area del quadrilatero $APDC$.

$$\left[x^2 + y^2 - 3x - 4 = 0;\ D(4; 0);\right.$$
$$\left. x = 4,\ y = \frac{3}{4}x + 2;\ P(4; 5);\ \frac{25}{2}\right]$$

240 Indica quali valori deve assumere il coefficiente angolare m di una retta passante per $P(0; 2)$ affinché la retta sia esterna alla circonferenza di equazione $x^2 + y^2 - 8x + 12 = 0$.

$$\left[m < -\frac{4}{3} \vee m > 0,\ \text{retta } x = 0\right]$$

241 Determina le coordinate del vertice D del parallelogramma in figura e l'equazione della circonferenza che ha diametro DA.

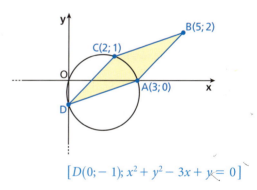

$$[D(0; -1);\ x^2 + y^2 - 3x + y = 0]$$

242 Una circonferenza ha il centro nel punto di intersezione delle rette di equazioni $y = -x + 5$ e $2x - y - 7 = 0$ e ha raggio $r = \sqrt{10}$. Trova l'area del triangolo ABC, dove A e B sono i punti di intersezione della circonferenza con l'asse x e C è il punto di intersezione delle tangenti alla circonferenza condotte da A e B. [27]

243 Scrivi le equazioni delle tangenti alla circonferenza di equazione $x^2 + y^2 + 9y - 9 = 0$ condotte dal punto $\left(\frac{3}{2}; 3\right)$, e verifica che sono perpendicolari. Determina poi le coordinate dei punti di tangenza e la misura della corda che li congiunge.

$$[2x - 3y + 6 = 0;\ 6x + 4y - 21 = 0;$$
$$\left.(-3; 0),\ \left(\frac{9}{2}; -\frac{3}{2}\right);\ \frac{3\sqrt{26}}{2}\right]$$

Circonferenza e parabola

244 Determina i punti di intersezione tra la circonferenza di equazione $x^2 + y^2 - 4x + 4y + 4 = 0$ e la parabola di equazione $y = -\dfrac{x^2}{4} + x - 2$. $[A(0;-2), B(4;-2)]$

245 Trova i punti comuni alla circonferenza passante per $A(-3;0)$, $B(1;2)$ e $C(4;-7)$ e la parabola di equazione $y = x^2 - 2x - 7$. Trova poi l'equazione della tangente comune t alle due curve nel punto di ordinata minore in cui si intersecano. $[D(1;-8), E(4;1), F(-2;1), y=-8]$

246
a. Scrivi l'equazione della parabola passante per i punti $A(0;1)$, $B(4;1)$ e avente il vertice sull'asse delle ascisse.
b. Determina l'equazione della tangente alla parabola in B e indica con C la sua intersezione con l'asse x.
c. Individua l'equazione della circonferenza passante per i punti A, C e F, dove F è il fuoco della parabola.
$\left[\text{a) } y = \dfrac{1}{4}x^2 - x + 1; \text{ b) } y = x - 3, C(3;0); \text{ c) } x^2 + y^2 - 2x + 2y - 3 = 0\right]$

247 I punti A e B sono comuni a una parabola, a una retta e a una circonferenza. Trova le equazioni delle tre curve, sapendo che:
- il punto A ha coordinate $(-2;4)$;
- la parabola ha il vertice nell'origine e asse di simmetria $x = 0$;
- la retta passa per il punto $C(2;12)$;
- la circonferenza passa per il punto $D(4;0)$. $[y = x^2; y = 2x + 8; x^2 + y^2 - 10x - 16y + 24 = 0]$

Problemi REALTÀ E MODELLI

248 Epicentro Negli Stati Uniti vengono avvertite alcune scosse di terremoto. Ricava le coordinate dell'epicentro del sisma, nel sistema di riferimento nella figura, sapendo che nelle stazioni di San Francisco, Dallas e Chicago si è ricavato che l'epicentro dista dalle tre città rispettivamente 2,1, 2,5 e 3.

[epicentro (2; 0,6)]

249 Cerchi olimpici I cinque cerchi e la bandiera olimpica furono presentati ufficialmente da Pierre de Coubertin al Congresso olimpico di Parigi nel 1914. Gli ideali di universalità e fratellanza simboleggiati dai cinque cerchi intrecciati (che rappresentano i cinque continenti) erano una proposta molto innovativa per l'epoca, l'inizio del XX secolo, in un clima mondiale sempre più teso e segnato da forti nazionalismi.
Supponi che i bordi dei cerchi abbiano spessore nullo e trova le equazioni delle cinque circonferenze. Nella figura le misure sono in decimetri.

$[x^2 + y^2 = 64; x^2 + y^2 - 18x + 16y + 81 = 0; x^2 + y^2 - 36x + 260 = 0;$
$x^2 + y^2 - 54x + 16y + 729 = 0; x^2 + y^2 - 72x + 1232 = 0]$

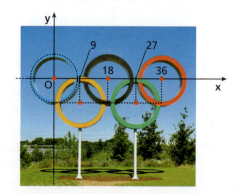

Riepilogo: Circonferenza

RISOLVIAMO UN PROBLEMA

■ La pista di atletica leggera

Le corse di atletica leggera si svolgono, nella versione outdoor, su una pista formata da un minimo di sei corsie (otto per le gare internazionali) della larghezza di 1,22 metri ciascuna. Consideriamo la prima corsia, la più interna, di una pista a sei corsie: i due tratti rettilinei sono paralleli e hanno una lunghezza di 100 m ciascuno; i due tratti curvilinei hanno la forma di semicirconferenze, ciascuna lunga 32π m $\simeq 100$ m. La linea di arrivo si trova al termine di uno dei tratti rettilinei.

- Fissato un opportuno sistema di riferimento, determina le equazioni delle semicirconferenze della corsia più interna.
- Di quanto è più lunga la seconda corsia rispetto alla prima?
- In una gara di 400 m il corridore in prima corsia parte in corrispondenza della linea di arrivo e compie un giro di pista; le partenze nelle altre corsie sono spostate progressivamente in avanti per compensare le maggiori lunghezze delle corsie più esterne. Di quanto è spostata in avanti la posizione di partenza in sesta corsia?

▶ **Disegniamo il modello geometrico della pista.**

▶ **Scegliamo un sistema di riferimento.**

Fissiamo il sistema di riferimento con l'origine coincidente con il centro di una delle semicirconferenze più interne della pista e l'asse x parallelo ai tratti rettilinei.

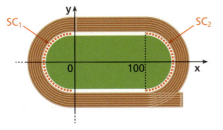

▶ **Determiniamo il raggio della semicirconferenza.**

La lunghezza della semicirconferenza SC_1 più interna è 32π m. Il raggio è quindi:

$\pi r = 32\pi \rightarrow r = 32$.

▶ **Troviamo le equazioni delle due semicirconferenze, noti il centro e il raggio.**

La circonferenza a cui appartiene SC_1 ha centro in $(0; 0)$ e raggio 32, quindi l'equazione della circonferenza è:

$x^2 + y^2 = r^2 \rightarrow x^2 + y^2 = 1024$.

Per ottenere l'equazione della semicirconferenza esplicitiamo la x:

$SC_1: x = -\sqrt{1024 - y^2}$.

L'altra circonferenza C_2 (corrispondente all'altro tratto curvilineo) ha il centro C traslato lungo l'asse x di 100 m. Otteniamo quindi:

$C(100; 0) \rightarrow C_2: (x - 100)^2 + y^2 = 1024$.

Esplicitiamo nuovamente rispetto a x:

$SC_2: x = 100 + \sqrt{1024 - y^2}$.

▶ **Troviamo la lunghezza di uno dei due tratti curvilinei percorsi dal corridore in seconda corsia.**

La circonferenza C_1' della seconda corsia ha un raggio maggiore di 1,22 m rispetto alla prima.
La lunghezza della semicirconferenza C_1' è quindi:

$l' = \pi(r + 1,22) = \pi \cdot 33,22 \simeq 104$ m.

▶ **Confrontiamo le lunghezze delle due corsie.**

Un tratto curvilineo della seconda corsia è lungo $(l' - l) \simeq 4$ m in più rispetto alla prima. La seconda corsia è più lunga della prima di:

$d = 2(l' - l) \simeq 8$ m.

▶ **Troviamo di quanto avanza la linea di partenza del corridore in sesta corsia.**

La differenza tra la lunghezza di una corsia e la successiva è di 8 m, quindi un corridore in sesta corsia dovrà partire con un vantaggio di $8 \cdot 5 = 40$ m.

VERIFICA DELLE COMPETENZE — ALLENAMENTO

ANALIZZARE E INTERPRETARE DATI E GRAFICI

Determina le equazioni delle seguenti circonferenze.

1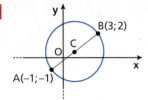

$[x^2 + y^2 - 2x - y - 5 = 0]$

2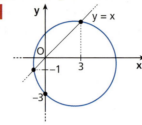

$[x^2 + y^2 - 5x + y - 6 = 0]$

3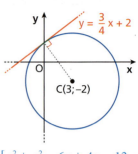

$[x^2 + y^2 - 6x + 4y - 12 = 0]$

Indica se le seguenti equazioni individuano delle circonferenze e in caso affermativo rappresentale graficamente.

4 a. $x^2 + y^2 - 2x + 3y + 1 = 0$; b. $x^2 + y^2 - 6x + y + 18 = 0$; c. $x^2 + (y - 3)^2 - 1 = 0$.

5 a. $x^2 + y^2 - 3x + 5 = 0$; b. $2x^2 + 2y^2 - 3x = 0$; c. $x^2 + y^2 + 4x - 6y + 13 = 0$.

6 **VERO O FALSO?**

a. $x^2 + y^2 + 6 = 0$ è l'equazione di una circonferenza che ha centro nell'origine O.   V F
b. $x^2 + y^2 + 3x = 0$ è una circonferenza con centro sull'asse y.   V F
c. Per tre punti qualsiasi passa una e una sola circonferenza.   V F
d. La circonferenza di equazione $x^2 + y^2 - 6x + 17y = 0$ passa per l'origine degli assi.   V F

7 Stabilisci se i punti $P\left(-2; -\dfrac{1}{2}\right)$ e $Q(-1; -1)$ appartengono alla circonferenza di equazione

$x^2 + y^2 - 3x + 2y - 3 = 0$

ed esegui la rappresentazione grafica. [no; sì]

8 Scrivi l'equazione della circonferenza circoscritta al triangolo i cui lati appartengono alle rette di equazioni:
$x + y + 4 = 0$, $7x - y + 4 = 0$ e $x - y - 8 = 0$. $[x^2 + y^2 + 3x + 13y + 32 = 0]$

RISOLVERE PROBLEMI

9 Determina l'equazione della circonferenza avente per diametro il segmento ottenuto congiungendo i punti medi dei lati AB e AC del triangolo ABC, essendo $A(3; 5)$, $B(-5; -1)$, $C(4; 3)$.
$[2x^2 + 2y^2 - 5x - 12y + 9 = 0]$

10 Determina l'equazione della circonferenza di centro $C(-2; 3)$ e tangente alla bisettrice del primo e terzo quadrante.
$\left[x^2 + y^2 + 4x - 6y + \dfrac{1}{2} = 0\right]$

11 Rappresenta la circonferenza di equazione $x^2 + y^2 - 4x - 6y + 3 = 0$ e verifica che le tangenti nei suoi punti di ordinata 4 si intersecano nel punto $A(2; 13)$.

12 Trova i punti A e B di intersezione tra la circonferenza di equazione $x^2 + y^2 + 4x - 9y - 7 = 0$ e la retta passante per $\left(1; \dfrac{1}{2}\right)$ e $(7; 5)$, e calcola la misura di AB.
$[A(3; 2), B(-1; -1); 5]$

Allenamento

13 Indica per quali valori di k l'equazione $x^2 + y^2 + 2(k-1)x - 2y + k = 0$ rappresenta una circonferenza. Determina poi per quale valore di k la circonferenza:
a. passa per 0;
b. ha centro di ascissa 3;
c. ha raggio $\sqrt{2}$.
$$[k \leq 1 \vee k \geq 2; \text{ a) } k = 0; \text{ b) } k = -2;$$
$$\text{c) } k = 0 \vee k = 3]$$

14 Scrivi l'equazione della circonferenza tangente agli assi cartesiani e con centro nel punto $C(-2; 2)$. $\quad [x^2 + y^2 + 4x - 4y + 4 = 0]$

15 Il diametro di una circonferenza ha per estremi i punti $A(-2; 3)$ e $B(3; -1)$. Scrivi l'equazione della circonferenza e le equazioni delle rette a essa tangenti in A e B.
$$[x^2 + y^2 - x - 2y - 9 = 0; 4y - 5x + 19 = 0;$$
$$4y - 5x - 22 = 0]$$

16 Trova le equazioni delle rette tangenti alla circonferenza di equazione $x^2 + y^2 - 4x - 1 = 0$ perpendicolari alla retta AB, essendo $A(2; 0)$ e $B(-4; 3)$. $\quad [y = 2x + 1; y = 2x - 9]$

17 Determina l'equazione della circonferenza passante per A e B, punti di intersezione della retta $3x - 2y + 6 = 0$ con gli assi cartesiani, e avente centro appartenente alla bisettrice del primo e terzo quadrante.
$$[x^2 + y^2 - x - y - 6 = 0]$$

18 Scrivi le equazioni delle rette secanti la circonferenza di centro $C(2; 1)$ e raggio $r = 1$, sapendo che tali rette sono parallele all'asse y e individuano una corda di misura $\sqrt{3}$. $\quad \left[x = \dfrac{3}{2}; x = \dfrac{5}{2}\right]$

19 Considera la circonferenza di equazione $x^2 + y^2 - 8x - 6y = 0$. Siano C il suo centro, A il punto (di ascissa non nulla) di intersezione con l'asse delle ascisse e B quello (con ordinata non nulla) con l'asse delle ordinate. Verifica che A, B e C sono allineati.

20 Disegna il triangolo avente per vertici i punti $A(1; 3)$, $B(-3; 3)$ e il punto C di intersezione della bisettrice del secondo e quarto quadrante con la retta $x - y - 2 = 0$. Determina l'equazione della circonferenza circoscritta al triangolo.
$$[x^2 + y^2 + 2x - 2y - 6 = 0]$$

21 Due circonferenze sono concentriche. Una ha equazione $4x^2 + 4y^2 - 6x + 8y - 23 = 0$, l'altra passa per $P\left(\dfrac{3}{4}; -2\right)$. Determina l'equazione della seconda circonferenza.
$$[16x^2 + 16y^2 - 24x + 32y + 9 = 0]$$

22 Fra le circonferenze di centro $C(-2; 3)$ determina quella:
a. passante per il punto $P(1; 1)$;
b. avente il raggio che misura 5.
$$[\text{a) } x^2 + y^2 + 4x - 6y = 0;$$
$$\text{b) } x^2 + y^2 + 4x - 6y - 12 = 0]$$

23 Scrivi l'equazione della circonferenza di centro $C(-1; 0)$, tangente alla retta r di equazione $x + 2y - 4 = 0$. Dal punto P di r, di ascissa 2, conduci l'ulteriore retta tangente alla circonferenza. Determina le coordinate dei punti di contatto delle due tangenti.
$$[x^2 + y^2 + 2x - 4 = 0; A(0; 2), B(1; -1)]$$

24 Scrivi l'equazione della circonferenza passante per i punti $A(3; 0)$, $B(5; 4)$ e $C(-1; 4)$ e rappresentala nel piano cartesiano. Determina poi le rette tangenti alla circonferenza condotte dal punto $D(-2; 1)$. $\quad [x^2 + y^2 - 4x - 6y + 3 = 0;$
$$3x - y + 7 = 0; x + 3y - 1 = 0]$$

25 Disegna la circonferenza di equazione $x^2 + y^2 - 2x + 6y = 0$ e determina le ordinate dei suoi punti E e F, di ascissa 2. Conduci per E e F le rette tangenti alla circonferenza e calcola le coordinate del punto di intersezione.
$$[x + 3y - 2 = 0; x - 3y - 20 = 0; A(11; -3)]$$

26 Determina l'equazione della circonferenza, il cui centro appartiene alla retta di equazione $y = \dfrac{1}{2}$, che interseca l'asse x nei punti di ascissa -1 e 2. Trova la misura della corda che la circonferenza individua sulla retta di equazione $y = 3x$.
$$\left[x^2 + y^2 - x - y - 2 = 0; \dfrac{4}{5}\sqrt{15}\right]$$

27 Determina l'area del quadrilatero i cui vertici sono i centri delle circonferenze di equazioni
$$x^2 + y^2 - 8x + 6y + 8 = 0 \text{ e}$$
$$x^2 + y^2 + 4x + 6y - 16 = 0$$
e i loro punti di intersezione. $\quad [6\sqrt{13}]$

28 Trova i punti di intersezione tra la circonferenza di equazione $x^2 + y^2 - 6x - 4y + 4 = 0$ e la retta di equazione $x - y - 4 = 0$. $\quad [A(3; -1), B(6; 2)]$

Capitolo 6. Circonferenza

29 Determina l'equazione della circonferenza passante per $A(5;1)$, $B(6;4)$ e avente il centro C sulla retta di equazione $y = 2x - 5$. Scrivi poi le equazioni delle rette t_1 e t_2 tangenti in A e in B alla circonferenza. Indicato con D il punto di intersezione di t_1 e t_2, calcola l'area del quadrilatero $ADBC$.
$[x^2 + y^2 - 8x - 6y + 20 = 0; x - 2y - 3 = 0;$
$2x + y - 16 = 0; D(7; 2); \text{area} = 5]$

30 Determina la misura della corda che la circonferenza di equazione $x^2 + y^2 - 12x + 2y - 37 = 0$ stacca sulla retta di equazione $y = 2x + 4$.
$\left[\dfrac{18}{5}\sqrt{5}\right]$

31 Una circonferenza taglia l'asse x nei punti di ascissa -1 e 4 e passa per $A(3; 2)$. Determina l'equazione della circonferenza e l'equazione della retta tangente nel punto A.
$[x^2 + y^2 - 3x - 4 = 0; 3x + 4y - 17 = 0]$

32 Conduci dal punto $P\left(\dfrac{2}{3}; 4\right)$ le tangenti alla circonferenza di equazione
$x^2 + y^2 - 18x - 8y + 72 = 0.$
$[3x - 4y + 14 = 0; 3x + 4y - 18 = 0]$

33 Dopo aver trovato centro e raggio della circonferenza di equazione $x^2 + y^2 - 4x + 6y - 3 = 0$, scrivi l'equazione delle rette tangenti alla circonferenza e passanti per il punto $A(-2; 3)$.
$[C(2; -3); r = 4; 5x + 12y - 26 = 0; x + 2 = 0]$

34 Verifica che il punto $P(2; -3)$ appartiene alla circonferenza di equazione
$x^2 + y^2 - 4x + 2y + 1 = 0$
e scrivi l'equazione della retta tangente alla circonferenza in P.
$[y = -3]$

35 Determina i punti di intersezione A e B della retta $x + 2y - 4 = 0$ con la circonferenza avente centro $C(2; 1)$ e raggio $\sqrt{5}$ e scrivi le equazioni delle rette tangenti in tali punti.
$[A(0; 2), B(4; 0); y = 2x + 2; y = 2x - 8]$

Allenati con **15 esercizi interattivi** con feedback "hai sbagliato, perché..."
su.zanichelli.it/tutor3
risorsa riservata a chi ha acquistato l'edizione con tutor

COSTRUIRE E UTILIZZARE MODELLI

36 **Fiori al computer** Laura vuole preparare dei bigliettini al computer con un disegno stilizzato di un fiore e deve dare al computer le equazioni corrette degli archi di curva che compongono il contorno del fiore.
Quali sono queste equazioni?

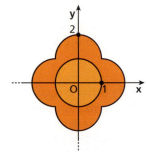

37 **Girotondo di particelle** Il progetto di un nuovo acceleratore di particelle prevede di collegare tra loro due acceleratori circolari secondo lo schema in figura.

a. Determina le equazioni delle circonferenze che costituiscono gli acceleratori.
b. Determina l'asse radicale delle circonferenze.
c. Nel progetto si vuole aggiungere un acceleratore lineare tangente ad A_1 in modo che la retta che lo individua passi per O, origine del riferimento, e attraversi il secondo e quarto quadrante. Determina l'equazione della retta e stabilisci se questo acceleratore può essere utilizzato per trasferire particelle da A_1 in A_2.

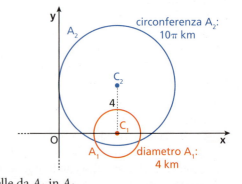

circonferenza A_2: 10π km
diametro A_1: 4 km

$\left[\text{a)}\ x^2 + y^2 - 10x - 8y + 16 = 0; x^2 + y^2 - 10x + 21 = 0; \text{b)}\ y = -\dfrac{5}{8}; \text{c)}\ y = -\dfrac{2\sqrt{21}}{21}x\right]$

VERIFICA DELLE COMPETENZE PROVE   ⏱ 1 ora

PROVA A

1 Trova l'equazione delle circonferenze utilizzando i dati nelle figure.

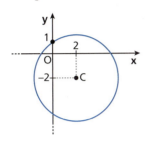

a

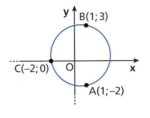

b

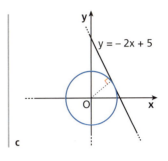

c

2 Disegna le circonferenze di equazioni:

a. $x^2 + y^2 + 4x - 2y - 4 = 0$;
b. $x^2 + (y+1)^2 = 4$;
c. $x^2 + y^2 + 2x = 0$.

3 Trova l'equazione della circonferenza che ha centro di ascissa 3, passa per $A(2;-4)$ e interseca l'asse y in $(0;-2)$.

4 Scrivi l'equazione della circonferenza di diametro AB, con $A(6;0)$ e $B(3;1)$, e trova la misura della corda che si forma nell'intersezione con la retta di equazione $x + 2y - 8 = 0$.

5 Scrivi le equazioni delle tangenti alla circonferenza di equazione $x^2 + y^2 - 12x + 4y + 20 = 0$ condotte dall'origine degli assi.

6 Rappresenta la circonferenza di equazione $x^2 + y^2 - 2x - 4 = 0$ e trova l'equazione della tangente condotta dal suo punto $T(2;2)$. Detti B e C i punti di intersezione tra la retta di equazione $3y - x + 6 = 0$ e la circonferenza, calcola l'area del triangolo BCT.

PROVA B

Fontana al centro Una rotonda stradale con il bordo interno di raggio 6 m ha una fontana centrale e tre aiuole fiorite delimitate da archi di circonferenza anch'essi di raggio 6 m. I punti A, B, C, D, E e F sono vertici di un esagono regolare.

a. Trova le coordinate di C e l'equazione della circonferenza a cui appartiene l'arco BC.

b. Scrivi le coordinate dei centri delle circonferenze i cui archi delimitano le altre due aiuole.

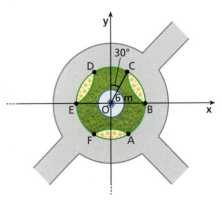

CAPITOLO 7 — ELLISSE E IPERBOLE

1 Ellisse e sua equazione

▶ Esercizi a p. 313

Ellisse come luogo geometrico

  Listen to it

Given two points, F_1 and F_2, an **ellipse** is a plane curve such that, for every point on the curve, the sum of the distances from F_1 and F_2 is constant. F_1 and F_2 are called the **focal points** or **foci**.

DEFINIZIONE

Assegnati nel piano due punti, F_1 e F_2, detti **fuochi**, chiamiamo **ellisse** la curva piana, luogo geometrico dei punti P tali che sia costante la somma delle distanze di P da F_1 e da F_2:

$$\overline{PF_1} + \overline{PF_2} = \text{costante}.$$

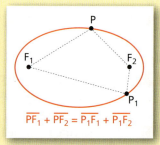

$\overline{PF_1} + \overline{PF_2} = \overline{P_1F_1} + \overline{P_1F_2}$

Il punto medio del segmento F_1F_2 è il **centro** dell'ellisse.

Equazione dell'ellisse con i fuochi sull'asse x

L'equazione dell'ellisse, così come quella della parabola o della circonferenza, è diversa a seconda della sua posizione rispetto al sistema di riferimento. Esaminiamo il caso in cui il centro dell'ellisse è nell'origine degli assi e l'asse x passa per F_1 e F_2.

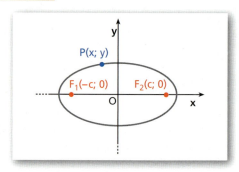

Se indichiamo la distanza focale con $2c$, le coordinate dei fuochi sono:

$$F_1(-c; 0), \quad F_2(c; 0).$$

Indicato con $P(x; y)$ un generico punto dell'ellisse e posto

$$\overline{PF_1} + \overline{PF_2} = 2a,$$

si può dimostrare che l'equazione dell'ellisse, detta **equazione canonica**, è:

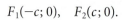
$$\frac{x^2}{a^2} + \frac{y^2}{b^2} = 1,$$

con $c^2 = a^2 - b^2$ e $a \geq b$.

▶ **Video**

Ellissografo
▶ Come tracciare un'ellisse su un foglio? Con l'aiuto di un ellissografo!

Paragrafo 1. Ellisse e sua equazione

Dalla relazione precedente, $c = \sqrt{a^2 - b^2}$, quindi le coordinate dei fuochi sono:

$$F_1(-\sqrt{a^2-b^2}; 0), \qquad F_2(\sqrt{a^2-b^2}; 0).$$

Per determinare le intersezioni di un'ellisse con l'asse x, mettiamo a sistema l'equazione dell'ellisse e l'equazione dell'asse x, cioè risolviamo il seguente sistema:

$$\begin{cases} \dfrac{x^2}{a^2} + \dfrac{y^2}{b^2} = 1 \\ y = 0 \end{cases} \rightarrow \begin{cases} \dfrac{x^2}{a^2} = 1 \\ y = 0 \end{cases} \rightarrow \begin{cases} x^2 = a^2 \\ y = 0 \end{cases} \rightarrow \begin{cases} x = \pm a \\ y = 0 \end{cases}$$

I punti $A_1(-a; 0)$ e $A_2(a; 0)$ sono le **intersezioni dell'ellisse con l'asse x**.

Analogamente, mettendo a sistema l'equazione dell'ellisse e quella dell'asse y, cioè $x = 0$, si ottiene che i punti $B_1(0; -b)$ e $B_2(0; b)$ sono le **intersezioni dell'ellisse con l'asse y**.

I punti A_1, A_2, B_1 e B_2 si chiamano **vertici** dell'ellisse.

I segmenti A_1A_2 e B_1B_2 sono detti **assi** dell'ellisse. La distanza $\overline{A_1A_2}$ misura $2a$, mentre $\overline{B_1B_2}$ misura $2b$, quindi a e b rappresentano le misure dei semiassi. Poiché $a > b$, risulta anche $\overline{A_1A_2} > \overline{B_1B_2}$. Per questo, il segmento A_1A_2 è detto **asse maggiore** e B_1B_2 è detto **asse minore**.

La parola *asse* è usata per indicare sia i segmenti A_1A_2 e B_1B_2, sia le relative rette (che sono gli assi di simmetria).

La distanza fra uno dei vertici sull'asse y e un fuoco è sempre uguale ad a. Per esempio, se consideriamo il vertice B_2 e il fuoco F_2, poiché $\overline{OB_2} = b$ e $\overline{OF_2} = c$, per il teorema di Pitagora:

$$\overline{B_2F_2} = \sqrt{b^2 + c^2} = a.$$

> **MATEMATICA INTORNO A NOI**
> **L'ellisse del giardiniere** Nei giardini rinascimentali era facile imbattersi in aiuole ellittiche. L'ellisse era usata come simbolo di molte relazioni a due: uomo-Dio, maschio-femmina, tecnica-natura e così via. Da allora, si è continuato a utilizzare l'ellisse nelle aiuole per la sua forma armoniosa. Nell'immagine è riprodotta l'Isola Memmia, realizzata a Padova nel 1775.
>
> ▶ Come può fare un giardiniere per creare un'aiuola a forma di ellisse?
>
> ☐ **La risposta**

ESEMPIO ☐ Animazione

Nell'ellisse di equazione

$$\frac{x^2}{4} + y^2 = 1,$$

abbiamo $a = 2$ e $b = 1$.
$a > b$, quindi i fuochi sono sull'asse x.
I vertici sono

$A_1(-2; 0)$, $A_2(2; 0)$, $B_1(0; -1)$, $B_2(0; 1)$.

Tutti i punti dell'ellisse sono all'interno del rettangolo i cui lati passano per i vertici e misurano 4 e 2.
Essendo

$$c = \sqrt{4-1} = \sqrt{3},$$

i fuochi hanno coordinate:

$$F_1(-\sqrt{3}; 0), F_2(\sqrt{3}; 0).$$

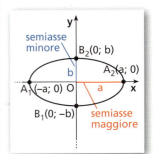

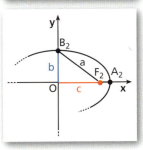

▶ Determina vertici e fuochi dell'ellisse di equazione $\dfrac{x^2}{9} + \dfrac{y^2}{4} = 1$.

Il rapporto fra la distanza focale e la lunghezza dell'asse maggiore di un'ellisse è detto **eccentricità**. Lo indichiamo con la lettera e:

$$e = \frac{\text{distanza focale}}{\text{lunghezza dell'asse maggiore}}.$$

Capitolo 7. Ellisse e iperbole

> ▶ Calcola l'eccentricità dell'ellisse di equazione:
> $\frac{4x^2}{25} + \frac{y^2}{4} = 1$.

📄 Animazione

📄 Animazione

Nelle animazioni studiamo le caratteristiche delle ellissi con i fuochi sull'asse *x* (prima animazione) o sull'asse *y* (seconda animazione), con figure dinamiche.

L'eccentricità *e* indica la forma più o meno schiacciata dell'ellisse. Abbiamo:

$$e = \frac{c}{a} = \frac{\sqrt{a^2 - b^2}}{a}, \quad \text{con } 0 \leq e < 1.$$

Se $e = 0$, allora $\frac{c}{a} = 0$, cioè $c = 0$: i fuochi coincidono con il centro e si ha $a^2 = b^2$.
L'equazione dell'ellisse diventa $x^2 + y^2 = a^2$, che rappresenta una circonferenza con il centro nell'origine e raggio *a*.

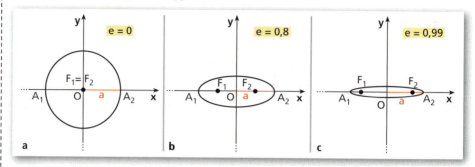

Equazione dell'ellisse con i fuochi sull'asse *y*

Consideriamo un'ellisse con i fuochi sull'asse *y* e centro nell'origine.
Le coordinate dei fuochi sono $F_1(0; -c)$ e $F_2(0; c)$.

Detta $2b$ la lunghezza dell'asse maggiore dell'ellisse (cioè l'asse che contiene i fuochi), i punti dell'ellisse verificano la relazione $\overline{PF_1} + \overline{PF_2} = 2b$.
Si può dimostrare che l'equazione dell'ellisse è ancora

$$\frac{x^2}{a^2} + \frac{y^2}{b^2} = 1,$$

ma, in questo caso:

$$a < b, \quad c = \sqrt{b^2 - a^2} \quad \text{ed} \quad e = \frac{c}{b}.$$

Per le altre proprietà valgono considerazioni analoghe a quelle già espresse per l'ellisse con i fuochi sull'asse *x*.

Ellisse e funzioni

L'equazione $\frac{x^2}{a^2} + \frac{y^2}{b^2} = 1$ *non* rappresenta una funzione perché a ogni valore di *x* corrispondono due valori di *y*. Esplicitando *y*, otteniamo: $y = \pm \frac{b}{a} \sqrt{a^2 - x^2}$.

Il grafico dell'ellisse può essere visto come unione di due semiellissi di equazioni
$y = -\frac{b}{a} \sqrt{a^2 - x^2}$ e $y = \frac{b}{a} \sqrt{a^2 - x^2}$, che invece rappresentano funzioni.

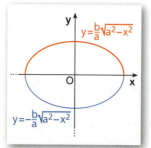

2 Ellissi e rette

Posizione di una retta rispetto a un'ellisse ▶ Esercizi a p. 314

Se vogliamo studiare la posizione di una retta di equazione $a'x + b'y + c' = 0$ rispetto a un'ellisse di equazione $\dfrac{x^2}{a^2} + \dfrac{y^2}{b^2} = 1$, procediamo in maniera analoga a quanto fatto per la parabola e la circonferenza, determinando quante sono le soluzioni del sistema costituito dalle equazioni della retta e dell'ellisse.

Risolvendo il sistema, otteniamo un'equazione di secondo grado detta **equazione risolvente**.

Studiando il segno del discriminante Δ dell'equazione risolvente, otteniamo i seguenti casi.

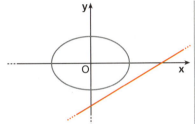 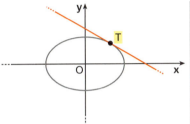 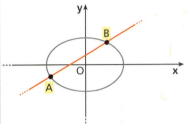

a. $\Delta < 0$ La retta è **esterna** all'ellisse. Non ci sono punti di intersezione.

b. $\Delta = 0$ La retta è **tangente** all'ellisse. L'unico punto di intersezione è il punto di tangenza.

c. $\Delta > 0$ La retta è **secante** l'ellisse. I punti di intersezione sono due.

ESEMPIO

Studiamo la posizione della retta di equazione $x + 2y - 6 = 0$ rispetto all'ellisse di equazione $\dfrac{x^2}{18} + \dfrac{y^2}{9} = 1$.

Risolviamo il sistema:

$$\begin{cases} \dfrac{x^2}{18} + \dfrac{y^2}{9} = 1 \\ x + 2y - 6 = 0 \end{cases}.$$

Ricaviamo x dalla seconda equazione, sostituiamo in quella di secondo grado e svolgiamo i calcoli. Otteniamo l'equazione risolvente:

$6y^2 - 24y + 18 = 0 \quad \rightarrow \quad y^2 - 4y + 3 = 0.$

$\Delta = 4 > 0 \quad \rightarrow \quad y_1 = 1 \text{ e } y_2 = 3.$

La retta interseca l'ellisse nei punti

$A(4; 1)$ e $B(0; 3)$.

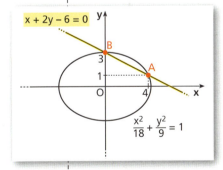

▶ Studia la posizione della retta $x = 1$ rispetto all'ellisse di equazione $x^2 + \dfrac{y^2}{4} = 1$.

Tangenti a un'ellisse ▶ Esercizi a p. 315

Le rette per un punto P e tangenti a un'ellisse possono essere due, una o nessuna, a seconda della posizione di P rispetto all'ellisse.

Capitolo 7. Ellisse e iperbole

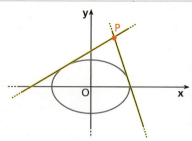

a. *P* è esterno all'ellisse: esistono due rette tangenti per *P*.

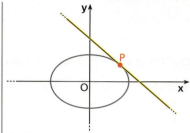

b. *P* appartiene all'ellisse: esiste una sola retta tangente per *P*.

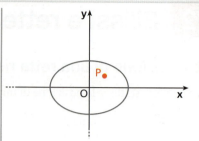

c. *P* è interno all'ellisse: non esistono rette tangenti per *P*.

Per determinare le equazioni delle eventuali rette tangenti condotte da un punto $P(x_0; y_0)$ alla generica ellisse di equazione $\frac{x^2}{a^2} + \frac{y^2}{b^2} = 1$, dobbiamo porre:

$$\Delta = 0,$$

dove Δ è il discriminante dell'equazione risolvente il sistema tra l'equazione della retta generica passante per *P* e l'equazione dell'ellisse.
Trovi un esempio sia nell'animazione, sia nell'esercizio guida 47 a pagina 315.

▶ Determina le equazioni delle rette tangenti condotte dal punto $P(6;-2)$ all'ellisse di equazione $\frac{x^2}{12} + \frac{y^2}{4} = 1$.

Animazione

■ Formula di sdoppiamento

▶ Esercizi a p. 316

Se si deve determinare l'equazione della retta *tangente a un'ellisse in un suo punto* $P(x_0; y_0)$, si può utilizzare:

$$\frac{xx_0}{a^2} + \frac{yy_0}{b^2} = 1,$$ — formula di sdoppiamento

che si ottiene dall'equazione canonica dell'ellisse sostituendo il termine x^2 con xx_0 e il termine y^2 con yy_0.
La formula si può applicare *solo se il punto P appartiene all'ellisse*.

ESEMPIO

Troviamo la retta tangente all'ellisse di equazione $\frac{x^2}{9} + \frac{y^2}{6} = 1$ nel suo punto di coordinate $(\sqrt{3}; 2)$, applicando la formula di sdoppiamento:

$$\frac{\sqrt{3}\,x}{9} + \frac{2y}{6} = 1 \rightarrow y = -\frac{\sqrt{3}}{3}x + 3.$$

▶ Determina l'equazione della retta tangente all'ellisse di equazione $\frac{x^2}{9} + \frac{5}{81}y^2 = 1$ nel punto $P(-2;3)$.

3 Determinare l'equazione di un'ellisse

▶ Esercizi a p. 317

Abbiamo visto che l'equazione di un'ellisse con centro di simmetria nell'origine e fuochi su uno degli assi cartesiani è:

$$\frac{x^2}{a^2} + \frac{y^2}{b^2} = 1, \qquad \text{con } a, b \in \mathbb{R} - \{0\}.$$

Per determinarla basta conoscere i valori di a e b. Quindi occorrono due informazioni (condizioni) sull'ellisse che permettano di impostare un sistema di due equazioni nelle incognite a e b.

ESEMPIO Animazione

Determiniamo l'equazione dell'ellisse con i fuochi sull'asse y che passa per il punto $P\left(2; \frac{5}{3}\sqrt{5}\right)$ e ha eccentricità $\frac{4}{5}$.

Sostituiamo le coordinate di P nell'equazione canonica $\frac{4}{a^2} + \frac{125}{9b^2} = 1$.

Poiché i fuochi appartengono all'asse y, l'eccentricità è:

$$e = \frac{\sqrt{b^2 - a^2}}{b} = \frac{4}{5}.$$

Scriviamo il sistema

$$\begin{cases} \dfrac{4}{a^2} + \dfrac{125}{9b^2} = 1 & \longrightarrow P \text{ è un punto dell'ellisse} \\ \dfrac{\sqrt{b^2 - a^2}}{b} = \dfrac{4}{5} & \longrightarrow \text{l'eccentricità è } \dfrac{4}{5} \end{cases}$$

dal quale si ricava:

$$\begin{cases} a^2 = 9 \\ b^2 = 25 \end{cases} \rightarrow \text{l'equazione dell'ellisse è: } \frac{x^2}{9} + \frac{y^2}{25} = 1.$$

▶ Trova l'equazione dell'ellisse con i fuochi sull'asse x, che passa per $P(2; 1)$ e ha semiasse maggiore lungo 4.

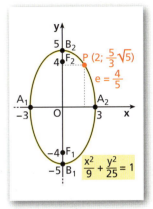

4 Iperbole e sua equazione

▶ Esercizi a p. 320

Iperbole come luogo geometrico

DEFINIZIONE

Assegnati nel piano due punti, F_1 e F_2, detti **fuochi**, chiamiamo **iperbole** il luogo geometrico dei punti P che hanno costante la differenza delle distanze da F_1 e da F_2:

$$\left| \overline{PF_1} - \overline{PF_2} \right| = \text{costante}.$$

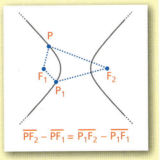

$\overline{PF_2} - \overline{PF_1} = \overline{P_1 F_2} - \overline{P_1 F_1}$

Il punto medio del segmento $F_1 F_2$ è il **centro** dell'iperbole.

Equazione dell'iperbole con i fuochi sull'asse x

Detto $P(x; y)$ un generico punto di un'iperbole con distanza focale $2c$ e posto

$$\left| \overline{PF_1} - \overline{PF_2} \right| = 2a,$$

si può dimostrare che l'**equazione canonica** dell'iperbole, quando l'asse x passa per i fuochi e l'asse y per il punto medio del segmento che li congiunge, è:

$$\frac{x^2}{a^2} - \frac{y^2}{b^2} = 1, \quad \text{con } c^2 = a^2 + b^2 \text{ e } a < c.$$

🇬🇧 Listen to it

Given two points, F_1 and F_2, a **hyperbola** is a plane curve such that, for every point P on the curve, the absolute value of the difference between the distances to F_1 and F_2 is constant. F_1 and F_2 are called the **focal points** or **foci**.

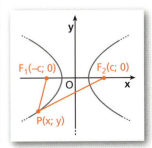

Iperbolografo

▶ Come tracciare un'iperbole su un foglio? Con l'aiuto di un iperbolografo!

I fuochi hanno coordinate $F_1(-c;0)$, $F_2(c;0)$. Dalla relazione precedente, $c = \sqrt{a^2 + b^2}$, quindi:

$$F_1(-\sqrt{a^2+b^2};0), \qquad F_2(\sqrt{a^2+b^2};0).$$

Per determinare le intersezioni dell'iperbole con l'asse x, mettiamo a sistema le rispettive equazioni, ossia risolviamo:

$$\begin{cases} \dfrac{x^2}{a^2} - \dfrac{y^2}{b^2} = 1 \\ y = 0 \end{cases} \rightarrow \begin{cases} \dfrac{x^2}{a^2} = 1 \\ y = 0 \end{cases} \rightarrow \begin{cases} x^2 = a^2 \\ y = 0 \end{cases} \rightarrow \begin{cases} x = \pm a \\ y = 0 \end{cases}.$$

Quindi $A_1(-a;0)$ e $A_2(a;0)$ sono le intersezioni con l'asse x e si dicono **vertici reali** dell'iperbole. Il segmento A_1A_2 si chiama **asse trasverso**. Ha lo stesso nome anche la retta che passa per A_1 e A_2, ossia l'asse x. Il numero a è la misura della lunghezza del semiasse trasverso. Inoltre i fuochi, che si trovano sull'asse x, giacciono sull'asse trasverso.

Analogamente, per determinare le intersezioni con l'asse y, risolviamo il sistema:

$$\begin{cases} \dfrac{x^2}{a^2} - \dfrac{y^2}{b^2} = 1 \\ x = 0 \end{cases} \rightarrow \begin{cases} \dfrac{-y^2}{b^2} = 1 \\ x = 0 \end{cases} \rightarrow \begin{cases} y^2 = -b^2 \\ x = 0 \end{cases}$$

La prima equazione è impossibile: *l'iperbole non ha intersezioni con l'asse y.*
Per disegnare l'iperbole, evidenziamo sull'asse y $B_1(0;-b)$ e $B_2(0;b)$ (figura **a**), anche se non sono punti di intersezione tra l'iperbole e l'asse delle ordinate. Tali punti sono anche detti **vertici non reali**. La retta B_1B_2 è detta **asse non trasverso**.

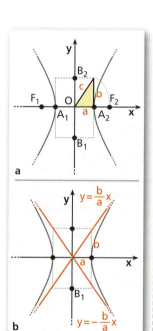

Disegniamo anche le due rette sulle quali giacciono le diagonali del rettangolo, dette **asintoti** dell'iperbole (figura **b**). Poiché passano entrambe per l'origine e una per il punto $(a;b)$ e l'altra per $(a;-b)$, abbiamo:

$$y = \frac{b}{a}x \text{ e } y = -\frac{b}{a}x, \qquad \text{equazioni degli asintoti}.$$

Si può dimostrare che tutti i punti dell'iperbole sono esterni al rettangolo e interni a quelle porzioni di piano delimitate dagli asintoti che contengono i fuochi.
Inoltre, si dimostra che gli asintoti sono rette che non intersecano mai la curva, ma le si avvicinano sempre più man mano che ci si allontana dall'origine.
L'iperbole non è una curva chiusa ed è costituita da due **rami** distinti.

ESEMPIO

Animazione | Nell'iperbole di equazione $\dfrac{x^2}{9} - \dfrac{y^2}{16} = 1$:

$$a = 3, \ b = 4 \text{ e } c = \sqrt{9+16} = \sqrt{25} = 5,$$

quindi i vertici reali sono $A_1(-3;0)$, $A_2(3;0)$, quelli non reali $B_1(0;-4)$, $B_2(0;4)$; i fuochi sono $F_1(-5;0)$ e $F_2(5;0)$; le equazioni degli asintoti $y = \dfrac{4}{3}x$ e $y = -\dfrac{4}{3}x$.

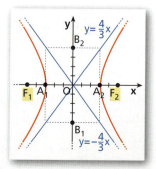

Per l'iperbole ritroviamo il concetto di eccentricità:

$$e = \frac{c}{a} = \frac{\sqrt{a^2 + b^2}}{a}, \qquad \text{con } e > 1.$$

A eccentricità maggiori corrisponde una maggior apertura dei rami dell'iperbole.

Equazione dell'iperbole con i fuochi sull'asse y

Si può dimostrare che l'**equazione canonica dell'iperbole con i fuochi appartenenti all'asse y** è

$$\frac{x^2}{a^2} - \frac{y^2}{b^2} = -1, \qquad \text{con } c^2 = a^2 + b^2 \text{ e } a < c,$$

e valgono le seguenti proprietà:

- l'iperbole è simmetrica rispetto agli assi cartesiani e all'origine;
- l'**asse y è l'asse trasverso** e i **vertici reali** sono i punti $B_1(0; -b)$, $B_2(0; b)$;
- l'**asse x è l'asse non trasverso** e i punti $A_1(-a; 0)$, $A_2(a; 0)$ sono detti **vertici non reali**;
- le rette di equazione $y = -\frac{b}{a}x$ e $y = \frac{b}{a}x$ sono gli **asintoti** dell'iperbole;
- i **fuochi** dell'iperbole hanno coordinate
  $F_1(0; -\sqrt{b^2 + a^2})$ e $F_2(0; \sqrt{b^2 + a^2})$;
- l'**eccentricità** vale $e = \frac{c}{b} = \frac{\sqrt{b^2 + a^2}}{b}$, con $e > 1$.

> ▶ Calcola le coordinate dei vertici, quelle dei fuochi, l'equazione degli asintoti e l'eccentricità dell'iperbole di equazione $x^2 - \frac{y^2}{9} = 1$. Traccia poi l'iperbole.

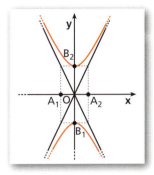

☐ Animazione
☐ Animazione

Nelle figure dinamiche delle animazioni puoi osservare:
- come varia la forma dell'iperbole al variare dei semiassi;
- la proprietà dell'iperbole come luogo geometrico.

5 Iperboli e rette

■ Posizione di una retta rispetto a un'iperbole

▶ Esercizi a p. 322

Un'iperbole e una retta possono essere secanti in due punti, essere tangenti in un punto, non intersecarsi in alcun punto oppure, se la retta è parallela a un asintoto, intersecarsi in un punto.

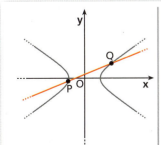

a. La retta è secante l'iperbole. I punti di intersezione sono due.

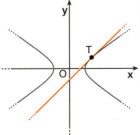

b. La retta, non parallela agli asintoti, è tangente all'iperbole. Il punto di intersezione è unico e si chiama *punto di tangenza*.

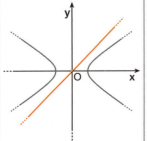

c. La retta è esterna all'iperbole. Non vi sono punti di intersezione.

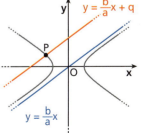

d. La retta è parallela a un asintoto: la retta è secante e il punto di intersezione è unico.

Se vogliamo stabilire la posizione di una retta di equazione $a'x + b'y + c' = 0$, rispetto a un'iperbole di equazione $\dfrac{x^2}{a^2} - \dfrac{y^2}{b^2} = 1$, consideriamo il sistema formato dalle due equazioni e studiamo l'equazione risolvente.

- Se l'equazione risolvente è di secondo grado, studiamo il segno del discriminante Δ:

  se $\Delta > 0$, il sistema ha due soluzioni reali e la retta è secante l'iperbole in due punti;

  se $\Delta = 0$, il sistema ha due soluzioni reali e coincidenti e la retta è tangente all'iperbole in un punto;

  se $\Delta < 0$, il sistema non ha soluzioni reali e la retta è esterna all'iperbole.

- Se l'equazione risolvente è di primo grado, la retta è secante l'iperbole in un solo punto.

ESEMPIO | Animazione

Studiamo la posizione della retta di equazione $2x + 3y - 4 = 0$ rispetto all'iperbole di equazione $\dfrac{x^2}{9} - \dfrac{y^2}{4} = 1$. Risolviamo il sistema:

$$\begin{cases} \dfrac{x^2}{9} - \dfrac{y^2}{4} = 1 \\ 2x + 3y - 4 = 0 \end{cases} \rightarrow \begin{cases} \dfrac{1}{9}\left(\dfrac{-3y + 4}{2}\right)^2 - \dfrac{y^2}{4} = 1 \\ x = \dfrac{-3y + 4}{2} \end{cases}.$$

L'equazione risolvente è:

$$9y^2 + 16 - 24y - 9y^2 = 36 \rightarrow -24y = 20 \rightarrow 6y = -5 \rightarrow y = -\dfrac{5}{6}.$$

Dall'equazione di primo grado abbiamo ottenuto un solo valore, quindi la retta è secante l'iperbole in un solo punto, che ha coordinate $P\left(\dfrac{13}{4}; -\dfrac{5}{6}\right)$.

Si ricava che la retta è secante in un solo punto anche osservando che il suo coefficiente angolare è $-\dfrac{2}{3}$, e quindi la retta è parallela all'asintoto di equazione $y = -\dfrac{2}{3}x$.

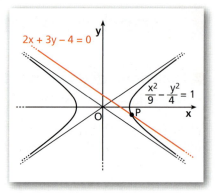

▶ Determina la posizione della retta $y = 1$ rispetto all'iperbole di equazione $\dfrac{x^2}{4} - \dfrac{y^2}{16} = -1$.

■ Tangenti a un'iperbole

▶ Esercizi a p. 323

Per determinare le equazioni delle eventuali rette tangenti condotte da un punto $P(x_0; y_0)$ all'iperbole di equazione $\dfrac{x^2}{a^2} - \dfrac{y^2}{b^2} = 1$, dobbiamo porre:

$\Delta = 0,$

dove Δ è il discriminante dell'equazione risolvente il sistema tra l'equazione della retta generica passante per P e l'equazione dell'iperbole.

Paragrafo 6. Determinare l'equazione di un'iperbole

Otteniamo due, una o nessuna tangente, a seconda della posizione del punto P (figure **a**, **b**, **c**).

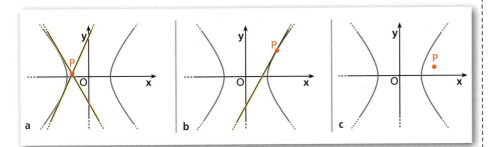

Se il punto P appartiene a un asintoto, allora fra le equazioni delle tangenti si trova anche l'equazione dell'asintoto stesso. Gli asintoti, infatti, sono considerati tangenti all'iperbole in un punto all'infinito.

■ Formula di sdoppiamento

▶ Esercizi a p. 323

Per determinare l'equazione della retta *tangente all'iperbole in un suo punto* $P(x_0; y_0)$, si può utilizzare la **formula di sdoppiamento**:

$$\frac{xx_0}{a^2} - \frac{yy_0}{b^2} = 1;$$ ——— per l'iperbole $\frac{x^2}{a^2} - \frac{y^2}{b^2} = 1$

$$\frac{xx_0}{a^2} - \frac{yy_0}{b^2} = -1.$$ ——— per l'iperbole $\frac{x^2}{a^2} - \frac{y^2}{b^2} = -1$

Le formule si ottengono dall'equazione canonica dell'iperbole sostituendo il termine x^2 con xx_0 e il termine y^2 con yy_0.

▶ Trova l'equazione della tangente all'iperbole di equazione $\frac{x^2}{16} - y^2 = 1$ nel suo punto $P\left(5; -\frac{3}{4}\right)$.

6 Determinare l'equazione di un'iperbole

▶ Esercizi a p. 324

Poiché nell'equazione dell'iperbole sono presenti due coefficienti a e b, per determinarla occorrono due condizioni sull'iperbole, in modo da impostare un sistema di due equazioni nelle incognite a e b.
La conoscenza di un vertice fornisce direttamente il valore di a o b. Gli altri tipi di condizioni forniscono invece delle equazioni nelle incognite a e b.
Condizioni di questo tipo si ottengono se, per esempio, sono note le coordinate di un punto o quelle dei fuochi.

MATEMATICA INTORNO A NOI

Le torri di raffreddamento In tanti processi industriali si raggiungono temperature di lavorazione elevatissime. C'è quindi la necessità di raffreddare le acque di scarico. Molti impianti industriali sono dotati di ciminiere a forma iperbolica all'interno delle quali l'acqua di scarico viene vaporizzata e raffreddata.

▶ Perché le torri di raffreddamento hanno forma iperbolica?

☐ La risposta

ESEMPIO ☐ Animazione

Determiniamo l'equazione dell'iperbole con un fuoco nel punto $F(\sqrt{5}; 0)$ e passante per $P\left(\frac{\sqrt{5}}{2}; 1\right)$.

Dalle coordinate del fuoco ricaviamo: $a^2 + b^2 = 5$.

Sostituiamo le coordinate di P nell'equazione canonica: $\frac{5}{4a^2} - \frac{1}{b^2} = 1$.

Capitolo 7. Ellisse e iperbole

Risolviamo il sistema costituito dalle due equazioni ottenute:

$$\begin{cases} a^2 + b^2 = 5 \\ \dfrac{5}{4a^2} - \dfrac{1}{b^2} = 1 \end{cases} \to \begin{cases} a^2 = 5 - b^2 \\ 5b^2 - 4a^2 = 4a^2 b^2 \end{cases} \to$$

$$\begin{cases} a^2 = 5 - b^2 \\ 5b^2 - 20 + 4b^2 = 20b^2 - 4b^4 \end{cases} \to \begin{cases} a^2 = 5 - b^2 \\ 4b^4 - 11b^2 - 20 = 0 \end{cases}.$$

Ricaviamo b^2 dalla seconda equazione.

$$b^2 = \frac{11 \pm \sqrt{121 + 320}}{8} = \frac{11 \pm 21}{8} \begin{cases} -\dfrac{5}{4} \\ 4 \end{cases}$$

$b^2 = -\dfrac{5}{4}$ non è accettabile.

Per $b^2 = 4$, otteniamo:

$$a^2 = 5 - b^2 = 5 - 4 = 1.$$

L'equazione richiesta è:

$$x^2 - \frac{y^2}{4} = 1.$$

▶ Determina l'equazione dell'iperbole che ha un vertice reale in $(0; -5)$ e ha per asintoto la retta $y = \dfrac{5}{2}x$.

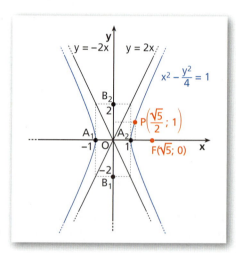

7 Iperbole equilatera

▶ Esercizi a p. 326

Riferita agli assi di simmetria

Se nell'equazione canonica si ha $a = b$, l'iperbole si dice **equilatera**.
Per esempio, consideriamo il caso in cui i fuochi siano sull'asse x.
L'equazione dell'iperbole equilatera è

$$\frac{x^2}{a^2} - \frac{y^2}{a^2} = 1 \quad \to \quad \boxed{x^2 - y^2 = a^2}.$$

Essendo $2a = 2b$, il rettangolo che ha per lati l'asse trasverso e quello non trasverso diventa un quadrato. Le equazioni degli **asintoti** sono

$$y = x \quad \text{e} \quad y = -x,$$

e gli asintoti coincidono quindi con le bisettrici dei quadranti.

ESEMPIO

L'iperbole equilatera di equazione $x^2 - y^2 = 9$ ha per vertici $A_1(-3; 0)$, $A_2(3; 0)$, $B_1(0; -3)$ e $B_2(0; 3)$. I fuochi sono $F_1(-3\sqrt{2}; 0)$ e $F_2(3\sqrt{2}; 0)$.

Paragrafo 7. Iperbole equilatera

Riferita agli asintoti

Abbiamo appena visto che, in un'iperbole equilatera, gli asintoti coincidono con le bisettrici dei quadranti, ovvero sono perpendicolari fra loro. Se si considerano gli asintoti come assi di un sistema di riferimento per l'iperbole, si può dimostrare che l'equazione dell'iperbole equilatera in questo nuovo sistema è

$xy = k$,   con k costante positiva o negativa.

Nella figura esaminiamo i due possibili casi.

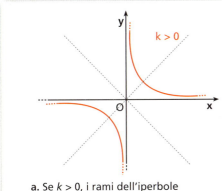
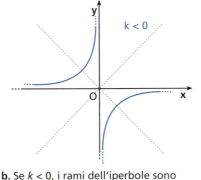

a. Se $k > 0$, i rami dell'iperbole sono nel primo e terzo quadrante.

b. Se $k < 0$, i rami dell'iperbole sono nel secondo e quarto quadrante.

▶ Video

Il problema di Delo

Si narra che un oracolo chiese di costruire un altare di forma cubica di volume doppio rispetto a quello esistente per placare le ire di Apollo.

▶ Come risolvere il problema con l'aiuto dell'iperbole?

Gli assi di simmetria dell'iperbole equilatera riferita agli asintoti sono le bisettrici dei quadranti, quindi i fuochi e i vertici appartengono a tali rette.

■ Funzione omografica

Si può dimostrare che, se si considera un'iperbole equilatera riferita a un sistema di assi paralleli agli asintoti, allora la curva ha un'equazione del tipo:

$$y = \frac{ax + b}{cx + d}, \quad \text{con } c \neq 0 \text{ e } ad - bc \neq 0,$$

che esprime una funzione detta **funzione omografica**.

Le equazioni degli asintoti sono: $x = -\dfrac{d}{c}$ e $y = \dfrac{a}{c}$.

Le coordinate del centro di simmetria sono: $C\left(-\dfrac{d}{c}; \dfrac{a}{c}\right)$.

Viceversa, si può dimostrare che ogni equazione del tipo precedente rappresenta un'iperbole equilatera.

> **ESEMPIO**
>
> L'equazione $y = \dfrac{x-3}{x-2}$ rappresenta un'iperbole che ha centro $C(2; 1)$. Per disegnare il grafico, segniamo C e gli asintoti $x = 2$, verticale, e $y = 1$, orizzontale. Possiamo poi considerare alcuni punti dell'iperbole, per esempio le intersezioni con gli assi:
>
> $A\left(0; \dfrac{3}{2}\right)$; $B(3; 0)$.

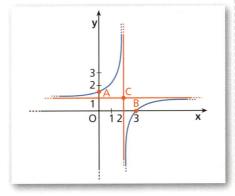

▶ Disegna il grafico della funzione $f(x)$ di equazione

$$y = \frac{x}{2-x}$$

e trova la sua funzione inversa $f^{-1}(x)$.

▶ Animazione

IN SINTESI
Ellisse e iperbole

Ellisse

- **Ellisse**: luogo geometrico dei punti P per cui è costante la somma delle distanze da due punti F_1 e F_2, detti **fuochi**.
- **Equazione canonica**

  $$\frac{x^2}{a^2} + \frac{y^2}{b^2} = 1, \quad \text{con } a > b.$$

- **Fuochi**: $F_1(-c; 0)$, $F_2(+c; 0)$, con $a > c$ e $a^2 - c^2 = b^2$.
- **Vertici dell'ellisse**: i punti di intersezione con gli assi, ossia $A_1(-a; 0)$, $A_2(a; 0)$, $B_1(0; -b)$, $B_2(0; b)$.
- **Assi dell'ellisse**: i segmenti A_1A_2 (asse maggiore) e B_1B_2 (asse minore).
  a: misura del **semiasse maggiore**;
  b: misura del **semiasse minore**;
  c: **semidistanza focale**.
- **Eccentricità** e: $e = \dfrac{c}{a}$, con $0 \leq e < 1$.

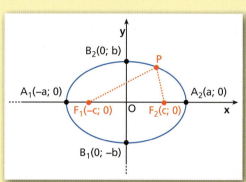

Iperbole

- **Iperbole**: luogo geometrico dei punti P che hanno costante la differenza delle distanze da due punti F_1 e F_2, detti **fuochi**.
- **Equazione canonica** dell'iperbole quando i fuochi sono sull'asse x e l'asse y passa per il punto medio del segmento che li congiunge: $\dfrac{x^2}{a^2} - \dfrac{y^2}{b^2} = 1$.
- **Fuochi**: $F_1(-c; 0)$, $F_2(c; 0)$, con $a < c$ e $c^2 - a^2 = b^2$.
- **Vertici reali**: $A_1(-a; 0)$ e $A_2(a; 0)$, intersezioni dell'iperbole con l'asse x.
  $B_1(0; -b)$ e $B_2(0; b)$ *non* sono intersezioni con l'asse y e sono detti **vertici non reali**.
- **Asse trasverso** A_1A_2: asse passante per i vertici reali. B_1B_2 è invece detto **asse non trasverso**.
- **Asintoti**: $y = \dfrac{b}{a}x$ e $y = -\dfrac{b}{a}x$.

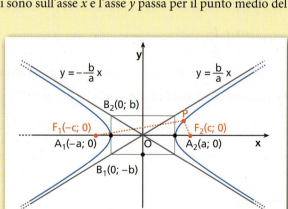

- **Eccentricità** e: $e = \dfrac{c}{a}$, con $e > 1$.
- Se i **fuochi** sono **sull'asse** y, l'equazione dell'iperbole è: $\dfrac{x^2}{a^2} - \dfrac{y^2}{b^2} = -1$.
- **Iperbole equilatera.** Equazione riferita agli assi: $x^2 - y^2 = a^2$.
  Equazione riferita agli asintoti: $xy = k$, con $k \neq 0$.
- **Funzione omografica.** Equazione: $y = \dfrac{ax + b}{cx + d}$, con $c \neq 0$ e $ad - bc \neq 0$.
  Grafico: iperbole equilatera. Asintoti di equazioni $x = -\dfrac{d}{c}$ e $y = \dfrac{a}{c}$. Centro di simmetria: $C\left(-\dfrac{d}{c}; \dfrac{a}{c}\right)$.

CAPITOLO 7
ESERCIZI

Paragrafo 1. Ellisse e sua equazione

1 Ellisse e sua equazione
▶ Teoria a p. 300

Determina l'equazione dell'ellisse come luogo geometrico dei punti del piano di cui è data la somma delle distanze dai punti A e B.

1 $A(3;0)$, $B(-3;0)$; 10. $\left[\dfrac{x^2}{25}+\dfrac{y^2}{16}=1\right]$ **2** $A(0;1)$, $B(0;-1)$; 12. $\left[\dfrac{x^2}{35}+\dfrac{y^2}{36}=1\right]$

Riconosci quali delle seguenti equazioni rappresentano ellissi, scrivile nella forma canonica e stabilisci se i fuochi appartengono all'asse x o all'asse y.

3 a. $x^2 + \dfrac{y^2}{2} - 1 = 0$;   b. $x^2 = 9y^2 + 1$;   c. $x^2 + 25y^2 - 100 = 0$.

4 a. $y^2 + 4x^2 = 16$;   b. $1 - x^2 + 25y^2 = 0$;   c. $\dfrac{x^2}{4} + \dfrac{4}{9}y^2 = 1$.

5 a. $x^2 + 3y^2 = 6$;   b. $4x^2 + 2y^2 = 8$;   c. $y^2 = 2x^2 + 8$.

6 a. $2x^2 - 5y^2 = 10$;   b. $x + 4y^2 = 12$;   c. $4x^2 + y^2 - 12 = 0$.

Trova per quali valori di k le seguenti equazioni rappresentano un'ellisse.

7 $\dfrac{x^2}{9k} + \dfrac{y^2}{k-2} = 1$ $[k > 2]$ **8** $x^2 + (4-k)y^2 = k$ $[0 < k < 4]$

9 **ESERCIZIO GUIDA** Data l'ellisse di equazione $4x^2 + 25y^2 = 100$, determiniamo la misura dei semiassi, le coordinate dei vertici, quelle dei fuochi e l'eccentricità, e rappresentiamo il suo grafico.

- Dividiamo entrambi i membri dell'equazione data per 100, per ridurla nella forma canonica:

  $\dfrac{x^2}{25} + \dfrac{y^2}{4} = 1$ → $a^2 = 25$, $b^2 = 4$ → $a = 5$, $b = 2$. $\boxed{\dfrac{x^2}{a^2}+\dfrac{y^2}{b^2}=1}$

  $a > b$ → i fuochi sono sull'asse x.

- Le coordinate dei vertici sono:

  $A_1(-5;0)$, $A_2(5;0)$, $B_1(0;-2)$, $B_2(0;2)$.

- Per trovare i fuochi usiamo la relazione:

  $c^2 = a^2 - b^2 = 25 - 4 = 21$ → $c = \sqrt{21}$ →

  $F_1(-\sqrt{21};0)$ e $F_2(\sqrt{21};0)$.

- L'eccentricità è $e = \dfrac{c}{a} = \dfrac{\sqrt{21}}{5}$.

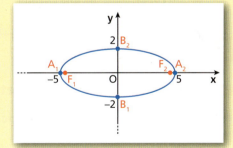

Data l'equazione dell'ellisse, in ciascuno dei seguenti casi, determina la misura dei semiassi, le coordinate dei vertici, quelle dei fuochi e l'eccentricità, e rappresenta la curva graficamente.

10 $\dfrac{x^2}{25} + \dfrac{y^2}{9} = 1$ **12** $\dfrac{x^2}{16} + \dfrac{y^2}{4} = 1$ **14** $9x^2 + 4y^2 = 36$ **16** $4x^2 + y^2 = 16$

11 $\dfrac{x^2}{16} + y^2 = 1$ **13** $\dfrac{4}{25}x^2 + \dfrac{4}{9}y^2 = 1$ **15** $25x^2 + y^2 = 25$ **17** $16x^2 + y^2 = 4$

Capitolo 7. Ellisse e iperbole

ESERCIZI

LEGGI IL GRAFICO Trova le equazioni delle ellissi rappresentate nei seguenti grafici, utilizzando i dati delle figure, e determina le coordinate dei vertici, quelle dei fuochi e l'eccentricità.

18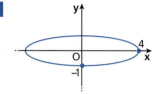

19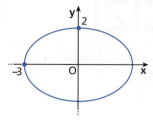

20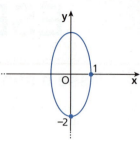

21 **FAI UN ESEMPIO** Scrivi l'equazione di un'ellisse con i fuochi sull'asse y e con un asse doppio dell'altro.

22 **YOU & MATHS** Determine the equation of the ellipse having vertices $(\pm 10, 0)$ and foci $(\pm 6, 0)$.

A $\dfrac{x^2}{100} + \dfrac{y^2}{36} = 1$ D $\dfrac{x^2}{100} + \dfrac{y^2}{64} = 1$

B $\dfrac{x^2}{100} - \dfrac{y^2}{36} = 1$ E $\dfrac{x^2}{36} + \dfrac{y^2}{64} = 1$

C $100x^2 + 36y^2 = 1$

(USA *Indiana State Mathematics Contest*, 2004)

23 **TEST** L'equazione dell'ellisse in figura è:

A $9x^2 + 4y^2 = 36$.

B $2x^2 + 3y^2 = 6$.

C $\dfrac{x^2}{4} - \dfrac{y^2}{9} = 1$.

D $4x^2 + 9y^2 = 36$.

E $\dfrac{x^2}{2} + \dfrac{y^2}{3} = 1$.

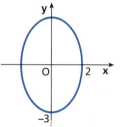

24 **ASSOCIA** a ciascuna equazione di ellisse la caratteristica che la riguarda.

a. $\dfrac{x^2}{3} + \dfrac{y^2}{2} = 1$.   b. $\dfrac{x^2}{3} + \dfrac{y^2}{4} = 1$.   c. $5x^2 + 4y^2 = 20$.   d. $x^2 + 4y^2 = 16$.

1. Eccentricità $\dfrac{1}{2}$.   2. Fuochi $(\pm 1; 0)$.   3. Vertici $(\pm 2; 0)$.   4. Vertici $(0; \pm 2)$.

25 Data l'ellisse di equazione $\dfrac{x^2}{9} + \dfrac{y^2}{6} = 1$, verifica se passa per i punti $A(3; 0)$ e $B(2; -1)$.   [sì; no]

26 **EUREKA!** Calcola per quali valori di k, se esistono, l'equazione $\dfrac{x^2}{8-k} + \dfrac{y^2}{2k+2} = 1$ rappresenta:

a. un'ellisse;   b. una circonferenza;   c. una parabola. $[a) -1 < k < 8; b) k = 2; c) \nexists k]$

2 Ellissi e rette

Posizione di una retta rispetto a un'ellisse

▶ Teoria a p. 303

LEGGI IL GRAFICO Scrivi il sistema di equazioni che rappresenta i punti di intersezione delle curve rappresentate nei seguenti grafici.

27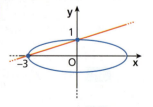

28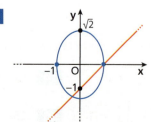

29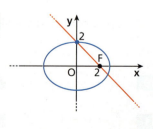

Paragrafo 2. Ellissi e rette

Interpreta graficamente i seguenti sistemi.

30 $\begin{cases} x^2 + 9y^2 = 9 \\ x + y = 0 \end{cases}$

31 $\begin{cases} \dfrac{x^2}{36} + y^2 = 1 \\ x = -2 \end{cases}$

32 $\begin{cases} 4x^2 + 9y^2 = 16 \\ x + 2y - 2 = 0 \end{cases}$

Nei seguenti esercizi sono assegnate le equazioni di un'ellisse e di una retta. Stabilisci la posizione della retta rispetto all'ellisse determinando gli eventuali punti di intersezione e rappresenta graficamente.

33 $4x^2 + 9y^2 = 36$; $\quad x - y - 7 = 0$. $\hfill$ [esterna]

34 $16x^2 + 25y^2 = 100$; $\quad x - 2 = 0$. $\hfill \left[\text{secante:}\left(2; -\dfrac{6}{5}\right), \left(2; \dfrac{6}{5}\right)\right]$

35 $81x^2 + 196y^2 = 441$; $\quad 2y + 3 = 0$. $\hfill \left[\text{tangente:}\left(0; -\dfrac{3}{2}\right)\right]$

36 $x^2 + 4y^2 = 40$; $\quad x + 6y - 20 = 0$. $\hfill$ [tangente: (2; 3)]

37 $4x^2 + 21y^2 = 85$; $\quad 2x - 9y - 17 = 0$. $\hfill \left[\text{secante:}\left(-\dfrac{1}{2}; -2\right), (4; -1)\right]$

38 $\dfrac{x^2}{4} + \dfrac{y^2}{5} = 1$; $\quad y = 2x - 1$. $\hfill \left[\text{secante;}\left(-\dfrac{4}{7}; -\dfrac{15}{7}\right), \left(\dfrac{4}{3}; \dfrac{5}{3}\right)\right]$

---

39 Data l'ellisse di equazione $\dfrac{x^2}{3} + \dfrac{y^2}{8} = 35$, determina la misura del segmento che la retta di equazione $x - 2y + 7 = 0$ individua intersecando l'ellisse. $\hfill \left[48\dfrac{\sqrt{5}}{5}\right]$

40 Trova le equazioni delle rette parallele all'asse x che determinano sull'ellisse di equazione $\dfrac{x^2}{2} + \dfrac{y^2}{12} = 1$ una corda di misura $\sqrt{2}$. $\hfill [y = \pm 3]$

41 Determina l'equazione dell'ellisse avente due vertici in (6; 0) e (0; 4) e calcola la misura della corda individuata sulla retta di equazione $y - 2 = 0$. $\hfill \left[\dfrac{x^2}{36} + \dfrac{y^2}{16} = 1; 6\sqrt{3}\right]$

42 Calcola l'area del quadrilatero che ha per vertici i punti di intersezione dell'ellisse di equazione $x^2 + 6y^2 = 4$ con le rette di equazioni $x = -1$ e $x = 1$. $\hfill [2\sqrt{2}]$

43 Data l'ellisse di equazione $x^2 + 4y^2 = 16$, trova la misura della corda individuata sulla retta di equazione $x - 2y + 4 = 0$. $\hfill [2\sqrt{5}]$

44 Determina l'area del triangolo ABF, dove A e B sono i punti di intersezione della retta di equazione $y = -2x + 3$ con l'ellisse di equazione $\dfrac{x^2}{18} + \dfrac{y^2}{9} = 1$ e F è il fuoco dell'ellisse di ascissa negativa. $\hfill [12]$

45 Determina quali rette passanti per l'origine staccano sull'ellisse di equazione $\dfrac{x^2}{4} + y^2 = 1$ una corda di misura $\sqrt{10}$. $\hfill \left[y = \pm \dfrac{x}{2}\right]$

46 Scrivi le equazioni dei lati del rettangolo di perimetro 24 inscritto nell'ellisse di equazione $\dfrac{x^2}{28} + \dfrac{3y^2}{28} = 1$. $\hfill [x = \pm 4, y = \pm 2; x = \pm 5, y = \pm 1]$

Tangenti a un'ellisse

▶ Teoria a p. 303

47 **ESERCIZIO GUIDA** Rappresentiamo le equazioni delle rette tangenti all'ellisse di equazione $\dfrac{x^2}{11} + \dfrac{y^2}{5} = 1$, condotte dal punto $A(0; -7)$.

L'equazione della retta generica passante per A è:

$$y + 7 = m(x - 0) \to y = mx - 7.$$

Scriviamo il sistema formato dalle equazioni della retta e dell'ellisse e imponiamo la condizione di tangenza.

$$\begin{cases} \dfrac{x^2}{11} + \dfrac{y^2}{5} = 1 \\ y = mx - 7 \end{cases} \to \dfrac{x^2}{11} + \dfrac{(mx - 7)^2}{5} = 1 \to$$

$$(5 + 11m^2)x^2 - 154mx + 484 = 0$$

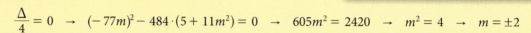

$$\dfrac{\Delta}{4} = 0 \to (-77m)^2 - 484 \cdot (5 + 11m^2) = 0 \to 605m^2 = 2420 \to m^2 = 4 \to m = \pm 2$$

Ricaviamo quindi le equazioni delle tangenti:

$$y = 2x - 7, \quad y = -2x - 7.$$

48 Conduci da $P\left(6; -\dfrac{3}{2}\right)$ le tangenti all'ellisse di equazione $x^2 + 4y^2 = 9$.
$[2y + 3 = 0; \ 4x + 6y - 15 = 0]$

49 Determina le equazioni delle tangenti all'ellisse di equazione $9x^2 + 16y^2 = 144$, condotte dai suoi punti di intersezione con gli assi cartesiani.
$[x = \pm 4; \ y = \pm 3]$

50 Determina le equazioni delle rette tangenti all'ellisse di equazione $x^2 + 2y^2 = 9$, condotte da $P(-9; 0)$.
$[x + 4y + 9 = 0; \ x - 4y + 9 = 0]$

51 Scrivi le equazioni delle rette tangenti all'ellisse di equazione $x^2 + \dfrac{3}{2}y^2 = 1$, condotte da $A(0; 1)$.
$\left[y = \pm \dfrac{\sqrt{3}}{3}x + 1\right]$

52 Scrivi le equazioni delle tangenti all'ellisse di equazione $x^2 + 9y^2 = 25$, condotte da $P\left(\dfrac{5}{2}; \dfrac{5}{3}\right)$.
$[3y - 5 = 0; \ 4x + 9y - 25 = 0]$

53 Determina l'equazione della tangente all'ellisse di equazione $x^2 + 3y^2 = 36$, condotta dal suo punto $A(3; 3)$.
$[x + 3y - 12 = 0]$

54 Scrivi le equazioni delle tangenti all'ellisse di equazione $x^2 + 2y^2 = 9$, condotte da $P\left(3; \dfrac{3}{2}\right)$.
$[x - 3 = 0; \ x + 4y - 9 = 0]$

55 Trova le tangenti all'ellisse di equazione $\dfrac{x^2}{5} + \dfrac{y^2}{9} = 1$ passanti rispettivamente per $A\left(\dfrac{5}{3}; 2\right)$ e per $B(0; 4)$.
$\left[3x + 2y - 9 = 0; \ y = \pm \dfrac{\sqrt{35}}{5}x + 4\right]$

Formula di sdoppiamento

▶ Teoria a p. 304

56 **ESERCIZIO GUIDA** Determiniamo l'equazione della tangente all'ellisse di equazione $3x^2 + y^2 = 4$, nel suo punto del quarto quadrante, di ascissa 1.

Determiniamo l'ordinata del punto, sostituendo l'ascissa 1 nell'equazione dell'ellisse:

$$3 + y^2 = 4 \to y^2 = 1 \to y = \pm 1.$$

Il punto, nel quarto quadrante, ha ordinata -1.

Applichiamo la formula di sdoppiamento:

$$3x_0 x + y_0 y = 4 \to 3x - y = 4.$$

L'equazione della tangente è: $y = 3x - 4$.

Paragrafo 3. Determinare l'equazione di un'ellisse

57 Trova l'equazione della tangente all'ellisse di equazione $9x^2 + 2y^2 = 54$ nel suo punto $(-2; 3)$. $[y = 3x + 9]$

58 Determina l'equazione della retta tangente all'ellisse di equazione $x^2 + \frac{3}{4}y^2 = 1$ nel suo punto di coordinate $\left(\frac{1}{2}; 1\right)$. $[2x + 3y - 4 = 0]$

59 Determina l'equazione della tangente all'ellisse di equazione $3x^2 + 4y^2 = 48$ nel suo punto del terzo quadrante di ascissa -2. $[x + 2y + 8 = 0]$

60 Conduci la tangente all'ellisse di equazione $x^2 + 4y^2 = 20$ dal suo punto P del quarto quadrante, di ascissa 2. $[x - 4y - 10 = 0]$

3 Determinare l'equazione di un'ellisse

▶ Teoria a p. 304

LEGGI IL GRAFICO Trova le equazioni delle ellissi, utilizzando i dati delle figure.

61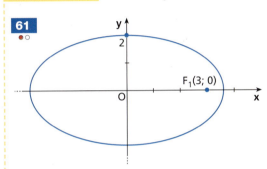

62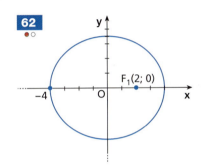

63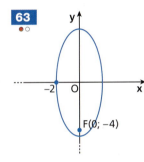

64 Determina l'equazione dell'ellisse avente un fuoco in $(-3; 0)$ e un vertice in $(0; -4)$. $\left[\frac{x^2}{25} + \frac{y^2}{16} = 1\right]$

65 Scrivi l'equazione dell'ellisse avente un vertice in $(0; -3)$ e semiasse sull'asse x di misura $2\sqrt{3}$. $[9x^2 + 12y^2 = 108]$

66 Trova l'equazione dell'ellisse con i fuochi sull'asse y che ha distanza focale 3 e un vertice in $(-2; 0)$. $\left[\frac{x^2}{4} + \frac{4}{25}y^2 = 1\right]$

67 Scrivi l'equazione dell'ellisse che individua sugli assi cartesiani x e y due corde di misura, rispettivamente, 6 e 4. $[4x^2 + 9y^2 = 36]$

68 Determina l'equazione dell'ellisse avente un fuoco in $(0; -2\sqrt{5})$ e un vertice in $(-4; 0)$ e rappresentala. $\left[\frac{x^2}{16} + \frac{y^2}{36} = 1\right]$

69 Trova l'equazione dell'ellisse avente un fuoco in $\left(\frac{3}{2}; 0\right)$ e il semiasse su cui non giace il fuoco di misura $\frac{\sqrt{7}}{2}$. $[7x^2 + 16y^2 = 28]$

70 Trova l'equazione dell'ellisse avente due dei suoi vertici nei punti di intersezione della retta di equazione $x - 3y + 9 = 0$ con gli assi cartesiani. $\left[\frac{x^2}{81} + \frac{y^2}{9} = 1\right]$

71 **ESERCIZIO GUIDA** Scriviamo l'equazione dell'ellisse che passa per i punti $A\left(\sqrt{3}; \frac{1}{2}\right)$ e $B\left(-1; \frac{\sqrt{3}}{2}\right)$.

Imponiamo il passaggio per A e B per l'ellisse di equazione $\frac{x^2}{a^2} + \frac{y^2}{b^2} = 1$: $\begin{cases} \frac{3}{a^2} + \frac{1}{4b^2} = 1 \\ \frac{1}{a^2} + \frac{3}{4b^2} = 1 \end{cases}$.

Per comodità poniamo $\frac{1}{a^2} = t$ e $\frac{1}{b^2} = z$.

Capitolo 7. Ellisse e iperbole

$$\begin{cases} 3t + \frac{1}{4}z = 1 \\ t + \frac{3}{4}z = 1 \end{cases} \rightarrow \begin{cases} 3\left(1 - \frac{3}{4}z\right) + \frac{1}{4}z = 1 \\ t = 1 - \frac{3}{4}z \end{cases} \rightarrow \begin{cases} \frac{1}{4}z - \frac{9}{4}z = 1 - 3 \\ t = 1 - \frac{3}{4}z \end{cases} \rightarrow \begin{cases} z = 1 \\ t = \frac{1}{4} \end{cases}$$

Quindi $a^2 = \frac{1}{t} = 4$ e $b^2 = \frac{1}{z} = 1$.

L'ellisse cercata ha equazione $\frac{x^2}{4} + y^2 = 1$.

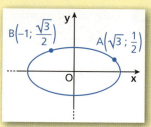

Scrivi l'equazione dell'ellisse passante per i punti A e B indicati.

72 $A\left(-1; \frac{8}{3}\right)$, $B\left(\frac{3}{2}\sqrt{2}; 2\right)$. $\quad \left[\frac{x^2}{9} + \frac{y^2}{8} = 1\right]$

73 $A\left(1; \sqrt{\frac{3}{5}}\right)$, $B\left(-\sqrt{15}; \frac{1}{5}\right)$. $\quad [x^2 + 25y^2 = 16]$

74 $A(\sqrt{5}; 4)$, $B(-2\sqrt{2}; 2)$. $\quad \left[\frac{x^2}{9} + \frac{y^2}{36} = 1\right]$

75 $A(2; -2)$, $B(\sqrt{6}; \sqrt{3})$. $\quad [x^2 + 2y^2 = 12]$

76 Scrivi l'equazione dell'ellisse avente un vertice nel punto $(-3; 0)$ e passante per $\left(-\frac{3\sqrt{2}}{2}; -2\right)$.
$\quad [8x^2 + 9y^2 = 72]$

77 Determina l'equazione dell'ellisse avente un vertice in $(2; 0)$ e passante per $\left(1; \frac{\sqrt{15}}{2}\right)$.
$\quad \left[\frac{x^2}{4} + \frac{y^2}{5} = 1\right]$

78 Un'ellisse ha un fuoco in $(0; \sqrt{6})$ e passa per $\left(\sqrt{\frac{5}{3}}; 2\right)$. Qual è la sua equazione?
$\quad \left[\frac{x^2}{3} + \frac{y^2}{9} = 1\right]$

79 Determina l'equazione dell'ellisse di eccentricità $e = \frac{2\sqrt{5}}{5}$ e avente un fuoco nel punto $(0; 4)$.
$\quad \left[\frac{x^2}{4} + \frac{y^2}{20} = 1\right]$

80 Determina l'equazione dell'ellisse con i fuochi sull'asse x di eccentricità $\frac{1}{2}$ e con un vertice in $(0; -\sqrt{3})$.
$\quad [3x^2 + 4y^2 = 12; 4x^2 + 3y^2 = 9]$

81 Trova l'equazione dell'ellisse con i fuochi sull'asse delle y avente un vertice in $(0; 4)$ ed eccentricità $\frac{\sqrt{7}}{4}$.
$\quad \left[\frac{x^2}{9} + \frac{y^2}{16} = 1\right]$

82 Trova l'equazione dell'ellisse che ha eccentricità $e = \frac{3\sqrt{10}}{10}$ e un fuoco nel punto $(-3; 0)$.
$\quad \left[\frac{x^2}{10} + y^2 = 1\right]$

83 Scrivi l'equazione dell'ellisse di eccentricità $e = \frac{\sqrt{5}}{5}$ e avente il semiasse minore $a = 4$.
$\quad \left[\frac{x^2}{16} + \frac{y^2}{20} = 1\right]$

84 Determina l'equazione dell'ellisse con i fuochi sull'asse x, di eccentricità $e = \sqrt{\frac{2}{3}}$, sapendo che passa per $(-\sqrt{3}; -\sqrt{2})$.
$\quad \left[\frac{x^2}{9} + \frac{y^2}{3} = 1\right]$

85 Scrivi l'equazione dell'ellisse che ha un fuoco nel punto $F(2; 0)$ ed è tangente alla retta di equazione $x = -2\sqrt{2}$.
$\quad \left[\frac{x^2}{8} + \frac{y^2}{4} = 1\right]$

86 Scrivi l'equazione dell'ellisse tangente nel punto $A(2; -1)$ alla retta di equazione $y = x - 3$.
$\quad \left[\frac{x^2}{6} + \frac{y^2}{3} = 1\right]$

87 Determina l'equazione dell'ellisse che nel suo punto di coordinate $(1; \sqrt{2})$ ha per tangente la retta di equazione $y = -\sqrt{2}x + 2\sqrt{2}$.
$\quad [2x^2 + y^2 = 4]$

MATEMATICA AL COMPUTER

L'ellisse Costruiamo una funzione di Wiris che in ingresso richiede un valore d e in uscita dia l'equazione dell'eventuale retta $y = k$ che intercetta una corda di misura d sull'arco dell'ellisse di equazione $x^2 + \frac{y^2}{4} = 1$ che giace sul semipiano delle y maggiori o uguali a 0.

☐ Risoluzione – 8 esercizi in più

Paragrafo 3. Determinare l'equazione di un'ellisse

RISOLVIAMO UN PROBLEMA

■ L'anfiteatro di Nîmes

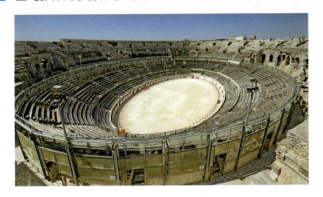
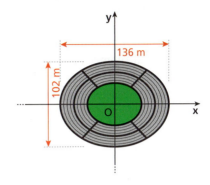

Nella foto è rappresentato l'anfiteatro romano di Nîmes, nella Francia meridionale, che è un edificio di forma ellittica.
- Nel sistema di riferimento scelto per rappresentare la sua pianta, dove l'unità corrisponde a 17 metri, determina l'equazione dell'ellisse che contorna l'anfiteatro.
- Un turista vuole fotografare l'anfiteatro dall'esterno. Sapendo che il fotografo si sposta lungo l'asse x, determina in quale punto dell'asse deve posizionarsi perché l'anfiteatro occupi tutto il campo visivo della fotocamera, che ha un'apertura angolare di 90°.
- Se il turista si trovasse sull'asse y, a che distanza si dovrebbe posizionare rispetto al centro dell'anfiteatro?

▶ **Scriviamo l'equazione dell'ellisse.**

Dalla figura sopra ricaviamo che il semiasse maggiore è 68 m = 17 m · 4 e quello minore è 51 m = 17 m · 3. Scriviamo l'equazione in forma canonica rispetto al sistema di riferimento scelto:

$$\frac{x^2}{16} + \frac{y^2}{9} = 1.$$

▶ **Scriviamo le equazioni delle rette che delimitano il campo visivo della fotocamera.**

Le coordinate generiche del turista nel sistema cartesiano sono $T(k; 0)$. Il campo visivo della fotocamera è delimitato da due rette passanti per T, che formano tra loro un angolo di 90°. Data la simmetria dell'ellisse, ciascuna retta forma con l'asse x un angolo di 45°, quindi sono parallele alle bisettrici dei quadranti:

$$y - 0 = \pm 1 \cdot (x - k) \to y = \pm x \mp k.$$

▶ **Troviamo la posizione del turista.**

Dobbiamo trovare il valore di k per cui le rette che delimitano il campo visivo sono tangenti all'ellisse. Data la simmetria del problema, è sufficiente fare i conti con una sola retta. Mettiamo dunque a sistema l'equazione dell'ellisse con l'equazione di una delle due rette,

$$\begin{cases} \dfrac{x^2}{16} + \dfrac{y^2}{9} = 1 \\ y = x - k \end{cases} \to \dfrac{25}{144}x^2 - \dfrac{2k}{9}x + \dfrac{k^2}{9} - 1 = 0.$$

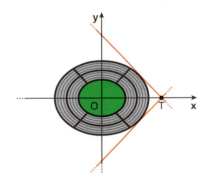

Imponiamo la condizione di tangenza:

$$\frac{\Delta}{4} = 0: \frac{k^2}{81} - \frac{25}{144}\left(\frac{1}{9}k^2 - 1\right) = 0 \to k^2 = 25 \to k = \pm 5.$$

Il turista deve posizionarsi in uno dei punti di coordinate $(-5; 0), (5; 0)$, ovvero a 5 · 17 m = 85 m dal centro dell'anfiteatro.

▶ **Troviamo la posizione del turista sull'asse y.**

Le rette che delimitano il campo visivo per un punto sull'asse y sono a loro volta parallele alle bisettrici dei quadranti, pertanto le tangenti all'ellisse sono proprio quelle trovate nel passaggio precedente. Dato che le rette formano con gli assi dei triangoli rettangoli isosceli, la distanza a cui si deve posizionare il turista è la stessa lungo l'asse x e lungo l'asse y, cioè 85 m.

Capitolo 7. Ellisse e iperbole

ESERCIZI

REALTÀ E MODELLI

88 **Missione Kepler** La NASA ha avviato nel 2009 la missione *Kepler*, che ha come obiettivo la ricerca di pianeti con caratteristiche simili a quelle della Terra. Il primo pianeta trovato con queste caratteristiche è stato *Kepler-20 f*, orbitante attorno alla stella *Kepler-20*. La lunghezza stimata dell'asse maggiore è di 17 milioni di kilometri e l'eccentricità $e = 0,32$. Calcola la lunghezza del semiasse minore e determina l'equazione dell'ellisse rispetto al sistema di riferimento in figura, dove l'unità è un milione di kilometri.
(Approssima i valori al milione di kilometri.)

$$\left[16 \text{ milioni di kilometri}; \frac{x^2}{289} + \frac{y^2}{256} = 1 \right]$$

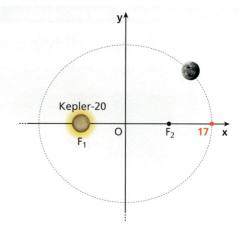

89 **Liberty** Nella figura c'è la foto di una finestra con alcune misure riportate.
  a. Scrivi l'equazione dell'ellisse nel sistema di riferimento in cui l'origine è nel centro di simmetria della figura e l'unità corrisponde a 10 cm.
  b. Qual è la larghezza massima della finestra?
  c. Trova la distanza dei fuochi dai vertici sull'asse *y* dell'ellisse.

$$\left[\text{a)} \ \frac{x^2}{16} + \frac{y^2}{36} = 1; \ \text{b) } 80 \text{ cm}; \ \text{c) circa } 15,3 \text{ cm} \right]$$

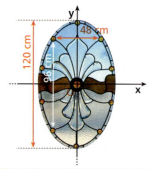

TUTOR matematica Allenati con **15 esercizi interattivi** con feedback "hai sbagliato, perché..."
□ **su.zanichelli.it/tutor3** risorsa riservata a chi ha acquistato l'edizione con tutor

4 Iperbole e sua equazione

▶ Teoria a p. 305

Determina l'equazione dell'iperbole come luogo geometrico dei punti del piano per i quali la differenza delle distanze dai punti *A* e *B* ha il valore assegnato.

90 $A(-4; 0)$, $B(4; 0)$; 6. $\left[\frac{x^2}{9} - \frac{y^2}{7} = 1 \right]$ **91** $A(0; -3)$, $B(0; 3)$; 4. $\left[\frac{x^2}{5} - \frac{y^2}{4} = -1 \right]$

Riconosci quali delle seguenti equazioni rappresentano iperboli, scrivile nella forma canonica e stabilisci se i fuochi appartengono all'asse *x* o all'asse *y*.

92 a. $\frac{x^2}{4} - \frac{y^2}{3} = 2$ b. $6x^2 - y^2 + 1 = 0$ c. $9x^2 - y^2 = 1$

93 a. $y^2 = 3 - x^2$ b. $7x^2 = y^2 + 2$ c. $4x^2 = y^2 - 4$

94 a. $x^2 - 4y^2 = -4$ b. $\frac{x^2}{6} - \frac{8}{9}y^2 = 1$ c. $y^2 = x^2 + 8$

95 **ESERCIZIO GUIDA** Data l'iperbole di equazione $9x^2 - 16y^2 = 144$, determiniamo la misura del semiasse trasverso, le coordinate dei vertici e dei fuochi, l'eccentricità e l'equazione degli asintoti; poi rappresentiamo la curva graficamente.

• Dividiamo entrambi i membri dell'equazione data per il termine noto 144, per ridurla in forma canonica:

$\frac{x^2}{16} - \frac{y^2}{9} = 1 \rightarrow a^2 = 16, b^2 = 9 \rightarrow a = 4, b = 3$.

L'equazione rappresenta un'iperbole con i fuochi sull'asse *x*.

• I vertici reali sono $A_1(-4; 0)$, $A_2(4; 0)$, e quelli non reali sono $B_1(0; -3)$, $B_2(0; 3)$. Il semiasse trasverso misura 4.

Paragrafo 4. Iperbole e sua equazione

- Per trovare i fuochi, determiniamo
  $$c^2 = a^2 + b^2 = 16 + 9 = 25 \rightarrow$$
  $F_1(-5; 0), F_2(5; 0).$

- L'eccentricità vale $e = \dfrac{c}{a} = \dfrac{5}{4}$.

- Le equazioni degli asintoti,
  $$y = \pm \dfrac{b}{a} x \rightarrow y = \pm \dfrac{3}{4} x.$$

Rappresentiamo l'iperbole.

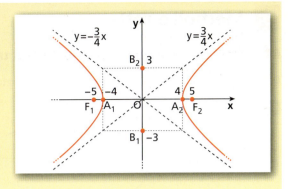

Data l'equazione dell'iperbole, in ciascuno dei seguenti casi determina la misura del semiasse trasverso, le coordinate dei vertici e dei fuochi, l'equazione degli asintoti, l'eccentricità e rappresenta la curva graficamente.

96 $9x^2 - y^2 = -9$

97 $x^2 - \dfrac{y^2}{4} = 1$

98 $\dfrac{x^2}{9} - \dfrac{y^2}{16} = -1$

99 $3x^2 - 2y^2 = -12$

100 $\dfrac{x^2}{2} - \dfrac{y^2}{3} = -1$

101 $\dfrac{x^2}{64} - \dfrac{y^2}{36} = -1$

102 $9x^2 = y^2 - 81$

103 $\dfrac{x^2}{10} - \dfrac{y^2}{6} = 1$

104 $\dfrac{x^2}{5} - \dfrac{y^2}{4} = 1$

105 $y^2 - x^2 = 1$

106 $x^2 - 4y^2 = 25$

107 $9x^2 - 100y^2 = 25$

108 $y^2 = 36 + 9x^2$

LEGGI IL GRAFICO Scrivi le equazioni delle iperboli rappresentate, utilizzando i dati delle figure. Trova le coordinate dei vertici, dei fuochi, l'eccentricità e le equazioni degli asintoti.

109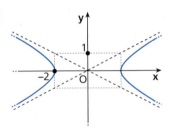

110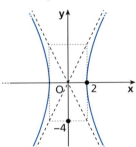

111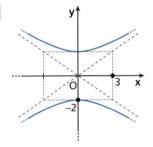

112 **FAI UN ESEMPIO** di un'iperbole con i fuochi sull'asse x che ha come asintoti le bisettrici dei quadranti. Scrivi la sua equazione e rappresentala.

113 Scrivi l'equazione di un'iperbole con i fuochi sull'asse x, asse trasverso che misura 6 e distanza focale uguale a 8. $\left[\dfrac{x^2}{9} - \dfrac{y^2}{7} = 1\right]$

114 Determina l'equazione di un'iperbole che ha i fuochi sull'asse y, asse non trasverso che misura 4 e asse trasverso che misura 2. $\left[\dfrac{x^2}{4} - y^2 = -1\right]$

115 **ASSOCIA** a ciascuna iperbole l'equazione di uno dei suoi asintoti.

a. $x^2 - \dfrac{y^2}{4} = 1$ b. $x^2 - y^2 = 7$ c. $x^2 - 2y^2 = 4$ d. $\dfrac{x^2}{9} - y^2 = 1$

1. $y = -x$ 2. $y = \dfrac{1}{3}x$ 3. $y = -2x$ 4. $y = \dfrac{\sqrt{2}}{2}x$

116 **YOU & MATHS** Which of the following is an equation of a hyperbola with horizontal transverse axis and asymptotes $y = \pm \dfrac{4}{3}x$?

A $x^2 - y^2 = 12$ **B** $\dfrac{x^2}{16} - \dfrac{y^2}{9} = 1$ **C** $\dfrac{x^2}{9} - \dfrac{y^2}{16} = 1$ **D** $\dfrac{y^2}{9} - \dfrac{x^2}{16} = 1$

(USA *North Carolina State High School Mathematics Contest*, 2000)

Capitolo 7. Ellisse e iperbole

5 Iperboli e rette

Posizione di una retta rispetto a un'iperbole
▶ Teoria a p. 307

LEGGI IL GRAFICO Scrivi il sistema che ha per soluzioni i punti di intersezione delle rette con le iperboli.

117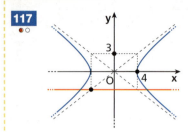

118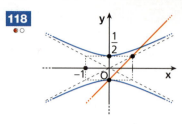

119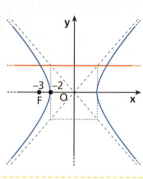

Interpreta graficamente i seguenti sistemi.

120 $\begin{cases} x^2 - y^2 = 4 \\ y = x \end{cases}$

121 $\begin{cases} \dfrac{x^2}{49} - \dfrac{y^2}{9} = -1 \\ x = -7 \end{cases}$

122 $\begin{cases} x^2 - 9y^2 = -9 \\ x - 3y + 3 = 0 \end{cases}$

Stabilisci la posizione reciproca delle seguenti coppie di iperboli e rette, determinando gli eventuali punti di intersezione, e rappresenta i loro grafici.

123 $3x^2 - 4y^2 = 12$; $x + y - 1 = 0$. $\qquad$ [retta tangente: $(4; -3)$]

124 $4x^2 - 9y^2 = 36$; $4x - 3y - 12 = 0$. $\qquad$ $\left[\text{retta secante: }(3; 0), \left(5; \dfrac{8}{3}\right)\right]$

125 $x^2 - 4y^2 = 20$; $3x + 2y = 0$. $\qquad$ [retta esterna]

126 $3x^2 - y^2 = 2$; $x - y = 0$. $\qquad$ [retta secante: $(1; 1), (-1; -1)$]

127 $2x^2 - 5y^2 = 30$; $x - y - 3 = 0$. $\qquad$ [retta tangente: $(5; 2)$]

128 $\dfrac{x^2}{9} - \dfrac{y^2}{4} = -1$; $y = \dfrac{2}{3}x + 1$. $\qquad$ $\left[\text{retta secante: }\left(\dfrac{9}{4}; \dfrac{5}{2}\right)\right]$

129 **FAI UN ESEMPIO** Scrivi le equazioni di un'iperbole e di una retta che siano secanti in un solo punto.

130 Determina la misura della corda staccata dall'iperbole di equazione $x^2 - 3y^2 = 4$ sulla retta di equazione $x - 3y + 2 = 0$. $\qquad$ $[2\sqrt{10}]$

131 Calcola la misura della corda che la retta di equazione $x - 4y + 5 = 0$ determina intersecando l'iperbole di equazione $3x^2 - 8y^2 = -5$. $\qquad$ $[\sqrt{17}]$

132 Determina l'equazione dell'iperbole avente un vertice reale in $(2; 0)$ e un vertice non reale in $(0; -4)$ e calcola la misura della corda individuata sulla bisettrice del primo e terzo quadrante. $\qquad$ $\left[\dfrac{x^2}{4} - \dfrac{y^2}{16} = 1; \dfrac{8\sqrt{6}}{3}\right]$

133 Determina le coordinate dei punti A e B di intersezione dell'iperbole di equazione $x^2 - \dfrac{y^2}{8} = -1$ con la retta di equazione $y = 4x$ e, indicati con F_1 e F_2 i fuochi dell'iperbole, verifica che il quadrilatero AF_1BF_2 è un parallelogramma e determinane l'area. $\qquad$ $[A(-1; -4), B(1; 4); 6]$

134 Determina l'area del triangolo ABF, dove A e B sono i punti di intersezione della retta di equazione $x = 4$, con l'iperbole di equazione $\dfrac{x^2}{20} - \dfrac{y^2}{5} = -1$, e F è un fuoco dell'iperbole. $\qquad$ $[12]$

Tangenti a un'iperbole

▶ Teoria a p. 308

135 *ESERCIZIO GUIDA* Scriviamo le tangenti all'iperbole di equazione $\dfrac{x^2}{5} - \dfrac{y^2}{4} = 1$, condotte da $P(-1; 0)$.

L'equazione della retta generica passante per $P(-1; 0)$ è:
$$y - 0 = m(x + 1) \quad \rightarrow \quad y = mx + m.$$

Impostiamo il sistema formato dalle equazioni della retta e dell'iperbole e imponiamo la condizione di tangenza:

$$\begin{cases} \dfrac{x^2}{5} - \dfrac{y^2}{4} = 1 \\ y = mx + m \end{cases} \rightarrow \dfrac{x^2}{5} - \dfrac{(mx+m)^2}{4} = 1 \rightarrow$$

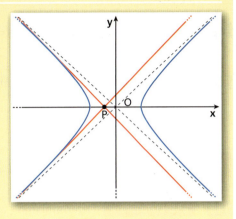

$$(4 - 5m^2)x^2 - 10m^2 x - 5m^2 - 20 = 0.$$

$$\dfrac{\Delta}{4} = 0 \quad \rightarrow \quad (-5m^2)^2 - (4 - 5m^2)(-5m^2 - 20) = 0 \quad \rightarrow$$

$$80m^2 = 80 \quad \rightarrow \quad m^2 = 1 \quad \rightarrow \quad m = \pm 1.$$

Sostituiamo i valori trovati nell'equazione della retta: $y = x + 1$, $y = -x - 1$.

Scrivi le equazioni delle rette tangenti all'iperbole di equazione data condotte dal punto P.

136 $x^2 - 4y^2 = 9$, $P\left(\dfrac{9}{5}; 0\right)$.
$[5x - 8y - 9 = 0; 5x + 8y - 9 = 0]$

137 $x^2 - y^2 = 16$, $P\left(\dfrac{16}{5}; 0\right)$.
$[5x + 3y - 16 = 0; 5x - 3y - 16 = 0]$

138 $\dfrac{x^2}{9} - y^2 = 1$, $P(-2; 0)$.
$[x - \sqrt{5}\,y + 2 = 0; x + \sqrt{5}\,y + 2 = 0]$

139 $x^2 - y^2 = 1$, $P(0; -1)$.
$[y = \sqrt{2}\,x - 1; y = -\sqrt{2}\,x - 1]$

140 Conduci la tangente all'iperbole di equazione $x^2 - 4y^2 = 20$, dal suo punto di ordinata 2 del secondo quadrante.
$[3x + 4y + 10 = 0]$

141 Trova le equazioni delle rette tangenti all'iperbole di equazione $x^2 - y^2 = 9$ nei suoi punti di intersezione con la retta $x - 5 = 0$.
$[5x + 4y - 9 = 0; 5x - 4y - 9 = 0]$

142 Determina l'area del triangolo che la tangente nel punto $C(4; 1)$ all'iperbole di equazione $x^2 - 12y^2 = 4$ forma con gli assi di simmetria dell'iperbole.
$\left[\dfrac{1}{6}\right]$

Formula di sdoppiamento

▶ Teoria a p. 309

143 *ESERCIZIO GUIDA* Determiniamo l'equazione della tangente all'iperbole di equazione $16x^2 - 3y^2 = 1$ nel suo punto A, del secondo quadrante, di ascissa $-\dfrac{1}{2}$.

Determiniamo l'ordinata di A:
$$16\left(-\dfrac{1}{2}\right)^2 - 3y^2 = 1 \quad \rightarrow \quad 16 \cdot \dfrac{1}{4} - 3y^2 = 1 \quad \rightarrow \quad 3y^2 = 3 \quad \rightarrow \quad y^2 = 1 \quad \rightarrow \quad y = \pm 1.$$

Poiché A appartiene al secondo quadrante, l'ordinata richiesta è $y = 1$.

Applichiamo ora la formula di sdoppiamento: $\dfrac{xx_0}{a^2} - \dfrac{yy_0}{b^2} = 1$.

$$16x\left(-\dfrac{1}{2}\right) - 3y(1) = 1 \quad \rightarrow \quad -8x - 3y - 1 = 0$$

L'equazione della tangente richiesta è $8x + 3y + 1 = 0$.

Capitolo 7. Ellisse e iperbole

144 Scrivi l'equazione della tangente all'iperbole di equazione $8x^2 - 9y^2 = 36$ nel suo punto $(-3; -2)$.
$$[4x - 3y + 6 = 0]$$

145 Trova l'equazione della retta tangente all'iperbole di equazione $9x^2 - 2y^2 - 18 = 0$ nel suo punto di ordinata 3 e ascissa positiva.
$$[3x - y - 3 = 0]$$

146 Determina l'equazione della tangente all'iperbole di equazione $9x^2 - y^2 = -8$ nel suo punto di ascissa $\frac{1}{3}$ che si trova nel quarto quadrante.
$$[3x + 3y + 8 = 0]$$

147 Trova l'equazione della retta tangente all'iperbole di equazione $12x^2 - 32y^2 + 5 = 0$ nel suo punto di ordinata $-\frac{1}{2}$ che si trova nel terzo quadrante.
$$[6x - 16y - 5 = 0]$$

6 Determinare l'equazione di un'iperbole

▶ Teoria a p. 309

148 **ESERCIZIO GUIDA** Determiniamo l'equazione dell'iperbole di eccentricità 2, avente un vertice reale in $(-4; 0)$.

Il vertice reale è sull'asse x, quindi l'equazione dell'iperbole è del tipo $\frac{x^2}{a^2} - \frac{y^2}{b^2} = 1$.

Dalle coordinate del vertice ricaviamo che $a = 4$.
L'eccentricità ci permette di determinare c e quindi b:

$$\frac{c}{a} = e \quad \rightarrow \quad \frac{c}{4} = 2 \quad \rightarrow \quad c = 8;$$

$$a^2 + b^2 = c^2 \quad \rightarrow \quad 16 + b^2 = 64 \quad \rightarrow \quad b^2 = 48.$$

Quindi l'equazione richiesta è:

$$\frac{x^2}{16} - \frac{y^2}{48} = 1.$$

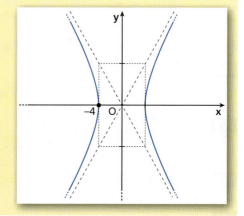

149 Determina l'equazione dell'iperbole che interseca l'asse x individuando un segmento di lunghezza 8 e ha un fuoco nel punto $(-5; 0)$.
$$\left[\frac{x^2}{16} - \frac{y^2}{9} = 1\right]$$

150 Scrivi l'equazione dell'iperbole avente un vertice e un fuoco rispettivamente in $(5; 0)$ e $(-6; 0)$.
$$\left[\frac{x^2}{25} - \frac{y^2}{11} = 1\right]$$

151 Trova l'equazione dell'iperbole che ha i fuochi sull'asse x, eccentricità $\frac{2}{3}\sqrt{3}$ e asse non trasverso che misura 6.
$$\left[\frac{x^2}{27} - \frac{y^2}{9} = 1\right]$$

152 Determina l'equazione dell'iperbole che ha i fuochi sull'asse y, asse trasverso che misura 8 e distanza focale uguale a 10.
$$\left[\frac{x^2}{9} - \frac{y^2}{16} = -1\right]$$

153 Scrivi l'equazione dell'iperbole con i fuochi sull'asse x, asse non trasverso che misura 4 e distanza focale uguale a 12.
$$\left[\frac{x^2}{32} - \frac{y^2}{4} = 1\right]$$

154 Determina l'equazione dell'iperbole avente un fuoco in $(0; -5)$ e passante per $\left(\frac{9}{4}; 5\right)$.
$$\left[\frac{x^2}{9} - \frac{y^2}{16} = -1\right]$$

155 Scrivi l'equazione dell'iperbole che ha eccentricità 2, passa per $(-\sqrt{7}; 3)$ e ha i fuochi sull'asse x.
$$[3x^2 - y^2 = 12]$$

156 Scrivi l'equazione dell'iperbole avente un fuoco in $(-5; 0)$ e un asintoto di equazione $y = \sqrt{\frac{2}{3}}x$.
$$[2x^2 - 3y^2 = 30]$$

Paragrafo 6. Determinare l'equazione di un'iperbole

157 Determina l'equazione dell'iperbole avente un fuoco in $(-\sqrt{29}; 0)$ e un asintoto di equazione $y = \frac{5}{2}x$. $[25x^2 - 4y^2 = 100]$

158 Determina l'equazione dell'iperbole avente un fuoco in $(0; -\sqrt{5})$ e passante per $(1; 2\sqrt{2})$. $\left[x^2 - \frac{y^2}{4} = -1\right]$

159 Scrivi l'equazione dell'iperbole avente un vertice reale in $(-6; 0)$ e un asintoto di equazione $2x + 3y = 0$. $[4x^2 - 9y^2 = 144]$

LEGGI IL GRAFICO Trova le equazioni delle iperboli seguenti, utilizzando i dati delle figure.

160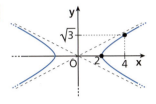

161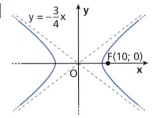

162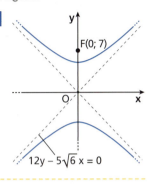

163 Scrivi l'equazione dell'iperbole con i fuochi sull'asse y passante per i punti $\left(1; \frac{\sqrt{5}}{2}\right)$ e $(4; \sqrt{5})$. $\left[\frac{x^2}{4} - y^2 = -1\right]$

164 Un'iperbole con i fuochi sull'asse y passa per il punto $(1; -4\sqrt{5})$ e ha per asintoto la retta di equazione $2x - y = 0$. Determina l'equazione dell'iperbole e, dopo averne individuato le caratteristiche, disegnala. $\left[\frac{x^2}{19} - \frac{y^2}{76} = -1\right]$

165 Un'iperbole di equazione $\frac{x^2}{a^2} - \frac{y^2}{b^2} = -1$ ha eccentricità $e = \frac{\sqrt{7}}{2}$ e passa per $(-6; 2\sqrt{15})$. Calcola i valori di a e di b. $[a = 3; b = 2\sqrt{3}]$

166 Determina l'equazione dell'iperbole con i fuochi sull'asse x che ha il semiasse trasverso di misura $2\sqrt{3}$ e passa per $(2\sqrt{6}; 2)$. $[x^2 - 3y^2 = 12]$

RISOLVIAMO UN PROBLEMA

Raffreddare una centrale nucleare

Le torri di raffreddamento delle centrali nucleari hanno di solito la forma di un solido di rotazione chiamato *iperboloide*; sezionando questo iperboloide con un qualsiasi piano passante per il suo asse di simmetria, si ottengono due rami di iperbole.

Nella figura la curva evidenziata è l'iperbole ottenuta come sezione dell'iperboloide, e gli assi del sistema di riferimento sono gli assi di simmetria dell'iperbole.

Utilizzando i dati indicati in figura, determina l'equazione dell'iperbole.

Chiamiamo A e B i punti di intersezione tra l'iperbole e la retta $y = 52$. In assenza di vento il vapore che fuoriesce dalla torre occupa, con buona approssimazione, la zona delimitata dalle due rette tangenti all'iperbole nei punti A e B. Scrivi l'equazione della porzione di piano delimitata dalle tangenti.

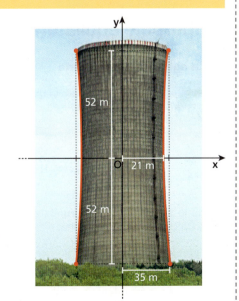

Capitolo 7. Ellisse e iperbole

▶ **Imponiamo il passaggio per i punti noti.**

L'iperbole passa per i punti di coordinate $V(21; 0)$ e $A(35; 52)$. Consideriamo l'equazione generale dell'iperbole con i fuochi sull'asse x,

$$\frac{x^2}{a^2} - \frac{y^2}{b^2} = 1,$$

e imponiamo il passaggio per i due punti

$$\text{vertice } V \to \frac{21^2}{a^2} - \frac{0^2}{b^2} = 1 \to a^2 = 21^2,$$

$$\text{punto } A \to \frac{35^2}{21^2} - \frac{52^2}{b^2} = 1 \to$$

$$b^2 = \frac{52^2 \cdot 21^2}{35^2 - 21^2} = 1521 = 39^2.$$

L'equazione dell'iperbole è dunque:

$$\frac{x^2}{21^2} - \frac{y^2}{39^2} = 1.$$

▶ **Cerchiamo le tangenti.**

Cerchiamo le tangenti all'iperbole passanti per i punti $A(35; 52)$ e $B(-35; 52)$. Possiamo usare le formule di sdoppiamento e otteniamo le equazioni delle due tangenti:

$$y = \frac{65}{28}x - \frac{117}{4}, \qquad y = -\frac{65}{28}x - \frac{117}{4}.$$

▶ **Descriviamo la parte di piano cercata.**

La parte di piano che ci interessa è quella delimitata da queste due tangenti e dalla retta $y = 52$. Essa è quindi descritta da un'opportuna porzione del fascio di rette generato dalle due appena trovate, al di sopra della retta $y = 52$. Tale parte di piano sarà

$$\begin{cases} y = mx - \frac{117}{4}, \\ y \geq 52 \end{cases} \quad \text{con } m \leq -\frac{65}{28} \vee m \geq \frac{65}{28}.$$

---

167 `REALTÀ E MODELLI` **Niemeyer a Brasilia** La Cattedrale Metropolitana Nossa Senhora Aparecida fu realizzata a Brasilia negli anni Sessanta dall'architetto Oscar Niemeyer. L'edificio è alto 40 m da terra e ogni sua sezione, con un piano passante per il suo asse di simmetria, è un'iperbole. Determina l'equazione dell'iperbole evidenziata nel sistema di riferimento in figura, che ha l'origine nel centro dell'iperbole e come assi gli assi di simmetria dell'iperbole.

$$[x^2 - y^2 = 100]$$

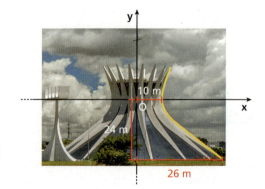

7 Iperbole equilatera

▶ Teoria a p. 310

Riferita agli assi di simmetria

Fra le seguenti equazioni riconosci quelle che individuano un'iperbole equilatera riferita ai suoi assi di simmetria e rappresentale graficamente.

168 $x^2 - y^2 = 1$; $x^2 + y^2 = 1$; $y^2 - x^2 = \frac{1}{9}$.

169 $\frac{x^2}{4} - \frac{y^2}{4} = 4$; $y^2 - 4x^2 = 1$; $y^2 - x^2 = 16$.

Disegna le seguenti iperboli equilatere, scrivendo le equazioni degli asintoti e le coordinate dei vertici e dei fuochi. Calcola poi l'eccentricità.

170 $y^2 - x^2 = 1$; $y^2 - x^2 = 9$; $x^2 - y^2 = -16$.

171 $x^2 - y^2 = 25$; $y^2 - x^2 = 36$; $x^2 - y^2 = \frac{1}{4}$.

Paragrafo 7. Iperbole equilatera

172 **ESERCIZIO GUIDA** Scriviamo l'equazione dell'iperbole equilatera riferita ai propri assi con un fuoco nel punto $F(\sqrt{18}; 0)$.

L'equazione dell'iperbole cercata è del tipo $x^2 - y^2 = a^2$. Dalla relazione fra a e c ricaviamo il valore di a^2:

$c^2 = 2a^2 \to 18 = 2a^2 \to 9 = a^2$.

L'equazione richiesta è $x^2 - y^2 = 9$.

$x^2 - y^2 = a^2$

Scrivi le equazioni delle iperboli equilatere riferite ai propri assi di simmetria con le caratteristiche indicate. Rappresentale poi graficamente.

173 Un fuoco in $(0; -4)$. $[x^2 - y^2 = -8]$ **176** Passante per $(10; 6)$. $[x^2 - y^2 = 64]$

174 Un fuoco in $(2\sqrt{6}; 0)$. $[x^2 - y^2 = 12]$ **177** Passante per $(2\sqrt{5}; -4)$. $[x^2 - y^2 = 4]$

175 Un vertice reale in $(0; 5)$. $[x^2 - y^2 = -25]$ **178** Un vertice non reale in $(-3; 0)$. $[x^2 - y^2 = -9]$

Riferita agli asintoti

179 **ESERCIZIO GUIDA** Data l'iperbole equilatera di equazione $xy = -36$, determiniamo le coordinate dei vertici reali e rappresentiamo la curva graficamente.

$xy = k$

Poiché $k = -36 < 0$, il grafico della curva si trova nel secondo e quarto quadrante e l'asse trasverso della curva è la bisettrice di tali quadranti, ossia $y = -x$.

Per determinare le coordinate dei vertici reali risolviamo il sistema costituito dalle equazioni dell'iperbole e della bisettrice. Otteniamo:

$A_1(-\sqrt{-k}; \sqrt{-k}), A_2(\sqrt{-k}; -\sqrt{-k}) \to A_1(-6; 6), A_2(6; -6)$.

Per disegnare l'iperbole troviamo qualche punto della curva assegnando un valore qualunque a x, purché diverso da 0, e calcoliamo il corrispondente valore di y. Per esempio, per $x = 4$ abbiamo $y = -9$.

Congiungendo i punti ottenuti, rappresentiamo la curva richiesta, ricordando che gli assi cartesiani sono gli asintoti dell'iperbole.

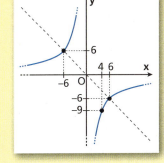

Data l'equazione dell'iperbole, in ciascuno dei seguenti casi determina le coordinate dei vertici e rappresenta graficamente la curva.

180 a. $xy = 36$ b. $xy = -12$ **183** a. $xy = 8$ b. $xy = -18$

181 a. $xy = 4$ b. $xy = -9$ **184** a. $xy = -16$ b. $xy = 20$

182 a. $xy - 5 = 0$ b. $xy = -25$ **185** a. $4xy + 1 = 0$ b. $xy - \dfrac{4}{9} = 0$

Stabilisci quali delle seguenti equazioni rappresentano un'iperbole equilatera, specificando se è riferita agli assi o agli asintoti, e determina i vertici e i fuochi.

186 a. $x^2 - 4y^2 + 4 = 0$ b. $xy + 6 = 0$ c. $x = \dfrac{y}{2}$ d. $x^2 = y^2 + 4$

187 a. $y^2 - x^2 = 9$ b. $9x^2 - 9y^2 = 1$ c. $x^2 y^2 = 9$ d. $xy - 6 = 0$

188 Scrivi l'equazione dell'iperbole equilatera, riferita agli asintoti, passante per $(-2; -8)$ e, dopo aver calcolato le coordinate dei suoi vertici, rappresentala graficamente. $[xy = 16; (-4; -4), (4; 4)]$

189 Un'iperbole equilatera, riferita ai propri asintoti, ha un vertice nel punto $A(6; -6)$. Determina la sua equazione e rappresentala graficamente. $[xy = -36]$

Capitolo 7. Ellisse e iperbole

190 Trova l'equazione dell'iperbole equilatera situata nel secondo e quarto quadrante e con vertici reali A_1 e A_2, sapendo che $\overline{A_1A_2} = 6\sqrt{2}$. $[xy = -9]$

191 Scrivi l'equazione dell'iperbole equilatera, riferita agli asintoti, con un fuoco in $F(2; 2)$. $[xy = 2]$

192 Scrivi l'equazione dell'iperbole equilatera, riferita agli asintoti, avente un fuoco nel punto $F(-4; 4)$. $[xy = -8]$

193 Trova l'equazione dell'iperbole equilatera, riferita agli asintoti, tangente alla retta di equazione $y = 5x - 10$. $[xy = -5]$

LEGGI IL GRAFICO Scrivi le equazioni delle iperboli utilizzando i dati delle figure.

194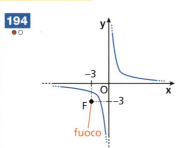

195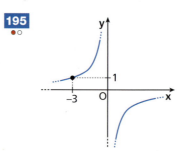

196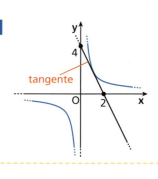

Funzione omografica

197 **ESERCIZIO GUIDA** Disegniamo il grafico della funzione omografica di equazione $y = \dfrac{6x + 1}{2x - 4}$.

$y = \dfrac{6x + 1}{2x - 4}$ rappresenta un'iperbole equilatera traslata.

Gli asintoti hanno equazioni

$x = -\dfrac{d}{c} \rightarrow x = -\dfrac{-4}{2} \rightarrow x = 2$,

$y = \dfrac{a}{c} \rightarrow y = \dfrac{6}{2} \rightarrow y = 3$.

Il centro di simmetria è $C(2; 3)$. Per disegnare il grafico determiniamo le intersezioni con gli assi:

asse y: $\begin{cases} x = 0 \\ y = \dfrac{6x + 1}{2x - 4} \end{cases} \rightarrow \begin{cases} x = 0 \\ y = -\dfrac{1}{4} \end{cases} \rightarrow A\left(0; -\dfrac{1}{4}\right);$

asse x: $\begin{cases} y = 0 \\ y = \dfrac{6x + 1}{2x - 4} \end{cases} \rightarrow \begin{cases} y = 0 \\ 6x + 1 = 0 \end{cases} \rightarrow \begin{cases} y = 0 \\ x = -\dfrac{1}{6} \end{cases} \rightarrow B\left(-\dfrac{1}{6}; 0\right).$

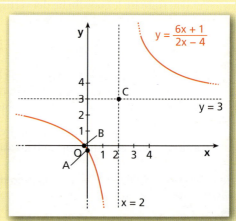

Disegna il grafico delle funzioni omografiche che hanno le seguenti equazioni.

198 $y = \dfrac{x + 4}{x - 3}$

199 $y = \dfrac{5}{3x + 15}$

200 $y = \dfrac{-1}{x - 3}$

201 $y = \dfrac{2x + 3}{8x - 4}$

202 $y = \dfrac{2x - 1}{4x + 8}$

203 $y = \dfrac{5x + 1}{2 - 10x}$

204 $y = 2 + \dfrac{1}{x + 3}$

205 $y = \dfrac{4 - 6x}{3x - 9}$

206 $y = \dfrac{x}{x - 3}$

Allenati con **15 esercizi interattivi** con feedback "hai sbagliato, perché..."

su.zanichelli.it/tutor3 risorsa riservata a chi ha acquistato l'edizione con tutor

VERIFICA DELLE COMPETENZE — ALLENAMENTO

ANALIZZARE E INTERPRETARE DATI E GRAFICI

Ellisse

LEGGI IL GRAFICO Scrivi le equazioni delle ellissi rappresentate nelle figure.

1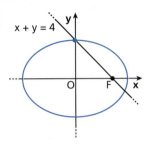

$[x^2 + 2y^2 = 32]$

2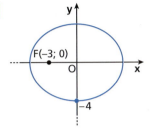

$[16x^2 + 25y^2 = 400]$

3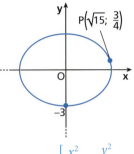

$\left[\dfrac{x^2}{16} + \dfrac{y^2}{9} = 1\right]$

Rappresenta nel piano cartesiano le seguenti ellissi, dopo averne trovato i vertici, i fuochi e l'eccentricità.

4 $5x^2 + y^2 = 20$

5 $\dfrac{4}{7}x^2 + 7y^2 = 28$

6 $x^2 + 4y^2 - 4 = 0$

Interpreta graficamente i seguenti sistemi e risolvili algebricamente.

7 $\begin{cases} \dfrac{x^2}{9} + y^2 = 1 \\ y = x + 1 \end{cases}$

8 $\begin{cases} \dfrac{x^2}{25} + \dfrac{y^2}{4} = 1 \\ y + x = 0 \end{cases}$

9 $\begin{cases} \dfrac{x^2}{9} + \dfrac{y^2}{16} = 1 \\ 9y = 2x^2 - 18 \end{cases}$

LEGGI IL GRAFICO Scrivi i sistemi di equazioni che hanno come interpretazione grafica le figure seguenti e risolvili algebricamente.

10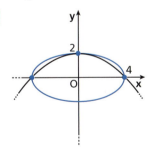

11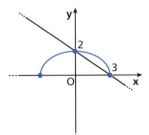

12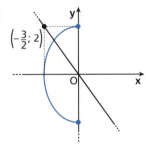

TEST

13 Fra le seguenti equazioni, quella dell'ellisse passante per i punti $A(0; -\sqrt{3})$ e $B(2; 0)$ è:

A $4x^2 + 3y^2 = 12$. B $\dfrac{x^2}{4} + \dfrac{y^2}{3} = 1$. C $\dfrac{x^2}{2} + \dfrac{y^2}{3} = 1$. D $\dfrac{x^2}{3} + \dfrac{y^2}{2} = 1$. E $\dfrac{x^2}{3} - \dfrac{y^2}{4} = 1$.

14 L'ellisse di equazione $9x^2 + 5y^2 = 45$ ha eccentricità uguale a:

A $\dfrac{3}{2}$. B $\dfrac{4}{9}$. C $\dfrac{2}{3}$. D $\dfrac{2}{\sqrt{5}}$. E $\dfrac{9}{4}$.

Capitolo 7. Ellisse e iperbole

Iperbole

LEGGI IL GRAFICO Utilizzando i dati delle figure, trova le equazioni dei seguenti grafici.

15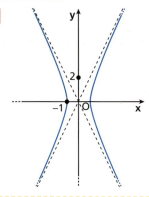

16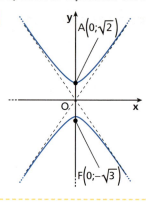

17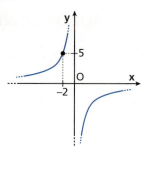

Rappresenta nel piano cartesiano le seguenti iperboli.

18 $9x^2 - 36y^2 = 576$

19 $4 - x^2 + 16y^2 = 0$

20 $y^2 = -1 + 4x^2$

21 $\dfrac{x^2}{9} - y^2 = -1$

22 $\dfrac{y^2}{4} - \dfrac{x^2}{4} = 4$

23 $y = \dfrac{3x+1}{6x-2}$

---

24 Un'iperbole con il centro nell'origine e i fuochi sull'asse x ha eccentricità $e = 2$. Trova le equazioni degli asintoti. $\left[y = \pm \sqrt{3}\, x \right]$

25 **COMPLETA** Data l'equazione $\dfrac{x^2}{9} - \dfrac{y^2}{2a-3} = 1$, allora:

a. per $a > \square$ l'equazione rappresenta un'iperbole con i vertici reali sull'asse x;

b. per $a = \square$ l'equazione rappresenta una circonferenza;

c. per $a < -3$ l'equazione rappresenta una $\square$ con i fuochi sull'asse $\square$.

RISOLVERE PROBLEMI

Ellisse

26 Determina l'equazione di un'ellisse che ha i fuochi sull'asse x, semiasse maggiore che misura 6 e distanza focale uguale a 4. $\left[\dfrac{x^2}{36} + \dfrac{y^2}{32} = 1 \right]$

27 Determina l'equazione dell'ellisse che ha i fuochi sull'asse x, eccentricità $\dfrac{1}{2}$ e asse minore di misura 4. $\left[\dfrac{3x^2}{16} + \dfrac{y^2}{4} = 1 \right]$

28 Determina l'equazione dell'ellisse che ha un vertice in $(0; -2)$ e passa per $(1; \sqrt{2})$. $\left[\dfrac{x^2}{2} + \dfrac{y^2}{4} = 1 \right]$

29 Scrivi l'equazione dell'ellisse con un vertice in $(0; -4)$ e un fuoco in $(2; 0)$. $[4x^2 + 5y^2 = 80]$

30 Trova le rette passanti per $(4; 2)$ che sono tangenti all'ellisse di equazione $x^2 + 9y^2 = 16$. $[x = 4; 5x - 36y + 52 = 0]$

31 Determina la misura della corda staccata sulla retta di equazione $y = x + 2$ dall'ellisse di equazione $2x^2 + y^2 = 8$. $\left[\dfrac{8}{3}\sqrt{2} \right]$

32 Data l'ellisse di equazione $\dfrac{x^2}{9} + y^2 = 5$, stabilisci la posizione di ciascuna delle seguenti rette rispetto all'ellisse e determina gli eventuali punti di intersezione:

a. $x + 2y + 10 = 0$;

b. $x + 6y - 15 = 0$;

c. $y = x - 5$.

[a) esterna; b) tangente in $(3; 2)$; c) secante in $(6; 1), (3; -2)$]

33 Trova la retta tangente all'ellisse di equazione $\dfrac{x^2}{8} + \dfrac{y^2}{9} = 1$ nel suo punto del quarto quadrante che ha la stessa ordinata del fuoco. $[y = 3x - 9]$

34 Trova le equazioni delle tangenti all'ellisse di equazione $4x^2 + y^2 = 4$ nei suoi punti di ascissa $\dfrac{1}{2}$ e calcola l'area del triangolo che esse formano con l'asse y. $\left[2x \pm \sqrt{3}\,y - 4 = 0;\ \dfrac{8}{3}\sqrt{3}\right]$

35 Trova le rette tangenti all'ellisse di equazione $\dfrac{x^2}{9} + \dfrac{y^2}{4} = 1$ e passanti per il punto $A(-2; 0)$. [impossibile]

36 Stabilisci la posizione della retta di equazione $y = x - 3$ rispetto all'ellisse di equazione $3x^2 + 2y^2 - 1 = 0$. [esterna]

37 Rappresenta l'ellisse di equazione $x^2 + 4y^2 = 25$ e trova la misura della corda che l'ellisse stacca sulla retta di equazione $x - 4y - 5 = 0$. $[2\sqrt{17}]$

38 Scrivi l'equazione dell'ellisse $\dfrac{x^2}{a^2} + \dfrac{y^2}{b^2} = 1$ passante per i punti $\left(\dfrac{1}{2}; -\dfrac{3\sqrt{7}}{10}\right)$ e $\left(-2; \dfrac{2\sqrt{3}}{5}\right)$.
$[x^2 + 25y^2 = 16]$

39 Scrivi l'equazione dell'ellisse tangente alla retta di equazione $x + 2y = 4$ nel suo punto di ascissa 1. $\left[\dfrac{x^2}{4} + \dfrac{y^2}{3} = 1\right]$

40 Determina l'equazione dell'ellisse che ha un fuoco in $(\sqrt{2}; 0)$ e l'asse minore lungo 2. Trova quindi le equazioni delle tangenti condotte dal punto $(0; 2)$.
$\left[\dfrac{x^2}{3} + y^2 = 1;\ y = x + 2,\ y = -x + 2\right]$

41 La retta di equazione $y - 2x + 6 = 0$ interseca l'asse x in F. Determina l'equazione dell'ellisse che ha un fuoco in F ed eccentricità $\dfrac{3}{5}$.
$\left[\dfrac{x^2}{25} + \dfrac{y^2}{16} = 1\right]$

42 Data l'ellisse di equazione $x^2 + 8y^2 = 4$, trova il perimetro e l'area del quadrato inscritto in essa.
$\left[\dfrac{16}{3};\ \dfrac{16}{9}\right]$

43 Data la circonferenza di equazione
$$25x^2 + 25y^2 = 64,$$
determina:
a. l'equazione della retta t, tangente alla circonferenza nel suo punto del terzo quadrante di ascissa $-\dfrac{24}{25}$;
b. le intersezioni A e B di t con gli assi cartesiani;
c. l'equazione dell'ellisse che ha due vertici in A e B.
$\left[\text{a)}\ 3x + 4y + 8 = 0;\ \text{b)}\ (0; -2),\ \left(-\dfrac{8}{3}; 0\right);\right.$
$\left.\text{c)}\ 9x^2 + 16y^2 = 64\right]$

44 Scrivi l'equazione dell'ellisse con il centro nell'origine O, passante per $A(5; 0)$ e $B\left(-4; \dfrac{9}{5}\right)$, e quella della circonferenza con centro in O e raggio 3. Determina poi i punti di intersezione delle due curve e la lunghezza della corda che l'ellisse individua sulla retta $x = 3$.
$\left[\dfrac{x^2}{25} + \dfrac{y^2}{9} = 1;\ x^2 + y^2 = 9;\ (0; 3),\ (0; -3);\ \dfrac{24}{5}\right]$

45 È data l'ellisse di equazione $\dfrac{x^2}{9} + \dfrac{y^2}{4} = 1$. Calcola perimetro e area del rettangolo a essa circoscritto. $[20; 24]$

46 Scrivi le equazioni delle circonferenze inscritta e circoscritta all'ellisse di equazione $9x^2 + 25y^2 = 225$.
$[x^2 + y^2 = 9;\ x^2 + y^2 = 25]$

Iperbole

47 Data l'iperbole di equazione $\dfrac{x^2}{a^2} - \dfrac{y^2}{b^2} = -1$ determina i valori di a e b affinché la retta di equazione $y = 2x + 6$ intersechi l'iperbole in due suoi vertici. $[a = 3; b = 6]$

48 Determina l'equazione dell'iperbole, con centro nell'origine e asse trasverso sull'asse delle ascisse, passante per i punti $A(1; 1)$ e $B(3; 5)$.
$[3x^2 - y^2 = 2]$

49 Trova l'equazione dell'iperbole, con asse trasverso sull'asse delle ordinate e centro nell'origine, di eccentricità $e = \dfrac{5}{4}$ e con semidistanza focale uguale a 10. $\left[\dfrac{x^2}{36} - \dfrac{y^2}{64} = -1\right]$

50 Determina l'equazione dell'iperbole avente asintoto di equazione $y = \frac{3}{4}x$, semidistanza focale uguale a 5 e asse trasverso sull'asse delle ascisse.
$$\left[\frac{x^2}{16} - \frac{y^2}{9} = 1\right]$$

51 Scrivi l'equazione della retta tangente all'iperbole di equazione $\frac{x^2}{5} - \frac{y^2}{4} = 1$ nel suo punto $(-5; 4)$.
$[x + y + 1 = 0]$

52 Trova l'equazione dell'iperbole equilatera, riferita ai propri asintoti, passante per il punto $P(2; 2)$. Determina l'equazione della retta passante per P e $C(-2; 0)$ e trova l'ulteriore intersezione S fra la retta e l'iperbole.
$\left[xy = 4; y = \frac{1}{2}x + 1; S(-4; -1)\right]$

53 L'iperbole di equazione $x^2 - \frac{y^2}{b^2} = 1$ è tangente alla retta $6x - \sqrt{3}y - 3 = 0$. Trova il valore di b. $[3]$

54 Scrivi l'equazione della tangente all'iperbole di equazione $5x^2 - y^2 = 3$ nel suo punto di intersezione con la retta di equazione $y + \sqrt{2}x = 0$ che si trova nel secondo quadrante.
$[5x + \sqrt{2}y + 3 = 0]$

55 Determina per quali valori di a e b l'iperbole di equazione $y = \frac{ax - 3}{bx + 1}$ ha centro nel punto $C(-1; 4)$.
$[a = 4; b = 1]$

56 Trova a e b in modo che l'iperbole di equazione $y = \frac{ax + b}{2x - 5}$ abbia un asintoto di equazione $y = 2$ e passi per il punto $A(1; -2)$. $[a = 4; b = 2]$

COSTRUIRE E UTILIZZARE MODELLI

57 Come Cassegrain Moltissimi telescopi funzionano secondo lo schema Cassegrain e contengono due specchi, di cui uno ha un profilo iperbolico. In generale, ponendo una sorgente puntiforme di luce in un fuoco di uno specchio iperbolico, i raggi riflessi si comportano come se provenissero dall'altro fuoco.

a. Qual è l'equazione del profilo dello specchio iperbolico rappresentato nel grafico, se la distanza tra i fuochi F e F' è 6 e la retta r, asintoto dello specchio, ha equazione $y = \frac{\sqrt{5}}{2}x$?

b. Qual è la sua eccentricità?

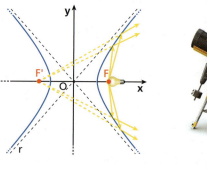

$\left[\text{a)}\ \frac{x^2}{4} - \frac{y^2}{5} = 1;\ \text{b)}\ \frac{3}{2}\right]$

58 Kobe Utilizzando i dati riportati in figura, ricava l'equazione del profilo della torre del porto di Kobe (Giappone), sapendo che ha l'andamento di un'iperbole.
Sapendo che l'altezza totale della torre è di 108 metri, sei in grado di ricavare il raggio della base superiore della torre?
$\left[\frac{20}{19}\sqrt{17}\right]$

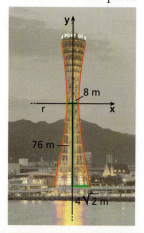

59 Spicchi in regola I palloni da basket regolamentari per le competizioni maschili hanno un diametro di circa 24 cm. Come si vede nella foto, gli spicchi in cui sono divisi disegnano il profilo di due rette e un'iperbole. Scrivi le equazioni delle curve che dividono gli spicchi nella foto, sapendo che l'iperbole divide la circonferenza del pallone in quattro parti di uguale lunghezza.

$\left[\frac{7x^2}{144} - \frac{y^2}{16} = -1\right]$

VERIFICA DELLE COMPETENZE PROVE ⏱ 1 ora

PROVA A

1 Determina l'equazione dell'ellisse della figura e le coordinate dei suoi fuochi.

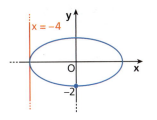

2 Traccia le ellissi di cui è data l'equazione e determina le coordinate dei vertici, quelle dei fuochi e l'eccentricità.
   a. $25x^2 + y^2 = 25$
   b. $x^2 + 9y^2 = 16$

3 Data la retta di equazione $2x + 3y - 4 = 0$, verifica che è tangente all'ellisse di equazione $x^2 + \frac{3}{4}y^2 = 1$ e calcola le coordinate del punto di contatto.

4 Stabilisci se il punto $P(-2; 0)$ appartiene all'ellisse di equazione $4x^2 + y^2 = 8$ e scrivi le equazioni delle rette tangenti all'ellisse passanti per P.

5 Determina l'equazione dell'ellisse passante per $P\left(2; \frac{5}{3}\sqrt{5}\right)$ e avente un vertice in $A(3; 0)$.

6 Scrivi l'equazione dell'ellisse con i fuochi sull'asse delle ordinate, un vertice in $A(3; 0)$ ed eccentricità $e = \frac{\sqrt{2}}{2}$. Successivamente calcola l'area dei rettangoli inscritti nell'ellisse aventi perimetro che misura 20.

PROVA B

1 **VERO O FALSO?**

   a. L'equazione $\frac{x^2}{4} - \frac{y^2}{k} = 1$ definisce un'iperbole $\forall k \neq 0$.   V F

   b. L'iperbole di equazione $xy = -3$ si trova nel primo e terzo quadrante.   V F

   c. La retta di equazione $y = -2x$ non interseca mai l'iperbole di equazione $\frac{x^2}{4} - \frac{y^2}{16} = -1$.   V F

   d. L'iperbole di equazione $x^2 - y^2 = -4$ è equilatera.   V F

2 Scrivi le equazioni delle rette tangenti all'iperbole di equazione $4x^2 - 9y^2 = 36$, condotte da $\left(0; -\frac{3}{2}\right)$.

3 Rappresenta nel piano cartesiano le seguenti iperboli, determinando le coordinate dei vertici e dei fuochi.
   a. $xy = 16$
   b. $x^2 - \frac{y^2}{9} = -1$
   c. $x^2 - 16y^2 - 4 = 0$

4 Trova l'equazione dell'iperbole equilatera, riferita ai propri asintoti, avente un fuoco in $F(-4; -4)$ e determina l'area del triangolo AOF, essendo A l'intersezione tra l'iperbole e la retta di equazione $x = -4$ e O l'origine degli assi.

5 Trova per quale valore di a la funzione omografica di equazione $y = \frac{ax}{2x-1}$ ha un asintoto di equazione $y = 3$ e disegna il grafico della funzione.

CAPITOLO 8
FUNZIONI GONIOMETRICHE E TRIGONOMETRIA

1 Misura degli angoli

■ Misura in gradi

▶ Esercizi a p. 353

Nel *sistema sessagesimale*, l'unità di misura degli angoli è il **grado**, definito come la 360ª parte dell'angolo giro.

$1° = \frac{1}{360}$ dell'angolo giro

$1° = 60'$

$1' = 60''$

Il grado è indicato con un piccolo cerchio in alto a destra della misura:

Il grado è poi suddiviso in 60 *primi*, che vengono indicati con un apice (').

Ogni primo è suddiviso a sua volta in 60 *secondi*, indicati con due apici (").

Un angolo di 32 gradi, 10 primi e 47 secondi viene scritto così:

$32° \, 10' \, 47''$.

Le calcolatrici scientifiche usano anche il sistema **sessadecimale**, in cui accanto ai gradi si usano decimi, centesimi, millesimi, ... di grado. Per esempio, nel sistema sessadecimale, 37,25° significa $37° + \left(\frac{2}{10}\right)° + \left(\frac{5}{100}\right)°$.

■ Misura in radianti

▶ Esercizi a p. 354

Consideriamo due circonferenze di raggi r e r' e i due archi l e l' su cui insistono angoli al centro della stessa ampiezza α (figura a lato).
Dalla proporzionalità fra archi e angoli al centro si ricava

$l : α° = 2πr : 360°$ e $l' : α° = 2πr' : 360°$,

$l = \frac{α°π}{180°} r \rightarrow \frac{l}{r} = \frac{α°π}{180°}$ e $l' = \frac{α°π}{180°} r' \rightarrow \frac{l'}{r'} = \frac{α°π}{180°}$,

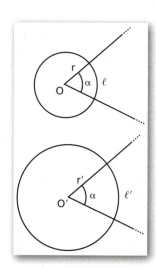

da cui, per confronto, si ottiene: $\frac{l}{r} = \frac{l'}{r'}$, cioè gli archi sono proporzionali ai rispettivi raggi e il rapporto $\frac{l}{r}$ non varia al variare della circonferenza, ma dipende solo dall'angolo al centro α.

Pertanto, se ogni volta che si misura un arco l si usa come unità di misura il raggio della circonferenza cui appartiene, si ottiene un numero che non dipende dalla circonferenza considerata, ma solo dall'angolo α che sottende l'arco.

Il rapporto $\frac{l}{r}$ viene quindi assunto come misura di α in radianti: $α = \frac{l}{r}$.

Paragrafo 1. Misura degli angoli

DEFINIZIONE

Data una circonferenza, chiamiamo **radiante** l'angolo al centro che insiste su un arco di lunghezza uguale al raggio.

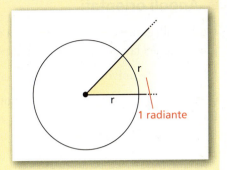

Listen to it

A **radian** is the measure of the angle at the centre of a circle that intercepts an arc whose length is equal to the radius of the circle.

L'unità di misura viene indicata con rad, ma di solito, se si esprime un angolo in radianti, si trascura l'indicazione dell'unità di misura.

Poiché corrisponde all'intera circonferenza, l'angolo giro misura $\frac{2\pi r}{r} = 2\pi$.

L'angolo piatto, che corrisponde a metà circonferenza, misura π, l'angolo retto misura $\frac{\pi}{2}$ ecc.

Dalla relazione $\alpha = \frac{l}{r}$ ricaviamo che, se α è misurato in radianti, la **lunghezza di un arco** è:

$l = \alpha r$.

MATEMATICA E STORIA

L'inafferrabile pi greco

▶ Perché π affascina tanto i matematici?

□ La risposta

Dai gradi ai radianti e viceversa

Date le misure di un angolo α in gradi e in radianti, vale la proporzione $\alpha° : \alpha_{rad} = 360° : 2\pi$, da cui:

$\alpha° = \alpha_{rad} \cdot \frac{180°}{\pi}$, $\alpha_{rad} = \alpha° \cdot \frac{\pi}{180°}$.

ESEMPIO

1. A quanti gradi corrisponde 1 radiante?
   Applichiamo la prima formula:

   $\alpha° = 1 \cdot \frac{180°}{\pi} = \frac{180°}{\pi} \simeq 57°$.

2. A quanti radianti corrispondono 60°?
   Applichiamo la seconda formula:

   $\alpha_{rad} = \overset{1}{\cancel{60}}° \cdot \frac{\pi}{\underset{3}{\cancel{180°}}} = \frac{\pi}{3}$.

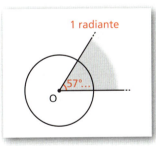

▶ Trasforma:
a. in radianti le misure di 10°, 18°, 270°;
b. in gradi sessagesimali le misure di $\frac{\pi}{9}$, 2, $\frac{3}{4}\pi$.

□ Animazione

Riportiamo in una tabella le misure in radianti e in gradi di alcuni angoli.

Misure degli angoli									
Gradi	0°	30°	45°	60°	90°	120°	135°	150°	180°
Radianti	0	$\frac{\pi}{6}$	$\frac{\pi}{4}$	$\frac{\pi}{3}$	$\frac{\pi}{2}$	$\frac{2}{3}\pi$	$\frac{3}{4}\pi$	$\frac{5}{6}\pi$	π

Capitolo 8. Funzioni goniometriche e trigonometria

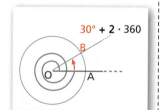

■ Angoli orientati

▶ Esercizi a p. 355

È utile collegare il concetto di angolo a quello di *rotazione*, cioè al movimento che porta uno dei lati dell'angolo a sovrapporsi all'altro.

La rotazione è univoca quando ne specifichiamo il **verso**, **orario** o **antiorario**.

Consideriamo la semiretta OA che ruota in senso antiorario intorno al vertice O, fino a sovrapporsi alla semiretta OB, generando l'angolo $\alpha = A\widehat{O}B$. La semiretta OA si chiama **lato origine** dell'angolo α, la semiretta OB si chiama **lato termine**.

> **DEFINIZIONE**
>
> Un **angolo** è **orientato** quando sono stati scelti uno dei due lati come lato origine e un senso di rotazione.
> Un angolo orientato è **positivo** quando è descritto mediante una rotazione in senso antiorario; è **negativo** quando la rotazione è in senso orario.

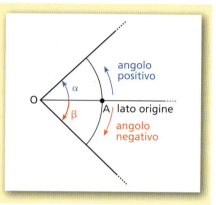

Un angolo orientato può anche essere maggiore di un angolo giro.

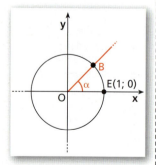

> **ESEMPIO**
>
> Poiché $750° = 30° + 2 \cdot 360°$, l'angolo di $750°$ si ottiene con la rotazione della semiretta OA di due giri completi e di altri $30°$.

È possibile scrivere in forma sintetica un qualunque angolo α, minore di un angolo giro, e tutti gli infiniti angoli orientati che da α differiscono di un multiplo dell'angolo giro nel seguente modo:

    in gradi: $\alpha + k360°$, con $k \in \mathbb{Z}$;   in radianti: $\alpha + 2k\pi$, con $k \in \mathbb{Z}$.

Quando $k = 0$, otteniamo l'angolo α. Nel seguito, in espressioni del tipo $\alpha + 2k\pi$, sottintenderemo che k è un numero intero, senza scrivere esplicitamente $k \in \mathbb{Z}$.

Circonferenza goniometrica

Nel piano cartesiano, per **circonferenza goniometrica** intendiamo la circonferenza che ha come centro l'origine O degli assi e raggio di lunghezza 1, ossia la circonferenza di equazione $x^2 + y^2 = 1$.

Il punto $E(1; 0)$ si dice **origine degli archi**.

Utilizzando la circonferenza goniometrica, si possono rappresentare gli angoli orientati, prendendo come lato origine l'asse x. In questo modo, a ogni angolo corrisponde un punto di intersezione B fra la circonferenza e il lato termine.

2 Funzioni goniometriche

Introduciamo alcune **funzioni goniometriche** che alla misura dell'ampiezza di ogni angolo associano un numero reale.

Paragrafo 2. Funzioni goniometriche

■ Funzioni seno e coseno

▶ Esercizi a p. 355

🇬🇧 **Listen to it**

Let α be an oriented angle and B its associated point on the unit circle. The trigonometric functions **cosine** and **sine** are defined as follows:

$\cos\alpha = x_B,\ \sin\alpha = y_B.$

DEFINIZIONE

Consideriamo la circonferenza goniometrica e un angolo orientato α, e sia B il punto della circonferenza associato ad α.
Definiamo **coseno** e **seno** dell'angolo α, e indichiamo con $\cos\alpha$ e $\sin\alpha$, le funzioni che ad α associano, rispettivamente, il valore dell'ascissa e quello dell'ordinata del punto B:

$\cos\alpha = x_B, \qquad \sin\alpha = y_B.$

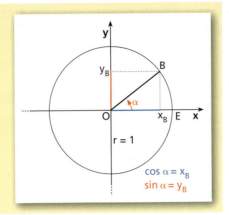

Seno e coseno di un angolo α sono funzioni che hanno come **dominio** $\mathbb{R}$, perché per ogni valore dell'angolo $\alpha \in \mathbb{R}$ esiste uno e un solo punto B sulla circonferenza goniometrica.

Qualunque sia la posizione di B sulla circonferenza, la sua ordinata e la sua ascissa assumono sempre valori compresi fra -1 e 1, quindi:

$-1 \leq \sin\alpha \leq 1 \qquad \text{e} \qquad -1 \leq \cos\alpha \leq 1.$

Il **codominio** delle funzioni seno e coseno è quindi $[-1; 1]$.

Le funzioni seno e coseno sono periodiche di periodo 2π, perché

$\sin(\alpha + 2k\pi) = \sin\alpha, \quad \cos(\alpha + 2k\pi) = \cos\alpha, \quad \text{con } k \in \mathbb{Z}.$

Questo si può vedere utilizzando la definizione di seno e coseno (figura a lato).

Il grafico della funzione seno si chiama **sinusoide**, quello della funzione coseno **cosinusoide**. Le funzioni sono periodiche di periodo 2π, quindi i grafici si ottengono ripetendo ogni 2π i grafici relativi all'intervallo $[0; 2\pi]$.

☐ **Animazione**

☐ **Animazione**

Nelle animazioni trovi figure dinamiche per studiare:
- i grafici delle funzioni seno e coseno;
- i loro domini e codomini;
- la periodicità;
- seno e coseno nei triangoli rettangoli.

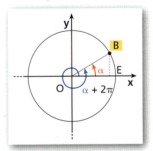

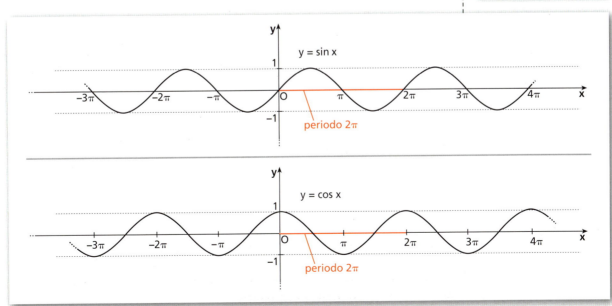

Capitolo 8. Funzioni goniometriche e trigonometria

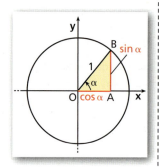

Prima relazione fondamentale

Poiché il punto $B(\cos \alpha; \sin \alpha)$ appartiene alla circonferenza goniometrica, le sue coordinate soddisfano l'equazione $x^2 + y^2 = 1$:

$$\cos^2\alpha + \sin^2\alpha = 1.\text{\quad —— prima relazione fondamentale della goniometria}$$

La relazione esprime il teorema di Pitagora applicato al triangolo rettangolo OAB.

Da questa relazione è possibile ricavare $\sin \alpha$ conoscendo $\cos \alpha$ e viceversa. Infatti, se è noto $\cos \alpha$, si ha

$$\sin \alpha = \pm \sqrt{1 - \cos^2 \alpha}.$$

Viceversa, se si conosce $\sin \alpha$, si ha

$$\cos \alpha = \pm \sqrt{1 - \sin^2 \alpha}.$$

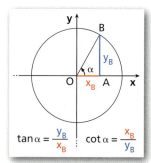

$\tan \alpha = \dfrac{y_B}{x_B} \qquad \cot \alpha = \dfrac{x_B}{y_B}$

■ Funzioni tangente e cotangente

▶ Esercizi a p. 357

DEFINIZIONE

Consideriamo un angolo orientato α e chiamiamo B l'intersezione fra il lato termine e la circonferenza goniometrica. Definiamo **tangente** e **cotangente** di α le funzioni che ad α associano, quando esistono, rispettivamente i rapporti:

$$\tan \alpha = \frac{y_B}{x_B} \quad \text{e} \quad \cot \alpha = \frac{x_B}{y_B}.$$

Il rapporto $\dfrac{y_B}{x_B}$ *non esiste* quando $x_B = 0$, ossia quando B si trova sull'asse y e l'angolo è uguale a $\dfrac{\pi}{2}$ o a $\dfrac{3}{2}\pi$ o a un altro valore che ottieni da $\dfrac{\pi}{2}$ aggiungendo multipli interi dell'angolo piatto. Quindi il dominio della funzione tangente è:

$$\alpha \neq \frac{\pi}{2} + k\pi, \quad \text{con } k \in \mathbb{Z}.$$

Il rapporto $\dfrac{x_B}{y_B}$ *non esiste* quando $y_B = 0$, ossia quando il punto B si trova sull'asse x, cioè quando l'angolo misura 0, π e tutti i multipli interi di π, quindi il dominio della funzione cotangente è:

$$\alpha \neq k\pi.$$

Poiché $\tan \alpha = \dfrac{y_B}{x_B}$ e $\cot \alpha = \dfrac{x_B}{y_B}$, risulta $\tan \alpha \cdot \cot \alpha = 1$, da cui:

$$\cot \alpha = \frac{1}{\tan \alpha}, \quad \text{con } \alpha \neq k\frac{\pi}{2}.$$

La condizione posta deriva dal fatto che consideriamo $\dfrac{1}{\tan \alpha}$, quindi occorre scartare gli angoli in cui non esiste $\tan \alpha$, cioè $\alpha = \dfrac{\pi}{2} + k\pi$, e quelli in cui $\tan \alpha = 0$, cioè $\alpha = 0 + k\pi$, perciò: $\alpha \neq k\dfrac{\pi}{2}$.

A differenza delle funzioni seno e coseno, le funzioni tangente e cotangente possono assumere qualunque valore reale. Il loro codominio è quindi $\mathbb{R}$.

MATEMATICA E STORIA

Astri, seni, coseni, tangenti La statua della fotografia è l'*Atlante Farnese*, conservato nel Museo archeologico nazionale di Napoli. Il gigante sorregge un globo in cui sono rappresentate delle costellazioni. È stato ipotizzato che il globo riproduca la prima mappa stellare, quella di Ipparco di Nicea, astronomo greco del II secolo a.C, che è considerato il fondatore della trigonometria.

▶ Quali furono, nel corso dei secoli, i principali collegamenti fra astronomia e trigonometria?

☐ La risposta

Un altro modo di definire la tangente e la cotangente

Consideriamo la circonferenza goniometrica, la retta tangente a essa nel punto E, origine degli archi, e un angolo α. Il prolungamento del lato termine OB interseca la retta tangente nel punto T (figura a lato).
La tangente di α può anche essere definita come il valore dell'ordinata di T:

$$\tan \alpha = y_T.$$

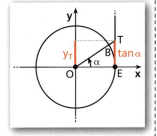

Consideriamo poi la circonferenza goniometrica e la retta tangente a essa nel punto F.
Il prolungamento del lato termine OB interseca la retta tangente nel punto Q.
La cotangente dell'angolo α può anche essere definita come il valore dell'ascissa del punto Q, cioè $\cot \alpha = x_Q$.

Si può dimostrare che le definizioni di tangente e cotangente date qui sono equivalenti alle precedenti.

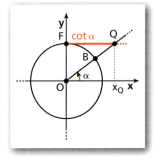

Periodo e grafici delle funzioni tangente e cotangente

La tangente è una funzione periodica di periodo π, cioè qualunque sia l'angolo α, è:

$$\tan \alpha = \tan(\alpha + k\pi), \quad \text{con } k \in \mathbb{Z}.$$

Questo si può vedere usando la definizione di tangente (figura a lato).
Il grafico della tangente si chiama **tangentoide**. Per valori di x che si approssimano a $\frac{\pi}{2}$, esso si avvicina sempre più alla retta di equazione $x = \frac{\pi}{2}$, detta **asintoto verticale** del grafico.
Per la periodicità della funzione, il grafico ha infiniti asintoti verticali: le rette di equazioni $x = \frac{\pi}{2} + k\pi$.

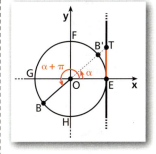

Animazione

L'animazione studia i due modi di definire la tangente e, con una figura dinamica, ti permette di vedere il suo grafico al variare dell'angolo fra 0 e 2π.

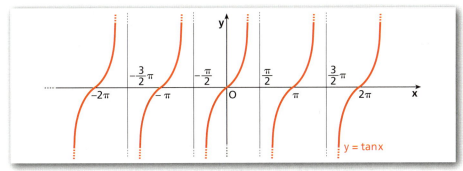

Le rette di equazione $x = k\pi$ sono asintoti verticali del suo grafico.

Animazione

Nell'animazione ci sono le due definizioni e una figura dinamica per osservare il grafico della cotangente fra 0 e 2π.

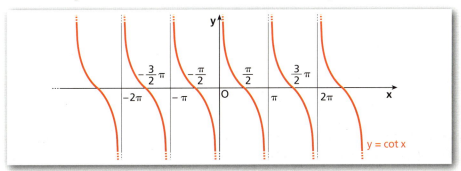

Capitolo 8. Funzioni goniometriche e trigonometria

In analogia con la tangente, la funzione cotangente risulta periodica di periodo π:
$$\cot(\alpha + k\pi) = \cot\alpha, \quad \text{con } k \in \mathbb{Z}.$$

Seconda relazione fondamentale

Consideriamo la circonferenza goniometrica. Per definizione:
$$\tan\alpha = \frac{y_B}{x_B}, \quad y_B = \sin\alpha \quad \text{e} \quad x_B = \cos\alpha.$$

Sostituiamo $\sin\alpha$ e $\cos\alpha$ nell'espressione della tangente:
$$\boxed{\tan\alpha = \frac{\sin\alpha}{\cos\alpha}.}$$

Questa è la **seconda relazione fondamentale** della goniometria: la tangente di un angolo è data dal rapporto, quando esiste, fra il seno e il coseno dello stesso angolo.

Nella tabella seguente riportiamo il seno, il coseno e la tangente di angoli notevoli.

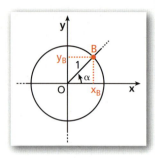

□ **Animazione**

Nell'animazione puoi seguire passo passo il modo con cui si ricavano seno e coseno di $\frac{\pi}{6}, \frac{\pi}{4}, \frac{\pi}{3}$.

Seno, coseno e tangente di angoli notevoli				
Gradi	Radianti	Seno	Coseno	Tangente
30°	$\frac{\pi}{6}$	$\frac{1}{2}$	$\frac{\sqrt{3}}{2}$	$\frac{\sqrt{3}}{3}$
45°	$\frac{\pi}{4}$	$\frac{\sqrt{2}}{2}$	$\frac{\sqrt{2}}{2}$	1
60°	$\frac{\pi}{3}$	$\frac{\sqrt{3}}{2}$	$\frac{1}{2}$	$\sqrt{3}$

Significato goniometrico del coefficiente angolare di una retta

Tracciamo la circonferenza goniometrica e la retta di equazione $y = mx$, da cui:
$$m = \frac{y}{x}.$$

In particolare, se $x = 1$, $y = \tan\alpha$ e
$$m = \frac{\tan\alpha}{1} = \tan\alpha.$$

Il coefficiente angolare della retta è uguale alla tangente dell'angolo fra la retta e l'asse x. Dalla geometria analitica sappiamo che due rette sono parallele quando hanno lo stesso coefficiente angolare e che esse formano angoli congruenti con l'asse x. Ciò permette di estendere il risultato ottenuto anche a rette che non passano per l'origine (figura a sinistra).

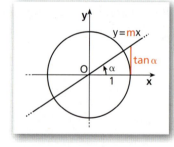

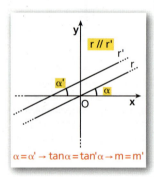

$\alpha = \alpha' \rightarrow \tan\alpha = \tan\alpha' \rightarrow m = m'$

3 Relazioni fra le funzioni goniometriche

□ **Video**

Le formule degli angoli associati

▶ Quali sono le formule degli angoli associati?
▶ Come ricavarle senza doverle imparare a memoria?

Oltre alle relazioni fondamentali già esaminate, ci sono diverse altre relazioni che permettono di rendere più semplici i calcoli nei problemi risolvibili con funzioni goniometriche. Esaminiamo le principali.

■ Angoli associati

▶ Esercizi a p. 360

Consideriamo un angolo α. Chiamiamo **angoli associati** (o **archi associati**) ad α i seguenti angoli:

Paragrafo 3. Relazioni fra le funzioni goniometriche

$-\alpha$, $\frac{\pi}{2} - \alpha$, $\frac{\pi}{2} + \alpha$, $\pi - \alpha$, $\pi + \alpha$, $\frac{3}{2}\pi - \alpha$, $\frac{3}{2}\pi + \alpha$, $2\pi - \alpha$.

Per determinare seno e coseno degli angoli associati ad α, in funzione di seno e coseno dell'angolo α, è sufficiente utilizzare le definizioni di seno e coseno, dopo aver disegnato la circonferenza goniometrica e gli angoli. Esaminiamo alcuni casi per comprendere il metodo. Trovi gli altri nelle animazioni.

- I due angoli α e −α sono congruenti e orientati in verso opposto, ossia sono **angoli opposti**.

$$\sin(-\alpha) = y_{B'} = -y_B = -\sin\alpha$$
$$\cos(-\alpha) = x_{B'} = x_B = \cos\alpha$$

→ $\boxed{\sin(-\alpha) = -\sin\alpha \\ \cos(-\alpha) = \cos\alpha}$

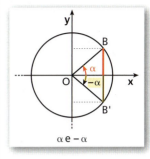

α e −α

- α e π − α sono **angoli supplementari**.
I triangoli rettangoli OAB e $OA'B'$ sono congruenti perché hanno congruenti l'ipotenusa e l'angolo acuto α.

$$\sin(\pi - \alpha) = y_{B'} = y_B = \sin\alpha$$
$$\cos(\pi - \alpha) = x_{B'} = -x_B = -\cos\alpha$$

→ $\boxed{\sin(\pi-\alpha) = \sin\alpha \\ \cos(\pi-\alpha) = -\cos\alpha}$

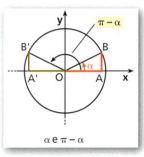

α e π − α

- α e $\frac{\pi}{2} - \alpha$ sono **angoli complementari**.
Nel triangolo rettangolo $OA'B'$ risulta $A'\widehat{O}B' = \frac{\pi}{2} - \alpha$ e $O\widehat{B'}A' = \alpha$, perché complementare del precedente.
I triangoli OAB e $OA'B'$ sono congruenti perché hanno congruente l'ipotenusa e l'angolo acuto α, pertanto $OA \cong A'B'$ e $AB \cong OA'$.

$$\sin\left(\frac{\pi}{2} - \alpha\right) = y_{B'} = x_B = \cos\alpha$$
$$\cos\left(\frac{\pi}{2} - \alpha\right) = x_{B'} = y_B = \sin\alpha$$

→ $\boxed{\sin\left(\frac{\pi}{2}-\alpha\right) = \cos\alpha \\ \cos\left(\frac{\pi}{2}-\alpha\right) = \sin\alpha}$

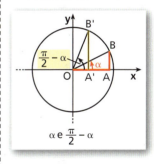

α e $\frac{\pi}{2} - \alpha$

▶ **Animazione**
Con pochi click, osservi le relazioni fra seno e coseno di:
α e −α;   α e 2π − α;
α e π − α;   α e π + α.

▶ **Animazione**
Qui hai le relazioni fra seno e coseno di:
α e $\frac{\pi}{2} - \alpha$;   α e $\frac{\pi}{2} + \alpha$;
α e $\frac{3}{2}\pi - \alpha$;   α e $\frac{3}{2}\pi + \alpha$.

Considerazioni analoghe valgono per la tangente e la cotangente.

■ Formule goniometriche

▶ Esercizi a p. 361

Valgono le seguenti formule, dette *formule goniometriche*:

- le **formule di duplicazione** che permettono di calcolare seno, coseno e tangente di 2α conoscendo il valore di seno, coseno e tangente di α;
- le **formule di addizione e di sottrazione** che esprimono la relazione esistente fra seno, coseno e tangente di (α + β) e di (α − β) e seno, coseno e tangente di α e di β;
- le **formule di bisezione** analoghe a quelle di duplicazione ma relative al calcolo di seno, coseno e tangente di $\frac{\alpha}{2}$.

▶ Calcola $\sin 2\alpha$, $\cos 2\alpha$ e $\tan 2\alpha$, sapendo che $0 < \alpha < \frac{\pi}{2}$ e $\sin\alpha = \frac{1}{3}$.

$\left[\frac{4}{9}\sqrt{2}; \frac{7}{9}; \frac{4}{7}\sqrt{2}\right]$

▶ **Animazione**

Capitolo 8. Funzioni goniometriche e trigonometria

Forniamo una tabella di queste formule, omettendone la dimostrazione.

Formule geometriche

Formule di duplicazione

$$\sin 2\alpha = 2 \sin\alpha \cos\alpha$$

$$\cos 2\alpha = \cos^2\alpha - \sin^2\alpha$$

$$\tan 2\alpha = \frac{2\tan\alpha}{1 - \tan^2\alpha}$$

Formule di sottrazione

$$\sin(\alpha + \beta) = \sin\alpha \cos\beta + \cos\alpha \sin\beta$$

$$\cos(\alpha + \beta) = \cos\alpha \cos\beta - \sin\alpha \sin\beta$$

$$\tan(\alpha + \beta) = \frac{\tan\alpha + \tan\beta}{1 - \tan\alpha \cdot \tan\beta}$$

La formula della tangente è valida solo se α, β e $\alpha + \beta$ sono diversi da $\frac{\pi}{2} + k\pi$, valori per i quali la tangente è priva di significato.

Formule di sottrazione

$$\sin(\alpha - \beta) = \sin\alpha \cos\beta - \cos\alpha \sin\beta$$

$$\cos(\alpha - \beta) = \cos\alpha \cos\beta + \sin\alpha \sin\beta$$

$$\tan(\alpha - \beta) = \frac{\tan\alpha - \tan\beta}{1 + \tan\alpha \cdot \tan\beta}$$

La formula della tangente è valida solo se α, β e $\alpha - \beta$ sono diversi da $\frac{\pi}{2} + k\pi$.

Formule di bisezione

$$\sin\frac{\alpha}{2} = \pm\sqrt{\frac{1 - \cos\alpha}{2}}$$

$$\cos\frac{\alpha}{2} = \pm\sqrt{\frac{1 + \cos\alpha}{2}}$$

$$\tan\frac{\alpha}{2} = \pm\sqrt{\frac{1 - \cos\alpha}{1 + \cos\alpha}}$$

4 Funzioni goniometriche inverse

▶ Esercizi a p. 363

🇬🇧 Listen to it

To define the inverse of the sine function, we need to restrict the domain; we can define the function arcsin(x) from $[-1; 1]$ to $\left[-\frac{\pi}{2}; \frac{\pi}{2}\right]$ as the inverse of the sine function in $\left[-\frac{\pi}{2}; \frac{\pi}{2}\right]$. This method can be used to define the inverse function of all the trigonometric functions.

▶ Qual è l'arcoseno di $\frac{\sqrt{3}}{2}$?

🎬 Animazione

Nell'animazione vediamo, in pochi passi, come disegnare i grafici di:
- $y = \arcsin x$;
- $y = \arccos x$;
- $y = \arctan x$;
- $y = \text{arccot}\, x$.

Per considerare le funzioni inverse delle funzioni seno, coseno, tangente, cotangente, osserviamo che:

- dobbiamo restringere il dominio a un intervallo in cui ciascuna funzione sia biunivoca;
- le funzioni seno e coseno assumono valori compresi fra -1 e 1, quindi le loro funzioni inverse sono definite soltanto in $[-1; 1]$.

Funzione arcoseno, inversa del seno

DEFINIZIONE

Dati i numeri reali x e y, con $-1 \leq x \leq 1$ e $-\frac{\pi}{2} \leq y \leq \frac{\pi}{2}$, diciamo che y è l'**arcoseno** di x se x è il seno di y.
Scriviamo: $y = \arcsin x$.

ESEMPIO

$$\arcsin 1 = \frac{\pi}{2} \leftrightarrow \sin\frac{\pi}{2} = 1;$$

$$\arcsin\frac{1}{2} = \frac{\pi}{6} \leftrightarrow \sin\frac{\pi}{6} = \frac{1}{2}.$$

Per ottenere il grafico di $y = \arcsin x$, basta costruire il simmetrico rispetto alla bisettrice del primo e terzo quadrante del grafico di

$$y = \sin x \text{ in } \left[-\frac{\pi}{2}; \frac{\pi}{2}\right].$$

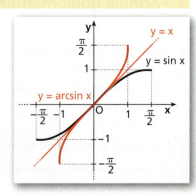

Paragrafo 4. Funzioni goniometriche inverse

Funzione arcocoseno, inversa del coseno

DEFINIZIONE
Dati i numeri reali x e y, con $-1 \leq x \leq 1$ e $0 \leq y \leq \pi$, diciamo che y è l'**arcocoseno** di x se x è il coseno di y.
Scriviamo: $y = \arccos x$.

ESEMPIO
$$\arccos(-1) = \pi \leftrightarrow \cos\pi = -1; \quad \arccos\frac{\sqrt{3}}{2} = \frac{\pi}{6} \leftrightarrow \cos\frac{\pi}{6} = \frac{\sqrt{3}}{2}.$$

▶ Qual è l'arcocoseno di $-\frac{1}{2}$?

La figura illustra il grafico di

$y = \cos x$

in $[0; \pi]$ e quello di

$y = \arccos x$,

suo simmetrico rispetto alla bisettrice del primo e terzo quadrante.

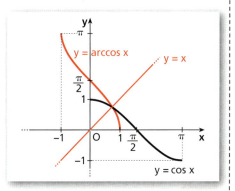

Funzione arcotangente, inversa della tangente

Nel dominio $\left]-\frac{\pi}{2}; \frac{\pi}{2}\right[$, la funzione tangente è biunivoca e di conseguenza invertibile. La funzione inversa della tangente si chiama *arcotangente*.

DEFINIZIONE
Dati i numeri reali x e y, con $x \in \mathbb{R}$ e $-\frac{\pi}{2} < y < \frac{\pi}{2}$, diciamo che y è l'**arcotangente** di x se x è la tangente di y.
Scriviamo: $y = \arctan x$.

ESEMPIO
$$\arctan 1 = \frac{\pi}{4} \leftrightarrow \tan\frac{\pi}{4} = 1;$$
$$\arctan\sqrt{3} = \frac{\pi}{3} \leftrightarrow \tan\frac{\pi}{3} = \sqrt{3}.$$

▶ Qual è l'arcotangente di $-\frac{\sqrt{3}}{3}$?

Nella figura sono disegnati il grafico di

$y = \tan x$

in $\left]-\frac{\pi}{2}; \frac{\pi}{2}\right[$ e quello di

$y = \arctan x$,

suo simmetrico rispetto alla bisettrice del primo e terzo quadrante.

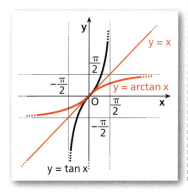

Capitolo 8. Funzioni goniometriche e trigonometria

Funzione arcocotangente, inversa della cotangente

DEFINIZIONE
Dati i numeri reali x e y, con $x \in \mathbb{R}$ e $0 < y < \pi$, diciamo che y è l'**arcocotangente** di x se x è la cotangente di y.
Scriviamo: $y = \text{arccot } x$.

▶ Qual è l'arcocotangente di $\sqrt{3}$?

ESEMPIO
$$\text{arccot } 0 = \frac{\pi}{2} \leftrightarrow \cot \frac{\pi}{2} = 0; \quad \text{arccot } \frac{\sqrt{3}}{3} = \frac{\pi}{3} \leftrightarrow \cot \frac{\pi}{3} = \frac{\sqrt{3}}{3}.$$

Nella figura abbiamo il grafico di
$$y = \cot x$$
in $]0; \pi[$ e quello di
$$y = \text{arccot } x,$$
suo simmetrico rispetto alla bisettrice del primo e terzo quadrante.

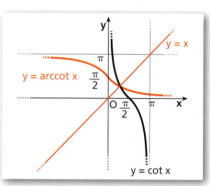

5 Equazioni e disequazioni goniometriche

Equazioni goniometriche

▶ Esercizi a p. 364

🔊 Listen to it

A **trigonometric equation** involves trigonometric functions of an unknown angle.

▶ Animazione

Nell'animazione c'è la figura dinamica per l'equazione
$\sin x = a$
al variare di a e la risoluzione di:
- $\sin x = \frac{1}{2}$;
- $\sin x = 1$;
- $\sin x = \frac{3}{2}$.

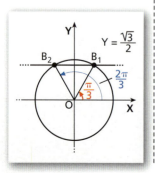

DEFINIZIONE
Un'**equazione goniometrica** contiene almeno una funzione goniometrica dell'incognita.

Le equazioni goniometriche più semplici sono dette **elementari** e sono del tipo:
$$\sin x = a, \quad \cos x = b, \quad \tan x = c, \quad \text{con } a, b, c \in \mathbb{R}.$$

$\sin x = a$

Disegniamo la circonferenza goniometrica e indichiamo gli assi cartesiani con X e Y, per non confonderli con l'incognita x dell'equazione goniometrica.
Poiché il seno di un angolo rappresenta l'ordinata del punto della circonferenza goniometrica a cui l'angolo è associato, dobbiamo trovare i punti della circonferenza goniometrica di ordinata a, ovvero i punti di intersezione della circonferenza di equazione $X^2 + Y^2 = 1$ con la retta di equazione $Y = a$.

ESEMPIO
Risolviamo l'equazione $\sin x = \frac{\sqrt{3}}{2}$.

Disegniamo nel piano cartesiano la circonferenza goniometrica e la retta di equazione $Y = \frac{\sqrt{3}}{2}$. Le loro intersezioni sono date dai punti B_1 e B_2.

Gli angoli che hanno seno uguale a $\frac{\sqrt{3}}{2}$ sono $\frac{\pi}{3}$ e $\pi - \frac{\pi}{3} = \frac{2}{3}\pi$.

344

Paragrafo 5. Equazioni e disequazioni goniometriche

Poiché il seno è una funzione periodica di periodo 2π, alle soluzioni $x = \frac{\pi}{3}$ e $x = \frac{2}{3}\pi$ dobbiamo aggiungere quelle ottenute sommando i multipli interi di 2π, quindi le soluzioni dell'equazione data sono:

$$x = \frac{\pi}{3} + 2k\pi \quad \vee \quad x = \frac{2}{3}\pi + 2k\pi, \text{ con } k \in \mathbb{Z}.$$

▶ Risolvi l'equazione $\sin x = -\frac{1}{2}$.

Poiché i valori di $\sin x$ sono compresi fra -1 e 1, l'equazione $\sin x = a$ è impossibile quando $a > 1$ oppure $a < -1$.

ESEMPIO
L'equazione $\sin x = \frac{5}{4}$ non ha soluzione, perché $\frac{5}{4} > 1$.

Se il valore a dell'equazione $\sin x = a$ non corrisponde a un angolo noto possiamo applicare la funzione inversa del seno ($x = \arcsin a$) e calcolare un valore approssimato con la calcolatrice.

ESEMPIO
Risolviamo $\sin x = -\frac{7}{8}$. Otteniamo:

$$x = \arcsin\left(-\frac{7}{8}\right) + 2k\pi \quad \vee \quad x = \pi - \arcsin\left(-\frac{7}{8}\right) + 2k\pi.$$

Per trovare il valore approssimato di $\arcsin\left(-\frac{7}{8}\right)$ con la calcolatrice, scegliamo la modalità RAD e, dopo aver calcolato $-\frac{7}{8} = -0{,}875$, premiamo il tasto <$\sin^{-1}$>, oppure i tasti <INV> e <sin>. Viene visualizzato il valore della misura in radianti dell'angolo x, ossia $-1{,}065435817$, che approssimiamo a $-1{,}07$. Le soluzioni dell'equazione sono:

$$x \simeq -1{,}07 + 2k\pi \quad \vee \quad x \simeq 3{,}14 + 1{,}07 + 2k\pi \simeq 4{,}21 + 2k\pi.$$

Se scegliamo la modalità DEG, viene visualizzato il valore in gradi:

$$-61{,}04497563 \simeq -61 \rightarrow x \simeq -61° + k360° \quad \vee \quad x \simeq 241° + k360°.$$

$\cos x = b$

Il coseno di un angolo è l'ascissa del punto della circonferenza goniometrica a cui l'angolo è associato, quindi cerchiamo i punti della circonferenza goniometrica di ascissa b.

ESEMPIO
Risolviamo $\cos x = -\frac{1}{2}$.

Disegniamo la retta di equazione $X = -\frac{1}{2}$. Le sue intersezioni con la circonferenza goniometrica sono B_1 e B_2.

Gli angoli che hanno coseno uguale a $-\frac{1}{2}$ sono $\frac{2}{3}\pi$ e $-\frac{2}{3}\pi$.

Per la periodicità della funzione coseno, alle due soluzioni $x = \frac{2}{3}\pi$ e $x = -\frac{2}{3}\pi$ dobbiamo aggiungere quelle ottenute sommando i multipli interi di 2π:

$$x = \frac{2}{3}\pi + 2k\pi \quad \vee \quad x = -\frac{2}{3}\pi + 2k\pi,$$

che possiamo anche indicare con: $x = \pm\frac{2}{3}\pi + 2k\pi$.

▶ **Animazione**

Nell'animazione c'è la figura dinamica per l'equazione $\cos x = b$ al variare di b e la risoluzione di:
- $\cos x = \frac{\sqrt{3}}{2}$;
- $\cos x = -1$;
- $\cos x = -\frac{5}{2}$.

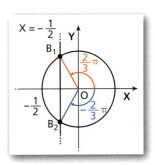

► Risolvi le seguenti equazioni:
- $\cos x = \frac{1}{2}$;
- $\cos x = -2$.

L'equazione $\cos x = b$ è impossibile se $b > 1$ o $b < -1$, poiché $-1 \leq \cos x \leq 1$.

ESEMPIO

L'equazione $\cos x = -\frac{4}{3}$ non ha soluzioni perché $-\frac{4}{3} < -1$.

Per angoli non noti, anche per l'equazione $\cos x = b$ possiamo utilizzare la calcolatrice, calcolando arccos b con i tasti <INV> e <cos>, oppure con il tasto <$\cos^{-1}$>.

tan x = c

La tangente di un angolo è l'ordinata del punto di intersezione della retta tangente alla circonferenza nell'origine degli archi con la retta OP che individua l'angolo.

ESEMPIO Animazione

Risolviamo $\tan x = \frac{\sqrt{3}}{3}$.

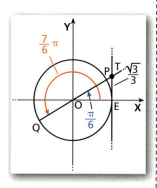

Sulla retta tangente in E alla circonferenza goniometrica, prendiamo il punto T di ordinata $\frac{\sqrt{3}}{3}$. La retta OT interseca la circonferenza nei punti P e Q che individuano gli angoli cercati: $\frac{\pi}{6}$ e $\frac{7}{6}\pi$.

Per la periodicità della funzione tangente, scriviamo in forma compatta tutte le soluzioni dell'equazione: $x = \frac{\pi}{6} + k\pi$.

In generale, poiché, data l'equazione $\tan x = c$, il valore di c corrisponde sempre all'ordinata del punto T, per ogni valore di c si può determinare il punto T e la retta OT interseca la circonferenza in due punti distinti, quindi l'equazione elementare **tan x = c** è sempre **determinata**.

Data una soluzione γ, cioè un angolo γ tale che $\tan \gamma = c$, le soluzioni dell'equazione sono $x = \gamma + k\pi$.

Con la calcolatrice, per calcolare arctan c, si usano i tasti <INV> e <tan>, oppure <$\tan^{-1}$>.

► Risolvi le seguenti equazioni:
- $\tan x = 1$;
- $\tan x = -\sqrt{3}$.

■ **Disequazioni goniometriche** ► Esercizi a p. 367

DEFINIZIONE

Una **disequazione goniometrica** contiene almeno una funzione goniometrica dell'incognita.

Le disequazioni goniometriche elementari sono del tipo:

$\sin x > a$, $\cos x > b$, $\tan x > c$,   o con i simboli $\geq$, $<$, $\leq$.

ESEMPIO Animazione

Risolviamo la disequazione $\sin x < \frac{1}{2}$.

Disegniamo la circonferenza goniometrica e su di essa evidenziamo i punti P e Q che hanno ordinata uguale a $\frac{1}{2}$. A essi corrispondono gli angoli $\frac{\pi}{6}$ e $\frac{5}{6}\pi$ che risolvono l'equazione associata.

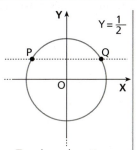
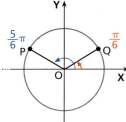
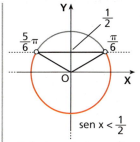

a. Tracciamo la retta $Y = \frac{1}{2}$ e indichiamo con P e Q i punti aventi ordinata $\frac{1}{2}$.

b. Evidenziamo gli angoli $\frac{\pi}{6}$ e $\frac{5}{6}\pi$ individuati da P e Q.

c. Coloriamo in rosso gli archi i cui punti hanno ordinata minore di $\frac{1}{2}$.

Le soluzioni nell'intervallo $[0; 2\pi]$ sono date da tutti gli angoli a cui corrispondono sulla circonferenza goniometrica punti con ordinata minore di $\frac{1}{2}$:

$$0 \leq x < \frac{\pi}{6} \vee \frac{5}{6}\pi < x \leq 2\pi.$$

▶ Risolvi utilizzando la circonferenza goniometrica:

$\cos x > \frac{\sqrt{3}}{2}$.

☐ **Animazione**

6 Trigonometria

La trigonometria studia le relazioni che legano i lati e gli angoli di un triangolo. D'ora in poi, quando ci occuperemo di triangoli, rispetteremo le seguenti convenzioni per la nomenclatura dei diversi elementi. Disegnato un triangolo ABC, indichiamo con α la misura dell'angolo $\widehat{A}$, con β la misura dell'angolo $\widehat{B}$ e con γ la misura dell'angolo $\widehat{C}$. Indichiamo poi con a la misura del lato BC, che si oppone al vertice A, con b la misura del lato AC, che si oppone al vertice B, e con c la misura del lato AB, che si oppone al vertice C.

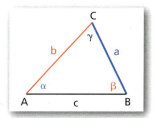

■ Risoluzione dei triangoli rettangoli

▶ Esercizi a p. 368

Risolvere un triangolo rettangolo significa determinare le misure dei suoi lati e dei suoi angoli conoscendo **almeno un lato** e un altro dei suoi elementi (cioè, un angolo o un altro lato).

Per risolvere i triangoli rettangoli utilizziamo due teoremi. Il primo mette in relazione la misura di un cateto con quella dell'ipotenusa.

☐ **Video**

Misura del raggio terrestre

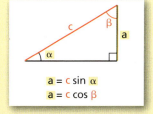

▶ Come riuscì Eratostene da Cirene, nel III secolo a.C., a calcolare il raggio della Terra sfruttando solamente la trigonometria?

> **TEOREMA**
> **Primo teorema dei triangoli rettangoli**
> In un triangolo rettangolo la misura di un cateto è uguale a quella dell'ipotenusa moltiplicata per il seno dell'angolo opposto al cateto o per il coseno dell'angolo (acuto) adiacente al cateto.
>
>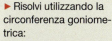
>
>
> $a = c \sin \alpha$
> $a = c \cos \beta$
>
> **cateto = ipotenusa · seno dell'angolo opposto**
> **cateto = ipotenusa · coseno dell'angolo adiacente**

Il secondo teorema mette in relazione la misura di un cateto con quella dell'altro cateto.

> **TEOREMA**
> **Secondo teorema dei triangoli rettangoli**
> In un triangolo rettangolo la misura di un cateto è uguale a quella dell'altro cateto moltiplicata per la tangente dell'angolo opposto al primo cateto o per la cotangente dell'angolo (acuto) adiacente al primo cateto.
>
> **cateto = altro cateto · tangente dell'angolo opposto al primo cateto**
> **cateto = altro cateto · cotangente dell'angolo acuto adiacente al primo cateto**

Esaminiamo i casi possibili con degli esempi.

Sono noti i due cateti

ESEMPIO

Le misure dei due cateti del triangolo in figura sono $a = 40$ e $b = 110$:

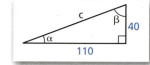

$$\tan \alpha = \frac{40}{110} \rightarrow \alpha = \arctan \frac{40}{110} \simeq 20°;$$

$$\alpha \simeq 20° \rightarrow \beta \simeq 90° - 20° \simeq 70°;$$

$$c = \sqrt{40^2 + 110^2} = \sqrt{1600 + 12100} = \sqrt{13700} \simeq 117.$$

▶ I cateti di un triangolo rettangolo sono lunghi 7 cm e 24 cm. Calcola l'ampiezza degli angoli acuti e la lunghezza dell'ipotenusa.
[16°, 74°; 25 cm]

Sono noti un cateto e l'ipotenusa

ESEMPIO

In un triangolo rettangolo le misure di un cateto e dell'ipotenusa sono $a = 21{,}13$ e $c = 50$.
Ricaviamo:

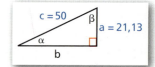

$$\sin \alpha = \frac{21{,}13}{50} = 0{,}4226 \rightarrow \alpha = \arcsin 0{,}4226 \simeq 25°;$$

$$\beta \simeq 90° - 25° \simeq 65°;$$

$$b = \sqrt{50^2 - (21{,}13)^2} = \sqrt{2500 - 446{,}4769} = \sqrt{2053{,}5231} \simeq 45{,}3.$$

Animazione

Nell'animazione c'è la risoluzione dei primi due esercizi che ti proponiamo in questa pagina.

▶ Un triangolo rettangolo ha l'ipotenusa di 37 cm e un cateto di 35 cm. Qual è l'ampiezza degli angoli acuti? Qual è la lunghezza dell'altro cateto?
[71°, 19°; 12 cm]

Sono noti un cateto e un angolo acuto

ESEMPIO

Consideriamo il triangolo rettangolo in cui sono noti $a = 8$ e $\alpha = 28°$.
Si ricava:

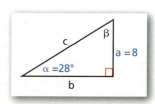

$$\beta = 90° - 28° = 62°;$$

$$b = 8 \tan 62° \simeq 8 \cdot 1{,}88 \simeq 15;$$

$$c \simeq \sqrt{8^2 + 15^2} = \sqrt{289} = 17.$$

▶ In un triangolo rettangolo un cateto è lungo 5 dm e l'angolo acuto opposto è di 23°. Determina l'ampiezza dell'altro angolo acuto e le lunghezze dell'altro cateto e dell'ipotenusa.
[67°; 12 dm, 13 dm]

Sono noti l'ipotenusa e un angolo acuto

ESEMPIO

Consideriamo il triangolo rettangolo della figura. Le misure dell'ipotenusa e dell'angolo α sono rispettivamente $c = 28{,}3$ e $\alpha = 58°$. Si ricava:

$\beta = 90° - 58° = 32°$;
$a = 28{,}3 \cdot \sin 58° \simeq 28{,}3 \cdot 0{,}848 \simeq 24$;
$b = 28{,}3 \cdot \sin 32° \simeq 28{,}3 \cdot 0{,}5299 \simeq 15$.

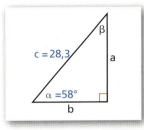

Animazione

Nell'animazione trovi risolti l'ultimo esercizio della pagina precedente e il seguente.

▶ Se l'ipotenusa di un triangolo rettangolo è lunga 1 cm e uno dei suoi angoli acuti ha ampiezza di 53°, quali sono le lunghezze dei due cateti e l'ampiezza dell'altro angolo acuto?

[0,8 cm, 0,6 cm; 37°]

■ Risoluzione dei triangoli qualunque

▶ Esercizi a p. 372

Risolvere un triangolo qualunque significa determinare le misure dei suoi lati e dei suoi angoli. È sempre possibile risolvere un triangolo se sono noti *tre* suoi elementi, di cui *almeno uno sia un lato*. Per la risoluzione sono utili il teorema dei seni e il teorema del coseno. Il teorema dei seni mette in relazione le misure dei lati con quelle degli angoli a essi opposti.

TEOREMA

Teorema dei seni

In un triangolo le misure dei lati sono proporzionali ai seni degli angoli opposti.

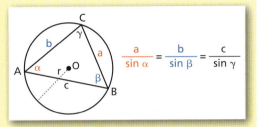

Animazione

Nell'animazione hai:
- la dimostrazione del teorema;
- un esempio di applicazione;
- la figura dinamica.

Il teorema del coseno è una generalizzazione del teorema di Pitagora per triangoli non rettangoli.

TEOREMA

Teorema del coseno

In un triangolo il quadrato della misura di un lato è uguale alla somma dei quadrati delle misure degli altri due lati diminuita del doppio prodotto della misura di questi due lati per il coseno dell'angolo compreso fra essi.

$a^2 = b^2 + c^2 - 2bc \cos \alpha$

Animazione

Osserva la figura dinamica del teorema nell'animazione, dove trovi anche la dimostrazione e un esempio di applicazione.

Esaminiamo i quattro possibili casi con degli esempi.

Sono noti un lato e due angoli

ESEMPIO

Sono noti $c = 12$, $\alpha = 40°$ e $\beta = 60°$.
Ricaviamo γ: $\gamma = 180° - (40° + 60°) = 80°$.
Per il teorema dei seni:

$$\frac{a}{\sin 40°} = \frac{12}{\sin 80°} \rightarrow a = \frac{12 \cdot \sin 40°}{\sin 80°} \simeq \frac{12 \cdot 0{,}64279}{0{,}9848} \simeq 7{,}83$$

Ancora per il teorema dei seni:

$$\frac{b}{\sin 60°} = \frac{12}{\sin 80°} \rightarrow b = \frac{12 \cdot \sin 60°}{\sin 80°} \simeq \frac{12 \cdot 0{,}866}{0{,}9848} \simeq 10{,}55$$

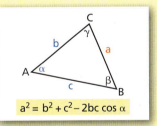

▶ Risolvi il triangolo ABC di cui sono dati $a = 10$, $\alpha = 45°$, $\beta = 30°$.

[$\gamma = 105°, b = 5\sqrt{2}$,
$c = 5(\sqrt{3} + 1)$]

Animazione

Capitolo 8. Funzioni goniometriche e trigonometria

Sono noti due lati e l'angolo fra essi compreso

ESEMPIO
Sono noti $b = 46$, $c = 62$ e $\alpha = 20°$.

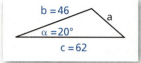

Applichiamo il teorema del coseno per calcolare a:

$$a = \sqrt{46^2 + 62^2 - 2 \cdot 46 \cdot 62 \cdot \cos 20°}$$

$$a \simeq \sqrt{2116 + 3844 - 5704 \cdot 0{,}93969} \simeq \sqrt{600{,}0082} \to a \simeq 24{,}50.$$

Applichiamo il teorema del coseno per calcolare β:

$$b^2 = a^2 + c^2 - 2ac \cos\beta \to 46^2 = 24{,}5^2 + 62^2 - 2 \cdot 24{,}5 \cdot 62 \cdot \cos\beta,$$

$$\cos\beta \simeq 0{,}77 \to \beta \simeq 40°.$$

$$\gamma \simeq 180° - (20° + 40°) = 120°.$$

▶ Risolvi il triangolo ABC di cui sono dati $a = 25$, $c = 38$, $\beta = 45°$.
$[b \simeq 26{,}94, \alpha \simeq 41°, \gamma \simeq 94°]$

▭ Animazione

Sono noti due lati e un angolo opposto a uno di essi

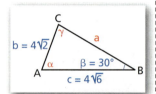

ESEMPIO
Sono noti: $b = 4\sqrt{2}$, $c = 4\sqrt{6}$, $\beta = 30°$.

Applichiamo il teorema dei seni, $\dfrac{c}{\sin\gamma} = \dfrac{b}{\sin\beta}$.

$$\frac{4\sqrt{6}}{\sin\gamma} = \frac{4\sqrt{2}}{\frac{1}{2}} \to \sin\gamma = \frac{\sqrt{3}}{2} \to \gamma_1 = 60°, \gamma_2 = 120°.$$

Entrambe le soluzioni sono accettabili.

Se $\gamma = 60° \to \alpha = 90°$, $\dfrac{a}{\sin 90°} = \dfrac{4\sqrt{2}}{\sin 30°} \to a = 8\sqrt{2}$.

Se $\gamma = 120° \to \alpha = 30°$, il triangolo è isoscele, quindi $a = 4\sqrt{2}$.

▶ Risolvi il triangolo ABC, noti $b = 6\sqrt{3}$, $c = 6\sqrt{2}$, $\cos\beta = \dfrac{1}{2}$.
$\left[\alpha = \dfrac{5}{12}\pi; \gamma = \dfrac{\pi}{4}; a = 3\sqrt{2} + 3\sqrt{6}\right]$

▭ Animazione

Sono noti i tre lati

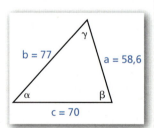

ESEMPIO
Consideriamo il triangolo con: $a = 58{,}6$, $b = 77$ e $c = 70$.

Per ricavare α possiamo sostituire, nella formula che esprime la relazione tra il coseno di un angolo e le misure dei lati del triangolo, i valori di a, b e c:

$$\cos\alpha = \frac{77^2 + 70^2 - 58{,}6^2}{2 \cdot 70 \cdot 77} = \frac{5929 + 4900 - 3433{,}96}{10780};$$

$$\cos\alpha = \frac{7395{,}04}{10780} \to \cos\alpha \simeq 0{,}686 \to \alpha \simeq \arccos 0{,}686 \simeq 47°.$$

Ricaviamo β allo stesso modo:

$$\cos\beta = \frac{58{,}6^2 + 70^2 - 77^2}{2 \cdot 58{,}6 \cdot 70} \simeq 0{,}293 \to \beta \simeq \arccos 0{,}293 \simeq 73°.$$

Ricaviamo, infine, γ per differenza: $\gamma \simeq 180° - (47° + 73°) = 60°$.

▶ Risolvi il triangolo ABC di cui sono dati $a = 30$, $b = 19$, $c = 25$.
$[\alpha \simeq 85°, \beta \simeq 39°, \gamma \simeq 56°]$

▭ Animazione

IN SINTESI
Funzioni goniometriche e trigonometria

■ **Funzioni seno, coseno, tangente e cotangente**

- Consideriamo un angolo orientato α e chiamiamo B l'intersezione fra il suo lato termine e la circonferenza goniometrica. Si dice:
  - **seno di α** (sin α) il valore dell'ordinata di B;
  - **coseno di α** (cos α) il valore dell'ascissa di B;
  - **tangente di α** (tan α) il rapporto fra l'ordinata e l'ascissa di B; è definita per $\alpha \neq \frac{\pi}{2} + k\pi$ ($k \in \mathbb{Z}$);
  - **cotangente di α** (cot α) il rapporto fra l'ascissa e l'ordinata di B; è definita per $\alpha \neq k\pi$ ($k \in \mathbb{Z}$).

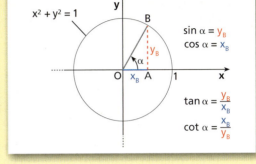

- **Relazioni fondamentali della goniometria**:

$$\sin^2\alpha + \cos^2\alpha = 1, \quad \tan\alpha = \frac{\sin\alpha}{\cos\alpha}.$$

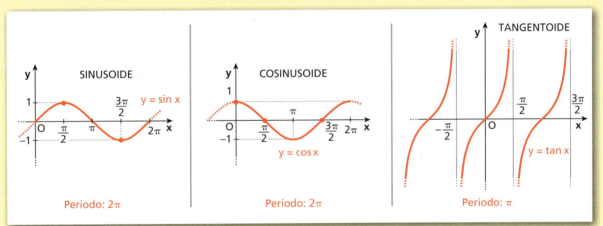

■ **Funzioni goniometriche inverse**

- Le **funzioni inverse** delle funzioni seno, coseno, tangente e cotangente sono, rispettivamente:

  - **arcoseno**: $y = \arcsin x$

    $D: [-1; 1]; \quad C: \left[-\frac{\pi}{2}; \frac{\pi}{2}\right];$

  - **arcocoseno**: $y = \arccos x$

    $D: [-1; 1]; \quad C: [0; \pi];$

  - **arcotangente**: $y = \arctan x$

    $D: \mathbb{R}; \quad C: \left]-\frac{\pi}{2}; \frac{\pi}{2}\right[;$

  - **arcocotangente**: $y = \text{arccot}\, x$

    $D: \mathbb{R}; \quad C: \,]0; \pi[.$

- I loro grafici si ottengono da quelli delle funzioni di cui sono le inverse (dopo opportune restrizioni dei domini), tracciando i simmetrici rispetto alla bisettrice del primo e terzo quadrante.

■ Triangoli rettangoli

- La **trigonometria** è lo studio delle relazioni fra i lati e gli angoli di un triangolo.

- **Risolvere un triangolo rettangolo** significa determinare le misure dei suoi lati e dei suoi angoli conoscendo **almeno un lato** e **un altro dei suoi elementi**. Sono utili i seguenti teoremi.

- **Primo teorema dei triangoli rettangoli**
  In un triangolo rettangolo la misura di un cateto è uguale:
  - alla misura dell'ipotenusa moltiplicata per il seno dell'angolo opposto al cateto stesso;
  - alla misura dell'ipotenusa moltiplicata per il coseno dell'angolo acuto adiacente al cateto stesso.

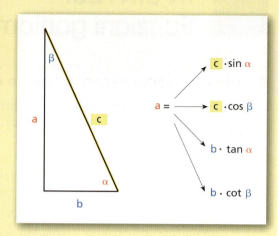

- **Secondo teorema dei triangoli rettangoli**
  In un triangolo rettangolo la misura di un cateto è uguale:
  - alla misura dell'altro cateto moltiplicata per la tangente dell'angolo opposto al primo cateto;
  - alla misura dell'altro cateto moltiplicata per la cotangente dell'angolo adiacente al primo cateto.

■ Triangoli qualunque

- **Risolvere un triangolo qualunque** significa determinare le misure dei suoi lati e dei suoi angoli conoscendo **almeno un lato** e altri **due** suoi elementi. Sono utili il teorema dei seni e il teorema del coseno.

- **Teorema dei seni**
  In un triangolo le misure dei lati sono proporzionali ai seni degli angoli opposti.

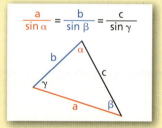

- **Teorema del coseno**
  In un triangolo il quadrato della misura di un lato è uguale alla somma dei quadrati delle misure degli altri due lati diminuita del doppio prodotto della misura di questi due lati per il coseno dell'angolo compreso fra essi.

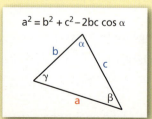

Paragrafo 1. Misura degli angoli

CAPITOLO 8
ESERCIZI

1 Misura degli angoli

Misura in gradi
▶ Teoria a p. 334

AL VOLO Scrivi il complementare e il supplementare dei seguenti angoli

1 30°; 64°.

2 50°; 45°.

3 20°; 15°.

Le operazioni fra angoli espressi in gradi

4 **ESERCIZIO GUIDA** Eseguiamo la sottrazione 90° − 32° 46′ 22″.

Scriviamo 90° in termini di primi e secondi.

Poiché 1° = 60′, scriviamo:

90° = 89° 60′.

Poiché 1′ = 60″, scriviamo:

90° = 89° 59′ 60″.

Ora è possibile eseguire la sottrazione in colonna, fra gradi, primi e secondi:

89° 59′ 60″ −
32° 46′ 22″ =
─────────────
57° 13′ 38″

Esegui le seguenti operazioni fra le misure di angoli.

5 15° 32′ 52″ + 2° 12′ 8″ [17° 45′]

6 185° 2′ + 6° 59′ 12″ [192° 1′ 12″]

7 102° 50′ 18″ + 3° 9′ 42″ [106°]

8 270° − 120° 29′ 32″ [149° 30′ 28″]

9 26° − 1° 1′ 1″ [24° 58′ 59″]

10 18° 30′ 15″ · 2 [37° 0′ 30″]

Trova il complementare e il supplementare dei seguenti angoli.

11 36° 25′

12 55° 2′ 25″

13 42° 11′ 80″

Dai gradi sessagesimali ai gradi sessadecimali

14 **ESERCIZIO GUIDA** Esprimiamo 25° 32′ 40″ in forma sessadecimale.

Poiché $1' = \left(\dfrac{1}{60}\right)°$, scriviamo $32' = \left(32 \cdot \dfrac{1}{60}\right)°$.

Poiché $1'' = \left(\dfrac{1}{60}\right)' = \left(\dfrac{1}{3600}\right)°$, scriviamo $40'' = \left(40 \cdot \dfrac{1}{3600}\right)°$.

$1' = \left(\dfrac{1}{60}\right)°$

$1'' = \left(\dfrac{1}{60}\right)' = \left(\dfrac{1}{3600}\right)°$

Trasformiamo la misura:

$25° \, 32' \, 40'' = 25° + \left(\dfrac{32}{60}\right)° + \left(\dfrac{40}{3600}\right)° = 25° + 0,5\overline{3}° + 0,0\overline{1}° \simeq 25,54°.$

Capitolo 8. Funzioni goniometriche e trigonometria

Esprimi in forma sessadecimale le seguenti misure di angoli.

15 0° 59′ 59″;   0° 30′.   [1°; 0,5°]   **17** 15° 30′ 30″;   30° 30′ 30″.   [15,51°; 30,51°]

16 1° 59′ 30″;   2° 40″.   [1,99°; 2,01°]   **18** 44° 59′ 32″;   45° 59′ 60″.   [44,99°; 46°]

COMPLETA trasformando le misure degli angoli in forma sessadecimale.

19 17° 45′ 6″ → 17,☐°   **20** 35° 16′ 48″ → 35,☐°   **21** 41° 30′ 36″ → ☐,☐°

Dai gradi sessadecimali ai gradi sessagesimali

22 **ESERCIZIO GUIDA** Trasformiamo 28,07° in gradi, primi e secondi.

Possiamo scrivere 28,07° = $\boxed{28°}$ + 0,07°.

Trasformiamo 0,07° in primi, moltiplicando 0,07 per 60 (poiché 1° = 60′):

0,07° = (0,07 · 60)′ = 4,2′   →   4,2′ = $\boxed{4′}$ + 0,2′.

Trasformiamo 0,2′ in secondi, moltiplicando 0,2 per 60 (poiché 1′ = 60″):

0,2′ = (0,2 · 60)″ = $\boxed{12″}$.

Pertanto: 28,07° = 28° 4′ 12″.

Esprimi in gradi, primi e secondi le seguenti misure di angoli, espresse in forma sessadecimale (arrotondando eventualmente i secondi).

23 28,3°   [28° 18′]   **26** 120,36°   [120° 21′ 36″]   **29** 90,05°   [90° 3′]

24 2,23°   [2° 13′ 48″]   **27** 90,5°   [90° 30′]   **30** 1,567°   [1° 34′ 1″]

25 22,52°   [22° 31′ 12″]   **28** 60,46°   [60° 27′ 36″]   **31** 25,251°   [25° 15′ 4″]

Misura in radianti
▶ Teoria a p. 334

Dai gradi ai radianti e viceversa

32 **ASSOCIA**

a. 90°   1. $\frac{5}{3}\pi$

b. 30°   2. $\frac{\pi}{2}$

c. 300°   3. $\frac{3}{4}\pi$

d. 270°   4. $\frac{\pi}{6}$

e. 135°   5. $\frac{3}{2}\pi$

33 **TEST** L'angolo $\frac{\pi}{4}$:

A è ottuso.

B è metà dell'angolo retto.

C è metà dell'angolo piatto.

D è un quarto dell'angolo giro.

E corrisponde a 90°.

34 **COMPLETA** la seguente tabella.

Gradi	0°	☐	180°	☐	☐	270°
Radianti	☐	$\frac{\pi}{3}$	☐	$\frac{2}{3}\pi$	$\frac{5}{4}\pi$	☐

Paragrafo 2. Funzioni goniometriche

Trasforma in radianti le misure dei seguenti angoli, espresse in gradi sessagesimali.

35 15°, 36°, 210°, 300°, 20°, 80°. $\left[\dfrac{\pi}{12}; \dfrac{\pi}{5}; \dfrac{7}{6}\pi; \dfrac{5}{3}\pi; \dfrac{\pi}{9}; \dfrac{4}{9}\pi\right]$

36 100°, 160°, 70°, 5°, 150°, 225°. $\left[\dfrac{5}{9}\pi; \dfrac{8}{9}\pi; \dfrac{7}{18}\pi; \dfrac{\pi}{36}; \dfrac{5}{6}\pi; \dfrac{5}{4}\pi\right]$

Trasforma in gradi sessagesimali le misure dei seguenti angoli, espresse in radianti.

37 $\dfrac{4}{5}\pi$, $\dfrac{5}{12}\pi$, $\dfrac{7}{9}\pi$, $\dfrac{2}{3}\pi$, $\dfrac{5}{3}\pi$, $\dfrac{\pi}{4}$. [144°; 75°; 140°; 120°; 300°; 45°]

38 $\dfrac{3}{2}\pi$, 4π, $\dfrac{5}{2}\pi$, $\dfrac{7}{2}\pi$, $\dfrac{6}{5}\pi$, $\dfrac{3}{5}\pi$. [270°; 720°; 450°; 630°; 216°; 108°]

Angoli orientati ▶ Teoria a p. 336

Disegna i seguenti angoli, utilizzando la circonferenza goniometrica.

39 $\dfrac{\pi}{4}$; $\dfrac{3}{4}\pi$; $\dfrac{11}{4}\pi$; $\dfrac{\pi}{8}$.

40 $\dfrac{\pi}{2}$; $\dfrac{3}{2}\pi$; $\dfrac{\pi}{3}$; $\dfrac{13}{6}\pi$.

Disegna gli angoli corrispondenti a ogni scrittura sintetica, per ogni valore di *k* indicato.

41 $\dfrac{\pi}{4} + 2k\pi$; k=0, k=1, k=-2.

43 $\pi + 2k\pi$; k=-2, k=1, k=4.

42 $\dfrac{\pi}{2} + k\pi$; k=-1, k=1, k=2.

44 $\dfrac{\pi}{4} + k\dfrac{\pi}{4}$; k=1, k=2, k=3.

2 Funzioni goniometriche

Funzioni seno e coseno ▶ Teoria a p. 337

45 COMPLETA

a. Se $\alpha = \dfrac{\pi}{2}$ → $\cos\alpha = \square$ e $\sin\alpha = \square$.

b. Se $\alpha = -\dfrac{\pi}{2}$ → $\cos\alpha = \square$ e $\sin\alpha = \square$.

c. Se $\alpha = \pi$ → $\cos\alpha = \square$ e $\sin\alpha = \square$.

d. Se $\alpha = 4\pi$ → $\cos\alpha = \square$ e $\sin\alpha = \square$.

46 FAI UN ESEMPIO di un angolo che abbia:

a. seno positivo e coseno negativo;

b. seno e coseno entrambi positivi.

Disegna, utilizzando la circonferenza goniometrica, gli angoli a cui corrispondono i seguenti valori.

47 $\sin\alpha = \dfrac{1}{3}$

49 $\sin\alpha = -\dfrac{1}{4}$

51 $\sin\alpha = 1$

53 $\sin\beta = -\dfrac{1}{2}$

48 $\cos\alpha = -\dfrac{2}{5}$

50 $\cos\alpha = -\dfrac{1}{3}$

52 $\cos\alpha = -1$

54 $\cos\beta = \dfrac{1}{2}$

55 VERO O FALSO? Rispondi aiutandoti con la circonferenza goniometrica.

a. $\cos(\alpha + 6\pi) = \cos\alpha$ V F

b. $\sin(\alpha + 3\pi) = \sin\alpha$ V F

c. $\cos(-\alpha) = -\cos\alpha$ V F

d. $\sin(4\pi) = 4 \cdot \sin(\pi)$ V F

Scrivi il valore del seno e del coseno dei seguenti angoli.

56 540°; 810°.

57 630°; −540°.

58 720°; 900°.

59 $\dfrac{5}{2}\pi$; $-\dfrac{9}{2}\pi$.

Capitolo 8. Funzioni goniometriche e trigonometria

Calcola il valore delle seguenti espressioni.

60 $-\cos 360° + \dfrac{3}{5}\sin 270° + 3\sin 720° - \dfrac{5}{3}\cos(-180°)$ $\left[\dfrac{1}{15}\right]$

61 $\dfrac{4}{3}\cos(-90°) + \sin(-270°) - \dfrac{3}{4}\sin(-450°) + \dfrac{1}{4}\sin 270°$ $\left[\dfrac{3}{2}\right]$

62 $\left(\sin\dfrac{\pi}{2} + \cos\pi\right)^2 - 4\cos 2\pi + 3\sin 2\pi + 1$ $[-3]$

63 $\dfrac{1}{3}\left[\sin 3\pi + 4\sin\left(-\dfrac{\pi}{2}\right) + 1\right] - \sin\left(-\dfrac{3}{2}\pi\right)$ $[-2]$

64 $\dfrac{1}{2}\cos 540° + \dfrac{2}{3}\sin 720° - \dfrac{1}{4}\sin 450° + 6\sin(-270°)$ $\left[\dfrac{21}{4}\right]$

65 $\cos 4\pi + 2\sin\left(-\dfrac{15}{2}\pi\right) + \dfrac{1}{3}\cos(-3\pi) + \sin\dfrac{9}{2}\pi$ $\left[\dfrac{11}{3}\right]$

66 $\cos 720° + 2\cos 1080° - \dfrac{1}{2}\sin 630° + 3\sin 540°$ $\left[\dfrac{7}{2}\right]$

---

67 **ESERCIZIO GUIDA** Sapendo che $\sin\alpha = \dfrac{5}{13}$ e che $\dfrac{\pi}{2} < \alpha < \pi$, calcoliamo $\cos\alpha$.

Utilizziamo $\sin^2\alpha + \cos^2\alpha = 1$, sostituendo a $\sin\alpha$ il valore $\dfrac{5}{13}$. Otteniamo così:

$$\dfrac{25}{169} + \cos^2\alpha = 1 \to \cos^2\alpha = 1 - \dfrac{25}{169} \to \cos^2\alpha = \dfrac{144}{169} \to \cos\alpha = \pm\dfrac{12}{13}.$$

Poiché $\dfrac{\pi}{2} < \alpha < \pi$ e per tali angoli il coseno è negativo, allora: $\cos\alpha = -\dfrac{12}{13}$.

Calcola il valore della funzione indicata, utilizzando le informazioni fornite.

68 $\sin\alpha = \dfrac{7}{25}$ e $0 < \alpha < \dfrac{\pi}{2}$; $\cos\alpha$? $\left[\dfrac{24}{25}\right]$

71 $\cos\alpha = \dfrac{2}{3}$ e $\dfrac{3}{2}\pi < \alpha < 2\pi$; $\sin\alpha$? $\left[-\dfrac{\sqrt{5}}{3}\right]$

69 $\cos\alpha = -\dfrac{4}{5}$ e $\pi < \alpha < \dfrac{3}{2}\pi$; $\sin\alpha$? $\left[-\dfrac{3}{5}\right]$

72 $\cos\alpha = \dfrac{1}{2}$ e $\alpha \in$ IV quadrante; $\sin\alpha$? $\left[-\dfrac{\sqrt{3}}{2}\right]$

70 $\sin\alpha = \dfrac{1}{3}$ e $\dfrac{\pi}{2} < \alpha < \pi$; $\cos\alpha$? $\left[-\dfrac{2\sqrt{2}}{3}\right]$

73 $\sin\alpha = -\dfrac{9}{41}$ e $\alpha \in$ IV quadrante; $\cos\alpha$? $\left[\dfrac{40}{41}\right]$

RIFLETTI SULLA TEORIA

74 Esiste un angolo α tale che $\cos\alpha = \dfrac{1}{4}$ e $\sin\alpha = \dfrac{3}{4}$?

75 È vero che $\sin^2\dfrac{\alpha}{4} + \cos^2\dfrac{\alpha}{4} = 1$? Perché?

Semplifica le seguenti espressioni.

76 $4 - 4\sin^2\alpha + (\cos\alpha - \sin\alpha)^2 + 2\cos\alpha(\sin\alpha + \cos\alpha)$ $[1 + 6\cos^2\alpha]$

77 $\sin^2\alpha + (4\cos\alpha + \sin\alpha)^2 + (4\sin\alpha - \cos\alpha)^2 + 2\cos^2\alpha$ $[18 + \cos^2\alpha]$

78 $(a\sin\alpha - 2\cos\alpha)^2 + (a\cos\alpha + 2\sin\alpha)^2 - 4 + a^2\sin\dfrac{5}{2}\pi$ $[2a^2]$

Paragrafo 2. Funzioni goniometriche

Funzioni tangente e cotangente

▶ Teoria a p. 338

Tangente

Disegna la circonferenza goniometrica e rappresenta la tangente dei seguenti angoli.

79 $\frac{\pi}{4}; \frac{\pi}{3}; \frac{5}{4}\pi; 2\pi$.

80 $30°; 180°; 225°; 320°$.

81 Rappresenta gli angoli α, β, γ tali che: $\tan \alpha = 1; \tan \beta = 3; \tan \gamma = -2$.

82 Utilizzando la circonferenza goniometrica rappresenta gli angoli che verificano le seguenti condizioni.

$\tan \alpha = -3, \alpha \in$ quarto quadrante; $\tan \beta = \frac{3}{2}, \beta \in$ terzo quadrante; $\tan \gamma = \sqrt{3}, \gamma \in$ primo quadrante.

83 **TEST** Solo uno dei seguenti angoli ha tangente non nulla. Quale?

A 3π B $-\pi$ C 4π D $\frac{3}{4}\pi$ E $180°$

Determina il valore delle seguenti espressioni.

84 $\tan\left(\frac{\pi}{2} + \alpha\right) + \sin\left(\frac{7}{2}\pi + 2\alpha\right) + 2\tan\left(\frac{5}{2}\pi + \alpha\right)$, con $\alpha = \frac{\pi}{2}$. $\quad [1]$

85 $2\tan\left(\frac{\pi}{2} + \frac{\alpha}{2}\right) + \sin\left(\alpha + \frac{5}{2}\pi\right) - \tan(2\alpha + \pi)$, con $\alpha = \pi$. $\quad [-1]$

Utilizziamo le relazioni fondamentali della goniometria

86 **ESERCIZIO GUIDA** Sapendo che $\sin \alpha = \frac{5}{7}$ e che $0 < \alpha < \frac{\pi}{2}$, calcoliamo il valore di $\tan \alpha$.

Utilizziamo $\sin^2\alpha + \cos^2\alpha = 1$, per determinare $\cos \alpha$:

$\frac{25}{49} + \cos^2\alpha = 1 \rightarrow \cos^2\alpha = \frac{24}{49}$.

$\boxed{\sin^2\alpha + \cos^2\alpha = 1}$

Poiché $0 < \alpha < \frac{\pi}{2}$ e per tali angoli il coseno è positivo, abbiamo $\cos \alpha = \frac{2\sqrt{6}}{7}$.

Sfruttiamo ora $\tan \alpha = \frac{\sin \alpha}{\cos \alpha}$, per determinare $\tan \alpha$:

$\boxed{\tan \alpha = \frac{\sin \alpha}{\cos \alpha}}$

$\tan \alpha = \dfrac{\frac{5}{7}}{\frac{2\sqrt{6}}{7}} = \frac{5}{7} \cdot \frac{7}{2\sqrt{6}} = \frac{5}{2\sqrt{6}} = \frac{5\sqrt{6}}{12}$.

Calcola il valore di $\tan \alpha$, usando le informazioni fornite.

87 $\sin \alpha = \frac{4}{5}$ e $\frac{\pi}{2} < \alpha < \pi$. $\quad \left[-\frac{4}{3}\right]$

90 $\sin \alpha = \frac{2}{3}$ e $\frac{\pi}{2} < \alpha < \pi$. $\quad \left[-\frac{2}{5}\sqrt{5}\right]$

88 $\cos \alpha = -\frac{8}{17}$ e $\frac{\pi}{2} < \alpha < \pi$. $\quad \left[-\frac{15}{8}\right]$

91 $\cos \alpha = \frac{3}{4}$ e $\frac{3}{2}\pi < \alpha < 2\pi$. $\quad \left[-\frac{\sqrt{7}}{3}\right]$

89 $\cos \alpha = -\frac{5}{6}$ e $\pi < \alpha < \frac{3}{2}\pi$. $\quad \left[\frac{\sqrt{11}}{5}\right]$

92 $\cos \alpha = \frac{1}{5}$ e $0 < \alpha < \frac{\pi}{2}$. $\quad [2\sqrt{6}]$

Capitolo 8. Funzioni goniometriche e trigonometria

Semplifica le seguenti espressioni utilizzando le relazioni fondamentali della goniometria.

93 $\dfrac{\sin^3\alpha - \sin\alpha}{\cos\alpha} + 2\tan\alpha + \dfrac{\sin^2\alpha}{\tan\alpha}$ $\qquad [2\tan\alpha]$

94 $\dfrac{\tan\alpha}{\sin\alpha \cos^2\alpha} + \tan\alpha \cos\alpha - \dfrac{\tan^2\alpha + 1}{\cos\alpha}$ $\qquad [\sin\alpha]$

95 $\dfrac{\cos^2\alpha}{1 - \cos^2\alpha} - \tan\alpha + \dfrac{1 - \sin^2\alpha}{\cos^2\alpha} - \dfrac{1}{\sin^2\alpha}$ $\qquad [-\tan\alpha]$

96 $\sin\alpha \tan\alpha + \cos\alpha(1 - \sin\alpha) + \tan\alpha \cos^2\alpha$ $\qquad \left[\dfrac{1}{\cos\alpha}\right]$

97 $\dfrac{1}{2}\cos\alpha + \dfrac{\tan^2\alpha}{1 + \tan^2\alpha} - \sin^2\alpha + \dfrac{1}{2} \cdot \dfrac{\sin^2\alpha}{\cos\alpha \tan^2\alpha}$ $\qquad [\cos\alpha]$

Significato goniometrico del coefficiente angolare di una retta

LEGGI IL GRAFICO Utilizzando i dati della figura determina $\tan\alpha$ e scrivi l'equazione della retta.

98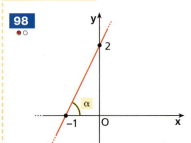

99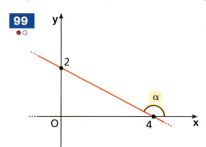

100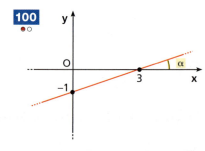

Con l'aiuto della calcolatrice, scrivi le equazioni delle rette utilizzando i dati delle figure.

101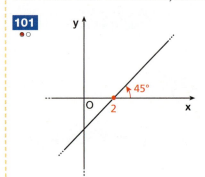

102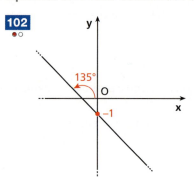

103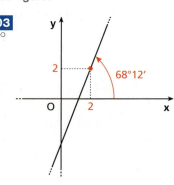

104 La retta r forma con l'asse x un angolo α che ha $\cos\alpha = \dfrac{3}{5}$. Scrivi l'equazione di r, sapendo che passa per il punto di coordinate $(0; 1)$. $\qquad [4x - 3y + 3 = 0]$

105 Determina le equazioni delle rette passanti per $Q(-7; 1)$, che formano con l'asse x un angolo il cui coseno è $\dfrac{7}{25}$. $\qquad \left[y = \dfrac{24}{7}x + 25;\ y = -\dfrac{24}{7}x - 23\right]$

Cotangente

Disegna la circonferenza goniometrica e rappresenta la cotangente dei seguenti angoli.

106 $60°$; $90°$; $150°$; $330°$.

107 $\dfrac{\pi}{4}$; $\dfrac{3}{4}\pi$; $\dfrac{5}{4}\pi$; $\dfrac{7}{4}\pi$.

Paragrafo 2. Funzioni goniometriche

108 Disegna nella circonferenza goniometrica gli angoli tali che: cot α = 1; cot β = 4; cot γ = −2.

109 Calcola il valore di: $\tan\frac{2}{3} \cdot \cot\frac{2}{3}$. [1]

Identità con le funzioni goniometriche

110 **ESERCIZIO GUIDA** Verifichiamo l'identità $1 + \cot^2\alpha = \frac{1}{\sin^2\alpha}$.

Poiché un'**identità goniometrica** è un'uguaglianza fra espressioni contenenti funzioni goniometriche di uno o più angoli che risulta verificata per **tutti** i valori appartenenti ai domini di tali funzioni, determiniamo le condizioni di esistenza del primo e secondo membro:

C.E.: α ≠ kπ.

Consideriamo il primo membro e trasformiamo $\cot^2\alpha$ in funzione di sin α e cos α, poi sommiamo:

$$1 + \left(\frac{\cos\alpha}{\sin\alpha}\right)^2 = 1 + \frac{\cos^2\alpha}{\sin^2\alpha} = \frac{\sin^2\alpha + \cos^2\alpha}{\sin^2\alpha} = \frac{1}{\sin^2\alpha}.$$

Il primo membro è uguale al secondo: se α ≠ kπ, l'identità è verificata.

Verifica le seguenti identità.

111 $(\sin\alpha + \cos\alpha)^2 - 1 = 2\sin\alpha\cos\alpha$

112 $\cos\alpha \cdot \tan\alpha + \sin\alpha \cdot \cot\alpha = \cos\alpha + \sin\alpha$

113 $\cos^2\alpha \cdot \tan^2\alpha + \sin^2\alpha \cdot \cot^2\alpha = 1$

114 $(\tan\alpha + \cot\alpha)\sin\alpha = \frac{1}{\cos\alpha}$

115 $(\cot\alpha - \cos\alpha) \cdot \tan\alpha = 1 - \sin\alpha$

116 $\tan\alpha = \frac{\tan\alpha - 1}{1 - \cot\alpha}$

117 $\sin\alpha \cdot \cos^2\alpha + \sin^3\alpha = \sin\alpha$

118 $(1 + \tan^2\alpha) \cdot (1 - \sin^2\alpha) = 1$

119 $\frac{1}{2 - \sin^2\alpha} = \frac{1 + \tan^2\alpha}{2 + \tan^2\alpha}$

120 $\sin^2\alpha + \sin^2\alpha \cdot \cos^2\alpha + \cos^4\alpha = 1$

121 **VERO O FALSO?**

a. $\sin\frac{\pi}{6} + \cos\frac{\pi}{3} = 1$ V F

b. $\sin 30° + \sin 60° = \sin 90°$ V F

c. $\tan\frac{\pi}{4} = \cot\frac{\pi}{4}$ V F

d. $\cos\frac{\pi}{6} - \sin\frac{\pi}{6} = \frac{1}{2}$ V F

Calcola il valore delle seguenti espressioni.

122 $\sin\frac{\pi}{6} + \cos\frac{\pi}{6} - \cos\frac{\pi}{3}$ $\left[\frac{\sqrt{3}}{2}\right]$

123 $\left(\tan 0 - 2\sin\frac{\pi}{4}\right)^2$ [2]

124 $\frac{\sqrt{3}}{3}\tan 30° + \sqrt{3}\tan 60°$ $\left[\frac{10}{3}\right]$

125 $4\sin 30° - \frac{1}{\cos 60°} + \frac{\sqrt{2}}{\sin 45°} + \cos 90° - \frac{3}{\cos 0°}$ [−1]

126 $\sin\frac{\pi}{3} + \sin\pi + \cos\frac{\pi}{3} + \sin\frac{\pi}{6} - \cos\frac{\pi}{6}$ [1]

127 $\frac{1}{3}\cos 0° + \sqrt{3}\sin 60° + 4\cos 90° - \frac{\sqrt{2}}{3}\cos 45° - 2\cos 60° - \frac{3}{2}\sin 90°$ [−1]

128 $-\cos^2\frac{\pi}{6} + \frac{1}{2} \cdot \frac{1}{\cos^2\frac{\pi}{4}} - \frac{1}{2}\cos\frac{\pi}{3} - \tan\frac{\pi}{4}$ [−1]

Allenati con **15 esercizi interattivi** con feedback "hai sbagliato, perché…"

su.zanichelli.it/tutor3   risorsa riservata a chi ha acquistato l'edizione con tutor

Capitolo 8. Funzioni goniometriche e trigonometria

3 Relazioni fra le funzioni goniometriche

Angoli associati
▶ Teoria a p. 340

Funzioni goniometriche di angoli associati

129 VERO O FALSO?

a. $\sin(-30°) = -\sin(30°)$ V F

b. $\cos\left(-\dfrac{\pi}{4}\right) = -\cos\left(-\dfrac{\pi}{4}\right)$ V F

c. $\tan\left(2\pi - \dfrac{\pi}{6}\right) = \tan\left(-\dfrac{\pi}{6}\right)$ V F

d. $\sin(360° - 42°) = -\sin(42°)$ V F

Calcola il valore delle seguenti funzioni goniometriche.

130 $\sin(-30°); \quad \sin(-45°); \quad \cos(-60°); \quad \cos\left(-\dfrac{\pi}{6}\right).$ $\left[-\dfrac{1}{2}; -\dfrac{\sqrt{2}}{2}; \dfrac{1}{2}; \dfrac{\sqrt{3}}{2}\right]$

131 $\tan\left(-\dfrac{\pi}{4}\right); \quad \cot\left(-\dfrac{\pi}{6}\right); \quad \sin\left(2\pi - \dfrac{\pi}{3}\right); \quad \cos\left(2\pi - \dfrac{\pi}{6}\right).$ $\left[-1; -\sqrt{3}; -\dfrac{\sqrt{3}}{2}; \dfrac{\sqrt{3}}{2}\right]$

---

132 FAI UN ESEMPIO di due angoli che abbiano:

a. lo stesso seno ma coseni opposti;

b. lo stesso coseno ma seni opposti.

133 ESERCIZIO GUIDA Semplifichiamo la seguente espressione:

$$3\cos\alpha + \cos(\pi - \alpha) - \sin\alpha + 2\cot(\pi - \alpha)\sin\alpha + 2\sin(\pi - \alpha).$$

Esprimiamo $\cot(\pi - \alpha)$ mediante le funzioni seno e coseno:

$$3\cos\alpha + \cos(\pi - \alpha) - \sin\alpha + \dfrac{2\cos(\pi - \alpha)}{\sin(\pi - \alpha)}\sin\alpha + 2\sin(\pi - \alpha) =$$

$$3\cos\alpha - \cos\alpha - \sin\alpha + 2\dfrac{-\cos\alpha}{\sin\alpha}\sin\alpha + 2\sin\alpha =$$

$$2\cos\alpha + \sin\alpha - 2\cos\alpha = \sin\alpha.$$

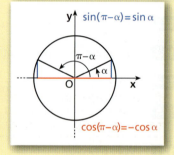

Semplifica le seguenti espressioni.

134 $-\sin\alpha\sin(-\alpha) + \cos\alpha\cos(-\alpha)$ [1]

135 $\tan\left(\dfrac{\pi}{2} - \alpha\right)\sin\alpha - \cos\alpha + \sin\left(\dfrac{\pi}{2} - \alpha\right)$ $[\cos\alpha]$

136 $\sin(\pi - \alpha) - \cot(\pi - \alpha)\sin\alpha + \cos(\pi - \alpha)$ $[\sin\alpha]$

137 $\sin\alpha\sin(\pi + \alpha) + \cos(\pi + \alpha)\cos\alpha + 2$ [1]

138 $\tan(-\alpha) - 2\cos(-\alpha) + 2\sin(-\alpha)\cot(-\alpha)$ $[-\tan\alpha]$

139 $2\cos(90° - \alpha) - 3\sin(90° - \alpha) + 2\cos\alpha - 3\sin\alpha$ $[-\cos\alpha - \sin\alpha]$

140 $\sin(2\pi - \alpha) - 2\cos(2\pi - \alpha) - \cos\alpha\tan(2\pi - \alpha)$ $[-2\cos\alpha]$

141 $\cos\left(\dfrac{3}{2}\pi - \alpha\right)\sin\left(\dfrac{3}{2}\pi + \alpha\right) + \cos\left(\dfrac{3}{2}\pi + \alpha\right)\sin\left(\dfrac{3}{2}\pi - \alpha\right)$ [0]

142 $\cot\left(\dfrac{\pi}{2} - \alpha\right)\left[2\sin\left(\dfrac{\pi}{2} - \alpha\right) - 3\cos(-\alpha)\right] + \cos\left(\dfrac{\pi}{2} - \alpha\right)$ [0]

Paragrafo 3. Relazioni fra le funzioni goniometriche

143 $[\sin(180° - \alpha) - \cos(180° + \alpha)]^2 - 2\sin(-\alpha)\cos(180° + \alpha)$ [1]

144 $\sin(90° + \alpha)\cos(90° - \alpha) + \cos(90° + \alpha)\sin(90° + \alpha) - \sin(-\alpha)$ [$\sin \alpha$]

145 $\cos(-\alpha) + \cos(360° - \alpha) + \cos(180° - \alpha) - \cos(180° + \alpha)$ [$2\cos \alpha$]

146 $\tan(-\alpha) + \tan(180° - \alpha) + \tan(360° - \alpha) - \tan(180° - \alpha)$ [$-2\tan \alpha$]

147 $\sin(2\pi - \alpha) + 2\cos(\pi + \alpha) + 3\sin\left(\dfrac{\pi}{2} - \alpha\right) - \cos(-\alpha)$ [$-\sin \alpha$]

148 $\sin\left(\dfrac{\pi}{2} + \alpha\right)\cos(\pi - \alpha) - \cos\left(\dfrac{\pi}{2} - \alpha\right)\sin \alpha + \tan\left(\dfrac{\pi}{2} - \alpha\right)$ [$\cot \alpha - 1$]

149 $2[\sin \alpha \sin(180° - \alpha) - \cos \alpha \cos(180° - \alpha)] - 5\cos 180°$ [7]

150 $\sin \alpha \cos(\pi + \alpha) + 2\sin \alpha \cos \alpha + \cos \alpha [\sin(\pi + \alpha) + 1] + \cos(\pi + \alpha)$ [0]

151 $\sin\left(\dfrac{3}{2}\pi + \alpha\right) + \cos\left(\dfrac{3}{2}\pi - \alpha\right) + \cos(-\alpha) + 2\cos\left(\dfrac{3}{2}\pi + \alpha\right)$ [$\sin \alpha$]

152 $\sin\left(\dfrac{3}{2}\pi - \alpha\right) \cdot \dfrac{\sin(2\pi + \alpha)}{\sin\left(\dfrac{\pi}{2} + \alpha\right)} + \sin(-\alpha) + \sin(\pi + \alpha)$ [$-3\sin \alpha$]

153 $\dfrac{\sin\left(\dfrac{\pi}{2} - \alpha\right) + \cos(-\alpha) + \sin(2\pi - \alpha) + \cos\left(\dfrac{\pi}{2} - \alpha\right)}{\cos\left(\dfrac{\pi}{2} + \alpha\right) + \sin(-\alpha)}$ [$-\cot \alpha$]

154 $\dfrac{\sin(-\alpha) + \cos(180° - \alpha) - \tan(180° + \alpha)}{\tan(180° - \alpha) - \cos(90° - \alpha) - \cos(-\alpha)}$ [1]

Formule goniometriche
▶ Teoria a p. 341

Formule di addizione e sottrazione

155 **ESERCIZIO GUIDA** Calcoliamo seno, coseno e tangente di 75° e cos 15° utilizzando le formule di addizione e sottrazione.

• Sappiamo che 75° = 30° + 45°.
Applichiamo le formule di addizione del seno, del coseno e della tangente:

$$\sin(30° + 45°) = \sin 30° \cos 45° + \sin 45° \cos 30° = \dfrac{1}{2} \cdot \dfrac{\sqrt{2}}{2} + \dfrac{\sqrt{2}}{2} \cdot \dfrac{\sqrt{3}}{2} = \dfrac{\sqrt{2} + \sqrt{6}}{4};$$

$$\cos(30° + 45°) = \cos 30° \cos 45° - \sin 45° \sin 30° = \dfrac{\sqrt{3}}{2} \cdot \dfrac{\sqrt{2}}{2} - \dfrac{\sqrt{2}}{2} \cdot \dfrac{1}{2} = \dfrac{\sqrt{6} - \sqrt{2}}{4};$$

$$\tan(30° + 45°) = \dfrac{\tan 30° + \tan 45°}{1 - \tan 30° \tan 45°} = \dfrac{\dfrac{\sqrt{3}}{3} + 1}{1 - \dfrac{\sqrt{3}}{3} \cdot 1} = \dfrac{\sqrt{3} + 3}{3 - \sqrt{3}} = 2 + \sqrt{3}.$$

• Calcoliamo ora cos 15°. Possiamo scrivere: 15° = 45° − 30°.
Per la formula di sottrazione del coseno:

$$\cos(45° - 30°) = \cos 45° \cos 30° + \sin 45° \sin 30° = \dfrac{\sqrt{2}}{2} \cdot \dfrac{\sqrt{3}}{2} + \dfrac{\sqrt{2}}{2} \cdot \dfrac{1}{2} = \dfrac{\sqrt{6} + \sqrt{2}}{4}.$$

Applicando opportunamente le formule di addizione e sottrazione, calcola le seguenti funzioni goniometriche.

156 $\sin 15°$; $\cos 135°$; $\tan 150°$. $\left[\dfrac{\sqrt{6} - \sqrt{2}}{4}; -\dfrac{\sqrt{2}}{2}; -\dfrac{\sqrt{3}}{3}\right]$

157 $\cos 105°$; $\sin 165°$; $\tan \dfrac{5}{12}\pi$. $\left[\dfrac{\sqrt{2}-\sqrt{6}}{4}; \dfrac{\sqrt{6}-\sqrt{2}}{4}; 2+\sqrt{3}\right]$

158 $\sin 195°$; $\cos 165°$; $\sin 285°$. $\left[\dfrac{\sqrt{6}+\sqrt{2}}{4}; \dfrac{-\sqrt{6}-\sqrt{2}}{4}; \dfrac{-\sqrt{6}-\sqrt{2}}{4}\right]$

159 REALTÀ E MODELLI **Una prof agrodolce** L'ultimo giorno di scuola la professoressa porta una buonissima torta al cioccolato per i suoi alunni. Ha già tagliato 24 fette, tutte uguali, ma sfida i suoi studenti: potrà ottenerne una soltanto chi calcola esattamente il seno dell'angolo formato dalla punta di una fetta.

$\left[\dfrac{\sqrt{6}-\sqrt{2}}{4}\right]$

160 COMPLETA

a. $\cos\dfrac{11}{12}\pi = \cos\left(\dfrac{\pi}{4} + \boxed{}\right) = \boxed{}$.

b. $\sin\dfrac{19}{12}\pi = \sin\left(\dfrac{11}{6}\pi - \boxed{}\right) = \boxed{}$.

c. $\cos\dfrac{17}{12}\pi = \cos\left(\dfrac{7}{4}\pi - \boxed{}\right) = \boxed{}$.

d. $\tan 345° = \tan(210° + \boxed{}) = \boxed{}$.

Espressioni e identità con le formule di addizione e sottrazione

161 ESERCIZIO GUIDA Sviluppiamo $\sin\left(\dfrac{\pi}{6} + x\right)$ e $\cos\left(\dfrac{\pi}{3} - x\right)$, con le formule di addizione e sottrazione.

$$\sin\left(\dfrac{\pi}{6} + x\right) = \sin\dfrac{\pi}{6}\cos x + \sin x \cos\dfrac{\pi}{6} = \dfrac{1}{2}\cos x + \dfrac{\sqrt{3}}{2}\sin x$$

$$\cos\left(\dfrac{\pi}{3} - x\right) = \cos\dfrac{\pi}{3}\cos x + \sin\dfrac{\pi}{3}\sin x = \dfrac{1}{2}\cos x + \dfrac{\sqrt{3}}{2}\sin x$$

Semplifica le seguenti espressioni.

162 $\sin\left(\dfrac{\pi}{3} + x\right) + \cos\left(\dfrac{\pi}{6} + x\right)$ $[\sqrt{3}\cos x]$

163 $\sin\left(\alpha + \dfrac{2}{3}\pi\right) - \cos\left(\dfrac{\pi}{6} + \alpha\right)$ $[0]$

164 $\cos(\alpha + 135°) - \cos(225° - \alpha) + \cos(-\alpha)$ $[\cos\alpha]$

165 $\cos\left(\alpha - \dfrac{11}{6}\pi\right) - \sin\left(\dfrac{5}{3}\pi + \alpha\right)$ $[\sqrt{3}\cos\alpha - \sin\alpha]$

Verifica le seguenti identità.

166 $\sin(30° + \alpha) = \sin(-210° - \alpha)$

167 $\sin\left(\alpha + \dfrac{\pi}{3}\right) = \cos\left(\dfrac{\pi}{6} - \alpha\right)$

168 $\tan\left(\alpha + \dfrac{\pi}{4}\right) = \dfrac{\cos\left(\alpha - \dfrac{5}{4}\pi\right)}{\cos\left(\dfrac{3}{4}\pi - \alpha\right)}$

169 $\sin(\alpha + \beta) \cdot \sin(\alpha - \beta) = \cos^2\beta - \cos^2\alpha$

170 $\sin\left(\dfrac{5}{6}\pi - \alpha\right) = \cos\left(\alpha - \dfrac{\pi}{3}\right)$

171 $\cos(\alpha + \beta) \cdot \cos(\alpha - \beta) = \cos^2\beta - \sin^2\alpha$

Formule di duplicazione

172 FAI UN ESEMPIO per mostrare che $\cos 2\alpha \neq 2\cos\alpha$.

Espressioni e identità con le formule di duplicazione

173 ESERCIZIO GUIDA Sviluppiamo $\sin 4\alpha$ utilizzando le formule di duplicazione.

Paragrafo 4. Funzioni goniometriche inverse

$$\sin 4\alpha = \sin(2 \cdot 2\alpha) = \quad \text{) applichiamo la formula di duplicazione del seno}$$
$$2\sin 2\alpha \cdot \cos 2\alpha = \quad \text{) applichiamo le formule di duplicazione del seno e del coseno}$$
$$2 \cdot (2\sin\alpha\cos\alpha)(\cos^2\alpha - \sin^2\alpha) = 4(\sin\alpha\cos^3\alpha - \sin^3\alpha\cos\alpha)$$

174 Sviluppa $\cos 4\alpha$ utilizzando le formule di duplicazione. $\quad [1 - 8\sin^2\alpha\cos^2\alpha]$

Semplifica le seguenti espressioni.

175 $\cos 2\alpha + \sin 2\alpha \cdot \tan \alpha$ $\quad [1]$

176 $\cos 2\alpha + \sin 2\alpha + 2\sin^2\alpha$ $\quad [(\cos\alpha + \sin\alpha)^2]$

177 $\tan 2\alpha \cdot (1 + \tan\alpha) \cdot \cot\alpha$ $\quad \left[\dfrac{2}{1-\tan\alpha}\right]$

178 $\cos 2\alpha - \dfrac{\cos\alpha \cdot \sin 2\alpha}{\sin\alpha}$ $\quad [-1]$

179 $\dfrac{\sin 2\alpha}{1+\cos 2\alpha} - \tan\alpha$ $\quad [0]$

180 $\dfrac{1-\cos 2\alpha}{1+\cos 2\alpha} \cdot \cot\alpha$ $\quad [\tan\alpha]$

Verifica le seguenti identità indicando i valori di α per i quali non sono definite.

181 $1 + \cos 2\alpha = 2 - 2\sin^2\alpha$

182 $2\cot 2\alpha + \tan\alpha = \cot\alpha$

183 $\dfrac{\sin 2\alpha}{\cos^2\alpha} = \tan 2\alpha(1 - \tan^2\alpha)$

184 $\dfrac{\tan 2\alpha}{\tan\alpha} = \dfrac{\cos 2\alpha + 1}{\cos 2\alpha}$

185 $\sin^2 2\alpha \cdot \tan^2\alpha = \cos^2 2\alpha - 4\cos^2\alpha + 3$

Formule di bisezione

Semplifica le seguenti espressioni.

186 $\left(\sin\dfrac{\alpha}{2} + \cos\dfrac{\alpha}{2}\right)^2 - \sin\alpha + 1$ $\quad [2]$

187 $\left(\cos^2\dfrac{\alpha}{2} - \dfrac{1}{2}\right)\left(\sin^2\dfrac{\alpha}{2} - \dfrac{1}{2}\right)$ $\quad \left[-\dfrac{1}{4}\cos^2\alpha\right]$

188 $\sin^2\dfrac{\alpha}{2} + \cos\alpha - \cos^2\dfrac{\alpha}{2}$ $\quad [0]$

189 $\tan\dfrac{\alpha}{2} - \dfrac{\sin\alpha}{\cos^2\dfrac{\alpha}{2}}$ $\quad \left[-\dfrac{\sin\alpha}{1+\cos\alpha}\right]$

---

4 Funzioni goniometriche inverse

▶ Teoria a p. 342

190 **RIFLETTI SULLA TEORIA** Esiste l'inversa della funzione seno nell'intervallo $[0;\pi]$? Spiega perché.

COMPLETA

191 $\arccos 1 = \square$, $\arcsin 1 = \square$.

192 $\arccos 0 = \square$, $\arctan 0 = \square$.

193 $\arctan(-1) = \square$, $\arcsin(-1) = \square$.

194 $\text{arccot}(-1) = \square$, $\text{arccot}(0) = \square$.

195 **ASSOCIA** a ciascuna espressione il suo valore.

a. $\arcsin\dfrac{1}{2}$ b. $\arctan\left(-\dfrac{\sqrt{3}}{3}\right)$ c. $\arccos\left(-\dfrac{\sqrt{3}}{2}\right)$ d. $\text{arccot}(-1)$

1. $\dfrac{5}{6}\pi$ 2. $\dfrac{3}{4}\pi$ 3. $-\dfrac{\pi}{6}$ 4. $\dfrac{\pi}{6}$

Calcola il valore delle seguenti espressioni.

196 $\arccos\left(-\dfrac{\sqrt{2}}{2}\right); \quad \arcsin\dfrac{\sqrt{3}}{2}$. $\quad \left[\dfrac{3}{4}\pi, \dfrac{\pi}{3}\right]$

197 $\arctan(-1); \quad \arctan\sqrt{3}$. $\quad \left[-\dfrac{\pi}{4}, \dfrac{\pi}{3}\right]$

198 $\arcsin\dfrac{1}{2} + \arccos\left(-\dfrac{\sqrt{3}}{2}\right)$ $\quad [\pi]$

199 $\arcsin 1 + \arctan(-1)$ $\quad \left[\dfrac{\pi}{4}\right]$

200 $\arctan(-1) + 2\arcsin\dfrac{1}{2} + \arctan(-\sqrt{3})$ $\quad \left[-\dfrac{\pi}{4}\right]$

201 $\arcsin\dfrac{\sqrt{3}}{2} - \dfrac{2}{3}\text{arccot}\,0 + 6\arctan\dfrac{\sqrt{3}}{3}$ $\quad [\pi]$

Capitolo 8. Funzioni goniometriche e trigonometria

5 Equazioni e disequazioni goniometriche

Equazioni goniometriche
▶ Teoria a p. 344

Scrittura sintetica delle soluzioni di un'equazione

Rappresenta nella circonferenza goniometrica le seguenti soluzioni di equazioni goniometriche.

202 a. $x = -\dfrac{\pi}{4} + k\pi$;   b. $x = \dfrac{3}{2}\pi + k\pi$.

203 a. $x = \dfrac{\pi}{4} + k\dfrac{\pi}{2}$;   b. $x = -\dfrac{2}{3}\pi + k\pi$.

204 a. $x = \dfrac{\pi}{6} + k\pi \;\vee\; x = -\dfrac{\pi}{6} + 2k\pi$;   b. $x = \dfrac{3}{4}\pi + k\pi \;\vee\; x = k\pi$.

LEGGI IL GRAFICO In ogni figura sono indicate le soluzioni di un'equazione goniometrica. Scrivi il risultato nella forma più sintetica possibile, indicando anche la periodicità.

205

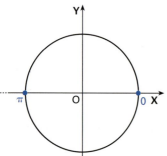

a

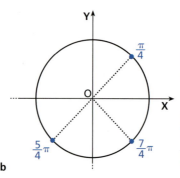

b

c

sin x = a

206 **ESERCIZIO GUIDA**   Risolviamo le seguenti equazioni:

a. $2\sin x - 1 = 0$;   b. $2\sin x - 4 = 0$.

a. Risolviamo l'equazione rispetto a $\sin x$:

$$2\sin x - 1 = 0 \;\rightarrow\; \sin x = \dfrac{1}{2}.$$

Usando la circonferenza goniometrica, cerchiamo i punti di ordinata $\dfrac{1}{2}$. A essi corrispondono gli angoli $\dfrac{\pi}{6}$ e $\pi - \dfrac{\pi}{6} = \dfrac{5}{6}\pi$. Inoltre, tutti gli angoli che si ottengono da $\dfrac{\pi}{6}$ e $\dfrac{5}{6}\pi$ aggiungendo (o sottraendo) 2π e i suoi multipli hanno lo stesso seno, quindi sono soluzioni dell'equazione. In conclusione, le soluzioni dell'equazione sono: $x = \dfrac{\pi}{6} + 2k\pi \;\vee\; x = \dfrac{5}{6}\pi + 2k\pi$.

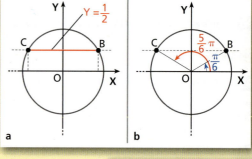

a   b

b. $2\sin x - 4 = 0$. Risolviamo l'equazione rispetto a $\sin x$:

$$2\sin x = 4 \;\rightarrow\; \sin x = 2.$$

L'equazione è impossibile perché deve essere $-1 \leq \sin x \leq 1$ per qualsiasi valore di x. Graficamente osserviamo che la retta dei punti che hanno ordinata 2 non incontra mai la circonferenza goniometrica.

Paragrafo 5. Equazioni e disequazioni goniometriche

207 Scrivi le soluzioni dell'equazione $\sin x = \frac{\sqrt{2}}{2}$ in $[0; 3\pi]$. $\left[\frac{\pi}{4}, \frac{3}{4}\pi, \frac{9}{4}\pi, \frac{11}{4}\pi\right]$

208 Scrivi le soluzioni dell'equazione $\sin 2x = \frac{1}{2}$ in $[0; 2\pi]$. $\left[\frac{\pi}{12}, \frac{5}{12}\pi, \frac{13}{12}\pi, \frac{17}{12}\pi\right]$

Risolvi le seguenti equazioni in $\mathbb{R}$.

209 $\sin x = \frac{\sqrt{3}}{2}$ $\left[\frac{\pi}{3} + 2k\pi; \frac{2}{3}\pi + 2k\pi\right]$

210 $2\sin x = -\sqrt{2}$ $\left[\frac{5}{4}\pi + 2k\pi; \frac{7}{4}\pi + 2k\pi\right]$

211 $\sin x - 1 = 0$ $\left[\frac{\pi}{2} + 2k\pi\right]$

212 $2\sin x - 4 = 3$ [impossibile]

213 $\sin x = \cos\frac{\pi}{6}$ $\left[\frac{\pi}{3} + 2k\pi; \frac{2}{3}\pi + 2k\pi\right]$

214 $2\sin x + 2 = 3\sin x + 4$ [impossibile]

215 $\sin x + 1 = 1$ $[k\pi]$

216 $2\sin 3x - 1 = 0$ $\left[\frac{\pi}{18} + k\frac{2}{3}\pi; \frac{5}{18}\pi + k\frac{2}{3}\pi\right]$

217 $2\sin\frac{x}{3} + \sqrt{3} = 0$ $[-\pi + 6k\pi; 4\pi + 6k\pi]$

218 $\sin x = -\frac{1}{2}$ $\left[-\frac{\pi}{6} + 2k\pi; \frac{7}{6}\pi + 2k\pi\right]$

219 $3\sin x + 1 = 2\sin x$ $\left[\frac{3}{2}\pi + 2k\pi\right]$

220 $3\sin x - 10 = 2(\sin x - 1)$ [impossibile]

221 $\sin x + 3 = 2(\sin x + 1)$ $\left[\frac{\pi}{2} + 2k\pi\right]$

222 $2\sin x + \sqrt{3} = 0$ $\left[-\frac{\pi}{3} + 2k\pi; \frac{4}{3}\pi + 2k\pi\right]$

223 $\sin\left(\frac{\pi}{3} - x\right) = 0$ $\left[\frac{\pi}{3} + k\pi\right]$

224 $8\sin 8x = 8$ $\left[\frac{\pi}{16} + k\frac{\pi}{4}\right]$

225 Disegna nel piano cartesiano i grafici delle funzioni $y = 2\sin x$ e $y = -\sqrt{2}$ nell'intervallo $[-\pi; \pi]$ e determina le coordinate dei loro punti di intersezione. $\left[\left(-\frac{3}{4}\pi; -\sqrt{2}\right); \left(-\frac{\pi}{4}; -\sqrt{2}\right)\right]$

LEGGI IL GRAFICO Determina in ognuna delle figure le coordinate dei punti *A* e *B*.

226
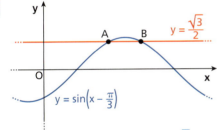
$\left[A\left(\frac{2}{3}\pi; \frac{\sqrt{3}}{2}\right); B\left(\pi; \frac{\sqrt{3}}{2}\right)\right]$

227
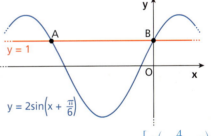
$\left[A\left(-\frac{4}{3}\pi; 1\right); B(0; 1)\right]$

cos x = b

228 **ESERCIZIO GUIDA** Risolviamo $2\cos x - \sqrt{3} = 0$.

$2\cos x - \sqrt{3} = 0 \rightarrow \cos x = \frac{\sqrt{3}}{2}$.

Sulla circonferenza goniometrica cerchiamo i punti di ascissa $\frac{\sqrt{3}}{2}$.
Le soluzioni sono $x = \frac{\pi}{6}$ e $x = -\frac{\pi}{6}$.
Tenendo conto che il periodo della funzione coseno è 2π, scriviamo in forma sintetica:

$x = \pm\frac{\pi}{6} + 2k\pi$.

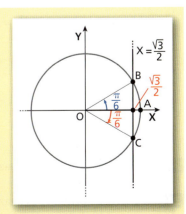

Capitolo 8. Funzioni goniometriche e trigonometria

229 Scrivi le soluzioni dell'equazione $\cos x = 1$ in $[2\pi; 5\pi]$. $[2\pi; 4\pi]$

230 Scrivi le soluzioni dell'equazione $\cos 3x = -\dfrac{1}{2}$ in $[0; 2\pi]$. $\left[\dfrac{2}{9}\pi; \dfrac{4}{9}\pi; \dfrac{8}{9}\pi; \dfrac{10}{9}\pi; \dfrac{14}{9}\pi; \dfrac{16}{9}\pi\right]$

Risolvi le seguenti equazioni in $\mathbb{R}$.

231 $\cos x = -\dfrac{1}{2}$ $\left[\pm\dfrac{2}{3}\pi + 2k\pi\right]$ **235** $8\cos x = 1$ $\left[\pm\arccos\dfrac{1}{8} + 2k\pi\right]$

232 $\cos x = 1$ $[2k\pi]$ **236** $2\cos x + \sqrt{3} = 0$ $\left[\pm\dfrac{5}{6}\pi + 2k\pi\right]$

233 $2\cos x = \sqrt{2}$ $\left[\pm\dfrac{\pi}{4} + 2k\pi\right]$ **237** $\cos x - 4 = 3\cos x + 8$ [impossibile]

234 $3\cos x - 5 = 3$ [impossibile] **238** $\cos 4x = \dfrac{1}{3}$ $\left[\pm\dfrac{1}{4}\arccos\dfrac{1}{3} + k\dfrac{\pi}{2}\right]$

239 Disegna nel piano cartesiano i grafici delle funzioni $y = \cos x + 2$ e $y = 1$ nell'intervallo $[0; 2\pi]$ e determina le coordinate dei loro punti di intersezione. $[(\pi; 1)]$

LEGGI IL GRAFICO Calcola l'area del triangolo *ABO*.

240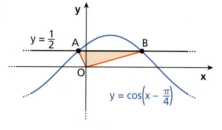

$\left[\dfrac{\pi}{6}\right]$

241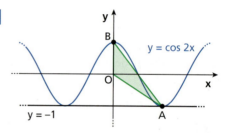

$\left[\dfrac{\pi}{4}\right]$

tan *x* = *c*

242 **ESERCIZIO GUIDA** Risolviamo $\tan x = \sqrt{3}$.

Sulla retta tangente alla circonferenza nel punto *A* origine degli archi prendiamo il punto *T* di ordinata $\sqrt{3}$. Tracciata *TO*, vediamo che al valore $\sqrt{3}$ della tangente corrispondono l'angolo $\dfrac{\pi}{3}$ e tutti quelli che si ottengono da $\dfrac{\pi}{3}$ aggiungendo un multiplo di π.

Le soluzioni sono $x = \dfrac{\pi}{3} + k\pi$.

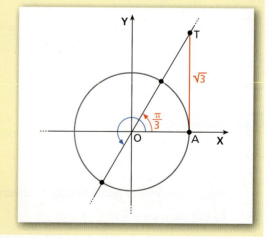

243 Scrivi le soluzioni dell'equazione $\tan x = -1$ in $[0; 3\pi]$. $\left[\dfrac{3}{4}\pi; \dfrac{7}{4}\pi; \dfrac{11}{4}\pi\right]$

244 Scrivi le soluzioni dell'equazione $\tan\dfrac{x}{2} - \sqrt{3} = 0$ in $[-\pi; \pi]$. $\left[\dfrac{2}{3}\pi\right]$

Paragrafo 5. Equazioni e disequazioni goniometriche

Risolvi le seguenti equazioni in $\mathbb{R}$.

245 $\tan x - 1 = 0$ $\left[\dfrac{\pi}{4} + k\pi\right]$ **249** $\tan \dfrac{x}{4} + 1 = 0$ $[-\pi - 4k\pi]$

246 $3\tan x = \sqrt{3}$ $\left[\dfrac{\pi}{6} + k\pi\right]$ **250** $3\tan x = \tan x$ $[k\pi]$

247 $\tan x - \sqrt{3} = 0$ $\left[\dfrac{\pi}{3} + k\pi\right]$ **251** $3\tan \dfrac{x}{2} - 2 = 2\tan \dfrac{x}{2} - 1$ $\left[\dfrac{\pi}{2} + 2k\pi\right]$

248 $\tan x = 2$ $[\arctan 2 + k\pi]$

---

252 Disegna nel piano cartesiano i grafici delle funzioni $y = \sqrt{3}$ e $y = 3\tan \dfrac{x}{6}$ nell'intervallo $[-3\pi; 3\pi]$ e determina le coordinate dei loro punti di intersezione. $[(\pi; \sqrt{3})]$

Equazioni riconducibili a equazioni elementari

253 **ESERCIZIO GUIDA** Risolviamo $2\cos^2 x - \sin x - 1 = 0$.

Esprimiamo $\cos^2 x$ come $(1 - \sin^2 x)$, in modo da avere un'equazione contenente solo $\sin x$:

$$2(1 - \sin^2 x) - \sin x - 1 = 0 \quad \to \quad 2\sin^2 x + \sin x - 1 = 0.$$

Poniamo $\sin x = t$:

$$2t^2 + t - 1 = 0 \quad \to \quad t = \dfrac{-1 \pm \sqrt{1+8}}{4} \quad \to \quad t_1 = -1; \quad t_2 = \dfrac{1}{2}.$$

$t_1 = -1 \quad \to \quad \sin x = -1 \quad \to \quad x = \dfrac{3}{2}\pi + 2k\pi$

$t_2 = \dfrac{1}{2} \quad \to \quad \sin x = \dfrac{1}{2} \quad \to \quad x = \dfrac{\pi}{6} + 2k\pi \lor x = \dfrac{5}{6}\pi + 2k\pi$

Risolvi le seguenti equazioni in $\mathbb{R}$.

254 $2\cos^2 x - \cos x = 0$ $\left[\dfrac{\pi}{2} + k\pi; \pm\dfrac{\pi}{3} + 2k\pi\right]$ **258** $3 + 4\cos^2 x - 4\sqrt{3}\cos x = 0$ $\left[\pm\dfrac{\pi}{6} + 2k\pi\right]$

255 $2\sin^2 x - 1 = 0$ $\left[\dfrac{\pi}{4} + k\dfrac{\pi}{2}\right]$ **259** $\tan^2 x - 3 = 0$ $\left[\pm\dfrac{\pi}{3} + k\pi\right]$

256 $\sin x \cos x + \sin x = 0$ $[k\pi]$ **260** $\cos(\pi - x) + \cos^2 x = 0$ $\left[\dfrac{\pi}{2} + k\pi; 2k\pi\right]$

257 $\sin x \tan x - \sin x = 0$ $\left[k\pi; \dfrac{\pi}{4} + k\pi\right]$ **261** $\tan^2 4x - \tan 4x = 0$ $\left[k\dfrac{\pi}{4}; \dfrac{\pi}{16} + k\dfrac{\pi}{4}\right]$

---

262 **YOU & MATHS** Find all solutions ϑ to $2\cos^2 \vartheta - 3\cos \vartheta = -1$.

(USA *Southern Illinois University Carbondale*, Final Exam, 2001)

$\left[2k\pi; \pm\dfrac{\pi}{3} + 2k\pi\right]$

Equazioni e funzioni

Determina le intersezioni con l'asse x dei grafici delle seguenti funzioni, nell'intervallo $[-\pi; \pi]$.

263 $y = 2\sin^2 x - 3\sin x + 1$ $\left[\left(\dfrac{\pi}{6}; 0\right); \left(\dfrac{\pi}{2}; 0\right); \left(\dfrac{5}{6}\pi; 0\right)\right]$

264 $y = \tan(\pi - x) + \tan^2 x$ $\left[(-\pi; 0); \left(-\dfrac{3}{4}\pi; 0\right); (0; 0); \left(\dfrac{\pi}{4}; 0\right); (\pi; 0)\right]$

Disequazioni goniometriche ▶ Teoria a p. 346

265 **ESERCIZIO GUIDA** Risolviamo: **a.** $2\cos x + 1 \leq 0$; **b.** $\tan x > 1$.

367

a. $2\cos x + 1 \leq 0 \rightarrow \cos x \leq -\frac{1}{2}$.

Disegniamo la circonferenza goniometrica e tracciamo la retta di equazione $X = -\frac{1}{2}$.

$\alpha = \frac{2}{3}\pi$ e $\beta = \frac{4}{3}\pi$ sono le soluzioni dell'equazione associata.

Poiché deve risultare $\cos x \leq -\frac{1}{2}$, scegliamo l'arco evidenziato in rosso, estremi inclusi.

Le soluzioni sono: $\frac{2}{3}\pi + 2k\pi \leq x \leq \frac{4}{3}\pi + 2k\pi$.

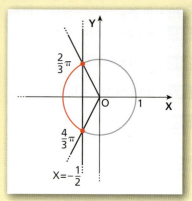

b. $\tan x > 1$.

Disegniamo la circonferenza goniometrica e la retta tangente nel punto $E(1;0)$. Su tale retta scegliamo il punto $T(1;1)$ e tracciamo OT in modo da individuare gli angoli con tangente uguale a 1, cioè $x = \frac{\pi}{4}$ e $x = \frac{5}{4}\pi$.

Poiché deve risultare $\tan x > 1$, gli archi da scegliere sono quelli compresi fra $\frac{\pi}{4}$ e $\frac{\pi}{2}$ e fra $\frac{5}{4}\pi$ e $\frac{3}{2}\pi$.

Tenendo conto che la funzione $\tan x$ ha periodo π, scriviamo tutte le soluzioni in forma compatta: $\frac{\pi}{4} + k\pi < x < \frac{\pi}{2} + k\pi$.

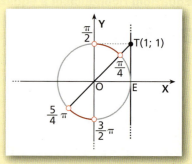

Risolvi le seguenti disequazioni nell'intervallo $[0; 2\pi]$.

266 $3 \tan x > \sqrt{3}$ $\quad \left[\frac{\pi}{6} < x < \frac{\pi}{2} \vee \frac{7}{6}\pi < x < \frac{3}{2}\pi\right]$

267 $2 \cos x < \sqrt{2}$ $\quad \left[\frac{\pi}{4} < x < \frac{7\pi}{4}\right]$

268 $2 \sin x + 1 < 0$ $\quad \left[\frac{7}{6}\pi < x < \frac{11}{6}\pi\right]$

269 $2 \cos x \geq \sqrt{3}$ $\quad \left[0 \leq x \leq \frac{\pi}{6} \vee \frac{11}{6}\pi \leq x \leq 2\pi\right]$

270 $\sin x + 1 < 0$ $\quad$ [impossibile]

271 $2 \cos x + \sqrt{3} < 0$ $\quad \left[\frac{5\pi}{6} < x < \frac{7\pi}{6}\right]$

Risolvi le seguenti disequazioni in $\mathbb{R}$.

272 $\sin x < -\frac{1}{2}$ $\quad \left[\frac{7\pi}{6} + 2k\pi < x < \frac{11}{6}\pi + 2k\pi\right]$

273 $\cos x \geq 1$ $\quad [x = 2k\pi]$

274 $2 \cos x < \cos x$ $\quad \left[\frac{\pi}{2} + 2k\pi < x < \frac{3\pi}{2} + 2k\pi\right]$

275 $3 \tan x + \sqrt{3} < 0$ $\quad \left[\frac{\pi}{2} + k\pi < x < \frac{5\pi}{6} + k\pi\right]$

276 $2 \cos x \geq -1$ $\quad \left[-\frac{2}{3}\pi + 2k\pi \leq x \leq \frac{2}{3}\pi + 2k\pi\right]$

277 $\tan x \geq \cos \pi$ $\quad \left[-\frac{\pi}{4} + k\pi \leq x < \frac{\pi}{2} + k\pi\right]$

TUTOR matematica — Allenati con **15 esercizi interattivi** con feedback "hai sbagliato, perché…"
su.zanichelli.it/tutor3 — risorsa riservata a chi ha acquistato l'edizione con tutor

6 Trigonometria

Risoluzione dei triangoli rettangoli

▶ Teoria a p. 347

278 **COMPLETA** osservando la figura.

a. $b \cos \alpha = \square$, $\quad \dfrac{c}{\sin \gamma} = \square$. $\quad$ **c.** $\dfrac{c}{a} = \tan \square$, $\quad a = c \cot \square$.

b. $\sin \alpha = \dfrac{\square}{\square}$, $\quad a \tan \gamma = \square$. $\quad$ **d.** $\dfrac{a}{b} = \cos \square$, $\quad b \sin \alpha = \square$.

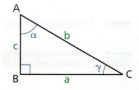

279 **ESERCIZIO GUIDA** Risolviamo un triangolo ABC rettangolo in A, sapendo che:
   a. i due cateti sono lunghi 12 cm e 15 cm;   **b.** un cateto è lungo 10 cm e l'angolo adiacente misura 20°.

a. $\tan\beta = \dfrac{12}{15} \rightarrow \beta = \arctan\dfrac{12}{15} \simeq 39°$; $\gamma = 90° - \beta \simeq 51°$.

Calcoliamo la misura dell'ipotenusa BC con il primo teorema dei triangoli rettangoli:

$$\overline{AB} = \overline{BC}\cos\beta \rightarrow \overline{BC} = \dfrac{\overline{AB}}{\cos\beta} \simeq \dfrac{15}{\cos 39°} \simeq 19.$$

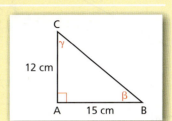

b. $\gamma = 90° - \beta = 90° - 20° = 70°$.

Per il secondo teorema dei triangoli rettangoli:

$$\overline{AC} = \overline{AB}\tan\beta = 10\tan 20° \simeq 3,6.$$

Troviamo $\overline{BC}$ con il teorema di Pitagora:

$$\overline{BC} = \sqrt{\overline{AB}^2 + \overline{AC}^2} \simeq \sqrt{100 + 12{,}96} \simeq 10{,}6.$$

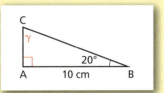

Risolvi il triangolo ABC, rettangolo in A, noti gli elementi indicati.

280	$b = 15$;	$\gamma = 30°$.	$[a = 10\sqrt{3}; c = 5\sqrt{3}; \beta = 60°]$
281	$a = 24$;	$\beta = 60°$.	$[b = 12\sqrt{3}; c = 12; \gamma = 30°]$
282	$b = 8$;	$c = 8\sqrt{3}$.	$[a = 16; \beta = 30°; \gamma = 60°]$
283	$a = 48$;	$b = 24$.	$[c = 24\sqrt{3}; \beta = 30°; \gamma = 60°]$
284	$b = 22$;	$\gamma = 45°$.	$[a = 22\sqrt{2}; c = 22; \beta = 45°]$
285	$a = 28$;	$\gamma = 45°$.	$[b = 14\sqrt{2}; c = 14\sqrt{2}; \beta = 45°]$
286	$a = 26$;	$b = 10$.	$[c = 24; \beta \simeq 23°; \gamma \simeq 67°]$

Risolvi i seguenti triangoli rettangoli, noti gli elementi indicati in figura.

287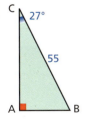
$[c \simeq 25; b \simeq 49; \beta = 63°]$

288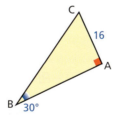
$[a = 32; c \simeq 27{,}7; \gamma = 60°]$

289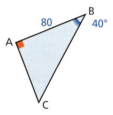
$[b \simeq 67; a \simeq 104; \gamma = 50°]$

290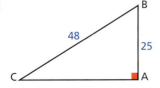
$[b \simeq 41; \beta \simeq 59°; \gamma \simeq 31°]$

291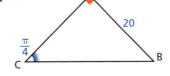
$\left[\beta = \dfrac{\pi}{4}; b = 20; a = 20\sqrt{2}\right]$

292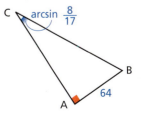
$[a = 136; b = 120; \beta \simeq 62°]$

Capitolo 8. Funzioni goniometriche e trigonometria

293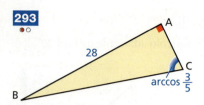
$[a = 35; b = 21; \beta \simeq 37°]$

294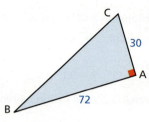
$[a = 78; \beta \simeq 23°; \gamma \simeq 67°]$

295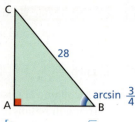
$[b = 21; c = 7\sqrt{7}; \gamma \simeq 41°]$

296 **ASSOCIA** ciascun segmento alla sua misura.

a. BH 1. $8 \cos 62°$

b. AC 2. $8 \sin 62°$

c. AH 3. $\dfrac{8}{\cos 62°}$

d. BC 4. $8 \tan 62°$

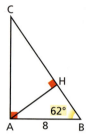

Verifica che tra gli elementi di un triangolo ABC, rettangolo in A, valgono le seguenti relazioni.

297 $\cot \beta \cot \gamma = 1$

298 $\cos \beta \cos \gamma = \dfrac{bc}{a^2}$

Problemi con i triangoli rettangoli

299 **ESERCIZIO GUIDA** Nel triangolo ABC, CH è l'altezza relativa al lato AB, AH ha lunghezza 6 cm e gli angoli $A\widehat{C}H$ e $B\widehat{C}H$ sono ampi rispettivamente 20° e 40°. Calcoliamo perimetro e area del triangolo (approssimando tutte le misure a una sola cifra decimale).

Per il primo teorema dei triangoli rettangoli:

$\overline{AH} = \overline{AC} \cdot \sin A\widehat{C}H \to \overline{AC} = \dfrac{\overline{AH}}{\sin A\widehat{C}H} = \dfrac{6}{\sin 20°} \simeq 17,5$;

$\overline{CH} = \overline{AC} \cdot \cos A\widehat{C}H = 17,5 \cdot \cos 20° \simeq 16,4$.

Per il secondo teorema dei triangoli rettangoli:

$\overline{HB} = \overline{CH} \cdot \tan B\widehat{C}H = 16,4 \cdot \tan 40° \simeq 13,8$.

Calcoliamo $\overline{CB}$ con il teorema di Pitagora:

$\overline{CB} = \sqrt{\overline{HB}^2 + \overline{CH}^2} \simeq 21,4$.

Il perimetro di ABC misura: $\overline{AB} + \overline{BC} + \overline{AC} = \overline{AH} + \overline{HB} + \overline{BC} + \overline{AC} \simeq 58,7$.

L'area misura: $\dfrac{1}{2} \overline{AB} \cdot \overline{CH} \simeq 162,4$.

Quindi il perimetro è 58,7 cm, l'area è 162,4 cm².

300 Sapendo che l'ipotenusa e un cateto di un triangolo rettangolo sono lunghi rispettivamente 5 cm e 4 cm, trova l'ampiezza degli angoli acuti.
$[\alpha = 53,1°; \beta = 36,9°]$

301 In un triangolo rettangolo la lunghezza dell'altezza AH relativa all'ipotenusa è 12 cm e l'ampiezza dell'angolo acuto β è 22°. Risolvi il triangolo.
$[AB \simeq 32 \text{ cm}; AC \simeq 12,9 \text{ cm}; BC \simeq 34,5 \text{ cm}]$

302 In un triangolo rettangolo un cateto è lungo 10 cm e l'angolo opposto a esso è di 40°. Trova il perimetro del triangolo. $[37,5 \text{ cm}]$

303 Calcola perimetro e area di un triangolo rettangolo la cui ipotenusa è lunga 3 cm e l'ampiezza di un angolo è di 30°. $[7,1 \text{ cm}; 1,9 \text{ cm}^2]$

Paragrafo 6. Trigonometria

304 Determina perimetro e area di un triangolo rettangolo in cui un cateto è lungo 4 cm e l'angolo adiacente a esso ha ampiezza 50°. [15 cm; 9,6 cm²]

305 In un triangolo isoscele la somma degli angoli alla base vale 80° e la lunghezza del lato obliquo è 5 cm. Calcola perimetro e area del triangolo. [17,7 cm; 12,3 cm²]

306 In un rettangolo la diagonale, che è lunga 4 cm, divide l'angolo retto in due angoli in modo che uno di essi è uguale a 20°. Determina perimetro e area del rettangolo. [10,4 cm; 5,3 cm²]

307 Nel triangolo rettangolo ABC l'altezza AH relativa all'ipotenusa è lunga 3 m, la proiezione HC del cateto AC sull'ipotenusa è lunga 7 m. Calcola il perimetro e l'area del triangolo. [19,18 m; 12,46 m²]

308 In un triangolo isoscele gli angoli alla base sono di 50°. Determina l'area, sapendo che la base del triangolo è 40 cm. [476,7 cm²]

309 Determina i cateti di un triangolo rettangolo, sapendo che l'altezza relativa all'ipotenusa è 50 cm e che uno degli angoli del triangolo è 25°. [55,17 cm; 118,31 cm]

Problemi — REALTÀ E MODELLI

RISOLVIAMO UN PROBLEMA

■ La galleria

Un trasporto eccezionale transita attraverso una galleria a doppio senso di marcia con sezione semicircolare di raggio 6 m.

Determina l'area di ingombro massima che il mezzo può avere (intesa come l'area della sezione trasversale del veicolo) per poter attraversare la galleria senza bisogno di interrompere il traffico in senso opposto.

▶ **Modellizziamo il problema.**

Schematizziamo la situazione con una figura.

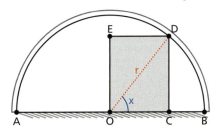

L'area da calcolare è rappresentata dalla superficie del rettangolo $OCDE$ (il veicolo può occupare solo una metà della carreggiata). Per risolvere il problema, dobbiamo esprimere i lati della figura in funzione di $D\widehat{O}C = x$.

▶ **Esprimiamo l'area in funzione di x.**

$\overline{CD} = r\sin x; \quad \overline{OC} = r\cos x;$

area $= \overline{CD} \cdot \overline{OC} = r\sin x \cdot r\cos x =$

$r^2 \sin x \cdot \cos x = \frac{1}{2}r^2 \sin 2x$.

▶ **Troviamo la soluzione.**

Il valore di $\sin 2x$ è massimo quando

$$\sin 2x = 1, \text{ cioè } 2x = \frac{\pi}{2} \rightarrow x = \frac{\pi}{4},$$

dal quale, poiché $\sin\frac{\pi}{4} = \cos\frac{\pi}{4} = \frac{\sqrt{2}}{2}$, si ricava:

$\overline{CD} = \overline{OC} = r\cos x = 6 \cdot \frac{\sqrt{2}}{2} \simeq 4,24$ m $\rightarrow$

area $= \overline{CD} \cdot \overline{OC} = (4,24)^2 \simeq 17,98$.

L'area massima della superficie della sezione del veicolo corrisponde a una sezione quadrata di circa 18 m².

310 **La scala** Determina la misura dell'angolo che una scala lunga 4 m forma con il terreno quando è appoggiata a una parete in modo da raggiungere un'altezza di 3 m. [$\alpha \simeq 49°$]

311 Calcola l'altezza di un campanile, sapendo che da un bar distante 80 metri da esso si vede la sua cima secondo un angolo di 42°. [$\simeq 72$ m]

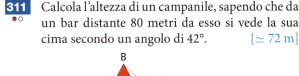

Capitolo 8. Funzioni goniometriche e trigonometria

312 Una funivia collega due località, A e B, distanti 1200 m ed è inclinata di 42° sul piano orizzontale. A che altezza, rispetto ad A, si trova la stazione B? [802,96 m]

313 Acquapark Uno scivolo di una piscina per bambini è alto 2,5 m. Per arrivare in acqua un bimbo scivola per 3,36 m. Che angolo forma lo scivolo con il piano orizzontale? [48°]

314 La rampa di accesso a un sotterraneo è lunga 9,5 m e forma un angolo di 21° con il piano orizzontale. A che profondità si trova il locale sotterraneo? [3,4 m]

315 Pendenza In un cartello stradale si legge: «Pendenza del 14%». Questo significa che ogni 100 m in orizzontale la strada sale (o scende) di 14 m in verticale. Percorrendo un tratto di 280 m, quanto si sale in altezza? Che angolo forma la strada con il piano orizzontale? [39,2 m; 8°]

316 In salita Francesca si trova all'inizio di una salita e deve raggiungere la sua auto, parcheggiata in cima. Vede il cartello qui a fianco e sa che la strada è lunga 100 metri: con quale angolo rispetto all'orizzontale vede la sua auto? A che altezza? [5,7°; 9,95 m]

317 Pista! Nel corso di una gara di sci, Aldo percorre un lungo tratto di discesa con pendenza costante del 32%.

a. Supponendo che nel corso della discesa Aldo abbia coperto un dislivello verticale di 400 m, quanto è lunga la pista?

b. Quanto misura, in gradi e primi, l'angolo α formato dalla pista con l'orizzontale?
[a) 1312 m; b) 17°45′]

318 TEST L'ombra di un campanile è lunga la metà della sua altezza. Detta α la misura dell'angolo formato dal sole sull'orizzonte in quel momento, si può dire che:

A $45° \leq \alpha < 60°$.
B $60° \leq \alpha$.
C $\alpha < 30°$.
D è notte.
E $30° \leq \alpha < 45°$.

(*CISIA, Facoltà di Ingegneria, Test di ingresso*, 2003)

319 Che occhio! Nell'occhio umano il massimo angolo di visuale in orizzontale è di 160°. A che distanza dall'occhio deve trovarsi una trave lunga 3 m, disposta orizzontalmente e al centro del campo visivo, affinché possa essere vista per intero? [0,26 m]

Risoluzione dei triangoli qualunque
▶ Teoria a p. 349

320 VERO O FALSO? Stabilisci se le seguenti uguaglianze sono vere o false, in riferimento al triangolo in figura.

a. $\dfrac{8\sin\gamma}{\sin 32°} = c$ V F

b. $\sin\beta = 2\sin 32°$ V F

c. $\dfrac{\sin\beta}{\sin\gamma} = \dfrac{c}{16}$ V F

d. $\dfrac{\sin 32°}{\sin\beta} = \dfrac{c}{8}$ V F

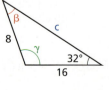

Paragrafo 6. Trigonometria

321 **TEST** Se in un triangolo due lati sono lunghi rispettivamente 6 cm e 15 cm e il coseno dell'angolo compreso fra essi vale $\frac{3}{10}$, quanto è lungo il terzo lato?

A 207 cm B 315 cm C $\sqrt{315}$ cm D $\sqrt{207}$ cm E $\sqrt{261}$ cm

Sono noti un lato e due angoli

322 **ESERCIZIO GUIDA** Risolviamo il triangolo *ABC*, sapendo che: $c = 4\sqrt{3}$, $\alpha = 120°$, $\beta = 15°$.

Ricaviamo γ per differenza: $\gamma = 180° - (120° + 15°) = 45°$.

Applichiamo il teorema dei seni per calcolare a e b.

$$\frac{a}{\sin\alpha} = \frac{c}{\sin\gamma} \rightarrow a = \frac{c\sin\alpha}{\sin\gamma} = \frac{4\sqrt{3} \cdot \frac{\sqrt{3}}{2}}{\frac{\sqrt{2}}{2}} = \frac{12}{\sqrt{2}} = 6\sqrt{2}$$

$$\frac{b}{\sin\beta} = \frac{c}{\sin\gamma} \rightarrow b = \frac{c\sin\beta}{\sin\gamma} = \frac{4\sqrt{3} \cdot \frac{\sqrt{6}-\sqrt{2}}{4}}{\frac{\sqrt{2}}{2}} = \sqrt{6}(\sqrt{6}-\sqrt{2}) = 6 - 2\sqrt{3}$$

Risolvi il triangolo *ABC*, noti gli elementi indicati.

323 $c = 12\sqrt{3}$, $\alpha = \frac{\pi}{4}$, $\gamma = \frac{\pi}{3}$. $\quad\left[\beta = \frac{5}{12}\pi; a = 12\sqrt{2}; b = 6(\sqrt{2}+\sqrt{6})\right]$

324 $b = \sqrt{3}+1$, $\beta = 15°$, $\gamma = 120°$. $\quad[\alpha = 45°; a = 4+2\sqrt{3}; c = 2\sqrt{6}+3\sqrt{2}]$

325 $a = 8\sqrt{6}$, $\alpha = \frac{2}{3}\pi$, $\beta = \frac{\pi}{12}$. $\quad\left[\gamma = \frac{\pi}{4}; b = 8\sqrt{3}-8; c = 16\right]$

326 $c = 4\sqrt{2}$, $\alpha = 30°$, $\gamma = \frac{7}{12}\pi$. $\quad\left[\beta = \frac{\pi}{4}; a = 4\sqrt{3}-4; b = 4\sqrt{6}-4\sqrt{2}\right]$

327 $a = 28$, $\alpha = 30°$, $\cos\beta = \frac{1}{3}$. $\quad\left[\gamma \simeq 79°28'; b = \frac{112}{3}\sqrt{2}; c = \frac{28}{3}(2\sqrt{6}+1)\right]$

328 $a = 10\sqrt{2}$, $\alpha = \frac{\pi}{4}$, $\gamma = \frac{5}{12}\pi$. $\quad\left[\beta = \frac{\pi}{3}; b = 10\sqrt{3}; c = 5\sqrt{2}(\sqrt{3}+1)\right]$

329 $b = 4\sqrt{6}$, $\beta = \frac{\pi}{4}$, $\tan\gamma = -\sqrt{3}$. $\quad\left[\alpha = \frac{\pi}{12}; a = 6\sqrt{2}-2\sqrt{6}; c = 12\right]$

330 Determina la lunghezza della diagonale *BD* del parallelogramma. $\quad[4(\sqrt{3}+3)]$

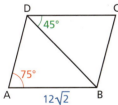

Sono noti due lati e l'angolo fra essi compreso

331 **ESERCIZIO GUIDA** Risolviamo il triangolo *ABC*, sapendo che $b = 12$, $c = 18$, $\alpha = 21°$.

Applicando il teorema del coseno, ricaviamo a:

$a^2 = b^2 + c^2 - 2bc\cos\alpha$;

$a^2 = 12^2 + 18^2 - 2 \cdot 12 \cdot 18 \cos 21° \simeq 64{,}69$;

$a \simeq 8{,}04$.

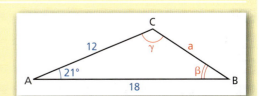

Capitolo 8. Funzioni goniometriche e trigonometria

Ricaviamo β, applicando ancora il teorema del coseno:

$$b^2 = a^2 + c^2 - 2ac \cos\beta \rightarrow \cos\beta = \frac{a^2 + c^2 - b^2}{2ac};$$

$$\cos\beta \simeq \frac{8{,}04^2 + 18^2 - 12^2}{2 \cdot 8{,}04 \cdot 18} \simeq 0{,}85 \rightarrow \beta \simeq 32°.$$

Ricaviamo γ per differenza: γ ≃ 180° − (21° + 32°) = 127°.

Risolvi il triangolo ABC, noti gli elementi indicati.

332 $b = 14$, $c = 28$, $\alpha = 34°$. $\quad [a \simeq 18{,}17; \beta \simeq 26°; \gamma \simeq 120°]$

333 $a = 15{,}3$, $b = 6{,}2$, $\gamma = 128°$. $\quad [c \simeq 19{,}73; \alpha \simeq 38°; \beta \simeq 14°]$

334 $a = \sqrt{3}$, $c = 5\sqrt{3}$, $\beta = 60°$. $\quad [b \simeq 7{,}94; \alpha \simeq 11°; \gamma \simeq 109°]$

335 $b = 4$, $c = 20$, $\alpha = \frac{2}{3}\pi$. $\quad [a \simeq 22{,}27; \beta \simeq 9°; \gamma \simeq 51°]$

336 $a = 4\sqrt{3}$, $b = 6\sqrt{2}$, $\tan\gamma = \sqrt{3}$. $\quad [\alpha \simeq 50°; \beta \simeq 70°; c \simeq 7{,}82]$

337 $a = 14$, $c = 10$, $\cos\beta = \frac{2}{7}$. $\quad [b = 6\sqrt{6}; \alpha \simeq 66°; \gamma \simeq 41°]$

338 Determina la lunghezza del segmento DC. $\quad [\simeq 15{,}8]$

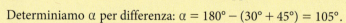

Sono noti due lati e l'angolo opposto a uno di essi

339 **ESERCIZIO GUIDA** Risolviamo un triangolo ABC, sapendo che $b = 6\sqrt{2}$, $c = 12$, $\gamma = 45°$.

Ricaviamo β con il teorema dei seni, $\dfrac{c}{\sin\gamma} = \dfrac{b}{\sin\beta}$.

$$\frac{12}{\frac{\sqrt{2}}{2}} = \frac{6\sqrt{2}}{\sin\beta} \rightarrow \sin\beta = \frac{1}{2} \begin{cases} \beta_1 = 30° \\ \beta_2 = 150° \end{cases}$$

È accettabile solo il valore β₁ = 30°, in quanto per β₂ = 150° si avrebbe β + γ = 150° + 45° = 195° > 180°.
Inoltre non sarebbe vero che ad angolo maggiore sta opposto lato maggiore: $6\sqrt{2}$, che è minore di 12, sarebbe opposto a 150°, che è maggiore di 45°.

Determiniamo α per differenza: α = 180° − (30° + 45°) = 105°.

Troviamo a con il teorema dei seni: $\dfrac{a}{\sin\alpha} = \dfrac{b}{\sin\beta} \rightarrow \dfrac{a}{\sin 105°} = \dfrac{6\sqrt{2}}{\frac{1}{2}} \rightarrow a \simeq 16{,}4$.

Risolvi il triangolo ABC, noti gli elementi indicati.

340 $a = 12\sqrt{2}$, $b = 8\sqrt{3}$, $\alpha = 60°$. $\quad [\beta = 45°; \gamma = 75°; c = 12 + 4\sqrt{3}]$

341 $a = 2\sqrt{2}$, $c = \sqrt{2} + \sqrt{6}$, $\alpha = 45°$. $\quad [\beta = 60°, \gamma = 75°, b = 2\sqrt{3} \lor \beta = 30°, \gamma = 105°, b = 2]$

342 $b = 7$, $c = 7\sqrt{3}$, $\gamma = 120°$. $\quad [\alpha = 30°; \beta = 30°; a = 7]$

343 $b = 3\sqrt{3}$, $c = 3$, $\beta = \dfrac{\pi}{3}$. $\quad \left[\alpha = \dfrac{\pi}{2}; \gamma = \dfrac{\pi}{6}; a = 6\right]$

Paragrafo 6. Trigonometria

Sono noti i tre lati

344 **ESERCIZIO GUIDA** Risolviamo un triangolo ABC, sapendo che $a = 9, b = 20, c = 13$.

$$\cos \alpha = \frac{b^2 + c^2 - a^2}{2bc} = \frac{20^2 + 13^2 - 9^2}{2 \cdot 20 \cdot 13} \simeq 0{,}94 \rightarrow \alpha \simeq 20°$$

$$\cos \beta = \frac{a^2 + c^2 - b^2}{2ac} = \frac{9^2 + 13^2 - 20^2}{2 \cdot 9 \cdot 13} \simeq -0{,}64 \rightarrow \beta \simeq 130°$$

Troviamo γ per differenza: $\gamma \simeq 180° - (20° + 130°) = 30°$.

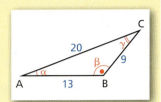

Risolvi il triangolo ABC, noti gli elementi indicati.

345 $a = 4$, $b = 9$, $c = 12$. $\qquad [\alpha \simeq 15°; \beta \simeq 35°; \gamma \simeq 130°]$

346 $a = 20$, $b = 7$, $c = 14$. $\qquad [\alpha \simeq 142°; \beta \simeq 12°; \gamma \simeq 26°]$

347 $a = 52$, $b = 48$, $c = 36$. $\qquad [\alpha \simeq 75°; \beta \simeq 63°; \gamma \simeq 42°]$

348 $a = 15$, $b = 26$, $c = 40$. $\qquad [\alpha \simeq 10°; \beta \simeq 17°; \gamma \simeq 153°]$

349 $a = 4$, $b = 2\sqrt{6}$, $c = 2 + 2\sqrt{3}$. $\qquad [45°; 60°; 75°]$

350 $a = 12$, $b = 8$, $c = 4\sqrt{7}$. $\qquad [\alpha \simeq 79°; \beta \simeq 41°; \gamma \simeq 60°]$

351 $a = 2\sqrt{3}$, $b = 2\sqrt{2}$, $c = \sqrt{2} + \sqrt{6}$. $\qquad \left[\alpha = \frac{\pi}{3}; \beta = \frac{\pi}{4}; \gamma = \frac{5}{12}\pi\right]$

352 Determina l'ampiezza degli angoli interni di un parallelogramma, sapendo che i lati misurano 12 cm e 17 cm e la diagonale minore misura 20 cm. $\qquad [85°; 95°]$

Problemi con triangoli qualunque

353 **VERO O FALSO?** Nel triangolo della figura:

a. $a = \dfrac{\sqrt{3}\, b}{2 \sin \beta}$. V F

b. $\overline{CH} = \dfrac{\sqrt{3}}{2}$. V F

c. $\dfrac{\sin(120° - \beta)}{\sin \beta} = 3$. V F

d. $\cos A\widehat{C}B = \dfrac{a^2 - 8b^2}{2ab}$. V F

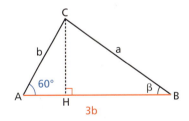

354 Determina l'elemento incognito nelle seguenti figure.

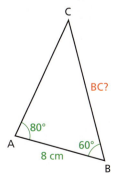

a

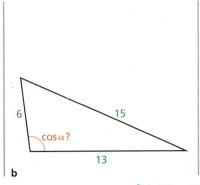

b

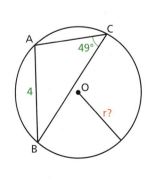

c

[a) $BC \simeq 12{,}3$ cm; b) $\cos \alpha \simeq -0{,}13$; c) $r \simeq 2{,}7$]

Capitolo 8. Funzioni goniometriche e trigonometria

355 In un triangolo un lato misura $9\sqrt{2}$. Un angolo a esso adiacente è $\frac{\pi}{4}$ e l'altro ha tangente uguale a $-\frac{4}{3}$. Determina le misure degli altri elementi del triangolo. $\left[\arccos\frac{\sqrt{98}}{10}; 72, 45\sqrt{2}\right]$

356 In un triangolo l'area misura $\frac{\sqrt{3}}{2}(1+\sqrt{3})$ e due angoli hanno ampiezze $\frac{\pi}{4}$ e $\frac{\pi}{3}$. Calcola le misure degli altri elementi del triangolo. $\left[\frac{5}{12}\pi; 2, \sqrt{6}, \sqrt{3}+1\right]$

357 In un triangolo le misure dell'area e di due lati sono rispettivamente $\frac{25}{2}(3-\sqrt{3})$, 10 e $5(\sqrt{3}-1)$. Trova gli altri elementi del triangolo. $[60°, 81°, 39°, 8,76 \vee 120°, 45°, 15°, 5\sqrt{6}]$

358 Il triangolo acutangolo ABC è inscritto in una circonferenza di raggio 5; la misura del lato AB è $5\sqrt{3}$ e quella del lato AC è 8. Calcola l'area del triangolo. $[2(4\sqrt{3}+9)]$

359 Sulla semicirconferenza di diametro $\overline{AB} = 2r$ è assegnato un punto Q tale che $\overline{AQ} + \overline{QB} = \sqrt{6}r$. Quanto misura l'angolo $Q\widehat{A}B$? $[15°; 75°]$

360 Nella semicirconferenza di diametro $\overline{AB} = 4$ è data la corda $\overline{BC} = 2$. Sul raggio OA è fissato il punto D tale che $\overline{DO} = 3\overline{AD}$. Calcola la misura del segmento DC. $\left[\frac{\sqrt{37}}{2}\right]$

361 Sai che nel triangolo ABC il lato BC è lungo 14 cm, la mediana AM è lunga 8 cm e l'angolo $A\widehat{M}C$ è di 60°. Determina l'area e il perimetro del triangolo. $[28\sqrt{3}\ \text{cm}^2; (27+\sqrt{57})\ \text{cm}]$

362 Determina le diagonali del parallelogramma $ABCD$ in figura.

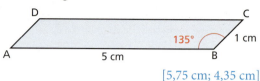

[5,75 cm; 4,35 cm]

363 Nel triangolo PQR conosci il lato $\overline{PQ} = 2\sqrt{2}$, il lato $\overline{QR} = 2$ e la mediana $\overline{RM} = \sqrt{3}-1$. Calcola l'area e il perimetro del triangolo. $[\sqrt{3}-1; 2+\sqrt{2}+\sqrt{6}]$

364 La base maggiore del trapezio rettangolo $ABCD$ è $AB = 48$ cm; la diagonale maggiore BD è lunga $32\sqrt{3}$ cm ed è bisettrice dell'angolo $A\widehat{B}C$. Determina gli angoli, il perimetro e l'area del trapezio. $[\widehat{B} = 60°; \widehat{C} = 120°; 16(7+\sqrt{3})\ \text{cm}; 640\sqrt{3}\ \text{cm}^2]$

365 Il rettangolo $ABCD$ ha i lati $AB = 40$ cm e $BC = 25$ cm; il parallelogramma $ABC'D'$ ha i vertici C' e D' appartenenti alla retta CD. Il perimetro di $ABC'D'$ è i $\frac{6}{5}$ del perimetro di $ABCD$. Calcola gli angoli del parallelogramma $ABC'D'$. $\left[\widehat{C}' = \arcsin\frac{25}{38}\right]$

Problemi   REALTÀ E MODELLI

366 **Che vista!** Dalla finestra della propria stanza con vista sul lago, Giulia può ammirare un panorama dominato, alla sua sinistra, dalla vetta del monte Alto, distante 8 km in linea d'aria, e, alla sua destra, dalla vetta del monte Brullo, distante 12 km in linea d'aria. Se per passare dall'una all'altra Giulia deve girare lo sguardo di 75°, qual è la distanza tra le due vette? [12,6 km]

367 **Relax!** La sedia a sdraio di Gianni ha uno schienale la cui base d'appoggio AB è lunga 40 cm. All'estremo A è incernierato lo schienale AD, lungo 70 cm, all'estremo B è incernierata un'asta di sostegno BC, che è lunga 25 cm e può essere fissata in qualunque punto C di AD.

   a. A quale distanza da A Gianni deve fissare l'estremo C dell'asta se vuole avere l'angolo di inclinazione α di 30°?

   b. Può Gianni fissare l'estremo C dell'asta in modo che l'angolo di inclinazione α sia 45°?

[a) $5(4\sqrt{3}+3)$ cm $\simeq 49,6$ cm $\vee\ 5(4\sqrt{3}-3)$ cm $\simeq 19,6$ cm; b) no]

Paragrafo 6. Trigonometria

RISOLVIAMO UN PROBLEMA

■ Il tunnel

Un'impresa deve costruire un tunnel che colleghi con una strada rettilinea i punti A e B, posti alla stessa quota sui due versanti opposti di una collina.
I due punti non sono reciprocamente visibili, quindi è stata tracciata la poligonale $ACDB$, riportata in figura, su cui sono indicati i dati rilevati dai tecnici. Sapendo che A, B, C e D hanno la stessa quota, e quindi $ABCD$ giace su un piano orizzontale, calcola:

- la distanza tra i punti A e B;
- l'ampiezza degli angoli α e β.

▶ **Analizziamo il problema.**

Il segmento AB è un lato del triangolo ABC, di cui per ora conosciamo la misura dell'angolo opposto al lato AB. Se riusciamo a calcolare le misure dei lati AC e BC, con il teorema del coseno rispondiamo alla prima domanda. Per quanto riguarda la seconda, dovremo utilizzare il teorema dei seni, sfruttando i risultati ottenuti.

▶ **Calcoliamo le lunghezze di AC e BC.**

Consideriamo il triangolo ADC:

$$C\widehat{A}D = 180° - (60° + 20° + 45°) = 55°.$$

Applichiamo il teorema dei seni:

$$\frac{AC}{\sin A\widehat{D}C} = \frac{CD}{\sin C\widehat{A}D} \rightarrow$$

$$AC = 550 \cdot \frac{\sin 45°}{\sin 55°} \rightarrow AC \simeq 475 \text{ m}.$$

Consideriamo il triangolo CDB:

$$C\widehat{B}D = 180° - (20° + 45° + 75°) = 40°.$$

Applichiamo il teorema dei seni:

$$\frac{CB}{\sin C\widehat{D}B} = \frac{CD}{\sin C\widehat{B}D} \rightarrow$$

$$CB = 550 \cdot \frac{\sin 120°}{\sin 40°} \rightarrow CB \simeq 741 \text{ m}.$$

▶ **Calcoliamo la distanza AB.**

Applichiamo il teorema del coseno al triangolo ABC:

$$\overline{AB} = \sqrt{AC^2 + BC^2 - 2AC \cdot BC \cdot \cos A\widehat{C}B} =$$

$$\sqrt{475^2 + 741^2 - 2 \cdot 475 \cdot 741 \cdot \cos 60°} \simeq 650.$$

La distanza AB è di circa 650 m.

▶ **Calcoliamo la misura degli angoli.**

Per calcolare α applichiamo il teorema dei seni al triangolo ABC:

$$\frac{AB}{\sin A\widehat{C}B} = \frac{CB}{\sin \alpha} \rightarrow$$

$$\sin \alpha = \sin 60° \cdot \frac{741}{680} = 0{,}987 \rightarrow$$

$$\alpha = \arcsin 0{,}987 \simeq 81°.$$

Per calcolare l'angolo β sfruttiamo la proprietà dei quadrilateri di avere la somma degli angoli interni uguale a 360°:

$$\beta = 360° - (\alpha + A\widehat{C}D + C\widehat{D}B) =$$
$$360° - (81° + 80° + 120°) \simeq 79°.$$

L'ampiezza di α è di circa 81°, quella di β di circa 79°.

---

368 Calcoliamo la distanza fra due laghi separati da una collina. Scegliamo come punto di riferimento un monastero che dista dai due laghi rispettivamente 850 m e 680 m. Inoltre, le direzioni in cui dal monastero si vedono i due laghi formano tra loro un angolo di 72°. [909,77 m]

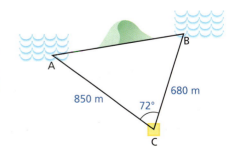

Capitolo 8. Funzioni goniometriche e trigonometria

369 Due case, A e B, sono separate da un fiume. Una torre T è posta dalla stessa parte di B, a una distanza da B di 375 m. L'angolo $B\hat{T}A$ è di 60°; l'angolo $A\hat{B}T$ è di 75°. Calcola la distanza fra le due case. [459,28 m]

370 In spiaggia Ti trovi su una spiaggia e vuoi calcolare l'altezza di un isolotto scoglioso. Scegli due punti A e B allineati con l'isolotto e distanti fra loro 20 m. Misuri gli angoli $D\hat{A}C = 28°$ e $D\hat{B}C = 20°$ (D è un punto alla base dell'isolotto, C è un punto sulla sua sommità). Quanto risulta alto? [23,07 m]

371 In un terreno pianeggiante vuoi calcolare la distanza fra due punti inaccessibili A e B. Scegli due posizioni P e Q, distanti 50 m fra loro, e misuri gli angoli $Q\hat{P}A = 120°$, $Q\hat{P}B = 50°$, $P\hat{Q}B = 110°$, $P\hat{Q}A = 40°$. Quanto sono distanti A e B? [137,37 m]

372 Campane sul colle Una chiesa si trova in cima a una collina e la cella campanaria del suo campanile è a 25 m dal suolo. Per calcolare l'altezza del colle scegli come riferimento una casa situata nella pianura sottostante; misuri, rispetto alla verticale, l'angolo $\hat{A} = 73° 20'$, sotto cui vedi la casa dalla base del campanile, e l'angolo $\hat{B} = 65° 40'$, sotto cui la vedi dalla cella campanaria. Quanto è alto il colle rispetto alla pianura? [48,97 m]

373 Un geometra deve misurare la larghezza di un canale. Dopo aver individuato un punto di riferimento A sulla sponda opposta alla sua, pianta due paletti: uno sull'argine nella posizione B e l'altro nella posizione H, in modo che la retta ABH risulti perpendicolare alle sponde (figura a lato). Dalla posizione P, tale che $P\hat{H}A = 90°$, misura gli angoli $H\hat{P}B$, $H\hat{P}A$ e la distanza PH: $H\hat{P}B = 35°$; $H\hat{P}A = 65°$; $PH = 20$ m.
Qual è la larghezza AB del canale? [28,89 m]

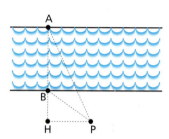

374 Salite a San Francisco Alcune strade di San Francisco hanno una notevole pendenza e inoltre sono rettilinee, senza curve. In una strada il cartello indica una pendenza del 15% per 800 m e successivamente dell'11% per altri 800 m.

a. Al termine della strada, di quanto si è saliti in quota?
b. Se per tutto il percorso la strada avesse avuto la stessa pendenza, quanto dovrebbe segnalare il cartello iniziale? [a) 206,14 m; b) 13%]

375 Il cespuglio di elicriso Una fotografa marina, dopo un'immersione, approda su uno scoglio per riposarsi e vede, sulla parete di fronte, un enorme cespuglio di elicriso. Con la macchina fotografica valuta che l'angolo di visuale è di circa 22° e che la distanza dal punto dove si trova alla parete opposta è di 15 m circa. Inoltre l'altezza dello scoglio su cui è seduta è di circa 7 m dal livello del mare.

a. A quale altezza dall'acqua si trova il cespuglio?
b. Quanto dovrebbe essere lunga una canna per poter raggiungere il cespuglio?
[a) 13,1 m; b) ≃ 16,2 m]

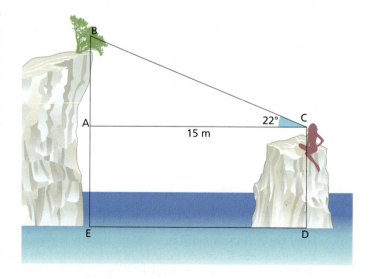

Allenati con **15 esercizi interattivi** con feedback "hai sbagliato, perché..."
su.zanichelli.it/tutor3 risorsa riservata a chi ha acquistato l'edizione con tutor

VERIFICA DELLE COMPETENZE — ALLENAMENTO

UTILIZZARE TECNICHE E PROCEDURE DI CALCOLO

VERO O FALSO?

1
a. Seno, coseno e tangente sono funzioni di periodo 2π. [V] [F]
b. $\tan 30° = \tan 210°$. [V] [F]
c. Esiste un angolo α tale che $\sin\alpha = \dfrac{5}{6}$ e $\cos\alpha = \dfrac{1}{6}$. [V] [F]
d. Esiste un angolo β tale che $\sin\beta = \dfrac{7}{4}$. [V] [F]

2
a. $\sin(-\alpha) = -\sin\alpha$ [V] [F]
b. $\cot\left(\dfrac{\pi}{2} - \alpha\right) = -\tan\alpha$ [V] [F]
c. $\cos(\pi - \alpha) = -\cos\alpha$ [V] [F]
d. $\sin(2\pi - \alpha) = -\sin\alpha$ [V] [F]
e. $\tan(\pi + \alpha) = \tan\alpha$ [V] [F]

Calcola il valore delle funzioni indicate, utilizzando le informazioni fornite.

3 $\cos\alpha$ e $\tan\alpha$ — $\sin\alpha = \dfrac{5}{13},\ \dfrac{\pi}{2} < \alpha < \pi$ $\qquad \left[-\dfrac{12}{13};\ -\dfrac{5}{12}\right]$

4 $\tan\alpha$ e $\sin(-\alpha)$ — $\cos\alpha = -\dfrac{2}{3},\ \pi < \alpha < \dfrac{3}{2}\pi$ $\qquad \left[\dfrac{\sqrt{5}}{2};\ \dfrac{\sqrt{5}}{3}\right]$

5 $\sin\alpha$ e $\cos\alpha$ — $\tan\alpha = \dfrac{28}{45},\ \pi < \alpha < \dfrac{3}{2}\pi$ $\qquad \left[-\dfrac{28}{53};\ -\dfrac{45}{53}\right]$

Calcola il valore delle seguenti espressioni.

6 $4\cos 0 - \dfrac{2}{\cos\dfrac{\pi}{3}} + \dfrac{2}{\sin\dfrac{\pi}{4}} - 4\sin\dfrac{\pi}{4} + \cot\dfrac{\pi}{2}$ $\qquad [0]$

7 $3\tan 0° + 4\cos 30° \sin 60° - \sqrt{2}\cos 45° - 6\sin 90°$ $\qquad [-4]$

8 $4\sin\dfrac{\pi}{2} - 3\left(\sin\dfrac{\pi}{6} + \cos\dfrac{\pi}{3}\right) - 2\sin\dfrac{\pi}{3} + \cos\pi$ $\qquad [-\sqrt{3}]$

Semplifica le seguenti espressioni.

9 $\sin(-\alpha) + \cos(-\alpha) + \dfrac{1}{\cos(-\alpha)} + 2\sin\alpha - \dfrac{1}{\cos\alpha} + 3\cos\alpha$ $\qquad [\sin\alpha + 4\cos\alpha]$

10 $\sin^2(-\alpha) + \cos^2\alpha + \tan(-\alpha)\cot\alpha$ $\qquad [0]$

11 $\dfrac{1}{\sin\left(\dfrac{\pi}{2} - \alpha\right)} \tan\left(\dfrac{\pi}{2} - \alpha\right) + \sin\left(\dfrac{\pi}{2} - \alpha\right) - \dfrac{1}{\cos\left(\dfrac{\pi}{2} - \alpha\right)}$ $\qquad [\cos\alpha]$

12 $\tan(\pi - \alpha)\cot\alpha - \cot(\pi - \alpha)\tan\alpha$ $\qquad [0]$

13 **TEST** Quanto vale l'espressione $\sin 13° \cos 17° + \cos 13° \sin 17°$?

[A] 1 [B] 0 [C] 0,5 [D] -1 [E] $-0,5$

Capitolo 8. Funzioni goniometriche e trigonometria

Risolvi le seguenti equazioni in $\mathbb{R}$.

14 $2\cos 60° \sin x - \sin 30° = \tan 180°$ $\qquad [30° + k\,360°;\ 150° + k\,360°]$

15 $2\cos x + 2 = \cos x + 2\sin\dfrac{\pi}{2}$ $\qquad \left[\dfrac{\pi}{2} + k\pi\right]$

16 $2\sin\dfrac{\pi}{3}\cos x - \cos\dfrac{\pi}{6} = \tan \pi$ $\qquad \left[\pm\dfrac{\pi}{3} + 2k\pi\right]$

17 $\tan x = \sin \pi$ $\qquad [k\pi]$

18 $2\sin\dfrac{\pi}{3}\tan x - \tan\dfrac{\pi}{3} = 0$ $\qquad \left[\dfrac{\pi}{4} + k\pi\right]$

Risolvi le seguenti disequazioni in $\mathbb{R}$.

19 $2\sin x + \sqrt{2} > 0$ $\qquad \left[-\dfrac{\pi}{4} + 2k\pi < x < \dfrac{5}{4}\pi + 2k\pi\right]$

20 $2\cos x + \sqrt{3} \geq 0$ $\qquad \left[2k\pi \leq x \leq \dfrac{5}{6}\pi + 2k\pi \vee \dfrac{7}{6}\pi + 2k\pi \leq x \leq 2\pi + 2k\pi\right]$

21 $\sin x + 3 \geq 2(\sin x + 2)$ $\qquad \left[x = \dfrac{3}{2}\pi + 2k\pi\right]$

22 $2(\sin x + 3) < 3(2 - \sin x)$ $\qquad [\pi + 2k\pi < x < 2\pi + 2k\pi]$

23 $\cos x - \sqrt{2} > 3\cos x$ $\qquad \left[\dfrac{3\pi}{4} + 2k\pi < x < \dfrac{5\pi}{4} + 2k\pi\right]$

24 $2(\tan x + 1) + 3(1 - \tan x) < -2(\tan x - 3)$ $\qquad \left[-\dfrac{\pi}{2} + k\pi < x < \dfrac{\pi}{4} + k\pi\right]$

ANALIZZARE E INTERPRETARE DATI E GRAFICI

25 Spiega perché la funzione seno è invertibile se si restringe il suo dominio all'intervallo $\left[-\dfrac{\pi}{2}; \dfrac{\pi}{2}\right]$, mentre la funzione coseno è invertibile se si restringe il suo dominio all'intervallo $[0; \pi]$.

26 Spiega perché la funzione tangente è invertibile se si restringe il suo dominio all'intervallo $\left]-\dfrac{\pi}{2}; \dfrac{\pi}{2}\right[$.

27 Un triangolo ha gli angoli α, β, γ tali che $\alpha = \dfrac{1}{3}\beta$ e $\beta = \gamma$. Trova la misura in radianti degli angoli α, β, γ.

$\qquad \left[\alpha = \dfrac{\pi}{7}; \beta = \gamma = \dfrac{3}{7}\pi\right]$

28 Dato il triangolo rettangolo della figura, è noto che $\tan\beta = \dfrac{4}{3}$. Calcola sin β, cos β, cos γ e tan δ.

$\qquad \left[\dfrac{4}{5}; \dfrac{3}{5}; \dfrac{4}{5}; -\dfrac{4}{3}\right]$

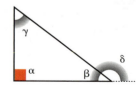

29

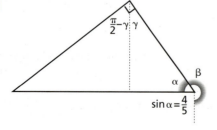

Trova: $\sin\beta$, $\tan\gamma$, $\cos\left(\dfrac{\pi}{2} - \gamma\right)$. $\left[-\dfrac{3}{5}; \dfrac{3}{4}; \dfrac{3}{5}\right]$

30

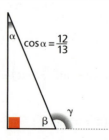

Calcola: $\tan\beta$, $\cos\gamma$, $\sin(\pi + \gamma)$.

$\qquad \left[\dfrac{12}{5}; -\dfrac{5}{13}; -\dfrac{12}{13}\right]$

Allenamento

VERIFICA DELLE COMPETENZE

TEST

31 Del quadrilatero convesso $ABCD$ si conoscono i lati $\overline{AB} = \overline{DA} = 6$, $\overline{BC} = 4$, $\overline{CD} = 5$ e l'angolo $\hat{B} = 120°$. Riguardo all'angolo $\hat{D}$ si può affermare che:

A non ci sono elementi sufficienti per calcolarlo.
B il coseno è uguale a $-\dfrac{1}{4}$.
C la sua misura è 60°.
D è congruente a $\hat{B}$.
E è un angolo acuto.

32 Nel triangolo della figura l'angolo $B\hat{A}C$ misura:

A 120°.
B 60°.
C 45°.
D 30°.
E 150°.

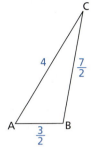

33 Individua l'affermazione errata fra le seguenti, in riferimento alla figura.

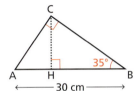

A $\overline{AC} = 30 \sin 35°$
B $\overline{BC} = 30 \cos 35°$
C $\overline{AC} = \overline{BC} \tan 55°$
D $\overline{CH} = 30 \cos 35° \cdot \sin 35°$
E $\overline{AH} = \overline{AC} \cos 55°$

Risolvi il triangolo ABC, noti gli elementi indicati.

34 $\alpha = \dfrac{\pi}{2}$, $a = 41$, $c = 40$. $\left[b = 9; \beta = \arcsin \dfrac{9}{41}; \gamma = \arcsin \dfrac{40}{41}\right]$

35 $\alpha = 40°$, $\beta = 38°$, $b = 15$. $[a \simeq 15{,}7; c \simeq 23{,}8; \gamma = 102°]$

36 $a = 8$, $b = 21$, $\gamma = 15°$. $[c \simeq 13{,}4; \alpha \simeq 9°; \beta \simeq 156°]$

37 $b = 21$, $c = 35$, $\tan \beta = \dfrac{3}{4}$. $[a = 28; \alpha \simeq 53°; \gamma = 90°]$

38 $a = 7$, $b = 10$, $c = 16$. $[\alpha \simeq 16°; \beta \simeq 24°; \gamma = 140°]$

RISOLVERE PROBLEMI

39 Nel triangolo ABC, rettangolo in A, un cateto è lungo 20 cm e il coseno dell'angolo acuto a esso adiacente è 0,7. Determina l'area e il perimetro del triangolo. $[204 \text{ cm}^2; 68{,}97 \text{ cm}]$

40 In un triangolo ABC, $\hat{A} = 30°$ e $\hat{B} = 45°$. Essendo $AC = 20$ cm, calcola la lunghezza del lato AB. $[(10\sqrt{3} + 10) \text{ cm}]$

41 Le ampiezze degli angoli di un triangolo sono α, β, γ. Sapendo che $\cos \alpha = \dfrac{7}{25}$ e $\cos \beta = \dfrac{24}{25}$, calcola $\cos \gamma$, specificando se il triangolo è rettangolo, acutangolo o ottusangolo. $[0; \text{triangolo rettangolo}]$

42 In un triangolo rettangolo un cateto è i $\dfrac{7}{24}$ dell'altro e l'area è 756 cm². Determina i cateti e gli angoli acuti. $[72 \text{ cm}, 21 \text{ cm}; 73{,}7°; 16{,}3°]$

43 Calcola l'area di un rombo di lato 35 cm, sapendo che il coseno dell'angolo acuto è $\dfrac{7}{25}$. $[1176 \text{ cm}^2]$

44 Calcola il perimetro e l'area di un trapezio isoscele, sapendo che la base maggiore è 90 cm, il lato obliquo 30 cm e l'angolo alla base ha il coseno uguale a $\dfrac{3}{5}$. $[204 \text{ cm}; 1728 \text{ cm}^2]$

COSTRUIRE E UTILIZZARE MODELLI

45 **Pedala!** Marta ha una bicicletta con le ruote che hanno raggi di 28 cm.

a. Scrivi la funzione che rappresenta l'altezza y del punto V sulla periferia della ruota (in corrispondenza della valvola), rispetto all'altezza del mozzo M, in funzione dell'angolo α.

b. Determina l'altezza rispetto al suolo del punto V quando α vale 150°. Quanto vale α quando l'altezza è 0?

c. Partendo da $\alpha = 0$, Marta pedala facendo compiere alla valvola un angolo di 1500°. Quanta strada ha percorso?

[a) $y = 28 \sin \alpha$; b) 42 cm; 270°; c) 7,33 m]

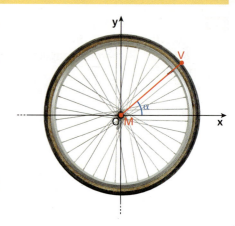

46 **Proprietà privata** Alcune misure di una zona edificabile di forma triangolare sono riportate in figura. Il proprietario vuole dividere la zona in due parti in modo che le aree siano proporzionali ai numeri 1,5 e 2,5, mediante la linea di confine CD.

a. Calcola l'area della zona complessiva e quelle delle due parti.

b. Determina le coordinate di D e la misura di CD.

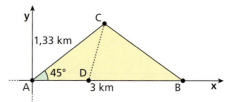

[a) 1,41 km²; 0,53 km²; 0,88 km²; b) $D(1,27; 0)$; 0,99 km]

RISOLVIAMO UN PROBLEMA

London Eye

Paolo, Sandro e Rosa sono saliti sulla ruota panoramica di Londra e si tengono in contatto con i loro cellulari, dotati di altimetro e di livella digitale. Sandro e Paolo occupano due posti diametralmente opposti. A un certo punto i tre si scambiano nello stesso istante i seguenti messaggi:
Sandro: «Vedo Paolo perfettamente allineato con me lungo la direzione orizzontale».
Paolo: «Vedo Rosa sopra di me a un angolo di 30° sull'orizzontale».
Rosa: «Mi trovo a 120 metri di altezza rispetto al punto più basso della ruota!».
Qual è la distanza PR tra Paolo e Rosa?

▶ **Esprimiamo PR in funzione del raggio.**

Il triangolo PSR è rettangolo, in quanto inscritto in una semicirconferenza, $\overline{PS} = 2r$, quindi:

$$\overline{PR} = 2r\cos 30° = r\sqrt{3}.$$

▶ **Calcoliamo la misura del raggio.**

Scriviamo l'altezza di Rosa, ovvero il segmento HR, in funzione del raggio,

$$\overline{HR} = \overline{HT} + \overline{TR} = r + \overline{PR} \cdot \sin 30° = r\frac{2+\sqrt{3}}{2},$$

da cui, sapendo che $\overline{HR} = 120$:

$$r\frac{2+\sqrt{3}}{2} = 120 \to r = \frac{240}{2+\sqrt{3}} = 240(2-\sqrt{3}) \simeq 64,3.$$

▶ **Ricaviamo PR.**

Sostituiamo il valore del raggio:

$$\overline{PR} = r\sqrt{3} = 64,3 \cdot \sqrt{3} \simeq 111,4.$$

La distanza tra Paolo e Rosa è di circa 111,4 metri.

VERIFICA DELLE COMPETENZE PROVE   ⏱ 1 ora

PROVA A

1 Calcola il valore delle seguenti espressioni.

a. $\sin\dfrac{\pi}{6}+\left(\cos\dfrac{\pi}{2}+\tan\dfrac{\pi}{3}\right)^2-\cos\dfrac{2}{3}\pi\cdot\cot\dfrac{3}{4}\pi$

b. $\sin^2\dfrac{5}{3}\pi-\cot\dfrac{3}{2}\pi+\cos\dfrac{11}{6}\pi\cdot\tan\dfrac{\pi}{6}$

2 Semplifica le seguenti espressioni.

a. $\sin(180°-\alpha)\tan(90°-\alpha)-\cos(-\alpha)+\sin(\alpha-90°)-\cos(360°+\alpha)$

b. $\sin(-\alpha)\cos(3\pi+\alpha)+\cos\left(\dfrac{3}{2}\pi-\alpha\right)\sin\left(\dfrac{11}{2}\pi+\alpha\right)$

3 **COMPLETA** in riferimento alla figura.

a. $\sin\widehat{B}=\square$

b. $\tan A\widehat{C}H=\square$

c. $\overline{AC}\sin\widehat{A}=\square\sin\widehat{B}$

d. $\sin C\widehat{A}H=\square$

e. $\cos H\widehat{C}B=\square$

f. perimetro di $ABC=\square$

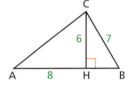

4 Risolvi il triangolo ABC, sapendo che:

a. $a=3\sqrt{5}$, $b=3$, $\cos\alpha=\dfrac{1}{4}$;

b. $a=12$, $b=17$, $c=20$.

PROVA B

1 In un triangolo rettangolo un cateto è lungo 72 cm ed è i $\dfrac{12}{13}$ dell'ipotenusa. Risolvi il triangolo.

2 In un triangolo isoscele il seno degli angoli alla base è uguale a $\dfrac{1}{5}$. Calcola il perimetro e l'area, sapendo che la base misura 40.

3 **Il terrazzo** Nell'appartamento di Barbara c'è un terrazzo della forma rappresentata in figura. La lunghezza dei due lati è $AB=9$ m e $BC=7$ m e il lato AB forma un angolo di 30° con la parete esterna AC.

a. Qual è l'ampiezza dell'angolo che il lato BC forma con la parete AC? E di quello formato tra i due lati esterni?

b. Qual è la superficie del terrazzo?

c. Se si volesse che il terrazzo fosse di soli 20 m², quanto misurerebbe l'angolo formato dai due lati esterni? (Le misure di AB e di BC rimangono uguali.)

CAPITOLO 9
STATISTICA

MATEMATICA INTORNO A NOI

Possiamo fidarci?
I giornali sono sommersi di sondaggi, che rivelano opinioni, tendenze, orientamenti politici della popolazione.

▶ Quanto sono attendibili i risultati dei sondaggi?

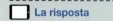

La risposta

1 Dati statistici

▶ Esercizi a p. 407

La **statistica** è la scienza che si occupa di analizzare e comprendere fenomeni del mondo e della società attraverso l'interpretazione di dati che sono collegati o descrivono i fenomeni stessi. In particolare, la **statistica descrittiva** si occupa di:
- raccogliere e organizzare i dati;
- sintetizzarli in modo da individuare relazioni o caratteristiche;
- fare previsioni per il futuro.

La **statistica inferenziale**, invece, si occupa di trarre conclusioni generali con un errore predeterminato a partire da dati ottenuti su una parte della popolazione. Si avvale dei risultati della statistica descrittiva e di strumenti di probabilità.

Ci occuperemo principalmente della statistica descrittiva.
Richiamiamo le definizioni fondamentali.

Definizioni fondamentali

1. **Popolazione**: è l'insieme delle persone (o oggetti) sui quali si effettua l'indagine; ogni singolo individuo (o soggetto) è detto **unità statistica**.

2. **Carattere**: è la caratteristica oggetto dell'indagine; è rappresentato dalle **modalità**, cioè ogni modo diverso in cui il carattere si può manifestare. In base alle modalità un carattere può essere di due tipi.
   - **Quantitativo**: se espresso attraverso un numero. In questo caso si parla di **variabile statistica**, che può essere a sua volta di due tipi:
     - **continua**: se le modalità derivano da un'operazione di *misurazione*, per esempio l'altezza delle persone o il prezzo di un prodotto;
     - **discreta**: se le modalità derivano da un'operazione di *conteggio*, per esempio l'età in anni o il numero di ingressi giornalieri a un museo.
   - **Qualitativo**: se espresso attraverso parole. Si parla, in tal caso, di **mutabile statistica**, per esempio il colore degli occhi o la marca di un certo tipo di prodotto.

3. **Frequenza assoluta di una modalità**: è il numero di volte in cui si presenta la modalità in una distribuzione di dati.

4. **Frequenza relativa di una modalità**: è il rapporto tra la frequenza assoluta della modalità e il numero totale delle unità statistiche.

Paragrafo 1. Dati statistici

5. **Frequenza cumulata di una modalità**: è la somma della frequenza assoluta della modalità con tutte le frequenze assolute precedenti. Per calcolare la frequenza cumulata, le modalità devono essere ordinate in modo crescente.

Si chiama **distribuzione di frequenze**, o più semplicemente **distribuzione**, l'insieme delle coppie ordinate in cui il primo elemento è la modalità e il secondo è la frequenza corrispondente.

Occupiamoci, innanzitutto, delle **distribuzioni semplici**, cioè delle distribuzioni che interessano un solo carattere.

Per riassumere i dati è utile organizzarli in tabelle e poi rappresentarli con un grafico opportuno, in modo da rendere più evidenti le loro caratteristiche.

■ Serie e seriazioni

Serie statistiche

In questo tipo di tabelle, la prima colonna contiene le modalità di un carattere *qualitativo* e le colonne successive contengono le corrispondenti frequenze assolute e relative.
Per esempio, consideriamo la tabella che riporta i tipi di elettrodomestici che sono stati acquistati presso un negozio.

Serie statistica		
Elettrodomestici	**Frequenze assolute**	**Frequenze relative**
apparecchi TV	15	30%
lavatrici	10	20%
forni a microonde	8	16%
aspirapolvere	17	34%
Totale	50	100%

Rappresentazione delle serie statistiche

Possiamo rappresentare i dati in tabella in due modi: con un **ortogramma** o con un **areogramma**.

Per costruire un **ortogramma**, rappresentiamo sull'asse orizzontale le modalità e su quello verticale le frequenze assolute. Questo tipo di grafico permette di confrontare velocemente le frequenze delle modalità in base all'altezza dei rettangoli.

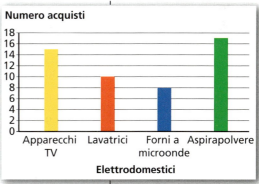

Per costruire un **areogramma** troviamo le frequenze relative di ogni modalità e dividiamo un cerchio in spicchi in modo che l'area di ogni spicchio sia proporzionale alla frequenza relativa della modalità corrispondente allo spicchio. A tal fine è sufficiente calcolare l'angolo al centro di ogni spicchio. Per esempio, l'angolo corrispondente allo spicchio degli apparecchi TV soddisfa la proporzione:

$x : 360° = 30 : 100$, da cui $x = 108°$.

È preferibile non utilizzare l'areogramma nel caso in cui ci siano tante modalità.

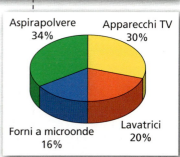

Capitolo 9. Statistica

Serie storiche

Un tipo particolare di serie statistiche è costituito dalle **serie storiche**, che mostrano l'evoluzione nel tempo del fenomeno considerato.
Questa tabella, per esempio, mostra la percentuale di giovani disoccupati negli anni dispari tra il 2005 e 2013.

Serie storica	
Anno	Giovani disoccupati tra i 15 e i 29 anni (%)
2005	20,0
2007	18,9
2009	20,5
2011	22,7
2013	26,0

Rappresentazione delle serie storiche

Il metodo migliore per rappresentare una serie storica è il **diagramma cartesiano**. Per costruirlo si mettono in ascissa i tempi di osservazione e in ordinata i valori rilevati. Collegando i punti con una spezzata, risulta evidente l'andamento del carattere nel tempo.

Seriazioni statistiche

In queste tabelle, la prima colonna contiene un carattere *quantitativo* e le colonne successive contengono le corrispondenti frequenze (assolute, relative o cumulate).
Per esempio, consideriamo la spesa sostenuta dai clienti abituali di un supermercato in un mese.

Seriazione statistica				
Spesa sostenuta dai clienti (€)	Frequenza	Frequenza relativa percentuale	Frequenza cumulata	Frequenza relativa percentuale cumulata
0-300	12	30%	12	30%
300-600	18	45%	30	75%
600-900	6	15%	36	90%
900-1200	4	10%	40	100%
Totale	40	100%		

Rappresentazioni delle seriazioni statistiche

Una seriazione statistica in cui compare un carattere discreto può essere rappresentata con un diagramma cartesiano o con un areogramma o con un ortogramma. Nel caso in cui il carattere sia continuo la rappresentazione più conveniente è il diagramma cartesiano.

Nella tabella precedente i dati sono raggruppati in **classi** e le frequenze riportate sono relative a ogni classe. In tal caso la rappresentazione migliore è l'**istogramma**.

Per costruire un istogramma si disegnano, su un riferimento cartesiano, tanti rettangoli adiacenti quante sono le classi. Ogni rettangolo ha la base proporzionale all'ampiezza della classe e l'area proporzionale alla corrispondente frequenza. Se le classi hanno tutte la stessa ampiezza, allora i rettangoli hanno altezza proporzionale alla frequenza. Se in un istogramma si congiungono i punti medi dei lati superiori dei rettangoli, si ottiene una spezzata chiamata **poligono delle frequenze**.

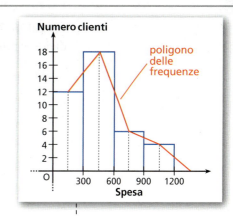

2 Indici di posizione e variabilità

Dopo aver raccolto, organizzato e rappresentato i dati, è necessario sintetizzarli in modo da identificare le relazioni che li caratterizzano.
La sintesi dei dati avviene attraverso gli **indici**, che si distinguono in **indici di posizione** e **indici di variabilità**.
Gli indici di posizione vengono anche detti **medie**, che a loro volta si distinguono in **medie di calcolo** e **medie di posizione**.

■ Medie di calcolo

▶ Esercizi a p. 409

Media aritmetica

> **DEFINIZIONE**
> La **media aritmetica** M di n numeri $x_1, x_2, \ldots, x_n$ è il quoziente fra la loro somma e il numero n.
>
> $$M = \frac{x_1 + x_2 + \ldots + x_n}{n}$$

▶ **Video**

Medie di calcolo In statistica vengono definiti diversi tipi di media.

▶ Come scegliere quella più adatta al nostro caso?

Listen to it

Given a set of n values, the **arithmetic mean** is the sum of all the values divided by n.

La media aritmetica di n numeri è quel numero che, sostituito a ciascuno di essi, lascia invariata la somma totale.

> **ESEMPIO**
> Tre amici mangiano in pizzeria e spendono rispettivamente € 10,50, € 13 e € 11. Se vogliono dividere il conto in parti uguali, possono calcolare la spesa media:
>
> $$M = \frac{10,50 + 13 + 11}{3} = 11,50.$$
>
> Evidentemente, se ciascuno paga € 11,50, la somma totale resta invariata e il conto può essere saldato.

▶ In tre test Chiara ha ottenuto i seguenti punteggi:

5,4; 7,8; 6,3.

Calcola la media dei punteggi.

Possiamo calcolare la media anche nel caso in cui conosciamo la distribuzione di frequenze.
Consideriamo, per esempio, questa tabella.

Voto	6	7	8
Frequenza	4	3	1

Per calcolare la media, dovremo sommare 4 volte 6, 3 volte 7 e una volta 8, e dividere tutto per il numero totale dei dati. Abbiamo, perciò:

$$M = \frac{6+6+6+6+7+7+7+8}{8} = \frac{6 \cdot 4 + 7 \cdot 3 + 8}{4+3+1} = 6{,}625.$$

Possiamo dare una formula equivalente per calcolare la media usando le modalità e le frequenze. Date k modalità $v_1, \ldots, v_k$ con frequenze assolute $f_1, \ldots, f_k$, la media aritmetica è il quoziente tra le somme dei prodotti delle modalità per le corrispondenti frequenze e la somma delle frequenze:

$$M = \frac{v_1 \cdot f_1 + v_2 \cdot f_2 + \ldots + v_k \cdot f_k}{f_2 + f_2 + \ldots + f_k}.$$

Se in una distribuzione di frequenze le modalità sono raggruppate in classi, possiamo considerare come valori $v_1, \ldots, v_k$ i valori centrali di ogni classe.

ESEMPIO
Calcoliamo la media aritmetica relativa alla seriazione statistica di pagina 386:

$$\frac{150 \cdot 12 + 450 \cdot 18 + 750 \cdot 6 + 1050 \cdot 4}{12 + 18 + 6 + 4} = 465.$$

Media ponderata

▶ Dati i numeri -2, 0 e 2, con pesi rispettivamente 4, 8 e 2, ti aspetti che la media ponderata sia positiva, negativa o nulla? Verifica la tua risposta calcolando la media ponderata.

DEFINIZIONE
Dati i numeri $x_1, x_2, \ldots, x_n$ e associati a essi i numeri $p_1, p_2, \ldots, p_n$, detti *pesi*, la **media aritmetica ponderata** P è il rapporto fra la somma dei prodotti dei numeri per i loro pesi e la somma dei pesi stessi.

$$P = \frac{x_1 p_1 + x_2 p_2 + \ldots + x_n p_n}{p_1 + p_2 + \ldots + p_n}$$

media aritmetica ponderata — somma dei prodotti dei valori per i loro pesi — somma dei pesi

La media aritmetica può essere considerata un caso particolare di media ponderata in cui tutti i pesi sono uguali a 1.

La media ponderata è particolarmente significativa quando i pesi servono per indicare l'*importanza* dei diversi valori.

ESEMPIO ☐ Animazione
In un quadrimestre vengono svolte prove alle quali viene attribuita una diversa importanza (compiti in classe, relazioni, interrogazioni, test). Per un certo studente, i voti riportati e i pesi da attribuire ai voti sono quelli della tabella. Calcoliamo la media ponderata:

$$P = \frac{5 \cdot 1 + 6 \cdot 2{,}5 + 5 \cdot 1 + 5 \cdot 1 + 7 \cdot 2{,}5 + 6 \cdot 3}{1 + 2{,}5 + 1 + 1 + 2{,}5 + 3} \simeq 5{,}95.$$

Se avessimo calcolato la media aritmetica semplice, cioè senza considerare i pesi, avremmo avuto

$$M = \frac{5+6+5+5+7+6}{6} \simeq 5{,}67.$$

Il valore della media ponderata è maggiore di quello della media aritmetica semplice, perché i voti maggiori sono stati ottenuti nelle prove con peso maggiore, cosa di cui la media aritmetica semplice non tiene conto.

Voti pesati

Voto	Peso
5	1
6	2,5
5	1
5	1
7	2,5
6	3

Paragrafo 2. Indici di posizione e variabilità

Media geometrica

DEFINIZIONE

La **media geometrica** G di n numeri $x_1, x_2, ..., x_n$, tutti positivi, è la radice n-esima del prodotto degli n numeri.

$$G = \sqrt[n]{x_1 \cdot x_2 \cdot \ldots \cdot x_n}$$

🇬🇧 **Listen to it**

Given a set of n positive values, the **geometric mean** is the nth root of the product of all the values.

▶ Trova la media geometrica dei seguenti numeri.
1   2   4
[2]

La media geometrica trova impiego ogniqualvolta si descrive il variare di un fenomeno nel tempo e vogliamo resti costante il prodotto dei valori considerati.

Infatti, la media geometrica è l'unico numero che sostituito ai dati ne lascia inalterato il prodotto, come possiamo dedurre dalla formula della sua definizione:

$$x_1 \cdot x_2 \cdot \ldots \cdot x_n = G^n.$$

ESEMPIO Animazione

Consideriamo la tabella relativa alla produzione di grano ottenuta da un'azienda agricola tra il 2012 e il 2016.
Abbiamo ottenuto le percentuali della terza colonna calcolando l'incremento percentuale rispetto all'anno precedente. Per esempio, nel 2013 si è avuto un incremento rispetto al 2012 di 27 t, cioè una variazione percentuale:

$$\frac{125-98}{98} = \frac{27}{98} \simeq 0{,}276 = 27{,}6\%.$$

Produzione di grano

Anno	Produzione (tonnellate)	Variazione %
2012	98	
2013	125	27,6%
2014	145,5	16,4%
2015	143	−1,7%
2016	165	15,4%

Vogliamo determinare la percentuale media di variazione.
Osserviamo come possiamo passare dal valore della produzione di un anno a quello dell'anno successivo:

2013 $98 + 98 \cdot 0{,}276 = 98 \cdot (1 + 0{,}276) = 98 \cdot 1{,}276 \simeq 125$;

2014 $125 + 125 \cdot 0{,}164 = 125 \cdot (1 + 0{,}164) = 125 \cdot 1{,}164 \simeq 145{,}5$;

2015 $145{,}5 + 145{,}5 \cdot (-0{,}017) = 145{,}5 \cdot (1 - 0{,}017) = 145{,}5 \cdot 0{,}983 \simeq 143$;

2016 $143 + 143 \cdot 0{,}154 = 143 \cdot (1 + 0{,}154) = 143 \cdot 1{,}154 \simeq 165$.

Possiamo ottenere il valore relativo all'anno 2016 anche direttamente, a partire dal valore iniziale relativo all'anno 2012:

$165 \simeq 143 \cdot (1 + 0{,}154) \simeq 145{,}5 \cdot (1 - 0{,}017) \cdot (1 + 0{,}154) \simeq$

$125 \cdot (1 + 0{,}164) \cdot (1 - 0{,}017) \cdot (1 + 0{,}154) \simeq$

$98 \cdot (1 + 0{,}276) \cdot (1 + 0{,}164) \cdot (1 - 0{,}017) \cdot (1 + 0{,}154).$

Abbiamo ottenuto

$165 \simeq 98 \cdot 1{,}276 \cdot 1{,}164 \cdot 0{,}983 \cdot 1{,}154.$

Cerchiamo il fattore che, sostituito a ognuno dei quattro fattori per cui è moltiplicato il valore iniziale 98, lascia invariato il risultato. Deve essere:

$98 \cdot (1+x) \cdot (1+x) \cdot (1+x) \cdot (1+x) = 165 \quad \rightarrow \quad 98 \cdot (1+x)^4 = 165.$

▶ Considera i seguenti prezzi (in euro) di un bene di consumo negli ultimi quattro anni.

20 18 21 23

Calcola la percentuale media di variazione.

[4,8%]

Listen to it

Given a set of n positive values, the **harmonic mean** is the reciprocal of the arithmetic means of the reciprocal of each of the values.

Confrontando l'uguaglianza con la relazione precedente:

$$(1+x)^4 = 1{,}276 \cdot 1{,}164 \cdot 0{,}983 \cdot 1{,}154;$$

$$(1+x) = \sqrt[4]{1{,}276 \cdot 1{,}164 \cdot 0{,}983 \cdot 1{,}154} \simeq 1{,}139.$$

Il valore ottenuto per $(1+x)$ è la media geometrica dei quattro fattori. Da esso ricaviamo:

$$1 + x = 1{,}139 \quad \rightarrow \quad x = 1{,}139 - 1 = 0{,}139 \quad \rightarrow \quad x = 13{,}9\%.$$

La percentuale media di variazione è quindi del 13,9%.

Media armonica

DEFINIZIONE

La **media armonica** A di n numeri $x_1, x_2, ..., x_n$, tutti positivi, è il reciproco della media aritmetica dei reciproci dei valori.

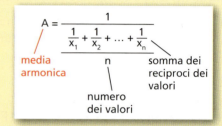

$$A = \cfrac{1}{\cfrac{\frac{1}{x_1} + \frac{1}{x_2} + \cdots + \frac{1}{x_n}}{n}}$$

media armonica — numero dei valori — somma dei reciproci dei valori

La media armonica è utilizzata per la determinazione di valori medi di dati che derivano dal reciproco di altri dati. Si usa, per esempio, per calcolare il valore medio di velocità relative a uno stesso percorso o per il calcolo del prezzo medio di un bene quando si vuole determinare il potere d'acquisto di una moneta.

ESEMPIO | Animazione

Consideriamo, per esempio, la tabella a fianco, che mostra il prezzo in euro di un litro di benzina in quattro successivi momenti.
Se ogni volta abbiamo effettuato un rifornimento per 30 euro, quanto è costata in media la benzina al litro?
Indichiamo con L_i i litri di rifornimento fatti ogni volta e con p_i il prezzo in ciascun caso. Abbiamo allora $30 = p_i \cdot L_i$.

Prezzo della benzina	
Tempo	Prezzo
I	1,382
II	1,522
III	1,405
IV	1,509

Per calcolare la media, calcoliamo i litri di benzina fatti a ogni rifornimento:

$$L_1 = \frac{30}{1{,}382} \simeq 21{,}71; \qquad L_2 = \frac{30}{1{,}522} \simeq 19{,}71; \qquad L_3 = \frac{30}{1{,}405} \simeq 21{,}35;$$

$$L_4 = \frac{30}{1{,}509} \simeq 19{,}88.$$

Osservato che la spesa totale per i 4 rifornimenti è stata di € 120, si trova che il prezzo medio di un litro di benzina è: $\frac{120}{82{,}65} \simeq 1{,}452$.

Questo, infatti, è il numero A che, sostituito al prezzo al litro per ogni rifornimento, lascia inalterata la spesa totale per i quattro rifornimenti, cioè

$$AL_1 + AL_2 + AL_3 + AL_4 = 4 \cdot 30,$$

e poiché $L_i = \frac{30}{p_i}$ otteniamo:

$$A = \frac{4 \cdot 30}{\frac{30}{p_1} + \frac{30}{p_2} + \frac{30}{p_3} + \frac{30}{p_4}} = \frac{4}{\frac{1}{p_1} + \frac{1}{p_2} + \frac{1}{p_3} + \frac{1}{p_4}}.$$

La media cercata è proprio la media armonica.

▶ Calcola la media armonica dei seguenti numeri.

6 3 4 1 2

$\left[\frac{20}{9}\right]$

Media quadratica

DEFINIZIONE

La **media quadratica** Q di n numeri $x_1, x_2, ..., x_n$ è la radice quadrata della media aritmetica dei quadrati dei numeri.

$$Q = \sqrt{\frac{x_1^2 + x_2^2 + ... + x_n^2}{n}}$$

media quadratica — numero dei valori — somma dei quadrati dei valori

🇬🇧 **Listen to it**

The **quadratic mean** or **root mean square** of n values is the square root of the arithmetic mean of the squares of the values.

La media quadratica di n numeri è quel valore che, sostituito a ciascuno di essi, lascia invariata la somma dei quadrati.
Se per esempio abbiamo tre quadrati di lati 3 cm, 4 cm e 5 cm e ci chiediamo quale lato deve avere un quadrato affinché la sua area sia uguale all'area media dei tre quadrati, possiamo procedere in due modi.
Possiamo calcolare l'area di ciascun quadrato, 9 cm², 16 cm² e 25 cm², e poi calcolare la media aritmetica delle aree, e da questa ricavare il lato.
Oppure possiamo osservare che stiamo cercando una misura l in modo che

$$l^2 + l^2 + l^2 = 3^2 + 4^2 + 5^2,$$

cioè: $\quad l^2 = \frac{3^2 + 4^2 + 5^2}{3}, \quad l = \sqrt{\frac{3^3 + 4^2 + 5^2}{3}} \simeq 4,08.$

La media quadratica è utilizzata per calcolare il valore medio di scostamenti positivi o negativi da un livello prefissato, in quanto supera il problema del segno e tiene conto soltanto dell'ampiezza degli scostamenti.

ESEMPIO Animazione

La tabella riporta le variazioni della temperatura in gradi Celsius relative ad alcuni giorni di una settimana rispetto alla temperatura media stagionale.

Calcoliamo il valore della variazione media per mezzo della media quadratica.

Giorno	Variazione	Variazione al quadrato
lunedì	− 2,5	6,25
martedì	1,5	2,25
mercoledì	0,8	0,64
giovedì	− 1,5	2,25
venerdì	− 2,4	5,76
Totale		17,15

Nella tabella sono riportati anche i valori al quadrato delle variazioni.

La media quadratica risulta: $Q = \sqrt{\frac{17,15}{5}} \simeq 1,85.$

Tale media rappresenta il valore medio di scostamento rispetto alla temperatura stagionale.

Il calcolo della media aritmetica delle variazioni con il loro segno non sarebbe stato indicativo, in quanto si sarebbero avute delle compensazioni.

■ Medie di posizione

▶ Esercizi a p. 413

Mediana

Listen to it

Given an ordered sequence of n values, the **median** is the central value if n is odd; it is the arithmetic mean of the two central values if n is even.

DEFINIZIONE

Data la sequenza ordinata di n numeri $x_1, x_2, ..., x_n$, la **mediana** è:
- il valore centrale, se n è dispari;
- la media aritmetica dei due valori centrali, se n è pari.

mediana
21, 22, **26**, 28, 35

21, 22, 26, 28 → mediana
$$\frac{22 + 26}{2} = 24$$

La mediana è il numero che lascia alla sua sinistra la metà dei dati, dopo che questi sono stati ordinati.

Per questa sua caratteristica la mediana può essere calcolata anche usando la frequenza cumulata.

Consideriamo, per esempio, la seguente serie di dati.

$$3 \quad 3 \quad 4 \quad -2 \quad -2 \quad 0 \quad 0 \quad 0 \quad -1 \quad 7$$

Ordiniamoli e scriviamo la tabella seguente, riportando la frequenza cumulata.

Dati	-2	-1	0	3	4	7
Frequenza cumulata	2	3	6	8	9	10

▶ Trova la mediana dei seguenti numeri.

$-2 \quad -5 \quad 3 \quad 3 \quad 0 \quad 0 \quad 2$

La prima modalità la cui frequenza cumulata supera la metà del numero di dati è 0: 0 è la mediana cercata.

Nel caso di una distribuzione suddivisa in classi, la **classe mediana** è la prima classe la cui frequenza cumulata supera la metà del numero di dati.

Moda

Listen to it

In a data set, the **mode** is the most frequent value.

DEFINIZIONE

Dati i numeri $x_1, x_2, ..., x_n$, si chiama **moda** il valore a cui corrisponde la frequenza massima.

50, 100, 100, 100, 200, 300, 300
         └─── moda ───┘

La moda indica il valore più «presente» nella distribuzione. Ci sono serie di dati che hanno più di una moda. Consideriamo i risultati di un compito in classe (vedi tabella a fianco).

Voti di un compito					
Voto	4	5	6	7	8
Frequenza	2	9	3	9	2

▶ Trova la moda dei seguenti numeri.

1 2 11 3 23

La distribuzione risulta *bimodale*, avendo per moda sia 5 sia 7.

Nel caso di una distribuzione suddivisa in classi di ampiezza costante, chiamiamo **classe modale** quella che ha frequenza maggiore.

La moda è l'unico indice di posizione che è calcolabile anche per caratteri qualitativi.

■ Indici di variabilità

▶ Esercizi a p. 414

Gli indici di posizione sono utili per individuare l'ordine di grandezza del fenomeno considerato, sintetizzandolo in un unico valore. In molte situazioni, però, sono insufficienti per spiegare in maniera completa il fenomeno. Ecco perché si utilizzano gli **indici di variabilità**. Riassumiamo le definizioni principali.

- **campo di variazione**: la differenza tra il valore massimo e quello minimo:

  $x_{\max} - x_{\min}$;

- **scarto semplice medio S**: la media aritmetica dei valori assoluti degli scarti dalla media aritmetica M dei dati:

  $$S = \frac{|x_1 - M| + |x_2 - M| + \dots + |x_n - M|}{n};$$

- **deviazione standard σ**: la media quadratica degli scarti dalla media:

  $$\sigma = \sqrt{\frac{(x_1 - M)^2 + (x_2 - M)^2 + \dots + (x_n - M)^2}{n}};$$

  il valore σ^2, cioè il radicando nell'espressione di σ, è chiamato **varianza**.

Consideriamo la tabella seguente, che riporta le temperature di due diverse località, registrate nell'arco della stessa giornata.

Ore	06:00	10:00	12:00	18:00	20:00	22:00	24:00
Località A	−6	−2	4	8	1	−3	−2
Località B	−3	−1	0	3	4	−2	−1

È facile osservare che la temperatura media è 0 in entrambe le località, ma climaticamente le due località sono molto diverse.
Calcoliamo innanzitutto il campo di variazione: è 14 nella località A e 7 nella località B. Ciò indica già che la località A ha un'escursione termica maggiore rispetto alla località B.
Calcoliamo anche lo scarto semplice e la deviazione standard nelle due località:

$$S_A = \frac{6 + 2 + 4 + 8 + 1 + 3 + 2}{7} = \frac{26}{7} \simeq 3{,}71,$$

$$S_B = \frac{3 + 1 + 0 + 3 + 4 + 2 + 1}{7} = \frac{14}{7} = 2;$$

$$\sigma_A = \sqrt{\frac{6^2 + 2^2 + 4^2 + 8^2 + 1^2 + 3^2 + 2^2}{7}} \simeq 4{,}37,$$

$$\sigma_B = \sqrt{\frac{3^2 + 1^2 + 0^2 + 3^2 + 4^2 + 2^2 + 1^2}{7}} \simeq 2{,}39.$$

Gli scarti semplici e le deviazioni standard confermano che, pur avendo le due località la stessa temperatura media, le temperature della località B subiscono, nell'arco della giornata, variazioni minori rispetto alla media.

▶ Data la serie di numeri
−2 −1 0 4 6
calcola il campo di variazione, lo scarto semplice medio e la deviazione standard.

[8; 2,88; 3,07]

▶ Considera le due serie di dati:
−7 −5 0 5 7
e
−2 −1 0 1 2.
In quale dei due casi ti aspetti la varianza maggiore? Provalo, calcolando le due varianze.

3 Distribuzione gaussiana

▶ Esercizi a p. 420

Consideriamo la distribuzione relativa a un'indagine sull'altezza di 100 ragazze di età compresa tra i 20 e i 30 anni.

Altezza (cm)	Frequenza
160-165	5
165-170	11
170-175	13
175-180	40
180-185	15
185-190	10
190-195	6

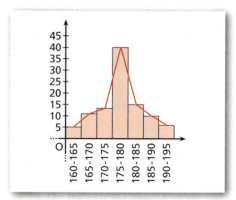

Ripetiamo l'indagine su una popolazione composta da 100 ragazze di età compresa tra i 10 e i 20 anni.

Altezza (cm)	Frequenza
140-145	4
145-150	6
150-155	7
155-160	8
160-165	16
165-170	19
170-175	15
175-180	10
180-185	7
185-190	5
190-195	3

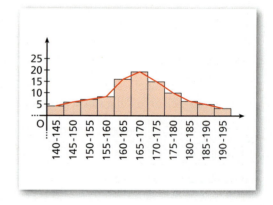

I poligoni delle frequenze hanno la stessa forma, che ricorda una campana, ma posizioni e larghezze diverse.

Nel primo caso, la media M_1 della distribuzione è circa 177 cm e la deviazione standard σ_1 è circa 7.

Nel secondo caso, la media M_2 della distribuzione è circa 167 cm e la deviazione standard σ_2 è circa 12.

Il poligono delle frequenze nel primo caso è **centrato** rispetto a 177,5, cioè ha massimo all'incirca in M_1 ed è simmetrico rispetto alla media. Poiché le ragazze sono tutte in età in cui si è concluso lo sviluppo, la varianza è piccola, quindi i dati sono abbastanza concentrati intorno alla media.

Il poligono delle frequenze nel secondo caso è centrato rispetto a 167,5, cioè all'incirca rispetto alla media M_2 ed è più largo rispetto al precedente. A una maggiore deviazione standard, infatti, corrisponde una maggiore dispersione dei dati.

Paragrafo 3. Distribuzione gaussiana

Le curve che si ottengono aumentando la numerosità della popolazione presa in esame e riducendo l'ampiezza delle classi in ciascuno dei due casi si avvicinano sempre più alle curve teoriche, dette **curve di Gauss**, che osservi nelle figure. Esse hanno le stesse caratteristiche osservate per i poligoni, ma sono centrate una rispetto a 177 e l'altra rispetto a 167, e la prima è più stretta della seconda.

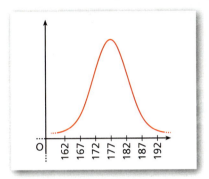
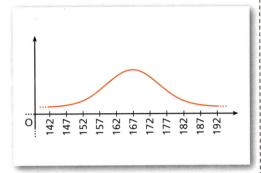

Nonostante le diversità osservate, i due poligoni delle frequenze hanno anche qualcosa in comune.
Consideriamo nel primo caso l'intervallo di dati compreso tra $M_1 - \sigma_1$ e $M_1 + \sigma_1$, cioè all'incirca l'intervallo di dati compreso tra $177 - 7 = 170$ e $177 + 7 = 184$.
Quante sono le ragazze che hanno un'altezza compresa in questo intervallo?
Per stabilirlo basta sommare le frequenze corrispondenti alle classi interessate, che equivale a calcolare l'area dei rettangoli dell'istogramma che, sappiamo, corrisponde all'area compresa tra il poligono delle frequenze e l'asse x, in corrispondenza di queste classi.
Abbiamo perciò:

$13 + 40 + 15 = 68.$

Possiamo anche dire che con buona approssimazione il 68% delle ragazze ha un'altezza compresa tra $M_1 - \sigma_1$ e $M_1 + \sigma_1$. (L'approssimazione deriva dal fatto che abbiamo considerato l'intera classe 180-185 senza fermarci a 184.)
Ripetiamo il procedimento nel secondo caso. Troviamo il numero di ragazze la cui altezza è compresa tra $M_2 - \sigma_2 = 155$ e $M_2 + \sigma_2 = 179$. Considerando sempre classi intere, ci basta sommare le frequenze delle classi corrispondenti:

$8 + 16 + 19 + 15 + 10 = 68.$

Anche in questo caso circa il 68% delle ragazze intervistate ha un'altezza compresa tra $M_2 - \sigma_2$ e $M_2 + \sigma_2$.

Questa è una caratteristica delle **distribuzioni gaussiane**, cioè di distribuzioni rappresentate da una curva di Gauss. Al di là delle approssimazioni, sempre necessarie quando si considera un caso numerico, si può infatti dimostrare che, considerata la curva di Gauss corrispondente a una distribuzione gaussiana con media M e deviazione standard σ, l'area compresa tra la curva e l'asse x nell'intervallo tra $M - \sigma$ e $M + \sigma$ rappresenta il 68,27% dell'area totale, cioè il 68,27% dei dati è compreso tra $M - \sigma$ e $M + \sigma$, il 95,45% fra $M - 2\sigma$ e $M + 2\sigma$, e infine il 99,74% fra $M - 3\sigma$ e $M + 3\sigma$.
Da queste informazioni, essendo la distribuzione gaussiana simmetrica rispetto alla media, se ne possono ricavare altre. Per esempio, il 15,865% dei dati è maggiore di $M + \sigma$. Infatti (vedi figura nella pagina successiva), la percentuale di valori maggiori di $M + \sigma$ o minori di $M - \sigma$ è

$100\% - 68,27\% = 31,73\%,$

Capitolo 9. Statistica

MATEMATICA INTORNO A NOI

Piramide della popolazione Nelle indagini statistiche demografiche, la popolazione viene spesso rappresentata con un grafico, detto *piramide dell'età* o *piramide della popolazione*: in tale grafico si confrontano le frequenze di uomini e donne al variare della fascia di età.

▶ Cerca informazioni e fornisci esempi di piramidi delle età per la popolazione italiana.

Cerca nel Web: piramide della popolazione, piramide dell'età, age-sex pyramid

▶ Calcola quanti studenti sostengono una spesa tra 46 e 61 euro, usando i dati dell'esempio.

e quindi la percentuale di valori maggiori di $M + \sigma$ è:

$$\frac{100\% - 68,27\%}{2} = 15,865\%.$$

In modo analogo si ricava che il 2,275% dei valori è maggiore di $M + 2\sigma$, e la stessa percentuale di valori è minore di $M - 2\sigma$.

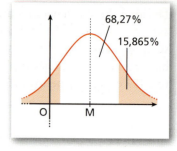

ESEMPIO

Il costo mensile per il trasporto casa-scuola e viceversa, in una popolazione composta da 800 studenti delle scuole superiori residenti fuori dal capoluogo di provincia, ha una distribuzione gaussiana. Sapendo che il costo medio mensile è $M = 56$ euro e la deviazione standard $\sigma = 5$ euro, calcoliamo quanti studenti sostengono un costo compreso tra 51 e 61 euro e quanti uno maggiore di 66 euro.

Essendo $51 = 56 - 5$ e $61 = 56 + 5$, la prima domanda chiede quante sono le persone che sostengono un costo compreso tra $M - \sigma$ e $M + \sigma$; sappiamo che sono il 68,27%:

$$800 \cdot \frac{68,27}{100} = 546.$$

La seconda domanda chiede quanti sono gli studenti che sostengono un costo maggiore di $M + 2\sigma$, essendo $66 = 56 + 2 \cdot 5$. Essi sono il 2,275%:

$$800 \cdot \frac{2,275}{100} = 18.$$

I valori calcolati sono da considerarsi approssimati, in quanto la popolazione esaminata non ha una distribuzione rigorosamente gaussiana, ma sono comunque attendibili.

In alcuni casi svolgere un'indagine sull'intera popolazione può essere impossibile o poco conveniente.
Un'indagine sull'altezza di tutta la popolazione italiana sarebbe molto complicata da svolgere perché dovremmo intervistare tutti gli italiani.
Analogamente, un'indagine sulla concentrazione di succo di arancia in ogni bottiglia di bibita all'arancia prodotta da un'azienda sarebbe poco conveniente: bisognerebbe testare il prodotto di ogni bottiglia rendendo invendibile la produzione.
In questi casi conviene selezionare un **campione**, cioè un sottoinsieme della popolazione su cui effettuare l'indagine. Un campione rappresenta in scala ridotta una popolazione e le unità che lo costituiscono permettono di valutare i parametri della popolazione da cui provengono.
La **statistica inferenziale** è la branca della statistica che si occupa di ricavare dai dati raccolti su un campione, o su più campioni, informazioni sull'intera popolazione con un'accuratezza prestabilita. Uno degli strumenti fondamentali per questo passaggio dal *particolare* al *generale* è la distribuzione gaussiana.
Grazie ad alcuni risultati della teoria della probabilità, infatti, lo studio di molti fenomeni che interessano una popolazione può essere ricondotto allo «studio» di una distribuzione gaussiana le cui caratteristiche possono essere dedotte da un campione.
In questo passaggio dal particolare al generale, la numerosità del campione gioca un ruolo fondamentale. Maggiore è la numerosità del campione, maggiori sono l'accuratezza e la certezza della risposta.

4 Rapporti statistici

▶ Esercizi a p. 421

In alcuni casi i singoli dati non sono molto significativi. Supponiamo, per esempio, di voler confrontare la natalità in Piemonte e nelle Marche nel 2011. Si trova che nel 2011 sono nati 37 757 bambini in Piemonte e 13 856 nelle Marche.
Da questi dati «assoluti» saremmo portati a credere che la natalità sia maggiore in Piemonte rispetto alle Marche.
Consideriamo però anche il numero degli abitanti in Piemonte e nelle Marche. In Piemonte nel 2011 risultavano residenti 4 357 663 persone e nelle Marche 1 540 688.
Se calcoliamo il rapporto tra il numero di nati e il numero di abitanti in ciascuna delle due regioni, scopriamo che ci sono 8,7 nati su 1000 abitanti in Piemonte e 9 su 1000 nelle Marche. La natalità, quindi, è più alta nelle Marche. Questo è un esempio di **rapporto statistico**, cioè un quoziente fra i valori di dati statistici o di un dato statistico e uno non statistico, che permette un confronto tra fenomeni diversi ma collegati fra loro da una qualche relazione logica.

Esaminiamo i seguenti rapporti statistici: rapporti di derivazione, rapporti di densità, rapporti di composizione, rapporti di coesistenza, numeri indice.

Rapporti di derivazione: servono per confrontare due dati statistici di cui il primo deriva dal secondo.

Consideriamo per esempio i seguenti dati sulla popolazione e sui morti italiani in due anni «significativi».

Dati rilevati in Italia		
Anno	Popolazione	Numero di morti
1946	45 540 000	547 952
2010	59 190 143	587 488

I dati assoluti ci stupiscono: nel 1946 ci sono stati meno morti che nel 2010. Se invece consideriamo il rapporto di derivazione,

$$\text{quoziente di mortalità} = \frac{\text{numero dei morti}}{\text{popolazione}},$$

riportato in tabella, evidenziamo che, relativamente alla popolazione, il tasso di mortalità, in realtà, come ci aspettiamo, è inferiore nel 2010.

Quoziente di mortalità (per 1000 abitanti)	
Anno	Quoziente di mortalità
1946	12,03
2010	9,92

Particolari rapporti di derivazione sono i **rapporti di densità**, che sono rapporti tra dati statistici e dati relativi al campo di riferimento (temporale, spaziale o altro). Un rapporto di densità è, per esempio, il rapporto tra la popolazione e la superficie del territorio in cui abita, oppure il rapporto tra il fatturato di un'azienda (espresso in euro) e il numero di addetti.

Rapporti di composizione: sono rapporti tra dati omogenei e servono per valutare l'importanza delle diverse modalità nella composizione del valore complessivo del fenomeno. Spesso coincidono con le frequenze relative.

MATEMATICA INTORNO A NOI
Statistica e mercato del lavoro Tasso di occupazione, tasso di attività, indice di vecchiaia…

▶ In che modo le indagini statistiche permettono di fotografare i cambiamenti della società?

☐ La risposta

▶ La Basilicata ha una superficie che misura 9992 km², con una popolazione di 576 619 abitanti. La Valle d'Aosta ha un'area di 3262 km², con una popolazione di 128 298 abitanti. Calcola il rapporto di densità nei due casi.

[57,7; 39,3]

Capitolo 9. Statistica

In genere sono rapporti tra le frequenze corrispondenti a due diverse modalità di uno stesso carattere. Per esempio, per confrontare i risultati di diverse scuole si può considerare il rapporto tra il numero degli alunni respinti e quello dei promossi.

ESEMPIO
Confrontiamo le spese annue per il tempo libero di una certa popolazione.

Spesa per il tempo libero	
Tipo di spettacolo	Spesa
teatro e concerti	212 118
cinema	303 787
intrattenimenti vari	914 230
manifestazioni sportive	390 652
Totale	1 820 787

Il rapporto

$$\frac{\text{spesa per teatro e concerti}}{\text{spesa per cinema}} = 0{,}70$$

significa che per 100 euro spesi per il cinema ne sono stati spesi 70 per teatro e concerti.

Rapporti di coesistenza: sono rapporti tra le frequenze di due fenomeni diversi riferiti alle stesse unità statistiche e danno un'indicazione dello squilibrio fra dati coesistenti in uno stesso luogo o in uno stesso periodo di tempo. In una scuola ci sono 50 professori, 18 maschi e 32 femmine. Di questi, 12 maschi e 15 femmine fumano. È maggiore la percentuale di fumatori maschi o quella di fumatori femmine?

Calcoliamo i rapporti di composizione.

$$\frac{\text{numero fumatori maschi}}{\text{numero maschi}} = \frac{12}{18} \simeq 67\%$$

$$\frac{\text{numero fumatori femmine}}{\text{numero femmine}} = \frac{15}{32} \simeq 47\%$$

Concludiamo che in percentuale fumano di più i maschi.

Numeri indice: sono il rapporto fra un dato statistico e il valore di un dato statistico preso come elemento di riferimento (base), moltiplicato per 100. Permettono quindi di comprendere le variazioni relative nel tempo o nello spazio di un fenomeno.
I numeri indice sono molto usati nella valutazione di serie storiche di dati. Si distinguono in numeri indice a **base fissa** e numeri indice a **base mobile**. In quest'ultimo caso, il rapporto è tra il dato statistico e quello che lo precede.

Numeri indice a base fissa
Si divide ogni valore per quello della base fissata e si moltiplica il quoziente per 100.

ESEMPIO
Nella tabella a pagina seguente fissiamo come base il 2010 e, per indicare questa scelta, poniamo la produzione nel 2010 uguale a 100.

▶ Un'azienda produce 3000 bicchieri a calice e 7000 bicchieri non a calice. Di questi, rispettivamente 1500 e 3000 sono da vino. La percentuale dei bicchieri da vino è maggiore nei bicchieri a calice o in quelli non a calice?

Paragrafo 5. Efficacia, efficienza, qualità

Produzione di uva	
Anno	Produzione di uva (tonnellate)
2010	32,2
2011	36,8
2012	29,4
2013	32,9
2014	32,3
2015	30,2
2016	35,8

▶ Riferendoti ai contenuti della tabella a fianco, calcola i numeri indice a base fissa usando come base il 2012.

Numero indice a base fissa
100,00
114,29
91,30
102,17
100,31
93,79
111,18

anno 2011 $\frac{36,8}{32,2} \cdot 100 \simeq 114,29$; anno 2014 $\frac{32,3}{32,2} \cdot 100 \simeq 100,31$;

anno 2012 $\frac{29,4}{32,2} \cdot 100 \simeq 91,30$; anno 2015 $\frac{30,2}{32,2} \cdot 100 \simeq 93,79$;

anno 2013 $\frac{32,9}{32,2} \cdot 100 \simeq 102,17$; anno 2016 $\frac{35,8}{32,2} \cdot 100 \simeq 111,18$.

Numeri indice a base mobile
Come base si sceglie il valore che nella tabella precede il valore in esame.

ESEMPIO
Consideriamo la tabella dell'esempio precedente e calcoliamo i numeri indice a base mobile. Il numero indice del primo anno non è determinabile in quanto non conosciamo il valore dell'anno precedente.

anno 2011 $\frac{36,8}{32,2} \cdot 100 \simeq 114,29$; anno 2014 $\frac{32,3}{32,9} \cdot 100 \simeq 98,18$;

anno 2012 $\frac{29,4}{36,8} \cdot 100 \simeq 79,89$; anno 2015 $\frac{30,2}{32,3} \cdot 100 \simeq 93,50$;

anno 2013 $\frac{32,9}{29,4} \cdot 100 \simeq 111,90$; anno 2016 $\frac{35,8}{30,2} \cdot 100 \simeq 118,54$.

Numero indice a base mobile
n.d.
114,29
79,89
111,90
98,18
93,50
118,54

5 Efficacia, efficienza, qualità

▶ Esercizi a p. 425

In un qualsiasi processo, per verificare il funzionamento di un prodotto o di un servizio ed effettuare opportuni interventi di miglioramento, è necessario indagare il livello di alcuni parametri fondamentali che riguardano l'ambito considerato, quali l'**efficacia**, l'**efficienza** e la **qualità**.

■ Controllo della gestione di prodotti e servizi

Efficacia

L'**efficacia** è la capacità di raggiungere obiettivi programmati che siano compatibili con le attese dei consumatori del prodotto o dei fruitori del servizio.

Consideriamo come finalità, per esempio, una comunicazione a vantaggio dell'utenza di un'informazione non riservata e senza scadenze temporali; tale comunicazione si può effettuare utilizzando il telefono, la posta, Internet, oppure convocando direttamente il destinatario. Il livello di efficacia di tutti gli strumenti elencati è massimo, in quanto ciascuno di essi permette il raggiungimento dell'obiettivo con pieno soddisfacimento dell'utente, per il quale la conoscenza dell'informazione rappresenta le attese. Viceversa, se effettuiamo la comunicazione attraverso la visita a domicilio di un incaricato o servendoci di un piccione viaggiatore, non è garantito il raggiungimento dell'obiettivo; dunque tali strumenti hanno un livello di efficacia inferiore.

Consideriamo la tabella contenente informazioni relative alla produzione da parte di 5 aziende di un utensile, che si considera perfettamente riuscito se soddisfa le caratteristiche di maneggevolezza, solidità e lucentezza. I dati si riferiscono a un singolo esemplare.

Azienda	Caratteristiche			Tempo di produzione (minuti)
	Maneggevolezza	Solidità	Lucentezza	
A	✓	✓		80
B	✓	✓	✓	230
C		✓	✓	100
D	✓			40
E	✓	✓	✓	150

L'obiettivo da raggiungere è la costruzione dell'utensile con tutte e 3 le caratteristiche. Dall'analisi della tabella osserviamo che il livello inferiore di efficacia nel processo produttivo è quello dell'azienda D perché il prodotto soddisfa una sola caratteristica, quello intermedio è quello delle aziende A e C, mentre solo le aziende B ed E soddisfano i pieni requisiti di efficacia. Il parametro tempo in tale contesto non è indicativo.

Il livello di efficacia non dipende dalle modalità con cui si raggiunge l'obiettivo, ma soltanto dalla reale possibilità di raggiungerlo.

Efficienza

L'**efficienza** è la capacità di utilizzare nel modo migliore e con una perfetta integrazione le risorse a disposizione.

Consideriamo come finalità, per esempio, la preparazione a una verifica orale su un dato argomento, con piena comprensione dello stesso. Poniamo a confronto due studenti; per raggiungere l'obiettivo il primo studia 1 ora, mentre il secondo studia 5 ore. Concludiamo che il primo studente è più efficiente del secondo, a patto che il livello di comprensione sia lo stesso. Non si può cioè trascurare la finalità del processo. Non è quindi possibile misurare l'efficienza a prescindere dall'efficacia, in quanto ha senso la misura dell'efficienza solo se si esegue in relazione a processi di cui si è già verificato lo stesso livello di efficacia.

Il livello di efficienza dipende dalle modalità con le quali si effettua un processo; non misura il raggiungimento di un obiettivo ma come si raggiunge.

In generale dunque, il processo più efficiente non è il più breve.

Consideriamo la tabella contenente informazioni relative alla fruibilità da parte dell'utenza di un dato servizio, offerto da 3 uffici diversi.

Paragrafo 5. Efficacia, efficienza, qualità

Ufficio	N° addetti	Spesa per addetto (€)	N° pratiche evase (mensile)
A	3	1500	100
B	4	1200	120
C	4	1000	140

L'obiettivo è l'evasione della pratica, cioè il compimento del servizio. Osserviamo che il livello superiore di efficienza è quello dell'ufficio C, in quanto esso evade il maggior numero di pratiche con la minore spesa complessiva; le misure dell'efficienza dell'ufficio A e dell'ufficio B, pur essendo a un livello inferiore di efficienza a confronto con l'ufficio C, non sono confrontabili tra loro, dato che l'ufficio A spende meno dell'ufficio B ma evade anche un minor numero di pratiche. In tal caso per preferire un ufficio all'altro occorre stabilire una gerarchia d'importanza tra i due aspetti, oppure si devono introdurre dati relativi ad altre caratteristiche, fornendo ulteriori criteri di scelta e di distinzione tra i livelli di efficienza.
Osserviamo che in questo caso un livello massimo di efficacia non può essere definito, in quanto il numero di pratiche non ha una limitazione superiore.

Qualità

La **qualità** è la capacità di raggiungere gli obiettivi programmati che siano compatibili con le attese dei consumatori del prodotto o dei fruitori del servizio, utilizzando nel modo migliore e con una perfetta integrazione le risorse a disposizione.
La qualità è dunque l'opportuna sintesi di efficacia e efficienza.
Consideriamo come finalità, per esempio, la produzione di un bene alimentare di consumo da parte di una data impresa. In tal caso, affinché siano raggiunti elevati standard di qualità, è consigliabile monitorare costantemente la provenienza delle materie prime, evitare di utilizzare quantità di ingredienti superflue per il processo di produzione, sottoporre a frequente manutenzione i mezzi tecnologici coinvolti e, non ultimo, impiegare la giusta componente di risorse umane per coordinare il tutto.
L'insieme delle attività, delle tecnologie, delle risorse e delle organizzazioni che concorrono alla creazione di un prodotto o di un servizio è detto **filiera**.
Il livello di qualità dipende dalle reali possibilità di raggiungere un obiettivo ma anche dalle modalità con le quali si effettua il processo.

Consideriamo la tabella contenente informazioni relative a 4 diversi corsi di preparazione a un esame riguardanti 3 argomenti.

Percorso	Caratteristiche			Ore d'insegnamento	Percentuale esito positivo (%)
	A	B	C		
1	✓	✓		40	82
2	✓	✓	✓	45	90
3	✓	✓	✓	50	82
4	✓		✓	50	70

L'obiettivo da raggiungere è l'esito positivo dell'esame.
Dall'analisi della tabella osserviamo che il percorso formativo 4 e il percorso 2 hanno rispettivamente il livello di qualità inferiore e superiore; per il percorso 2, infatti, sono più alte l'efficacia e l'efficienza, nonostante il numero di ore d'insegnamento sia intermedio.

Capitolo 9. Statistica

I percorsi 1 e 3 hanno lo stesso livello di efficacia, ma si distinguono in efficienza, anche se per individuare una gerarchia d'importanza occorre stabilire se la conoscenza di un argomento in più sia un requisito più che compensativo delle 10 ore inferiori d'insegnamento.

▶ Una ditta deve scegliere fra tre linee di produzione per un suo prodotto, i cui requisiti fondamentali sono la colorazione e la morbidezza. La tabella riassume le caratteristiche delle tre linee di produzione.

Linea	Colorazione	Morbidezza	Tempo di produzione (h)	N° pezzi prodotti
A	✓	✓	28	3600
B		✓	26	4000
C	✓	✓	30	3700

L'obiettivo è la produzione del bene con i requisiti richiesti.
Analizza i livelli di efficacia ed efficienza e definisci una gerarchia per poter confrontare i livelli di qualità.

6 Indicatori di efficacia, efficienza e qualità

▶ Esercizi a p. 426

Per misurare i livelli di efficacia, efficienza e qualità di un processo, si considerano opportuni **indicatori statistici** che, attraverso un risultato numerico, forniscono una misura quantitativa di tali livelli.

Esaminiamo i seguenti indicatori statistici: **indicatori di efficacia**, **indicatori di efficienza**, **indicatori di qualità**.

■ Indicatori di efficacia

Gli **indicatori di efficacia** misurano il livello di efficacia di un processo; in base al contesto possono essere definiti mediante frequenze assolute, differenze o rapporti statistici.

ESEMPIO
Le banche A, B e C introducono ognuna sul mercato un nuovo prodotto finanziario la cui vendita avviene on line e, dopo due mesi, sottopongono gli acquirenti a un questionario.
I dati raccolti sono riportati in tabella.

Banca	N° contatti	N° acquisti	N° soddisfatti	N° insoddisfatti
A	4180	152	78	74
B	5025	118	65	53
C	3276	96	47	49

Gli obiettivi da raggiungere sono il contatto, l'acquisto e la soddisfazione.

Paragrafo 6. Indicatori di efficacia, efficienza e qualità

Definiamo quindi 3 indicatori di efficacia:

abilità pubblicitaria = numero dei contatti;

$$\text{quoziente di vendita} = \frac{\text{numero degli acquisti}}{\text{numero dei contatti}};$$

$$\text{grado di soddisfazione} = \frac{\text{numero degli acquirenti soddisfatti}}{\text{numero degli acquirenti insoddisfatti}}.$$

L'abilità pubblicitaria misura il livello di funzionalità della macchina divulgativa del prodotto, ed è quindi una frequenza assoluta.
Il quoziente di vendita misura la frequenza relativa degli acquisti sul totale dei contatti, dunque è un rapporto di composizione.
Il grado di soddisfazione misura il livello di gratificazione dell'acquirente, ed è perciò un rapporto di coesistenza.

Banca	Abilità pubblicitaria	Quoziente di vendita (%)	Grado di soddisfazione
A	4180	3,64	1,05
B	5025	2,35	1,23
C	3276	2,93	0,96

Dall'analisi della tabella osserviamo che la banca B raggiunge il livello di efficacia più alto sia nell'abilità pubblicitaria che nel grado di soddisfazione, mentre l'azienda A lo raggiunge nel quoziente di vendita.
Non si può dire quale delle due banche abbia effettuato l'intero processo con un livello assoluto di efficacia più alto, in quanto, con i dati a disposizione e in assenza di una gerarchia d'importanza, non si è in grado di definire un indicatore che misuri tale livello.

▶ Una compagnia telefonica si serve di tre call center (A, B, C) per vendere i propri prodotti telefonici.
La tabella riassume il numero C di contatti e il numero V di prodotti venduti dai tre call center.

	C	V
A	3285	365
B	3969	567
C	4290	429

Quale dei tre call center ha maggior efficacia nella vendita? [B]

■ Indicatori di efficienza

Gli **indicatori di efficienza** misurano il livello di efficienza di un processo; in base al contesto possono essere definiti mediante frequenze assolute, differenze o rapporti statistici.

ESEMPIO

Un'azienda produce lampadine per le quali all'inizio di ogni biennio si prevede una durata e alla fine del biennio, sulla base di rilevazioni statistiche riguardanti le unità vendute, si determina la durata media.
I dati raccolti sono riportati nella seguente tabella.

Biennio	Numero lampadine prodotte (migliaia)	Numero lampadine difettose (%)	Durata prevista (h)	Durata media (h)	Spesa totale (milioni di €)
2014-2016	2400	3,33	1040	1030	6,52
2012-2014	2000	4,25	950	920	6,18
2010-2012	1300	4,62	875	863	4,26
2008-2010	1000	5	825	830	3,15

L'obiettivo da raggiungere è la vendita.

Definiamo alcuni indicatori che non misurano direttamente l'obiettivo, ma che danno informazioni su alcuni aspetti fondamentali per il buon esito del processo produttivo:

scarto di durata = durata media − durata prevista;

$$\text{spesa per lampadina} = \frac{\text{spesa totale}}{\text{numero di lampadine prodotte}};$$

$$\text{tasso migliorativo} = \frac{\text{lampadine difettose del biennio (\%)}}{\text{lampadine difettose del biennio precedente (\%)}}.$$

Lo scarto di durata misura il livello di attendibilità dell'ipotesi sulla durata di ciascuna lampadina, dunque è una differenza.

La spesa per lampadina misura l'incidenza sulla spesa complessiva di ciascuna unità di prodotto, ed è quindi un rapporto di derivazione.

Il tasso migliorativo misura l'affinamento del processo di costruzione della lampadina; poiché è definito come il rapporto tra la percentuale di un carattere statistico relativa a un dato periodo di tempo e quella relativa al periodo precedente, è un numero indice a base mobile.

Biennio	Scarto di durata (h)	Spesa per lampadina (€)	Tasso migliorativo
2014-2016	− 10	2,72	0,78
2012-2014	− 30	3,09	0,98
2010-2012	− 12	3,28	0,92
2008-2010	+ 5	3,15	non definito

Dall'analisi della tabella sopra osserviamo che il biennio 2014-2016 raggiunge il livello di efficienza più alto sia nella spesa per lampadina sia nel tasso migliorativo, mentre il biennio 2008-2010 lo raggiunge nello scarto di durata.

Non è possibile individuare il biennio in cui l'intero processo ha raggiunto il livello assoluto di efficienza più alto, dato che, con i dati a disposizione e in assenza di una gerarchia d'importanza, non si è in grado di definire un indicatore che misuri tale livello.

▶ Un'azienda che produce smartphone ha l'esigenza che un prodotto abbia una durata di almeno due anni e non più di tre per poterne mettere in commercio una nuova versione. La tabella riporta le informazioni sul prodotto.

Anno	N° smartphone prodotti (in migliaia)	Spesa totale (in migliaia di €)	Durata media (in mesi)
2016	6350	65	30
2015	5000	63	23
2014	4728	68	18
2013	4930	73	20

In quale anno si è raggiunto il livello più alto di efficienza nella spesa per smartphone? Quando si è raggiunto il livello più alto di efficienza nello scarto dalla durata desiderata?

[2016; 2016]

Alcuni indicatori di efficacia o di efficienza misurano il livello di verifica di una previsione; per questo motivo sono detti **indicatori di previsione**.

Lo scarto di durata ne costituisce un esempio.

Paragrafo 6. Indicatori di efficacia, efficienza e qualità

■ Indicatori di qualità

Gli **indicatori di qualità** misurano il livello di qualità di un processo; possono essere indicatori di efficacia, indicatori di efficienza, oppure medie ponderate di indicatori di efficacia e efficienza relativi a uno o più ambiti del processo.

> **ESEMPIO**
> Un'impresa vuole misurare il livello di attendibilità della programmazione attraverso un indicatore di qualità che tenga conto di tutti gli indicatori di previsione definiti per i diversi ambiti del processo; considera a tal fine un sistema di ponderazione, in modo tale da attribuire a ciascun indicatore di previsione un peso calibrato in base alla gerarchia d'importanza. Indicatori:
>
> $I_1 = \dfrac{\text{numero di vendite effettuate}}{\text{numero di vendite previste}} \cdot 100;$
>
> $I_2 = \dfrac{\text{numero dei nuovi clienti acquisiti}}{\text{numero dei nuovi clienti previsto}};$
>
> $I_3 = \dfrac{\text{tempo di produzione previsto (h)}}{\text{tempo di produzione reale (h)}} \cdot 100.$
>
> In particolare, I_1 misura il livello di attendibilità della previsione sulle vendite, I_2 sui nuovi clienti, I_3 sui tempi di produzione. Esprimono i tre indicatori in percentuale.
> I dati relativi ai 3 indicatori negli ultimi 4 anni sono nella tabella seguente.
>
> | Anno | I_1 (%) | I_2 (%) | I_3 (%) |
> |---|---|---|---|
> | 2016 | 90 | 85 | 95 |
> | 2015 | 94 | 92 | 92 |
> | 2014 | 86 | 91 | 101 |
> | 2013 | 92 | 95 | 88 |
>
> Le ponderazioni utilizzate sono $p_1 = 0{,}5$, $p_2 = 0{,}3$, $p_3 = 0{,}2$.
>
> L'indicatore di sintesi, detto **indicatore di qualità della previsione**, è:
>
> $I = p_1 I_1 + p_2 I_2 + p_3 I_3.$
>
> Dall'analisi della tabella osserviamo che il processo ha raggiunto il livello più alto di qualità della previsione nel 2015, e che negli anni non si è verificato un trend costante, come dimostra l'andamento oscillante delle misure dell'indicatore.

Anno	I
2016	89,5
2015	93
2014	90,5
2013	92,1

▶ Riprendi l'esercizio sui call center e considera le seguenti previsioni sul numero dei contatti (P_C) e su quello delle vendite (P_V).

Call center	P_C	P_V
A	5000	500
B	4000	400
C	4000	500

Considerando gli indicatori

$I_1 = \dfrac{V}{P_V} \cdot 100$ e $I_2 = \dfrac{C}{P_C} \cdot 100,$

con pesi $p_1 = 0{,}7$ e $p_2 = 0{,}3$, calcola l'indicatore di sintesi I e stabilisci quale call center ha complessivamente il livello di qualità più alto.

$[I_A = 70{,}81;\ I_B = 128{,}9925;\ I_C = 92{,}235;\ B]$

IN SINTESI
Statistica

■ Dati statistici

- **Serie statistica**: è la tabella che riporta le modalità di un carattere qualitativo e le relative frequenze.
- **Seriazione statistica**: è la tabella che riporta le modalità di un carattere quantitativo e le relative frequenze.

■ Indici di posizione e variabilità

- **Media aritmetica** di $x_1, x_2, ..., x_n$: $M = \dfrac{x_1 + x_2 + ... + x_n}{n}$.
- **Media aritmetica ponderata** di $x_1, x_2, ..., x_n$ con pesi $p_1, p_2, ..., p_n$: $P = \dfrac{x_1 \cdot p_1 + x_2 \cdot p_2 + ... + x_n \cdot p_n}{p_1 + p_2 + ... + p_n}$.
- **Media geometrica** di $x_1, x_2, ..., x_n$: $G = \sqrt[n]{x_1 \cdot x_2 \cdot ... \cdot x_n}$.
- **Media armonica** di $x_1, x_2, ..., x_n$: $A = \dfrac{n}{\dfrac{1}{x_1} + \dfrac{1}{x_2} + ... + \dfrac{1}{x_n}}$.
- **Media quadratica** di $x_1, x_2, ..., x_n$: $Q = \sqrt{\dfrac{x_1^2 + x_2^2 + ... + x_n^2}{n}}$.
- **Mediana**: valore centrale di una sequenza ordinata di n numeri se n è dispari, o la media aritmetica dei due valori centrali se n è pari.
- **Moda**: valore a cui corrisponde la frequenza massima.

Data una sequenza di numeri $x_1, x_2, ..., x_n$ con valore medio M, si definiscono:

- **campo di variazione**: la differenza tra il valore massimo e quello minimo;
- **scarto semplice medio**: $S = \dfrac{|x_1 - M| + |x_2 - M| + ... + |x_n - M|}{n}$;
- **deviazione standard**: $\sigma = \sqrt{\dfrac{(x_1 - M)^2 + (x_2 - M)^2 + ... + (x_n - M)^2}{n}}$.

■ Distribuzione gaussiana

Distribuzioni gaussiane (o normali): sono distribuzioni di valori il cui poligono delle frequenze ha la forma della curva di Gauss. Per tali distribuzioni, la deviazione standard σ è legata al modo in cui i dati si distribuiscono intorno al valore medio M: il 68,27% dei valori è compreso tra $M - \sigma$ e $M + \sigma$, il 95,45% tra $M - 2\sigma$ e $M + 2\sigma$, il 99,74% tra $M - 3\sigma$ e $M + 3\sigma$.

■ Rapporti statistici

Rapporti statistici: sono i quozienti fra i valori di due dati statistici o di un dato statistico e uno non statistico. Possono essere **rapporti di derivazione**, **rapporti di densità**, **rapporti di composizione**, **rapporti di coesistenza** e **numeri indice**. Questi ultimi possono essere a **base fissa** o a **base mobile**.

■ Efficacia, efficienza, qualità

- **Efficacia:** è la capacità di raggiungere obiettivi programmati compatibili con le aspettative dei consumatori o dei fruitori. Gli indicatori possono essere frequenze assolute, differenze o rapporti statistici.
- **Efficienza:** è la capacità di raggiungere obiettivi utilizzando al meglio le risorse a disposizione. Gli indicatori possono essere frequenze assolute, differenze o rapporti statistici.
- **Qualità:** è la sintesi opportuna di efficacia ed efficienza. Gli indicatori possono essere medie ponderate degli indicatori di efficienza ed efficacia.

CAPITOLO 9
ESERCIZI

1 Dati statistici

▶ Teoria a p. 384

Serie e seriazioni

1 **COMPLETA** la seguente tabella sulla produzione di 800 scooter suddivisi in 4 modelli.

Tipo di scooter	Quantità	Percentuale
Alfabeta		25%
XY	120	
Tuono	320	
S50	160	

2 **LEGGI IL GRAFICO** Considera il grafico relativo alla produzione giornaliera di un'azienda automobilistica.

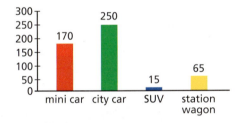

a. Che cosa rappresenta il numero 170?
b. Calcola le frequenze relative e riporta i dati in un areogramma.
c. Qual è la percentuale complessiva di mini e city car prodotte in un giorno?

3 **COMPLETA** la tabella relativa alle mete scelte da 180 clienti di un'agenzia di viaggi.

Destinazione	Frequenza assoluta	Frequenza relativa
Europa	90	
Asia		10%
Africa	18	
America		25%
Oceania	9	

Rappresenta i dati in un ortogramma e in un areogramma.

4 **VERO O FALSO?** Nella città di Villabella, nel giorno di ingresso gratuito ai musei, è stato rilevato il seguente numero di visitatori.

Museo	Numero visitatori
pinacoteca	90
civico	75
arte moderna	80
archeologico	35
gipsoteca	20

a. Il numero di visitatori complessivo è 300. V F
b. Meno del 7% dei visitatori è entrato nella gipsoteca. V F
c. Più della metà dei visitatori ha scelto la pinacoteca o il museo di arte moderna. V F
d. Un visitatore su 4 ha optato per il museo civico. V F

5 **LEGGI IL GRAFICO** Questo areogramma rappresenta la distribuzione del tipo di sport praticato dai 300 alunni di una scuola media.

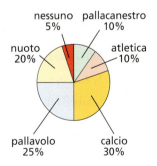

a. Quanti alunni praticano il calcio?
b. Qual è la frequenza relativa degli alunni che non praticano sport?
c. Quanti alunni praticano uno sport senza palla?

[a) 90; b) 0,05; c) 90]

Capitolo 9. Statistica

6 **LEGGI IL GRAFICO** Osserva il grafico che rappresenta l'altezza media degli uomini alla visita di leva (in cm).

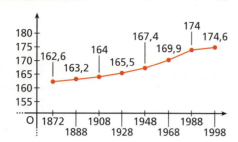

a. Che cosa rappresenta il numero 165,5?
b. Di quanto è aumentata l'altezza media degli uomini dal 1872 al 1998?

[b) 12 cm]

7 Questa serie storica indica il numero di ore di sole rilevate nel 2013 in una località costiera.

Mese	gen	feb	mar	apr	mag	giu	lug	ago	set	ott	nov	dic
Numero ore	52	111	92	148	199	274	343	312	228	91	80	117

a. Rappresenta i dati in un diagramma cartesiano.
b. In quale mese è stato rilevato il maggior numero di ore di sole? In quale il minimo?
c. Tra quali mesi si osserva la diminuzione più evidente di ore di sole rilevate?

[b) luglio, gennaio; c) settembre-ottobre]

8 È stata rilevata la temperatura media dell'acqua di mare in una località balneare nel mese di luglio 2009.
a. Completa la tabella.
b. Rappresenta le frequenze assolute con un ortogramma.
c. Rappresenta le frequenze relative con un areogramma.

Temperatura	Numero giornate	Frequenza relativa	Frequenza relativa cumulata
26	2		
27	4		
28	9		
29	12		
30	4		

9 I voti conseguiti in una classe nell'ultimo compito di matematica sono:

6, 6, 7, 5, 5, 4, 4, 3, 6, 8, 8, 8, 9, 4, 8, 4, 5, 6, 6, 7.

a. Compila la tabella di frequenza dei voti.
b. Calcola le frequenze relative percentuali e rappresenta graficamente i dati.
c. Qual è la percentuale dei risultati insufficienti?

10 Il numero di presenze al cinema in marzo da parte di 30 appassionati è rappresentato da questa serie di dati:

3, 7, 8, 5, 5, 8, 4, 2, 4, 6, 5, 6, 6, 3, 2, 7, 4, 4, 3, 3, 9, 8, 1, 2, 3, 3, 7, 5, 4, 6.

a. Compila una seriazione statistica con le frequenze assolute e relative.
b. Quanti tra gli appassionati sono andati al cinema non più di 4 volte?
c. Quale percentuale è andata al cinema almeno 7 volte?

[b) 15; c) 23,3%]

11 **COMPLETA** la tabella relativa all'età dei 300 abitanti di un piccolo paese. Rappresenta i dati come ritieni più opportuno.

Età	Persone	Percentuale
0-18	54	
18-30	84	
30-50	90	
50-70	48	
70-100	24	

12 **REALTÀ E MODELLI** **Al bar** Il gestore di un bar ha esaminato a fine giornata gli scontrini emessi e ha riassunto nella seguente tabella gli importi pagati dai clienti, dopo averli suddivisi in classi.

Importo (€)	0-5	5-10	10-15	15-20	20-25
Clienti	35	40	25	12	8

a. Quale rappresentazione dei dati permette al gestore di individuare immediatamente la classe con maggiore frequenza?

b. Il gestore sa che la giornata non è stata proficua se almeno la metà dei clienti ha speso meno di € 10. Quale frequenza deve calcolare il gestore per stabilire se la giornata è stata proficua oppure no? In base a questi dati, è stata una buona giornata?

c. Qual è la percentuale dei clienti che ha speso al massimo 10 euro?

[c) 62,5%]

2 Indici di posizione e variabilità

Medie di calcolo
▶ Teoria a p. 387

Media aritmetica

13 Luisa ha riportato i seguenti voti in storia durante l'anno scolastico:

5,   7,   5,5,   6,   7.

Avrà la sufficienza in pagella? [Sì]

14 In un campionato una squadra di calcio ha giocato 36 partite, realizzando 52 punti. I goal segnati sono stati 58, quelli subiti 40.

a. Calcola la media dei punti a partita.

b. Calcola la media dei goal segnati per partita e quella dei goal subiti. [a) $1,\overline{4}$; b) $1,6\overline{1}$; $1,\overline{1}$]

15 **ESERCIZIO GUIDA** Un grossista di frutta acquista quattro quantitativi di mele Golden presso aziende agricole diverse che praticano prezzi differenti. La seguente tabella espone i prezzi e le relative quantità. Qual è il prezzo medio al kg?

	Azienda A	Azienda B	Azienda C	Azienda D
Prezzo (€)	0,60	0,55	0,68	0,57
Quantità (kg)	200	300	220	280

Consideriamo il prezzo al kilogrammo delle mele come carattere: i prezzi al kilogrammo pagati alle quattro aziende sono le modalità con cui questo carattere si presenta e i quantitativi acquistati sono le frequenze corrispondenti. Per calcolare il prezzo medio possiamo allora servirci della formula che calcola la media aritmetica usando le modalità e le frequenze:

$$M = \frac{0{,}60 \cdot 200 + 0{,}55 \cdot 300 + 0{,}68 \cdot 220 + 0{,}57 \cdot 280}{200 + 300 + 220 + 280} \simeq 0{,}59.$$

16 Questa tabella riporta il numero di DVD posseduti dai ragazzi di una classe.

Numero DVD	10	15	20	25
Numero ragazzi	8	7	6	3

Calcola il numero medio di DVD posseduti da ciascun ragazzo. [15,8]

17 Questa tabella indica il numero di Gran Premi di Formula 1 vinti, in tre stagioni, da vari piloti.

Numero GP vinti	1	2	3	4	5	6	7
Numero piloti	7	4	1	2	3	2	1

Calcola il numero medio di GP vinti da ciascun pilota. [3]

18 **COMPLETA** In una località sciistica è stata rilevata la temperatura della neve ogni giorno per un certo periodo, ottenendo una media di $-3{,}5\,°C$. Inserisci il dato mancante nella seguente tabella.

Temperatura (°C)	-5	-4	-3	-2	-1	0	1
Giorni	11	5	6		0	2	1

[3]

19 **RIFLETTI SULLA TEORIA** Un paniere raccoglie il prezzo di alcuni beni di consumo. In seguito all'aumento dell'IVA, il prezzo di ogni prodotto aumenta dell'1%. Di quanto aumento il prezzo medio di quei beni?

20 In un gruppo di persone sono state rilevate le seguenti diminuzioni della pressione arteriosa in seguito alla somministrazione di un farmaco.

Diminuzione pressione (mmHg)	0-10	10-20	20-30	30-40	40-50
Persone	25	30	15	6	4

Effettua la rappresentazione grafica e calcola la diminuzione media registrata. [16,75 mmHg]

Media ponderata

21 **TEST** Un esame consiste in una prova di laboratorio, una prova orale e una prova scritta. Le tre prove hanno rispettivamente peso 2, 3, 5. Un candidato riceve 8 nella prova di laboratorio, 6 nella prova orale e 7 nella prova scritta. Quanto vale la media aritmetica ponderata dei punteggi?

A 6,9   B 7,2   C 6,7   D 7   E 7,1

Paragrafo 2. Indici di posizione e variabilità

22 **TEST** La tabella riporta i punti totalizzati giocando al tiro con l'arco.
Il punteggio medio per ogni tiro è:

Punti	Numero tiri
10	6
20	3
30	1
40	2

A 9,6.
B 25,0.
C 3,0.
D 19,2.
E 20.

23 La seguente tabella rappresenta i crediti formativi degli esami del primo anno di matematica e i voti presi da Sandra in ciascun esame. Calcola la media ponderata dei voti ottenuti, considerando come pesi i crediti formativi.

Materia	algebra 1	fisica 1	informatica	analisi 1	geometria 1
Crediti formativi	7	7	8	14	14
Voto	27	28	24	30	27

[27,5]

24 **YOU & MATHS** The table shows a student's marks and their weights. Calculate the weighted mean mark.

Subject	Physics	Chemistry	Mathematics	Irish
Mark	74	65	82	58
Weight	3	4	5	2

(IR *Leaving Certificate Examination*, Ordinary Level, 1994)

$[M = 72]$

25 Un torneo sportivo di istituto prevede alcune prove a tempo di difficoltà diverse, per cui il tempo impiegato per ciascuna prova viene pesato in base alla difficoltà. La tabella seguente riporta i pesi delle varie prove e i tempi impiegati in ciascuna prova da una delle squadre partecipanti.

Prova	prova 1	prova 2	prova 3
Peso	0,5	0,75	1
Tempo	2 min 4 sec	5 min 16 sec	6 min

Qual è la media ponderata del tempo impiegato?

[4 min 53 sec]

Media geometrica

26 **ESERCIZIO GUIDA** Un capitale è stato investito con i seguenti rendimenti: 7% per il primo anno; 5% per il secondo e il terzo anno; 9% per il quarto anno; 8% per il quinto, il sesto e il settimo anno.
Calcoliamo il rendimento percentuale medio.

Se I_0 è il capitale investito, dopo il primo anno con rendimento r_1 si ha un capitale $I_1 = I_0 + I_0 \cdot r_1 = I_0(1 + r_1)$. Alla fine del secondo anno si ha un capitale $I_2 = I_1 + r_2 I_1 = I_1(1 + r_2) = I_0(1 + r_1)(1 + r_2)$ e così via.

Dobbiamo perciò calcolare la media geometrica utilizzando il fattore $(1 + \text{tasso})$ che permette di passare dal valore del capitale di un anno a quello dell'anno successivo. Per esempio, poiché il tasso per il primo anno è 7%, ossia 0,07, il primo fattore nella media è $1 + 0,07 = 1,07$:

$$G = \sqrt[7]{1,07 \cdot 1,05 \cdot 1,05 \cdot 1,09 \cdot 1,08 \cdot 1,08 \cdot 1,08} = \sqrt[7]{1,07 \cdot 1,05^2 \cdot 1,09 \cdot 1,08^3} \simeq 1,0713.$$

Quindi il rendimento medio percentuale è stato del 7,13%.

27 **TEST** Si sono registrati gli aumenti di costo di un bene di prima necessità in quattro anni consecutivi e si è rilevato che nel primo anno il dato è del 2,5%, nel secondo anno del 4,0%, nel terzo anno del 3,8% e nel quarto anno del 4,5%. L'aumento medio percentuale nei quattro anni è circa:

A 3,2%.
B 7,8%.
C 3,7%.
D 3,6%.
E 4,0%.

Capitolo 9. Statistica

28 **COMPLETA** Nella tabella a fianco sono riportati i dati relativi alle vendite di automobili di una concessionaria in diversi anni. Compila i dati mancanti per il calcolo dell'incremento medio delle vendite.

$$G = \sqrt[5]{1{,}0682 \cdot 1{,}0638 \cdot \ldots} = \ldots$$

Anno	Numero automobili	$x_i - x_{i-1}$	$\dfrac{x_i - x_{i-1}}{x_{i-1}}$
2011	220		
2012	235	$235 - 220 = 15$	$\dfrac{15}{220} = 0{,}0682$
2013	250	15	0,0638
2014	255		
2015	250		
2016	240		

29 La seguente serie storica riporta le temperature medie del mese di gennaio in una data località. Compila una tabella delle variazioni annue percentuali della temperatura e calcola l'incremento medio della temperatura di gennaio nel corso del quinquennio considerato. [1,41%]

Anno	2012	2013	2014	2015	2016
Temperatura (°C)	10,4	10,5	10,6	10,8	11

Media armonica

30 **ESERCIZIO GUIDA** Un ciclista percorre prima 30 km alla velocità di 25 km/h e successivamente altri 45 km alla velocità di 20 km/h. Calcoliamo la velocità media v_m.

Suddividiamo il percorso di 75 km in 5 tratti uguali ciascuno di 15 km e assegniamo a ogni tratto la sua velocità. Abbiamo i seguenti cinque valori: 25, 25, 20, 20, 20. Calcoliamo la media armonica:

$$A = \dfrac{5}{\dfrac{1}{25} + \dfrac{1}{25} + \dfrac{1}{20} + \dfrac{1}{20} + \dfrac{1}{20}} = \dfrac{5}{\dfrac{1}{25} \cdot 2 + \dfrac{1}{20} \cdot 3} \simeq 21{,}739 \quad \rightarrow \quad v_m = 21{,}739 \text{ km/h}.$$

Se moltiplichiamo numeratore e denominatore della formula per 15 otteniamo:

$$A = \dfrac{75}{\dfrac{1}{25} \cdot 30 + \dfrac{1}{20} \cdot 45} \simeq 21{,}739 \quad \rightarrow \quad v_m = 21{,}739 \text{ km/h},$$

che rappresenta la media armonica ponderata dei valori 25 km/h e 20 km/h, ciascuno considerato con il suo «peso».

Osservazione. Nell'espressione di A il numeratore è la lunghezza totale del percorso e il denominatore è la somma dei tempi impiegati per percorrere i due tratti di strada.

31 **TEST** Un podista percorre 15 km alla velocità di 15 km/h e i successivi 20 km con una velocità di 18 km/h. La sua velocità media è stata di:

- A 16,58 km/h.
- B 17,00 km/h.
- C 14,27 km/h.
- D 16,71 km/h.
- E 16,00 km/h.

32 Si è rilevato che, nel mese di settembre, il prezzo in euro di un kilogrammo di pesce spada in cinque mercati ittici è stato:

26,50; 25,90; 27,00; 27,80; 25,50.

Supponendo di comprare in ogni mercato pesce spada per 25 euro, calcola il prezzo medio di un kilogrammo di pesce spada acquistato.

[26,52 euro]

Paragrafo 2. Indici di posizione e variabilità

33 Un automobilista percorre metà del suo tragitto alla velocità di 80 km/h e l'altra metà alla velocità di 110 km/h. Calcola la velocità media.
[92,63 km/h]

34 Un motociclista percorre i primi 50 km alla velocità di 80 km/h e i successivi 25 alla velocità di 110 km/h. Calcola la velocità media.
[88 km/h]

35 Un grossista ha acquistato patate a buccia rossa per 200 euro al prezzo di 0,25 euro al kilogrammo e patate a buccia bianca per 300 euro al prezzo di 0,20 euro al kilogrammo. Calcola il costo medio di un kilogrammo di patate. [0,217 euro]

Media quadratica

36 ESERCIZIO GUIDA Un orefice ha a disposizione 7 medaglie d'oro, di uguale spessore, da fondere per ricavare altre 7 medaglie, uguali tra loro, dello stesso spessore di quelle fuse. Sappiamo che tre delle medaglie da fondere hanno diametro uguale a 12 mm, due medaglie hanno diametro uguale a 14 mm, una ha diametro di 15 mm e l'ultima di 17 mm. Calcoliamo quale deve essere il diametro delle nuove medaglie.

Poiché la superficie totale delle medaglie da fondere, in millimetri quadri, è

$$S = (6^2 \pi) \cdot 3 + (7^2 \pi) \cdot 2 + (7,5^2 \pi) + (8,5^2 \pi) = \frac{\pi}{4}(12^2 \cdot 3 + 14^2 \cdot 2 + 15^2 + 17^2),$$

è sufficiente trovare il diametro che, sostituito agli attuali, lasci inalterata la somma dei quadrati. Basta perciò calcolare la media quadratica delle misure dei diametri delle medaglie:

$$Q = \sqrt{\frac{12^2 + 12^2 + 12^2 + 14^2 + 14^2 + 15^2 + 17^2}{7}} = \sqrt{\frac{12^2 \cdot 3 + 14^2 \cdot 2 + 15^2 + 17^2}{7}} \simeq 13,83 \text{ mm}.$$

37 Devi sostituire 5 quadrati aventi rispettivamente lati di 8, 12, 15, 16 e 20 cm con 5 quadrati aventi lati uguali in modo che la superficie totale rimanga la stessa. Calcola la misura del lato dei nuovi quadrati.
[14,758 cm]

38 TEST Priscilla ha versato una certa somma in banca nel mese di gennaio e altre somme nei cinque mesi successivi. Gli scostamenti di queste ultime rispetto alla prima sono stati: $+4\%, +3\%, -1\%, +2\%, -2\%$. Lo scostamento medio, calcolato come media quadratica, è stato:

A 2,2%.   B 2,6%.   C 1,2%.   D 3,4%.   E 0%.

39 Si sono rilevate le seguenti differenze di peso in grammi rispetto al peso standard garantito da una macchina confezionatrice: $+2, -18, -10, +4, +5, -9$. Calcola la media quadratica degli scarti. [9,57 g]

Medie di posizione ▶ Teoria a p. 392

40 Gli studenti di una classe hanno rilevato il numero di scarpe indossato da ciascuno:

36; 38; 42; 37; 38; 40; 44; 37; 36; 37; 41; 43; 38; 39; 38; 40.

Calcola la moda e la mediana.

41 La tabella riporta il numero di esami superati da un gruppo di studenti universitari nel primo semestre.

Numero esami	0	1	2	3	4	5
Studenti	1	24	36	120	95	28

a. Determina la moda.
b. Qual è il numero di esami superato dalla metà degli studenti? [a) 3; b) almeno 3]

413

Capitolo 9. Statistica

42 La seguente tabella riporta il numero di litri di latte consumati in una settimana da 50 famiglie di 4 persone ciascuna.

Litri di latte	6	7	8	9	10	11	12
Famiglie	8	21	9	7	2	1	2

a. Determina la moda e la mediana.
b. Qual è la percentuale di famiglie che ha consumato più litri di latte rispetto alla media?   [a) 7; 7; b) 42%]

43 La seguente tabella riporta la quantità di libri venduti in una determinata settimana in 20 librerie.

Libri venduti	Librerie
40-50	4
50-60	8
60-70	5
70-80	3
80-90	1

Determina la classe modale.   [50-60]

MATEMATICA E STORIA

Quale indice di posizione centrale? Leggi il seguente estratto da una lettera del 1907 di Sir Francis Galton (uno dei padri della statistica moderna) alla rivista *Nature Magazine*: «Il consiglio di amministrazione di una società deve determinare una somma di denaro da destinare a un certo scopo». Ognuno dei membri del consiglio «ha la stessa autorità di ciascuno dei colleghi. Come può venir raggiunta una conclusione considerando che ci possono essere tante diverse stime quanti sono i suoi membri? La conclusione chiaramente non può essere la media delle varie stime che darebbe agli eccentrici una potenza nel voto proporzionale alla loro eccentricità». Date queste premesse, quale potrebbe essere la soluzione di questa situazione? Quale indice di posizione centrale si potrebbe usare? Argomenta la tua scelta.

▷ Risoluzione – Esercizio in più

Indici di variabilità
▶ Teoria a p. 393

44 **ESERCIZIO GUIDA**   In una certa località, nel corso di una giornata estiva sono state rilevate le seguenti temperature in gradi Celsius: 19,0; 21,0; 22,5; 24,0; 26,0; 27,5; 28,0; 28,0; 26,0; 24,0.

Determiniamo:
a. la temperatura media della giornata;
b. il campo di variazione;
c. lo scarto semplice medio;
d. la deviazione standard.

a. La temperatura media è la media aritmetica M dei valori misurati:

$$M = \frac{19,0 + 21,0 + 22,5 + 24,0 + 26,0 + 27,5 + 28,0 + 28,0 + 26,0 + 24,0}{10} = \frac{246}{10} = 24,6.$$

La temperatura media è 24,6 °C.

b. Il campo di variazione è la differenza fra il valore massimo e il valore minimo:
$28,0 - 19,0 = 9,0.$

Questa differenza viene chiamata anche «escursione termica».

c. Per rispondere a questa domanda e alla successiva, disponiamo i dati nella prima colonna di una tabella, poi completiamo la tabella calcolando gli scarti, gli scarti in valore assoluto, i quadrati degli scarti.
Lo scarto semplice medio è dato dal quoziente tra la somma degli scarti assoluti e il numero di osservazioni:

$$S = \frac{25,0}{10} = 2,5.$$

Temperatura	Scarto	Scarto assoluto	Scarto al quadrato
19,0	−5,6	5,6	31,36
21,0	−3,6	3,6	12,96
22,5	−2,1	2,1	4,41
24,0	−0,6	0,6	0,36
26,0	+1,4	1,4	1,96
27,5	+2,9	2,9	8,41
28,0	+3,4	3,4	11,56
28,0	+3,4	3,4	11,56
26,0	+1,4	1,4	1,96
24,0	−0,6	0,6	0,36
246*	0*	25*	84,9*

* Totale.

Paragrafo 2. Indici di posizione e variabilità

d. La deviazione standard è data dalla radice quadrata del quoziente tra la somma degli scarti al quadrato e il numero di osservazioni.

$$\sigma = \sqrt{\frac{84,9}{10}} \simeq 2,91.$$

45 **AL VOLO** Osserva le seguenti sequenze di dati.

a. 7; 9; 11; 13; 8; **b.** 3; 3; 3; 3; 3; **c.** 2; 6; 10; 14; 18; **d.** −9; −2; 1; 2; 3.

Determina, facendo solo calcoli a mente: la sequenza che ha scarto semplice medio uguale a 0 e la sequenza che ha maggiore campo di variazione. [b; c]

46 Nel corso dell'anno, un alunno ha conseguito in italiano e in inglese i seguenti voti.

Italiano	6	5	7	7	8	6	5	6
Inglese	5	5	6	6	7	7	6	6

Determina in quale materia la variabilità è stata maggiore utilizzando prima il campo di variazione e poi lo scarto semplice medio. Che cosa osservi? [italiano 3 e 0,8125; inglese 2 e 0,5]

Calcola la deviazione standard delle distribuzioni descritte dalle seguenti tabelle.

47 Voti riportati da un alunno nel primo quadrimestre in inglese.

Voto	4	5	8	9
Frequenza	1	2	1	3

[2,07]

48 Temperature medie rilevate nel corso di alcune giornate invernali (espresse in °C).

Temperatura	−3	−2	2	3
Frequenza	2	3	3	2

[2,45]

49 Dario è un allenatore di pallavolo e deve scegliere lo schiacciatore titolare per la partita che può valere la qualifica ai play-off. Nelle ultime 10 partite ha alternato due schiacciatori facendo giocare a ciascuno 5 partite: i punti di ogni giocatore a partita sono riportati nella seguente tabella.

Punti a partita					
Lorenzo	23	15	22	23	12
Francesco	21	23	22	15	14

Dario usa la deviazione standard per valutare l'affidabilità dei due giocatori. Su chi ricadrà la sua scelta? [Francesco]

50 In un gruppo di dieci amici, quattro sono alti 173 cm, due sono alti 168 cm, tre sono alti 163 cm e uno è alto 183 cm. Calcola la deviazione standard delle altezze. [6]

51 Dalla produzione e vendita di articoli di pelletteria, una ditta, in sei mesi successivi, ha ottenuto i seguenti guadagni in euro: 100 000, 125 000, 140 000, 135 000, 160 000, 110 000. Calcola il guadagno medio e la deviazione standard. [128 333; 19 720]

52 A un gruppo di ragazzi è stato chiesto di quanto hanno ricaricato il loro cellulare negli ultimi due mesi. Nella seguente tabella sono riportate le risposte.

Importo (€)	0	5	10	20	30	40	50
Ragazzi	2	1	5	4	4	3	2

Calcola la ricarica media e la deviazione standard. [22,62; 15,09]

53 **LEGGI IL GRAFICO** In un libro di 200 pagine appena pubblicato vengono contati gli errori di battitura presenti in ciascuna pagina e si ottiene il seguente grafico.

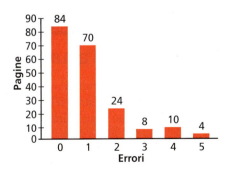

Determina il numero medio di errori per pagina e la deviazione standard della distribuzione. [1,01; 1,22]

Capitolo 9. Statistica

54 Il numero di addetti alla vendita di 60 imprese industriali ha la seguente distribuzione.

Numero di addetti alla vendita	Numero di imprese industriali
0-4	4
4-8	12
8-12	16
12-16	14
16-20	4

a. Rappresenta i dati con un istogramma.
b. Determina il campo di variazione, lo scarto semplice medio e la deviazione standard usando il valore centrale di ogni classe. [b) 20; 3,4048; 4,31]

Riepilogo: Indici di posizione e variabilità

55 **TEST** La frequenza relativa delle studentesse in un corso universitario è 0,28. Se gli studenti in tutto sono 125, quante sono le ragazze?

A 28   B 35   C 90   D 56   E 70

56 **RIFLETTI SULLA TEORIA** In proporzione ci sono più maschi in una classe con 27 alunni di cui 14 sono femmine o in una classe con 11 maschi e 10 femmine? Scrivi le serie statistiche corrispondenti alle due classi e rappresentale su uno stesso istogramma.

57 Gli stipendi dei dipendenti di due aziende sono riportati nella seguente tabella.

Stipendio (€)	Lavoratori azienda A	Lavoratori azienda B
1500	30	15
1700	12	18
1800	10	7
1900	8	8
2000	3	2

a. Calcola lo stipendio medio nelle due aziende.
b. A parità di altre condizioni, in quale azienda converrebbe lavorare?

[a) A: € 1660, B: € 1698; b) B]

RISOLVIAMO UN PROBLEMA

■ Il riciclo dell'alluminio

Un'azienda che lavora alluminio acquista i rottami da lavorare all'inizio di ogni quadrimestre. Nella tabella a fianco sono riportati i prezzi al kilogrammo negli ultimi 3 quadrimestri.

- Rappresenta la serie storica data dai prezzi al kilogrammo negli ultimi 3 quadrimestri
- Se la quantità acquistata è la stessa nei tre quadrimestri, qual è il prezzo medio al kilogrammo a cui è stato acquistato il rottame?

Prezzo dell'alluminio	
Quadrimestre	Prezzo (€/kg)
I	1,20
II	1,50
III	1,00

Riepilogo: Indici di posizione e variabilità

L'alluminio viene lavorato in modo diverso a seconda della destinazione futura.
Nella seguente tabella sono riportati i kilogrammi di alluminio rivenduti dall'azienda in base alle destinazioni e il ricavo al kilogrammo (diverso per la tipologia di produzione).

Destinazione	Edilizia	Attrezzature sportive	Altre destinazioni
alluminio venduto (kg)	3000	900	600
ricavo (€/kg)	10	20	15

- Rappresenta con un areogramma la distribuzione dell'alluminio prodotto per ogni destinazione e con un ortogramma il ricavo ottenuto da ogni settore di produzione.
- Qual è il ricavo medio al kilogrammo che l'azienda ottiene dalla vendita dei prodotti?
- I ricavi che l'azienda ottiene da ciascun settore sono pressapoco equivalenti oppure c'è molta variabilità? In altre parole, c'è un settore che dà un ricavo al kilogrammo molto maggiore rispetto alla media?

▶ **Rappresentiamo la serie storica.**

La serie storica è quella rappresentata nel grafico a fianco.

▶ **Troviamo il prezzo medio al kilogrammo del rottame usando la media armonica.**

$$\frac{n}{\frac{1}{p_1}+\frac{1}{p_2}+\frac{1}{p_3}} = \frac{3}{\frac{1}{1,2}+\frac{1}{1,5}+\frac{1}{1}} = 1,2.$$

▶ **Disegniamo l'areogramma e l'ortogramma.**

Per disegnare l'areogramma delle destinazioni osserviamo che:
  totale alluminio venduto $= 3000 + 900 + 600 = 4500$.
Calcoliamo l'ampiezza degli angoli di ogni spicchio.

Otteniamo quindi l'areogramma seguente.
Per disegnare l'ortogramma mettiamo in ascissa le tre tipologie di produzione e in ordinata i ricavi corrispondenti.

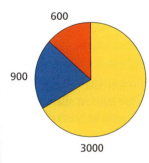
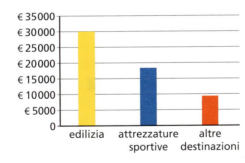

▶ **Calcoliamo il ricavo medio al kilogrammo che l'azienda ottiene dalla vendita dei tre prodotti.**

$$M = \frac{3000 \cdot 10 + 900 \cdot 20 + 600 \cdot 15}{3000 + 900 + 600} \simeq 12,67.$$

▶ **Calcoliamo la deviazione standard dei ricavi al kilogrammo provenienti dai tre settori.**

$$\sigma^2 = \frac{(10-12,67)^2 \cdot 3000 + (20-12,67)^2 \cdot 900 + (15-12,67)^2 \cdot 600}{3000+900+600} \simeq 16,22 \quad \rightarrow \quad \sigma \simeq 4.$$

Come ci aspettavamo, la deviazione standard è abbastanza alta, se confrontata con la media. I tre settori contribuiscono in modo variabile al ricavo dell'azienda.

58 La seguente tabella riporta il numero di autovetture di un determinato tipo per le quali si è dovuto procedere alla sostituzione della marmitta, classificate secondo il numero di kilometri percorsi.

Kilometri (migliaia)	Numero autovetture
0-40	6
40-60	9
60-70	23
70-80	8
oltre 80	4

Effettua la rappresentazione grafica che ritieni più opportuna.
Determina il numero medio di kilometri prima della sostituzione della marmitta.

59 I kilogrammi di frutta venduti in una settimana da un negoziante sono i seguenti.

Giorno	lu	ma	me	gio	ve	sa
Kg di frutta	15	20	30	28	27	40

Calcola la media giornaliera dei kilogrammi venduti e il campo di variazione. [$26,\bar{6}$ kg; 25 kg]

60 Le autovetture di un salone per la vendita di auto usate sono classificate secondo l'età dell'usato.

Età usato (mesi)	Numero autovetture
6	12
12	16
18	15
24	9
30	5
36	1
48	1
60	1

Determina la media aritmetica, la mediana e la moda dell'età delle auto. [17,4; 18; 12]

61 Scrivi cinque numeri tali che la loro media aritmetica sia 10 e la loro mediana 8.

62 Calcola la media aritmetica, la mediana e la moda dei tempi (in minuti) impiegati da alcuni ragazzi a percorrere un tracciato di corsa campestre, dati dalla sequenza:

10, 8, 8, 9, 9, 8, 8, 9, 9, 9, 9, 8.

[8,7; 9; 9]

63 Calcola la media e lo scarto semplice medio del numero di spettatori presenti alla proiezione di un film nel corso di una settimana. Calcola anche la deviazione standard.

Giorno	lu	ma	me	gio	ve	sa	do
Spettatori	215	200	270	280	350	400	420

[305; 72,86; 80,40]

64 Una conduttura idrica, a causa di quattro rotture, subisce via via le seguenti perdite percentuali sui successivi flussi: 4%, 9%, 10%, 2%. Calcola la percentuale media di perdita. [6,31%]

65 Calcola la deviazione standard della seguente distribuzione: tempi impiegati da un ciclista a fare 8 giri di pista (espressi in minuti).

Tempo	1	1,1	1,4	1,8
Frequenza	2	1	3	1

[0,27]

66 Nella seriazione seguente è riportato il numero delle domande presentate a una scuola secondaria di primo grado, per ottenere il sussidio Buono Libro, ripartite secondo il numero dei componenti della famiglia.

Numero componenti della famiglia	2	3	4	5	6
Numero domande	5	16	14	4	1

Calcola media, mediana e moda del numero di componenti delle famiglie. [3,5; 3; 3]

TEST

67 Un treno percorre 100 km alla velocità di 150 km/h, 50 km a 180 km/h e 200 km alla velocità di 120 km/h. Qual è la sua velocità media?

- **A** 140 km/h
- **B** 150 km/h
- **C** 142 km/h
- **D** 134 km/h
- **E** 145 km/h

68 Il prezzo di un abito ha subìto negli ultimi 5 mesi la seguente progressione di sconti: 2,5%, 5%, 4%, 8%, 10%. Qual è lo sconto medio?

- **A** 5,4%
- **B** 5,9%
- **C** 6,1%
- **D** 5,6%
- **E** 4%

Riepilogo: Indici di posizione e variabilità

69 Si sono misurati i seguenti scarti in millimetri dalla dimensione standard di alcuni bulloni:

0,1; −0,2; 0,2; 0,2; 0,1; −0,1; −0,2; 0,3.

a. Quale media conviene utilizzare per determinare lo scarto medio?
b. Calcola la media aritmetica e la media quadratica e spiega perché la prima non è utile in questo caso.

70 Un artigiano vuole riutilizzare il rivestimento di una decorazione a 5 cerchi, di raggi 40 cm, 38 cm, 40 cm, 52 cm e 44 cm, per una nuova decorazione a 5 cerchi con raggi congruenti. Quale deve essere il raggio dei nuovi cerchi per non avere scarti? [43,1 cm]

71 Nel corso dell'anno Luigi ha avuto le seguenti valutazioni nelle verifiche di fisica.

6   5   7   4   6   7   8   8   5

Se deve ancora svolgere un'ultima verifica, qual è il voto minimo che deve ottenere per avere la media del 6? In tal caso, calcola lo scarto semplice medio e la deviazione standard delle 10 valutazioni.

72 **VERO O FALSO?** Osserva i dati relativi alle prenotazioni in due bed and breakfast in una località di mare.

	Apr	Mag	Giu	Lug	Ago	Set
Prenotazioni A	12	25	46	58	75	42
Prenotazioni B	22	27	39	56	64	50

a. A e B hanno avuto mediamente lo stesso numero di prenotazioni mensili. V F
b. B ha avuto un numero di prenotazioni più uniforme e quindi una deviazione standard minore. V F
c. Entrambi nella prima metà del semestre considerato hanno avuto meno prenotazioni rispetto alla media. V F
d. A ha avuto un maggior campo di variazione e un maggior numero di prenotazioni. V F

73 Il quantitativo di zucchero presente nel mosto consente di prevedere il grado alcolico dopo la fermentazione. La determinazione avviene in base al peso specifico del mosto. Si sono rilevati i seguenti valori di peso specifico del mosto in g/ml in 10 aziende agricole che hanno fornito uva alla Cantina sociale.

1,068   1,072   1,083   1,070   1,070   1,069   1,070   1,072   1,073   1,062

Determina la media aritmetica, la mediana e la moda.

Eliminando il valore maggiore e quello minore, come cambiano i valori trovati? [1,071; 1,070; 1,070]

74 Un'impresa garantisce la quantità di acqua minerale contenuta in bottigliette da 500 ml. Sono state prese in esame 10 bottigliette e si è controllato il contenuto ottenendo:

498,   500,   502,   503,   496,   498,   504,   500,   499,   500.

a. Calcola la media e la mediana.
b. Calcola lo scarto semplice medio. Ti sembra un valore accettabile?

[a) 500; 500; b) 1,8]

75 **YOU & MATHS** The following data give the weight lost by 15 members of the Bancroft Health Club and Spa at the end of two months after joining the club.

5   10   8   7   25   12   5   14   11   10   21   9   8   11   18

Compute for these data:

a. the sample mean;   b. the sample standard deviation.

(USA *United States Naval Academy*, Final Examination, 2001)

[a) $M = 11{,}6$; b) $\sigma \simeq 5{,}55$]

Capitolo 9. Statistica

76 **REALTÀ E MODELLI** **Nazionale di pallavolo** La seguente tabella riporta le altezze in centimetri e le età di alcuni giocatori che hanno partecipato ai mondiali di pallavolo giocati in Italia nel 2010.

Altezza	202	180	195	189	196	208	198	204	202	192
Età	35	26	24	34	28	27	24	32	22	32

a. Qual è l'altezza media dei pallavolisti considerati?
b. Qual è la loro età media?
c. I due giocatori più bassi del gruppo sono il libero e l'alzatore; i rimanenti sono schiacciatori o centrali. Qual è l'altezza media, considerando solo schiacciatori e centrali?
d. Se calcoli la deviazione standard dell'altezza considerando solo questi otto giocatori, ti aspetti che sia maggiore o minore di quella calcolata su tutti i dieci giocatori? Motiva la risposta.

[a) 196,6 cm; b) 28,4 anni; c) 199,6 cm; d) minore]

77 Lungo un viale di accesso a un deposito ferroviario sono allineati, uno adiacente all'altro, 6 edifici a pianta quadrata di lati diversi:

14 m,   23 m,   13 m,   33 m,   19 m,   21 m.

Gli edifici devono essere demoliti e sostituiti da 6 edifici adiacenti a pianta quadrata tutti uguali. Calcola la lunghezza l del lato di ciascun nuovo edificio se, alternativamente, si vuole conservare:

a. la lunghezza del tratto di viale che costeggia tutti gli edifici;
b. l'area complessiva occupata dagli edifici.

[a) 20,5; b) 21,5]

3 Distribuzione gaussiana

▶ Teoria a p. 394

78 **LEGGI IL GRAFICO** Osserva le seguenti curve gaussiane.

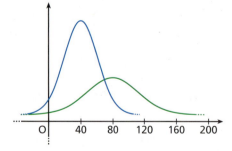

a. Qual è la media della distribuzione in blu?
b. Qual è la media della distribuzione in verde?
c. In base al grafico puoi dire che la deviazione standard della distribuzione in blu è maggiore o minore della deviazione standard di quella in verde?

79 Per una popolazione di 80 pile, la durata ha una distribuzione che si può considerare gaussiana con media 95 h e deviazione standard 3,6 h. Qual è il numero di pile che ha una durata compresa tra 91,4 h e 98,6 h?

80 Il consumo settimanale di benzina in 1000 famiglie è riportato nella seguente seriazione.

Consumo benzina (litri)	Famiglie
0-10	60
10-20	110
20-30	165
30-40	330
40-50	155
50-60	130
60-70	50

a. Rappresenta i dati con un istogramma evidenziando il poligono delle frequenze. La distribuzione si può considerare gaussiana?
b. Determina la media aritmetica e la deviazione standard della distribuzione.
c. Determina quante famiglie hanno un consumo compreso nell'intervallo
$]M - \sigma; M + \sigma[$.

[b) $M = 35$; $\sigma = 15$; c) 683]

Paragrafo 4. Rapporti statistici

81 Un gruppo di 1500 studenti partecipa a una selezione di atletica leggera sui 100 m piani. Si osserva che la distribuzione dei tempi ottenuti è approssimativamente gaussiana, con media $t_M = 15{,}2$ s e deviazione standard $\sigma = 1{,}7$ s. Quanti ragazzi hanno corso ottenendo un tempo compreso tra 13,5 s e 16,9 s? Quanti hanno impiegato meno di 11,8 s? Quanti hanno impiegato più di 20,3 s?   [1024; 34; 2]

82 **REALTÀ E MODELLI** **Consumo energetico** Le misurazioni ripetute relative al consumo di energia elettrica per la prestazione giornaliera di una lavastoviglie in una mensa aziendale, presentano una distribuzione che si può ritenere gaussiana con media di 8 kWh e deviazione standard 0,85 kWh. Determina quante volte in 240 giorni il consumo è stato:

a. compreso fra 7,15 kWh e 8,85 kWh;
b. maggiore di 9,7 kWh.   [a) circa 164; b) circa 5]

TUTOR matematica Allenati con **15 esercizi interattivi** con feedback "hai sbagliato, perché..."
su.zanichelli.it/tutor3   risorsa riservata a chi ha acquistato l'edizione con tutor

4 Rapporti statistici   ▶ Teoria a p. 397

83 **ESERCIZIO GUIDA**   La tabella seguente riporta dati statistici riguardanti quattro piccole imprese.

Ditta	Numero dipendenti	Fatturato (€)	Debiti (€)	Crediti (€)
A	5	25 000	12 000	13 000
B	8	54 000	22 000	26 000
C	4	32 000	13 000	11 000
D	3	45 000	19 000	18 000

Calcoliamo i rapporti di derivazione, di composizione e di coesistenza.

Calcoliamo il rapporto di *derivazione* che si ottiene dal rapporto tra fatturato e numero di dipendenti. È un rapporto tra grandezze *non omogenee*, quindi è più propriamente un rapporto di densità. Si esprime in euro per dipendente:

$$\frac{25\,000}{5} = 5000; \quad \frac{54\,000}{8} = 6750; \quad \frac{32\,000}{4} = 8000; \quad \frac{45\,000}{3} = 15\,000.$$

Calcoliamo il rapporto di *derivazione* che si ottiene dal rapporto fra crediti e fatturato. È un rapporto tra grandezze *omogenee* e si può esprimere in *percentuale*:

$$\frac{13\,000}{25\,000} \cdot 100 = 52\%; \quad \frac{26\,000}{54\,000} \cdot 100 \simeq 48{,}15\%; \quad \frac{11\,000}{32\,000} \cdot 100 \simeq 34{,}38\%; \quad \frac{18\,000}{45\,000} \cdot 100 = 40\%.$$

Calcoliamo il rapporto di *composizione* dato dal rapporto fra il numero dei dipendenti di ogni impresa e il totale dei dipendenti delle quattro imprese. È un rapporto tra grandezze *omogenee* e lo esprimiamo in *percentuale*:

$$\frac{5}{20} \cdot 100 = 25\%; \quad \frac{8}{20} \cdot 100 = 40\%; \quad \frac{4}{20} \cdot 100 = 20\%; \quad \frac{3}{20} \cdot 100 = 15\%.$$

Calcoliamo il rapporto di *coesistenza* dato dal rapporto fra debiti e crediti. È un rapporto tra grandezze *omogenee* e lo esprimiamo in *percentuale*:

$$\frac{12\,000}{13\,000} \cdot 100 \simeq 92{,}31\%; \quad \frac{22\,000}{26\,000} \cdot 100 \simeq 84{,}62\%; \quad \frac{13\,000}{11\,000} \cdot 100 \simeq 118{,}18\%; \quad \frac{19\,000}{18\,000} \cdot 100 \simeq 105{,}56\%.$$

Capitolo 9. Statistica

Nella tabella che segue riportiamo gli indici trovati.

Densità	Derivazione	Composizione	Coesistenza
fatturato/dipendenti (euro per dipendente)	crediti/fatturato (%)	dipendenti (%)	debiti/crediti (%)
5000	52,00	25	92,31
6750	48,15	40	84,62
8000	34,38	20	118,18
15 000	40,00	15	105,56

84 **VERO O FALSO?** Osserva la tabella relativa all'attività sportiva praticata dagli iscritti a una polisportiva.

Attività sportiva	calcio	tennis	volley	basket	ginnastica	nuoto
Numero persone	54	25	29	45	89	37

a. Circa il 10% delle persone gioca a volley. V F
b. Per ogni giocatore di tennis ci sono 2,16 calciatori. V F
c. Il rapporto di coesistenza fra ginnastica e basket è 0,51. V F
d. Il 37% delle persone pratica nuoto. V F

85 Rispondi osservando la tabella.
  a. In quale Comune c'è una maggiore tendenza al matrimonio?
  b. In quale Comune c'è il tasso di divorzi minore in rapporto alla popolazione?
  c. In quale Comune c'è il più alto rapporto tra divorzi e matrimoni?

[a) B; b) D; c) A]

Comune	Popolazione	Numero matrimoni	Numero divorzi
A	65 312	512	84
B	32 450	331	43
C	33 458	267	43
D	32 513	154	19

86 Da un'indagine emergono i seguenti dati relativi al numero di incidenti stradali in una provincia durante il periodo estivo.

Mese	Numero incidenti
giugno	37
luglio	128
agosto	187
settembre	63

a. Quale percentuale degli incidenti totali è rappresentata dagli incidenti avvenuti in luglio?
b. Sapendo che l'entità della rete stradale è di 3457 km, determina il numero di incidenti per kilometro avvenuti ogni mese.

[a) 30,84%; b) 0,01; 0,04; 0,05; 0,02]

87 Le importazioni ed esportazioni (tonnellate di merce movimentata) di un'impresa industriale nei primi sei mesi del 2016 sono riportate nella seguente tabella.

Mese	Importazioni	Esportazioni
gennaio	122	127
febbraio	134	122
marzo	115	105
aprile	98	97
maggio	95	103
giugno	105	96

a. Determina i rapporti di composizione delle importazioni e delle esportazioni.
b. In quale mese è maggiore il rapporto tra esportazioni e importazioni?

[a) 18,24%; 20,03%; …; b) maggio]

Paragrafo 4. Rapporti statistici

88 **TEST** Il rapporto di coesistenza tra studenti stranieri e studenti italiani in una classe è 0,20. Vuol dire che:
- A gli studenti stranieri sono il 20% del totale.
- B gli studenti italiani sono l'80% del totale.
- C per ogni studente straniero ci sono 5 studenti italiani.
- D per ogni studente italiano ci sono 5 studenti stranieri.
- E se la classe è composta da 20 studenti, 4 di questi sono stranieri.

89 La tabella seguente si riferisce alle prestazioni di 4 attaccanti in un recente campionato di calcio amatoriale.

	Partite giocate	Tiri in porta	Goal realizzati
Aldo	36	118	18
Berto	29	106	15
Carlo	34	103	16
Davide	31	99	15

a. Chi ha effettuato il maggior numero di goal a partita?
b. Chi ha ottenuto il maggior successo in termini di goal effettuati rapportati ai tiri in porta?

[a) Berto; b) Carlo]

90 In una provincia vi sono 323 415 abitanti. Nel corso dell'anno sono stati rilevati i seguenti reati: 1320 furti nelle abitazioni, 45 rapine a mano armata e 745 borseggi. Calcola i quozienti di criminalità per 10 000 abitanti e specifica il tipo di rapporto statistico. [densità: 40,8; 1,4; 23,0]

91 In un'impresa nel corso di 4 settimane si sono rilevati i numeri di pezzi difettosi sul totale della produzione.

Settimana	Numero pezzi prodotti	Numero pezzi difettosi
Prima	7200	46
Seconda	6900	38
Terza	7020	32
Quarta	6990	30

Per ogni settimana calcola l'indice di qualità, definito come rapporto tra il numero di pezzi difettosi per 1000 pezzi non difettosi, e indica il tipo di rapporto. [coesistenza: 6,4; 5,5; 4,6; 4,3]

92 La seguente tabella pone a confronto la numerosità della popolazione di 4 Comuni con il numero degli occupati, delle persone che hanno perso il lavoro e di quelle in cerca di prima occupazione.

Comune	Popolazione	Forza lavoro		
		Occupati	Perso lavoro	Prima occupazione
Bisbino	8967	4230	940	420
Predella	12 314	6320	1389	670
Rondigo	9856	3840	1760	433
Tacento	12 310	6324	2312	236

Determina per ogni Comune:
a. il tasso di attività dato dal rapporto tra forza lavoro e popolazione;
b. il tasso di occupazione dato dal rapporto fra occupati e popolazione;
c. il tasso di disoccupazione dato dal rapporto fra le persone in cerca di lavoro e la forza lavoro;
d. il rapporto fra disoccupati e occupati.

Quale Comune si trova nella situazione peggiore secondo te?

[a) 62,34%; …; b) 47,17%; …; c) 24,33%; …; d) 32,15%; …]

Capitolo 9. Statistica

93 Si stanno sperimentando due farmaci A e B per curare una malattia su due gruppi rispettivamente di 24 e 20 pazienti. Si ottengono i risultati in tabella.

Farmaco	Guariti	Non guariti	Totale
A	13	11	24
B	12	8	20

a. Quale farmaco ha dato il maggior tasso di guarigione?
b. Qual è il rapporto fra i guariti e i non guariti per il farmaco B? Come lo interpreti?

[a) B; b) 1,5]

94 Considera la seguente tabella, che illustra il numero di dipendenti di un'impresa nel corso di un decennio.

Anno	2007	2008	2009	2010	2011	2012	2013	2014	2015	2016
Numero dipendenti	876	854	847	859	868	875	869	874	885	865

a. Calcola i numeri indice a base fissa con base anno 2007.
b. Calcola i numeri indice a base fissa con base anno 2011.

[a) 100; 97,49; …; 98,74; b) 100, 92; 98, 39; …; 100; …; 99,65]

95 Data la seguente serie storica relativa al numero degli abbonamenti a un teatro, calcola i numeri indice a base fissa e a base mobile ponendo 2012 = 100 per i numeri indice a base fissa.

Anno	2012	2013	2014	2015	2016
Numero abbonati	1559	1650	1520	1587	1620

[100; 105,84; 97,50; …; n.d.; 105,84; 92,12; …]

---

96 La seguente tabella riguarda i siti web più visitati nel mondo nel 2006.

Siti web	Visitatori
Yahoo!	133 428 000
Google	123 892 000
Time Warner Network	123 702 000
MSN (Microsoft)	118 154 000
Myspace	81 233 000
eBay	79 787 000
Amazon	57 702 000
Ask Network	51 885 000
Wikipedia	46 372 000
Viacom Digital	43 056 000

Calcola i numeri indice a base fissa con base Yahoo! e con base Google.

[base Yahoo!: 100; 92,85; 92,71; …;
base Google: 107,70; 100; 99,85; …]

97 COMPLETA la tabella con i dati mancanti relativamente al prezzo di un litro di benzina.

Prezzo (€/litro)	Numero indice a base mobile
1,403	n.d.
	101,3
	101,3
1,471	
	94,6

MATEMATICA AL COMPUTER

La statistica Con un foglio di calcolo costruiamo una tabella contenente i numeri degli alunni delle quindici classi di una scuola, distribuite su cinque livelli (I, II, III, IV, V) e tre sezioni (A, B, C). Calcoliamo quindi i totali e le medie dei vari livelli e delle varie sezioni.

Risoluzione – 8 Esercizi in più

Paragrafo 5. Efficacia, efficienza, qualità

98 È stato registrato il consumo domestico medio pro capite di acqua nell'anno 2013. La tabella riporta i numeri indice a base fissa, con base gennaio 2013.

Mese	gen	feb	mar	apr	mag	giu	lug	ago	set	ott	nov	dic
Indice	100	102	98	103	101	97	99	104	104	107	98	96

a. Sapendo che il consumo medio pro capite di marzo è stato di 22,5 litri, qual è stato il consumo medio pro capite in gennaio?

b. Che cosa puoi affermare sui mesi di agosto e settembre?

[a) 23 L]

5 Efficacia, efficienza, qualità

▶ Teoria a p. 399

Controllo della gestione di prodotti e servizi

99 Quali tra i seguenti aspetti di un processo migliorano l'efficacia (A), quali l'efficienza (B) e quali la qualità (C) dello stesso?

a. Guadagno complessivo maggiore.
b. Minore produzione di scorie inquinanti.
c. Conquista di uno scudetto.
d. Conquista di uno scudetto con un gioco brillante.
e. Tempo di attesa inferiore.
f. Massimo numero di studenti maturati.
g. Massimo numero di studenti maturati con piene conoscenze, competenze e abilità.
h. Migliore manutenzione degli strumenti tecnologici.

[a) A; b) B, c) A; d) C; e) B; f) A; g) C; h) B]

100 Un corso di formazione a pagamento è impartito da tre scuole A, B e C; ognuna fissa la stessa quota di partecipazione e raggiunge il medesimo numero di iscritti. Sul volantino pubblicitario che ciascuna scuola distribuisce, sono segnalate le seguenti caratteristiche:
scuola A: durata del corso 100 h, ripartite in 40 lezioni serali frontali ognuna di durata 2 h 30 min;
scuola B: durata del corso 150 h, ripartite in 30 lezioni pomeridiane frontali ognuna di durata 3 h;
scuola C: durata del corso 150 h, lezioni web e frontali con docenti qualificati e tutor personalizzati.
Quale scuola ritieni abbia il livello di qualità più alto? Motivane le ragioni. [C, perché...]

101 La seguente tabella riporta alcuni dati di un servizio navetta, riguardanti il numero dei passeggeri e la valutazione in decimi di alcune caratteristiche di viaggio negli ultimi 4 anni.

Anno	N° passeggeri	Puntualità	Comodità	Acustica
2011	40 128	8	8	9
2010	38 756	9	8	9
2009	43 512	10	8	9
2008	41 653	9	8	7

Definisci l'incasso come indicatore di efficacia e stila, in base agli anni, le due graduatorie in ordine decrescente di efficacia ed efficienza, sapendo che

a. il prezzo del biglietto è rimasto invariato;
b. che il prezzo del biglietto nel 2008 ammontava a € 2 e successivamente ogni anno ha subito un incremento del 10%.

[a) efficacia: 2009-2008-2011-2010, efficienza: 2009-2010-2011-2008;
b) efficacia: 2011-2009-2010-2008, efficienza: 2009-2010-2011-2008]

Capitolo 9. Statistica

102 Per ciascuno dei 4 dadi A, B, C, D, si effettuano 3000 lanci e si conteggia il numero delle volte in cui il risultato è 6. L'esito di tale conteggio è riportato in tabella.

Dado	A	B	C	D
Frequenza assoluta del «6»	421	587	433	695

Puoi concludere che il dado B sia il più efficiente? Motivane le ragioni. [no]

6 Indicatori di efficacia, efficienza e qualità

▶ Teoria a p. 402

Date le seguenti tabelle, definisci e individua la tipologia di tutti gli indicatori che riconosci e determina le loro misure.

103

Mese	N° pazienti	Guadagno medio per paziente (€)	Tempo di attesa (min)
novembre 2011	1040	52	49 920

[I_1 = Guadagno totale sui pazienti = (Guadagno medio per paziente) · (N° pazienti) = € 54 080;
I_2 = Tempo di attesa per paziente = (Tempo di attesa)/(N° pazienti) = 48 min]

104

Data	Tiratura	N° copie vendute	Prezzo per copia (€)
12 febbraio 2010	75 000	68 954	1,20

[I_1 = Percentuale di vendite = ((N° copie vendute)/(Tiratura)) · 100 = 92%;
I_2 = Ricavo rotale = (Prezzo per copia) · (N° copie vendute) = € 82 745]

105

Biennio	N° automobili vendute da una concessionaria	N° automobili vendute a Roma	N° contratti pubblicitari	Spesa totale per pubblicità (€)
2010-2012	1152	153 000	10	5000

[I_1 = Quota di mercato della concessionaria =
= (N° automobili vendute dalla concessionaria)/(N° automobili vendute a Roma) = 0,0075;
I_2 = Spesa per contratto pubblicitario = (Spesa totale per pubblicità)/(N° contratti pubblicitari) = € 500]

106 Da un'indagine riguardante gli ultimi 4 mesi del 2010, emergono i dati relativi al processo produttivo di un'impresa che costruisce un oggetto in serie, riportati nella seguente tabella.

Mese	Migliaia di esemplari	Spesa complessiva (migliaia di €)	Ore di produzione
dicembre	1053	831	160
novembre	921	815	150
ottobre	844	827	150
settembre	820	810	140

Definisci i due indicatori I_1 = spesa per esemplare e I_2 = tempo per migliaia di esemplari, specificandone la tipologia; determina, infine, i valori dei due indicatori associati ai 4 mesi di riferimento.

[I_1 = (Spesa complessiva)/(Migliaia di esemplari); indicatore di efficacia; € 0,79; € 0,88; € 0,98; € 0,99;
I_2 = (Ore di produzione)/(Migliaia di esemplari); indicatore di efficienza; 0,15 h; 0,16 h; 0,18 h; 0,17 h]

Paragrafo 6. Indicatori di efficacia, efficienza e qualità

 107 La seguente tabella riporta i valori in percentuale di un indicatore di efficacia I_1 e di due indicatori di efficienza I_2 e I_3, relativi a 3 strutture sportive A, B e C.

Struttura sportiva	I_1	I_2	I_3
A	90	72	65
B	84	78	69
C	92	83	78

Tenendo conto che I_2 e I_3 hanno lo stesso peso e che I_1 ha peso doppio, definisci l'indicatore I della media ponderata di I_1, I_2 e I_3, specificane la tipologia e determina i suoi valori.
Quale tra le 3 strutture sportive è preferibile?

[$I = 0{,}5I_1 + 0{,}25I_2 + 0{,}25I_3$; indicatore di qualità; 79,25; 78,75; 86,25; C]

 108 In tabella sono riportati alcuni dati riguardanti un'azienda, relativi agli anni 2009, 2010 e 2011.

Anno	N° utenti	Spesa per utente	Ricavo per utente
2011	5024	187	215
2010	4687	193	208
2009	4691	189	199

Definisci l'indicatore I = guadagno sull'utenza, specificandone la tipologia, e determina le misure dell'indicatore associate ai 3 anni di riferimento.
Puoi affermare che è in atto un trend di crescita nel tempo?

[I = (Ricavo per utente − Spesa per utente) · (N° utenti); indicatore di efficacia;
€ 140 672; € 70 305; € 46 910; trend di crescita]

 109 Una banca ha due filiali A e B in un quartiere metropolitano; ciascuna di esse possiede due uffici che gestiscono rispettivamente la vendita di prodotti finanziari e la stipula dei contratti di nuovi correntisti. I dati raccolti dai quattro uffici delle due filiali per il 2009 sono riportati nella seguente tabella.

Filiale	N° prodotti finanziari venduti	N° vendite previste	N° correntisti	N° correntisti previsti
A	215	220	175	190
B	184	180	162	170

Servendoti delle misure di opportuni indicatori, in quale ambito e in quale filiale si è avuto un livello di efficienza più alto?

[Filiale B, ufficio vendita di prodotti finanziari]

 110 Una fiera commerciale si svolge ogni anno in un fine settimana del mese di agosto. Nell'ultima edizione si sono registrate 1450 presenze e il biglietto di ingresso, comprensivo di una consumazione del valore di € 2, ha avuto un costo pari a € 10.
Per l'organizzazione sono stati spesi complessivamente € 2530 e, inoltre, il 6% degli ingressi sono risultati omaggio.
Definisci l'indicatore di efficacia relativo al contesto descritto e determina il suo valore.

[I = ((N° ingressi totali − N° ingressi omaggio) · (Costo di 1 biglietto) − (N° ingressi totali) · (Valore consumazione) +
− Spesa organizzativa); € 8200]

Capitolo 9. Statistica

Riepilogo: Interpretazione dei dati

111 La lunghezza in centimetri delle mine per matita prodotte da una certa macchina ha una distribuzione che si può considerare gaussiana con media 12 cm e deviazione standard pari a 0,1 cm.
Si sceglie un campione formato da 150 mine. Quante di queste ci aspettiamo abbiano una lunghezza compresa tra 11,8 cm e 12,2 cm? [143]

112 La distribuzione dei pesi dei bagagli imbarcati dai passeggeri che utilizzano abitualmente la tratta Pisa-Bari si può considerare gaussiana, con media 7 kg e deviazione standard 0,5 kg. Su un volo di 260 persone, quante ci aspettiamo che abbiano imbarcato un bagaglio che pesa più di 8 kg? [circa 6]

113 **REALTÀ E MODELLI** **I campionati mondiali di calcio** Le tabelle riportano i risultati ottenuti dall'Italia nei campionati mondiali di calcio del 1982 e del 2006, di cui è stata vincitrice.

Campionato mondiale 1982	
Partita	Risultato
Italia – Polonia	0-0
Italia – Perù	1-1
Italia – Camerun	1-1
Italia – Argentina	2-1
Italia – Brasile	3-2
Polonia – Italia	0-2
Italia – Germania	3-1

Campionato mondiale 2006	
Partita	Risultato
Italia – Ghana	2-0
Italia – Stati Uniti	1-1
Repubblica Ceca – Italia	0-2
Italia – Australia	1-0
Italia – Ucraina	3-0
Germania – Italia	0-2
Italia – Francia	1-1 (5-3 ai rigori)

Per il campionato mondiale del 2006, calcola:
a. la media dei goal segnati e dei goal subìti durante il campionato, esclusi i goal ai rigori;
b. lo scarto semplice medio dei goal segnati;
c. la deviazione standard dei goal segnati.

Confrontiamo i due campionati mondiali.

d. In quale campionato l'Italia ha subìto in media più goal?
e. In quale campionato è migliore il rapporto fra goal segnati e goal subìti?

114 La seguente tabella riporta la produzione mondiale di autoveicoli, suddivisa in veicoli leggeri e pesanti, da parte dei maggiori produttori (2006).

Paese	Veicoli leggeri	Veicoli pesanti	Totale
Giappone	9 756 515	1 727 718	11 484 233
Stati Uniti	4 372 196	6 979 093	11 351 289
Cina	4 315 290	2 956 524	7 271 814
Germania	5 398 508	419 663	5 818 171

Determina i rapporti di composizione e i rapporti di coesistenza tra veicoli pesanti e leggeri.
[veicoli leggeri: 40,92%; 18,34%; …; veicoli pesanti: 14,30%; 57,76%; …; coesistenza: 17,71%; 159,62%; … dei veicoli leggeri]

428

115 Dopo 4 anni dall'inizio della produzione e del commercio di un bene, l'azienda riassume i dati della produzione nella seguente tabella.

Anni	Numero pezzi prodotti	Numero pezzi difettosi	Ore di produzione	Spesa complessiva (migliaia di €)
1	460	120	150	9,2
2	680	140	140	7,3
3	790	320	115	6,0
4	800	110	125	6,5

Considera gli indicatori:

$$I_1 = \frac{\text{n° pezzi difettosi}}{\text{n° pezzi prodotti}}, \qquad I_3 = \frac{\text{spesa complessiva}}{\text{n° pezzi prodotti}},$$

$$I_2 = \frac{\text{ore di produzione}}{\text{n° pezzi prodotti}}, \qquad I = 0{,}2I_1 + 0{,}3I_2 + 0{,}5I_3.$$

Specifica la tipologia di ogni indicatore e usando l'indice I determina l'anno in cui è stato ottenuto il più alto livello di qualità.

[I_1 = indicatore di efficacia, I_2 = indicatore di efficienza, I_3 = indicatore di efficienza, I = indicatore di qualità, 3° anno]

116 Uno spettacolo teatrale è messo in scena in tre giorni del mese di dicembre.
Alcuni dati relativi alle tre rappresentazioni sono riportati in tabella.

Data	Numero spettatori	Numero errori dizione	Durata (minuti)	Consumo energetico (kWh)	Compenso attori (€)
5 dicembre	644	11	98	30	4000
12 dicembre	615	8	101	29	3870
19 dicembre	631	5	94	25	3677

Definisci gli indicatori di efficienza relativi al contesto descritto. Per ciascuno di essi, inoltre, esegui un confronto tra le misure relative alle tre domeniche e stabilisci di conseguenza se si è verificato un progressivo miglioramento globale di efficienza.

[I_1 = (Numero errori dizione)/(Compenso attori); I_2 = (Consumo energetico)/(Durata); sì]

VERIFICA DELLE COMPETENZE ALLENAMENTO

ARGOMENTARE

1 Le tre seguenti situazioni richiedono l'uso di una media per l'analisi dei dati.
  a. Voti di maturità degli studenti di una scuola superiore.
  b. Tasso di variazione del prezzo del petrolio negli ultimi dieci anni.
  c. Prezzo al kilogrammo di pesche che un grossista acquista da un agricoltore.

Spiega quale media useresti in ciascun caso motivando la tua scelta. Fai un esempio per ogni situazione.

2 **COMPLETA** Spiega il significato statistico della varianza e quali indicazioni in più dà rispetto alla media semplice. Per farlo completa il seguente esempio in modo da evidenziare l'utilità della varianza.
Il capoufficio deve promuovere il dipendente più affidabile dal punto di vista delle ore lavorative. Il primo dipendente lavora 150 ore al mese. Il secondo _____.
Per la continuità di lavoro il capoufficio promuoverà _____.

3 Descrivi le caratteristiche di una distribuzione gaussiana e, utilizzando un esempio, mostra perché è univocamente determinata dalla media e dalla deviazione standard.

4 Spiega con un esempio la differenza tra efficacia, efficienza e qualità in un processo produttivo. Crea, in particolare, un esempio in cui non sia possibile confrontare l'efficienza di due diversi produttivi.

ANALIZZARE E INTERPRETARE DATI E GRAFICI

5 **TEST** Il seguente grafico rappresenta il poligono delle frequenze delle ore settimanali dedicate allo sport da un gruppo di 50 ragazzi.

Quale delle seguenti affermazioni è *esatta*?

A Media e mediana sono uguali.

B La moda è maggiore della media aritmetica ma minore della mediana.

C Gianni, che si reca in palestra ogni giorno per un'ora al giorno, dedica alla palestra più ore della media dei ragazzi intervistati.

D La metà dei ragazzi intervistati dedica meno di otto ore a settimana allo sport.

E Non c'è alcun ragazzo che dedica 0 ore allo sport.

6 A una prova vengono attribuiti punteggi in quindicesimi e risulta superata con almeno un punteggio di 10. Abbiamo i seguenti dati relativi a 40 candidati che hanno superato la prova.

Punteggio	10	11	12	13	14	15
Candidati	6	14	12	4	2	2

a. Analizzando i dati, qual è la moda dei voti?
b. La mediana è maggiore o minore della media?
c. Disegna il poligono delle frequenze. Puoi dire che si tratta di una distribuzione gaussiana?

7 I tempi medi (in minuti) impiegati dai dipendenti di una società per recarsi al lavoro sono:
15, 20, 18, 10, 25, 40, 35, 32, 28, 45, 27, 43, 55, 34, 45, 43, 28, 23, 25, 27, 32, 33, 14, 32, 12.

a. Compila la distribuzione di frequenza con classi di intervallo di ampiezza dieci. (Estremo inferiore incluso nelle classi ed estremo superiore escluso.)
b. Un dipendente che impiega 30 minuti per andare a lavoro appartiene alla classe modale, cioè alla classe con frequenza maggiore?
c. Dall'analisi dei dati, puoi dire che più della metà dei dipendenti impiega meno di 30 minuti per andare a lavoro?

8 **TEST** Le vendite di un'impresa mercantile hanno avuto nel corso di successivi anni un andamento crescente. Le percentuali di incremento sono state: 3%, 4%, 5% e 8%. L'incremento medio è stato:

- A il 5%, media aritmetica degli incrementi.
- B il 4,5%, valore mediano.
- C il 4,98%, valore ottenuto utilizzando la media geometrica.
- D il 5,34%, valore ottenuto con la media quadratica.
- E il 5,5%, valore medio tra il maggiore e il minore.

9 **TEST** Uno studente universitario ha superato un certo numero di esami, riportando la media di 23. Dopo aver superato un altro esame, la sua media scende a 22,25. Sapendo che il voto di ciascun esame è un numero intero compreso fra 18 e 30 inclusi, che voto ha riportato lo studente all'ultimo esame?

- A 18 B 19 C 20 D 21 E 22

(Olimpiadi di Matematica, Gara di 2° livello, 2007)

10 **COMPLETA** In una fabbrica di automobili sono state prodotte 800 automobili in 4 modelli. Completa la seguente tabella.

Tipo di auto	Quantità	Percentuale
A	50	
B		25%
C	250	
D		
Totale		

a. Effettua la rappresentazione grafica.
b. Individua il tipo di auto che rappresenta la moda.
c. Calcola i rapporti di coesistenza fra i vari tipi di auto e quello che rappresenta la moda.

[b) D; c) 16,7%; 66,7%; 83,3%]

---

11 Un automobilista percorre in autostrada un terzo del tragitto alla velocità di 80 km/h, un terzo alla velocità di 120 km/h e l'ultimo terzo alla velocità di 100 km/h. Calcola:

a. la velocità media di tutto il tragitto;
b. il tempo complessivo nell'ipotesi che il tragitto sia lungo 144 km;
c. la velocità media nel caso avesse viaggiato per metà del tragitto alla velocità di 80 km/h, per un quarto del tragitto alla velocità di 120 km/h e per l'ultimo quarto alla velocità di 100 km/h;
d. la velocità media nel caso avesse viaggiato per un terzo del tempo complessivo alla velocità di 80 km/h, per un terzo del tempo alla velocità di 120 km/h e per l'ultimo terzo alla velocità di 100 km/h.

[a) 97,3 km/h; b) 1 h 28 m 48 s; c) 92,3 km/h; d) 100 km/h]

12 La tabella riporta le informazioni su tre compagnie di radiotaxi dopo una giornata di osservazione.

Compagnia	Chiamate ricevute	Numero corse	Tempo medio di attesa (minuti)
A	360	250	12
B	273	261	15
C	335	300	10

a. Quale indicatore useresti per stabilire la compagnia che ha ottenuto il livello più alto di efficacia?
b. Quale indicatore può misurare il livello di efficienza?
c. Quale compagnia ha, secondo te, il più basso livello di qualità? Motiva la risposta.

Allenati con **15 esercizi interattivi** con feedback "hai sbagliato, perché..."

su.zanichelli.it/tutor3   risorsa riservata a chi ha acquistato l'edizione con tutor

VERIFICA DELLE COMPETENZE   PROVE   1 ora

PROVA A

1 In una scuola con 400 studenti al primo anno, sono stati fatti i test d'ingresso. L'ortogramma rappresenta la distribuzione dei voti ottenuti dagli studenti nei test.

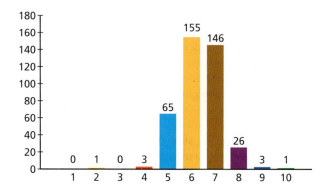

  a. Qual è la media dei punteggi ottenuti dai ragazzi nei test?
  b. Qual è la deviazione standard dei voti?
  c. Senza calcolare la varianza, se si escludono gli otto studenti che hanno ottenuto meno di 5 e più di 8, ti aspetti che la varianza aumenti o diminuisca?

2 In un gruppo di 26 persone, 15 sono uomini e 11 sono donne. 6 dei 15 uomini usano le lenti a contatto, mentre sono solo 4 le donne che portano le lenti a contatto. In percentuale le lenti a contatto sono più diffuse tra gli uomini o tra le donne?

3 Un pasticciere ha intervistato 100 clienti abituali chiedendo il numero di paste mangiate in una settimana. I risultati dell'indagine hanno evidenziato che la distribuzione del numero di paste mangiato settimanalmente è di tipo gaussiano con media 10 e deviazione standard 1. Quante sono le persone che mangiano meno di 9 dolci a settimana?

4 Un corso universitario è stato tenuto per 4 anni da 4 docenti diversi. Il corso prevedeva la trattazione di tre argomenti.

Docente	Argomento 1	Argomento 2	Argomento 3	Ore	Studenti iscritti	Studenti promossi
A	✓	✓		36	140	120
B	✓	✓	✓	40	160	136
C	✓	✓	✓	45	140	119
D	✓			20	132	108

  a. Quale indicatore puoi usare per valutare il livello di efficacia?
  b. Quali docenti hanno raggiunto il livello più alto di efficacia?
  c. Quale docente ha raggiunto il livello più alto di efficienza?
  d. Le risposte precedenti cambiano se l'ateneo aveva deciso sin dal primo anno che l'argomento 3 era facoltativo per il corso?

PROVA B

1 Per decidere l'alzatore titolare del prossimo campionato, gli allenatori delle categorie Giovani e Primavera di una squadra di pallavolo organizzano un test. Chiedono ai ragazzi di *alzare* il pallone verso un bersaglio. Il bersaglio ha le zone numerate da 1 a 3 dove 3 è il centro. Se il ragazzo, palleggiando, commette fallo, viene dato punteggio 0.
Il seguente ortogramma mostra i risultati di questa prova sui 70 ragazzi.

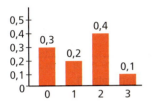

a. Quanti ragazzi hanno ottenuto almeno il punteggio 2?
b. Se gli allenatori vogliono scegliere l'alzatore tra i soli che hanno ottenuto punteggio 3, tra quanti giocatori potranno scegliere?
c. Da precedenti statistiche gli allenatori sanno che la distribuzione della percentuale delle alzate corrette per un buon palleggiatore è gaussiana con media 0,7 e varianza 0,01. Con quale percentuale il miglior alzatore riuscirà a fare più di 71 buoni palleggi su 100 provati?

2 In un test di ingresso 2 studenti hanno ottenuto 4, 6 studenti hanno ottenuto 6, 10 studenti hanno ottenuto 7 e i rimanenti hanno ottenuto 8. Se la media dei voti della classe è 6,8 da quanti studenti è composta la classe?

3 Nelle ultime stagioni l'allenatore di una squadra di basket sta valutando l'acquisto di un giocatore per rinforzare la sua squadra. Ha compilato una tabella riportando il numero di partite giocate nelle ultime 6 stagioni, il numero di punti segnati e il prezzo del cartellino del giocatore, cioè il prezzo che dovrebbe pagare se decidesse di acquistarlo.

Stagione	1	2	3	4	5	6
Partite giocate	16	15	18	20	17	22
Punti segnati	302	280	340	246	300	320
Costo cartellino (€)	700	750	900	1300	1200	1450

Considera gli indicatori:

$$I_1 = \frac{\text{punti segnati}}{\text{partite giocate}}; \qquad I_2 = \frac{\text{punti segnati in un anno}}{\text{punti segnati l'anno precedente}}; \qquad I_3 = \frac{\text{costo cartellino}}{\text{partite giocate}}.$$

a. Definisci la tipologia di ogni indicatore e calcola ciascuno per ogni anno.
b. Puoi individuare un trend per l'efficacia del giocatore?

STATISTICA

■ Grafici per la rapprentazione dei dati statistici

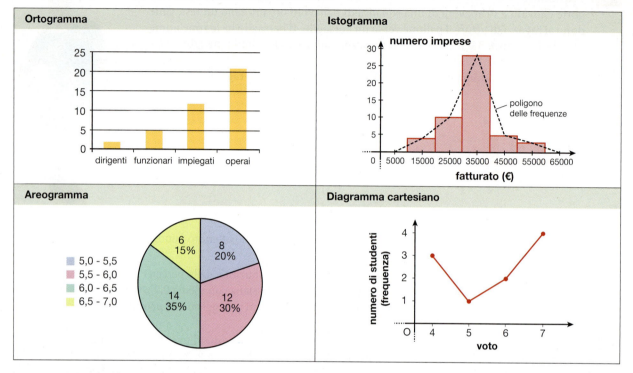

■ Medie statistiche

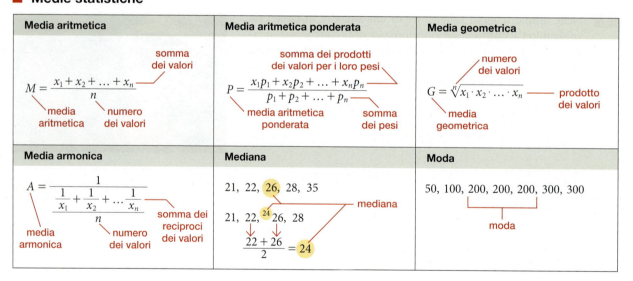

■ Indici di variabilità

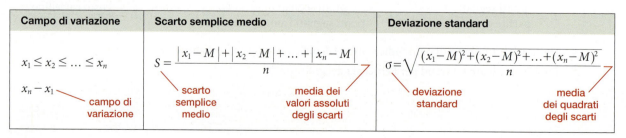

MATEMATICA FINANZIARIA

■ Capitalizzazione e sconto

■ Rendite, ammortamenti, leasing

CAPITOLO 10
CAPITALIZZAZIONE E SCONTO

1 Operazioni finanziarie

▶ Esercizi a p. 461

Capitalizzazione e attualizzazione

ESEMPIO
Silvia vuole acquistare uno scooter e non ha sufficiente denaro. Perciò chiede in prestito € 2000 a una banca, impegnandosi a restituire fra un anno € 2200.

Questo è un esempio di *operazione finanziaria*.

In generale un'**operazione finanziaria** è un'operazione in cui avviene uno scambio di somme di denaro in tempi diversi. Il passaggio di denaro dalla banca a Silvia si chiama *prestazione*, la restituzione, da parte di Silvia, di denaro alla banca si chiama *controprestazione*. Le due parti si impegnano a versare le cifre pattuite: la prestazione all'inizio dell'operazione finanziaria; la controprestazione al termine dell'operazione.

La **matematica finanziaria** è quella parte della matematica che studia le operazioni finanziarie. Un'operazione finanziaria si rappresenta in modo schematico su una retta orientata, detta **asse dei tempi**.

Nell'esempio precedente l'asse dei tempi è quello nella figura sotto.

Al tempo 0, dal punto di vista di Silvia, abbiamo un'entrata di € 2000 e al tempo 1 un'uscita di € 2200; l'uscita è rappresentata con il segno meno.

Le operazioni finanziarie fondamentali che esamineremo sono:

- la **capitalizzazione**, nella quale si deve determinare il valore di un capitale in un'epoca posteriore a quella in cui lo si considera; tale valore viene detto **montante** del capitale iniziale;

- l'**attualizzazione**, nella quale si deve determinare il valore di un capitale in un'epoca anteriore; tale valore viene detto **valore attuale** del capitale dato.

Paragrafo 1. Operazioni finanziarie

Le leggi di calcolo del montante e del valore attuale possono essere diverse e vengono dette **regimi**.

Nelle operazioni, di prestito, come quella dell'esempio, chiamiamo **mutuante** o **creditore** chi concede il prestito; **capitale iniziale** la somma prestata; **mutuatario** o **debitore** chi riceve il prestito. I termini **mutuante** e **mutuatario** derivano da *mutuo*, che significa *prestito*.

Il termine **capitale** indica una somma di denaro che interviene in un'operazione finanziaria.

Spesso, per brevità, parleremo di capitale riferendoci al capitale iniziale.

■ Interesse e montante

DEFINIZIONE

Chiamiamo **interesse** I il compenso che il debitore deve versare al creditore in aggiunta al capitale iniziale C, alla fine del prestito. La somma del capitale C e dell'interesse I è detta **montante** M.

Listen to it

Interest is the amount of money owed by the *borrower* to the *lender*. The total amount to be paid back equals the *principal* plus the *interest*.

Tra montante, capitale e interesse vale la relazione:

$$M = C + I.$$

■ Tasso di interesse

È più conveniente depositare in banca € 8000 e ricevere dopo un anno un interesse di € 1000 o depositare € 20 000 e ricevere dopo un anno un interesse di € 2000?

L'interesse del secondo deposito è più grande rispetto al primo, ma per risolvere questo problema non dobbiamo confrontare l'interesse prodotto dal deposito; dobbiamo calcolare e confrontare l'interesse per ogni unità di capitale. Indichiamo con i' e i'' rispettivamente l'interesse per ogni unità di capitale del primo e del secondo deposito.

Nel primo caso:

$$i' = \frac{1000}{8000} = 0{,}125.$$

Nel secondo caso:

$$i'' = \frac{2000}{20\,000} = 0{,}1.$$

I valori trovati dicono che, nel periodo di un anno, nel primo caso per ogni euro di capitale depositato otteniamo un interesse di € 0,125, mentre nel secondo caso otteniamo un interesse di € 0,1. È più conveniente il primo prestito.

Il rapporto tra interesse e capitale iniziale è il **tasso di interesse**.

DEFINIZIONE

L'interesse per ogni unità di tempo e per ogni unità di capitale è detto **tasso unitario di interesse**.

Capitolo 10. Capitalizzazione e sconto

MATEMATICA ED ECONOMIA

Fisso o variabile?
Oltre a fornire servizi, le banche sono intermediarie di credito, per esempio prestano denaro riscuotendo un tasso di interesse.
Con un mutuo a tasso fisso, il cliente corrisponde alla banca sempre lo stesso interesse per tutta la durata del mutuo. Se invece il tasso è variabile, paga in base a come vanno i tassi di interesse mese per mese.

▶ È più conveniente un mutuo a tasso fisso o uno a tasso variabile?

Cerca nel Web: mutuo, tasso fisso, tasso variabile, Spread, Eurirs, Euribor

---

L'unità di tempo può essere un anno, un semestre, un trimestre, …, a seconda di come decidiamo di misurare il tempo.

Il tasso unitario di interesse riferito a un anno viene di solito indicato con i e si dice **tasso annuo**. Possono anche essere utilizzati tassi semestrali, trimestrali ecc. Ricordiamo, in ogni caso, che ci deve essere corrispondenza fra tipo di tasso usato e unità di tempo. In seguito, se non daremo altre indicazioni, intenderemo per tasso unitario quello annuo.

Nella pratica quotidiana, invece del tasso unitario, si preferisce usare il **tasso percentuale**, che è l'interesse relativo a 100 unità monetarie (per esempio 100 euro).

La relazione che lega i al suo tasso percentuale r è:

$$r = i \cdot 100 \quad \text{ovvero} \quad i = \frac{r}{100}.$$

Per indicare il tasso percentuale si fa seguire al valore il simbolo % (percento).

> **ESEMPIO**
> Investo € 2500 per un anno ricevendo, alla fine di tale periodo, € 2610. Qual è il tasso annuo di interesse applicato?
> L'interesse maturato è, in euro:
> $$I = 2610 - 2500 = 110.$$
> Per ricavare il tasso unitario dividiamo l'interesse per il capitale:
> $$i = \frac{110}{2500} = 0{,}044.$$
> Ricaviamo anche il tasso percentuale:
> $$r = 0{,}044 \cdot 100 = 4{,}4\%.$$

▶ Se investo € 3200 per un anno ricavando € 3300, qual è il tasso annuo applicato?

[3,125%]

Dall'esempio vediamo che possiamo determinare il tasso unitario di interesse calcolando il quoziente

$$i = \frac{M - C}{C},$$

dove C è la somma depositata all'inizio dell'anno e M è la somma ottenuta alla fine dell'anno.

Il tasso percentuale r è allora:

$$r = \frac{M - C}{C} \cdot 100 = i \cdot 100.$$

■ **Sconto**

Se una persona deve riscuotere un capitale a una certa data e invece ne ha bisogno prima, può chiedere al debitore il pagamento in anticipo. In cambio deve offrire uno *sconto*, ossia essere disposto a ricevere una *somma scontata*, che è inferiore rispetto al capitale finale.

Paragrafo 1. Operazioni finanziarie

DEFINIZIONE

Chiamiamo **sconto** S la somma che deve essere sottratta da un capitale finale C, esigibile a una certa scadenza, se si vuole riceverlo anticipatamente. La differenza tra il capitale finale C e lo sconto S è detta **somma scontata** o **valore attuale** V.

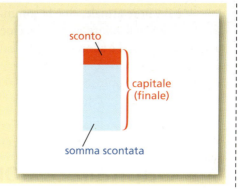

Per la definizione, se indichiamo con C il capitale finale, cioè esigibile in futuro:

$V = C - S$.

Il capitale finale C è detto **valore nominale**, mentre il **tempo di anticipazione** è il periodo che intercorre fra l'effettiva riscossione e la data di scadenza.

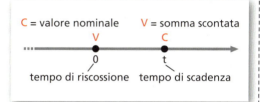

■ Tasso di sconto

DEFINIZIONE

Lo sconto per ogni unità di tempo e per ogni unità di capitale è detto **tasso unitario di sconto**.

L'unità di tempo può essere un anno, un semestre, un trimestre, …, a seconda di come decidiamo di misurare il tempo. In seguito, se non daremo altre indicazioni, intenderemo per tasso unitario di sconto quello annuo.
Il tasso unitario di sconto riferito a un anno viene di solito indicato con s.
Come per il tasso unitario di interesse, anche per il tasso unitario di sconto spesso nella pratica si preferisce usare il tasso percentuale di sconto d, cioè lo sconto relativo a 100 euro (o 100 unità monetarie).

ESEMPIO

Decido di estinguere oggi un debito di € 5000 che avrei dovuto pagare fra un anno. Se lo sconto che mi viene concesso è di € 250, qual è il tasso di sconto applicato?
Per ricavare il tasso di sconto dividiamo lo sconto per il valore nominale:

$s = \dfrac{250}{5000} = 0{,}05$.

In percentuale:

$d = s \cdot 100 = 0{,}05 \cdot 100 = 5\%$.

▶ Decido di estinguere oggi un debito di € 4000 che avrei dovuto pagare fra un anno, ottenendo uno sconto di € 200. Qual è il tasso di sconto?
[5%]

Dall'esempio vediamo che possiamo definire il tasso unitario di sconto calcolando il quoziente

$s = \dfrac{S}{C} = \dfrac{C - V}{C}$,

dove V è il valore attuale, cioè la somma scontata in caso di riscossione all'inizio dell'anno, e C è il valore nominale, cioè la somma esigibile alla fine dell'anno. Il tasso percentuale d è allora:

$$d = \frac{C-V}{C} \cdot 100 = s \cdot 100.$$

2 Capitalizzazione semplice

■ Calcolo dell'interesse

▶ Esercizi a p. 461

DEFINIZIONE

Un **regime di capitalizzazione** è **semplice** se l'interesse è direttamente proporzionale al capitale e al tempo d'impiego del capitale.

La proporzionalità diretta si esprime con la legge:

$$I = C \cdot i \cdot t,$$

dove I è l'interesse, C il capitale impiegato, i il tasso unitario di interesse e t la durata dell'impiego del capitale. i può essere vista come costante di proporzionalità che lega I al prodotto $C \cdot t$.

ESEMPIO

Calcoliamo l'interesse semplice di un capitale di € 1700 impiegato al 4% annuo per 1 anno, 3 mesi e 10 giorni.

Dobbiamo trasformare il tasso percentuale in tasso unitario,

$$i = \frac{4}{100} = 0{,}04.$$

Trasformiamo il tempo in anni, tenendo conto che un mese è $\frac{1}{12}$ di anno e che un giorno è $\frac{1}{360}$ di anno:

$$t = 1 + \frac{3}{12} + \frac{10}{360} = \frac{23}{18}.$$

Calcoliamo l'interesse:

$$I = C \cdot i \cdot t = 1700 \cdot 0{,}04 \cdot \frac{23}{18} = 86{,}89.$$

L'interesse è € 86,90.

🔊 **Listen to it**

Simple interest, or **flat rate interest**, is directly proportional to the *principal*, the *interest rate* and the *time*.

▶ Calcola l'interesse semplice di un capitale di € 1560 impiegato al 3% per un anno, 3 mesi e 10 giorni.
[€ 59,80]

Utilizzando il tasso annuo, il tempo deve essere calcolato in anni e frazioni di anni. Per convenzione, l'**anno commerciale** è considerato di 360 giorni e ogni mese di 30 giorni. Invece l'*anno civile* ha 365 giorni e i mesi con il loro numero effettivo di giorni. Di solito, useremo sempre l'anno commerciale, tranne dove esplicitamente indicato.

Paragrafo 2. Capitalizzazione semplice

■ Calcolo del montante

▶ Esercizi a p. 461

Per calcolare il montante M sommiamo il capitale C con l'interesse I, tenendo presente che nel regime di capitalizzazione semplice $I = Cit$.

$$M = C + I = C + Cit = C(1 + it) \rightarrow \boxed{M = C(1 + it)}.$$

Il fattore $(1 + it)$ è detto **fattore di capitalizzazione semplice**.

Se $C = 1$, M è proprio uguale a tale fattore, che è quindi il montante a interesse semplice di un euro (o più in generale di una unità monetaria) impiegato al tasso i per il tempo t.

Partendo dalla formula precedente possiamo ricavare il capitale C, noti il montante, il tasso e il tempo:

$$C = \frac{M}{1 + it}.$$

ESEMPIO

1. Determiniamo il montante a interesse semplice di € 7500 investiti al tasso annuo del 5,5% per 9 mesi. Sostituiamo nella formula del montante i dati:

$$M = C(1 + it) = 7500 \cdot \left(1 + 0{,}055 \cdot \frac{9}{12}\right) = 7809{,}375.$$

Il montante è di € 7809,38.

Il valore 7809,38 è arrotondato al centesimo di euro. In seguito forniremo sempre valori arrotondati in questo modo, senza dare ulteriori indicazioni.

2. Quale capitale devo investire a interesse semplice del 3% annuo e per 2 anni, per poter ritirare € 10 000?

$$C = \frac{M}{1 + it} = \frac{10\,000}{1 + 0{,}03 \cdot 2} = 9433{,}962264.$$

Devo impiegare € 9433,96.

▶ Calcola il montante a interesse semplice di € 5000 investiti al tasso annuo del 4% per 8 mesi.

[€ 5133,33]

▶ Qual è il capitale che devi investire a interesse semplice del 2% annuo per poter ritirare dopo 3 anni € 15 000?

[€ 14 150,94]

■ Calcolo del capitale, del tasso, del tempo

▶ Esercizi a p. 463

Dalla relazione $I = C \cdot i \cdot t$ ricaviamo il capitale, il tasso di interesse, il tempo:

$$C = \frac{I}{i \cdot t}; \quad i = \frac{I}{C \cdot t}; \quad t = \frac{I}{C \cdot i}.$$

ESEMPIO

1. Calcoliamo quale capitale dobbiamo investire per 10 mesi al tasso annuo percentuale del 6% per ottenere un interesse di € 500.
Sostituiamo i dati nella formula $I = C \cdot i \cdot t$:

$$500 = C \cdot \frac{\cancel{6}^{\,1}}{\cancel{100}_{10}} \cdot \frac{\cancel{10}^{\,1}}{\cancel{12}_{2}} \rightarrow C = 500 \cdot 20 = 10\,000.$$

Il capitale cercato è € 10 000.

2. Determiniamo a quale tasso di interesse annuo percentuale r deve essere investito un capitale di € 13 500 per 8 mesi per ottenere un interesse di € 700.
Sostituiamo i dati in $I = C \cdot i \cdot t$:

$$700 = \cancel{13\,500}^{\,4500} \cdot i \cdot \frac{\cancel{8}^{\,2}}{\cancel{12}_{\,3\,1}} \rightarrow i = \frac{700}{9000}.$$

Animazione

Nell'animazione ci sono le risoluzioni dei quattro esercizi di questa pagina e del primo della pagina seguente, e la figura dinamica con il grafico di M e di I, in funzione di t, al variare di i e di C.

▶ Calcola il capitale che devi investire per 4 mesi al tasso annuo percentuale del 3% per ottenere un interesse di € 300.

[€ 30 000]

▶ Qual è il tasso annuo percentuale con il quale un capitale di € 15 000 investito per 10 mesi produce un interesse di € 300?

[2,4%]

441

Capitolo 10. Capitalizzazione e sconto

▶ Per quanto tempo devi investire un capitale di €15 000 al tasso annuo percentuale del 2% per ottenere un interesse di € 760?

[2ª 6ᵐ 12ᵍ]

Avendo espresso il tempo in anni, il tasso ottenuto è unitario annuo. Per ricavare il tasso percentuale moltiplichiamo i per 100, e arrotondiamo: il tasso cercato è del 7,78% annuo.

3. Calcoliamo per quanto tempo dobbiamo investire al tasso del 5% un capitale di € 25 000 per ottenere un interesse di € 2000.
Utilizziamo ancora $I = C \cdot i \cdot t$:

$$2000 = 25000 \cdot \frac{5}{100} \cdot t \quad \rightarrow \quad t = \frac{8}{5} = 1,6.$$

Poiché il tasso è annuo, il tempo è espresso in anni. Trasformiamolo in anni, mesi e giorni. Abbiamo 1 anno e resta la parte decimale 0,6 ossia $\frac{6}{10}$ di anno. Per ottenere i mesi moltiplichiamo la parte decimale per 12:

mesi = $12 \cdot 0,6 = 7,2$.

Analogamente per il numero dei giorni moltiplichiamo la parte decimale 0,2 dei mesi per 30:

giorni = $30 \cdot 0,2 = 6$.

La durata cercata è di 1 anno, 7 mesi e 6 giorni. In forma abbreviata 1ª 7ᵐ 6ᵍ.

■ Capitalizzazione frazionata

Negli esempi finora esaminati il tasso considerato era annuo. Tuttavia il periodo di capitalizzazione può essere diverso dall'anno. Possiamo infatti stabilire di capitalizzare gli interessi ogni semestre, quadrimestre, trimestre...
In questi casi parliamo di capitalizzazione semestrale, quadrimestrale, trimestrale... e indichiamo con:

i_2 un tasso semestrale, i_6 un tasso bimestrale,
i_3 un tasso quadrimestrale, i_{12} un tasso mensile.
i_4 un tasso trimestrale,

Il pedice dei tassi indica quanti periodi considerati ci sono in un anno (2 semestri, 3 quadrimestri, 4 trimestri...).
Se consideriamo come periodo unitario una frazione di anno, le formule date per la capitalizzazione semplice restano vere, purché si utilizzi il relativo tasso.

ESEMPIO

Calcoliamo il montante in capitalizzazione semplice di € 9000 investiti per 3 anni al tasso quadrimestrale del 2,5%.
Poiché in 3 anni ci sono $3 \cdot 3 = 9$ quadrimestri:

$M = 9000(1 + 0,025 \cdot 9) = 11\,025$.

Il montante è di € 11 025.

▶ Calcola l'interesse prodotto da € 4000 investiti per 2 anni in capitalizzazione semplice al tasso trimestrale dell'1,1%.

[€ 352]

MATEMATICA ED ECONOMIA

Indici economici Spesso è interessante rappresentare graficamente il valore di un indice economico in funzione del tempo.
Nella figura c'è il confronto fra il Pil in Italia e quello nell'Unione europea (Italia esclusa). Possiamo notare che con il passare degli anni il divario è molto aumentato. Per esempio, fatti 100 i rispettivi indici Pil nel 1995, si vede che nel 2007 l'Italia ha accumulato una crescita del 20% e il resto dell'Unione una crescita del 38%.

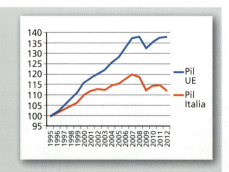

▶ Fai altri esempi di grafici che mostrano indici economici e indica quali informazioni leggi in ognuno.

Cerca nel Web: grafico, inflazione, cambio euro-dollaro, spread

Rappresentazione grafica del montante e dell'interesse

Consideriamo la relazione $I = Cit$. Se il capitale è unitario ($C = 1$), si avrà:

$I = i \cdot t$.

L'interesse è allora funzione soltanto del tasso i e del tempo t.

Supponiamo costante i e facciamo variare t. In questo caso abbiamo una funzione del tipo $y = mx$. In un diagramma cartesiano con assi $x = t$ e $y = I$, il grafico dell'interesse è quello di una retta passante per l'origine, avente il tasso di interesse i come coefficiente angolare, dove consideriamo solo il primo quadrante, riferendoci a valori positivi di tempo (figura **a**).

Maggiore è il valore di i, maggiore è la pendenza della retta rispetto all'asse t. Questo traduce graficamente il fatto che, se il tasso di interesse è maggiore, al passare del tempo si matura un interesse maggiore (figura **b**).

Se consideriamo la formula del montante e supponiamo $C = 1$, ossia

$M = 1 + i \cdot t$,

la funzione montante al variare del tempo è rappresentata ancora da una retta. Essa è ottenuta dalla precedente (a parità di i) aggiungendo a ogni ordinata il valore 1 del capitale iniziale (figura **c**). Graficamente ritroviamo che il montante si ottiene dall'interesse aggiungendo una quantità costante, che è il capitale iniziale. I grafici dell'interesse e del montante sono due rette parallele.

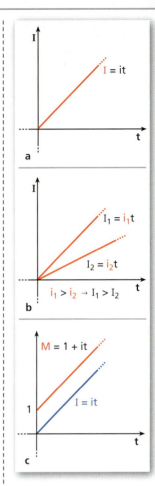

Inflazione e tasso di interesse reale

Quando si investe un capitale C per ottenere il montante M dopo un anno, con un tasso unitario i, non si tiene conto della presenza dell'inflazione.
L'inflazione è un indicatore della variazione relativa del livello generale dei prezzi nel tempo e indica la variazione del potere d'acquisto della moneta. L'aumento dei prezzi genera una riduzione del potere d'acquisto della moneta. Questo significa che, per valutare l'effetto reale di un investimento, si deve considerare che il potere d'acquisto al termine dell'investimento è diminuito a causa dell'aumento dei prezzi.

Introduciamo allora il concetto di **tasso di interesse reale**, che permette di quantificare questo fenomeno di erosione monetaria.
Il punto di vista prevalente fra gli economisti è che la relazione fra tassi più significativa sia quella fra il tasso di interesse corrente e il tasso di inflazione che prevediamo.

Indichiamo con i il tasso di interesse corrente, detto anche *tasso di interesse nominale*, e con j il tasso annuo di inflazione (che supponiamo costante) dopo che un capitale unitario è stato investito al tasso i generando il capitale $1 + i$.
In termini reali, l'incremento si può scomporre nel prodotto:

$1 + i = (1 + k)(1 + j)$,

dove k è il tasso di interesse reale determinato dalla presenza dell'inflazione.
Osserviamo che $j > 0$ e $i > k > 0$.
Ricaviamo i:

$i = 1 + k + j + kj - 1 = k + j + kj$,

questo significa che il tasso di interesse nominale è dato dalla somma del tasso di interesse reale con il tasso di inflazione e con il prodotto dei due.
Inoltre, vale che

$$1 + i = (1+k)(1+j) \rightarrow 1 + k = \frac{1+i}{1+j},$$

da cui:

$$k = \frac{i-j}{1+j}.$$

Se assumiamo che il tasso di interesse reale sia stabile nel tempo, la variazione dei tassi i e j è concorde: se aumenta uno, aumenta anche l'altro e viceversa.

> **ESEMPIO**
> Se il tasso di inflazione è del 2% e se il tasso di interesse offerto per un investimento è del 3%, il tasso di interesse reale è
>
> $$k = \frac{0{,}03 - 0{,}02}{1 + 0{,}02} = 0{,}00980392, \text{ cioè circa } 0{,}98\%.$$

▶ Calcola il tasso di interesse reale in presenza del tasso di inflazione del 2,35%, il tasso di interesse reale di un investimento di rendimento nominale del 4%.
[1,61%]

Come si vede nell'esempio, il tasso di interesse reale è minore di quello che otterremmo calcolando solanto la differenza fra tasso di interesse nominale e tasso di inflazione.

3 Capitalizzazione composta

■ Calcolo del montante

▶ Esercizi a p. 468

Il regime di capitalizzazione semplice è utilizzato solo per prestiti a breve scadenza, di solito fino a un anno.

Di solito, invece, per periodi più lunghi, alla fine di ogni periodo unitario, l'interesse viene aggiunto al capitale e, da quel momento in poi, produce interesse.

🇬🇧 **Listen to it**

We have **compound interest** when the interest is added to the principal so that it also earns interest from then on.

> **DEFINIZIONE**
> Un **regime di capitalizzazione** è **composto** se l'interesse maturato nel periodo preso come unità di tempo viene aggiunto al capitale e concorre a produrre l'interesse dei periodi successivi.

In regime di capitalizzazione composta l'interesse è detto **interesse composto**.

> **ESEMPIO**
> Calcoliamo il montante in regime di capitalizzazione composta di € 6000 investiti per 2 anni al 4%.
> Dopo il primo anno, essendo $t = 1$, il montante è, in euro:
>
> $$M_1 = C(1 + i) = 6000 \cdot (1 + 0{,}04) = 6240.$$
>
> In capitalizzazione composta, questo montante viene preso come nuovo capitale che genera interesse nel secondo anno:
>
> $$M_2 = M_1(1 + i) = 6240 \cdot (1 + 0{,}04) = 6489{,}60.$$

Paragrafo 3. Capitalizzazione composta

Dopo due anni il montante è quindi di € 6489,60.

In capitalizzazione semplice, invece, il montante dopo due anni è, in euro:
$$M_2 = C(1 + i \cdot 2) = 6000 \cdot (1 + 0{,}04 \cdot 2) = 6480.$$

▶ Calcola il montante di € 4000 investiti per due anni al 3% in regime di capitalizzazione composta. Se invece il regime è di capitalizzazione semplice, qual è il montante?
[€ 4243,60; € 4240]

Calcolo del montante per i tempi interi

Possiamo generalizzare il procedimento dell'esempio precedente per calcolare il montante M dopo n anni. Rappresentiamo sull'asse dei tempi la capitalizzazione effettuata di anno in anno.

$M_1 = C(1 + i)^1$

$M_2 = M_1(1 + i) = C(1 + i)(1 + i) = C(1 + i)^2$

$M_3 = M_2(1 + i) = C(1 + i)^2(1 + i) = C(1 + i)^3$

…

Ripetendo il procedimento n volte, otteniamo:

$$\boxed{M = C(1 + i)^n, \quad \text{con } n \in \mathbb{N}.}$$

Nella formula ricavata $(1 + i)^n$ è detto **fattore di capitalizzazione composta**. Se $C = 1$, M è proprio uguale a tale fattore, che è quindi il montante a interesse composto di un euro investito al tasso i per n anni.

Video
Capitalizzazione composta

▶ Investendo € 10 000 al tasso annuo del 2,5% per 5 anni, quanto avremo alla fine?

▶ Per un prestito di € 5000 per 4 anni dovranno essere restituiti € 6000. Qual è il tasso di interesse applicato?

▶ Se la popolazione di una nazione cresce annualmente del 6%, dopo quanto tempo raddoppierà?

Per rispondere, applichiamo la formula della capitalizzazione composta.

ESEMPIO
Calcoliamo il montante del capitale di € 20 000, investito per 9 anni a interesse composto al 4,5%.

$$M = C(1 + i)^n = 20\,000 \cdot (1 + 0{,}045)^9 = 29\,721{,}90281.$$

Il montante è di € 29 721,90.

▶ Determina il montante di € 2500 investiti al tasso di interesse composto del 2,3% per 7 anni.
[€ 2931,36]

Dalla formula del montante possiamo anche ricavare quella dell'interesse in capitalizzazione composta:

$$\boxed{I = M - C = C(1 + i)^n - C = C[(1 + i)^n - 1].}$$

Calcolo del montante per tempi non interi

Abbiamo ricavato la formula del montante in regime di capitalizzazione composta quando il tempo è un numero intero di anni. Tuttavia nella pratica capita spesso che la durata del prestito contenga una frazione di anno.

In questo caso si può ottenere il montante calcolando prima il montante a interesse composto per il numero intero di anni e poi, sul risultato ottenuto, il montante a interesse semplice per la frazione di anno restante. Se procediamo in questo modo, diciamo che utilizziamo la **convenzione mista** o **lineare**.

ESEMPIO
Determiniamo il montante in regime di capitalizzazione composta nella convenzione mista di € 5000 investiti al 7% per 5 anni e 9 mesi.

Capitolo 10. Capitalizzazione e sconto

▶ Calcola il montante in regime di capitalizzazione composta, nella convenzione mista, di € 4300 investiti al 2% per 5 anni e 5 mesi.

[€ 4787,11]

Animazione

Nell'animazione trovi la risoluzione dell'ultimo esercizio della pagina precedente e degli esercizi di questa pagina e la figura dinamica con il grafico di M, in funzione di t al variare di i e C.

▶ Calcola il montante in regime di capitalizzazione composta, nella convenzione esponenziale, di € 4300 investiti al 2% per 5 anni e 5 mesi.

[€ 4786,88]

Prima calcoliamo il montante relativo a 5 anni:

$$M_5 = 5000 \cdot (1 + 0{,}07)^5 = 7012{,}758654.$$

Poi otteniamo il montante finale utilizzando M_5 come capitale nella formula del montante a interesse semplice nei restanti 9 mesi:

$$M = 7012{,}758654 \cdot \left(1 + 0{,}07 \cdot \frac{9}{12}\right) = 7380{,}928483.$$

Il montante cercato, arrotondando, è di € 7380,93.

In generale, dato un tempo t non intero, detto n il numero intero di anni e f la frazione di anno ($t = n + f$), il montante M in convenzione mista è:

$$M = C(1 + i)^n (1 + if).$$

Invece della convenzione mista nella pratica si usa la **convenzione esponenziale**. In questo caso si applica la formula del montante a interesse composto mettendo $n + f$ all'esponente:

$$M = C(1 + i)^{n+f}.$$

Poiché $n + f = t$, possiamo dire che la **convenzione esponenziale** consiste nell'applicare la formula della capitalizzazione composta anche per tempi t non interi:

$$M = C(1 + i)^t.$$

ESEMPIO

Calcoliamo il montante dell'esempio precedente con convenzione esponenziale.

$$M = C(1 + i)^t = 5000 \cdot (1 + 0{,}07)^{5 + \frac{9}{12}} = 7377{,}797418.$$

Il montante è di € 7377,80.

Interessi e montanti a confronto

Rappresentiamo graficamente la funzione relativa al montante, quando $C = 1$, nella convenzione esponenziale, ossia

$$M = (1 + i)^t, \quad t \geq 0,$$

fissato un valore del tasso i.

La funzione è esponenziale e ha la base maggiore di 1, quindi è sempre crescente e rivolge la concavità verso l'alto (figura **a**).

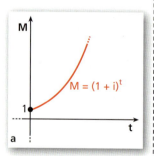

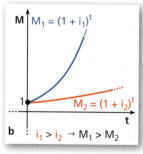

A un tasso di interesse maggiore corrisponde una base maggiore e quindi una curva esponenziale che cresce più rapidamente (figura **b**): il montante è maggiore se investiamo il capitale a un tasso maggiore.

Confrontiamo poi, a parità di i, il grafico del montante a interesse semplice con quello a interesse composto (figura **c**). Per valori di t minori di 1 la retta sta sopra alla curva esponenziale, per valori maggiori di 1 sta sotto. Ciò significa che, se si applica la convenzione esponenziale, per periodi inferiori all'unità di tempo il montante è maggiore in capitalizzazione semplice che in capitalizzazione composta, per periodi superiori succede il contrario.

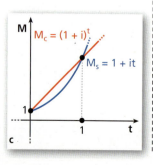

Paragrafo 3. Capitalizzazione composta

Calcolo del capitale, del tasso, del tempo

▶ Esercizi a p. 469

Esaminiamo con tre esempi il modo in cui dalla formula del montante si ricavano il capitale, il tasso e il tempo.

1. Ricaviamo il capitale iniziale (valore attuale).
   Dalla formula del montante $M = C(1+i)^t$ ricaviamo l'incognita C:

   $$C = \frac{M}{(1+i)^t}.$$

ESEMPIO

Determiniamo quale somma dobbiamo oggi investire al tasso del 3,4% in regime di interesse composto per ottenere fra 3 anni € 950.

Procediamo come appena visto per ricavare l'incognita C e sostituiamo i dati del problema nella formula $C = \frac{M}{(1+i)^t}$,

$$C = \frac{950}{(1+0{,}034)^3},$$

da cui ricaviamo:

$$C = \frac{950}{1{,}034^3} \simeq 859{,}334.$$

La somma da investire, approssimata, è pari a € 859,33.

Possiamo anche dire che € 859,33 è il *valore attuale* di € 950.

▶ Se il tasso di interesse composto è il 2,4%, che capitale dobbiamo investire per ottenere € 5000 fra 3 anni?
[€ 4656,61]

2. Ricaviamo il tasso. Partendo dalla formula del montante ricaviamo l'incognita i. Isoliamo il fattore di capitalizzazione,

   $$(1+i)^t = \frac{M}{C},$$

   eleviamo entrambi i membri alla potenza con esponente $\frac{1}{t}$ e ricaviamo i:

   $$1+i = \left(\frac{M}{C}\right)^{\frac{1}{t}} \quad \rightarrow \quad i = \left(\frac{M}{C}\right)^{\frac{1}{t}} - 1.$$

ESEMPIO

Determiniamo il tasso percentuale necessario per produrre un montante a interesse composto di € 6750 se si depositano € 5500 per 4 anni.

Applichiamo la formula del montante,

$$6750 = 5500(1+i)^4 \quad \rightarrow \quad (1+i)^4 = \frac{6750}{5500},$$

eleviamo entrambi i membri alla potenza con esponente $\frac{1}{4}$:

$$1+i = \left(\frac{6750}{5500}\right)^{\frac{1}{4}} \quad \rightarrow \quad i = \left(\frac{6750}{5500}\right)^{\frac{1}{4}} - 1 = \left(\frac{675}{550}\right)^{\frac{1}{4}} - 1 \simeq 0{,}0525.$$

Il tasso cercato è 5,25%.

▶ Un capitale di € 5000 produce in 8 anni il montante di € 6150. Che tasso percentuale di interesse composto viene applicato?
[2,62%]

3. Ricaviamo il tempo.
   La formula del montante $M = C(1+i)^t$ diventa un'equazione esponenziale nell'incognita t. Consideriamo il logaritmo in base 10 di entrambi i membri,

$$\log M = \log C(1+i)^t \quad \to \quad \log M = \log C + t \log(1+i),$$

e ricaviamo t usando la proprietà del logaritmo $\log \frac{a}{b} = \log a - \log b$:

$$t = \frac{\log M - \log C}{\log(1+i)} = \frac{\log \frac{M}{C}}{\log(1+i)}.$$

Si può usare il logaritmo in base qualsiasi, purché la base sia la stessa in tutti i logaritmi presenti.

ESEMPIO

Per quanto tempo dobbiamo investire € 30 000 per ottenere € 40 000 al tasso di interesse composto dell'8,5%?

Dalla formula del montante otteniamo l'equazione esponenziale:

$$40\,000 = 30\,000 \cdot (1{,}085)^t.$$

Considerando il logaritmo di entrambi i membri, otteniamo

$$\log 40\,000 = \log 30\,000 + t \cdot \log 1{,}085,$$

da cui:

$$t = \frac{\log \frac{40\,000}{30\,000}}{\log 1{,}085} = \frac{\log \frac{4}{3}}{\log 1{,}085} \simeq 3{,}5264.$$

Trasformando in anni, mesi e giorni, otteniamo 3 anni, 6 mesi e 10 giorni. Infatti, gli anni sono 3; calcolando i mesi abbiamo: $0{,}5264 \cdot 12 = 6{,}3168$. I mesi sono 6, calcoliamo i giorni: $0{,}3168 \cdot 30 = 9{,}5$. I giorni sono 10.

▶ Se investiamo € 10 000 al tasso di interesse composto del 4%, quanto tempo occorre per ottenere € 15 000?
[$10^a 4^m 2^g$]

■ Capitalizzazione frazionata ▶ Esercizi a p. 471

Il periodo di capitalizzazione può essere diverso dall'anno.

ESEMPIO

Calcoliamo il montante in capitalizzazione composta semestrale di € 15 000 investiti per 4 anni al tasso semestrale del 3%.

Poiché in 4 anni ci sono $4 \cdot 2 = 8$ semestri:

$$M = 15\,000 \cdot (1 + 0{,}03)^8 \simeq 19\,001{,}55122.$$

Il montante è € 19 001,55.

▶ Quale montante viene prodotto investendo € 10 000 al tasso di interesse composto quadrimestrale dello 0,75% per 5 anni? [€ 11 186,03]

In generale, se indichiamo con k il numero di periodi che stanno in un anno e con t il tempo espresso in anni, la formula del montante può essere scritta così:

$$M = C(1 + i_k)^{k \cdot t},$$

dove i_k è il tasso di interesse relativo al periodo considerato.
Conoscendo i_k, per calcolare il montante è sufficiente esprimere il tempo nei corrispondenti periodi.

■ Tassi equivalenti ▶ Esercizi a p. 471

Immaginiamo di poter depositare i nostri risparmi in due banche, in regime di capitalizzazione composta. Nella prima il tasso offerto è del 6% annuo, nella seconda del 3% semestrale. Quale banca offre il tasso più conveniente?

Paragrafo 3. Capitalizzazione composta

Per risolvere rapidamente problemi di questo tipo utilizziamo i *tassi equivalenti*.

DEFINIZIONE
Due tassi sono **equivalenti** se, applicati allo stesso capitale per uno stesso periodo, producono lo stesso montante.

Ricaviamo una relazione fra i tassi equivalenti i_k, periodico, e i, annuo, in regime composto, considerando l'investimento di un capitale C solo per un anno.
Il montante relativo a i è

$$M = C(1 + i),$$

mentre quello relativo a i_k è

$$\overline{M} = C(1 + i_k)^k.$$

Uguagliamo le due espressioni e dividiamo entrambi i membri per C,

$$(1 + i_k)^k = 1 + i,$$

dalla quale, elevando entrambi i membri a $\frac{1}{k}$, otteniamo:

$$1 + i_k = (1 + i)^{\frac{1}{k}} \quad \rightarrow \quad i_k = (1 + i)^{\frac{1}{k}} - 1.$$

Questa relazione permette di calcolare i_k se è noto il tasso annuo equivalente i.

MATEMATICA ED ECONOMIA
Una questione di linguaggio Tasso di interesse, BCE, Euribor e altri termini sono ormai comuni nel linguaggio di quotidiani, Internet e televisione.

▶ Qual è il loro significato?

☐ La risposta

ESEMPIO
Calcoliamo i_2, sapendo che è equivalente al tasso annuo composto del 6%.

$$i_2 = (1 + 0{,}06)^{\frac{1}{2}} - 1 \simeq 0{,}02956301.$$

▶ Determina i_{12}, sapendo che è equivalente al tasso annuo composto del 2%.

[0,00165158]

Viceversa, se è noto i_k, il tasso annuo equivalente i è dato da:

$$i = (1 + i_k)^k - 1.$$

Possiamo ora confrontare i tassi offerti dalle due banche del problema introduttivo. Il tasso più conveniente è quello della seconda banca: come si vede dall'esempio precedente, il tasso semestrale equivalente al tasso annuo del 6% offerto dalla prima banca è del 2,9563%, cioè inferiore al tasso semestrale del 3% offerto dalla seconda banca.

Possiamo ottenere anche una relazione fra tassi equivalenti relativi a diverse frazioni di anno. Per esempio, dato il tasso annuo i, se consideriamo il tasso semestrale i_2 e il tasso quadrimestrale i_3, abbiamo:

$$(1 + i_2)^2 = 1 + i, \, (1 + i_3)^3 = 1 + i \quad \rightarrow \quad (1 + i_2)^2 = (1 + i_3)^3.$$

Questa relazione dice che, se i_2 è equivalente a i_3, 1 euro capitalizzato per 2 semestri genera lo stesso montante di 1 euro capitalizzato per 3 quadrimestri.
Ricaviamo i_2 elevando entrambi i membri a esponente $\frac{1}{2}$:

$$1 + i_2 = (1 + i_3)^{\frac{3}{2}} \quad \rightarrow \quad i_2 = (1 + i_3)^{\frac{3}{2}} - 1.$$

Analogamente, per i_3 otteniamo $i_3 = (1 + i_2)^{\frac{2}{3}} - 1$.

In generale fra tassi equivalenti periodici vale la formula:

$$(1+i_k)^k = (1+i_h)^h, \quad k, h \in \mathbb{N} - \{0\}.$$

■ Tassi nominali convertibili

Abbiamo ricavato che, in regime di capitalizzazione composta, il tasso i_2 non è uguale alla metà del corrispondente tasso i, bensì minore. Possiamo anche dire che il doppio del tasso i_2 è minore di i, ossia $2 \cdot i_2 < i$.

Ciò è dovuto al fatto che, nella capitalizzazione semestrale, l'interesse viene aggiunto al capitale ogni semestre e non ogni anno.

Si può ripetere lo stesso ragionamento per le altre frazioni di anno. In generale è valida la relazione:

$$k \cdot i_k < i.$$

Al prodotto $k \cdot i_k$ si dà il nome di **tasso annuo nominale convertibile** e si indica con j_k. Tale tasso è detto:

- *nominale* perché non è il tasso annuo effettivo e non può essere utilizzato direttamente;

- *convertibile* perché, conoscendolo, possiamo ottenere il tasso corrispondente al periodo considerato; basta dividerlo per il numero di periodi che ci sono nell'anno.

ESEMPIO

Determiniamo il montante di € 14 000 depositati per 3 anni al tasso annuo convertibile trimestralmente dell'1%.

Essendo $j_4 = 0,01$:

$$i_4 = \frac{j_4}{4} = \frac{0,01}{4} = 0,0025.$$

$$M = 14\,000 \cdot (1 + 0,0025)^{3 \cdot 4} \simeq 14\,425,82.$$

Il montante è di € 14 425,82.

▶ Determina il montante di € 7500 depositati per 4 anni al tasso annuo convertibile semestralmente del 2,4%.

[€ 8250,98]

■ Capitalizzazione istantanea

Supponiamo di aver depositato il capitale di € 1 e che gli interessi siano capitalizzati k volte all'anno al tasso nominale convertibile i.

Dopo il primo periodo, il montante è: $m_1 = \left(1 + \dfrac{i}{k}\right)$.

Dopo il secondo periodo: $m_2 = \left(1 + \dfrac{i}{k}\right) m_1 = \left(1 + \dfrac{i}{k}\right)^2$.

...

Dopo k periodi, cioè al termine dell'anno, il montante M è:

$$M = m_k = \left(1 + \frac{i}{k}\right)^k.$$

Che montante otterremmo se pensassimo di avere capitalizzazioni sempre più ravvicinate, fino a giungere a una **capitalizzazione istantanea**?

Per rispondere, esaminiamo cosa succede a M, nella relazione ricavata, se il numero k diventa sempre più grande. Indichiamo questa tendenza con $k \to \infty$, che si legge «k tendente a infinito».

Se consideriamo una frequenza di capitalizzazione sempre maggiore, cioè per $k \to \infty$, il montante tende a un valore particolare, che dipende da i e che indichiamo con $\lim_{k \to \infty} m_k$ (si legge «limite per k tendente a infinito di m_k»):

$$M = \lim_{k \to \infty} m_k = \lim_{k \to \infty}\left(1 + \frac{i}{k}\right)^k.$$

Per esempio, per $i = 0,1$:

$$M = \lim_{k \to \infty}\left(1 + \frac{0,1}{k}\right)^k \simeq 1,1052,$$

come puoi osservare nella tabella.

Si può dimostrare che

$$M = \lim_{k \to \infty}\left(1 + \frac{i}{k}\right)^k = e^i,$$

k	$\left(1 + \dfrac{0,1}{k}\right)^k$
10	1,1046221...
100	1,1051156...
1000	1,1051653...
10 000	1,1051703...
100 000	1,1051708...
1 000 000	1,1051709...

dove $e = 2,7182818...$ è il numero di Nepero che abbiamo già incontrato parlando di logaritmi.

Se invece di depositare 1 euro depositiamo un capitale di C euro, il montante capitalizzato istantaneamente è:

$$M = Ce^i.$$

4 Regimi di sconto

■ Sconto commerciale

▶ Esercizi a p. 476

DEFINIZIONE
Un regime è di **sconto commerciale** se lo sconto è direttamente proporzionale al valore nominale e al tempo.

Indicato con S_c lo sconto commerciale e con V_c la somma scontata in regime commerciale, vale la legge di proporzionalità

$$S_c = C \cdot s \cdot t,$$

dove la costante di proporzionalità s rappresenta lo sconto quando $C = 1$ e $t = 1$, ossia è lo sconto per ogni unità di valore nominale e per ogni unità di tempo. s è dunque il tasso annuo unitario di sconto.

Essendo $V_c = C - S_c$, per il valore attuale otteniamo la formula:

$$V_c = C - Cst = C(1 - st).$$

ESEMPIO
Dobbiamo ricevere € 5000 fra 2 anni e 3 mesi.
Quale somma realizziamo oggi, se accettiamo uno sconto commerciale al tasso unitario di sconto del 6% annuo?

$$V_c = C(1 - st) = 5000 \cdot \left[1 - 0,06 \cdot \left(2 + \frac{3}{12}\right)\right] = 4325.$$

Riceviamo, come somma scontata, € 4325.

▶ Determina il valore attuale di € 8500 disponibili fra due anni e 6 mesi al tasso di sconto commerciale del 7% annuo.

[€ 7012,50]

Lo sconto commerciale non può essere sempre applicato.
Infatti la relazione trovata ha senso solo se

$$1 - st > 0 \rightarrow t < \frac{1}{s}.$$

Per esempio, non è possibile scontare con sconto commerciale una somma al 4% per 26 anni perché:

$$1 - 0{,}04 \cdot 26 = -0{,}04.$$

Poiché vale la relazione $s = \dfrac{i}{1+i}$, lo sconto commerciale espresso in funzione del tasso di interesse è:

$$S_c = \frac{Cit}{1+i}.$$

■ Sconto razionale

▶ Esercizi a p. 478

DEFINIZIONE

Un regime è di **sconto razionale** quando la somma scontata V_r, impiegata per il tempo t in capitalizzazione semplice al tasso i, dà come montante il valore nominale C.

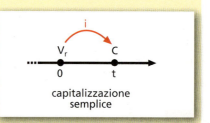

Ciò significa che, considerando la formula del montante della capitalizzazione semplice, in regime di sconto razionale vale la relazione:

$$C = V_r(1 + it) \rightarrow V_r = \frac{C}{1+it}.$$

Il fattore $\dfrac{1}{1+it}$ prende il nome di **fattore di sconto razionale** perché, per ottenere la somma scontata, basta moltiplicare il valore nominale C per tale fattore.

ESEMPIO

Calcoliamo la somma scontata e lo sconto relativi a un credito di € 3200 esigibile fra 5 mesi, che si conviene di pagare oggi applicando lo sconto razionale con tasso di interesse del 2%.

$$V_r = \frac{C}{1+it} = \frac{3200}{1 + 0{,}02 \cdot \dfrac{5}{12}} = 3173{,}55.$$

La somma scontata è pari a € 3173,55.
Per ottenere S_r, è sufficiente calcolare la differenza fra C e V_r:

$$S_r = C - V_r = 3200 - 3173{,}55 = 26{,}45.$$

Lo sconto razionale è quindi di € 26,45.

Tenendo conto della definizione data, lo sconto S_r è l'interesse semplice calcolato su V_r:

$$S_r = V_r \cdot i \cdot t.$$

Vale quindi la seguente proprietà.

> Lo sconto razionale è direttamente proporzionale al valore attuale e al tempo di anticipazione.

ESEMPIO
Ritroviamo lo sconto di € 26,45 dell'esempio precedente applicando la formula trovata:
$$S_r = 3173{,}55 \cdot 0{,}02 \cdot \frac{5}{12} = 26{,}45.$$

▶ Determina lo sconto razionale per un credito di € 8500 esigibile fra due anni e 6 mesi, al tasso di sconto del 7% annuo. [€ 1265,96]

■ Sconto composto

▶ Esercizi a p. 479

DEFINIZIONE
Un regime è di **sconto composto** quando la somma scontata V_{cp}, impiegata per il tempo t in capitalizzazione composta al tasso i, dà come montante il valore nominale C.

Ciò significa che, considerando la formula del montante della capitalizzazione composta, in regime di sconto composto vale la relazione:

$$C = V_{cp}(1+i)^t \quad \rightarrow \quad \boxed{V_{cp} = \frac{C}{(1+i)^t} = C(1+i)^{-t}}.$$

$(1+i)^{-t}$ è detto **fattore di sconto composto**.

Lo sconto composto è dato da:
$$S_{cp} = C - V_{cp} = C - C(1+i)^{-t} \quad \rightarrow \quad \boxed{S_{cp} = C[1-(1+i)^{-t}]}.$$

ESEMPIO
Che valore ha oggi un credito di € 8000 che scadrà tra 6 anni, se viene valutato a un tasso di interesse del 4% in regime di sconto composto? Qual è lo sconto?
$$V_{cp} = C(1+i)^{-t} = 8000 \cdot (1+0{,}04)^{-6} = 6322{,}52.$$
Il valore attuale è € 6322,52.
$$S_{cp} = 8000 - 6322{,}52 = 1677{,}48.$$
Lo sconto composto è € 1677,48.

▶ Determina il valore attuale e lo sconto composto per un credito di € 8500 disponibile fra due anni e 6 mesi, al tasso di sconto del 7% annuo. [€ 7177,27; € 1322,73]

■ Relazione fra tasso di interesse e tasso di sconto

Le operazioni di capitalizzazione e attualizzazione si possono considerare una l'inversa dell'altra. In particolare, possiamo chiederci che relazione c'è tra un tasso unitario di interesse che porta da un capitale C a un montante M (capitalizzazione) e il tasso unitario di sconto che porta da un capitale futuro C a un valore attuale V (attualizzazione).

Per fissare le idde, consideriamo un investimento della durata di un anno.

Calcoliamo il tasso unitario di interesse in capitalizzazione semplice:
$$I = C \cdot i \cdot 1 \quad \rightarrow \quad i = \frac{I}{C} = \frac{M-C}{C} = \frac{M}{C} - 1,$$

da cui:

$$\frac{M}{C} = 1 + i \quad \text{e} \quad \frac{C}{M} = \frac{1}{1+i}.$$

Consideriamo ora l'operazione inversa, in cui è fissato un capitale finale esigibile, che viene scontato per un anno al tasso unitario di sconto s. Per evidenziare l'analogia, scegliamo di indicare con M il capitale finale esigibile e con C il suo valore attuale.

Calcoliamo il tasso unitario di sconto in regime di sconto commerciale:

$$S = M \cdot s \cdot 1 \quad \rightarrow \quad s = \frac{S}{M} = \frac{M-C}{M} = 1 - \frac{C}{M},$$

in cui, sostituendo a $\frac{C}{M}$ l'espressione trovata poco sopra, otteniamo

$$s = 1 - \frac{1}{1+i}.$$

Da questa relazione segue che $0 < s < 1$.

Portando a denominatore comune troviamo

$$s = \frac{1+i-1}{1+i} \quad \rightarrow \quad s = \frac{i}{1+i},$$

da cui ricaviamo anche:

$$i = \frac{s}{1-s}.$$

Utilizzando l'ultima relazione possiamo verificare che $i > s$.
Infatti:

$$i > s \quad \rightarrow \quad \frac{s}{1-s} > s \quad \rightarrow \quad s > s - s^2 \quad \rightarrow \quad 0 > -s^2;$$

la disuguaglianza ottenuta è vera perché zero è sempre maggiore di un numero negativo.

Possiamo comprendere in modo intuitivo che $i > s$ pensando che, se una certa somma M viene scontata, per esempio, del 10%, allora per riottenere M, alla somma scontata C, che è minore di M, dobbiamo applicare un tasso maggiore del 10%.

5 Principio di equivalenza finanziaria

■ Trasporto dei capitali nel tempo

▶ Esercizi a p. 483

Riprendiamo la formula del montante in regime di capitalizzazione composta, in convenzione esponenziale, e la formula del valore attuale nello sconto composto, in cui, per evidenziare le analogie, indichiamo con M il valore nominale e con C il valore attuale:

$$M = C(1+i)^t \quad \text{e} \quad C = M(1+i)^{-t}.$$

Le due leggi possono essere viste come una sola legge di **regime composto** se pensiamo che, nel caso del montante, il capitale C è valutato dopo il tempo t (positivo), mentre, nel caso del valore attuale, C è valutato rispetto a un tempo $-t$ (negativo).
Il fattore di capitalizzazione composta **trasporta** il capitale:

- in **avanti nel tempo** se il suo **esponente** è **positivo**;
- **indietro nel tempo** se il suo **esponente** è **negativo**.

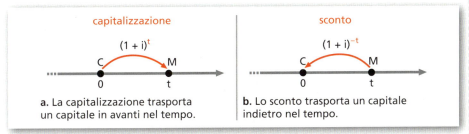

a. La capitalizzazione trasporta un capitale in avanti nel tempo.

b. Lo sconto trasporta un capitale indietro nel tempo.

Quindi, d'ora in poi non parleremo più di tasso di interesse, ma di tasso di valutazione, o, più semplicemente, di tasso. Non parleremo più di regime di capitalizzazione composta o di regime di sconto composto, ma semplicemente di regime composto.

ESEMPIO

Investiamo un capitale di € 7000. Se utilizziamo il tasso del 2% annuo in regime composto, abbiamo che:

- fra 3 anni varrà € $7000 \cdot (1 + 0{,}02)^3 =$ € 7255,04,
- mentre 3 anni fa valeva € $7000 \cdot (1 + 0{,}02)^{-3} =$ € 6596,26.

■ Scindibilità

▶ Esercizi a p. 483

Consideriamo sull'asse dei tempi tre diverse scadenze, per esempio 0, 4 e 10 anni. Per calcolare quanto vale fra 10 anni il capitale C investito oggi ($t = 0$) in regime composto, possiamo operare in due modi.

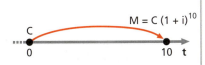

a. Calcoliamo il montante di C capitalizzando per 10 anni.

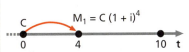

b. Calcoliamo il montante di C capitalizzando per 4 anni.

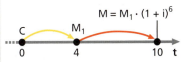

c. Calcoliamo il montante di M_1 capitalizzando per $10 - 4 = 6$ anni.

1. Calcoliamo direttamente il montante M fra 10 anni:

   $M = C \cdot (1 + i)^{10}$.

2. Calcoliamo prima il montante M_1 fra 4 anni:

   $M_1 = C \cdot (1 + i)^4$.

   Poi calcoliamo il montante della somma ottenuta M_1 dopo 6 anni (il tempo che resta per arrivare a 10 anni)

   $M = M_1 \cdot (1 + i)^6 = C \cdot (1 + i)^4 \cdot (1 + i)^6 = C \cdot (1 + i)^{4+6} = C \cdot (1 + i)^{10}$.

Poiché il risultato ottenuto è lo stesso, i due modi di operare sono equivalenti.

Le considerazioni svolte sono indipendenti dai valori particolari che abbiamo usato, in quanto si basano soltanto sulla proprietà del prodotto di potenze con la stessa base.

> **DEFINIZIONE**
> Un regime finanziario è **scindibile** se, investendo un capitale C a un certo tasso i per un tempo t_1 e reinvestendo il montante così ottenuto per un tempo successivo t_2 allo stesso tasso, si ottiene un montante uguale a quello che si otterrebbe investendo il capitale C, sempre allo stesso tasso, per un unico periodo $t_1 + t_2$.

Vale la seguente proprietà.

> Il regime di capitalizzazione composta è scindibile.

La dimostrazione ripercorre gli stessi passaggi dell'esempio precedente, considerando però intervalli di tempo successivi generici t_1 e t_2.

Graficamente abbiamo lo schema seguente.

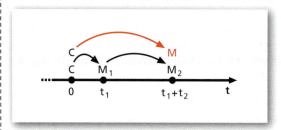

Calcoliamo il montante ottenuto con due investimenti successivi:

$M_1 = C \cdot (1 + i)^{t_1}$,
$M_2 = M_1(1 + i)^{t_2} = C \cdot (1 + i)^{t_1}(1 + i)^{t_2} = C \cdot (1 + i)^{t_1 + t_2}$.

Calcoliamo ora il montante ottenuto con un unico investimento per il periodo $t_1 + t_2$:

$M = C \cdot (1 + i)^{t_1 + t_2}$.

Quindi $M = M_2$.

La proprietà di scindibilità **non** è valida per il regime di capitalizzazione semplice in quanto, ogni volta che si scinde un intervallo in due parti, si capitalizza l'interesse e anche su questo si calcola il nuovo interesse.

Per esempio, calcoliamo il montante che si avrà fra 6 anni per un capitale di € 1000, investito oggi al tasso di interesse semplice del 3%, considerando prima un solo intervallo di 6 anni e poi due intervalli consecutivi di durata, rispettivamente, di 2 anni e 4 anni.

a. In una sola volta abbiamo, in euro, un montante di:

$$M_6 = 1000 \cdot (1 + 0{,}03 \cdot 6) = 1180.$$

b. Calcolando prima il montante dopo 2 anni e poi dopo 4 anni, abbiamo, in euro:

$$M_2 = 1000 \cdot (1 + 0{,}03 \cdot 2) = 1060,$$

$$\overline{M}_6 = 1060 \cdot (1 + 0{,}03 \cdot 4) = 1187{,}20.$$

I due montanti ottenuti, M_6 e $\overline{M}_6$, sono diversi: in capitalizzazione semplice **non** vale la proprietà di scindibilità.

$\overline{M}_6$ è maggiore di M_6 perché, per trovare $\overline{M}_6$, negli ultimi 4 anni l'interesse viene calcolato anche sull'interesse maturato nei primi due anni.

Equivalenza finanziaria dei capitali

▶ Esercizi a p. 484

DEFINIZIONE

Nel regime composto, due capitali C_1 e C_2, disponibili rispettivamente alle scadenze t_1 e t_2, sono **equivalenti** in un dato tasso i se i loro valori riferiti a una stessa epoca sono uguali.

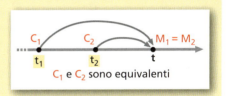

C_1 e C_2 sono equivalenti

Poiché nel regime composto è valida la scindibilità, non ha importanza l'epoca che scegliamo per il confronto: se due capitali hanno lo stesso valore in una certa epoca, lo hanno anche in un'epoca qualunque.

Per esempio, verifichiamo che i capitali C_1 e C_2 riportati nella figura a fianco sono equivalenti al tasso del 5%, calcolando il loro valore attuale:

$$V_1 = 3360 \, (1 + 0{,}05)^{-5} = 2632{,}65,$$

$$V_2 = 3704{,}40 \, (1 + 0{,}05)^{-7} = 2632{,}65.$$

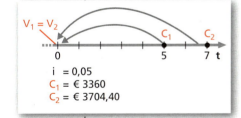

$i = 0{,}05$
$C_1 = €\ 3360$
$C_2 = €\ 3704{,}40$

L'equivalenza finanziaria dipende dal tasso di valutazione; pertanto, quando affermiamo che due capitali sono equivalenti, è importante non dimenticare di indicare a quale tasso lo sono.

La nozione di equivalenza finanziaria si applica ad alcuni problemi classici, che riportiamo di seguito.

Problema dell'unificazione dei capitali

In questo problema, si vuole determinare il capitale C da pagare o riscuotere all'epoca t con cui sostituire i capitali $C_1, C_2, \ldots, C_n$ disponibili alle epoche $t_1, t_2, \ldots, t_n$ in modo che l'operazione sia equa a un certo tasso di valutazione i.

Graficamente abbiamo questo schema.

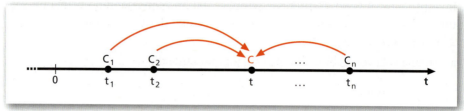

È indifferente l'epoca di riferimento alla quale valutare tutti i capitali, ma certamente la più comoda è t.

Abbiamo allora:

$$C = C_1(1+i)^{t-t_1} + C_2(1+i)^{t-t_2} + \ldots + C_n(1+i)^{t-t_n}.$$

ESEMPIO

Ho diritto a riscuotere € 5600 fra 2 anni, € 4500 fra 5 anni e 6 mesi, € 6500 fra 6 anni e 8 mesi. Quale capitale unico ho diritto a riscuotere fra 4 anni se il tasso di valutazione annuo è del 3%?

Graficamente abbiamo lo schema della figura seguente.

Valutiamo tutti i capitali all'epoca $t = 4^a$.

Poiché $t - t_1 = 2^a$,

$$t - t_2 = 4^a - 5^a\,6^m = -1^a\,6^m = -\left(1 + \frac{6}{12}\right)^a = -\frac{3}{2}^a,$$

$$t - t_3 = 4^a - 6^a\,8^m = -2^a\,8^m = -\left(2 + \frac{8}{12}\right)^a = -\frac{8}{3}^a,$$

$$C = 5600 \cdot 1{,}03^2 + 4500 \cdot 1{,}03^{-\frac{3}{2}} + 6500 \cdot 1{,}03^{-\frac{8}{3}} \simeq$$

$$5941{,}04 + 4304{,}84 + 6007{,}32 = 16\,253{,}20.$$

Il capitale cercato è di € 16 253,20.

Problema della scadenza media

In questo problema si vuole determinare l'epoca t nella quale è possibile sostituire ai capitali $C_1, C_2, \ldots, C_n$, disponibili nelle epoche $t_1, t_2, \ldots, t_n$, il capitale C uguale alla somma degli stessi, in modo che l'operazione risulti equa.

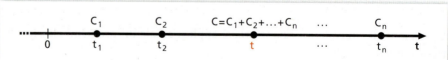

È indifferente l'epoca di riferimento alla quale valutare tutti i capitali; la più comoda è $t = 0$.

Per il principio di equivalenza finanziaria:

$$C \cdot (1+i)^{-t} = C_1(1+i)^{-t_1} + C_2(1+i)^{-t_2} + \ldots + C_n \cdot (1+i)^{-t_n}.$$

▶ Tre capitali di € 1000, € 1500 e € 2000 sono disponibili rispettivamente fra 2, 4 e 6 anni. Considerando un tasso di valutazione del 2,5%, a quale capitale unico disponibile fra 3 anni sono equivalenti?

[€ 4345,61]

Animazione

Paragrafo 5. Principio di equivalenza finanziaria

ESEMPIO
Calcoliamo la scadenza media al tasso dell'1,1% semestrale dei seguenti crediti: € 5800, che scade fra 2 anni e 8 mesi, € 7800, che scade fra 3 anni e 2 mesi, € 6500, che scade fra 4 anni e 4 mesi.

$$C = C_1 + C_2 + C_3 = 5800 + 7800 + 6500 = 20100,$$

$$t_1 = 2^a\,8^m = \left(4 + \frac{8}{6}\right) \text{semestri} = \frac{16}{3} \text{ semestri},$$

$$t_2 = 3^a\,2^m = \left(6 + \frac{2}{6}\right) \text{semestri} = \frac{19}{3} \text{ semestri},$$

$$t_3 = 4^a\,4^m = \left(8 + \frac{4}{6}\right) \text{semestri} = \frac{26}{3} \text{ semestri},$$

quindi:

$$20100 \cdot 1{,}011^{-t} = 5800 \cdot 1{,}011^{-\frac{16}{3}} + 7800 \cdot 1{,}011^{-\frac{19}{3}} + 6500 \cdot 1{,}011^{-\frac{26}{3}} \rightarrow$$

$$20100 \cdot 1{,}011^{-t} = 5471{,}27 + 7277{,}86 + 5912{,}03 \rightarrow$$

$$1{,}011^{-t} = 0{,}928416 \rightarrow -t \log 1{,}011 = \log 0{,}928416 \rightarrow$$

$$-t = \frac{\log 0{,}928416}{\log 1{,}011} \rightarrow -t = \frac{-0{,}0322574}{0{,}00475116} \rightarrow$$

$$t = 6{,}78937 \text{ semestri} = 3^a\,4^m\,22^g.$$

▶ Tre capitali di € 1000, € 5000 e € 2000 sono disponibili rispettivamente fra 3 anni, 4 anni e 7 anni. Qual è la scadenza media se il tasso di valutazione è del 2,3%?

[$4^a\,7^m\,7^g$]

☐ **Animazione**

Problema del tasso medio

In questo problema si hanno diversi capitali, $C_1, C_2, ..., C_n$, investiti ai tassi $i_1, i_2, ..., i_n$ per uno stesso periodo t. Si vuole determinare a quale tasso è possibile investire per lo stesso periodo t un unico capitale C uguale alla somma dei singoli capitali $C_1, C_2, ..., C_n$ in modo che il montante ottenuto sia uguale alla somma dei singoli montanti dei capitali $C_1, C_2, ..., C_n$.

È comodo valutare tutti i capitali all'epoca t; pertanto, per il principio di equivalenza finanziaria:

$$C(1+i)^t = C_1(1+i_1)^t + C_2(1+i_2)^t + ... + C_n(1+i_n)^t.$$

ESEMPIO
Abbiamo effettuato, 4 anni fa, i seguenti investimenti: € 5000 al tasso annuo del 2,5%, € 8500 al tasso trimestrale dello 0,8%, € 7200 al tasso quadrimestrale dell'1,2%.
A quale tasso annuo avremmo potuto investire la somma dei tre capitali per avere oggi lo stesso montante?

Ricordando che in un anno ci sono 4 trimestri e 3 quadrimestri, e poiché $C = C_1 + C_2 + C_3 = 5000 + 8500 + 7200 = 20700$, dobbiamo risolvere rispetto a i l'equazione

$$20700 \cdot (1+i)^4 = 5000 \cdot 1{,}025^4 + 8500 \cdot 1{,}008^{16} + 7200 \cdot 1{,}012^{12},$$

da cui:

$$(1+i)^4 = 1{,}13444 \rightarrow i = 0{,}0320371.$$

Il tasso annuo cercato è del 3,2%.

▶ Abbiamo investito 5 anni fa la somma di € 2500 al tasso annuo del 2,2%, la somma di € 2000 al tasso semestrale dell'1,25% e la somma di € 3000 al tasso trimestrale dello 0,625%.
A quale tasso annuo avremmo potuto impiegare la somma dei tre capitali per avere oggi lo stesso montante?

[2,414%]

☐ **Animazione**

IN SINTESI
Capitalizzazione e sconto

■ Operazioni finanziarie

- Nella **capitalizzazione** si deve determinare il valore di un capitale in un'epoca posteriore a quella in cui lo si considera; nella **attualizzazione** in un'epoca anteriore.
- L'**interesse** è il compenso I che il debitore si impegna a versare al creditore in aggiunta al capitale iniziale C, alla fine del prestito.
- Il **montante** è la somma M del capitale iniziale C e dell'interesse I, cioè il capitale finale. Vale la relazione $M = C + I$.
- L'interesse per ogni unità di tempo (anni, semestri, trimestri...) e per ogni unità di capitale è il **tasso unitario d'interesse**.
- Indichiamo con i il tasso unitario annuo.
- Il **tasso percentuale** r è l'interesse relativo a 100 unità monetarie. Al valore del tasso percentuale si fa seguire il simbolo % (percento): $r = i \cdot 100$.

■ Capitalizzazione semplice

- Un **regime di capitalizzazione** è **semplice** se l'interesse è direttamente proporzionale al capitale e al tempo d'impiego del capitale.
- Se chiamiamo I l'interesse, C il capitale impiegato, i il tasso unitario, t la durata e M il montante, valgono le seguenti leggi:
  $$I = Cit; \qquad M = C(1 + it).$$
- $(1 + it)$ è detto **fattore di capitalizzazione semplice** ed è il montante a interesse semplice di una unità monetaria impiegata al tasso i per il tempo t.

■ Capitalizzazione composta

- Un **regime di capitalizzazione** è **composto** se l'interesse maturato nel periodo preso come unità di tempo viene aggiunto al capitale e contribuisce a produrre l'interesse nei periodi successivi.
- La formula del montante è $M = C(1 + i)^n$.
- $(1 + i)^n$ è il **fattore di capitalizzazione composta** e rappresenta il montante a interesse composto di una unità monetaria impiegata al tasso i per n periodi ($n \in \mathbb{N}$).

- **Interesse composto** I: $I = C[(1 + i)^n - 1]$.
- Se si impiega il capitale per un tempo t non intero, detti n il numero intero di periodi e f la frazione ($t = n + f$), il montante è dato da:
  - $M = C(1 + i)^n(1 + if)$ in **convenzione mista** (per la frazione di periodo si utilizza la capitalizzazione semplice);
  - $M = C(1 + i)^{n+f}$ in **convenzione esponenziale**.
- **Tassi equivalenti**: applicati allo stesso capitale C, per lo stesso periodo di tempo t, producono lo stesso montante M.
  - Relazione fra **tasso annuo i e tasso periodico i_k equivalenti**: $1 + i = (1 + i_k)^k$, $k \in \mathbb{N} - \{0\}$.
  - Relazione fra due **tassi periodici equivalenti** i_k e i_h: $(1 + i_k)^k = (1 + i_h)^h$, $k, h \in \mathbb{N} - \{0\}$.
- **Tasso annuo nominale convertibile** j_k:
  $$j_k = k \cdot i_k.$$

■ Regimi di sconto

Tipo di sconto	Sconto	Valore attuale
commerciale	$S_c = Cst$	$V_c = C(1 - st)$
razionale	$S_r = \dfrac{Cit}{1 + it}$	$V_r = \dfrac{C}{1 + it}$
composto	$S_{cp} = C[1 - (1 + i)^{-t}]$	$V_{cp} = C(1 + i)^{-t}$

■ Principio di equivalenza finanziaria

- Nel **regime composto** il capitale C è trasportato in avanti nel tempo se, nel fattore di capitalizzazione $(1 + i)^n$, n è positivo; è trasportato indietro nel tempo se n è negativo.
- Un regime finanziario si dice **scindibile** se trasportando un capitale nel tempo in una sola volta si ottiene lo stesso montante che risulterebbe trasportandolo allo stesso tasso in più spostamenti successivi. Il regime finanziario dell'interesse composto è scindibile, quelli dell'interesse semplice e dello sconto commerciale non lo sono.
- In un regime finanziario, due **capitali** si dicono **equivalenti** in un dato tasso se i loro valori, riferiti a una stessa epoca, sono uguali.

CAPITOLO 10
ESERCIZI

1 Operazioni finanziarie

▶ Teoria a p. 436

Tasso di interesse e tasso di sconto

Calcola il tasso di interesse unitario e percentuale nei seguenti casi, in cui il prestito ha la durata di un anno. Le notazioni sono uguali a quelle della teoria.

1 $C = €\ 4000,$ $\qquad I = €\ 330.$ $\qquad\qquad [i = 0{,}0825;\ r = 8{,}25\%]$

2 $M = €\ 7900,$ $\qquad C = €\ 7000.$ $\qquad\qquad [i = 0{,}1286;\ r = 12{,}86\%]$

Calcola il tasso di sconto unitario e percentuale nei seguenti casi, in cui lo sconto è relativo a un tempo di anticipazione di un anno.

3 $C = €\ 8500,$ $\qquad S = €\ 731.$ $\qquad\qquad [s = 0{,}086;\ d = 8{,}6\%]$

4 $V = €\ 4885,$ $\qquad C = €\ 5000.$ $\qquad\qquad [s = 0{,}023;\ d = 2{,}3\%]$

5 Devo riscuotere € 15 000, fra un anno. Mi conviene riscuoterli oggi al tasso di sconto del 5% e reinvestirli per un anno al tasso di interesse del 5,2%? $\qquad\qquad$ [no perché...]

6 Un debitore ti offre di estinguere oggi al tasso di sconto del 2% un debito che scade fra un anno. A quale tasso devi reinvestire la somma ottenuta per concludere una operazione vantaggiosa? $\qquad\qquad [r \geq 2{,}05\%]$

2 Capitalizzazione semplice

Calcolo dell'interesse e del montante

▶ Teoria alle pagine 440 e 441

7 **ESERCIZIO GUIDA** Calcoliamo a quanto ammontano l'interesse e il montante se oggi investiamo per 4 anni un capitale di € 20 000 al tasso d'interesse del 5% in capitalizzazione semplice.

Se $r = 5\%$, $i = \dfrac{5}{100} = 0{,}05$.

Calcoliamo l'interesse I con $I = Cit$, dove $C = 20\,000$, $i = 0{,}05$, $t = 4$:

$\quad I = 20\,000 \cdot 0{,}05 \cdot 4 = 4000$.

$\boxed{I = C \cdot i \cdot t}$

Essendo il montante $M = C + I$:

$\boxed{M = C + I}$

$\quad M = 20\,000 + 4000 = 24\,000$.

L'interesse è di € 4000, il montante di € 24 000.

8 **ESERCIZIO GUIDA** Un capitale di € 20 000 è stato investito al tasso di interesse annuo unitario dello 0,06 per un periodo di 3 anni, 6 mesi e 10 giorni. Calcoliamo il montante e l'interesse alla fine di tale periodo.

▶

Trasformiamo il tempo in anni: $t = 3 + \dfrac{6}{12} + \dfrac{10}{360} = 3{,}5278$ anni.

Troviamo M con $M = C(1 + it)$, dove $C = 20\,000$, $i = 0{,}06$, $t = 3{,}5278$:

$M = 20\,000 \cdot (1 + 0{,}06 \cdot 3{,}5278) = 24\,233{,}36$.

$M = C + I \to I = M - C$, quindi:

$I = 24\,233{,}36 - 20\,000 = 4\,233{,}36$.

Il montante cercato è € 24 233,36, l'interesse è € 4233,36.

$M = C(1 + it)$

$M = C + I$

In regime di capitalizzazione semplice, determina il montante e l'interesse nei seguenti casi.

9 $C = $ € 30 000, $t = 2^a$, $i = 0{,}06$.   [$M = $ € 33 600; $I = $ € 3600]

10 $C = $ € 25 000, $r = 8{,}5\%$, $t = 3^a$.   [$M = $ € 31 375; $I = $ € 6375]

Risolvi i seguenti problemi in regime di capitalizzazione semplice, determinando il montante e l'interesse.

11 $C = $ € 13 500, $t = 6^a\, 9^m\, 14^g$, $i = 0{,}06$.   [$M = $ € 18 999; $I = $ € 5499]

12 $C = $ € 23 500, $t = 2^a\, 1^m\, 16^g$, $r = 7\%$.   [$M = $ € 27 000,19; $I = $ € 3500,19]

TEST

13 Un capitale produce un montante di € 1122 dopo un impiego di 2 anni al tasso unitario dello 0,05 semestrale in regime di capitalizzazione semplice. Qual è il capitale?

    A € 935   **C** € 923,07   **E** € 1000

    B € 1020   **D** € 1017,68

14 Investendo un capitale C per 3 anni e 4 mesi al tasso semplice $i = 0{,}03$, il rapporto tra l'interesse e il capitale $\dfrac{I}{C}$ è:

    A $\dfrac{13}{2}$.   **C** $\dfrac{13}{100}$.   **E** $\dfrac{7}{400}$.

    B $\dfrac{1}{10}$.   **D** $\dfrac{10}{1}$.

15   **ESERCIZIO GUIDA**   Calcoliamo l'interesse e il montante del capitale di € 13 000 investito per:

a. anni al tasso trimestrale dell'1,5%;

b. 3 anni, 7 mesi e 10 giorni al tasso semestrale del 2,4%.

a. Dobbiamo esprimere la durata dell'operazione in trimestri:

4 anni = $4 \cdot 4$ trimestri = 16 trimestri.

$I = Cit = 13\,000 \cdot 0{,}015 \cdot 16 = 3120$; $M = C + I = 13\,000 + 3120 = 16\,120$.

L'interesse è € 3120 e il montante € 16 120.

b. Esprimiamo la durata dell'operazione in semestri:

3 anni 7 mesi 10 giorni = $\left(3 \cdot 2 + \dfrac{7}{6} + \dfrac{10}{180}\right)$ semestri = $\dfrac{65}{9}$ semestri.

$I = 13\,000 \cdot 0{,}024 \cdot \dfrac{65}{9} = 2253{,}33$; $M = 13\,000 + 2253{,}33 = 15\,253{,}33$.

L'interesse è € 2253,33 e il montante € 15 253,33.

Paragrafo 2. Capitalizzazione semplice

In regime di capitalizzazione semplice, determina il montante e l'interesse nei seguenti casi.

16 $C = €\ 7500$, $\quad t = 5^a$, $\quad i_3 = 0{,}021$. $\qquad [M = €\ 9862{,}50;\ I = €\ 2362{,}50]$

17 $C = €\ 8900$, $\quad t = 4^a$, $\quad r_{12} = 0{,}2\%$. $\qquad [M = €\ 9754{,}40;\ I = €\ 854{,}40]$

18 $C = €\ 12\,000$, $\quad t = 6^a$, $\quad r_6 = 0{,}5\%$. $\qquad [M = €\ 14\,160;\ I = €\ 2160]$

■ **Calcolo del capitale, del tasso, del tempo** ▶ Teoria a p. 441

19 **ESERCIZIO GUIDA** **Calcolo del capitale** Determiniamo quanto dobbiamo investire ora in capitalizzazione semplice al tasso di interesse $i = 0{,}02$ se tra due anni vogliamo disporre di € 50 000.

Calcoliamo C:

$$M = C(1 + it) \rightarrow C = \frac{M}{1 + it} = \frac{50\,000}{1 + 0{,}02 \cdot 2} = 48\,076{,}92.$$

Dobbiamo investire € 48 076,92.

20 **ESERCIZIO GUIDA** **Calcolo del tasso** Una banca ci propone di depositare € 20 000 oggi, in cambio avremo un montante di € 25 000 tra 8 anni. A quanto ammonta il tasso unitario di interesse dell'operazione se essa avviene in regime di capitalizzazione semplice?

Troviamo l'interesse, che in euro è:

$$I = M - C = 25\,000 - 20\,000 = 5000.$$

Calcoliamo i:

$$I = Cit \rightarrow i = \frac{I}{Ct} = \frac{5000}{20\,000 \cdot 8} = 0{,}03125.$$

21 **ESERCIZIO GUIDA** **Calcolo del tempo** Oggi investiamo € 10 000 al tasso unitario di interesse $i = 0{,}065$ in capitalizzazione semplice. Quanto dobbiamo aspettare per incassare € 15 000?

Ricaviamo t:

$$M = C(1 + it) \rightarrow 1 + it = \frac{M}{C} \rightarrow t = \frac{1}{i}\left(\frac{M}{C} - 1\right) = \frac{1}{0{,}065}\left(\frac{15\,000}{10\,000} - 1\right) = 7{,}6923.$$

Trasformiamo il tempo di 7,6923 anni in anni, mesi e giorni:

- 7 anni;
- 0,6923 anni → 0,6923 · 12 mesi = 8,3076 mesi → 8 mesi;
- 0,3076 mesi → 0,3076 · 30 giorni = 9,2280 giorni → 9 giorni.

Dobbiamo aspettare 7 anni, 8 mesi e 9 giorni. In forma abbreviata: $7^a\ 8^m\ 9^g$.

Capitolo 10. Capitalizzazione e sconto

22 **ESERCIZIO GUIDA** **Calcolo del tempo in capitalizzazione frazionata** Oggi investiamo € 15 000 al tasso trimestrale del 3,1%. Quanto tempo dobbiamo aspettare per incassare € 30 000?

Calcoliamo l'interesse, che in euro è: $I = M - C = 30000 - 15000 = 15000$.

Ricaviamo t: $I = Cit \rightarrow t = \dfrac{I}{C \cdot i} = \dfrac{15000}{15000 \cdot 0,031} = 32,26$.

Esprimiamo il tempo di 32,26 *trimestri* in anni, mesi e giorni:
- 32 trimestri = 8 anni;
- 0,26 trimestri → 0,26 · 3 mesi = 0,78 mesi → 0 mesi;
- 0,78 mesi → 0,78 · 30 giorni = 23 giorni.

Devo aspettare 8 anni e 23 giorni.

Risolvi i seguenti problemi in regime di capitalizzazione semplice, determinando le due grandezze mancanti.

23 $M = € 13 000$, $C = € 9750$, $t = 3^a$. $[r = 11,1\%; I = € 3250]$

24 $M = € 5450$, $t = 3^a$, $i = 0,1$. $[C = € 4192,31; I = € 1257,69]$

25 $I = € 662,40$, $C = € 2760$, $r = 12\%$. $[M = € 3422,40; t = 2^a]$

26 $I = € 975$, $r = 7,5\%$, $t = 4^a$. $[C = € 3250; M = € 4225]$

27 $M = € 11 935$, $I = € 4235$, $r = 11\%$. $[t = 5^a; C = € 7700]$

28 $I = € 2400$, $t = 6^a\ 1^m\ 24^g$, $i = 0,0425$. $[M = € 11 582,21; C = € 9182,21]$

29 $M = € 34 750$, $I = € 14 000$, $t = 7^a\ 4^m\ 6^g$. $[C = € 20 750; r = 9,18\%]$

30 $M = € 62 500$, $r = 10\%$, $t = 6^m\ 20^g$. $[C = € 59 210,53; I = € 3289,47]$

31 $M = € 13 500$, $I = € 1250$, $i_4 = 0,018$. $[C = € 12 250; t = 1^a\ 5^m\ 0^g]$

32 $C = € 21 300$, $I = € 4500$, $t = 2^a\ 3^m\ 23^g$. $[M = € 25 800; i = 0,0913]$

33 $M = € 48 600$, $t = 4^a\ 7^m\ 13^g$, $i_6 = 0,004$. $[C = € 43 749,62; I = 4850,38]$

Problemi sulla capitalizzazione semplice

34 **ESERCIZIO GUIDA** È stato investito al tasso del 2,5% annuo un capitale di € 35 000. Dopo 5 anni è stato prelevato tutto il maturato ed è stato reinvestito al tasso dell'2,75% annuo per altri 6 anni. Qual è il montante finale?

Visualizziamo l'operazione sull'asse dei tempi.

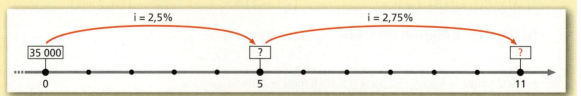

Calcoliamo il montante del capitale di € 35 000 investito per 5 anni al tasso del 2,5% annuo:

$M = C \cdot (1 + it) \rightarrow M = 35 000 \cdot (1 + 0,025 \cdot 5) = 39 375$.

Paragrafo 2. Capitalizzazione semplice

Quindi alla fine dei primi 5 anni il montante è € 39 375. Questa somma è il capitale iniziale del nuovo investimento.
Calcoliamo quindi il montante di un capitale di € 39 375 impiegato per 6 anni al 2,75% annuo:

$$M_1 = 39\,375 \cdot (1 + 0{,}0275 \cdot 6) = 45\,871{,}88.$$

Il montante finale è € 45 871,88.

35 Fra 18 mesi dovrò acquistare un'automobile del valore di € 20 000. Quale capitale devo investire oggi in banca al tasso annuo del 2% per avere la somma che mi serve? [€ 19 417,48]

36 Mario ha investito un capitale di € 6000. Dopo un anno e nove mesi ha ritirato un montante di € 6262,50. Qual è stato il tasso annuo percentuale i dell'investimento? [$i = 2{,}5\%$]

37 Ilaria investe un capitale di € 20 000 al tasso del 2%. Dopo 2 anni e 6 mesi preleva il montante ottenuto e lo investe per un anno e 6 mesi al tasso del 3%. Qual è stato il tasso annuo percentuale i dell'investimento complessivo di 4 anni? [$i = 2{,}43125\%$]

38 Calcola i tassi di interesse delle seguenti operazioni e indica qual è il migliore investimento. L'interesse I è maturato in un anno.

  a. $I = €\ 3$, $C = €\ 300$;
  b. $I = €\ 3$, $C = €\ 1000$;
  c. $I = €\ 10$, $C = €\ 20$;
  d. $I = €\ 456$, $C = €\ 5000$.

[a) $i = 0{,}01$; b) $i = 0{,}003$; c) $i = 0{,}5$; d) $i = 0{,}091$; l'investimento **c**]

39 Un capitale di € 800 ha prodotto un montante di € 890. Determina il tempo di impiego, sapendo che è stato impiegato al tasso del 3% annuo in regime di capitalizzazione semplice. [3ª 9ᵐ]

40 Un capitale di € 1500 viene investito in regime di capitalizzazione semplice per 3 anni e 9 mesi al tasso di interesse del 2,2% annuo. Il montante ottenuto viene reinvestito nello stesso regime per un periodo di 4 anni. Qual è il nuovo tasso di interesse, se si ottiene un montante di € 1779,63? [$i = 0{,}024$]

41 **YOU & MATHS** At a certain rate of simple interest, € 1,000 will accumulate to € 1,020 after a certain period of time. Find the accumulated value of € 500 at a rate of simple interest three fourths as great over twice as long a period of time. [€ 515]

42 Si investono € 7500 al tasso annuo del 2%, ottenendo un montante di € 8100, in capitalizzazione semplice. Determina la durata dell'investimento. Calcola inoltre il tasso applicato nel caso in cui lo stesso capitale desse lo stesso montante in 3 anni, 5 mesi, 21 giorni. [4 anni; 2,30%]

43 Marinella deposita € 4000 al tasso del 2%. Dopo 4 anni preleva la somma di cui dispone e ne investe metà a un tasso del 2,25% e l'altra metà a un tasso del 2%. Di quanto potrà disporre 10 anni dopo l'ultima operazione? [€ 5238]

44 9 anni fa sono stati investiti € 3000 al tasso dell'1,75%. 5 anni fa è stato fatto separatamente un altro investimento di € 7000 all'1,25%. Ora sono stati prelevati entrambi i montanti e tutto è stato reinvestito al 2%. Di quanto si potrà disporre tra 6 anni? [€ 12 219,20]

45 **REALTÀ E MODELLI** **In giro per il mondo** Fin da quando era bambino, Luca sogna di fare il giro del mondo. Ha investito per 6 anni in capitalizzazione semplice € 12 000 al tasso annuo percentuale dell'1,8% presso una banca, e € 20 000 al tasso annuo unitario dello 0,02 presso un'altra banca. Alla fine dei sei anni, con quanto denaro potrà partire? [€ 35 696]

46 Ho investito per 5 anni in capitalizzazione semplice un capitale di € 30 000 al tasso percentuale del 2%. Dopo 5 anni ho prelevato e speso € 10 000 e ho investito ciò che rimaneva per altri 3 anni in capitalizzazione semplice al tasso di interesse percentuale dell'1,85%. Di quanto dispongo alla fine dei 3 anni? [€ 24 276,50]

465

Capitolo 10. Capitalizzazione e sconto

47 10 anni fa ho investito € 10 000 in capitalizzazione semplice al tasso annuo unitario dello 0,02 e 4 anni fa ho investito € 7500 in capitalizzazione semplice al tasso annuo unitario dello 0,0175. Oggi prelevo tutto e investo la somma per altri 5 anni in capitalizzazione semplice al tasso di interesse annuo unitario dello 0,025. Quanto avrò a disposizione tra 5 anni? [€ 22 528,13]

48 6 anni fa John ha investito in capitalizzazione semplice i suoi risparmi al tasso di interesse annuo percentuale dell'1,5% per i primi 4 anni. Ha poi reinvestito la somma ottenuta al 2% per i rimanenti 2 anni. Quali erano i suoi risparmi sei anni fa se oggi preleva € 16 500? [€ 14 967,34]

49 Ho investito un capitale 6 anni fa in capitalizzazione semplice al tasso percentuale del 2%. 2 anni fa ho prelevato e speso € 10 000 e ho reinvestito il rimanente allo stesso tasso di interesse. Se oggi dispongo di € 60 000, a quanto ammontava il capitale iniziale? [€ 62 678,06]

50 ESERCIZIO GUIDA **Raddoppio del capitale** In quanto tempo si raddoppia un capitale se è investito al tasso del 2,25% annuo in regime di capitalizzazione semplice?

Indichiamo con C il capitale iniziale. Dopo un certo tempo esso, per gli interessi che maturano, diventa il doppio, quindi il montante è $M = 2C$. Utilizziamo $M = C(1 + it)$:

$2C = C(1 + 0{,}0225 \cdot t) \;\rightarrow\; 2 = 1 + 0{,}0225 \cdot t \;\rightarrow\; t = \dfrac{1}{0{,}0225} = 44{,}\overline{4}.$

dividiamo i due membri per C ricaviamo t

Il tempo di raddoppio del capitale è 44 anni, 5 mesi e 10 giorni.

51 Dopo quanto tempo un capitale dà un interesse semplice pari a un terzo del suo ammontare, se è impegnato al tasso del 2,25%? [14ª 9ᵐ 23ᵍ]

52 **Risparmiare per triplicare** A quale tasso percentuale deve essere investito un capitale affinché si triplichi in 20 anni in regime di capitalizzazione semplice? [10%]

53 In diversi periodi ho investito per tre volte una stessa somma al 2,5%. Il primo investimento risale a 12 anni fa, il secondo a 4 anni fa e il terzo a 2 anni fa. Attualmente dispongo di € 37 500. A quanto ammonta ogni rata di capitale versata in regime di capitalizzazione semplice? [€ 10 869,57]

54 Dispongo di € 10 000. Il consulente finanziario mi propone due forme di investimento entrambe della durata di 3 anni. La prima è al tasso dello 0,75% semestrale; la seconda al tasso dello 0,45% quadrimestrale. Qual è la più conveniente in regime di capitalizzazione semplice? [la prima]

55 Ho investito € 1000 in regime di capitalizzazione semplice al 2% annuo per 3 anni. Per quanto tempo avrei dovuto investire lo stesso capitale, per avere lo stesso montante, se il tasso annuo fosse stato del 2,5%? [2ª 4ᵐ 24ᵍ]

56 € 5000 investiti allo 0,75% trimestrale producono € 1800 in più rispetto a quello che produrrebbero se fossero investiti all'1% semestrale per lo stesso tempo, in regime di capitalizzazione semplice. Quant'è la durata dell'impiego? [36ª]

57 Sono stati depositati € 1200. Un anno più tardi sono stati prelevati € 240. Un anno dopo questa operazione il denaro a disposizione è € 1003,68. Qual è il tasso di interesse applicato in regime di capitalizzazione semplice? [2%]

Paragrafo 2. Capitalizzazione semplice

58 Andrea disponeva di due capitali la cui somma ammontava a € 8000. Uno l'ha investito 8 anni fa, l'altro 3 anni dopo, in regime di capitalizzazione semplice. Ora dispone di un montante complessivo di € 9762,50. Sapendo che il primo capitale è stato investito al tasso trimestrale dello 0,75% e il secondo al tasso quadrimestrale dell'1,25%, calcola il valore dei due capitali iniziali.
[€ 5000; € 3000]

59 Silvia deposita una somma in banca e in un anno ottiene un interesse di € 100. Allora aggiunge € 500 e in un altro anno il deposito più gli interessi diventa di € 5712. A quanto ammonta la somma originaria? Qual è il tasso di interesse in regime di capitalizzazione semplice?
[€ 5000; 2%]

60 Ho investito un capitale di € 22 000 in capitalizzazione semplice e dopo 4 anni ho potuto incassare € 28 000. Di questa somma ho speso € 8000 e ho reinvestito il rimanente in capitalizzazione semplice per 2 anni. Alla fine del secondo anno dispongo di € 22 000. Quali tassi sono stati applicati?
[0,068; 0,05]

61 A un tasso migliore Un anno fa ho depositato in banca € 5000 in capitalizzazione semplice al tasso percentuale del 2%. Dopo 4 mesi ho ritirato il montante, ho aggiunto altri € 5000 e ho reinvestito al tasso percentuale del 2,5%. A quanto ammontano gli interessi alla fine dell'anno?
[€ 200,56]

62 All'inizio dell'anno ho investito metà del capitale C per tutto l'anno in capitalizzazione semplice al tasso di interesse percentuale del 2%, un terzo di C per il solo secondo semestre, sempre in capitalizzazione semplice al tasso percentuale dell'1,75% e il rimanente per i soli ultimi 4 mesi sempre in capitalizzazione semplice al tasso percentuale dell'1,5%. Sapendo che alla fine dell'anno ho ritirato un montante di € 25 000, qual è il capitale iniziale C?
[€ 24 660,91]

63 ESERCIZIO GUIDA Investiamo € 5000 per 2 anni e 3 mesi a un certo tasso e € 6500 per lo stesso tempo a un tasso superiore al primo dell'1,5%, ottenendo un montante complessivo di € 12 495,62. Determiniamo i due tassi di interesse annui.

Nella prima operazione indichiamo il tasso annuo con x; $C = 5000$ e $t = 2 + \frac{3}{12} = \frac{9}{4}$ anni; dunque:

$$M_1 = 5000\left(1 + x \cdot \frac{9}{4}\right) = 5000 + 11250x.$$

Nella seconda operazione indichiamo il tasso annuo con y; $C = 6500$ e $t = \frac{9}{4}$ anni; dunque:

$$M_2 = 6500\left(1 + y \cdot \frac{9}{4}\right) = 6500 + 14625y.$$

Sappiamo che $M_1 + M_2 = 12\,495,62$ e che la relazione tra i due tassi è: $y = x + 0,015$.

Dalle due relazioni otteniamo il sistema:

$$\begin{cases} 5000 + 11\,250x + 6500 + 14\,625y = 12\,495,62 \\ y = x + 0,015 \end{cases} \rightarrow \begin{cases} 11\,250x + 14\,625y = 995,62 \\ y = x + 0,015 \end{cases}$$

Applichiamo il metodo di sostituzione:

$$\begin{cases} 11\,250x + 14\,625(x + 0,015) = 995,62 \\ y = x + 0,015 \end{cases} \rightarrow \begin{cases} 25\,875x = 776,25 \\ y = x + 0,015 \end{cases} \rightarrow \begin{cases} x = 0,03 \\ y = 0,045 \end{cases}$$

I due tassi sono 3% e 4,5%.

Capitolo 10. Capitalizzazione e sconto

64 Antonio, depositando un capitale per un anno nella sua banca, ottiene il montante di € 6480. Il montante di un capitale dello stesso importo, depositato per un anno da Bruno, è pari a € 6456. Sapendo che la differenza fra i tassi di rendimento dei due investimenti è 0,004, determina il capitale e il tasso di rendimento dell'investimento di Antonio e di quello di Bruno.

[€ 6000; $i_A = 0,08$, $i_B = 0,076$]

65 **Scambiare i tempi** Abbiamo investito € 15 800 per un certo periodo al tasso di interesse semplice quadrimestrale dello 0,5% e € 18 300 per un altro periodo al tasso di interesse semplice quadrimestrale dello 0,8%, ottenendo un montante di € 38 000. Se si fossero scambiate le durate dei due investimenti, il montante sarebbe stato di € 39 200. Calcola le durate dei due investimenti.

[$3^a\ 8^m\ 7^g$; $9^a\ 7^m\ 14^g$]

66 **Stesso tasso, più tempo** Se investo un certo capitale a un certo tasso semestrale per 2 anni e 8 mesi ottengo un montante di € 14 240. Investendo lo stesso capitale allo stesso tasso per 4 anni e 3 mesi otterrei un montante di € 15 570. Determina il capitale e il tasso. [€ 12 000; 0,035]

67 Sono stati investiti € 4800 e € 5900 al tasso del 2,5% quadrimestrale. La somma degli interessi maturati è di € 2923,75. Calcola la durata dei due investimenti, sapendo che il primo dura 1 anno e 2 mesi in meno del secondo. [3^a; $4^a\ 2^m$]

68 Giulia investe un capitale per 3 anni e 4 mesi al tasso trimestrale dello 0,3% e un altro capitale per 5 anni e 2 mesi al tasso quadrimestrale dello 0,8%. Il montante complessivo è di € 16 235,60. Invertendo i due tassi il montante complessivo diventa di € 16 253,27. Determina i due capitali investiti. [€ 9379,28; € 5766,15]

69 **REALTÀ E MODELLI** **Investire in BOT** Un investimento poco rischioso, e quindi spesso consigliato, è l'acquisto di Buoni Ordinari del Tesoro (BOT). Il *prezzo di emissione* di un BOT è inferiore al suo *valore nominale* di € 100, coincidente con il valore che verrà rimborsato alla scadenza. Lo *scarto di emissione*, cioè la differenza fra il valore nominale e il prezzo, è ciò che produce il compenso. Per calcolare il guadagno effettivo, si deve tener conto anche della ritenuta fiscale, una percentuale dello scarto di emissione, e della spesa per la commissione bancaria, che è una percentuale del valore nominale. Supponi di acquistare BOT con le caratteristiche indicate sotto, con scadenza fra un anno. Investi quindi € 10 000.

prezzo: € 97
valore nominale: € 100
ritenuta fiscale: 12,5%
commissione bancaria: 0,3%

a. Qual è il tasso di rendimento lordo, che non tenga conto della ritenuta e della commissione?

b. Calcola la ritenuta fiscale, la commissione bancaria e il prezzo totale d'acquisto.

c. Determina il tasso effettivo di rendimento.

[a) 3,09%; b) € 37,50; € 30; € 9767,50; c) 2,38%]

3 Capitalizzazione composta

Calcolo del montante

▶ Teoria a p. 444

Determina il montante nelle seguenti operazioni di regime di capitalizzazione composta.

70 Quattro anni fa ho investito € 5000 all'1,5%. [€ 5306,82]

71 Luigi ha depositato in banca € 6000 per 4 anni al tasso di interesse del 2%. [€ 6494,59]

Paragrafo 3. Capitalizzazione composta

72 **Arriva la patente!** Quando Sara aveva 15 anni, uno zio le ha lasciato in eredità una somma di € 10 000 che lei ha investito in una banca che applica il tasso di interesse del 2,5% annuo. Oggi Sara ha 18 anni e vuole comprarsi un'auto; quanto può ritirare dalla banca? [€ 10 768,91]

73 **ESERCIZIO GUIDA** Un capitale di € 2500 è stato investito al tasso di interesse del 2% per 5 anni. Calcoliamo il montante finale.

Essendo $r = 2\%$, $i = 0,02$. Applichiamo la formula del montante in regime di capitalizzazione composta $M = C(1 + i)^n$, con $C = 2500$, $i = 0,02$, $n = 5$:

$M = 2500 \cdot (1 + 0,02)^5 = 2760,20$.

$M = C(1 + i)^n$

Il montante finale è dunque di € 2760,20.

Risolvi i seguenti problemi in regime di capitalizzazione composta, determinando il montante e l'interesse.

74	$C = $ € 7800,	$i = 0,065$,	$t = 3^a$.	[$M = $ € 9422; $I = $ € 1622]
75	$C = $ € 9906,	$i = 0,06$,	$t = 4^a$.	[$M = $ € 12 506,10; $I = $ € 2600,10]
76	$C = $ € 11 861,	$i = 0,07$,	$t = 6^a$.	[$M = $ € 17 800,16; $I = $ € 5939,16]
77	$C = $ € 4500,	$t = 4^a$,	$r = 12,5\%$.	[$M = $ € 7208,13; $I = $ € 2708,13]

Risolvi i seguenti problemi in regime di capitalizzazione composta, determinando il montante e l'interesse sia con la convenzione lineare, sia con quella esponenziale.

78	$C = $ € 4500,	$i = 0,015$,	$t = 2^a \ 7^m \ 12^g$.	[€ 4678,90; € 4678,77]
79	$C = $ € 9700,	$r = 2,6\%$,	$t = 3^a \ 5^m \ 25^g$.	[€ 10 608,85; € 10 607,98]
80	$C = $ € 13 800,	$i = 0,028$,	$t = 4^a \ 7^m \ 15^g$.	[€ 15 681,44; € 15 680,04]

■ **Calcolo del capitale, del tasso, del tempo** ▶ Teoria a p. 447

81 **ESERCIZIO GUIDA** **Calcolo del capitale** 6 anni fa abbiamo investito un capitale al tasso percentuale del 5,85%. Oggi incassiamo € 22 500. A quanto ammontava il capitale investito 6 anni fa?

Da $M = C(1 + i)^t$ ricaviamo C:

$C = \dfrac{M}{(1 + i)^t} = \dfrac{22\,500}{(1 + 0,0585)^6} = 15\,996,96$.

$M = C(1 + i)^t$

6 anni fa abbiamo investito € 15 996,96.

82 **ESERCIZIO GUIDA** **Calcolo del tempo** Per quanto tempo dobbiamo lasciare investito un capitale di € 16 000 al tasso annuo unitario dello 0,0565 per avere un montante di € 23 550?

Da $M = C(1 + i)^t$ ricaviamo t:

$(1 + i)^t = \dfrac{M}{C} \rightarrow \log(1 + i)^t = \log\dfrac{M}{C} \rightarrow t = \dfrac{\log \dfrac{M}{C}}{\log(1 + i)} = \dfrac{\log \dfrac{23\,550}{16\,000}}{\log(1 + 0,0565)} = 7,03286\ldots = 7^a \ 12^g$.

Dobbiamo lasciare investito il capitale per 7 anni e 12 giorni.

Capitolo 10. Capitalizzazione e sconto

83 **ESERCIZIO GUIDA** **Calcolo del tasso** A quale tasso di interesse annuo unitario abbiamo investito la somma di € 14 500 se dopo 4 anni, 6 mesi e 15 giorni abbiamo un montante di € 18 600?

Applichiamo $M = C(1 + i)^t$, con $t = 4 + \dfrac{6}{12} + \dfrac{15}{360} = 4{,}542$.
Dobbiamo ricavare i:

$$(1 + i)^t = \frac{M}{C} \rightarrow 1 + i = \left(\frac{M}{C}\right)^{\frac{1}{t}} \rightarrow i = \left(\frac{M}{C}\right)^{\frac{1}{t}} - 1 = \left(\frac{18\,600}{14\,500}\right)^{\frac{1}{4{,}542}} - 1 = 0{,}0564.$$

Abbiamo investito la somma al tasso di interesse del 5,64%.

Risolvi i seguenti problemi in regime di capitalizzazione composta, determinando le due grandezze mancanti.

84 $C = €\,8600$, $t = 6^a$, $I = €\,4672{,}40$. $[M = €\,13\,272{,}40;\ i = 0{,}075]$

85 $C = €\,3200$, $M = €\,4685{,}12$, $r = 10\%$. $[t = 4^a;\ I = €\,1485{,}12]$

86 $M = €\,23\,005{,}13$, $I = €\,3005{,}13$, $r = 7{,}25\%$. $[C = €\,20\,000;\ t = 2^a]$

87 $M = €\,11\,260{,}96$, $I = €\,4060{,}96$, $t = 8^a$. $[C = €\,7200;\ r = 5{,}75\%]$

88 $C = €\,9600$, $I = €\,1800$, $i = 0{,}059$. $[M = €\,11\,400;\ t = 3^a]$

89 $M = €\,18\,500$, $I = €\,3200$, $i = 0{,}065$. $[C = €\,15\,300;\ t = 3^a]$

90 $M = €\,26\,800$, $C = €\,24\,200$, $t = 1^a\ 9^m$. $[I = €\,2600;\ i = 0{,}06]$

TEST

91 8 anni fa sono stati investiti in regime di capitalizzazione composta € 3500, che hanno fruttato € 4100,81. Qual è il tasso di interesse applicato?

    A $i = 0{,}02$ **C** $i = 0{,}0626$ **E** $i = 0{,}08$

    B $i_2 = 0{,}0375$ **D** $i_4 = 0{,}0208$

92 Investo oggi € 3000 al tasso di interesse composto $i = 0{,}021$. Fra quanto tempo il montante sarà di € 3600?

    A $2^a\ 6^m\ 8^g$ **C** $11^m\ 14^g$ **E** $9^a\ 5^m\ 2^g$

    B $8^a\ 9^m\ 8^g$ **D** $8^a\ 7^m\ 7^g$

Capitalizzazione mista

93 **ESERCIZIO GUIDA** Depositiamo in una banca una somma di € 5000 che dopo un anno e 6 mesi genera interessi per € 151. Se è stata impiegata la convenzione mista per il calcolo degli interessi, quale è il tasso unitario di interesse applicato?

Applichiamo $M = C(1 + i)^n(1 + if)$, dove $M = 5000 + 151 = 5151$, $n = 1$, $f = \dfrac{6}{12} = \dfrac{1}{2}$, $C = 5000$:

$$5151 = 5000(1 + i)\left(1 + \frac{1}{2}i\right) \rightarrow 2500i^2 + 7500i - 151 = 0.$$

Risolviamo l'equazione di secondo grado trovando, dopo aver scartato la soluzione negativa,

$$i = \frac{-3750 + \sqrt{3750^2 + 2500 \cdot 151}}{2500} = \frac{1}{50} = 0{,}02.$$

Quindi il tasso unitario di interesse è del 2%.

$M = C(1 + i)^n(1 + if)$
n: numero di anni
f: frazione di anno

Paragrafo 3. Capitalizzazione composta

In regime di capitalizzazione composta con convenzione mista, risolvi i seguenti problemi.

94 Depositiamo in una banca una somma di € 7500 che dopo un anno e 4 mesi genera interessi per € 201. Qual è il tasso unitario di interesse applicato?
[$i = 2\%$]

95 € 15 000 fruttano in un anno e 8 mesi un montante di € 15 759. Quale tasso unitario di interesse è stato applicato? [$i = 3\%$]

96 € 37 500 fruttano in un anno e un mese un montante di € 39 130. Quale tasso unitario di interesse è stato applicato? [$i = 4\%$]

Capitalizzazione frazionata
▶ Teoria a p. 448

97 **ESERCIZIO GUIDA** Depositiamo in banca una somma di € 12 500 e offrono di restituirci € 15 000 se ci impegniamo a non eseguire prelievi per 10 trimestri. Qual è il tasso di interesse trimestrale dell'offerta?

In $M = C(1 + i_k)^t$ dobbiamo ricavare i_k:

$$(1 + i_k)^t = \frac{M}{C} \rightarrow i_k = \left(\frac{M}{C}\right)^{\frac{1}{t}} - 1 = \left(\frac{15\,000}{12\,500}\right)^{\frac{1}{10}} - 1 = 0{,}0184.$$

Risolvi i seguenti problemi, determinando la grandezza mancante fra *C*, *M*, *t* e il tasso relativo al periodo.

98 $C = $ € 6500, $\quad t = 15$ trimestri, $\quad i_4 = 0{,}035$. [$M = $ € 10 889,77]

99 $M = $ € 12 500, $\quad t = 18$ semestri, $\quad i_2 = 0{,}009$. [$C = $ € 10 638,22]

100 $C = $ € 15 000, $\quad M = $ € 15 847,02, $\quad t = 22$ quadrimestri. [$i_3 = 0{,}0025$]

101 $C = $ € 8000, $\quad M = $ € 9590,83, $\quad i_3 = 0{,}007$. [$t = 26$ quadrimestri]

Tassi equivalenti
▶ Teoria a p. 448

102 **ESERCIZIO GUIDA** Calcoliamo:
a. il tasso di interesse annuo equivalente al tasso di interesse quadrimestrale $i_3 = 0{,}018$;
b. il tasso di interesse mensile equivalente al tasso di interesse annuo $i = 0{,}08$.

Utilizziamo $(1 + i_k)^k = 1 + i$.

a. Dobbiamo ricavare i:
$$(1 + i_3)^3 = 1 + i \rightarrow i = (1 + i_3)^3 - 1 = (1 + 0{,}018)^3 - 1 = 0{,}055.$$

b. Dobbiamo ricavare i_{12}:
$$(1 + i_{12})^{12} = 1 + i \rightarrow i_{12} = (1 + i)^{\frac{1}{12}} - 1 = (1 + 0{,}08)^{\frac{1}{12}} - 1 = 0{,}0064.$$

In regime di capitalizzazione composta calcola i seguenti tassi.

103 Il tasso semestrale equivalente al 9,25% annuo. [$i_2 = 0{,}0452$]

104 Il tasso quadrimestrale equivalente al 12% annuo. [$i_3 = 0{,}0385$]

Capitolo 10. Capitalizzazione e sconto

105 Il tasso annuo equivalente al 2,5% trimestrale. [$i = 0{,}1038$]

106 Il tasso annuo equivalente al 6% semestrale. [$i = 0{,}1236$]

107 Il tasso trimestrale equivalente al 5% annuo convertibile trimestralmente. [$i_4 = 0{,}0125$]

108 Il tasso annuo convertibile semestralmente equivalente al 4% semestrale. [$j_2 = 0{,}08$]

109 Il tasso bimestrale equivalente al 7% trimestrale. [$i_6 = 0{,}04614$]

110 Il tasso annuo equivalente al 9% annuo convertibile quadrimestralmente. [$i = 0{,}0927$]

111 Determina il montante prodotto da un capitale di € 3170 impiegato per 5 anni al tasso annuo nominale convertibile semestralmente dell'1,5%. [$M =$ € 3415,94]

112 Quale capitale, impiegato al tasso semestrale dell'1% per 8 anni, produce un montante di € 10 553,21? [$C =$ € 9000]

113 Anna ha investito per 1 anno e 8 mesi la somma di € 6400 e ha ricavato un montante di € 6595,96. Quale tasso annuo nominale convertibile quadrimestralmente è stato applicato? [$j_3 = 0{,}01815$]

114 Trova in quanto tempo un capitale di € 15 000 produce al tasso annuo nominale convertibile trimestralmente del 2% un montante di € 15 767,10. [$2^a\ 6^m$]

115 **Il tasso migliore** Si vuole investire un capitale di € 14 000 per 2 anni, 4 mesi e 18 giorni in regime di capitalizzazione composta. Senza eseguire i calcoli, indica a quale dei seguenti tassi è più conveniente investire. Verifica la risposta con il calcolo dei montanti.

a. tasso annuo effettivo del 5%;
b. tasso semestrale del 2,5%;
c. tasso trimestrale dell'1,25%;
d. tasso annuo convertibile mensilmente del 5%.

[a) € 15 726,40; b) € 15 748,72; c) € 15 760,16; d) € 15 767,90]

116 **YOU & MATHS** An individual has a certain amount of capital, half of which he invests at a nominal interest rate of 8% per annum convertible quarterly and the other half at a 4% half-yearly interest rate. After six years he withdraws a total amount of € 8,550. What capital sum was invested knowing that a compound interest capitalization was applied? [€ 5,327]

Problemi sulla capitalizzazione composta

117 **ESERCIZIO GUIDA** Due capitali la cui somma è di € 3600 sono investiti in regime di capitalizzazione composta per 2 anni, uno al tasso di interesse annuo del 2,6% e l'altro al tasso di interesse semestrale dell'1,25%. Qual è l'importo dei due capitali se il montante complessivo è di € 3786?

Indichiamo con $C = C_1 + C_2$ la somma dei due capitali C_1 e C_2, con i il tasso annuo e con i_2 quello semestrale. La somma dei montanti dei due capitali investiti rispettivamente per 2 anni al tasso i e per 4 semestri al tasso i_2 è $M = 3786$, quindi:

$$C_1(1+i)^2 + C_2(1+i_2)^4 = M.$$

Poiché $C_2 = C - C_1$:

$$C_1(1+i)^2 + (C - C_1)(1+i_2)^4 = M.$$

Ricaviamo C_1:

$$C_1[(1+i)^2 - (1+i_2)^4] = M - C(1+i_2)^4,$$

$$C_1 = \frac{M - C(1+i_2)^4}{[(1+i)^2 - (1+i_2)^4]} = \frac{3786 - 3600 \cdot (1+0{,}0125)^4}{[(1+0{,}026)^2 - (1+0{,}0125)^4]} = 1500{,}46; \quad C_2 = 3600 - 1500{,}46 = 2099{,}54.$$

I capitali sono € 1500,46 e € 2099,54.

---

118 **Raddoppiare** A quale tasso unitario composto un capitale raddoppia in 3 anni? [0,26]

119 **Triplicare** In quanto tempo un capitale investito al tasso dell'1,5% composto quadrimestrale triplica? [$24^a\ 7^m\ 5^g$]

120 Ho versato 7 anni fa € 10 000 presso una banca che capitalizzava al 2,5% composto annuo. Dopo 4 anni la banca ha variato il tasso. Se oggi posso ritirare € 12 061,66, qual è stata la variazione di tasso? [0,5%]

121 Ho versato 8 anni fa € 10 000 presso una banca che capitalizza al 3% composto annuo. Dopo 3 anni ho versato ancora una certa somma. Oggi con quanto accumulato acquisto un'auto del valore di € 25 000. A quanto ammontava la somma versata? [€ 10 637,95]

122 Fabio ha depositato in banca una somma 7 anni fa, una doppia della precedente 5 anni fa e € 2000 tre anni fa. Sapendo che la banca pratica la capitalizzazione al tasso del 2% composto annuo e che oggi Fabio può ritirare complessivamente € 14 787,44, quali erano le prime due somme? [€ 3772,89; € 7545,78]

123 Se oggi investo una certa somma, fra 2 anni ottengo un montante di € 3182,70 e fra 4 anni e 6 mesi un montante di € 3426,80. Trova il valore della somma e del tasso d'impiego in capitalizzazione composta. [€ 3000; 3%]

124 **Montanti uguali** Due capitali, la cui somma è di € 8000, sono impiegati in regime di capitalizzazione composta l'uno al 2% annuo e l'altro all'1% semestrale. Sapendo che dopo 10 anni i due montanti sono uguali, trova l'importo dei due capitali. [€ 4001,96; € 3998,04]

125 Impiego la somma di € 5000 per 3 anni e 9 mesi ottenendo un montante di € 5152,12. Quale tasso di interesse trimestrale è stato applicato? In seguito, dopo avere prelevato un terzo del montante, investo la somma rimanente a un tasso del 2,2% annuo convertibile quadrimestralmente. Dopo quanto tempo posso ritirare un montante di € 3562,55? [$i_4 = 0{,}002$; $1^a\ 8^m$]

MATEMATICA E STORIA
Interesse composto nel Seicento

> Merito a capo d'anno è quando del merito ne nasce il merito [...] come sia, verbi gratia, che volessimo meritare lire 300 per anni 2 e mesi 6, a ragione di 20 per 100 l'anno, a fare a capo d'anno, che vuol dire che in capo d'un anno d'ogni 100 si fa 120 overo per più brevità d'ogni 5 si fa 6 che ancora la medesima proporzione osserva.

Leggi i suggerimenti e risolvi questo problema di aritmetica mercantile...

Problema – Risoluzione – Esercizio in più

Capitolo 10. Capitalizzazione e sconto

RISOLVIAMO UN PROBLEMA

Quale dei due?

Sara e Luca dispongono di un capitale di € 36 000 e un promotore finanziario propone loro due possibilità di investimento della durata di 5 anni.

1. Investire l'intero capitale al 4% annuo composto.
2. Investire € 20 000 al 5% annuo composto e la parte restante al 3% composto annuo nominale convertibile semestralmente.

- Quale fra le due operazioni è più conveniente?
- Con quale ripartizione del capitale la seconda scelta risulta indifferente alla prima?

▶ **Troviamo il capitale fornito dai due diversi investimenti.**

Il primo investimento fornisce il montante:

$$M_1 = 36\,000(1 + 0{,}04)^5 = 43\,799{,}50.$$

La seconda alternativa produce il montante:

$$M_2 = 20\,000(1+0{,}05)^5 + 16\,000(1+0{,}015)^{10} = 44\,094{,}28.$$

Da qui vediamo che la seconda proposta è la più conveniente.

▶ **Troviamo la ripartizione che rende indifferenti le due proposte d'investimento.**

Indichiamo con x la parte investita al 5% annuo composto. Quindi $20\,000 - x$ è la parte investita al 3% annuo convertibile semestralmente. Abbiamo quindi il montante:

$$x(1+0{,}05)^5 + (36\,000 - x)(1+0{,}015)^{10} = 43\,799{,}50.$$

Risolvendo otteniamo: $x = 17\,453{,}06$, che rappresenta l'importo per cui i due investimenti sono indifferenti. Ricapitolando avremo lo stesso montante investendo per 5 anni € 36 000 al 4% annuo oppure investendo sempre per 5 anni € 17 453,06 al 5% e € 18 546,94 al 3% annuo convertibile semestralmente.

Musica e spese

Andrea e il suo gruppo decidono di provare a fare sul serio. Ricevono un prestito di € 1600 per rinnovare gli strumenti. Dopo 3 anni e 4 mesi, ricevono € 900 per l'impianto di amplificazione. Trascorsi 2 anni e 9 mesi dal secondo prestito, ricevono altri € 1350 da usare per l'affitto della sala prove. I ragazzi vogliono estinguere il debito dopo 7 anni e 10 mesi dall'erogazione del primo prestito. Sui tre prestiti devono essere corrisposti interessi composti ai tassi 5,5%, 6% e 4,5%.

Qual è il montante complessivo che devono versare?

▶ **Calcoliamo i tempi delle erogazioni dei tre prestiti e dell'estinzione del debito.**

- Primo prestito: tempo 0.
- Secondo prestito: tempo $3^a 4^m = 3 + \dfrac{4}{12} = \dfrac{10}{3}$.
- Terzo prestito: tempo $3^a 4^m + 2^a 9^m = \dfrac{10}{3} + \dfrac{11}{4} = \dfrac{73}{12}$.
- Estinzione: tempo $7^a 10^m = 7 + \dfrac{10}{12} = \dfrac{47}{6}$.

▶ **Calcoliamo i montanti generati dalle tre somme prese in prestito.**

$$M_1 = 1600(1+0{,}055)^{\frac{47}{6}} = 2433{,}68$$

$$M_2 = 900(1+0{,}06)^{\frac{47}{6} - \frac{10}{3}} = 1169{,}82$$

$$M_3 = 1350(1+0{,}045)^{\frac{47}{6} - \frac{73}{12}} = 1458{,}10$$

▶ **Calcoliamo la somma complessiva da restituire.**

$$M = M_1 + M_2 + M_3 =$$
$$2433{,}68 + 1169{,}82 + 1458{,}10 = 5061{,}60.$$

Il montante complessivo che Andrea e i suoi amici devono versare è € 5061,60.

Paragrafo 3. Capitalizzazione composta

126 **YOU & MATHS** You would like to invest € 5,000 for a period of 10 years with your bank. You can choose from the following options:

a. a simple interest rate of 3%;

b. a compound interest rate of 2.75%.

Which is more favourable? At which simple rate will the first option match the second? At which compound rate will the second option match the first?

127 **Una variazione di tasso** Un amico ha depositato 15 anni fa € 20 000 presso una banca che praticava la capitalizzazione composta al 3% annuo. Dopo un certo periodo la banca ha ridotto il tasso al 2%. Se oggi l'amico può ritirare € 28 269,97, quando è avvenuta la variazione di tasso? [10 anni fa]

128 6 anni fa ho versato in un conto vincolato a due anni € 15 000 al tasso, in capitalizzazione composta, del 2,5% annuo. Alla scadenza ho reimpiegato il montante ottenuto, sempre in capitalizzazione composta. Sapendo che oggi posso disporre di € 17 700, trova il tasso di interesse annuo del reimpiego. [0,0294578]

129 Una persona ha impiegato un capitale di € 3200 per un periodo di tempo doppio rispetto al periodo di impiego di un capitale di € 5000. Trova i tempi di impiego dei due capitali, sapendo che il montante complessivo è di € 9002,20 e che il tasso annuo applicato è del 2,25% in capitalizzazione composta. [3^a; 6^a]

130 Ho depositato 8 anni fa € 6400 al 2% annuo, in capitalizzazione composta. Dopo 3 anni la banca ha portato il tasso annuo al 2,5%. Quanto potrò ritirare fra 2 anni? [€ 8073,23]

131 **Due versamenti** 5 anni e 9 mesi fa ho depositato € 2500 al tasso del 2% annuo nominale convertibile semestralmente. 2 anni dopo ho effettuato un altro investimento presso una banca che applica lo 0,2% trimestrale. Sapendo che oggi ritiro € 8290,24, trova l'importo del secondo versamento. [€ 5325,15]

132 Elena 3 anni fa ha depositato € 4000 presso una banca al tasso semestrale dell' 1%; 8 mesi dopo ha versato € 2500 al tasso annuo nominale convertibile trimestralmente del 2%; infine 1 anno e 6 mesi fa ha depositato un'altra somma di € 3200 al tasso annuo del 2,5%. Quanto può ritirare oggi se estingue i tre depositi? [€ 10 185,95]

133 **YOU & MATHS** I have invested € 10,000 at simple interest rate of 3% for three years. Today I withdraw the accumulated value, keep half of it for my holidays and invest the other half with a bank that offers me a compound interest rate of 3.25%. What amount will I receive after five years? [6,395.09]

MATEMATICA AL COMPUTER

Un foglio elettronico per la capitalizzazione Una persona ha depositato in passato, con un anticipo t rispetto al tempo attuale, un capitale C di € 8000 al tasso annuo $i_1 = 0,045$ in capitalizzazione composta.
Successivamente, con un anticipo x rispetto al tempo attuale, la banca ha ridotto il tasso a $i_2 = 0,03$.
Assegnati t e la somma M ritirata oggi, realizziamo un foglio elettronico per trovare x.
Proviamo con $t = 16$ anni, 8 mesi, 15 giorni e $M = $ € 15 000.

☐ Risoluzione – 11 esercizi in più

Allenati con **15 esercizi interattivi** con feedback "hai sbagliato, perché…"

☐ **su.zanichelli.it/tutor3** risorsa riservata a chi ha acquistato l'edizione con tutor

Capitolo 10. Capitalizzazione e sconto

4 Regimi di sconto

Sconto commerciale
▶ Teoria a p. 451

134 **ESERCIZIO GUIDA** Una cambiale del valore nominale di € 3000 viene scontata con un anticipo di 60 giorni rispetto alla scadenza naturale al tasso annuo di sconto del 6,25%. Determiniamo lo sconto commerciale e la somma scontata.

Utilizziamo $S_c = C \cdot s \cdot t$, con $C = 3000$, $t = \frac{60}{360} = \frac{1}{6}$, $s = 0{,}0625$:

$$S_c = 3000 \cdot 0{,}0625 \cdot \frac{1}{6} = 31{,}25.$$

$S_c = C \cdot s \cdot t$

Calcoliamo la somma scontata:

$$V_c = 3000 - 31{,}25 = 2968{,}75.$$

$V_c = C - S_c$

Lo sconto commerciale è € 31,25, la somma scontata € 2968,75.

---

135 **TEST** Una cambiale di € 10 000 che scadrà fra 6 mesi viene scontata commercialmente all'8,5% annuo di sconto. A quanto ammonta l'importo anticipato?

A € 9575 C € 7017,54 E € 7352,15
B € 4900 D € 5045,40

136 Determina lo sconto commerciale sul valore nominale di € 1250 con scadenza fra 3 mesi al tasso annuo di sconto del 6%. [€ 18,75]

137 Ho pagato in anticipo di 4 mesi un mio debito per la ristrutturazione della casa. Sapendo che mi è stato praticato un tasso di sconto commerciale del 7% e che ho pagato € 560 in meno, determina il valore nominale del debito.

[€ 24 000]

138 Una ditta ha scontato in banca una cambiale del valore nominale di € 13 600 con un anticipo di 75 giorni sulla scadenza. Sapendo che ha incassato € 250 in meno del suo valore nominale, quale tasso di sconto commerciale ha praticato la banca?
[0,0882]

139 Con quanto tempo di anticipo è stato pagato un debito di € 20 000 se grazie al tasso annuo di sconto del 7,5% si è ottenuto uno sconto commerciale di € 428,75? [$3^m \; 13^g$]

140 Oggi 7 marzo il valore attuale di un effetto scontato commercialmente al 9% è di € 7868. Se l'effetto fosse scontato 30 giorni prima della sua scadenza, lo sconto sarebbe inferiore di € 72 rispetto allo sconto determinato nella prima ipotesi. Determina il valore nominale dell'effetto e la sua scadenza. Usa la convenzione dell'anno commerciale (360 giorni).

[C = € 8000, 12 maggio]

141 Ho un debito, con una banca, di € 28 000 che scade fra 10 mesi. Lo pago anticipatamente con una somma di € 26 000. Qual è il tasso di sconto commerciale che è stato applicato? Qual è il tasso di interesse semplice al quale si può ritenere che la banca abbia investito il suo denaro?
[8,57%; 9,23%]

RISOLVIAMO UN PROBLEMA

■ Due tratte

Con il termine **cambiale tratta** si intende un titolo emesso da un soggetto creditore (traente) che ordina a un soggetto debitore (trattario) il pagamento di una determinata somma al portatore del titolo (beneficiario o prenditore) a una certa data futura. È un modo per concedere al debitore una dilazione del pagamento.
Se il traente ha bisogno di entrare in possesso della somma dovuta prima della scadenza, in pratica si procede a un'operazione di sconto sulla somma dovuta e questa azione, in gergo commerciale, viene sintetizzata dicendo che si «mette allo sconto» la tratta.
Una tratta esigibile il 30 giugno è messa allo sconto commerciale il 19 maggio dello stesso anno al tasso unitario di sconto del 4,75%. Un'altra tratta con la stessa scadenza è messa allo sconto commerciale il 2 giugno al tasso del 5,2%. Se si invertono i due tassi di sconto, il totale dei valori attuali non cambia.

- Calcola i valori nominali delle due tratte, sapendo che il loro totale è € 10 000. Usa l'anno commerciale.
- I due tassi applicati influenzano il risultato?
- Usare l'anno commerciale o l'anno civile influenza il risultato?

Indichiamo con x e y i valori nominali delle due tratte e con s_x e s_y i due tassi di sconto applicati rispettivamente alla tratta di importo x e a quella di importo y.

▶ **Determiniamo fra quanti giorni scade la prima tratta.**

Dal 19 maggio alla fine del mese di maggio ci sono $12 = 31 - 19$ giorni, per cui vanno aggiunti 30 giorni di giugno, per complessivi 42 giorni.

▶ **Determiniamo fra quanti giorni scade la seconda tratta.**

Dal 2 giugno alla fine del mese di giugno ci sono $28 = 30 - 12$ giorni.

▶ **Sommiamo i valori attuali delle due tratte.**

Se usiamo l'anno commerciale di 360 giorni, dobbiamo scontare la tratta di importo x per 42 giorni al tasso di sconto s_x e la tratta di importo y per 28 giorni al tasso s_y, ottenendo il valore attuale:

$$V_1 = x - xs_x \frac{42}{360} + y - ys_y \frac{28}{360}.$$

▶ **Sommiamo i valori attuali delle due tratte a tassi scambiati.**

Se scontiamo la tratta di importo x al tasso s_y per 42 giorni e la tratta di importo y al tasso s_x per 28 giorni, troviamo il valore attuale:

$$V_2 = x - xs_y \frac{42}{360} + y - ys_x \frac{28}{360}.$$

▶ **Uguagliamo i due valori attuali.**

$V_1 = V_2 \rightarrow$

$$xs_x \frac{42}{360} + ys_y \frac{28}{360} = xs_y \frac{42}{360} + ys_x \frac{28}{360}$$

▶ **Eliminiamo i denominatori.**

Possiamo eliminare i denominatori e osservare dunque che scegliere 360 o 365 giorni non fa differenza.

$$xs_x 42 + ys_y 28 = xs_y 42 + ys_x 28 \rightarrow$$
$$28(ys_y - ys_x) = 42(xs_y - xs_x) \rightarrow$$
$$28y(s_y - s_x) = 42x(s_y - s_x)$$

▶ **Semplifichiamo.**

Nell'ultima uguaglianza eliminiamo il fattore $s_y - s_x$. Questo è possibile per qualsiasi coppia di tassi di sconto, purché diversi fra loro:

$$28y = 42x \rightarrow 2y = 3x.$$

▶ **Risolviamo un sistema.**

La somma dei due valori nominali delle tratte è € 10 000, quindi $x + y = 10000$.

I valori di x e di y si trovano risolvendo il sistema

$$\begin{cases} 2y = 3x \\ x + y = 10000 \end{cases} \rightarrow \begin{cases} 2y = 3x \\ 2x + 2y = 20000 \end{cases} \rightarrow$$

$$\begin{cases} 2y = 3x \\ 2x + 3x = 20000 \end{cases} \rightarrow$$

$$\begin{cases} 2y = 3x \\ x = \dfrac{20000}{5} = 4000 \end{cases} \rightarrow \begin{cases} 2y = 12000 \\ x = 4000 \end{cases} \rightarrow$$

$$\begin{cases} y = 6000 \\ x = 4000. \end{cases}$$

Capitolo 10. Capitalizzazione e sconto

142 Abbiamo un debito di € 27 000 da pagare fra 7 mesi. Quanto dovremmo pagare ora se ci fosse praticato un tasso di sconto commerciale del 4,35%? [€ 26 314,88]

143 Khalid salda un debito con € 13 500. Sapendo che gli è stato concesso un tasso di sconto commerciale del 3,75% e che ha pagato 4 mesi e 12 giorni prima della scadenza, quanto era il valore nominale del debito? [€ 13 688,21]

144 Il valore nominale di un credito è di € 17 500 se questo viene estinto con € 16 000 al tasso di sconto del 9,75%, fra quanto avrebbe dovuto essere incassato per intero? [$10^m\,16^g$]

145 Una cambiale scade fra 5 mesi e ha un valore nominale di € 37 500; viene pagata ora usando gli interessi maturati da un investimento biennale di € 200 000 al tasso annuo semplice del 9%. Quale tasso di sconto commerciale è stato praticato? [0,096]

Sconto razionale

▶ Teoria a p. 452

146 **ESERCIZIO GUIDA** Una cambiale del valore di € 800,21 viene scontata 4 mesi prima della scadenza, con un tasso annuo del 9%. Utilizzando la legge di sconto razionale, qual è la somma scontata e qual è lo sconto praticato?

Essendo $C = V_r(1 + it)$, con $C = 800{,}21$, $i = 0{,}09$, $t = \frac{4}{12} = \frac{1}{3}$, calcoliamo V_r:

$$800{,}21 = V_r\left(1 + 0{,}09 \cdot \frac{1}{3}\right) \rightarrow V_r = \frac{800{,}21}{1 + 0{,}09 \cdot \frac{1}{3}} = 776{,}90.$$

$C = V_r(1 + it)$

La somma scontata è € 776,90.
Il valore dello sconto è dato dalla differenza fra il valore nominale e il valore della somma scontata:

$$S_r = C - V_r = 800{,}21 - 776{,}90 = 23{,}31.$$

Lo sconto praticato è di € 23,31.

147 Annalisa vuole saldare in anticipo un debito di € 15 800 che scade fra 8 mesi e 20 giorni al tasso annuo di sconto razionale del 2,25%. Calcola la somma scontata e lo sconto. [€ 15 547,36; € 252,64]

148 È stata scontata razionalmente, 3 mesi prima della scadenza, una cambiale dal valore nominale di € 360. A quale tasso di interesse annuo è stata effettuata l'operazione se la somma riscossa è di € 355? [0,056]

149 Un debito di € 7000 viene estinto 4 mesi prima della scadenza con sconto razionale e tasso del 12% annuo. Quanto viene pagato? Quant'è lo sconto? [€ 6730,77; € 269,23]

150 Ho estinto, pagando € 2500, un debito che sarebbe scaduto fra 7 mesi. Considerando un tasso del 5% semestrale e lo sconto razionale, a quanto ammonta il debito? [€ 2645,83]

151 A quale tasso di interesse è stato praticato lo sconto razionale se, invece del valore nominale di € 5000, ho pagato € 4842,61 con sei mesi di anticipo sulla scadenza? [6,5%]

152 Quanto tempo prima della scadenza ho saldato un debito di € 7000 con € 6852,25, considerando uno sconto razionale al tasso di interesse annuo del 5,75%? [$4^m\,15^g$]

153 Calcola lo sconto razionale e il valore della somma scontata di una cambiale di € 300 al tempo di anticipo t e al tasso r: **a.** $t = 9^m$, $r = 8\%$; **b.** $t = 8^m\,15^g$, $r = 4\%$ trimestrale.
[a) $S_r = $ € 16,98, $V_r = $ € 283,02; b) $S_r = $ € 30,54, $V_r = $ € 269,46]

Paragrafo 4. Regimi di sconto

154 Lo sconto razionale su un capitale di € 500 è di € 40. Considerando il tasso di interesse annuo del 7,5%, con quanto tempo di anticipo si può ottenere? [$1^a\ 1^m\ 27^g$]

155 Un credito di € 3050 viene incassato prima della scadenza, con sconto razionale al tasso di interesse del 7% annuo. La somma incassata viene impegnata a interesse semplice del 7,5% per 300 giorni producendo un montante di € 3200. Quanto tempo prima è stato incassato il credito? [$2^m\ 5^g$]

156 Abbiamo tre cambiali in scadenza. Chiediamo di pagarle anticipatamente (il 7 febbraio dello stesso anno) e i creditori ci concedono di scontarle razionalmente, rispettivamente ai tassi di interesse annui del 6%, 7% e 5%. Con quale cifra salderemo tutte e tre le cambiali? (Usa l'anno civile di 365 giorni.) [€ 7106,76]

€ 3750 con scadenza il 10 agosto

€ 1250 con scadenza il 15 settembre

€ 2350 con scadenza il 20 ottobre

157 Abbiamo prestato € 3500 per 1 anno e 3 mesi all'interesse composto del 4% quadrimestrale; in cambio abbiamo ricevuto una cambiale di valore pari al montante che sarebbe maturato. Dopo 7 mesi abbiamo scontato la cambiale con sconto razionale e al tasso del 10% annuo. Quanto ricaviamo? [€ 3801,14]

Sconto composto

▶ Teoria a p. 453

158 **ESERCIZIO GUIDA** Un credito di € 1000 viene incassato 1 anno e 3 mesi prima della scadenza. Utilizzando la legge dello sconto composto e un tasso semestrale del 6%, quanto si incassa e qual è lo sconto?

Essendo $C = V_{cp}(1+i)^t$, con $C = 1000$, $i_2 = 0,06$ e $t = 2 + \frac{3}{6} = \frac{5}{2}$, calcoliamo V_{cp}:

$$1000 = V_{cp}(1 + 0,06)^{\frac{5}{2}} \rightarrow V_{cp} = \frac{1000}{(1 + 0,06)^{\frac{5}{2}}} = 864,44.$$

$C = V_{cp}(1+i)^t$

La somma incassata è € 864,44.

Calcoliamo lo sconto: $S_{cp} = 1000 - 864,44 = 135,56$.

Lo sconto praticato è di € 135,56.

159 Una cambiale del valore di € 1000 è stata scontata, con sconto composto, 4 mesi prima della scadenza. A quale tasso annuo è stata scontata se la cifra incassata è di € 977,70? [0,07]

160 Un credito del valore nominale di € 4000 viene incassato prima della scadenza. Se il tasso praticato è del 6,65% e, in regime di sconto composto, si incassano € 3706,92, qual è il tempo di anticipo? [$1^a\ 2^m\ 5^g$]

161 Determina il tasso trimestrale con cui si sconta una cambiale dal valore nominale di € 2500 e dal valore attuale di € 2212,93 per un tempo di anticipo di $7^m\ 15^g$. [0,05]

162 Il valore attuale su un valore nominale di € 6000 è di € 5414,35. Quale tasso di interesse trimestrale è stato applicato se lo sconto praticato è il composto e si è pagato 7 mesi prima della scadenza? [0,045]

163 Calcola lo sconto composto e il valore della somma scontata su un credito di € 750, al tempo di anticipo t e al tasso seguenti: **a.** $t = 11^m$, $i_3 = 0,03$; **b.** $t = 2^a\ 3^m$, $i = 0,08$.
[a) $V_{cp} = €\ 691,45$, $S_{cp} = €\ 58,55$; b) $V_{cp} = €\ 630,75$, $S_{cp} = €\ 119,25$]

164 Calcola lo sconto composto e il valore della somma scontata su un credito di € 1350, al tempo di anticipo t e al tasso seguenti: **a.** $t = 5^m\ 18^g$, $i_2 = 0,06$; **b.** $t = 3^m\ 8^g$, $i_6 = 0,015$.
[a) $V_{cp} = €\ 1278,54$, $S_{cp} = €\ 71,46$; b) $V_{cp} = €\ 1317,57$, $S_{cp} = €\ 32,43$]

Capitolo 10. Capitalizzazione e sconto

165 Un capitale di € 35 000 è stato depositato 2 anni fa in un deposito vincolato per 5 anni al tasso del 4,5%. Oggi si vuole ottenere anticipatamente lo svincolo della somma; lo sconto composto applicato sul futuro montante del deposito è di € 8012,42. Determina il tasso di sconto composto. [7%]

166 Su un debito ci è stato concesso lo sconto composto di € 350. Sapendo che abbiamo pagato 1 anno e 7 mesi prima della scadenza e abbiamo usufruito di un tasso di sconto semestrale del 4,25%, a quanto ammontava il nostro debito? [€ 2834,34]

Confronto fra i tre tipi di sconto

167 **ESERCIZIO GUIDA** Determiniamo lo sconto commerciale, lo sconto razionale e lo sconto composto su un capitale di € 16 000, con tempo di anticipazione di 1 anno e 6 mesi e tasso annuo di sconto del 7%.

Applichiamo la formula dello sconto commerciale $S_c = Cst$, dove $C = 16000$, $s = 0,07$, $t = \frac{3}{2}$.

$S_c = 16000 \cdot 0,07 \cdot \frac{3}{2} = 1680$.

Applichiamo la formula dello sconto razionale $S_r = \frac{Cit}{1+it}$, dove $C = 16000$, $i = \frac{s}{1-s} = 0,0753$, $t = \frac{3}{2}$:

$S_r = \frac{16000 \cdot 0,0753 \cdot \frac{3}{2}}{1 + 0,0753 \cdot \frac{3}{2}} = 1623,79$.

Applichiamo la formula dello sconto composto $S_{cp} = C[1 - (1+i)^{-t}]$, dove $C = 16000$,

$i = \frac{s}{1-s} = 0,0753$, $t = \frac{3}{2}$: $S_{cp} = 16000 \cdot \left[1 - (1 + 0,0753)^{-\frac{3}{2}}\right] = 1650,87$.

Abbiamo ottenuto che $S_r < S_{cp} < S_c$.

168 Un capitale è stato scontato con $2^a\ 6^m$ di anticipo, con sconto composto, al tasso annuo del 10,25%. Determina il valore nominale sapendo che il valore attuale è di € 7835,26. E se lo sconto fosse razionale?
[€ 10 000; € 9 843,05]

169 Scontando una cambiale di € 8000 al tasso di sconto del 5% annuo la differenza fra lo sconto commerciale e lo sconto razionale è di € 1,37. Con quanto anticipo è stata scontata la cambiale? [$1^a\ 23^g$]

170 Mantenendo costante il tasso di sconto annuo (6,5%) e il valore nominale del capitale (€ 6000), determina lo sconto commerciale, lo sconto razionale e lo sconto composto per i tempi seguenti:
 a. $t = 2^m$;
 b. $t = 6^m$;
 c. $t = 10^m$;
 d. $t = 1^a$;
 e. $t = 2^a$.

[a) € 65, € 68,72, € 66,83; b) € 195, € 201,55, € 198,28; c) € 325, € 328,56, € 326,81; d) € 390, € 390, € 390; e) € 780, € 732,39, € 754,65]

171 Applicando nello stesso momento e con il medesimo tasso di sconto del 4,5% gli sconti commerciale e razionale su un credito, si ottengono rispettivamente i valori € 14 850 e € 14 844,56. Calcola il valore del credito e il tempo di anticipo sulla scadenza.

[C_c = € 15 000, $t_c = 2^m\ 20^g$; C_r = € 15 388,62, $t_r = 9^m\ 10^g$]

Riepilogo: Capitalizzazione e sconto

172 Presto € 10 000 a un amico che si impegna, per estinguere il debito, a versarmi fra 2, 3 e 5 anni tre somme dello stesso ammontare. Qual è l'importo delle somme se si fissa un tasso di interesse composto del 2%? [€ 3559,70]

173 9 anni e 4 mesi fa abbiamo impiegato presso un'agenzia finanziaria un certo capitale. Oggi ritiriamo la somma accumulata e ne reimpieghiamo i $\frac{3}{4}$. Sapendo che fra 5 anni e 6 mesi potremo ritirare i $\frac{6}{7}$ di quanto abbiamo ritirato oggi, quale tasso di interesse composto pratica l'agenzia finanziaria? [0,02458]

174 Dopo quanto tempo due capitali di € 300 e di € 310 impiegati in regime di capitalizzazione composta rispettivamente al tasso del 5% nominale annuo convertibile semestralmente e al 4,75% nominale annuo convertibile semestralmente, danno lo stesso montante? [$13^a\ 5^m\ 7^g$]

175 Si impiegano tre capitali in regime di capitalizzazione composta di € 7000, € 12 000, € 15 000 per 12 anni rispettivamente ai tassi del 3%, 4%, 5%. A quale tasso si potrebbe impiegare la somma dei tre capitali per ottenere nello stesso tempo la somma di ciò che essi producono singolarmente? [4,27%]

176 In quanto tempo un capitale impiegato in regime composto si quadruplica al tasso del 3% nominale annuo convertibile semestralmente? [$46^a\ 6^m\ 20^g$]

177 Un capitale di € 4000 viene impiegato a interesse semplice al tasso annuo del 2%. Il montante maturato dopo 5 anni di impiego, unitamente al valore attuale di un credito di € 5000 scontato razionalmente, al tasso di interesse annuo dell'8,25%, 3 anni prima della scadenza, viene investito in regime di capitalizzazione composta al tasso di interesse annuo dell'1,75%. Quanto sarà il montante fra 6 anni? [€ 9330,40]

178 Un capitale di € 10 000 è stato investito in capitalizzazione composta per 5 anni e il montante ottenuto oggi è € 11 118,90. Il tasso inizialmente era del 2,3% annuo, ma poi è sceso al 2% annuo. Dopo quanto tempo il tasso è cambiato? A quale tasso unico si sarebbe dovuto impiegare lo stesso capitale per avere dopo gli stessi anni lo stesso montante? [$2^a\ 4^m\ 24^g$, 2,1439%]

179 Si saldano anticipatamente due debiti: il primo, di € 12 000, che scade fra 1 anno e 3 mesi, è scontato al tasso di sconto annuo razionale dello 0,9%; il secondo, di € 9500, è scontato al tasso annuo di sconto commerciale dell'1%. Sapendo che si pagano € 21 224, qual è la scadenza del secondo debito? [$1^a\ 6^m$]

180 Ottengo il pagamento anticipato di un credito di € 5000 concedendo lo sconto razionale al tasso di interesse del 6% annuo. Impiego ciò che mi è stato pagato presso una banca al tasso annuo composto del 3% e fra 6 anni riceverò € 5477,30. Quale è la durata del credito iniziale? [$1^a\ 6^m$]

181 Elena deve pagare un debito di € 28 000 fra 12 anni, ma le viene concesso di estinguerlo versando € 10 000 fra 4 anni e una somma a saldo fra 6 anni. Determina il valore della somma sapendo che sull'intera operazione viene applicato un tasso di interesse del 2% composto annuo. [€ 14 459,20]

182 Una persona vuole saldare anticipatamente un debito di € 7200 scadente fra 452 giorni. È più conveniente che le venga applicato un tasso di sconto razionale quadrimestrale dello 0,8% o un tasso di sconto commerciale bimestrale dello 0,39%? [$S_r = 210,61;\ S_c = 211,54$; commerciale]

183 Due somme uguali di € 27 000 vengono scontate al tasso di interesse del 6% con 8 anni di anticipo l'una razionalmente e l'altra a sconto composto. A quale tasso di interesse composto vengono oggi impiegate se fra 6 anni il loro montante complessivo sarà di € 39 622,20? [2%]

184 Due debiti differiscono di € 2500. Entrambi vengono saldati anticipatamente: il primo di 2 anni e 3 mesi al tasso annuo di sconto razionale del 2,1%; il secondo, maggiore del primo, di 1 anno e 8 mesi al tasso semestrale di sconto razionale dell'1,2%. Sapendo che si pagano complessivamente € 18 600, determina l'importo dei due debiti. [€ 8451,25; € 10 951,25]

185 Ho diritto a riscuotere un credito che scadrà fra 5 anni presso una banca che pratica lo sconto commerciale al tasso dell'8% annuo. Oggi procedo allo sconto e investo quanto ricevo presso una banca che capitalizza al 2% composto annuo. A quanto ammonta il credito se presso la seconda banca potrò ritirare € 4569,47 fra 8 anni? [€ 6500]

186 Una persona ha depositato 3 anni e 3 mesi fa € 10 000 al tasso dello 0,5% composto trimestrale. A quanto accumulato oggi aggiunge il valore attuale di un credito di € 800 che scade fra un anno e scontato razionalmente al tasso di interesse del 7%. Se impegna il tutto al tasso del 2% composto fra quanto tempo potrà ritirare € 12 370,94? [$4^a\ 18^g$]

187 Pietro ha depositato 8 anni fa € 10 000 presso una banca che capitalizza al tasso annuo composto del 2%, dopo 3 anni 8 mesi e 15 giorni ha depositato € 5000 e un'ulteriore somma 2 anni fa. Sapendo che oggi può ritirare complessivamente € 20 281,30 determina il valore della terza somma. [€ 3000]

188 Lara ha investito € 12 000 cinque anni fa, al tasso annuo di interesse composto del 3%. Con il montante accumulato oggi salda anticipatamente un debito di € 16 500. Sapendo che viene applicato un tasso di sconto semestrale composto dell'1,2%, calcola la scadenza del debito. [$7^a\ 1^m\ 25^g$]

189 Ho due debiti che saldo anticipatamente con € 21 000. Il primo debito, che scade fra 1 anno e 8 mesi, è di € 13 000. Il secondo debito, che scade fra 3 anni e 4 mesi, è di € 15 000. Calcola il tasso di sconto quadrimestrale, nel caso in cui si applichi lo sconto commerciale. [3,26%]

190 Ho investito 6 anni fa € 3000 al tasso di interesse semplice dell'1% semestrale e 3 anni fa € 2000 a interesse semplice del 2% annuo. Oggi verso quanto accumulato presso una banca che pratica la capitalizzazione al 2,3% composto annuo. Fra quanto tempo potrò ritirare € 6043,87? [$4^a\ 3^m\ 21^g$]

191 Oggi Annalisa riscuote un prestito di € 50 000 concesso 8 anni fa al 3% convertibile semestralmente e il montante di due somme, la prima doppia della seconda, impegnate rispettivamente 6 anni fa e 3 anni fa allo stesso tasso. Con quanto riscosso acquista un appartamento del valore di € 250 000. Quale era il valore delle due somme? [€ 53 534,54; € 107 069,08]

192 Investo la somma di € 3000 per un anno e due mesi ottenendo un montante di € 3448,43. Quale tasso di interesse mensile è stato applicato? In seguito, dopo aver prelevato un quarto del montante, investo la somma rimasta a un tasso del 2% annuo convertibile trimestralmente. Dopo quanto tempo posso ritirare un montante di € 2732,18? [$i_{12} = 0,01; 2^a\ 9^m$]

193 Ho avuto in eredità 7 anni fa € 25 000 e ne ho impegnata una parte al tasso del 2% composto annuo e l'altra allo 0,66% convertibile quadrimestralmente. Sapendo che oggi posso ritirare complessivamente lo stesso montante che avrei ottenuto impegnando l'intera eredità all'1,5% composto annuo, a quanto ammontavano le due parti? [€ 15 429,07; € 9570,93]

194 Investo presso una banca gli interessi semplici prodotti da due investimenti, uno di € 15 000 al tasso semestrale dell'1% effettuato 6 anni e 3 mesi fa e l'altro di € 10 000 al tasso annuo del 2% effettuato 3 anni e 2 mesi fa. Sapendo che la banca pratica la capitalizzazione al tasso del 2% composto annuo, fra quanto potrò ritirare € 2730,68? [$4^a\ 3^m\ 14^g$]

195 Pago oggi, anticipatamente, due debiti. Il primo, con scadenza fra 1 anno e 8 mesi; il secondo, pari ai $\frac{3}{2}$ del primo, con scadenza fra 2 anni e 2 mesi. Sapendo che mi viene applicato un tasso di sconto bimestrale dello 0,8% e che pago complessivamente € 12 000, calcola l'importo dei due debiti, usando lo sconto commerciale. [€ 5300,35; € 7950,53]

Paragrafo 5. Principio di equivalenza finanziaria

5 Principio di equivalenza finanziaria

■ **Trasporto dei capitali nel tempo** ▶ Teoria a p. 455

196 ESERCIZIO GUIDA   Calcoliamo il valore tra 5 anni del capitale di € 12 000 impiegato al tasso annuo del 2,5%.

Applichiamo la formula $M = C(1 + i)^n$, dove $C = 12\,000$, $i = 0,025$ e $n = 5$. Otteniamo:

$M = 12\,000 \cdot (1,025)^5 = 13\,576,90.$

$\boxed{M = C(1 + i)^n}$

Il valore del capitale tra 5 anni è € 13 576,90.

Applicando le leggi della capitalizzazione composta, calcola il valore dei seguenti capitali, al tempo specificato, utilizzando il tasso indicato.

197 € 5000, 3 anni fa, tasso annuo 2%. [€ 4711,61]

198 € 2300, 5 anni e 6 mesi fa, tasso semestrale 3%. [€ 1661,57]

199 € 950, fra 2 anni e 2 mesi, tasso annuo nominale convertibile bimestralmente 4,8%. [€ 1053,68]

200 Davide vuole valutare oggi la sua situazione finanziaria, composta da:
a. un credito di € 35 000 che scade fra 3 anni e 6 mesi;
b. il montante di un capitale di € 18 000 investito 2 anni fa per 3 anni e 2 mesi all'1,2% quadrimestrale;
c. un debito di € 23 000 che scade fra 2 anni e 3 mesi.
Valuta il saldo in regime di interesse composto al tasso annuo del 2,5%. [€ 29 932,55]

201 Presso un istituto di credito ho investito, al tasso nominale convertibile trimestralmente del 2,4%:
a. 4 anni fa e per 6 anni, € 8000;
b. 3 anni fa e per 5 anni e 7 mesi, € 6500;
c. 2 anni e 3 mesi fa e per 6 anni e 7 mesi, € 7000.
Inoltre ho un debito di € 13 000 che scade fra 3 anni e 2 mesi.
Valuta il saldo oggi all'1,8% annuo. [€ 11 304,61]

■ **Scindibilità** ▶ Teoria a p. 455

202 Un capitale di € 10 000 viene impiegato per 4 anni al tasso annuo del 2,5%. Il montante viene poi reimpiegato allo stesso tasso per altri 2 anni e 6 mesi. Verifica che il montante finale è uguale a quello che si otterrebbe impiegando lo stesso capitale in un'unica operazione della durata uguale alla somma dei due periodi.
[M_1 = € 11 038,41; M_2 = € 11 741; M = € 11 741]

203 Dovrei saldare fra 8 anni il prestito di € 30 000 al tasso del 4,5%.
Grazie a un'eredità inattesa, estinguo il debito fra 3 anni. Verifica che l'importo pagato è uguale al montante del capitale impiegato per 3 anni allo stesso tasso. [$V = M$ = € 34 234,98]

204 Presto € 17 500 a Giacomo per 10 anni al tasso dello 0,3% semestrale. Dopo 4 anni e 3 mesi decide di estinguere anticipatamente il debito. Verifica che la somma scontata coincide con il montante del capitale dopo 4 anni e 3 mesi. Verifica inoltre che ciò non è vero se si utilizza il regime dell'interesse semplice.
[$V = M$ = € 17 951,30; Int. semplice V = € 17 931,37, M = € 17 946,25]

205 **ESERCIZIO GUIDA** Desideriamo estinguere un debito di € 3000, contratto oggi, con due versamenti: il primo di € 1500 che scade fra 3 anni e il secondo di € 2658,38 che scade fra 5 anni. Verifichiamo che, valutando i capitali al tasso di interesse dell'8% annuo, in regime composto, i due insiemi di capitali sono equivalenti.

Rappresentiamo sull'asse dei tempi i dati del problema.

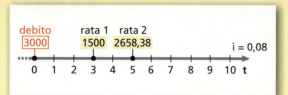

Per verificare se con i nostri impegni riusciamo a saldare il debito contratto, trasportiamo le rate e il valore del debito al tempo $t = 0$ e controlliamo se la somma delle rate è equivalente sempre al debito contratto. Per trasportare capitali nel tempo si usa la formula:

$$C' = C(1+i)^t, \quad \text{con } t \in \mathbb{R}.$$

Indicando con R_1 e R_2 i valori attuali delle rate e sostituendo i rispettivi valori nella formula, otteniamo:

$R_1 = 1500 \cdot (1 + 0{,}08)^{-3} = 1190{,}75;$

$R_2 = 2658{,}38 \cdot (1 + 0{,}08)^{-5} = 1809{,}25.$

Calcoliamo la somma:

$R_1 + R_2 = 1190{,}75 + 1809{,}25 = 3000.$

La somma delle rate a $t = 0$ è equivalente al debito.
Si verifica che l'equivalenza è valida anche cambiando l'epoca di riferimento.

206 Ho contratto 2 anni fa un debito di € 15 000 e, per saldarlo, pagherò € 11 540,45 fra 1 anno e 8 mesi e € 8000 fra 3 anni. Indica se lo scambio di somme è equo valutando i capitali al 6,5% annuo. [sì]

207 2 anni e 3 mesi fa, ho investito € 20 000 convenendo il rimborso di € 9000 oggi e € 15 000 fra 1 anno e tre mesi. Indica se lo scambio è equo al tasso di valutazione dell'1,8% quadrimestrale. [no]

208 Ho investito 4 anni e 6 mesi fa € 10 000 e 2 anni e 9 mesi fa altri € 12 000. In cambio riceverò € 13 750 fra 6 mesi e un'altra somma fra 1 anno e 2 mesi. Determina l'importo di quest'ultimo capitale affinché lo scambio sia equo, valutando i capitali al tasso dell'1,2% semestrale. [€ 10 652,45]

209 3 anni fa, ho ricevuto in prestito € 15 000 convenendo il rimborso dopo 5 anni al 3% annuo e, 2 anni e 3 mesi fa, € 40 000 convenendo il rimborso dopo 5 anni all'1,5% trimestrale. Oggi si rivedono le condizioni e si stabilisce che rimborserò il mio debito con due somme: la prima verrà pagata fra 1 anno e la seconda, doppia della prima, fra due anni. Stabilisci l'importo delle due somme in modo che lo scambio sia equo e utilizzando un tasso di valutazione del 5% annuo. [€ 22 457,20; € 44 914,40]

■ **Equivalenza finanziaria dei capitali** ▶ Teoria a p. 457

Unificazione dei capitali

210 **ESERCIZIO GUIDA** A seguito di alcuni investimenti dovremmo riscuotere € 7000 fra 3 mesi, € 10 000 fra 6 mesi, € 8500 fra un anno. Abbiamo bisogno del denaro e ci viene data la possibilità di incassare tutto fra 5 mesi. Quanto riscuotiamo se ci viene applicato un tasso annuo del 2,5%?

Paragrafo 5. Principio di equivalenza finanziaria

Rappresentiamo la situazione graficamente.

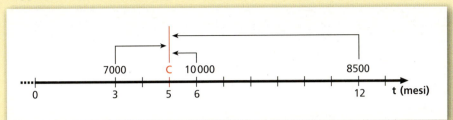

La data fissata è intermedia rispetto alle varie scadenze, pertanto è necessario capitalizzare la prima somma di due mesi e attualizzare la seconda di un mese e la terza di sette mesi.
Essendo

$C_1 = 7000,$ $\quad C_2 = 10\,000,$ $\quad C_3 = 8500,$

$t_1 = 2 \text{ mesi} = \dfrac{1}{6} \text{ anno,}$ $\quad t_2 = 1 \text{ mese} = \dfrac{1}{12} \text{ anno,}$ $\quad t_3 = 7 \text{ mesi} = \dfrac{7}{12} \text{ anno,}$

la somma C che si riscuoterà è:

$$C = 7000 \cdot 1{,}025^{\frac{1}{6}} + 10\,000 \cdot 1{,}025^{-\frac{1}{12}} + 8500 \cdot 1{,}025^{-\frac{7}{12}} = 7{,}028{,}87 + 7979{,}44 + 8378{,}44 = 25\,386{,}75.$$

211 Dovrei pagare € 5000 fra 8 mesi, € 8000 fra 10 mesi e € 9000 fra 1 anno. Sarò invece in grado di pagare tutto in un'unica soluzione fra 3 mesi. Determina la somma da pagare se viene applicato il tasso annuo del 5%.
[€ 21 351,52]

212 A seguito di alcuni investimenti devo riscuotere € 12 500 fra 7 mesi, € 14 000 fra 1 anno e 3 mesi e € 25 000 fra 2 anni e 4 mesi. Ho la possibilità di riscuotere tutto in un'unica soluzione fra 18 mesi. Quanto incasserò se viene applicato un tasso di valutazione dello 0,45% bimestrale?
[€ 51 352,14]

213 Acquisto oggi un'automobile e mi viene concesso un pagamento dilazionato nel seguente modo: oggi verso € 9500, fra 6 mesi verso € 4000 e fra 12 mesi verso € 10 000. Quanto vale l'automobile se viene applicato un tasso di valutazione del 2% quadrimestrale?
[€ 22 806,15]

214 Ho investito 3 anni e 6 mesi fa € 30 000 per 10 anni al tasso annuo del 5%. Devo riscuotere anticipatamente il mio denaro e la banca concede di versarmi una certa somma fra 3 mesi, una somma tripla della precedente fra 6 mesi e una somma superiore alla prima di € 5000 fra un anno. Determina l'importo delle tre somme sapendo che viene applicato un tasso di valutazione annuo convertibile trimestralmente del 3,2%.
[€ 6257,19; € 18 771,57; € 11 257,19]

Scadenza media

215 **ESERCIZIO GUIDA** Dobbiamo saldare tre debiti: € 5000, che scadono tra 9 mesi; € 8500, che scadono tra 1 anno e 2 mesi; € 7200 che scadono tra 2 anni e 3 mesi. Volendo saldare tutto con un unico pagamento, qual è la scadenza media se la valutazione è stata fatta al 2,5%?

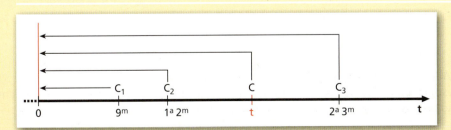

$C_1 = 5000, \quad C_2 = 8500, \quad C_3 = 7200, \quad \rightarrow \quad C = C_1 + C_2 + C_3 = 20\,700,$

$t_1 = 9^m = \dfrac{9}{12}^a = \dfrac{3}{4}^a, \qquad t_2 = 1^a\,2^m = \left(1 + \dfrac{2}{12}\right)^a = \dfrac{7}{6}^a,$

$t_3 = 2^a\,3^m = \left(2 + \dfrac{3}{12}\right) = \dfrac{9}{4}^a,$

quindi:

$C(1+i)^{-t} = C_1(1+i)^{-t_1} + C_2(1+i)^{-t_2} + C_3(1+i)^{-t_3},$

$20\,700 \cdot 1{,}025^{-t} = 5000 \cdot 1{,}025^{-\frac{3}{4}} + 8500 \cdot 1{,}025^{-\frac{7}{6}} + 7200 \cdot 1{,}025^{-\frac{9}{4}}.$

Dividiamo tutti i termini per 100:

$207 \cdot 1{,}025^{-t} = 49{,}0825 + 82{,}5863 + 68{,}11 \quad \rightarrow \quad 1{,}025^{-t} = 0{,}9651 \quad \rightarrow$

$-t \log 1{,}025 = \log 0{,}9651 \quad \rightarrow \quad -t = \dfrac{\log 0{,}9651}{\log 1{,}025} \quad \rightarrow \quad t = 1{,}438 = 1^a\,5^m\,8^g.$

---

216 Devo riscuotere le seguenti somme: € 20 000 tra 1 anno e 3 mesi, € 15 000 tra 2 anni e 4 mesi, € 18 000 tra 2 anni e 8 mesi. Determina la scadenza media al tasso del 3,2% annuo. [$2^a\,11^g$]

217 Devi saldare i seguenti debiti: € 8500 tra 8 mesi, € 11 600 tra 1 anno, € 9000 tra 14 mesi. Determina la scadenza media al tasso annuo convertibile semestralmente del 5,4%. [$11^m\,13^g$]

218 Devo riscuotere i seguenti crediti: € 9500 oggi, € 10 000 tra 7 mesi e € 12 000 tra 1 anno e 4 mesi. Quando potrò riscuotere un unico capitale, pari alla somma dei tre crediti, se la valutazione è fatta allo 0,8% quadrimestrale? [$8^m\,8^g$]

219 Inizio a ristrutturare casa. Sapendo che, al tasso del 2,6% annuo, la scadenza media è fra 11 mesi, determina l'importo della terza somma che dovrò pagare. [€ 42 136,53]

Ristrutturazione
- € 20 000 oggi
- € 35 000 tra 9 mesi
- ? tra 1 anno e 6 mesi

---

220 A seguito di tre investimenti devo riscuotere una certa somma tra un anno, una seconda somma, superiore alla prima di € 2000, tra 2 anni e 5 mesi e una somma doppia della prima fra 3 anni e 8 mesi. Sapendo che, al tasso del 2,3% annuo, la scadenza media è fra 2 anni e 8 mesi, determina le tre somme.
[€ 17 864,70; € 19 864,70; € 35 729,40]

Tasso medio

221 **ESERCIZIO GUIDA** Abbiamo investito 2 anni e 6 mesi fa le seguenti somme: € 2500 al tasso annuo del 3%, € 3400 al tasso semestrale dell'1,5%, € 2800 al tasso annuo convertibile trimestralmente del 2,8%. Calcoliamo il tasso medio annuo degli investimenti, sapendo che essi scadranno fra 1 anno e 8 mesi.

Paragrafo 5. Principio di equivalenza finanziaria

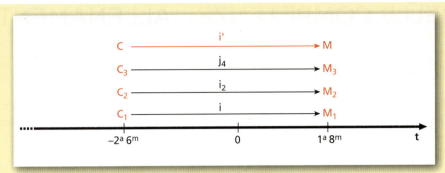

$C_1 = 2500$, $C_2 = 3400$, $C_3 = 2800$ → $C = C_1 + C_2 + C_3 = 8700$,

$i = 0,03$, $i_2 = 0,015$, $j_4 = 0,028$ → $i_4 = \dfrac{0,028}{4} = 0,007$, $t = 4^a\ 2^m$.

Deve essere:

$$C(1+i')^t = C_1(1+i)^t + C_2(1+i_2)^t + C_3(1+i_4)^t.$$

Esprimiamo t in anni: $4 + \dfrac{2}{12} = \dfrac{25}{6}$; in semestri: $8 + \dfrac{2}{6} = \dfrac{25}{3}$; in trimestri: $16 + \dfrac{2}{3} = \dfrac{50}{3}$.
Quindi

$$8700 \cdot (1+i')^{\frac{25}{6}} = 2500 \cdot 1,03^{\frac{25}{6}} + 3400 \cdot 1,015^{\frac{25}{3}} + 2800 \cdot 1,007^{\frac{50}{3}},$$

$$87 \cdot (1+i')^{\frac{25}{6}} = 25 \cdot 1,03^{\frac{25}{6}} + 34 \cdot 1,015^{\frac{25}{3}} + 28 \cdot 1,007^{\frac{50}{3}},$$

$$(1+i')^{\frac{25}{6}} = 1,128966115 \quad \rightarrow \quad (1+i') = (1,128966115)^{\frac{6}{25}} = 1,029540465,$$

$i' = 0,02954$.

Il tasso cercato è del 2,95%.

222 Ho investito 8 anni fa € 8600 al tasso del 3,2% e € 9500 al 3,5%. Determina il tasso medio. [3,36%]

223 Ho ricevuto in prestito per 2 anni e 8 mesi € 10 000 al tasso annuo del 4,5%, € 9500 al tasso trimestrale dell'1,2% e € 12 300 al tasso annuo nominale convertibile semestralmente del 5,2%. Determina il tasso annuo medio di interesse. [4,91%]

224 Ho depositato, vincolandole per 4 anni e 3 mesi, le seguenti somme: € 5000 al tasso annuo dell'1,8% e € 20 000 al tasso quadrimestrale dell'1,2%. Determina il tasso medio semestrale. [1,63%]

225 Ho depositato, vincolandole per 5 anni, tre somme: € 15 000 al tasso annuo del 2%; € 8 000 al tasso semestrale dell'1%; € 7 000 al tasso trimestrale dello 0,005%. Determina il tasso medio quadrimestrale. [$i_3 = 0,664\%$]

226 Si impiegano per 4 anni e 6 mesi due capitali; il primo al tasso annuo del 2,2% e il secondo, superiore al primo di € 2500, al tasso semestrale dell'1,3%. Sapendo che il tasso annuo medio è del 2,5%, determina l'importo dei due capitali. [€ 1614,89; € 4114,89]

227 La somma di due capitali è di € 28 000. Essi vengono investiti per 6 anni e 4 mesi, il primo al tasso mensile dello 0,15% e il secondo al tasso annuo convertibile trimestralmente del 2,2%. Sapendo che il tasso medio di investimento è del 2% annuo, determina l'importo delle due somme. [€ 15 223,75; € 12 776,25]

Allenati con **15 esercizi interattivi** con feedback "hai sbagliato, perché…"
su.zanichelli.it/tutor3 risorsa riservata a chi ha acquistato l'edizione con tutor

Capitolo 10. Capitalizzazione e sconto

VERIFICA DELLE COMPETENZE ALLENAMENTO

ARGOMENTARE

1 In capitalizzazione semplice, le formule che utilizzi se il tasso è trimestrale sono le stesse valide quando il tasso è annuo? Fai un esempio a sostegno della tua risposta.

2 Spiega la differenza fra convenzione mista e convenzione esponenziale nella capitalizzazione composta, quando il tempo non è un numero intero di anni. Calcola il montante di € 8000 impiegati al 3% per 4 anni e 8 mesi con le due convenzioni e confronta i risultati.

3 A parità di tasso i, traccia i grafici del montante a interesse semplice e di quello a interesse composto, in funzione del tempo. Hanno intersezioni? Cosa puoi osservare confrontandoli?

4 Ricava la relazione fra i tassi equivalenti i, annuo, e i_k, periodico (k è il numero di periodi in cui è diviso l'anno). Spiega perché, per esempio, $4 \cdot i_4 < i$.

5 Spiega la differenza fra sconto commerciale, sconto razionale e sconto composto. Fornisci un esempio per mettere a confronto i tre sconti.

6 Ricava la relazione che esiste tra un tasso bimestrale e un tasso trimestrale equivalenti. Applica tale relazione partendo da un tasso bimestrale del 2% per determinare l'equivalente tasso trimestrale. Conferma la loro equivalenza con un esempio di capitalizzazione.

7 Verifica che la legge di capitalizzazione semplice non è scindibile. Costruisci un esempio numerico per calcolare qual è la differenza fra il montante calcolato al tempo t e quello calcolato prima per t_1 e poi per t_2, con $t = t_1 + t_2$.

RISOLVERE PROBLEMI

8 **TEST** Un capitale di € 10 000 è stato investito in capitalizzazione composta per 5 anni e il montante ottenuto oggi è di € 11 600. Il tasso inizialmente era del 4,3% annuo, ma poi è sceso al 2,4% annuo. Dopo quanto tempo il tasso è cambiato?

- **A** $1^a \, 9^m \, 14^g$
- **B** $1^a \, 5^m \, 14^g$
- **C** $1^a \, 8^m \, 14^g$
- **D** $1^a \, 6^m \, 14^g$
- **E** $1^a \, 7^m \, 14^g$

9 In quanto tempo € 2000, impiegati al tasso d'interesse composto del 2% annuo, generano un montante di € 2208,16? [5^a]

10 **TEST** Ho pagato anticipatamente una cambiale di importo X. Il tasso di sconto razionale è $i = 0,05$, l'importo dello sconto è € 100, il tempo di anticipo è 2 anni. Qual è il valore di X?

- **A** 100
- **B** 1100
- **C** 900
- **D** 1000
- **E** 1025

11 Due somme di € 3000 e di € 3200 sono impiegate rispettivamente all'interesse composto del 2% e del 3% annuo. Dopo quanto tempo i loro montanti saranno uguali? [$6^a \, 7^m \, 11^g$]

12 Giovanni ha versato € 10 000 presso una banca che capitalizza al 2% composto annuo 8 anni fa, € 5000 dopo un certo periodo e € 3000 due anni fa. Se oggi ritira in tutto € 20 156,98, quanto tempo fa ha effettuato il secondo versamento?

[$3^a \, 1^m \, 15^g$]

13 Ho diritto a riscuotere una somma fra 3 anni e 2 mesi e € 8000 fra 5 anni. Se cedo tale diritto a una banca che pratica la capitalizzazione annua composta al 7% e che in cambio mi versa subito € 14 582,48, a quanto ammonta la somma?

[€ 11 000]

488

14 Due capitali, la cui somma è di € 10 000, impiegati uno al tasso di interesse semplice del 3% annuo e l'altro a interesse composto del 2,6% annuo, hanno dato dopo 12 anni lo stesso montante. Determina i due capitali.
[€ 5001,32; € 4998,68]

15 Ho depositato 2 anni 6 mesi e 14 giorni fa una somma presso una banca al tasso annuo semplice del 2%. Oggi ritiro il montante. Con la somma ricavata pago un debito di € 400 contratto 10 mesi fa al tasso semplice del 5% e investo quanto mi rimane presso un'altra banca che pratica la capitalizzazione composta al tasso del 3% annuo. Sapendo che fra 16 mesi e 10 giorni potrò ritirare € 200, determina la somma depositata inizialmente.
[€ 579,36]

16 Qual è lo sconto razionale su un capitale di € 7000 che scadrà fra 2 anni e 6 mesi allo 0,75% semestrale di interesse?
[€ 253,01]

17 Un debito di € 4000 viene estinto 1 anno e 8 mesi prima della scadenza, con l'applicazione dello sconto composto con tasso di interesse dell'1% quadrimestrale. Qual è l'importo anticipato?
[€ 3805,86]

18 Si presentano due cambiali allo sconto. La prima aveva scadenza tra 10 mesi e valore nominale € 14 000; la seconda aveva scadenza tra 15 mesi e valore nominale € 13 000. Sapendo che ho ottenuto uno sconto commerciale complessivo di € 1300 e che il secondo tasso è superiore al primo di 1,5 punti percentuali, calcola i due tassi.
[3,78%; 5,28%]

19 Ho un credito di € 8775 che dovrei riscuotere fra 5 anni. Oggi lo riscuoto concedendo lo sconto razionale al tasso di interesse del 7% annuo e investo quanto ricevo presso una banca al tasso del 3% composto annuo. Fra due anni verserò una somma presso la stessa banca e in questo modo potrò ritirare € 14 635,55 fra 5 anni. Quale sarà la somma da versare?
[€ 6497,75]

20 Francesca ha depositato presso una banca 6 anni e 9 mesi fa € 15 000 al tasso composto dello 0,5% trimestrale. Oggi aggiunge l'importo di un credito di € 10 000 riscosso con un anticipo di 9 mesi e valutato con un tasso di sconto composto del 4,76%. Fra quanto tempo potrà ritirare € 27 496,75?
[15^m]

21 Riscuoto il montante di un capitale di € 23 000 investito, a un tasso annuo di interesse composto dello 0,025, tre anni, quattro mesi e 15 giorni fa. Con quanto prelevato, sconto due cambiali: la prima di € 10 000 che scadrà fra un certo periodo, la seconda di € 19 000 che scadrà fra un periodo doppio del precedente. Sapendo che viene applicato un tasso di sconto composto semestrale dello 0,012, determina le scadenze delle due cambiali.
[3^a 9^m 12^g; 7^a 6^m 24^g]

22 Impieghiamo una somma di € 5000 per 3 anni e 9 mesi in regime di capitalizzazione composta. Se il montante ottenuto è di € 5388,41, quale tasso di interesse percentuale trimestrale è stato applicato? Successivamente impieghiamo la somma rimanente al 2,2% nominale annuo convertibile quadrimestralmente. Dopo quanto tempo il montante è di € 5588,90?
[0,5%; 1^a 8^m]

23 Devo pagare € 3000 fra 3 anni, € 4500 fra 5 anni e € 5500 fra 7 anni. Fra quanto potrò sostituirli con un capitale unico, pari alla somma dei tre capitali dati, se si valutano gli impegni al 7%?
[5^a 3^m 18^g]

24 Devo riscuotere € 2500 tra 8 mesi, € 8300 tra 1 anno e 5 mesi, € 9500 tra due anni e 3 mesi. Quale somma unica potrò riscuotere tra 1 anno e 6 mesi se la valutazione viene fatta al tasso annuo convertibile semestralmente del 2,3%?
[€ 20 202,38]

25 Ho investito per 6 anni e 5 mesi le seguenti somme: € 3000 al tasso quadrimestrale dello 0,8%, € 5000 al tasso annuo convertibile trimestralmente del 2,6% e € 8000 a un certo tasso annuo. Sapendo che il tasso medio è il 2,75% annuo, determina il tasso di investimento della terza somma.
[2,95%]

26 Investo € 30 000 e posso scegliere tra le seguenti modalità di rimborso:

a. riscuotere il montante fra 5 anni e 6 mesi al tasso annuo del 2%;

b. riscuotere due somme uguali fra 3 anni e fra 6 anni e 5 mesi al tasso semestrale dell'1,1%.

Determina la forma di investimento più conveniente calcolando i valori attuali delle entrate al tasso annuo del 2,8%.

[€ 28 738,23; € 29 212,82; conviene la seconda]

Capitolo 10. Capitalizzazione e sconto

COSTRUIRE E UTILIZZARE MODELLI

27 Tre fratelli hanno ereditato 10 anni fa € 150 000 e dopo aver diviso l'eredità in parti uguali hanno deciso di impegnare le tre quote presso una stessa banca, ma ciascuno in modo differente..

1. tasso annuo semplice del 3%
2. tasso annuo composto del 2,75%
3. tasso quadrimestrale composto dello 0,95%

Chi ha fatto l'investimento migliore? [il terzo fratello]

28 Voglio investire € 50 000 e li ripartisco nel seguente modo:
a. € 20 000 in titoli bancari vincolati per 3 anni, sui quali mi viene corrisposto un tasso di interesse composto semestrale dell'1%; sugli interessi maturati ho una ritenuta fiscale del 16%, e la banca applica € 80 per le spese;
b. € 30 000 in titoli di Stato della stessa durata dei precedenti, sui quali viene corrisposto un tasso di interesse semplice del 2,5%; sugli interessi maturati mi viene applicata una ritenuta fiscale del 12,6%, e devo pagare € 50 di commissioni bancarie.

Determina il tasso effettivo di investimento, considerandolo composto e annuo. [0,0188]

29 **CTZ e BOT** I Certificati del Tesoro Zero-coupon (CTZ) e i Buoni Ordinari del Tesoro (BOT) sono titoli emessi dal Governo italiano per finanziare il debito pubblico. Entrambi non presentano alcuna remunerazione intermedia; i primi hanno solo durata biennale, mentre i secondi possono avere diverse scadenze. Il gestore di un fondo comune di investimento, in data 1 gennaio 2010, ha la disponibilità di € 40 000,00 che ha scelto di investire per quattro anni in CTZ e BOT con scadenza annuale. Le seguenti tabelle riportano i valori dei tassi di mercato per ciascuno dei due tipi di titoli.

CTZ	
Data	Tasso di interesse biennale
01/01/2010	3,10%
01/01/2012	2,85%

BOT	
Data	Tasso di interesse annuo
01/01/2010	1,95%
01/01/2011	2,60%
01/01/2012	1,70%
01/01/2013	1,90%

a. Calcola i due montanti ottenuti nel caso in cui il gestore del fondo abbia deciso di dividere equamente la somma disponibile nei due tipi di investimenti, ipotizzando che la valutazione sia effettuata in base al regime della capitalizzazione composta.
b. I tassi di mercato variano nel tempo, ma, per una valutazione più completa dell'investimento, il gestore decide di calcolare anche l'entità dei tassi fissi annui che avrebbero generato i due montanti ottenuti secondo la strategia descritta al punto **a**, per ciascuna delle due tipologie di titoli. Quali risultati ottiene? Questi valori sono in linea con quanto si può dedurre dai calcoli svolti nel punto **a**?

[a) € 21 207,67; € 21 680,02; b) 0,0148; 0,0203]

VERIFICA DELLE COMPETENZE PROVE ⏱ 1 ora

PROVA A

1 Ho diritto a riscuotere € 10 000 fra 3 anni e 2 mesi e € 8000 fra 5 anni. Cedo tale diritto a una banca che applica il tasso composto annuo del 7%. Quanto riscuoto complessivamente oggi dalla banca?

2 Ho depositato in una banca al tasso del 2% la somma di € 700 sei anni fa e la somma di € 600 tre anni e 6 mesi fa. Ritiro oggi la somma accumulata e la utilizzo per estinguere un debito di € 1500 contratto due anni fa al tasso del 3%. Ragionando in regime di interesse semplice, la somma che ho accumulato è sufficiente a estinguere il mio debito? Nel caso in cui non lo fosse, quale deve essere il versamento integrativo?

3 Lo sconto razionale di un effetto che scade fra 180 giorni è di € 50, lo sconto commerciale invece è di € 51,25. Calcola il tasso di sconto e il valore nominale dell'effetto. Il valore nominale dell'effetto viene depositato presso una banca al tasso annuo composto del 6% con vincolo decennale. Trascorsi 7 anni dal vincolo, ottengo di ritirare il montante che mi sarebbe spettato alla scadenza del vincolo dietro detrazione di uno sconto composto del 20% annuo. Determina la somma ritirata e il tasso effettivo dell'investimento, in regime composto.

4 La somma di due capitali è € 30 000. Essi vengono investiti per 7 anni e 9 mesi, il primo al tasso annuo convertibile mensilmente dell'1,5% e il secondo al tasso quadrimestrale dello 0,7%. Sapendo che il tasso medio di investimento è dell'1,65% annuo, determina l'importo delle due somme.

PROVA B

I numeri creditori Il primo aprile la signora Teresa apre un conto corrente versando € 3500 in una banca che ha promesso lo 0,48% trimestrale. Durante il trimestre, che termina il 30 giugno, Teresa ha fatto le seguenti operazioni:

a. prelievo di € 1000 il primo maggio;
b. accredito di € 1000 il primo giugno.

Che interesse le sarà pagato il 30 giugno, tenendo conto del fatto che per legge viene praticata una ritenuta pari al 26%?
Per risolvere il problema, usa il metodo dei *numeri creditori*: moltiplica i diversi saldi del conto corrente per il numero dei giorni in cui essi sono stati in essere, poi somma fra loro i numeri così ottenuti e dividi per 91 (che è il numero dei giorni fra il primo aprile e il 30 giugno). Otterrai il saldo medio del conto corrente, a cui andrà applicato il tasso di interesse al netto della ritenuta.

CAPITOLO 11
RENDITE, AMMORTAMENTI, LEASING

1 Rendite

▶ Esercizi a p. 525

Concetto di rendita

Listen to it

The word **annuity** describes a given set of capital sums available at different times.

DEFINIZIONE

Una **rendita** è una successione di capitali riscuotibili (o pagabili) in scadenze successive.

R indica un capitale
t indica la scadenza in cui il capitale è riscuotibile (o pagabile)

Ognuno dei capitali della rendita è chiamato **rata** (o **termine**) e si indica con la lettera maiuscola R seguita dall'indice relativo all'ordine con cui si susseguono le diverse rate. Per esempio R_3 indica la terza rata, R_5 la quinta.

La successione delle scadenze di riscossione (o pagamento), $t_1, t_2, \ldots, t_n$, viene chiamata **scadenziario**; n indica il numero di rate di cui è composta la rendita.

Esempi di rendite sono le rate del canone di affitto, lo stipendio mensile, il rimborso a rate di un debito…

Il **valore di una rendita**, a una certa data, è la somma dei montanti o dei valori scontati delle diverse rate, tutti calcolati in quella data con la stessa legge.

Una rendita si può valutare in un'epoca qualunque. In particolare si dicono:

- **montante** di una rendita la somma dei montanti di tutte le rate calcolate alla fine dell'ultima epoca;
- **valore attuale** di una rendita la somma dei valori attuali di tutte le rate calcolati all'inizio della prima epoca.

Per spostare i capitali nel tempo useremo sempre il regime composto.

ESEMPIO

Una rendita è costituita da tre rate: la prima di € 2000, che scade tra 1 anno; la seconda di € 3000, che scade fra 3 anni; la terza di € 1000, che scade fra 6 anni. Calcoliamo il suo valore fra 4 anni al tasso del 2%.

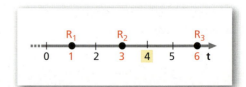

Dobbiamo calcolare il montante di R_1 e R_2 e il valore attuale di R_3 al tempo 4. Dobbiamo spostare i capitali dei tempi

$$4 - 1 = 3, \quad 4 - 3 = 1, \quad 4 - 6 = -2,$$

quindi in $t = 4$ il valore in euro della rendita è:

$$V_4 = 2000 \cdot 1{,}02^3 + 3000 \cdot 1{,}02^1 + 1000 \cdot 1{,}02^{-2} =$$
$$2122{,}42 + 3060 + 961{,}17 = 6143{,}59.$$

L'indice 4 sta a indicare l'epoca di valutazione della rendita.

▶ Calcola il valore V_5 al tempo $t = 5$ e al tasso del 2,25% della rendita costituita da tre rate, la prima che scade fra 2 anni e 3 mesi di € 1000, la seconda che scade fra 3 anni e 2 mesi di € 1000 e la terza che scade fra 6 anni di € 1000.

[€ 3082,73]

Noi studieremo le **rendite periodiche a rata costante**. Una rendita è **a rata costante** se i valori di tutte le rate sono uguali; è **periodica** se gli intervalli di tempo che intercorrono tra due scadenze successive sono uguali. In tal caso, il costante intervallo di tempo si dice **periodo** e il numero delle rate **durata** della rendita.

Possiamo classificare una rendita in base al periodo, alla scadenza delle rate, alla durata o alla decorrenza.

Rispetto al **periodo**, una rendita è:
- **annua** se il periodo è l'anno;
- **frazionata** se il periodo è inferiore all'anno (trimestre, quadrimestre...);
- **poliennale** se il periodo è multiplo dell'anno (due anni, tre anni...).

Rispetto alla **scadenza delle rate**, una rendita è:
- **anticipata** se le rate vengono pagate o riscosse all'inizio di ogni periodo (per esempio, le rate del canone di affitto);
- **posticipata** se le rate vengono pagate o riscosse alla fine di ogni periodo (per esempio, lo stipendio mensile).

Rispetto alla **durata**, una rendita è:
- **temporanea** se il numero delle rate è finito;
- **perpetua** se il numero delle rate non è illimitato.

Rispetto alla **decorrenza**, una rendita è:
- **immediata** se ha inizio subito, al momento in cui si stipula il contratto;
- **differita** se inizia più tardi, dopo la stipula del contratto.

2 Montante di una rendita temporanea

Qui e nel paragrafo successivo consideriamo rendite a rata costante con rate dello stesso importo R.

■ Montante di una rendita immediata posticipata

▶ Esercizi a p. 525

Il montante di una rendita immediata posticipata è il suo valore calcolato all'atto del versamento dell'ultima rata.

Capitolo 11. Rendite, ammortamenti, leasing

Nella rendita immediata posticipata, la data in cui calcoliamo il montante (ossia alla fine dell'ultimo periodo), coincide con quella del versamento dell'ultima rata.

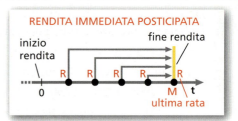

Calcoliamo tale montante nel caso di una rendita di n rate da 1 euro al tasso i. Indichiamolo con il simbolo $s_{\overline{n}|i}$, che si legge «s figurato n, al tasso i». Indichiamo il tasso con i pensando al tasso annuo, ma le considerazioni svolte sono indipendenti dalla durata del periodo. Il tasso da utilizzare è quello relativo al periodo stesso (i_2 per il semestre, i_3 per il quadrimestre…).

Dobbiamo calcolare i montanti di ogni rata e sommarli.

Listen to it

To compute the **total amount** of a given annuity we have to evaluate the total amount of every single capital sum of the annuity and then sum them.

Se una rendita posticipata è costituita da 4 rate, per calcolare il suo montante dobbiamo trasportare in avanti di $4 - 1 = 3$ periodi la prima rata, di $4 - 2 = 2$ periodi la seconda rata, di $4 - 3 = 1$ periodo la terza rata, mentre la quarta rata resta dov'è.

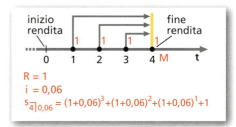

Dallo schema della figura possiamo comprendere che ogni rata deve essere trasportata in avanti di un tempo uguale, in periodi, alla differenza fra il numero delle rate e il numero d'ordine della rata.

In generale, il montante di una rendita immediata posticipata con n rate unitarie al tasso i è:

$$s_{\overline{n}|i} = (1+i)^{n-1} + (1+i)^{n-2} + (1+i)^{n-3} + \ldots + (1+i)^2 + (1+i) + 1.$$

Gli addendi di questa somma sono i primi n termini della progressione geometrica $a_n = (1+i)^{n-1}$, con n intero positivo, di ragione $q = 1+i$, il cui primo termine è $a_1 = (1+i)^0 = 1$.

Ricordiamo che una sequenza di numeri si dice **progressione geometrica** quando il quoziente fra ogni termine e il suo precedente è costante. Tale valore costante è la **ragione** della progressione geometrica.

La somma S_n dei primi n termini di una progressione geometrica è

$$S_n = a_1 \cdot \frac{q^n - 1}{q - 1},$$ dove a_1 è il primo termine e q è la ragione ($q \neq 1$).

Nel nostro caso, $q = 1 + i$ è certamente maggiore di 1. Abbiamo quindi che

$$s_{\overline{n}|i} = 1 \cdot \frac{(1+i)^n - 1}{(1+i) - 1} \quad \rightarrow \quad \boxed{s_{\overline{n}|i} = \frac{(1+i)^n - 1}{i}}.$$

Il montante $s_{\overline{n}|i}$, quindi, è funzione sia del numero n di rate, sia del tasso i.

Se invece di una rendita con rate di € 1 abbiamo una rendita con rate di importo R, per ottenere il montante basta moltiplicare $s_{\overline{n}|i}$ per R:

$$\boxed{M = R \cdot s_{\overline{n}|i} = R \cdot \frac{(1+i)^n - 1}{i}}.$$

Paragrafo 2. Montante di una rendita temporanea

ESEMPIO

Calcoliamo il montante in euro di una rendita annua immediata posticipata di 7 rate con importo di € 500, al tasso del 2,25%:

$$M = 500 \cdot \frac{(1 + 0{,}0225)^7 - 1}{0{,}0225} = 3745{,}31.$$

■ Montante di una rendita immediata anticipata

▶ Esercizi a p. 526

Il montante di una rendita immediata anticipata è il suo valore calcolato alla fine del periodo relativo al versamento dell'ultima rata.

Nella rendita immediata anticipata, ogni rata viene versata all'inizio di un periodo, la data in cui calcoliamo il montante corrisponde alla fine dell'ultimo periodo.

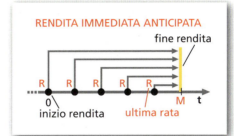

▶ Giorgia versa € 2000 ogni anno e per 4 anni a una banca che applica un tasso dell'1,8% annuo. Qual è la somma disponibile in banca quando ha versato l'ultima rata? [€ 8218,60]

Animazione

Nell'animazione ci sono le risoluzioni dei due esercizi sul calcolo del **montante** di una rendita immediata:
- posticipata;
- anticipata.

Calcoliamo il montante di una rendita di n rate di € 1 al tasso i. Lo indichiamo con il simbolo $\ddot{s}_{\overline{n}|i}$, che si legge «s anticipato, figurato n, al tasso i».

Se una rendita anticipata è costituita da 4 rate, per calcolare il suo montante, dobbiamo trasportare in avanti di 4 periodi la prima rata, di $4 - 1 = 3$ periodi la seconda rata, di $4 - 2 = 2$ periodi la terza rata e di $4 - 3 = 1$ periodo la quarta rata.

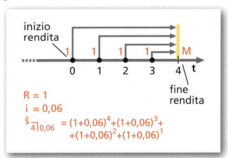

Dopo aver osservato l'esempio della figura, possiamo comprendere che i montanti delle diverse rate sono le potenze decrescenti di $(1 + i)$ a partire dalla potenza che ha per esponente n, fino ad arrivare alla potenza con esponente 1.

La prima rata viene capitalizzata per n periodi, la seconda per $n - 1$ periodi, ..., l'n-esima per 1 periodo.

In generale vale dunque la relazione:

$$\ddot{s}_{\overline{n}|i} = (1 + i)^n + (1 + i)^{n-1} + (1 + i)^{n-2} + \ldots + (1 + i)^2 + (1 + i).$$

Gli addendi di questa somma sono i primi n termini della progressione geometrica $a_n = (1 + i)^n$, con n intero positivo, di ragione $q = 1 + i$, il cui primo termine è $a_1 = (1 + i)$.

Applicando la formula per calcolare la somma dei primi n termini, otteniamo:

$$\ddot{s}_{\overline{n}|i} = (1 + i) \cdot \frac{(1 + i)^n - 1}{(1 + i) - 1} \quad \rightarrow \quad \boxed{\ddot{s}_{\overline{n}|i} = (1 + i) \cdot \frac{(1 + i)^n - 1}{i}}.$$

Per una rendita con rate di importo R il montante è:

$$\boxed{M = R \cdot \ddot{s}_{\overline{n}|i} = R \cdot (1 + i) \cdot \frac{(1 + i)^n - 1}{i}}.$$

ESEMPIO

Per 5 anni versiamo all'inizio di ogni semestre € 2000 a una banca che applica un tasso dell'1% semestrale. Quanto possiamo riscuotere alla fine del quinto anno?

Indichiamo sull'asse dei tempi le posizioni delle rate da pagare e quella dell'ultimo periodo.

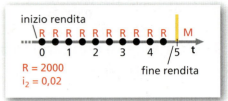

I versamenti semestrali effettuati per 5 anni sono 10.

Nella rappresentazione della figura, notiamo che la rendita è anticipata e dobbiamo calcolarne il montante, ossia il suo valore un semestre dopo l'ultimo versamento. Poiché in un anno ci sono 2 semestri, il numero delle rate è $2 \cdot 5 = 10$.

$$M = 2000 \cdot (1 + 0{,}01) \cdot \frac{(1 + 0{,}01)^{10} - 1}{0{,}01} = 21133{,}67.$$

Alla fine del quinto anno possiamo riscuotere € 21133,67.

▶ Francesco per 5 anni versa all'inizio di ogni anno € 3000 a una banca che applica un tasso del 2,1% annuo. Quanto riscuote Francesco alla fine del quinto anno?
[€ 15971,88]

Nel testo del problema precedente non è specificato se la rendita è anticipata o posticipata. Ma dopo aver rappresentato la rendita abbiamo visto che dovevamo calcolare il montante di una rendita anticipata. Ciò che è importante in problemi di questo tipo è la data relativa al calcolo del montante. Se il montante deve essere calcolato all'atto dell'ultimo versamento, la rendita è posticipata; se deve essere calcolato alla fine del periodo dell'ultimo versamento, la rendita è anticipata.

L'osservazione precedente ci consente di ricavare la relazione esistente tra $s_{\overline{n}|i}$ e $\ddot{s}_{\overline{n}|i}$.

Infatti, dati n versamenti rateali di 1 euro, possiamo calcolare il loro montante un periodo dopo l'ultimo versamento, ossia $\ddot{s}_{\overline{n}|i}$, capitalizzando per un periodo il loro valore totale all'atto dell'ultimo versamento, ossia $s_{\overline{n}|i}$.

Otteniamo quindi la relazione:

$$\ddot{s}_{\overline{n}|i} = s_{\overline{n}|i} \cdot (1 + i)$$

In altre parole, **il montante di una rendita anticipata coincide con il montante della rendita posticipata capitalizzato per un periodo**.

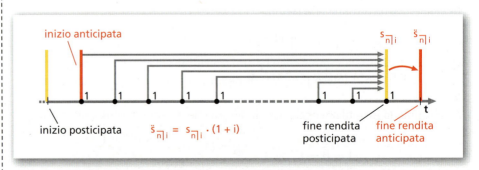

Quindi, quando si risolvono problemi relativi alle rendite, la distinzione tra rendita anticipata e posticipata non è significativa; conoscendo $s_{\overline{n}|i}$ possiamo ricavare $\ddot{s}_{\overline{n}|i}$, e viceversa, spostando il montante avanti o indietro di un periodo.

Paragrafo 2. Montante di una rendita temporanea

Un'altra relazione, che si può comprendere osservando la figura seguente, è questa:

$$\ddot{s}_{\overline{n}|i} = s_{\overline{n+1}|i} - 1.$$

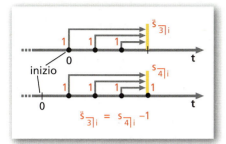

$\ddot{s}_{\overline{3}|i}$ è il montante di una rendita anticipata di 3 rate di 1 euro; $s_{\overline{4}|i}$ è quello di una rendita posticipata di 3 + 1 rate di 1 euro. La rendita posticipata con 3 + 1 rate ha una rata in più, la rata finale di 1 euro. Per ottenere $\ddot{s}_{\overline{3}|i}$ da $s_{\overline{3+1}|i}$ basta sottrarre 1, ossia il valore dell'ultima rata:

$$\ddot{s}_{\overline{3}|i} = s_{\overline{3+1}|i} - 1.$$

Per quanto riguarda le rendite periodiche **frazionate**, valgono le stesse formule ricavate per le rendite annue, purché ci sia corrispondenza tra la periodicità della rata R_k e il tasso di interesse i_k.

Se viene assegnato un tasso annuo convertibile periodicamente j_k, si ricava il tasso periodico i_k con la formula $i_k = \dfrac{j_k}{k}$.

Se viene assegnato un tasso annuo i, si ricava il tasso periodico i_k con la formula $i_k = \sqrt[k]{1+i} - 1$.

> **ESEMPIO**
>
> Si versano € 2500 all'inizio di ogni quadrimestre per 5 anni. Calcoliamo il montante accumulato alla fine del quinto anno nel caso in cui il tasso corrisposto sia del 3% annuo.
>
> Calcoliamo il tasso quadrimestrale:
>
> $$i_3 = \sqrt[3]{1{,}03} - 1 = 0{,}009902.$$
>
> La rendita è anticipata e frazionata. Il numero n delle rate è:
>
> $$n = 5 \cdot 3 = 15.$$
>
> Il montante è:
>
> $$M = 2500 \cdot 1{,}009902 \cdot \frac{1{,}009902^{15} - 1}{0{,}009902} = 40\,612{,}39.$$
>
> Il montante cercato è di € 40 612,39.

▶ Antonio per 3 anni versa all'inizio di ogni bimestre € 200 a una banca che applica un tasso del 2,5% annuo. Che somma può riscuotere alla fine del terzo anno?   [€ 3744,39]

Se si deve determinare il valore di una rendita un certo numero k di periodi dopo il pagamento dell'ultima rata, grazie alla proprietà di scindibilità, basta trasferire il suo montante in avanti di k o $k-1$ periodi, a seconda che la rendita sia posticipata o anticipata.

Capitolo 11. Rendite, ammortamenti, leasing

ESEMPIO
Una rendita annua è costituita da 9 rate posticipate di € 11 800 l'una.
Calcoliamo il montante 1 anno e 8 mesi dopo il pagamento dell'ultima rata, sapendo che il tasso corrisposto è il 3,5% annuo.
Dobbiamo calcolare il montante di rendita posticipata e trasferirlo in avanti di un periodo:

$$t = 1 + \frac{8}{12} = \frac{5}{3}.$$

Dunque:

$$M = 11800 \cdot \frac{1{,}035^9 - 1}{0{,}035} \cdot 1{,}035^{\frac{5}{3}} = 129568{,}18.$$

Il montante cercato è di € 129 568,18.

MATEMATICA ED ECONOMIA

Il rischio di investimento Una persona che vuole investire in titoli obbligazionari emessi dallo Stato, da enti pubblici o società private, effettuerà la sua scelta in base al tasso di rendimento e al livello di rischio.

▶ Qual è l'indice per valutare il livello di rischio?

☐ La risposta

■ Montante di una rendita differita

▶ Esercizi a p. 526

Il differimento di una rendita non influisce sul calcolo del montante. Infatti, i periodi per i quali sono capitalizzate le varie rate non cambiano con il differimento. Nella figura lo mostriamo per

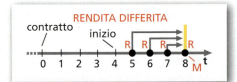

una rendita posticipata di 4 rate, che ha inizio 4 mesi dopo la stipula del contratto. Per il calcolo del montante, la prima rata viene capitalizzata di tre periodi, la seconda di due, la terza di uno, la quarta si trova già alla scadenza in cui si calcola il montante. Tutto questo è indipendente dal fatto che i pagamenti iniziano 4 mesi dopo la stipula. Con il differimento non cambia il montante, ma soltanto la data a cui esso si riferisce.

La rendita differita illustrata nella figura è posticipata, perché le rate sono pagate alla fine dei relativi periodi. Una rendita differita può essere anche anticipata.
Per il calcolo del montante di una rendita differita si utilizza quindi $s_{\overline{n}|i}$ o $\ddot{s}_{\overline{n}|i}$, a seconda che la rendita sia posticipata o anticipata.

3 Valore attuale di una rendita temporanea

■ Valore attuale di una rendita immediata posticipata

▶ Esercizi a p. 527

Il valore attuale di una rendita immediata posticipata è il suo valore calcolato all'inizio del primo periodo.

Paragrafo 3. Valore attuale di una rendita temporanea

Invece di trasportare tutte le rate in tale data e poi sommarle, possiamo procedere più rapidamente, sfruttando il fatto che conosciamo già il modo di calcolare il montante.

Per ottenere il valore attuale è sufficiente trasportare indietro il montante, che è il valore della rendita all'atto dell'ultimo versamento, per un tempo uguale al numero delle rate.

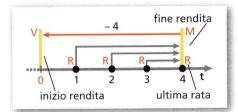

Per una rendita di n rate di 1 euro al tasso di interesse i, il valore attuale $a_{\overline{n}|i}$ è:

$$a_{\overline{n}|i} = s_{\overline{n}|i} \cdot (1+i)^{-n} = \frac{(1+i)^n - 1}{i} \cdot (1+i)^{-n} =$$

$$\frac{(1+i)^{n-n} - (1+i)^{-n}}{i} = \boxed{\frac{1 - (1+i)^{-n}}{i}}.$$

Il simbolo $a_{\overline{n}|i}$ si legge «a figurato n, al tasso i».

In generale il valore attuale V per una rendita immediata posticipata con rate di importo R è:

$$\boxed{V = R \cdot a_{\overline{n}|i} = R \cdot \frac{1-(1+i)^{-n}}{i}}.$$

ESEMPIO

Vogliamo cedere a una banca una rendita immediata della durata di 6 anni, costituita dalla riscossione di € 1400 alla fine di ogni anno. Quale somma è disposta a pagare la banca se il tasso di valutazione è del 3,75% annuo?

$R = 1400$
$i = 0,0375$

Utilizziamo la formula del valore attuale di rendita immediata anticipata:

$$V = 1400 \cdot a_{\overline{6}|0,0375} = 1400 \cdot \frac{1-(1+0,0375)^{-6}}{0,0375} = 7399,10.$$

La somma cercata è di € 7339,10.

▶ Irene vuole cedere a una banca una rendita immediata della durata di 10 anni che prevede la riscossione di € 5000 alla fine di ogni anno. Quanto riscuote se il tasso applicato è del 6% annuo?
[€ 36 800,44]

Analogamente a quanto visto per $s_{\overline{n}|i}$ possiamo ricavare $a_{\overline{n}|i}$ anche come somma dei primi n termini di una progressione geometrica, sommando i valori attuali delle rate unitarie:

$$a_{\overline{n}|i} = (1+i)^{-1} + (1+i)^{-2} + \ldots + (1+i)^{-n},$$

e, ricordando che per $q \neq 1$ la somma dei primi n termini è $S_n = a_1 \cdot \frac{1-q^n}{1-q}$, poiché nel nostro caso abbiamo $q = (1+i)^{-1} < 1$ e $a_1 = (1+i)^{-1}$, otteniamo nuovamente:

$$a_{\overline{n}|i} = (1+i)^{-1} \cdot \frac{1-(1+i)^{-n}}{1-(1+i)^{-1}} = \frac{1-(1+i)^{-n}}{(1+i)[1-(1+i)^{-1}]} = \frac{1-(1+i)^{-n}}{i}.$$

Animazione

Nell'animazione ci sono le risoluzioni dei due esercizi sul calcolo del **valore attuale** di una rendita immediata:
- posticipata;
- anticipata.

Capitolo 11. Rendite, ammortamenti, leasing

■ Valore attuale di una rendita immediata anticipata

▶ Esercizi a p. 528

Il valore attuale di una rendita immediata anticipata è il suo valore calcolato all'atto del primo versamento.

Poiché conosciamo già il modo di calcolare il montante, ossia il valore della rendita al termine del periodo relativo all'ultimo versamento, possiamo calcolare il valore attuale trasportando all'indietro il montante per un tempo uguale al numero delle rate.

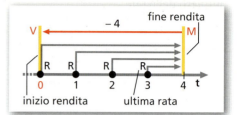

Per una rendita di n rate di 1 euro al tasso di interesse i, il valore attuale $\ddot{a}_{\overline{n}|i}$ è:

$$\ddot{a}_{\overline{n}|i} = \ddot{s}_{\overline{n}|i} \cdot (1+i)^{-n} = (1+i) \cdot \frac{(1+i)^n - 1}{i} \cdot (1+i)^{-n} =$$

$$(1+i) \cdot \frac{1 - (1+i)^{-n}}{i},$$

dove il simbolo $\ddot{a}_{\overline{n}|i}$ si legge «a anticipato figurato n, al tasso i». Per ottenere il valore di $\ddot{a}_{\overline{n}|i}$ si possono anche utilizzare le apposite tavole.

Calcoliamo il valore attuale V per una rendita immediata anticipata con rate d'importo R qualsiasi:

$$V = R \cdot \ddot{a}_{\overline{n}|i} = R \cdot (1+i) \cdot \frac{1 - (1+i)^{-n}}{i}.$$

ESEMPIO

Per acquistare un'auto viene proposto un pagamento rateale con 12 rate quadrimestrali di € 1700 di cui la prima con scadenza odierna. Quanto costa l'auto se si accetta tale forma di pagamento, al tasso di valutazione del 2,2% quadrimestrale?

Dobbiamo calcolare il valore attuale di una rendita immediata anticipata.

$$V = 1700 \cdot (1 + 0{,}022) \frac{1 - (1 + 0{,}022)^{-12}}{0{,}022} = 18\,149{,}93.$$

Il prezzo dell'automobile è di € 18 149,93.

▶ Cristina vuole acquistare una piccola barca a vela mediante il pagamento di 60 rate mensili da € 380 ciascuna, di cui la prima va versata immediatamente. Qual è il prezzo della barca se la banca applica un tasso dello 0,5% mensile?

[€ 19 753,99]

Analogamente a quanto visto per $\ddot{s}_{\overline{n}|i}$ e $s_{\overline{n}|i}$, anche $\ddot{a}_{\overline{n}|i}$ si può ottenere da $a_{\overline{n}|i}$. Infatti, i due valori attuali rappresentano il valore di una stessa rendita. Il valore attuale $\ddot{a}_{\overline{n}|i}$ è calcolato all'atto del primo versamento, $a_{\overline{n}|i}$ all'inizio del periodo del primo versamento. Per avere $\ddot{a}_{\overline{n}|i}$, basta quindi spostare $a_{\overline{n}|i}$ avanti di un periodo:

$$\ddot{a}_{\overline{n}|i} = a_{\overline{n}|i} \cdot (1+i).$$

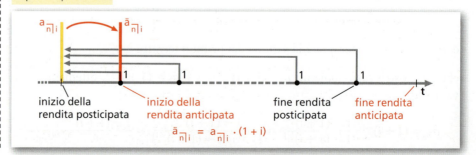

Paragrafo 3. Valore attuale di una rendita temporanea

Esaminando l'esempio della figura a fianco, possiamo comprendere graficamente la validità della relazione che lega i valori attuali di una rendita anticipata di n rate e una posticipata di $n-1$ rate:

$$\ddot{a}_{\overline{n}|i} = a_{\overline{n-1}|i} + 1.$$

$\ddot{a}_{\overline{n}|i}$ e $a_{\overline{n-1}|i}$ sono i valori attuali di due rendite che si differenziano solo per il fatto che quella anticipata ha una rata in più di 1 euro nell'istante in cui vengono calcolati i valori attuali.

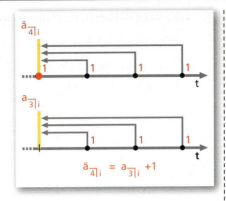

■ Valore attuale di una rendita differita ▶ Esercizi a p. 528

In una rendita differita, l'intervallo di tempo che intercorre tra l'epoca della valutazione e la scadenza della prima rata può essere maggiore o minore di un periodo. Tuttavia, il tempo del differimento deve avere come unità di misura il periodo della rendita, in quanto il tasso di valutazione si riferisce a tale periodo.

In una rendita differita il valore attuale è uguale al valore attuale di una corrispondente rendita immediata scontato per il tempo di differimento, misurato in periodi.

Data una successione di versamenti rateali con differimento, il tempo di differimento varia di un periodo a seconda che consideriamo posticipata o anticipata la rendita.

Nell'esempio in figura la rendita ha un differimento di 5 periodi se la consideriamo anticipata, di 4 periodi se la consideriamo posticipata.

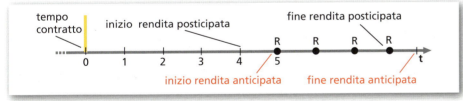

ESEMPIO

Quale debito posso fare oggi se ottengo un prestito, al tasso del 9% nominale annuo convertibile semestralmente, da estinguere con 20 rate semestrali di € 2200, di cui la prima deve essere pagata fra 4 anni?

a. Possiamo calcolare il valore attuale V_1 considerando **anticipata** la rendita e poi scontarlo per $4 \cdot 2 = 8$ semestri.

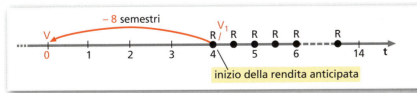

Il tasso effettivo da utilizzare è $\dfrac{9\%}{2} = 4{,}5\%$ semestrale.

$V_1 = 2200 \cdot \ddot{a}_{\overline{20}|0{,}045} = 2200 \cdot (1 + 0{,}045) \cdot \dfrac{1 - (1 + 0{,}045)^{-20}}{0{,}045} = 29\,905{,}25.$

Capitolo 11. Rendite, ammortamenti, leasing

▶ Posso pagare 20 rate trimestrali di € 1000, di cui la prima deve essere pagata fra 3 anni al tasso dell'8% nominale annuo convertibile trimestralmente. A quanto ammonta la somma che posso prendere oggi in prestito?   [€ 13 150,85]

$$V = V_1 \cdot (1 + 0{,}045)^{-8} = 29\,905{,}25 \cdot (1{,}045)^{-8} = 21\,028{,}92.$$

Oggi possiamo fare un debito di € 21 028,92.

b. Avremmo ottenuto lo stesso risultato considerando **posticipata** la rendita e scontando il suo valore attuale V_2 di 7 semestri.

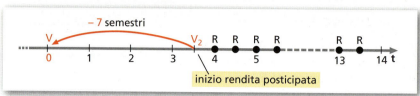

Per indicare il valore attuale di una rendita di n rate di 1 euro, differita di m periodi, utilizziamo i simboli:

- per una rendita posticipata: $\quad _m/a_{\overline{n}|i} = (1 + i)^{-m} a_{\overline{n}|i}$;
- per una rendita anticipata: $\quad _m/\ddot{a}_{\overline{n}|i} = (1 + i)^{-m} \ddot{a}_{\overline{n}|i}$.

In generale, vale la seguente relazione: $\quad _m/a_{\overline{n}|i} = a_{\overline{n+m}|i} - a_{\overline{m}|i}$.

4 Rendite perpetue

▶ Esercizi a p. 531

Una rendita perpetua è costituita da un numero infinito di rate. Come esempio di rendita perpetua puoi pensare a quella costituita dalle somme periodiche ricavate dall'affitto di un terreno.

Non ha senso parlare di **montante** di rendita perpetua poiché, non essendoci un'ultima rata, non sapremmo in quale periodo calcolarlo. Si calcola invece il **valore attuale**.

ESEMPIO

Consideriamo i valori attuali di rendite con rate di 1 euro, allo stesso tasso, ma con un numero sempre maggiore di rate. Al tasso del 5% otteniamo:

$a_{\overline{10}|0,05} = 7{,}72173493$,

$a_{\overline{50}|0,05} = 18{,}25592546$,

$a_{\overline{100}|0,05} = 19{,}84791020$,

$a_{\overline{150}|0,05} = 19{,}98673720$,

$a_{\overline{200}|0,05} = 19{,}99884343$,

$a_{\overline{250}|0,05} = 19{,}99989914$,

$a_{\overline{300}|0,05} = 19{,}99999120$.

I valori attuali crescono sempre più lentamente e si avvicinano sempre di più al valore 20, mantenendosi minori. Questo numero si può ottenere dividendo 1 per il tasso di interesse 0,05:

$$20 = \frac{1}{0{,}05}.$$

Quello che abbiamo osservato nell'esempio è sempre vero per le rendite perpetue. Ne diamo una giustificazione intuitiva.

Paragrafo 4. Rendite perpetue

Consideriamo la formula del valore attuale della rendita posticipata

$$a_{\overline{n}|i} = \frac{1-(1+i)^{-n}}{i}$$

e riscriviamola come differenza:

$$a_{\overline{n}|i} = \frac{1}{i} - \frac{(1+i)^{-n}}{i}.$$

L'espressione

$$(1+i)^{-n} = \left(\frac{1}{1+i}\right)^n$$

è una potenza di esponente n, con la base minore di 1. All'aumentare di n il suo valore diventa sempre più piccolo, ossia *tende a 0*. Pertanto, all'aumentare di n, poiché il secondo termine della differenza con cui abbiamo espresso $a_{\overline{n}|i}$ tende a 0, $a_{\overline{n}|i}$ tende ad assumere il valore $\frac{1}{i}$.

Concludiamo che il valore attuale $a_{\overline{\infty}|i}$ di una rendita perpetua posticipata, con rate di 1 euro, è uguale al reciproco del tasso di interesse. In simboli:

$$\boxed{a_{\overline{\infty}|i} = \frac{1}{i}.}$$

Se la rendita ha rate di R euro, il valore attuale è:

$$\boxed{V = R \cdot a_{\overline{\infty}|i} = \frac{R}{i}.}$$

ESEMPIO
Valutiamo al tasso del 5% annuo un immobile che fa guadagnare ogni anno € 10 000. Il valore in euro dell'immobile è:

$$V = \frac{10\,000}{0,05} = 200\,000.$$

▶ Se guadagno € 1000 mensili per un terreno di mia proprietà, al tasso di valutazione annuo del 3% nominale convertibile mensilmente, qual è il valore del terreno?

[€ 400 000]

Per ricavare il valore attuale di una rendita perpetua anticipata con rate di 1 euro $\ddot{a}_{\overline{\infty}|i}$, basterà notare che essa si ottiene dal valore attuale di una rendita perpetua posticipata $a_{\overline{\infty}|i}$ aggiungendo una rata di 1 euro proprio nella data in cui calcoliamo i valori attuali. Quindi:

$$\boxed{\ddot{a}_{\overline{\infty}|i} = a_{\overline{\infty}|i} + 1 = \frac{1}{i} + 1 = \frac{1+i}{i}.}$$

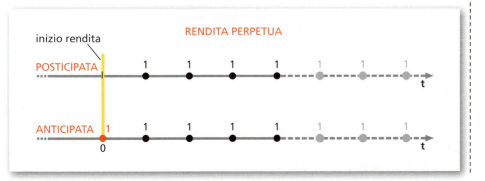

5 Problemi sulle rendite

Ricerca della rata

▶ Esercizi a p. 532

Nella ricerca dell'importo delle rate di una rendita distinguiamo due casi.

È noto il montante

In una rendita posticipata, essendo $M = R \cdot s_{\overline{n}|i}$, otteniamo:

$$R = \frac{M}{s_{\overline{n}|i}}.$$

R è il valore della rata che si deve versare per n periodi al tasso i per avere la somma M all'atto dell'ultimo versamento; prende il nome di *rata di costituzione di un capitale*. Se si pone $\frac{1}{s_{\overline{n}|i}} = \sigma_{\overline{n}|i}$ (si legge «sigma figurato n, al tasso i»), dalla relazione precedente si ottiene:

$$R = M \cdot \frac{1}{s_{\overline{n}|i}} = M \cdot \sigma_{\overline{n}|i}.$$

Se $M = 1$, il valore di R è proprio $\sigma_{\overline{n}|i}$. Quindi $\sigma_{\overline{n}|i}$ rappresenta la rata necessaria per avere il capitale di 1 euro tra n periodi al tasso i.

ESEMPIO
Calcoliamo a quanto devono ammontare 10 versamenti annui, in euro, al tasso del 3,5%, per ottenere € 50 000 all'atto dell'ultimo versamento.

$$R = \frac{50\,000}{s_{\overline{10}|0,035}} = \frac{50\,000}{11,73139316} = 4262,07.$$

Se la rendita è anticipata, si possono svolgere considerazioni analoghe, definendo

$$\ddot{\sigma}_{\overline{n}|i} = \frac{1}{\ddot{s}_{\overline{n}|i}}.$$

È noto il valore attuale

In una rendita posticipata, essendo $V = R \cdot a_{\overline{n}|i}$, otteniamo:

$$R = \frac{V}{a_{\overline{n}|i}}.$$

R è il valore della rata che si deve versare per n periodi al tasso i per avere oggi la somma V in prestito e prende il nome di *rata di ammortamento di un debito*. L'ammortamento di un debito è trattato nel paragrafo 7 di questo capitolo.
Se poniamo

$$\frac{1}{a_{\overline{n}|i}} = \alpha_{\overline{n}|i} \text{ (si legge «alfa figurato } n \text{, al tasso } i\text{»)},$$

dalla relazione precedente otteniamo:

$$R = V \cdot \frac{1}{a_{\overline{n}|i}} = V \cdot \alpha_{\overline{n}|i},$$

dove $\alpha_{\overline{n}|i}$ rappresenta la rata di ammortamento del debito di 1 euro saldato in n periodi con il tasso i.

Video

Le rendite Rendita immediata o differita, anticipata o posticipata, temporanea o perpetua? Nel video, facciamo ordine con la terminologia!

▶ Qual è la somma da versare anticipatamente ogni semestre, per 10 anni, per ottenere € 10 000 al tasso annuo del 4,5% nominale convertibile semestralmente?

[€ 392,59]

Animazione

Nell'animazione ci sono le risoluzioni dei due esercizi sul calcolo della rata:
- noto il montante;
- noto il valore attuale.

Paragrafo 5. Problemi sulle rendite

ESEMPIO
Oggi contraiamo un debito di € 70 000. Vogliamo estinguerlo con 25 rate semestrali, di cui pagheremo la prima fra 6 mesi, al tasso annuo nominale convertibile semestralmente del 6%. Calcoliamo l'importo di ogni rata in euro.

$$R = \frac{70\,000}{a_{\overline{25}|0,03}} = \frac{70\,000}{17,41314769} = 4019,95.$$

Se la rendita è anticipata, valgono considerazioni analoghe, con:

$$\ddot{\alpha}_{\overline{n}|i} = \frac{1}{\ddot{a}_{\overline{n}|i}}.$$

▶ Oggi ottengo un prestito di € 15 800, da rimborsare in 5 anni con rate mensili posticipate al tasso annuo del 4,5% nominale convertibile mensilmente. Qual è la rata da pagare ogni mese? [€ 294,56]

■ Ricerca del numero di rate
▶ Esercizi a p. 532

Anche per determinare il numero di rate si presentano i casi in cui è noto il montante o il valore attuale, già esaminati nella ricerca della rata.

Il seguente esempio illustra il modo di procedere.

ESEMPIO
Quante rate annuali di € 800 dobbiamo pagare per costituire, all'atto dell'ultimo versamento, un capitale di € 10 000, se il tasso è del 2%?

La rendita è posticipata, quindi

$$M = R \cdot s_{\overline{n}|i} = R \frac{(1+i)^n - 1}{i},$$

che è un'equazione esponenziale nell'incognita n. Isoliamo $(1+i)^n$:

$$(1+i)^n = \frac{M \cdot i}{R} + 1.$$

Applichiamo i logaritmi a entrambi i membri:

$$n \cdot \log(1+i) = \log\left(\frac{M \cdot i}{R} + 1\right) \quad \rightarrow \quad n = \frac{\log\left(\frac{M \cdot i}{R} + 1\right)}{\log(1+i)}.$$

Sostituiamo i dati del problema:

$$n = \frac{\log\left(\frac{10\,000 \cdot 0,02}{800} + 1\right)}{\log 1,02} = 11,2684\ldots$$

Nell'esempio precedente possiamo osservare ciò che di solito capita: il numero delle rate ottenuto non è intero, come invece è necessario. Il problema, così come è formulato, non ammette soluzione.
Da un punto di vista pratico, per ottenere una soluzione accettabile (un numero di rate intero approssimato per eccesso o per difetto), possiamo procedere in diversi modi:
- modificando il capitale che si intende costituire;
- modificando l'importo delle rate;
- modificando l'importo dell'ultimo versamento;
- calcolando per quanto tempo si deve lasciare depositato il capitale (dopo il numero intero approssimato dei periodi) per ottenere quello voluto.

Capitolo 11. Rendite, ammortamenti, leasing

Questo approccio pratico per la soluzione del problema della ricerca del numero di rate è chiamato **accomodamento**.

> **ESEMPIO**
> Ritornando all'esempio precedente, diciamo che il numero di rate da pagare è 11, ma che è necessario fare un accomodamento.
>
> a. Modifichiamo il capitale da costituire, approssimando il numero di rate all'intero più vicino per difetto:
>
> $$M = 800 \cdot s_{\overline{11}|0,02} = 800 \cdot 12{,}1687154 = 9734{,}97.$$
>
> Il capitale che si può costituire con 11 rate di € 800 al tasso del 2% è di € 9734,97.
> Avremmo potuto anche scegliere di pagare 12 rate approssimando il numero di rate all'intero più vicino per eccesso. In questo caso il capitale sarebbe di € $800 \cdot s_{\overline{12}|0,02}$ = € 10 729,67.
>
> b. Modifichiamo l'importo delle rate:
>
> $$R = \frac{10\,000}{s_{\overline{11}|0,02}} = \frac{10\,000}{12{,}1687154} = 821{,}78.$$
>
> Per costituire un capitale di € 10 000 al tasso del 2% sono necessari 10 versamenti di € 821,78.
>
> c. Modifichiamo l'importo dell'ultimo versamento. Sfruttiamo quanto abbiamo trovato al punto **a**. Per costituire il capitale, occorre versare all'atto dell'ultimo versamento, oltre all'importo della rata, anche il seguente importo (10 000 − 9734,97) = 265,03.
> L'ultimo versamento dovrebbe quindi essere pari a:
>
> $$€ (800 + 265{,}03) = € 1065{,}03.$$
>
> d. Calcoliamo per quanto tempo t dopo le 11 rate si deve lasciare depositato il capitale ottenuto di € 9734,97 per ottenere quello voluto.
> Capitalizzando, otteniamo:
>
> $$9734{,}97 \cdot (1 + 0{,}02)^t = 10\,000,$$
>
> che è un'equazione esponenziale nell'incognita t. Isoliamo $(1{,}02)^t$:
>
> $$(1{,}02)^t = \frac{10\,000}{9734{,}97}.$$
>
> Passando ai logaritmi:
>
> $$t \cdot \log 1{,}02 = \log \frac{10\,000}{9734{,}97} \rightarrow t = \frac{\log 10\,000 - \log 9734{,}97}{\log 1{,}02} = 1{,}35641,$$
>
> che equivale a $1^a\ 4^m\ 8^g$.

In sintesi

Per determinare il numero di rate, nel caso in cui sia noto il montante, con rendita immediata posticipata, calcoliamo:

$$M = R \cdot s_{\overline{n}|i} = R \frac{(1+i)^n - 1}{i},$$

$$n = \frac{\log\left(\frac{M \cdot i}{R} + 1\right)}{\log(1+i)}.$$

▶ Mediante una rendita, si deve costituire un capitale di € 10 000, all'atto dell'ultimo versamento, con rate mensili di € 67 e tasso dello 0,17% mensile. Trova il numero delle rate e gli accomodamenti possibili.
[n = 133; modifica capitale per difetto: € 9989,32; per eccesso: € 10 073,30; modifica rata: € 67,07; modifica ultimo versamento: € 77,68; tempo di deposito del capitale: 19 giorni]

☐ **Animazione**

Se il numero ottenuto non è intero, ci sono quattro possibilità.

a. Modificare il capitale che si intende costituire, arrotondando il numero di rate n per difetto all'intero più vicino e calcolando il nuovo valore del montante:
$$M' = R \frac{(i+1)^{[n]} - 1}{i},$$
dove con $[n]$ indichiamo la *parte intera di n*: il più grande numero intero minore o uguale a n.

b. Modificare l'importo delle rate n, arrotondando per difetto all'intero più vicino $[n]$ e calcolando il nuovo importo delle rate:
$$R' = \frac{M \cdot i}{(1+i)^{[n]} - 1}.$$

c. Modificare l'importo dell'ultimo versamento, calcolando la differenza fra il capitale che si desidera costituire, M, e il capitale che si riesce a costituire con $[n]$ rate, M' (calcolato in **a**). L'ultimo versamento sarà dato dalla rata più una quota supplementare:
$$R' = R + (M - M').$$

d. Calcolare per quanto tempo t, espresso in anni, mesi e giorni, si deve lasciare investito il capitale che si riesce a costituire con $[n]$ rate, M', per ottenere il capitale che si desidera costituire, M. Si tratta di esprimere t in anni, mesi e giorni:
$$M' \cdot (1+i)^t = M \rightarrow (1+i)^t = \frac{M}{M'}.$$

Il procedimento è analogo per rendite anticipate, utilizzando la relativa legge del montante.

Se è noto il valore attuale anziché il montante si procede nello stesso modo ma a partire dalla formula
$$V = R \cdot a_{\overline{n}|i} = R \frac{1 - (1+i)^{-n}}{i}.$$

■ Ricerca del tasso di interesse

▶ Esercizi a p. 534

Anche per determinare il tasso di interesse si ricorre alla formula del montante o a quella del valore attuale. Si ricava $s_{\overline{n}|i}$ (o $\ddot{s}_{\overline{n}|i}$) oppure $a_{\overline{n}|i}$ (o $\ddot{a}_{\overline{n}|i}$). In genere si ottiene un'equazione che, nell'incognita i, è di grado superiore al secondo e non è risolvibile con i metodi presentati in questo corso.

Per risolvere questo problema avremo bisogno di usare le tavole e il metodo di interpolazione lineare.

L'**interpolazione lineare** consiste nell'approssimare la porzione del grafico di una funzione compresa tra due punti P_1 e P_2 con un segmento passante per P_1 e P_2. L'approssimazione che si ottiene in questo modo è molto vicina ai valori della funzione se i punti P_1 e P_2 hanno ascisse vicine. Vediamo come si procede formalmente. Se di una funzione si conoscono le coppie $(x_1; y_1)$ e $(x_2; y_2)$ e si vuole determinare in modo approssimato quale valore x è corrispondente al valore y, con $y_1 < y < y_2$, si può ricorrere all'interpolazione lineare. Si suppone che, nell'intervallo fra x_1 e x_2, le coppie di valori della funzione soddisfino l'equazione della retta che passa per i punti $P_1(x_1; y_1)$ e $P_2(x_2; y_2)$.

Capitolo 11. Rendite, ammortamenti, leasing

Per determinare x, basta quindi utilizzare l'equazione della retta passante per i due punti P_1 e P_2:

$$\frac{y - y_1}{y_2 - y_1} = \frac{x - x_1}{x_2 - x_1} \rightarrow x = \frac{x_2 - x_1}{y_2 - y_1}(y - y_1) + x_1.$$

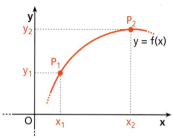

a. Sono note le coordinate $P_1(x_1; y_1)$ e $P_2(x_2; y_2)$ dei punti del grafico della funzione $y = f(x)$.

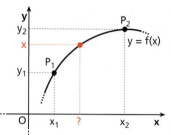

b. È nota y e vogliamo calcolare in modo approssimato il valore dell'ascissa corrispondente a y.

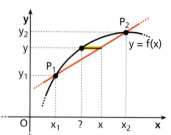

c. Consideriamo la retta passante per P_1 e P_2. Approssimiamo il valore dell'ascissa del punto sulla curva con il valore x che corrisponde a y sulla retta.

ESEMPIO

Determiniamo il tasso di una rendita posticipata di 15 rate annue di € 4000 ognuna, sapendo che il montante è di € 75 000.

Applichiamo la formula del montante:

$$4000 \cdot s_{\overline{15}|i} = 75\,000 \rightarrow s_{\overline{15}|i} = \frac{75\,000}{4000} = 18{,}75.$$

Nelle tavole relative a $s_{\overline{n}|i}$, scorrendo le righe relative a $n = 15$, troviamo:

18,5989... → 3%, 18,9434... → 3,25%.

Il tasso cercato è compreso fra il 3% e il 3,25%. Per determinarlo con più precisione, osserviamo che $s_{\overline{15}|i}$ è funzione di i e utilizziamo il metodo di interpolazione lineare.

Prepariamo la seguente tabella, in cui riportiamo, nella prima colonna, i valori del tasso i e, nella seconda colonna, i corrispondenti valori di $s_{\overline{15}|i}$. Usiamo valori arrotondati. Le frecce indicano le coppie che utilizziamo nelle sottrazioni.

i	$s_{\overline{15}|i}$
$x_1 = 3\%$	$y_1 = 18{,}599$
$x = ?$	$y = 18{,}75$
$x_2 = 3{,}25\%$	$y_2 = 18{,}943$

$$\frac{x - 3}{3{,}25 - 3} = \frac{18{,}75 - 18{,}599}{18{,}943 - 18{,}599} \rightarrow x = \frac{0{,}25}{0{,}344} \cdot 0{,}151 + 3 = 3{,}110$$

Il tasso cercato è 3,11%.

Qui e in seguito, nel caso di ricerca del tasso, approssimiamo il risultato, espresso in percentuale, alla seconda cifra decimale.

▶ Qual è il tasso di una rendita posticipata di 25 rate annue da € 2500 ciascuna, sapendo che il montante è € 92 000? Puoi usare l'interpolazione lineare, sapendo che nelle tavole relative a $s_{\overline{n}|i}$, scorrendo le righe relative a $n = 25$, troviamo:

36,4593 → 3%,
37,6799 → 3,25%.

[3,07%]

▶ Animazione

6 Costituzione di un capitale

Costituzione con un unico versamento

▶ Esercizi a p. 538

Per costituire un capitale, cioè per avere a disposizione una certa somma M a una scadenza futura, un primo modo di operare è quello di effettuare **un unico versamento** di importo C, al tempo zero, tale che impiegato a un certo tasso abbia come montante la somma voluta. Se l'impiego è di n anni, deve essere

$$M = C(1+i)^n, \qquad C = \frac{M}{(1+i)^n} = M \cdot (1+i)^{-n}.$$

Per comodità, in tutte le considerazioni teoriche sulla costituzione di capitali e sugli ammortamenti, ci riferiremo a periodi annuali, ma le considerazioni svolte sono le stesse per periodi qualunque, se si considera il tasso relativo al periodo.

Costituzione con rate costanti

▶ Esercizi a p. 538

La somma M può anche essere costituita mediante il versamento di n **rate costanti** di importo R. In questo caso, se la rendita è posticipata, vale la relazione

$$M = R \cdot s_{\overline{n}|i}, \qquad R = \frac{M}{s_{\overline{n}|i}} = M \cdot \sigma_{\overline{n}|i}.$$

i è il tasso annuo soltanto se il periodo del versamento è l'anno, altrimenti al posto di i dobbiamo usare il tasso relativo al periodo considerato.
Considerazioni analoghe valgono per una rendita anticipata.

Piano di costituzione

Per conoscere, periodo per periodo, il valore del capitale costituito e la quota di interessi maturati, si può stendere un **piano di costituzione** sotto forma di tabella. Vediamo come con un esempio.

> **ESEMPIO**
> Stendiamo il piano di costituzione di un capitale di € 20 000 relativo a 4 rate annue anticipate al tasso del 6% annuo.
>
> Calcoliamo il valore in euro della rata:
>
> $$R = \frac{20\,000}{\ddot{s}_{\overline{4}|0,06}} = \frac{20\,000}{4,63709296} = 4313,05.$$
>
> Creiamo una tabella con cinque colonne: **anni**, **rata annua**, **fondo all'inizio dell'anno**, **interessi**, **fondo alla fine dell'anno**.
>
> Compiliamo poi le righe come segue.
> 1. Scriviamo il numero dell'anno (cominciando dal primo).
> 2. Scriviamo la rata annua.
> 3. Scriviamo il fondo iniziale costituito (nel primo anno è la rata versata).
> 4. Sul fondo iniziale calcoliamo l'interesse, moltiplicando per il tasso di interesse, e lo scriviamo nella relativa colonna.
> 5. Sommiamo il fondo iniziale con l'interesse e otteniamo il fondo alla fine dell'anno.

6. Al fondo finale aggiungiamo il valore della rata ottenendo il nuovo fondo all'inizio dell'anno.
7. Ripetiamo le operazioni precedenti.

Se procediamo correttamente, nella casella dell'ultima riga e colonna abbiamo il capitale da costituire. (Possono esserci piccole differenze dovute agli arrotondamenti.)

Piano di costituzione del capitale				
Anni	Rata annua	Fondo all'inizio dell'anno	Interessi	Fondo alla fine dell'anno
1	4313,05	4313,05	258,783	4571,83
2	4313,05	8884,88	533,09	9417,97
3	4313,05	13 731,02	823,86	14 554,88
4	4313,05	18 867,92	1132,08	20 000

Fissata una riga, il valore dell'ultima colonna può anche essere calcolato direttamente come montante relativo a una rendita anticipata con tante rate quante sono indicate dal numero d'ordine della riga.

Per esempio, il fondo M_2 alla fine del secondo anno è, in euro:

$$M_2 = 4313{,}05 \cdot \ddot{s}_{\overline{2}|0{,}06} = 4313{,}05 \cdot 2{,}1836 = 9417{,}97.$$

Il fondo alla fine dell'anno (o periodo) n viene anche detto **fondo costituito** e indicato con F_n.

■ Cambiamento del tasso

▶ Esercizi a p. 539

Durante la costituzione di un capitale può accadere che cambino alcuni dei parametri stabiliti all'inizio, soprattutto nel caso di progetti a lungo termine. Riferendoci all'esempio che abbiamo appena trattato, se alla fine del secondo anno il tasso costitutivo diventasse del 2%, come dovremmo modificare le ultime due rate per costituire comunque il capitale di € 20 000 con i quattro versamenti stabiliti? Ci serve conoscere il fondo costituito alla fine dell'anno. Nel caso del nostro esempio, il fondo alla fine del secondo anno è di € 9417,97; questo fondo capitalizzerà per i restanti due anni al tasso del 2% generando il montante di:

$$9417{,}97(1 + 0{,}02)^2 = 9798{,}46.$$

Di conseguenza, le due rate finali, che indicheremo con S, dovranno essere modificate in modo da costituire il capitale di:

$$20\,000 - 9798{,}46 = 10\,201{,}54.$$

Calcoliamo le rate:

$$S = \frac{10\,201{,}54}{\ddot{s}_{\overline{2}|0{,}02}} = \frac{10\,201{,}54}{2{,}0604} = 4951{,}24.$$

Come era da attendersi, la diminuzione del tasso costringe chi costituisce un capitale a un esborso maggiore.

7 Ammortamento

■ Rimborso di un prestito

Chi ottiene un finanziamento deve impegnarsi alla restituzione del debito, con un certo numero di pagamenti differiti nel tempo. Si pone dunque il problema di individuare quantitativamente il piano di rimborso del capitale prestato.

Il principio di equivalenza finanziaria stabilisce che se viene ricevuto in prestito un capitale C all'epoca $t = 0$ (erogazione della prestazione da parte del creditore), il debitore si impegna a restituire secondo uno scadenziario $t_1, ..., t_n$ n rate di importo $R_1, ..., R_n$ (erogazione delle controprestazioni da parte del debitore), calcolate in modo che la somma dei loro valori attuali al tasso concordato di interesse i sia uguale alla somma prestata:

$$C = R_1(1 + i)^{-t_1} + R_2(1 + i)^{-t_2} + ... + R_n(1 + i)^{-t_n}.$$

Il rimborso di un prestito o **ammortamento** avviene secondo modalità concordate fra mutuante e mutuatario. Esse possono essere ricondotte a tre tipi:

1. il **rimborso globale**, in cui il debitore paga il capitale e l'interesse (ossia il montante) in un'unica soluzione a una certa scadenza;
2. il **rimborso globale con pagamento periodico degli interessi**, in cui gli interessi vengono pagati periodicamente (per esempio, ogni anno), mentre il capitale viene pagato interamente a una certa scadenza;
3. il **rimborso graduale**, dove sia gli interessi sia il capitale sono pagati periodicamente e il debito viene così estinto gradualmente.

In ognuno dei tre tipi di ammortamento le rate devono essere calcolate con il principio di equivalenza finanziaria.

🇬🇧 Listen to it

When a **loan** is established, the borrower pays back a given number of **instalments**, whose present value has to equate to the borrowed sum.

■ Valutazione di un prestito

Durante il rimborso di un prestito, spesso è necessario fare una sua valutazione, che avviene calcolando il valore attuale delle somme ancora da versare.

Capita infatti che il debitore desideri estinguere anticipatamente il suo debito, oppure che il debitore o il creditore vogliano stimare il prestito per redigere un bilancio. In questi casi c'è la necessità di valutare il valore attuale delle somme ancora da versare sulla base di un tasso di interesse i' concordato tra le parti, detto **tasso di valutazione** o **rendimento del prestito**, che è in generale inferiore al tasso i del prestito con il quale sono state calcolate le quote di ammortamento.

Quindi il valore del prestito è il valore attuale al tasso di valutazione i' delle somme ancora da versare.

A volte è necessario anche distinguere il valore attuale delle somme ancora da versare dal valore attuale degli interessi, in quanto possono spettare a soggetti diversi.

> **DEFINIZIONI**
>
> - La **nuda proprietà** è il valore attuale delle quote di capitale ancora da versare al momento del pagamento di scadenza t_k. Si indica con P_k.
> - L'**usufrutto** è il valore attuale delle quote di interessi ancora da versare al momento del pagamento di scadenza t_k. Si indica con U_k.

Vale la relazione: $\boxed{V_k = P_k + U_k}$, dove V_k è il valore del prestito all'epoca t_k.

Rimborso globale

▶ Esercizi a p. 542

In questa forma di rimborso, il debitore si impegna a rimborsare alla scadenza del prestito il montante del capitale C ricevuto in prestito al tasso i, quindi:

$$M = C(1+i)^n.$$

Dovendo valutare il prestito, si ha che, se i' è il tasso di valutazione fissato:

$$V_k = M \cdot (1+i')^{-(n-k)} = C \cdot (1+i)^n \cdot (1+i')^{-(n-k)}.$$

Volendo scomporre tale valore in usufrutto e nuda proprietà:

$$P_k = C \cdot (1+i')^{-(n-k)}, \quad U_k = V_k - P_k.$$

Questa forma di rimborso è poco usata, in quanto molto gravosa per il debitore.

ESEMPIO

1. Chiara riceve in prestito € 30 000 e restituirà il debito globalmente dopo 5 anni al tasso annuo del 5,8%. Calcoliamo l'importo della somma che dovrà pagare.

   La somma da pagare, in euro, è data da: $M = 30\,000 \cdot 1{,}058^5 = 39\,769{,}46$.

2. Ci viene concesso un prestito di € 50 000 che rimborseremo globalmente fra 7 anni al tasso annuo del 6%. Dopo 4 anni e 6 mesi otteniamo di riscattare il debito al tasso annuo di valutazione del 5,2%. Calcoliamo la somma che avremmo dovuto pagare alla scadenza e il valore di riscatto del debito.

   La somma che avremo dovuto pagare alla scadenza è, in euro:

   $$M = 50\,000 \cdot 1{,}06^7 = 75\,181{,}51.$$

   Il valore di riscatto del debito si calcola anticipando di 4 anni e 6 mesi il montante calcolato al tasso $i' = 0{,}052$.

   Poiché $t = 4$ anni e 6 mesi $\left(4 + \dfrac{6}{12}\right)$ anni $= \dfrac{9}{2}$ anni, l'epoca in cui avviene l'estinzione anticipata è $7 - t = 7 - \dfrac{9}{2} = \dfrac{5}{2}$ anni, allora:

   $$V_{\frac{9}{2}} = 75\,181{,}51 \cdot 1{,}052^{-\frac{5}{2}} = 66\,232{,}58.$$

   Il valore di riscatto del debito è di € 66 232,58.

▶ Abbiamo ottenuto un prestito di € 35 000 e ci impegniamo a rimborsarlo globalmente dopo 6 anni al tasso del 5,7% annuo. Se dopo 3 anni e 4 mesi ci viene concesso di riscattare il prestito al tasso del 5,3%, qual è il valore di riscatto del debito? [€ 42 531,33]

Rimborso globale con pagamento periodico degli interessi

▶ Esercizi a p. 543

In questa forma di rimborso, il debitore si impegna a restituire globalmente, alla scadenza, il valore C della somma presa in prestito al tasso i e a versare, alla fine di ogni anno, gli interessi. Alla scadenza verserà dunque il capitale C più l'ultima quota degli interessi. Graficamente abbiamo lo schema seguente.

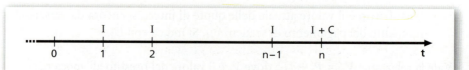

Paragrafo 7. Ammortamento

L'interesse viene calcolato nel regime dell'interesse semplice, quindi il suo importo è dato da:

$I = C \cdot i$, se il periodo è l'anno,

$I = C \cdot i_k$, se il periodo è una frazione di anno.

Il valore attuale di tutte le quote degli interessi, sommato al valore attuale del capitale C da rimborsare alla scadenza, dà proprio l'importo C del debito del contratto. Infatti:

$$C \cdot i \cdot a_{\overline{n}|i} + C \cdot (1+i)^{-n} = C \cdot i \cdot \frac{1-(1+i)^{-n}}{i} + C \cdot (1+i)^{-n} =$$

$$C - C(1+i)^{-n} + C \cdot (1+i)^{-n} = C.$$

Per la **valutazione del prestito all'epoca k** si ha:

$P_k = C \cdot (1 + i')^{-(n-k)}$,

$U_k = C \cdot i \cdot a_{\overline{n-k}|i'}$,

$V_k = P_k + U_k$.

ESEMPIO

1. Riceviamo in prestito € 20 000 e ci impegniamo a rimborsare il capitale dopo 5 anni con pagamento, alla fine di ogni anno, degli interessi semplici al tasso annuo del 5%. Calcoliamo le quote degli interessi versate ogni anno, la quota versata alla scadenza e verifichiamo che il valore attuale di tutti i pagamenti è uguale all'importo del prestito.

   Le quote in euro degli interessi sono date da: $I = 20000 \cdot 0,05 = 1000$.
   L'ultimo pagamento in euro è: $C + I = 20000 + 1000 = 21000$.

   Calcoliamo il valore attuale della successione degli interessi più il valore attuale del capitale rimborsato:

   $$V = 1000 \cdot a_{\overline{5}|0,05} + 20000 \cdot 1,05^{-5} = 4329,48 + 15670,52 = 20000.$$

   Il valore attuale è € 20 000.

2. Un prestito di € 32 000 viene rimborsato in 10 anni con pagamento periodico degli interessi al tasso annuo del 6,2%.
   Valutiamo il prestito dopo 6 anni al tasso annuo del 5,4%.
   Le quote degli interessi valgono:

   $$I = 32000 \cdot 0,062 = 1984.$$

   La nuda proprietà dopo 6 anni è:

   $P_6 = 32000 \cdot 1,054^{-4} = 25929,11.$

   L'usufrutto vale:

   $U_6 = I \cdot a_{\overline{4}|i'} = 1984 \cdot a_{\overline{4}|0,054} = 6970,29.$

   Il valore del prestito in euro dopo 6 anni è perciò:

   $V_6 = P_6 + U_6 = 32899,40.$

▶ Un prestito di € 24 000 viene rimborsato in 6 anni con pagamento periodico semestrale degli interessi al tasso annuo nominale convertibile semestralmente del 6%. Determina la nuda proprietà, l'usufrutto e il valore del prestito, dopo 3 anni e 6 mesi, al tasso annuo nominale convertibile semestralmente del 5,2%.

[21 109,33; 3335,39; 24 444,72]

Capitolo 11. Rendite, ammortamenti, leasing

■ Ammortamento a due tassi o americano

▶ Esercizi a p. 544

Nell'**ammortamento a due tassi** il debitore e il creditore pattuiscono il pagamento graduale degli interessi e il rimborso globale finale del capitale, ma il debitore preferisce costituire il capitale che alla fine dovrà versare. Per esempio, decide di effettuare dei versamenti periodici presso una banca.

La costituzione del capitale è indipendente dal prestito e per questo il tasso di ammortamento i in generale è diverso da quello di costituzione i'.

Consideriamo soltanto il caso in cui le rate per la costituzione del capitale sono costanti posticipate.

Detto C il valore del debito, ogni anno il debitore deve versare due quote:

- la quota di interessi al creditore, data da $C \cdot i$;
- la rata per la costituzione del capitale data da $\dfrac{C}{s_{\overline{n}|i'}} = D\sigma_{\overline{n}|i'}$.

La rata complessiva che viene pagata ogni anno è:

$$R = C \cdot i + C\sigma_{\overline{n}|i'} = C(i + \sigma_{\overline{n}|i'}).$$

Osserviamo che questa forma di rimborso è globale per il creditore, ma graduale per il debitore.

ESEMPIO

Prendiamo in prestito € 40 000 per 10 anni, al tasso del 7%, con pagamento annuale posticipato degli interessi e rimborso finale del capitale. Contemporaneamente, presso una banca, costituiamo il capitale necessario al rimborso al tasso del 4%. Calcoliamo il valore della rata annua che dobbiamo pagare e il tasso effettivo sostenuto.

L'interesse annuo per il prestito vale:

$40\,000 \cdot 0{,}07 = 2800.$

La rata per costituire il capitale è:

$\dfrac{40\,000}{s_{\overline{10}|0{,}04}} = 3331{,}64.$

In totale ogni anno dobbiamo pagare € $(2800 + 3331{,}64) = €\ 6131{,}64$.

Per determinare il tasso effettivo del prestito, poniamo il valore del debito uguale al valore attuale delle 10 rate annue pagate:

$6131{,}64 \cdot a_{\overline{10}|i} = 40\,000 \quad \rightarrow \quad a_{\overline{10}|i} = 6{,}523540195.$

Per calcolare i, dobbiamo, per tentativi, determinare due tassi da utilizzare nell'interpolazione:

$a_{\overline{10}|0{,}085} = 6{,}561348058, \qquad a_{\overline{10}|0{,}0875} = 6{,}488886024.$

Mettiamo i dati in una tabella e interpoliamo.

i	0,0875	i	0,085
$a_{\overline{10}|i}$	6,488886024	6,523540195	6,561348058

▶ Sono presi a prestito € 15 000 rimborsabili in 6 anni per la ristrutturazione di uno studio al tasso annuo del 6% con pagamento posticipato degli interessi e rimborso finale del capitale. C'è la possibilità di costituire il capitale necessario al rimborso al tasso annuo del 3%. Quali sono la rata e il tasso effettivo? Puoi usare l'interpolazione lineare sapendo che, scorrendo le righe relative a $n = 6$ nelle tavole relative ad $a_{\overline{n}|i}$, troviamo:

4,69385 → 7,5%,

4,65815 → 7,75%.

[€ 3218,96; 7,74%]

$(0{,}085 - 0{,}0875) : (i - 0{,}0875) =$
$(6{,}561348058 - 6{,}488886024) : (6{,}523540195 - 6{,}488886024),$

$i = 0{,}0863.$

Il tasso effettivo è dell'8,63%.

■ Ammortamento graduale

Nell'ammortamento (o rimborso) graduale, le **rate di ammortamento** che periodicamente il debitore versa sono rate costanti posticipate, e sono costituite da due parti: una **quota interessi** e una **quota capitale** (con cui estingue gradualmente il debito). Indichiamo con:

- C il debito iniziale che si deve estinguere;
- $R_1, R_2, R_3, \ldots, R_k, \ldots$ le rate costanti corrispondenti alle diverse scadenze;
- $C_1, C_2, C_3, \ldots, C_k, \ldots$ le quote capitale;
- $I_1, I_2, I_3, \ldots, I_k, \ldots$ le quote interessi.

La somma delle quote capitale è uguale al capitale C da rimborsare:

$$C = C_1 + C_2 + \ldots + C_n.$$

Per la rata da versare nel k-esimo periodo vale la relazione

$$R_k = C_k + I_k,$$

da cui si possono ricavare anche C_k o I_k.

Il **debito estinto** con la k-esima rata, che indichiamo con E_k, è dato dalla somma delle quote capitale pagate fino a quel momento:

$$E_k = C_1 + C_2 + \ldots + C_k.$$

Il **debito residuo** D_k è dato dalla differenza fra il debito iniziale e quello estinto:

$$D_k = C - E_k.$$

La quota interessi di ciascun anno è l'interesse calcolato per un anno sul debito residuo dell'anno precedente, perché il pagamento delle rate è posticipato:

$$I_k = D_{k-1} i.$$

In ogni ammortamento graduale, poiché il debito viene gradualmente estinto, l'interesse da pagare diminuisce progressivamente.

In analogia con la costituzione di capitali, anche per un ammortamento si compila un **piano di ammortamento** che contiene periodo per periodo tutti gli elementi dell'ammortamento.

Esamineremo ora le principali caratteristiche di due tipi di ammortamento graduale, mentre rimandiamo agli esercizi guida l'esempio di piani di ammortamento.

■ Ammortamento a quote di capitale costanti

▶ Esercizi a p. 546

Questo metodo di rimborso è detto anche **uniforme** o **italiano**. Le quote di capitale rimborsate alla fine degli n periodi sono uguali, e sono date da: $C_k = \dfrac{C}{n}.$

Capitolo 11. Rendite, ammortamenti, leasing

Per calcolare le quote di interessi, si determina il debito residuo all'anno $k-1$:

$$D_{k-1} = C_k \cdot [n - (k-1)] = \frac{C}{n} \cdot (n - k + 1).$$

Quindi le quote di interessi, che sono decrescenti in quanto è decrescente il debito residuo, sono date da:

$$I_k = D_{k-1} \cdot i \quad \rightarrow \quad I_k = \frac{C \cdot i}{n} \cdot (n - k + 1).$$

La rata pagata periodicamente è decrescente ed è data da:

$$R_k = C_k + I_k.$$

Calcoliamo la differenza tra due quote di interessi successive:

$$I_{k+1} - I_k = \frac{C \cdot i}{n}(n - k) - \frac{C \cdot i}{n}(n - k + 1) =$$

$$\frac{C \cdot i}{n}(n - k) - \frac{C \cdot i}{n}(n - k) - \frac{C \cdot i}{n} = -\frac{C \cdot i}{n} = -C_k \cdot i.$$

Ciò significa che le quote di interessi, e di conseguenza anche le rate, decrescono sempre della stessa quantità $C_k \cdot i$. Dunque vale la seguente proprietà.

Nell'ammortamento uniforme le quote di interessi e le rate costituiscono due progressioni aritmetiche di ragione $-C_k \cdot i$.

ESEMPIO

1. Un debito di € 40 000 è rimborsabile in 15 anni con metodo uniforme al 5,8%. Determiniamo la composizione dell'ottava rata.

   Le quote costanti di capitale sono, in euro:

   $$C_k = \frac{40\,000}{15} = 2666,67.$$

   Calcoliamo il debito residuo alla fine del settimo anno:

   $$D_7 = 8 \cdot C_k = 8 \cdot 2666,67 = 21333,33.$$

   L'ottava quota di interessi è:

   $$I_8 = D_7 \cdot i = 21333,33 \cdot 0,058 = 1237,33.$$

   La composizione dell'ottava rata è dunque, in euro:

   $$R_8 = C_k + I_8 = 2666,67 + 1237,33 = 3904.$$

▶ Verifica che la composizione della decima rata nell'esempio 1 è $R_{10} = 3594,67$ e poi trova la composizione dell'undicesima rata. [3440]

2. Un prestito viene rimborsato con metodo italiano al tasso annuo dell'8,5%. Sapendo che l'importo della settima rata è di € 4152,5 e che le quote di interessi decrescono ogni anno di € 233,75, calcoliamo l'importo del prestito e la durata dell'ammortamento.

   Sappiamo che $C_k \cdot i = 233,75$, quindi ciascuna quota di capitale è:

   $$C_k = \frac{233,75}{0,085} = 2750.$$

Paragrafo 7. Ammortamento

Sappiamo inoltre che:

$$R_7 = C_k + I_7 = 4152,5 \rightarrow I_7 = 1402,5.$$

Ma:

$$I_7 = D_6 \cdot i = (n-6) \cdot C_k \cdot i = (n-6) \cdot 2750 \cdot 0,085,$$

$$(n-6) \cdot 233,75 = 1402,5 \rightarrow n = 12.$$

L'importo del prestito è $C = C_k \cdot 12 = 2750 \cdot 12 = 33\,000$, in euro.

Anche in questa forma di rimborso consideriamo il problema della *valutazione del prestito*, utilizzando la formula $V_k = P_k + U_k$.

La nuda proprietà, visto che le quote di capitale sono costanti, è:

$$\boxed{P_k = C_k \cdot a_{\overline{n-k}|i'} = \frac{C}{n} \cdot a_{\overline{n-k}|i'}.}$$

Per l'usufrutto invece vale la **formula di Achard-Makeham**:

$$\boxed{U_k = \frac{i}{i'}(D_k - P_k) = \frac{C \cdot i}{n \cdot i'}(n - k - a_{\overline{n-k}|i'}).}$$

ESEMPIO

Un prestito di € 38000 viene rimborsato in 8 anni con metodo italiano al 6,5%. Valutiamo il prestito dopo 4 anni al tasso di valutazione annuo del 4,8%. Le quote di capitale costanti valgono, in euro:

$$C_k = \frac{38\,000}{8} = 4750.$$

La nuda proprietà è il valore attuale delle rimanenti 4 quote di capitale:

$$P_4 = 4750 \cdot a_{\overline{4}|0,048} = 16\,921,81.$$

L'usufrutto si calcola con la formula di Achard-Makeham:

$$U_4 = \frac{38\,000 \cdot 0,065}{8 \cdot 0,048}(4 - a_{\overline{4}|0,048}) = 2814.$$

Il valore del prestito, in euro, è dunque:

$$V_4 = P_4 + U_4 = 19\,736,03.$$

Ammortamento a rate costanti

▶ Esercizi a p. 547

In questo metodo le rate pagate sono tutte uguali e posticipate. È anche detto **metodo progressivo** o **metodo francese**. È il metodo più utilizzato per il rimborso di un prestito. Per calcolare il valore delle rate, basta porre il valore attuale della rendita che esse costituiscono uguale all'importo C del prestito, cioè

$$C = R \cdot a_{\overline{n}|i} \rightarrow \boxed{R = \frac{C}{a_{\overline{n}|i}} = C \cdot \alpha_{\overline{n}|i}.}$$

La quota di interessi si calcola sempre sul debito residuo dell'anno precedente, dunque:

$$\boxed{I_k = D_{k-1} \cdot i.}$$

▶ Un prestito viene rimborsato con metodo italiano al tasso annuo del 6%. L'importo dell'ottava rata è di € 2670 e le quote di interessi decrescono ogni anno di € 90. Calcola l'importo del prestito e la durata dell'ammortamento.

[€ 30 000; 20 anni]

▶ Un prestito di € 20 000 viene rimborsato in 10 anni con metodo italiano, con rate semestrali, al tasso annuo nominale convertibile semestralmente del 6%. Calcola nuda proprietà, usufrutto e valore del prestito al tasso annuo nominale convertibile semestralmente del 5,5% dopo 5 anni.

[€ 8640,08; € 1483,55; € 10 123,63]

Capitolo 11. Rendite, ammortamenti, leasing

▶ Un debito di € 25 000 è ammortizzabile in 5 anni con metodo francese al tasso annuo nominale del 6% convertibile mensilmente. Qual è la composizione della prima rata?
[$I_1 = 125; C_1 = 358,32$]

ESEMPIO

Un debito di € 25 000 è ammortizzabile in 6 anni con metodo francese al tasso del 7%. Determiniamo l'importo della rata e la composizione della prima rata.

$$R = 25\,000 \cdot \alpha_{\overline{6}|0,07} = 5244,89.$$

La prima quota di interessi è calcolata sul valore totale del prestito e quella di capitale si ottiene per differenza. In euro abbiamo:

$$I_1 = D_0 \cdot i = 25\,000 \cdot 0,07 = 1750,$$
$$C_1 = R - I_1 = 3494,89.$$

Vale la seguente proprietà.

> Le quote di capitale crescono in progressione geometrica di ragione $(1 + i)$, cioè:
> $$C_{k+1} = C_k \cdot (1 + i).$$

La dimostrazione si basa sull'uguaglianza di tutte le rate,

$$R_{k+1} = R_k \;\rightarrow\; C_{k+1} + I_{k+1} = C_k + I_k \;\rightarrow\; C_{k+1} - C_k = I_k - I_{k+1},$$

ed essendo

$$I_k - I_{k+1} = D_{k-1} \cdot i - D_k \cdot i = (D_{k-1} - D_k) \cdot i = C_k \cdot i,$$

otteniamo:

$$C_{k+1} = C_k + C_k \cdot i = C_k \cdot (1 + i).$$

Questa proprietà giustifica il fatto che il metodo è detto *progressivo*.
Da essa otteniamo:

$$C_1 = R - I_1,$$
$$C_2 = C_1(1 + i),$$
$$C_3 = C_2(1 + i) = C_1(1 + i)^2,$$
$$\ldots$$

$$\boxed{C_k = C_1 \cdot (1 + i)^{k-1}.}$$

Si ricava inoltre che: $\boxed{C_1 = R - I_1 = C \cdot \sigma_{\overline{n}|i}.}$

Per calcolare il debito estinto, utilizziamo la formula relativa alla somma dei termini di una progressione geometrica:

$$E_k = C_1 + C_2 + \ldots + C_k = C_1 + C_1 \cdot (1 + i) + \ldots + C_1(1 + i)^{k-1} =$$
$$C_1 \cdot \frac{(1+i)^k - 1}{(1+i) - 1} = C_1 \cdot \frac{(1+i)^k - 1}{i},$$

cioè: $\boxed{E_k = C_1 \cdot s_{\overline{k}|i}.}$

Per il calcolo del debito residuo, osserviamo che esso è uguale al valore attuale delle $(n - k)$ rate ancora da versare:

$$\boxed{D_k = R \cdot a_{\overline{n-k}|i}.}$$

Infine:

$$\boxed{I_k = R - C_k.}$$

Paragrafo 7. Ammortamento

ESEMPIO

Ci viene concesso un prestito di € 60 000 rimborsabile con un mutuo a rata costante della durata di 10 anni al tasso annuo del 6%. Calcoliamo l'importo della rata, la composizione della sesta rata e il debito residuo alla fine del sesto anno. Calcoliamo la rata di ammortamento:

$$R = 60\,000 \cdot \alpha_{\overline{10}|0,06} = 8152,08.$$

Per ottenere la composizione della sesta rata, calcoliamo prima C_1:

$$I_1 = D_0 \cdot i = 60\,000 \cdot 0,06 = 3600,$$

perciò:

$$C_1 = R - I_1 = 8152,08 - 3600 = 4552,08,$$

dunque:

$$C_6 = C_1 \cdot (1+i)^5 = 4552,08 \cdot 1,06^5 = 6091,71,$$
$$I_6 = R - C_6 = 8152,08 - 6091,71 = 2060,37.$$

Per quanto riguarda la valutazione del prestito nell'ammortamento francese, osserviamo che il **valore del prestito** all'epoca k è uguale al valore attuale delle $n-k$ rate ancora da versare, al tasso di valutazione i':

$$\boxed{V_k = R \cdot a_{\overline{n-k}|i'}.}$$

Per il calcolo della nuda proprietà distinguiamo due casi:

- se $i \neq i'$, si applica la formula di Achard-Makeham:

$$\boxed{P_k = R \cdot \frac{(1+i')^{-(n-k)} - (1+i)^{-(n-k)}}{i - i'};}$$

- se $i = i'$, la nuda proprietà si calcola come somma dei valori attuali delle quote capitale ancora da rimborsare e si arriva alla formula:

$$\boxed{P_k = (n-k) \cdot R \cdot (1+i)^{-(n-k+1)}.}$$

L'usufrutto si calcola come differenza tra il valore del prestito e la nuda proprietà:

$$U_k = V_k - P_k.$$

ESEMPIO

Un prestito di € 36 000 viene ammortizzato con metodo francese al tasso annuo del 7,4% in 10 anni. Calcoliamo la rata di ammortamento e valutiamo il prestito al quinto anno al tasso di valutazione del 6%.

$$R = 36\,000 \cdot \alpha_{\overline{10}|0,074} = 5220,77.$$

Per calcolare la nuda proprietà, poiché $i \neq i'$, applichiamo la formula di Achard-Makeham:

$$P_5 = 5220,77 \cdot \frac{1,06^{-5} - 1,074^{-5}}{0,074 - 0,06} = 17\,694,93.$$

Il valore del prestito e l'usufrutto, in euro, sono:

$$V_5 = 5220,77 \cdot a_{\overline{5}|0,06} = 21\,991,78, \qquad U_5 = V_5 - P_5 = 4296,85.$$

▶ Un prestito di € 50 000 è rimborsabile con un mutuo a rata costante, della durata di 10 anni, al tasso annuo nominale del 6% convertibile mensilmente.
Verifica che:
- l'importo della rata è di € 555,10;
- la quota di capitale della dodicesima rata è di € 322,31;
- la quota di interessi della dodicesima rata è di € 232,79.

Come si scompone la centesima rata?
[$C_{100} = 499,90$, $I_{100} = 55,20$]

▶ Un prestito di € 50 000 è rimborsabile con un mutuo a rata costante, della durata di 10 anni, al tasso annuo nominale del 6% convertito mensilmente. Usiamo il tasso annuo nominale del 4% convertibile mensilmente per valutare il prestito alla fine del quarto anno.
Verifica che:
- la rata vale € 555,10;
- la nuda proprietà vale € 29 522,39;
- l'usufrutto vale € 5958,34.

Determina nuda proprietà e usufrutto alla fine del settimo anno.
[€ 17 136,86; € 1664,89]

Capitolo 11. Rendite, ammortamenti, leasing

🇬🇧 Listen to it

The **retrospective evaluation** is made at the end of the loan, when the last instalment is paid back. The total amount of the paid instalments at the end of the loan has to equate to the total amount borrowed.

▶ **Mutuo a tasso fisso e variabile** Una giovane coppia vuole acquistare una casa del valore di € 150 000, ma dispone solo di € 50 000. La banca propone loro un mutuo a rata fissa con tasso nominale del 2,4% su 15 anni, oppure uno al 3% su 20 anni. A quanto ammontano le rate mensili nei due casi? Come viene ammortizzata la somma presa in prestito?

☐ Video

▶ Ricevi in prestito € 10 000 al tasso del 4,4% annuo convertibile trimestralmente e paghi per 3 anni rate trimestrali di € 500. Qual è il debito residuo alla fine del terzo anno? [€ 5026,22]

■ Punto di vista retrospettivo

Nel rimborsare un prestito si può adottare quello che viene chiamato **punto di vista retrospettivo**.

Se pensiamo per esempio a un rimborso di un prestito con rate costanti, queste rate possono anche essere determinate imponendo che alla scadenza del prestito il montante della somma prestata uguagli il montante della rendita posticipata costituita dalle rate pagate. Se D indica la somma prestata, R la rata, n il numero dei pagamenti e i il tasso di valutazione, allora la rata R è determinata dalla relazione:

$$D(1+i)^n = R s_{\overline{n}|i} \quad \rightarrow \quad R = \frac{D(1+i)^n}{s_{\overline{n}|i}}.$$

Questa relazione conduce allo stesso risultato che avremmo ottenuto calcolando la rata con la relazione $R = D\alpha_{\overline{n}|i}$, perché:

$$\alpha_{\overline{n}|i} = \frac{(1+i)^n}{s_{\overline{n}|i}} \quad \rightarrow \quad \frac{i}{1-(1+i)^{-n}} = \frac{(1+i)^n i}{(1+i)^n - 1} \quad \rightarrow$$

$$\frac{i}{1-(1+i)^{-n}} = \frac{i}{\frac{(1+i)^n - 1}{(1+i)^n}}.$$

Allo stesso modo, il debito residuo dopo il pagamento della rata k può anche essere calcolato con la formula:

$$D_k = (1+i)^k - R s_{\overline{k}|i}.$$

Questo punto di vista è utile per calcolare il debito residuo quando il debitore versa rate che non sono state preventivamente determinate per estinguere il debito.

Per esempio, se ricevo a prestito al tasso del 4% annuo nominale convertibile mensilmente € 10 000 che inizio a rimborsare con rate annue di € 200, il debito residuo dopo due anni è dato da:

$$10\,000\left(1 + \frac{4}{12 \cdot 100}\right)^{24} - 200\, s_{\overline{24}|\frac{4}{12 \cdot 100}} = 5842,85.$$

8 Leasing
▶ Esercizi a p. 555

Con un contratto di **leasing** un'impresa (o un ente) ottiene in prestito da un'altra impresa un bene, in modo da poterlo utilizzare per un certo periodo. *Leasing* deriva dall'inglese *to lease*, che significa «affittare».

L'impresa che ottiene il prestito viene detta **locataria**, quella che lo concede è detta **locatrice**.

La società locatrice di solito non produce il bene, ma lo acquista da una terza impresa.

Esempi di beni che vengono ceduti con contratti di leasing sono le macchine per la produzione industriale, i fabbricati, i mezzi di trasporto… Al termine del prestito, o **locazione**, il locatario può, se lo ritiene opportuno, entrare in possesso del bene utilizzato.

520

Paragrafo 8. Leasing

Di solito un contratto di leasing è caratterizzato da tre elementi.

1. È previsto il pagamento di un **canone** periodico, con periodo breve, molto spesso mensile.
2. Si stabilisce un **anticipo**, ossia una certa somma che viene pagata alla stipulazione del contratto. Alcune volte questa somma è un multiplo del canone. Le rate che si pagano come anticipo non vengono poi versate nella parte finale della locazione.
3. Si prevede un **riscatto**, ossia una certa somma che il locatario deve pagare alla fine del contratto se vuole acquistare il bene.

ESEMPIO

Un'impresa ha stipulato un contratto di leasing della durata di 4 anni per un'apparecchiatura del valore di € 50 000.
Il contratto prevede il pagamento di:

1. 40 mensilità posticipate e costanti;
2. una somma corrispondente a 8 mensilità precedenti all'atto della stipulazione del contratto;
3. un riscatto di € 3000 al termine della locazione, qualora il locatario voglia acquistare il bene.

Determiniamo il valore di ogni mensilità, sapendo che nel contratto è stato utilizzato il tasso mensile dello 0,65%.

Per applicare il principio di equivalenza finanziaria osserviamo la figura, dove abbiamo indicato con R il valore della rata e misurato il tempo in mesi.

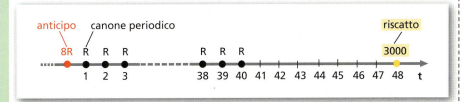

Portando tutte le somme al tempo 0, otteniamo l'equazione:

$$8R + R \cdot a_{\overline{40}|0,0065} + 3000 \cdot (1 + 0,0065)^{-48} = 50\,000.$$

Ricaviamo R:

$$R(8 + a_{\overline{40}|0,0065}) = 50\,000 - 3000 \cdot (1 + 0,0065)^{-48},$$

$$R = \frac{50\,000 - 3000 \cdot (1 + 0,0065)^{-48}}{8 + a_{\overline{40}|0,0065}} = 1108,50.$$

Il valore della mensilità da pagare è di € 1108,50.
L'anticipo da pagare all'atto della stipulazione del contratto è:

$$€ (1108,50 \cdot 8) = € 8868.$$

▶ Elisa apre una pasticceria e vuole acquistare in 5 anni un'attrezzatura del valore di € 23 250 con rate mensili posticipate e costanti, calcolate al tasso annuo nominale del 6% convertibile mensilmente. Il contratto prevede un anticipo di una somma pari a 4 mensilità precedenti all'atto della stipulazione del contratto e un riscatto di € 4500 al termine della locazione. A quanto ammonta la rata del leasing che dovrà pagare? [€ 377,60]

IN SINTESI
Rendite, ammortamenti, leasing

■ Rendite
- Una **rendita** è una successione di capitali da riscuotere (o pagare) in scadenze diverse.
- Il **valore di una rendita**, a una certa data, è la somma dei montanti o dei valori attuali delle rate, tutti calcolati in quella data.

■ Montante di una rendita temporanea
- Il **montante di una rendita** è il suo valore calcolato alla fine dell'ultimo periodo.
- Il **montante di una rendita immediata posticipata** o **differita posticipata** è il suo valore calcolato all'atto del versamento dell'ultima rata. Vale la formula:

$$M = R \cdot s_{\overline{n}|i}, \qquad s_{\overline{n}|i} = \frac{(1+i)^n - 1}{i}.$$

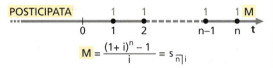

- Il **montante di una rendita immediata anticipata** o **differita anticipata** è il suo valore calcolato alla fine del periodo in cui si è versata l'ultima rata. Vale la formula:

$$M = R \cdot \ddot{s}_{\overline{n}|i}, \qquad \ddot{s}_{\overline{n}|i} = (1+i) \cdot \frac{(1+i)^n - 1}{i}.$$

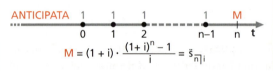

Fra s e $\ddot{s}$ valgono le seguenti relazioni:
- $\ddot{s}_{\overline{n}|i} = s_{\overline{n}|i} \cdot (1+i);$
- $\ddot{s}_{\overline{n}|i} = s_{\overline{n+1}|i} - 1.$

■ Valore attuale di una rendita temporanea
- Il **valore attuale di una rendita immediata posticipata** è il suo valore calcolato all'inizio del periodo del primo versamento. Vale la formula seguente:

$$V = R \cdot a_{\overline{n}|i}, \qquad a_{\overline{n}|i} = \frac{1 - (1+i)^{-n}}{i}.$$

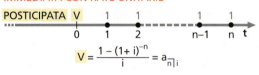

- Il **valore attuale di una rendita immediata anticipata** è il suo valore calcolato all'atto del primo versamento. Vale la formula:

$$V = R \cdot \ddot{a}_{\overline{n}|i}, \qquad \ddot{a}_{\overline{n}|i} = (1+i) \cdot \frac{1 - (1+i)^{-n}}{i}.$$

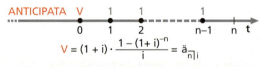

- Relazioni fra a e $\ddot{a}$:

$$\ddot{a}_{\overline{n}|i} = a_{\overline{n}|i} \cdot (1+i),$$
$$\ddot{a}_{\overline{n}|i} = a_{\overline{n-1}|i} + 1.$$

- Il **valore attuale di una rendita differita** (m periodi) **posticipata** è dato da:

$$V = R \cdot {}_m/a_{\overline{n}|i}, \qquad {}_m/a_{\overline{n}|i} = (1+i)^{-m} \cdot a_{\overline{n}|i}.$$

- Il **valore attuale di una rendita differita** (m periodi) **anticipata** è dato da:

$$V = R \cdot {}_m/\ddot{a}_{\overline{n}|i}, \qquad {}_m/\ddot{a}_{\overline{n}|i} = (1+i)^{-m} \cdot \ddot{a}_{\overline{n}|i}.$$

Vale la seguente relazione:

$${}_m/a_{\overline{n}|i} = a_{\overline{n+m}|i} - a_{\overline{m}|i}.$$

In sintesi

■ Rendite perpetue

- Il **valore attuale di una rendita perpetua posticipata** è uguale al valore della rata per il reciproco del tasso di interesse:

$$V = R \cdot a_{\overline{\infty}|i} = R \cdot \frac{1}{i}.$$

- Il **valore attuale di una rendita perpetua anticipata** è invece:

$$V = R \cdot \ddot{a}_{\overline{\infty}|i} = R \cdot (a_{\overline{\infty}|i} + 1) = R \cdot \frac{1+i}{i}.$$

Per le rendite frazionate valgono tutte le precedenti formule, purché ci sia corrispondenza tra la periodicità della rata R_k e quella del tasso i_k.

■ Problemi sulle rendite

Ci limitiamo a considerare rendite posticipate (considerazioni analoghe valgono per le rendite anticipate).

- Nella ricerca dell'**importo delle rate** di una rendita può essere
  - **noto il montante**:

$$R = M \cdot \sigma_{\overline{n}|i}, \qquad \sigma_{\overline{n}|i} = \frac{1}{s_{\overline{n}|i}};$$

  - **noto il valore attuale**:

$$R = V \cdot \alpha_{\overline{n}|i}, \qquad \alpha_{\overline{n}|i} = \frac{1}{a_{\overline{n}|i}}.$$

- Il **numero delle rate**, noto il montante, si ottiene mediante la soluzione di un'equazione esponenziale.

$$n = \frac{\log\left(\frac{M \cdot i}{R} + 1\right)}{\log(1+i)}$$

Se n **non è intero**, lo si arrotonda all'intero più vicino.

Poi è possibile seguire uno dei seguenti metodi:
- **modifica del capitale da costituire**;
- **modifica dell'importo delle rate**;
- **modifica dell'ultimo versamento**;
- **modifica della durata dell'investimento**.

- Per cercare il **tasso** si ricorre alla formula del montante o a quella del valore attuale, a seconda di ciò che si conosce. Si ricava $s_{\overline{n}|i}$ oppure $a_{\overline{n}|i}$. Per ottenere i si usano le **tavole** e l'**interpolazione lineare**.

■ Costituzione di un capitale

Per costituire un capitale è possibile effettuare:

- **un unico versamento** tale che impiegato a un certo tasso abbia come montante la somma voluta;
- un insieme di versamenti di n **rate costanti** di importo R.

Nel secondo caso, per conoscere, periodo per periodo, il valore del capitale costituito e la quota di interessi maturati, si compila una tabella detta **piano di costituzione**.

■ Ammortamento

- L'**ammortamento** è il rimborso di un prestito.
- La **nuda proprietà** è il valore attuale delle quote di capitale ancora da versare.

  L'**usufrutto** è il valore attuale delle quote di interessi ancora da versare.

  Se V_k, P_k e U_k sono rispettivamente il valore del prestito, la nuda proprietà e l'usufrutto all'epoca k:

$$V_k = P_k + U_k.$$

- **Rimborso globale di capitale e interessi**

$$M = C(1+i)^n,$$

$$V_k = M(1+i)^{-(n-k)} \quad \text{valore del prestito all'epoca } k.$$

- **Rimborso globale del capitale e pagamento periodico degli interessi**

  Viene rimborsato alla scadenza il capitale C e, alla fine di ogni periodo, la quota degli interessi I:

$$I = C \cdot \frac{i}{k}.$$

- **Ammortamento a due tassi o americano**

  Il rimborso è globale per il creditore, con pagamento periodico degli interessi, ma graduale per il debitore che costruisce il capitale che dovrà versare alla fine.

  La rata complessiva è:

$$R = Di + D\sigma_{\overline{n}|i'} = D(i + \sigma_{\overline{n}|i'}).$$

Capitolo 11. Rendite, ammortamenti, leasing

- In un **rimborso graduale**, indicati all'anno k-esimo con R_k la **rata**, con C_k la **quota capitale**, con I_k la **quota interessi**, con E_k il **debito estinto**, con D_k il **debito residuo**, valgono le relazioni:
  - $R_k = C_k + I_k$;
  - $E_k = C_1 + C_2 + \ldots + C_k$;
  - $D_k = D_0 - E_k$;
  - $I_k = D_{k-1}\, i$.

- Anche per un ammortamento si compila un **piano di ammortamento**: una tabella che contiene periodo per periodo tutti gli elementi dell'ammortamento.

- **Ammortamento a quote costanti di capitale**: la quota capitale costante si ottiene dividendo il debito iniziale C_0 per il numero delle rate:

  $$C_k = \frac{C_0}{n}.$$

- **Ammortamento a rate costanti o francese**
  Il valore della rata di ammortamento è costante e vale:

  $R = C \cdot \alpha_{\overline{n}|i}$.

  Le quote capitale formano una progressione geometrica di ragione $(1+i)$:

  $C_{k+1} = C_k \cdot (1+i)$,

  $C_k = C_1(1+i)^{k-1}$, con $C_1 = R - I_1$.

  Il debito estinto e il debito residuo si calcolano con:

  $E_k = C_1 \cdot s_{\overline{k}|i}$,

  $D_k = R \cdot a_{\overline{n-k}|i}$.

  Le quote interessi si calcolano con:

  $I_k = R - C_k$.

■ Leasing

In un contratto di **leasing** un'impresa (detta **locataria**) ottiene in prestito un bene da un'altra impresa (**locatrice**). Al termine del prestito (**locazione**), il locatario può, se lo desidera, comprare il bene utilizzato.

Di solito in un contratto di leasing si conviene di pagare:
- un **canone** periodico, con periodo breve (per esempio, mensile);
- un **anticipo**, alla stipulazione del contratto, multiplo del canone;
- un **riscatto**, per acquistare il bene (se lo si vuole) alla fine del contratto.

Paragrafo 2. Montante di una rendita temporanea

CAPITOLO 11
ESERCIZI

1 Rendite

▶ Teoria a p. 492

Concetto di rendita

Classifica le rendite descritte dai seguenti grafici in base al periodo, alla scadenza delle rate, alla durata e alla decorrenza e scrivi con tue parole il testo di un problema rappresentabile con gli assi dei tempi esaminati.

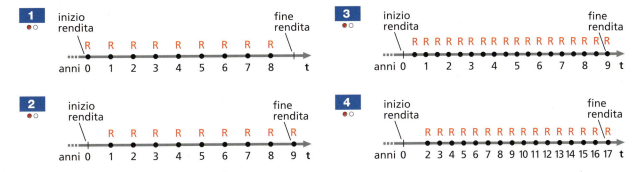

Disegna il grafico relativo alle seguenti rendite e classificale.

5 Deposito, a partire da oggi, all'inizio di ogni anno per 8 anni consecutivi presso una banca una somma di € 500.

6 **In affitto** Giovanni e Simona hanno preso in affitto un appartamento per 5 anni e pagano il canone di affitto di € 2700 alla fine di ogni trimestre.

7 Ho acquistato un elettrodomestico e concordo con il rivenditore un pagamento rateale in 2 anni all'inizio di ogni mese, con la prima rata che scade fra 6 mesi.

8 Mi è stato lasciato in eredità un fondo. Sulla base delle stime effettuate esso rende annualmente € 4000.

2 Montante di una rendita temporanea

Montante di una rendita immediata posticipata

▶ Teoria a p. 493

9 **ESERCIZIO GUIDA** Calcoliamo il montante di una rendita immediata posticipata di 6 rate annue di € 1500 al 2% annuo.

Applichiamo la formula del montante di una rendita immediata posticipata, in cui $R = 1500$, $i = 0{,}02$ e $n = 6$. Sostituendo otteniamo:

$$M = R \cdot s_{\overline{n}|i} = R \frac{(1+i)^n - 1}{i},$$

$$M = 1500 \cdot \frac{(1+0{,}02)^6 - 1}{0{,}02} = 9462{,}18.$$

Il montante cercato è di € 9462,18.

Capitolo 11. Rendite, ammortamenti, leasing

Calcola il montante delle seguenti rendite immediate posticipate.

10 $R = €\,4500$, $\quad t = 7^a$, $\quad r = 1{,}75\%$. $\qquad$ [€ 33 202,84]

11 $R = €\,2300$, $\quad t = 5^a\,e\,6^m$, $\quad i_2 = 0{,}0135$. $\qquad$ [€ 27 078,82]

12 $R = €\,600$, $\quad t = 2^a$, $\quad i_{12} = 0{,}0015$. $\qquad$ [€ 14 651,15]

Montante di una rendita immediata anticipata
▶ Teoria a p. 495

13 **ESERCIZIO GUIDA** Calcoliamo il montante di una rendita immediata anticipata costituita da 10 rate annue di € 1650, valutate al tasso del 2% annuo.

Applichiamo la formula che consente di calcolare il montante di una rendita immediata anticipata,

$$M = R \cdot \ddot{s}_{\overline{n}|i} = R \cdot (1+i) \cdot \frac{(1+i)^n - 1}{i}$$

, sapendo che $R = 1650$, $n = 10$ e $i = 2\%$.

Sostituendo otteniamo:

$$M = 1650 \cdot \ddot{s}_{\overline{10}|0{,}02} = 1650 \cdot 1{,}02 \cdot \frac{1{,}02^{10} - 1}{0{,}02} = 18\,428{,}38.$$

Il montante cercato è di € 18 428,38.

Calcola il montante delle seguenti rendite immediate anticipate.

14 $R = €\,2600$, $\quad t = 8^a$, $\quad r = 1{,}75\%$. $\qquad$ [€ 22 506,67]

15 $R = €\,960$, $\quad t = 5^a\,6^m$, $\quad i_2 = 0{,}015$. $\qquad$ [€ 11 559,56]

16 $R = €\,800$, $\quad t = 2^a$, $\quad i_{12} = 0{,}0012$. $\qquad$ [€ 19 490,67]

Montante di una rendita differita
▶ Teoria a p. 498

17 **ESERCIZIO GUIDA** Tra 1 anno a partire da oggi comincio a mettere da parte € 800 all'inizio di ogni mese per 2 anni al tasso annuo del 2%. Quanto potrò incassare alla fine?

Dato che il differimento di una rendita non influisce sul calcolo del montante, applichiamo la formula che permette di calcolare il montante di una rendita anticipata differita:

$$M = R \cdot \ddot{s}_{\overline{n}|i_{12}} = R(1 + i_{12}) \frac{(1 + i_{12})^n - 1}{i_{12}},$$

dove $R = 800$, $n = 24$ e i_{12} è il tasso mensile equivalente al tasso annuo $i = 2\%$. Ricaviamo i_{12}:

$$(1 + i_{12})^{12} = 1 + i \quad \rightarrow \quad i_{12} = (1+i)^{\frac{1}{12}} - 1 = 0{,}00165.$$

Sostituendo i valori numerici, otteniamo: $M = 800 \cdot (1{,}00165) \cdot \frac{(1{,}00165)^{24} - 1}{0{,}00165} = 19\,601{,}06.$

Alla fine dei due anni incasserò € 19 601,06.

18 Calcola il montante di una rendita posticipata differita di 5 anni, costituita da 8 rate annue di € 950, valutate al tasso del 2% annuo. [€ 8153,82]

19 Deposito all'inizio di ogni semestre, a partire dall'anno prossimo, una somma di € 3000 sul mio conto corrente. Quanto troverò sul conto fra 5 anni, se la banca applica un tasso dello 0,75% semestrale? [€ 24 824,34]

Paragrafo 3. Valore attuale di una rendita temporanea

20 Oggi è il 1 gennaio 2016. Alla fine di ogni mese, a partire dal mese di luglio, verso € 450 per pagare l'affitto. Alla fine dell'anno 2018 quanti soldi avrei se, anziché pagare l'affitto, avessi versato la cifra in banca al tasso annuo del 2%?
[€ 13 828,02]

MATEMATICA AL COMPUTER
Rendite con il foglio elettronico Utilizzando un foglio elettronico, calcoliamo il montante di una rendita annua immediata posticipata di 7 rate con importo di € 500, al tasso dell'1,75%.
Utilizziamo la formula:

$$M = R \cdot s_{\overline{n}|i} = R \frac{(1+i)^n - 1}{i}.$$

☐ Risoluzione – 3 esercizi in più

---

3 Valore attuale di una rendita temporanea

Valore attuale di una rendita immediata posticipata ▶ Teoria a p. 498

21 ESERCIZIO GUIDA Una rendita è costituita da 4 rate annue posticipate di € 2600 valutate al 9% annuo. Calcoliamo il valore attuale della rendita.

La formula per calcolare il valore attuale di una rendita immediata posticipata è:

$$V = R \cdot a_{\overline{n}|i} = R \frac{1 - (1+i)^{-n}}{i}.$$

Sostituendo i valori del problema, $R = 2600$, $n = 4$, $i = 0,09$, otteniamo:

$$V = 2600 \cdot a_{\overline{4}|0,09} = 2600 \frac{1 - (1 + 0,09)^{-4}}{0,09} = 8423,27.$$

Il valore attuale della rendita è di € 8423,27.

Calcola il valore attuale delle seguenti rendite immediate posticipate.

22 $R = € 3800$, $t = 3^a$, $r = 7,25\%$. [€ 9927,03]

23 $R = € 740$, $t = 7^a$, $i_4 = 0,16$. [€ 12 330,67]

24 $R = € 3800$, $t = 5^a 6^m$, $i_2 = 0,0025$. [€ 7135,66]

---

25 Qual è il valore di un debito che viene estinto in 3 anni con rate annue posticipate di € 4500 valutate al 9% annuo? [€ 11 390,83]

26 Ho stipulato un contratto che prevede il pagamento di rate quadrimestrali posticipate di € 600 a partire da oggi per 2 anni. Sapendo che è applicato un tasso di valutazione del 2,5% quadrimestrale, determina quale sarebbe l'importo da pagare oggi. [€ 3304,88]

27 2 anni fa ho prestato a un amico una certa somma, richiedendo un tasso dello 0,25%. Lui mi ha restituito i soldi prestati versando alla fine di ogni trimestre € 2000. Se oggi il suo debito è estinto, a quanto ammontava la somma che gli avevo prestato? [€ 15 955,14]

28 Per acquistare un piccolo appartamento ho acceso un mutuo all'8,5% annuo che prevede il pagamento di € 5972 alla fine di ogni semestre per 10 anni. Quanto ho pagato la casa? [€ 80 000,12]

Capitolo 11. Rendite, ammortamenti, leasing

Valore attuale di una rendita immediata anticipata
▶ Teoria a p. 500

29 ESERCIZIO GUIDA Calcoliamo il valore attuale di una rendita immediata anticipata di 9 rate annue di € 1840 al tasso del 12% annuo.

$$V = R \cdot \ddot{a}_{\overline{n}|i} = R \cdot (1+i) \cdot \frac{1-(1+i)^{-n}}{i}$$

$R = 1840$, $n = 9$ e $r = 12\%$. Sostituendo otteniamo, in euro, il valore attuale cercato:

$$V = 1840 \cdot \ddot{a}_{\overline{9}|0,12} = 1840 \cdot 1,12 \cdot \frac{1-(1,12)^{-9}}{0,12} = 10\,980,46.$$

30 Posso riscuotere € 3200 annui per 9 anni a partire da subito. Cedo tale diritto a un istituto di credito che lo valuta all'8,5% annuo. Quanto posso incassare? [€ 21 245,39]

31 Decido di acquistare un camper usato. Qual è il prezzo se mi viene proposto il pagamento in 2 anni a partire da oggi mediante rate mensili di € 715,69 al 7,5% annuo? [€ 16 040,37]

32 Calcola il valore attuale di una rendita immediata anticipata costituita da 10 rate trimestrali di € 1800 al tasso annuo nominale convertibile trimestralmente del 9%. [€ 16 318,27]

33 Oggi comincio a pagare mediante rate mensili di € 518 un'automobile. Se pagherò 30 rate e mi è stato riconosciuto il tasso annuo del 6%, quanto costa l'automobile? [€ 14 496,28]

34 All'inizio di ogni semestre, a partire da subito, posso riscuotere € 5500 per 5 anni. Una banca mi propone di pagarmi ora, in un'unica soluzione, riconoscendomi il tasso semestrale del 5,5%. Quale somma posso incassare ora? [€ 43 737,07]

35 Debiti per la casa Per pagare le opere di ristrutturazione della tua casa contrai due debiti: l'uno rimborsabile con rate trimestrali anticipate di € 1350, della durata di 4 anni, al tasso annuo convertibile trimestralmente del 6%; l'altro rimborsabile, a partire da oggi, con rate mensili di € 800 per 8 anni al tasso mensile dello 0,5%. Calcola l'importo della spesa che devi sostenere oggi. [€ 80 543,92]

36 Paola riscuote oggi il montante di versamenti mensili posticipati di € 500 che ha effettuato per 3 anni al tasso annuo del 2%. Con la somma accumulata vorrebbe estinguere oggi un debito che si è impegnata a rimborsare con rate semestrali anticipate di € 2500, per 5 anni, al tasso semestrale del 2,5%. È sufficiente la somma riscossa a saldare il debito? [no, mancano € 3897,04]

Valore attuale di una rendita differita
▶ Teoria a p. 501

37 ESERCIZIO GUIDA Una rendita è costituita da 6 rate annue di € 2500 valutate al 7,25% annuo. Calcoliamo il valore attuale della rendita sapendo che la prima rata scade fra 4 anni.

Rappresentiamo la rendita nell'asse dei tempi.
Il valore della rendita all'atto del primo versamento è

$V_4 = 2500 \cdot \ddot{a}_{\overline{6}|0,0725} =$
$2500 \cdot (1 + 0,0725) \cdot \frac{1-(1+0,0725)^{-6}}{0,0725} =$
$12\,682,24.$

Per conoscere il valore odierno della rendita dobbiamo spostare V_4 indietro nel tempo di 4 anni.

$V = 12\,682,24 \cdot (1 + 0,0725)^{-4} = 9585,33.$

Il valore attuale cercato è di € 9585,33.

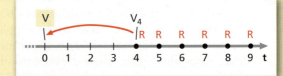

Riepilogo: Problemi sul montante e il valore attuale

38 Una persona ha il diritto di riscuotere € 4800 per 8 anni, la prima volta fra 2 anni. Quanto può ricavare se cede tale diritto al 10,5% annuo?
[€ 22 758,46]

39 Per estinguere un debito contratto 3 anni fa concordo il pagamento di 8 rate semestrali di € 2025,18 valutate al tasso del 6% annuo nominale convertibile semestralmente. Qual è l'importo del debito se la prima rata scade oggi?
[€ 12 262,97]

40 Calcoliamo il valore attuale di una rendita posticipata differita di 8 mesi, costituita da 8 rate quadrimestrali di € 800 al tasso annuo del 6%.
[€ 5646,52]

41 Calcoliamo il valore attuale di una rendita posticipata differita di 8 mesi, costituita da 6 rate quadrimestrali di € 4000 al tasso annuo nominale convertibile quadrimestralmente del 6%.
[€ 21 535,68]

42 Fra 2 anni comincerò a restituire la somma che mi è stata prestata oggi mediante 10 rate bimestrali di € 800 al tasso annuo dell'8%. A quanto ammontava il mio debito?
[€ 6478,42]

43 **In moto** 6 mesi fa ho acquistato una motocicletta che comincio a pagare oggi mediante 30 rate mensili di € 350 al tasso annuo nominale convertibile mensilmente del 6%. Quanto ho pagato la moto?
[€ 9488,33]

Riepilogo: Problemi sul montante e il valore attuale

44 ESERCIZIO GUIDA Versiamo in banca € 350 all'inizio di ogni mese, per 2 anni e 4 mesi, al tasso annuo dell'1,8%. Calcoliamo:
a. il montante di tutti i versamenti un mese dopo l'ultimo versamento;
b. il montante prodotto alla fine del terzo anno;
c. il valore attuale di tutti i versamenti all'inizio del primo mese.

La rendita considerata è frazionata e mensile di rata R_{12} = € 350. In 2 anni e 4 mesi il numero delle rate mensili è n = 28; dobbiamo perciò utilizzare un tasso mensile, che ricaviamo dal tasso annuo equivalente:

$$i_{12} = \sqrt[12]{1{,}018} - 1 = 0{,}001487765.$$

a. La rendita è anticipata, perciò: $M = R_{12} \cdot \ddot{s}_{\overline{28}|i_{12}} = 10\,014{,}26$.

b. Otteniamo il montante M' prodotto alla fine del terzo anno capitalizzando il precedente montante M per 8 mesi; pertanto, in euro, abbiamo:

$$M' = M \cdot (1+i)^t = 10\,014{,}26 \cdot 1{,}018^{\frac{8}{12}} = 10\,134{,}07.$$

c. È una rendita anticipata, quindi: $V = R_{12} \cdot \ddot{a}_{\overline{28}|i_{12}} = 9605{,}97$.

45 Calcola il montante di una rendita di rata trimestrale di € 450 della durata di 3 anni e 6 mesi al tasso di valutazione del 3,6% annuo convertibile trimestralmente, nell'ipotesi che la prima rata scada fra 3 mesi.
[€ 6682,15]

46 Versiamo € 500 quadrimestrali per 2 anni e 8 mesi presso una banca che corrisponde il tasso annuo del 3,2%. Calcola il montante accumulato fra 4 anni nell'ipotesi che la prima rata scada oggi.
[€ 4374,67]

47 Una rendita è costituita da 10 rate annue di € 1800 ciascuna. Calcola il valore attuale al tasso annuo del 4,8% sia nell'ipotesi che la prima rata scada oggi sia nell'ipotesi che la prima rata scada tra un anno.
[€ 14 708,80; € 14 035,11]

48 Abbiamo diritto a riscuotere € 2500 semestrali per 3 anni e 6 mesi con la prima rata che scade fra 8 mesi. Cediamo oggi tale diritto a una banca che applica il tasso del 3% semestrale. Quanto possiamo riscuotere?
[€ 15 422,99]

Capitolo 11. Rendite, ammortamenti, leasing

49 **Un po' subito, un po' a rate** Acquistiamo un'automobile e per pagarla otteniamo di versare subito € 5000 e per tre anni rate anticipate mensili di € 532. Calcola il valore dell'automobile al tasso di valutazione dello 0,45%. [€ 22 724,03]

50 Ci impegniamo a versare presso una banca € 900 trimestrali per 3 anni e 6 mesi. Per i primi due anni mi viene corrisposto il tasso dell'1,2% convertibile trimestralmente, mentre per il rimanente periodo viene ridotto all'1% trimestrale.
Qual è la somma accumulata al termine dei versamenti? [€ 13 260,49]

51 Anna ha versato per 6 anni € 1200 ogni trimestre presso una banca che applica il tasso di interesse annuo convertibile trimestralmente del 2%. Determina il montante costituitosi all'atto dell'ultimo versamento. [€ 30 518,35]

52 Per 8 mesi consecutivi da oggi, alla fine di ogni mese, verso in banca € 600. Quanti soldi avrò fra 1 anno e 2 mesi se la banca mi riconosce un tasso annuo nominale convertibile mensilmente dell'1,9%? [€ 4872,72]

53 Luigi ritira oggi il montante di due rendite: la prima costituita da 12 rate annue posticipate di € 500 valutate al 2% annuo e la seconda di 15 rate semestrali anticipate di € 320 al tasso semestrale dello 0,9%. Quanto incassa? [€ 11 866,59]

54 Ho depositato sul mio conto corrente alla fine di ogni anno per 6 anni consecutivi € 1000. Quale somma potrò ritirare 4 anni dopo la fine dei versamenti, se la banca corrisponde un tasso annuo dell'1,95%? [€ 6806,20]

55 **Fino alla maggiore età** Un padre alla nascita del primogenito decide di costituire un fondo a favore del figlio depositando, presso una banca che applica il tasso dell'1,5% annuo, una somma di € 2000 subito e € 340 per 18 anni in occasione di ogni compleanno.
Quanto potrà riscuotere il figlio al compimento del diciottesimo anno di età? [€ 9581,07]

56 Ci impegniamo a versare, da oggi e per 8 anni, rate semestrali posticipate di € 2000 al tasso annuo dell'1,9%. Dopo 5 anni abbiamo bisogno di prelevare € 10 000. Calcola: il montante accumulato due anni dopo l'ultimo versamento.
[€ 24 704,32]

57 Ho fatto due investimenti. Nel primo mi sono impegnato a versare per 4 anni e 6 mesi rate trimestrali posticipate da € 1500 al tasso trimestrale dello 0,44%, nel secondo nello stesso periodo rate trimestrali posticipate da € 2200 al tasso annuo convertibile trimestralmente dell'1,6%. Calcola:
a. il montante complessivo alla fine del periodo;
b. a quale tasso annuo avrei potuto effettuare un unico versamento trimestrale, pari alla somma dei due versamenti, in modo da avere, dopo 4 anni e 6 mesi, lo stesso montante.
[a) € 69 009,45; b) 1,675%]

58 Due rendite di uguale rata annua di € 2500 sono impiegate al tasso annuo del 3%. Sapendo che la durata della seconda è doppia di quella della prima e che la somma dei montanti è di € 165 435,82, calcola il numero delle rate di ciascuna rendita.
[15; 30]

59 **Per non vendere** Possiedo un terreno che rende € 9000 all'inizio di ogni anno. Per acquistare una casa, cedo tale rendita alla banca, che la valuta al 4% annuo. L'importo però non è sufficiente, perciò contraggo un debito che rimborso in 20 anni con rate annue posticipate del valore di € 10 780 al 6,8% annuo.
a. Calcola il valore del terreno.
b. Calcola il valore della casa.
c. Non volendo vendere il terreno, quale somma avrei dovuto aggiungere alla rendita per pagare la casa in 30 anni, al tasso di valutazione del 7%?
[a) € 234 000; b) € 350 000; c) € 19 205,24]

60 Alla fine di ogni mese, a partire da oggi, deposito presso una banca € 450 al tasso annuo dell'1,75% e all'inizio di ogni trimestre, a partire dal prossimo anno, depositerò presso un'altra banca € 750 al tasso trimestrale dello 0,8%. Quanti soldi potrò riscuotere fra 4 anni?
[€ 31 834,66]

Paragrafo 4. Rendite perpetue

61 Una rendita è costituita da 9 rate annue di € 800 valutate al tasso del 12% annuo. Calcola il montante della rendita nelle seguenti ipotesi:
 a. la prima rata scade oggi;
 b. la prima rata scade fra un anno;
 c. la prima rata scade fra 3 anni e la rendita è posticipata.

[a) € 7959,78; b) € 7803,70; c) € 7803,70]

62 Luisa ha iniziato 8 anni fa a versare 12 rate semestrali anticipate di € 1500 l'una, al tasso semestrale dell'1%. Oggi ritira il montante e lo utilizza per pagare un'automobile del costo di € 25 000. Si impegna a pagare a saldo due somme uguali : una fra 6 mesi e una fra 12 mesi. Sapendo che è stato applicato un tasso di interesse semestrale del 4,5%, determina l'importo delle due somme. [€ 2673,11]

63 Ho versato per 3 anni rate trimestrali anticipate di € 700 e, successivamente, per 4 anni, € 2500 alla fine di ogni anno. Sapendo che il tasso di interesse corrisposto è del 2,8% annuo, determina il montante accumulato 9 anni dopo l'inizio dei versamenti. [€ 21 391,89]

64 Mario ha versato per 4 anni e 6 mesi, alla fine di ogni semestre, € 500 al tasso annuo convertibile semestralmente dell'1,8%. Alla fine dei versamenti, ritira € 2300 e dopo 8 mesi altri € 1800. Calcola il saldo dopo 6 anni dall'inizio dei versamenti, sapendo che, dopo questi, il tasso è stato ridotto all'1,2% annuo. [€ 590,17]

4 Rendite perpetue

▶ Teoria a p. 502

65 **ESERCIZIO GUIDA** Calcoliamo il valore attuale di una rendita perpetua annua posticipata di € 5000 all'8% annuo.

$$V = \frac{R}{i}$$

$R = 5000$ e $i = 0,08$. Sostituendo si ottiene:

$$V = \frac{5000}{0,08} = 62\,500.$$

Il valore attuale della rendita perpetua è di € 62 500.

66 Calcola il valore attuale di una rendita perpetua posticipata di € 1500 trimestrali, se il tasso di interesse annuo è del 6,5%. [€ 94 528,17]

67 A quale prezzo posso vendere un terreno che fra 3 anni comincerà a rendere € 25 000 all'anno, se il tasso di valutazione è del 9,5%? [€ 219 476,57]

68 Viene ceduta oggi un'azienda il cui reddito annuo è di € 60 000. Nell'ipotesi che i redditi presunti futuri siano valutati all'8% annuo, qual è il valore di cessione dell'azienda? [€ 810 000]

69 Calcola il valore attuale di una rendita perpetua anticipata di € 3260 annui al 10%. [€ 35 860]

70 Oggi vendo un appartamento che, affittato, rende € 550 alla fine di ogni mese. Se il tasso di interesse annuo nominale convertibile mensilmente è del 6,25%, qual è il valore dell'appartamento oggi? [€ 105 600]

71 All'inizio di ogni bimestre mi spettano € 500. Qual è il valore attuale di tale rendita vitalizia se il tasso di interesse bimestrale è dell'1%?
[€ 50 500]

5 Problemi sulle rendite

Ricerca della rata
▶ Teoria a p. 504

72 ESERCIZIO GUIDA Calcoliamo la rata annua posticipata che permette di costituire in 15 anni un montante di € 20 000 presso una banca che calcola gli interessi al 2% annuo.

$$R = \frac{M}{s_{\overline{n}|i}} = \frac{M \cdot i}{(1+i)^n - 1}$$

Sostituendo i valori del problema, otteniamo:

$$R = \frac{20\,000 \cdot 0{,}02}{1{,}02^{15} - 1} = 1156{,}51,$$

che, in euro, è la rata cercata.

73 Un debito di € 10 000 viene estinto in 2 anni con rate quadrimestrali, la prima delle quali scade oggi, al tasso del 12% annuo nominale convertibile quadrimestralmente. Determina l'importo della rata. [€ 1834,25]

74 Per investire il mio denaro ho acquistato oggi un appartamento pagandolo € 150 000. Quale rata di affitto dovrò far pagare al termine di ogni anno, se utilizzo un tasso di valutazione del 9% annuo? [€ 13 500]

75 Oggi posso acquistare un'automobile che costa € 17 500. Ho iniziato a risparmiare per tale acquisto 2 anni fa depositando in banca una rata alla fine di ogni mese. Qual è l'importo della rata, se la banca mi ha riconosciuto un tasso mensile dello 0,5%? [€ 688,11]

76 Oggi mi prestano € 40 000 che mi impegno a restituire a partire dall'inizio del prossimo anno, mediante 10 rate semestrali, al tasso annuo nominale convertibile semestralmente del 9%. Determina l'importo della rata. [€ 5282,63]

77 Oggi ho ereditato € 100 000. Una banca mi offre in cambio una rendita perpetua anticipata trimestrale al tasso trimestrale del 2,5%. Calcola l'importo della rata. [€ 2439,02]

78 Ho versato 20 rate semestrali posticipate presso una banca che mi corrisponde il tasso annuo dell'1,75%. Ritiro, 2 anni e 6 mesi dopo l'ultimo versamento, la somma di € 18 734,91. Quale rata ho versato semestralmente? [€ 825]

79 Vendo un appartamento che mi rende mensilmente € 300 valutandolo al tasso mensile dello 0,03%. L'acquirente versa € 50 000 immediatamente e pagherà la quota rimanente con rate mensili anticipate per 10 anni, la prima delle quali sarà versata fra sei mesi al tasso annuo di interesse del 3,8%. Qual è il valore dell'appartamento? Determina l'importo della rata mensile. [€ 100 000; € 507,79]

80 Verso per 20 anni rate annue posticipate in modo da poter disporre, al termine dei versamenti, di un capitale di € 90 000. Il tasso di interesse corrisposto è inizialmente del 2,2%, ma dopo l'ottavo versamento viene ridotto al 2%. Determina l'importo della rata versata. [€ 3692,37]

Ricerca del numero di rate
▶ Teoria a p. 505

81 ESERCIZIO GUIDA Quante rate annue posticipate di € 900 dobbiamo versare per trovare costituito all'atto dell'ultimo versamento un capitale di € 8000 al tasso del 6% annuo?

Calcoliamo il montante all'atto dell'ultimo versamento, quindi la rendita è posticipata. Supponiamo che la rendita sia immediata; allora il montante è dato dalla formula

$$M = R \cdot s_{\overline{n}|i} = R \cdot \frac{(1+i)^n - 1}{i},$$

in cui $M = 8000$, $R = 900$ e $i = 0,06$ ($r = 6\%$).
Dalla formula del montante ricaviamo che

$$(1+i)^n = \frac{M \cdot i}{R} + 1.$$

Applichiamo il logaritmo a entrambi i membri dell'equazione:

$$n = \frac{\log\left(\frac{M \cdot i}{R} + 1\right)}{\log(1+i)}.$$

Sostituendo i dati del problema abbiamo

$$n = \frac{\log\left(\frac{8000 \cdot 0,06}{900} + 1\right)}{\log(1+0,06)} = 7,335\ldots$$

Il numero delle rate non è intero, quindi se le rate da pagare sono 7 occorre operare un accomodamento.

a. Modifichiamo il capitale da costituire:

$$M = 900 \cdot s_{\overline{7}|0,06} = 7554,45.$$

Il capitale da costituire è di € 7554,45.
Se avessimo scelto di pagare con 8 rate avremmo costituito un capitale, in euro, di

$$900 \cdot s_{\overline{8}|0,06} = 8907,72.$$

b. Modifichiamo l'importo delle rate con $n = 7$:

$$R = \frac{8000}{s_{\overline{7}|0,06}} = 953,08.$$

Le sette rate dovrebbero essere di € 953,08.

c. Modifichiamo l'importo dell'ultimo versamento:

$$8000 - 7554,45 = 445,55.$$

L'ultimo versamento dovrebbe essere, in euro, di

$$900 + 445,55 = 1345,55.$$

d. Calcoliamo in quanto tempo il capitale di € 7554,45, impiegato al tasso del 6% annuo, dà quello cercato.

$$7554,45 \cdot 1,06^t = 8000,$$

da cui:

$$t = \frac{\log 8000 - \log 7554,45}{\log 1,06} =$$

$$0,98344418 = 11^m \, 24^g.$$

82 Calcola quante rate annue posticipate di € 1250 devo versare per avere un capitale di € 25 600 al tasso del 2,25%. [17]

83 Una rendita annua posticipata è valutata al 6,5% annuo. Se il valore attuale della rendita è di € 16 174,87 e ciascuna rata è di € 2250, quante sono le rate che la compongono? [10]

84 Voglio risparmiare per acquistare un'automobile. A partire da oggi comincio a depositare alla fine di ogni mese € 500 presso una banca che mi riconosce il tasso annuo dell'1,75%. Se il costo della macchina è di € 15 319, quante rate sono necessarie per costituire questo capitale? [30]

85 All'inizio di ogni quadrimestre, a partire da oggi, deposito € 1000 presso una banca che mi riconosce il tasso annuo del 2,5%. Se desidero costituire un capitale di € 15 000, quante rate devo versare? Osserva che la rendita è anticipata, così il numero delle rate si ottiene partendo da $M = R(1+i)s_{\overline{n}|i}$ e quindi $n = \dfrac{\log\left(1 + \dfrac{M \cdot i}{R(1+i)}\right)}{\log(1+i)}$.

Se il risultato che trovi non è intero, calcolato il capitale che si costituisce arrotondando per difetto il numero di rate individuate, determina per quanto tempo si deve lasciare investito tale capitale per ottenere il capitale desiderato. $[n = 14; t = 98^g]$

86 All'inizio di ogni trimestre, a partire da oggi, deposito € 1250 presso una banca che mi riconosce il tasso trimestrale dello 0,5%. Se voglio costituire un capitale di € 17 000, quante rate devo versare? Se il risultato non fosse intero, calcolato il capitale che si costituisce arrotondando per difetto il numero di rate individuato, individua per quanto tempo si deve lasciare investito tale capitale per ottenere il capitale desiderato. $[n = 13; t = 6^m \, 1^g]$

Capitolo 11. Rendite, ammortamenti, leasing

87 **Un pianoforte per Davide** Oggi presto a un amico € 6000, che gli servono per comprare un pianoforte. Lui si impegna a restituirmi i soldi in rate quadrimestrali posticipate di € 850, a partire da subito, al tasso quadrimestrale dello 0,7%. Quante rate sono necessarie? Osserva che la rendita è posticipata, così il numero delle rate si ottiene partendo da $V = Ra_{\overline{n}|i}$ e quindi

$$n = -\frac{\log\left(1 - \frac{V \cdot i}{R}\right)}{\log(1+i)}.$$

Se il numero non risultasse intero, modifica l'importo dell'ultima rata, arrotondando per difetto il numero di rate trovato.

[$n = 7$, € 1073,83]

88 Oggi ricevo un prestito di € 25 000; mi impegno a restituirlo con rate trimestrali, la prima delle quali sarà pagata tra un anno, dell'importo di € 2150. Il tasso di interesse annuo convertibile trimestralmente è del 12,4%. Calcola quanti versamenti possono essere fatti e gli accomodamenti della rata conseguenti. Osserva che la rendita è differita di m periodi, dunque il numero delle rate si ottiene partendo da $V = Ra_{\overline{n}|i}(1+i)^{1-m}$, da cui

$$n = 1 - m - \frac{\log\left[(1+i)^{1-m} - \frac{i \cdot V}{R}\right]}{\log(1+i)}.$$

[se $n = 16$, R_4 = € 2197,87; se $n = 17$, R_4 = € 2097,72]

89 Inizio a versare rate semestrali posticipate di € 4500 per costituire il capitale di € 60 000. Mi viene corrisposto un tasso annuo dell'1,8%. Per quanto tempo devo lasciare impiegato l'importo costituito dopo il versamento dell'ultima rata, sapendo che il tasso viene ridotto all'1,6%?

[$4^m\ 1^g$]

Ricerca del tasso di interesse

▶ Teoria a p. 507

90 **ESERCIZIO GUIDA** Calcoliamo il tasso di interesse di una rendita posticipata formata da 18 rate annue di € 2500 sapendo che il montante è di € 62 000.

Sostituendo nella formula del montante i valori del nostro problema, otteniamo:

$2500 \cdot s_{\overline{18}|i} = 62\,000 \rightarrow s_{\overline{18}|i} = 24,8$.

Nelle tavole finanziarie relative a $s_{\overline{n}|i}$ troviamo i tassi percentuali corrispondenti a un valore di $s_{\overline{18}|i}$ appena più grande di 24,8 e a uno appena più piccolo.

$s_{\overline{18}|i}$	r
24,4996	3,50%
24,8	y
25,0647	3,75%

Applicando il procedimento di interpolazione lineare, otteniamo:

$$\frac{y - 3,50}{3,75 - 3,50} = \frac{24,8 - 24,4996}{25,0647 - 24,4996} \rightarrow y = 3,50 + \frac{0,25 \cdot 0,3004}{0,5651} = 3,63.$$

Il tasso cercato è 3,63%.

91 Calcola il tasso di una rendita costituita da 28 rate annue posticipate di € 3125, sapendo che il montante è di € 130 000. Disegna sull'asse dei tempi la rendita e classificala. [2,79%]

92 Una persona ha versato in banca per 16 anni consecutivi alla fine di ogni anno € 775. Oggi, all'atto dell'ultimo versamento, ritira un montante di € 16 500. Qual è il tasso applicato dalla banca? Disegna sull'asse dei tempi la rendita e classificala. [3,69%]

93 Una rendita è costituita da 15 rate annue posticipate di € 2250. Se il montante è di € 40 000, qual è il tasso di interesse applicato? Disegna sull'asse dei tempi la rendita e classificala. [2,38%]

94 A partire da oggi voglio cominciare a costituire un capitale di € 19 000, mediante il versamento di 8 rate semestrali posticipate di € 2150. Qual è il tasso di interesse semestrale applicato? Disegna sull'asse dei tempi la rendita e classificala. [2,82%]

95 Se alla fine di ogni mese riesco a depositare in banca € 300 e fra 3 anni e due mesi ho costituito un capitale di € 11 770, quale tasso annuo di interesse mi ha riconosciuto la banca? Disegna sull'asse dei tempi la rendita e classificala. [2,08%]

96 Diamo in affitto un appartamento a € 1050, che vengono pagati in modo posticipato ogni 2 mesi. Se depositando tali soldi direttamente in banca dopo 2 anni ci troviamo un capitale di € 13 500, qual è il tasso di interesse bimestrale applicato dalla banca? Disegna sull'asse dei tempi la rendita e classificala. [1,25%]

97 Alla fine di ogni semestre, per 10 anni, ho versato in banca € 750. Oggi, all'atto dell'ultimo versamento, ritiro un montante di € 17 500. Qual è il tasso semestrale applicato dalla banca? Disegna sull'asse dei tempi la rendita e classificala. [1,59%]

98 Versando 10 rate annue posticipate a un certo tasso, si ottiene un montante di € 11 300. Versando 5 rate annue uguali alle precedenti e allo stesso tasso, il montante è di € 5280. Determina il tasso e la rata. [2,66%; € 1001,34]

Ricerca del differimento di una rendita

99 **ESERCIZIO GUIDA** Una rendita differita del valore di € 2725,17 è costituita da 10 rate annue posticipate di € 850. Calcoliamo il differimento della rendita, sapendo che è stata valutata al 12% annuo.

Essendo la rendita posticipata differita, otteniamo $V = R \cdot a_{\overline{n}|i} \cdot (1+i)^{-p}$, da cui ricaviamo:

$$(1+i)^{-p} = \frac{V}{R \cdot a_{\overline{n}|i}} \rightarrow (1+i)^p = \frac{R \cdot a_{\overline{n}|i}}{V} \rightarrow p = \frac{\log \frac{R \cdot a_{\overline{n}|i}}{V}}{\log(1+i)}.$$

Sostituiamo i valori numerici $V = 2725,17$, $R = 850$, $n = 10$, $i = 0,12$:

$$p = \frac{\log \frac{850 \cdot a_{\overline{10}|0,12}}{2725,17}}{\log 1,12} = 5.$$

La rendita è differita di 5 anni.

100 Calcola il differimento di una rendita del valore attuale di € 2656,50, costituita da 8 rate annue posticipate di € 1350 al tasso annuo del 9%. [12 anni]

101 Una rendita è formata da 12 rate quadrimestrali di € 500, valutate al tasso del 14% nominale convertibile semestralmente. Se il valore della rendita è di € 3615, quando inizierò a pagare la prima rata? [1ª 8ᵐ 14ᵍ]

102 Una rendita perpetua differita posticipata ha un valore di € 15 000. Calcola il differimento della rendita nell'ipotesi che essa sia valutata al tasso del 7,5% annuo e che le rate siano di € 1736,21. Osserva che il differimento si ottiene risolvendo rispetto a p l'equazione $V = \frac{R(1+i)^{-p}}{i}$. [6 anni]

103 Oggi presto € 25 000 che mi verranno restituiti in 10 rate annue anticipate di € 3700, al tasso annuo del 9%. Calcola il periodo di differimento. Osserva che il differimento si ottiene risolvendo rispetto a p l'equazione $V = R(1+i)a_{\overline{n}|i}(1+i)^{-p}$. [4ᵐ 25ᵍ]

104 Oggi ricevo a prestito € 17 500 per acquistare un'automobile. Salderò il mio debito in 8 rate semestrali di € 2700 al tasso annuo nominale convertibile semestralmente del 10%. Quando verserò la prima rata? [5ᵐ 20ᵍ]

105 Il valore attuale di una rendita perpetua anticipata mensile è di € 62 500. Calcola quando viene pagata la prima rata se il suo importo è di € 275 e il tasso di interesse mensile è dello 0,4%. Osserva che il differimento si ottiene risolvendo rispetto a p l'equazione $V = \frac{(1+i)R(1+i)^{-p}}{i}$. [2ª 26ᵍ]

Capitolo 11. Rendite, ammortamenti, leasing

MATEMATICA AL COMPUTER
Rate con l'algebra di Tartaglia
Scrive Tartaglia nel *General Trattato*:

> «Uno presta a una comunità 2000 ducati, al 20 per cento all'anno di utilità, per essere pagato in quattro anni, cioè alla fine di ciascuno dei quattro anni. Si domanda quanto dovrà avere per ciascun anno, dovendo avere tanto un anno quanto l'altro».

Leggi i suggerimenti e risolvi il problema.

Problema – Risoluzione – Esercizio in più

Riepilogo: Rendite

106 Calcola il valore odierno e fra 3 anni di una rendita perpetua le cui rate annue sono ciascuna di € 4500 e la prima è riscuotibile fra 6 anni al tasso annuo del 7%. [€ 45 834,83; € 56 149,63]

107 Una rendita di 25 rate quadrimestrali di € 720 è valutata al tasso quadrimestrale del 2%. Determina il valore della rendita:
a. un periodo prima della scadenza della prima rata;
b. 3 anni prima della scadenza della prima rata;
c. 2 anni dopo la scadenza della prima rata.
[a) € 14 056,89; b) € 11 997,42; c) € 16 146,95]

108 Voglio disporre fra 12 anni di un capitale di € 15 000. Decido di effettuare versamenti annui anticipati presso una banca che valuta al tasso annuo dell'1,85%. Qual è l'importo di ciascun versamento? Nello svolgimento del problema tieni conto del fatto che la rendita è immediata. [€ 1107,37]

109 Quante rate annue posticipate di € 650 devo versare in una banca che applica il tasso annuo di interesse dell'1,95% per trovare costituito un anno dopo l'ultimo versamento un capitale di € 11 418,61? Nello svolgimento del problema tieni conto del fatto che la rendita è immediata. [15]

110 Un debito di € 5000 viene estinto al 6% annuo mediante 10 rate semestrali, la prima delle quali pagabile fra 6 mesi. Calcola l'importo delle rate. Disegna sull'asse dei tempi la rendita e classificala. [€ 584,84]

111 Una rendita annua posticipata di € 600 viene valutata al 2,5% annuo. Se il montante della rendita è di € 19 409,42 quante sono le rate? [24]

112 Il montante di una rendita costituita da 6 rate annue posticipate di € 2000 è di € 12 616,24. Qual è il tasso applicato? [2%]

113 Calcola il valore di cessione di un immobile valutato al 6% annuo, sapendo che esso rende alla fine di ogni anno € 8000 per i primi 6 anni e successivamente € 10 000 come rendita perpetua. [€ 156 832,02]

114 **YOU & MATHS** Starting 15 years ago, Sally invested €1,500 every year for 10 years into a bank account at an interest rate of 4.5%. She has since made no withdrawals. What total amount can she withdraw today? [€ 22 970]

115 Si versano € 1600 annui per 7 anni presso una banca che calcola interessi composti all'1,75% annuo. Determina il valore della rendita:
a. all'atto dell'ultimo versamento;
b. un anno dopo l'ultimo versamento;
c. 4 anni dopo il versamento dell'ultima rata;
d. alla scadenza della prima rata.
[a) € 11 805,45; b) € 12 012,05; c) € 12 653,78; d) € 10 638,40]

116 **Vacanze sulle Alpi** Chiara cede una proprietà che rende € 5000 annui anticipati al tasso di valutazione dell'8,5% per acquistare una casa in montagna. Paga una parte con il ricavato della vendita e per il rimanente concorda un pagamento in 12 rate semestrali posticipate di € 5899,22 al 7,5% annuo nominale convertibile semestralmente. Qual è il valore della casa al momento dell'acquisto? [€ 120 000]

Riepilogo: Rendite

117 Oggi, all'atto dell'ultimo versamento di 20 rate semestrali di € 600, ritiro una somma di € 13 500. Qual è il tasso annuo di interesse applicato? Disegna sull'asse dei tempi la rendita e classificala. [2,46%]

118 Una rendita è costituita da 20 rate quadrimestrali di € 300 ciascuna. Calcola il valore della rendita, al tasso del 2% nominale annuo convertibile quadrimestralmente, nell'ipotesi che la prima rata scada:

a. fra 4 mesi;
b. oggi;
c. fra 10 mesi;
d. fra 1 anno e 4 mesi;
e. fra 2 anni e 8 mesi.

[a) € 5599,77; b) € 5637,10; c) € 5544,24; d) € 5489,25; e) € 5345,28]

119 Una persona possiede una rendita perpetua posticipata di € 2000 all'anno. Cede tale rendita a una banca che la valuta al 4,25% in cambio di una rendita annua posticipata della durata di 15 anni, differita di 8 anni, calcolata allo stesso tasso. Qual è l'importo della rata della nuova rendita?
[€ 6008,52]

120 **YOU & MATHS** You decide to give up your deferred perpetual annuity of €750, to the bank, which rates it at 2.5%. In exchange you are allowed to withdraw advance constant annual instalments at the same interest rate for 15 years. How much can you withdraw every year? [€ 2363,90]

121 Due genitori hanno versato alla fine di ogni trimestre per 10 anni consecutivi € 200 presso un istituto di credito che corrisponde il tasso dello 0,498% trimestrale. Quanto potranno ritirare al termine dei 10 anni? Quanto ritirerebbero se il pagamento delle rate avesse avuto inizio dopo 5 anni?
Decidono poi di destinare al figlio maggiore le prime 15 rate e al figlio minore le rimanenti. Quanto potrà ritirare ciascuno dei figli al termine dei 10 anni? [€ 8828,23, € 8828,23; € 3517,70, € 5310,53]

122 Due rendite, entrambe di 15 rate, hanno i montanti che differiscono di € 17 038,76. La prima è valutata con un tasso del 7,5%, mentre la seconda con un tasso del 5%. Se la rata della prima rendita è doppia della rata della seconda, determina il valore di entrambe le rate. [€ 1111,53; € 555,77]

123 Ho versato in banca una somma di € 1200 alla fine di ogni anno per 10 anni. Se il montante ottenuto è di € 13 200, qual è il tasso di interesse praticato dalla banca? Disegna sull'asse dei tempi la rendita e classificala. [2,1%]

124 Christian chiede un prestito di € 20 000. Per il rimborso può scegliere tra le seguenti modalità:

a. versare 20 rate annue costanti posticipate al tasso del 7% annuo;
b. pagare tre somme di € 10 000 che scadono rispettivamente fra 2, 4 e 8 anni;
c. pagare gli interessi semplici al tasso del 10% alla fine di ogni anno e rimborsare il capitale fra 20 anni.

Qual è la più conveniente al tasso di valutazione del 9% annuo? [la modalità a]

125 Ho diritto a riscuotere € 900 annui per 10 anni iniziando fra un anno. Cedo tale diritto a una banca che mi versa subito € 2500 e si impegna a pagare una rata annua per 6 anni. Qual è l'importo di tale rata se il tasso di valutazione è del 4,75% annuo? [€ 886,29]

126 Ho diritto a riscuotere le seguenti somme:

a. € 1800 fra 5 anni;
b. € 650 trimestrali per 3 anni, cominciando fra 3 mesi.

Calcola quale somma posso ricavare oggi se cedo tale diritto a una banca che lo valuta al tasso dell'8% annuo nominale convertibile trimestralmente. [€ 8085,32]

127 Ho depositato un capitale di € 18 000 presso una banca che pratica il tasso del 3% annuo. Quanto tempo fa ho fatto il versamento se, a partire da oggi, ho il diritto di riscuotere 4 rate annue di € 5000? [1ª 1ᵐ]

128 Ho versato per 8 anni consecutivi € 1200 al tasso del 2% annuo. Oggi, un anno dopo l'ultimo versamento, ritiro il montante ottenuto e lo verso per estinguere un debito che scade fra 3 anni valutato al tasso del 7% annuo. Calcola l'importo di tale debito. [€ 12 869,76]

Capitolo 11. Rendite, ammortamenti, leasing

129 **A tasso zero** Una futura coppia di sposi deve scegliere la cucina per arredare la casa. Fra i vari rivenditori ha trovato due possibilità interessanti, entrambe proposte con finanziamento a tasso zero. La prima proposta prevede per un prezzo di € 14 880 il pagamento di 48 rate mensili di € 310 e un pagamento iniziale di € 800 di spese per la gestione della pratica e il rimborso delle spese bancarie. La seconda proposta è relativa a un prezzo di € 15 840 in 36 rate mensili di € 440 che dovranno essere aumentate di € 20 ciascuna, come rimborso spese e per la gestione della pratica. Calcola:

a. il tasso effettivo annuo per la prima possibilità;
b. il tasso effettivo annuo per la seconda possibilità.

6 Costituzione di un capitale

Costituzione con un unico versamento e con rate costanti
▶ Teoria a p. 509

130 **ESERCIZIO GUIDA** Una persona vuole costituire un capitale di € 15 000 in 5 anni al tasso del 10% annuo. Calcoliamo l'importo della rata annua posticipata che deve versare e redigiamo il piano di costituzione.

La rata è data da $R = \dfrac{M}{s_{\overline{n}|i}}$. Sostituendo $M = 15\,000$, $n = 5$, $i = 0{,}1$ otteniamo $R = \dfrac{15\,000}{s_{\overline{5}|0{,}1}} = 2456{,}96$.

Redigiamo il piano di costituzione del capitale.

Anni	Fondo all'inizio dell'anno	Interessi sul fondo	Rata annua	Fondo alla fine dell'anno
1	–	–	2456,96	2456,96
2	2456,96	245,70	2456,96	5159,62
3	5159,62	515,96	2456,96	8132,54
4	8132,54	813,25	2456,96	11 402,76
5	11 402,76	1140,28	2456,96	15 000,00

131 Desidero costituire un capitale di € 150 000 in 15 anni. Sapendo che il tasso applicato è del 3% annuo calcola la rata annua che devo versare alla fine di ogni anno e redigi le prime 4 righe del piano di costituzione. [€ 8064,99]

132 Voglio disporre fra 7 anni di € 40 000. Se il tasso di interesse annuo è del 2,74%, qual è la rata annua anticipata che devo versare? Redigi il piano di costituzione del capitale. [€ 5121,17]

133 Giuseppe vuole disporre fra 15 anni del capitale di € 50 000. Se gli viene corrisposto il tasso annuo del 2,5%, calcola sia l'importo che deve versare oggi volendo fare un unico versamento, sia l'importo della rata annua posticipata nel caso di versamenti rateali. [€ 34 523,28; € 2788,32]

134 Verso oggi la somma di € 35 000. Sapendo che mi viene corrisposto un tasso semestrale dell'1,8%, in quanto tempo potrò costituire una somma doppia di quella versata? [19ª 5ᵐ 4ᵍ]

135 Per costituire il capitale di € 80 000 si versano rate annue posticipate per 12 anni al tasso del 3,2% annuo. Calcola la rata annua di costituzione e il fondo costituito dopo 6 e 9 anni. [€ 5573,22; € 36 231,38; € 57 082,48]

136 Fra 5 anni devo saldare un debito di € 65 000. Comincio oggi a fare versamenti mensili posticipati al tasso annuo del 2,6% per costituire tale importo. Calcola la rata mensile di costituzione e il fondo costituito fra 2 anni e 6 mesi. [€ 1016,39; € 31 457,61]

137 Verso una certa somma ogni trimestre per 8 anni, al tasso nominale convertibile trimestralmente dell'1,9%, per costituire un capitale di € 75 000. Dopo 5 anni, però, posso depositare € 10 000 e quindi diminuire l'importo del versamento trimestrale. Calcola l'importo della nuova rata di costituzione. [€ 1318,33]

138 Si vuole costituire un certo capitale in 10 anni versando rate quadrimestrali anticipate al tasso annuo del 3,2%. Il fondo costituito dopo 5 anni è di € 45 200. Determina la rata di costituzione e il valore del capitale da costituire.
[€ 2767,71; € 98 110]

> **MATEMATICA AL COMPUTER**
> **Costituzione di un capitale con il foglio elettronico**
> Vogliamo costituire un capitale di € 7000 in 6 anni al tasso annuo del 2%. Utilizzando un foglio elettronico, calcoliamo l'importo della rata annua posticipata e redigiamo il piano di ammortamento.
> □ Risoluzione

Cambiamento del tasso
▶ Teoria a p. 510

139 **ESERCIZIO GUIDA** Giorgio ha iniziato la costituzione di un capitale di € 40 000 con 18 rate quadrimestrali anticipate presso un istituto di credito che applica il tasso annuo nominale convertibile quadrimestralmente dell'1,8%. Oggi, dopo il versamento della decima rata, il tasso viene portato al 2,4% annuo convertibile quadrimestralmente. Quale deve essere il nuovo valore della rata se, alla fine dell'ultimo anno, si vuole costituire il capitale prestabilito?

Poiché il tasso annuo è convertibile quadrimestralmente, il tasso effettivo quadrimestrale iniziale è del $\frac{1,8\%}{3} = 0,6\%$; il tasso diventa poi del $\frac{2,4\%}{3} = 0,8\%$.

Disegniamo il grafico del piano di costituzione del capitale e calcoliamo la rata:

$R = \frac{M}{\ddot{s}_{\overline{n}|i}}$.

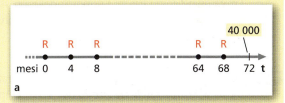
a

Sostituiamo nelle formule $M = 40\,000$, $n = 18$, $i = 0,006$: $R = \frac{40\,000}{\ddot{s}_{\overline{18}|0,006}} = 2098,44$.

Considerando il momento in cui si ha il cambiamento del tasso, dividiamo la rendita in due parti.

- La prima parte è costituita da 10 rate (figura **b**). Il montante M_1 all'atto del versamento della decima rata è, in euro:

  $M_1 = R \cdot s_{\overline{10}|0,006} = 21560,14$.

  Anche se la rendita è anticipata, usiamo la formula per una rendita posticipata, perché calcoliamo il montante all'atto del versamento e non alla fine del periodo.

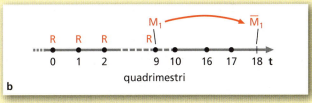
b

Portiamo M_1 al momento in cui deve essere costituito il capitale. Otteniamo, in euro:

$\overline{M_1} = M_1 \cdot (1 + 0,008)^{18-9} =$
$21560,14 \cdot (1,008)^9 = 23162,93$.

- La seconda parte è costituita da 8 rate (figura **c**). Il montante M_2 di queste rate al momento in cui deve essere costituito il capitale è il montante calcolato alla fine del periodo dell'ultimo versamento.

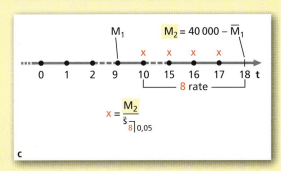
c

Ricaviamo il valore di M_2 uguagliando la somma dei due montanti ($\overline{M_1}$ e M_2) al capitale da costituire:
$$\overline{M_1} + M_2 = 40000 \rightarrow M_2 = 40000 - \overline{M_1} = 40000 - 23162,93 = 16837,07.$$

Chiamiamo x il nuovo valore delle 8 rate al tasso $i = 0,008$:
$$x = \frac{M_2}{s_{\overline{8}|0,008}} = \frac{16837,07}{8,29344} = 2030,17.$$

Il valore della nuova rata è di € 2030,17.

140 Ho iniziato la costituzione di un capitale di € 30 000 con 8 rate annue posticipate immediate presso un istituto di credito che applica il tasso del 1,8% annuo. Oggi, dopo il versamento della terza rata, mi viene comunicato che c'è stata una variazione del tasso, che è diminuito dello 0,35%. Calcola come dovrà variare la rata per avere alla scadenza il capitale prestabilito. [€ 3583,78]

141 Ho iniziato a costituire un capitale di € 50 000 con 10 rate annue anticipate immediate valutate al 2,5% annuo. Oggi, dopo il versamento della quinta rata, il tasso è aumentato dello 0,25%. Trova quale dovrà essere l'importo delle prossime rate per avere alla scadenza la somma prefissata. [€ 4249,84]

142 Voglio costituire un capitale di € 45 000 in 10 rate annue posticipate al tasso annuo dell'1,9%. Dopo aver versato la sesta rata il tasso diventa del 2,4%. Calcola il valore della nuova rata. [€ 3964,22]

143 Voglio costituire un capitale di € 28 000 in 16 rate trimestrali anticipate al tasso trimestrale dello 0,9%. Dopo aver pagato 11 rate, il tasso annuo nominale convertibile trimestralmente diventa del 4%. Calcola il valore della nuova rata.
(**SUGGERIMENTO** Ricorda che, nel caso di rate anticipate, allo scadere del primo trimestre si versa la seconda rata; allo scadere del secondo trimestre si versa la terza rata e così via.) [€ 1597,40]

144 Oggi inizio a costituire un capitale di € 40 000 mediante il versamento di 12 rate bimestrali posticipate al tasso annuo del 2,7%. Dopo il versamento della settima rata, il tasso bimestrale viene diminuito allo 0,4%. Calcola l'importo della nuova rata. [€ 3371,78]

145 Oggi inizio a costituire un capitale di € 60 000 mediante il versamento di 8 rate annue anticipate al tasso annuo del 3% e di una somma di € 5000 fra 8 anni. Alla fine del sesto anno, il tasso annuo aumenta al 3,4%. Calcola l'importo della nuova rata. [€ 5614,33]

Modifica delle rate di costituzione

146 **ESERCIZIO GUIDA** Voglio costituire un capitale di € 50 000 in 10 anni. Scelgo di versare delle rate costanti annue posticipate immediate presso una banca che corrisponde il tasso del 3%. Dopo aver pagato la quinta rata, ho la necessità di avere alla scadenza un capitale di € 65 000; decido, quindi, di aumentare l'importo della rata. Qual è l'importo della nuova rata?

Partendo dalla formula $R = \dfrac{M}{s_{\overline{n}|i}}$, calcoliamo l'importo di ciascuna delle rate iniziali (figura **a**):

$$R = \frac{50000}{s_{\overline{10}|0,03}} = 4361,53.$$

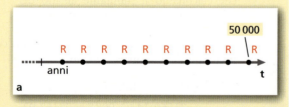

Il fondo F_5 costituito all'atto del versamento della quinta rata è

$$F_5 = R \cdot s_{\overline{5}|0,03} = 4361,53 \cdot \frac{1,03^5 - 1}{0,03} = 23155,96.$$

Se non si effettuassero altri versamenti (figura **b**) alla fine del decimo anno tale fondo F diventerebbe:

$$F = F_5 (1 + 0,03)^5 = 23155,96 \cdot 1,03^5 = 26844,10.$$

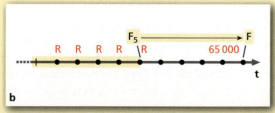

Il capitale C da costituire mediante gli ultimi 5 versamenti è:

$C = 65\,000 - 26\,844,10 = 38\,155,90$.

Quindi, la nuova rata (figura **c**), in euro, è:

$R_2 = \dfrac{C}{s_{\overline{5}|0,03}} = 38\,155,90 \cdot \dfrac{0,03}{1,03^5 - 1} = 7186,84$.

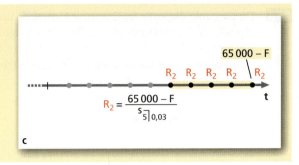

c

147 Luigi voleva costituire un capitale di € 40 000 in 8 anni, in base al tasso del 3,6% annuo con rate annue immediate posticipate. Dopo il pagamento della quarta rata, decide di aumentare l'importo della rata in modo che alla scadenza il capitale sia di € 50 000. Qual è l'importo della nuova rata?
[€ 6772,35]

148 Voglio costituire un capitale di € 35 000 mediante il pagamento di 16 rate semestrali posticipate valutate al tasso del 2,8% nominale annuo convertibile semestralmente. Oggi, alla scadenza della settima rata, decido di ridurre l'importo delle rate, per trovare costituito il capitale prestabilito con 2 rate aggiuntive. Qual è l'importo della nuova rata?
[€ 1547,64]

149 Oggi comincio a costituire un capitale di € 25 000 mediante il versamento di 6 rate quadrimestrali anticipate al tasso annuo del 2,5%. Dopo il versamento della quarta rata mi accorgo che alla fine mi serviranno € 4500 in più. Qual è l'importo della nuova rata?
[€ 6270,32]

150 Voglio costituire un capitale di € 33 000 mediante il versamento di 8 rate annue anticipate al tasso annuo del 2%. Dopo aver pagato 6 rate, decido di ridurre il capitale da costituire a € 30 000. Calcola il valore della nuova rata.
[€ 2068,47]

151 Voglio costituire il capitale di € 35 000 mediante il versamento di 10 rate semestrali posticipate al tasso semestrale dell'1%. Dopo il versamento della sesta rata, Silvia mi regala € 3000. Calcola l'importo della nuova rata.
[€ 2576,53]

152 6 anni fa ho cominciato a costituire un capitale di € 50 000 mediante il versamento di 10 rate annue anticipate al tasso annuo del 2%. Oggi ricevo in regalo € 5000. Qual è l'importo della nuova rata?
[€ 2743,02]

Riepilogo: Costituzione di un capitale

TEST

153 Devo costituire un capitale di € 50 000 fra 6 anni. Sono disposto a versare 6 rate annue posticipate di € 7000 valutate al tasso $i = 0,022$. Quale capitale suppletivo devo versare oggi?

- A € 9116,39
- B € 5576,25
- C € 926,18
- D € 4933,07
- E € 8000

154 Ho un debito di € 35 000 che scade fra 7 anni. Decido di rimborsarlo attraverso versamenti semestrali di € 1800 valutati al tasso annuo convertibile semestralmente dell'8%, verserò la prima rata fra 6 mesi. Quanto dovrò aggiungere all'ultima rata per estinguere il debito?

- A € 5566,13
- B € 8800
- C € 27 683,24
- D € 29 894,30
- E € 19 024,85

155 Serena vuole costituire un capitale di € 16 500 in 7 anni al tasso del 2% annuo. Calcola:
a. l'importo del versamento unico che deve fare oggi;
b. l'importo della rata annua posticipata;
c. l'importo della rata annua anticipata.
Nel caso **b** redigi il piano di costituzione del capitale per i primi 4 anni.
[a) € 14 364,24; b) € 2219,45; c) € 2175,93]

Capitolo 11. Rendite, ammortamenti, leasing

156 Diego vuole disporre fra 2 anni e 6 mesi di un capitale di € 20 000 per gli studi dei suoi figli. Decide di versare rate posticipate trimestrali valutate al tasso annuo nominale convertibile trimestralmente del 2,6%. Calcola:
a. la rata di costituzione del capitale;
b. il fondo costituito fra 1 anno e 6 mesi.
Redigi il piano di costituzione del capitale.
[a) € 1942,19; b) € 11 844,18]

157 Ho iniziato a costituire un capitale di € 62 000 in 9 anni con il pagamento di rate annue posticipate valutate al tasso del 2%. Oggi, dopo aver pagato la quinta rata, decido di aumentare l'importo delle rate successive per trovare costituito il capitale prefissato due anni prima della scadenza. Trova l'importo della nuova rata. [€ 13 656,95]

158 Ho iniziato a costituire un capitale di € 45 000 in 9 anni con versamenti annui anticipati al tasso del 2% annuo. Oggi, dopo il versamento dell'ottava rata, la banca mi comunica che il tasso è sceso all'1,75%. Qual è l'importo dell'ultima rata?
[€ 3938,23]

159 Valeria vuole costituire il capitale di € 30 000 versando subito una somma di € 6000 e un certo numero di rate annue di importo massimo di € 2500. Il tasso corrisposto è il 3,4% annuo. Calcola il numero delle rate e l'importo esatto della rata necessari per costituire il capitale.
[$n = 8$, $R =$ € 2456,88]

TUTOR matematica — Allenati con **15 esercizi interattivi** con feedback "hai sbagliato, perché..."
su.zanichelli.it/tutor3
risorsa riservata a chi ha acquistato l'edizione con tutor

7 Ammortamento

Rimborso globale
▶ Teoria a p. 512

160 **ESERCIZIO GUIDA** Ci viene concesso un prestito di € 25 000 con l'accordo di rimborsare il montante fra 3 anni e 7 mesi al tasso composto annuo del 6,4%. Dopo 2 anni e 5 mesi chiediamo di poter saldare anticipatamente il debito al tasso del 5,9%. Determiniamo:
a. l'importo della somma che avremmo dovuto versare alla scadenza;
b. il valore di riscatto;
c. il tasso effettivo del prestito.

a. L'importo che avremmo dovuto versare alla scadenza è, in euro:
$$M = 25\,000 \cdot 1{,}064^{\frac{43}{12}} = 31\,223{,}45.$$

b. Il tempo di anticipazione è: $t = 1^a\ 2^m$, in anni: $1 + \frac{2}{12} = 1 + \frac{1}{6} = \frac{7}{6}$, perciò il valore di riscatto è, in euro: $V_{\frac{29}{12}} = 31\,223{,}45 \cdot 1{,}059^{-\frac{7}{6}} = 29\,203{,}55.$

c. Per calcolare il tasso effettivo del prestito, bisogna determinare a quale tasso il capitale di € 25 000, impiegato per 2 anni e 5 mesi, darebbe come montante € 29 203,55; dunque:
$$25\,000 \cdot (1+x)^{\frac{29}{12}} = 29\,203{,}55 \rightarrow (1+x)^{\frac{29}{12}} = 1{,}168142.$$

Elevando entrambi i membri a $\frac{12}{29}$, si ottiene: $1 + x = (1{,}168142)^{\frac{12}{29}} \rightarrow x = 0{,}066422329.$

Il tasso effettivo sostenuto è dunque del 6,64%.

Paragrafo 7. Ammortamento

161 Riceviamo in prestito la somma di € 28 000, convenendo di rimborsarla globalmente fra 4 anni al tasso annuo del 6,2%. Quale somma dobbiamo pagare alla scadenza? [€ 35 616,90]

162 Mi viene concesso un prestito di € 22 000 e rilascio una cambiale che scade fra 2 anni e 8 mesi comprensiva degli interessi. Qual è il valore nominale della cambiale se mi viene applicato un tasso di interesse semestrale del 3,2%? [€ 26 024,42]

163 Giulio dà in prestito la somma di € 15 000 per 1 anno e 5 mesi, convenendo il rimborso di € 16 270 alla scadenza. Qual è il tasso di interesse composto annuo applicato? [5,9%]

164 Marco riceve un prestito di € 25 000 al tasso di interesse annuo del 5,5%. Se alla scadenza deve rimborsare € 29 052, qual è la durata del prestito? [$2^a \; 9^m \; 20^g$]

165 Francesca riceve in prestito € 32 000 che dovrà rimborsare fra 4 anni e 3 mesi al tasso annuo del 6,3%. Per poter disporre alla scadenza della somma necessaria, versa in banca alla fine di ogni trimestre una rata posticipata al tasso di interesse trimestrale dello 0,45%. Qual è l'importo di tale rata? [€ 2353,76]

166 Silvia ha preso in prestito € 12 000 per 2 anni e 6 mesi al tasso annuo del 7,8%. Otto mesi prima della scadenza ottiene di poter saldare anticipatamente il debito al tasso di valutazione del 7%. Calcola quale somma deve pagare e il tasso effettivo del prestito. [€ 13 840,09; 8,09%]

167 Riceviamo in prestito la somma di € 40 000 e dovremo restituirla globalmente fra 6 anni al tasso annuo del 6,15%. Dopo 4 anni e 8 mesi concordiamo di poter saldare anticipatamente il debito al tasso annuo del 5,6%. Calcola il valore di riscatto, il tasso effettivo del prestito, la nuda proprietà e l'usufrutto. [€ 53 214,27; 6,31%; € 37 197; € 16 017,25]

168 Tre anni e quattro mesi fa mi è stato concesso un prestito di € 18 000 rimborsabile dopo 5 anni al tasso annuo del 7,5%. Oggi voglio estinguere anticipatamente il debito. Qual è il valore di riscatto se il tasso di valutazione è dello 0,98% trimestrale? Qual è il tasso annuo effettivo del prestito? [€ 24 214,70; 9,31%]

169 Quattro anni fa mi è stato concesso un prestito di € 28 000 rimborsabile in 6 anni e 6 mesi al tasso annuo convertibile semestralmente del 7,1%. Per estinguere oggi il debito è necessario versare una somma di € 35 855. Calcola il tasso di valutazione del prestito. [8,6%]

170 Cinque anni e otto mesi fa ho contratto un debito rimborsabile in 8 anni al tasso annuo del 6,3%. Oggi il suo valore, calcolato al tasso annuo del 5,6%, è di € 46 658,81. Calcola l'importo del debito. [€ 32 500]

Rimborso globale con pagamento periodico degli interessi
▶ Teoria a p. 512

171 **ESERCIZIO GUIDA** Ricevo un prestito di € 26 000, convenendo di rimborsarlo globalmente dopo 5 anni con pagamento degli interessi alla fine di ogni semestre e al tasso annuo convertibile semestralmente del 6,8%. Trascorsi 3 anni e 6 mesi, chiedo di estinguere il debito anticipatamente al tasso annuo del 6,2%. Determiniamo la quota degli interessi pagata, il valore di riscatto, l'usufrutto e la nuda proprietà.

Poiché $i_2 = \dfrac{j_2}{2} = \dfrac{0,068}{2} = 0,034$, la quota degli interessi pagata è:

$I = C \cdot i_2 = 26\,000 \cdot 0,034 = 884$.

Calcoliamo l'usufrutto, tenendo presente che resterebbero da pagare 3 quote di interessi semestrali e che $i'_2 = \sqrt{1,062} - 1 = 0,030533842$:

$U_7 = 884 \cdot a_{\overline{3}|0,030534} = 2497,93$.

Calcoliamo la nuda proprietà:

$P_7 = 26\,000 \cdot 1,030533842^{-3} = 23\,756,73$.

Il valore di riscatto del prestito, in euro, è dunque:

$V_7 = U_7 + P_7 = 2497,93 + 23\,756,73 = 26\,254,66$.

Capitolo 11. Rendite, ammortamenti, leasing

 172 Viene contratto un debito di € 35 000, convenendo il rimborso globale dopo 4 anni con pagamento trimestrale degli interessi al tasso trimestrale dell'1,6%. Si ottiene l'estinzione anticipata del debito dopo 2 anni e 9 mesi al tasso annuo del 5,8%. Calcola la quota degli interessi, l'usufrutto, la nuda proprietà e il valore di riscatto del debito.
[€ 560; € 2684,6; € 32 618,27; € 35 302,87]

 173 Luca ha dato in prestito la somma di € 29 000, convenendo con il debitore il rimborso globale dopo 4 anni e 6 mesi con pagamento semestrale degli interessi al tasso annuo del 7,8%. Le somme riscosse vengono depositate presso una banca che corrisponde il tasso del 2,2% annuo convertibile semestralmente. Determina il capitale disponibile alla scadenza del prestito.
[€ 39 439,43]

 174 Ho un credito di € 30 000 che mi verrà rimborsato dopo 5 anni e 8 mesi con pagamento bimestrale degli interessi al tasso annuo convertibile bimestralmente del 7,2%. Un anno e quattro mesi prima della scadenza posso riscuoterlo anticipatamente al tasso annuo del 4,8%, regalando l'usufrutto a uno dei miei due fratelli e la nuda proprietà all'altro. Quanto riceverà ciascuno di essi?
[€ 2780,94; € 28 182,07]

 175 Viene concessa in prestito una certa somma, convenendo il rimborso globale dopo 9 anni con pagamento annuo degli interessi al tasso annuo del 6%. Dopo 5 anni il debito viene estinto anticipatamente e il suo valore di riscatto, al tasso del 4,5% annuo, è di € 40 044,49. Calcola l'importo del prestito.
[€ 38 000]

 176 Una somma è rimborsata con la convenzione del rimborso globale dopo 10 anni, con pagamento annuo degli interessi al tasso annuo del 5%. Dopo 5 anni il debito viene estinto anticipatamente e il suo valore di riscatto, al tasso del 6% annuo, è di € 33 525,67. Calcola l'importo del prestito.
[€ 35 000]

 177 Dispongo di un capitale di € 54 000; ne do in prestito un terzo convenendo il rimborso globale del montante fra 3 anni e 7 mesi al tasso annuo del 6,8%, e la rimanente parte viene data in prestito convenendo il rimborso del capitale fra 4 anni e 6 mesi con riscossione trimestrale degli interessi al tasso annuo convertibile trimestralmente del 6,4%. Tutte le somme ricevute vengono versate in banca, che mi corrisponde il tasso di interesse trimestrale dello 0,5%. Di quanto potrò disporre fra 6 anni? Qual è il tasso effettivo di impiego del capitale?
[€ 72 153,56; 4,95%]

Ammortamento a due tassi o americano
▶ Teoria a p. 514

 178 **ESERCIZIO GUIDA** Otteniamo in prestito una somma di € 24 000 ammortizzabile con metodo americano in 10 anni al tasso del 7%. Costituiamo il capitale presso una banca che ci corrisponde il 3,5%. Determiniamo l'ammontare della rata annua e il tasso effettivo del prestito.

Gli interessi che dobbiamo pagare ogni anno al creditore sono, in euro:

$I = 24\,000 \cdot 0{,}07 = 1680$.

La rata di costituzione è, in euro:

$R' = 24\,000 \cdot \sigma_{\overline{10}|0{,}035} = 2045{,}79$.

L'ammontare complessivo della rata è, in euro:

$R = R' + I = 2045{,}79 + 1680 = 3725{,}79$.

Calcoliamo il tasso effettivo del prestito e poniamo l'importo del debito uguale al valore attuale delle 10 rate complessive che dobbiamo pagare:

$3725{,}79 \cdot a_{\overline{10}|i} = 24\,000 \quad \rightarrow \quad a_{\overline{10}|i} = \dfrac{24\,000}{3725{,}79} = 6{,}441586885$.

Calcoliamo i per interpolazione lineare, sapendo che

$a_{\overline{10}|0{,}09} = 6{,}417657701$, $a_{\overline{10}|0{,}0875} = 6{,}488886024$.

i	$a_{\overline{10}|i}$
0,0875	6,488886024
i	6,441586885
0,09	6,417657701

Paragrafo 7. Ammortamento

$$(0{,}09 - 0{,}0875) : (i - 0{,}0875) = (6{,}417657701 - 6{,}488886024) : (6{,}441586885 - 6{,}488886024),$$

$$i - 0{,}0875 = \frac{0{,}0025 \cdot (-0{,}047299139)}{-0{,}071228323} = 0{,}001660123,$$

$$i = 0{,}0875 + 0{,}001660123 = 0{,}08916.$$

Il tasso cercato è dell'8,92%.

179 Otteniamo in prestito la somma di € 32 000 rimborsabile in 6 anni al 6,5% con ammortamento americano. Costituiamo il capitale presso una banca che ci corrisponde il 3,1%. Qual è la rata complessiva annua che dobbiamo pagare? Qual è il tasso effettivo del prestito? [€ 7014,71; 8,44%]

180 Un prestito di € 16 000 è ammortizzabile in 8 anni con il metodo dei due tassi. La quota che si versa annualmente alla banca è di € 1480, mentre la rata complessiva è di € 2810,71. Quale tasso di interesse corrisponde la banca? Qual è il tasso di interesse del prestito? [9,25%; 8,25%]

181 Otteniamo in prestito allo 0,7% mensile per 12 mesi una somma di € 8000, convenendo con il creditore l'ammortamento a due tassi. La banca presso la quale costituiamo il capitale corrisponde un tasso mensile dello 0,15%. Quanto dovremo pagare mese per mese? [€ 717,19]

182 Ho ricevuto in prestito € 50 000 da rimborsare in 20 anni al 6,5% annuo e convengo con il creditore l'ammortamento a due tassi. La banca presso cui costituisco il capitale corrisponde un tasso annuo del 3%. Qual è la rata annua complessiva? Qual è il fondo costituito dopo 12 anni? Qual è il tasso effettivo del prestito?
[€ 5110,79; € 26 408,32; 8,05%]

183 Mi prestano all'8% annuo per 4 anni una somma di € 25 000 e conveniamo l'ammortamento a due tassi. La banca presso la quale costituiamo il capitale corrisponde un tasso annuo del 2,5%. Qual è la rata annua complessiva? Qual è il tasso effettivo del prestito? [€ 8020,45; 10,78%]

184 Ricevo in prestito € 35 000 per 8 anni al 10% annuo e convengo con il creditore l'ammortamento a due tassi. La banca presso la quale costituisco il capitale corrisponde un tasso annuo del 2,5%. Qual è la rata annua complessiva? Qual è il fondo costituito dopo 5 anni? [€ 7506,36; € 21 058,74]

185 Ricevo in prestito una certa somma che mi impegno a rimborsare con metodo americano in 15 anni. Pago una rata complessiva annua di € 5814,15; la banca presso la quale effettuo versamenti annui per costituire il capitale mi corrisponde un tasso di interesse dello 0,042 annuo. Sapendo che il fondo costituito dopo 10 anni è di € 26 831,80, determina l'importo del prestito e il tasso del prestito. [€ 45 000,93; 9,7%]

186 Marco contrae un debito di € 28 000 con l'accordo di rimborsarlo in 8 anni con metodo americano. Complessivamente deve pagare € 5085 all'anno. Calcola il tasso del prestito, sapendo che il tasso corrisposto nella costituzione del capitale è del 4,5%. [7,5%]

187 Gianni riceve un prestito di € 30 000 che si impegna a rimborsare con metodo americano in 12 anni al 6,5%. Il tasso corrisposto per la costituzione del capitale è del 4,8%. Dopo 8 anni è in grado di estinguere il debito anticipatamente. Calcola quale somma deve aggiungere al fondo costituito all'ottavo anno per rimborsare il debito. Calcola inoltre la quota degli interessi risparmiata.
[€ 11 922,54; € 7800]

188 Mi viene concesso un prestito di € 25 000 che rimborserò in 9 anni con metodo americano al 7,5%. Il tasso per la costituzione del capitale è del 3,8%. Dopo il quinto versamento, devo prelevare € 3000 e conseguentemente aumenta la mia rata di costituzione. Determina il fondo costituito al quinto anno e l'importo della rata complessiva da versare gli ultimi quattro anni.
[€ 9848,87; € 5079,33]

Capitolo 11. Rendite, ammortamenti, leasing

Ammortamento a quote di capitale costanti

▶ Teoria a p. 515

189 **ESERCIZIO GUIDA** Redigiamo un piano di ammortamento per un prestito di € 14 000, estinguibile in 7 anni al tasso annuo del 5%, con il metodo a quote costanti di capitale.

Costruiamo una tabella con sei colonne e otto righe. Riportiamo:
- nella prima colonna il numero k relativo ai periodi, che nel nostro caso va da 0 a 7;
- nella seconda colonna la quota capitale $C_k = \dfrac{C}{n}$ ($n = 7$);
- nella terza colonna la quota interessi $I_k = D_{k-1} \cdot i$;
- nella quarta colonna il valore della rata $R_k = C_k + I_k$;
- nella quinta colonna il valore del debito estinto $E_k = k \cdot C_k$;
- nella sesta colonna il valore del debito residuo $D_k = C - E_k$.

Analizziamo quali sono le operazioni da fare periodo per periodo.

Riga $k = 0$.
Abbiamo un debito di € 14 000, che deve essere posto nella colonna del debito residuo.

Riga $k = 1$ (dopo 1 anno).
Cominciamo a rimborsare il debito. Il valore della quota capitale è dato da $14\,000 : 7 = 2000$ e va scritto nella seconda colonna.
Nella terza colonna mettiamo il valore della quota interessi, che è dato dal prodotto fra il debito residuo e il tasso di interesse: $I_1 = 14\,000 \cdot 0{,}05 = 700$.
Nella quarta colonna va scritto l'ammontare della rata: $R_1 = C_1 + I_1 = 2000 + 700 = 2700$.
Il debito estinto è: $E_1 = C_1 = 2000$ e va scritto nella quinta colonna.
Nell'ultima colonna poniamo il debito residuo, il cui ammontare è dato dalla differenza fra il valore del debito e il valore del debito estinto:

$D_1 = C - E_1 = 14\,000 - 2000 = 12\,000$.

Riga $k = 2$ (dopo 2 anni).
Nella seconda colonna mettiamo ancora 2000, corrispondente alla quota capitale, che è costante. Nella terza colonna mettiamo il valore della quota interessi, che si ottiene dal prodotto fra debito residuo e tasso di interesse: $I_2 = D_1 \cdot i = 12\,000 \cdot 0{,}05 = 600$.
Nella quarta colonna va la somma fra la quota capitale e la quota interessi:

$R_2 = C_2 + I_2 = 2000 + 600 = 2600$.

Nella quinta colonna va il debito estinto: $E_2 = C_2 + E_1 = 2000 + 2000 = 4000$.
Nella sesta colonna mettiamo la differenza fra debito iniziale e debito estinto:

$D_2 = D_0 - E_2 = 14\,000 - 4000 = 10\,000$.

Otteniamo così la parte scritta in rosso della seguente tabella. Ripetendo lo stesso tipo di operazioni per le altre righe, otteniamo il piano di ammortamento completo. Osserviamo che nella riga del settimo anno il debito residuo è zero.

k	C_k	I_k	R_k	E_k	D_k
0					14 000
1	2000	700	2700	2000	12 000
2	2000	600	2600	4000	10 000
3	2000	500	2500	6000	8000
4	2000	400	2400	8000	6000
5	2000	300	2300	10 000	4000
6	2000	200	2200	12 000	2000
7	2000	100	2100	14 000	0

Paragrafo 7. Ammortamento

190 Redigi un piano di ammortamento di un debito di € 18 000 estinguibile in 9 anni, al 7,25% annuo, con il metodo a quote costanti di capitale.

191 Ammortizziamo € 40 000 al 10% annuo in 5 anni con il metodo a quote costanti di capitale. Costruisci il piano di ammortamento completo.

192 Oggi contraggo un mutuo di € 75 000 da estinguere in 8 rate annue al 10% annuo, utilizzando il metodo a quote costanti di capitale. Redigi il piano di ammortamento completo.

193 Oggi mi prestano € 60 000 e mi impegno a restituirli in 6 anni, con rate trimestrali, riconoscendo un tasso trimestrale del 2% e utilizzando il metodo a quote costanti di capitale. Redigi il piano di ammortamento completo.

194 Un debito di € 30 000 è ammortizzabile semestralmente al tasso semestrale del 5% mediante quote costanti di capitale. Il debito estinto alla fine del sesto anno è di € 18 000. Calcola il numero delle rate e il valore della rata alla fine del sesto anno. [$n = 20$; € 2175]

195 Ricevo un prestito di € 45 000 ammortizzabile in 15 anni con metodo uniforme al tasso annuo del 7,5%. Calcola l'importo della prima e dell'ottava rata e il debito residuo dopo il pagamento dell'ottava rata. [€ 6375; € 4800; € 21 000]

196 Ho un credito di € 38 000 che mi viene rimborsato con metodo italiano in 8 anni al tasso del 7,5%. Dopo il pagamento della quinta rata, lo cedo al tasso del 6,8%. Determina la nuda proprietà e l'usufrutto. Ricorda le formule:

$$P_k = \frac{C}{n} a_{\overline{n-k}|i'};$$

$$U_k = \frac{C}{n} \cdot \frac{i}{i'}(n - k - a_{\overline{n-k}|i'}).$$

[€ 12 511,19; € 1917,80]

197 Un debito di € 60 000 viene rimborsato con metodo uniforme in 10 anni e con rate semestrali al tasso annuo convertibile semestralmente dell'8%. Dopo 6 anni il debitore decide di estinguere anticipatamente il debito al tasso annuo del 6,5%. Determina l'importo dell'ultima rata pagata e il valore di riscatto del prestito.
[€ 4080; € 24 780,53]

198 Un prestito deve essere rimborsato in 12 anni con metodo uniforme al tasso dell'8,2%. Sapendo che le quote di interessi decrescono di € 164 all'anno, determina l'importo del prestito e della decima rata. [€ 24 000; € 2492]

199 Rimborsiamo con metodo italiano un prestito di € 48 000 in 10 anni e con rate quadrimestrali. Sapendo che le quote interessi decrescono di € 51,2 ogni quadrimestre, determina il tasso del prestito, la rata pagata alla fine del sesto anno e il debito residuo a tale epoca.
[3,2%; € 2265,60; € 19 200]

200 Mi viene concesso un prestito ammortizzabile con metodo italiano al tasso del 9,2%. La quinta rata vale € 5633,60 e la nona € 4603,20. Determina l'importo del prestito, il numero delle rate di ammortamento e valuta il prestito al decimo anno al tasso annuo dell'8,5%.
[€ 42 000; $n = 15$; V_{10} = € 14 244,28]

201 Silvia riceve un prestito di € 45 000 e lo deve rimborsare con metodo uniforme. Il debito estinto al quattordicesimo anno è di € 13 500 e la sedicesima rata è di € 3060. Calcola la durata e il tasso dell'ammortamento. [20[a]; 7,2%]

Ammortamento a rate costanti

▶ Teoria a p. 517

202 **ESERCIZIO GUIDA** Compiliamo un piano di ammortamento secondo il metodo progressivo, per ammortizzare un debito di € 10 000 al tasso del 6% annuo in 5 anni, con pagamenti posticipati.

Costruiamo una tabella con sei colonne e sei righe. Poniamo:
- nella prima colonna i periodi k, nel nostro caso vanno da 0 a 5;

- nella seconda colonna il valore della rata $R_k = \dfrac{C}{a_{\overline{n}|i}}$ ($n = 5$);

- nella terza colonna la quota interessi $I_k = D_{k-1} \cdot i$;

- nella quarta colonna il valore della quota capitale $C_k = R - I_k$;

- nella quinta colonna il valore del debito estinto $E_k = E_{k-1} + C_k$;

- nella sesta colonna il valore del debito residuo $D_k = C - E_k$.

Riga $k = 0$.

Poniamo soltanto il debito residuo che corrisponde all'ammontare dell'intero debito $D_0 = C = 10\,000$.

Riga $k = 1$ (dopo 1 anno).

Nella seconda colonna scriviamo il valore della rata:

$$R = \dfrac{D_0}{a_{\overline{n}|i}} = \dfrac{10\,000}{a_{\overline{5}|0,06}} = 2373,96.$$

Nella terza colonna mettiamo il valore della quota interessi calcolato sul valore del debito residuo, che attualmente corrisponde all'intero ammontare del debito:

$$I_1 = D_0 \cdot i = 10\,000 \cdot 0,06 = 600.$$

Nella quarta colonna inseriamo la quota capitale che si ottiene dalla sottrazione fra rata e quota interessi:

$$C_1 = R - I_1 = 2373,96 - 600 = 1773,96.$$

Nella quinta colonna inseriamo il valore del debito estinto che equivale alla quota capitale:

$$E_1 = 1773,96.$$

Nella sesta colonna mettiamo il valore del debito residuo dato dalla differenza fra il debito contratto e il debito estinto:

$$D_1 = D_0 - E_1 = 10\,000 - 1773,96 = 8226,04.$$

Riga $k = 2$ (dopo 2 anni).

Nella seconda colonna inseriamo il valore della rata, che è uguale al precedente.
Nella terza colonna va la quota interessi data dal prodotto fra il debito residuo D_1 e il tasso di interesse:

$$I_2 = D_1 \cdot i = 8226,04 \cdot 0,06 = 493,56.$$

Nella quarta colonna inseriamo la quota capitale data dalla differenza fra il valore della rata e la quota interessi:

$$C_2 = R - I_2 = 2373,96 - 493,56 = 1880,40.$$

Nella quinta colonna mettiamo il debito estinto, che si ottiene dalla somma fra E_1 e C_2:

$$E_2 = E_1 + C_2 = 1773,96 + 1880,40 = 3654,36.$$

Nella sesta colonna inseriamo il debito residuo, ottenuto sottraendo da D_0 il valore di E_2:

$$D_2 = D_0 - E_2 = 10\,000 - 3654,36 = 6345,64.$$

Finora abbiamo ottenuto la parte scritta in rosso della tabella seguente.
Ripetendo i calcoli e inserendo i valori ricavati nelle colonne corrispondenti fino alla riga $k = 5$, completiamo il piano di ammortamento completo. Osserviamo che nella riga del quinto anno il debito residuo è zero.

k	R_k	I_k	C_k	E_k	D_k
0					10 000
1	2373,96	600	1773,96	1773,96	8226,04
2	2373,96	493,56	1880,40	3654,36	6345,64
3	2373,96	380,74	1993,22	5647,58	4352,42
4	2373,96	261,15	2112,81	7760,39	2239,61
5	2373,96	134,38	2239,58	9999,97	0

203 Compila un piano di ammortamento con il metodo progressivo per estinguere un debito di € 20 000 in 8 anni al tasso del 7,25% annuo.
[R = € 3381,88]

204 Sono costretto a farmi prestare € 80 000 per acquistare una casa e voglio estinguere il mio debito in 5 anni. Redigi il piano di ammortamento utilizzando il metodo progressivo al tasso annuo del 9%. [R = € 20 567,40]

205 Un debito di € 100 000 viene rimborsato in 25 anni mediante il metodo progressivo al tasso dell'8% annuo. Redigi il piano di ammortamento completo. [R = € 9367,88]

206 Di un prestito ammortizzabile mediante 15 rate annue con il metodo progressivo, al tasso del 12,5% annuo, si conosce la decima quota interessi, che è di € 2291,90. Trova il valore della rata e l'ammontare del prestito.
[R = € 4522,92; D_0 = € 30 000,07]

MATEMATICA AL COMPUTER
Piano di ammortamento con il foglio elettronico
Prepariamo un foglio elettronico che, assegnati un debito D espresso in euro, un tasso i, un periodo t in anni (max 20), rediga un piano di ammortamento secondo il metodo progressivo con pagamenti posticipati.
Proviamo il foglio con D = € 15 000, r = 6% e t = 10.

☐ Risoluzione – 3 esercizi in più

207 **ESERCIZIO GUIDA** Riceviamo un prestito di € 50 000 che rimborseremo con rate costanti in 10 anni al 7,2% annuo. Calcoliamo l'importo della rata R e la composizione della prima e della settima rata.
Dopo il pagamento della settima rata siamo in grado di estinguere anticipatamente il debito. Valutiamo il prestito al tasso annuo del 6,5%.

L'importo della rata di ammortamento è:

$R = 50\,000 \cdot \alpha_{\overline{10}|0,072} = 7184,83$.

Calcoliamo I_1 e C_1:

$I_1 = C \cdot 0,072 = 50\,000 \cdot 0,072 = 3600$,

$C_1 = R - I_1 = 7184,83 - 3600 = 3584,83$.

Calcoliamo la composizione della settima rata:

$C_7 = C_1 \cdot (1 + i)^{7-1} = 3584,83 \cdot 1,072^6 = 5440,48$,

$I_7 = R - C_7 = 7184,83 - 5440,48 = 1744,35$.

Valutiamo il prestito alla fine del settimo anno al tasso di valutazione del 6,5%:

$V_7 = R \cdot a_{\overline{3}|0,065} = 19028,85$.

Calcoliamo la nuda proprietà applicando la formula di Achard-Makeham e l'usufrutto:

$P_7 = 7184,83 \cdot \dfrac{1,065^{-3} - 1,072^{-3}}{0,072 - 0,065} = 16\,536,94$, $\quad U_7 = V_7 - P_7 = 19\,028,85 - 16\,536,94 = 2491,91$.

Capitolo 11. Rendite, ammortamenti, leasing

208 Un debito di € 42 000 viene rimborsato in 12 anni con rate costanti al tasso annuo del 6,8%. Calcola l'importo della rata e la composizione della prima e della decima rata. Stendi le prime tre righe del piano di ammortamento. [€ 5231,66; € 2856; € 2375,66; € 4294,63; € 937,03]

209 Un prestito di € 35 000 è ammortizzabile con metodo progressivo in 10 anni al tasso annuo del 7,5%. Calcola l'importo della rata e la composizione della prima e della settima rata. Stendi le utime tre righe del piano di ammortamento.
[€ 5099; € 2625; € 2474; € 3818,13; € 1280,87]

210 Luigi deve rimborsare un debito in 15 anni con il pagamento di rate annue costanti di € 3100 al tasso annuo del 6,5%. Calcola l'importo del prestito, la composizione della decima rata e il debito residuo alla fine del decimo anno.
[€ 29 148,27; € 2124,54; € 975,46; € 12 882,60]

211 Pietro deve rimborsare un prestito di € 85 000 con un mutuo a rata mensile costante della durata di 10 anni al tasso mensile dello 0,8%. Calcola l'importo della rata e la composizione della prima e della cinquantesima rata. Calcola anche il debito residuo dopo il pagamento di quest'ultima.
[€ 1104,54; € 680; € 424,54; € 627,31; € 477,23; € 59 026,17]

212 Un prestito viene rimborsato in 12 anni con rate trimestrali costanti al tasso trimestrale del 2,5%. Il debito estinto dopo 9 anni risulta di € 37 839,54. Calcola l'importo del prestito e la rata trimestrale.
[€ 60 000; € 2160,36]

213 Concedo un prestito di € 42 000 che mi verrà rimborsato in 10 anni con rate costanti quadrimestrali al tasso annuo convertibile quadrimestralmente del 12%. Deposito le rate che mi vengono pagate presso una banca che mi corrisponde il tasso di interesse quadrimestrale dell'1,5%. Dopo 6 anni prelevo € 20 000. Qual è il montante costituito fra 10 anni? [€ 67 263,99]

214 Un prestito di € 28 000 viene rimborsato in 8 anni con rate costanti al tasso annuo del 7,5%. Dopo 5 anni viene ceduto al tasso di valutazione del 6%. Calcola il valore di riscatto, la nuda proprietà e l'usufrutto. [€ 12 777,95; € 11 045,40; € 1732,55]

215 Ricevo un prestito di € 32 000 che rimborso con rate costanti mensili in 5 anni al tasso mensile dello 0,6%. Dopo 3 anni voglio estinguere anticipatamente il debito. Calcola il valore di riscatto, la nuda proprietà e l'usufrutto al tasso annuo del 6,3%. [€ 14 346,67; € 13 305; € 1041,67]

MATEMATICA AL COMPUTER
Ammortamento progressivo con il foglio elettronico
Utilizzando un foglio elettronico, redigiamo il piano di ammortamento di un debito di € 20 000 in 8 anni al 6% annuo con rate costanti.

☐ Risoluzione – 27 esercizi in più

Ricerca del numero di rate

216 **ESERCIZIO GUIDA** Un debito di € 28 000 è ammortizzabile con rate costanti di circa € 4000 al tasso annuo del 6,5%. Calcoliamo il numero delle rate procedendo ai vari accomodamenti.

$$R \cdot a_{\overline{n}|i} = C \quad \rightarrow \quad 4000 \cdot a_{\overline{n}|0,065} = 28\,000 \quad \rightarrow \quad a_{\overline{n}|0,065} = 7.$$

$a_{\overline{9}|0,065} = 6{,}656104187$ e $a_{\overline{10}|0,065} = 7{,}188830223 \quad \rightarrow \quad 9 < n < 10$.

Procediamo agli accomodamenti.

Modifica delle rate

- se $n = 9$, $\quad R = 28\,000 \cdot \alpha_{\overline{9}|0,065} = 4206{,}66$;
- se $n = 10$, $\quad R = 28\,000 \cdot \alpha_{\overline{10}|0,065} = 3894{,}93$.

In primo luogo possiamo scegliere di versare rate di importo inferiore a € 4000.

Versamento di rate di importo inferiore
In questo caso si fanno 10 versamenti da € 3894,93.

Versamento aggiuntivo alla stipulazione del prestito
In questo caso si fanno 9 versamenti da € 4000, il cui valore attuale è:

$$V = 4000 \cdot a_{\overline{9}|0,065} = 26\,624,42.$$

La differenza $C - V$ vale $C - V = 28\,000 - 26\,624,42 = 1375,58$.
Può essere versata alla stipulazione del prestito, che diventa dunque del valore di € 26 624,42.

Versamento aggiuntivo con la prima rata
La differenza $C - V$ può essere capitalizzata per un anno e aggiunta alla prima rata, che diventa:

$$R' = 4000 + 1375,58 \cdot 1,065 = 4000 + 1464,99 = 5464,99.$$

Seguono le altre otto rate da € 4000.

Versamento aggiuntivo con l'ultima rata
La differenza $C - V$ può essere capitalizzata per 9 anni e aggiunta all'ultima rata, che diventa:

$$R' = 4000 + 1375,58 \cdot 1,065^9 = 4000 + 2424,56 = 6424,56.$$

Le prime otto rate valgono € 4000.

Versamento aggiuntivo un periodo dopo il pagamento dell'ultima rata
La differenza $C - V$ può essere capitalizzata per 10 anni e pagata un anno dopo il pagamento dell'ultima rata da € 4000; quindi il versamento aggiuntivo è:

$$R' = 1375,58 \cdot 1,065^{10} = 2582,15.$$

217 Per rimborsare un prestito di € 38 000 siamo disposti a versare rate annue di circa € 4300 al tasso annuo del 7,2%. Calcola il numero delle rate occorrenti e prevedi i vari accomodamenti.
[se $n = 14$, $R = €\,4397,37$; se $n = 15$, $R = €\,4225,05$; …]

218 Alberto acquista un'automobile del costo di € 25 000 ed è disposto a pagare rate trimestrali del valore massimo di € 2400 al tasso annuo nominale convertibile trimestralmente dell'8%. Calcola quante rate occorrono e il loro importo esatto. [$n = 12$, € 2363,99]

219 Valeria riceve un prestito di € 45 000 e per il suo rimborso è disposta a versare rate mensili di circa € 650 al tasso mensile dello 0,7%. Calcola il numero delle rate necessario, il loro accomodamento e l'eventuale versamento aggiuntivo da fare dopo il pagamento dell'ultima rata.
[se $n = 95$, $R = €\,650,11$; se $n = 96$, $R = €\,645,34$; se $n = 95$ e $R = €\,650$, $R' = €\,14,82$]

Riepilogo: Ammortamento

TEST

220 Un debito di € 50 000 è ammortizzato pagando quote costanti di capitale in 8 rate al tasso $i = 0,04$. La terza rata è:

- A € 7750.
- B € 8000.
- C € 6250.
- D € 6750.
- E € 8250.

221 Ho contratto oggi un debito di € 20 000. Voglio ammortizzarlo con rate annue costanti di € 1000, valutate al tasso $i = 0,06$. Quante rate saranno necessarie?

- A 13 rate.
- B 14 rate.
- C non è possibile ammortizzare il debito.
- D 15 rate.
- E 20 rate.

222 Il prestito di € 28 000 è rimborsabile globalmente fra 4 anni con pagamento bimestrale degli interessi al tasso annuo convertibile bimestralmente del 9%. Dopo 2 anni e 6 mesi viene estinto anticipatamente. Calcola il valore di riscatto al tasso bimestrale di 0,9%. [€ 29 446,15]

Capitolo 11. Rendite, ammortamenti, leasing

223 Ricevo un prestito dalla banca di € 30 000 e rimborserò il montante tra 5 anni e 6 mesi al tasso annuo dell'8,2%. Dopo 4 anni lo estinguo anticipatamente al tasso di valutazione del 7,5%. Determina il valore di riscatto e il tasso effettivo del prestito. [€ 41 520,11; 8,46%]

224 Un prestito di € 42 000 è rimborsabile in 10 anni con metodo americano al tasso quadrimestrale del 2,3%. L'interesse corrisposto dalla banca è dell'1,6% annuo convertibile quadrimestralmente. Calcola la rata pagata quadrimestralmente e il fondo costituito dopo 6 anni e 8 mesi.
[€ 2260,71; €27 249,07]

225 Un prestito è rimborsabile in 8 anni con metodo americano al tasso annuo del 7%. Il tasso corrisposto dalla banca è del 2,5% annuo e la rata di costituzione è di € 2861,68. Determina l'importo del prestito, la rata annua complessiva e il tasso effettivo del prestito. [€ 25 000; € 4611,68; 9,56%]

226 Concedo un prestito di € 24 000 che mi viene rimborsato con il metodo delle quote costanti di capitale in 5 anni, con rate semestrali al tasso annuo convertibile semestralmente dell'8%. Calcola l'importo della quarta rata e il debito estinto dopo 4 anni. [€ 3072; € 19 200]

227 Paolo contrae un debito di € 50 000 che rimborsa in 10 anni con metodo italiano, pagando rate bimestrali al tasso bimestrale del 5,2%. Dopo 8 anni e 6 mesi estingue anticipatamente il debito. Calcola usufrutto e nuda proprietà al tasso di valutazione del 5,4% annuo convertibile bimestralmente. [€ 7173,34; € 1887,35]

228 Dobbiamo ammortizzare un debito con il metodo delle quote costanti di capitale, in 12 rate annue, al tasso del 7,5% annuo. La settima quota interessi è di € 1350. A quanto ammonta il debito? Quali sono i dati che compaiono nell'ottava riga del piano di ammortamento?
[D_0 = € 36 000; I_8 = € 1125; R_8 = € 4125; E_8 = € 24 000; D_8 = € 12 000]

229 Sappiamo che la prima quota capitale di un prestito ammortizzabile progressivamente in 12 anni, al tasso del 15,5%, è di € 802,39. Trova la rata e il valore del prestito, quindi stendi le prime tre righe del piano di ammortamento.
[R = € 4522,40; D_0 = € 24 000,09]

230 Un debito di € 65 000 viene rimborsato in 12 anni con rate costanti mensili al tasso annuo convertibile mensilmente del 7,2%. Calcola l'importo della rata mensile e la composizione della ventesima rata. [€ 675,40; C_{20} € 319,75; I_{20} € 355,65]

231 Ricevo un prestito di € 24 000 che rimborso in 2 anni con rate costanti trimestrali al tasso dell'1,8% trimestrale. Dopo 18 mesi sono in grado di estinguere anticipatamente il debito al tasso di valutazione dell'1,5% annuo. Calcola la rata trimestrale e il valore di riscatto. [€ 3248,06; € 6459,70]

232 Gianni riceve un prestito di € 35 000 che rimborserà globalmente dopo 8 anni con pagamento semestrale degli interessi al tasso annuo del 7,4%. Dopo 5 anni e 6 mesi chiede di saldare anticipatamente il suo debito e gli viene proposto un valore di riscatto di € 36 016,19.
Calcola:
a. la quota semestrale di interessi;
b. il tasso di valutazione del prestito;
c. il valore dell'usufrutto.
[a) € 1271,89; b) 3%; c) € 5824,88]

233 Devo estinguere un debito con ammortamento italiano in 12 anni al tasso annuo del 6,5%. L'ottava rata è di € 2650. Determina l'importo del debito. Sei anni fa, ho iniziato a fare dei versamenti per costituire in 20 anni il capitale di € 40 000 al tasso $i = 0,035$. Oggi riscuoto il fondo costituito per estinguere il mio debito anticipatamente, dopo aver pagato l'ottava rata. Calcola il valore di riscatto del debito valutato al 5,8% e la somma che devo aggiungere al mio fondo costituito per l'estinzione del debito.
[C = € 24 000; V_8 = € 8125,27; F_8 = € 9264,82; non è necessario aggiungere alcuna somma]

234 Ho contratto due debiti: € 35 000, 4 anni fa, da rimborsare in 10 anni con rate costanti semestrali al tasso annuo convertibile semestralmente del 9%, e € 48 000, 8 anni fa, da rimborsare in 15 anni con rate costanti trimestrali al tasso trimestrale del 2%. Oggi chiedo di unificare i due debiti e, per rimborsarli, sono disposto a versare rate mensili di € 1000 (non superiori) al tasso mensile dello 0,5%. Determina:
a. le rate di ammortamento dei due debiti;
b. i debiti residui a oggi;
c. il numero delle nuove rate e il loro importo esatto.
[a) € 2690,67; € 1380,86; b) € 24 535,05; € 29 386,51; c) 63; € 999,89]

RISOLVIAMO UN PROBLEMA

■ Cerchiamo il debito

Mi viene concesso un prestito che rimborserò con metodo francese in 12 anni, la rata annua è di € 7624,56 e il debito residuo dopo il pagamento dell'ottava rata è di € 24 974,98. Dopo 8 anni ottengo l'estinzione anticipata del debito al tasso di valutazione del 7,8%.

• Calcola l'importo del debito e il tasso relativo, la nuda proprietà e l'usufrutto alla fine dell'ottavo anno.

▶ **Determiniamo l'importo del debito e il tasso relativo.**

Indichiamo con D l'importo incognito del debito e con i il tasso incognito. Osserviamo che sussistono le due relazioni che coinvolgono la rata R e il debito residuo D_8 che sono note:

$$D\alpha_{\overline{12}|i} = R, \quad D\alpha_{\overline{12}|i}a_{\overline{12-8}|i} = D_8.$$

Allora vediamo che:

$$a_{\overline{4}|i} = \frac{D_8}{R} = \frac{24\,974,98}{7624,56} = 3,275596.$$

Dalle tavole troviamo i valori di $a_{\overline{4}|i}$: per $i = 0,08$ si ha $a_{\overline{4}|0,08} = 3,31213$ e per $i = 0,09$ si ha $a_{\overline{4}|0,09} = 3,23972$.

Pertanto possiamo costruire la tabella seguente.

Tasso	$a_{\overline{4}|i}$
8%	3,312127
y	3,275596
9%	3,239720

▶ **Utilizziamo l'interpolazione lineare per calcolare il tasso.**

Otteniamo:

$$\frac{y-8}{9-8} = \frac{3,275596 - 3,312127}{3,239720 - 3,312127} \rightarrow$$

$$y - 8 = \frac{-0,036531}{-0,072407},$$

da cui ricaviamo un tasso dell'8,5%.
La somma prestata D si trova a questo punto da

$$D\alpha_{\overline{12}|0,085} = R \quad \rightarrow \quad D = \frac{7624,56}{0,1361529} = 56\,000.$$

▶ **Determiniamo la nuda proprietà all'epoca k e al tasso di x.**

Usiamo la formula di Achard-Makeham:

$$P_k = R\frac{(1+i)^{-(n-k)} - 1(1+i')^{-(n-k)}}{i' - i}.$$

Sostituendo i valori $k = 8$, $i = 0,078$, $R = 7624,56$, otteniamo $P_8 = 20\,614,12$.

▶ **Determiniamo l'usufrutto.**

Calcoliamo prima il valore del prestito al tasso di riferimento $i' = 0,078$:

$$V_8 = Ra_{\overline{4}|i'} = 7624,56 \cdot 3,326925 = 25\,366,34.$$

▶ **Calcoliamo l'usufrutto per differenza.**

Poi per differenza otteniamo l'usufrutto:

$$U_8 = V_8 - P_8 = 25\,366,34 - 20\,614,12 = 4752,22.$$

---

235 Mario riceve un prestito di € 28 000 rimborsabile con metodo progressivo in 12 anni al tasso annuo dell'8,5%. Dopo 9 anni estingue anticipatamente il debito pagando € 9968,18. Qual è il tasso annuo del riscatto? [7,2%]

236 Un prestito è rimborsabile in 16 anni con metodo italiano. La dodicesima rata è di € 3050 e si sa che le quote interessi decrescono di € 150 all'anno. Calcola l'importo del prestito e il tasso relativo. [€ 36 800; 6,52%]

237 Marco deve rimborsare un prestito con rate costanti trimestrali al tasso trimestrale dell'1,8% in 8 anni. Sapendo che il debito estinto dopo 5 anni è di € 25 062,69, calcola l'importo del prestito e la rata trimestrale. [€ 45 000; € 1862,20]

238 **YOU & MATHS** Having to pay back a loan of €15,000 in 10 years' time, a person decides to cover the interest due in annual deferred payments at an interest rate of 5%. In the meantime he puts aside annual deferred instalments at a bank paying 4% interest, in order to accumulate the principal. What amount must he pay annually? [€ 1999,36]

239 Un debito di € 18 000 viene ammortizzato in 6 anni con il metodo dei due tassi; il tasso annuo praticato dalla banca è del 7%. Sapendo che l'ammontare della rata è di € 4113,46, determina il tasso di interesse stabilito con il creditore. Usa l'interpolazione lineare. [$i = 0,02$]

Capitolo 11. Rendite, ammortamenti, leasing

RISOLVIAMO UN PROBLEMA

■ Partendo dal debito residuo

Nell'ammortamento di un prestito con metodo francese si conosce il debito residuo, in euro, alla fine del terzo anno $D_3 = 8994,33$, quello alla fine del quarto anno $D_4 = 8628,91$ e la quota capitale relativa al primo anno $C_1 = 320,77$.

- Calcola l'importo D del prestito e la sua durata n.
- Calcola poi usufrutto e nuda proprietà alla fine del secondo anno al tasso di valutazione annuo $i' = 5\%$.

▶ **Calcoliamo l'importo D del prestito.**

La differenza $D_3 - D_4$ è la quota capitale relativa al quarto anno, quindi

$$C_4 = D_3 - D_4 = 365,42.$$

Ricordato che $C_4 = (1+i)^3 C_1$ abbiamo

$$(1+i)^3 = 1,1391963,$$

quindi $i = 0,0444$.

Poi, ricordato che

$$C_1 = R - I_1 = R - Di,$$

dalla relazione fondamentale $R = D\alpha_{\overline{n}|i}$ deduciamo $D = Ra_{\overline{n}|i}$ e dunque

$$C_1 = R - I_1 = R - Di = R - Ra_{\overline{n}|i}\, i = R(1+i)^{-n}.$$

Pertanto abbiamo le due formule che valgono per tutti gli ammortamenti uniformi:

$$C_1 = R(1+i)^{-n}, \quad C_k = R(1+i)^{k-n-1}.$$

Possiamo così scrivere il sistema nelle due incognite R e n.

$$\begin{cases} D_3 = Ra_{\overline{n-3}|i} \\ C_1 = R(1+i)^{-n} \end{cases}$$

Facendo il rapporto fra le due equazioni, otteniamo:

$$\frac{D_3}{C_1} = a_{\overline{n-3}|i}(1+i)^n,$$

$$\frac{D_3}{C_1} = \frac{1-(1+i)^{-n+3}}{i}(1+i)^n \rightarrow$$

$$\frac{iD_3}{C_1} = (1+i)^n - (1+i)^3,$$

$$(1+i)^n = \frac{iD_3}{C_1} + (1+i)^3 \rightarrow$$

$$n = \frac{\ln\left[\frac{iD_3}{C_1} + (1+i)^3\right]}{\ln(1+i)}.$$

Pertanto, sostituendo i dati del problema $(1+i)^3 = 1,1391963$, $D_3 = 8994,33$, $C_1 = 320,77$, $i = 0,0444$, otteniamo $n = 19,9999$ che possiamo approssimare a $n = 20$. A questo punto da $C_1 = R(1+i)^{-n}$ troviamo la rata R:

$$320,77 = R(1,0444)^{-20} \rightarrow R = 764,77.$$

Poi, dopo aver calcolato $a_{\overline{20}|0,0444}$, troviamo finalmente la somma prestata:

$$D = Ra_{\overline{n}|i} \rightarrow D = 764,77 \cdot 13,075830 = 10\,000.$$

▶ **Determiniamo la nuda proprietà all'epoca k e al tasso i'.**

Usiamo la formula di Achard-Makeham:

$$P_k = R\frac{(1+i)^{-(n-k)} - (1+i')^{-(n-k)}}{i' - i}.$$

Sostituendo i valori $k = 2$, $i' = 0,05$, $R = 764,77$, otteniamo $P_2 = 5733,73$.

▶ **Per trovare l'usufrutto, calcoliamo prima il valore del prestito all'epoca 2.**

$$V_m = Ra_{\overline{n-m}|i'} \rightarrow V_2 = 8939,85 \rightarrow$$

$$U_2 = V_2 - P_2 = 8939,85 - 5733,73 = 3206,12.$$

---

240 Un prestito è ammortizzabile mediante 20 rate annue costanti. Il valore della rata è di € 2887,04, mentre l'undicesima quota capitale è di € 1433,77. Calcola il tasso del prestito, il debito estinto al quindicesimo anno, la quota interessi al nono anno.
[$i = 0,0725$; $E_{15} = €\ 18\,241,36$; $I_9 = €\ 1640,56$]

241 Un prestito di € 50 000 deve essere ammortizzato mediante rate semestrali costanti. Sapendo che la quarta e la settima quota capitale sono rispettivamente di € 2183,80 e di € 2317,46, determina:
- **a.** tasso annuo;
- **b.** durata del prestito;
- **c.** rata semestrale costante;
- **d.** rata annua costante equivalente. [a) 4,04%; b) 10ª; c) € 3057,84; d) € 6176,83]

242 Nell'ammortamento di un prestito con metodo francese con rate mensili si conosce il debito residuo dopo il pagamento della venticinquesima rata $D_{25} = 33\,770,58$, quello dopo la ventiseiesima rata $D_{26} = 33\,097,43$ e la quota capitale relativa al primo anno $C_1 = 627,56$. Calcola l'importo del prestito e la sua durata. [€ 50 000; 7a]

8 Leasing

▶ Teoria a p. 520

243 **ESERCIZIO GUIDA** Un'azienda ha stipulato un contratto di leasing per 4 anni per una fresatrice del valore di € 150 000. Il contratto prevede:

a. pagamento di una somma di € 30 000, alla stipula dello stesso;
b. pagamento di 48 canoni mensili posticipati;
c. valore di riscatto al termine della locazione di € 20 000.

Determiniamo il valore dei canoni mensili da pagare, sapendo che l'operazione è compiuta al tasso dello 0,7% mensile.

Rappresentiamo la situazione su un asse dei tempi. Portiamo tutti i capitali al tempo $t = 0$. Il valore della fresatrice deve equivalere alla somma tra € 30 000, il valore attuale di una rendita posticipata di 48 rate e il valore attuale di € 20 000, relativi al riscatto. Otteniamo l'equazione in R:

$$150\,000 = 30\,000 + R \cdot a_{\overline{48}|0,015} + 20\,000 \cdot (1 + 0{,}015)^{-48}.$$

Ricaviamo il valore di R in euro:

$$R = \frac{[150\,000 - 30\,000 - 20\,000 \cdot (1 + 0{,}015)^{-48}] \cdot 0{,}015}{1 - (1 + 0{,}015)^{-48}} = 3237{,}50.$$

244 Un'azienda ha stipulato un contratto di leasing della durata di 3 anni, per un macchinario il cui costo è di € 100 000, alle seguenti condizioni.

a. pagamento di € 20 000 alla stipula del contratto
b. un valore di riscatto, al termine della locazione, di € 10 000
c. il pagamento di canoni semestrali posticipati per tutta la durata del contratto

Sapendo che l'operazione è compiuta al tasso del 7,6% nominale annuo convertibile semestralmente, determina il valore dei canoni semestrali da pagare per il periodo del contratto. [€ 13 646,52]

245 **Per un PC** Ho stipulato un contratto di leasing della durata di 2 anni per comprare un computer del valore di € 3000. Il contratto prevede:

a. come anticipo il pagamento di 5 rate;
b. il pagamento di 19 canoni mensili posticipati costanti;
c. un valore di riscatto, al termine della locazione, di € 200.

Determina la rata pagata, sapendo che l'operazione è stata compiuta al tasso dell'8,4% nominale annuo convertibile mensilmente. [€ 124,53]

246 Determina il valore della rata bimestrale di leasing per un apparato del costo di € 35 000. La durata del contratto è di $3^a\,2^m$, il tasso è dell'1,25% bimestrale, il valore di riscatto è di € 3500 e il versamento iniziale è pari al 17% del costo dell'apparato. [€ 1495,51]

247 Un contratto di leasing per l'acquisto di un macchinario del costo di € 45 000 prevede il pagamento, al tasso dello 0,72% mensile, di 48 rate mensili posticipate, il cui importo diminuisce a $\frac{1}{3}$ dopo il pagamento della trentesima rata, e un valore di riscatto di € 5000. Calcola l'importo delle rate. [le prime 30 rate sono di € 1319,56, le successive di € 439,85]

Capitolo 11. Rendite, ammortamenti, leasing

248 **ESERCIZIO GUIDA** Un'azienda ha stipulato un contratto di leasing per 3 anni per una macchina fotocopiatrice del valore di € 18 000. Il contratto prevede il pagamento di 8 canoni quadrimestrali posticipati di € 2803,33 ciascuno e un valore di riscatto di € 1000. Determiniamo a quale tasso quadrimestrale è stata fatta l'operazione.

Indichiamo con C_f il costo della fotocopiatrice, con R la rata e con V_r il riscatto; per il principio di equivalenza finanziaria, si ha l'equazione:

$$C_f = R \cdot a_{\overline{8}|i_3} + V_r \cdot (1+i_3)^{-9}.$$

Sostituiamo i valori numerici:

$$18\,000 = 2803,33 \cdot \frac{1-(1+i_3)^{-8}}{i_3} + 1000 \cdot (1+i_3)^{-9}.$$

Procediamo per tentativi, cercando due valori di tasso (scostati tra loro di 0,25%) che, sostituiti nell'espressione al secondo membro, le fanno assumere rispettivamente un valore inferiore e un valore superiore al costo della fotocopiatrice.
Poi con l'interpolazione calcoliamo il tasso richiesto.

Il tasso richiesto è compreso fra il 5,75% e il 6%, come possiamo vedere dalla tabella seguente.

Tasso	Costo fotocopiatrice
5,75%	18 165,39
y	18 000
6%	17 979,32

Utilizzando l'interpolazione lineare otteniamo:

$$\frac{y-5,75}{6-5,75} = \frac{18\,000 - 18\,165,39}{17\,979,32 - 18\,165,39},$$

$$\frac{18\,000 - 18\,165,39}{17\,979,32 - 18\,165,39} \cdot (6-5,75) + 5,75,$$

da cui ricaviamo un tasso del 5,97%.

249 Per comprare un macchinario del valore di € 8000, un'azienda ha stipulato un contratto di leasing della durata di 2 anni. Il contratto prevede il pagamento di 5 rate quadrimestrali posticipate del valore di € 1710 e un valore di riscatto di € 800. Determina a quale tasso quadrimestrale è stata fatta l'operazione. [0,05]

250 **Il furgone giallo** Per comprare un furgone del valore di € 50 000, Damiano ha stipulato un contratto di leasing della durata di 3 anni. Il contratto prevede il pagamento di un anticipo di € 5000, il pagamento di 35 rate mensili posticipate di € 1702,05 e un valore di riscatto di € 5000. Determina a quale tasso mensile è stato stipulato il contratto. [0,02]

251 Un'azienda, per stipulare un contratto di leasing relativo a un autocarro del valore di € 75 000, si rivolge a due finanziarie.
La prima offre il seguente contratto:
a. pagamento di € 8000 alla stipula del contratto;
b. 24 rate mensili posticipate ciascuna di € 3222,68;
c. valore di riscatto di € 3500.

La seconda, invece, propone:
a. pagamento di € 5000 alla stipula del contratto;
b. 24 rate mensili posticipate ciascuna di € 3536,62;
c. valore di riscatto di € 5000.

Qual è la proposta più conveniente?
[prima proposta: $i_{12} = 0,015$; seconda proposta: $i_{12} = 0,02$; la prima proposta è la più conveniente]

Allenati con **15 esercizi interattivi** con feedback "hai sbagliato, perché…"
su.zanichelli.it/tutor3   risorsa riservata a chi ha acquistato l'edizione con tutor

VERIFICA DELLE COMPETENZE ALLENAMENTO

ARGOMENTARE

1 Considera il montante di una rendita posticipata quadriennale costituita da quattro rate annue al tasso i. In che modo puoi ottenere lo stesso montante con otto rate semestrali posticipate al tasso equivalente i_2? Fai un esempio a sostegno della tua risposta.

2 Vuoi costituire un capitale a un certo tasso i con 10 rate anticipate di € 100. Un tuo amico allo stesso tasso versa 10 rate anticipate di importo € 200. Confronta le due situazioni facendo un esempio.

3 In un ammortamento progressivo di 36 rate mensili costanti di € 250 al tasso annuo del 9%, ometto il pagamento della diciottesima rata a causa di un problema di liquidità. Che cifra dovrò versare, per effetto degli interessi, se pago la rata con 20 giorni di ritardo?

4 Se in un ammortamento americano di un certo numero di rate il tasso costitutivo diminuisce, che cosa accade alla rata complessiva di ammortamento?
E se, invece, si tiene fisso il tasso costitutivo e si diminuisce il tasso a debito?
Fai due esempi a sostegno della tua risposta.

5 A parità di tasso debitore, numero di rate e somma prestata, confronta la prima rata in ammortamento italiano con la rata uniforme ottenuta con il metodo francese. Poi confronta l'ultima rata italiana con la rata uniforme. Che cosa ti aspetti di concludere? Fai un esempio a sostegno della tua risposta.

RISOLVERE PROBLEMI

6 Mi viene concesso un prestito di € 10 000 con l'accordo di rimborsare globalmente il montante tra 8 mesi e 20 giorni al tasso annuo convertibile bimestralmente dell'8,5%. Fra 5 mesi chiedo di poter saldare anticipatamente il debito al tasso di valutazione annuo del 6,8%. Determina il valore di riscatto del prestito e il tasso effettivo sopportato. [€ 10 417,02; 10,3%]

7 Concedo un prestito di € 27 500 che mi verrà rimborsato globalmente fra 4 anni e 6 mesi con pagamento trimestrale degli interessi al tasso annuo del 6,5%. Dopo 2 anni cedo il prestito al tasso di valutazione del 6%. Calcola il valore del prestito e la sua composizione.
[€ 27 803,48; € 4031,34; € 23 772,14]

8 Marco riceve un prestito che rimborserà in 12 anni con metodo americano. La banca gli corrisponde un tasso del 3,25% annuo e la rata che deve pagare complessivamente ogni anno è di € 5778,09. Il fondo costituito dopo 8 anni è di € 24 929,34. Determina l'importo e il tasso del prestito.
[€ 40 016,06; 7,49%]

9 Calcola la rata e redigi il piano di ammortamento progressivo di un prestito di € 18 000 rimborsabile in 3 anni e 6 mesi mediante rate semestrali al tasso del 7% annuo nominale convertibile semestralmente. [€ 2943,80]

10 Un prestito è rimborsabile in 10 anni con il metodo italiano. Si sa che la settima rata è di € 4128 e che le quote interessi decrescono di € 232 ogni anno. Dopo 8 anni il debito viene estinto anticipatamente. Calcola l'importo del prestito, il tasso dell'ammortamento e il valore di riscatto al tasso del 6,5%. [€ 32 000; 7,25%; € 6466,23]

11 Ricevo un prestito di € 25 000 al tasso annuo dell'8,3% e sono disposta a rimborsarlo con rate annue di importo non superiore a € 3000. Stabilisci il numero delle rate necessarie e l'importo esatto che pagherò ogni anno. [15; € 2974,46]

12 Un prestito di € 30 000 è rimborsato globalmente dopo 15 anni con pagamento annuo degli interessi al tasso annuo del 6,7%. Ogni anno, inoltre, si versa una rata costante per costituire il capitale da rimborsare, presso una banca che pratica un tasso del 2,1%. Calcola la rata complessiva.
[€ 3732,27]

Capitolo 11. Rendite, ammortamenti, leasing

13 Nell'ammortamento di un prestito con il metodo a quote costanti di capitale, al tasso annuo del 6% in 15 anni, la settima rata risulta di € 4620. Determina l'importo del prestito, il debito estinto e il debito residuo all'ottavo anno.
[€ 45 000; € 24 000; € 21 000]

14 Investo € 30 000 e posso scegliere tra le seguenti modalità di rimborso:
a. riscuotere il montante fra 5 anni e 6 mesi al tasso annuo del 2%;
b. riscuotere due somme uguali fra 3 anni e fra 6 anni e 5 mesi al tasso semestrale dell'1,1%.

Determina la forma di investimento più conveniente calcolando i valori attuali delle entrate al tasso annuo del 2,8%.
[€ 28 738,23; € 29 212,82; conviene la seconda]

15 Un debito viene ammortizzato con il metodo progressivo al 6,9% annuo. Sapendo che la rata e la sesta quota capitale sono rispettivamente di € 1502,68 e di € 942, determina l'ammontare del debito e la durata.
[€ 12 000; 12ª]

16 Si versano per 4 anni e 6 mesi rate trimestrali da € 1400. Il tasso iniziale era del 3,6% annuo nominale convertibile trimestralmente, ma dopo il pagamento della decima rata è stato portato al 3,2% effettivo annuo. Calcola il montante accumulato 2 anni dopo il pagamento dell'ultima rata.
[€ 28 802,28]

17 Un'azienda ha stipulato un contratto di leasing della durata di 3 anni e 6 mesi per l'acquisto di un impianto di depurazione del costo di € 300 000. Il contratto prevede:
a. il pagamento di € 50 000 alla stipula del contratto;
b. il pagamento di 6 rate semestrali posticipate;
c. un valore di riscatto, al termine della locazione, di € 20 000.

Determina il valore delle rate da pagare, sapendo che l'operazione è compiuta al tasso dell'8% nominale annuo convertibile semestralmente.
[€ 44 791,21]

COSTRUIRE E UTILIZZARE MODELLI

18 **Buoni del Tesoro triennali** Federico acquista € 10 000 nominali in buoni del Tesoro triennali all'1,25% con cedola semestrale e paga complessivamente per costo dei titoli, al netto della ritenuta fiscale del 12,5% e delle commissioni bancarie, € 10 150. Determina:
a. il tasso annuo di rendimento lordo immediato basato sul rapporto fra cedola (al netto della ritenuta fiscale del 12,5%) e prezzo di acquisto;
b. il tasso annuo di rendimento effettivo (usando l'interpolazione lineare) nell'ipotesi che il titolo non venga venduto prima della scadenza. [a) 2,227%; b) 0,836%]

19 **Depositi a risparmio vincolati** Si vuole prendere in considerazione la possibilità di affiancare al conto corrente bancario, che ha una remunerazione contenuta, un conto di deposito. Questi sono, a tutti gli effetti, depositi a risparmio vincolati, a costo zero per quanto riguarda le spese di attivazione, gestione e chiusura per cui non è richiesto il pagamento dell'imposta di bollo. L'unico costo è la tassazione degli interessi al 26%.
Si vuole costituire in un conto deposito dopo 2 anni la somma di € 5000, e i tassi annui lordi che la banca corrisponde sono il 2,75% con il vincolo a 24 mesi, il 2,50% a 18 mesi, il 2,25% a 12 mesi, l'1,15% a 6 mesi e lo 0,65% a 3 mesi.
Nell'ipotesi che gli interessi maturati non vengano prelevati, calcola le rate costanti da versare:
a. ogni anno con il vincolo a 12 mesi per ottenere l'importo prefissato;
b. ogni tre mesi con il vincolo a 3 mesi per ottenere l'importo prefissato;
c. ogni sei mesi, se ogni rata è depositata con vincolo per il tempo residuo ai due anni.
[a) $R = 2479,36$; b) $R = 614,55$; c) $R = 1230,20$]

VERIFICA DELLE COMPETENZE — PROVE

⏱ 2 ore

PROVA A

1 Si vuole costituire il capitale di € 20 000 mediante versamenti mensili posticipati di € 250. Convenendo che l'ultimo versamento possa essere inferiore a € 250 e che il tasso sia dell'1,752% annuo, trova il numero n dei versamenti di € 250 da effettuare e l'importo dell'ultimo versamento.

2 Un prestito di € 5000 viene rimborsato in 5 anni con rate trimestrali costanti al tasso semestrale del 3%. Dopo 9 mesi il tasso viene rivisto e portato al 7% annuo. Calcola:

   a. la rata pagata nei primi 9 mesi;
   b. la rata pagata successivamente;
   c. il tasso annuo effettivo del finanziamento.

3 Un prestito di € 50 000 viene rimborsato con rate mensili costanti. La quarta quota di capitale è di € 163,50 e la sesta quota di capitale di € 164,15. Determina il tasso e la durata dell'operazione.

4 Daniele deve acquistare un'auto del valore di € 17 500. Il concessionario gli propone il seguente piano di pagamento.

- versamento immediato di € 4400
- 47 minirate mensili di € 233

Se il tasso del finanziamento è del 6,06% annuo, quanto vale la maxirata finale R da versare a saldo un mese dopo il pagamento dell'ultima minirata?

PROVA B

1 Aldo inizia a costituire un capitale di € 12 000 con 48 versamenti mensili posticipati al tasso annuo nominale convertibile mensilmente dell'1,2%. Calcola:

   a. la rata costitutiva;
   b. il fondo conseguito al dodicesimo versamento;
   c. come modificare la rata se, dopo il ventesimo versamento, il tasso passa all'1% annuo convertibile mensilmente.

   [a) € 244,17; b) € 2946,21; c) € 245,56]

2 **Mutuo decennale** Anna e Filippo quattro anni fa hanno acceso un mutuo decennale per l'acquisto della casa per la propria famiglia per € 150 000, con pagamento di rate semestrali al tasso fisso semestrale del 2,1%. Hanno pagato semestralmente una rata di € 9262,27 e oggi, pagata l'ottava rata, potendo disporre della somma di € 50 000, vorrebbero versarla per diminuire il peso delle rate ancora da pagare. La banca è disposta a modificare le rate, lasciando invariato il loro numero e il tasso, ma chiede per la rinegoziazione del mutuo un rimborso di € 300. Calcola:

   a. la nuova rata da pagare;
   b. il tasso effettivo annuo di tutta l'operazione.

FUNZIONI GONIOMETRICHE

La prima relazione fondamentale

$$\sin^2 \alpha + \cos^2 \alpha = 1$$

La seconda relazione fondamentale

$$\tan \alpha = \frac{\sin \alpha}{\cos \alpha}$$

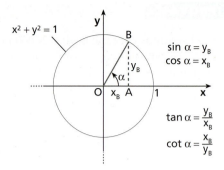

I grafici delle funzioni goniometriche

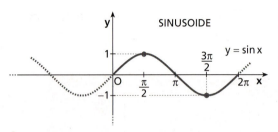

Periodicità: $\forall \alpha \in \mathbb{R} \quad \sin(\alpha + 2k\pi) = \sin \alpha \text{ con } k \in \mathbb{Z}$

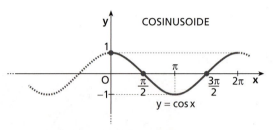

Periodicità: $\forall \alpha \in \mathbb{R} \quad \cos(\alpha + 2k\pi) = \cos \alpha \text{ con } k \in \mathbb{Z}$

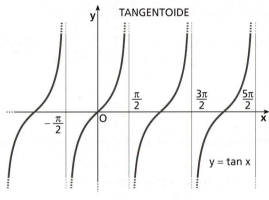

Periodicità: $\forall \alpha \in \mathbb{R} - \left\{\frac{\pi}{2} + h\pi \mid h \in \mathbb{Z}\right\}$
$\tan(\alpha + k\pi) = \tan \alpha$ con $k \in \mathbb{Z}$

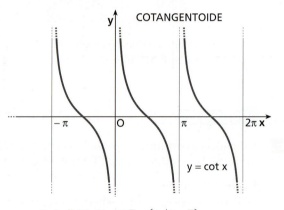

Periodicità: $\forall \alpha \in \mathbb{R} - \{h\pi \mid h \in \mathbb{Z}\}$
$\cot(\alpha + k\pi) = \cot \alpha$ con $k \in \mathbb{Z}$

Seno, coseno e tangente su un triangolo rettangolo

$\sin \alpha = \dfrac{\text{cateto opposto}}{\text{ipotenusa}}$

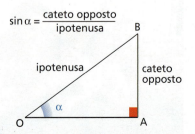

$\cos \alpha = \dfrac{\text{cateto adiacente}}{\text{ipotenusa}}$

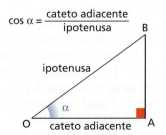

$\tan \alpha = \dfrac{\text{cateto opposto}}{\text{cateto adiacente}}$

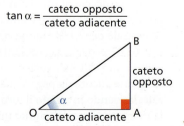

CONICHE

■ Parabola con asse parallelo all'asse y

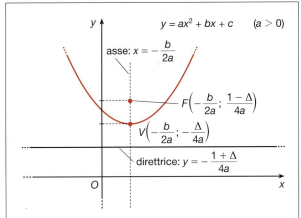

Se $a < 0$ la concavità è rivolta verso il basso.

■ Parabola con asse parallelo all'asse x

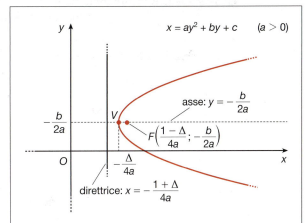

Se $a < 0$ la concavità è rivolta nel verso opposto.

■ Circonferenza

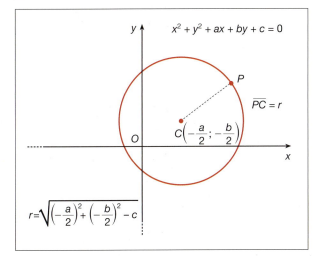

■ Ellisse

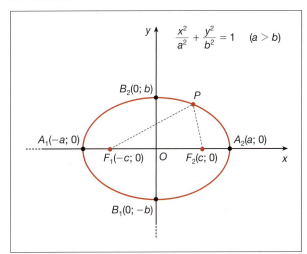

■ Iperbole

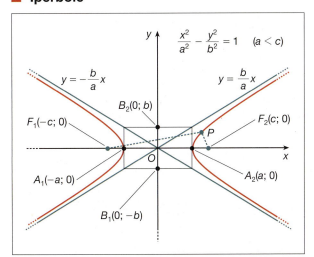

■ Funzione omografica

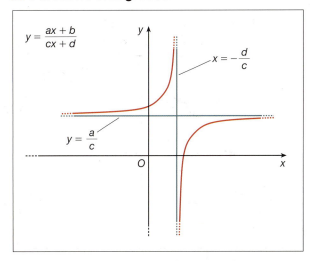

FORMULE DI MATEMATICA FINANZIARIA

■ Capitalizzazione e sconto

Regime	Grandezze finanziarie	Formula
Capitalizzazione semplice	montante	$M = C(1 + it)$
	interesse	$I = Cit$
	valore attuale	$V = \dfrac{C}{1 + it}$
Capitalizzazione composta	montante	$M = C(1 + i)^t$
	interesse	$I = C[(1 + i)^t - 1]$
	tasso equivalente	$i_k = (1 + i_h)^{\frac{h}{k}} - 1$
Sconto commerciale	sconto	$S_c = Cst$
	valore attuale	$V_c = C(1 - st)$
Sconto razionale	sconto	$S_r = \dfrac{Cit}{1 + it}$
	valore attuale	$V_r = \dfrac{C}{1 + it}$
Sconto composto	sconto	$S_{cp} = C[1 - (1 + i)^{-t}]$
	valore attuale	$V_{cp} = C(1 + i)^{-t}$

■ Rendite

Operazioni composte	Rappresentazione grafica	Grandezze finanziarie	Formula	
Rendita immediata posticipata		montante	$M = R \cdot s_{\overline{n}|i}$	$s_{\overline{n}|i} = \dfrac{(1 + i)^n - 1}{i}$
		valore attuale	$V = R \cdot a_{\overline{n}|i}$	$a_{\overline{n}|i} = \dfrac{1 - (1 + i)^{-n}}{i}$
Rendita immediata anticipata		montante	$M = R \cdot \ddot{s}_{\overline{n}|i}$	$\ddot{s}_{\overline{n}|i} = (1 + i)s_{\overline{n}|i}$
		valore attuale	$V = R \cdot \ddot{a}_{\overline{n}|i}$	$\ddot{a}_{\overline{n}|i} = (1 + i)a_{\overline{n}|i}$
Rendita differita posticipata		valore attuale	$V = R \cdot {_m/a_{\overline{n}|i}}$	${_m/a_{\overline{n}|i}} = (1 + i)^{-m} a_{\overline{n}|i}$
Rendita differita anticipata		valore attuale	$V = R \cdot {_m/\ddot{a}_{\overline{n}|i}}$	${_m/\ddot{a}_{\overline{n}|i}} = (1 + i)^{-m} \ddot{a}_{\overline{n}|i}$
Rendita perpetua… …posticipata		valore attuale	$V = R \cdot \dfrac{1}{i}$	
…anticipata		valore attuale	$V = R \cdot \dfrac{1 + i}{i}$	